集成电路工程领域工程硕士系列教材

国务院学位委员会集成电路工程硕士教育协作组
国家集成电路人才培养基地专家指导委员会　组编

模拟集成电路设计与仿真

何乐年　王　忆　编著

科学出版社
北　京

内 容 简 介

本书以单级放大器、运算放大器及模数转换器为重点，介绍模拟集成电路的基本概念、工作原理和分析方法，特别是全面系统地介绍了模拟集成电路的仿真技术，是模拟集成电路分析、设计和仿真的入门读物。

全书共分10章和7个附录。第1章介绍模拟集成电路的发展与设计方法；第2、3章介绍单级放大器、电流镜和差分放大器等基本模拟电路的原理；第4章是电路噪声分析计算与仿真；第5章介绍运算放大器的工作原理及其分析和仿真方法；第6、7章以双端输入、单端输出运算放大器以及全差分运算放大器为例，介绍运算放大器的设计仿真方法；第8、9章以带隙电压基准和电流基准电路为例，介绍参考电压源和电流源的设计方法，其中对温度补偿技术作了详细分析；第10章为模数转换电路(ADC)，重点介绍了ADC的概念与工作原理以及采用Verilog-A语言进行系统设计的方法。本书的附录全面介绍了模拟集成电路设计的软件环境以及仿真技术。

本书可作为高等院校集成电路设计相关专业工程硕士的教材，也可以作为相关专业本科生和研究生的教材，并可供模拟集成电路工程师参考。

图书在版编目(CIP)数据

模拟集成电路设计与仿真/何乐年，王忆编著. —北京：科学出版社，2008
(集成电路工程领域工程硕士系列教材)
ISBN 978-7-03-021427-0

Ⅰ.模… Ⅱ.①何… ②王… Ⅲ.①模拟集成电路-电路设计-研究生-教材②模拟集成电路-计算机仿真-研究生-教材 Ⅳ.TN431.102

中国版本图书馆CIP数据核字(2008)第037107号

责任编辑：潘斯斯 / 责任校对：陈玉凤
责任印制：师艳茹/ 封面设计：耕者设计工作室

科学出版社 出版
北京东黄城根北街16号
邮政编码：100717
http://www.sciencep.com
中煤（北京）印务有限公司印刷
科学出版社发行 各地新华书店经销
*
2008年8月第 一 版 开本：787×1092 1/16
2025年4月第十九次印刷 印张：32 1/4
字数：741 000
定价：128.00元
(如有印装质量问题，我社负责调换)

集成电路工程领域工程硕士系列教材

国务院学位委员会集成电路工程硕士教育协作组
国家集成电路人才培养基地专家指导委员会
组编

主　　编： 严晓浪　（浙江大学）

副 主 编： 余志平　（清华大学，特邀）

审稿人员：（以拼音为序）

陈春章　　洪志良

吉利久　　罗伟绍

石秉学　　时龙兴

唐璞山　　吴懿平

肖　刚　　于敦山

丛 书 序

随着电子计算机的普及，人类社会已经进入了信息化社会。以集成电路为代表的微电子技术是信息科学技术的核心技术。集成电路产业是关系经济建设、社会发展和国家安全的战略性产业。集成电路技术伴随着半导体技术、计算机技术、多媒体技术、移动通信等技术的不断创新，得到了迅猛发展。从1958年美国的基尔比发明世界上第一块集成电路以来，集成电路已经从初期的小规模集成电路(SSI)发展到今天的系统芯片(SOC)，集成电路一直按摩尔规律(Moore's Law)向前演进。集成电路产业包含了相对独立的集成电路设计、集成电路加工制造、集成电路封装测试、集成电路材料、集成电路设备业等，而其中的集成电路设计是集成电路产业发展的龙头。

近年来，我国的集成电路产业迅速发展。2000年以来我国的集成电路产值年平均增长率达到30%左右。坚持自主发展，增强技术创新能力和产业核心竞争力，掌握集成电路的核心技术，提高具有自主知识产权产品的比重是我们的历史性任务。

发展集成电路技术的关键是培养具有创新和创业能力的专业人才，因此高质量、较快速度地培养集成电路人才是我们的迫切任务。毫无疑问，大学和大学老师义不容辞地要担负起这一历史责任。2003年以来，教育部先后在全国部分重点高校建设了“国家集成电路人才培养基地”，国务院学位委员会又在2006年批准设立集成电路工程领域培养工程硕士学位课程，意在不仅培养高水平的工学学士、硕士和博士，而且还要培养大量的集成电路工程领域的工程硕士，以满足我国集成电路产业迅速发展的需要。

集成电路技术发展迅速，内容更新快，而我国现有的集成电路工程领域的教科书数量少，而且内容和体系上不能很好地反映学科的发展和工程技术教学的需要，也难以满足集成电路工程领域工程硕士的培养。为此，教育部国家集成电路工程领域工程硕士专业指导委员会和科学出版社，经过广泛而深入的调研，组织编写出版了这套集成电路工程领域工程硕士系列教材。

本系列教材具有以下特色：

1. 内容完整，体系性强。本系列教材包括了集成电路器件、工艺、数字集成电路设计、模拟集成电路设计、射频集成电路设计以及封装与测试，可以满足集成电路工程领域各个方向的教学。

2. 基础全面，工程性强。教材中不仅对集成电路的基础理论有较详细的论述，而且强调了集成电路的工程性，安排了较大篇幅的内容对具体的集成电路设计技术进行全面的讲解，以使学生在掌握集成电路基础理论的同时，能上机进行具体的设计，加深对理论的理解。

3. 适应教学，自学性强。在教材编写过程中考虑了现有工程硕士的教学时间，以及教学内容的完整性，对各种教学计划，可以灵活地将教材内容进行裁剪。另外，教材中相对突出了以实验为主的实践环节，以便学生自学。

本系列教材的编写人员，不仅有从事教学第一线的高校教师，而且有从事集成电路设计多年，有丰富实践经验的国际著名集成电路设计公司的资深工程技术人员。在此表示衷心的感谢。

国务院学位委员会集成电路工程硕士教育协作组
国家集成电路人才培养基地专家指导委员会
2008 年 5 月

前言

随着计算机的普及,人类开始进入了信息化社会。信息技术是由以集成电路为代表的微电子技术所支撑,而集成电路产业是国民经济和社会发展的战略性、基础性、先导性产业。党的二十大报告指出:"推动战略性新兴产业融合集群发展,构建新一代信息技术、人工智能、生物技术、新能源、新材料、高端装备、绿色环保等一批新的增长引擎。"加快我国集成电路产业的发展,必须努力培养我国集成电路产业急需的创新型卓越工程技术人才。

数字集成电路的规模越来越大,几千万门的数字集成电路已成为产品。数字集成电路与整机系统的关系十分密切,其设计方法更多地依赖计算机仿真验证和综合工具。模拟集成电路的设计则更多地需要依靠设计师的经验和技能。例如,设计高频模拟集成电路,不仅需要熟悉电路的功能和特性,而且还需要了解电路图上没有表示出来的各个器件的特性,甚至要了解其制造的工艺流程。另外,由于模拟集成电路的指标众多,而且各个指标之间是互相关联和制约的,这就为学习模拟集成电路的设计带来了困难。要成为一个优秀的模拟集成电路设计师,不仅需要系统地学习电路设计理论,而且更需要实践来验证实际电路的性能。

随着集成电路工艺加工技术的不断发展,人们已经将双极晶体管、MOS管、二极管、电阻和电容等半导体器件,以及一些基本电路的特性做成了数据库并实现了模型化,特别是大家熟悉的SPICE的出现与完善,使设计者在计算机上进行电路设计成为可能。另外,模拟集成电路设计的计算机辅助设计(CAD)系统本身也在不断发展,功能不断强大,因此不仅电路设计仿真可以借助于计算机和CAD系统,而且模拟集成电路的系统级设计、芯片版图设计和版图验证等实际上都离不开CAD系统。因此可以说,要想进行模拟集成电路设计,必须先学会使用相关的CAD。

作者在模拟集成电路的教学和科研中发现,如果能够快速地对模拟集成电路的设计CAD有较好的理解和掌握,那么对电路性能的理解可以做到事半功倍的效果。模拟集成电路设计的初学者往往觉得入门难,主要原因是在学习的过程中既要系统地学习设计理论,又需要掌握众多的设计软件的使用。本书的一个主要目标是帮助初学者消除模拟集成电路设计的神秘感。通过重点论述模拟集成电路所涉及的基本理论和原理,并采用许多实际的设计例子,在仿真工具的帮助下,从建立基本电路开始,通过仿真验证和优化参数,一步一步实现设计指标。

本书主要是用作高等院校集成电路设计专业方向的工程硕士教材,也可以作为相关专业本科生和研究生的教学参考书。为理解本书的内容,读者需要已经至少学过一门模拟电路的入门课程,以及半导体器件与工艺的课程。需要强调的是,模拟集成电路的设计仿真工具种类较多,仅仅为了方便作者的阅读和实验,本书采用了比较通用的Cadence公司的Spectre仿真工具进行设计说明。另外,书中的电路图在底色和电路图本身的颜色上做了调整,电路本身的拓扑结构与在软件中实际运行的电路是完全一致的。

在较短的时间内，若没有浙江大学的同事和研究生的帮助，本书是不可能完成的。作者衷心感谢浙江大学电气工程学院院长严晓浪教授的帮助和指导。从编著的基本方针，到每一章节的目录，以严晓浪教授为首的指导委员会都给予了充分的讨论，并给出了详细的意见。在读研究生王义凯、张鲁、巩文超、苑婷等同学不仅参加了部分编写工作，而且还帮助校对。另外，陆燕锋、胡博宇、宁志华、邱建平、邵亚利等同学分别阅读了有关章节，并帮助勘正错误，完成排版。杭州晶华微电子有限公司罗伟绍博士审校了本书稿，提出了许多宝贵意见，在此向他们表示衷心的感谢。

何乐年

2023 年12月于浙江大学

目　录

第 1 章　模拟集成电路概论

1.1　半导体技术与模拟集成电路

自从 1958 年美国的得克萨斯仪器公司(TI)发明了世界上第一块集成电路后，集成电路技术以惊人的速度发展。目前的集成电路已经可以在一块硅芯片上集成几千万个晶体管，甚至上亿个晶体管。半导体集成电路技术一般可以分为[1~8]：

(1) 半导体集成电路工艺技术；

(2) 集成电路设计技术；

(3) 集成电路设计自动化(EDA)技术。

目前集成电路工艺技术已经发展到超深亚微米阶段，特征线宽可达到 0.065μm，甚至更小，而硅晶圆的直径已经达到了 12 in (1in＝2.54cm)。集成电路设计技术近年来有了长足的发展，系统芯片(system on a chip, SoC)设计技术已经成为超大规模集成电路设计的主流技术。由于集成电路代工企业(foundry)的崛起，集成电路设计业已经成为一个增长十分迅速的、独立的新兴产业。这里需要指出的是，集成电路设计业的成长与集成电路设计自动化产业技术的发展密不可分。

在对电路进行分类时常常会提到“数字电路”和“模拟电路”。在集成电路设计领域，数字集成电路和模拟集成电路意味着集成在一个电子系统的这两种电路有不同的使命，两者具有协调、互补的关系。另外，由于设计数字集成电路和模拟集成电路的流程、方法以及对设计者知识面的要求各不相同，因此，事实上已经形成了“数字集成电路设计工程师”和“模拟集成电路设计工程师”两个不同的群体。包含有数字电路和模拟电路的 SoC 芯片是数字工程师和模拟工程师通力合作的结果。这种数模混合的 SoC 芯片设计技术的发展是与近年来的系统设计和数模混合电路电子设计自动化(EDA)工具的进步，特别是各种可重用和重构的集成电路智权芯核(intellectual property，IP)的开发与积累分不开的。当然，数字和模拟集成电路本身也是集成电路的产品。

本章主要讲述与模拟集成电路有关的内容，不涉及数字集成电路。需要注意的是，模拟电路设计是与数字电路设计同步发展起来的，与集成电路的制造工艺和 EDA 工具的变迁密不可分。本书中不仅分析模拟集成电路的基本理论知识，而且结合目前国际上主流的模拟集成电路设计 EDA 工具，给出了具体设计电路的方法，以达到读者通过练习能够快速掌握实际的模拟集成电路设计技术的目的。

这里需要强调的是，对从事开发与设计模拟集成电路技术的工作人员来讲，除了模拟集成电路设计外，还应该具备对电路系统、芯片应用环境的分析能力，以及逻辑分析的能力[5]。

1.2 模拟集成电路的分类及制造工艺

1.2.1 模拟集成电路的分类

模拟电路历史悠久，而且其设计对象的范围也很大。模拟集成电路随着半导体集成电路工艺的发展，以及各种模拟电路应用的普及得到迅速发展。目前的模拟集成电路种类繁杂，可以分为通用模拟集成电路、专用模拟集成电路两大类。

另一方面，如果按照被处理的信号的频率来分类，可以大致分为低频模拟集成电路和高频模拟集成电路两大类。高频集成电路，在设计时有时虽然频率的位数只增加 1 位，但电路的设计方法与低频电路的设计方法会完全不同。如果电路处理的信号频率属于射频(radio frequency，RF)频率，那么这类集成电路属于 RF 模拟集成电路。

通用模拟集成电路正如其名所意，没有限定产品的种类，具有多种产品的共同的功能，也就是用途广泛的模拟集成电路。而像无线电专用和音频专用模拟集成电路等，原则上只能在某一类产品范围内使用的模拟集成电路，则是专用模拟集成电路。通用模拟集成电路的种类较少，这是模拟集成电路的特点。下面以美国国家半导体公司(NSC)的产品目录为例，介绍通用模拟集成电路与专用模拟集成电路。

1. 通用模拟集成电路

(1) 运算放大器(operational amplifier, OP-AMP)、比较器和缓冲器。运算放大器包括高速、高精度、低噪声、低功耗、轨对轨(rail-to-rail)等各种通用运算放大器。比较器包括高速、高精度比较器。缓冲器主要是单位增益的输入和输出电压的电平转换。

(2) 参考基准。电压与电流源基准，包括低噪声系数、低噪声电压与电流基准。

(3) 电源管理。主要包括低压差线性稳压器(low-drop output, LDO)、升压与降压式直流电压转换器(direct-current voltage converter, DC-DC)、电池充放电保护电路等。

(4) 模数与数模转换电路(analog-to-digital converter/digital-to-analog converter, ADC/DAC)。主要有高精度 sigma-delta(Σ-Δ)型 ADC 与 DAC 电路、高速 ADC/DAC 电路、低功耗 ADC/DAC 电路。

2. 专用模拟集成电路

(1) 音频放大专用运算放大器。包括各种输出类型的放大器、耳机放大器、立体声放大器等。

(2) 专用显示驱动电路。包括发光二极管(LED)、液晶显示(LCD)、平板显示器(flat panel)、VF、CRT 监视器专用显示驱动电路等。

(3) 专用接口电路。包括全差分信号与单端信号的接口与缓冲器、差分与单端信号的接发送器、各种标准的以太网接口电路，以及其他标准的专用接口电路。

(4) 温度传感控制电路。温度开关、数字与模拟温度传感控制电路、硬件温度监控电路。

(5) 其他专用模拟集成电路。如汽车专用模拟集成电路、无线专用模拟集成电路、通信专用模拟集成电路、时钟发生电路等。

以下给出几个模拟集成电路的结构图并进行说明。图 1-1 所示是一个典型的低压差线性稳压器(LDO)的结构[9]。LDO 主要使用在电池供电的便携式电子产品中。便携式电子设备在使用过程中,电池的输出电压逐渐下降,另外电子设备丰富的功能使得在使用时对电能的要求变化很大,因此需要通过稳压器对输入电压(电池电压)进行调整,使输出电压,即电子设备的供电电压在各种情况下达到稳定。如图 1-1 所示,LDO 由电流与电压基准电路、误差放大器、调整管和反馈电阻组成。误差放大器将输出反馈电压与参考电压进行比较,并放大其差值用来控制调整管的导通状态,从而达到稳定输出电压的目的。

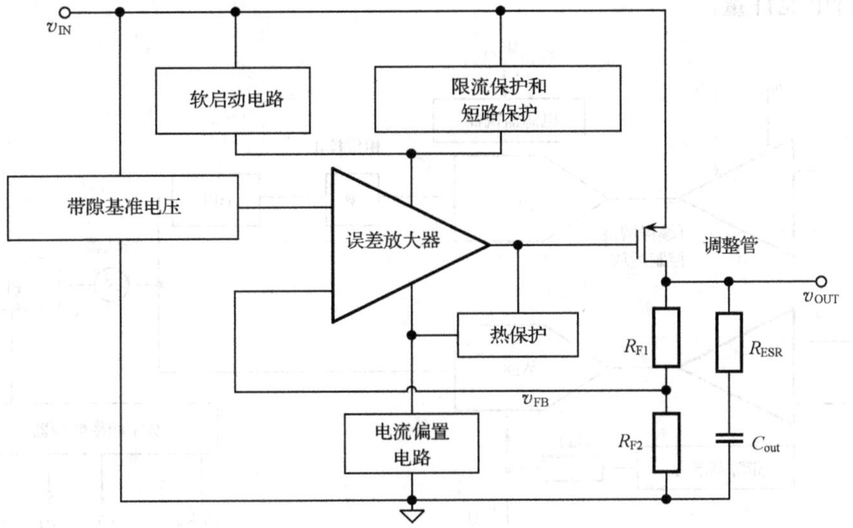

图 1-1　LDO 的结构

图 1-2 是降压式直流电压转换器(DC-DC)的结构[10],这是一种基于开关电源稳压原理的电压型脉宽调制型(pulse-freguency modulation,PWM)控制的降压式直流电压转换

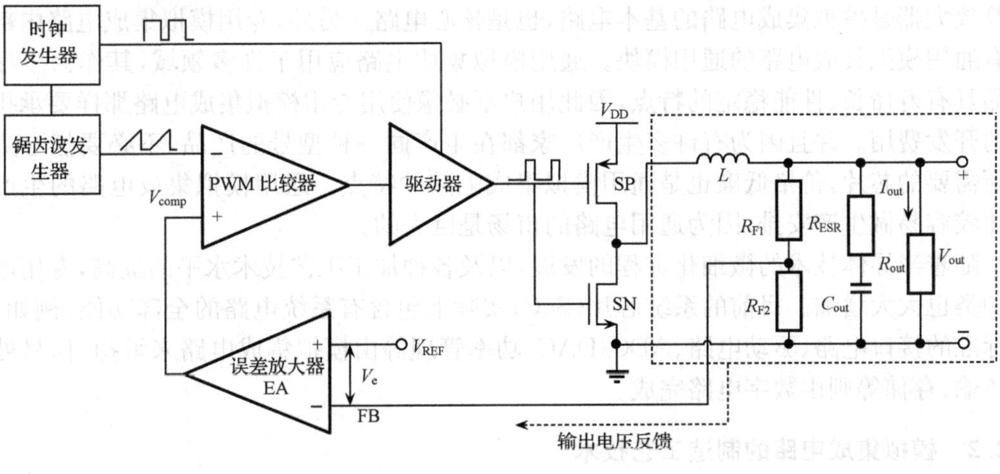

图 1-2　DC-DC 的结构

器。图 1-2 中虚线内的器件是芯片外部的器件，R_{out}是负载电阻，R_{F1}、R_{F2}是反馈电阻，电感与电容组成滤波器。输出电压经过采样后得到反馈电压，并与参考电压比较得到误差电压，误差放大器将误差电压放大后得到比较器正端的电压信号，它与锯齿波信号在 PWM 比较器内比较后得到开关控制信号，以决定开关管的开通与关闭时间，达到稳定输出电压的目的。

图 1-3 是电能计量专用集成电路结构。该电路首先对交流电压与电流进行采样，得到的采样信号经过模拟与数字转换电路得到两路数字信号，数字信号经过相位矫正、滤波后进行相乘和滤波而得到功率值，经过数据与频率信号的转换后将信号输出以驱动步进马达，进行电能计量。

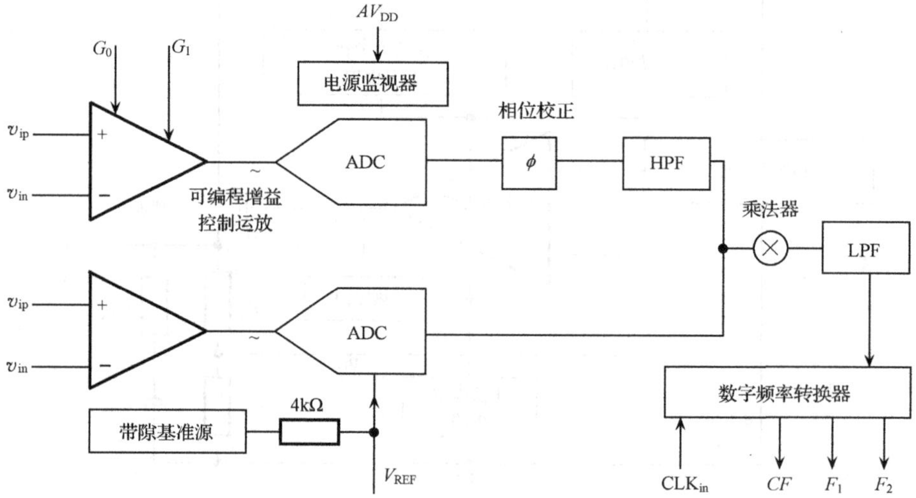

图 1-3　电能计量专用集成电路结构

通过上述例子可以看到，规模较大的专用模拟集成电路芯片往往包含有运算放大器、电压与电流基准等电路，而运算放大器的性能往往决定了整个模拟集成电路的性能，因此运算放大器是模拟集成电路的基本电路，也是核心电路。另外，专用模拟集成电路内部包含有通用模拟集成电路的通用模块。通用模拟集成电路应用于许多领域，其作为半导体产品具有寿命长、性能稳定的特点，因此用户不必像使用专用模拟集成电路那样要承担巨额的开发费用。并且因为有许多生产厂家都在生产同一种型号的产品，不必要担心买不到所需要的芯片，价格低廉也是通用模拟集成电路的特点。通用模拟集成电路的生产厂家比较容易做生产安排，因为通用电路的市场是巨大的。

随着半导体技术的微细化进程的发展，以及各种加工工艺技术水平的提高，专用电路的种类也大大增加。目前的系统芯片(SoC)实际上包含有系统电路的全部功能，例如，各种标准的接口电路、驱动电路、ADC/DAC、功率管理等由模拟集成电路来承担，信号处理与传输、存储等则由数字电路完成。

1.2.2　模拟集成电路的制造工艺技术

目前，模拟集成电路的制造工艺主要有双极型工艺、CMOS 工艺、BiCMOS、砷化镓和锗硅工艺。其中,砷化镓和锗硅工艺技术用于制造射频集成电路,BiCMOS技术是双极型工艺和CMOS工艺的集合,既能制造双极型器件,又能制造NMOS和PMOS晶体管,具有两种工艺的优点。另外,还有抗干扰性能强的SOS(silicon on silicon)工艺技术等。

大多数的数字集成电路都是用CMOS工艺生产的,考虑到系统芯片同时具有数字和模拟电路功能,以及工艺的成本问题,可以预计今后模拟集成电路的制造工艺也将以CMOS工艺为主。

1.3 模拟集成电路设计流程

设计者的设计水平和能力与不断发展的半导体集成电路工艺技术之间存在距离,这一问题会在今后很长时间内存在。但是随着集成电路设计工具的进步带来的集成电路IP的复用技术以及模拟、数字及混合信号电路设计验证技术的提高,使得集成电路设计能力与半导体工艺技术之间的距离逐渐减小。

由于模拟CMOS集成电路处理的信号和电路工作原理与数字集成电路的不同,因此两者的设计流程是不同的。在数字电路中,为了提高集成度和降低电路的功耗,要求微细化和低电压驱动。但是模拟集成电路的技术是建立在运算放大器、电流镜电路等基本电路模块的基础上。这类电路的基本特点是相邻器件的特性一致性,即器件的精度和配对性要好;而器件的小型化和低电源电压与器件的精度和配对特性正好相反。

在CMOS数字电路中,PMOS管和NMOS管是配对使用的,在信号处理过程中通过一方导通,另一方截止的方法来降低功耗,因此人们将这种关系称为互补关系。但是在模拟集成电路中,为了保证信号的不失真,所有的MOS管必须处于导通状态,并不存在互补关系。

模拟集成电路的设计工作由系统设计、电路设计、版图设计和测试程序设计等多个部分组成。如今手工设计超深亚微米模拟集成电路已经不可能,必须采用先进的EDA软件工具在计算机上进行设计。基于模拟集成电路与数字集成电路完成的功能,以及设计参数的不同,因此在设计流程上是不同的,模拟集成电路一般采用模块化设计,即按系统定义和要求,设计基本的单元电路,例如运算放大器、比较器和基准电流电压源等,并进行复用。由于模拟电路的性能差异较大,因此关键的单元需要重新设计。模拟集成电路设计和开发的基本流程如图1-4所示[5]。

1.3.1 系统定义与设计

按照电子产品的要求,研究拟开发的模拟集成电路的必要功能和性能,以及实现的方法。这一阶段,可以用印刷电路板和电子元器件进行实验,以验证电路系统功能。现在更多的是用Matlab/Simulink,以及Cadence公司的Artist或IUS系统仿真工具进行设计。

1.3.2 电路定义与设计

按系统要求定义电路、设计电路。具体步骤为,输入具体的晶体管级电路图,对电路进行仿真,检测是否达到要求。检测内容除了基本功能外,需要对输入/输出动态范围、频

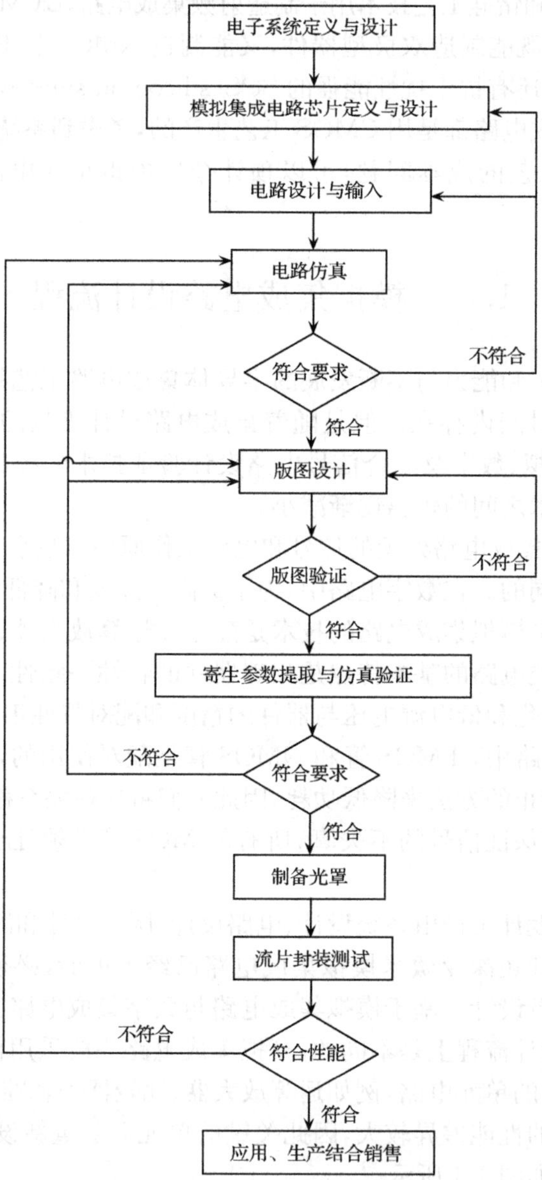

图 1-4 模拟集成电路设计和开发流程

率特性、相位裕量、电流/电压增益、温度特性和误差等特性进行分析。如果不符合要求，则需要对电路进行改进，并重新验证。如果电路规模较大，则需要将电路按功能分成几块，分别进行设计验证，最后组合到一起。电路仿真工具比较多，最著名的有 HSPICE 和 Cadence 公司的 Spectre 仿真器等。

提到模拟集成电路的仿真器，一般都要讲到 SPICE (simulation program with integrated circuits emphasis)。20 世纪 70 年代美国加州大学伯克利分校对电路分析程序 CANCER 进行了改进，开发出模拟集成电路设计仿真工具 SPICE。随后对 SPICE 改进，开发出 SPICE2E 和 SPICE2G，并公开了源代码。问世数十年的 SPICE 随着计算机性能的不断提高，也提高和改善了自身的用户接口和分析功能。如今，人们进行模拟集成电路设计已经离不开 SPICE 了。

1.3.3　版图设计与验证

在电路设计之后，要将晶体管、电阻和电容等各种器件有效地配置在芯片上，并进行布线连接。芯片版图验证主要包括：电路版图设计规则检查(DRC)、电气参数设计规则检查(ERC)，以及版图与电路图比较检查(LVS)。在完成检查后，要从版图上提取出接点上的布线、器件的寄生电阻和电容(LPE)，将它们反馈到电路的网表(netlist)中，进行电路的工作状态的验证，即对电路进行后仿真(post simulation)验证。现代 EDA 工具中，已经将版图设计和验证所需工具集合在一起，便于用户使用。比较著名的版图设计工具有 Cadence 公司的 Virtuoso，版图验证工具有 Cadence 公司的 Dracula 和 Assura 等。

1.3.4　掩模板制备、流片、封装与测试

完成上述芯片设计流程后，将 GDSII 格式的版图文件交到掩模板制备公司，加工掩模板；然后送到集成电路加工生产线进行流片和芯片的封装。在芯片的研发阶段，芯片的测试分析主要由芯片设计部门完成。这里需要指出的是，模拟集成电路的测试结果与仿真结果往往是有差异的，需要仔细分析。

图 1-4 所示的芯片开发过程中，每一个环节都很重要、很关键。其中任何一个环节出问题，就得不到合格的芯片。在整个芯片开发过程中，芯片设计是核心。

参 考 文 献

[1] Gray Paul R et al. Analysis and Design of Analog Integrated Circuits. Fourth Edition. John Wiley & Sons, Inc., 2001

[2] Behzad Rezavi. Design of Analog CMOS Integrated Circuits. The McGran-Hill Companies, 2001

[3] Philips E Allen, Douglas R Holberg. CMOS Analog Circuit Design. Second Edition. Oxford University Press, Inc., 2002

[4] Roger T Howe, Charles G Sodini. Microelectronics—An Integrated Approach. Prentice-Hall, 1997

[5] 洪志良．模拟集成电路分析与设计．北京：科学出版社，2005

[6] David A Johns, Ken Martin. Analog Integrated Circuit Design. John Wiley & Sons, Inc., 1997

[7] Roubik Gregorian. Introduction to CMOS OP-AMPS and Comparator. John Wiley & Sons, Inc., 1999

[8] 王自强．CMOS 集成放大器．北京：国防工业出版社，2007

[9] 陈东坡，何乐年，严晓浪．一种低静态电流、高稳定的 LDO 线性稳压器．电子与信息学报，2006，28(8)：1526～1529

[10] 王菁．低功耗直流电压转换器芯片设计与实现．杭州：浙江大学硕士学位论文，2007

第 2 章　单级放大器

CMOS 运算放大器是 CMOS 模拟集成电路最重要的模块，它的特性决定了模拟集成电路的特性[1~3]。复杂的 CMOS 运算放大器的基础是简单的单级放大器。本章将介绍常用的单级共源放大器、共栅放大器、源跟随器、共源-共栅放大器。

2.1　放大器概念

2.1.1　一般概念

按放大器的输入、输出信号的类型，可将放大器归类为以下四类放大器[4]：

(1) 电压放大器：输入与输出信号均为电压信号。

(2) 电流放大器：输入与输出信号均为电流信号。

(3) 跨导放大器：输入信号为电压，输出信号为电流。

(4) 跨阻放大器：输入信号为电流，输出信号为电压。

在分析放大器工作时，首先定义信号的表示方法。模拟电路中有直流信号、交流信号以及交流与直流混合叠加的信号。设定直流输入信号表示为 V_{IN}，交流输入信号为 v_{in}，直流与交流的混合输入信号为 v_{IN}。

图 2-1 为一般放大器示意图以及输入信号。放大器由有源器件和负载电流构成。有源器件中的电流 i_D 由输入电压或电流信号所控制。直流偏置电流 I_{SUP} 流入有源器件

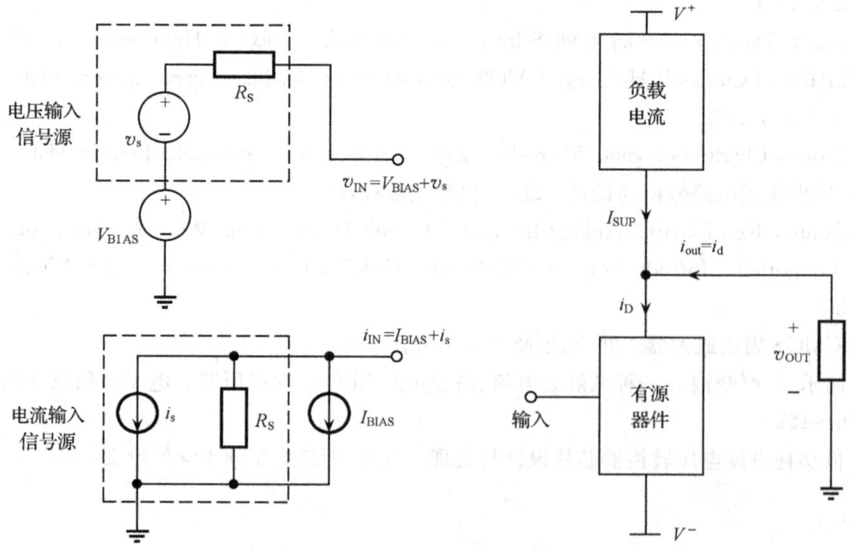

图 2-1　包括输入信号和负载电阻的一般放大器示意图

的一端。有源器件可以是 MOS 管,也可以是双极性晶体管。图 2-1 中的输入信号可能是电压信号,也可以是电流信号。如果是电压信号,那么如图 2-1 所示,V_{BIAS}是直流偏置电压。其值选定条件是 $I_{SUP}=I_D$,I_{SUP}为负载电流源的直流电流,I_D 为流入有源器件的直流电流,即偏置电流。因此,在此条件下直流输出电流 I_{OUT}为零。与 V_{BIAS}串联的 v_s 是小信号电压,R_S 是内阻。v_s 的变化使总的输入电压 v_{IN}有变化,因此使有源器件的总电流 i_D 变化。而 I_D 为一个定值,因此输出电流 $i_{out}=i_d$,i_d 为有源器件的小信号电流。如果放大器的输入信号是电流信号,那么直流偏置电流 I_{BIAS}作为输入信号,保证有源器件。例如,MOS 的漏源电流 I_D 等于电流源电流 I_{SUP}。与 I_{BIAS}并联的是一个小信号电流源 i_s 以及电流源内阻 R_S。i_s 使有源器件的总电流 i_D 发生变化,因此输出电流是小信号电流 i_d。

图 2-1 右图中的 R_L 为放大器的负载电阻。R_L 对小信号的影响问题将在后面讨论。通常我们所关心的开路电压,被定义为当 $R_L\to\infty$时的小信号输出电压。另外一个重要参数是小信号输出电流,定义为当 $R_L=0$ 时的输出小信号电流。

一般情况下,集成电路是单电源电压 V_{DD}供电,另一端 V^- 电压为“0”伏,并且当 $I_{SUP}=I_D$ 时 $I_{OUT}=0$。另外一个条件是存在一个 V_{OUT}值,使有源器件和直流偏置电流源器件都工作在恒定电流区域。因此一般 V_{OUT}被设定在 V^+和 V^- 的中间。当计算静态直流工作点时,要除去小信号源和内阻。在计算直流工作点时,由于 $I_D=I_{SUP}$,因此流过 R_L 的电流为零。

对图 2-1 的放大电路总结如下:输入电流或电压,使有源器件中的直流电流与电流源电流相等,小信号输入电压或电流使有源器件中的小信号电压或电流有线性变化,产生一个对应的输出电压或输出电流。

2.1.2 放大器双端口模型分析

本节中将用双端口网络模型分析各种放大器,给出放大器的双端口网络模型。图 2-2 是四种放大器的双端口模型,包括输入电压或电流控制源和负载。

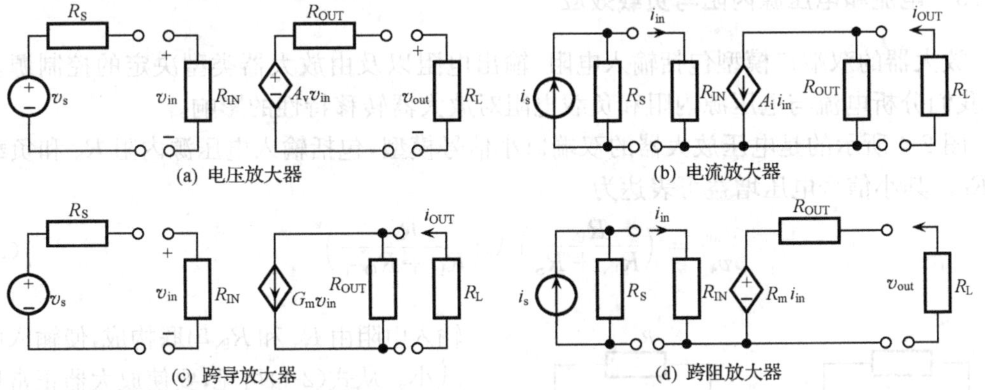

图 2-2 四种放大器的双端口模型

在电压放大器中,控制源是压控电压源;在电流放大器中,控制源是电流控制的电流源;在跨导放大器中,控制源是压控电流源;在跨阻放大器中,控制源是电流控制的电压源。在双端口模型下计算小信号传输函数时,需包括作为输入信号的电压源或电流源的内阻，并且需要将负载电阻连接在输出端口。图 2-3 (a)～(d) 所示，为计算开路电压增益 A_v，我们用零内阻的测试电压 v_t 连接在输入端口，输出端口开路条件下，测定电压，并计算增益 A_v；为测定短路电流增益 A_i，用一个内阻为无穷大的电流源连接到输入端，在输出端短路的条件下，测定短路电流，并计算增益；为测定跨导 G_m，可用内阻为零的电压源，测定短路电流，并计算其跨导；为测定跨阻 R_m，可以用内阻为无穷大的电流源，测量输出开路电压，并计算跨阻。

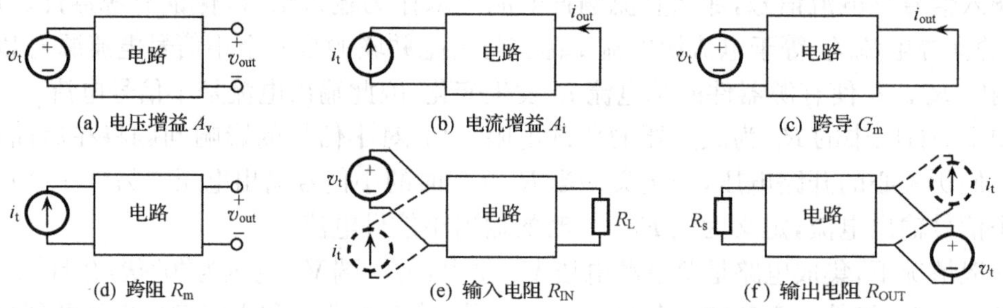

图 2-3 计算双端口小信号模型的方法

另外，如图 2-3(e)所示，为了计算放大器的输入电阻 R_{IN}，可用一个测试电压源，并测量相应的电流值，或者加一个测试电流源，测量电流源两端的电压值。测量输入电阻时，需要将负载 R_L 接在输出端口。为计算放大器的输出阻抗 R_{OUT}，可在输出端口加测试电压源或电流源，测量其相应的电流和电压值，此时输入端口的电压源短路，而电流源开路，仅留内阻在输入端，如图 2-3(f)所示。各种控制源、输入和输出电阻与放大器的器件参数之间的关系十分重要。这种关系使得设计者可以通过了解如何改变器件的参数或者电路结构来改善放大器性能。

2.1.3 电流和电压源内阻与负载效应

放大器的双端口模型包括输入电阻、输出电阻以及由放大器类型决定的控制源。这里，我们分析电流与电压源内阻和负载电阻对放大器转移特性的影响。

图 2-4 所示的是电压放大器的双端口小信号模型，包括输入电压源内阻 R_S 和负载电阻 R_L。其小信号电压增益可表达为

$$\frac{v_{out}}{v_s}=\left(\frac{R_{IN}}{R_{IN}+R_S}\right)A_v\left(\frac{R_L}{R_L+R_{OUT}}\right) \tag{2-1}$$

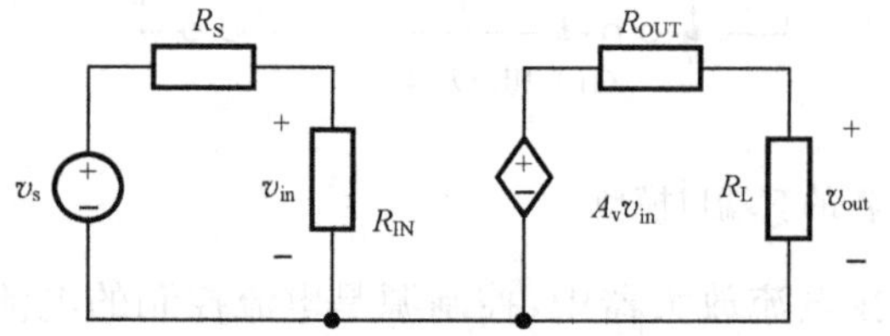

图 2-4 电压放大器的双端口小信号模型

输入电阻由 R_S 和 R_{IN} 串联构成，使输入电压减小。从式(2-1)可见，要使放大器正常地放大信号，需要输入电阻 R_{IN} 较内阻 R_S 大得多，而输出电阻 R_{OUT} 需比负载电阻 R_L 小得多。

图 2-5 是跨导放大器的双端口小信号模型，包括输入电压的内阻 R_S 和负载电阻 R_L。这个放大器的跨导为

$$\frac{i_{\rm out}}{v_{\rm s}}=\left(\frac{R_{\rm IN}}{R_{\rm IN}+R_{\rm S}}\right)G_{\rm m}\left(\frac{R_{\rm OUT}}{R_{\rm L}+R_{\rm OUT}}\right) \tag{2-2}$$

要使跨导提高，则必须要有大的输入阻抗 $R_{\rm IN}$和大的输出阻抗 $R_{\rm OUT}$。

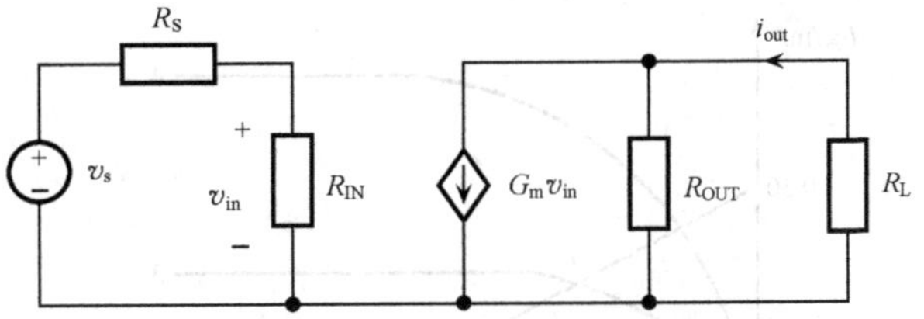

图 2-5　跨导放大器的双端口小信号模型

2.2　共源放大器

2.2.1　电阻负载的共源放大器

1. 直流特性分析

图 2-6(a)为电阻负载的共源放大器，包括了输入大信号和小信号电压源、内阻 $R_{\rm S}$ 以及负载电阻 $R_{\rm L}$，图 2-6(b)为用于大信号分析的除去小信号电压、内阻 $R_{\rm S}$ 和负载电阻 $R_{\rm L}$ 电路图。NMOS 管为输入管，电阻 $R_{\rm D}$ 为负载。

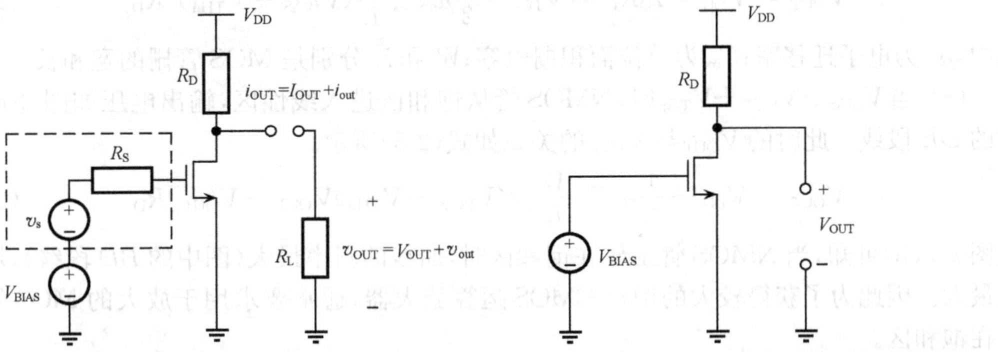

(a) 包括小信号电压 $v_{\rm s}$、内阻 $R_{\rm S}$ 和负载 $R_{\rm L}$　　(b) 当 $v_{\rm s}$=0，内阻 $R_{\rm S}$=0 和 $R_{\rm L}\to\infty$时的电路，用于大信号分析

图 2-6　共源放大器电路

图 2-7(a)为典型的 NMOS 管特性曲线，其中的漏源电压 $V_{\rm DS}$即为输出电压 $V_{\rm OUT}$，直流偏置电压 $V_{\rm BIAS}$为参数。注意，NMOS 管在饱和区时，其漏源电流 $I_{\rm D}$ 和栅源电压 $V_{\rm GS}$成平方律关系[2]。

我们在 NMOS 的特性曲线上画出式(2-3)所示的负载线，即

$$V_{\rm OUT}=V_{\rm DD}-I_{\rm D}R_{\rm D} \tag{2-3}$$

通过负载线我们可以得到 $V_{\rm OUT}$与输入偏置电压 $V_{\rm BIAS}$、漏源电流 $I_{\rm D}$ 之间的关系。负载线与 NMOS 管特性曲线的交点即为电路的直流工作点，因此可以看到电路的直流工作点的设定是由 $V_{\rm BIAS}$和 $I_{\rm D}$ 所决定。共源放大器的转移特性如图 2-7(b)所示，可以看出，带电阻负载的共源放大器的工作状态有以下三种[5]：

(1) 当 $V_{\rm BIAS}$小于 NMOS 管的阈值电压 $V_{\rm THn}$时，即 $V_{\rm BIAS}<V_{\rm THn}$时，NMOS 管截止，$I_{\rm D}$

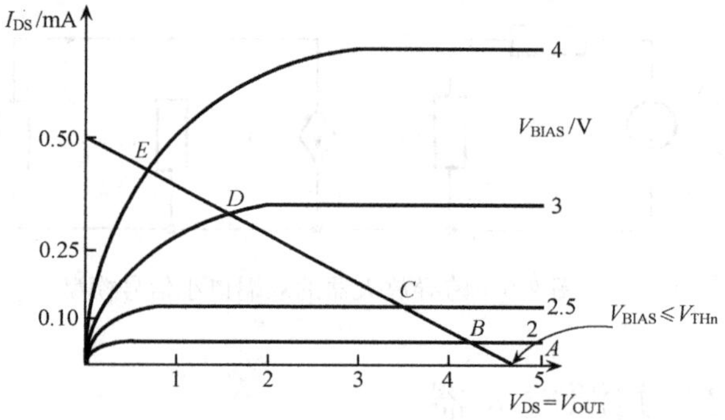

(a) I_D-V_{DS} 特性和负载线(设 V_{DD}=5V, R_D=10kΩ)

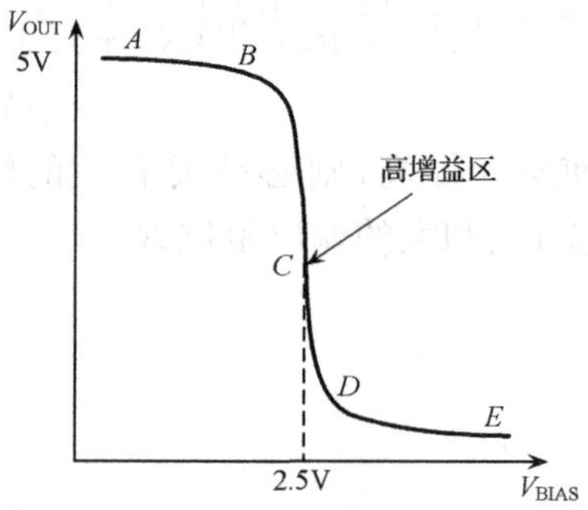

(b) 转移特性

图 2-7　共源放大器 MOS 管特性曲线

$=0$,输出电压 $V_{OUT}=V_{DD}-I_DR_D=V_{DD}$,如图 2-7(b)中的 AB 段线。

(2) 当 V_{BIAS}大于 V_{THn}时,NMOS 管开通,输出电压 V_{OUT}随着 V_{BIAS}的增大开始下降。如果 $V_{BIAS}<V_{OUT}+V_{THn}$,那么 NMOS 管工作在饱和区,如图 2-7(b)中的 BD 段线。此时的 V_{OUT}与 V_{BIAS}的关系如式(2-4)所示[5~7]。

$$V_{OUT}=V_{DD}-I_DR_D=V_{DD}-\frac{1}{2}\mu_nC_{ox}\frac{W}{L}(V_{BIAS}-V_{THn})^2R_D \tag{2-4}$$

其中,μ_n 为电子迁移率;C_{ox}为单位面积栅电容;W 和 L 分别是 MOS 管栅的宽和长。

(3) 当 $V_{BIAS}>V_{OUT}+V_{THn}$时,NMOS 管从饱和区进入线性区,输出电压如图 2-7(b)中的 DE 段线。此时的 V_{OUT}与 V_{BIAS}的关系如式(2-5)所示。

$$V_{OUT}=V_{DD}-\frac{1}{2}\mu_nC_{ox}\frac{W}{L}[2(V_{BIAS}-V_{THn})V_{OUT}-V_{OUT}^2]R_D \tag{2-5}$$

从图 2-7(b)可知,当 NMOS 管工作在饱和区时,曲线的斜率最大(图中的 BD 段线),增益也最大。因此为了获得较大的增益 CMOS 运算放大器,通常要求用于放大的 MOS 管工作在饱和区。

2. 交流小信号分析

分析放大器的交流小信号特性,首先是将直流电源和直流信号源设为零,即将直流电压源短路,而将电流源开路。

图 2-8(a)为电阻负载的共源放大器电路的小信号模型;图 2-8(b)考虑了输入小信号与负载的小信号模型[6,7]。

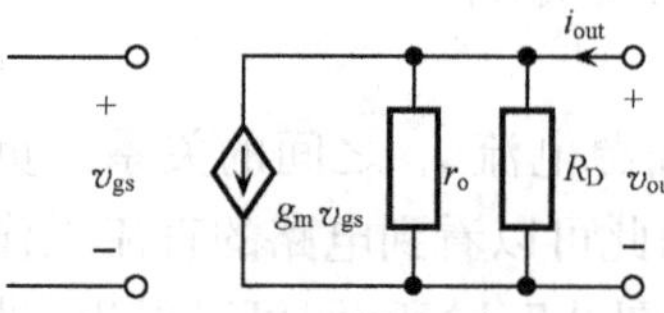

(a) 电阻负载的共源放大器电路的小信号模型

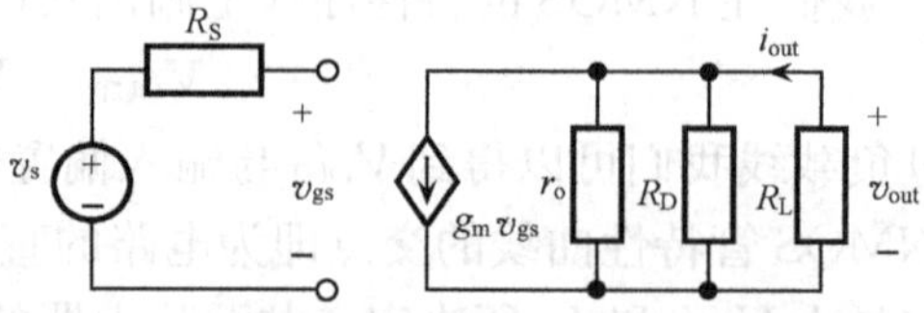

(b) 考虑了输入小信号与负载的小信号模型

图 2-8　共源放大器小信号模型

按双端口模型，在图 2-8(b)所示电路的输入端口加一个测试电压源 v_t，并将输出端口短路，可以计算得到放大器的本征跨导为[6,7]

$$G_m = \frac{i_{out}}{v_t} = g_m = \sqrt{2\frac{W}{L}\mu_n C_{ox} I_D} \tag{2-6}$$

由于放大器的输入信号连接在 NMOS 管的栅端，因此在低频时可以认为输入电阻 $R_{IN}\to\infty$，故 R_S 不起作用。为测量放大器的输出电阻，可将测试电压源连接到输出端口，测量其电流，而将输入信号的内阻连接在输入端口。因为无输入电压信号，因此输出小信号电阻可根据图 2-8(a)得到

$$R_{OUT} = r_o /\!/ R_D \tag{2-7}$$

图 2-9(a)为本征共源放大器的交流双端口模型，图 2-9(b)为添加了电压源与内阻以及负载电阻后的双端口模型。图 2-9 中的 r_o是 MOS 管的漏源电阻[6,7]，即

$$r_o \approx \frac{1}{\lambda I_D} \tag{2-8}$$

其中，λ 为 MOS 管的沟道长度调制参数。

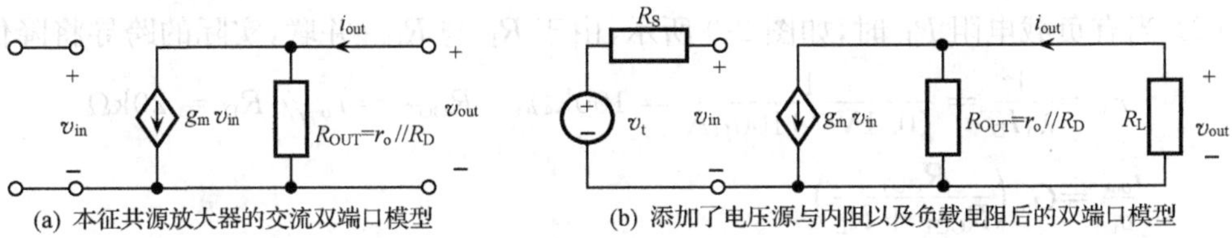

图 2-9　计算共源放大器的电压增益

下面分析交流小信号电压增益。如果将式(2-4)中的 V_{OUT}对 V_{BIAS}求导，可以得到电路的交流小信号电压增益如式(2-9)所示。注意，式(2-4)中没有考虑 MOS 管的沟道长度调制效应。

$$\begin{aligned} A_v &= \frac{\partial V_{OUT}}{\partial V_{BIAS}} = -R_D\mu_n C_{ox}\frac{W}{L}(V_{BIAS}-V_{THn}) \\ &= -R_D g_m \end{aligned} \tag{2-9}$$

如果按照图 2-9(a)所示的交流小信号模型计算小信号电压增益，根据 KCL 定理，可得

$$g_m v_{in} + v_{out}/(r_o /\!/ R_D) = 0 \tag{2-10}$$

因此，得到交流小信号增益

$$A_v = \frac{v_{out}}{v_{in}} = -g_m(r_o /\!/ R_D) = -\frac{g_m}{\frac{1}{r_o}+\frac{1}{R_D}} \tag{2-11}$$

式(2-11)和图 2-9 中，都考虑了 MOS 管的沟道长度调制效应，即认为工作在饱和区的 MOS 管的导通电阻值是有限的，而不是无穷大。这种效应在 R_D 不是很小或者 MOS 管为短沟道器件时必须考虑。

当 R_D 远小于 MOS 管的输出阻抗时，小信号增益如式(2-9)所示；当 R_D 远大于 r_o 时，交流增益可改为

$$A_v = \frac{v_{out}}{v_{in}} = -g_m r_o \tag{2-12}$$

式(2-12)表示的增益称为 MOS 管的本征增益。将式(2-6)和式(2-8)代入式(2-12),得

$$A_v = -\frac{1}{\sqrt{I_D}}\left(\frac{1}{\lambda}\right)\sqrt{2\mu_n C_{ox}\frac{W}{L}} \tag{2-13}$$

由上式可以看出,MOS 管的本征增益 A_v 与 I_D 的平方根以及 λ 系数成反比。在长沟道器件中,λ 较小,因此 MOS 管的本征增益可达 500 ~ 1000。但在短沟道器件中,λ 较大,MOS 管的本征增益下降到 10 ~ 30。因此在设计放大器时,不仅要考虑 MOS 管的宽长比,而且还要考虑沟道长度值。

例 2-1 电阻负载共源放大器电路的参数如下:$I_D=100\mu A$,$R_D=25\ k\Omega$,NMOS 管的参数为 $V_{THn}=1V$,$\mu_n C_{ox}=50\ \mu A/V^2$,$\lambda=0.1V^{-1}$,$W/L=50/2$。求:(1)用双端口模型,计算放大器的本征跨导 $G_m(R_S=0\ \Omega, R_L=0\ \Omega)$;(2) 在接负载电阻 R_L 的情况下,为保证跨导 i_{out}/v_t 大于本征跨导的 10%,那么 R_L 的取值范围是多少?

解 (1) 当 $R_L=0\Omega$, $R_S=0$ 时,按式(2-6)计算本征跨导

$$G_m = g_m = \sqrt{2I_D\left(\frac{W}{L}\right)\mu_n C_{ox}} = \sqrt{2\times 100\mu A\times\frac{50}{2}\times 50\mu A/V^2} = 500\mu S$$

(2) 当有负载电阻 R_L 时,如图 2-9 所示,由于 R_L 与 R_{OUT} 并联,实际的跨导将降低。

$$r_o = \frac{1}{\lambda_n I_D} = \frac{1}{(0.1V^{-1})100\mu A} = 100k\Omega,\quad R_{OUT} = r_o /\!/ R_D = 20k\Omega$$

$$\frac{i_{out}}{v_t} = G_m\left(\frac{R_{OUT}}{R_{OUT}+R_L}\right)$$

按题意,$\frac{R_{OUT}}{R_{OUT}+R_L} > \frac{1}{10}$,因此 $R_L < 9R_{OUT}$,即 $R_L < 180\ k\Omega$。

2.2.2 恒流源作负载的 CMOS 共源放大器

1. 直流特性分析

用恒流源可代替电阻 R_D 作为共源放大器的负载。给 MOS 输入管提供电流的理想电流源负载应该具有以下特性:当电流源两端的电压大于零时,电流源提供恒流 I_{SUP},而电流源两端的电压小于或等于零时,则电流源电流为零。一般的电流源还要考虑内部的电阻 r_{oc},包含内部电阻的理想电流源,如图 2-10 所示。

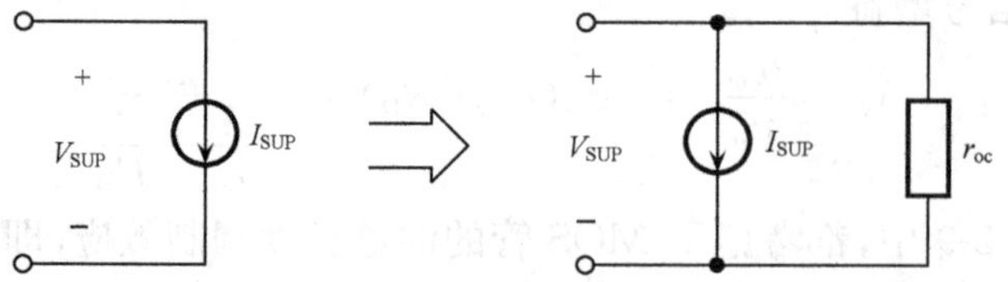

图 2-10 包含内部电阻的理想电流源

恒流源负载的共源放大器电路图如图 2-11 所示。NMOS 管的栅极接输入小信号 v_s 和内阻 R_S,以及直流偏置电压 V_{BIAS},输出端口接负载电阻 R_L。为分析大信号特性,设输入小信号电压和内阻对直流特性没有影响。另外忽略 NMOS 管的沟道长度调制效应($\lambda=0\ V^{-1}$)以及电流源的内阻($r_{oc}=\infty$)。由于直流输出电流 I_{OUT} 为零,因此可以不考虑

负载电阻 R_L，这样可得到大信号分析电路图，如图 2-11(b)所示。

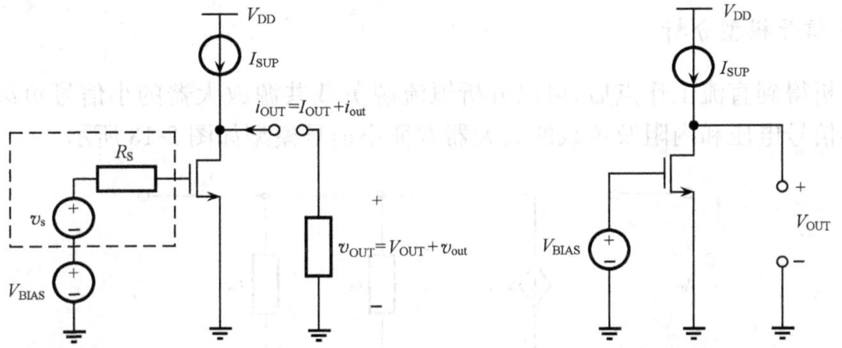

(a) 包括了输入小信号电压 v_s、内阻 R_S，以及负载电阻 R_L　　(b) 直流分析电路

图 2-11　恒流源作负载的共源放大器

图 2-12(a)是恒流源作负载的共源放大器的 NMOS 管特性和恒流源负载特性，图 2-12(b)是电压转移特性。当 V_{BIAS}小于 NMOS 管阈值电压 V_{THn}时，NMOS 处于截止状态，V_{OUT}输出高电平 V_{DD}。当 V_{BIAS}增加超过 V_{THn}时，NMOS 导通有电流 I_D 流过，V_{OUT}开始下降。随着 V_{BIAS}的进一步增加，NMOS 管进入饱和区，最后进入线性区。我们的目标是将 NMOS 管设定在高增益的饱和区。

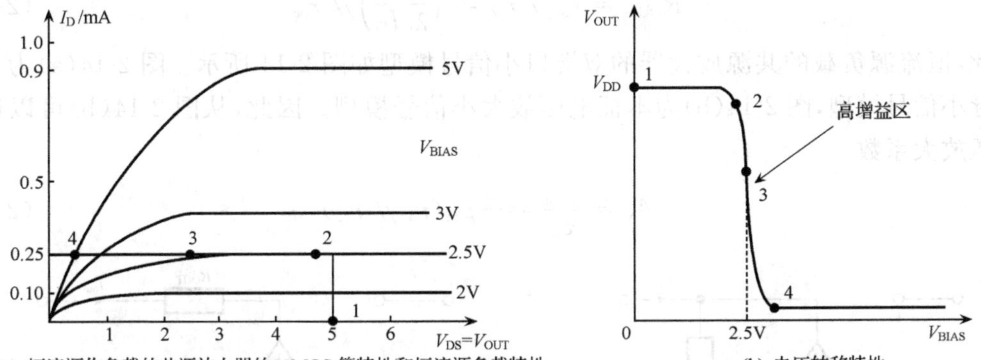

(a) 恒流源作负载的共源放大器的 NMOS 管特性和恒流源负载特性　　(b) 电压转移特性

图 2-12　恒流源负载共源放大器 NMOS 管特性曲线

这里，我们设 I_D 为一个定值，求直流偏置电压 V_{BIAS}的值。根据 NMOS 管饱和电流公式[6,7]，有

$$I_D = I_{SUP} = \frac{W}{2L}\mu_n C_{ox}(V_{BIAS} - V_{THn})^2 \tag{2-14}$$

得到

$$V_{BIAS} = V_{THn} + \sqrt{\frac{I_{SUP}}{\frac{W}{2L}\mu_n C_{ox}}} \tag{2-15}$$

由图 2-12 和式(2-15)可见，V_{BIAS}的值对 NMOS 管的工作区影响较大，V_{BIAS}的值比高增益

点的偏置电压的值稍大或稍小，那么 NMOS 管就有可能工作在线性或截止区。

2. 小信号模型分析

在分析得到直流工作点后，可以分析恒流源负载共源放大器的小信号负载。不包含有输入小信号电压和内阻及负载的放大器本征小信号模型如图 2-13 所示。

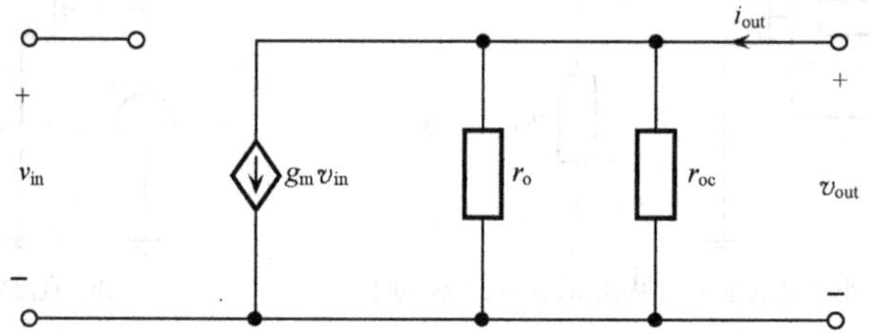

图 2-13　不包含有输入小信号电压和内阻及负载的放大器本征小信号模型

本征跨导 G_m 的计算方法：在输入端口加测试电压源 v_t，输出端短路，这样可得到[6,7]

$$G_m = \frac{i_{out}}{v_t} = g_m = \sqrt{2\frac{W}{L}\mu_n C_{ox} I_D} \tag{2-16}$$

由于放大器的输入端是 NMOS 管的栅极，因此输入电阻 $R_{IN} \rightarrow \infty$。为得到输出阻抗，在输出端接测试电压源，测量其电流并计算输出电阻

$$R_{OUT} = r_o \mathbin{/\!/} r_{oc} = \left(\frac{1}{\lambda_n I_D}\right) \mathbin{/\!/} r_{oc} \tag{2-17}$$

因此，恒流源负载的共源放大器的双端口小信号模型如图 2-14 所示。图 2-14(a)为本征跨导小信号模型，图 2-14(b)为本征电压放大小信号模型。因此，从图 2-14(b)可以得到电压放大系数

$$A_v = \frac{v_{out}}{v_{in}} = -g_m(r_o \mathbin{/\!/} r_{oc}) \tag{2-18}$$

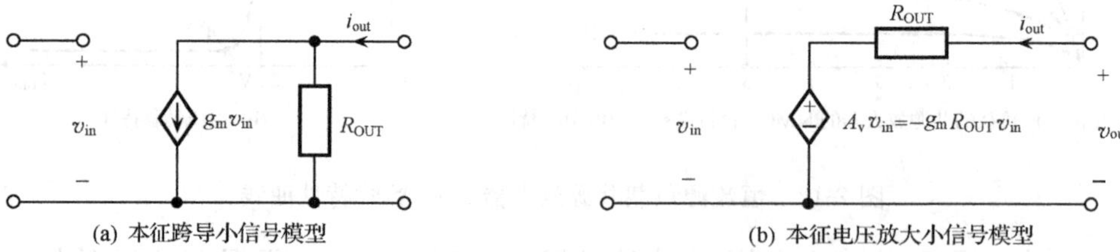

图 2-14　双端口共源小信号模型

在实际电路设计中，可用 NMOS 或 PMOS 管，按如图 2-15(b)所示的连接方法，即将 NMOS/PMOS 管的栅极接到一个固定的偏压 V_{BIAS} 上，源极接地或电源，作为恒流源负载。当 MOS 管工作在饱和区时可作为有源负载。此时，由 MOS 管的漏极向源极看到的电阻为[2]

$$r_{eq} = r_o = \frac{1}{\lambda I_D} \tag{2-19}$$

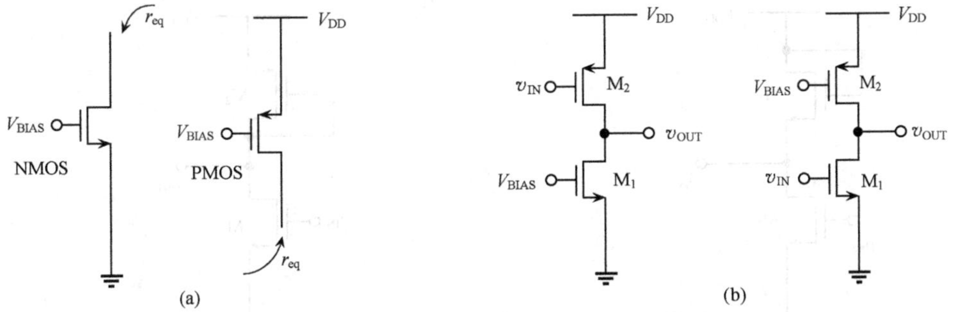

图 2-15　源极交流接地的 MOS 管作有恒流源负载

2.2.3　栅、漏短接的 MOS 管为负载的共源放大器

图 2-16(a)所示的栅、漏短接 MOS 晶体管有 $V_{DS}=V_{GS}$，因此只要 MOS 管导通，即工作在饱和区，这个 MOS 管可以起一个小信号电阻的作用。与双极性晶体管对应，它在模拟电路中叫做“二极管连接”器件。图 2-16(b)是为计算等效电阻的小信号等效电路。

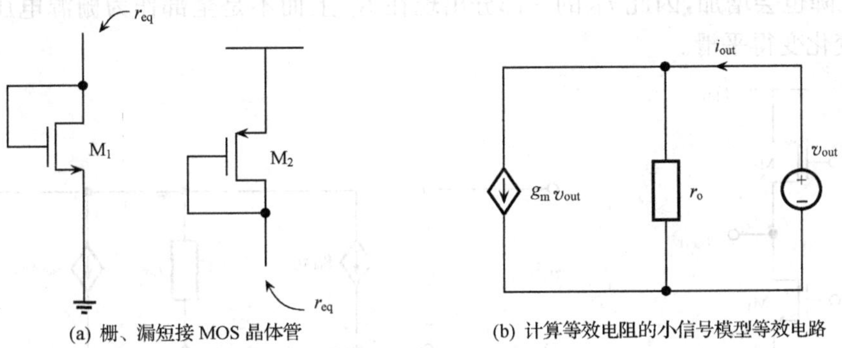

图 2-16

根据 KCL 定理，可得到栅、漏短接的 MOS 管等效电阻为

$$r_{eq}=\frac{1}{1/r_o+g_m} \tag{2-20}$$

当用二极管连接的有源负载，代替图 2-6 共源放大器中的电阻负载时，可以得到用 MOS 管作有源负载的共源放大器，如图 2-17 所示。

在图 2-17(b)中，M_1 管作为输入管，M_2 管是二极管连接的 MOS 负载管。将式(2-20)替代式(2-11)中的电阻 R_D，可以得到电压增益为

$$A_v=-\frac{g_{m1}}{1/r_{o1}+g_{m2}+1/r_{o2}}\approx-\frac{g_{m1}}{g_{m2}}=-\sqrt{\frac{\mu_n W_1 L_2}{\mu_p W_2 L_1}} \tag{2-21}$$

由上式可以看出，要提高 A_v，需要增加 M_1 管的宽长比，减小 M_2 管的宽长比。另外，A_v 仅仅与输入管与负载管的宽长比有关，因此当输入、输出电压发生变化时，增益能保持不变，即电路具有良好的线性。

2.2.4　带源极电阻负反馈的共源放大器电路

在 2.2.3 节中，我们讨论了二极管连接的 MOS 管做负载的共源放大器的线性特性。

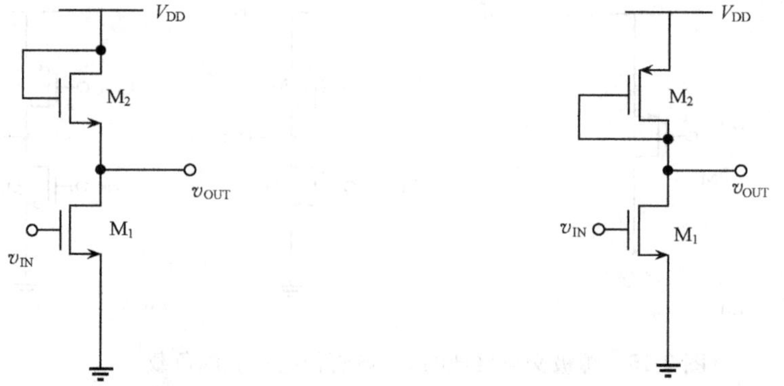

(a) 二极管连接的 NMOS 管作负载　　(b) 二极管连接的 PMOS 管作负载的共源放大器

图 2-17　二极管连接的 MOS 管作负载的共源放大器

另外一种可改变放大器线性的电路如图 2-18(a)所示，通过用一个串联在输入 MOS 管源极的“负反馈”电阻来实现。电路“负反馈”的基本原理是随着 v_{IN}增加，i_D 也增加，同样在 R_S 上的压降也会增加，因此 v_{IN}的一部分出现在 R_S 上而不是全部作为栅源电压，因此 i_D 随 v_{IN}的变化变得平滑。

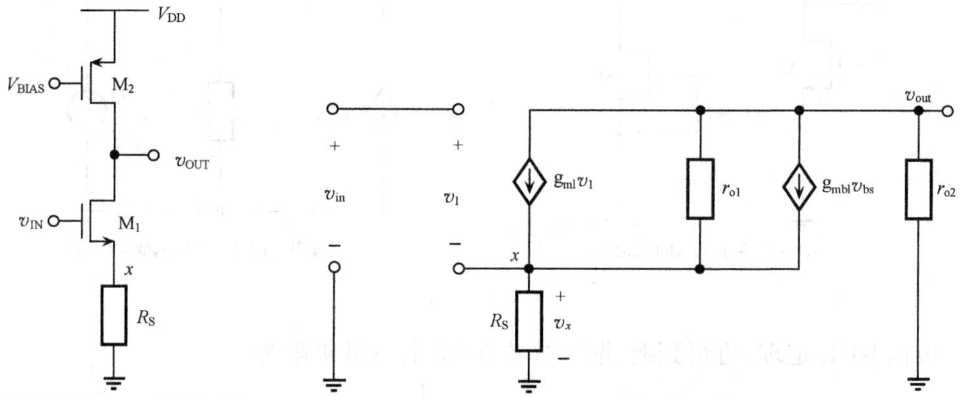

(a) 带负反馈的 CMOS 共源放大器　　(b) 小信号等效电路

图 2-18

根据图 2-18(b)所示的带负反馈的 CMOS 共源放大器的小信号等效模型，计算交流小信号增益 A_v、电路跨导 G_m 及输出电阻 R_{OUT}。注意到图 2-18 (b) 中 $v_{bs}=-v_x$，$v_1=v_{in}-v_x$。根据 KCL 定理，列出节点方程：

$$\frac{v_x}{R_S}=(v_{out}-v_x)/r_{o1}-g_{mb1}v_x+g_{m1}(v_{in}-v_x) \tag{2-22}$$

$$v_{out}/r_{o2}=(v_x-v_{out})/r_{o1}+g_{mb1}v_x-g_{m1}(v_{in}-v_x) \tag{2-23}$$

因此得到

$$A_v=-\frac{g_{m1}r_{o1}r_{o2}}{r_{o2}+R_S+r_{o1}+(g_{m1}+g_{mb1})R_Sr_{o1}}\approx-\frac{g_{m1}r_{o2}}{1+g_{m1}R_S} \tag{2-24}$$

为了对带源极电阻负反馈的放大器作深入的了解，以下计算在有体效应和沟道长度调制效应的情况下的电路跨导 G_m。图 2-19 是计算电路跨导 G_m 的小信号等效电路。我们可以从电路图看到，流过 R_S 上的电流等于 i_{out}，所以 $v_{in}=v_1+i_{out}R_S$。在节点 x，根据 KCL 定理得到

$$
\begin{aligned}
i_{out} &= g_{m1}v_1 - g_{mb1}v_x - \frac{v_x}{r_{o1}} \\
&= g_{m1}(v_{in}-i_{out}R_S) - g_{mb1}(i_{out}R_S) - \frac{i_{out}R_S}{r_{o1}}
\end{aligned}
\tag{2-25}
$$

因此可以得到

$$
\begin{aligned}
G_m &= \frac{i_{out}}{v_{in}} = \frac{g_{m1}r_{o1}}{R_S+[1+(g_{m1}+g_{mb1})R_S]r_{o1}} \\
&= \frac{g_{m1}r_{o1}}{r_{o1}+R_S[1+(g_{m1}+g_{mb1})r_{o1}]} \\
&\approx \frac{g_{m1}}{1+g_{m1}R_S}
\end{aligned}
\tag{2-26}
$$

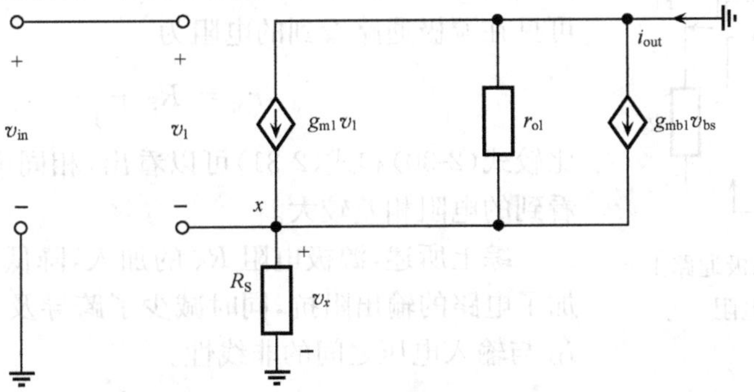

图 2-19　计算带负反馈的共源极电路跨导 G_m 的小信号等效电路

由式(2-26)可见，电路的 G_m 值随 R_S 的增大而降低。根据式(2-24)和式(2-26)，可以计算带负反馈的共源极电路的输出阻抗。为了进一步理解源极负反馈一个重要的作用是增大共源极的输出电阻，以下借助图 2-20 所示的等效电路计算电路的输出阻抗。电路的输出电阻，是输出节点上部电阻和下部电阻的并联。输出端上部分的等效电阻和图 2-15(b)中的一样为 r_{o2}。图 2-20 分析带有源极反馈电阻的 NMOS 管的等效电阻。

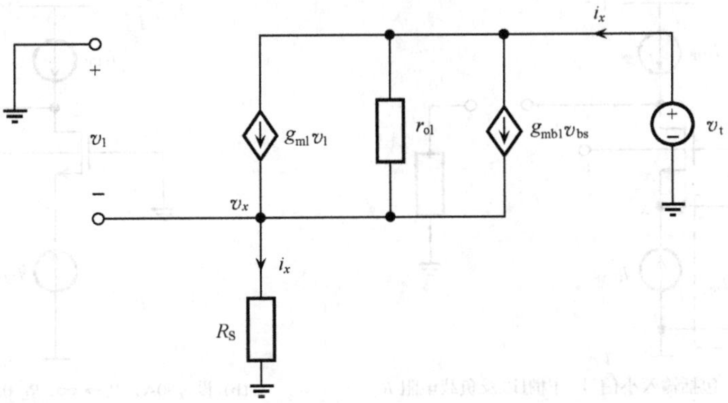

图 2-20　计算负反馈共源极的输出电阻的小信号等效电路

流过 R_S 的电流等于 i_t，所以 $v_1=-i_tR_S$，流过 r_{o1} 上的电流是

$$i_t-(g_{m1}+g_{mb1})v_1=i_t+(g_{m1}+g_{mb1})R_Si_t \tag{2-27}$$

根据 KCL 定理，得

$$r_{o1}[i_t+(g_{m1}+g_{mb1})R_Si_t]+i_tR_S=v_t \tag{2-28}$$

因此得

$$R_{OUT}=[1+(g_{m1}+g_{mb1})r_{o1}]R_S+r_{o1} \tag{2-29}$$

因为通常 $(g_{m1}+g_{mb1})r_{o1}\gg 1$，因此上式可以简化为

$$R_{OUT}=\frac{v_t}{i_t}\approx(g_{m1}+g_{mb1})r_{o1}R_S+r_{o1} \tag{2-30}$$

式(2-30)表明源极电阻的加入，使输出电阻增大了 $(g_{m1}+g_{mb1})R_S$ 倍，这是一个重要的有用结论。

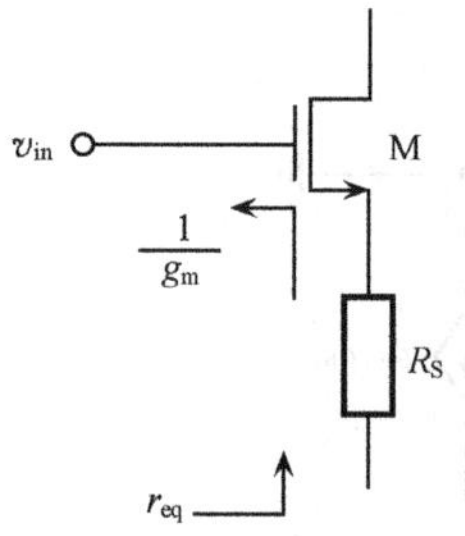

图 2-21　在源极通路上看到的电阻

另外，为了比较起见，我们分析在源极通路上看到的电阻。图 2-21 是在源极通路看到的与地之间的电阻示意图，可见在源极通路看到的电阻为

$$r_{eq}=R_S+\frac{1}{g_m} \tag{2-31}$$

比较式(2-30)和式(2-31)可以看出，相同电路的不同端口所看到的电阻相差较大。

综上所述，源极电阻 R_S 的加入，降低了电路的跨导，增加了电路的输出阻抗，同时减少了跨导及 MOS 管的漏电流 I_D 与输入电压之间的非线性。

2.3　共栅放大器

本节主要讨论的是输入端为 MOS 管的源端，输出端为 MOS 管的漏端的放大器，即共栅放大器。我们将会发现共栅放大器的输入阻抗较小，而输出阻抗较高。图 2-22 是共栅放大器电路，NMOS 的源端有输入电流源 i_s、内阻 R_S、直流偏置电流源 I_{BIAS}。注意，该

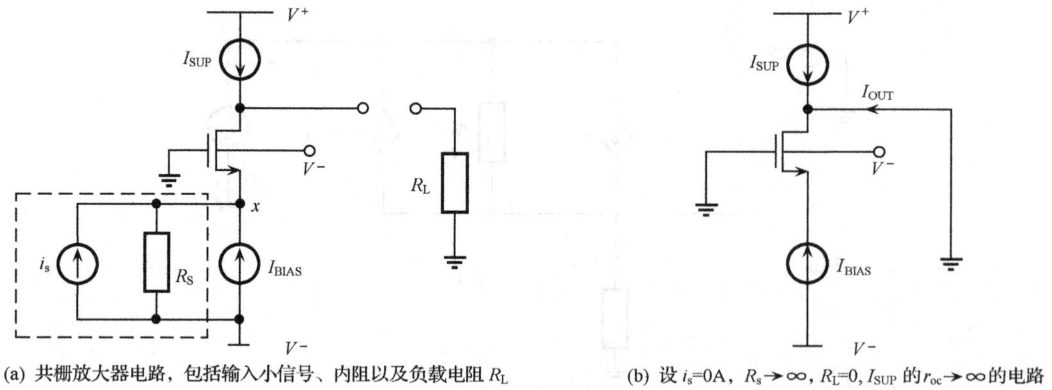

(a) 共栅放大器电路，包括输入小信号、内阻以及负载电阻 R_L　　(b) 设 i_s=0A，$R_s\rightarrow\infty$，R_L=0，I_{SUP} 的 $r_{oc}\rightarrow\infty$ 的电路

图 2-22

电路是双电源电压供电，所以 NMOS 管的栅极的电位为 V^+ 和 V^- 的中间电平，即零电平。由于 NMOS 管的源极为输入端，因此 NMOS 管的衬底也许不能与源极相连。如果是 p 阱 CMOS 工艺，即 NMOS 管做在 p 阱中，那么 NMOS 管的源与衬底可以相连；如果不是 p 阱 CMOS 工艺，则一般需要对衬底加一个电平 V^-，这样 $V_{SB}\neq0$，由于"背栅效应"的存在，V_{THn}将随着 V_{SB}变化。

为了分析共栅放大器的大信号特性，可将图 2-22(a)中的输入小信号源以及内阻去掉，并将 R_L 置为零，如图 2-22(b)所示。在输出端按 KCL 原理，可得

$$I_{OUT}=-I_{BIAS}-I_{SUP} \tag{2-32}$$

与共源放大器一样，为了使直流输出电流 $I_{OUT}=0$，有 $I_{BIAS}=-I_{SUP}$。由于 MOS 管的栅电位为零，我们计算源极电位，以保证 $I_{BIAS}=-I_{SUP}$成立。用 MOS 大信号模型[2]可得

$$I_D=I_{SUP}=\frac{1}{2}\mu_n C_{ox}\frac{W}{L}(V_{GS}-V_{THn})^2(1+\lambda_n V_{DS}) \tag{2-33}$$

其中

$$V_{THn}=V_{THn0}+\gamma_n[\sqrt{|2\phi_F+V_{SB}|}-\sqrt{|2\phi_F|}] \tag{2-34}$$

如果忽略 MOS 管的沟道长度调制效应，即 $\lambda_n=0$，并且 $V_G=0$ V，可得

$$V_S=-V_{THn}-\sqrt{\frac{I_{SUP}}{\frac{W}{2L}\mu_n C_{ox}}} \tag{2-35}$$

如果 $V_B\neq V_S$，那么需要将式(2-34)代入式(2-35)进行计算。

考虑到 $I_{OUT}=0$，MOS 管工作在高增益区，用图 2-23 所示共栅极放大器的小信号模型可计算输出短路电流。在图 2-23 中我们考虑了 $V_{SB}\neq0$ 的情况，从该图可得到输出短路电流等于负的输入电流，这意味着短路电流增益为-1。产生这种结果的原因是栅极无电流流入。

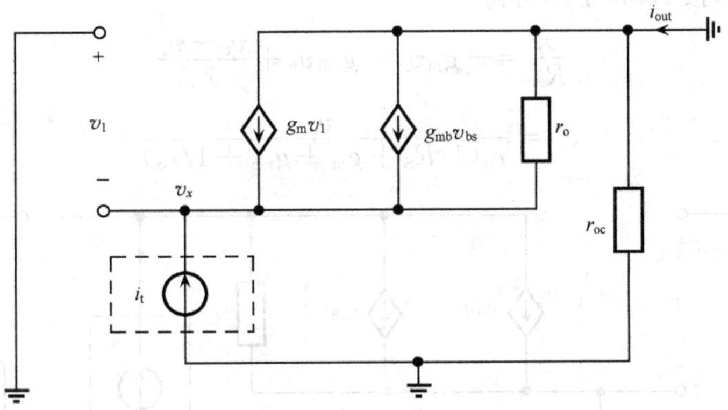

图 2-23　计算共栅放大器输出短路电流的小信号模型

图 2-24 是计算共栅放大器的输入电阻的小信号模型。在输入端加一个测试电流源，测量电流源上的电压值，可得到输入电阻。图中的 r_{oc}是 I_{SUP}电流源的内阻，R_L 为负载电阻，并注意到 $v_1=-v_x=-v_t$，$v_{bs}=-v_t$。在输入端，按 KCL 定理可得到

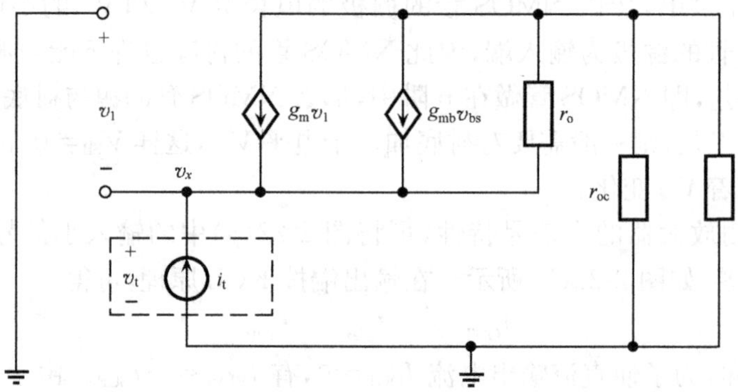

图 2-24　计算共栅放大器的输入电阻的小信号模型

$$i_t = g_m v_t + g_{mb} v_t + \frac{v_t - i_t(r_{oc} /\!/ R_L)}{r_o} \tag{2-36}$$

因此得到

$$R_{IN} = \frac{1 + \dfrac{r_{oc} /\!/ R_L}{r_o}}{g_m + g_{mb} + 1/r_o} \tag{2-37}$$

一般情况下，$r_o \gg R_L$，$r_o \gg 1/(g_m + g_{mb})$，因此式(2-37)可以简化为

$$R_{IN} \approx \frac{1}{g_m + g_{mb}} \tag{2-38}$$

图 2-25 是计算共栅放大器的输出电阻的小信号模型。将输入小信号电流设为零，即开路，但保留小信号内阻 R_S，I_{SUP}电流源的内阻为 r_{oc}。在输出端口的 r_{oc} 电阻两端加一个测试电流源，测量其电压，并计算电阻值。图 2-25 中，我们注意到

$$v_x = i_t R_S \tag{2-39}$$

在源电阻节点上，按 KCL 定理可得

$$\frac{v_x}{R_S} = -g_m v_x - g_{mb} v_x + \frac{v_t - v_x}{r_o} \tag{2-40}$$

即

$$v_x = \frac{v_t}{r_o(1/R_S + g_m + g_{mb} + 1/r_o)} \tag{2-41}$$

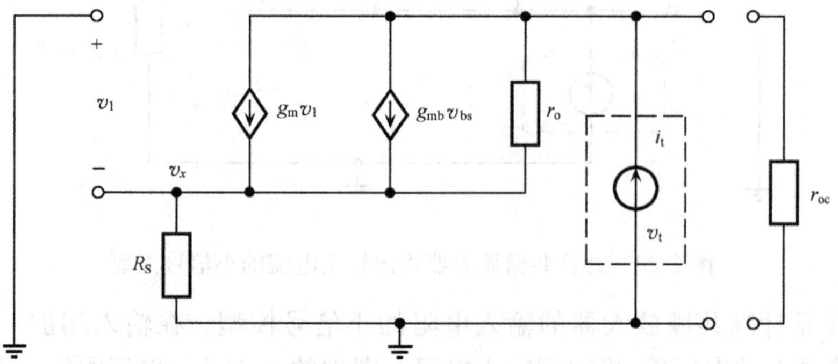

图 2-25　计算共栅放大器的输出电阻的小信号模型

将式(2-39)代入式(2-41)，并整理得到

$$\frac{v_t}{i_t} = R_S\left(\frac{r_o}{R_S} + g_m r_o + g_{mb} r_o + 1\right) \tag{2-42}$$

考虑到并联的 r_{oc} 电阻，则有

$$R_{OUT} = r_{oc} \mathbin{/\!/} \left[R_S\left(\frac{r_o}{R_S} + g_m r_o + g_{mb} r_o + 1\right)\right] \tag{2-43}$$

如果考虑到 $g_m \gg g_{mb}$，以及 $r_o \gg R_S$，得到

$$R_{OUT} \approx r_{oc} \mathbin{/\!/} r_o(1 + g_m R_S) \tag{2-44}$$

注意：由于 MOS 管源极有电阻存在，因此有负反馈作用，使输出电阻值大大提高了。因此，共栅放大器可以用作电流缓冲器，有低的输入电阻、单位增益电流和高的输出阻抗。

通过降低输入电阻可以增加跨导。可用提高 I_{SUP} 电流或提高 MOS 管的 W/L 值达到增加跨导的目的。输出电阻的提高受到 I_{SUP} 电流内阻 r_{oc} 的限制。共栅放大器的双端口模型如图 2-26 所示。

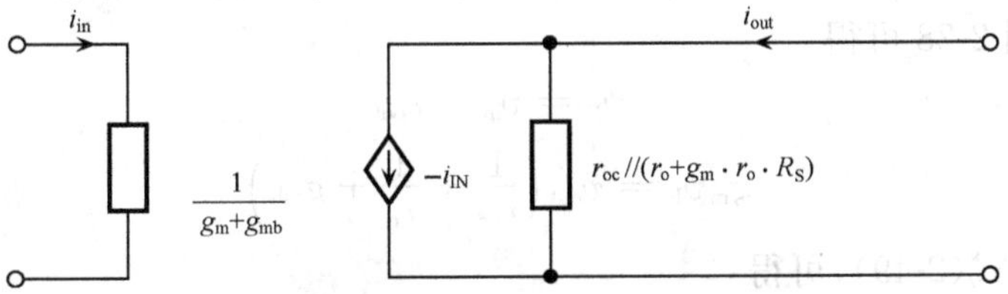

图 2-26　共栅放大器的双端口模型

2.4　共漏放大器

共漏放大器也称为源极跟随器[4]，其电路如图 2-27 所示。NMOS 管的漏极接到 V^+ 电源。输入的直流偏置电压 V_{BIAS} 和小信号电压连接到栅极，在源极有恒流源。输出端口在 MOS 管的源极。注意，电路采用了双电源电压。如果 NMOS 管被做在 p 阱中，那么 NMOS 管的衬底与源极可以连接在一起，以去除衬底偏置效应。如果采用的是 n 阱工艺，那么 NMOS 管的阈值电压 V_{THn} 将是 V_{SB} 的函数[1,2]。

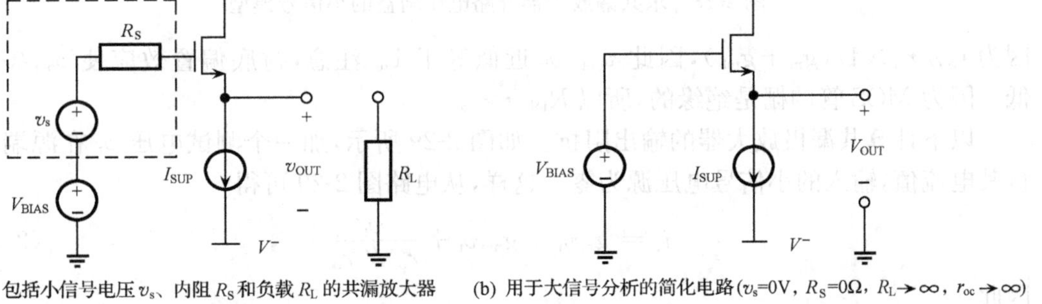

(a) 包括小信号电压 v_s、内阻 R_S 和负载 R_L 的共漏放大器　(b) 用于大信号分析的简化电路(v_s=0V，R_S=0Ω，$R_L \to \infty$，$r_{oc} \to \infty$)

图 2-27

图 2-27(b)是共漏放大器大信号分析模型的简化电路，用于计算输入偏置电压 V_{BIAS} 和 V_{OUT} 的关系。由图可见

$$V_{BIAS} - V_{GS} = V_{OUT} \tag{2-45}$$

如果忽略 MOS 管的沟道长度调制效应，按 MOS 管的大信号模型可得

$$V_{GS} = V_{THn} + \sqrt{\frac{I_{SUP}}{\frac{W}{2L}\mu_n C_{OX}}} \tag{2-46}$$

如果考虑衬底偏置效应，那么 MOS 管的 V_{THn} 与 V_{SB} 之间有以下关系：

$$V_{THn} = V_{THn0} + \gamma_n[\sqrt{|2\varphi_F + V_{SB}|} - \sqrt{|2\varphi_F|}] \tag{2-47}$$

从电路图 2-27，可以推测其电压放大系数近似为 1，电路有大的输入电阻和小的输出阻抗。为计算双端口模型参数，首先画出图 2-28 所示的用于计算开路电压增益 A_v 的共漏放大器的小信号模型，图中包含了衬底偏置效应。以下计算开路电压增益 A_v。注意到 $v_{bs} = -v_{out}$，由图 2-28 可得

$$v_1 = v_{in} - v_{out} \tag{2-48}$$

$$g_m v_1 = v_{out}\left(\frac{1}{r_{oc}} + \frac{1}{r_o} + g_{mb}\right) \tag{2-49}$$

将式(2-48)代入式(2-49)，可得

$$\frac{v_{out}}{v_{in}} = A_v = \frac{g_m}{1/(r_o /\!/ r_{oc}) + g_m + g_{mb}} \approx \frac{g_m}{g_m + g_{mb}} \tag{2-50}$$

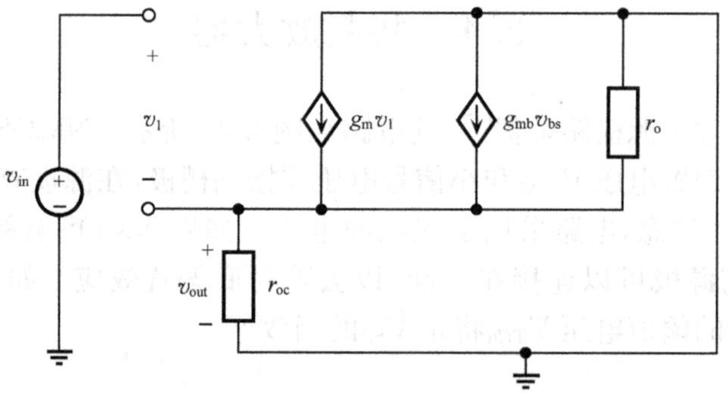

图 2-28　求共漏放大器开路电压增益的小信号模型

因为 $r_o /\!/ r_{oc} \gg 1/(g_m + g_{mb})$，因此 v_{out}/v_{in} 近似等于 1。注意，衬底偏置效应使 v_{out}/v_{in} 降低。因为 MOS 管的栅是绝缘的，所以 $R_{IN} \to \infty$。

以下计算共漏极放大器的输出阻抗。如图 2-29 所示，加一个测试电压 v_t 在源端，测量其电流值，输入的小信号电压源为零。这样，从电路图 2-29 可得

$$i_t = g_m v_t + g_{mb} v_t + \frac{v_t}{r_o /\!/ r_{oc}} \tag{2-51}$$

因此

$$\frac{v_t}{i_t} = \frac{1}{1/(r_o /\!/ r_{oc}) + (g_m + g_{mb})} \tag{2-52}$$

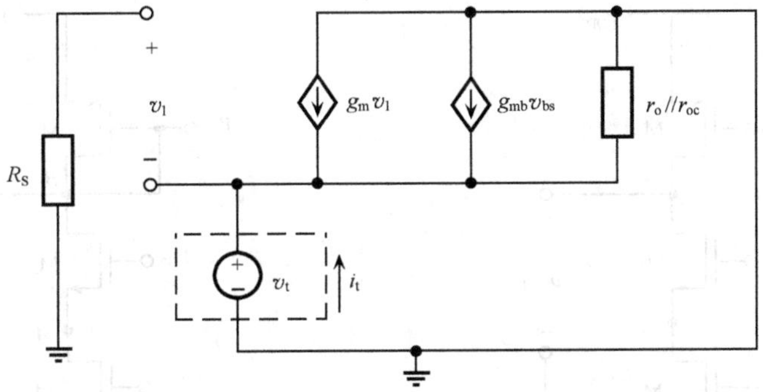

图 2-29 计算共漏极放大器的输出阻抗的小信号模型

由于在一般情况下有

$$r_o // r_{oc} \gg 1/(g_m + g_{mb})$$

因此

$$R_{OUT} \approx \frac{1}{g_m + g_{mb}} \quad (2\text{-}53)$$

从而得到共漏放大器的双端口模型，如图 2-30所示。

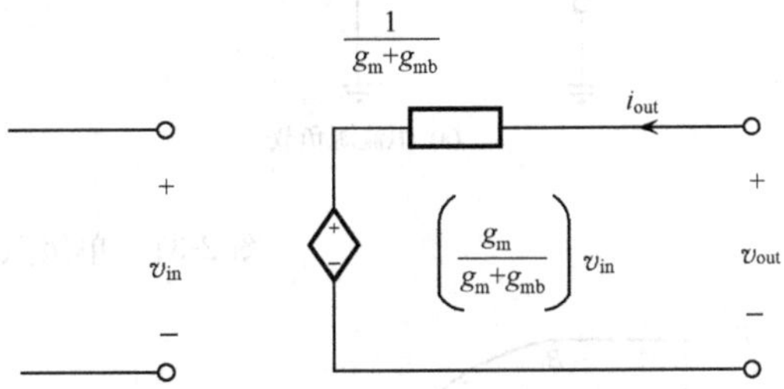

图 2-30 共漏放大器的双端口模型

2.5 共源-共栅放大器

在 2.4 节中提到共栅极的输入信号可以是电流，而共源和共漏极中的晶体管可以将电压信号转为电流信号。单管放大器的结构简单，它是模拟电路的基本单元。将基本单元进行组合就可以得到比较复杂的电路，以提高电路的性能。本节介绍共源-共栅极的级联放大器，即共源-共栅(cascode)放大器。图 2-31(a)、(b) 分别是 PMOS 管恒流源负载和栅、漏短接的 MOS 管作负载的单级 CMOS 共源-共栅放大器电路。M_1 管是输入管，作共源放大器，M_2 管作共栅放大器，M_3 管是负载管。输入信号加到 M_1 管栅极，输出信号从 M_2 管的漏极引出。

2.5.1 大信号特性

设图 2-31(a)中的 M_1、M_2 和 M_3 管的阈值电压分别为 V_{TH1}、V_{TH2}、V_{TH3}。V_{G2} 和 V_{G3} 分别是 M_2 和 M_3 的直流偏置电压。图 2-32 是其输入输出特性曲线[4]。

(1) 当输入电压 $V_{IN} < V_{TH1}$，M_1 管截止，这样由于 M_1 中没有电流流过，因此 M_2 管也截止，而 M_3 管导通，因此输出电压 V_{OUT} 为 V_{DD}，如图 2-32 中的 AB 段。

(2) 当输入电压 $V_{IN} > V_{TH1}$，M_1 管导通，I_{D1} 逐渐增大，V_A 电压下降，这样 M_2 的电流 I_{D2} 也逐渐上升，V_{OUT} 从 V_{DD} 逐渐下降。当 $V_{OUT} > V_{G3} + |V_{TH3}|$ 时，M_3 管工作在线性区，而 M_1 和 M_2 管工作在饱和区，如图 2-32 中的 BC 段。

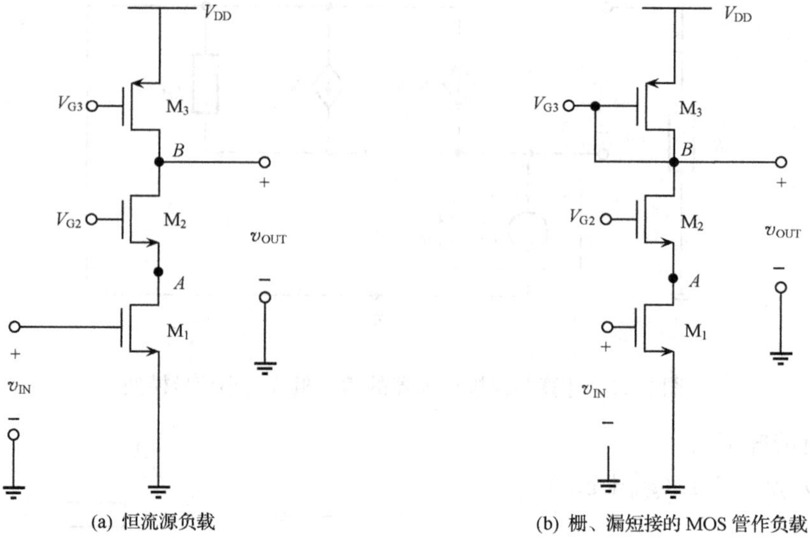

图 2-31　单级共源-共栅放大器电路

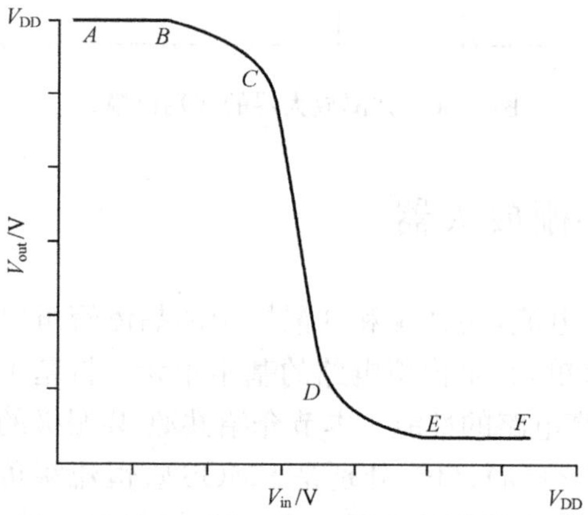

图 2-32　恒流源负载共源-共栅放大器电路(图 2-31)的输入输出特性曲线

(3) 当 V_{IN} 继续上升，且 $V_{OUT}<V_{G3}+|V_{TH3}|$ 时，M_3 管进入饱和区。如果同时满足 $V_{OUT}>V_{G2}-V_{TH2}$，那么 M_2 管工作在饱和区。对于 M_1 管，如果 $V_{GS1}=V_{GS2}=V_{IN}$，那么当 $V_{G2}-V_{GS2}\geqslant V_{GS1}-V_{TH}$，即 $V_{IN}\leqslant(V_{G2}+V_{TH1})/2$，$M_1$ 处于饱和区工作，这时 V_{OUT} 迅速下降，如图 2-32 中的 *CD* 段。

(4) 当 V_{IN} 继续上升，如果 $V_{OUT}<V_{G2}-V_{TH2}$，此时 M_1 和 M_3 管工作在饱和区，M_2 管工作在线性区，输出电压继续下降，但速度变慢，如图 2-32 中的 *DE* 段。在本工作区中，M_1 也有可能先进入线性区，而 M_2 和 M_3 管工作在饱和区。M_1 和 M_2 管哪个先进入取决于 M_1 和 M_2 管的宽长比和 V_{G2} 电压。

(5) 当输入电压继续增大，且 $V_A<V_{IN}-V_{TH1}$，那么 M_1 和 M_2 管都进入线性区，M_3 管工作在饱和区，输出电压缓慢下降，如图 2-32 中的 *EF* 段。需要注意的是，输出电压的最大值可达到 V_{DD}，但最小输出值高于零电平，其值取决于 M_1、M_2 和 M_3 管的宽长比以及偏置电压值。

由于我们主要关心的是 M_1、M_2 和 M_3 管工作在饱和区时，即共源共栅电路处于最大的小信号电压增益时的输出电压范围。这个限定对管子的设计很有意义。因此，从图2-31(a)可见，所有管子都工作在饱和区的共源-共栅电路的最大输出电压和最小输出电压分别为

$$V_{OUT(最大)}=V_{DD}-V_{SD3(饱和)} \tag{2-54}$$

$$V_{OUT(最小)} = V_{DS1(饱和)} + V_{DS2(饱和)} \quad (2\text{-}55)$$

因此，为了增大输出电压的范围，可以通过增加各个管子的宽长比来降低饱和压降。

2.5.2　小信号特性

图 2-33(a)是恒流源负载共源-共栅放大器电路(图 2-32)的小信号模型等效电路，按电流源拆分和置换原理，将此模型简化后可得到图 2-33(b)。在忽略寄生电容后，采用节点分析法对节点 A 和 B 列出电流方程[3]

$$g_{m1}v_{in} + (1/r_{o1} + g_{m2} + g_{mb2})v_2 = (v_{out} - v_2)/r_{o2} \quad (2\text{-}56)$$

$$(g_{m2} + g_{mb2})v_2 = v_{out}/r_{o3} + (v_{out} - v_2)/r_{o2} \quad (2\text{-}57)$$

由上两式求得小信号电压增益为

$$\frac{v_{out}}{v_{in}} = -\frac{g_{m1}[(g_{m2} + g_{mb2})r_{o2} + 1]r_{o1}r_{o3}}{r_{o2} + r_{o3} + r_{o1} + r_{o1}r_{o2}(g_{m2} + g_{mb2})} \approx -g_{m1}r_{o3} \quad (2\text{-}58)$$

从上式可以看到，与共源放大器相比，共源-共栅放大器具有较高小信号增益。另外，其小信号电压增益主要由 M_1 和 M_3 管的参数决定。

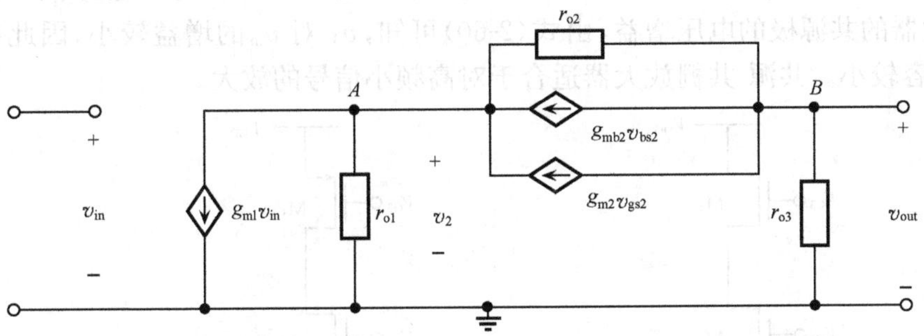

(a) 等效电路

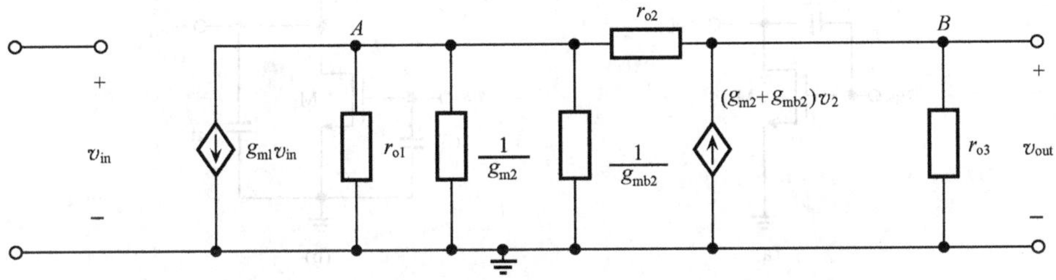

(b) 模型简化后的等效电路

图 2-33

利用图 2-33(a)，可以求出其小信号输出电阻。小信号输出电阻是共源-共栅(M_1 和 M_2 管)的输出阻抗与 M_3 对交流地的阻抗 r_{o3} 并联后的电阻，即

$$R_{OUT} = [r_{o1} + r_{o2} + g_{m2}r_{o1}r_{o2}] \,//\, r_{o3} \approx r_{o3} \quad (2\text{-}59)$$

从式(2-59)可见，与共源放大器相比，共源-共栅放大器具有更大的输出小信号电阻。另外，计算从 v_{in} 到 M_1 的漏极电压(v_A)的小信号增益也是我们所感兴趣的。根据式(2-57)和式(2-58)可得

$$\frac{v_A}{v_{in}} = \frac{-g_{m1}r_{o1}(r_{o2} + r_{o3})}{r_{o1} + r_{o2} + r_{o3} + r_{o1}r_{o2}g_{m2}} \approx -\frac{2g_{m1}}{g_{m2}} \quad (2\text{-}60)$$

在式(2-60)中,我们假定 M_1 和 M_2 的宽长比相同,且 $r_{o2}=r_{o3}$,那么 v_A/v_{in} 的值约为-2。

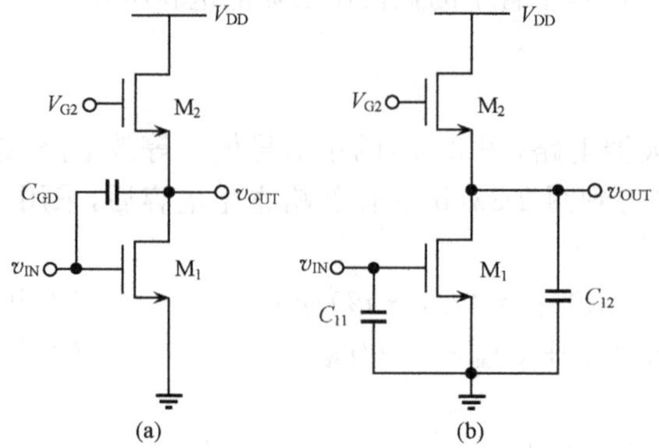

图 2-34　共源极放大器中 C_{GD} 电容的米勒效应原理图

下面比较共源放大器和共源-共栅放大器中输入管 M_1 的栅漏电容 C_{GD} 对电路性能的影响。图 2-34 和图 2-35 分别是共源极和共源-共栅极放大器中 C_{GD} 电容的米勒效应原理图。根据米勒定理[2],可以得到图 2-34 中 $C_{11}=(1-A_1)C_{GD}$,$C_{12}=(1-1/A_1)C_{GD}$,其中 A_1 为共源放大器的电压增益。一般情况下,共源放大器的电压增益 A_1 比较大,因此米勒效应将在输入端口引入较大的寄生电容。该寄生电容对电路的频率特性有较大影响。

同样对图 2-35 所示的共源-共栅放大器电路,根据米勒定理可得图中的 $C_{21}=(1-A_2)C_{GD}$,$C_{22}=(1-1/A_2)C_{GD}$,其中 A_2 为共源-共栅放大器的共源极的电压增益,由式(2-60)可知,v_A 对 v_{in} 的增益较小,因此在输入端的寄生电容较小。共源-共栅放大器适合于对高频小信号的放大。

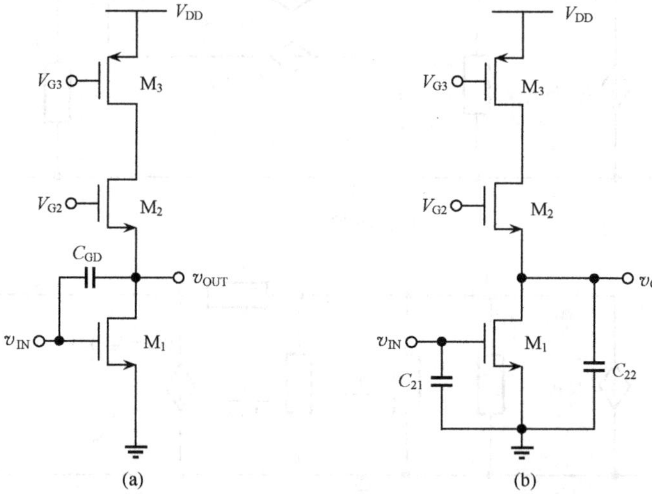

图 2-35　共源-共栅极放大器中 C_{GD} 电容的米勒效应原理图

习　题

2.1　在共源-共栅电路中,增加电压增益可以通过增加输入 MOS 管的跨导(g_m)或增大输出电阻(r_{out})的方法。在图 2-36 中,通过改变 M_1 管的电流 I_D,可改变电压增益。试计算小信号电压增益的一般表达式。

2.2　图 2-37 所示的是共源-共栅电路,列出电压增益和输出电压范围的一般表达式,并与图 2-31 中的共源-共栅电路进行比较讨论。

2.3　在图 2-37 所表示的共源-共栅电路中,设偏置电流为 50μA,$V^+=3$V,$V^-=0$。输出电压摆幅

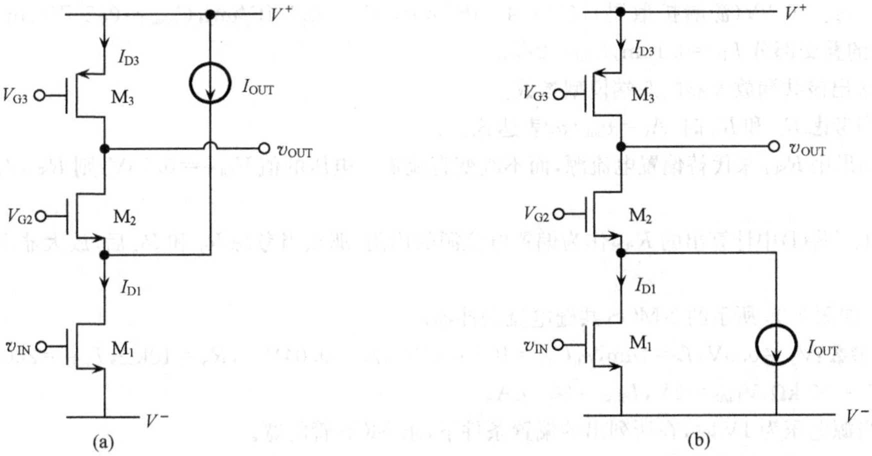

图 2-36

为 1.9V，$(W/L)_{1\sim4}=W/L$，且忽略背栅效应（$\gamma=0$）。计算 V_{G2}、V_{G3} 与 W/L；如果 $L=0.5\mu m$，求此时的电压增益。器件参数：$\mu_n C_{ox}=100\ \mu A/V^2$，$\mu_n C_{ox}=50\ \mu A/V^2$，$V_{THn}=+0.7\ V$，$V_{THp}=-0.7\ V$。

2.4 在图 2-37 所示的共源-共栅电路中，V_{G2} 从 0 升高到 V_{DD}，画出小信号电压增益 v_{out}/v_{in} 随之变化的曲线，设 $\lambda=\gamma=0$。

2.5 图 2-38 是共漏电压缓冲器。

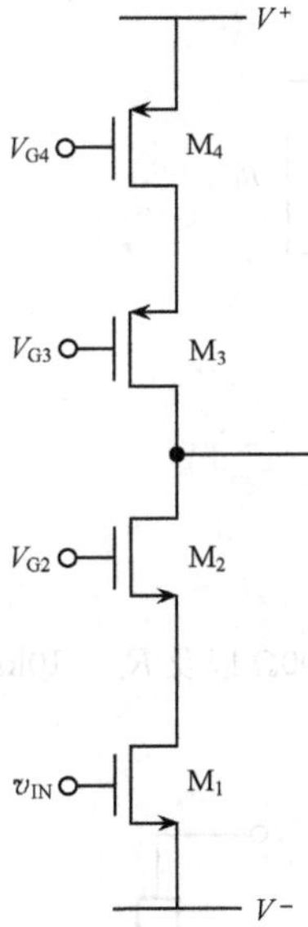

图 2-37

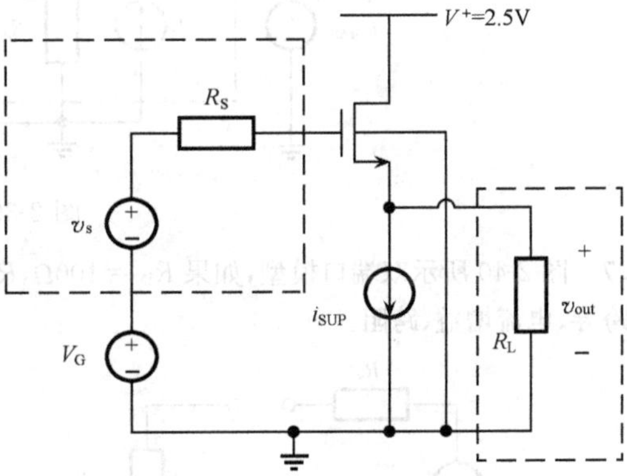

图 2-38

器件参数：$g_{mb}=0.1\ g_m$，$V_{THn}=0.9\ V$，$L=1\mu m$，$\mu_n C_{ox}=100\ \mu A/V^2$，$\lambda_n=0.04V^{-1}$，$R_S=5\ k\Omega$，$I_{SUP}=250\ \mu A$，$r_{oc}=100\ k\Omega$，$R_L=2.5k\Omega$。

(a) 如果 $V_G=1.85V$ 并且对应的 $V_{OUT}=0.75V$，求出 MOS 管的宽。计算直流偏置时可以忽略沟道长度调制效应和背栅效应。

(b) 计算放大器的直流功耗？注意，虚线框中的元件是用于小信号分析（图 2-38）。

(c) 求出以下小信号参数：g_m、r_o、C_{GS}、C_{GD} 和 C_{BS}。可以忽略 C_{GB} 以及金属布线电容。参数：$C_{jn}=$

0. 1fF/μm^2，φ_B=0. 9V(源漏扩散层)，C_{ox}=4. 6fF/μm^2，C_{ov}=0. 5 fF/μm，C_{jswn}=0. 2 fF/μm。源/漏与poly-Si栅的叠交部分 L_D=0. 1μm，L_{diff}=2μm。

(d) 求出该共漏放大器的双端模型参数。

(e) 当考虑 R_L 和 R_S 时，$A_v=v_{out}/v_{in}$表达式。

(f) 如果用R_{SUP}来代替偏置电流源，而不改变直流输出电压的值 V_{OUT}=0. 75V，则 R_{SUP}需要的值是多少?

(g) 如果将(f)中计算出的 R_{SUP} 作为偏置电流源的内阻，那么当考虑 R_S 和 R_L 后，放大器电压增益为多少?

2. 6 如图 2-39 所示的 NMOS 共栅电流缓冲器。

器件参数：V_T=0. 5V；L=1μm，$\mu_n C_{ox}$=100 μA/V^2，λ_n=0. 04V^{-1}，R_S=10kΩ，I_{SUP}=200 μA，r_{oc}=100 kΩ，R_L=50 kΩ，V_{BIAS}=2V，I_{BIAS}=200 μA。

(a) 当源电压为 1V 时，在所列出的偏置条件下，求 MOS 管的宽。

(b) 求放大器的输入阻抗 R_{IN}。

(c) 求放大器的输出阻抗 R_{OUT}。

(d) 求放大器增益 i_{out}/i_s。

(e) 最大输出电流摆幅。注意，每个电流源需要 0. 5V 的偏置才工作正常。

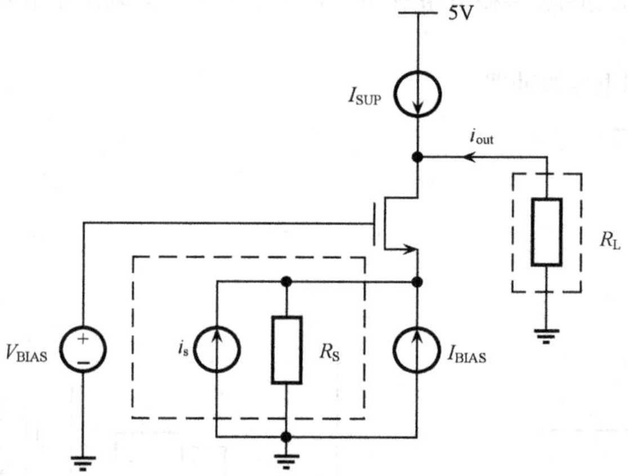

图 2-39

2. 7 图 2-40 所示双端口模型，如果 R_{IN}=100Ω，R_{OUT}=10kΩ，R_S=100Ω 以及 R_L=10kΩ。求：电压增益、跨导、电流增益、跨阻。

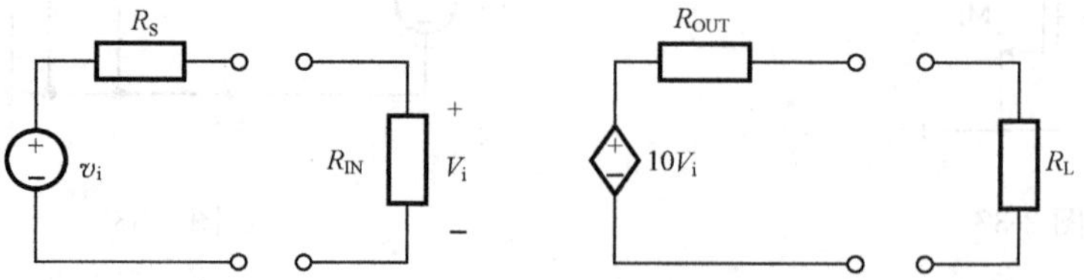

图 2-40

2. 8 计算 2. 7 题中电路的各个参数。

器件参数：

(a) R_{IN}=10 kΩ，R_{OUT}=100 Ω，R_S=100 Ω，R_L=10 kΩ。

(b) R_{IN}=100 Ω，R_{OUT}=10 kΩ，R_S=10 kΩ，R_L=100 Ω。

2.9　图 2-41 所示 NMOS 共源放大器电路。

器件参数：$W/L=50/5$，$V_{TNn}=1V$，$\mu_n C_{ox}=50\ \mu A/V^2$，$\lambda_n=0.03V^{-1}$，$r_{oc}\to\infty$。

(a) R_D 和 V_{BIAS} 的值，使 $I_D=500\mu A$ 时，$V_{OUT}=0V$。

(b) 双端口模型参数 R_{IN} 和 R_{OUT}。

(c) 跨导和电压增益。

2.10　按题 2.9 给出的条件，如果 $I_{SUP}=100\ \mu A$，请按题 2.9 的要求计算各参数。

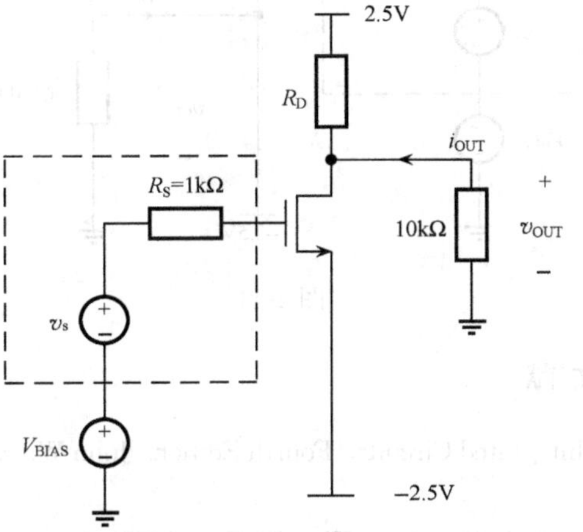

图 2-41

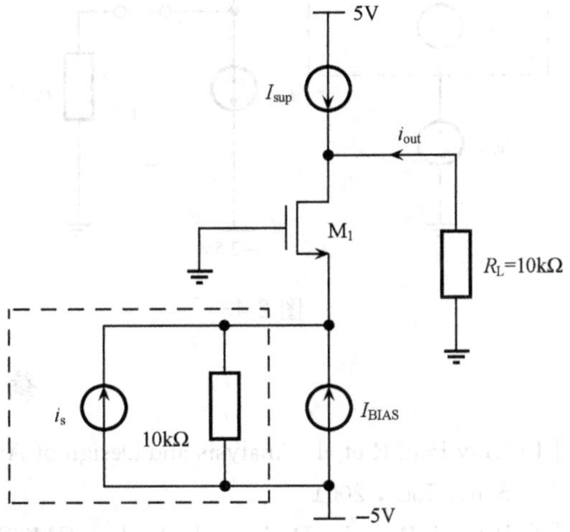

图 2-42

2.11　按图 2-42 所示的 NMOS 共栅放大器，电流源偏置，输入信号为小信号电流。求在 $I_{SUP}=100\mu A$，$V_{OUT}=0V$ 条件下的各电路参数。

器件参数：$W/L=50/5$；$V_{THn}=0.7\ V$；$\mu_n C_{ox}=75\ \mu A/V^2$；$\lambda_n=0.02V^{-1}$，$r_{oc}=r_o$。

求：(a) I_{BIAS} 的值。

(b) 双端口的模型中 R_{IN} 和 R_{OUT} 参数。

(c) 电流增益和跨导。

2.12　如果 $I_{SUP}=10\ \mu A$，请按题 2.11 的条件计算各参数。

2.13　图 2-43 所示共漏放大器，电流源偏置，输入小信号电压。

器件参数：$W/L=20/2$；$V_{THn}=0.7\ V$；$\mu_n C_{ox}=100\ \mu A/V^2$；$\lambda_n=0.05V^{-1}$，$r_{oc}=r_o$。

求：(1) 在 $I_{SUP}=200\mu A$，$V_{OUT}=0V$ 条件下，求 V_{BIAS} 的值。

(2) 双端口参数 R_{IN} 和 R_{OUT}。

(3) 电压增益和跨导。

2.14　如果 $I_{SUP}=20\mu A$，计算题 2.13 中的参数。

2.15　图 2-44 所示 PMOS 共漏放大器，电流源偏置，输入小信号电压。

器件参数：$W/L=20/2$；$V_{THP}=-0.7\ V$；$\mu_n C_{ox}=25\ \mu A/V^2$；$\lambda_p=0.05V^{-1}$，$r_{oc}=r_o$。求：

(1) $I_{SUP}=200\mu A$，$V_{OUT}=0V$ 条件下，求 V_{BIAS} 的值。

(2) 计算双端口参数 R_{IN} 和 R_{OUT}。

(3) 计算电压增益。

(4) 计算跨导。

2.16　如果 $I_{SUP}=20\mu A$，计算题 2.15 中的参数。

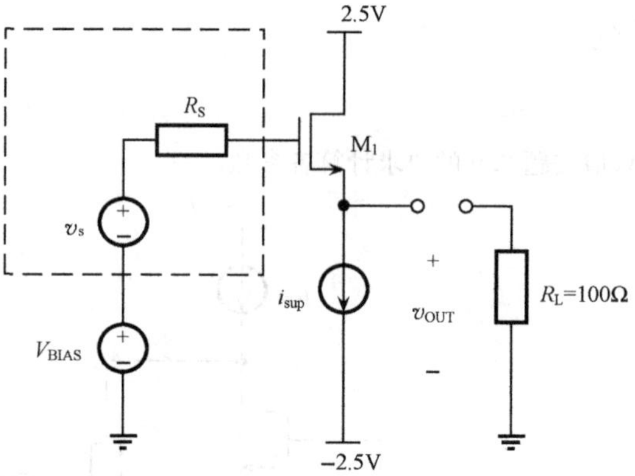

图 2-43

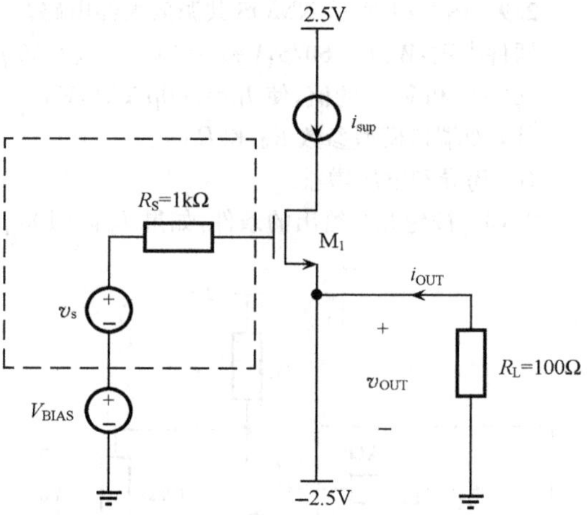

图 2-44

参 考 文 献

[1] Gray Paul R et al. Analysis and Design of Analog Integrated Circuits. Fourth Edition. John Wiley & Sons, Inc. , 2001

[2] Behzad Rezavi. Design of Analog CMOS Integrated Circuits. The McGran-Hill Companies, Inc. , 2001

[3] Philips E Allen, Douglas R Holberg. CMOS Analog Circuit Design. Second Edition. Oxford University Press, Inc. , 2002

[4] Roger T Howe, Charles G Sodini. Microelectronics—An Integrated Approach. Prentice-Hall, Inc. , 1997

[5] 洪志良 . 模拟集成电路分析与设计 . 北京:科学出版社,2005

[6] David A Johns, Ken Martin. Analog Integrated Circuit Design. John Wiley & Sons, Inc. ,1997

[7] Roubik Gregorian. Introduction to CMOS OP-AMPS and Comparator. John Wiley & Sons, Inc. ,1999

第3章 电流镜与差分放大器

在第 2 章中,我们已经学习了 MOS 管电流源,本章将进一步分析电流源的种类和性能以及在电路中的基本应用。在此基础上,介绍在模拟集成电路中广泛使用的电流镜电路的结构和性能。另外,本章还要介绍差分放大器的基本概念、电路和性能,说明差分放大器在模拟集成电路设计中的作用。最后讨论电流镜负载的双端输入、单端输出的差分放大电路的性能。

3.1 MOS 电流源

图 3-1 中 MOS 管工作在饱和区。如果不考虑沟道长度调制效应,那么电流源或电流阱的电流大小与漏源电压无关[1,2],从图 3-1 中的 MOS 管的漏极看进去,其电流是不变的,是一个理想的电流源。如果考虑沟道长度调制效应,那么 MOS 管的电流-电压关系为

$$I_{\mathrm{D}}=\frac{1}{2}\mu_{\mathrm{n}}C_{\mathrm{ox}}\frac{W}{L}(V_{\mathrm{GS}}-V_{\mathrm{TH}})^2(1+\lambda V_{\mathrm{DS}}) \tag{3-1}$$

根据式(3-1),将 V_{DS} 对 I_{D} 求导,可得 MOS 的交流电阻为

$$r_{\mathrm{o}}=\frac{1}{\lambda I_{\mathrm{D}}} \tag{3-2}$$

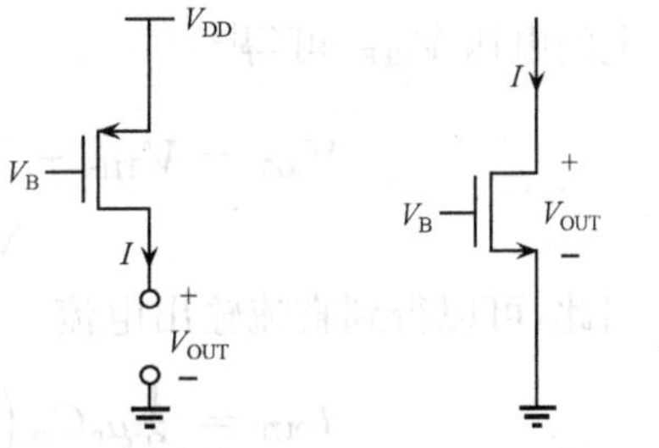

图 3-1 单个 MOS 管的电流源和电流阱

从式(3-2)可知,电流源的输出电阻与 λ 系数和直流电流 I_{D} 的值成反比。电流 I_{D} 的值越大,则 r_{o} 的值越小,与理想的电流源距离就越大。另外,式(3-2)的计算结果是在一阶模型基础上得到的,适合于沟道长度大于 10μm 的长沟道器件和沟道低掺杂的条件[3,4]。我们知道 λ 系数与沟道长度成反比[2],因此在亚微米工艺条件下,电流源的输出电阻将降低。因此在设计电流源时,要根据实际需要设定 MOS 管的沟道长度。

为了保证图 3-1 所示 NMOS 管和 PMOS 管工作在饱和区,NMOS 和 PMOS 管的端口电压分别需要满足饱和工作条件

$$V_{\mathrm{OUT}}\geqslant V_{\mathrm{G}}-V_{\mathrm{THn}} \tag{3-3}$$

$$V_{\mathrm{OUT}}\leqslant V_{\mathrm{G}}+|V_{\mathrm{THp}}| \tag{3-4}$$

理想的电流源不仅需要输出电阻大,而且需要电压的工作范围宽。输出电阻越大,则在工作电压范围内,电流源越恒定。

3.2　基本电流镜

从3.1节的介绍，我们知道可利用MOS管饱和区的特性，用NMOS管、PMOS管和偏置电压可构成电流源和电流阱，其电流大小可用式(3-1)表示。为了得到稳定的电流源，需要保证式(3-1)中各项参数在工艺条件、电源电压和温度有变化时没有变化。但实际上随着工艺的进步，集成电路工艺进入超深亚微米工艺后，器件参数的变化对器件性能的影响越来越大[5~7]。另外，式(3-1)中的MOS管栅压V_{GS}也希望是一个不受环境温度和电源电压影响的稳定的电压值，因此需要用带隙电压基准源(见第8章)，同时需要在设计时注意偏置电压的金属走线不受周围电路走线的干扰[2]。由于以上原因集成电路中一般不直接采用通过基准电压源产生电流源的方法，而是设计独立的精确参考电流源I_{REF}(见第9章)，并将精确电流源进行复制，产生电流源和电流阱。

图3-2是基本的电流镜电路。由I_{REF}在二极管连接的M_1管通路上产生V_{REF}，并加在M_2管的栅极上产生电流源。为了计算输出电流I_{OUT}的值，假定M_1和M_2管是匹配的，即两个管子的阈值电压V_{THn}，载流子迁移率和栅氧化层厚度完全相等。这个条件在集成电路工艺中是可行的。另外，在计算MOS管大信号特性时，忽略MOS管的电阻。按照上述假定条件，计算M_1和M_2管栅上的电压V_{REF}，可得[3]

$$V_{REF} = V_{THn} + \sqrt{\frac{I_{REF}}{\left(\frac{W}{L}\right)_1 \frac{\mu_n C_{ox}}{2}}} \tag{3-5}$$

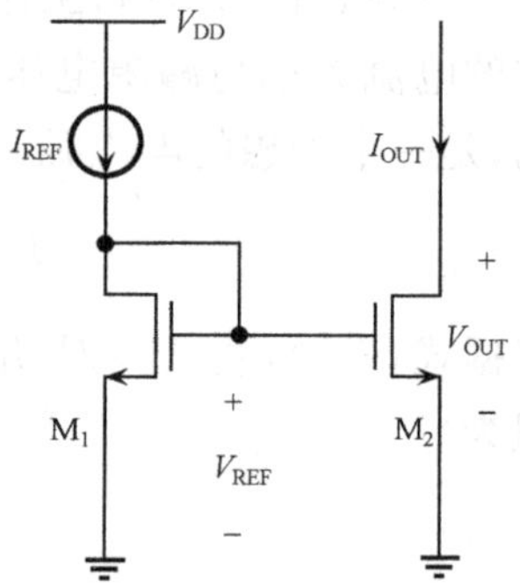

图3-2　基本电流镜电路

因此，可以得到直流输出电流

$$I_{OUT} = \frac{1}{2}\mu_n C_{ox}\left(\frac{W}{L}\right)_2\left[V_{THn} + \sqrt{\frac{I_{REF}}{(W/L)_1\mu_n C_{ox}/2}} - V_{THn}\right]^2 \tag{3-6}$$

即

$$I_{OUT} = \frac{(W/L)_2}{(W/L)_1} I_{REF} \tag{3-7}$$

因此，可以看到输出电流I_{OUT}与I_{REF}之间的关系是M_2管与M_1管的几何尺寸之比。这样我们可以通过MOS管的几何尺寸的调整，按比例精确设计输出电流源I_{OUT}。应该注意式(3-7)的条件：

(1) 参考电流源通过二极管连接的M_1产生参考电压；

(2) 相同的参考电压加在M_2管的栅上产生输出电流I_{OUT}；

(3) 由于M_1管和M_2管满足匹配条件，即M_1管和M_2管的开启电压、载流子迁移率等完全相同，因此I_{OUT}与I_{REF}的关系是M_2与M_1的几何尺寸比例关系。

以下我们分析如图3-3所示的图3-2电路的小信号模型[2]。将参考电流源开路，M_1是二极管连接的MOS管，产生直流偏置电压V_{REF}。注意，在图3-3中，尽管画了M_2管的压控电流源，但由于其小信号电压v_{gs2}为零，因此M_2管的小信号模型是一个电阻r_{o2}。

图3-4是图3-2所示电路的大信号等效电路。从图3-4中可见电流源具有一个与M_1

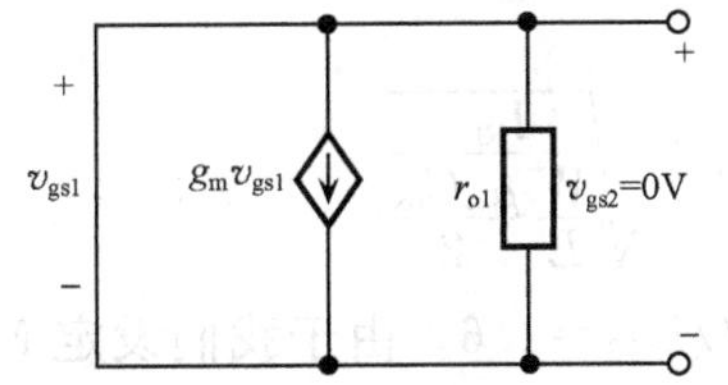

图 3-3　电路的小信号模型

管和 M_2 管的宽长比有关的大信号电流，以及 M_2 管小信号电阻的内阻。图 3-4 的模型仅仅在 M_1 和 M_2 管工作在饱和区时成立。

为提高电流源的小信号电阻，我们可以设计共源-共栅的电流源，如图 3-5 所示。在这个电路中，输出电流 I_{OUT} 与 I_{REF} 的关系还是按 $(W/L)_2/(W/L)_1$ 的比例关系，而输出电阻由于共源-共栅结构得到大大提高。在以前的讨论中，我们知道 M_2 和 M_4 管组成了共源-共栅结构，因此共源-共栅电流源的输出电阻为

$$R_S \approx (g_{m4} r_{o4}) r_{o2} \tag{3-8}$$

电流源用双极晶体管和同样的结构也可以构成，但是需要考虑有基极电流的存在。

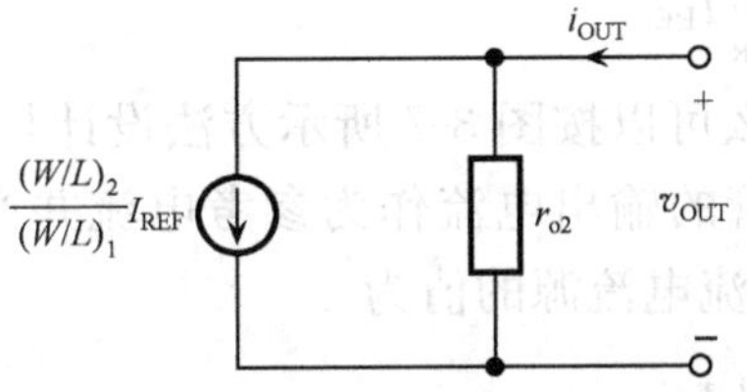

图 3-4　电路的大信号等效电路

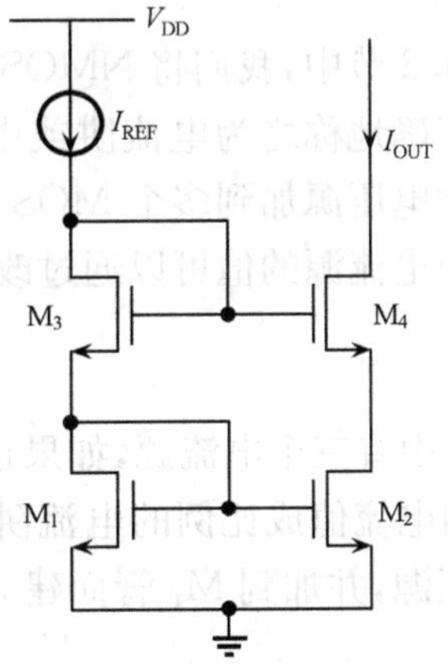

图 3-5　共源-共栅电流源

例 3.1　设计一个共源-共栅结构的电流源，结构如图 3-5 所示。输出直流电流为 10μA 和 100 MΩ 小信号输出电阻，$I_{REF}=10\mu A$。M_4 管的漏极电压为 2.0V，但需要维持高的输出电阻。注意要点：M_2 和 M_4 在饱和区工作，忽略背栅效应。器件参数：$V_{THn}=1V$，$\mu_n C_{ox}=50\ \mu A/V^2$，$\lambda_n=0.1V^{-1}$，当 $L=1\mu m$，$\lambda_n \propto 1/L$，$L_{min}=2\mu m$。

解　首先设定 M_1 和 M_3 的栅电压，以保证 M_2 和 M_4 工作在饱和区，并且 $V_{D4}=2.0V$。开始时，我们设定 M_1、M_2、M_3 和 M_4 的栅源电压 V_{GS} 为 1.5V，这样 $V_{GS4}=1.5V$，并且 M_4 管的源端，即 M_2 管的漏端的电压为 1.5V。因为 $V_{DS2}=1.5V$，并且 $V_{GS2}-V_{THn}=0.5V$，因此 $V_{DS2}>V_{DS,SAT2}$。注意 $V_{DS,SAT4}$ 也是 0.5V，M_4 管的源端电压为 1.5V，因此 M_4 管的漏端电压必须大于 2.0V，以保证 M_4 管工作在饱和区。虽然以上的设定有任意性，但可作为设计电流源的开始条件。

以下计算 M_1 和 M_3 管的宽长比，并在 $V_{GS}=1.5V$ 条件下，产生 $I_{REF}=10\mu A$ 的电流。

忽略背栅效应的条件下，可得

$$V_{GS}=V_{THn}+\sqrt{\frac{I_{REF}}{\frac{W}{L}\frac{\mu_n C_{ox}}{2}}}$$

将参数代入上式后，可以求出$(W/L)_1=(W/L)_3=1.6$。由于我们设定 M_2 和 M_4 管的宽长比分别与 M_1 和 M_3 管的宽长比匹配，并且 $I_{REF}=I_{OUT}$，因此$(W/L)_2=(W/L)_4=1.6$。以下计算输出电阻

$$R_S\approx(g_{m4}r_{o4})r_{o2}$$

对于 $L=2\ \mu m$，$\lambda_n=\frac{0.1V^{-1}\mu m}{L}=0.55V^{-1}$，以及

$$r_{o4}=r_{o2}=\frac{1}{\lambda_n I_D}=\frac{1}{(0.55)\times 10^{-5}}\Omega=2M\Omega,\quad g_{m4}=\sqrt{2\frac{W}{L}\mu_n C_{ox}I_{REF}}=40\mu S$$

得到 $g_{m4}r_{o4}=80$。因此，可以得到 $R_S=160\ M\Omega$。

3.3　电流源与电流阱电路

在 3.2 节中，我们将 NMOS 管构成的对地电流源也称为电流源，但按电流的流向，我们应该正确地称之为电流阱或电流漏[3]。PMOS 管也可以构成电流源。如果我们将一个稳定的电压源加到多个 MOS 管上，那么可以构成如图 3-6 所示的多电流源。

每个电流源的值可以通过改变这些 PMOS 管的宽长比设定，输出电流为

$$I_{OUTn}=\frac{(W/L)_n}{(W/L)_R}I_{REF} \tag{3-9}$$

在图 3-6 中有三个电流源，如果也需要电流阱，那么可以按图 3-7 所示方法设计与参考电流 I_{REF}的电流值成比例的电流阱和电流源。M_1 管的输出电流作为参考电流并产生 M_3 管的电压源，并加到 M_4 管而建立电流阱。输出直流电流源的值为

$$I_{OUT1}=\frac{(W/L)_1}{(W/L)_R}I_{REF} \tag{3-10}$$

这样，我们可以得到 M_2 管中的电流源电流

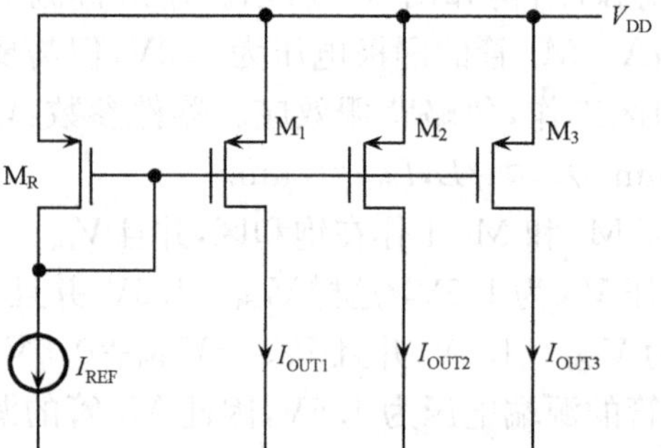

图 3-6　产生多路电流源电路

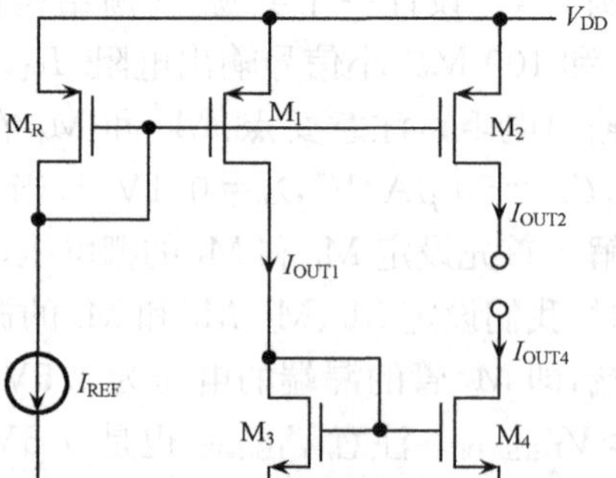

图 3-7　产生电流源和电流阱电路

$$I_{\mathrm{OUT2}}=\frac{(W/L)_2}{(W/L)_{\mathrm{R}}}I_{\mathrm{REF}} \tag{3-11}$$

相应的 M_4 管中电流阱电流为

$$I_{\mathrm{OUT4}}=\frac{(W/L)_4}{(W/L)_3}I_{\mathrm{OUT1}}=\left[\frac{(W/L)_4}{(W/L)_3}\times\frac{(W/L)_1}{(W/L)_{\mathrm{R}}}\right]I_{\mathrm{REF}} \tag{3-12}$$

例 3.2　设计一个产生 $10\mu A$ 和 $20\mu A$ 的电流源，以及 $10\mu A$ 和 $40\mu A$ 的电流阱的电路，所有电流源与电流阱的小信号电阻需要大于 10 MΩ。电流源与电流阱的 $V_{\mathrm{DS,SAT}}$ 小于 0.5V。有一个 $10\mu A$ 的基准电流源，可用于驱动其他器件。器件参数如下：$V_{\mathrm{THn}}=1V$，$V_{\mathrm{THp}}=-1V$，$\mu_{\mathrm{n}}C_{\mathrm{ox}}=50\ \mu A/V^2$，$\mu_{\mathrm{p}}C_{\mathrm{ox}}=25\ \mu A/V^2$，$\lambda_{\mathrm{n}}=\lambda_{\mathrm{p}}=0.1V^{-1}$，当 $L=1\mu m$。

解　设计的电路如图 3-8 所示。按设计要求为满足 $V_{\mathrm{DS,SAT}}$ 小于 0.5V，需要 $V_{\mathrm{GS,NMOS}}=V_{\mathrm{SG,PMOS}}\leqslant 1.5V$，按此条件计算 $(W/L)_{\mathrm{R}}$ 的值

$$V_{\mathrm{GS}}=V_{\mathrm{THn}}+\sqrt{\frac{I_{\mathrm{REF}}}{\frac{W}{2L}\mu_{\mathrm{n}}C_{\mathrm{ox}}}}$$

将 $I_{\mathrm{REF}}=10\mu A$ 以及其他参数代入，可得 $(W/L)_{\mathrm{R}}=1.6$。如果设定 $(W/L)_1=(W/L)_2=1.6$，$I_{\mathrm{D1}}=I_{\mathrm{D2}}=10\mu A$，那么为了使 $I_{\mathrm{D3}}=40\mu A$，让 $(W/L)_3=4(W/L)_2=6.4$。PMOS 管的设计可以按相同的方法，有

$$V_{\mathrm{SG}}=1.5V=-V_{\mathrm{THp}}+\sqrt{\frac{I_{\mathrm{REF}}}{\frac{W}{2L}\mu_{\mathrm{p}}C_{\mathrm{ox}}}}$$

将已知条件代入，可得 $(W/L)_4=3.2$。为保证 $I_{\mathrm{D5}}=10\mu A$，$I_{\mathrm{D6}}=20\mu A$，可得 $(W/L)_5=3.2$，$(W/L)_6=6.4$。以下检查小信号源电阻。

对于 $I_{\mathrm{D}}=10\mu A$ 以及 $L=1\mu m$ 条件下 $\lambda_{\mathrm{n}}=\lambda_{\mathrm{p}}=0.1V^{-1}$，需要 $L=10\mu m$ 保证小信号输出电阻 $R_{\mathrm{S}}=10$ MΩ。对于 $I_{\mathrm{D}}=20\mu A$，需要 $L=20\mu m$；对于 $I_{\mathrm{D}}=40\mu A$，需要 $L=40\mu m$。综合以上结果，器件的设计参数为：$(W/L)_{\mathrm{R}}=(W/L)_1=(W/L)_2=16/10$，$(W/L)_4=(W/L)_5=32/10$，$(W/L)_3=256/40$，$(W/L)_6=128/20$。

读者也许会对如何产生参考电流 I_{REF} 感到疑惑。实际上有以下几种方法[4]可以产生参考电流 I_{REF}：① 片外的一个电流；② 设计一个与电源电压无关的，并且经过温度补偿的专门电路产生 I_{REF}，具体电路在第 9 章介绍；③ 利用经温度补偿的带隙基准电压电路产生参考电流；④ 用如图 3-9 所示的一个简单的电路也可以产生参考电流。

如图 3-9 所示，用一个电阻连接在电源电压与二极管连接的 MOS 之间，可以得到参考电流

$$I_{\mathrm{REF}}=\frac{V_{\mathrm{DD}}-V_{\mathrm{OUT}}}{R} \tag{3-13}$$

其中

$$V_{\mathrm{OUT}}=V_{\mathrm{THn}}+\sqrt{\frac{I_{\mathrm{REF}}}{\frac{W}{2L}\mu_{\mathrm{n}}C_{\mathrm{ox}}}} \tag{3-14}$$

如果 MOS 管的宽长比很大，那么参考电流可以近似为

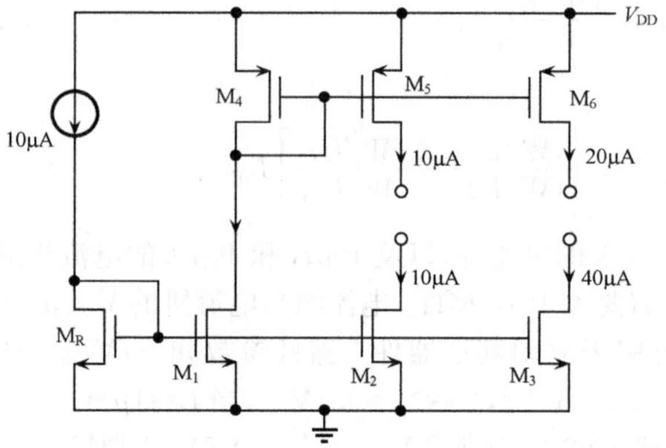

图 3-8　电流源与电流阱电路图

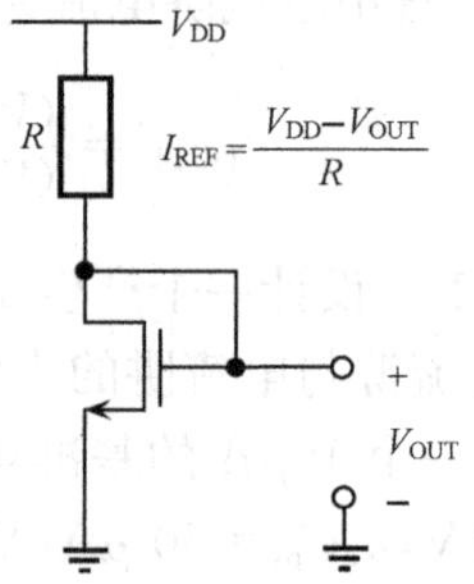

图 3-9　简单的产生参考电流 I_{REF} 的电路

$$I_{REF} \approx \frac{V_{DD} - V_{THn}}{R} \tag{3-15}$$

因此，参考电流取决于电阻 R。该电路的最大的问题是，电流取决于电源电压 V_{DD}。在模拟集成电路设计中，一般需要 I_{REF} 与电源电压及温度都无关，因此需要设计更复杂的电路[2,5]。

3.4　差分放大器

差分放大器是一种经典的放大器，它处理两个输入信号的差值，而与输入信号的绝对值无关。在我们的生活中，只关心信号的差值这类问题经常出现。例如，A 足球队领先 B 足球队 1 分，这个 1 分的值对观众来讲是十分重要的，尤其在邻近比赛结束的时候。

在集成电路中，差分放大器可用于去除两个信号源中不需要的共模信号，仅仅放大差分信号。例如，如果需要的信息物理量是信号 A 和信号 B 的差分量，那么在差分信号处理过程中，同时加在 A 和 B 上的任何信号将被去除。不需要的共模信号有：

(1) 随时间变化的电源电压波动；

(2) 集成电路中的衬底电压波动；

(3) 集成电路随温度的变化。

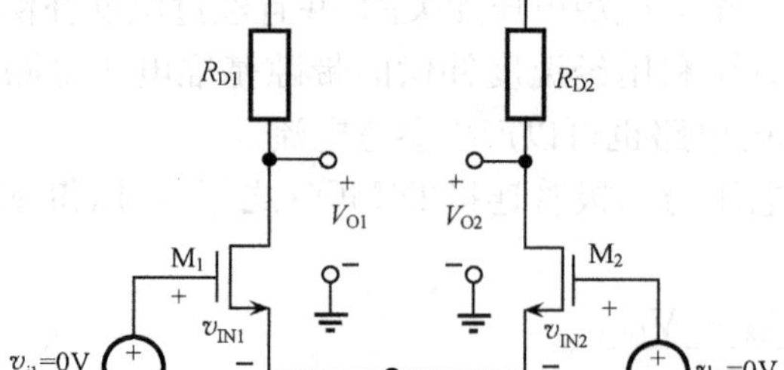

图 3-10　电阻负载基本差分放大器电路

3.4.1　差分放大器的基本概念

考虑如图 3-10 所示的基本差分放大器电路。可以看到这个电路实际上是由两个共源电路和一个电流源所组成。有源器件，即输入对管是完全匹配的 MOS 管。在两个输入端口上各有一个直流电压 V_{I1} 和 V_{I2}，以及交流小信号电压 v_{i1} 和 v_{i2}。首先分析直流特性，为此将交流小信号设为零。流入 M_1 管漏极的电流 I_1 也流经 R_{D1} 电阻，输出电压为 V_{O1}。

在图 3-10 中采用 V^+ 和 V^- 电压供电，并设电源电压可以保证器件工作在饱和区。加电流源的目的是将输出电压设置在 V^+ 和 V^- 电压的中间值。我们将输出电压设为零电压，因为电路是正负对称电压供电。这种设置与给共源放大电路直流偏置使输出直流电压处于电源电压的一半相似。

考虑大信号电压相同的情况，即 $V_{I1}=V_{I2}$，并且小信号输入电压为零，因此可以得到 $v_{IN1}=v_{IN2}$。另外，由于设定 M_1 和 M_2 是匹配的，因此流入漏极的电流完全相等，即 $I_1=I_2$。以下定量分析 I_1 和 I_2，并设输出电压 V_{O1} 和 V_{O2} 接近 0 V，可得

$$I_1=\frac{V^+-V_{O1}}{R_{D1}}\approx\frac{V^+}{R_{D1}} \tag{3-16}$$

$$I_2=\frac{V^+-V_{O2}}{R_{D2}}\approx\frac{V^+}{R_{D2}} \tag{3-17}$$

按 KCL 定理，I_1 和 I_2 的总和与 I_{BIAS} 相等。MOS 管的栅为绝缘栅，输入电流为零。设 $R_{D1}=R_{D2}=R_D$，因此 I_{BIAS} 需要满足以下关系：

$$I_{BIAS}=I_1+I_2=\frac{2V^+}{R_D} \tag{3-18}$$

由于 M_1 和 M_2 是匹配的，并且 $V_{I1}=V_{I2}$，因此 I_{BIAS} 可根据式(3-18)求出。也就是说，如果 I_{BIAS} 满足式(3-18)，那么可以保证 V_{O1} 和 V_{O2} 的直流输出电压为零。

应该注意的是大信号有可能为零，这意味着小信号电压源可以直接加到差分放大器的输入端，这样可简化放大器的偏置电压设定。在这一条件下，偏置电流源 I_{BIAS} 从 MOS 器件中抽走适量的电流，以便将输出电压设置到正负电源电压的中心值，即零伏。并且通过调整 MOS 管的各端口电压值，可保证在输入电压的条件下流过 MOS 管的电流值为 $I_1=I_2=I_{BIAS}/2$。

3.4.2　共模与差模信号

设有两个信号 x_1 和 x_2，这两个信号对所要分析的差分电路来讲，可以是电压也可以是电流。差模信号 x_{DM} 定义为这两个信号的差值，而共模信号 x_{CM} 定义为两个信号的平均值，分别表示为

$$x_{DM}=x_1-x_2 \tag{3-19}$$

$$x_{CM}=\frac{x_1+x_2}{2} \tag{3-20}$$

现在，我们按所定义的差模与共模信号加到差分放大器进行分析，其中设定直流输入电压源为零，并且 I_{BIAS} 设定到某一个合适值上，使输出直流电压值为零。图 3-11(a)是差分放大电路，v_{i1} 和 v_{i2} 是输入小信号。

输入小信号可以被分解为差分小信号 v_{id} 和共模信号 v_{ic} 两部分，如图 3-11(b)所示。按 KVL 定理，输入小信号电压 v_{i1} 和 v_{i2} 可以分别表示为

$$v_{i1}=v_{ic}+\frac{v_{id}}{2} \tag{3-21}$$

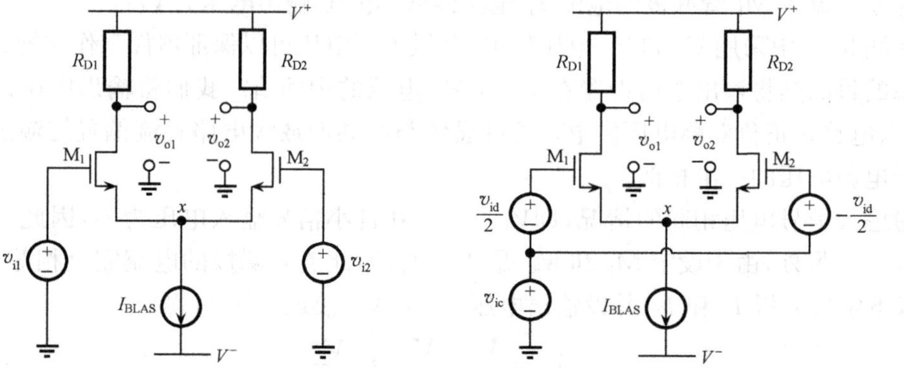

(a) 差分放大器电路，v_{i1} 和 v_{i2} 是输入小信号　　(b) 输入信号被分解为共模信号和差分信号两部分

图 3-11

$$v_{i2} = v_{ic} - \frac{v_{id}}{2} \tag{3-22}$$

按照共模信号和差模信号的定义，可以写出共模和差模信号与输入信号的关系，由式(3-21)和式(3-22)，可得

$$v_{ic} = \frac{1}{2}(v_{i1} + v_{i2}) \tag{3-23}$$

$$v_{id} = v_{i1} - v_{i2} \tag{3-24}$$

因此，可以看到 v_{id} 是输入差模信号，v_{ic} 是输入共模信号。为指出上述分析方法的用途，以图 3-12 为例进行说明。假定电路的偏置电流设定是合适的，而小信号输入电压仅仅输入到放大器的一边。这种情况下，可以将输入信号分解成共模和差模信号，如图 3-12(b)所示，差模信号 v_{id} 等于 v_{in}，共模信号等于 $v_{in}/2$。

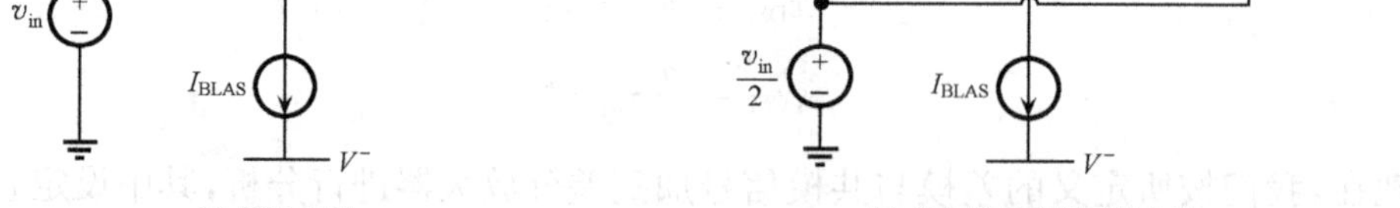

(a) 原始电路　　(b) 输入信号分解后的电路

图 3-12　将输入信号分解的原理

综上所述，可以将输入信号分解为差模和共模两个部分，然后，按所输入的纯差模和共模信号来分析差分放大的特性。我们分析的是小信号线性电路，因此通过上述方法，可对任何包含有差模和共模信号的输入信号进行分析，并分别求出输出响应[4,7]。

3.4.3　差分放大器的小信号模型分析

本节分析 MOS 管为输入管的差分放大器小信号特性。如果是双极型晶体管，作为输入管（有源器件），只要将 MOS 管的接近无穷大的输入电阻改为有限输入电阻即可。差分放大器的基本目标是放大差分信号，抑制共模信号。

差分放大器如图 3-13 所示，设在 $V_{I1}=V_{I2}=0$ 的条件下，I_{BIAS}的值可保证输出直流电压为零，小信号电压源被直接接到差分放大器。为方便起见，选择直流输入电压信号$V_{I1}=V_{I2}=0$，设I_{BIAS}电流源有一个有限的电阻值 r_{ob}。

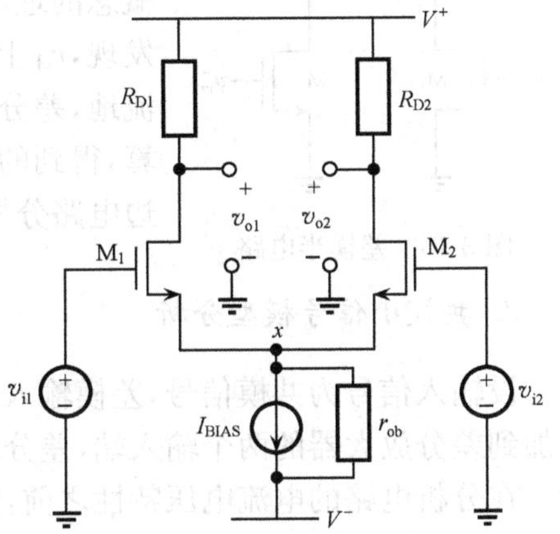

图 3-13　MOS 管为输入管的差分放大器，r_{ob}为电流源的有限内阻

1. 差模小信号输入分析

本节中输入的信号为差分小信号电压，共模电压为零。因此，在此条件下，输入差分信号可分别表示为 $v_{id}/2$ 和$-v_{id}/2$。图 3-13 电路的小信号模型如图 3-14 所示。在图 3-14 中，由于电路结构对称，有 $g_{m1}=g_{m2}=g_m$，并可忽略 MOS 管的小信号电阻 r_o（通常 R_D 比 r_o 要小得多）。直流偏置设为零，因此偏置电流源为零，即开路，而直流电压源为短路。

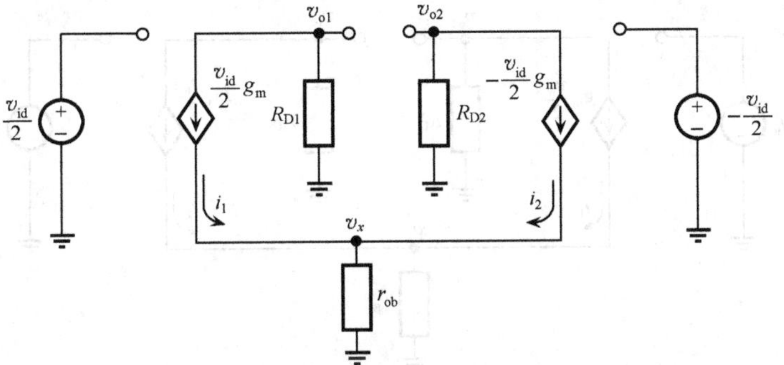

图 3-14　差分输入信号下的差分放大器电路小信号模型

由于电路是对称的，M_1 和 M_2 匹配，并且小信号输入电压大小相等，方向相反，所以 i_1 和 i_2 大小相等，方向相反，因此，无小信号电流流过 r_{ob}，v_x 可为零，因此得

$$v_{o1}=-g_mR_D\frac{v_{id}}{2} \tag{3-25}$$

$$v_{o2}=+g_mR_D\frac{v_{id}}{2} \tag{3-26}$$

根据差分输出定义，差分输出电压为

$$v_{od}=v_{o1}-v_{o2}=-g_mR_Dv_{id} \tag{3-27}$$

差模增益为

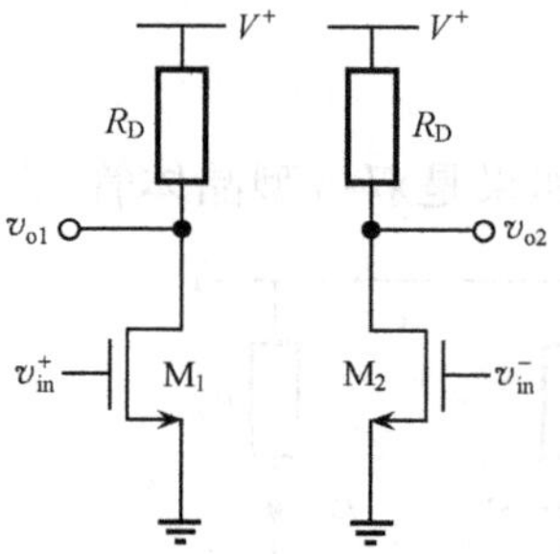

图 3-15　差模半电路

$$A_{dm} = \frac{v_{od}}{v_{id}} = -g_m R_D \tag{3-28}$$

这里需要强调对全对称电路采用"半边电路分析技术"概念的理解。对全对称的差分放大器的小信号电流的分析发现，r_{ob}上无电流流过。因此，图 3-13 中的 x 节点可视为交流地，差分放大信号可以用两个如图 3-15 所示的半电路来计算，得到的 A_{dm}表达式与式(3-28)一样。需要注意的是，"半边电路分析技术"只能用于全对称电路。

2. 共模小信号模型分析

设输入信号为共模信号，差模输入信号为零。在这一条件下，仅有小信号共模电压源 v_{ic}加到差分放大器的两个输入端，差分电路在共模输入条件下的小信号模型如图 3-16所示。在分析电路的电流电压特性之前，注意到该电路的输入信号是完全对称的，因此，电流 i_1 和 i_2 完全相等，因此，x 节点的电压值为

$$v_x = (i_1 + i_2) r_{ob} = 2 i_1 r_{ob} = 2 i_2 r_{ob} \tag{3-29}$$

可以将图 3-16 的电路按半边电路原理分解为图 3-17 所示的两个电路图。注意，图中偏置电流源内阻为 $2r_{ob}$。这是因为在半边电路中，电流为 i_1 或 i_2，而 v_x 电压值为 $2ir_{ob}$($i = i_1 = i_2$)。所以设定半边电路的内阻为 $2r_{ob}$。这样，可用半边电路计算在共模电压输入条件下的共模输出电压。

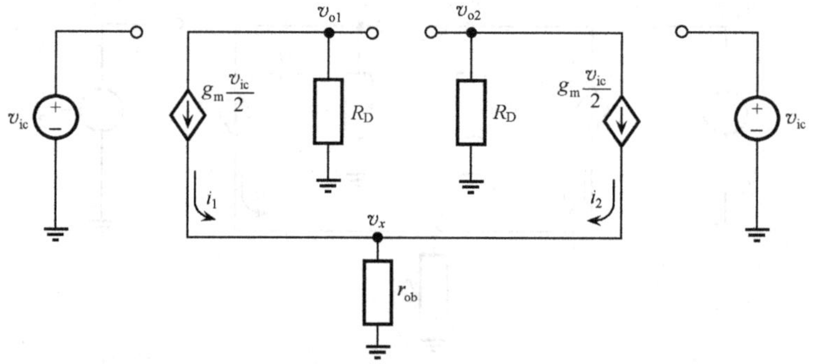

图 3-16　在输入共模信号条件下的差分放大器小信号模型

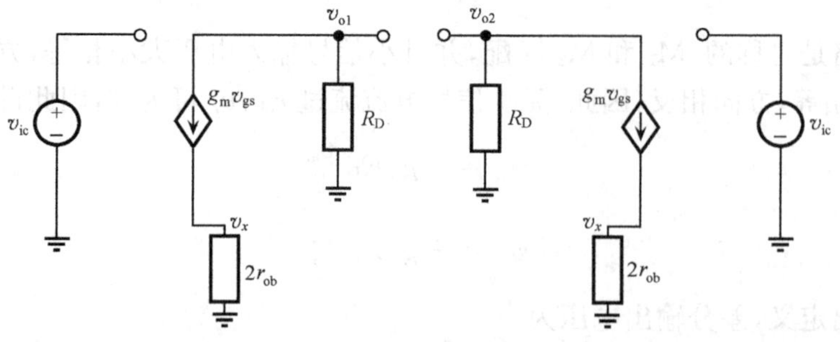

图 3-17　在共模输入信号的条件下按半边电路原理画出的半电路小信号模型

注意到图 3-17 的两个电路，结构完全相同，并且输入电压信号一致。电路特性与第 2 章中带源极负反馈电阻的共源放大器完全相同，负反馈电阻为 $2r_{ob}$。因此，可得

$$\frac{v_{o1}}{v_{ic}} = \frac{v_{o2}}{v_{ic}} \approx -\frac{g_m R_D}{1+2g_m r_{ob}} \tag{3-30}$$

共模增益为

$$A_{cm} = \frac{v_{oc}}{v_{ic}} = \frac{(v_{o1}+v_{o2})/2}{v_{ic}} = -\frac{g_m R_D}{1+2g_m r_{ob}} \tag{3-31}$$

从上式可见，由于差分放大电路全对称，而且输入的信号也对称，因此电路分析只要用一个半边电路即可。而且，由于电路对称，在仅有共模输入信号条件下，其差分输出电压为零，即差分电压增益为零。

3. 输入输出信号的一般表示式

如果输入信号中既含有共模又含有差模信号，那么经过差分放大器放大后的响应 v_{o1} 和 v_{o2} 可分别表示为

$$v_{o1} = v_{oc} + \frac{v_{od}}{2} = A_{cm}v_{ic} + A_{dm}\frac{v_{id}}{2} \tag{3-32}$$

$$v_{o2} = v_{oc} - \frac{v_{od}}{2} = A_{cm}v_{ic} - A_{dm}\frac{v_{id}}{2} \tag{3-33}$$

由于一般输入电压 v_{i1} 和 v_{i2} 与纯差分信号 v_{id} 和纯共模信号 v_{ic} 的关系可用式(3-23)和式(3-24)表示，代入式(3-32)和式(3-33)可得

$$v_{o1} = A_{cm}\frac{(v_{i1}+v_{i2})}{2} + A_{dm}\frac{(v_{i1}-v_{i2})}{2} \tag{3-34}$$

$$v_{o2} = A_{cm}\frac{(v_{i1}+v_{i2})}{2} - A_{dm}\frac{(v_{i1}-v_{i2})}{2} \tag{3-35}$$

因此，只要知道差模和共模增益，对任何的输入小信号，可以求出其输出小信号值。

3.4.4　共模抑制比

正如前面指出的那样，差分放大器是用来放大差分输入信号，而对共模输入信号进行抑制。用差模增益与共模增益的比值，即共模抑制比(CMRR)来描述差分放大器的性能。CMRR 的表达式[2]为

$$\text{CMRR} = \left|\frac{v_{od}/v_{id}}{v_{oc}/v_{ic}}\right| = \frac{A_{dm}}{A_{cm}} = 1+2g_m r_{ob} \tag{3-36}$$

为减少共模增益，提高共模抑制比，应该提高偏置电流源的内阻。如果偏置电流源内阻趋向无穷大，那么共模抑制比也趋向无穷大。从物理上讲，我们希望电流源内阻变大，使输入电压变化时，共模点，即输入 MOS 管的源端电压能很好地跟随变化，在这一条件下，MOS 管中的电流变化较小，使得输出电压基本不变。

例 3.3　差分放大器分析。差分放大器分析差分放大电路图如图 3-18 所示，输入信号源为单端，输出也为单端，单端电压定义为端口与地之间的电压，电路结构对称，器件匹配。求共模增益和差模增益。器件参数：$\mu_n C_{ox}=50\ \mu A/V^2$，$M_1$ 和 M_2 管的 $W/L=40$。

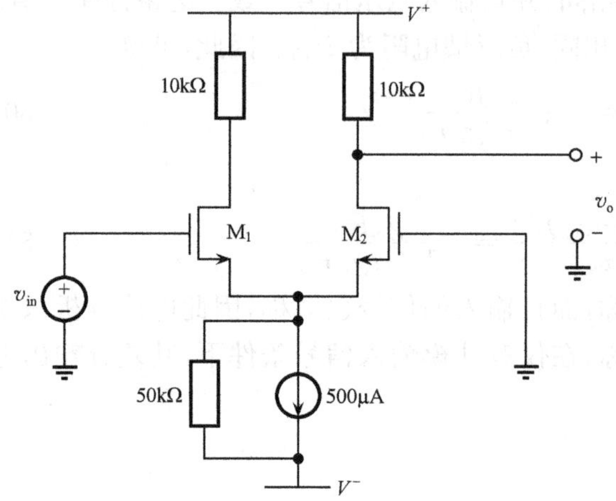

图 3-18　单端输入-单端输出差分放大器

解　因为 $v_{i1}=v_{in}, v_{i2}=0$，所以

$$v_{id}=v_{i1}-v_{i2}=v_{in}$$

$$v_{ic}=(v_{i1}+v_{i2})/2=v_{in}/2$$

按式(3-35)，$v_o=v_{o2}=v_{oc}-v_{od}/2$，并且

$$v_{oc}=A_{cm}v_{ic},\quad v_{od}=A_{dm}v_{id}$$

因此，$v_o=A_{cm}v_{ic}-\frac{1}{2}A_{dm}v_{id}$，即

$$\frac{v_o}{v_{in}}=\frac{A_{cm}}{2}-\frac{A_{dm}}{2}$$

求 MOS 器件的跨导

$$g_m=\sqrt{2\mu_n C_{ox}\left(\frac{W}{L}\right)I_D}$$

$$=\sqrt{2\times 50\mu A/V^2\times\frac{W}{L}\times\frac{500}{2}\times 10^{-6}}$$

$$=1\times 10^{-3}S$$

从 3.4.3 节的分析可知

$$A_{dm}=-g_mR_D=-1mS\times 10k\Omega=-10$$

$$A_{cm}=\frac{-g_mR_D}{1+2g_mr_{ob}}=\frac{-10}{1+2\times(1mS)\times(50k\Omega)}\approx -0.1$$

所以

$$v_o/v_{in}=-0.05+5\approx 5$$

注意：因为单端输出，所以 A_{dm}减小为双端输出的 1/2。共模抑制比约为 100。

3.4.5　差分放大器的双端口模型

本节中的差分放大电路的双端口模型，是针对差分输入信号和差分输出信号，该模型对共模信号不能成立。

1. *差模放大器的双端口模型的参数*

纯差分信号的双端模型如图 3-19 所示，与前面所提到的双端口模型一样，包含有输入电阻、增益项和输出电阻。差分电路增益 A_{dm}是差分输出电压与差分输入电压的比值，即为 $-g_mR_D$，由于 MOS 管的栅为绝缘栅，因此差分输入电阻为 $R_{id}\to\infty$。

注意：如果输入有源器件为双极型晶体管，则需要利用半电路模型[2]，在输入端加 $v_t/2$测试电压源测量其电流 i_t，从而计算输入电阻。为求出差分放大器的输出电阻，我们仍然用半边电路分析方法，如图 3-20 所示，加一个测试电压源 $v_t/2$ 在输出端口，输入电压被置为零，在这一条件下，差分输出电阻为

$$R_{od}=\frac{v_t}{i_t}=2(R_D\,//\,r_o)\approx 2R_D \tag{3-37}$$

注意：如果输入有源器件为双极型晶体管，那么也可以用同样的方法来求解双端口模型的输出电阻。

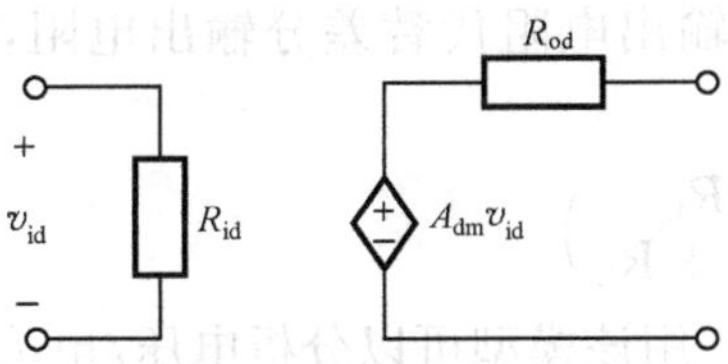

图 3-19 差模电压放大器的双端口模型

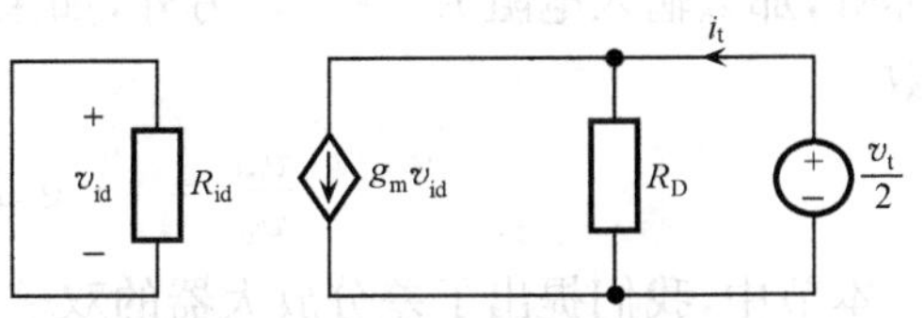

图 3-20 用于求双端口模型中的输出电阻的半电路小信号模型

2. 双端口模型在差分放大器中的应用

正如第 2 章所述，放大器的双端口模型在理解电压/电流源内阻和负载电阻在传输函数中的作用十分有帮助。图 3-21(a)是内阻为 R_S 的差分输入电压，其等效电路如图 3-21(b)所示，正如预期的那样，差分等效输入电阻为差分半边电路的输入电压源内阻的 2 倍。

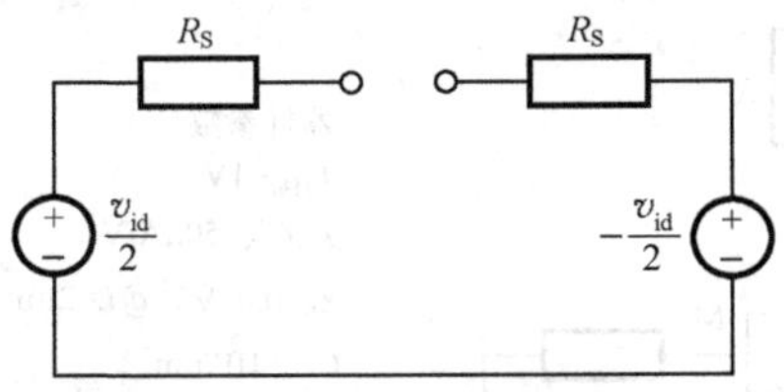

(a) 包含内阻 R_S 的差分输入信号

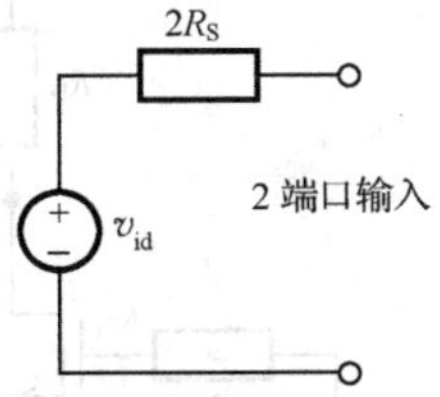

(b) 等效电路

图 3-21

如图 3-22 所示，在差分放大器的输出端口，连接有一个差分负载电阻，因为我们仅对差分输出电压 v_{od} 感兴趣，因此两个负载电阻 R_L 以串联形式连接到差分放大器的输出端口，其等效电路为图 3-22(b)。

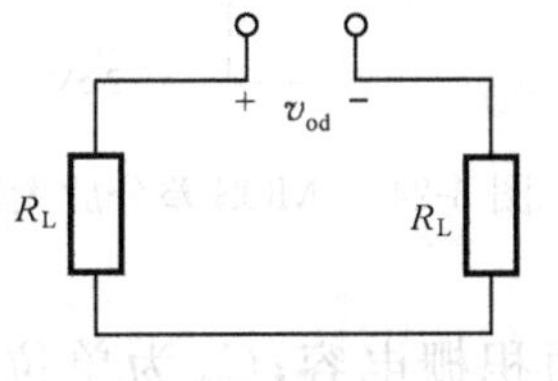

(a) 差分输出负载

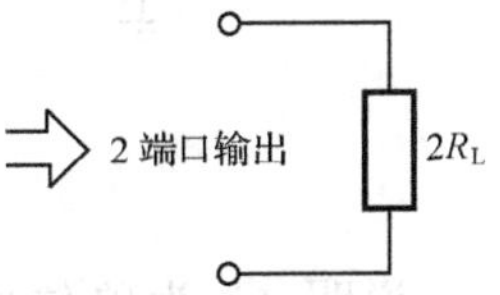

(b) 等效电路

图 3-22

为分析包含电压/电流源内阻和负载电阻的差分放大器的传递函数，可采用双端口模型，以及差分电压源内电阻与负载电阻计算方式，整个放大器的模型如图 3-23 所示。完整的差分电压增益传递函数为

$$\frac{v_{od}}{v_{id}} = \left(\frac{R_{id}}{R_{id} + 2R_S}\right)(-g_m R_D)\left(\frac{2R_L}{R_{od} + 2R_L}\right) \tag{3-38}$$

该传输函数中有三项：

图 3-23 包括电压源和负载电阻的差分放大器模型

(1) 放大器的输入电阻项，有限的输入电阻使放大器电压增益下降；

(2) 差分放大器的本征增益项；

(3) 放大器的输出电阻，有限的输出电阻使放大器的电压增益下降。

如果放大器的有源器件是 MOS

晶体管，那么输入电阻 $R_{id}\to\infty$。另外，如果用一般输出电阻代替差分输出电阻，则传递函数

$$\frac{v_{od}}{v_{id}}=(-g_mR_D)\left(\frac{R_L}{R_D+R_L}\right) \tag{3-39}$$

本节中，我们提出了差分放大器的双端口模型。用该模型可以分析电压/电流源和负载电阻对差分放大器的传递函数的影响。

例 3.4　MOS 差分放大器的差模频率响应。

图 3-24 所示的 MOS 差分放大器电路，偏置电流源 $I_{BIAS}=50\mu A$，源电阻 $R_S=5k\Omega$。计算 MOS 管的 W/L 和 R_D 的值，使低频差分电压增益达到 -50，并求出 3dB 带宽。本例中设直流共模输出电压 $V_{O1}=V_{O2}=0V$。器件参数：$V_{THn}=1V$，$\mu_nC_{ox}=50\mu A/V^2$，$\lambda_n=0.02V^{-1}$@$L=2\mu m$，$C_{ox}=1fF/\mu m^2$，$C_{ov}=0.5\ fF/\mu m$，$L_{min}=2\mu m$。

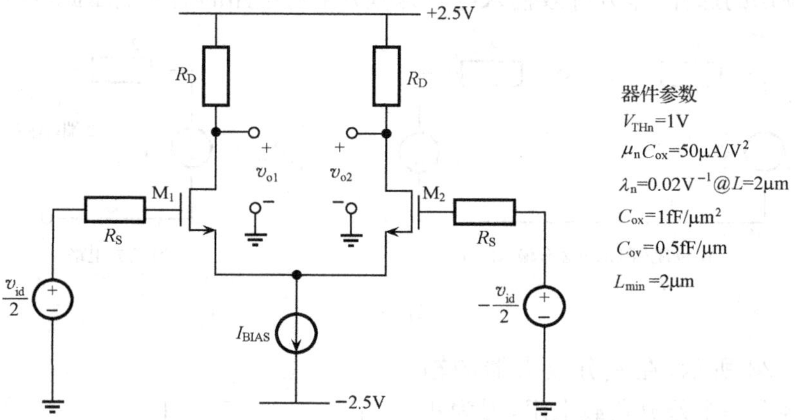

图 3-24　MOS 差分放大器的差模频率响应分析

说明：C_{ox}为单位面积栅电容；C_{ov}为单位沟道宽度方向的栅与漏、源的覆盖电容。MOS 管在截止区时：$C_{gb}=C_{ox}$，$C_{gs}=C_{gd}=WC_{ov}$；MOS 管在饱和区时：$C_{gs}=\frac{2}{3}WLC_{ox}+WC_{ov}$，$C_{gd}=WC_{ov}$；MOS 管在非饱和区时：$C_{gs}=C_{gd}=\frac{1}{2}WLC_{ox}+WC_{ov}$。

解　当输入差分电压 $v_{id}=0$ 时，为保证共模输出电压为零，需满足

$$v_{o1}=v_{o2}=2.5V-\frac{I_{BIAS}}{2}R_D=0V$$

因此

$$R_D=\frac{2\times 2.5V}{I_{BIAS}}=\frac{5V}{50\mu A}=100k\Omega$$

利用已经求出的 R_D 值和需要达到的差模增益 $A_{dm}=-50$，可以求 g_m 以及 MOS 管的 W/L。

$$A_{dm}=-g_m(R_D\ /\!/\ r_o)\approx -g_mR_D=-50$$

所以

$$g_m=-\frac{A_{dm}}{R_D}=\frac{50}{100k\Omega}=0.5mS$$

另外，由于 $g_m=\sqrt{2\mu_n C_{ox}\left(\frac{W}{L}\right)_{1,2}\frac{I_{BIAS}}{2}}$，所以得到

$$\left(\frac{W}{L}\right)_{1,2}=\frac{g_m^2}{\mu_n C_{ox} I_{BIAS}}=\frac{(0.5\text{mS})^2}{50\mu\text{A/V}^2\times 50\mu\text{A}}=100$$

为保证频率响，应取 $L=2\mu m$，则 $(W/L)_{1,2}=200/2$。

注意：对 $L=2\mu m$，$\lambda_n=0.02V^{-1}$，MOS 管的小信号输出电阻

$$r_o=\frac{1}{\lambda_n I_{BIAS}}=1\text{M}\Omega$$

由此可见，r_o 较 R_D 大得多，因此可以在计算 A_{dm} 时忽略 r_o。

$$\begin{aligned}C_{gs}&=\frac{2}{3}WLC_{ox}+WC_{ov}\\&=\frac{2}{3}\times 200\mu m\times 2\mu m\times 1\text{fF}/\mu m^2+200\mu m\times 0.5\text{fF}/\mu m=0.37\text{pF}\end{aligned}$$

$$C_{gd}=WC_{ov}=200\mu m\times 0.5\text{fF}/\mu m=0.1\text{pF}$$

3dB 带宽可以用米勒近似方法求得

$$C_M\approx g_m R_D C_{gd}=50\times(0.1\text{pF})=5\text{pF}$$

$$f_{3dB}=\frac{\omega_{3dB}}{2\pi}=\frac{1}{2\pi R_S(C_M+C_{gs})}=\frac{1}{2\pi\times 5\text{k}\Omega\times 5.37\text{pF}}=5.97\text{MHz}$$

例 3.5　MOS 差分放大器的共模抑制比（CMRR）计算。器件参数：$V_{THn}=1V$，$\mu_n C_{ox}=50\mu A/V^2$，$\lambda_n=0.02V^{-1}$@$L=2\mu m$，$C_{ox}=1fF/\mu m^2$，$C_{ov}=0.5\ fF/\mu m$，$C_{in}=0.1fF/\mu m^2$，$C_{jswn}=0.2fF/\mu m$。

本例题中将定量研究 MOS 差分器的共模抑制比（CMRR）。CMRR 值与偏置电流 I_{BIAS} 有密切的关系。我们采用例 3.4 中的电路，增加晶体管级的电流源偏置电路，并将例 3.4 中电路的电流偏置用 MOS 管 M_3 代替。包括偏置电路在内的差分放大电路图如图 3-25所示。器件参数、电源电压已经在图中标出。

要求：求出 M_3、M_4 和 M_5 管的宽长比 W/L 和 R_{REF} 的值。保证 $I_{BIAS}=50\mu A$；直流

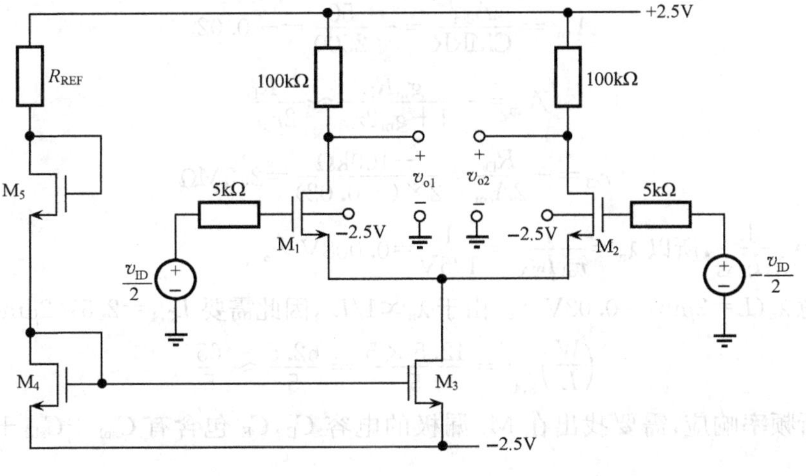

图 3-25　MOS 差分放大器电路用于计算 CMRR

CMRR=2500。例 3.4 中,我们已经求出 $A_{dm}=-50$,分析电路并求出 CMRR 的 3dB 频率。

解　从电路结构中可以发现,R_{REF}是用于产生参考电流,参考电流流入 M_4 和 M_5 管。如果 M_3 和 M_4 有相同的尺寸,则 I_{DS3}和 I_{DS4}一样,等于 I_{BIAS}。因此,可以看到最实际可行的方法是采用匹配的器件尺寸,使得跨在 M_5、M_4 和 R_{REF}上的电压分别与 M_1、M_2、M_3 和 R_D 上的电压相同。

按设计要求 M_3 和 M_4 的尺寸是匹配的,将流过 50μA 电流。R_{REF}上流过的电流为 50μA。M_1 和 M_2 以及 R_D 的电流为 50μA/2=25μA。因此,加在 R_D 两端的电压为 2.5V。我们希望 R_{REF}与 R_D 匹配,由此可得 $R_{REF}=2.5\text{V}/50\mu\text{A}=50\text{k}\Omega$。即 R_{REF}上的电流是 R_D 上电流的两倍,所以 R_{REF}的阻值是 R_D 的一半,以保证两端的电压相等。同样,M_5 中流过的电流是 M_1、M_2 的 2 倍,所以可得$(W/L)_5=2(W/L)_{1,2}=400/2$。

为求出 M_3 和 M_4 的器件尺寸,首先决定其端漏电压。为此,先求 M_5 管的源电压。R_{REF}两端的电压为 2.5V,所以 $V_{G5}=0\text{V}$,又由于

$$V_{GS5}=-V_{S5}=V_{THn}+\sqrt{\frac{I_{REF}}{\frac{1}{2}\left(\frac{W}{L}\right)_5\mu_n C_{ox}}}$$

因此
$$V_{S5}=-\left(1.0\text{V}+\sqrt{\frac{50\mu\text{A}}{100\times 50\mu\text{A/V}^2}}\right)=-1.1\text{V}$$

对 M_3 和 M_4 管,$V_{GS3,4}=-1.1\text{V}-(-2.5\text{V})=1.4\text{V}$。现在可以求 M_3 和 M_4 管的$(W/L)_{3,4}$。

由于
$$I_{D3,4}=I_{BIAS}=\frac{1}{2}\left(\frac{W}{L}\right)_{3,4}\mu_n C_{ox}(V_{GS3,4}-V_{THn})^2$$

因此
$$\left(\frac{W}{L}\right)_{3,4}=\frac{I_{BIAS}}{\frac{1}{2}\mu_n C_{ox}(V_{GS3,4}-V_{THn})^2}=\frac{50\text{A}}{\frac{1}{2}\times 50\mu\text{A/V}^2\times(0.4\text{V})^2}=12.5$$

按对 CMRR 值的要求,将决定 M_3 和 M_4 管的沟道长度 L。如果沟道的长与宽较大,那么相应有较大的寄生电容,会使 CMRR 频率响应变差。为达到直流条件下的 CMRR 为 2500 ($A_{dm}=-50$),需要

$$A_{cm}=\frac{A_{dm}}{\text{CMRR}}=-\frac{50}{2500}=-0.02$$

因为
$$A_{cm}=-\frac{g_m R_D}{1+g_m 2r_{o3}}\approx\frac{-R_D}{2r_{o3}}$$

所以
$$r_{o3}=-\frac{R_D}{2A_{cm}}=\frac{-100\text{k}\Omega}{2\times(-0.02)}=2.5\text{M}\Omega$$

又因为 $r_{o3}=\frac{1}{\lambda_n I_{BIAS}}$,所以 $\lambda_n=\frac{1}{r_{o3}I_{BIAS}}=\frac{1}{125\text{V}}=0.008\text{V}^{-1}$。

按题意 $\lambda_n(L=2\mu\text{m})=0.02\text{V}^{-1}$。由于 $\lambda_n\propto 1/L$,因此需要 $L_{3,4}=2.5\times 2\mu\text{m}=5\mu\text{m}$,所以

$$\left(\frac{W}{L}\right)_{3,4}=\frac{12.5\times 5}{5}=\frac{62.5}{5}\approx\frac{65}{5}$$

为分析频率响应,需要找出在 M_3 漏极的电容 C_E,C_E 包含有 $C_{sb1}+C_{sb2}+C_{db3}+C_{gd3}$,其中

$$C_{gd3}=W_3\times C_{ov}=65\mu\text{m}\times(0.5\text{fF}/\mu\text{m})=32.5\text{fF}$$

$C_{sb1,2}$和C_{db3}电容值可从版图中标出：设 M_1 和 M_2 的源极面积均为 200μm×5μm，M_3 的漏与 M_1 和 M_2 的源共用。M_1 和 M_2 源极被场氧化层(5μm ＋200μm)包围。设 M_3 管的漏面积是 65μm×2μm。因为 M_3 的漏与 M_1 和 M_2 的源共用，因此周长较小，设场氧化层包围的区域为 2μm＋2μm。

$$C_{sb1} = C_{sb2} = (200\mu m \times 5\mu m)C_{jn} + (5\mu m + 200\mu m) \times 2C_{jswn} = 182fF$$

$$C_{db3}(65\mu m \times 2\mu m)C_{jn} + (2\mu m + 2\mu m) \times 2C_{jswn} = 17fF$$

因此总电容为

$$C_E = C_{sb1} + C_{sb2} + C_{db3} + C_{gd3} = 182fF + 182fF + 17fF + 32.5fF \approx 414fF$$

所以 CMRR 减少差分放大器的 3dB 带宽为

$$f_{3dB} \approx \frac{1}{2\pi r_{o3} C_E} = \frac{1}{2\pi \times (2.5M\Omega) \times (414fF)} = 154kHz$$

3.4.6　单端输出差分放大器

双端输入-单端输出被定义为输出端的电压对地。输入端的输入信号是两个电压源可能包含差分与共模成分，而输出是对地电压，最简单的单端输出差分电路如图 3-26 所示。参照 3.4.3 节的内容，双端输出的差分输出电压 v_o 可表示为

$$v_o = v_{o2} = A_{cm} v_{ic} - A_{dm} \frac{v_{id}}{2} \tag{3-40}$$

其中，差模电压增益为 $A_{dm} = -g_m R_D$；共模电压增益 $A_{cm} = -\dfrac{g_m R_D}{1+2g_m r_{ob}}$ 。

对于如图 3-26 所示电路，对差分输入信号的增益，从式(3-40)可以得到

$$\frac{v_o}{v_{id}} = -\frac{A_{dm}}{2} = \frac{g_m R_D}{2} \tag{3-41}$$

对于共模输入信号，其共模增益为

$$\frac{v_o}{v_{ic}} = A_{cm} = \frac{-g_m R_D}{1+2g_m r_{ob}} \tag{3-42}$$

因此，共模抑制比为

$$\text{CMRR} = \left| \frac{(v_o/v_{id})}{(v_o/v_{ic})} \right| = \frac{(1+2g_m r_{ob})}{2} \tag{3-43}$$

从以上分析，可以看到图 3-26 中电路虽然可以完成差分到单端输出的转换，但差分增益和 CMRR 仅仅是对称的差分双端输出电路的 50%。

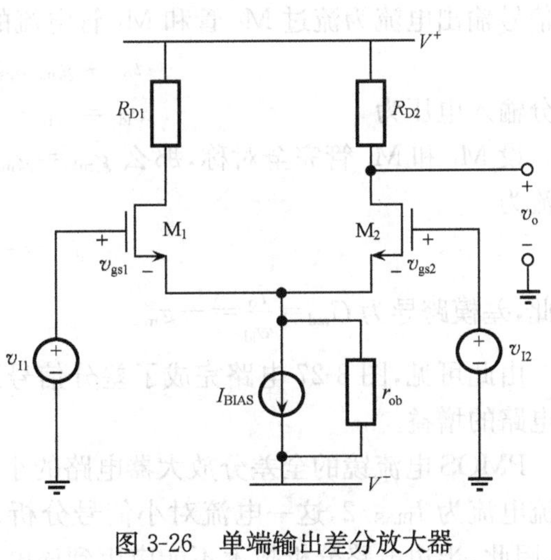

图 3-26　单端输出差分放大器

本节中我们设计一个单端输出的差分放大器电路，其增益与普通的双端输入-双端输出差分放大器具有相同的增益。图 3-27是 PMOS 电流镜负载放大电路。从图中，可以看到电流镜使流过 M_1 管中的电

流，也流过 M_3 和 M_4，这样在输出端增加了电流，使输出电压增益提高 2 倍，达到了普通双端输出的差分放大器的增益。

分析图 3-27 所示的差分放大器的大信号和小信号，设定在输入端的大信号电压为零，仅有小信号电压加在输入端口，即仅有 v_{i1} 和 v_{i2}。分析 M_1 管的情况：由于 M_1 管有小信号电压 v_{gs1}，因此小信号电流加在 M_1 中的直流电流 $I_{BIAS}/2$。因此，M_1 管的总电流可以表达为

$$i_{D1} = I_{D1} + i_{d1} = \frac{I_{BIAS}}{2} + g_{m1} v_{gs1} \tag{3-44}$$

同样，M_2 管的总电流可以表达为

$$i_{D2} = I_{D2} + i_{d2} = \frac{I_{BIAS}}{2} + g_{m2} v_{gs2} \tag{3-45}$$

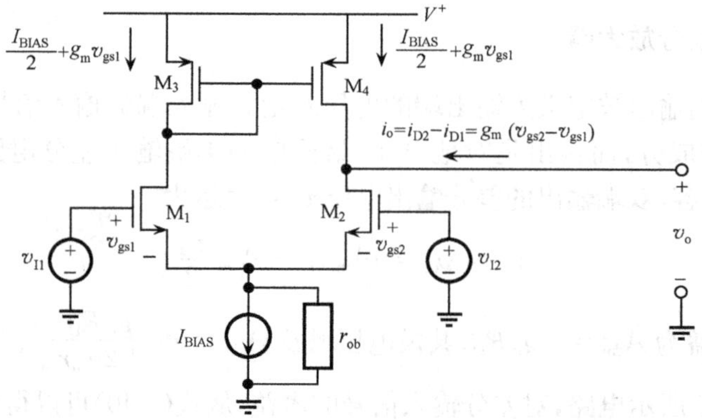

图 3-27　PMOS 电流镜负载的双端输入-单端输出差分放大电路

由 KCL 定理，M_3 中的电流等于 M_1 中流过的电流。设 M_3 和 M_4 的输出电阻较大，PMOS 管电流镜迫使流过的电流相等。

为求解此放大器的差分跨导 G_{md}，必须在输出短路的条件下，求出小信号输出电流，小信号输出电流为流过 M_2 管和 M_4 管电流的差值，即流过 M_2 和 M_1 管电流差值

$$i_o = g_{m2} v_{gs2} - g_{m1} v_{gs1} \tag{3-46}$$

差分输入电压为

$$v_{id} = v_{i1} - v_{i2} = v_{gs1} - v_{gs2} \tag{3-47}$$

设 M_1 和 M_2 管完全对称，那么 $g_{m1} = g_{m2} = g_m$，因此根据式(3-46)，得到小信号输出电流为

$$i_o = - g_m v_{id} \tag{3-48}$$

因此，差模跨导为 $G_{md} = \frac{i_o}{v_{id}} = -g_m$。

由此可见，图 3-27 电路完成了差分信号到单端输出的转换，并且保持了对应的全差分电路的增益。

PMOS 电流镜的全差分放大器电路的小信号模型如图 3-28 所示，流过 $M_1 \sim M_4$ 管的直流电流为 $I_{BIAS}/2$，这一电流对小信号分析来讲，全部设为零。由于电路结构不是全对称，因此，半边电路分析技术不能应用到该电路中。首先对左边电路的 i_{o1} 按 KCL 定理分

析，有

$$i_{o1}=i_{o3}=\frac{v_{sg3}}{r_{o3}}+g_{m3}v_{sg3}\approx g_{m3}v_{sg3} \tag{3-49}$$

上式中设定 $g_m \gg 1/r_{o3}$，据 KCL 定理，在输出端口可写出输出短路小信号电流

$$i_o=i_{o2}-g_{m4}v_{sg4} \tag{3-50}$$

由于 $v_{sg3}=v_{sg4}$，因此，将式(3-49)代入式(3-50)，可得

$$i_o=i_{o2}-i_{o1}\cdot\frac{g_{m4}}{g_{m3}} \tag{3-51}$$

如果 M_3 和 M_4 管匹配，那么 $g_{m4}=g_{m3}$，则输出电路

$$i_o=i_{o2}-i_{o1} \tag{3-52}$$

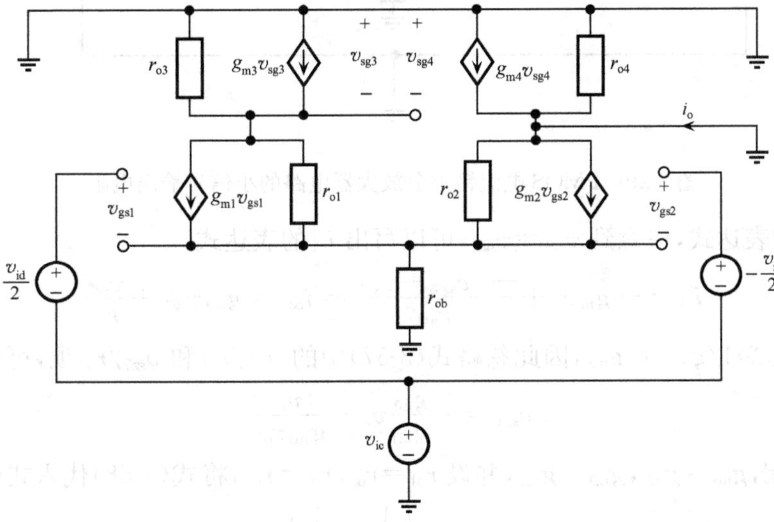

图 3-28　PMOS 电流镜的全差分放大器电路的小信号模型

为计算差模跨导，设共模输入电压为零，求输入对管 M_1 和 M_2 输出短路电流。如果假定 $r_{o1,2}\gg 1/g_{m1,2}$，那么

$$i_{o1}=g_{m1}(v_{id}+v_{gs2}) \tag{3-53}$$

$$i_{o2}=g_{m2}(-v_{id}+v_{gs1}) \tag{3-54}$$

由于 $v_{id}=v_{gs1}-v_{gs2}$，考虑到 $i_o=i_{o2}-i_{o1}$，可以得到放大器的差分跨导

$$G_{md}=\frac{i_o}{v_{id}}=\frac{i_{o2}-i_{o1}}{v_{gs1}-v_{gs2}}=-g_{m1}=-g_{m2} \tag{3-55}$$

上述结果表明：PMOS 电流镜差分放大器电路的跨导等于输入 MOS 管的跨导。

以下计算双端输入-单端输出的差分放大器双端口模型的参数。因为用 MOS 管为差分电路的输入管，所以输入阻抗近似为无穷大，即 $R_{in}\to\infty$。以下讨论输出差分电阻 R_{od}。因为 R_{od} 的值不明显，所以加一个电压源 v_t 到输出端口，计算其电流 i_t，电路图如图 3-29 所示。差分输入电压 v_{id} 被设置为零，即将 M_1 和 M_2 管的栅接到地(零电位)求输出电阻。从图 3-29可见，电流 i_t 是流过 M_2 和 M_4 电流之差。注意到 $v_{gs2}=-v_x$，可得

$$i_t=i_{o2}-i_{o4}=\left(-g_{m2}v_x+\frac{v_t-v_x}{r_{o2}}\right)-\left(g_{m4}v_{sg4}-\frac{v_t}{r_{o4}}\right) \tag{3-56}$$

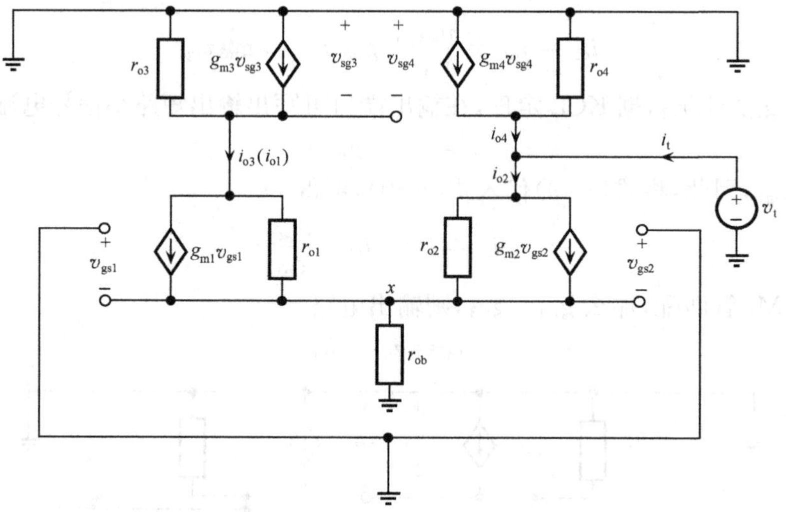

图 3-29　PMOS 电流镜差分放大器电路的小信号输出电阻

为推出 v_{sg4} 的表达式，注意到 $v_{sg4}=v_{sg3}$，可以写出 i_{o1} 的表达式

$$i_{o1}=-g_{m}v_{x}+\frac{-(v_{sg3}+v_{x})}{r_{o1}}=i_{o3}=g_{m3}v_{sg3}+\frac{v_{sg3}}{r_{o3}} \tag{3-57}$$

注意到 $r_{o1},r_{o3}\gg1/g_{m1},1/g_{m3}$，因此忽略式(3-57)中的 v_{sg3}/r_{o1} 和 v_{sg3}/r_{o3} 项，可得

$$v_{sg3}=-\frac{g_{m1}}{g_{m3}}v_{x}-\frac{v_{x}}{g_{m3}r_{o1}} \tag{3-58}$$

由于器件匹配，$g_{m1}=g_{m2}$，$g_{m3}=g_{m4}$，并设 $r_{o1}=r_{o3}$，$r_{o3}=r_{o4}$，将式(3-58)代入式(3-56)，得

$$i_{t}=v_{t}\left(\frac{1}{r_{o2}}+\frac{1}{r_{o4}}\right) \tag{3-59}$$

从式(3-59)可得到，差分输出电阻是 PMOS 和 NMOS 管小信号电阻的并联值，即

$$R_{od}=r_{o2}\ /\!/\ r_{o4} \tag{3-60}$$

因此，可以画出单端输出差分放大器的双端口模型，如图 3-30(a)所示，其戴维南等效电路为图 3-30(b)。其中，A_{vd} 为差分小信号开路电压增益，可表达为

$$A_{vd}=-G_{md}R_{od}=g_{m1}(r_{o2}\parallel r_{o4}) \tag{3-61}$$

注意：电流镜负载的双端输入-单端输出差分放大器较图 3-26 所示的电阻负载差分电路的增益增加了 1 倍。这一事实证明了电流镜负载差分放大器作为双端输入-单端输

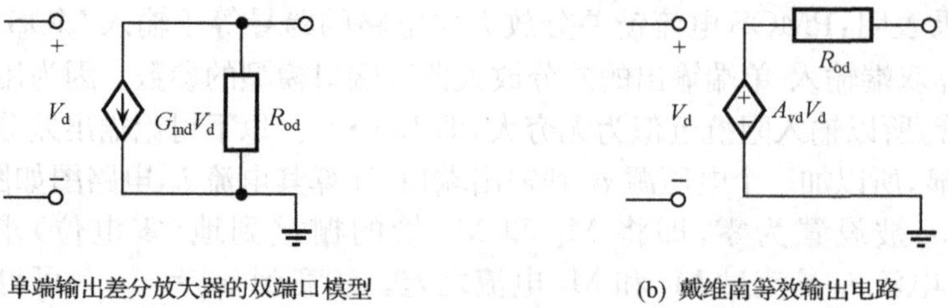

(a) 单端输出差分放大器的双端口模型　　(b) 戴维南等效输出电路

图 3-30

出的优点。

分析共模输入响应问题，将差分输入信号设为零。共模输入信号将在两输出端口输出相等的电流 i_{o1} 和 i_{o2}。电路使 M_1 和 M_3 的漏源电流相等，即 $i_{o3}=i_{o1}$。设 $r_{o3,4}\gg 1/g_{m3,4}$，那么 PMOS 电流镜的结构使 M_3 和 M_4 的漏电流相等。因此，在共模条件下，电路的特征是完全对称的，所以可以用半电路技术来分析。图 3-31(a)是共模半边电路小信号模型。因为 $r_{o1,o3}\gg 1/g_{m1,3}$，为简化分析可忽略 M_1 和 M_3 管的输出电阻 r_{o1} 和 r_{o3}，小信号电路简化如图 3-31(b)所示。根据图 3-31(b)所示电路，注意到偏置电流源内阻为 $2r_{ob}$，可以求出共模增益为

$$A_{vc}=\frac{v_o}{v_{ic}}=-\frac{g_{m1}/g_{m3}}{1+2g_{m1}r_{ob}}\approx\frac{-1}{2g_{m3}r_{ob}} \tag{3-62}$$

从以上分析可以看到 PMOS 电流镜差分放大电路完成了双端输入到单端输出的功能，并保持了较大的电压增益及较好的共模抑制性能。

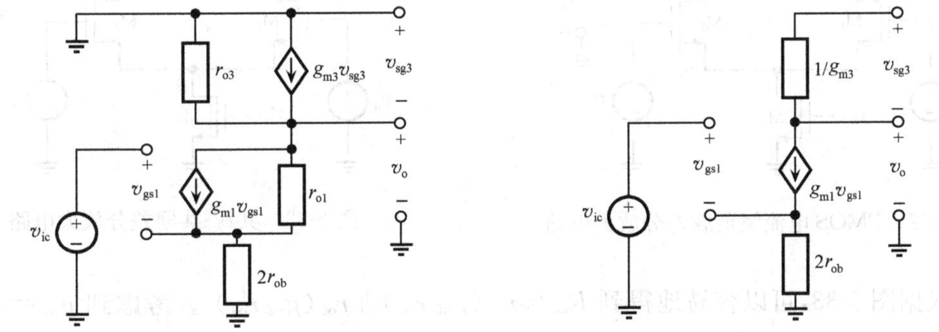

(a) PMOS电流镜负载双端输入-单端输出差分放大器共模小信号半边电路模型　　(b) 忽略 r_{o1} 和 r_{o3} 后的简化模型

图 3-31

例 3.6　PMOS 电流镜差分放大器。计算如图 3-32 所示的 PMOS 电流镜差分放大器的 A_{vd}，A_{vc} 和 CMRR。设所有器件的尺寸已被调整，使器件工作在饱和区，其中 $g_{mn}=g_{mp}=0.1\text{mS}$，以及 $r_{on}=r_{op}=1\text{M}\Omega$。

解　求解 A_{vd}，可用式(3-61)，有 $A_{vd}=g_{m1}(r_{o2}\parallel r_{o4})=0.1\text{mS}\times 500\text{k}\Omega=50$。

求解 A_{vc}，可用式(3-62)，有

$$A_{vc}=-\frac{1}{2g_{m3}r_{o5}}=\frac{-1}{2\times(0.1\text{mS})\times(1\text{M}\Omega)}=-0.005$$

所以

$$\text{CMRR}=\frac{|A_{vd}|}{|A_{vc}|}=\frac{50}{0.005}=10000$$

假设需提高 CMRR，那么按式(3-62)，应该提高电流源器件 M_5 的输出电阻 r_{o5}，但这样做仅仅能将 CMRR 的低频值提高，因为 CMRR 的 3dB 值为 $\omega_{3dB}=\dfrac{1}{r_{o5}C_E}$。因此，提高 r_{o5} 的值将使 ω_{3dB} 的值下降。

另一个提高 CMRR 的方法为采用共源-共栅电路的结构提高 A_{vd}，以达到提高 CMRR。如图 3-33 所示，可以增加 $M_6 \sim M_9$ 器件来提高输出电阻。忽略背栅效应来简化说明。当 M_6 和 M_8 提供合适的直流电压，而 M_7 和 M_9 管提高了输出电阻，从严格意义上讲，M_6 不一定要，但是 M_6 使得放大器对称，并且当输入差分电压为 0V 时，使得左边电路的节点电压和右边电路对应的节点电压大体相等。

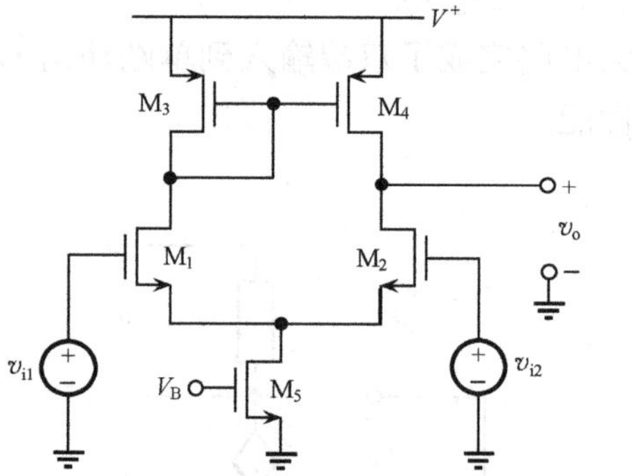

图 3-32　PMOS 电流镜负载差分放大电路

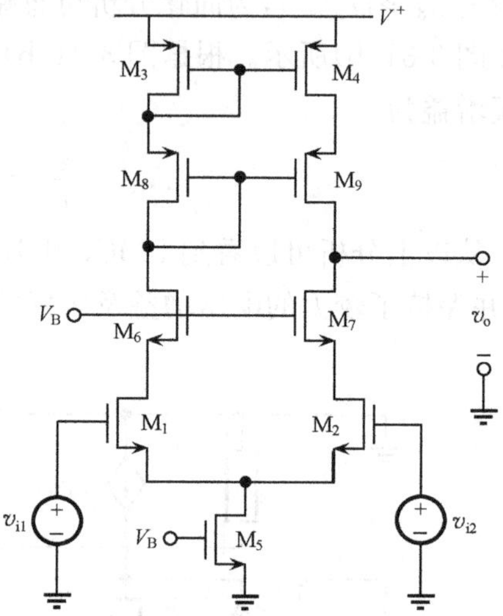

图 3-33　共源-共栅差分放大电路

根据图 3-33，可以容易地得到 $R_{od} \approx r_{o2}(g_{m7}r_{o7}) \parallel r_{o4}(g_{m9}r_{o9})$。考虑到 $g_{mn}=g_{mp}=g_m$，并且 $r_{on}=r_{op}=r_o$，因此

$$A_{vd} = -G_{md}R_{od} = g_m \times \frac{r_o(g_m r_o)}{2}$$

$$= 0.1\text{mS} \times \frac{1\text{M}\Omega \times 100}{2} = 5000$$

已经将 A_{vd} 提高了 100 倍，为找出新的共模增益，可以用类似图 3-33 的分析方法。由图 3-33，可得到求共模小信号增益的模型电路图 3-34。

因 $1/g_{m6}$ 电阻串联在电流源电路中，对共模增益无影响。用式(3-62)时，注意用 $1/g_{m3}+1/g_{m8}$ 代替 $1/g_{m3}$，可得

$$A_{vc} = \frac{-g_{m1}(1/g_{m3}+1/g_{m8})}{1+2g_{m1}r_{o5}} = \frac{-2}{2g_m r_o} = -0.01$$

这样可以得到：$\text{CMRR} = \dfrac{|A_{vd}|}{|A_{vc}|} = 5 \times 10^5$。较图 3-32 所示电路结构的 CMRR 大了 50 倍。

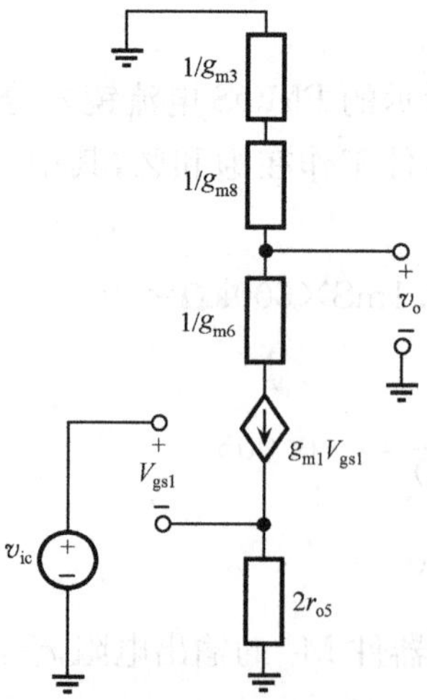

图 3-34　共源-共栅差分放大电路的小信号模型

习 题

3.1 在 CMOS 工艺中,沟道长度调制效应系数被发现是与沟道长度有关:$\lambda_n = 0.1/L$ (V^{-}),最小的沟道长度是 $L_{min} = 0.5\mu m$,开启电压 $V_{THn} = 1V$,$\mu_n C_{ox} = 50\ \mu A/V^2$,忽略开启电压的背栅效应,需要一个电流阱。直流电流为 $I_{out} = 75\mu A$,电阻 $r_{oc} = 0.5\ M\Omega$。

器件参数:$\mu_n C_{ox} = 50\ \mu A/V^2$,$V_{THn} = 1V$,$-2\Phi_p = 2\Phi_n = 0.8V$,$r_n = r_p = 0.6\ V^{-1/2}$,$\lambda_n = \lambda_p = 0.05V^{-1}$ @$L = 2\mu m$,$C_{ox} = 2.3\ fF/\mu m^2$,$C_{jn} = 0.1\ fF/\mu m^2$,$C_{jp} = 0.3\ fF/\mu m^2$,$C_{jswn} = 0.5\ fF/\mu m$,$C_{jswp} = 0.35\ fF/\mu m$,$C_{ovn} = 0.5\ fF/\mu m$,$C_{ovp} = 0.5\ fF/\mu m$,$L_{diffn} = L_{diffp} = 6\mu m$。

(a) 图 3-35 所示,$I_{REF} = 25\mu A$,$(W/L)_1 = 3$,求出 M_1 和 M_2 的 W 和 L 值,使满足题设的 I_{OUT} 和 r_{oc} 的要求。

(b) 设 $V_{OUT} = 1.5V$,求电流阱输出端口的小信号电容(单位:fF)。沟道长度 $L_{dif} = 2\mu m$($\Phi_n = 0.95V$)。

(c) 在设该 MOS 管工作在饱和区的条件下,求 V_{OUT} 的最小值。

3.2 图 3-36 所示,MOS 电流源和电流阱电路中,$I_{REF} = 100\mu A$,M_3 和 M_4 器件的尺寸为$(W/L)_R = (W/L)_4 = 10/2$。设所有器件工作在饱和区,忽略背栅效应。

(a) 当 $I_{OUT1} = 40\mu A$ 时,求$(W/L)_1$;

(b) 当 $I_{OUT2} = 100\mu A$ 时,求$(W/L)_2$;

(c) 当 $I_{OUT3} = 250\mu A$ 时,求$(W/L)_3$;

(d) 当 $I_{REF} = 100\mu A$ 和$(W/L)_R = (W/L)_4 = 30/2$ 时,求(a)～(c)。

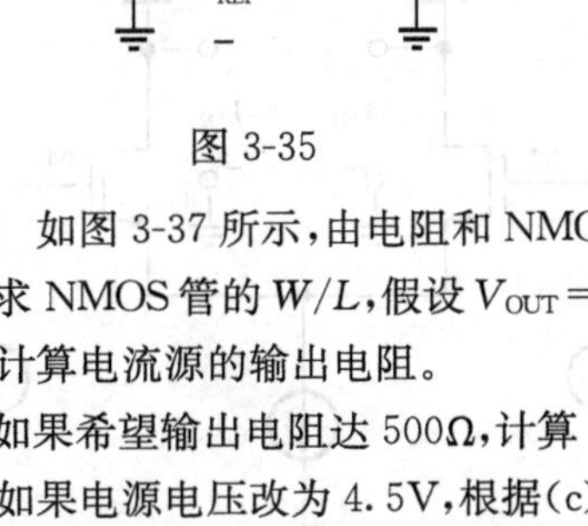

图 3-35

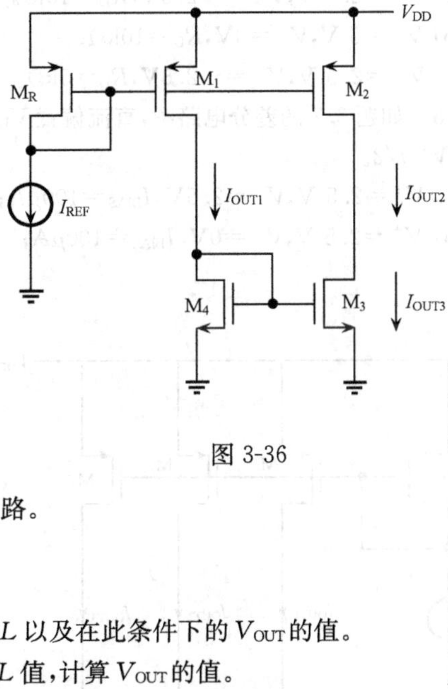

图 3-36

3.3 如图 3-37 所示,由电阻和 NMOS 管构成的电路。

(a)求 NMOS 管的 W/L,假设 $V_{OUT} = 1.5V$。

(b)计算电流源的输出电阻。

(c)如果希望输出电阻达 500Ω,计算 MOS 管的 W/L 以及在此条件下的 V_{OUT} 的值。

(d)如果电源电压改为 4.5V,根据(c)条件下的 W/L 值,计算 V_{OUT} 的值。

3.4 图 3-38 所示电流源电路,其中 $I_{REF} = 100\ \mu A$。

(a) 希望由 M_1 产生的 V_{REF} 输出电阻为 1kΩ,求在此条件下的$(W/L)_1$ 的值。

(b) 当 $I_{OUT} = 300\mu A$ 时,求 M_2 的$(W/L)_2$ 的值。

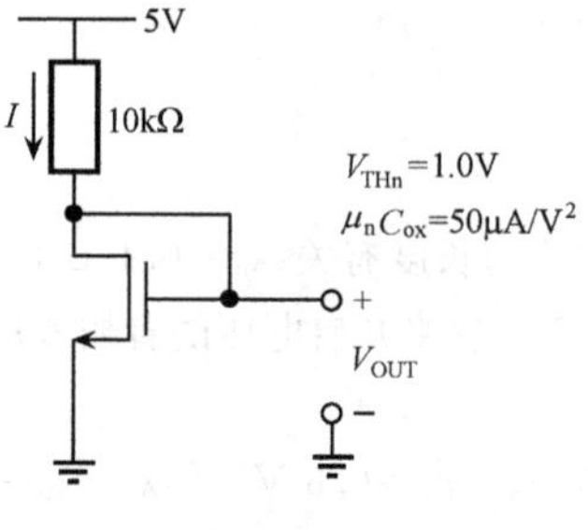

图 3-37

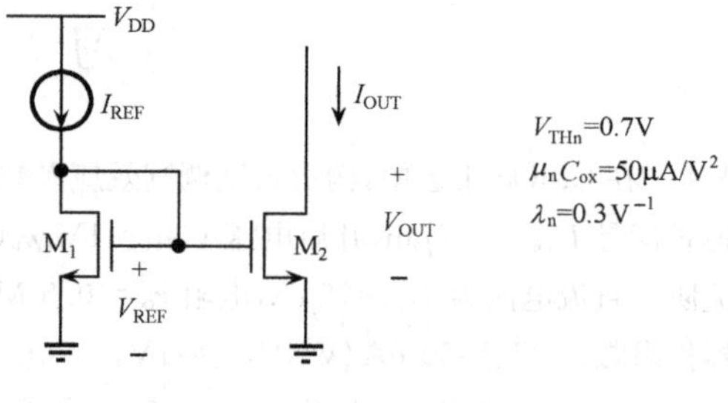

图 3-38

(c) 求电流源内阻。

3.5 画出 PMOS 管构成的简单电流源，重复题 3.3 的计算要求。PMOS 管参数：$V_{THp}=-0.7V$，$\mu_p C_{ox}=75\ \mu A/V^2$，$\lambda_p=0.05V^{-1}$。

3.6 电流源电路如图 3-39 所示，$I_{REF}=100\mu A$，并且 M_R 的尺寸为$(W/L)_R=10/2$，设所有器件工作在饱和区，忽略背栅效应。

(a) $I_{OUT1}=40\mu A$ 时，求$(W/L)_1$。

(b) $I_{OUT2}=100\mu A$ 时，求$(W/L)_2$。

(c) $I_{OUT3}=250\mu A$ 时，求$(W/L)_3$。

(d) 如果 $I_{REF}=20\mu A$，重复(a)～(c)。

(e) 如果 $I_{REF}=100\mu A$，$(W/L)_R=30/2$ 时，重复(a)～(c)。

3.7 图 3-40 所示差分放大器，其直流偏置电压为 $V_{I1}=V_{I2}=0V$，求解 I_{BIAS}的值，使直流输出电压为 $V_{O1}=V_{O2}=(V^+ + V^-)/2$。

(a) $V^+=2.5\ V$，$V^-=-2.5V$，$R_D=10k\Omega$；

(b) $V^+=5\ V$，$V^-=0V$，$R_D=10k\Omega$；

(c) $V^+=2.5\ V$，$V^-=-2.5V$，$R_D=5k\Omega$。

3.8 如题 3.7 的差分电路图，直流偏置 $V_{I1}=V_{I2}=0V$，按以下条件求 R_D，使输出电压 $V_{O1}=V_{O2}=(V^+ + V^-)/2$。

(a) $V^+=2.5\ V$，$V^-=2.5V$，$I_{BIAS}=100\mu A$；

(b) $V^+=2.5\ V$，$V^-=0V$，$I_{BIAS}=100\mu A$；

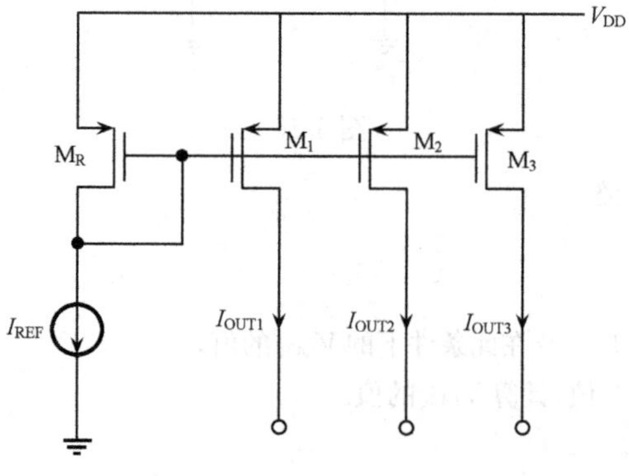

图 3-39

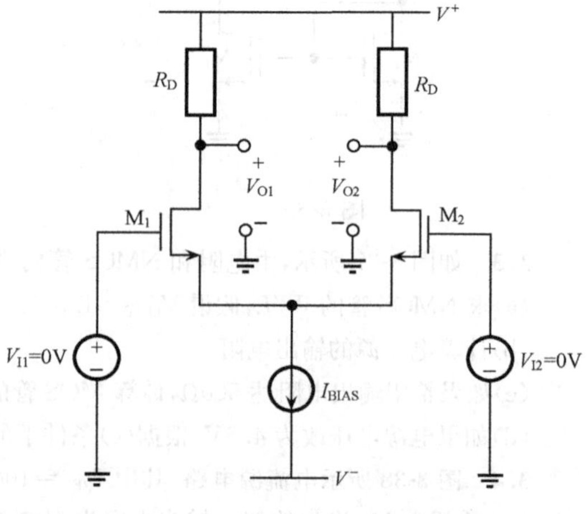

图 3-40

(c) $V^+=2.5\text{ V}, V^-=-2.5\text{V}, I_{BIAS}=500\mu\text{A}$。

3.9 如图 3-41 所示的差分放大电路,注意输入电压是小信号电压 v_{i1} 和 v_{i2},按以下条件分别求出差模 v_{id} 和共模 v_{ic}。

(a) $v_{i1}=1\text{mV}, v_{i2}=0.5\text{ mV}$;

(b) $v_{i1}=-1\text{mV}, v_{i2}=1\text{mV}$;

(c) $v_{i1}=100.3\text{ mV}, v_{i2}=101.3\text{mV}$;

(d) $v_{i1}=-100\text{ mV}, v_{i2}=-110\text{mV}$。

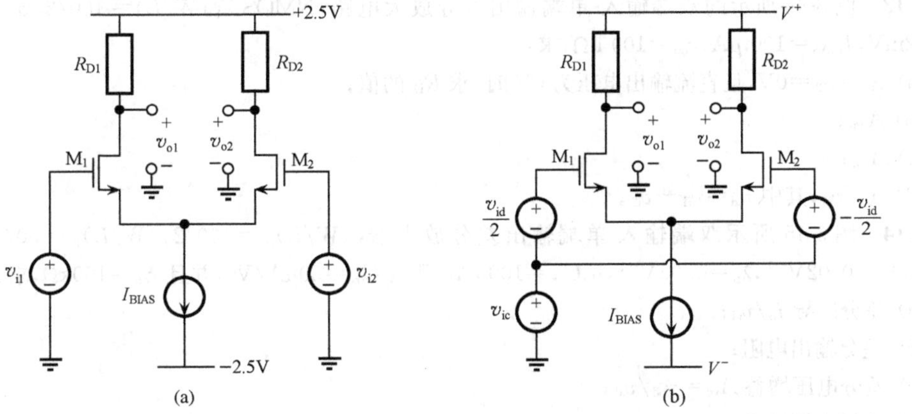

图 3-41

3.10 图 3-42 所示差分放大器电路,r_{ob} 的值为 $25\text{V}/I_{BIAS}$,NMOS 管的 $(W/L)=100/2$,按图中所给的条件,求 R_D 的值,使当 $v_{I1}=v_{I2}=0\text{V}$ 时,$v_{o1}=v_{o2}=0\text{V}$,并使用半边电路技术求 A_{dm},A_{cm},CMRR。

(a) $I_{BIAS}=100\mu\text{A}$;

(b) $I_{BIAS}=500\mu\text{A}$。

3.11 图 3-43 所示差分放大电路,求双端口模型参数,并在源电阻和负载电阻分别为 $R_S=1\text{k}\Omega$ 和 $R_L=50\text{ k}\Omega$ 时,求电路的小信号电压增益,可用半边电路近似技术。NMOS 管的尺寸① $(W/L)=20/2$,② $(W/L)=200/2$,计算:

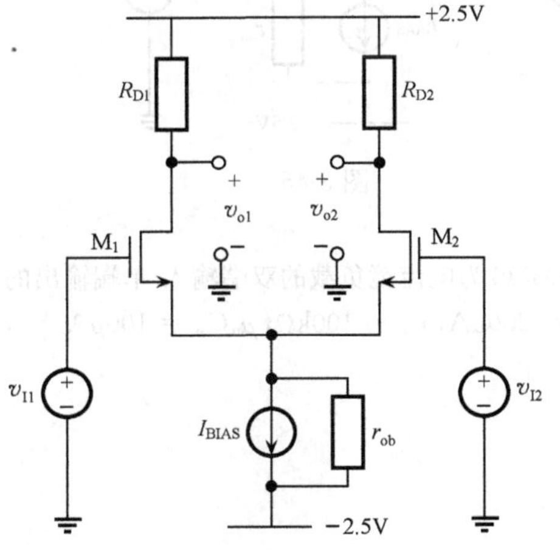

图 3-42

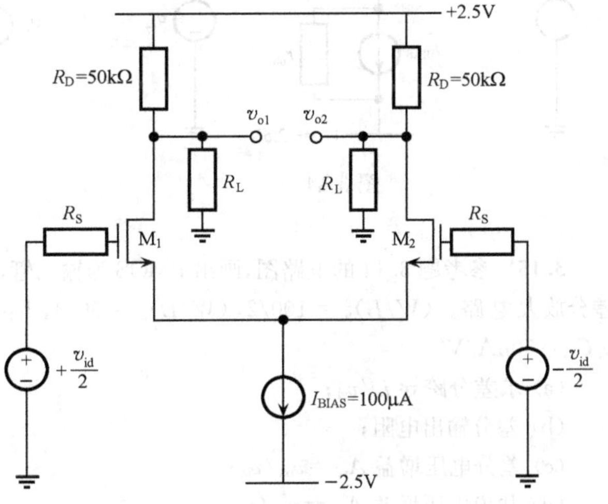

图 3-43

(a) 输入差分电阻 R_{id}；

(b) 输出差分电阻 R_{od}；

(c) 差模跨导；

(d) 电路电压增益 v_{od}/v_{id}(注意：$v_{od}=v_{o1}-v_{o2}$)。

3.12 图 3-24 所示差分放大器电路中，将 NMOS 管用 PMOS 管替代，计算并分析其差模频率响应。

器件参数：$\lambda_p=0.05V^{-1}$，$\mu_p C_{ox}=50\mu A/V^2$，$V_{THp}=-0.7V$。

3.13 图 3-44 所示的双端输入-单端输出差分放大电路，NMOS 管 $(W/L)=100/2$，$v_{i1}=10mV$，$v_{i2}=12mV$，$I_{BIAS}=100\ \mu A$，$r_{ob}=100\ k\Omega$，求：

(a) $v_{i1}=v_{i2}=0V$，且直流输出电压为 0V 时，求 R_D 的值；

(b) A_{dm}；

(c) A_{cm}；

(d) v_{od}/v_{id}，其中 $v_{id}=v_{i1}-v_{i2}$。

3.14 图 3-45 所示双端输入-单端输出差分放大器，$(W/L)_n=100/2$，$(W/L)_p=50/4$，$I_{BIAS}=100\mu A$，$\lambda_n=0.02V^{-1}$，$\lambda_p=0.05V^{-1}$，$\mu_n C_{ox}=100\mu A/V^2$，$\mu_p C_{ox}=50\mu A/V^2$，并且 $r_{ob}=100k\Omega$，求：

(a) 差分跨导 i_o/v_{id}；

(b) 差分输出电阻；

(c) 差分电压增益 $A_{vd}=v_{od}/v_{id}$；

(d) 共模电压增益 $A_{cm}=v_{oc}/v_{ic}$。

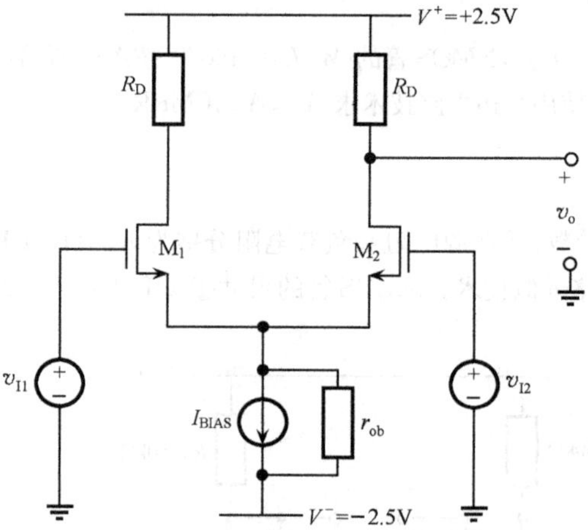

图 3-44

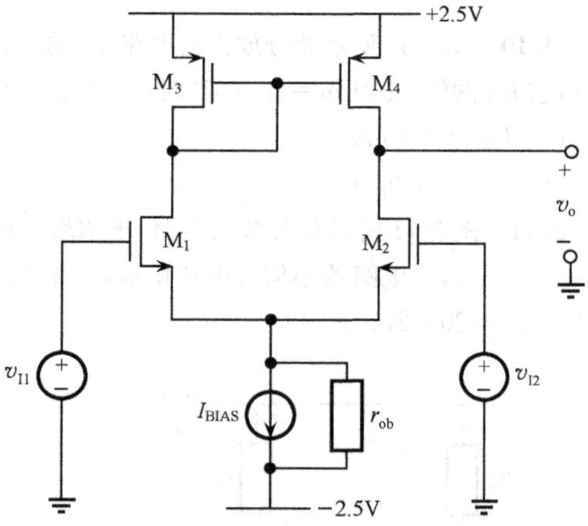

图 3-45

3.15 参考题 3.14 的电路图，画出 PMOS 为输入管，NMOS 为电流镜负载的双端输入-单端输出的差分放大电路。$(W/L)_p=100/2$，$(W/L)_n=50/4$，$I_{BIAS}=200\mu A$，$r_{ob}=100k\Omega$，$\mu_n C_{ox}=100\mu A/V^2$，$\mu_p C_{ox}=50\mu A/V^2$。

(a) 求差分跨导 i_o/v_{id}；

(b) 差分输出电阻；

(c) 差分电压增益 $A_{vd}=v_{od}/v_{id}$；

(d) 共模电压增益 $A_{cm}=v_{oc}/v_{ic}$。

3.16 图 3-46 所示差分放大器电路，其中 $(W/L)=100/2$，$I_{BIAS}=500\mu A$，$V_{THn}=0.7V$，$\mu_n C_{ox}=$

$100\mu A/V^2$。设跨在电流源偏置两端的电压要在0.5V以上。求在以下条件下的 v_{o1}，v_{o2} 和 v_x 值，并说明在各个条件下电路中的每个器件是否工作在饱和区。

(a) $V_{I1}=0V, V_{I2}=0V$；

(b) $V_{I1}=2V$，$V_{I2}=2V$；

(c) $V_{I1}=1V$，$V_{I2}=0V$；

(d) $V_{I1}=0V$，$V_{I2}=-1.5V$；

(e) $V_{I1}=0V$，$V_{I2}=0V, I_{BIAS}=200\mu A$；

(f) 如果将NMOS管的 (W/L) 设为200/2，重复计算(a)～(e)。

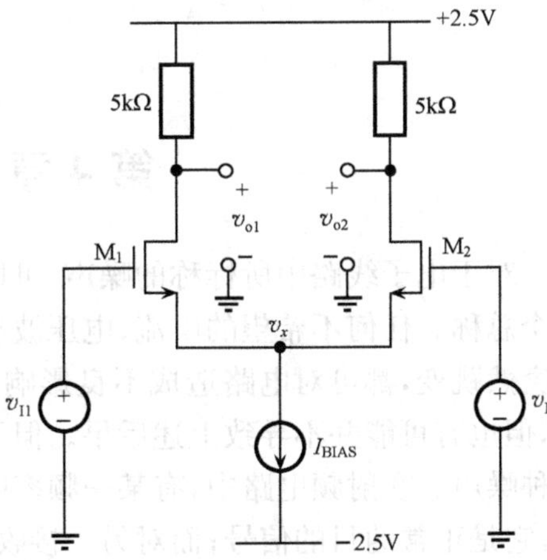

图 3-46

参 考 文 献

[1] Gray Paul R et al. Analysis and Design of Analog Integrated Circuits. Fourth Edition. John Wiley & Sons，2001

[2] Behzad Rezavi. Design of Analog CMOS Integrated Circuits. The McGran-Hill Companies，2001

[3] Philips E Allen，Douglas R Holberg. CMOS Analog Circuit Design. Second Edition. Oxford University Press，2002

[4] Roger T Howe，Charles G Sodini. Microelectronics —An Integrated Approach. Prentice-Hall，1997

[5] 洪志良．模拟集成电路分析与设计．北京：科学出版社，2005

[6] David A Johns，Ken Martin. Analog Integrated Circuit Design. John Wiley & Sons，1997

[7] Roubik Gregorian. Introduction to CMOS OP-AMPS and Comparator. John Wiley & Sons，1999

第 4 章　噪 声 分 析

对于电子线路中所标称的噪声,可以概括地认为,它是对目的信号以外的所有信号的一个总称。任何不希望的电流、电压波动信号都可以称为噪声。例如,电源电压中的纹波或突然跳变,都可对电路造成不良影响,使音响装置发出交流声或数字逻辑电路的误动作,但也有可能并不导致上述后果。但无论如何,对于这种纹波或跳变,都应称为电路的一种噪声。在射频电路中,有某一频率的无线电波信号,对需要接收这种信号的接收机来讲,它是正常的目的信号;而对另一接收机,它就是一种非目的信号,即是噪声。在数字电路中,往往可以用示波器观察到,在正常的脉冲信号上混有一些小的尖峰脉冲是所不期望的一种噪声。当一个噪声电压大到足以使电路受到干扰时,该噪声电压就称为干扰电压。而一个电路或一个器件,当它还能保持正常工作时所加的最大噪声电压,称为该电路或器件的抗干扰容限或抗扰度。一般说来,噪声很难消除,但可以设法降低噪声的强度或提高电路的抗扰度,以使噪声不至于形成干扰。

在电子系统中,噪声是一个重要的问题,因为它限制了任何电子系统的测量、计算精确度以及电子方法能够处理的信号的大小。电路噪声有热噪声、散粒噪声、闪烁噪声等,其产生原因各不相同,噪声传播方式也不同,对应的消除或减弱方法也不同。本章主要分析 CMOS 模拟集成电路中的噪声种类、表示方法以及在各种单级放大器电路中的分析与仿真技术。

4.1　噪声类型与在电路中的表示

4.1.1　噪声的数学表达

噪声在实际电路中是随机出现的,它与电路工作的环境、工作状态、操作方法等都有直接的关系。噪声的具体幅值是不能被预测的,是一个随机过程。因此,对于噪声的研究只能通过长期的观察,建立在统计学的基础上。

1. 平均功率、功率谱密度与噪声整形

虽然噪声的幅值大小不能预测,但是噪声的平均功率大小是可以预测的。平均功率定义如下:

$$P_{av}=\frac{1}{T}\int_{-T/2}^{T/2}\frac{v^2(t)}{R}\mathrm{d}t \tag{4-1}$$

式(4-1)所表示的含义是,如果一个周期型电压加在负载电阻 R 上在一个周期内所产生的能量与一个恒定电压加在同样的负载电阻上等效所产生的能量相同,那么周期型电压的平均功率值大小即为恒定电压所对应的功率值[1]。

如果用平均功率来度量类似于噪声这样的随机过程，定义如下：

$$P_{av} = \lim_{T\to\infty}\frac{1}{T}\int_{-T/2}^{T/2}\frac{v^2(t)}{R}\mathrm{d}t \tag{4-2}$$

注意：在对噪声的度量过程中，习惯上对平均功率的单位使用的是 V^2 而不是 W。如果用电压单位 V，那表示均方根电压值 $\sqrt{P_{av}}$。

除了平均功率，还常常使用功率谱密度(PSD)来作为衡量噪声大小的标准。功率谱密度的定义为在 1Hz 带宽内噪声所具有的功率大小。将功率谱密度在频带内积分就是功率。因此，功率谱密度实际反应了噪声频谱特性。这里需要介绍一个信号处理中经常用到的定理：

定理 如果把功率谱密度为 $S_X(f)$的信号通过一个传输函数为 $H(s)$的线性时不变系统，那么输出信号功率谱为[1]

$$S_Y(f) = S_X(f) \mid H(f) \mid^2 \tag{4-3}$$

从上式可以看成，噪声实际上是可以受到系统整形的，因此，这为我们消除噪声的影响提供了思路。

2. 噪声的相关性

在电路中，产生噪声的因素很多，需要考虑这些噪声是否可以直接叠加，这就是噪声的相关性。对于随机过程，可以采用概率论中的相关性定义。假设两个噪声源 $S_1(t)$和 $S_2(t)$同时作用，那么它们所产生的平均功率为

$$\begin{aligned}P_{av} &= \lim_{T\to\infty}\frac{1}{T}\int_{-T/2}^{T/2}[S_1(t)+S_2(t)]^2\mathrm{d}t \\ &= \lim_{T\to\infty}\frac{1}{T}\int_{-T/2}^{T/2}S_1^2(t)\mathrm{d}t + \lim_{T\to\infty}\frac{1}{T}\int_{-T/2}^{T/2}S_2^2(t)\mathrm{d}t \\ &\quad + \lim_{T\to\infty}\frac{1}{T}\int_{-T/2}^{T/2}2S_1(t)S_2(t)\mathrm{d}t\end{aligned} \tag{4-4}$$

如果上式中最后一项为 0，即表示两个噪声源是不相关的，那么这两个噪声源的功率是可以直接相加的。在大部分电路中，噪声源都是非相关的，这有助于简化电路分析。

4.1.2 电路中的噪声类型和特点

1. 电阻热噪声和等效电路

在各种导体中，由于电子的随机运动导致导体两端的电压会有波动，这种波动的程度和绝对温度有关，因此，这是一种热噪声。

温度为 T 的电阻 R 的噪声电压功率谱密度为

$$\overline{v_{nT,R}^2} = 4kTR \tag{4-5}$$

电流功率谱密度为

$$\overline{i_{nT,R}^2} = \frac{4kT}{R} \tag{4-6}$$

其中，k 为玻尔兹曼常量。为了方便记忆和手工计算，往往采用将电阻热噪声归一化的方法。即在常温 $T=300$K 时，1Ω 电阻的功率谱密度为 0.1656×10^{-19} V^2/Hz，如果用电压

量表示约为 0.4nV/$\sqrt{\text{Hz}}$。这是一个有用的数值。在今后的计算中，只需乘以相应的电阻值即可。

电阻热噪声的等效电路图如图 4-1 所示。图 4-2 是 RC 电路组成的低通滤波器热噪声等效电路。

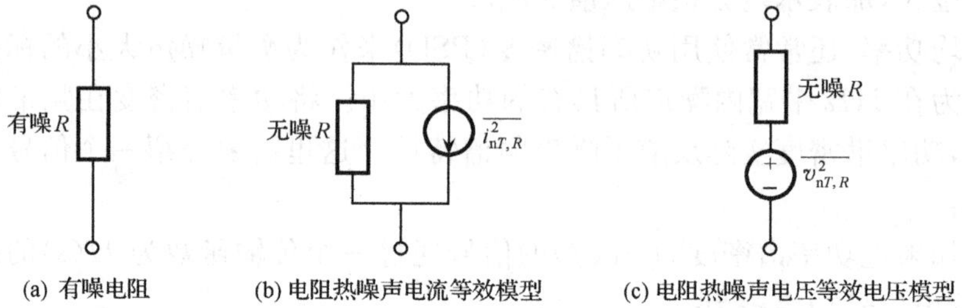

图 4-1

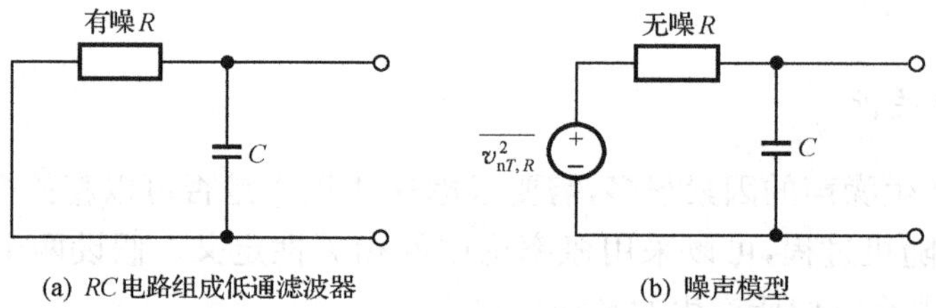

图 4-2

2. kT/C 噪声

当电阻和电容组成 RC 网络时，由于 RC 网络存在频率特性（高通、低通等特性），因此电阻的热噪声就会被 RC 网络整形，不再是白噪声了。

图 4-2 所示的一个简单 RC 滤波器的传递函数为

$$H(s) = \frac{1}{RCs + 1} \tag{4-7}$$

因此根据式(4-3)所介绍的定理，系统的输出噪声为

$$N_o = \frac{\overline{v^2_{nT,R}}}{4\pi^2 f^2 R^2 C^2 + 1} = \frac{4kTR}{4\pi^2 f^2 R^2 C^2 + 1} \tag{4-8}$$

根据式(4-8)可以看出输出噪声已经和频率有关，因此电阻热噪声已经被 RC 网络整形。整形之前和之后的噪声频谱如图 4-3 所示。

计算噪声的总功率，需要对带宽内的频谱积分，即

$$P_o = \int_0^{\infty} \frac{4kTR}{4\pi^2 f^2 R^2 C^2 + 1} \mathrm{d}f = \frac{2kT}{\pi C} \arctan x \bigg|_{x=0}^{x=\infty} = \frac{kT}{C} \tag{4-9}$$

式(4-9)说明电路输出噪声和电阻 R 无关而与电容大小有关。这是因为电阻 R 的变化同样也引起带宽的变化。因此，要减小 kT/C 噪声，只能增大电容 C。

和前面讨论电阻热噪声类似的，为了方便记忆，可以事先把 kT/C 噪声归一化。如果电容是 1pF，其总噪声电压约为 $6.4 \times 10^{-5}\,V_{rms}$，$V_{rms}$ 表示均方根电压。

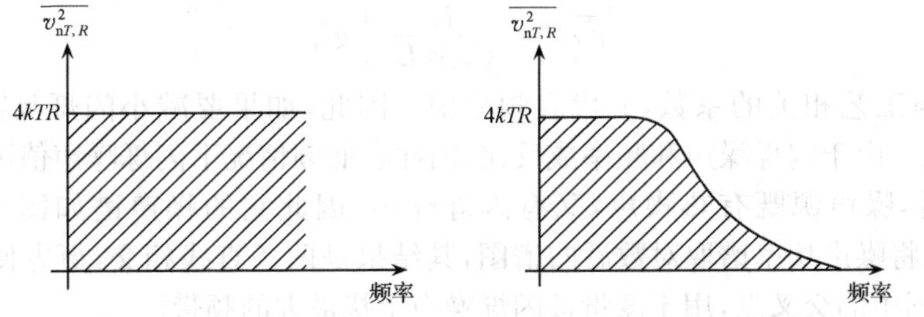

(a) 电阻热噪声　(b) 通过低通滤波器整形后的电阻热噪声

图 4-3

3. MOS管的热噪声和等效电路

MOS晶体管同样也有热噪声，这主要是由MOS管的沟道贡献的。工作在饱和区的长沟道MOS器件的沟道热噪声可以等效为跨接在漏源两端的噪声电流源，如图4-4(a)所示。

电流功率谱密度为

$$\overline{i^2_{nT,M}} = 4kT\gamma g_m \tag{4-10}$$

其中，γ为与工艺有关的系数，约为2/3。当然，由于将噪声源等效为跨接在漏源的电流源，也可以利用MOS本身的压控电流源特性将噪声转化成栅上的电压源，如图4-4(b)所示，这种转化是在分析噪声传播时的有效方法。电压噪声源的功率谱密度为

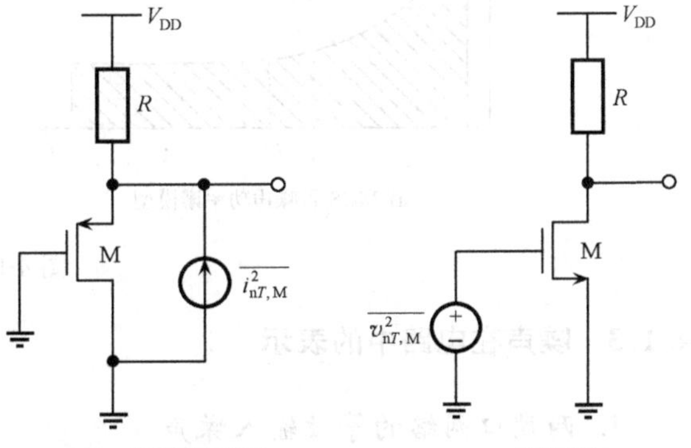

(a) MOS管热噪声模型　(b) 等效模型

图 4-4

$$\overline{v^2_{nT,M}} = \frac{4kT\gamma}{g_m} \tag{4-11}$$

从上面的分析还可以得到一个重要结论，即系统的噪声功率和系统信号的输入位置是无关的。正如将漏源电流源等效到MOS管栅端一样，如果需要也可以将该噪声源等效到电源上或是系统输出端，其效果是一样的。

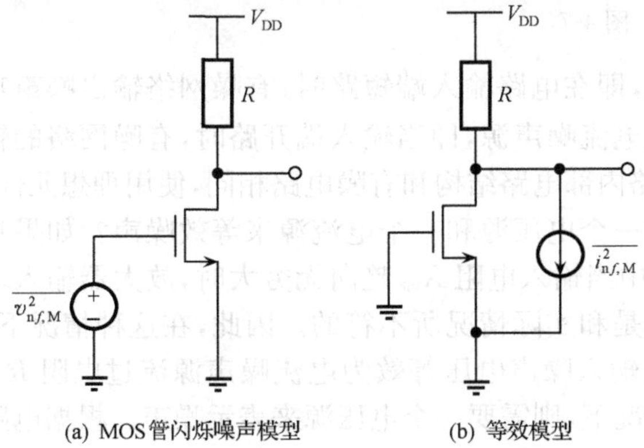

(a) MOS管闪烁噪声模型　(b) 等效模型

图 4-5

4. MOS管的闪烁噪声

MOS管还有一种闪烁噪声，它主要来源于MOS管的栅氧化层与硅衬底接触面的工艺缺陷和其他原因，其功率谱密度与频率的倒数成正比。该噪声可以等效为一串联在栅端的电压源，如图4-5(a)所示。

$$\overline{v^2_{nf,M}} = \frac{K}{C_{ox}WL}\frac{1}{f} \tag{4-12}$$

同样，也可以转化为一个压控电流源

$$\overline{i_{nf,\mathrm{M}}^2} = \frac{K}{C_{\mathrm{ox}}WL}\frac{1}{f}g_{\mathrm{m}}^2 \tag{4-13}$$

式中，K 是与工艺相关的系数，f 代表频率值。因此，如果要减小闪烁噪声，只有增大MOS管面积。由于闪烁噪声和频率成反比，因此在低频情况下闪烁噪声值可能很大。作为MOS器件，噪声源既有热噪声，又有闪烁噪声，因此它的噪声谱如图 4-6(a)所示。图 4-6 (b)是将噪声功率谱取对数后的谱图，其结果是两条直线相交，更方便计算。转角频率值定义图中的交叉点，用于度量被闪烁噪声干扰最大的频带。

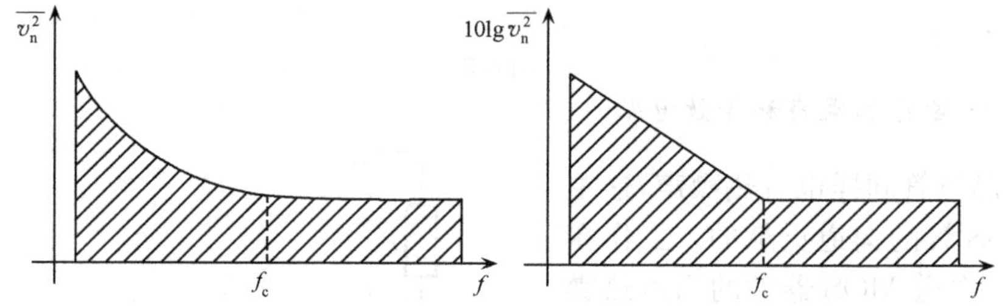

(a) MOS 管噪声功率谱模型　　(b) 取对数后的谱图

图 4-6

4.1.3　噪声在电路中的表示

1. 两端口网络的等效输入噪声

任何一个双端口网络的噪声都可以由两个位于输入端的噪声源和一个无噪网络来等效[2]，如图 4-7 所示。

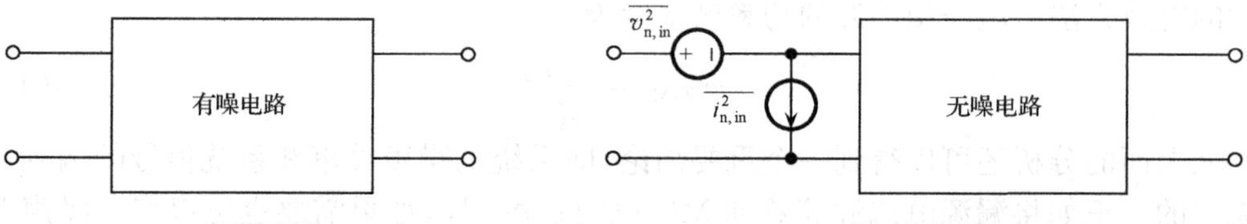

(a) 双端口网络　　(b) 噪声等效电路

图 4-7

其中，$\overline{v_{n,in}^2}$表示等效输入噪声电压源，即在电路输入端短路时，有噪网络输出噪声功率等效到输入端的值。$\overline{i_{n,in}^2}$表示等效输入电流噪声源，即当输入端开路时，有噪网络的输出噪声功率等效到输入端的值。无噪电路内部电路结构和有噪电路相同，使用理想元件。

这里需要解释一下：为什么同时需要一个电压源和一个电流源来等效噪声？如果只用一个电压源来等效噪声，那么在图 4-8 中当输入电阻 R_{in2} 趋向无穷大时，放大器输入端开路，也就是说等效的输出噪声为零。这是和实际情况所不符的。因此，在这种情况下，需要一个电流源来表示噪声。那么，系统输入噪声电压等效为电流噪声源流过电阻 R_{in1} 所产生的噪声。同理，在输入端短路的情况下，则需要一个电压源来表示噪声。根据电路理论知识，用一个电压源和一个电流源足以表示任何双端口网络。

在上面的分析中，我们指出在两个极端情况下，分别需要一个电压源或一个电流源来表

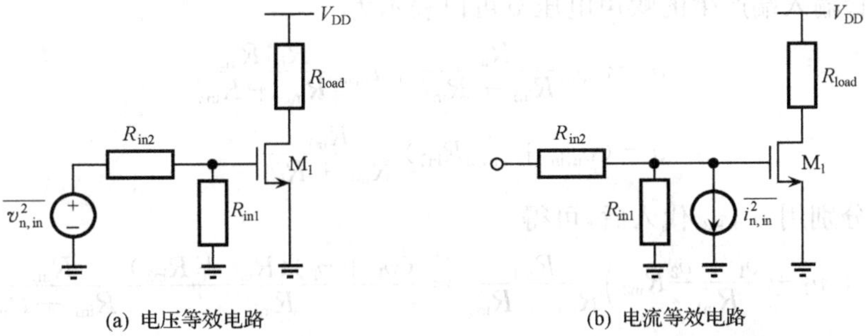

图 4-8　单个噪声源的电压等效电路和电流等效电路

示电路噪声。但是在一般情况下，用一个电压源和一个电流源来表示同一个噪声机制是否会重复计算？实际上，由于两个噪声源表示的是同一个噪声，所以两个噪声源是相关的。因此，不能直接进行功率叠加，而只能用电压叠加的方法来计算。仍然以图 4-8 电路为例来计算。可以假设电阻噪声是不存在的，因此可以只考虑 MOS 管的热噪声和闪烁噪声。

在图 4-9 中，三个电路分别表示将噪声用电压源和电流源同时等效、当输入端短路时的电压源等效，以及当输入端开路时的电流源等效。根据前面叙述的 MOS 管热噪声和闪烁噪声式可得

$$\overline{v_{n,in}^2} = 4kT\frac{2}{3g_m} + \frac{K}{C_{ox}WLf} \tag{4-14}$$

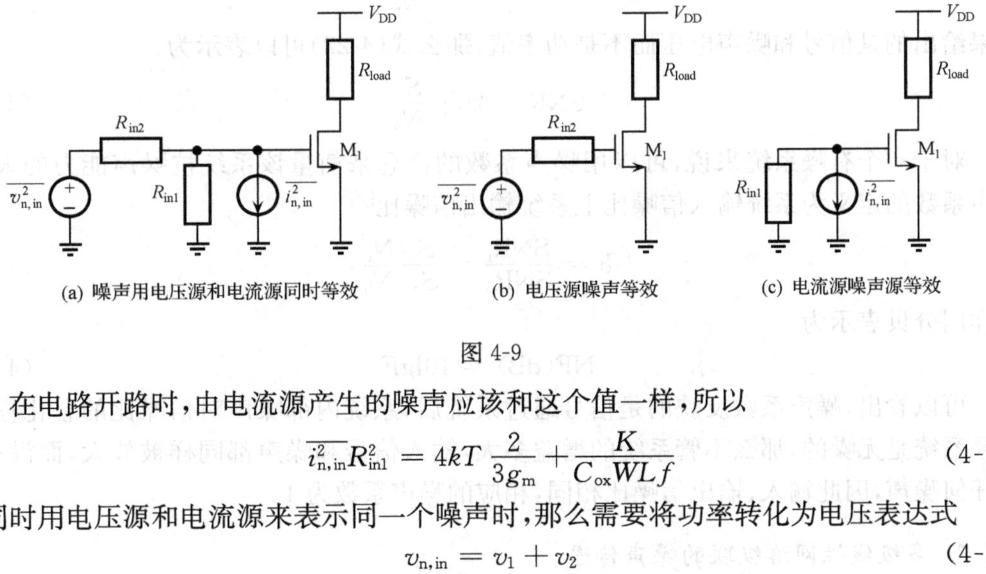

图 4-9

在电路开路时，由电流源产生的噪声应该和这个值一样，所以

$$\overline{i_{n,in}^2}R_{in1}^2 = 4kT\frac{2}{3g_m} + \frac{K}{C_{ox}WLf} \tag{4-15}$$

当同时用电压源和电流源来表示同一个噪声时，那么需要将功率转化为电压表达式

$$v_{n,in} = v_1 + v_2 \tag{4-16}$$

$$i_{n,in} = \frac{v_1 + v_2}{R_{in1}} \tag{4-17}$$

其中

$$v_1 = \sqrt{4kT\frac{2}{3g_m}},\quad v_2 = \sqrt{\frac{k}{C_{ox}WLf}} \tag{4-18}$$

对于任何一个线性电路，不论激励之间是否有相关性，电压叠加定理总是成立的。因

此在 MOS 管输入端产生的噪声电压 v 可以表示为

$$v = v_{n,in}\frac{R_{in1}}{R_{in1}+R_{in2}} + i_{n,in}\frac{R_{in1}R_{in2}}{R_{in1}+R_{in2}}$$

即

$$v = (v_{n,in} + i_{n,in}R_{in2})\frac{R_{in1}}{R_{in1}+R_{in2}} \tag{4-19}$$

将 $v_{n,in}$，$i_{n,in}$分别用 v_1，v_2 代入后，可得

$$v = \left(v_1 + v_2 + \frac{v_1+v_2}{R_{in1}}R_{in2}\right)\frac{R_{in1}}{R_{in1}+R_{in2}} = \frac{(v_1+v_2)(R_{in1}+R_{in2})}{R_{in1}}\frac{R_{in1}}{R_{in1}+R_{in2}} = v_{n,in} \tag{4-20}$$

式(4-20)说明即使使用两个电源同时等效电路噪声，电路噪声也没有被计算两次。因此，这种等效方式是成立的。

2. 信噪比，噪声系数

在信号处理电路中，往往需要了解噪声对信号的影响，是否噪声能够淹没信号。因此可以给出信噪比的定义为信号与噪声的功率之比

$$\mathrm{SNR} = \frac{S_p}{N_p} \tag{4-21}$$

在通常情况下，是用单位“分贝”表示信噪比，即

$$\mathrm{SNR} = 10\lg\frac{S_p}{N_p} \tag{4-22}$$

如果给出的是信号和噪声电压而不是功率值，那么式(4-22)可以表示为

$$\mathrm{SNR} = 20\lg\frac{S_v}{N_v} \tag{4-23}$$

对于一个有噪系统来说，可以用噪声系数的概念来衡量该系统抗噪声能力的大小。噪声系数的定义为系统输入信噪比上系统输出信噪比[2]

$$F = \frac{\mathrm{SNR_i}}{\mathrm{SNR_o}} = \frac{S_i/N_i}{S_o/N_o} \tag{4-24}$$

同样用分贝表示为

$$\mathrm{NF(dB)} = 10\lg F \tag{4-25}$$

可以看出，噪声系数反映的是信号通过系统后，系统内部噪声对信噪比的恶化程度。如果系统是无噪的，那么不管系统的增益多大，输入信号和噪声都同样被放大，而没有添加任何噪声，因此输入、输出信噪比相同，相应的噪声系数为 1。

3. 多级线性网络级联的噪声传递

在复杂的电路系统中，信号的传递通路往往是由多级系统串联而成。因此不仅各级电路中会产生噪声，同时前级的噪声也会由于当前级放大器的作用而被放大。研究多级电路的噪声传递特性有助于我们在系统设计时能够合理地分配各级之间的增益、信噪比等指标。

多级线性网络的级联图如图 4-10 所示。其中，v_s 表示信号源输入，G_i 和 F_i 分别表示各级网络功率增益和噪声系数。

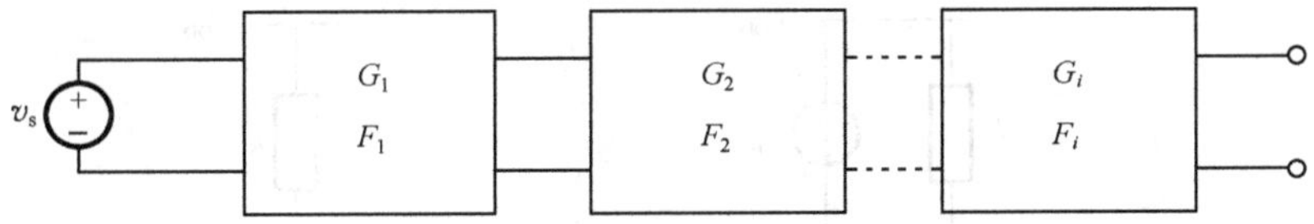

图 4-10　多级线性网络级联的噪声传递

假设信号源本身是有噪的，输入噪声为 N_s。经过第一级放大器后，第一级放大器的输出噪声为

$$N_{o1} = N_s G_1 + N_1 G_1 \tag{4-26}$$

其中，N_{o1} 为第一级放大器的输出总噪声，N_1 为由第一级放大器本身产生的等效输入噪声。

同理可得，第二级放大器输出总噪声为

$$N_{o2} = (N_s + N_1) G_1 G_2 + N_2 G_2 \tag{4-27}$$

将噪声系数 F_1，F_2 代入式(4-26)和式(4-27)，计算两级系统总的噪声系数

$$F = F_1 + \frac{F_2 - 1}{G_1} \tag{4-28}$$

同样，根据图 4-10 所示的多级电路，可以求解总的系统噪声系数为

$$F = F_1 + \frac{F_2 - 1}{G_1} + \cdots + \frac{F_i - 1}{G_1 \cdots G_{i-1}} \tag{4-29}$$

正如前面所说的，噪声系数实际反映了系统对信噪比的恶化程度。因此从式(4-29)中可以得到结论：为了降低级联系统的噪声系数，必须降低第一级、第二级的噪声系数，并且尽量增大它们的功率增益。

4.2　单级放大器中的噪声

在分析了电路元件的噪声特性及其基本数学特性后，可以研究几种典型的单级放大器的噪声特性。需要注意的是，虽然这里只是介绍几种简单放大器结构，但是在电路的噪声分析过程中，可以通过仿真软件找到主要的噪声贡献器件和相应的电路结构，并利用下面介绍的简单放大器的分析结果来分析实际电路中的噪声产生方式和传播方式，达到有效地减小噪声对信号干扰的目的。

4.2.1　共源极

一个简单的共源极放大器的噪声等效模型如图 4-11 所示。

在图 4-11(a)中，噪声电流源$\overline{v_{nf,M}^2}$等效的是 MOS 管闪烁噪声，噪声电流源$\overline{i_{nT,M}^2}$等效的是 MOS 管的沟道热噪声。$\overline{v_{nT,R}^2}$ 表示电阻热噪声。该放大器的等效输入噪声如图 4-11(b)所示，其值为

$$\overline{v_{n,in}^2} = \overline{v_{nf,M}^2} + \frac{\overline{i_{nT,M}^2}}{g_m^2} + \frac{\overline{i_{nT,R}^2}}{g_m^2} = \frac{K}{C_{ox} W L f} + \frac{1}{g_m}\left(\frac{8}{3}kT + \frac{4kT}{g_m R}\right) \tag{4-30}$$

4.2.2　共栅极

在图 4-12 的简单共栅极电路中，噪声源和简单共源极电路一样，所不同的是需要将

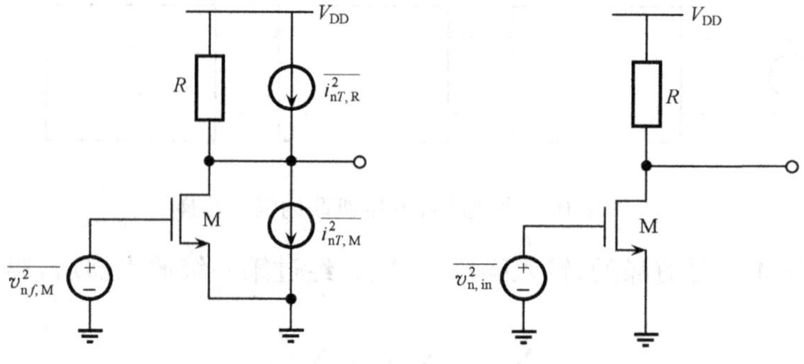

(a) 共源极放大器　　(b) 噪声等效电路

图 4-11

这些噪声源等效到不同的输入端口。不过，这里需要注意，在求解$\overline{i^2_{n,in}}$和$\overline{v^2_{n,in}}$时对应的不同电路状态。

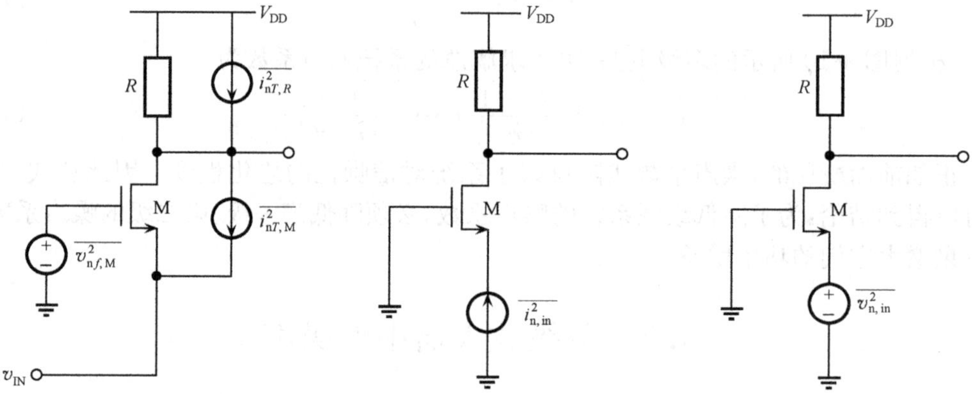

(a) 共栅极电路　　(b) 噪声电流等效模型　　(c) 噪声电压等效模型

图 4-12

图 4-13 中分别给出了求解等效输入噪声电流源和等效输入噪声电压源的对应等效电路图。求解等效输入噪声电流源时，电路的输入端是开路状态，如图 4-13(a)所示。相反地，在求解等效输入噪声电压源时，电路的输入端是短路到地的，如图 4-13(b)所示。

由于在电路输入端开路，因此在求解$\overline{i^2_{n,in}}$时所有噪声源只有电阻的热噪声电流源能够有回路形成。结果是只有该噪声源贡献输出噪声，如图 4-14 所示。因此，可以求得输入等效噪声电流源为

$$\overline{i^2_{n,in}}R^2 = \overline{i^2_{nT,R}}R^2 = \overline{v^2_{n,out}} \Rightarrow \overline{i^2_{n,in}} = \frac{4kT}{R} \tag{4-31}$$

从上式可以看出，电路的等效噪声电流源实际上只是由电阻 R 贡献的。

而当电路输入端短路时，所有噪声源都对输出噪声有贡献。可以求解出输入等效噪声电压源为

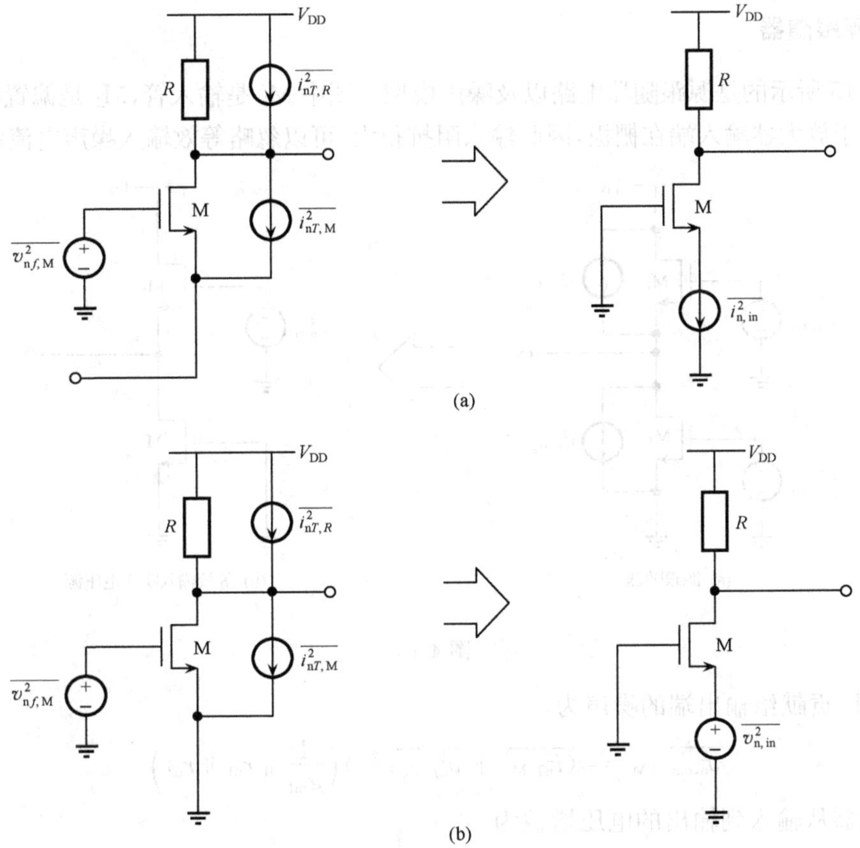

图 4-13　$\overline{i^2_{n,in}}$和$\overline{v^2_{n,in}}$的对应等效电路图

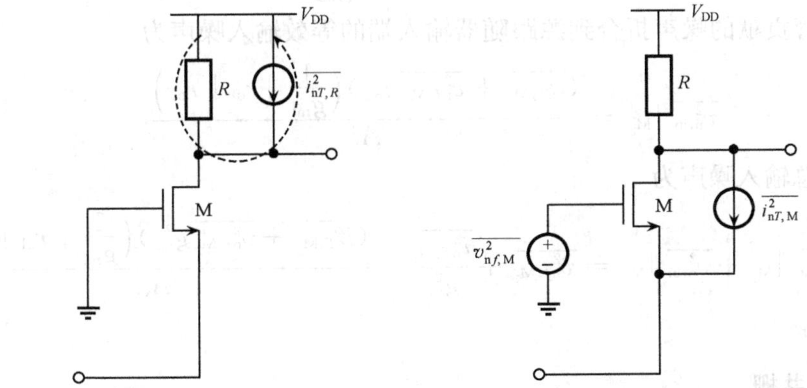

(a) 电阻热噪声　　(b) MOS 管热噪声和闪烁噪声

图 4-14

$$\overline{v^2_{n,out}} = (\overline{i^2_{nT,R}} + \overline{i^2_{nT,M}} + \overline{v^2_{nf,M}} g_m^2)R^2 = \overline{v^2_{n,in}}(g_m R)^2 \tag{4-32}$$

$$\overline{v^2_{n,in}} = \frac{1}{g_m^2}\left(\frac{4kT}{R} + 4kT\gamma g_m + \frac{K}{C_{ox}WLf}g_m^2\right) \tag{4-33}$$

4.2.3 源跟随器

图 4-15 所示的是源跟随器电路以及噪声模型。图中 M_1 是输入管，M_2 是偏置电流源做负载。由于放大器输入端在栅极，因此输入阻抗很大，可以忽略等效输入噪声电流源。

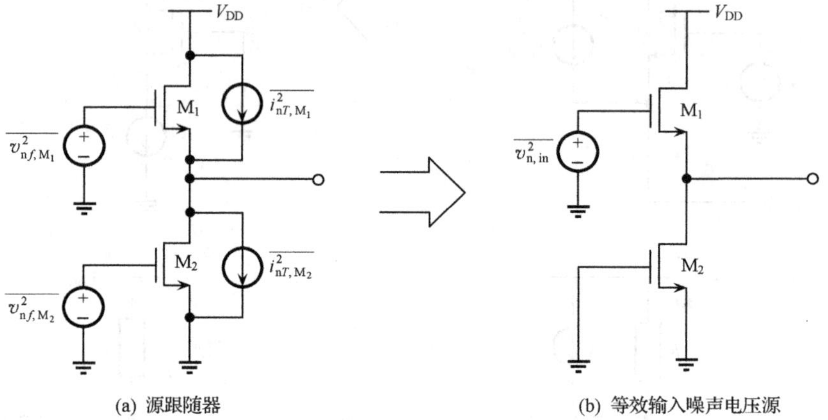

图 4-15

由 M_2 贡献给输出端的噪声为

$$\overline{v^2_{n,out}}\Big|_{M_2} = (\overline{i^2_{nT,M_2}} + \overline{v^2_{nf,M_2}} g^2_{m2})\left(\frac{1}{g_{m1}} \parallel r_{o1} \parallel r_{o2}\right) \tag{4-34}$$

而源跟随器从输入到输出的电压增益为

$$A_v = \frac{r_{o1} \parallel r_{o2}}{r_{o1} \parallel r_{o2} + \dfrac{1}{g_{m1}}} \tag{4-35}$$

因此，将 M_2 管贡献的噪声折合到源跟随器输入端的等效输入噪声为

$$\overline{v^2_{n,in}}\Big|_{M_2} = \frac{(\overline{i^2_{nT,M_2}} + \overline{v^2_{nf,M_2}} g^2_{m2})\left(\dfrac{1}{g_{m1}} \parallel r_{o1} \parallel r_{o2}\right)}{A^2_v} \tag{4-36}$$

M_1 和 M_2 管总输入噪声为

$$\overline{v^2_{n,in}} = \overline{v^2_{n,in}}\Big|_{M_1} + \overline{v^2_{n,in}}\Big|_{M_2} = \overline{v^2_{nf,M_1}} + \frac{\overline{i^2_{nT,M_1}}}{g^2_{m1}} + \frac{(\overline{i^2_{nT,M_2}} + \overline{v^2_{nf,M_2}} g^2_{m2})\left(\dfrac{1}{g_{m1}} \parallel r_{o1} \parallel r_{o2}\right)}{A^2_v} \tag{4-37}$$

4.2.4 共源-共栅

共源-共栅电路的等效输入噪声电压模型如图 4-16 所示。同样，由于输入端是栅极，输入阻抗很大，所以可以忽略噪声电流源的影响。

在图 4-16 中，M_2 管和电阻 R 的噪声贡献与共源极电路一样，即为

$$\overline{v^2_{n,in}}\Big|_{M_2,R} = \overline{v^2_{nf,M_2}} + \frac{\overline{i^2_{nT,M_2}}}{g^2_m} + \frac{\overline{i^2_{nT,R}}}{g^2_m} = \frac{K}{C_{ox}WLf} + \frac{4kT\gamma}{g_m} + \frac{4kT}{g^2_m R} \tag{4-38}$$

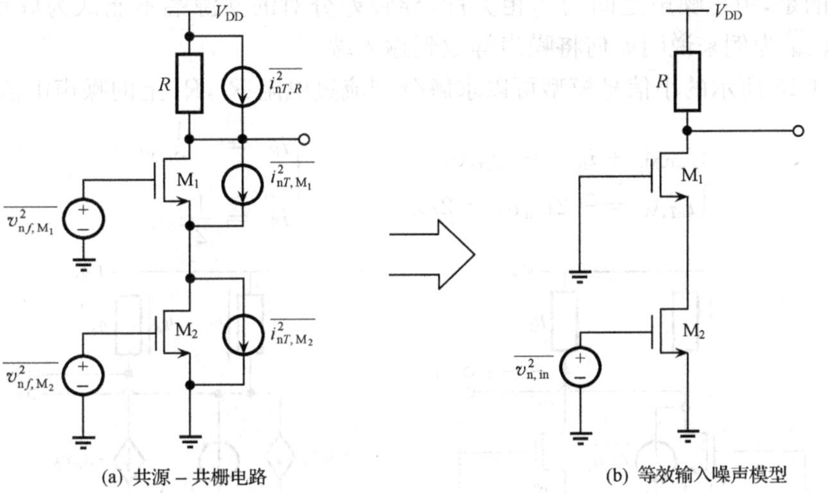

图 4-16

对于共栅极 MOS 管 M_1，如果要计算它产生的噪声到输入端的贡献，可以利用类似图 4-13(a)中的等效电路。先将该 MOS 管的所有噪声等效成共栅极的输入噪声电流源，然后再等效到共源极的输入端。根据共栅极的计算结果，可以知道第一步等效中的噪声电流源实际是不包含 MOS 管贡献量。整个共源-共栅电路的噪声由式(4-38)决定。

4.2.5　差分电路

差分放大器是电路设计中最常用到的电路结构，因此有必要研究它的噪声特性。差分放大器是一种典型的双端口器件，可以完全按照前面所说的利用等效输入噪声电压源和等效输入噪声电流源来等效。不过在低频工作时，可以忽略等效输入噪声电流源的影响，如图 4-17 所示。

在求解$\overline{v^2_{n,in}}$时需要将输入短接，因此可以将差分对两个输入管的两个栅极接到一起。虽然电路中的噪声源很多，但是由于这些噪声源都是非相关的，因此可以直接功率叠加。

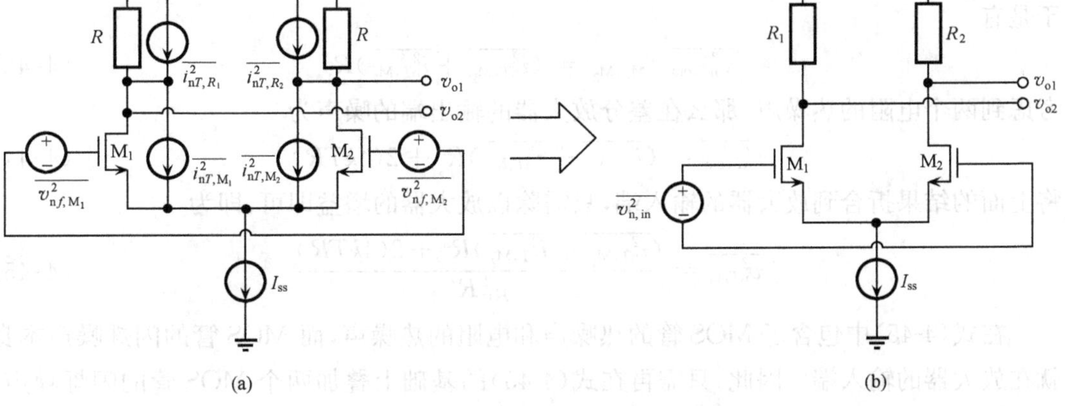

图 4-17　差分电路等效输入噪声模型

值得注意的是，由于噪声之间的非相关性，导致差分对的共源端不能认为虚地。我们以 M_1 管的 $\overline{i^2_{nT,M_1}}$ 为例来说明如何将噪声等效到输入端。

从图 4-18 所示的小信号模型可以求解分别流过电阻 R_1，R_2 上的噪声电流，即为

$$\begin{cases} i_{nT,M_1} + i_{R_1} = -g_m v_p \\ i_{nT,M_1} = -2g_m v_p = 2i_{R_2} \end{cases}, \quad \begin{cases} i_{R_1} = -\dfrac{1}{2} i_{nT,M_1} \\ i_{R_2} = \dfrac{1}{2} i_{nT,M_1} \end{cases} \tag{4-39}$$

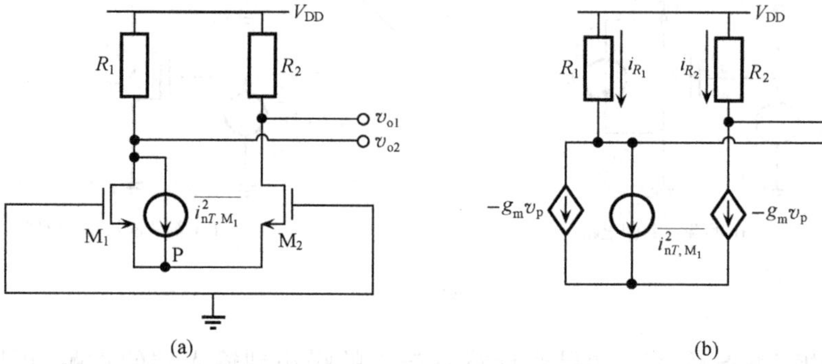

图 4-18 MOS 管 M_1 热噪声的等效计算和小信号模型

注意：这里是用电流值来计算而不是电流的平方。式(4-39)说明 M_1 管的热噪声等效电流源刚好一半流过电阻 R_1，另一半流过电阻 R_2。那么该噪声源在输出端产生的噪声电压为

$$v_{nT,out}\big|_{M_1} = -\frac{i_{nT,M_1}}{2}R_1 - \frac{i_{nT,M_1}}{2}R_2 \tag{4-40}$$

如果 $R_1 = R_2$，可以直接计算输出噪声功率谱密度为

$$\overline{v^2_{nT,out}}\big|_{M_1} = \overline{i^2_{nT,M_1}}R^2 \tag{4-41}$$

考虑到差分对的对称性，相应的 M_2 的热噪声在输出端产生的噪声同样为

$$\overline{v^2_{nT,out}}\big|_{M_2} = \overline{i^2_{nT,M_2}}R^2 \tag{4-42}$$

于是有

$$\overline{v^2_{nT,out}}\big|_{M_1,M_2} = (\overline{i^2_{nT,M_1}} + \overline{i^2_{nT,M_2}})R^2 \tag{4-43}$$

考虑到两个电阻的热噪声，那么在差分放大器的输出端的噪声为

$$\overline{v^2_{nT,out}} = (\overline{i^2_{nT,M_1}} + \overline{i^2_{nT,M_2}})R^2 + 2(4kTR) \tag{4-44}$$

将上面的结果折合到放大器的输入端，只需除以放大器的增益即可，即为

$$\overline{v^2_{nT,in}} = \frac{(\overline{i^2_{nT,M_1}} + \overline{i^2_{nT,M_2}})R^2 + 2(4kTR)}{g^2_m R^2} \tag{4-45}$$

在式(4-45)中包含了 MOS 管的热噪声和电阻的热噪声，而 MOS 管的闪烁噪声本身就在放大器的输入端。因此，只需再在式(4-45)的基础上叠加两个 MOS 管的闪烁噪声。最后结果如下：

$$\overline{v_{\mathrm{n,in}}^2} = \frac{(\overline{i_{\mathrm{n}T,\mathrm{M}_1}^2} + \overline{i_{\mathrm{n}T,\mathrm{M}_2}^2})R^2 + 2(4kTR)}{g_{\mathrm{m}}^2 R^2} + \frac{2K}{C_{\mathrm{ox}}WLf} \tag{4-46}$$

对比式(4-30)共源极的噪声,可以发现实际差分放大器的噪声是共源极放大器的2倍。

4.3 噪声仿真技术

4.3.1 功能基本介绍

噪声分析将电路在直流工作点附近线性化后,计算在输出端的噪声频谱。如果设计者指定了电路输入端,那么仿真器可以计算传输函数和等效输入参考噪声。另外,如果信号输入源是有噪声的,也可以计算信号源的噪声系数。噪声分析计算的输出端的总噪声中不仅包括电路本身的噪声,也包括输入源和负载的噪声。电路中的每个噪声源对总噪声的贡献量也会同时计算出来。

噪声分析有传统的噪声分析和周期性的噪声分析两种分析方法。这里以一个简单的单级放大器为例,在 Cadence ICS. 1 软件环境下设计的电路如图 4-19 所示。器件参数见表 4-1,电源电压为 5V,输入直流偏置电压为 1.23V。

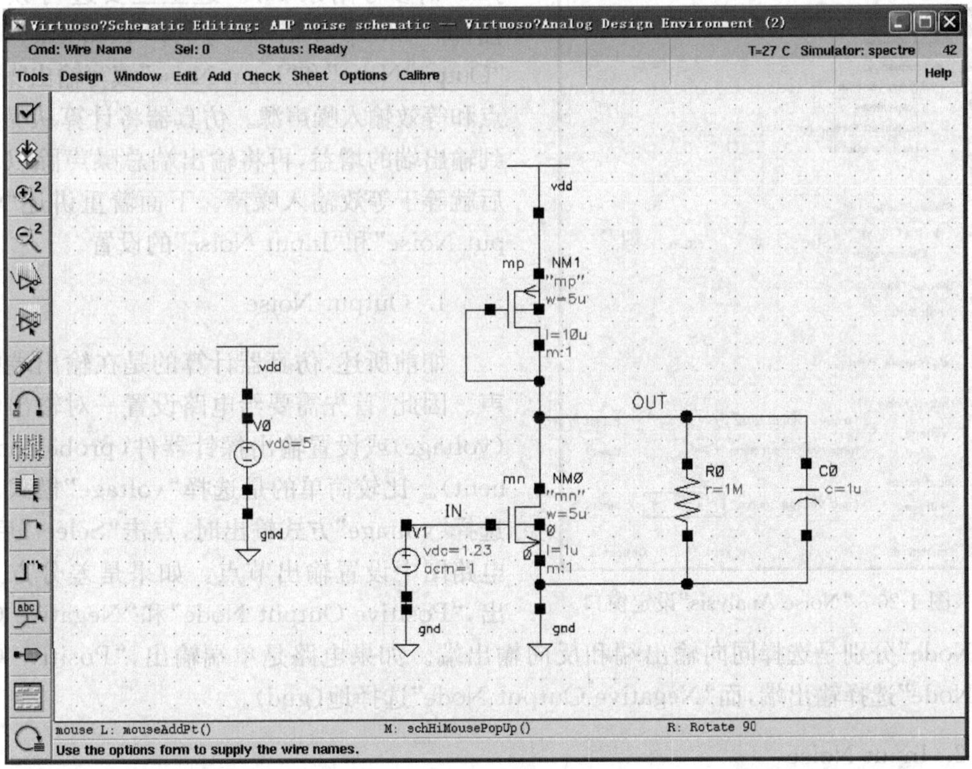

图 4-19 共源极放大电路实例

表 4-1　共源极放大器器件参数

MOS 管

Instance Name	Model	W	L	Multiplier	Library Name	Cell Name	View Name
M0	mn	5μ	10u	1	st02	mn	symbol
M1	mp	5μ	1μ	1	st02	mp	symbol

电阻

Instance Name	Model	W	L	Resistance	Multiplier	Library Name	Cell Name	View Name
R0	—	—	—	1M	1	analogLib	res	symbol

电容

Instance Name	Model	W	L	Capacitance	Multiplier	Library Name	Cell Name	View Name
C1	—	—	—	1μ	1	analogLib	cap	symbol

4.3.2　传统的噪声分析及参数设置

在 ADE 窗口中选择“Analyses”下拉菜单中的“Choose”命令，打开“Choosing Analyses”，如图 4-20 所示。在噪声分析中同样可以做“Frequency”、“Design Variable”、“Temperature”、“Component Parameter”、“Model Parameter”等参数扫描。各种参数扫描的设置和“AC Analysis”中所述完全一样（“AC Analysis”请参考附录 A）。这里主要进行频率扫描，即“Sweep Variable”选择“Frequency”。在“Output Noise”和“Input Noise”填写输出噪声节点和等效输入噪声源。仿真器将计算从噪声源到输出端的增益，再将输出端总噪声除以增益后就等于等效输入噪声。下面着重讲述“Output Noise”和“Input Noise”的设置。

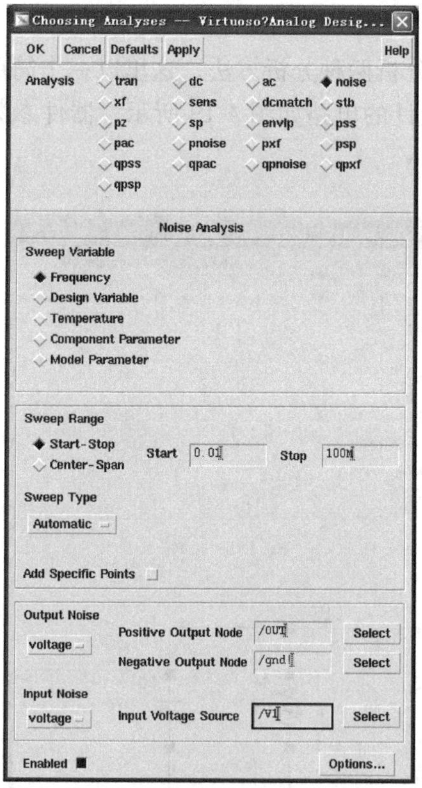

图 4-20　“Noise Analysis”设定窗口

1. Output Noise

如前所述，仿真器计算的是在输出端的噪声。因此，首先需要给电路设置一对输出电压（voltage）或设置输出探针器件（probe component）。比较简单的是选择“voltage”模式。当选择“voltage”方式输出时，点击“Select”后，在电路图中设置输出节点。如果是差分方式输出，“Positive Output Node”和“Negative Output Node”分别是选择同向输出端和反向输出端。如果电路是单端输出，“Positive Output Node”选择输出端，而“Negative Output Node”选择地（gnd）。

2. Input Noise

当需要计算输入参考噪声时，用户需要通过“Input Port Source”指定等效输入噪声源。这里着重介绍“Input Noise”中的“voltage”模式。当选择“voltage”模式后，软件要求我们指定一个输入电压源“Input Voltage Source”，因此选择连接共源极放大器输入端的电压源“V1”（注意：通过“Select”选择电压源的时候可能出错，可以直接在输入栏中填入电压源的编号“/V1”）。

针对图 4-19 电路图输入、输出噪声的设置如图 4-20 所示。完成“Noise Analysis”的设置后，在 ADE 窗口中将共源极放大器的输出端(OUT)设置为显示仿真结果，如图 4-21 所示(关于仿真结果输出设置，见附录 A)。

点击“ ”运行仿真，仿真结果如图 4-22 所示。因为扫描变量是频率，因此仿真结果是输出噪声的功率谱密度(power spectra density，PSD)。

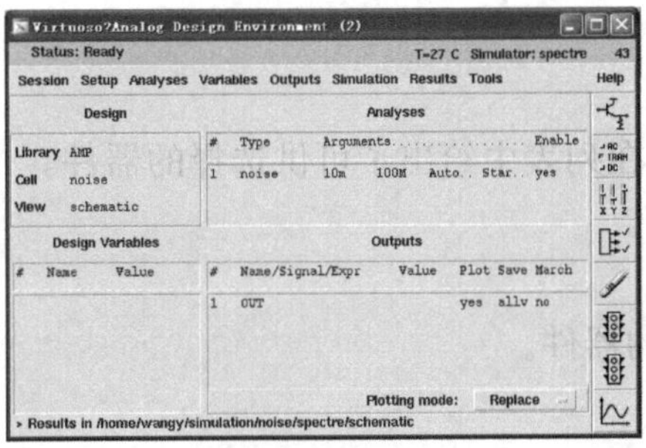

图 4-21 完成仿真设置后的 ADE 窗口

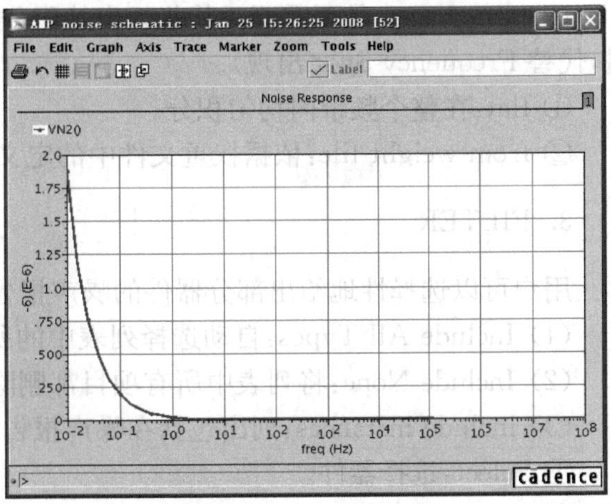

图 4-22 “Noise Analysis”仿真结果

4.3.3 设计实例及结果输出方式设置

虽然在 4.3.2 节中，得到了输出噪声的功率谱密度，但是这和我们习惯用的电压表示噪声的方法还是有区别。因此我们需要对输出噪声的功率谱密度进行数据处理，得到电压形式的输出噪声。

在 ADE 窗口中通过点击“Results”→“Print”→“Noise Summary”，打开“Noise Summary”窗口，如图 4-23 所示。通过“Noise Summary”来获取有关输入参考噪声，最大噪声器件等信息。“Noise Summary”窗口中的参数含义如下。

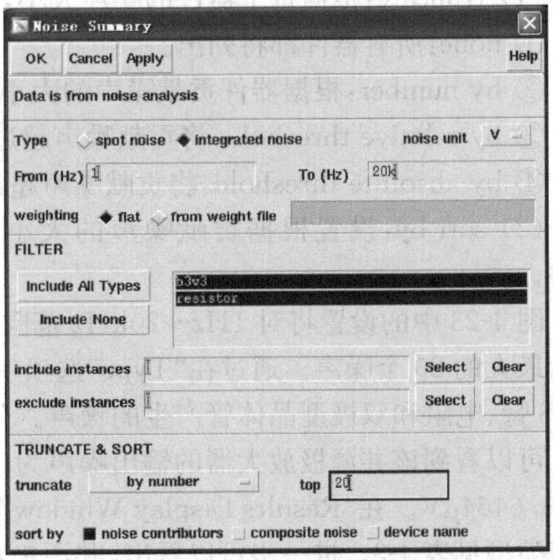

图 4-23 噪声输出方式设定

1. Type

计算噪声的方式：

(1) spot noise：给出某个频率点上

的噪声报告。这实际是反映功率谱密度。

(2) integrated noise:将频段内的噪声带权重的积分后给出噪声报告。这是给出的带内噪声功率值。

(3) noise unit:噪声的单位是采用电压单位“V”或是功率单位“V^2”。

2. Frequency Spot(Hz)

计算噪声的频率点,默认频率点是1kHz。报告给出该频率点的功率谱密度。

(1) From(Hz),To(Hz):频率积分的范围(在“Type”为“integrated noise”时,代替“Frequency Spot”出现)。

(2) weighting:是否需要对某些频率的积分施予权重(在“Type”为“integrated noise”时,代替Frequency Spot出现)。

① flat:在整个频带内均匀积分。

② from weight file:依据权重文件中的定义,对频带内的噪声积分。

3. FILTER

用户可以选择性地给出部分器件的噪声报告。在列表中给出了可供选择的器件。

(1) Include All Types:自动选择列表中的所有。

(2) Include None:将列表中所有项目都删除。

(3) include instances:列出包括在噪声报告中的器件。

① Select:选择器件。

② Clear:删除器件。

(4) “exclude instances”:列出不包括在噪声报告中的器件。

4. Truncate & Sort

(1) truncate:根据每个器件的噪声大小,限制在噪声报告中列出的器件个数。

① none:所有器件都将列出。

② by number:根据器件贡献噪声的大小排名,限制列出的器件个数。

③ by relative threshold:将贡献噪声超过总噪声规定百分比的器件列出。

④ by absolute threshold:将贡献噪声超过某个绝对数值的器件列出。

(2) sort by:设置根据贡献噪声的大小或是器件名称的字母顺序等报告显示的顺序。

图4-23中的设置将对1Hz～20kHz范围内的输出噪声进行积分,然后以电压的形式显示最大的20个噪声。通过在“Type”选项中点击“Include All Types”,输出噪声将包含MOS管、电阻和双极型晶体管产生的噪声。分析结果如图4-24所示。

可以看到该共源极放大器的输出噪声为184.346μV,折合到输入端的等效输入噪声为79.6464μV。在“Results Display Window”窗口中的数据分为4栏,具体含义见表4-2,噪声类型见表4-3。进一步可以看出,共源极放大器的输出噪声,主要由输入管M_0的闪烁噪声构成。

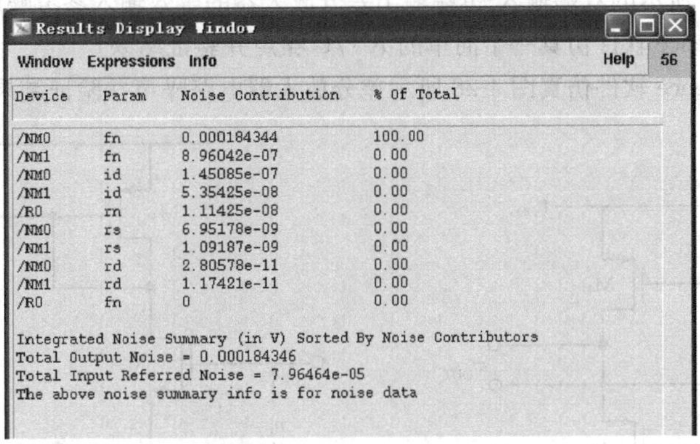

Device	Param	Noise Contribution	% Of Total
/NM0	fn	0.000184344	100.00
/NM1	fn	8.96042e-07	0.00
/NM0	id	1.45085e-07	0.00
/NM1	id	5.35425e-08	0.00
/R0	rn	1.11425e-08	0.00
/NM0	rs	6.95178e-09	0.00
/NM1	rs	1.09187e-09	0.00
/NM0	rd	2.80578e-11	0.00
/NM1	rd	1.17421e-11	0.00
/R0	fn	0	0.00

Integrated Noise Summary (in V) Sorted By Noise Contributors
Total Output Noise = 0.000184346
Total Input Referred Noise = 7.96464e-05
The above noise summary info is for noise data

图 4-24　噪声分析输出文本结果

表 4-2　输出噪声表格栏的意义

Device	器件编号
Param	噪声类型
Noise Contribution	所产生的噪声大小
% of Total	在全部噪声中所占的百分比

表 4-3　噪声类型

fn	MOS 管闪烁噪声
id	MOS 管热噪声
rn	电阻热噪声
ib	双极型晶体管基极电流散粒噪声
ic	双极型晶体管集电极电流散粒噪声

习　题

4.1　试计算一个 1kΩ 电阻的均方根噪声电压。如并联一个同样的 1kΩ 电阻，总噪声电压是多大？

4.2　请根据图 4-25，用类似于推导 kT/C 噪声的方法推导输出噪声功率的表达式。

4.3　在电路设计中，信号源与负载网络存在两种匹配，使噪声系统最小匹配和最大输出功率匹配。请计算图 4-26 中双端口网络的噪声系数和功率传输系统（即输出功率与系统总功率之比）。比较系统分别实现这两种匹配对电路要求的不同。

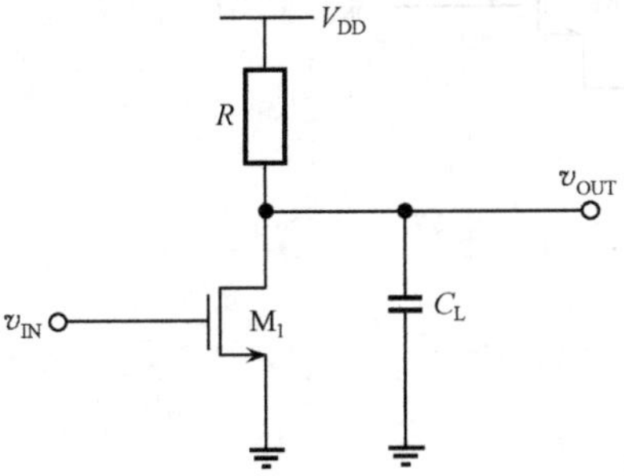

图 4-25

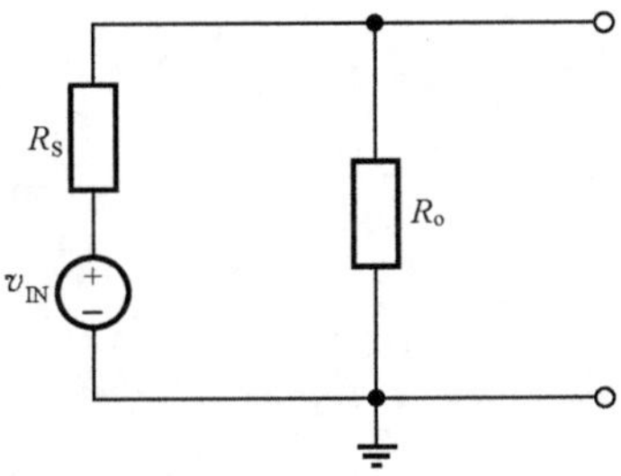

图 4-26

4.4　在图 4-27 中，假设所有 PMOS 管 $W/L=50/1$，V_{DD} 为 5V，V_{BIAS} 为 3.5V。求输出噪声均方根电压值为多少。

4.5 计算图 4-28 所示的双端输入-单端输出差分放大器的等效输入参考噪声。

4.6 请使用 Cadence 软件仿真一个简单的 KT/C 噪声并验证结果。

4.7 请使用 Cadence 软件仿真图 4-28 所示差分放大器电路噪声并验证结果。

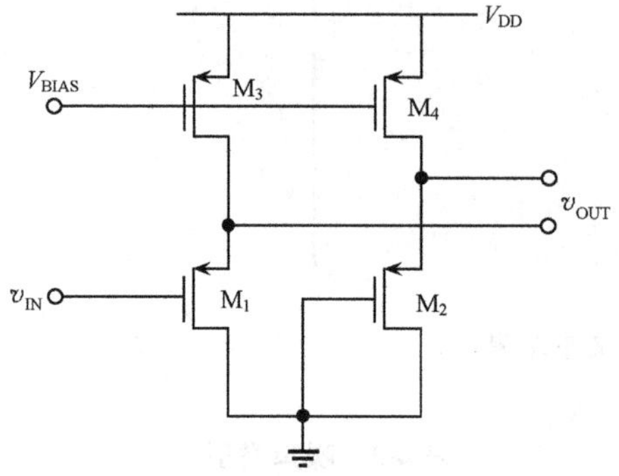

图 4-27

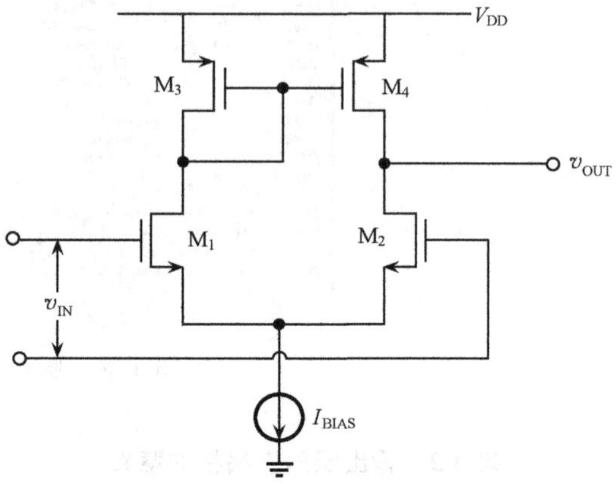

图 4-28

4.8 请使用 Cadence 软件仿真图 4-29 所示电路，得到输出噪声和各个管子的贡献量。分析哪个器件贡献的噪声量最大，并找到它的噪声传播路径后优化。

4.9 根据图 4-29 所示电路，在 v_{IN1} 和 v_{IN2} 之间加入一个正弦信号，测量该电路的谐波失真。分析造成失真的主要原因，并优化电路。

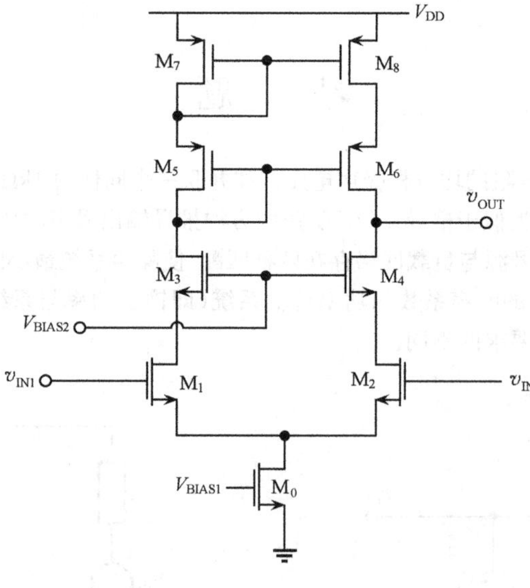

图 4-29

参 考 文 献

[1] Ravavi B. 模拟 CMOS 集成电路设计. 西安：西安交通大学出版社，2003

[2] 陈邦媛. 射频通信电路. 北京：科学出版社，2002

第 5 章　CMOS 运算放大器和负反馈

运算放大器(operational amplifier)，简称运放(Opamp)，是在 1947 年由 John R. Ragazzini 命名的，代表一种特殊类型的放大器，经由恰当选取的外部元件。它能够执行各种运算，如放大、加、减、微分和积分，从而在电路中实现各种功能：从直流偏置的产生到高速放大或滤波。因此，运算放大器是许多模拟系统和混合信号系统中的一个重要部分。

本章将着重讨论单级 CMOS 运放的分析和设计，比较两种常用的运放结构，即套筒式和折叠式的共源-共栅结构间的性能差别，并给出运放性能的仿真测试方法。多级运放的设计将在第 6 章介绍。

5.1　运算放大器

运算放大器是一种具有极高增益的电压放大器。图 5-1 给出了运算放大器的符号。标识为“＋”和“－”符号的输入端分别代表同相和反相输入端。v_P 和 v_N 表示同相端和反相端对地的电位，v_{OUT} 表示输出端对地的电位。

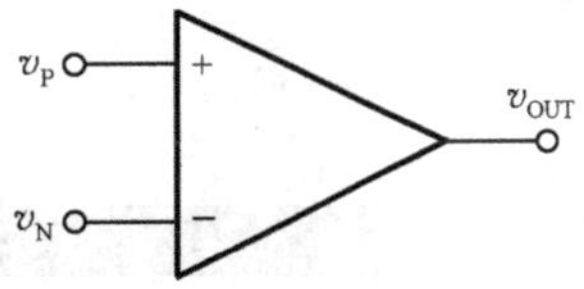

图 5-1　运算放大器的符号

5.1.1　理想运算放大器

在理想情况下，运算放大器具有无限大的差模电压增益、无限大的输入电阻和零输出电阻。图 5-2 给出了理想运算放大器的等效电路。图中，v_D 是差分输入电压，即为两个输入端的电压差值

$$v_D = v_P - v_N \tag{5-1}$$

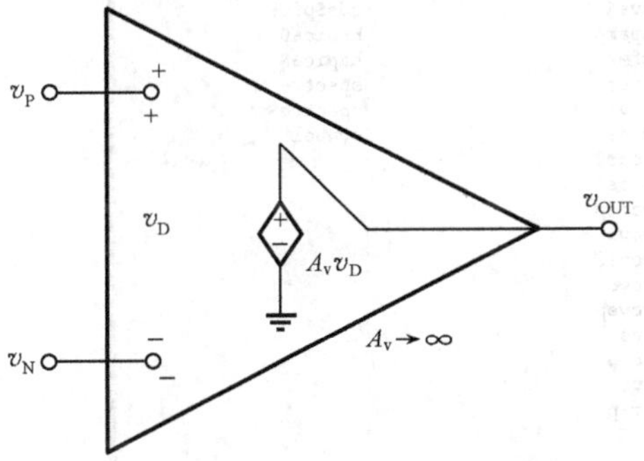

图 5-2　理想运算放大器等效电路

A_v 是运算放大器的增益，也叫做无载增益，因为当输出不加负载时有

$$v_{OUT} = A_v v_D = A_v (v_P - v_N) \tag{5-2}$$

从图 5-2 可以看出，理想的运算放大器是一个压控电压源，因此在 Spectre 软件中可以利用如图 5-3 所示的电路来实现一个理想运算放大器模型。图 5-3 中的器件 E0 是一个压控电压源，是构成理想运算放大器的核心部分。该器件可以在“analogLib”库中找到，其名称为“vcvs”，显示方式选择“symbol”，如图 5-4 所示。

图 5-5 给出了添加的压控电压源的属性设置。压控电压源的电压增益等同于理想运放的增益，在“Voltage gain”设置该增益，这里将增益设置为 1000，即 60dB；在“Type of transfer char”选择“Linear”，表示运放是线性放大的；在“Type of source”中选择“vcvs”，

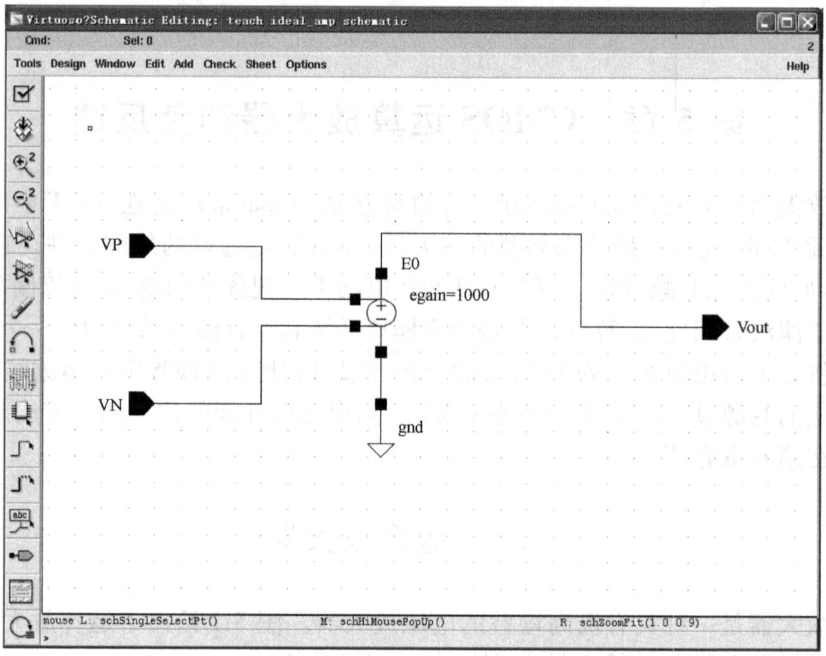

图 5-3　理想运算放大器模型的电路实现

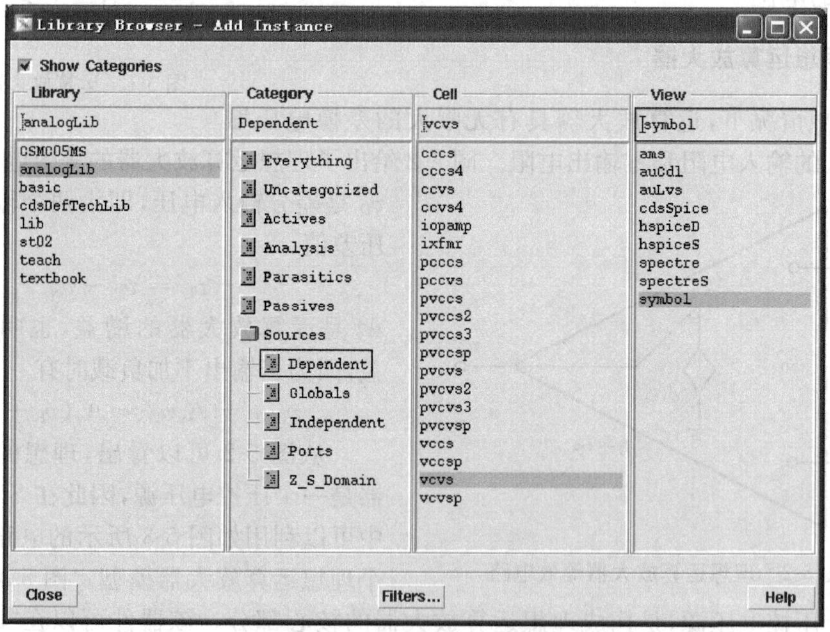

图 5-4　选择压控电压源

表示电源的类型是压控电压源；“Minimun Output Voltage”和“Maximum Output Voltage”分别表示输出的最小和最大电压，这里输出电压范围限制在－500～500V。

图 5-6 给出了图 5-3 中理想运算放大器的输入-输出特性。当差分输入电压从−0.6V 变化到 0.6V 时，输出电压从−500V 变化到 500V。曲线两端水平部分是由于输出电压超出范围，被限制所致。

5.1.2　非理想运算放大器

图 5-7 给出了在理想运算放大器基础上构建的非理想运算放大器模型。首先加入了输入电阻 R_I、输入电容 C_I 和输出电阻 R_O，从而引入了负载效应，使得信号源的输出阻抗和负载的大小对运算放大器的性能都产生影响。其次加入了输入失调电压 V_{OS}，即运算放大器输出为零时，同向输入端和反向输入端之间的电压差。压控电压源 v_P/CMRR用来表示运算放大器的共模抑制比(CMRR)，反映运算放大器的共模电平对输出电压的影响。运算放大器的噪声通过均方电压源$\overline{e_n^2}$和均方电流源$\overline{i_n^2}$等效，单位分别是均方伏特和均方安培，因为噪声是通过能量谱计算出来的，因此没

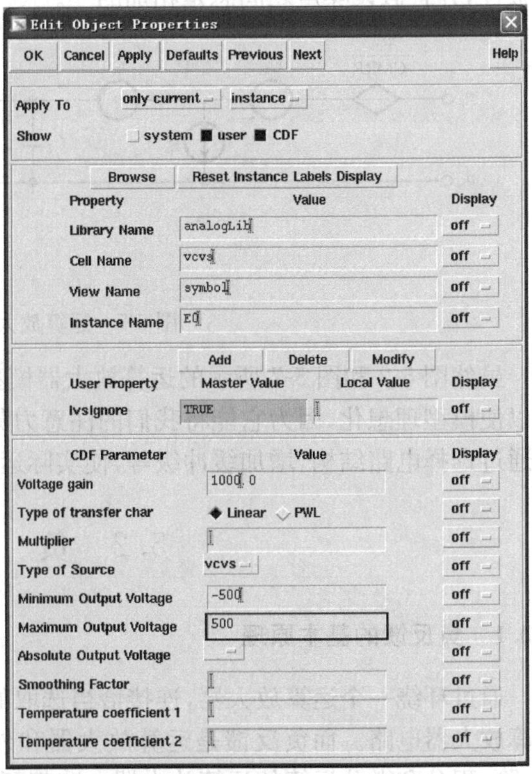

图 5-5　压控电压源的属性设置

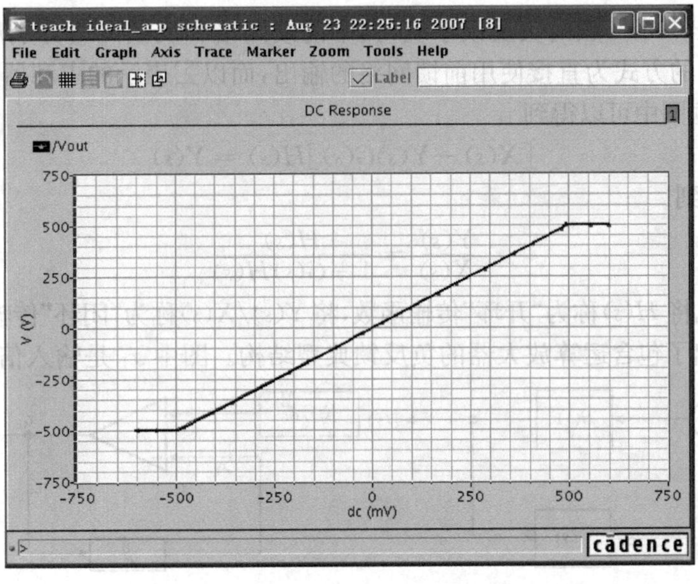

图 5-6　理想运放输入-输出特性

有极性，并且假设噪声之间总是相加的[2]。

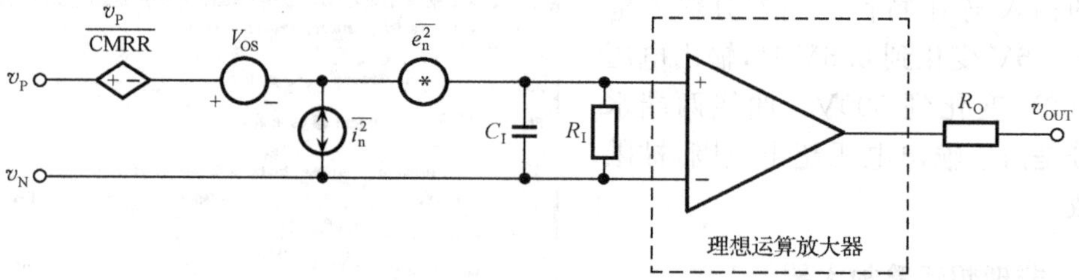

图 5-7　运算放大器等效电路

虽然图 5-2 和图 5-7 所示的运算放大器模型有差别，但是在最初的系统设计时，仍然可以使模型理想化，因为它能将我们的注意力集中在运算放大器本身。在实际设计中，可以通过选择电路结构，增加缓冲级等，使实际运放的增益、输入输出电阻接近理想情况。

5.2　负　反　馈

5.2.1　负反馈的基本原理

通过环绕一个运算放大器，连接恰当选取的外部元件，就能构成可以实现各种运算的运算放大器电路。而负反馈是运算放大器和外部元件间常用的连接方式。实现加、减、乘、除、积分和微分运算的运算放大器电路都可以通过负反馈结构实现。因此负反馈和运算放大器是紧密相连的。

对于任意一个负反馈系统，都包含前馈网络、检测输出的方式、反馈网络、产生反馈误差的方式四个组成部分[1]。

图 5-8 给出一个一般的负反馈系统，其中前馈网络和反馈网络分别用 $H(s)$ 和 $G(s)$ 表示，检测输出的方式为直接使用前馈网络的输出，而以 Σ 表示的求和器用来产生反馈误差信号。从该框图中可以得到

$$[X(s)-Y(s)G(s)]H(s)=Y(s) \tag{5-3}$$

因此，整理后得到

$$\frac{Y(s)}{X(s)}=\frac{H(s)}{1+G(s)H(s)} \tag{5-4}$$

在式(5-4)中，也将 $H(s)$ 称为“开环”传输函数，将 $Y(s)/X(s)$ 称为“闭环”传输函数。

图 5-9 给出了包含运算放大器的负反馈典型结构。图中 x_I 是输入信号，x_F 是反馈信

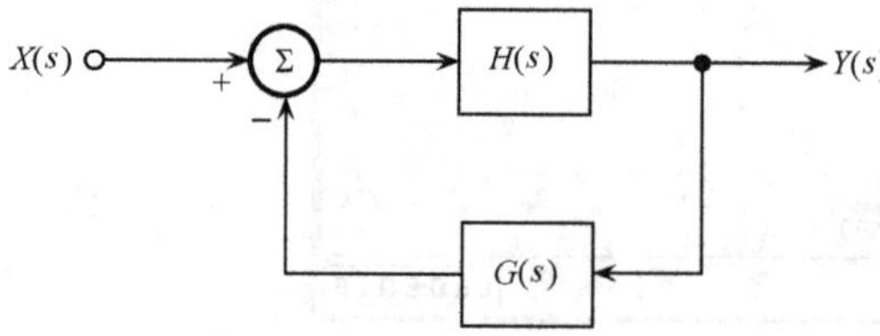

图 5-8　一般的负反馈系统

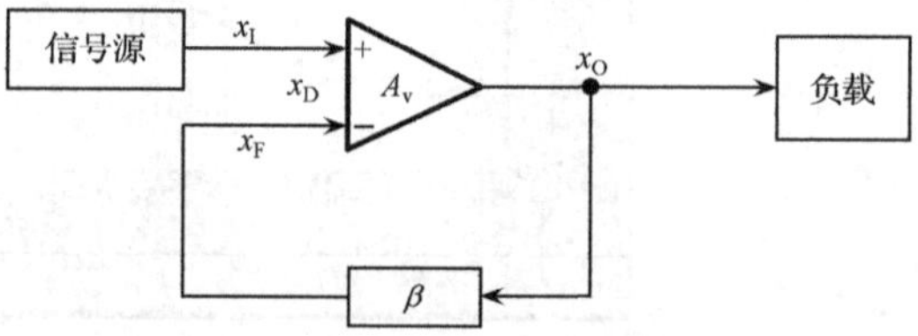

图 5-9　负反馈的典型结构

号，x_D 是输入信号和反馈信号的差值，作为运算放大器的输入，x_O 是运算放大器的输出信号，并且箭头指出了信号流向。

在该结构中，负反馈系统的四个部分依次为：

(1) 前馈网络。运算放大器作为这个反馈系统的前馈网络。它接受差分输入信号 x_D，并产生输出 x_O，

$$x_O = A_v \cdot x_D \tag{5-5}$$

其中，A_v 是该运算放大器的低频小信号增益，也称为这个电路的开环增益。

(2) 检测输出方式。直接采用误差放大器的输出作为反馈网络的输入。

(3) 反馈网络。为了后面讨论的方便，这里使用一个与频率无关的量 β 代替 $G(s)$，称 β 为该电路的反馈系数，并有

$$x_F = \beta \cdot x_O \tag{5-6}$$

(4) 产生反馈误差的方式。因为运算放大器有同相和反相两个输入端，输入信号进入运算放大器的同相端，反馈信号进入运算放大器的反相端，从而实现两个信号的相减，产生反馈误差信号，有以下关系：

$$x_D = x_I - x_F \tag{5-7}$$

联立式(5-5)、式(5-6)和式(5-7)，并从中消去 x_F 和 x_D，并根据闭环传输函数定义电路的闭环增益为 $A = x_O/x_I$，求得

$$A = \frac{A_v}{1 + A_v \cdot \beta} \tag{5-8}$$

当一个信号沿着由放大器、反馈网络和求和器组成的环路传播时，信号经历的总增益为 $A_v \times \beta \times (-1)$。它的绝对值称为环路增益，记为 T，

$$T = A_v \cdot \beta \tag{5-9}$$

因此式(5-8)可以改写为

$$A = \frac{1}{\beta} \times \frac{T}{1+T} \tag{5-10}$$

当 $T \to \infty$，得到理想情况

$$A_{\text{ideal}} = \lim_{T\to\infty} A = \frac{1}{\beta} \tag{5-11}$$

上式说明，在理想情况下，电路的闭环增益 A 由反馈网络决定，而与开环增益 A_v 无关。

图 5-10 是利用图 5-3 中的理想运放(图 5-10 中三角形框内部分)和电阻分压网络(图 5-10中矩形框内部分)组成的负反馈电路。输入信号和反馈信号的求和在运放的输入端实现。这个负反馈电路实现了“×2”运算功能。当输入信号在 1～2V 范围内变化时，输出信号如图 5-11 所示。

在定义了理想闭环增益后，闭环增益可以表示为

$$A = A_{\text{ideal}} \times \frac{1}{1+1/T} = A_{\text{ideal}} \times \left(1 - \frac{1}{1+T}\right) = A_{\text{ideal}} \times (1 - \varepsilon) \tag{5-12}$$

其中，$\varepsilon = 1/(1+T)$ 是闭环增益 A 距理想值的相对偏差。当环路增益 T 越大时，误差 ε 越小。增益误差是实际闭环增益与理想值偏差的百分数，当 $T \gg 1$，可表示为

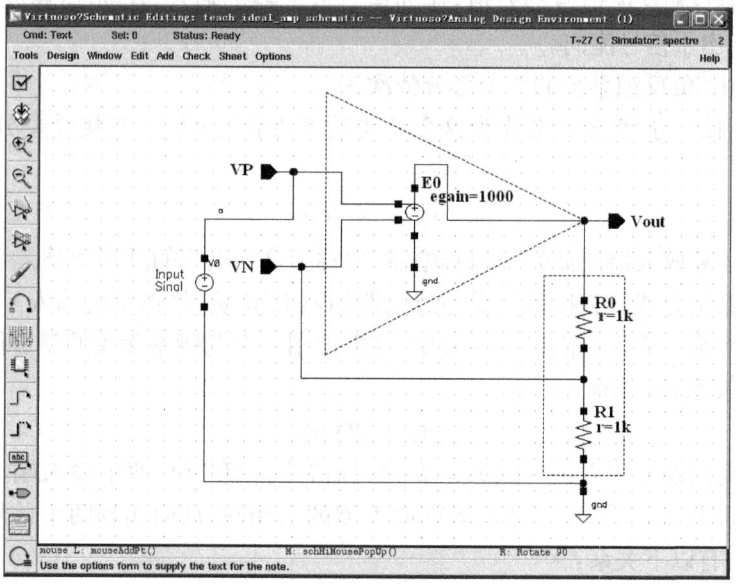

图 5-10　增益为 2 的放大器

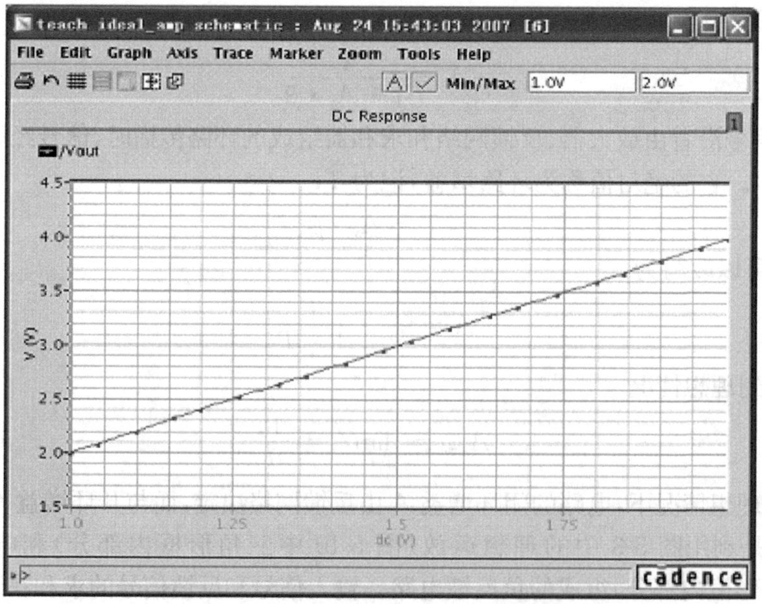

图 5-11　增益为 2 的放大器的输入-输出曲线

$$
增益误差(\%)=\frac{A-A_{\text{ideal}}}{A_{\text{ideal}}}\times 100\% \approx -\frac{100}{T}\% \tag{5-13}
$$

例如，在图 5-10 所示的运算放大器电路中，运算放大器的增益 A_v 等于 1000，反馈增益为 1/2，因此环路增益为 500，增益误差为－0.2%。

对于差值信号 x_D 和反馈信号 x_F，环路增益对它们的影响为

$$x_{\mathrm{D}}=\frac{1}{1+T}x_{\mathrm{I}} \tag{5-14}$$

$$x_{\mathrm{F}}=\frac{1}{1+1/T}x_{\mathrm{I}} \tag{5-15}$$

可以发现,当环路增益 $T\to\infty$时,误差信号 x_{D} 将趋近于零,而反馈信号 x_{F} 将跟踪输入信号 x_{I}。反映到运算放大器的输入端,可以发现在负反馈结构中,运算放大器的同相和反相输入端拥有相同的电位,这就是运算放大器输入端间的虚短路现象。

5.2.2　降低增益灵敏度

由于运算放大器的增益受负载和工艺的影响会发生偏移,因此现在研究在负反馈结构中开环增益 A_{v}(即运算放大器的增益)上的变化是如何影响闭环增益 A 的。对式(5-8)进行微分,得到

$$\frac{\mathrm{d}A}{\mathrm{d}A_{\mathrm{v}}}=\frac{1}{(1+A_{\mathrm{v}}\cdot\beta)^2} \tag{5-16}$$

将式(5-8)代入式(5-16),重新整理后得到

$$\frac{\mathrm{d}A}{A}=\frac{1}{1+T}\frac{\mathrm{d}A_{\mathrm{v}}}{A_{\mathrm{v}}} \tag{5-17}$$

这说明对于某一个给定的在开环增益 A_{v} 上的相对变化,在闭环增益 A 上产生的相对变化被降低了 $1+T$ 倍。由此可见,环路增益 T 在负反馈系统中是一个很重要的量。从式(5-17)可以看出,环路增益 T 越大,闭环增益 A 对开环增益 A_{v} 的变化越不敏感。对于足够大的 T,即使 A_{v} 上有明显的变化,而在 A 上只有微小的变化[3]。

环路增益一般采用下面的方法进行计算。如图 5-12所示,将主输入置为零,在环路中的某点将环路断开,按照原来信号流动的方向加一个测试信号 v_{T},使得该信号流过整个环路,直到从另一个断点流出,从而获得一个输出信号。这个输出信号和测试信号的比值的负值就是环路增益。图 5-12 所示,负反馈系统的环路增益为

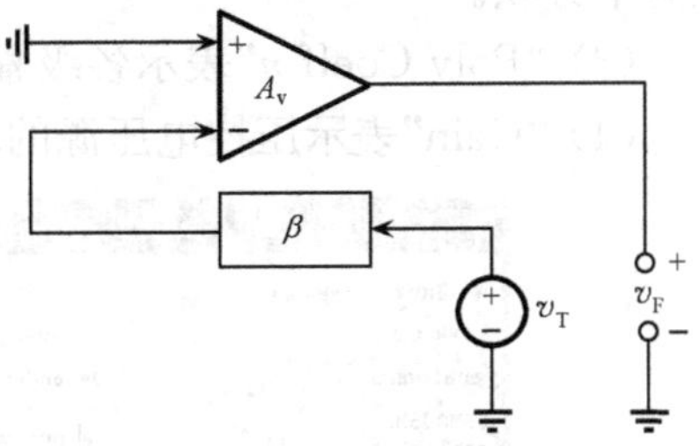

图 5-12　计算环路增益

$$T=-\frac{v_{\mathrm{F}}}{v_{\mathrm{T}}} \tag{5-18}$$

类似的,也可以计算出反馈系数对闭环增益的影响,有

$$100\,\frac{\Delta A}{A}=-100\,\frac{\Delta\beta}{\beta} \tag{5-19}$$

式(5-19)说明反馈系数 β 的增加(减少)就会在闭环增益 A 中产生等量的减少(增加),因此反馈网络需要选择高性能的器件,以保证运算放大器电路的稳定工作[3]。

5.2.3　非线性失真的减小

对于一个线性运算放大器,其输入-输出特性应该为

$$x_{\mathrm{O}}=a_1\cdot x_{\mathrm{D}} \tag{5-20}$$

对应的曲线应该是一条斜率为 a_1 的直线。但是实际运算放大器的输入-输出特性通常是非线性的，并且运算放大器的增益 A_v 必须更一般地定义为

$$A_v = \frac{dx_O}{dx_D} \tag{5-21}$$

由于分析一个负反馈系统中的非线性十分复杂，这里我们考虑一个简单的"轻度非线性"系统，来验证负反馈对运算放大器电路非线性的影响。

1. 建立非线性运算放大器模型

仍然使用压控电压源来模拟运算放大器，与线性运算放大器不同，非线性运算放大器模型使用的压控电压源的输入-输出特性为

$$v_{OUT} = a_0 + a_1 \cdot v_{IN} + a_2 \cdot v_{IN}^2 + a_3 \cdot v_{IN}^3 + \cdots \tag{5-22}$$

因此在电路图中，选择可编程的压控电压源"pvcvs"，该器件可以在"analogLib"库中找到，显示方式选择"symbol"，如图 5-13 所示。可编程压控电压源的输入输出关系为

$$v_{OUT} = \text{Gain} \cdot (a_0 + a_1 \cdot v_{IN} + a_2 \cdot v_{IN}^2 + a_3 \cdot v_{IN}^3 + \cdots) \tag{5-23}$$

其参数设置方式在图 5-14 中给出。该属性设置窗口中各栏的意义如下：

(1) "Coeffs to be specified in"表示多项式各项系数的来源。可以来自存在的文件"file"，也可以来自当前窗口中的表格"form"，这里选择"form"。

(2) "Max Coefficient Number"表示多项式最高幂次数，例如"2"表示多项式最高幂次为平方项。

(3) "Poly Coeff n"表示各级幂次项的系数，分别与式(5-23)中的 a_n 对应。

(4) "Gain"表示压控电压源的增益，与式(5-23)中的 Gain 对应。

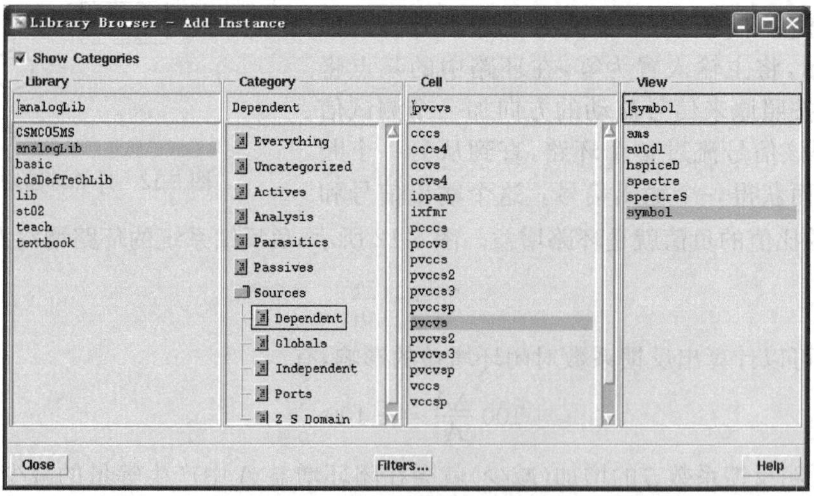

图 5-13　选择可编程压控电压源

因为我们只考虑一个轻度非线性的运算放大器，所以只在线性运算放大器的基础上添加二次项，假设该非线性运算放大器的输入-输出特性为

$$x_O = 100 \cdot x_D + 5 \cdot x_D^2 \tag{5-24}$$

则对应得可编程压控电压源的属性如图 5-14 所示。

2. 非线性运算放大器输入输出特性与增益

图 5-15 为依式(5-24)建立的非线性运算放大器模型，该运算放大器的输入-输出特性如图 5-16所示，通过图中的辅助线，可以明显地看出运算放大器输入-输出特性的非线性。

根据式(5-21)和图 5-16 中的输入-输出特性，可以通过“Calculator”计算出运算放大器的增益，步骤如下：

(1) 在 ADE 窗口中启动“Calculator”。

(2) 因为前面的仿真类型是“dc”，因此在“Calculator”中选择“swept_dc”里面的“vs”项，然后在电路图中点击运算放大器的输出端，从而将输出电压的仿真结果存放到“Calculator”的缓存中，如图 5-17 所示。

(3) 因为式(5-21)中的增益是以输入电压为底，对输出电压求微分。因此可以使用“Calculator”中的“deriv”函数对输出电压求导。点击“Calculator”函数窗口中的“deriv”项，结果如图 5-18 所示。

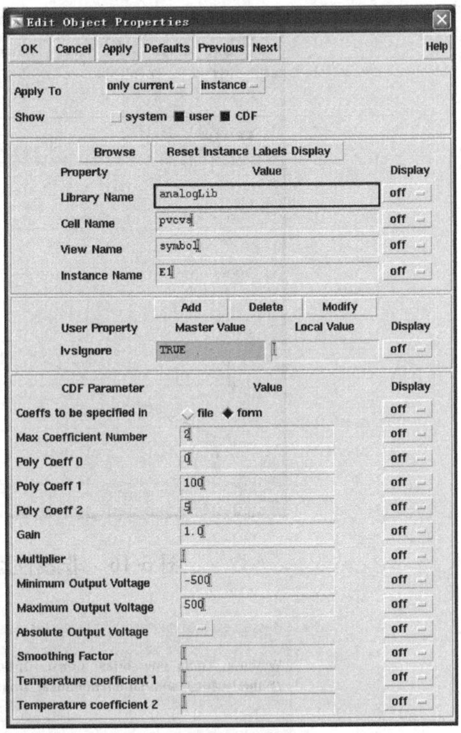

图 5-14　非线性运算放大器等效压控电压源参数设置

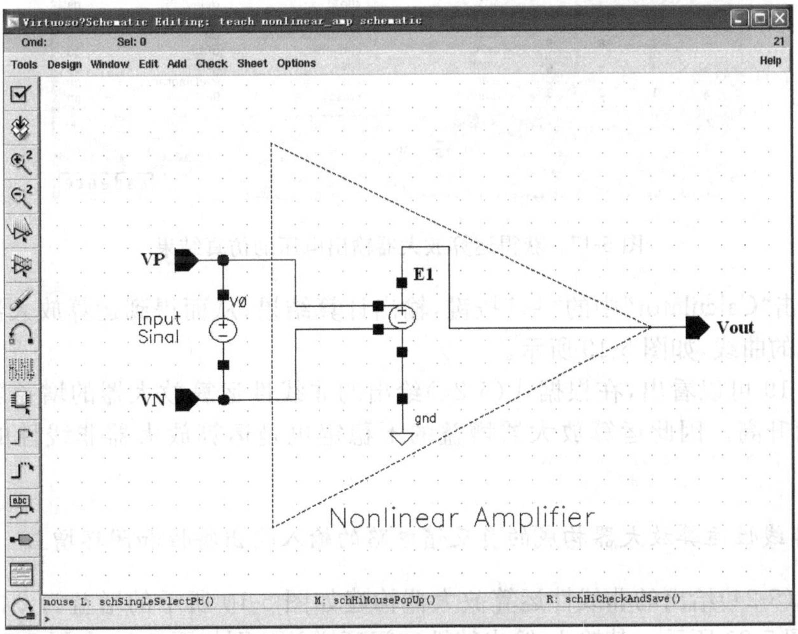

图 5-15　非线性运算放大器

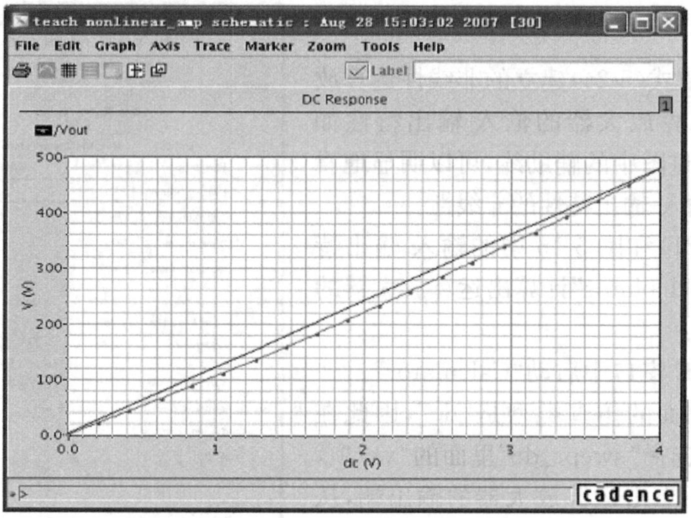

图 5-16　非线性运算放大器的输入-输出特性

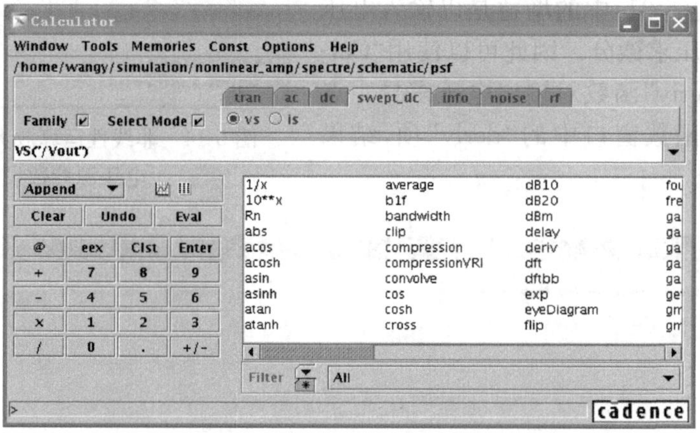

图 5-17　获得运算放大器输出电压的仿真结果

(4) 点击“Calculator”中的“”按键，输出计算结果，从而得到运算放大器增益随输入电压变化的曲线，如图 5-19 所示。

从图 5-19 可以看出，在根据式(5-24)给出的非线性运算放大器的增益随着输入电压的升高而升高。因此运算放大器增益的不稳定也是运算放大器非线性的一个重要表现。

3. 由非线性运算放大器构成的负反馈电路的输入输出特性和闭环增益

利用式(5-24)给出的非线性运算放大器构建如图 5-10 所示的增益为 2 的运算放大器电路，如图 5-20 所示。其输入-输出特性和闭环增益分别如图 5-21 和图 5-22 所示。

可以看出采用负反馈结构后，电路的闭环增益呈现很好的线性，这是因为，根据

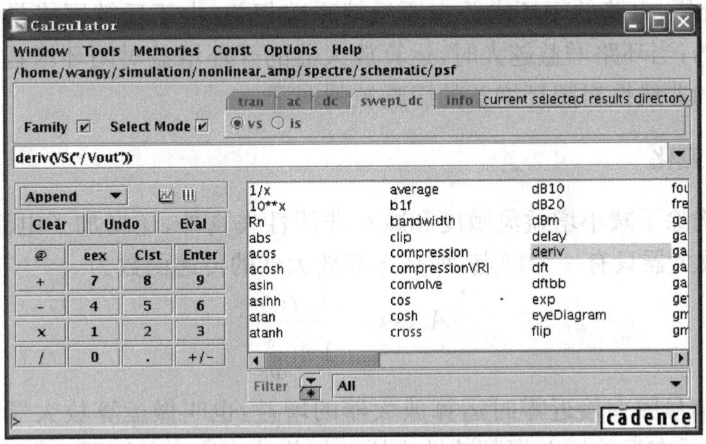

图 5-18　对运算放大器输出电压求导

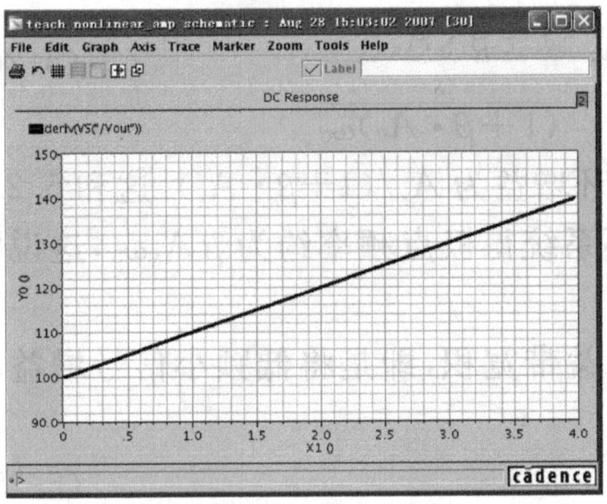

图 5-19　非线性运算放大器的增益曲线

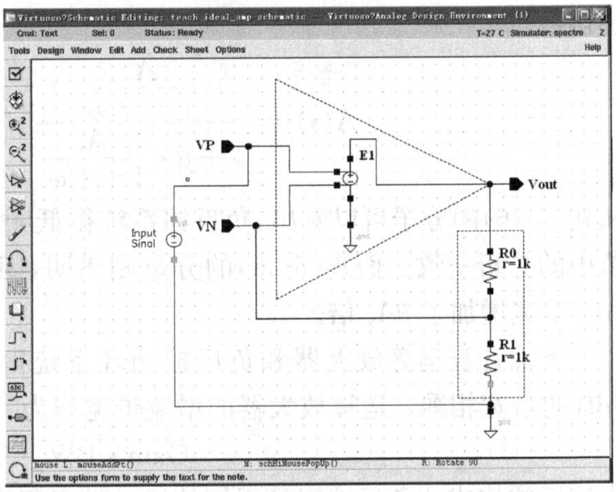

图 5-20　由非线性运算放大器构成的增益为 2 的运算放大器电路

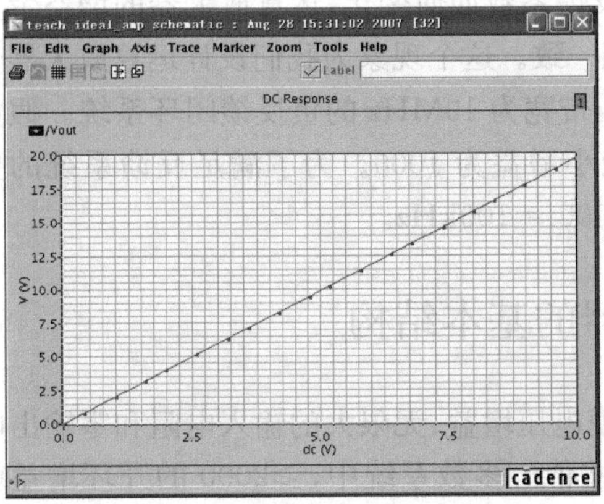

图 5-21　负反馈电路的输入-输出特性

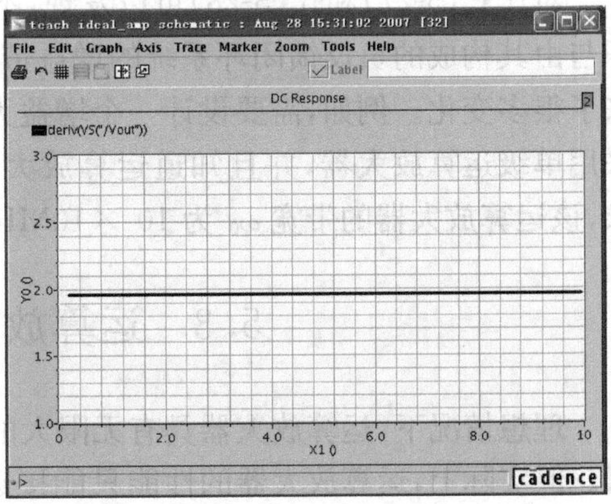

图 5-22　反馈电路的闭环增益特性

5.2.1 节中的分析，电路的闭环增益主要反馈系数相关，由于反馈网络是线性的，因此闭环增益是线性的；当环路增益越大时，运算放大器的开环增益对闭环增益的影响越小，因此运算放大器的非线性对闭环增益的影响被削弱了。

5.2.4 带宽的变化

负反馈结构除了减小增益灵敏度和减小非线性失真外，还增加了电路的带宽。假设图 5-9 中运算放大器只有一个极点，那么运算放大器的传递函数为

$$A_v(s)=\frac{A_v(0)}{1+\dfrac{s}{\omega_0}} \tag{5-25}$$

其中，$A_v(0)$是信号频率接近零时运算放大器的增益，也叫做运算放大器的低频增益，ω_0 是 3dB 带宽，表示在运放增益幅频特性中增益幅值从直流增益下降 3dB 时的频率。为了简化分析，仍然认为反馈网络不含频率分量，将式(5-25)代入式(5-8)得到闭环系统的传递函数

$$A(s)=\frac{\dfrac{A_v}{1+s/\omega_0}}{1+\beta\cdot\dfrac{A_v}{1+s/\omega_0}}=\frac{\dfrac{A_v}{1+\beta\cdot A_v}}{1+\dfrac{s}{(1+\beta\cdot A_v)\omega_0}} \tag{5-26}$$

从式(5-26)的分子可以看出，负反馈系统得低频闭环增益为 $A_v/(1+\beta\cdot A_v)$，这和 5.2.1 节中的分析一致。而式(5-26)的分母则表明，闭环系统得极点频率约为 $\beta A_v\omega_0$，这说明 3dB 带宽增加了 βA_v 倍。

下面计算运算放大器和负反馈闭环系统得增益带宽积，即是将低频小信号增益和 3dB 的带宽相乘。运算放大器的增益带宽积为

$$\text{Gain}\cdot\text{BW}=A_v\cdot\omega_0 \tag{5-27}$$

由该运放构成的负反馈闭环系统的增益带宽积为

$$\frac{A_v}{1+\beta\cdot A_v}\cdot(1+\beta\cdot A_v)\omega_0=A_v\cdot\omega_0 \tag{5-28}$$

对比式(5-27)和式(5-28)可以发现，不论反馈系数如何变化，运算放大器的增益带宽积与由其构成的负反馈闭环系统的增益带宽积一致。这个现象为我们设计运算放大器带来了很多变化。例如，需要设计一个增益为 10，带宽为 10MHz 的负反馈闭环系统。假如采用单级运算放大器，并且知道运算放大器最小增益为 1000。为了满足反馈系统的要求，该运算放大器的带宽 ω_0 为 10 ×10MHz/1000 =100kHz。

5.3 运算放大器的基本结构

理想情况下，运算放大器具有无限大的差模电压增益、无限大的输入电阻和零输出电阻。但实际上，运算放大器的性能只能接近这些值。多数系统中，≥2000 的开环增益就能满足需要。

在第 3 章所研究的全部差动放大器均称为运放。图 5-23 给出了单端输出和差动输

出两种最简单的结构。图 5-24 给出了相应的运算放大器符号。

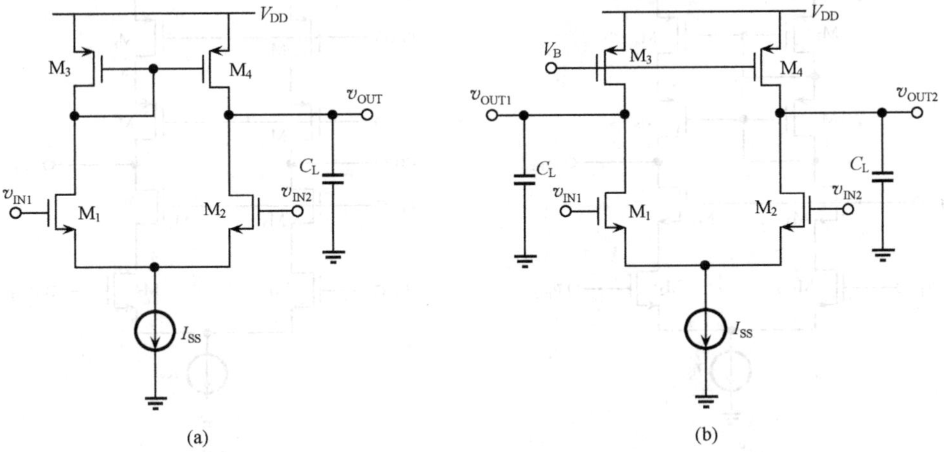

图 5-23　简单运放结构

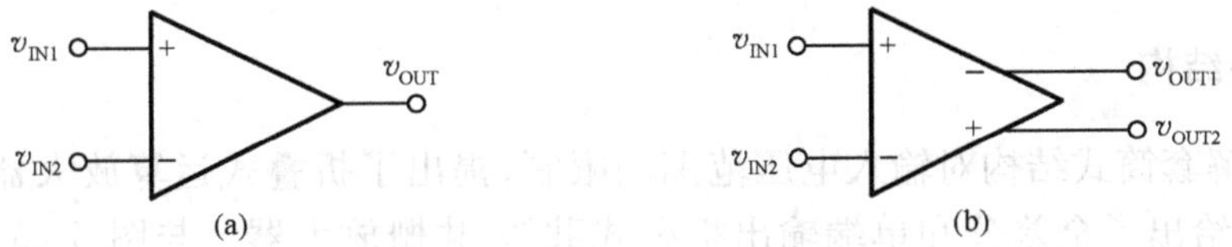

图 5-24　运算放大器的符号

这两种电路的低频小信号增益等于

$$g_{mN}(r_{oN} \mathbin{/\!/} r_{oP}) \tag{5-29}$$

其中，下标 N 和 P 分别表示 NMOS 和 PMOS。在亚微米器件的微安级典型电流条件下，其增益很难超过 20，和理想运放的性能还有较大的差距。为了获得足够的增益，单级运算放大器经常采用以下的两种结构：套筒结构和折叠结构。

5.3.1　套筒结构

图 5-25(a)和(b)给出了单端输出和差动输出的套筒式运算放大器的电路结构。跟图 5-23 中所给出的结构进行比较，可以发现套筒式结构是在简单运放的基础上将单个 MOS 管替换成共源-共栅结构后得到的。图 5-25 中给出的运放的低频小信号增益

$$A_v = g_{m1}[(g_{m3}+g_{mb3})r_{o1}r_{o3} \mathbin{/\!/} (g_{m5}+g_{mb5})r_{o5}r_{o7}] \tag{5-30}$$

但是这是以减小输入范围和输出摆幅为代价的。例如，在图 5-25(b)给出的全差分电路中，其输出摆幅为

$$2[V_{DD}-(V_{OD1}+V_{OD3}+|V_{OD5}|+|V_{OD7}|+V_{CSS})] \tag{5-31}$$

其中，V_{ODj} 表示 M_j 管的过驱动电压，V_{CSS} 为电流源 I_{SS} 两端的电压。为了使输入管 M_1 工作在饱和区，输入电压 v_{IN1} 需要满足以下条件：

$$V_{DD}-(V_{OD3}+|V_{OD5}|+|V_{OD7}|)+V_{TH1} \geqslant v_{IN1} \geqslant V_{CSS}+V_{TH1} \tag{5-32}$$

可以发现，当尾电流较大或者 MOS 管尺寸较小的情况下，输入电压的范围很小。

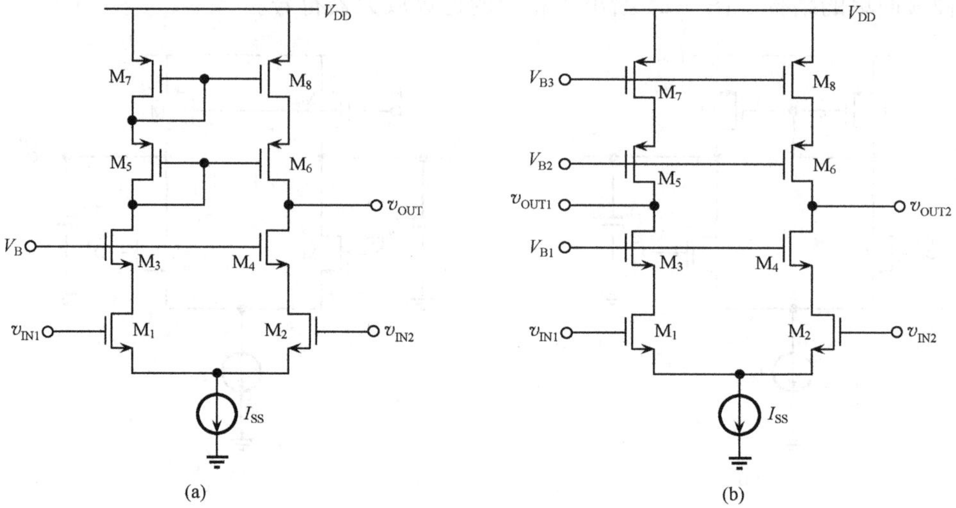

图 5-25　套筒式运算放大器

5.3.2　折叠结构

为了缓解套筒式结构对输入电压范围的限制，提出了折叠式运算放大器，图 5-26 和图 5-27 分别给出了全差分和单端输出折叠式共源-共栅放大器。与图 5-25 中的结构相比，输入管用相反型号的晶体管代替。因为在输入管上端并不"层叠"(stack)一个共源-共栅管，因此输入电压范围增大为

$$V_{DD}-V_{CSS}-|V_{TH1}|\geqslant v_{IN1}\geqslant V_{OD5}-|V_{TH1}| \tag{5-33}$$

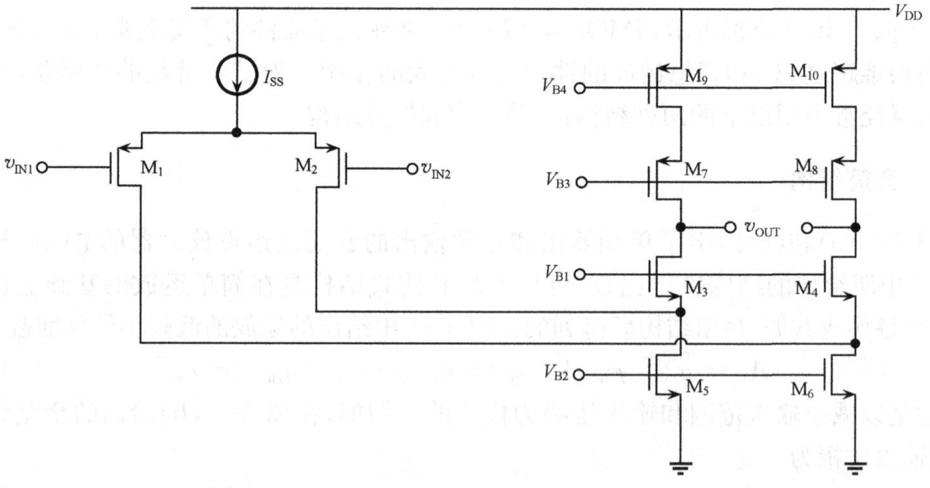

图 5-26　全差分折叠式共源-共栅运算放大器

对比式(5-32)和式(5-33)，可以发现图 5-26 和图 5-27 中折叠式运放的输入电压范围比图 5-25 中对应的套筒式运放的输入范围大两个过驱动电压。

虽然折叠式结构比套筒式结构有更大的输入共模电平范围，但是这是以减小增益和

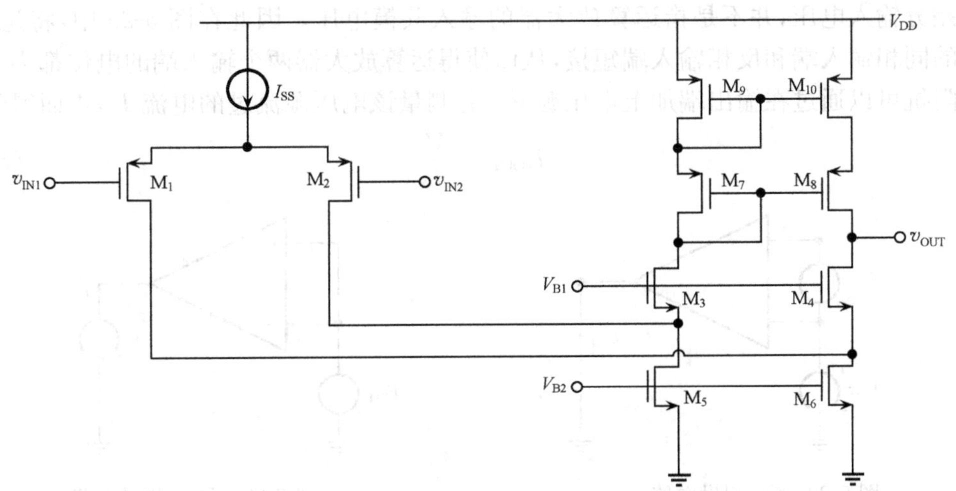

图 5-27　单端输出折叠式共源-共栅运算放大器

带宽，增大功耗和噪声为代价实现的。图 5-26 和图 5-27 给出的折叠式运算放大器的低频小信号增益为

$$g_{m1}\{[(g_{m3}+g_{mb3})r_{o3}(r_{o1}\,/\!/\,r_{o5})]\,/\!/\,[(g_{m7}+g_{mb7})r_{o7}r_{o9}]\} \tag{5-34}$$

对比式(5-33)和式(5-34)可以发现，造成折叠式运算放大器增益减小的主要原因是，由于加入了折叠管，使得共源-共栅结构中的共源管与差分级的 MOS 管并联，从而减小了从输出端往地端看到的等效阻抗。

5.4　运算放大器的性能

5.4.1　增益

运算放大器的增益(gain)是一个重要的设计指标，例如，在 5.2.1 节中证明了运算放大器的增益直接影响负反馈系统的精度。在 5.3 节中，式(5-29)、式(5-30)和式(5-34)给出了三种典型结构运算放大器的增益公式。更一般的方法是通过辅助定理计算运算放大器的增益。

1. 辅助定理[1]

在线性系统中，电压增益为 $-G_mR_{OUT}$，其中，G_m 表示输出接地时的跨导；R_{OUT}表示当输入电压为零时的输出电阻。

如上文所述，G_m 可以通过如图 5-28 所示的电路结构计算得到。图 5-28 中，v_{IN}是输入电压；V_{CM}是共模电平，为运算放大器提供直流偏置，在后文中将说明运算放大器的增益会随着直流偏置的改变而改变；i_{OUT}是输出端接地时，流过输出端的电流，因此

$$G_m=\frac{i_{OUT}}{v_{IN}} \tag{5-35}$$

图 5-29 给出了 R_{OUT}的测量电路，需要注意的是，上文所说的输入电压是指运算放大

器的差分输入电压，并不是指运算放大器的输入共模电压。因此在图 5-29 中，将运算放大器的同相输入端和反相输入端短接，从而使得运算放大器两个输入端的电位都为 V_{CM}。输出阻抗可以通过在输出端加上电压源 V_x，并测量该电压源流过的电流 I_x，进而得到

$$R_{OUT} = \frac{V_x}{I_x} \tag{5-36}$$

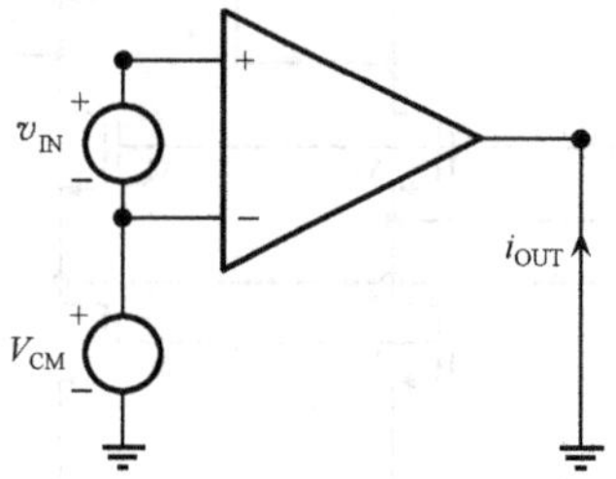

图 5-28 G_m 测量电路

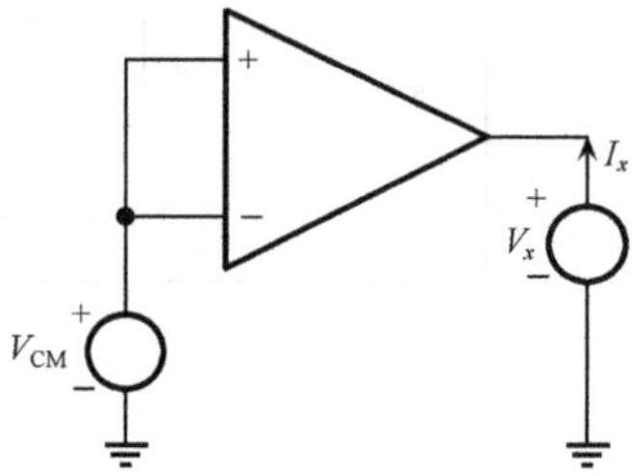

图 5-29 R_{OUT} 测量电路

2. 运算放大器增益的仿真验证

1）电路设计和仿真环境设置

辅助定理适合电路设计开始时手工计算运算放大器的增益，当电路设计进入到仿真验证后，可以通过软件直接获得运算放大器的增益曲线。这里主要研究运算放大器增益的频率特性，因为该特性对信号滤波、反馈系统稳定性都起着决定性的作用。因为 5.1.1 节中提供的理想运算放大器模型并没有包含运算放大器的频率特性，因此这里用图 5-23(a)中运算放大器结构来演示运算放大器增益的仿真验证，电路图如图 5-30所示。器件参数如表 5-1 所示。

表 5-1 运算放大器中 MOS 管的参数

Instance Name	Model	W/m	L/m	Multiplier	Library Name	Cell Name	View Name
M_1	mn	800n	500n	1	st02	mn	symbol
M_2	mn	800n	500n	1	st02	mn	symbol
M_3	mp	1. 1u	550n	1	st02	mp	symbol
M_4	mp	1. 1u	550n	1	st02	mp	symbol
M_5	mn	800n	500n	1	st02	mn	symbol
M_6	mn	800n	500n	1	st02	mn	symbol

图 5-30 中包含运算放大器(amplifier)和偏置电路(bias circuit)两个部分。偏置电路为运算放大器提供电源电压(V_{DD})、共模电压(V_{CM})以及偏置电流(I_{BIAS})，从而确定运算放大器的直流工作点。输入电压加在运算放大器的两个输入端之间，大小设置为 1V 的交流信号，从而使得输出电压的大小与增益一致，从而减少了计算步骤。

在 ADE 窗口中选择交流仿真，扫描变量为频率，扫描范围为 0.1Hz～1GHz。完成设置后的“Choosing Analyses”窗口和 ADE 窗口分别如图 5-31 和图 5-32 所示。点击按键“ ”后开始仿真。

2）读取并分析仿真结果

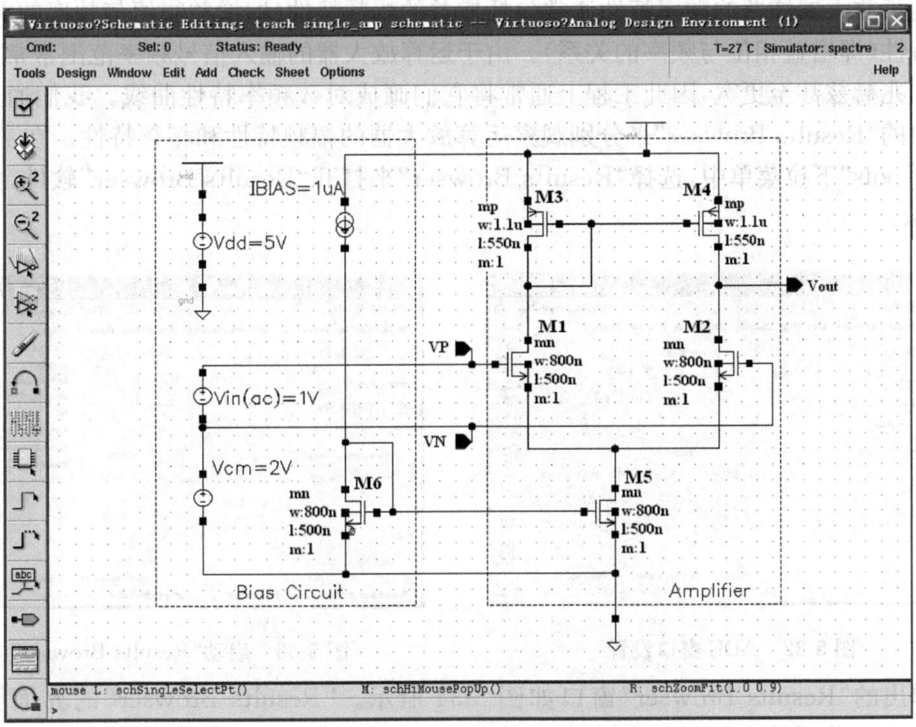

图 5-30　运算放大器增益仿真电路图

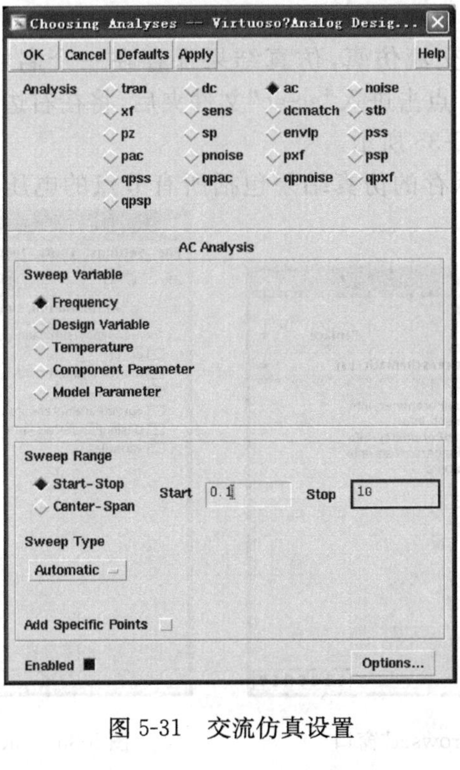

图 5-31　交流仿真设置

运算放大器增益的频率特性通常包括增益的幅频特性(即增益幅值与频率的关系)和相频特性(即增益相位与频率的关系)。由于运算放大器的输入信号频率范围常常为几赫兹到几兆赫兹甚至更宽,因此工程上通常将它们画成对数频率特性曲线。我们通过仿真软件中的“Results Browser”来分别观察运算放大器的幅频特性和相频特性。在ADE窗口的“Tools”下拉菜单中,选择“Results Browser”来打开“Results Browser”软件,如图5-33所示。

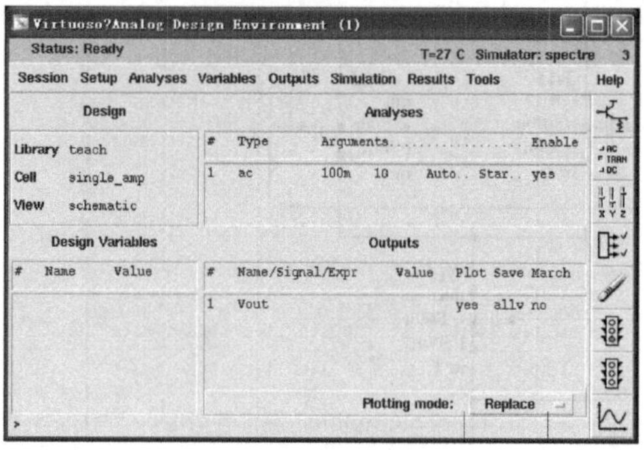

图5-32 ADE窗口设置

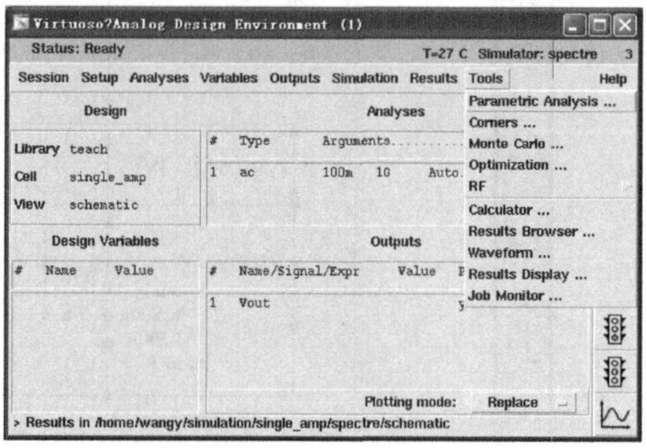

图5-33 启动“Results Browser”

弹出的“Results Browser”窗口如图5-34所示。“Results Browser”的界面类似于Windows操作系统中的文件管理器,主体分为左右两个窗口。在左边的窗口中可以完成文件的选择、打开和切换;在右边的窗口中,可以选择左边窗口并选中文件夹内的数据,或进入子文件夹。

因为我们进行的是交流仿真,仿真结果保存在一个名叫“ac-ac”的文件夹中,如图5-34中右边窗口所示。点击进入“ac-ac”文件夹后,将在右边窗口显示仿真结果。“ac-ac”文件夹中的内容如图5-35所示。

在“ac-ac”文件夹中保存的仿真结果包括所有节点的电压和流过选中端口的电流。

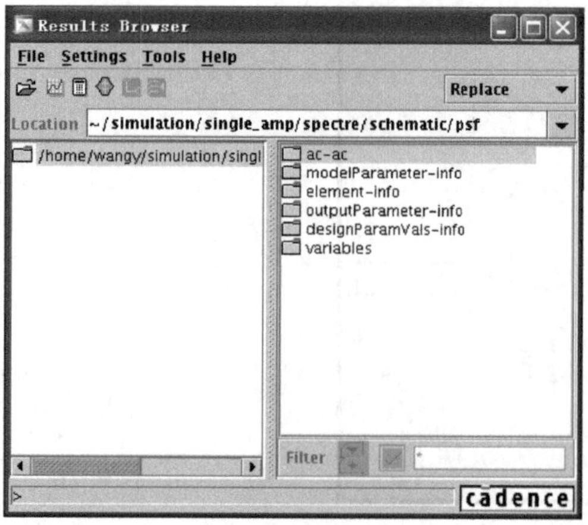

图5-34 “Results Browser”窗口

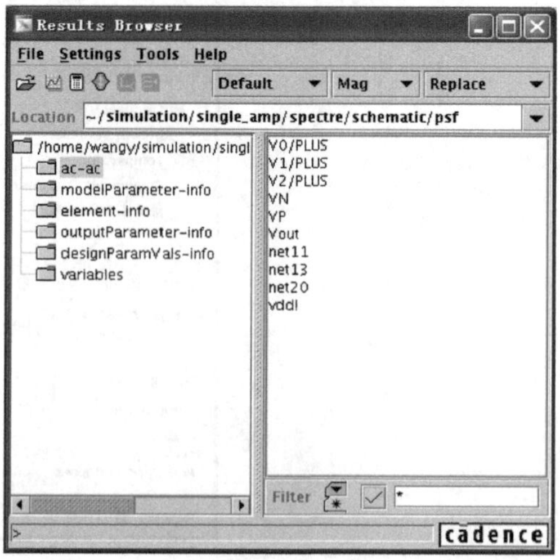

图5-35 “ac-ac”文件夹中的内容

在"Results Browser"中，为交流仿真的结果提供了几个常用的函数。图 5-36 给出了针对交流仿真结果，"Results Browser"中的快捷键栏。

图 5-36　"Results Browser"窗口中的快捷键

图 5-36 中第二个下拉菜单如图 5-37 所示，下拉菜单中函数的功能如下：

Mag：计算仿真结果的幅值。

Phase：计算仿真结果的幅角。

WPhase：计算仿真结果的幅角，并归一到 0°～360°内显示。

Real：取仿真结果的实部。

Imag：取仿真结果的虚部。

dB10：对仿真结果进行"10log(n)"计算。

dB20：对仿真结果进行"20log(n)"计算。

因为输入交流电压是 1V，因此输出端"Vout"的电压值等于运算放大器的增益。为了观察运算放大器的幅频特性，需要计算输出端的电压的幅值。根据上文的阐述，我们在第二个下拉菜单中选择"Mag"函数，对"Vout"进行取幅值的预处理，然后就可以将处理好的仿真结果输出到"Waveform"中观察。方法如下：

(1) 在右边窗口选中输出电压"Vout"，然后点击鼠标右键，此时弹出一个选项菜单，如图 5-38 所示。在这个选项框中各个选项的功能如下：

① Append：在原来窗口的基础上添加新的波形。

② Replace：清除原来的窗口中的数据，显示新的波形。

③ New SubWin：在原来的窗口中，建立子窗口，用来显示新的波形。

④ New Win：创建一个新的窗口，显示新的波形。

⑤ Table：以列表的方式显示选中的仿真结果。

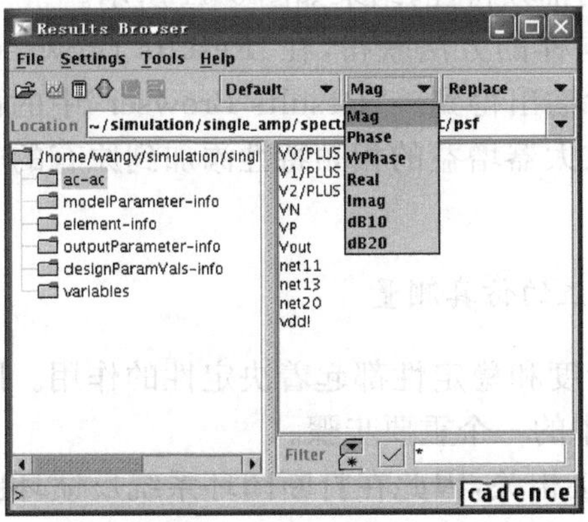

图 5-37　第二个下拉菜单

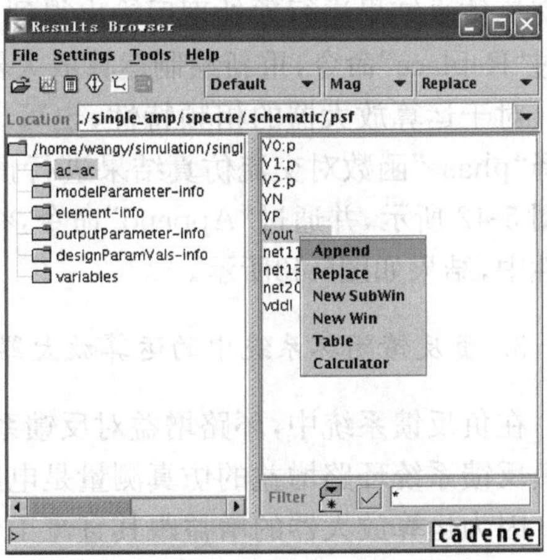

图 5-38　输出仿真结果

⑥ Calculator：将仿真结果直接送到“Calculator”的缓存中。

(2) 在上述选项中选择“New Win”，创建一个新的“Waveform”窗口来显示运算放大器增益的幅频特性，如图 5-39 所示。

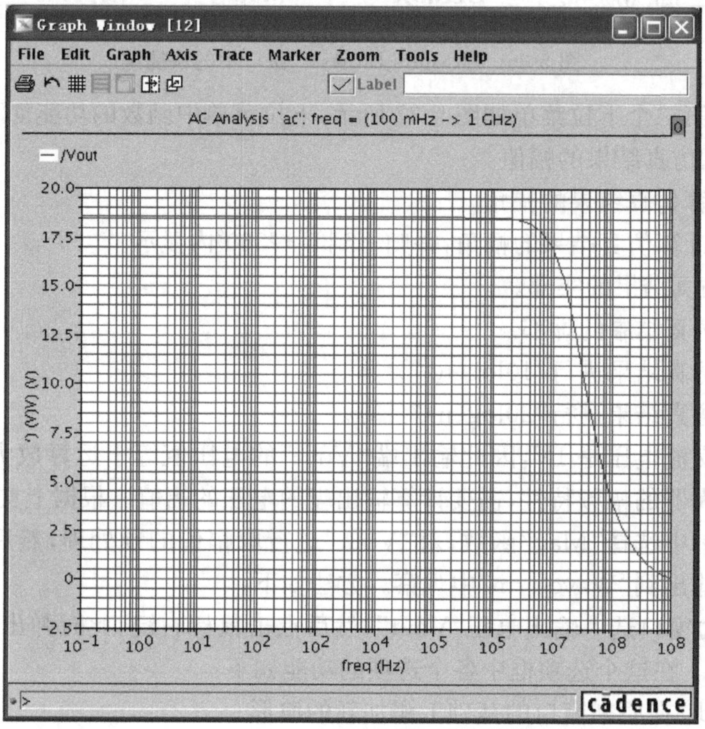

图 5-39　运算放大器增益频率特性仿真结果

对于运算放大器增益的幅频特性，除了直接显示幅值以外，更一般的是显示增益幅值的 dB 曲线，即对幅值作“20log(n)”变化。可以在“Results Browser”中选择“dB20”函数对交流仿真结果进行预处理后输出得到。“Results Browser”中的设置如图 5-40 所示，并通过“Replace”命令，重新绘制运算放大器增益的幅频特性，结果如图 5-41 所示。

对于运算放大器的相频特性，也可以采用同样的方法获得，在“Results Browser”中选择“phase”函数对交流仿真结果进行预处理后输出得到。“Results Browser”中的设置如图 5-42 所示，并通过“Append”命令，将运算放大器增益的相频特性添加到原有的幅频特性中，结果如图5-43所示。

3. 负反馈闭环系统中的运算放大器环路增益的仿真测量

在负反馈系统中，环路增益对反馈系统的精度和稳定性都起着决定性的作用。因此对负反馈系统环路增益的仿真测量是电路设计中的一个重要步骤。

因为运算放大器的增益跟其直流工作点直接相关，因此在打断闭环系统反馈环路的同时，也改变了运算放大器的直流工作点，使得仿真得到的运算放大器增益特性和放大器在闭环情况下的增益不同。如图 5-44 所示的方法，可以在不破坏运算放大器直流工作点

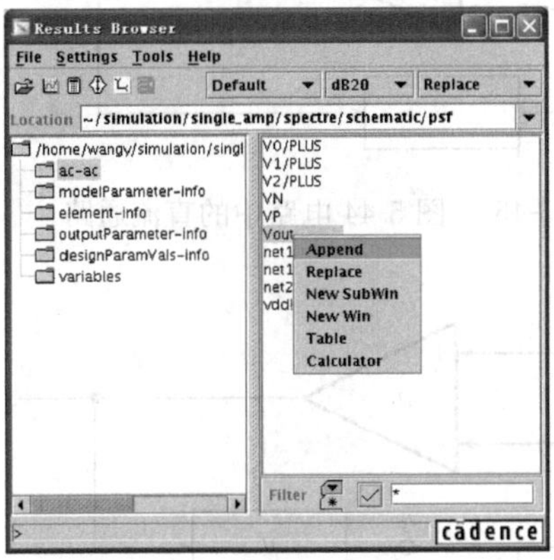

图 5-40　以 dB 为纵轴，输出运算放大器增益的幅频特性

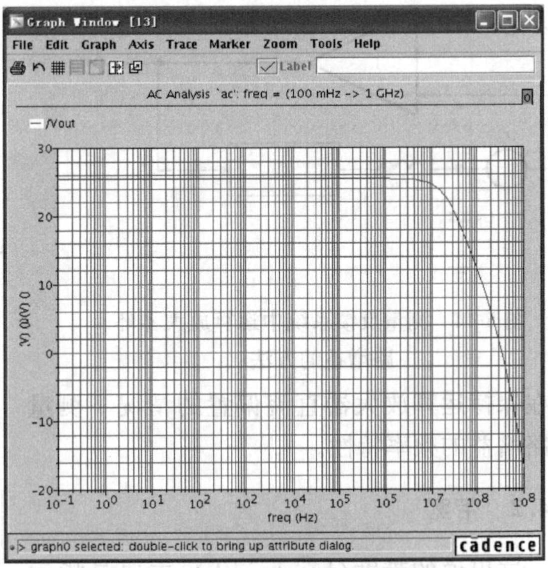

图 5-41　以 dB 为纵轴的运算放大器增益的幅频特性

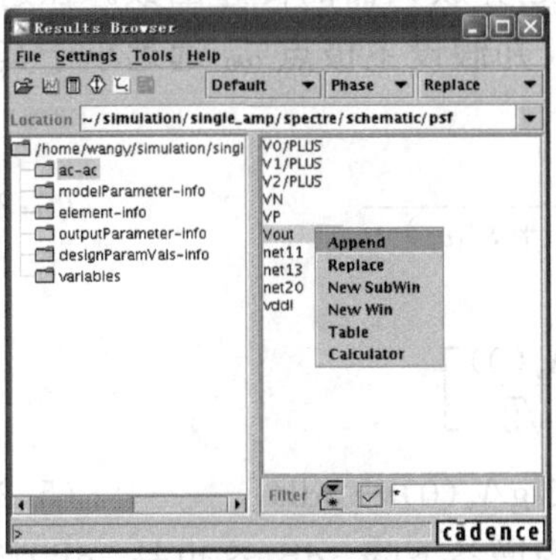

图 5-42　输出运算放大器增益的相频特性

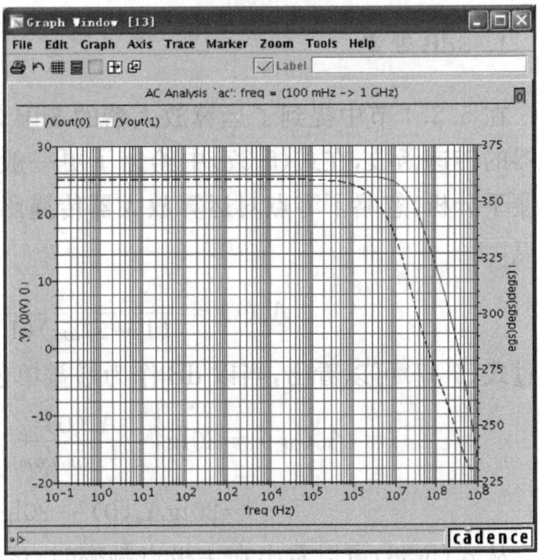

图 5-43　运算放大器增益的幅频（实线）和相频（虚线）特性

的情况下，对环路增益进行仿真。

与图 5-9 相比，图 5-44 在反馈通路中加入了三个器件：交流输入电压 v_{ac}、电感 L_B 和电容 C_S。其中电压 v_{ac} 用来提供测试用的交流信号，需要注意的是，这个电压源只有交流电压，直流电压为零。由于电感具有通直流隔交流，而电容具有隔直流通交流的特性，因此当电感值和电容值很大时，图 5-44 电路的直流和交流通路分别如图 5-45 和图 5-46 所示。

可以发现图 5-45 和图 5-9 一致，图 5-46 和图 5-12 一致。因此使用图 5-44 的方法可

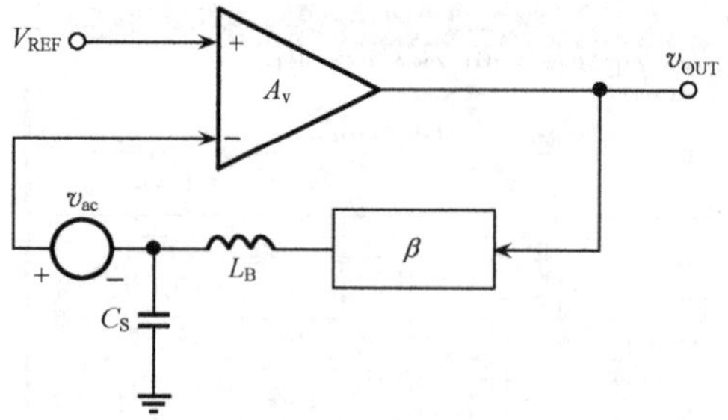

图 5-44 测量反馈系统中运算放大器环路增益的方法

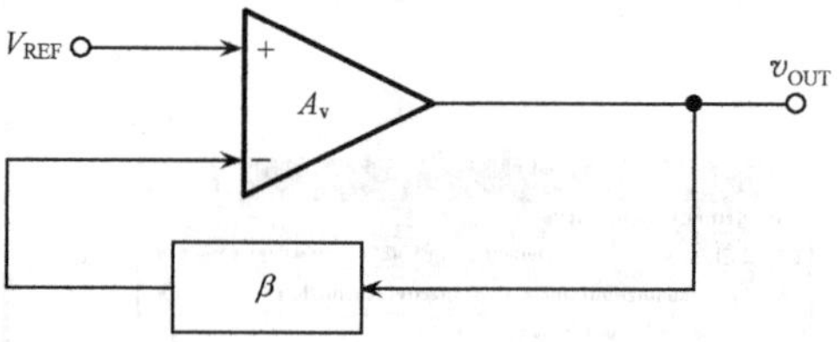

图 5-45 图 5-44 电路中的直流通路

以在保持运算放大器直流偏置的情况下测量环路增益的频率特性。

5.4.2 带宽

这里说的带宽(bandwidth)，主要是指运算放大器的小信号带宽。常用的定义有两个：3dB 带宽和单位增益带宽。

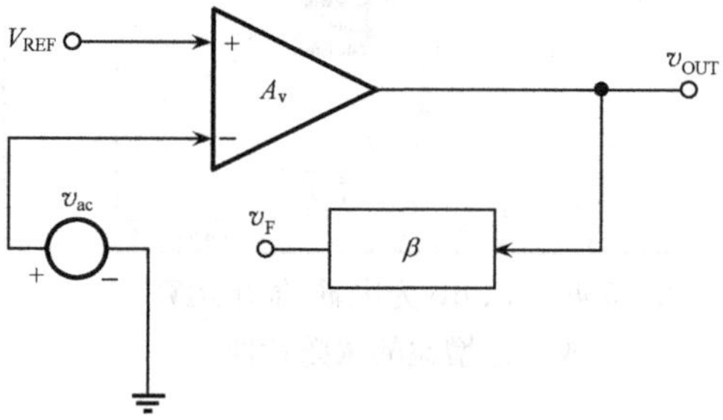

图 5-46 图 5-44 电路中的交流通路

1. 3dB 带宽

在 5.2.4 节中提到了运算放大器的 3dB 带宽，并在式(5-25)中给出了单极点运算放大器的传递函数，在式(5-37)中给出了更一般的多极点运算放大器的传递函数。在这里为便于分析，忽略了零点对运算放大器传递函数的影响，并假设主极点 ω_0 远远小于其他极点。

$$A_v(s)=\frac{A_v(0)}{(1+s/\omega_0)(1+s/\omega_1)(1+s/\omega_2)\cdots} \tag{5-37}$$

通过式(5-37)可以看出，当以 dB 作为增益单位时有

$$\begin{aligned}A_v(\omega_0)&=20\lg\left|\frac{A_v(0)}{1+\mathrm{j}\omega_0/\omega_0}\right|=20\lg\left[\frac{A_v(0)}{\sqrt{2}}\right]\\&=20\lg A_v(0)-20\lg(\sqrt{2})\approx 20\lg A_v(0)-3\mathrm{dB}\end{aligned} \tag{5-38}$$

从式(5-38)可以看出在主极点频率时，运算放大器的增益下降 3dB，这也是 3dB 带宽的由来。下面继续使用图 5-30 中的例子阐述获得运算放大器 3dB 带宽的方法。

首先可以观察运算放大器增益的幅频特性曲线，并根据 3dB 带宽的定义测量得到 3dB 带宽。例如，图 5-41 给出了以 dB 为单位的运算放大器增益的幅频特性曲线。在“Waveform”窗口中，将光标移到增益幅频曲线的低频部分，点击快捷键“m”，在曲线上添加标签，给出标记点的横坐标和纵坐标。图 5-47 所示，添加的标签给出了在 1.28Hz 的信号频率上，运算放大器的增益为 25.4dB。由此可以知道，运算放大器 3dB 带宽频率上的增益为 25.4－3＝22.4(dB)。接着点击快捷键“v”，将光标切换的竖直光标类型，即“Waveform”中的光标变成一条垂直的直线，并且直线上方有一个红色的倒三角，通

过拖动该三角形，可以移到垂直光标，如图 5-47 所示。垂直光标和运算放大器增益幅频曲线交点的坐标在波形图的左上角给出，并随着垂直光标的左右移动实时改变。移动垂直光标，使得交点的纵坐标变为 22.4，此时交点的横坐标就是运算放大器 3dB 带宽频率。图 5-47 所示，当增益为 22.5dB(由于精度问题，无法将光标移动到 22.4dB)时，输入信号的频率为 21.7MHz，因此可以近似认为运算放大器的 3dB 带宽为 21.7MHz。

可以看出使用这种方法，由于仿真精度的影响，无法获得准确的运算放大器 3dB 带宽频率。精确获得 3dB 带宽频率的方法是使用"Calculator"软件中的"bandwidth"函数。其方法如下：

在"Results Browser"窗口中的"ac-ac"文件夹中选择"Vout"仿真结果。点击鼠标右键，在弹出的下拉菜单中选择"Calculator"，即将"Results Browser" 中的仿真结果输送到"Calculator"中，如图 5-48 所示。

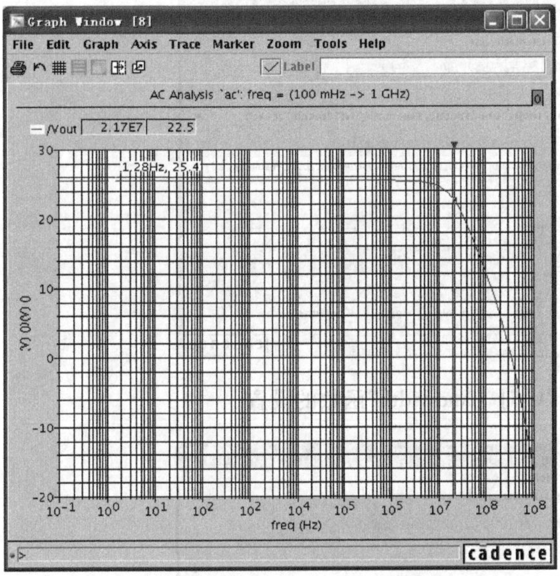

图 5-47　通过观察运算放大器增益幅频特性获得 3dB 带宽

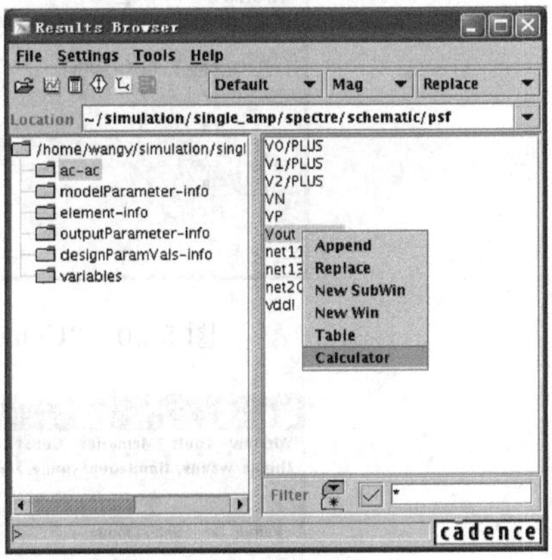

图 5-48　从"Results Browser"中将仿真结果输送到"Calculator"中

从图 5-49 可以看出，仿真结果被输送到"Calculator"中。在"Calculator"的函数窗口中选择"bandwidth"函数。点击该函数后，"Calculator"中的函数窗口变为对"bandwidth"函数参数的设置，如图 5-50 所示。其中默认设置就是求一个运算放大器的 3dB 带宽，因此不需要更改其设置。点击"OK"或者"Apply"完成"bandwidth"函数的设置，点击"Calculator"中的"Eval"键，将在"Calculator"的缓存窗口中显示计算出的运算放大器的 3dB 带宽，如图 5-51 所示，可以看出该运算放大器的 3dB 带宽为 23.076MHz。

2. 单位增益带宽

单位增益带宽则是运算放大器开环增益为 1 时的频率。对于式(5-25)给出的运算放

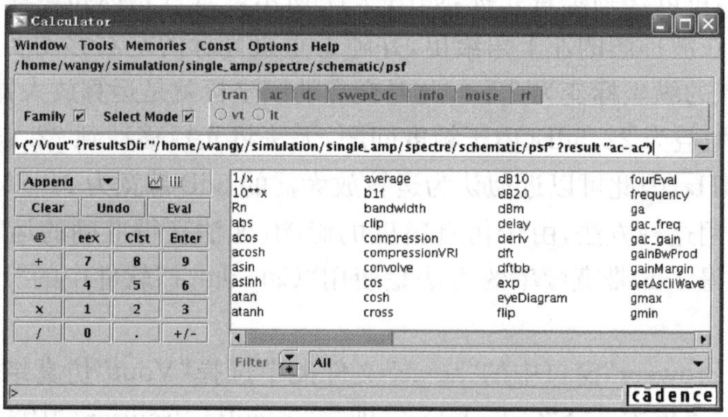

图 5-49　仿真结果被输送到“Calculator”中

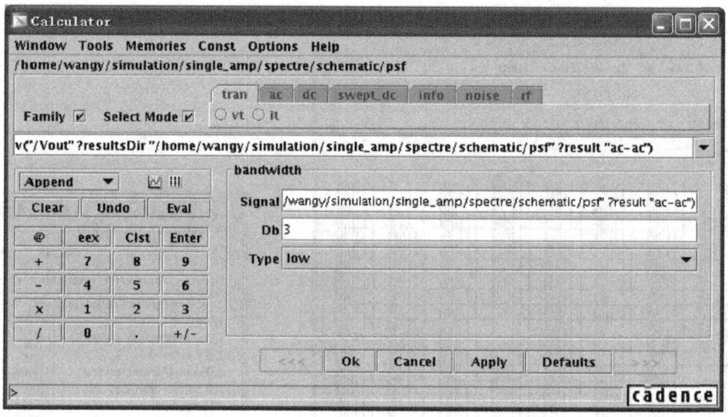

图 5-50　“Calculator”中对“bandwidth”函数的设置

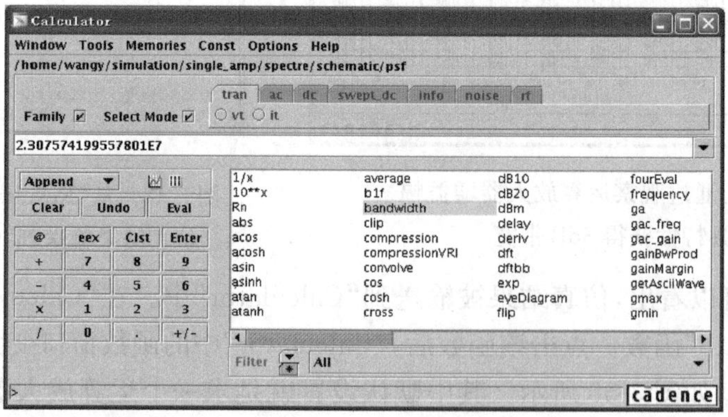

图 5-51　使用“bandwidth”函数计算出的运算放大器的 3dB 带宽

大器，有

$$A_v(\omega_{UGB}) = \frac{A_v(0)}{\left|1 + j\dfrac{\omega_{UGB}}{\omega_0}\right|} = 1 \tag{5-39}$$

其中，ω_{UGB}为该运算放大器的单位增益带宽，由式(5-39)解得

$$\omega_{UGB} \approx A_v(0) \cdot \omega_0 \tag{5-40}$$

对比式(5-26)和式(5-40)可以发现,闭环系统得 3dB 带宽等于该闭环系统使用的运算放大器的单位增益带宽。因此运算放大器的单位增益带宽是一个十分重要的指标。但是这个结论成立是需要条件的:

① 反馈网络中不含有频率分量;

② 单位增益带宽频率内只含有一个极点。

出于系统稳定等方面的考虑,对于大多数的负反馈系统上述两个条件都是成立的,因此基本可以认为,闭环系统的 3dB 带宽就是运算放大器的单位增益带宽。

和 3dB 带宽一样,运算放大器的单位增益带宽也可以从运算放大器增益幅频曲线观察得到,但是为了得到更精确的单位增益带宽频率,需要使用"Calculator"中的"cross"函数,该函数是专门用来计算曲线经过一个特定阈值时的横坐标。对于计算单位增益带宽,只需要对运算放大器的增益曲线使用"cross"函数,并将阈值设为"1",函数返回的值即是运算放大器的单位增益带宽。

在"Calculator"中保持"Select Mode"处在选中状态,在选择模式中选择"ac"里的"vf"项,如图 5-52 所示。然后点击电路图中的"Vout"端,将"Vout"端的交流电压仿真结果捕获到"Calculator"的缓存中,结果如图 5-52 所示。点击"Calculator"函数窗口中的"cross"函数。

图 5-53 给出了对"cross"函数的设置。图中"cross"函数的设置包含四个选项,其意义如下:

(1) "Signal"栏中填入的是需要处理的信号。图 5-53 所示,这一栏填入的是"mag(VF("/Vout"))",而不是从电路图中获得的运算放大器输出端的交流仿真结果"VF("/Vout")"。这是因为运算放大器输出端的电压仿真结果是用复数表示的,里面既包含增益的幅频特性信息,也包含增益的相频特性信息。而"cross"函数只能处理实数,因此需要先使用"mag"函数计算运算放大器增益的幅值。

(2) "Threshold Value"栏中填入的是阈值。按照上文的阐述,这里填入"1"。

(3) "Edge Number"栏中填入的是穿越特定形式波形边沿的次数。因为计算的是运算放大器增益第一次为"1"时的频率,因此这里填"1"。

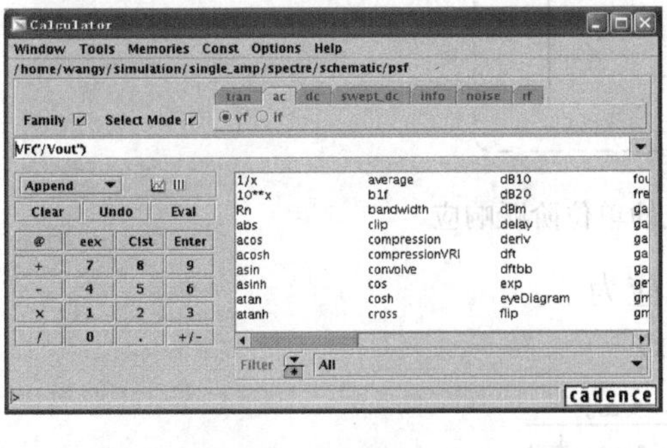

图 5-52 将"Calculator"设定为从电路图中获取交流电压仿真结果

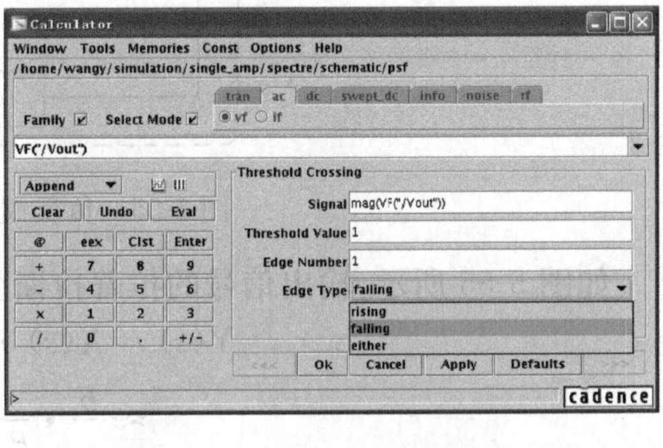

图 5-53 对"cross"函数的设置

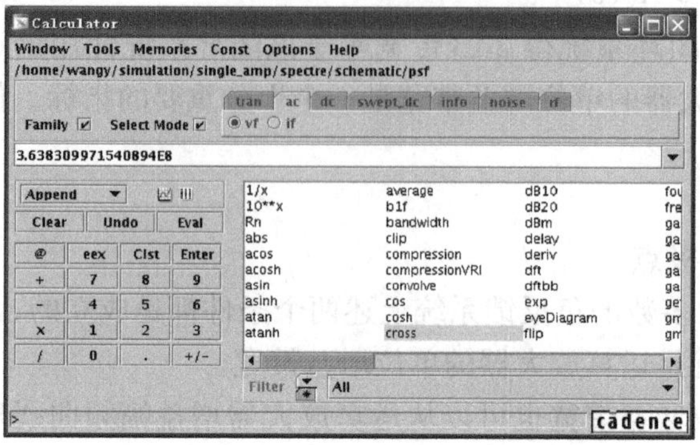

图 5-54　使用“cross”函数计算出的运算放大器的 3dB 带宽

(4)“Edge Type”下拉菜单中选择的是曲线穿过阈值时的形式，是上升沿还是下降沿，或者两者皆可。因为运算放大器的增益在单位增益带宽附近是随着信号频率的增加而下降的，因此这里选择“falling”。

点击“Ok”或者“Apply”完成“cross”函数的设置，点击“Calculator”中的“Eval”键，将在“Calculator”的缓存窗口中显示计算出的运算放大器的单位增益带宽，如图 5-54 所示，可以看出该运算放大器的单位增益带宽约为 363.8MHz。

5.4.3　建立时间

建立时间(settling time)是另一项衡量运算放大器反应速度的重要指标，它表示从跳变开始到输出稳定的时间。它主要是针对运算放大器的小信号特性，在整个跳变过程中，运算放大器仍然保持线性。考虑图 5-9 给出的负反馈结构，出于方便分析考虑，假设该负反馈系统中的运算放大器只有一个极点，因此该负反馈结构的传递函数如式(5-26)所示。图 5-55 给出了这样一个负反馈系统对一个幅度为 b 的单位阶跃信号的响应，并给出了输入信号、负反馈系统传递函数的拉普拉斯变化。

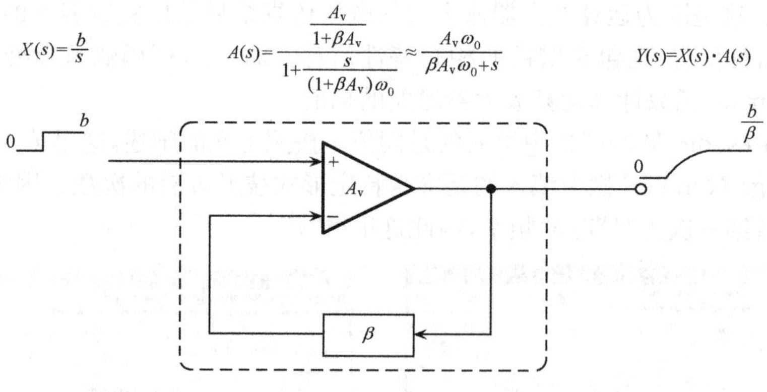

图 5-55　负反馈系统的单位阶跃响应

如图 5-55 所示，输出信号的拉普拉斯变化应为

$$\begin{aligned} Y(s) &= X(s)\cdot A(s) \\ &\approx \frac{b}{s}\cdot\frac{A_v\cdot\omega_0}{\beta\cdot A_v\cdot\omega_0+s} \\ &= \frac{b}{\beta}\left(\frac{1}{s}-\frac{1}{\beta\cdot A_v\cdot\omega_0+s}\right) \end{aligned} \tag{5-41}$$

由式(5-41)可以得到，输出信号的时域响应为

$$y(t) = \frac{b}{\beta}[1(t) - e^{-A_v \cdot \beta \cdot \omega_0 \cdot t}] \tag{5-42}$$

从 5.2.4 节可以得知，$\beta A_v \omega_0$ 为反馈系统的 3dB 带宽，若定义反馈系统的响应时间常数

$$\tau = \frac{1}{\beta \cdot A_v \cdot \omega_0} \tag{5-43}$$

则式(5-42)可以改写为

$$y(t) = \frac{b}{\beta}[1(t) - e^{-\frac{t}{\tau}}] \tag{5-44}$$

以跳变发生的时刻为时间轴的原点，表 5-2 给出了输出电压精度与响应时间常数间的关系。可以看出，如果认为输出电压和最终值之间的误差小于 2%，则认为输出稳定，那么建立时间最小为 4 个响应时间常数。因此为了缩短系统的建立时间，则需要减小系统的响应时间常数。由式(5-43)得，增大负反馈系统的 3dB 带宽就可以缩短系统的建立时间。根据 5.4.2 节中的阐述，单位增益负反馈系统的 3dB 带宽等于该系统中使用的运算放大器的单位增益带宽。这就使得在设计时，可以通过对系统响应速度的要求，获得对所需要设计的运算放大器单位增益带宽的要求，并通过增益带宽积的概念，进一步获得对运算放大器低频小信号增益和 3dB 带宽的要求。

表 5-2　输入信号跳变后输出电压精度与响应时间常数间的关系

t	0	τ	2τ	3τ	4τ	5τ
$\frac{y(t)}{y(\infty)}$	$1-e^0$ =0	$1-e^{-1}$ =63.2%	$1-e^{-2}$ =86.5%	$1-e^{-3}$ =95%	$1-e^{-4}$ =98.2%	$1-e^{-5}$ =99.5%

在实际电路设置中，可以通过“Calculator”中的“settlingTime”函数来测量运算放大器的建立时间。下面继续使用图 5-30 中的例子阐述获得运算放大器建立时间的方法。

首先将运算放大器连接成单位增益负反馈的形式，即将运算放大器的反相输入端和输出端短接，从而使得负反馈系统的闭环增益为 1，即输入电压跟随加载在运算放大器同相端的输入信号。在运算放大器的同相端加载一个幅度为 2mV 的阶跃信号，电路图如图 5-56 所示。

差分输入的阶跃信号电压源的设置如图 5-57 所示。可以看出，该阶跃信号是使用一个脉冲电压源来模拟的。该脉冲电压源可以在“analogLib”库中找到，其名称为“vpulse”，显示方式选择“symbol”。脉冲的低电平为 0V，高电平为 2mV，跳变延迟为 10ns，上升沿和下降沿宽度为 10ps，脉冲宽度为 1s。因此当瞬态仿真时间小于 1s 时，都可以将该脉冲电压看作在 10ns 处跳变的阶跃电压。

因为建立时间是运算放大器在时域对输入信号响应的一个性能参数，因此为了对这个性能进行仿真测量，需要进行瞬态仿真(trananalysis)。在 ADE 窗口选择瞬态仿真“tran”，结束时间设为 200ns，仿真精度设为“conservative”，如图 5-58 所示。

完成上述设置，将输出端“Vout”作为输出，点击“ADE”窗口中的快捷键“ ”开始运行仿真，反馈系统对阶跃小信号的响应如图 5-59所示。

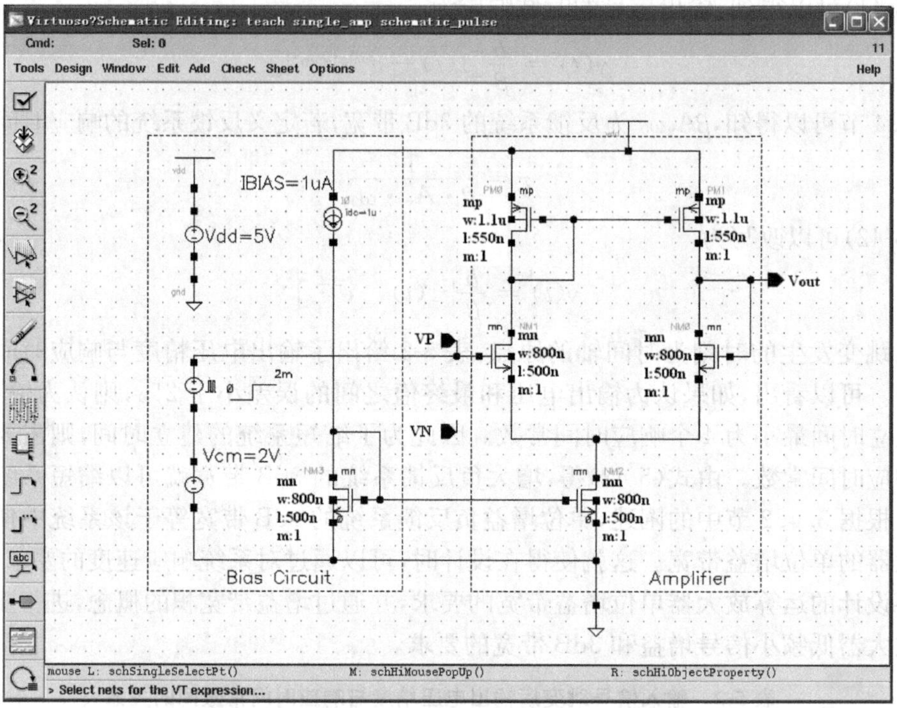

图 5-56　测量运算放大器建立时间的电路图

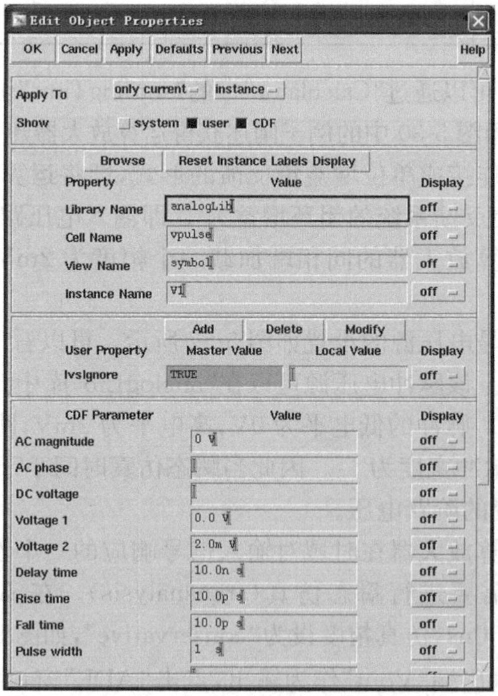

图 5-57　阶跃信号电压源设置

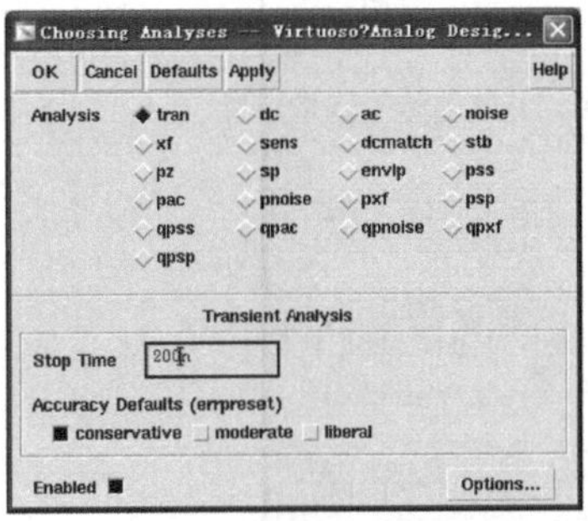

图 5-58　瞬态仿真设置

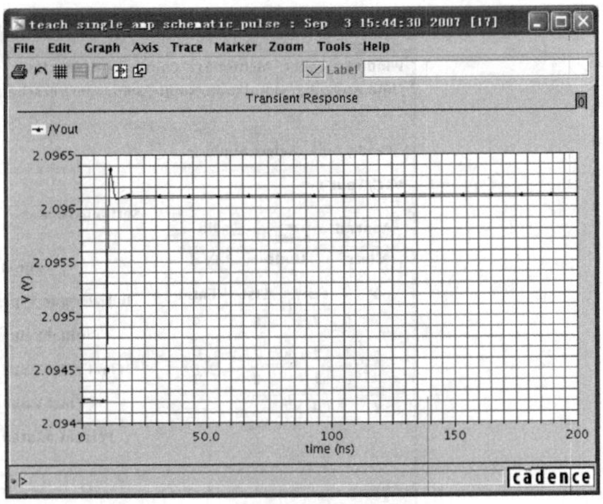

图 5-59　单位增益负反馈系统对阶跃小信号的响应

在“Calculator”中保持“Select Mode”处在选中状态，在选择模式中选择“tran”里的“vt”项，如图 5-60 所示，点击电路图中的“Vout”端，将“Vout”端的瞬态电压仿真结果捕获到“Calculator”的缓存中。

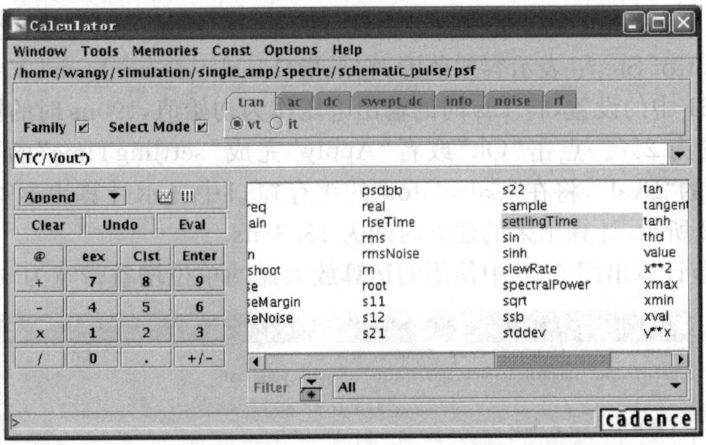

图 5-60　将“Calculator”设定为从电路图中获取电压的瞬态仿真结果

点击“Calculator”函数窗口中的“settlingTime”函数，并对其进行设置，如图 5-61。从图 5-61 可以看出“settlingTime”函数的设置包括五个内容：

(1) Initial Value Type：初始值的类型。

① x at y：根据输入的横坐标获得对应的电压值作为初始值。

② y ：直接输入初始值的大小。

(2) Initial Value：初始值的大小。假如“Initial Value Type”中选择的是“x at y”，则输入的是横坐标；假如“Initial Value Type”中选择的是“y”，则输入的是初始值大小。

(3) Final Value Type：结束值的类型。

① x at y：根据输入的横坐标获得对应的电压值作为结束值。

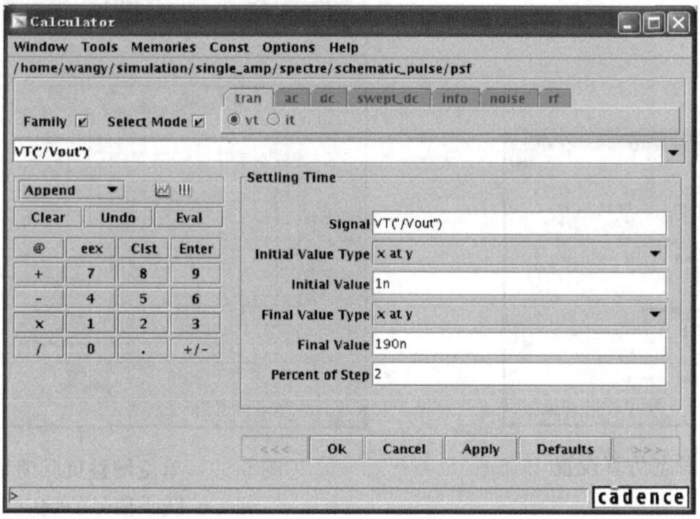

图 5-61　"Calculator"中对"settlingTime"函数的设置

② y：直接输入结束值的大小。

(4) Final Value：结束值的大小。假如"Final Value Type"中选择的是"x at y"，则输入的是横坐标；假如"Final Value Type"中选择的是"y"，则输入的是结束值大小。

(5) Percent of Step：表示容差范围，它是指(Final Value－Initial Value)的百分比。

根据图 5-61 中的设置，将 1ns 时的输出电压作为初始值，190ns 时的输出电压作为结束值，容差范围为 2%。点击"Ok"或者"Apply"完成"settlingTime"函数的设置，点击"Calculator"中的"Eval"，将在"Calculator"的缓存窗口中显示计算出运算放大器的建立时间，如图 5-62 所示，计算出来的建立时间为 13.38ns。

在 5.4.2 节计算出图 5-56 中使用的运算放大器的单位增益带宽为 363.8MHz，由此

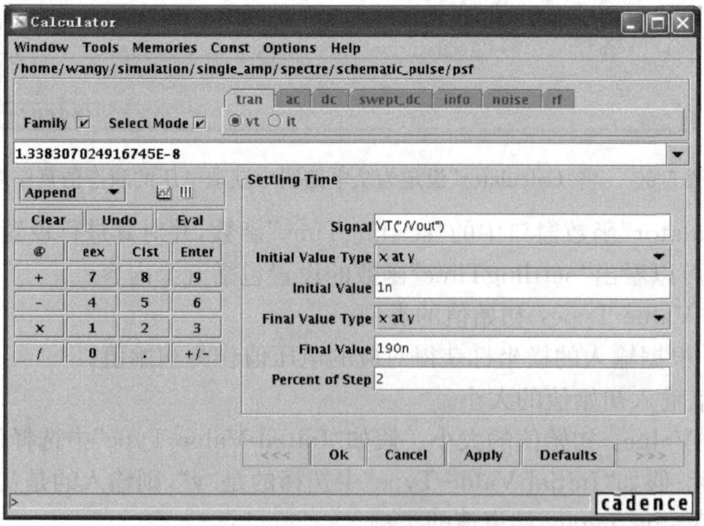

图 5-62　由"Calculator"计算出来的建立时间

可以得到该单位增益负反馈系统的闭环 3dB 带宽约为 363.8MHz，因此该反馈系统的响应时间常数 $\tau \approx 1/363.8\text{M} = 2.75(\text{ns})$，由表 5-2 得到 2% 的容差范围需要 4 倍的响应时间常数，即 $4\tau = 10.9\text{ns}$。虽然和由“settlingTime”函数计算出来有一定的误差，但是由于 5.4.2 节中运算放大器的增益并不是将其接在反馈环路中测出的，因此和图 5-56 中的运算放大器在直流工作点上略有偏差。但是这仍然说明利用运算放大器的单位增益带宽预测使用该运算放大器的反馈系统的建立时间是可行的。

5.4.4　相位裕度

相位裕度(phase margin，PM)在电路设计中是非常重要的一个指标，主要用来衡量负反馈系统的稳定性，并能用来预测闭环系统阶跃响应的过冲。这里仅给出相位裕度的定义和测量方法，它对系统稳定性的影响将在第 6 章中详细讨论。

在 5.4.1 节中讨论了运算放大器增益的频率特性，增益的频率特性包括幅频特性和相频特性两个部分。这里定义使增益幅值等于 1 的频率点为“增益交点”(gain crossover point)，用 GX 表示，如图 5-63 中的频率点 ω_1；使增益的相位等于 $-180°$ 的频率点为“相位交点”(phase crossover point)，用 PX 表示，如图 5-63 中的频率点 ω_2。

相位裕度的定义为：运算放大器增益的相位在增益交点频率时，与 $-180°$ 相位的差值，表达式为

$$\text{PM} = \angle A_v(\omega_1) - (-180°) = \angle A_v(\omega_1) + 180° \tag{5-45}$$

式中的 ω_1 为运算放大器的增益交点频率。

下面继续使用图 5-30 中的例子阐述在电路仿真软件中，利用“Calculator”的“phaseMargin”函数获得运算放大器相位裕度的方法。

当运算放大器的交流仿真结束后，在“Results Browser”窗口中的“ac-ac”文件夹中选择“Vout”仿真结果。点击鼠标右键，在弹出的下拉菜单中选择“Calculator”，即将“Results Browser”中将仿真结果输送到“Calculator”中，如图 5-64 所示。

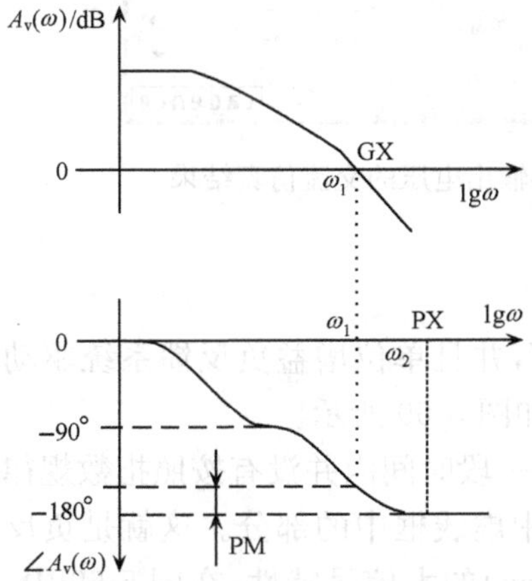

图 5-63　运算放大器增益的波特图

图 5-64　从“Results Browser”中将仿真结果输送到“Calculator”

从图 5-65 可以看出，仿真结果被输送到“Calculator”中。在“Calculator”的函数窗口中选择“phaseMargin”函数，如图 5-66 所示。点击“Calculator”中的“Eval”键，将在“Calculator”的缓存窗口中显示计算出运算放大器的相位裕度，如图 5-67 所示，可以看出该运算放大器的相位裕度为 65.18°。

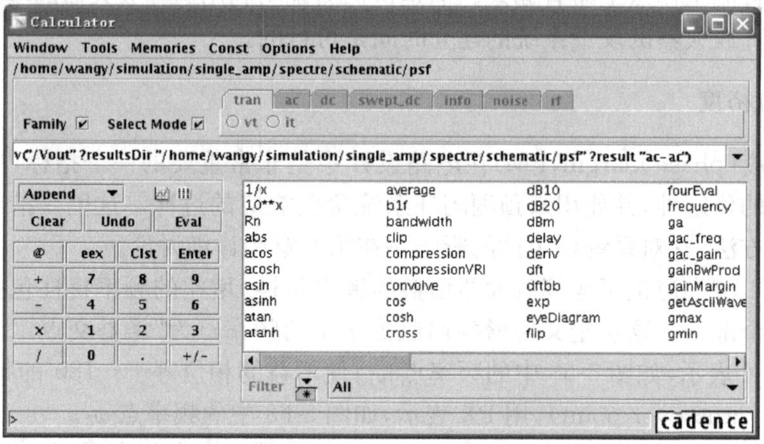

图 5-65　从“Results Browser”中获得交流仿真结果

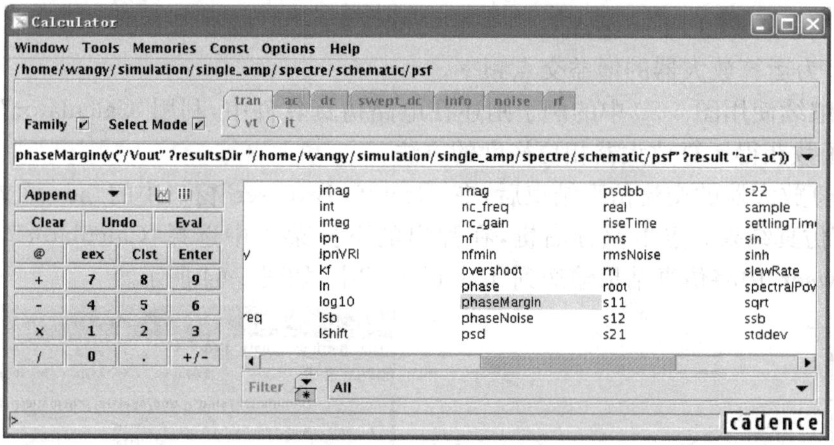

图 5-66　用“phaseMargin”函数处理运算放大器输出电压的交流仿真结果

5.4.5　转换速率

假如在图 5-56 中输入阶跃信号的幅度是 200mV，并且单位增益负反馈系统驱动一个 3pF 的电容，如图 5-68 所示，输出电压的时域响应如图 5-69 所示。

在图 5-69 可以看出，输出电压“Vout”在跳变后的一段时间内并没有按照指数规律变化，而是表现出具有不变斜率的线性斜率，如图 5-69 中虚线框中的部分。这就是负反馈电路中使用的运算放大器表现出的所谓“转换”(slewing)的大信号特性，在图 5-69 中，输出响应中的“斜坡”部分的斜率成为“转换速率”(slew rate)。

还是以图 5-68 中的负反馈结构，阐述产生转换速率的根本原因。因为输出端直接连

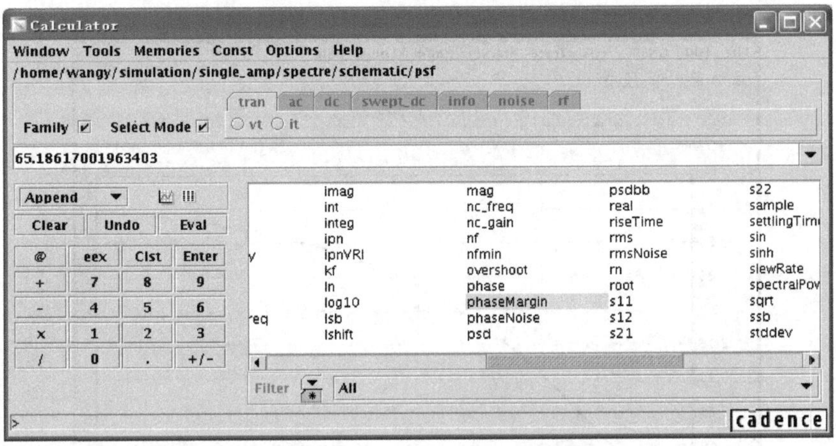

图 5-67　利用“phaseMargin”函数获得的相位裕度

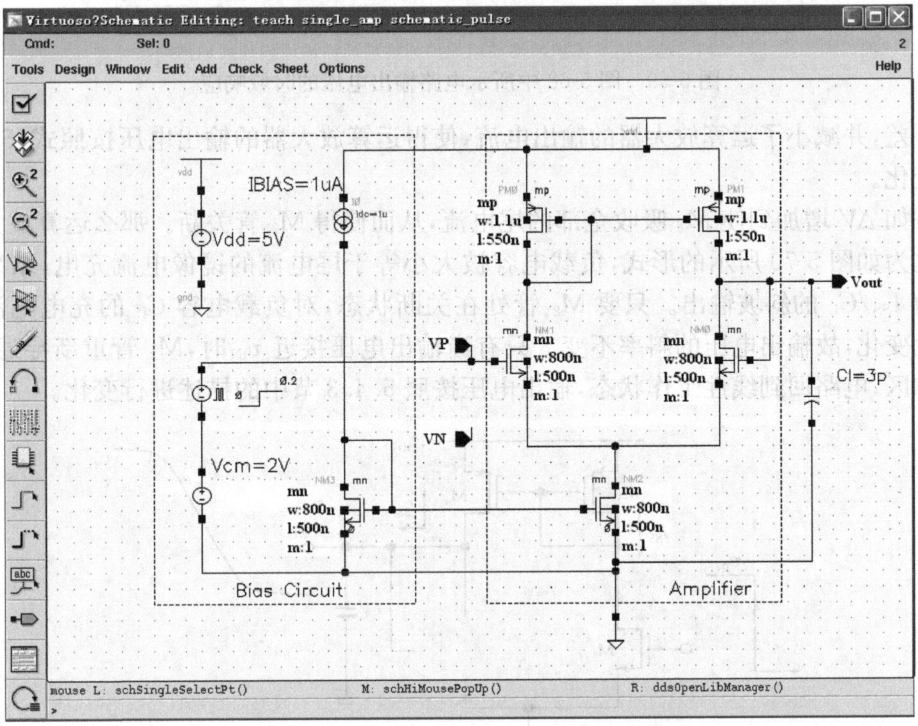

图 5-68　输入为 0.2V 阶跃信号，负载为 3pF 电容的单位负反馈系统

到 NMOS 管的栅端，因此输出电流都用来给负载电容 C_L 充放电。首先研究小信号下运算放大器的阶跃响应。如果输入 v_{IN} 上有一个 ΔV 的变换，则 M_1 管的漏源电流 I_{D1} 增加 $g_m\Delta V/2$，而 M_2 管的漏源电流 I_{D2} 减少 $g_m\Delta V/2$。由于 M_3 和 M_4 管的镜像作用，$|I_{D4}|$ 增加 $g_m\Delta V/2$，因此运算放大器提供的总的输出小信号电流为 $g_m\Delta V$。此电流给负载电容 C_L 充电，使得输出端电压 v_{OUT} 上升，从而减小了运算放大器同相输入端和反相输入端间

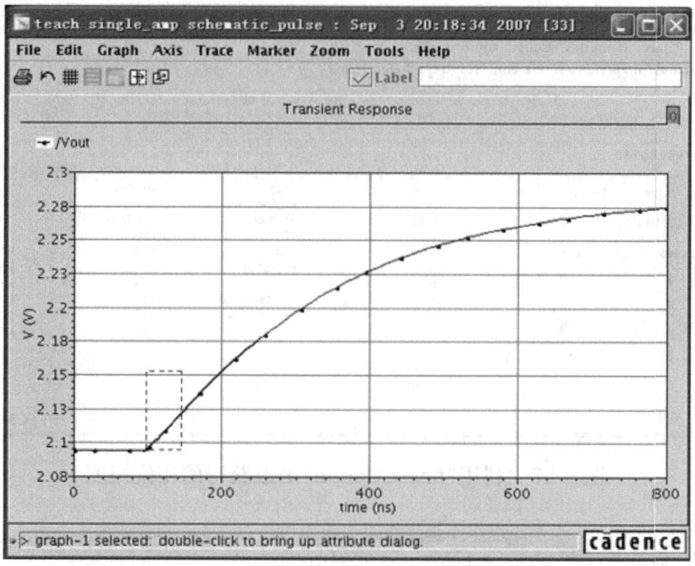

图 5-69　图 5-68 中所示电路输出电压的时域响应

的电压差，并减小了运算放大器的输出电流，使得运算放大器的输出电压按照式(5-44)的规律变化。

假如 ΔV 增加到使 M_1 吸收全部的尾电流，从而使得 M_2 管关断。那么运算放大器可以简化为如图 5-70 所示的形式，负载电容被大小等于尾电流的镜像电流充电，结果产生斜率为 I_{SS}/C_L 的斜坡输出。只要 M_2 管处在关断状态，对负载电容 C_L 的充电电流就不会发生变化，故输出电压的斜率不变。只有当输出电压接近 v_{IN}时，M_2 管重新导通，并回到饱和区，电路回到线性工作状态，输出电压按照 5.4.3 节中的描述进行变化。

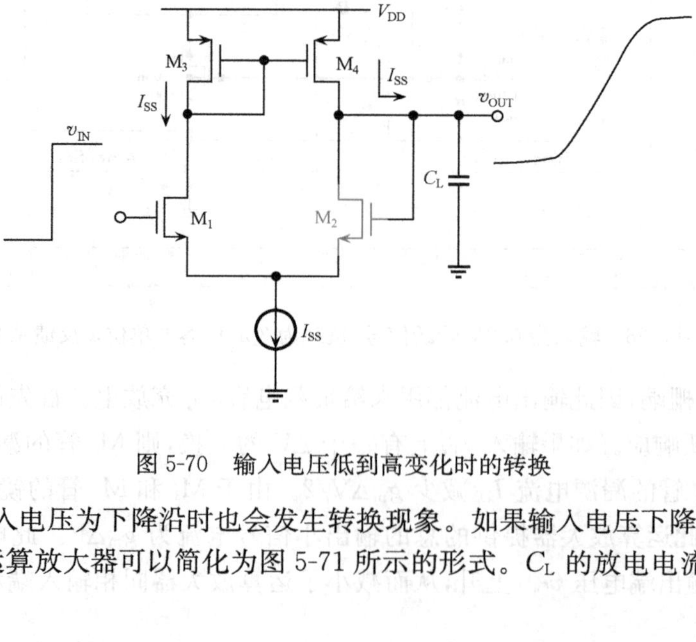

图 5-70　输入电压低到高变化时的转换

同理，当输入电压为下降沿时也会发生转换现象。如果输入电压下降幅度很大，使得 M_1 管关断，则运算放大器可以简化为图 5-71 所示的形式。C_L 的放电电流等于运算放大

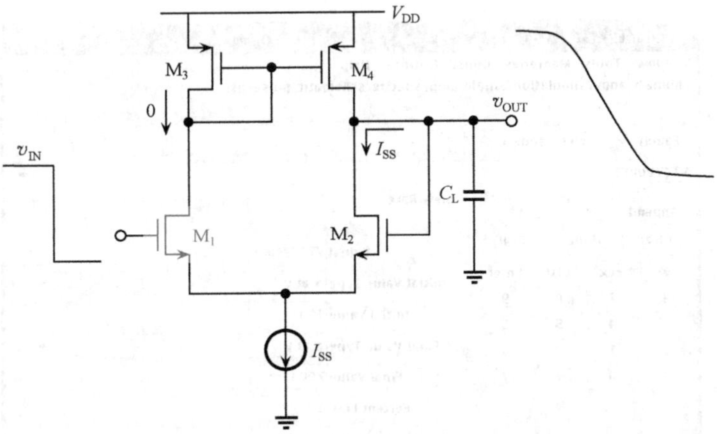

图 5-71　输入电压高到低变化时的转换

器的尾电流 I_{SS}。随着输出电压的下降并接近 v_{IN} 电压，M_1 管重新导通，并进一步进入线性区，使得运算放大器回到线性工作状态，输出电压按照 5.4.3 节中的描述进行变化。从上文可以看出，当运算放大器处于转换状态时表现出非线性，例如，输入幅值增加 1 倍，在输出的所有点上，其电平并不增加 1 倍，因为斜坡表现出和输入无关的斜率。同时决定转换速率的是运算放大器的尾电流和负载电容大小。

在电路仿真时，可以使用“Calculator”中的“slewRate”函数根据瞬态仿真结果计算运算放大器的转换速率。和 5.4.3 节中使用“SettlingTime”函数一样，先将“Vout”端电压的瞬态仿真结果捕捉到“Calculator”的缓存中，再点击“Calculator”函数窗口中的“slewRate”函数。如图 5-72 所示。

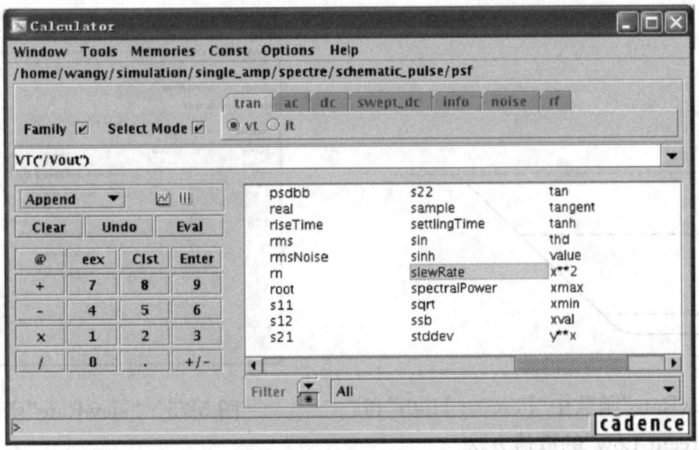

图 5-72　将“Calculator”设定为从电路图中获取电压的瞬态仿真结果并选择“slewRate”函数

“slewRate”函数的设置窗口如图 5-73 所示，可以看出前 5 项和“settlingTime”函数一致，因此不再描述。对于“Percent High”和“Percent Low”的取值方法如图 5-74 所示。在“slewRate”

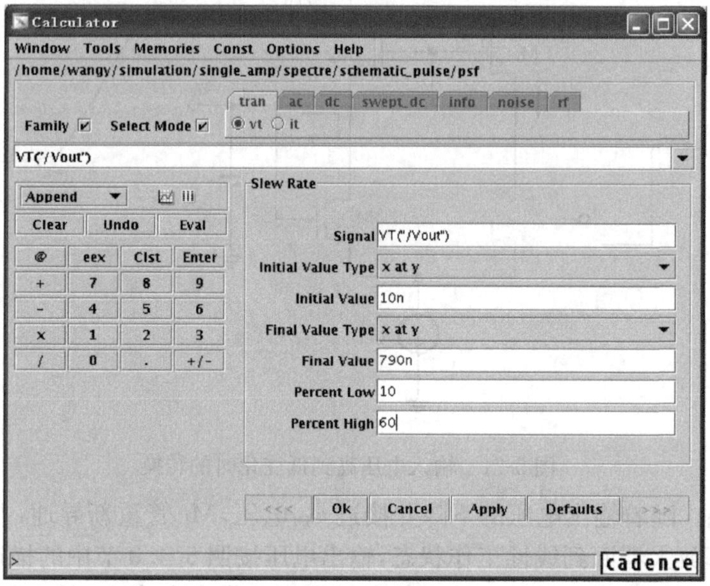

图 5-73 “Slew Rate”函数的设置

函数中，将“Final Value”作为“Percent 100%”，将“Initial Value”作为“Percent 0%”，然后根据“Percent High”和“Percent Low”添入的百分数获得“转换”开始和结束的时间。

点击“Ok”或者“Apply”完成“slewRate”函数的设置，点击“Calculator”中的“Eval”键，将在“Calculator”的缓存窗口中显示计算出的运算放大器的转换速率，如图 5-75 所示，计算出来的建立时间约为 0.48V/μs。

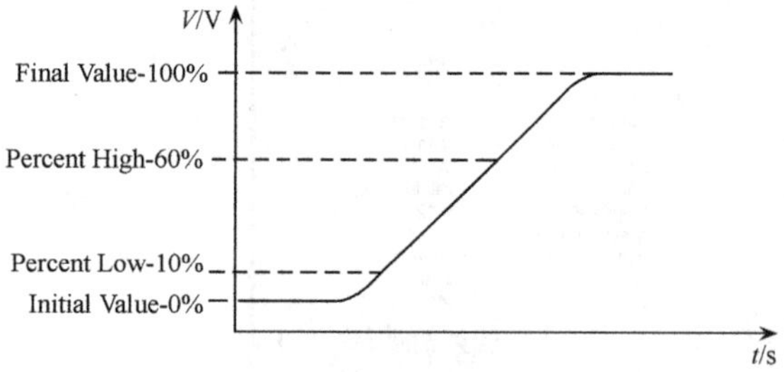

图 5-74 “slewRate”函数中“Percent High”和“Percent Low”的取值方法

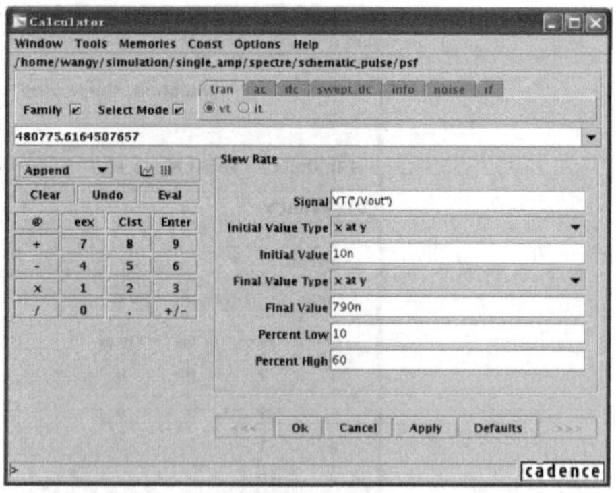

图 5-75 “slewRate”函数计算结果

5.4.6 共模抑制比

差动放大器的一个重要特性就是其对共模扰动影响的抑制能力。图 5-76 所示的理想运算放大器，其电路完全对称，并且 I_{SS}为理想电流源，则 M_1 和 M_2 管从 M_3 和 M_4 管分别抽取的电流都为 $I_{SS}/2$，与 $v_{IN,CM}$无关。因此输出电压 v_{OUT1}和 v_{OUT2}都不会随着 $v_{IN,CM}$变化。因此该运算放大器只对 v_{IN1} 和 v_{IN2} 的差值进行放大，而消除了 $v_{IN,CM}$ 的影响。

虽然实际上，运算放大器既不可能是完全对称的，电流源的输出阻抗也不可能是无穷大的，因此共模输入的变化还是会引起输出电压的变化。这里定义运算放大器的共模增益为

$$A_{CM}=\frac{v_{OUT}}{v_{IN,CM}} \tag{5-46}$$

这里，v_{OUT} 和 $v_{IN,CM}$ 是指共模输出端和共模输入端的交流小信号，而不是它们的直流偏置电压。

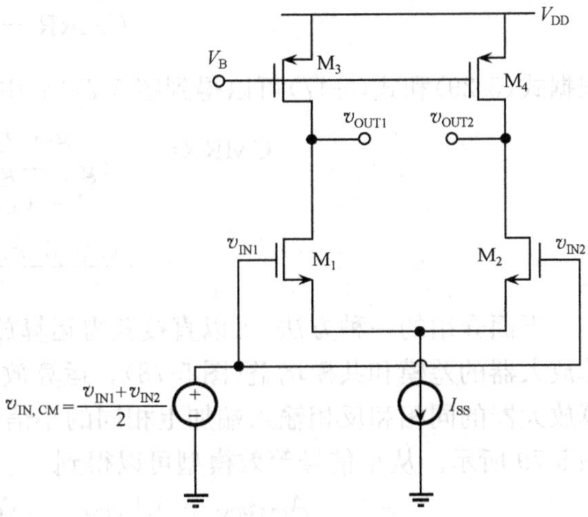

图 5-76　理想运算放大器的共模响应

因为在绘制电路图时，无法体现出由于制造产生的不对称性，因此大多数时候是采用保留设计余量的方法来克服这一缺陷的。现在讨论图 5-76 中运算放大器尾电流源具有有限输出阻抗 R_{SS} 的情况，如图 5-77(a)所示。因为电路具有对称性，因此可以简化为如图 5-77(b)所示。可以看出，简化后的等效电路为一个带源极负反馈的共源极放大器，其增益为

$$\begin{aligned}A_{CM}&=-\frac{(g_{m1}+g_{m2})(r_{o3}\ /\!/\ r_{o4})}{1+(g_{m1}+g_{m2})R_{SS}}\\&=-\frac{r_{o3,4}/2}{1/(2\times g_{m1,2})+R_{SS}}\end{aligned} \tag{5-47}$$

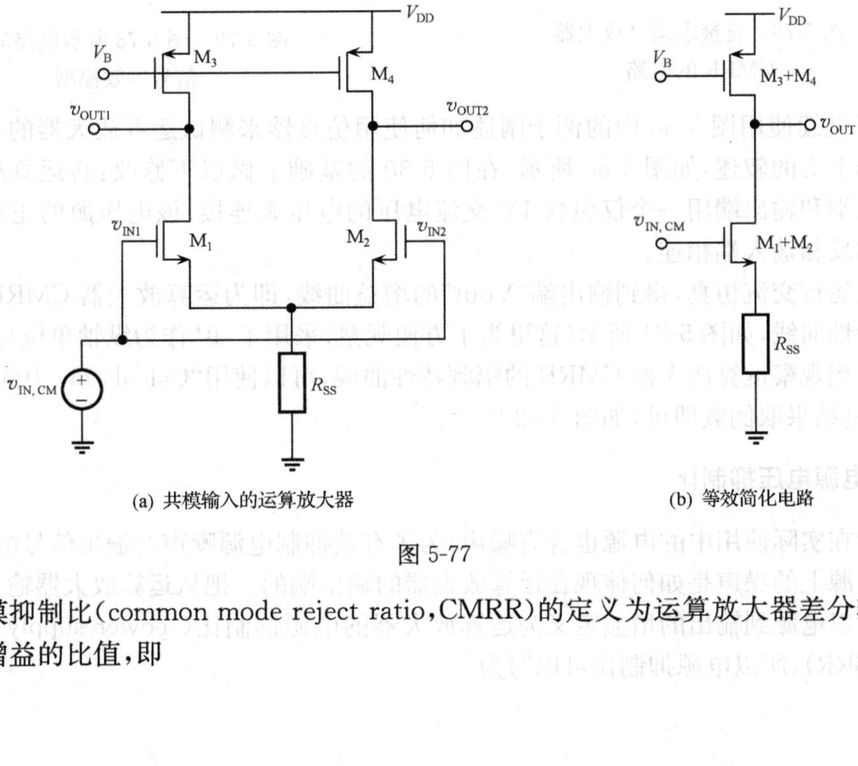

图 5-77

共模抑制比(common mode reject ratio，CMRR)的定义为运算放大器差分输入增益与共模增益的比值，即

$$CMRR=\frac{A_v}{A_{CM}} \tag{5-48}$$

根据式(5-29)和式(5-47)可以得到图 5-77(a)中运算放大器的共模抑制比 CMRR 为

$$\begin{aligned}CMRR&=\frac{g_{m1}(r_{o3}\,/\!/\,r_{o1})}{-\dfrac{(g_{m1}+g_{m2})(r_{o3}\,/\!/\,r_{o4})}{1+(g_{m1}+g_{m2})R_{SS}}}\\&=-\frac{(r_{o3}\,/\!/\,r_{o1})(1+2g_{m1}R_{SS})}{r_{o3}}\end{aligned} \tag{5-49}$$

下面介绍的一种方法,可以直接获得运算放大器的共模抑制比,而不需要分别求出运算放大器的差模和共模增益(图 5-78)。运算放大器连接成单位增益负反馈的形式,在运算放大器的同相和反相输入端加上相同的小信号电压 v_{CM}。该电路的等效小信号模型如图 5-79 所示。从小信号等效模型可以得到

$$A_{CM}v_{CM}+A_v[v_{CM}-(v_{OUT}+v_{CM})]=v_{OUT} \tag{5-50}$$

因此

$$\frac{v_{OUT}}{v_{CM}}=\frac{A_{CM}}{1+A_v}\approx\frac{A_{CM}}{A_v}=\frac{1}{CMRR} \tag{5-51}$$

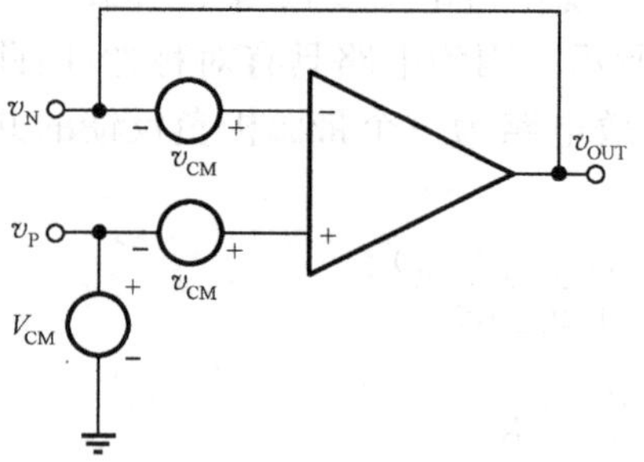

图 5-78 直接求运算放大器 CMRR 的电路

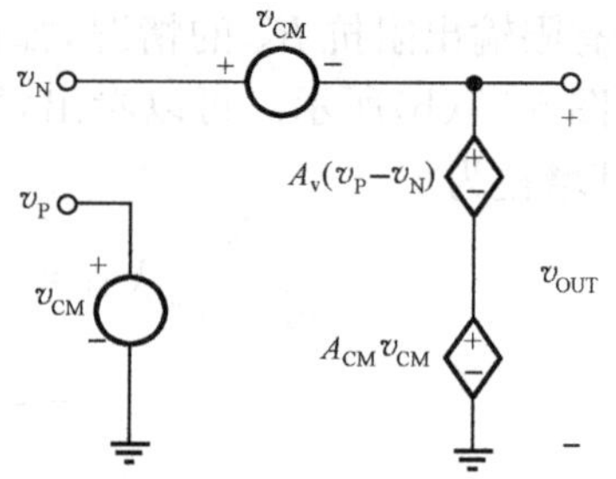

图 5-79 图 5-78 所示电路的小信号等效模型

以下继续使用图 5-30 中的例子阐述如何使用仿真器来测试运算放大器的共模抑制比。根据上文的叙述,如图 5-80 所示,在图 5-30 的基础上做以下修改:将运算放大器的反相输入端和输出端用一个仅包含 1V 交流电压的电压源连接,该电压源的正端和运算放大器的反相输入端相连。

再次运行交流仿真,得到输出端"Vout"的增益曲线,即为运算放大器 CMRR 的倒数的幅频特性曲线,如图 5-81 所示(这里为了方便观察,采用了 dB 作为纵轴单位)。

如果想观察运算放大器 CMRR 的幅频特性曲线,可以使用"Calculator"中的"1/x"函数,对仿真结果取倒数即可,如图 5-82 所示。

5.4.7 电源电压抑制比

因为在实际使用中的电源也含有噪声,为了有效抑制电源噪声对输出信号的影响,需要了解电源上的噪声是如何体现在运算放大器的输出端的。把从运算放大器输入到输出的增益除以电源到输出的增益定义为运算放大器的电源抑制比(power supply rejection ratio, PSRR),所以电源抑制比可以写为

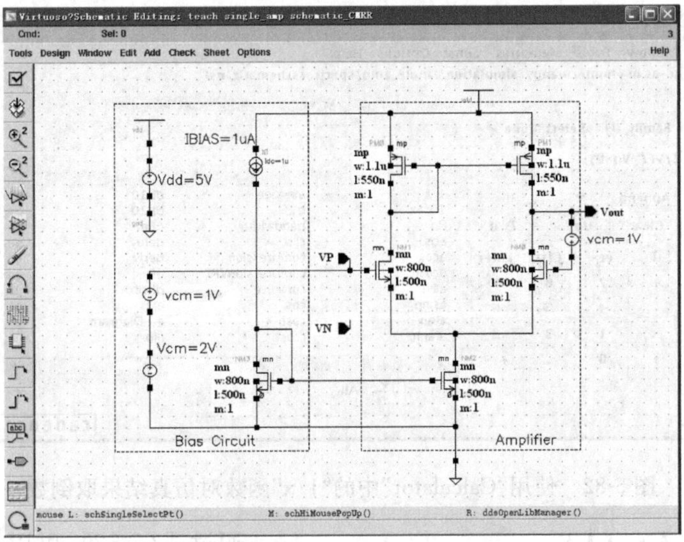

图 5-80 测量运算放大器共模抑制比 CMRR 的电路

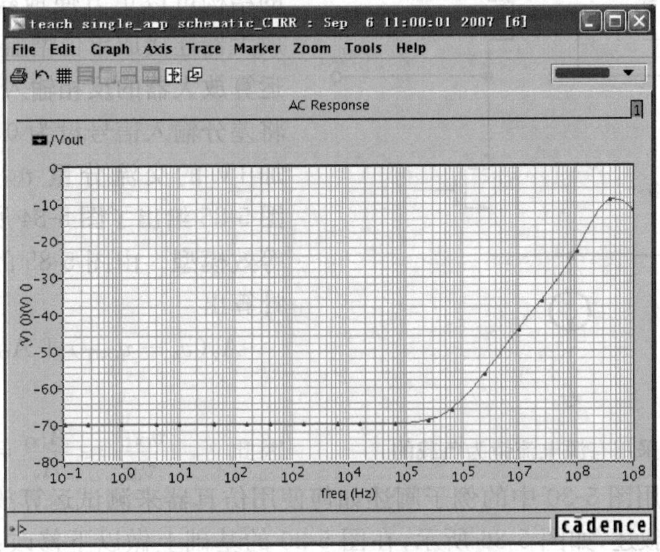

图 5-81 运算放大器 CMRR 倒数的频率特性

$$\text{PSRR}=\frac{A_{\text{v}}\mid_{v_{\text{dd}}=0}}{A_{\text{DD}}\mid_{v_{\text{in}}=0}} \tag{5-52}$$

式中的 $v_{\text{dd}}=0$ 和 $v_{\text{in}}=0$ 是指电压源和输入电压的交流小信号为零，而不是指它们的直流电平。

在来考虑图 5-23 (a)中运算放大器的电源抑制比。如图 5-83 所示，由于 M_3 管采用二极管连接，并且流过 M_3 管的电流是固定的，因此 M_3 管的栅源电压是定值，从而使得 X 点的电位相对于 V_{DD}钳制，因此当 V_{DD}变化时，v_X 上有相同的变化。又由于电流镜的存在，使得运算放大器在差分输入信号为零时，输出端 V_{OUT}和 v_X 有相同的电位。因而 V_{DD}到 V_{OUT}的增益近似为 1。

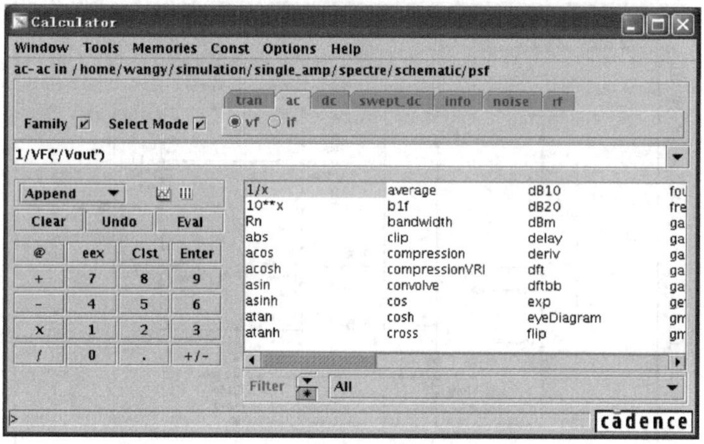

图 5-82　使用“Calculator”中的“1/x”函数对仿真结果取倒数

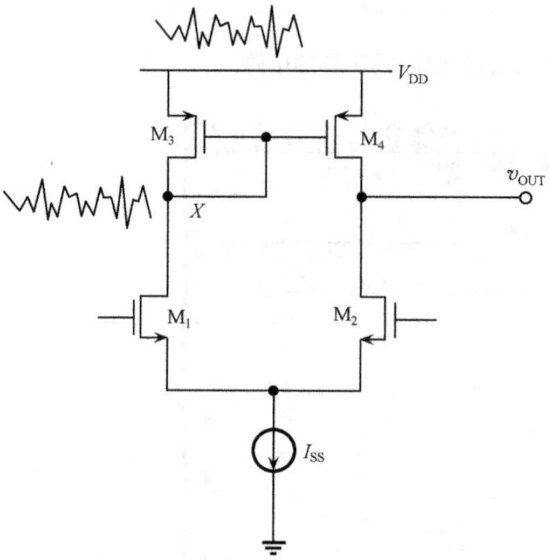

图 5-83　采用有源电流镜为负载的

通过式(5-52)，可以计算出运算放大器的电源抑制比，但是利用图 5-84 所示的结构可以更方便地获得结果。将运算放大器连接成单位增益负反馈结构，即将运算放大器的反相输入端和输出端短接。将差分输入信号设为 0，在电源电压源添加 1V 的交流分量 v_{dd}，如图 5-84 所示。图 5-85 给出了图 5-84 所示电路的小信号等效模型。由图 5-85 的小信号模型可以计算出

$$A_v(v_p - v_{OUT}) + A_{DD} \cdot v_{dd} = v_{OUT} \tag{5-53}$$

因此

$$\frac{v_{OUT}}{v_{dd}} \approx \frac{A_{DD}}{A_v} = \frac{1}{PSRR} \tag{5-54}$$

下面继续使用图 5-30 中的例子阐述如何使用仿真器来测试运算放大器的电源抑制比。根据上文的叙述，如图 5-86 所示，在图 5-30 的基础上做以下修改：将差分输入电压

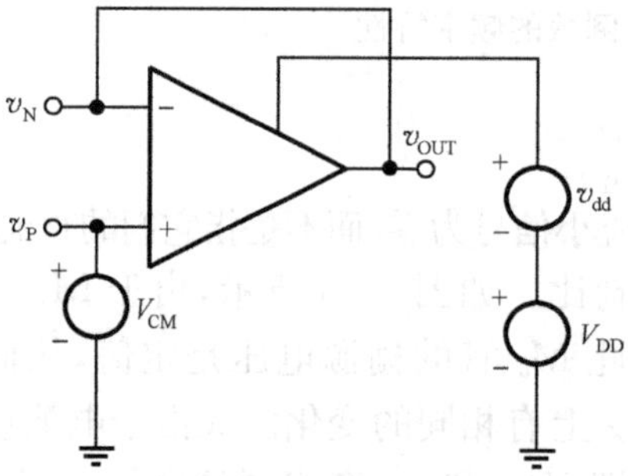

图 5-84　计算 PSRR 的方法

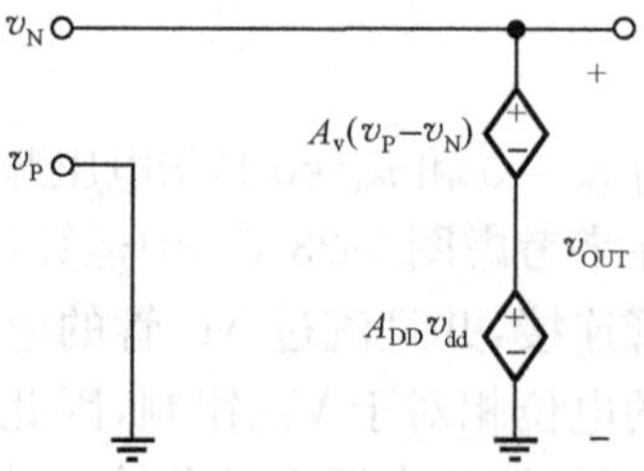

图 5-85　图 5-84 的等效小信号模型

源 V_1 的交流电压值设为 0，在电压源 V_2 中添加交流分量 1V，并将运算放大器的反相输入端和输出端短接。

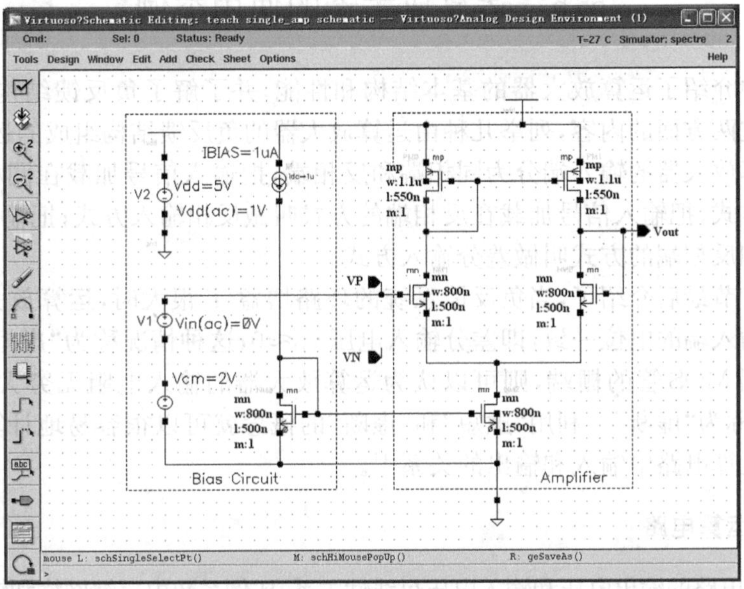

图 5-86　测量运算放大器电源抑制比 PSRR 的电路

再次运行交流仿真，得到输出端“Vout”的增益曲线，即为运算放大器 PSRR 的倒数的幅频特性曲线，如图 5-87 所示。

如果想观察运算放大器 PSRR 的幅频特性曲线，可以使用“Calculator”中的“1/x”函数，对仿真结果取倒数即可。

由于电路仿真时，认为 MOS 管都是完全一致的，没有考虑制造时 MOS 管的失配情

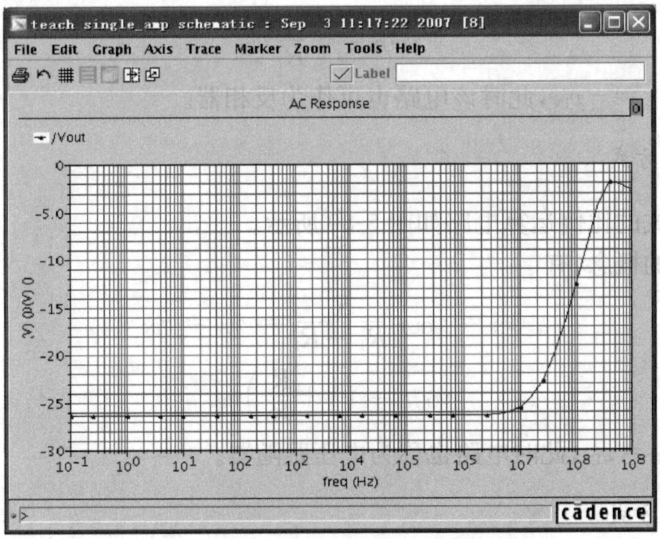

图 5-87　运算放大器 PSRR 倒数的频率特性

况，因此仿真得到的 PSRR 都要比实际测量时好，因此在设计的时候需要留有余量。

5.5 运算放大器的使用举例

在上文中介绍了运算放大器的基本结构和性能，并了解了负反馈结构的工作原理。下面将结合这两方面的内容，列举几种由运算放大器的负反馈结构组成的运算电路。

由于运算放大器的输入端分为同相端和反相端，把输入信号加载在同相端的方式叫做同相输入方式；把输入信号加载在反相端的方式叫做反相输入方式；把输入信号同时加载在同相端和反相端的方式叫做差分输入方式。

在 5.2.1 节最后介绍了，当负反馈系统的环路增益 T 很大时，运算放大器的同相输入端和反相输入端的电位一致，即差分输入电压 $v_D \approx 0$，这种情况称为“虚短”。并且由于输入端连接到 MOS 管的栅端，则可以认为运算放大器的输入电阻无穷大，输入电流为零，这种情况称为“虚断”。利用“虚短”和“虚断”的概念就可以很容易地计算出由运算放大器构成的运算电路中输入和输出的关系[4]。

5.5.1 比例运算电路

比例运算电路的输出电压和输入电压呈线性关系，比例系数由反馈网络和输入形式决定。

1. *反相输入方式*

反相输入方式的比例运算电路如图 5-88 所示。

利用“虚短”和“虚断”的概念，有

$$v_N = v_p = 0 \tag{5-55}$$

$$\frac{v_{IN}}{R_1} = \frac{v_N - v_{OUT}}{R_2} \tag{5-56}$$

因此

$$v_{OUT} = -\frac{R_2}{R_1} v_{IN} \tag{5-57}$$

当 $R_1 = R_2$ 时，$v_{OUT} = -v_{IN}$，此时该电路也可作为反相器。

2. *同相输入方式*

同相输入方式的比例运算电路如图 5-89 所示。

利用“虚短”的概念，有

$$v_N = v_{OUT}\frac{R_1}{R_1 + R_2} = v_P = v_{IN} \tag{5-58}$$

所以

$$v_{OUT} = \left(1 + \frac{R_2}{R_1}\right) v_{IN} \tag{5-59}$$

当 R_1 开路时，$v_{OUT} = v_{IN}$，此时电路也称为电压跟随器。

3. *差分输入方式*

差分输入方式的比例运算电路如图 5-90 所示。输入信号 v_{IN1} 和 v_{IN2} 分别加载到运算

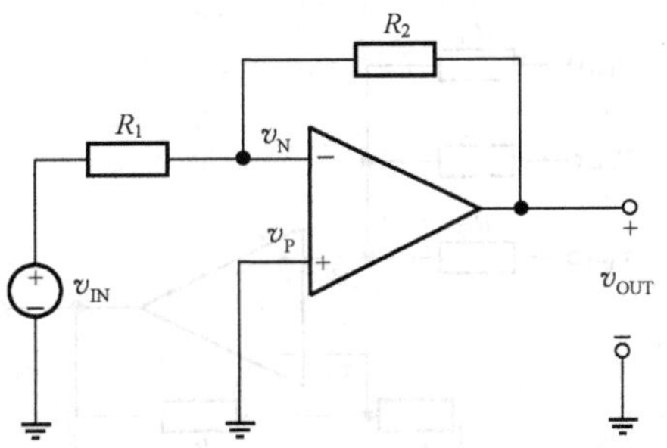

图 5-88　反相输入方式的比例运算电路。

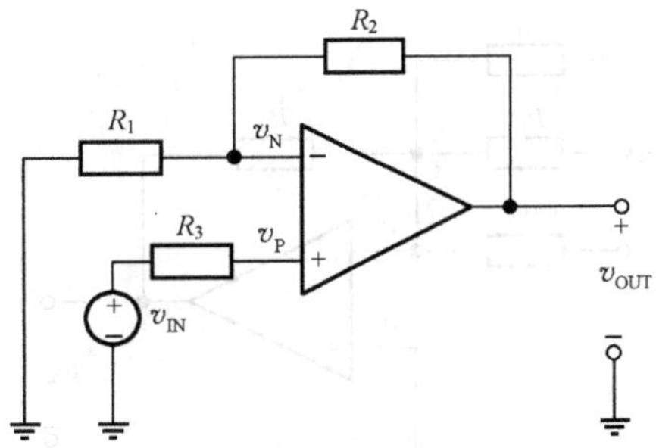

图 5-89　同相输入方式的比例运算电路

放大器的反相和同相输入端上。由于是两个独立的输入信号，因此计算时可以使用线性电路的叠加原理。

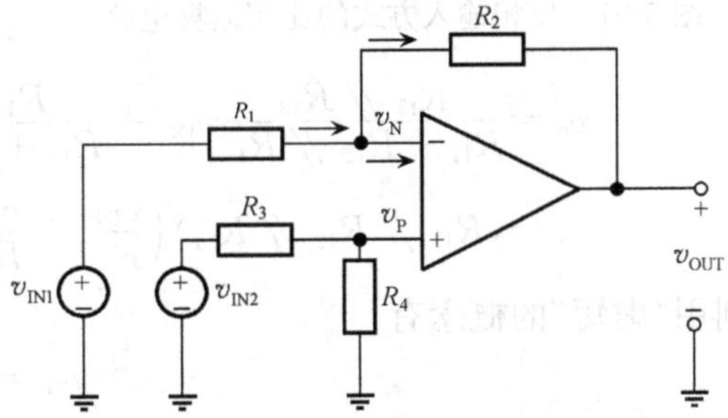

图 5-90　差分输入方式的比例运算电路

考虑 v_{IN1} 时令 v_{IN2} 短路，电路变成类似图 5-88所示的结构，得到

$$v'_{OUT}=-\frac{R_2}{R_1}v_{IN1} \tag{5-60}$$

考虑 v_{IN2} 时令 v_{IN1} 短路，电路变成类似图 5-89所示的结构，得到

$$v''_{OUT}=\left(1+\frac{R_2}{R_1}\right)\frac{R_4}{R_3+R_4}v_{IN2} \tag{5-61}$$

因此输出电压与输入电压的关系为

$$v_{OUT}=v'_{OUT}+v''_{OUT}=\left(1+\frac{R_2}{R_1}\right)\frac{R_4}{R_3+R_4}v_{IN2}-\frac{R_2}{R_1}v_{IN1} \tag{5-62}$$

5.5.2　求和运算电路

求和运算电路是指输出量为多个输入量比例运算的代数和。

1. 反相输入方式

反相输入方式的求和运算电路如图 5-91 所示。

利用“虚短”和“虚断”的概念有

$$v_N=v_p=0 \tag{5-63}$$

$$\frac{v_{IN1}-v_N}{R_{11}}+\frac{v_{IN2}-v_N}{R_{12}}+\frac{v_{IN3}-v_N}{R_{13}}=\frac{v_N-v_{OUT}}{R_2} \tag{5-64}$$

因此

$$v_{OUT}=-\left(\frac{R_2}{R_{11}}v_{IN1}+\frac{R_2}{R_{12}}v_{IN2}+\frac{R_2}{R_{13}}v_{IN3}\right) \tag{5-65}$$

2. 同相输入方式

同相输入方式的求和运算电路如图 5-92 所示。

利用线性叠加原理，可以得到运算放大器同相输入端的电位为

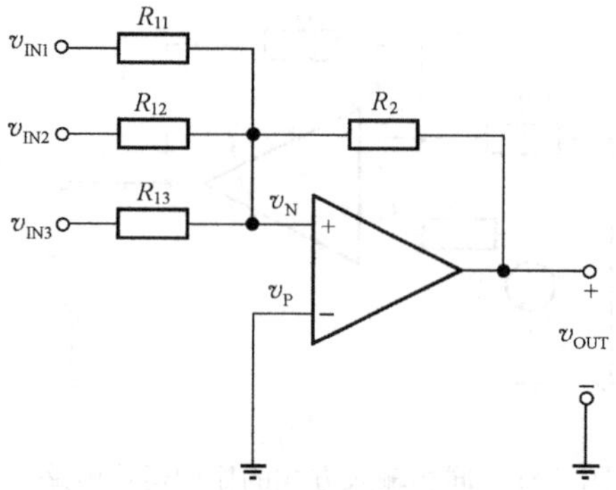

图 5-91 反相输入方式的比例运算电路

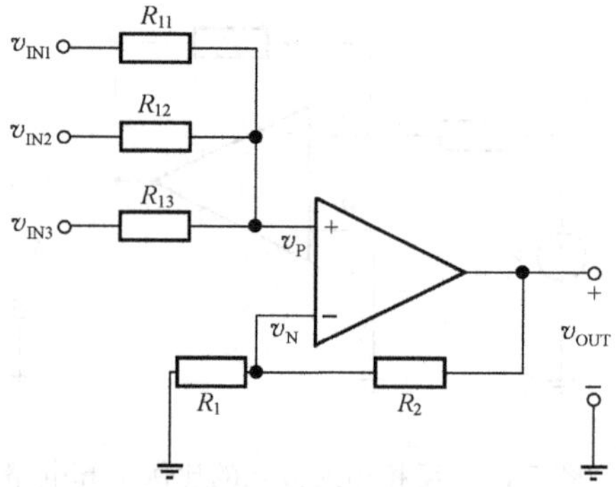

图 5-92 同相输入方式的比例运算电路

$$\begin{aligned} v_{\mathrm{p}} &= \frac{R_{12} /\!/ R_{13}}{R_{11}+R_{12} /\!/ R_{13}} v_{\mathrm{IN1}} + \frac{R_{11} /\!/ R_{13}}{R_{12}+R_{11} /\!/ R_{13}} v_{\mathrm{IN2}} + \frac{R_{11} /\!/ R_{12}}{R_{13}+R_{11} /\!/ R_{12}} v_{\mathrm{IN3}} \\ &= (R_{11} /\!/ R_{12} /\!/ R_{13})\left(\frac{v_{\mathrm{IN1}}}{R_{11}}+\frac{v_{\mathrm{IN2}}}{R_{12}}+\frac{v_{\mathrm{IN3}}}{R_{13}}\right) \end{aligned} \tag{5-66}$$

利用“虚短”的概念有

$$v_{\mathrm{N}} = v_{\mathrm{p}} = 0 \tag{5-67}$$

因此

$$v_{\mathrm{OUT}} = \left(1+\frac{R_2}{R_1}\right) v_{\mathrm{N}} = \left(1+\frac{R_2}{R_1}\right)(R_{11} /\!/ R_{12} /\!/ R_{13})\left(\frac{v_{\mathrm{IN1}}}{R_{11}}+\frac{v_{\mathrm{IN2}}}{R_{12}}+\frac{v_{\mathrm{IN3}}}{R_{13}}\right) \tag{5-68}$$

3. *差分输入方式*

差分输入方式的比例运算电路如图 5-93所示。输入信号 v_{IN1} 和 v_{IN2} 加载到运算放大器的反相输入端上。输入信号 v_{IN3} 和 v_{IN4} 加载到运算放大器的同相输入端上。由于是 4 个独立的输入信号，因此计算时可以使用线性电路的叠加原理。

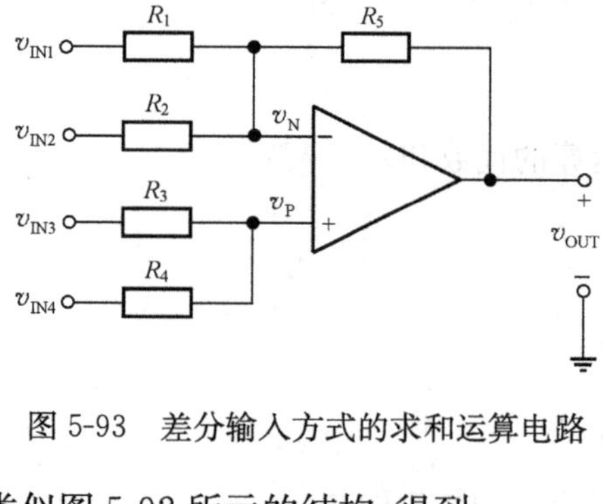

图 5-93 差分输入方式的求和运算电路

在考虑 v_{IN1} 和 v_{IN2} 时令 v_{IN3} 和 v_{IN4} 短路，电路变成类似图 5-91 所示的结构，得到

$$v'_{\mathrm{OUT}} = -\frac{R_5}{R_1} v_{\mathrm{IN1}} - \frac{R_5}{R_2} v_{\mathrm{IN2}} \tag{5-69}$$

在考虑 v_{IN3} 和 v_{IN4} 时令 v_{IN1} 和 v_{IN2} 短路，电路变成类似图 5-92 所示的结构，得到

$$v''_{\mathrm{OUT}} = \left(1+\frac{R_5}{R_1 /\!/ R_2}\right)\frac{R_4}{R_3+R_4} v_{\mathrm{IN3}} + \left(1+\frac{R_5}{R_1 /\!/ R_2}\right)\frac{R_3}{R_3+R_4} v_{\mathrm{IN4}} \tag{5-70}$$

因此输出电压与输入电压的关系为

$$\begin{aligned} v_{\mathrm{OUT}} &= v'_{\mathrm{OUT}} + v''_{\mathrm{OUT}} \\ &= -\frac{R_5}{R_1} v_{\mathrm{IN1}} - \frac{R_5}{R_2} v_{\mathrm{IN2}} + \left(1+\frac{R_5}{R_1 /\!/ R_2}\right)\frac{R_4}{R_3+R_4} v_{\mathrm{IN3}} + \left(1+\frac{R_5}{R_1 /\!/ R_2}\right)\frac{R_3}{R_3+R_4} v_{\mathrm{IN4}} \end{aligned} \tag{5-71}$$

5.5.3　积分和微分运算电路

积分运算电路和微分运算电路都是利用电容充放电电流 i_C 和电容两极板间的电压 v_C 关系来实现的。

1. 积分运算电路

积分运算电路如图 5-94 所示，其中 i_S 是信号源流出的电流，i_C 是对电容充电的电流，v_C 是电容两极板间的压降。利用"虚短"和"虚断"的概念，有

$$v_N = v_p = 0, \quad i_C = i_S = \frac{v_{IN} - v_N}{R}$$

$$v_{OUT} = v_N - v_C$$

因此电容的充电电流为

$$i_C = \frac{v_{IN}}{R}$$

$$v_{OUT} = -v_C = -\frac{1}{C}\int \frac{v_{IN}}{R}\mathrm{d}t = -\frac{1}{CR}\int v_{IN}\mathrm{d}t \tag{5-72}$$

从而实现了输出电压为输入电压对时间的积分。

2. 微分运算电路

把积分运算电路中的电阻和电容更换位置后，就可以得到微分运算电路，如图 5-95 所示，其中 i_C 是对电容充电的电流，i_R 是流过反馈电阻的电流，v_C 是电容两极板间的压降。利用"虚短"和"虚断"的概念，有

$$v_N = v_p = 0, \quad v_C = v_{IN} - v_N$$

$$v_{OUT} = -i_R R, \quad i_R = i_C = C\frac{\mathrm{d}v_C}{\mathrm{d}t}$$

因此

$$v_{OUT} = -RC\frac{\mathrm{d}v_{IN}}{\mathrm{d}t} \tag{5-73}$$

从而实现了输出电压为输入电压对时间的微分。

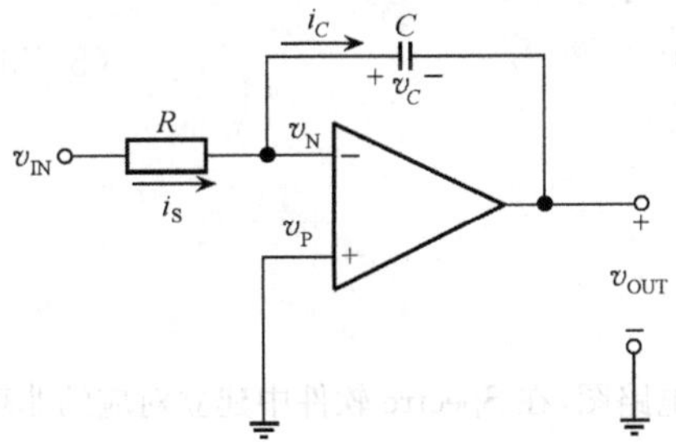

图 5-94　积分运算电路

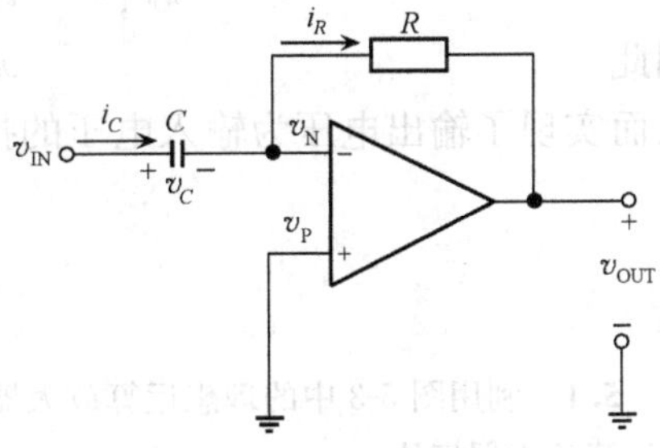

图 5-95　微分运算电路

5.5.4　对数和指数运算电路

因为二极管的伏安特性方程为

$$i_D = I_S(e^{v_D/V_T} - 1) \approx I_S e^{v_D/V_T} \tag{5-74}$$

其中，i_D 是流过二极管的电流，v_D 是二极管正负端之间的压降，I_S 为二极管的反向饱和电流，V_T 为温度的电压当量（又称为热电压）。因此利用二极管的伏安特性，可以实现对数和指数运算电路。

1. 对数运算电路

对数运算电路如图 5-96 所示，利用“虚短”和“虚断”的概念，有

$$v_N = v_p = 0, \quad v_D = v_N - v_{OUT}$$

$$i_R = i_D = \frac{v_{IN} - v_N}{R}$$

因此
$$v_{OUT} = -v_D = -V_T \ln \frac{v_{IN}}{RI_S} \tag{5-75}$$

从而实现了输出电压和输入电压间的对数关系。

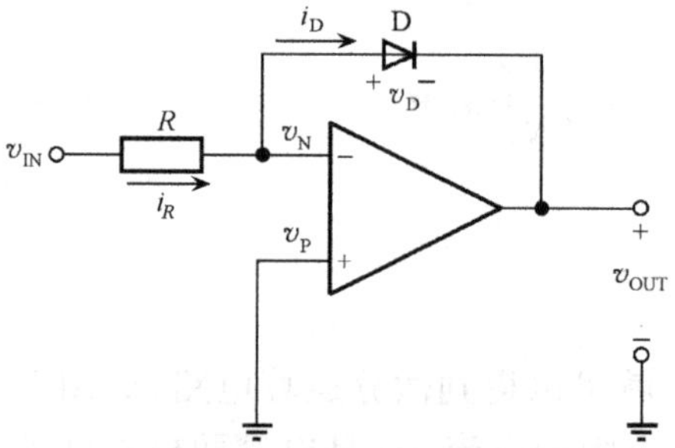

图 5-96　对数运算电路

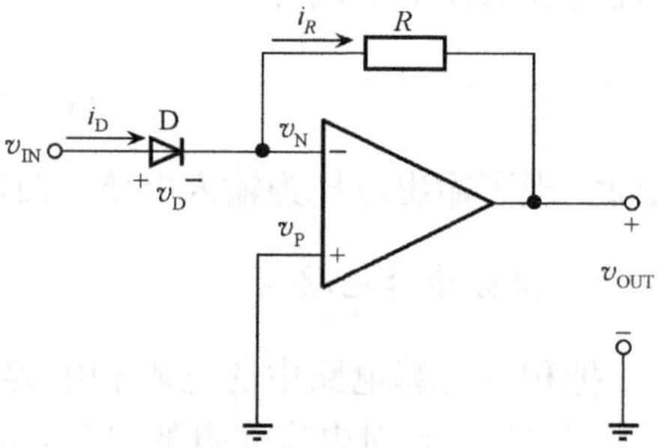

图 5-97　指数运算电路

2. 指数运算电路

将对数运算电路中的二极管和电阻互换位置，就可以得到指数运算电路如图 5-97 所示，利用“虚短”和“虚断”的概念有

$$v_N = v_p = 0, \quad v_D = v_{IN} - v_N$$

$$v_{OUT} = -i_R R, \qquad i_R = i_D = I_S e^{v_D/V_T}$$

因此
$$v_{OUT} = -RI_S e^{V_{IN}/V_T} \tag{5-76}$$

从而实现了输出电压为输入电压的指数关系。

习　　题

5.1　利用图 5-3 中的理想运算放大器模块和图 5-7 中的电路图，在 Spectre 软件中建立对应的非理想运算放大器模块。

5.2　利用压控电流源、电阻和电容，在 Spectre 仿真软件中实现图 5-98 中的小信号模型，并建立相应符号，命名为“ss-opamp”。该小信号模型包括 3 个参数：电路跨导（g_m，初始值设为 10×10^{-6} S），输出电阻（R_{out}，初始值设为 1×10^6 Ω），输出电容（C_{out}，初始值设为 1×10^{-9} F）。

5.3　计算图 5-98 中小信号模型所表示的运算放大器的增益。假如需要 60dB 的增益，电路跨导为 100×10^{-6} S 的情况下，计算需要的输出电阻。

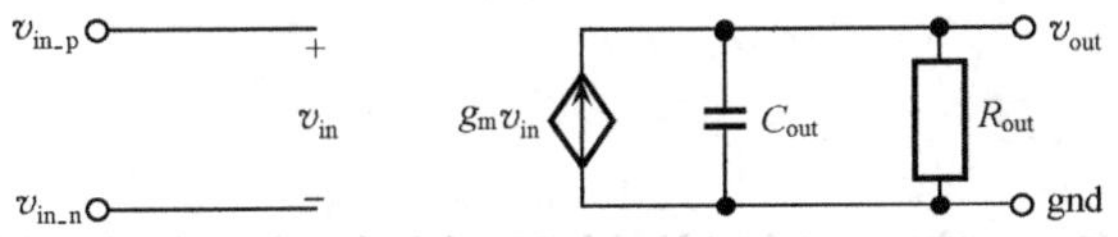

图 5-98 图 5-23(a)所示电路的小信号模型

5.4 (a) 在 Spectre 仿真器中，利用其中的理想运算放大器模块搭建一个单位增益负反馈电路。

(b) 利用该单位增益负反馈电路驱动一个 1μF 的电容，输入激励为 0～1V 的单位阶跃信号，观察其瞬态(tran)仿真的波形。

5.5 (a) 在 Spectre 仿真器中，利用"ss-opamp"模型搭建一个单位增益负反馈电路。

(b) 利用该单位增益负反馈电路驱动一个 1μF 的电容，输入激励为 0～1V 的单位阶跃信号。观察瞬态仿真的波形。

5.6 比较题 5.4 和题 5.5 中两个电路的输出波形，分析造成差别的主要原因，指出哪种模型更贴近实际运算放大器。

5.7 (a) 写出"ss-opamp"的 3dB 带宽和单位增益带宽的表达式。

(b) 将电路跨导(g_m)在 1×10^{-6}～100×10^{-6} S 的范围内变化，画出 3dB 带宽和单位增益带宽以电路跨导为自变量的曲线。

(c) 输出电阻(R_{out})在 1×10^{6}～100×10^{6} Ω 的范围内变化，画出 3dB 带宽和单位增益带宽以输出电阻为自变量的曲线。

(d) 输出电容(C_{out})在 1×10^{-10}～10×10^{-9} F 的范围内变化，画出 3dB 带宽和单位增益带宽以输出电容为自变量的曲线。

5.8 利用 Spectre 仿真器验证题 5.7 中的计算结果。

5.9 假设运算放大器只有输出极点一个极点，并且运算放大器的电路跨导为 g_m，输出端看到的等效电阻为 R_{out}，等效电容为 C_{out}，试证明运算放大器的单位增益带宽为 g_m/C_{out}。

5.10 假如运算放大器有两个极点，试问若要保证运算放大器的开环相位裕度大于 60°，第二个极点需要满足什么条件？

5.11 画出图 5-23(a)中运算放大器增益相对于输入共模电压为自变量的曲线。输入共模电压范围为 0V～V_{DD}。注意区分输入管分别工作在截止区、线性区和饱和区的情况。

5.12 通过 Spectre 仿真工具验证题 5.11 中的结果。

5.13 画出图 5-27 中运算放大器增益相对于输入共模电压为自变量的曲线。输入共模电压范围为 0V～V_{DD}。

5.14 通过 Spectre 仿真工具，验证题 5.13 中的结果。

5.15 利用图 5-68 中的电路图，分别计算 $I_{BIAS}=2\ \mu$A、4 μA 和 10 μA 时运算放大器的转换速率。

5.16 根据图 5-89，设计传递函数为 $v_{OUT}=-5.6v_{IN}$ 时的电路结构，要求总电阻不超过 20MΩ。并且运算放大器的最大输出电流为 1 μA，输出电压摆幅为 0～5 V。

5.17 根据图 5-95，设计积分电路，要求在输入电压为 1V 的情况下，输出电压从 5V 下降到 1V 的时间小于 4 μs，同时电阻大小不能小于 1 kΩ。

参考文献

[1] Ravavi B. 模拟 CMOS 集成电路设计. 西安：西安交通大学出版社，2003
[2] Allen P E. CMOS 模拟集成电路设计. 第 2 版. 北京：电子工业出版社，2005
[3] Franco S. 基于运算放大器和模拟集成电路的电路设计. 西安：西安交通大学出版社，2003
[4] 郑家龙，王晓海，章安元. 集成电子技术基础教程. 北京：高等教育出版社，2002

第 6 章　高增益运放与频率补偿

我们知道在集成电路的设计过程中，需要对性能指标不断地折中和优化。一个电路不可能在所有方面都有出色表现。因此，在实际电路设计过程中，当拿到一个待设计电路的性能参数后，首先应是将这些参数区分对待，找出哪些是主要设计指标，哪些是次要设计指标。当然，这种区分的依据是实际电路的应用环境。比如说，在低压差线性稳压器（LDO）的设计中，需要设计一个高增益的运算放大器以减小静态误差，所以这种情况下高直流增益是设计的主要目标。而在其他一些场合，例如，用于麦克风的模数转换器（ADC），需要一个前端放大器来将微弱的音频信号放大。但是，由于后续电路对信号摆幅的限制，不能在此将信号幅度放大过度，因此这种放大器的增益一般是 6～15dB。更为重要的是，放大器必须有很高的线性度和驱动能力，使得信号在被采样之前不会畸变。所以在这种情况下的设计重点更倾向于保证放大器的高线性度、低噪声和大驱动能力等指标。本章的设计目标是高增益放大器，因此以下的电路结构的讨论都是以提高增益为目标，同时尽可能兼顾优化其他性能。本章将针对几种运算放大器的结构进行讨论，从最简单的运算放大器开始逐渐演化出所需要的高增益放大器电路结构。

6.1　高增益运放概述

6.1.1　简单运算放大器结构

图 6-1 所示电路是一种最简单的双端输入、单端输出的运算放大器。一般情况下，该电路的小信号增益为 $g_{mn}(r_{on} \parallel r_{op})$，其中 g_{mn} 表示输入 NMOS 管跨导，r_{on} 和 r_{op} 分别表示 NMOS 管和 PMOS 管小信号阻抗，因此（$r_{on} \parallel r_{op}$）表示该放大器输出阻抗。一般情况下，该电路增益为 20～30dB，很难满足我们的设计要求，即达到高增益。不过，高增益运放电路也是在此电路的基础上通过增大输入跨导或是增大输出阻抗来达到提高增益的目的。可以说，该电路是所有运算放大器的最基本的电路。

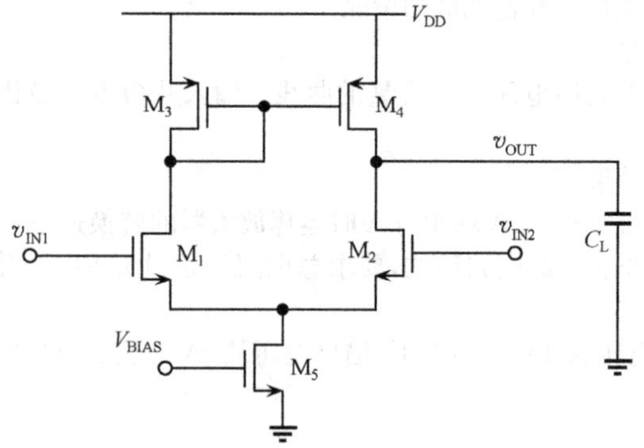

图 6-1　简单运算放大器结构

6.1.2　采用套筒式共源-共栅结构提高电路增益

正如第 2 章对简单放大器所讨论的那样，一个放大器的增益等于放大器输入管的跨导和放大器输出阻抗的乘积。通过增大放大器输出阻抗可以明显增大增益。因此，我们可以采用共源-共栅电路提高电路增益，图如图 6-2 所示。

在图 6-2 中，各层叠管的栅端电压由外部电压偏置引入。该电路中输入管的跨导仍然是 g_{m1}。可是，输出阻抗约增大为

$$(g_{m4}r_{o4})r_{o2} \parallel (g_{m6}r_{o6})r_{o8}$$

由此可得该电路的增益为

$$g_{m1}[(g_{m4}r_{o4})r_{o2} \parallel (g_{m6}r_{o6})r_{o8}]$$

可见，套筒式(telescopic cascode)放大器的小信号直流增益比简单放大器的小信号直流增益增大了约 $g_m r_o$ 倍。所以，这种放大器的增益一般能轻松达 60～70dB。但是，这种套筒式放大器有个显著的缺点，它的输出摆幅受限制。首先是每条支路层叠了 5 个管子，如果 NMOS 和 PMOS 管的漏源电压相同，那么输出电压摆幅至少会消耗 $5V_{DS}$，当 MOS 管处于临界饱和时，$V_{DS}=V_{GS}-V_{TH}$。其次，注意到由于在双端到单端的转换过程中必然会用到二极管接法，因此电压裕度会进一步损失一个 V_{TH}，即最后的输出电压摆幅为

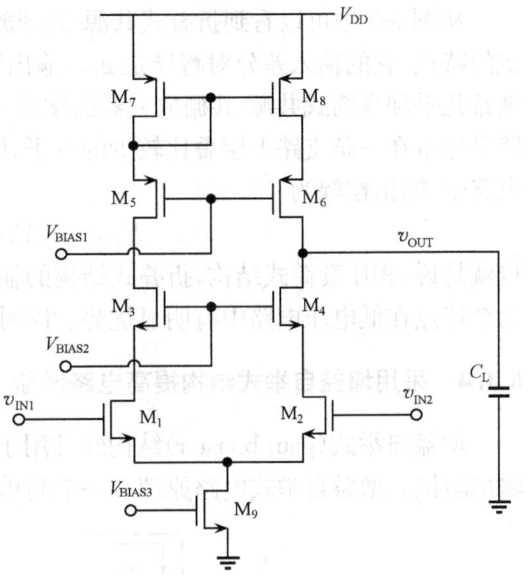

图 6-2　套筒式运算放大器

$$V_{DD} - 4(V_{GS} - V_{TH}) - V_{GS} \tag{6-1}$$

另外，这种套筒式电路不适于用作单位增益缓冲器。因为如果我们把输出 v_{OUT} 与 v_{IN2} 短接，导致输入共模电压有可能太低，NMOS 层叠管进入线性区。

6.1.3　采用折叠式共源-共栅结构提高电路增益

为了保证放大器具有高增益，我们采用了套筒式共源-共栅结构。在保证该结构的优点情况下，将其改进为折叠式共源-共栅(folded cascode)电路(图 6-3)可以增大电路的输出摆幅，并且使其适于做单位增益缓冲器。

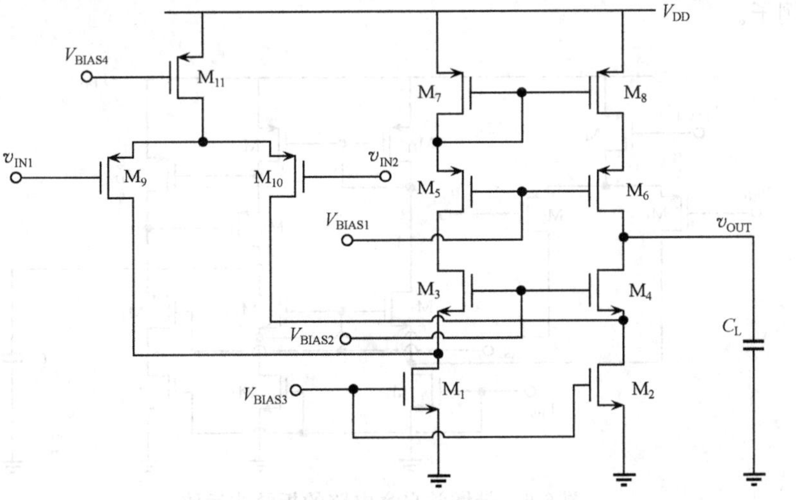

图 6-3　折叠式共源-共栅运算放大器

从图 6-3 中可以看到折叠式共源-共栅放大器继承了套筒式共源-共栅电路中高输出阻抗的特点，它的输入差分对跨导是 g_{mp}，输出阻抗仍然是 $(g_{mn}r_{on})r_{on} \parallel (g_{mp}r_{op})r_{op}$。所以它的增益几乎和套筒式共源-共栅放大器的增益一样，也能轻松达 70dB 以上。不过，它的改进思路是尽量在一条支路上层叠比较少的管子，因此它将输入管分离出来。在折叠式共源-共栅电路中，输出摆幅为

$$V_{DD} - 3(V_{GS} - V_{TH}) - V_{GS} \tag{6-2}$$

也就是说，相比套筒式结构，折叠式结构的输出摆幅要大一个 $(V_{GS} - V_{TH})$，为 100～200mV，这个特点在低电压电路中有明显优势。同时，在该电路中，输出端也能和输入端短接。

6.1.4 采用增益自举式结构提高电路增益

增益自举式(gain booster)结构经常用于高增益运算放大器中，其基本思想仍然是提高输出阻抗。增益自举式电路原理和一个简单例子分别如图 6-4 和图 6-5 所示。

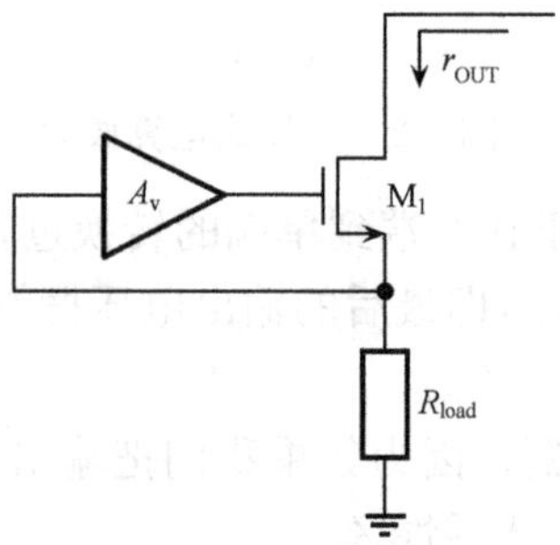

图 6-4 增益自举式电路原理图

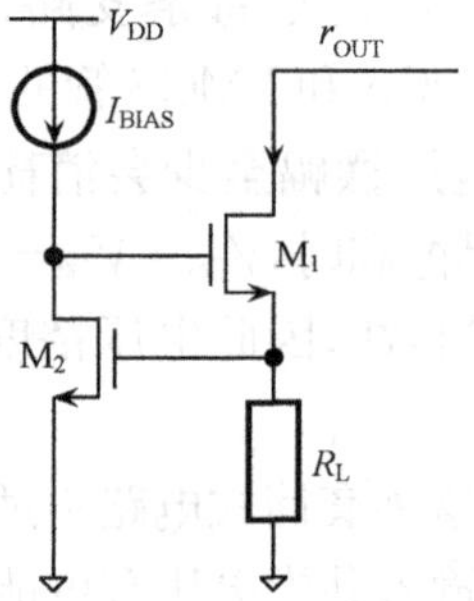

图 6-5 带增益自举的简单放大器

增益自举式电路的原理是使得图 6-4 中简单放大器的输出阻抗被放大 A_v 倍，即

$$r_{OUT} = A_v \cdot g_m \cdot r_o \cdot R_{load} \tag{6-3}$$

因此，电路的增益也可以放大 A_v 倍。图 6-6 是将增益自举式电路应用在折叠式共源-共栅电路的例子。

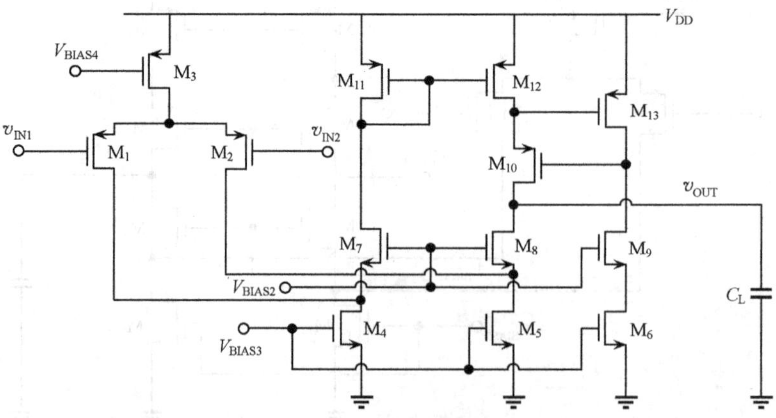

图 6-6 带增益自举电路的折叠式运放

6.2　多级运算放大器设计

在上面几种讨论的电路中，增大增益的思想都是从增大电路输出阻抗为出发点。由此带来两个问题：

(1) 电路的复杂度上升。由简单电路逐渐演变到带增益自举式的折叠式运放，不仅电路包含的晶体管数目增加，同时电路中还引入环路，使得保证电路稳定性成为重要的考虑问题之一。

(2) 由于输出电阻增大，导致电路的输出极点频率降低。也就是说，电路的驱动能力和速度下降。

为避免上述问题，可以采用两级简单运算放大器的级联达到提高增益的目的。每级运放的增益能达到 50dB，那么总增益同样也能做到 100dB 以上。同时，相比一个 100dB 增益的单级运放，两级运放级联的速度也可以比单级运放快得多。一个简单的两级运算放大器如图 6-7 所示。

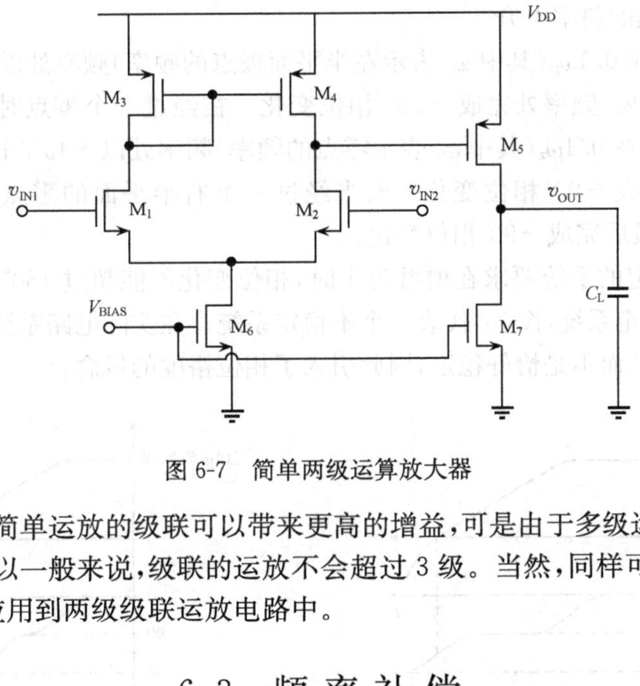

图 6-7　简单两级运算放大器

当然，更多级简单运放的级联可以带来更高的增益，可是由于多级运放往往带来严重的稳定性问题，所以一般来说，级联的运放不会超过 3 级。当然，同样可以将前面讨论到的增益提高技术应用到两级级联运放电路中。

6.3　频 率 补 偿

6.3.1　系统稳定性原理与分析

在大多数实际电路中，往往采用反馈系统来改善开环系统抗干扰性差的问题。针对运算放大器系统，利用反馈来获取精确的放大器电压增益。但是，负反馈系统由于需要把系统输出反馈到系统输入，因此很有可能在设计中出现失误，导致负反馈变为正反馈，系统发生振荡。因此，需要分析采用频率补偿电路来确保电路始终保持在负反馈状态下工作。

对一个系统稳定性的判断，可以采用“巴克豪森判据”[1]，即一个稳定的负反馈系统需要满足的条件是在环路增益为1时，反馈信号的相位变化小于180°；或当反馈信号相位变化达到180°时，环路增益小于1。其数学表达式如下：

$$|\beta H(j\omega_1)| = 1, \text{并且} \angle\beta H(j\omega_1) < 180^\circ \tag{6-4}$$

或者

$$|\beta H(j\omega_1)| < 1, \text{并且} \angle\beta H(j\omega_1) = 180^\circ \tag{6-5}$$

该判据表达的意思是，当输入信号受到扰动时，反馈信号能够对该扰动起到抑制作用而不是进一步叠加放大，那么该系统是一个稳定的系统。在实际电路设计过程中，我们所采用的方法是通过分析系统开环传递函数的 s 域零极点分布和构造波特(Bode)图来判断闭环系统的稳定性。

在 s 域中，一个系统开环传递函数如果在右半平面存在极点，则系统是不稳定的。如果只存在左半平面极点和零点，那么需要进一步在波特图中分析系统稳定性。在波特图中，增益曲线经过一个极点将按－20dB/十倍频程的斜率下降；经过一个零点将按＋20dB/十倍频程的斜率上升。

而相位曲线在 $0.1\omega_p$(其中 ω_p 表示左半平面极点的频率)频率处以－45°/十倍频程斜率开始下降，在 $10\omega_p$ 频率处完成－90°相位变化。在经过一个零点时，如果该零点是左半平面零点，那么在 $0.1\omega_z$(其中 ω_z 表示零点的频率)频率处以＋45°/十倍频程斜率上升，在 $10\omega_z$ 频率处完成＋90°相位变化。而当经过一个右半平面的零点时，其相位曲线按－45°斜率下降，最后完成－90°相位变化。

由于一个稳定的系统要求在增益为1时，相位变化不能超过180°，因此在图6-8中，图(a)表示一个稳定系统，图(b)代表一个不稳定系统。在实际电路系统中，为了确保系统具有足够的稳定性而不是恰好稳定，因此引入了相位裕度的概念。

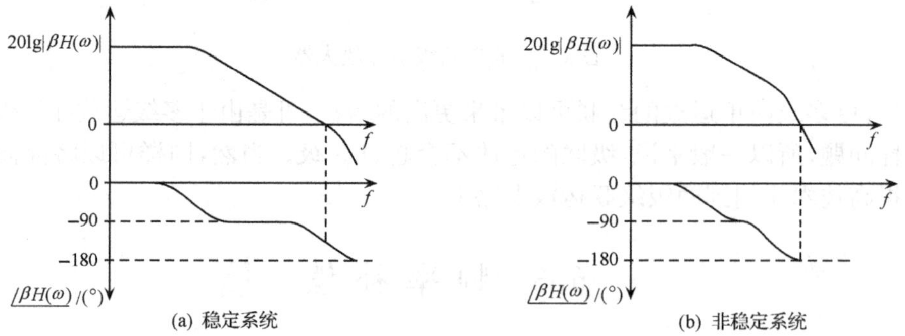

(a) 稳定系统　　(b) 非稳定系统

图 6-8　稳定系统与非稳定系统的波特图

在图6-9中表示一个稳定系统的波特图。图中当增益曲线下降到0dB时，相位曲线变化了－110°，距离变化－180°的临界条件还有70°的裕度，这就是相位裕度。一般来说，一个系统的相位裕度在60°左右有较好的稳定性和响应速度上的折中。

6.3.2　米勒效应与米勒补偿

在前面两级运放的讨论中，曾经提到由于第一级运放的高输出阻抗和第二级运放的大负载电容，有可能导致在两级运放输出端分别产生的极点频率差不大。在波特图中表现出在单位增益带宽内存在两个极点，导致相位裕度变差。因此，需要采用频率补偿电路来保证系统的稳定性。最常见的一种补偿方式是米勒补偿，一种基于电路中广泛存在的米勒效应的补偿方式。米勒效应的表述如下：

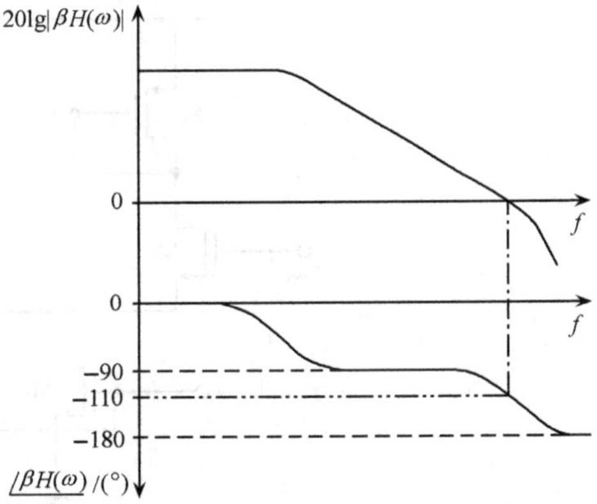

图 6-9　一个稳定系统的相位裕度

在图 6-10(a)中，C_m 跨接在放大器的两端。如果图 6-10(a)、(b)两图等效，那么

$$C_1 = (1 + A_v)C_m, \quad C_2 = \left(1 + \frac{1}{A_v}\right)C_m \tag{6-6}$$

如果放大器增益 $A_v \gg 1$，那么

$$C_1 \approx A_v C_m, \quad C_2 \approx C_m \tag{6-7}$$

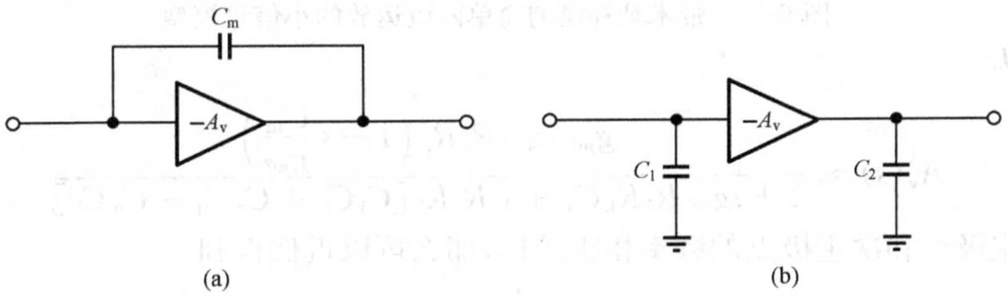

图 6-10　米勒效应

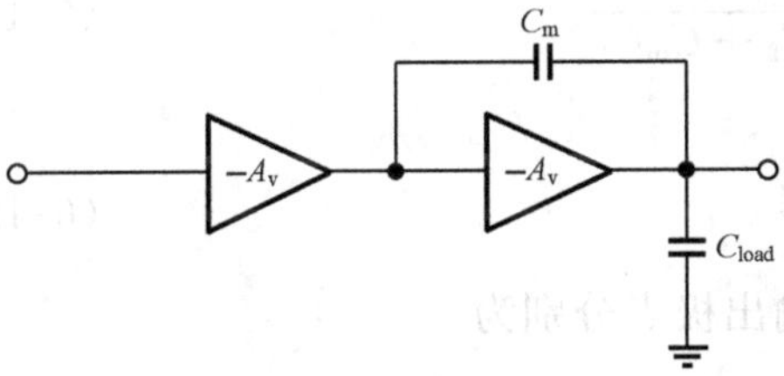

图 6-11　米勒补偿

也就是说，在如图 6-11 中所示的两级放大器示意图中的第一级放大器输出端，利用一个小电容能够建立一个对地大电容，将第一级放大器输出极点推向低频，成为主极点，而第二级放大器的输出极点基本保持不变。图 6-12 为两级运放结构中加入米勒补偿电容 C_m；图 6-13 为其小信号等效模型。

根据图 6-13 的两级运放小信号模型计算放大器的传递函数如下：

$$A_v(s) = \frac{g_{m1,2}g_{m7}R_1R_L\left(1 - s\dfrac{C_m}{g_{m7}}\right)}{1 + s[R_1(C_1 + C_m) + R_L(C_L + C_m) + g_{m2}R_1R_LC_m] + s^2R_1R_L[C_1C_L + C_mC_1 + C_mC_L]} \tag{6-8}$$

注意，其中的 $g_{m1,2}$ 和 g_{m7} 即为第一和第二级的跨导。为了看清上式的内在含义，需要做一些必要的假设：$g_{m7}R_1R_LC_m \gg R_1(C_1 + C_m)$，$g_{m7}R_1R_LC_m \gg R_L(C_m + C_L)$，那么式(6-8)

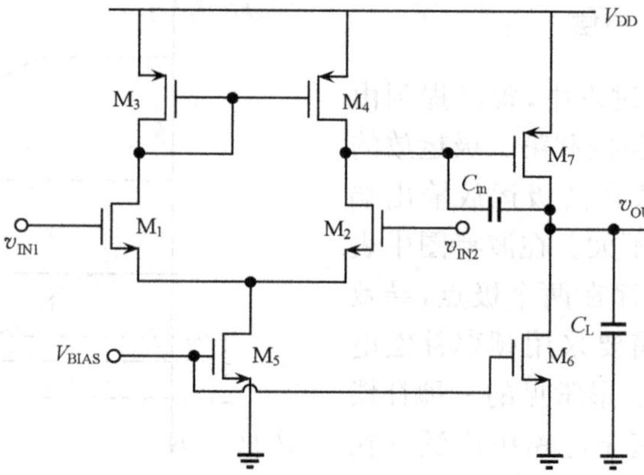

图 6-12　带米勒补偿的简单两级运放结构

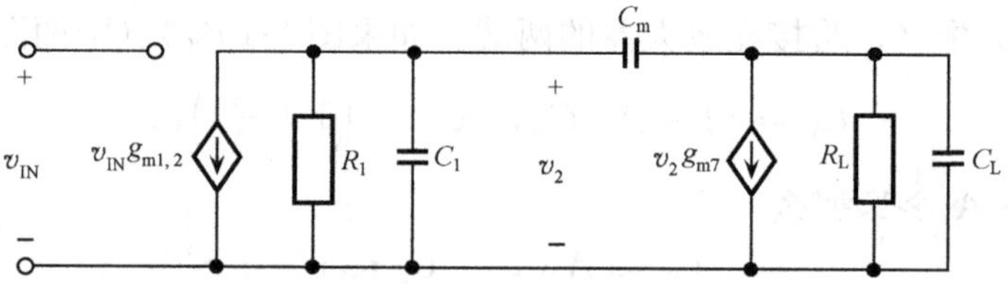

图 6-13　带米勒补偿的简单两级运放的小信号模型

可以化简为

$$A_v(s) \approx \frac{g_{m1,2}g_{m7}R_1R_L\left(1-s\dfrac{C_m}{g_{m7}}\right)}{1+sg_{m7}R_1R_LC_m+s^2R_1R_L[C_1C_L+C_mC_1+C_mC_L]} \tag{6-9}$$

假设主极点和次主极点的频率相距较远，那么可以近似得到

$$P_1 \approx -\frac{1}{g_{m7}R_1R_LC_m} \tag{6-10}$$

$$P_2 \approx -\frac{g_{m7}C_m}{C_1C_L+C_mC_1+C_mC_L} \tag{6-11}$$

如果 $C_L \gg C_1, C_m \gg C_1$，那么 P_2 可以进一步化简为

$$P_2 \approx -\frac{g_{m7}}{C_L} \tag{6-12}$$

对比未补偿前，可以认为第一级和第二级放大器输出极点分别为

$$P_{10} \approx -\frac{1}{R_1C_1} \tag{6-13}$$

$$P_{20} \approx -\frac{1}{R_LC_L} \tag{6-14}$$

因此，主极点频率相比采用米勒补偿前减小了 $g_{m7}R_LC_m/C_1$ 倍，而次极点频率比补偿前增大了 $g_{m7}R_L$ 倍。这就是非常有用的极点分裂现象，如图 6-14 所示。

在上面的计算过程中，将放大器的传递函数解出后，得到系统零极点表达式。下面可以用米勒等效的方式来粗略计算极点。

将图 6-13 所示的小信号模型等效为如图 6-15 所示的小信号模型。

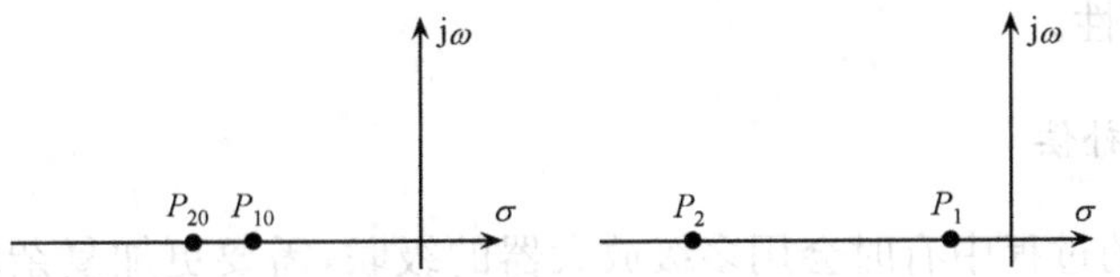

图 6-14　极点分裂

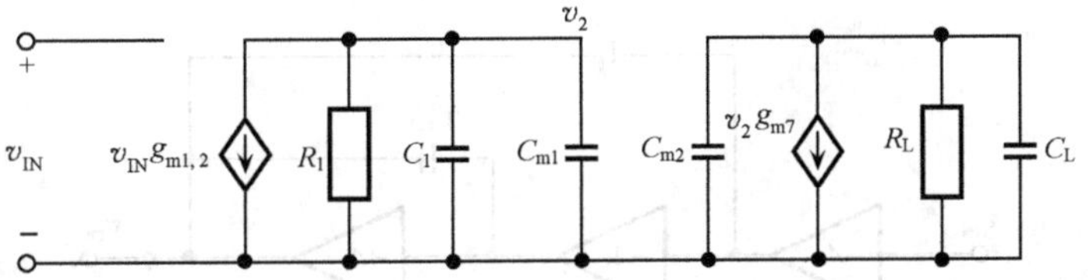

图 6-15　采用米勒等效后的小信号模型

在图 6-15 中，有以下关系：

$$C_{m1}=g_{m7}R_LC_m \tag{6-15}$$

$$C_{m2}=C_m \tag{6-16}$$

那么系统极点频率为

$$P_1\approx-\frac{1}{R_1C_{m1}}=-\frac{1}{R_1g_{m7}R_LC_m} \tag{6-17}$$

$$P_2\approx-\frac{1}{R_L(C_L+C_{m2})} \tag{6-18}$$

因此可以看到，如果采用米勒效应来计算电路的零极点分布，能够对主极点频率进行较准确的预测。但是米勒效应不能有效地预测电路零点频率和次极点频率。

6.3.3　高级补偿电路[1]

1. 控制零点的米勒补偿

在式 (6-8) 中，可以看到米勒补偿电路中包含一个右半平面的零点，该零点大小为

$$Z=\frac{g_{m7}}{C_m} \tag{6-19}$$

由于右半平面的零点在波特图中起到提升增益曲线，增大相位变化的作用。因此，右半平面零点实际上是削弱了系统的稳定性。消除右半平面零点的电路如图 6-16 所示。

在图 6-16 中的电路中，通过与 C_m 串联一个电阻 R_m，使零点频率变为

$$Z=\frac{1}{C_m(1/g_{m7}-R_m)} \tag{6-20}$$

因此，可以通过调整 R_m 的值，使得零点频率远在带宽之外。一种更实际的方法是，将 R_m 值设计比 $1/g_{m7}$ 大，使得右半平面零点移动到左半平

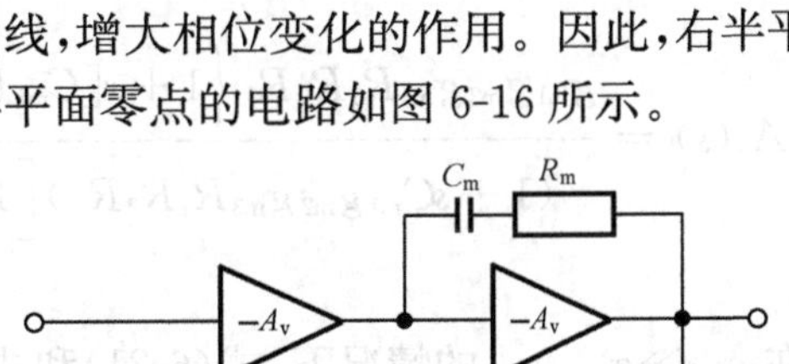

图 6-16　消除右半平面零点的米勒补偿电路

面，改善系统稳定性。

2. 多级米勒补偿

在电路设计的过程中有时会用多级放大器的级联，需要更加复杂的频率补偿电路来保证系统稳定性。这里针对三级放大器级联的情况，有两种多级米勒补偿电路如图 6-17 所示。

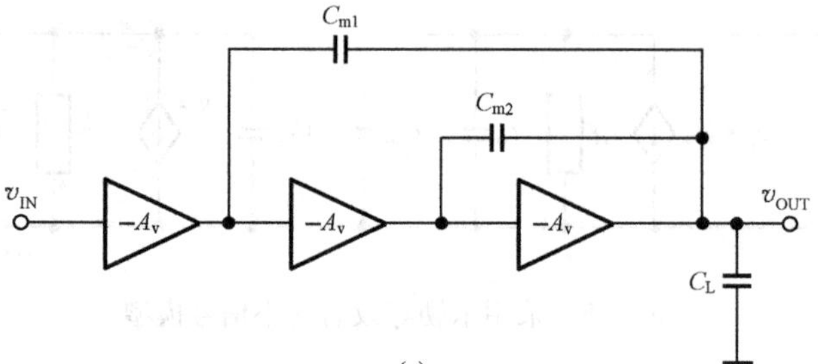

(a)

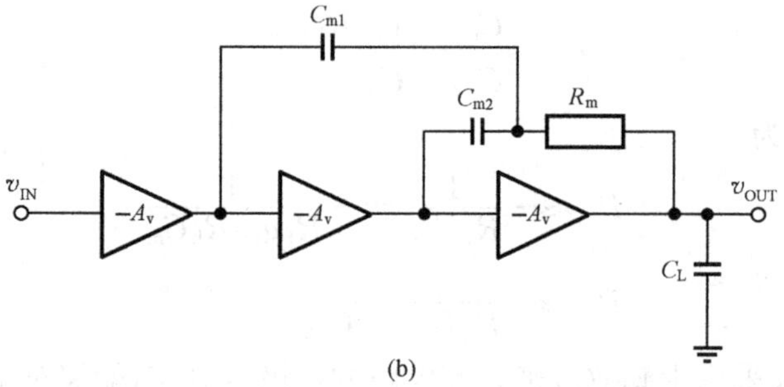

(b)

图 6-17　两种多级米勒补偿电路

图 6-18 中画出了图 6-17 所示电路的小信号模型，其中 g_{m1}、g_{m2} 和 g_{m3} 分别为第一、第二和第三级的放大器跨导。因此，可以直接计算系统的传递函数分别为

$$A_v(s)=\frac{g_{m1}g_{m2}g_{m3}R_1R_2R_L\left(1-s\dfrac{C_{m2}}{g_{m3}}-s^2\dfrac{C_{m1}C_{m2}}{g_{m2}g_{m3}}\right)}{(1+sC_{m1}g_{m2}g_{m3}R_1R_2R_L)\left[1+s\dfrac{C_{m2}(g_{m3}-g_{m2})}{g_{m2}g_{m3}}+s^2\dfrac{C_LC_{m2}}{g_{m2}g_{m3}}\right]} \tag{6-21}$$

$$A_v(s)=\frac{g_{m1}g_{m2}g_{m3}R_1R_2R_L\left\{1+s\left[C_{m1}R_m+C_{m2}\left(R_m-\dfrac{1}{g_{m3}}\right)\right]+s^2\dfrac{C_{m1}C_{m2}(g_{m3}R_m-1)}{g_{m2}g_{m3}}\right\}}{(1+sC_{m1}g_{m2}g_{m3}R_1R_2R_L)\left[1+s\dfrac{C_{m2}(g_{m3}-g_{m2})}{g_{m2}g_{m3}}+s^2\dfrac{(1-g_{m2}R_m)C_LC_{m2}}{g_{m2}g_{m3}}\right]} \tag{6-22}$$

在 $g_{m3}\gg g_{m1}$、g_{m2} 的情况下，式(6-21)和式(6-22)可以重写为

$$A_v(s)=\frac{g_{m1}g_{m2}g_{m3}R_1R_2R_L}{(1+sC_{m1}g_{m2}g_{m3}R_1R_2R_L)\left[1+s\dfrac{C_{m2}}{g_{m2}}+s^2\dfrac{C_LC_{m2}}{g_{m2}g_{m3}}\right]} \tag{6-23}$$

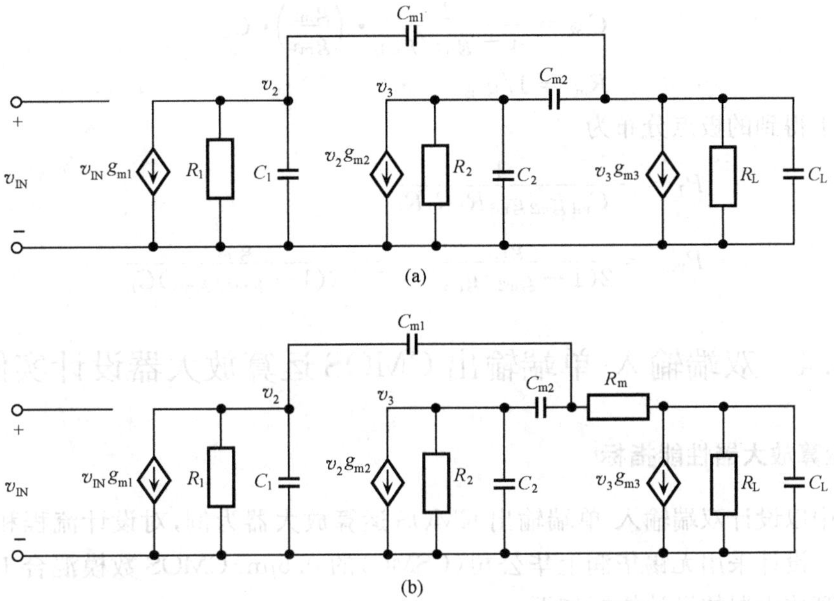

图 6-18　多级米勒补偿的等效小信号模型

$$A_v(s)=\frac{g_{m1}g_{m2}g_{m3}R_1R_2R_L\left(1+s\dfrac{C_{m1}}{g_{mL}}\right)}{(1+sC_{m1}g_{m2}g_{m3}R_1R_2R_L)\left[1+s\dfrac{C_{m2}(g_{m3}-g_{m2})}{g_{m2}g_{m3}}+s^2\dfrac{(1-g_{m2}R_m)C_LC_{m2}}{g_{m2}g_{m3}}\right]} \tag{6-24}$$

由式(6-23)所得到的开环主极点为

$$P_1=-\frac{1}{C_{m1}g_{m2}g_{m3}R_1R_2R_L} \tag{6-25}$$

如果设计满足以下关系：

$$C_{m1}=4\left(\frac{g_{m1}}{g_{m3}}\right)C_L \tag{6-26}$$

$$C_{m2}=2\left(\frac{g_{m2}}{g_{m3}}\right)C_L \tag{6-27}$$

$$R_m=\frac{1}{g_{m3}} \tag{6-28}$$

那么，由式(6-23)所示的开环传递函数构成的系统闭环传递函数将表现为三阶巴特沃思函数形式。此时对于系统的振荡系数 ξ 将等于$\sqrt{2}/2$。即该系统的阶跃响应，能够在超调量和调整时间上达到最佳状态。此时，系统的非主极点频率为

$$P_{2,3}=\frac{g_{m3}}{2C_L}\pm j\left(\frac{g_{m3}}{2C_L}\right) \tag{6-29}$$

同样的，根据式(6-24)的设计参数为

$$C_{m1}=4\left(\frac{g_{m1}}{g_{m3}}\right)C_L \tag{6-30}$$

$$C_{m2} = \frac{2}{1 - g_{m2}/g_{m3}} \cdot \left(\frac{g_{m1}}{g_{m3}}\right) \cdot C_L \tag{6-31}$$

$$R_m = 1/g_{m3} \tag{6-32}$$

这种情况下得到的极点分布为

$$P_1 = -\frac{1}{C_{m1} g_{m2} g_{m3} R_1 R_2 R_L} \tag{6-33}$$

$$P_{2,3} = \frac{g_{m3}}{2(1 - g_{m2}/g_{m3})C_L} \pm j\frac{g_{m3}}{2(1 - g_{m2}/g_{m3})C_L} \tag{6-34}$$

6.4　双端输入-单端输出 CMOS 运算放大器设计实例

6.4.1　运算放大器性能指标

本节中以设计双端输入-单端输出 CMOS 运算放大器为例，对设计流程和仿真方法进行说明。设计采用无锡华润上华公司（CSMC）的 0.5μm CMOS 数模混合工艺库。本例中的运算放大器的设计指标如下：

工作电源电压范围	5V±20％
工作电流功耗	＜100μA
工作温度范围	－20～100℃
运算放大器直流增益	＞100dB
负载电容	＝5pF
增益带宽	＞4MHz
摆率	＞5V/μs
输出摆幅	＞±1.5V
电源抑制比	＞80dB
共模抑制比	＞80dB

6.4.2　性能指标到电路参数指标之间的转化和分析

1. 直流增益和电路结构

由于设计的运算放大器的电压增益在 100dB 以上，因此通过前面各种电路结构的分析，可以选择折叠式共源-共栅电路和一个简单放大器级联的结构来设计所需的电路。这样可以在较高的增益下，保证其他参数的实现。电路结构如图 6-19 所示，其中第一级放大器的输出端记为“N_1”。

在图 6-19 中，由于两级运放往往会产生两个低频极点，所以采用米勒电容 C_m 来做频率补偿。关于 C_m 的计算会在后面详细叙述。由于设计增益要求达到 100dB 以上，可以把它分配到两级放大器上，A_1＝70dB，A_2＝30dB，根据 A_1，A_2 的计算式可得

$$A_1 \approx g_{m1}[(g_{m12} r_{o12} r_{o10}) \parallel (g_{m8} r_{o8} r_{o5})] = 70\text{dB} \tag{6-35}$$

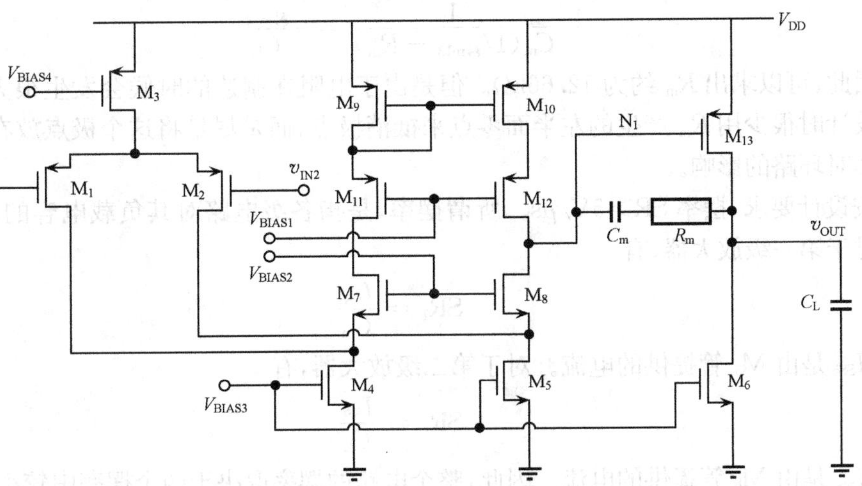

图 6-19　折叠式共源-共栅两级放大器

$$A_2 \approx g_{m13}(r_{o6} \parallel r_{o13}) = 30\text{dB} \tag{6-36}$$

2. 频率补偿,相位裕度和补偿电容大小安排

运算放大器常常被用于带有负反馈的系统中,例如可以用在单位缓冲器中,起到阻抗变换的作用。根据线性系统理论,一个负反馈系统如果要稳定,要求它的开环相位裕度一般 >60°。但是在两级放大器级联运放结构中,在两级放大器的输出端都有可能产生较低频的极点,因此需要频率补偿。通常频率补偿的方式是采用米勒补偿或带调零点电阻的米勒补偿。这里为了简单,直接采用带调零电阻的米勒补偿。由于需要满足 60°相位裕度的要求,通过理论计算可知,次极点要求在单位增益带宽外 2.2 倍以上[2]。如果输出极点为次极点,频率绝对值大小为

$$P_{OUT} = \frac{g_{m13}}{C_L} \tag{6-37}$$

而单位增益带宽(unit gain bandwidth,UGB)为

$$\text{UGB} = \frac{g_{m1}}{C_m} \tag{6-38}$$

因此

$$\text{UGB} = \frac{g_{m1}}{C_m} \approx 4\text{MHz} \times 2\pi$$

$$P_{OUT} = \frac{g_{m13}}{C_L} > 2.2 \times \text{UGB} = 8.8\text{MHz} \times 2\pi \tag{6-39}$$

设计 C_m 为 2pF,而负载电容根据指标规定为 5pF,那么可以计算出两级放大器的跨导

$$g_{m1} \approx 50.2\mu\text{S}$$
$$g_{m13} \approx 276\mu\text{S} \tag{6-40}$$

还可以用一个米勒补偿电阻来调节系统的零极点。将零点移动到左半平面,并且和输出极点相抵消,那么要求满足以下关系:

$$\frac{1}{C_m(1/g_{m13}-R_m)}=-\frac{g_{m13}}{C_L} \tag{6-41}$$

因此，可以求出 R_m 约为 12.66kΩ。但是由于电阻在制造的时候会发生很大偏差，因此实际设计时很少用 R_m 产生的左半面零点来抵消极点，而是尽量将这个极点放在高频，从而减小其对环路的影响。

按设计要求，摆率 SR>5V/μs。所谓摆率，是指各级电路对其负载电容的最大驱动能力。对于第一级放大器，有

$$SR_1=\frac{I_{SS5}}{C_m} \tag{6-42}$$

其中，I_{SS5}是由 M_5 管提供的电流。对于第二级放大器，有

$$SR_2=\frac{I_{SS6}}{C_L} \tag{6-43}$$

其中，I_{SS6}是由 M_b 管提供的电流。因此，整个电路的摆率取决于两个摆率中较小者，即

$$SR=\min\{SR_1, SR_2\} \tag{6-44}$$

从以上的分析，可以计算出两级放大器的尾电流

$$I_{SS5}>10\mu A,\quad I_{SS6}>25\mu A \tag{6-45}$$

考虑到当尾电流较小时，如果需要得到较大的 g_m，需要更大的 MOS 管宽长比值。由此可以将指标规定的 100μA 电流分配到两级放大器中，一种比较合理的分配方法是第一级放大器分配 40μA，第二级放大器分配 40μA，剩下 20μA 作为余量备用。在第一级放大器中，分配给 M_1，M_2 差分对管各 10μA 电流，M_7～M_{12}管各 10μA 电流，M_4，M_5 电流源分配 20μA 电流。根据第一级和第二级放大器对跨导的要求，可以按式(6-46)计算 M_1、M_2 和 M_{13}的宽长比

$$g_{m1}=\sqrt{2\mu_p C_{ox}\frac{W_1}{L_1}I_1} \tag{6-46}$$

如果分配给 M_1 和 M_2 的电流为 10μA，M_{13}的电流为 40μA，并且根据 CSMC 公司 0.5μm 的工艺文件，可以得到参数 $\mu_n=400cm^2/(V\cdot s)$，$\mu_p=215cm^2/(V\cdot s)$，$C_{ox}=2.76\ fF/\mu m^2$。

因此得到 NMOS 和 PMOS 管的跨导系数分别为

$$\mu_n C_{ox}=110\mu A/V^2,\quad \mu_p C_{ox}=59\mu A/V^2 \tag{6-47}$$

所以，M_1 管的宽长比$\frac{W_1}{L_1}\approx\frac{2.13}{1}$，同理可得 M_{13}的宽长比为$\frac{W_{13}}{L_{13}}\approx\frac{16.13}{1}$。

3. 共源-共栅(cascade)管和电流镜管的宽长比计算

在前面增益的安排中，可以设计第一级放大器增益为 70dB，第二级放大器增益为 30dB，由此根据增益式设计共源-共栅管和电流镜管的大小。

$$A_1\approx g_{m1}[(g_{m12}r_{o12}r_{o10})\parallel(g_{m8}r_{o8}r_{o5})]=70dB \tag{6-48}$$

为了方便计算，假设 $g_{m12}=g_{m8}=g_m$，并且 NMOS 管沟道调制系数 λ 估算为 $0.1V^{-1}$，PMOS 管沟道调制系数 λ 为 $0.2V^{-1}$，可得

$$g_{m1}\cdot\frac{g_m^2\left(\frac{1}{\lambda_N I}\right)^2\left(\frac{1}{\lambda_p I}\right)^2}{g_m\left(\frac{1}{\lambda_N I}\right)^2+g_m\left(\frac{1}{\lambda_p I}\right)^2}=3500 \tag{6-49}$$

其中，I 为流过共源-共栅管的电流，为 $10\mu A$，由此可得 $g_m \approx 348.6\mu S$，所以

$$\frac{W_7}{L_7}=\frac{W_8}{L_8}\approx\frac{55}{1},\quad \frac{W_{11}}{L_{11}}=\frac{W_{12}}{L_{12}}\approx\frac{110}{1} \tag{6-50}$$

这里，取 $L=1\mu m$。对于电流镜管的设计相对要求，一般只要保证其工作在饱和区，并且不会对输出摆幅造成限制即可。根据工艺文件可以查到 $V_{THn}=0.755V$，$V_{THp}=-1.02V$。如果设计 $|V_{GS}-V_{TH}|\approx 120mV$，那么在 5V 供电电压情况下，$V_{BIAS3}=0.88V$，$V_{BIAS4}=3.86V$。因此根据平方律式

$$I=\frac{1}{2}\mu_n C_{ox}\frac{W}{L}(V_{GS}-V_{THn})^2 \tag{6-51}$$

可以得到 M_3、M_4、M_5 和 M_6 的宽长比为

$$\frac{W_3}{L_3}\approx\frac{47}{1},\quad \frac{W_4}{L_4}=\frac{W_5}{L_5}\approx\frac{25}{1},\quad \frac{W_6}{L_6}\approx\frac{50}{1} \tag{6-52}$$

注意：这里虽然 M_6 与 M_4、M_5 理论设计流过的电流不同，但都是电流镜，并且栅极电压相同。考虑到在生产过程中的失配(mismatch)问题，应当采用将一个大管子分拆成多个管子并联的方式，保证它们的单个管子的宽长比相同。

二极管连接 PMOS 管的 M_9、M_{10}，如果同样设计过驱动电压为 120mV，可以利用平方律式公式计算得到

$$\frac{W_9}{L_9}=\frac{W_{10}}{L_{10}}\approx\frac{23}{1} \tag{6-53}$$

4. 偏置电路的设计

图 6-19 中给出了放大器主电路的设计，但是并没有说明共源-共栅管和电流镜的栅端偏置电压从何而来。在实际设计中往往是给一个模块电路提供一个由带隙基准(bandgap reference)产生的电流，或者由经过温度补偿的稳定的电流源电路提供的一个电流，并由该模块自身产生各管的偏置电压。所以可以提出图 6-20 所示的电压偏置电路。

在图 6-20 中，I_{BIAS1} 和 I_{BIAS2} 是由外部引入的基准电流，$M_{16}\sim M_{21}$ 大小和前面设计的 PMOS 和 NMOS 共源-共栅管相同。M_{14} 和 M_{22} 采用二极管连接，以产生共源-共栅管的栅压。M_{15} 和 M_{23} 用来产生 PMOS 和 NMOS 电流镜管的栅压。通过前面的计算已经得到了主电路各管的大小和流过的电流，现在仍然设计 $|V_{GS}-V_{TH}|>120mV$。这样设计所需的偏置电压，可以得到

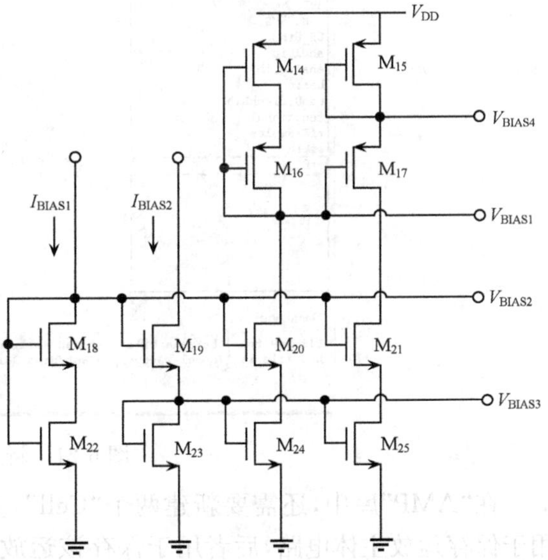

图 6-20　偏置电路

$$V_{BIAS1} = 2.74\text{V},\quad V_{BIAS2} = 1.8\text{V},\quad V_{BIAS3} = 0.88\text{V},\quad V_{BIAS4} = 3.86\text{V} \tag{6-54}$$

如果假设基准电流为 1μA，这样可以计算 M_{22}（令 M_{18} 和 M_{22} 管有相同的栅宽）、M_{23}、M_{14}（令 M_{14} 和 M_{16} 管有相同的栅宽）和 M_{15} 的宽长比分别为

$$\frac{W_{22}}{L_{22}+L_{18}} \approx \frac{1}{60},\quad \frac{W_{23}}{L_{23}} \approx \frac{5}{4},\quad \frac{W_{14}}{L_{14}+L_{16}} \approx \frac{1}{45},\quad \frac{W_{15}}{L_{15}} \approx \frac{7}{3} \tag{6-55}$$

因为在通过电流镜生成偏置电压时，采用最小的偏置电流，因此流过 M_{17}、M_{19}、M_{20} 和 M_{21} 管的电流为 1μA，因此这些管子的宽长比为

$$\frac{W_{17}}{L_{17}} = \frac{6}{1},\quad \frac{W_{19}}{L_{19}} = \frac{W_{20}}{L_{20}} = \frac{W_{21}}{L_{21}} = \frac{3.2}{1} \tag{6-56}$$

6.5 使用 Spectre 仿真优化电路

在上面的计算过程中使用了大量的理想条件和简单计算，很显然在实际设计中还需要对电路参数进行优化。在完成基本计算后，我们可以通过 Cadence 软件进行仿真验证。

6.5.1 从理论计算到电路原理图

首先，根据附录 A 的介绍，可先将 CSMC 公司的 0.5μm 工艺库的 PDK (process development kit)添加到项目的“cds.lib”文件中，然后通过“Library Manager”新建一个叫做“AMP”的库，并将其关联到 PDK 提供的工艺库上，如图 6-21 所示。

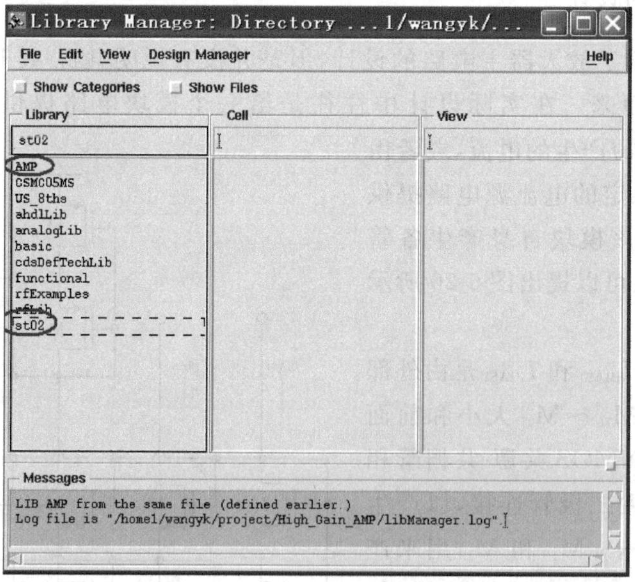

图 6-21　新建项目库

在“AMP”库中，还需要新建两个“Cell”，分别为“HGAMP”和“HGAMP_tb”。前者用于保存运放主体电路，后者用于保存该运放的测试平台，如图 6-22 所示。然后按照前面手工计算的管子尺寸完成电路图绘制工作，如图 6-23 所示。

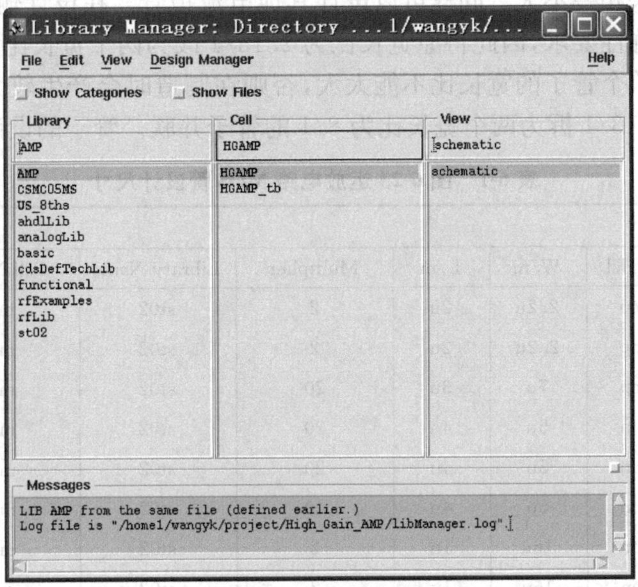

图 6-22　新建"Cell"文件

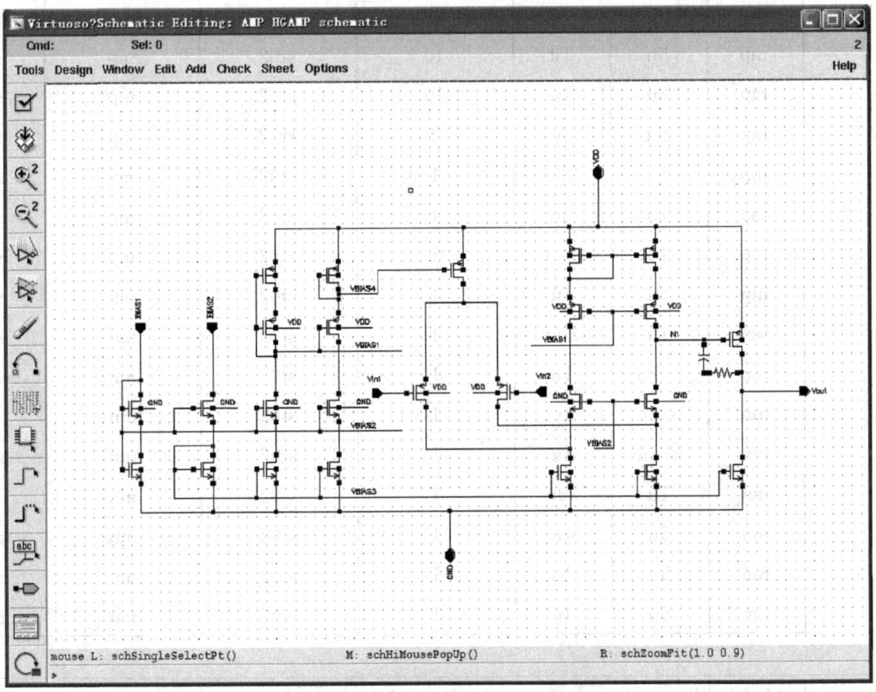

图 6-23　运算放大器电路

在填写各管子宽长比时，考虑到后续版图设计的匹配性，需要对前面的理论计算结果做一些微调。例如，计算出 M_4、M_5 和 M_6 的宽长比为 $W_4/L_4=W_5/L_5=25/1$，$W_6/L_6=50/1$。而 M_{23} 管的宽长比为 $W_{23}/L_{23}=5/4$。因此以 M_{23} 管为基础，根据各条支路的电流关系，设计 M_4、M_5 管宽长比同样为 5/4，20 个并联；设计 M_6 管宽长比为 5/4，40 个并联，与原手工计算结果相差不大。同样可以设计其他电流镜管。在设计输入对管时，由于在版图设计时有对称性要求，因此将原宽长比为 2.13/1 改为两个宽长比为 2.2/2 的管子并联。另外，一般，单个管子的宽长比不能太大，否则在制造时会产生较大误差。将第二级放大器 M_{13} 的 16.13/1 拆为两个宽长比为 8/1 的管子并联。管子的设计如表 6-1 所示。

表 6-1 图 6-23 运放电路 MOS 管设计尺寸

MOS 管

Instance Name	Model	W/m	L/m	Multiplier	Library Name	Cell Name	View Name
M_1	mp	2.2u	2u	2	st02	mp	symbol
M_2	mp	2.2u	2u	2	st02	mp	symbol
M_3	mp	7u	3u	20	st02	mp	symbol
M_4	mn	5u	4u	20	st02	mn	symbol
M_5	mn	5u	4u	20	st02	mn	symbol
M_6	mn	5u	4u	40	st02	mn	symbol
M_7	mn	16u	1u	2	st02	mn	symbol
M_8	mn	16u	1u	2	st02	mn	symbol
M_9	mp	11.5u	1u	2	st02	mp	symbol
M_{10}	mp	11.5u	1u	2	st02	mp	symbol
M_{11}	mp	6u	1u	10	st02	mp	symbol
M_{12}	mp	6u	1u	10	st02	mp	symbol
M_{13}	mp	8u	1u	2	st02	mp	symbol
M_{14}	mp	1u	22u	1	st02	mp	symbol
M_{15}	mp	7u	3u	1	st02	mp	symbol
M_{16}	mp	1u	22u	1	st02	mp	symbol
M_{17}	mp	6u	1u	1	st02	mp	symbol
M_{18}	mn	1u	30u	1	st02	mn	symbol
M_{19}	mn	3.2u	1u	1	st02	mn	symbol
M_{20}	mn	3.2u	1u	1	st02	mn	symbol
M_{21}	mn	3.2u	1u	1	st02	mn	symbol
M_{22}	mn	1u	30u	1	st02	mn	symbol
M_{23}	mn	5u	4u	1	st02	mn	symbol
M_{24}	mn	5u	4u	1	st02	mn	symbol
M_{25}	mn	5u	4u	1	st02	mn	symbol

电容

Instance Name	Model	W/m	L/m	Capcitance/F	Multiplier	Library Name	Cell Name	View Name
C_m	—	—	—	2p	1	analogLib	cap	symbol

电阻

Instance Name	Model	W/m	L/m	Resistance/Ω	Multiplier	Library Name	Cell Name	View Name
R_m	—	—	—	2.85k	1	analogLib	res	symbol

在完成各管子宽长比设计后，需要设置输入输出引脚，设置方法见附录 A。这里需要注意的是，往往把“VDD”和“GND”引脚设置为“inout”。可以为该放大器电路生成一个“symbol”。“symbol”的作用相当于将电路打包放在一起。当其他人调用这个模块时，无需关心该电路的具体细节，只需了解该电路的功能即可。“symbol”生成的方法如下所示：

选择工具栏中的“Design”→“Create Cellview” →“From Cellview”，如图 6-24 所示。然后会出现如图 6-25 所示窗口。一般情况按默认属性即可，按“OK”继续。

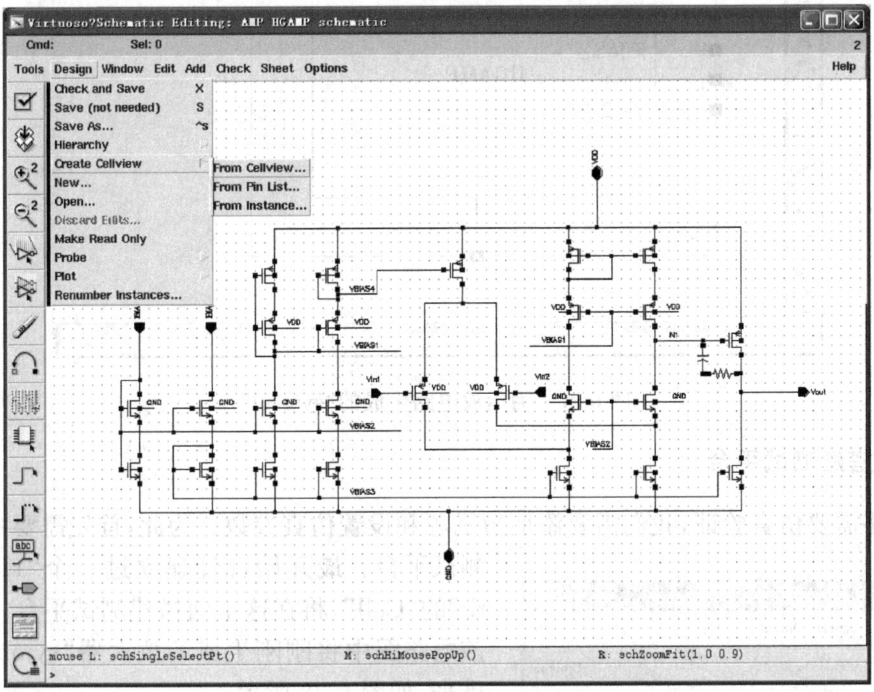

图 6-24 从电路图生成“symbol”

接下来需要安排各个引脚的位置，同样可以使用默认设置。一般输入引脚都在“symbol”左边，输出引脚在“symbol”右边，而“VDD”和“GND”引脚分别在上、下，如图 6-26所示。

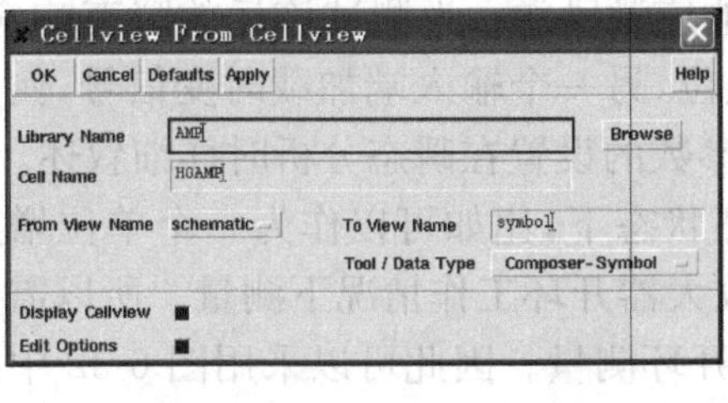

图 6-25 填写“symbol”属性

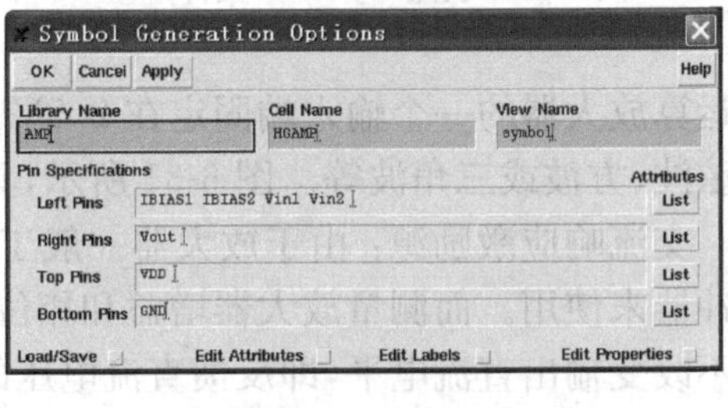

图 6-26 引脚安排

图 6-27 显示了为本电路生成的“symbol”。读者同样可以拖动引脚的位置，修改“symbol”的名称等。

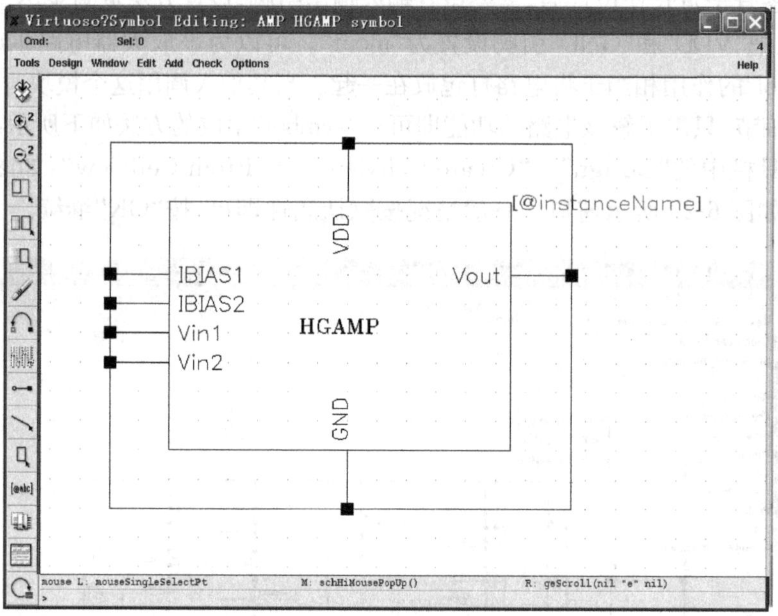

图 6-27　为运放电路生成的“symbol”

6.5.2　搭建测试平台

电路需要仿真验证，我们需要添加激励源和设置仿真参数。为此，首先需要搭建一个测试平台。最开始曾经建立过一个“HGAMP_tb”的“Cell”，将在这里面搭建测试平台。首先在该电路图中将刚刚生成的放大器“symbol”引用进来，如图 6-28 所示。

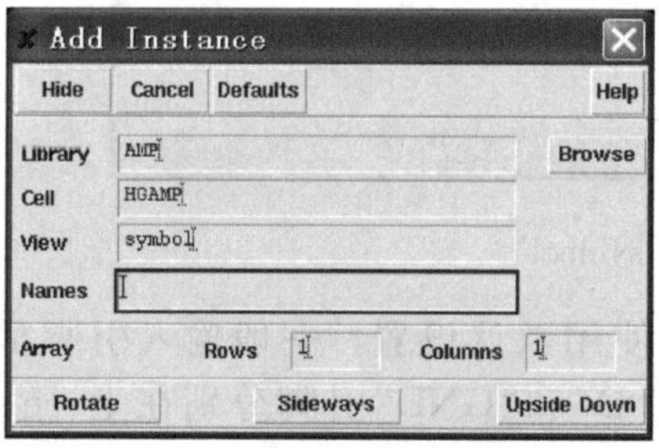

图 6-28　引用“symbol”文件

图 6-29 是该运算放大器完整的测试平台，其中包括：

直流偏置激励：V_{DD} 电压为 5V；偏置电流 I_{BIAS1}，I_{BIAS2} 为 1μA，如图 6-30 所示。两个输入端由电压源直接输入 2.5V 直流电压。

瞬态响应激励源：为测试该运放瞬态响应，将运算放大器的一个输入端固定在 2.5V 的直流电位，另一个输入端加载时变信号，例如正弦波、方波或三角波等。图 6-31 所示，具体激励参数的设置在瞬态分析时详细叙述。

交流响应激励源：由于放大器一般工作在闭环状态下，比如可以作为一个单位增益缓冲器来使用。而测量放大器增益和相位则是在放大器开环工作情况下测量。所以需要在不改变输出直流电平，即反馈直流电压的情况下开环测量。因此可以采用图 6-32 中所示的方法。电容和电感采用理想元件（在 Cadence 自带的“analogLib”中可以找到）。电容值设置为 1GF，电感值设置为 1GH。这样，对于交流信号来说，电感支路相当于断路，而电容支路等效接地；而对于直流信号来说，电感支路相当于短路，电容支路相当于断路，

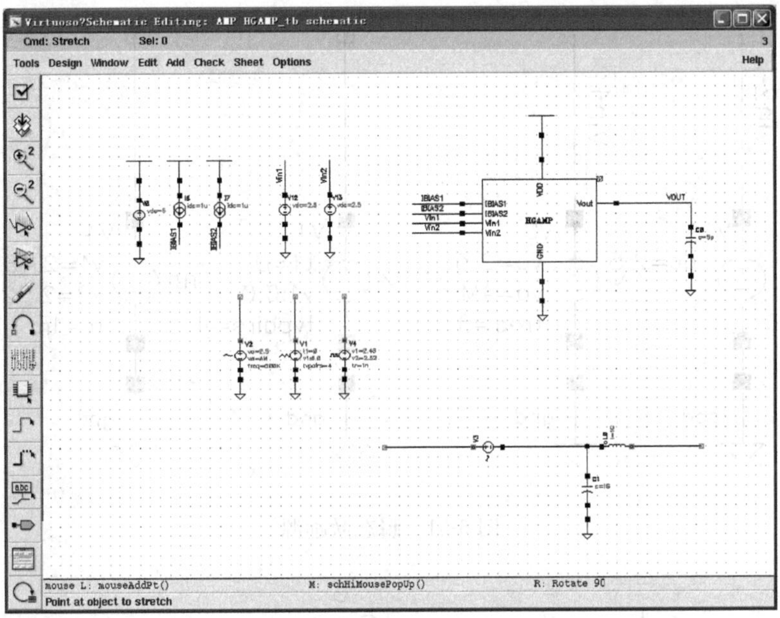

图 6-29　高增益放大器测试平台

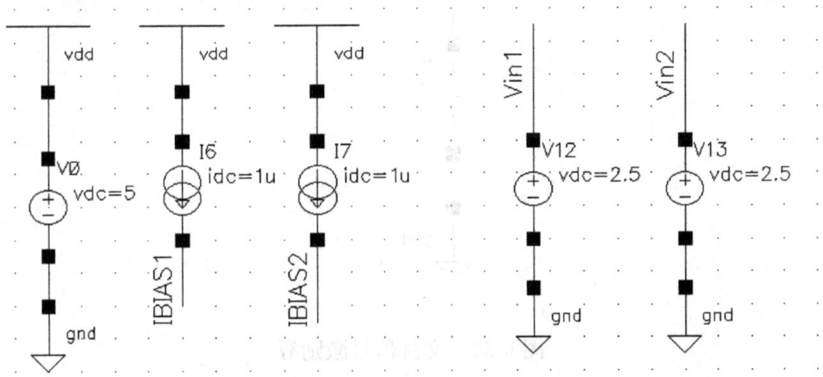

图 6-30　直流偏置源

所以输出直流电压是直接反馈到运放输入端的。

测试放大器交流小信号增益和相位裕度等性能需要相应的交流信号激励源，如图 6-32所示。其中“V3”电压源只输出 1V 的交流电压信号。

6.5.3　直流偏置验证仿真

在搭建好测试平台后，就可以通过仿真器来验证之前理论计算设计的运放是否满足设计要求。首先，应该先进行直流工作点的验证。打开“Analog Design Environment”；在 ADE 窗口的“Analyses”下拉菜单中选择“Choose”；“Choosing Analyses”窗口的设置如图 6-33 所示。这种设置将仿真并保存电路图中各个器件的直流工作点。点击“ADE”窗口中的“ ”

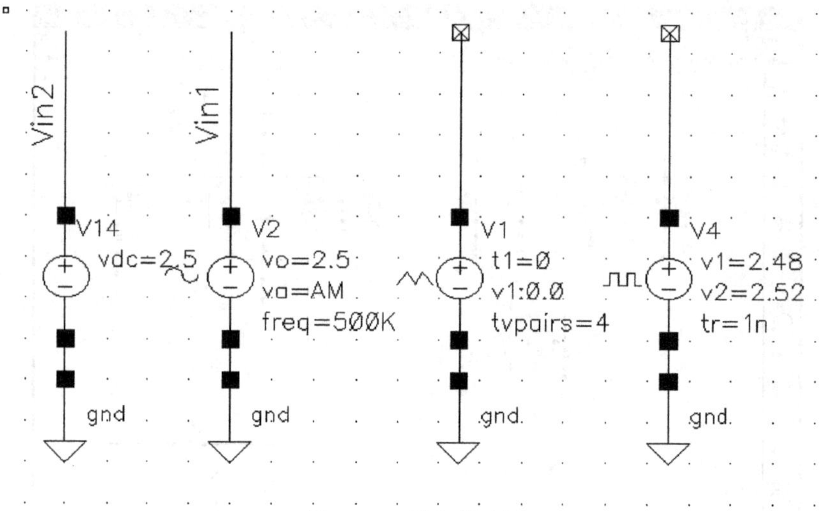

图 6-31　瞬态激励源

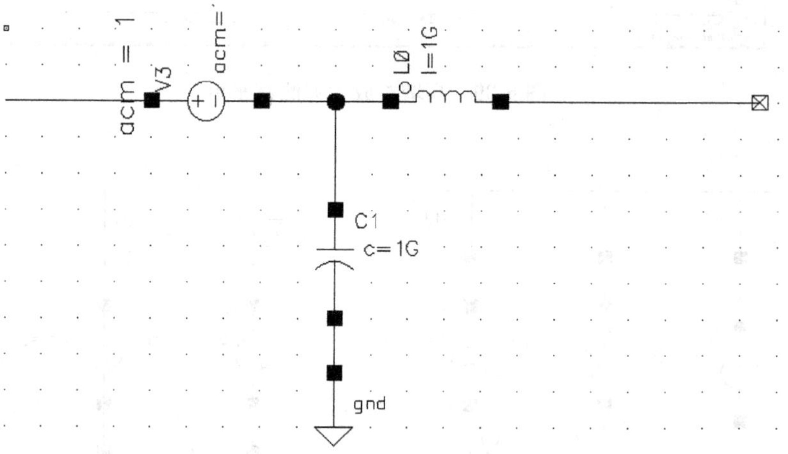

图 6-32　交流信号激励源

按键，开始仿真。

仿真结束后，在如图 6-29 所示的测试平台电路图中选中放大器的"symbol"，使用快捷键"Shift+E"可以从测试平台直接进入到放大器的电路图中，以便进一步观察放大器各个器件的直流工作点。

通过选择"Results"→"Annotate"→"DC Node Voltages"以及"DC Operating Points"，如图 6-34 所示，可以让仿真器直接把各点直流电压和各元件直流信息直接显示在电路图上。

在图 6-35 所示的节点直流电压中，可以看到各偏置电压大小为

$$V_{BIAS1}=2.017\text{V},\quad V_{BIAS2}=2.02\text{V}$$

$$V_{BIAS3}=0.851\text{V},\quad V_{BIAS4}=3.911\text{V}$$

其中，V_{BIAS1} 和 V_{BIAS2} 与计算值有较大差别，将 M_{14}、M_{16}、M_{18} 和 M_{22} 的宽长比调整为

$$(W/L)_{M_{14}}=(W/L)_{M_{16}}=1\mu\text{m}/11\mu\text{m}$$

$(W/L)_{M_{18}} = (W/L)_{M_{22}} = 1\mu m / 21\mu m$

得到和计算值基本相同的偏置电压。

通过使用“Result”→“Print”→“DC Operation Point”，然后在电路图中点击需要观察直流工作点的器件；这些器件的直流工作点将以文本的方式显示出来。可以发现第一级、第二级放大器的输入管的跨导 g_{m1} 和 g_{m13} 仿真结果都比设计值小。其中 g_{m1} 约为 34.7μS，g_{m13} 约为 189.7μS，如图 6-36 和图 6-37 所示。因为 g_{m1} 和 g_{m13} 都偏小(这是因为在计算时忽略了很多二级效应)，从而造成了偏差。同时，从工艺文件中的电子迁移率等参数在仿真中都会根据实际情况进行修正，这也是造成仿真结果和计算不一致的原因。

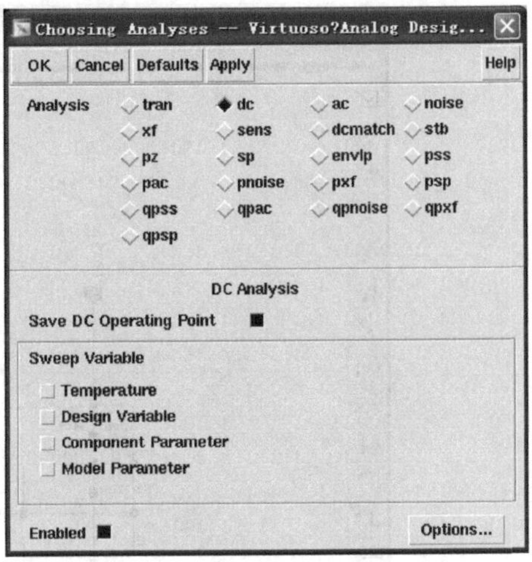

图 6-33　保存器件的直流工作点

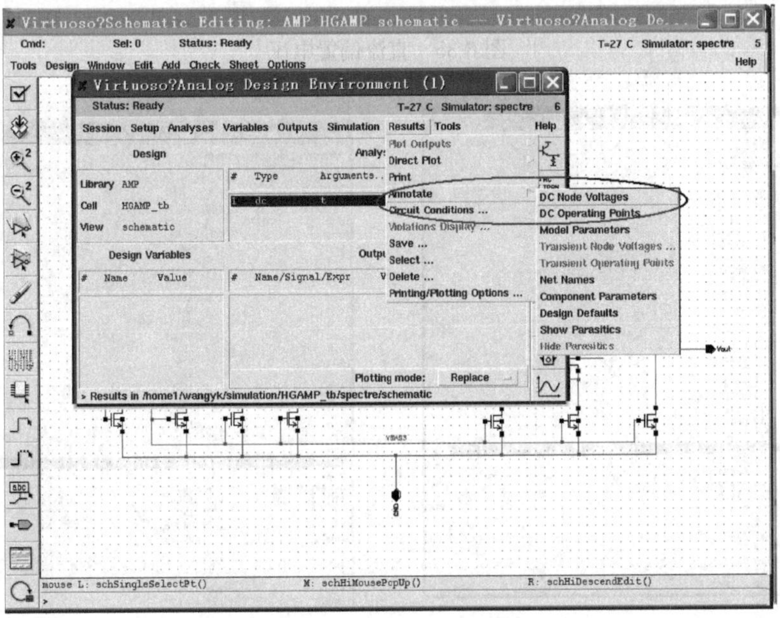

图 6-34　“Anotate”的使用

根据式(6-46)，增大 g_m 可以通过增大宽长比和增大电流来实现。将 M_1 和 M_2 的尺寸变为 7μm/2μm，并联个数为 2；将 M_{13} 的尺寸变为 7μm/1μm，并联个数为 5，再次运行仿真。调整后的 g_{m1} 和 g_{m13} 分别为 69μS 和 326μS，基本满足了设计要求。

6.5.4　交流增益仿真

在直流工作点基本设置完成后，针对运算放大器，必须验证它的交流小信号增益和相位裕度。正如前面测试平台部分介绍的那样，把运算放大器连接成单位缓冲器工作模式。

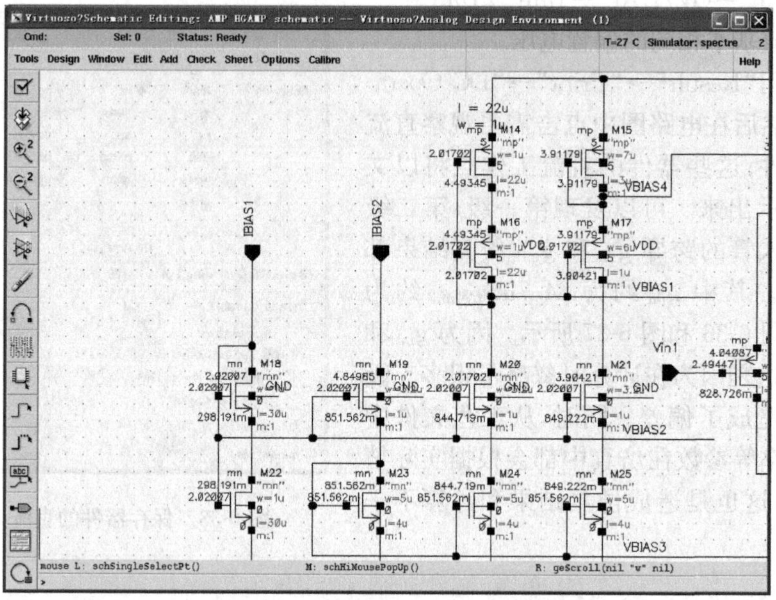

图 6-35　直流偏置电压

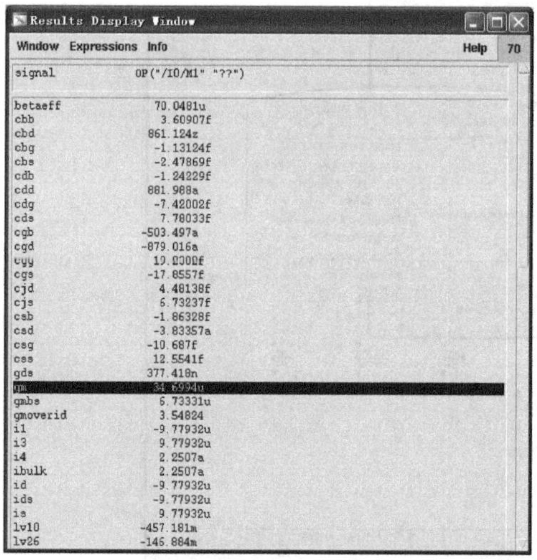

图 6-36　第一级放大器输入管 M_1 的跨导 g_{m1}

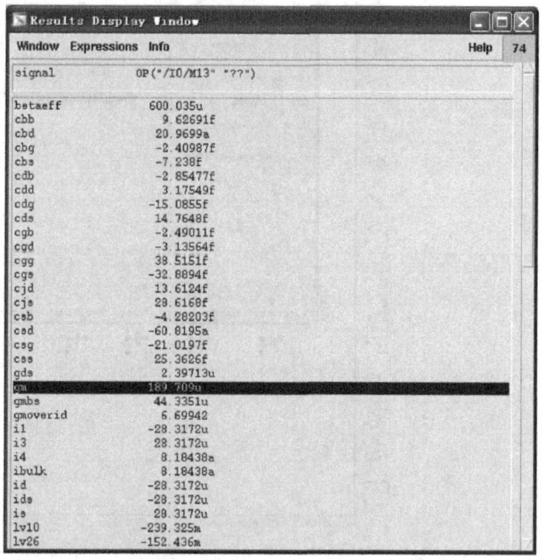

图 6-37　第二级放大器输入管 M_{13} 的跨导 g_{m13}

放大器的输出通过图 6-32 所示的交流信号激励源，反馈到运算放大器的反向输入端"Vin1"，2.5V 的直流参考电压接入运算放大器的同向输入端"Vin2"，如图 6-38 所示。

在"Analog Design Environment"中设置好"AC Analysis"中的参数，扫描频率范围为 0.01Hz～100MHz，如图 6-39 所示（具体操作见附录 A）。选择"Results"→"Direct Polt"→"AC Gain & Phase"后，在图 6-40 所示的电路图中依次点击运算放大器的输出端"VOUT"和交流信号输入端"Vin1"，即可直接观察电路增益和相位曲线，如图 6-41 所示。

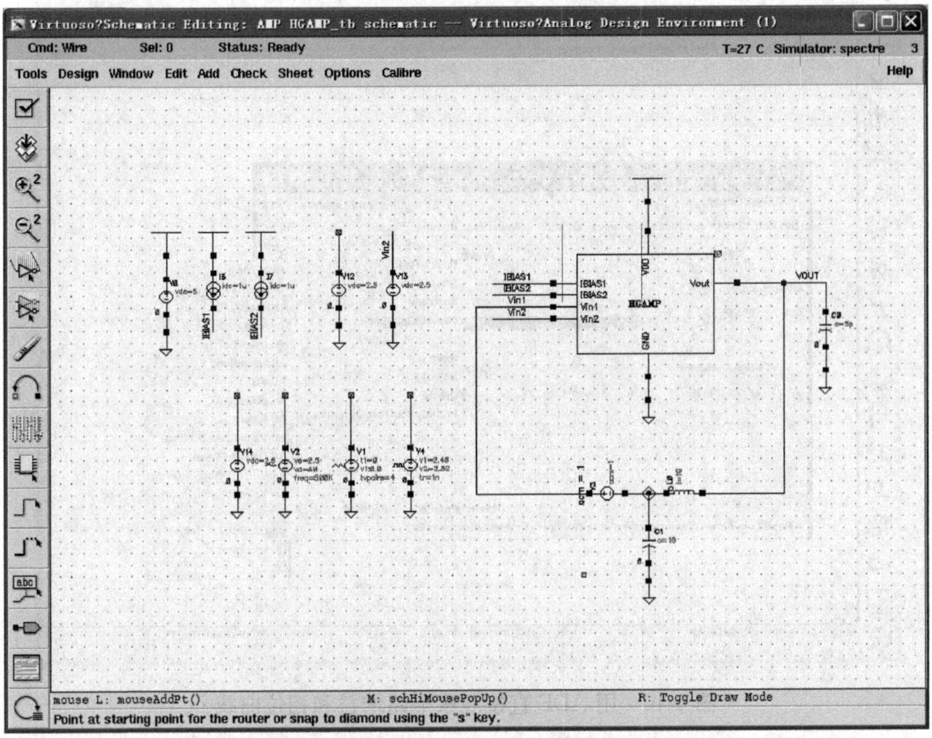

图 6-38　交流小信号测试平台

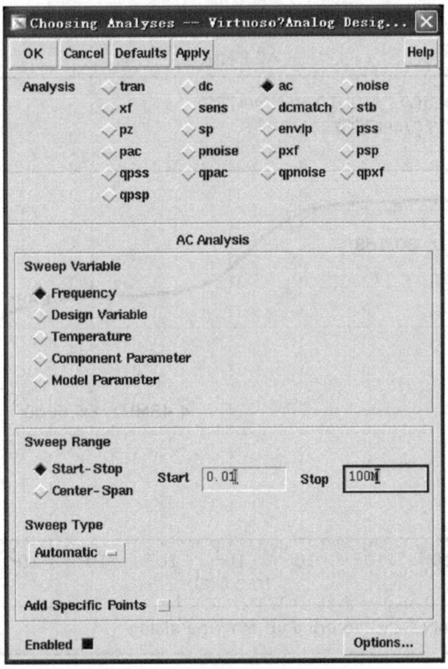

图 6-39　交流仿真设置

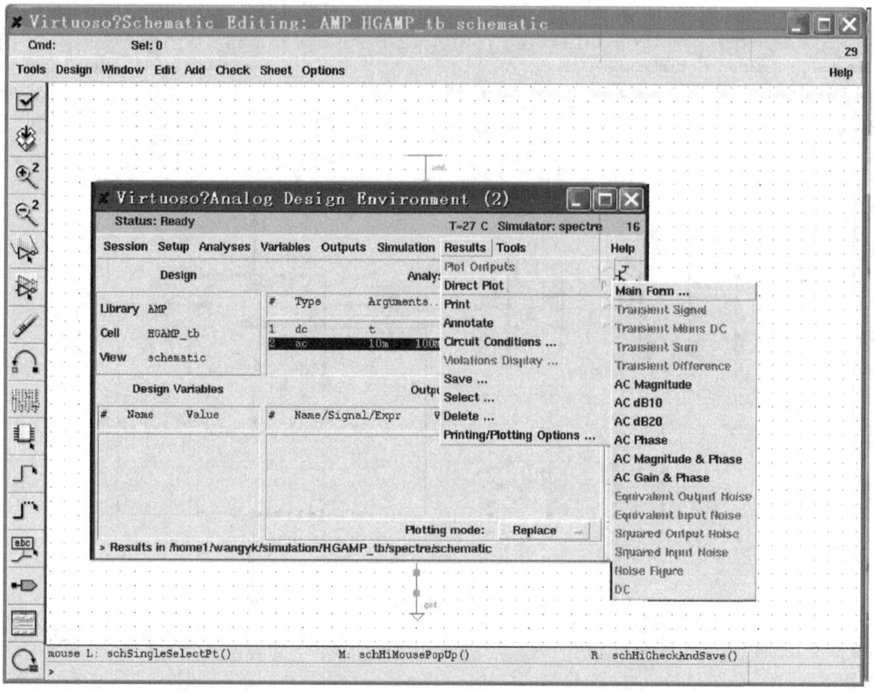

图 6-40 用 ADE 直接观察电路增益和相位曲线

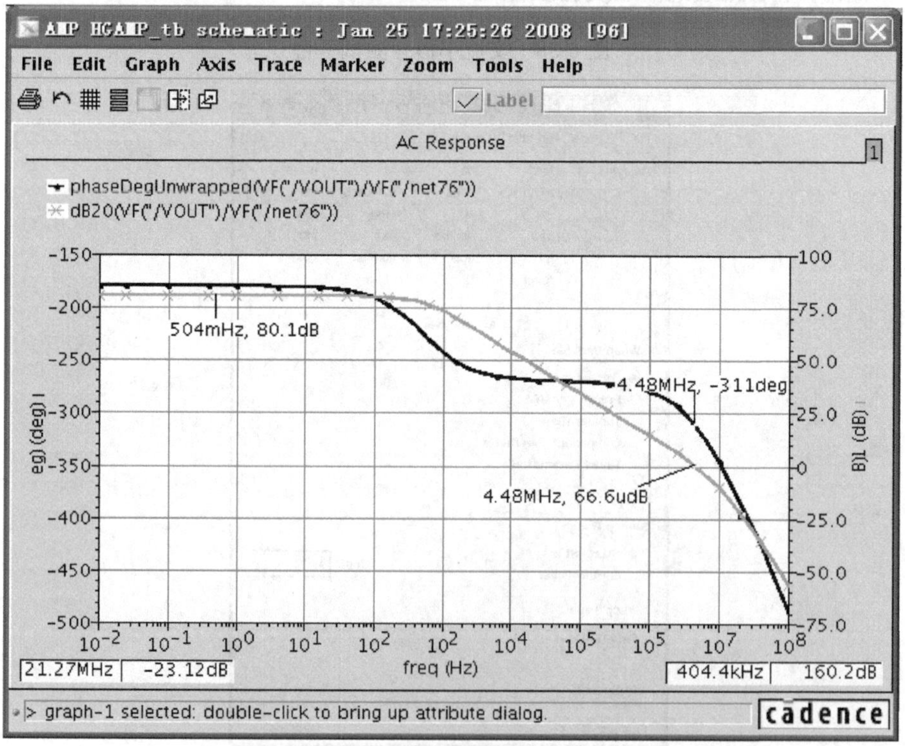

图 6-41 放大器增益和相位曲线

（注：图中的横坐标由于软件问题有误，后同）

从图 6-41，可以看出，该放大器的增益有 80.1dB，相位裕度约为 49°，单位增益带宽 4.48MHz。用“Shift＋E”切入到运算放大器内部电路图后，同样的方法依次点击第一级放大器的输出端“N1”和输入端“Vin1”，可以看到增益和相位曲线，如图 6-42所示。

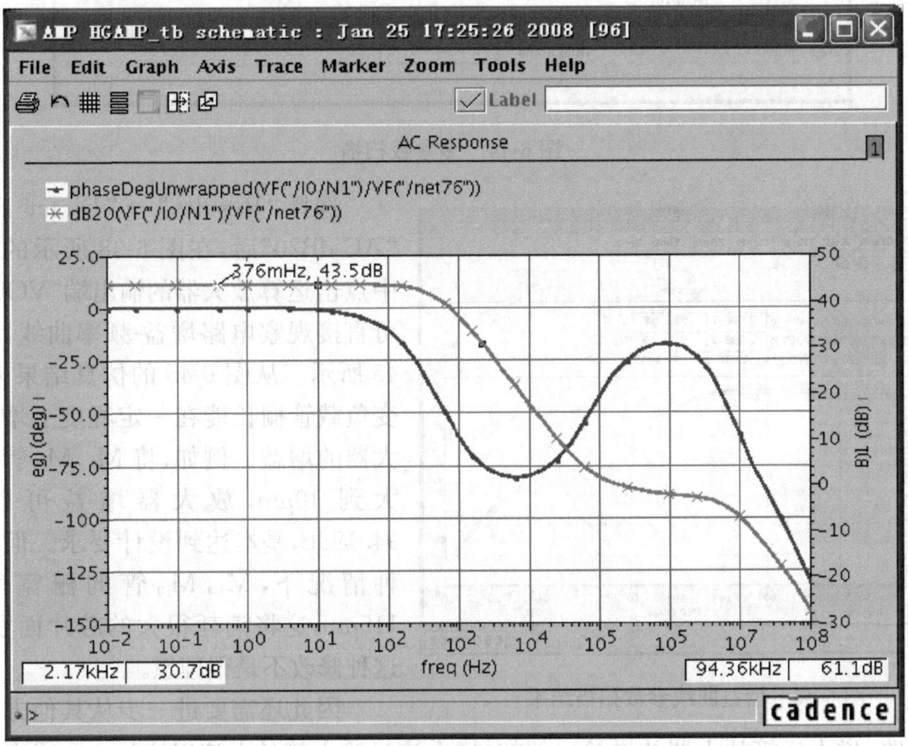

图 6-42　第一级放大器增益和相位曲线

从第一级放大器的增益和相位曲线来看，它的直流增益太小，仅为 43.5dB。增大负载管的长度 L 可以增大负载管沟道电阻，从而提高放大器的增益。为了寻找合适的长度，将 M_9 和 M_{10} 的宽度和长度同时设置变量“M9_W”和“M9_L”(因为电路的对称性，M_9 和 M_{10} 管拥有相同的宽长比，因此它们共享同一组变量)。为了保持 M_9 和 M_{10} 管的宽长比，在 ADE 窗口的变量赋值时，将“M9_W”的大小设置为“M9_L* 11.5”，如图 6-43 所示。这样当修改 M_9 和 M_{10} 管的栅长时，将自动修改 M_9 和 M_{10} 管的栅宽。这里需要注意的是，“M9_W”一定要在“M9_L”之后赋值，即在图 6-43 中，“M9_W”排在“M9_L”之后。

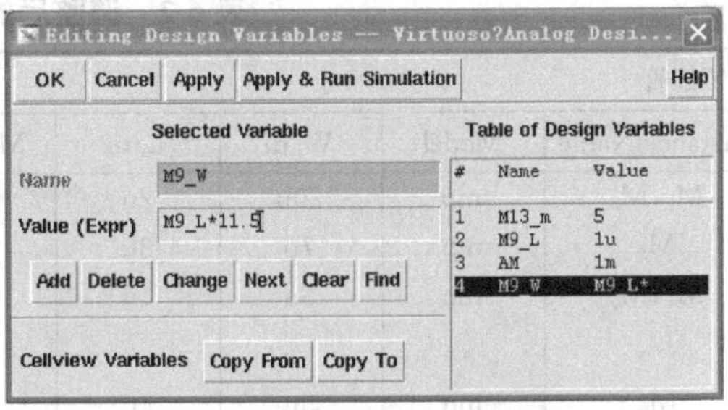

图 6-43　将 M_9 和 M_{10} 管的栅宽设为栅长的 23 倍

为了寻找合适的栅长，将图 6-19 中 M_9，M_{10} 的栅长进行参数扫描，以观察不同栅长情况下放大器的增益。“Parametric Analysis”的设置如图 6-44 所示(具体操作见附录 E)。

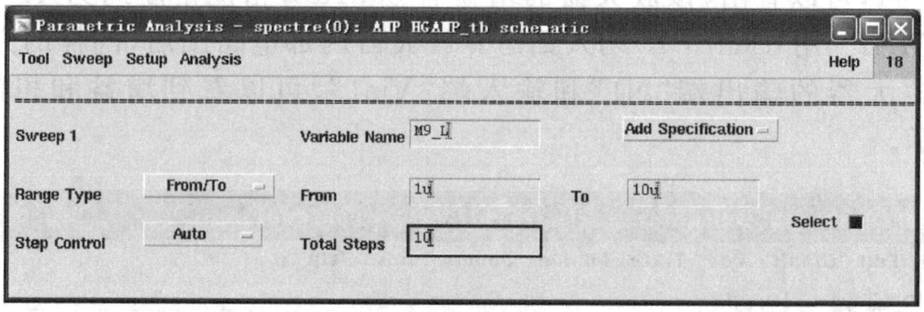

图 6-44　多参数扫描

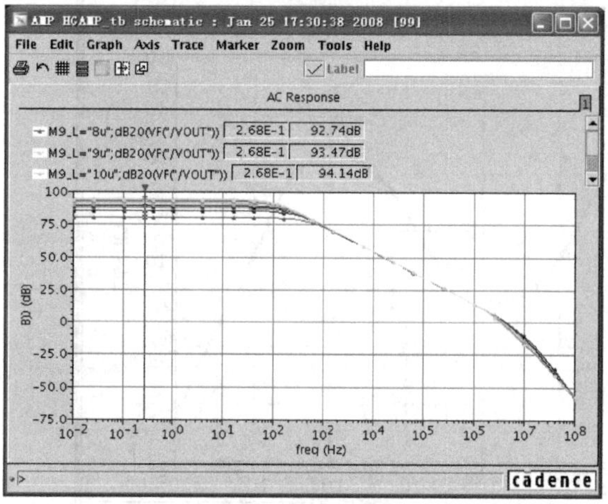

图 6-45　增益曲线参数扫描结果

选择"Results"→"Direct Polt"→"AC dB20"后，在图 6-38 所示的电路图中点击运算放大器的输出端"VOUT"，即可直接观察电路增益-频率曲线，如图 6-45 所示。从图 6-45 的仿真结果来看，改变负载管栅长能在一定程度上增大了放大器的增益。例如，将 M_9，M_{10} 管栅长增大到 10μm，放大器增益可以达到 94.19dB，基本达到设计要求。但是在这种情况下，M_9，M_{10} 管的栅宽增加到 115μm，这将消耗很大的芯片面积，显然这种修改不是很理想。

因此还需要进一步从其他方面入手优化电路，增大运算放大器的增益。例如，增大流过输入管的电流以增加 g_m；或者减小流过负载管的电流，以增加输出阻抗。在折叠式运放结构中，可以在不改变总电流的情况下，重新分配流过输入管和负载管的电流。例如，将 M_3 管的并联个数增加到 30，则流过 M_1 和 M_2 管的电流增加到 15μA，而流过M_7～M_{12}管的电流减少为 5μA。为了保证之前计算的直流工作点，在增加 M_3 管并联个数的同时，还需要将 M_7～M_{12}管的宽长比减半。同时为了保证相位裕度和单位增益带宽，需要调整米勒补偿电容管的大小和 M_{13} 管的并联个数。调整后的设计参数如表 6-2 所示。

表 6-2　调整后的放大器器件参数

MOS 管					
Instance Name	Model	W/m	L/m	Multiplier	修改原因
M_1，M_2	mp	20u	2u	2	增大跨导，从而增加增益和单位增益带宽
M_3	mp	7u	3u	30	增大输入管的电流，从而增加输入管的跨导
M_4，M_5	mn	5u	4u	20	—
M_6	mn	5u	4u	50	增大第二级放大器输入管的漏源电流，从而提高增益和次极点的频率；提高次极点频率以提高相位裕度，增强稳定性

续表

MOS 管

Instance Name	Model	W/m	L/m	Multiplier	修改原因
M_7, M_8	mn	16u	1u	1	保证直流工作点
M_9, M_{10}	mp	28.75u	2.5u	1	保证直流工作点，提高输出阻抗
M_{11}, M_{12}	mp	6u	1u	5	保证直流工作点增大第二级放大器输入管的跨导，从而提高增益和次极点的频率；提高次极点频率以提高相位裕度，增强稳定性
M_{13}	mp	7u	1u	6	
M_{14}, M_{16}	mp	1u	11u	1	调整 V_{BIAS1} 的电位到计算值
M_{15}	mp	7u	3u	1	——
M_{17}	mp	6u	1u	1	——
M_{19}, M_{20}, M_{21}	mn	3.2u	1u	1	——
M_{22}, M_{18}	mn	1u	21u	1	调整 V_{BIAS2} 的电位到计算值
M_{23}, M_{24}, M_{25}	mn	5u	4u	1	——

电容

Instance Name	Model	W/m	L/m	Capcitance/F	Multiplier	修改原因
C_m	—	—	—	5p	1	增强极点分裂作用，提高相位裕度

电阻

Instance Name	Model	W/m	L/m	Resistance/Ω	Multiplier	修改原因
R_m	—	—	—	2.85k	1	——

调整后放大器的交流仿真结果如图 6-46 所示。增益达到 99.5dB，单位增益带宽约为 4.05MHz，相位裕度约为 59°，基本满足设计要求。

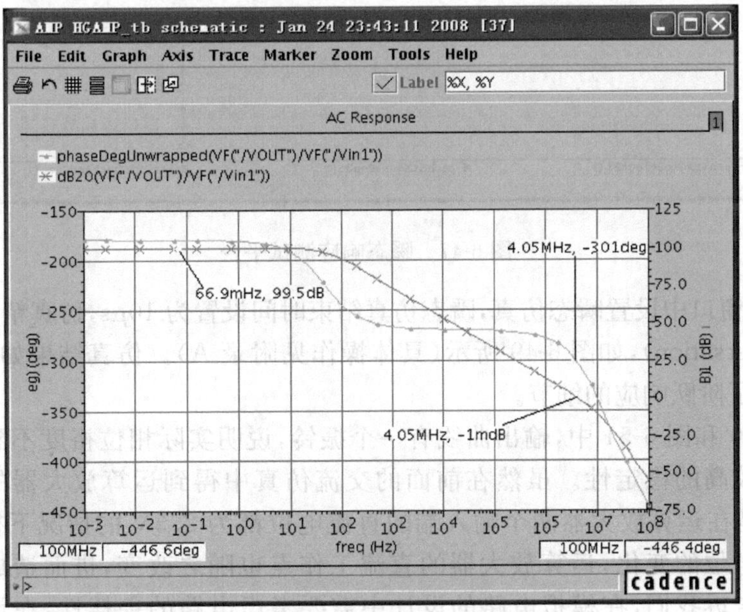

图 6-46　调整后的增益与相位曲线

6.5.5 瞬态时域仿真

衡量一个运算放大器的时域特性主要是观察运放的阶跃响应，包括静态误差、超调量、调整时间、是否有振铃等指标。为此我们设计的测试平台和瞬态激励分别如图 6-47 和图 6-48 所示。在图 6-47 中，运算放大器被连接成单位增益负反馈模式，在这种情况下，运算放大器的输出将跟随运算放大器同向输入端“Vin2”的输入信号。在运算放大器的同向输入端接入一个分段信号电压源，产生一个 0～2.5V，上升沿为 1ns 的阶跃信号。该电压源的设置见图 6-48(该电压源的说明见附录 A)。

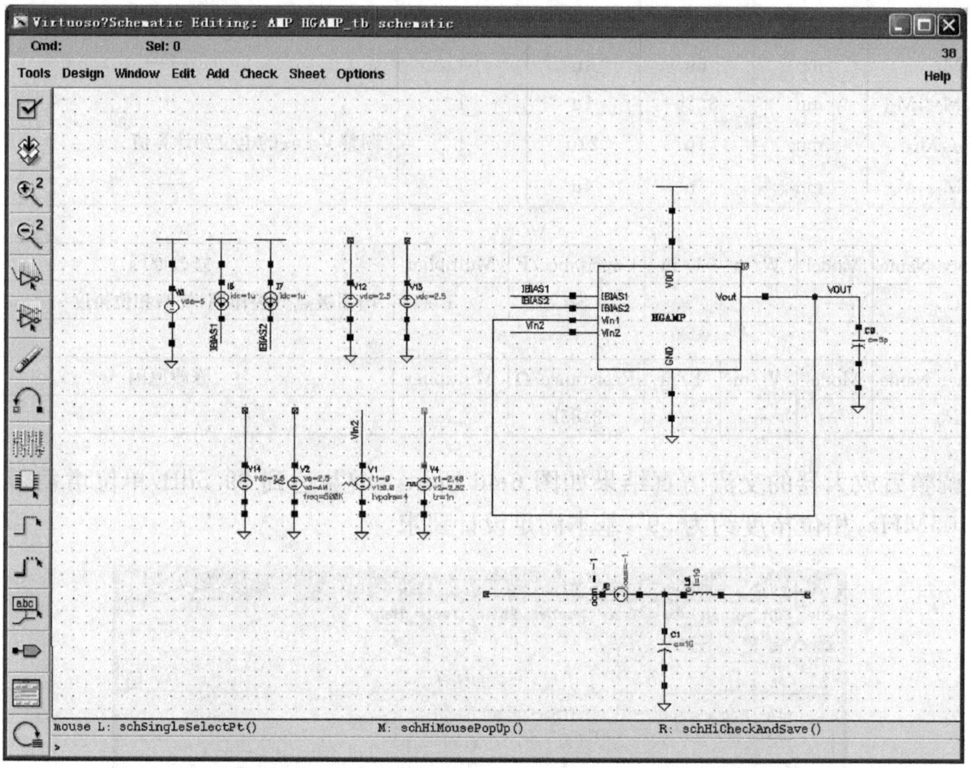

图 6-47　瞬态响应测试平台

在 ADE 窗口中设置瞬态仿真，瞬态仿真结束时间设置为 10μs，仿真精度可以设计为高精度(conversation)，如图 6-49 所示(具体操作见附录 A)。仿真结果如图 6-50 所示。图 6-51 提供了阶跃响应的细节。

在图 6-50 和图 6-51 中，输出曲线有一个振铃，说明实际相位裕度不到 60°，不过系统还能保持较高的稳定性。虽然在前面的交流仿真中得到运算放大器的相位裕度有 59°，但是这是在运算放大器两个输入端的直流电位都为 2.5V 的情况下得到的。随着输入端直流电位的变化，运算放大器的直流工作点也随之改变，进而造成了相位裕度的不足。这告诉我们，在模拟电路的设计中需要考虑电路的鲁棒性，在设计时需要留有一定的余量。

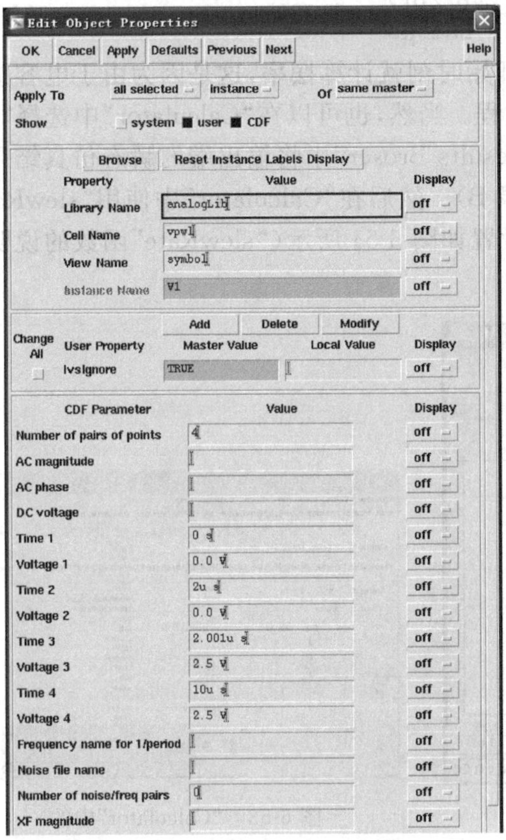

图 6-48　单位阶跃激励源

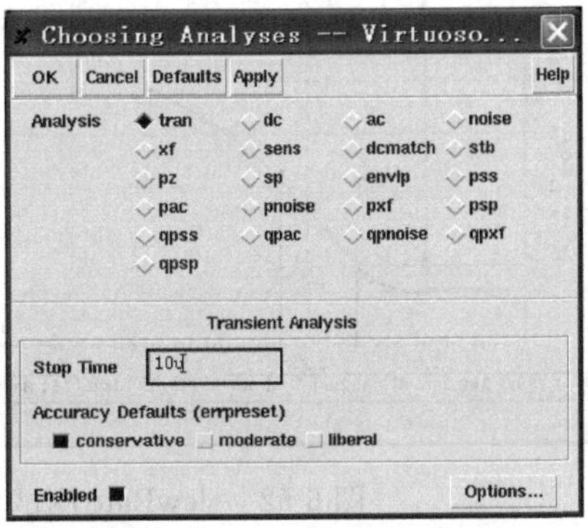

图 6-49　瞬态仿真设置

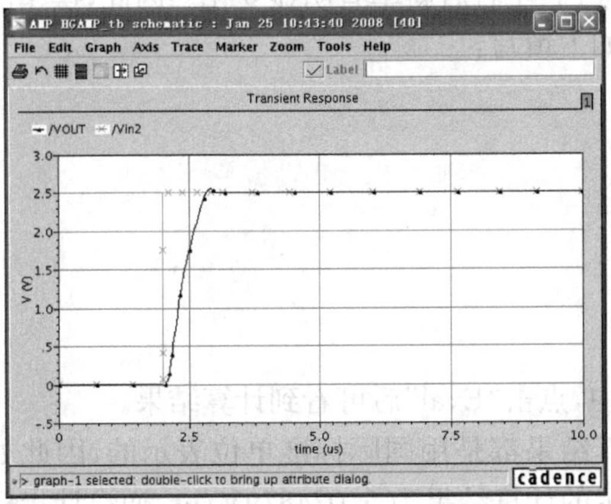

图 6-50　瞬态仿真结果

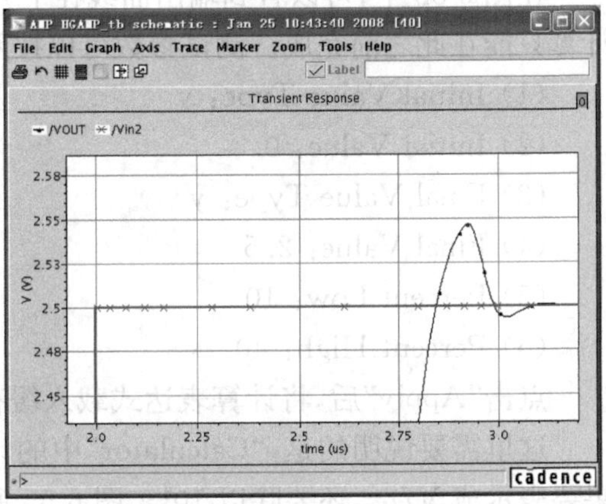

图 6-51　输出曲线和输入曲线细节图

根据电路理论可知，输出响应分为大信号响应阶段和小信号线性响应两个阶段。根据大信号响应的斜率可以直接测量该放大器的正摆率。简单测量的方法如图 6-52所示。

$$\text{slewRate} = \frac{1.06\text{V} - 248.2\text{mV}}{2.312\mu\text{s} - 2.15\mu\text{s}} = 5.02\text{V}/\mu\text{s} \tag{6-57}$$

图 6-52 中需要注意的是，不能从跳变开始时刻就计算摆率，这是因为由于电容馈通效应的存在，输出曲线会有个向下弯曲的过程。当然，也可以在“Calculator”中选择“slewRate”函数来测量输出曲线的摆率。从“Results Broser”中将输出端的瞬态仿真结果输送到“Calculator”的缓存中（具体操作见附录 B）。然后在“Calculator”中使用“slewRate”函数，如图 6-53 所示。“slewRate”函数的设置如图 6-54 所示（“slewRate”函数的说明见附录 D）。

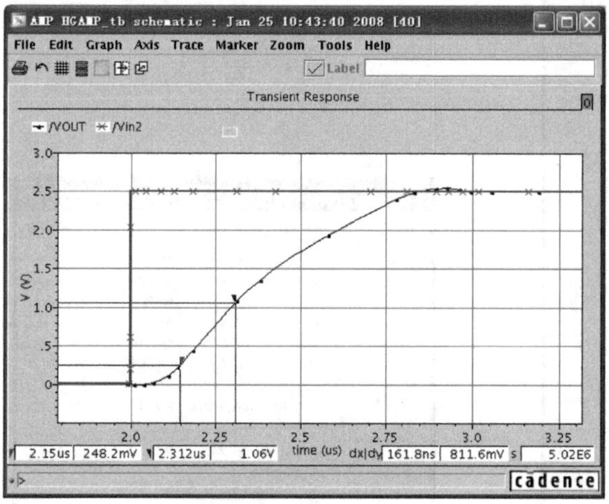

图 6-52　slewRate 测试

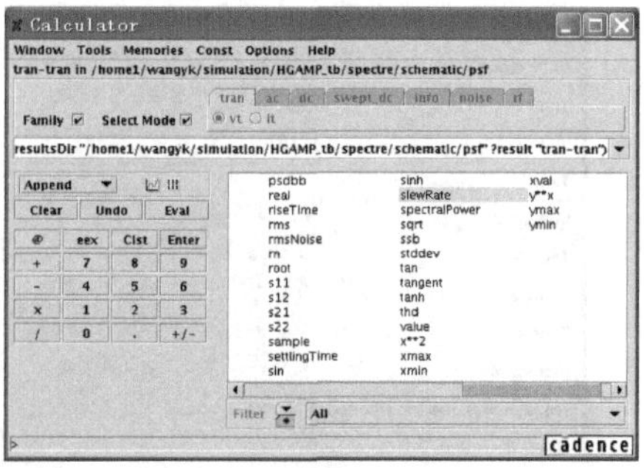

图 6-53　“Calculator”中的“slewRate”函数

在图 6-52 中，可以看到输出曲线在上升到 1V 左右后斜率有明显变化。因此，摆率的计算只能在此之前完成。测试参数可以按照如下填写：

(1) Initial Value Type：y

(2) Initial Value：0

(3) Final Value Type：y

(4) Final Value：2.5

(5) Percent Low：10

(6) Percent High：40

点击“Apply”后，将计算表达式载入缓存中，点击“Eval”后可看到计算结果。

这里需要说明的是，“Calculator”中的计算结果都是用国际标准单位表示的，因此如果要表示成 V/μs，还要除以 10^6。图 6-55 所示的计算结果为 5.024879V/μs，而设计指标要求摆率达到 5V/μs，因此的设计满足要求。

建立时间是另一项衡量运算放大器反应速度的重要指标，它表示从跳变开始到输出稳定的时间。在测量建立时间时，需要规定误差容限，即规定当输出曲线进入到距离终值多大范围内，认为放大器完成建立过程。一般容差范围为 5%～0.1%。以 0.1%的误差为例，如果在终值电压为 2.5V 的情况下，当放大器输出电压达到(2.5±0.0025)V 范围

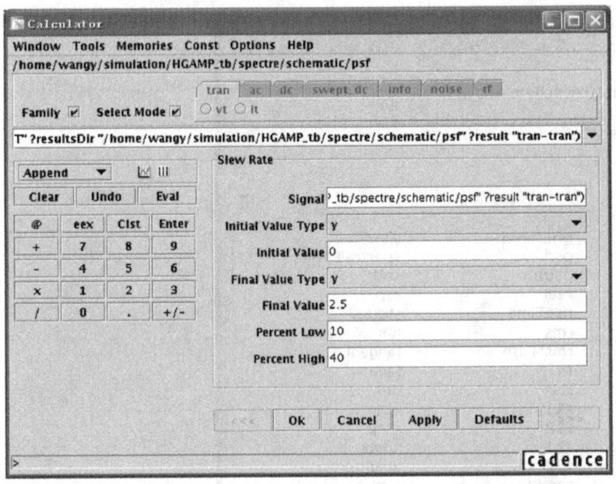

图 6-54　“Calculator”中的“slewRate”函数设置

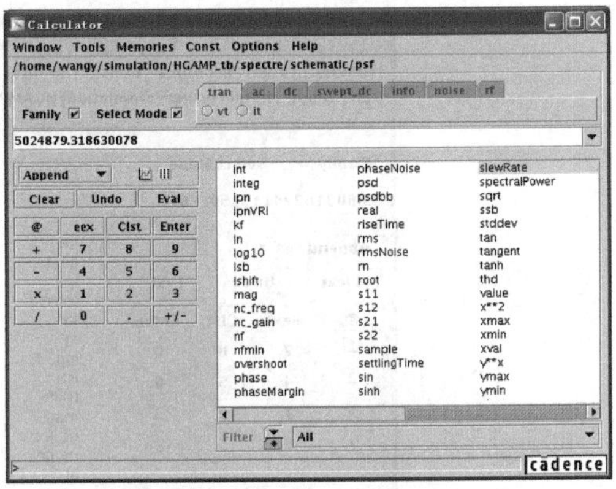

图 6-55　计算结果

内时，可以认为该放大器完成建立。同样，利用“Calculator”中的“settlingTime”函数来测量建立时间，函数的选择和设置如图 6-56 和图 6-57 所示。

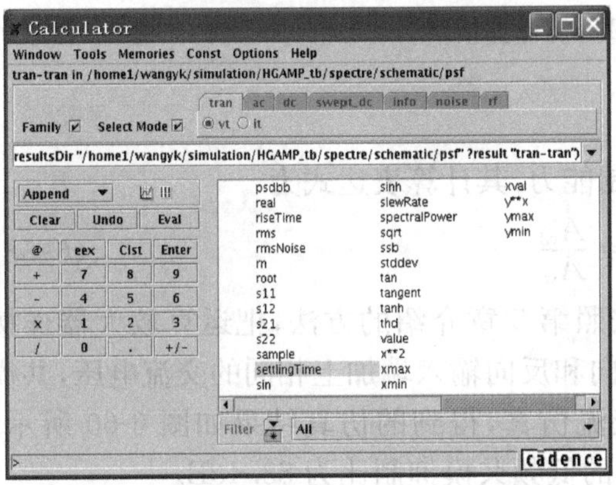

图 6-56　在“Calculator”中建立时间测量函数

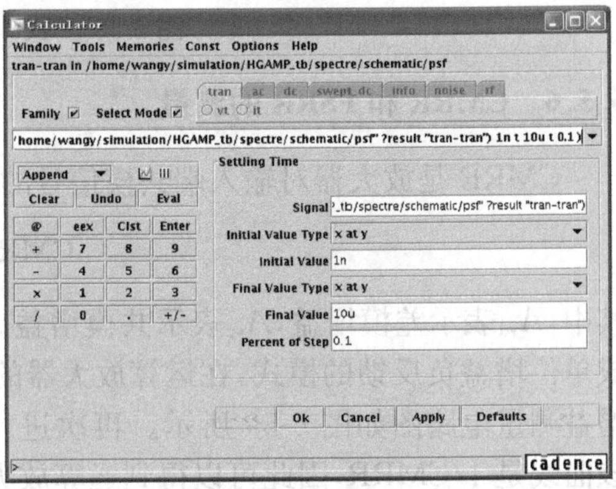

图 6-57　“settlingTime”函数的参数设置

可以看到“settlingTime”函数的基本设置和“slewRate”函数的基本设置是一样的（“settlingTime”的说明见附录 D）。图 6-57 中的“Percent of Step”表示容差范围，不过在“Calculator”中与前述的容差范围含义略有不同，它是指“Final Value－Initial Value”的百分比。这里给出在本例中的测试参数

(1) Initial Value Type：x at y

(2) Initial Value：1n

(3) Final Value Type：x at y

(4) Final Value：10μ

(5) Percent of Step：0.1

计算结果如图 6-58 所示。需要注意的是，这里计算出的时间 3.06μs 表示运算放大器建立结束时刻，真正的建立时间是 3.06μs 减去跳变起始时刻 2μs。所以，该运放的建立时间是 1.06μs。

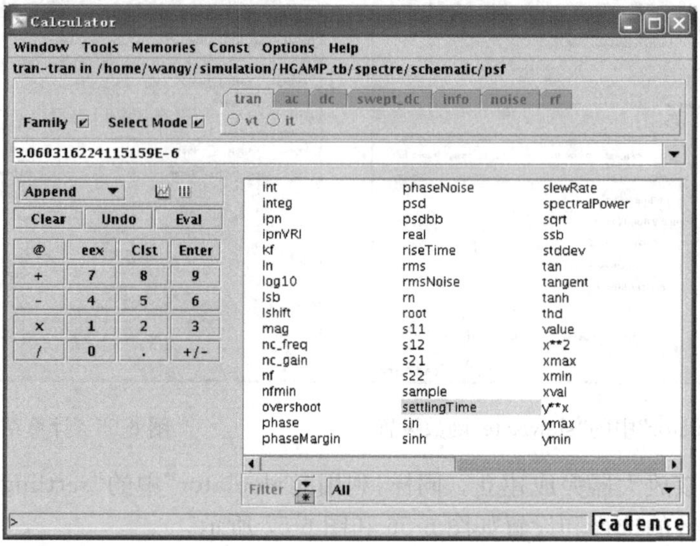

图 6-58　“settlingTime”计算结果

6.5.6　CMRR 和 PSRR 的测量

CMRR 是放大器对输入端共模信号的抑制能力，其计算表达式为

$$\mathrm{CMRR} = \frac{A_{\mathrm{vd}}}{A_{\mathrm{vc}}} \tag{6-58}$$

其中，A_{vd}表示差模增益，A_{vc}表示共模增益。按照第 5 章介绍的方法，把运算放大器连接成单位增益负反馈的模式，在运算放大器的同向和反向输入端加上相同的交流电压，共模增益测量电路图如图 6-59 所示。再次进行交流仿真，得到的仿真结果如图 6-60 所示。该曲线是 1/CMRR，因此可以得到运算放大器的低频共模抑制比为 83.4dB。

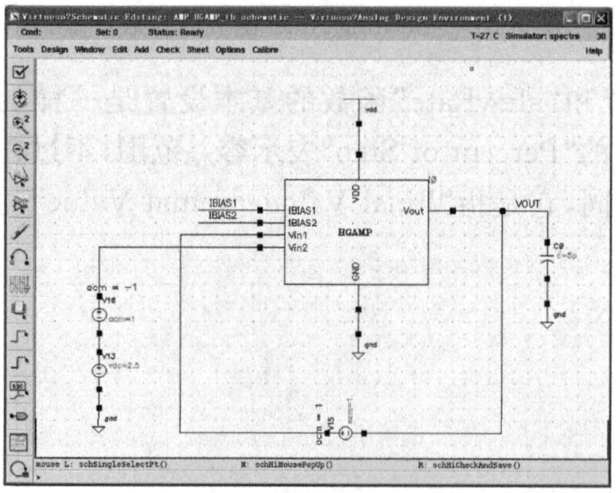

图 6-59　共模增益测试电路

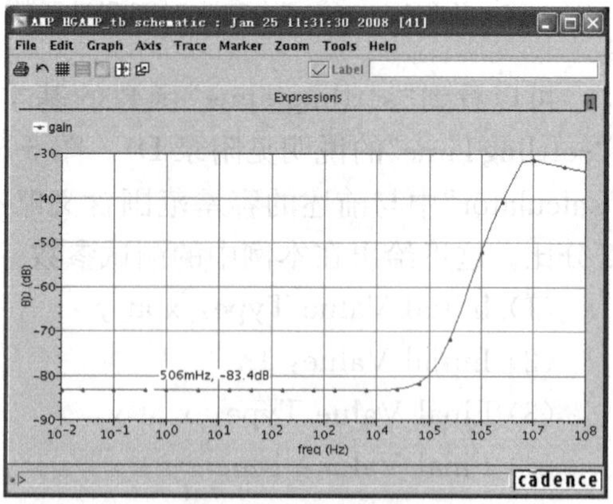

图 6-60　共模增益曲线

PSRR 是衡量电路对电源噪声的抑制能力。按照第 5 章介绍的方法，把运算放大器连接成单位增益负反馈的模式，仅在供电电压源上增加 1V 的交流电压，测试电路如

图 6-61所示。测试结果如图 6-62 所示。该曲线是 1/PSRR，因此运算放大器的低频电源抑制比为 84.6dB，满足了设计要求。

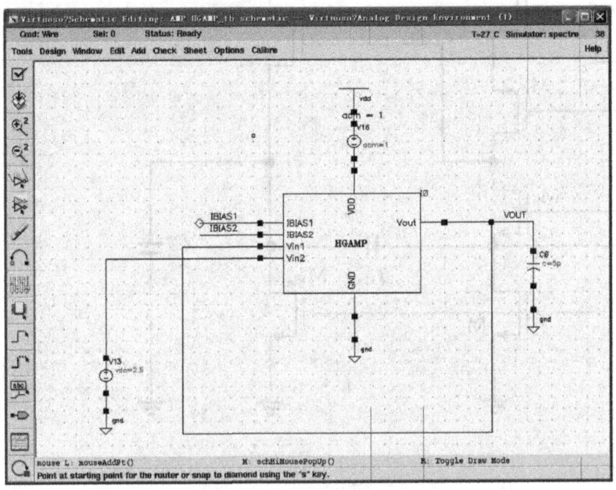

图 6-61　PSRR 测试电路

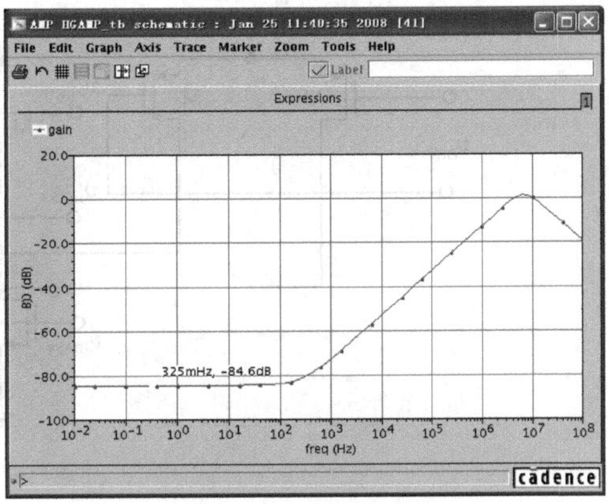

图 6-62　PSRR 测试结果

习　题

6.1　请计算图 6-2 套筒式运算放大器的增益和输出摆幅。

器件参数：$V_{DD}=5V$，$\mu_pC_{ox}=50\mu A/V^2$，$\lambda_p=0.2V^{-1}$，$\mu_nC_{ox}=110\mu A/V^2$，$\lambda_n=0.1V^{-1}$，$V_{THn}=0.75V$，$V_{THp}=-0.95V$。

6.2　请计算图 6-3 的增益和输出摆幅，器件参数同题 6.1。请比较和题 6.1 结果的不同点。

6.3　一种自偏置的单级共源-共栅运算放大器如图 6-63 所示。请计算这种放大器的增益，并分析该电路的优缺点。

6.4　证明对于有两个极点和一个右半平面的零点运算放大器模型，如果要获得 45°相位裕度，要求次极点频率位于 1.22 倍单位增益带宽以上，零点频率位于 10 倍单位增益带宽以上。

6.5　请根据图 6-18，利用米勒等效的方法估算系统的零极点分布，并与式(6-21)和式(6-22)比较结果。

6.6　一种在实际设计中常用的米勒补偿方式如图 6-64 所示。该补偿方案是将米勒电容反馈到共源-共栅极。试画出这种情况下的小信号模型并计算它的传递函数。对比图6-19 折叠式共源-共栅两极放大器米勒补偿的效果。

6.7　一个简单的两级运算放大器如图 6-65所示，偏置电阻大小为 100kΩ，其他参数使用默认值。试设计每个管子大小，米勒补偿电容和电阻值的大小，使单位增益带宽为 1MHz，直流差模增益为 50dB 以上。

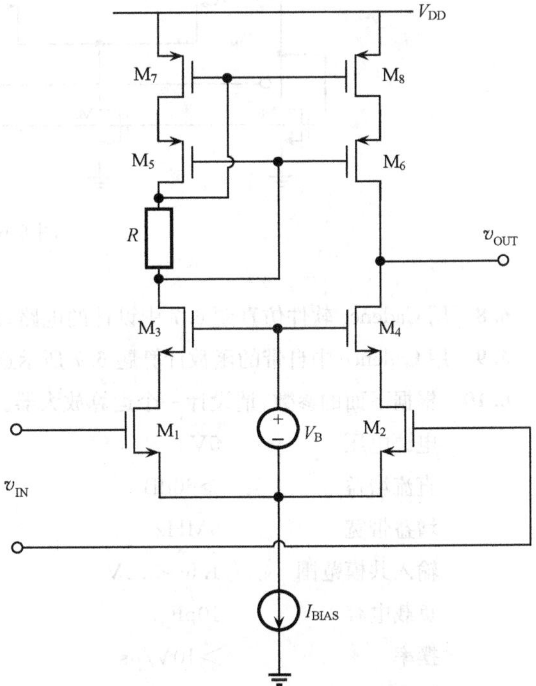

图 6-63

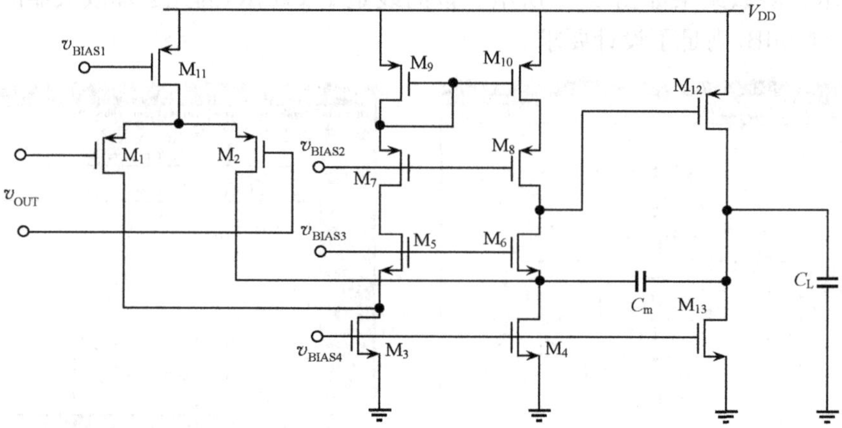

图 6-64

器件参数：$\lambda_n=0.1V^{-1}$，$\lambda_p=0.2V^{-1}$，$V_{THn}=0.75V$，$V_{THp}=-1.0V$，$\mu_n C_{ox}=110\mu A/V^2$，$\mu_p C_{ox}=50\mu A/V^2$。

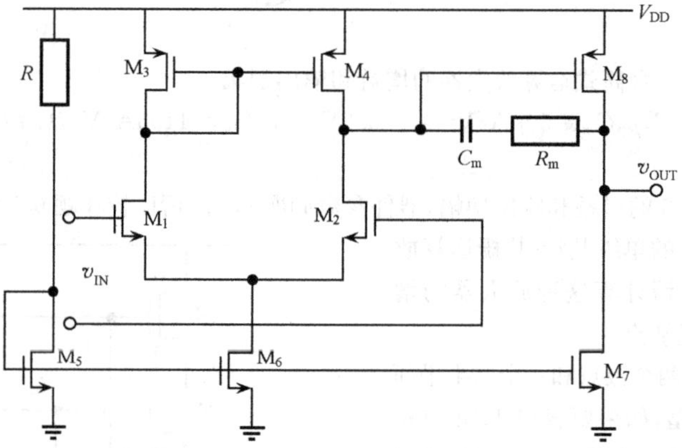

图 6-65

6.8 用 Cadence 软件仿真题 6.7 中设计的电路，比较和手工计算的差异，并用优化器优化。

6.9 用 Cadence 中自带的函数计算题 6.7 所示运算放大器的摆率、相位裕度、功耗等参数。

6.10 根据下面的参数，请设计一个运算放大器。器件参数同 6.7 题。

电源电压	5V
直流增益	>60dB
增益带宽	5MHz
输入共模范围	1.5～3.5V
负载电容	10pF
摆率	>10V/μs
输出电压摆幅	±1.5V
功耗	<4mW

参 考 文 献

[1] Ka Nang Leung，Philip K T Mok. Analysis of multistage amplifier-frequency compensation. IEEE Transactions on Circuits and Systems—I：Fundamental Theory and Applications，2001，48 (9)
[2] Ravavi B. 模拟 CMOS 集成电路设计．西安：西安交通大学出版社，2003
[3] Allen P E. CMOS 模拟集成电路设计．第 2 版．北京：电子工业出版社，2005
[4] Franco S. 基于运算放大器和模拟集成电路的电路设计．第 3 版．西安：西安交通大学出版社，2003

第 7 章　全差分运算放大器与非线性

全差分运算放大器就是一种具有差分输入、差分输出结构的运算放大器。差分放大器相对于单端输出的放大器具有如下一些优势：首先，随着 CMOS 工艺尺寸的不断缩小，从 0.5μm 减小至 0.35μm，0.18μm，90nm，芯片的供电电压也不断减小，从 5V 降到 3.5V，1.8V，1.2V，甚至更低。在供电电压如此低的情况下，单端输出的运算放大器很难理想地工作，为了保证电路得到足够大的信号摆幅，需要采用全差分的运算放大器结构；其次，全差分运算放大器能够有效抑制电路的共模信号，并且能够减小电路的偶次谐波失真，但是为了得到这些性能，全差分运算放大器需要一个共模反馈环路来控制输出的共模电平。理想情况下，这个共模反馈控制环路会使得输出的共模电平稳定在 $V_{DD}/2$。所以，一个全差分放大器通常由主放大器和共模反馈环路两部分组成，它在现代电路设计中应用非常广泛。

本章首先介绍全差分放大器的基本结构和原理，比较几种常用的全差分放大器；然后介绍全差分放大器中的一个重要部分——共模反馈，并详细讲述共模反馈的原理和要求，接着简单介绍一些常用的共模反馈结构；接下来，介绍全差分放大器的非线性问题以及提高电路线性度的几种电路结构；最后，设计一个高带宽的全差分运算放大器电路，并进行总结。

7.1　概　　述

7.1.1　全差分运算放大器结构框图

图 7-1 是一个全差分运算放大器的结构框图，它包括了主放大器和共模反馈（common mode feedback，CMFB）两个部分，通常全差分放大器由这两部分组成。

共模反馈的基本思想就是由一个共模采样电路取得电路的输出共模信号，然后把共模信号与一个参考信号相比较，将比较后的误差信号放大后再输入主放大器，以调节输出共模电压。对于输入的差分信号来说，共模反馈环路不会对交流信号产生影响，相当于共模环路对于交流是开路的。所以，电路的差分增益和相位就由主放大器决定。但是，对于输入的共模信号，共模反馈环路决定了输出的共模电平，这时，共模环路的增益和相位就会对电路的输出共模电平的精度和稳定性产生影响。

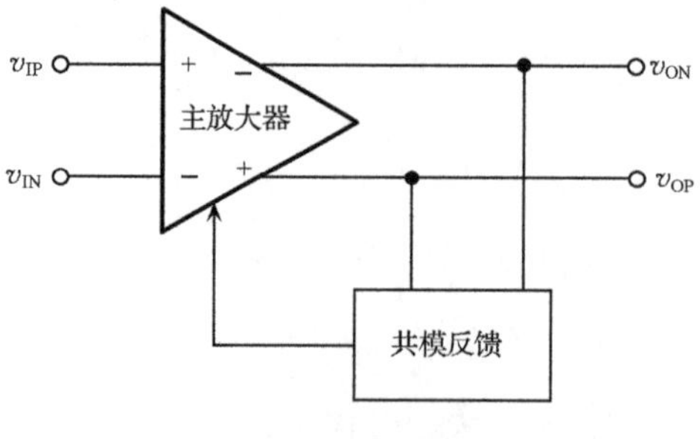

图 7-1　全差分运算放大器结构框图

图 7-2 给出了全差分放大器在应用中的一种电路形式，从中可以看出。差分输出的

信号摆幅 $v_{O1}-v_{O2}$ 为单端信号 v_{O1}（v_{O2}）摆幅的 2 倍，所以在输出端可以有较大的输出动态范围，相对于单端输出提高了处理信号幅度的能力。

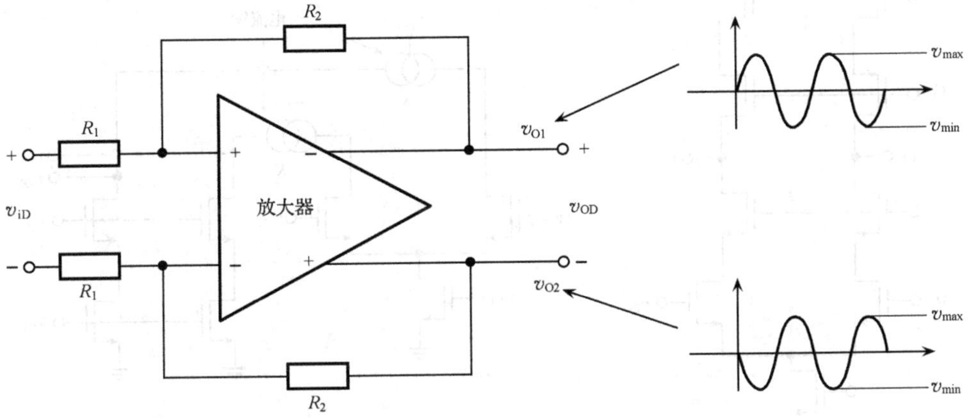

图 7-2　全差分运算放大器的一种应用结构

7.1.2　常见的全差分运算放大器电路

图 7-3 和图 7-4 列出了常见的全差分运算放大器电路，图中没有包括共模反馈电路部分。图 7-3(a)是普通的全差分放大器电路，通常作为一个放大器的输入级部分。图 7-3(b)是折叠式全差分运算放大器电路，它的增益会比较大，可以达到 60～70dB，但同时会消耗比较大的功耗，因为它有四条支路需要电流。折叠式运算放大器在实际的应用中比较广泛，因为它单级的增益比较大，这样可以避免使用多级电路来实现高增益，也就避免了多级放大器的频率补偿问题。

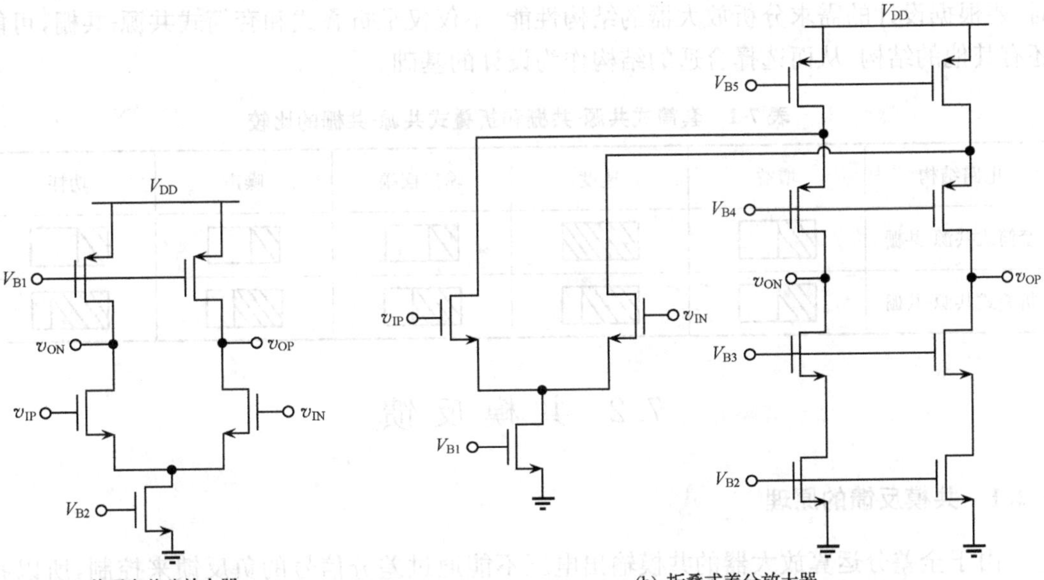

(a) 普通全差分放大器　　(b) 折叠式差分放大器

图 7-3　常见的全差分放大器结构

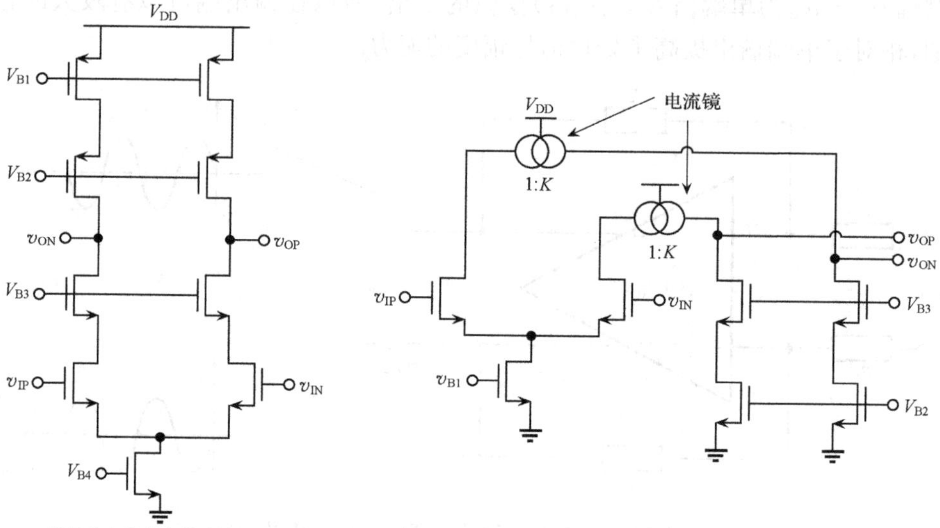

(a) 常见的套筒式全差分放大器结构　　(b) 电流镜形式的全差分放大器

图 7-4

图 7-4(a)是套筒式全差分运算放大器电路，它的增益和折叠式全差分运算放大器差不多，但速度会快些，输入共模范围会小一点。图 7-4(b)是电流镜形式的全差分放大器，它的速度比较快，但是需要的电流也比较大[1]。

表 7-1 比较了套筒式共源-共栅和折叠式共源-共栅结构的性能特点，因为这两种电路结构在实际的设计中用得最多。其中，阴影部分表示该指标的绝对值。例如，在增益上，套筒式共源-共栅和折叠式共源-共栅差不多，但是在速度上，前者要快一些。在设计电路时，要根据设计的需求分析放大器的结构性能，不仅仅是折叠式和套筒式共源-共栅，可能还有其他的结构，从而选择合适的结构作为设计的基础。

表 7-1　套筒式共源-共栅和折叠式共源-共栅的比较

电路结构	增益	速度	输出摆幅	噪声	功耗
套筒式共源-共栅					
折叠式共源-共栅					

7.2　共 模 反 馈

7.2.1　共模反馈的原理

由于全差分运算放大器的共模输出电压不能通过差分信号的负反馈来控制，所以我们需要一个额外的共模反馈环路来确定输出的共模电平，这个共模电平的选择原则通常是用来得到最大的差分输出增益或者是最大的输出电压摆幅。

图 7-5 为研究电流源不匹配引起输出电压变化的简化模型，如果电流源 I_p 和 I_n 之间不匹配，那么这个差值电流会在输出端产生一个电压

$$V_o=\Delta I\cdot r_o=(I_p-I_n)\cdot(r_{op}/\!/r_{on})$$

例如，$\Delta I=1\mu A, r_o=2M\Omega$，那么 $V_o=2V$。但实际上这个电压是不可能在电路中产生的，所以必然会使得 I_p 的电流源进入线性区，也就是输出电压升高，从而使得 $\Delta I=0$。

既然全差分运算放大器电路中存在由电流源之间的不匹配引起的输出电压偏高或者偏低现象，所以需要通过共模反馈环路来确定差分放大器的输出共模电压。图 7-1 的共模反馈部分可以由图 7-6 来表示。共模反馈电路通常由共模电压采样电路和误差放大电路两部分组成，通常有

$$V_s=\alpha_1 V_{o,cm}+\alpha_2 V_{o,dm}+\alpha_3 V_{o,dm}^2 \tag{7-1}$$

其中，$V_{o,cm}$为输出共模电平，$V_{o,dm}$为输出差分电压，α_1、α_2、α_3 为系数。

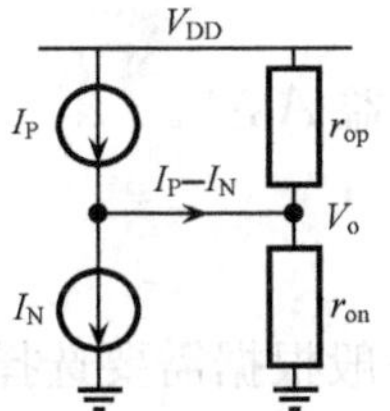

图 7-5　电流源不匹配的简化模型

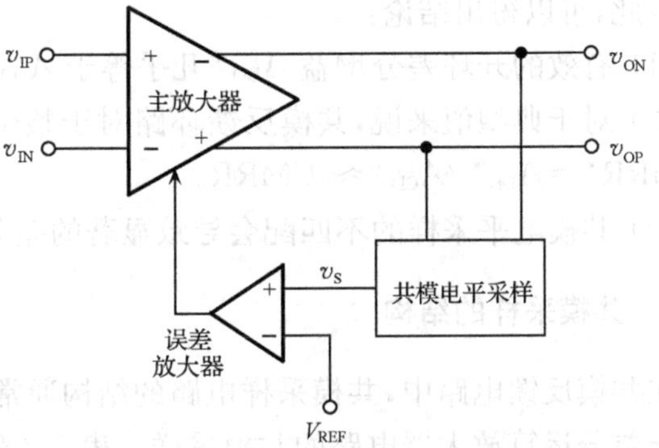

图 7-6　共模反馈电路的结构

对于理想的共模电平采样电路，后面两项均为 0。$\alpha_2 V_{o,dm}$来自共模电平采样电路的不可避免的失配，$\alpha_3 V_{o,dm}^2$是由于电路的非线性 I-V 特性所导致的。

对于全差分运算放大器电路，由于其拥有共模放大和差模放大两种信号，为了考虑共模和差模之间的交叉放大，通常会使用信号流图来简化全差分运算放大电路[3]。图 7-7 是图 7-6 电路结构的信号流图，其中 A_{DD}(A_{SC})是我们想要的差分增益(共模增益)，A_{DC}，A_{CD}(A_{SD})来自电路内部的管子之间的不匹配，A_{CC}来自主放大器的非理想电流源，A_{DS}来自共模电平采样的不匹配，A_{CS}是共模电平采样的增益。α_1 和 α_2 分别对应于 A_{CS} 和A_{DS}。

因为图 7-7 的信号流图中有两个不同的环路，V_S 和 $V_{o,cm}$之间是共模环路，其环路增益(loop gain)为 $LG_{CM}=A_{SC}A_{CS}$；V_S 和 $V_{o,dm}$间环路的存在会影响差分信号的输出，可以把这个环路称为内部差分环路，其环路增益为 $LG_{DM}=A_{SD}A_{DS}$。但是，LG_{DM} 比 LG_{CM}

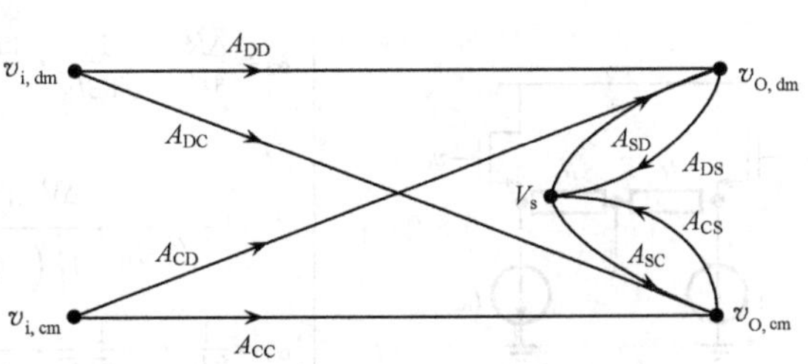

图 7-7　全差分运算放大器的信号流图

小很多，几乎可以不考虑。另外，图 7-7 中还给出了共模信号和差分信号之间的交叉增益，可以表示为 $\Delta LG_{CM}=A_{CS}A_{SD}$ 和 $\Delta LG_{DM}=A_{DS}A_{SC}$。

使用 Mason 公式，可以得到如下公式（∗号表示有效增益）：

$$A_{DD}{}^{*}=\frac{A_{DD}(1-LG_{CM})+A_{DC}\cdot\Delta LG_{CM}}{D}\approx A_{DD}\tag{7-2}$$

$$A_{CD}{}^{*}=\frac{A_{CD}(1-LG_{CM})+A_{CC}\cdot\Delta LG_{CM}}{D}\approx A_{CD}\tag{7-3}$$

$$A_{DC}{}^{*}=\frac{A_{DC}(1-LG_{DM})+A_{DD}\cdot\Delta LG_{DM}}{D}\approx -A_{DD}\frac{A_{DS}}{A_{CS}}\tag{7-4}$$

$$A_{CC}{}^{*}=\frac{A_{CC}(1-LG_{DM})+A_{CD}\cdot\Delta LG_{DM}}{D}\approx -A_{CD}\frac{A_{DS}}{A_{CS}}\approx 0\tag{7-5}$$

其中，$D=1-LG_{CM}-LG_{DM}$。

因此，可以得出结论：

（1）有效的开环差分增益 $A_{DD}{}^{*}$ 几乎等于 A_{DD}。

（2）对于典型值来说，共模反馈环路对于整个放大器的 CMRR 没有明显的影响，因为 $CMRR^{*}=A_{DD}{}^{*}/A_{CD}{}^{*}\approx CMRR$。

（3）共模电平采样的不匹配会导致显著的差分到共模的增益 $A_{DC}{}^{*}$。

7.2.2　共模采样的结构

在共模反馈电路中，共模采样电路的结构通常有很多种，一般根据需要选择一种结构作为全差分运算放大器电路的共模采样。表 7-2 列出了在全差分放大电路中经常会采用的共模电平采样电路[3]。

表 7-2　共模电平采样电路结构

共模采样	性能	优缺点
1 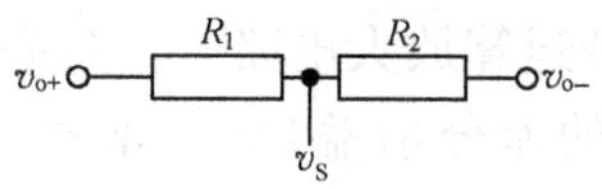	$\alpha_1=1$ $\alpha_2=\frac{\Delta R}{4R}$ $\alpha_3=0$	（1）线性度好 （2）对于实际的 IC 电阻来说，差分增益会大大降低 （3）放大器需要缓冲器（buffer）
2 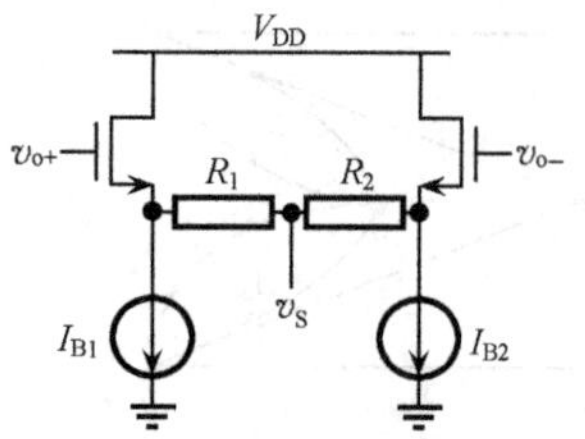	$\alpha_1=1$ $\alpha_2=\frac{\Delta R}{4R}+\frac{1}{\sqrt{8\beta I_B}}\cdot\frac{\frac{\Delta R}{2R}+\frac{\Delta I_B}{4I_B}+\frac{\Delta\beta}{4\beta}}{2R+\sqrt{\frac{2}{\beta I_B}}}$ $+\frac{1}{\sqrt{8\beta I_B}}\cdot\frac{\Delta V_{TH}+\frac{\Delta I_B}{2I_B}\sqrt{\frac{2I_B}{\beta}}}{I_B\left(2R+\sqrt{\frac{2}{\beta I_B}}\right)^2}$ $\alpha_3=\frac{1}{2I_B}\cdot\frac{1}{\sqrt{8\beta I_B}}\cdot\frac{1}{\left(2R+\sqrt{\frac{2}{\beta I_B}}\right)^2}$	（1）源跟随器会引入很大的失调电压（offset） （2）电阻的失配是引起 α_2 的主要原因

续表

共模采样	性能	优缺点
3 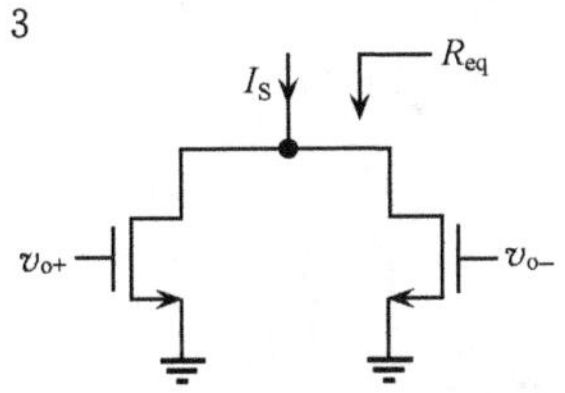	$\alpha_1=2\beta\cdot\Delta V$ $\alpha_2=\frac{\Delta\beta}{2}\cdot\Delta V$ $\alpha_3=0$	(1) MOS 管工作在线性区，表现为一个受控电阻 (2) R_{eq}和$V_{o,dm}$成正比 (3) 载流子的迁移率调制会导致非线性的 α_3
4 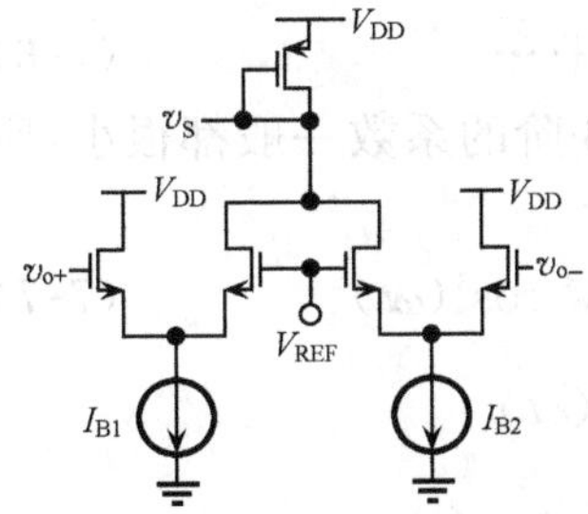	$\alpha_1=\sqrt{\beta I_B}+\frac{\beta\cdot\Delta V_{TH}}{4}+\frac{\Delta\beta}{2}\sqrt{\frac{I_B}{\beta}}$ $\alpha_2\approx\frac{\Delta I_B}{8}\cdot\sqrt{\frac{\beta}{I_B}}$ $\alpha_3\approx 0$	(1) 跨导特性好 (2) 线性度和$V_{o,dm}$相关，存在其他的非线性

共模反馈环路在通常的全差分放大器中是必须的，它确定了放大器的输出共模电平，稳定了输出端信号。一个好的共模反馈环路应该是和差分环路具有相似的通路，如果共模环路和差分环路可以共用，那将是非常好的。图 7-8 给出了一个输出和差分环路关联的共模反馈方式的电路，如果对差分环路和共模环路分别进行分析，可以发现这种共模反馈方式的共模环路和差分环路具有类似的增益和相位性能。

上面提到的共模反馈方式都是连续时间的共模反馈，在离散电路，如采样电路中，经常使用开关电容的共模反馈，如图 7-9 所示。

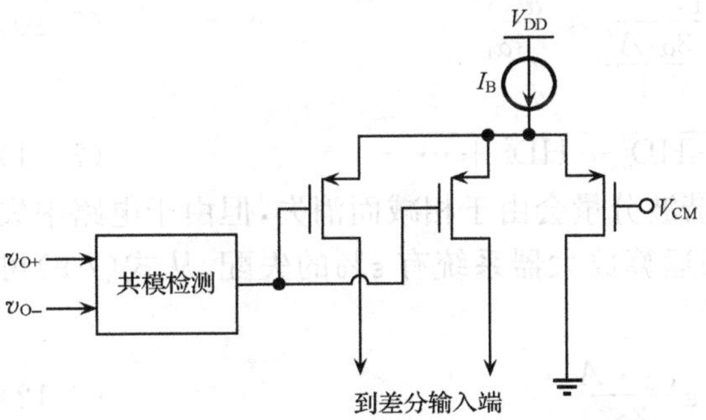

图 7-8　输出和差分环路关联的共模反馈

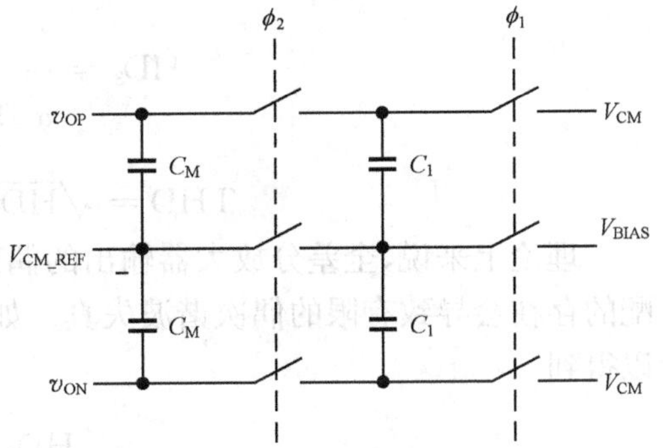

图 7-9　开关电容共模采样电路

电容 C_M 采样差分放大器的输出共模电平，V_{CM}通过电容 C_1 被电容 C_M 采样，V_{CM_REF}用来调节放大器的尾电流源。开关电容的共模反馈在两个方面优于连续时间的共模反馈：一个是对放大器的输出摆幅上没有了限制；另一个就是避免了阻性的负载。但是，开关电容电路也带来一些副作用:一个是开关引入了大量的噪声,这在某些低噪声应用中会成为主要的噪声来源;另一个就是开关引起的电荷注入会导致一定的失调。

总体来说,连续时间共模反馈和离散时间共模反馈各有优缺点,在选择共模反馈电路时要根据实际电路情况进行确定。

7.3 差动电路的非线性

7.3.1 非线性的原理和差动对的非线性

首先考虑任何一个非线性的系统,它可以表示为

$$y(t)=\alpha_0+\alpha_1 x(t)+\alpha_2 x^2(t)+\alpha_3 x^3(t)+\cdots \tag{7-6}$$

其中,$x(t)$和 $y(t)$分别为系统的输入和输出。一般来说,大于 3 阶的系数一般都很小,所以可以忽略不计。当输入 $x(t)=A\cos(\omega t)$,可得

$$y(t)=\alpha_0+\alpha_1 A\cos(\omega t)+\alpha_2 A^2\cos^2(\omega t)+\alpha_3 A^3\cos^3(\omega t) \tag{7-7}$$

化简后得

$$y(t)=\left(\alpha_0+\frac{\alpha_2 A^2}{2}\right)+\left(\alpha_1 A+\frac{3\alpha_3 A^3}{4}\right)\cos(\omega t)+\left(\frac{\alpha_2 A^2}{2}\right)\cos(2\omega t)+\left(\frac{\alpha_3 A^3}{4}\right)\cos(3\omega t) \tag{7-8}$$

所以,可以得到第 i 阶的谐波失真(HD_i),它定义为第 i 阶谐波分量与基波分量的比值。而总的谐波失真(THD)为所有 i 阶谐波分量的几何平均值。如果假设 $\alpha_1 A\gg 3\alpha_3 A^3/4$,那么谐波失真可以表示为

$$HD_2=\frac{\dfrac{\alpha_2 A^2}{2}}{\alpha_1 A+\dfrac{3\alpha_3 A^3}{4}}\approx\frac{\alpha_2 A}{2\alpha_1} \tag{7-9}$$

$$HD_3=\frac{\dfrac{\alpha_3 A^3}{4}}{\alpha_1 A+\dfrac{3\alpha_3 A^3}{4}}\approx\frac{\alpha_3 A^2}{4\alpha_1} \tag{7-10}$$

$$THD=\sqrt{HD_2^2+HD_3^2+HD_4^2+\cdots} \tag{7-11}$$

理论上来说,全差分放大器输出的偶次谐波分量会由于相减而消失,但由于电路中失配的存在会导致有限的偶次谐波失真。如果运算放大器系统有 ε%的失配,从式(7-9)可以得到

$$HD_2=\varepsilon\frac{\alpha_2\cdot A}{2\alpha_1} \tag{7-12}$$

考虑一个简单的差动输入对管,如图 7-10 所示。定义输出电流 $I_O=I_1-I_2$,直流 $I_{DC}=I_1+I_2$,差分输入电压 $V_{GS1}-V_{GS2}=V_{in+}-V_{in-}=v_d$。假设两个 MOS 管都工作在饱和区,应用饱和区 MOS 管的电流公式,可得

$$I_1=\frac{\beta}{2}(V_{GS1}-V_{TH})^2,\quad I_2=\frac{\beta}{2}(V_{GS2}-V_{TH})^2 \tag{7-13}$$

其中，$\beta=\mu_{\mathrm{n}}C_{\mathrm{ox}}\dfrac{W}{L}$，所以

$$v_{\mathrm{d}}=\sqrt{\frac{2}{\beta}}(\sqrt{I_1-I_2}) \tag{7-14}$$

那么可以得到输出电流

$$I_{\mathrm{O}}=I_1-I_2=v_{\mathrm{d}}\sqrt{\beta I_{\mathrm{DC}}}\left(1-\frac{\beta v_{\mathrm{d}}^2}{4I_{\mathrm{DC}}}\right)^{1/2} \tag{7-15}$$

对 I_{O} 使用级数展开，可以得到

$$I_{\mathrm{O}}=\alpha_1 v_{\mathrm{d}}+\alpha_3 v_{\mathrm{d}}^3+O(v_{\mathrm{d}}^5) \tag{7-16}$$

这里

$$\alpha_1=\sqrt{\beta I_{\mathrm{DC}}}=G_{\mathrm{in}},\quad \alpha_3=\frac{1}{8}\sqrt{\beta I_{\mathrm{DC}}}\frac{\beta}{I_{\mathrm{DC}}}=\frac{1}{8}\frac{G_{\mathrm{in}}}{V_{\mathrm{DSAT}}^2} \tag{7-17}$$

所以，由式(7-10)可得

$$\mathrm{HD}_3=\frac{1}{32}\frac{A^2}{V_{\mathrm{DSAT}}^2} \tag{7-18}$$

另外，因为在式(7-15)中忽略了 MOS 管和其他的一些失配，所以在式(7-16)中没有 v_{d} 的偶次项出现，也就没有 HD_2 这一项了。

由于放大器一般都用于反馈系统中，所以需要考虑反馈对于系统线性度的影响[1]。图 7-11 是一个含有非线性放大电路的反馈系统，假设输入 $x(t)=V_{\mathrm{m}}\cos(\omega t)$，则输出应为 $y(t)=a\cos(\omega t)+b\cos(2\omega t)+C_0$，其中 a 和 b 为待定的系数。所以，系统的二阶谐波失真为 $\mathrm{HD}_2=b/a$。

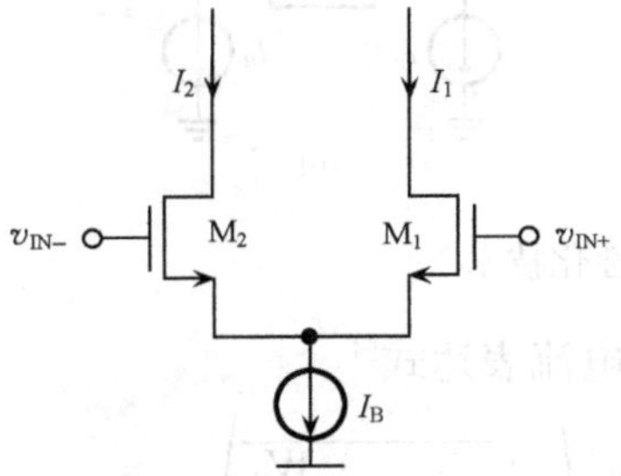

图 7-10　简单的差动输入对管

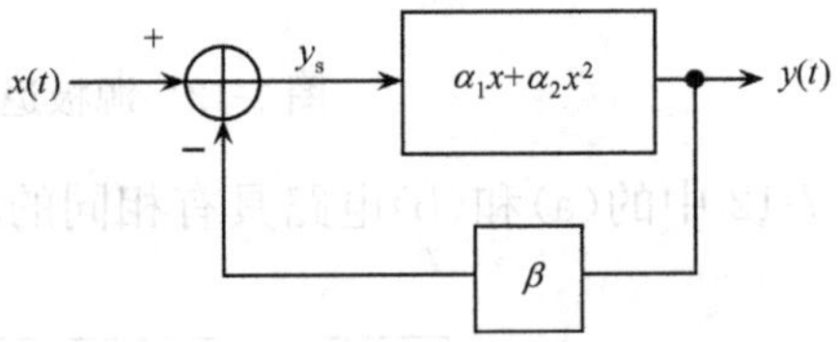

图 7-11　含非线性放大的反馈系统

从图 7-11 中可得

$$y_s=x(t)-\beta y(t)=(V_{\mathrm{m}}-\beta a)\cos(\omega t)-\beta b\cos(2\omega t) \tag{7-19}$$

所以，系统的输出为

$$\begin{aligned}y(t)&=\alpha_1[(V_{\mathrm{m}}-\beta a)\cos(\omega t)-\beta b\cos(2\omega t)]\\&\quad+\alpha_2[(V_{\mathrm{m}}-\beta a)\cos(\omega t)-\beta b\cos(2\omega t)]^2\\&=[\alpha_1(V_{\mathrm{m}}-\beta a)-\alpha_2(V_{\mathrm{m}}-\beta a)\beta b]\cos(\omega t)\\&\quad+[-\alpha_1\beta b+\frac{\alpha_2(V_{\mathrm{m}}-\beta a)^2}{2}]\cos(2\omega t)+\cdots\end{aligned} \tag{7-20}$$

所以

$$a=(\alpha_1-\alpha_2\beta b)(V_{\mathrm{m}}-\beta a) \tag{7-21}$$

$$b = -\alpha_1 \beta b + \frac{\alpha_2 (V_m - \beta a)^2}{2} \tag{7-22}$$

如果 α_2 和 b 都很小，那么由式(7-21)和式(7-22)简化后得

$$\frac{b}{a} = \frac{\alpha_2 V_m}{2} \frac{1}{\alpha_1} \frac{1}{(1+\beta\alpha_1)^2} \tag{7-23}$$

若没有反馈，那么该比值为

$$\frac{b}{a} = \frac{\alpha_2 V_m}{2} \frac{1}{\alpha_1} \tag{7-24}$$

因此，由于反馈的作用，二次谐波的相对幅度减少为原来的 $1/(1+\beta\alpha_1)^2$。这说明反馈减小了系统的非线性。如果在图 7-11 中的放大器是一个全差分放大器，那么理想的情况是不会有二次谐波的项，三阶失调会成为我们重要考虑的失真项。

7.3.2　差动输入对管的线性化技术

在某些电路中，如果差动输入对管的线性度要求比较高，那么就需要对差动输入对进行线性化。最常用的线性化方法是源极退化(source degeneration)，如图 7-12 所示[2]。

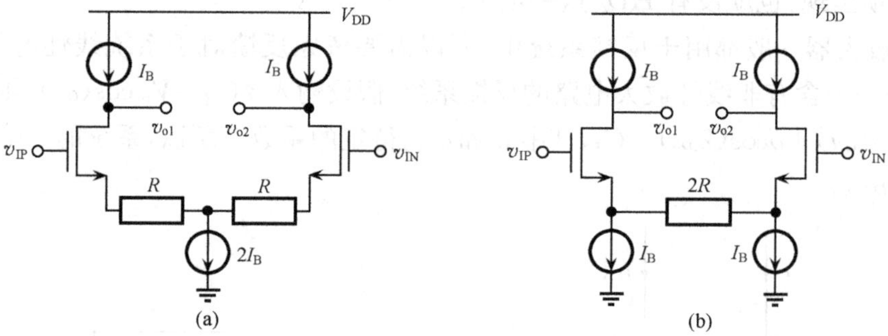

图 7-12　源极退化线性化技术

在图 7-12 中的(a)和(b)电路具有相同的输出电流表达式[4]

$$i_{o,sd} = \sqrt{1 - \left[\frac{v_{id}}{2(1+N)V_{DS(sat)}}\right]^2} \cdot \left(\frac{\sqrt{2\mu_n C_{ox} I_B \frac{W_n}{L_n}}}{1+N}\right) v_{id} \tag{7-25}$$

其中，$N = G_m R$ 是源极退化因子，$i_{o,sd}$ 表示源极退化后的输出电流。当 $N=0$ 时，式(7-25)同样也适用于普通的差分输入对。表 7-3 比较了普通差分对和源极退化差分对的参数，可以看到输入差分对的线性化是以消耗更大的电流为代价的。

表 7-3　普通差分对和源极退化差分对的比较

参数	普通差分对	源极退化
小信号跨导(G_m)	$G_m = \sqrt{2\mu_n C_{ox} \frac{W_n}{L_n} I_B}$	$G_{m,sd} = \frac{G_m}{1+N}$
三阶谐波失真(HD_3)	$HD_3 = \frac{1}{32}\left(\frac{v_{id}}{V_{DSAT}}\right)^2$	$\left(\frac{1}{1+N}\right)^2 HD_3$
电流消耗	$2I_B$	$2(1+N)I_B$

通常来说，源极退化的电阻都会比较大，如果用无源器件来实现，那么在 CMOS 工艺中会占用比较大的面积，所以一般都会采用有源器件来实现，如图 7-13 所示[4]。

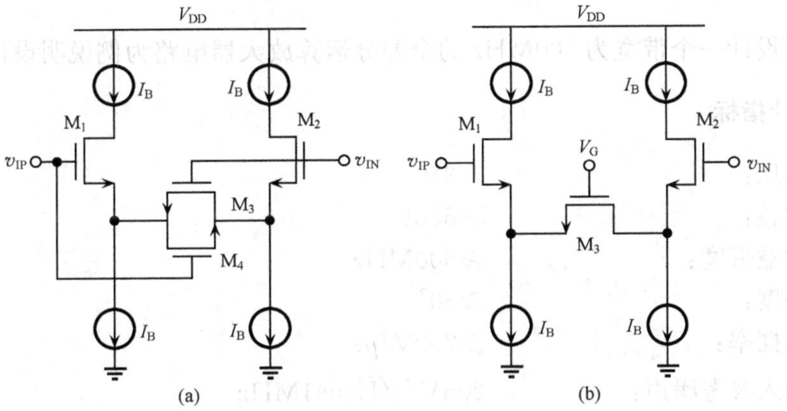

图 7-13　有源器件工作在线性区的源极退化电路结构

图 7-13 中的源极退化 MOS 管都工作在线性区，用作电阻。其 MOS 管阻值为

$$R=\frac{1}{\mu_n C_{ox}\dfrac{W}{L}(V_{GS}-V_{THn})} \tag{7-26}$$

当然，也可以让 MOS 管工作在饱和区作电阻来用，如图 7-14 所示。表 7-4 比较了图 7-13 和图 7-14中的源极退化电路结构，并介绍了各自的特性。

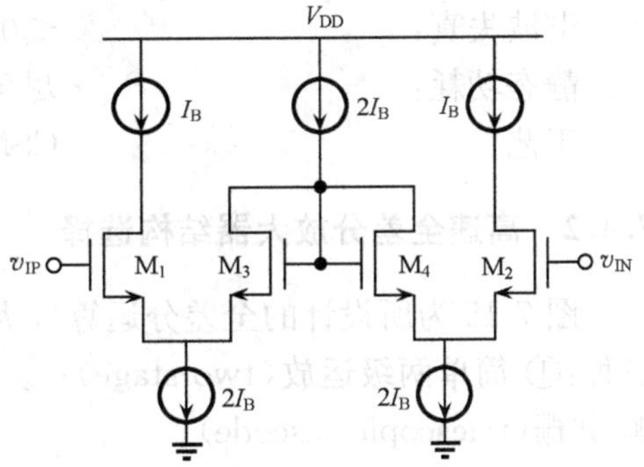

图 7-14　MOS 管工作在饱和区的源极退化电路结构

表 7-4　有源器件源极退化电路的比较

电路结构	跨导	特性
图 7-13(a)	$\dfrac{g_{m1}}{1+(\beta_1/4\beta_3)}$ $M_1=M_2, M_3=M_4$	对输入共模范围不敏感，线性范围受限于 $V_{DS,SAT}$
图 7-13(b)	$\dfrac{g_{m1}}{1+g_{m1}R}$ $R=\dfrac{1}{\mu_n C_{ox}\dfrac{W}{L}(V_{GS}-V_{THn})}$	对输入共模范围很敏感，为了得到好的线性度，V_{GS3} 必须比较大
图 7-14	$\dfrac{g_{m1}}{1+g_{m1}/g_{m3}}$ $M_1=M_2=M_3$	对输入共模范围不敏感，线性度提高不大，需要占用较多的面积

7.4　全差分运算放大器的设计实例

以下以设计一个带宽为 500MHz 的全差分运算放大器电路为例说明设计流程。

7.4.1　设计指标

电源电压：	3.3V
开环增益：	≥65dB
单位增益带宽：	≥500MHz
相位裕度：	≥50°
差分压摆率：	≥200V/μs
等效输入参考噪声：	$20nV/\sqrt{Hz}$@1MHz
负载电容：	2pF
差分输出摆幅：	≥±2V
谐波失真：	≤0.1%
静态功耗：	尽可能小
工艺：	CSMC 0.5μm，2poly，3metal

7.4.2　高速全差分放大器结构选择

图 7-15 为所设计的全差分运算放大器的外围电路参数。运算放大器的结构主要有三种：① 简单两级运放（two-stage）；② 折叠式共源-共栅（folded cascode）；③ 套筒式共源-共栅（telescopic cascode）。

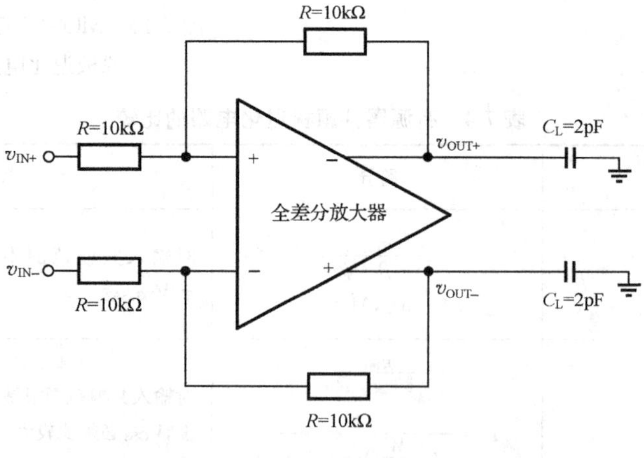

图 7-15　高速全差分放大器的仿真设置

简单的两级运放的直流增益较小，很难达到 80dB 的增益。而且，该运算放大器的设计指标要求差分输出摆幅为±2V，单级的折叠式共源-共栅和套筒式共源-共栅结构都不能达到要求，所以采用两级运算放大器结构。而套筒式共源-共栅结构的输入共模范围比折叠式共源-共栅的输入范围要小，所以采用折叠式的共源-共栅结构，如图 7-16 所示[5]。

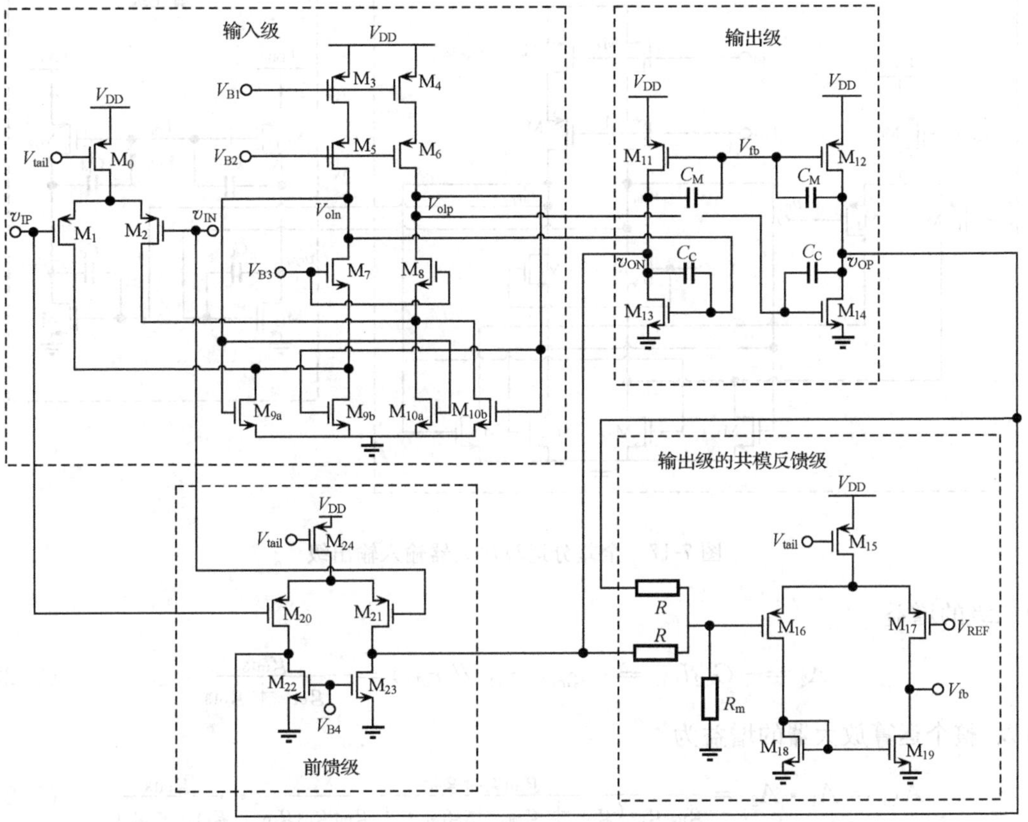

图 7-16　折叠式全差分运算放大器电路

它可以分为四个部分：输入级、输出级、前馈级和共模反馈级。输入级为折叠式的共源-共栅结构，它提供大部分的放大器增益；输出级主要提供低的输出阻抗和大的输出电压摆幅；前馈级用来产生零点，以抵消放大器传递函数中的一个极点；输出级的共模反馈级用来确定输出的共模电平，其中的共模电平采样方式采用了表 7-2 中第一种共模电平采样方法。注意，输出级的共模反馈级电路中的 V_{fb} 是与输出级 M_{11} 和 M_{12} 的栅级相连。

7.4.3　性能指标分析

1. *差分直流增益* $A_{dm} \geqslant 65\text{dB}$

该运算放大器存在两级：折叠式输入级（$M_0 \sim M_8$，M_{9a}，M_{9b}，M_{10a}，M_{10b}）和共源输出级（$M_{11} \sim M_{14}$），如图 7-17 所示。

第一级的增益

$$A_1 = -G_{m1}R_{o1} = -g_{m1}[g_{m7}r_{o7}(r_{o1} \mathbin{/\mkern-6mu/} r_{o9a} \mathbin{/\mkern-6mu/} r_{o9b}) \mathbin{/\mkern-6mu/} g_{m5}r_{o5}r_{o3}]$$
$$= -\frac{g_{m1}g_{m7}g_{m5}}{g_{m5}g_{o7}(g_{o1}+g_{o9a}+g_{o9b})+g_{m7}g_{o5}g_{o3}} \tag{7-27}$$

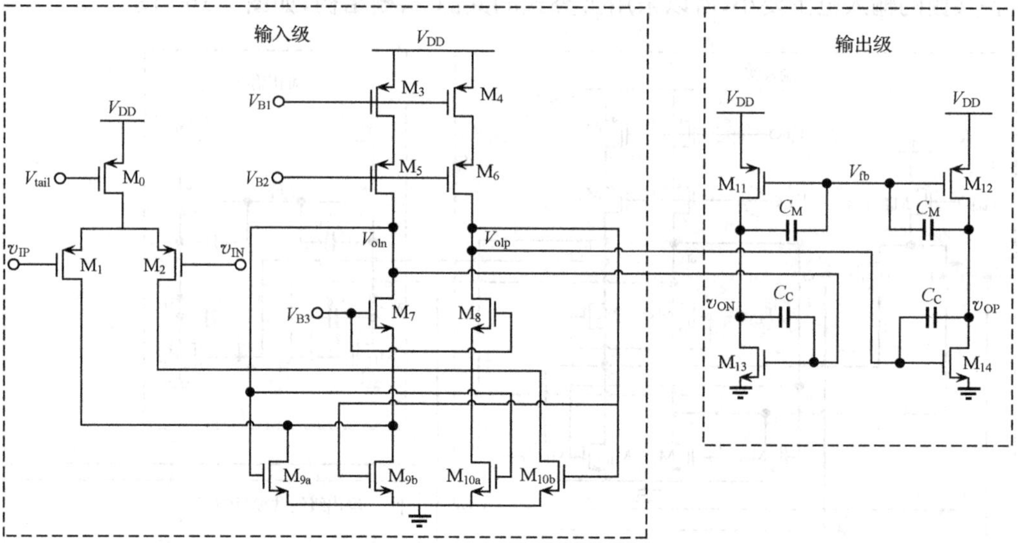

图 7-17　全差分运算放大器输入输出级

第二级的增益

$$A_2 = -G_{m2}R_{o2} = -g_{m13}(r_{o11} \,//\, r_{o13}) = -\frac{g_{m13}}{g_{o11}+g_{o13}} \tag{7-28}$$

所以，整个运算放大器的增益为

$$A_{dm} = A_1 \cdot A_2 = \frac{g_{m1}g_{m7}g_{m5}}{g_{m5}g_{o7}(g_{o1}+g_{o9a}+g_{o9b})+g_{m7}g_{o5}g_{o3}} \cdot \frac{g_{m13}}{g_{o11}+g_{o13}} \tag{7-29}$$

所以，$A_{dm} \geqslant 65\text{dB}$。

2. *差分压摆率* $\geqslant 200\text{V}/\mu\text{s}$

差分压摆率，即转换速率（slew rate，SR），是当放大器在大信号输入时，输出电流的最大驱动能力，定义为

$$\text{SR} = \left.\frac{\mathrm{d}v_{out}}{\mathrm{d}t}\right|_{max} = \frac{I_C\,|_{max}}{C_C} \tag{7-30}$$

第一级的转换速率为 $\text{SR}=I_{M0}/C_1$，其中 C_1 为第一级放大器的负载电容，它实际上是管子寄生电容的总和。

第二级的转换速率为 $\text{SR}=2I_{M11}/(C_C+C_L)$。

所以，放大器的转换速率为 $\text{SR}=\min\{I_{M0}/C_1, 2I_{M11}/(C_C+C_L)\}$。

3. *静态功耗*

运算放大器的静态功耗为 $P_{static}=V_{DD} * I$。其中 I 为静态电流。

如果静态功耗确定下来了，那么就可以确定整个电路的工作电流。例如，如果只需要 3.3mW 的静态功耗，而电源电压 $V_{DD}=3.3\text{V}$，那么最大的静态电流就只能是 1mA。

4. 等效输入参考噪声

我们知道，每一个 MOS 管都有一个可以等效到栅端的输入参考噪声，如图 7-18 所示。所以，它的等效输入参考噪声可以写成

$$\overline{v_{\mathrm{n,in}}^2}=4kT\,\frac{2}{3g_{\mathrm{m}}}+\frac{K_{\mathrm{f}}}{WLC_{\mathrm{ox}}}\cdot\frac{1}{f} \tag{7-31}$$

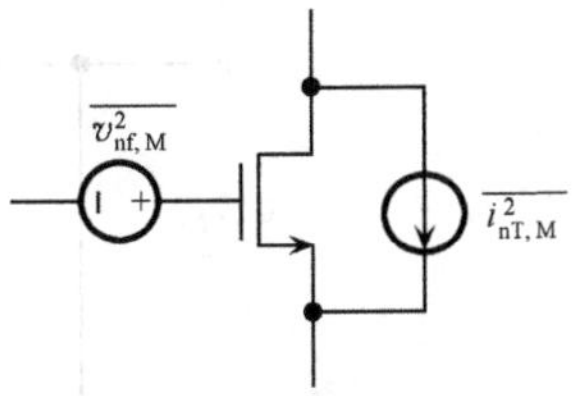

图 7-18　MOS 管的噪声来源和等效输入参考噪声

式中右边第一项表示由于沟道电阻产生的热噪声在输入端的表现，第二项表示 MOS 管的闪烁噪声。

对于图 7-17 所示的电路，共源-共栅 MOS 管（M_5，M_6，M_7，M_8）的噪声可以忽略不计；而第二级电路的噪声要除以第一级的增益才反映在输入端，会比较小；另外，也忽略了尾电流源（M_0）的噪声。所以，整个电路在输入端的等效参考噪声可以表示为

$$\begin{aligned}\overline{v_{\mathrm{n,in}}^2}=&4kT\left[2\cdot\frac{2}{3g_{\mathrm{m1}}}+2\cdot\frac{2g_{\mathrm{m3}}}{3g_{\mathrm{m1}}^2}+2\cdot\frac{2(g_{\mathrm{m9a}}+g_{\mathrm{m9b}})}{3g_{\mathrm{m1}}^2}\right]+2\cdot\frac{K_{\mathrm{f}}}{(WL)_1C_{\mathrm{ox}}}\cdot\frac{1}{f}\\&+2\cdot\frac{K_{\mathrm{f}}}{(WL)_3C_{\mathrm{ox}}}\cdot\frac{1}{f}\cdot\frac{g_{\mathrm{m3}}^2}{g_{\mathrm{m1}}^2}+2\cdot\frac{K_{\mathrm{f}}}{(WL)_{9\mathrm{a}}C_{\mathrm{ox}}}\cdot\frac{1}{f}\cdot\frac{g_{\mathrm{m9a}}^2}{g_{\mathrm{m1}}^2}\\&+2\cdot\frac{K_{\mathrm{f}}}{(WL)_{9\mathrm{b}}C_{\mathrm{ox}}}\cdot\frac{1}{f}\cdot\frac{g_{\mathrm{m9b}}^2}{g_{\mathrm{m1}}^2}\end{aligned} \tag{7-32}$$

5. 相位裕度

假设放大器只有两个极点 p_1 和 p_2（但实际上会有寄生的极点，但一般寄生电容产生的极点都会在很高的频率处，几乎可以不考虑），由于补偿电容 C_C 的存在，极点 p_1 和 p_2 会离得比较远。假定 $\omega_{p_1}\ll\omega_{p_2}$，由于主极点 ω_{p_1} 会产生 $-90°$ 的相移，所以为了有 60°的相位裕度，$\omega_{p_2}/\omega_{\mathrm{u}}\geqslant 2.2$。其中 ω_{u} 为放大器的单位增益带宽。

可以稍微取得大一点，以保证在工艺、电压和温度改变的时候，相位裕度都达到要求。

图 7-16 的等效框图和小信号等效电路分别如图 7-19、图 7-20 所示，其中 v_{IN} 表示输入的差分信号，v_1 表示第一级的输出信号，v_{OUT} 表示第二级的输出信号，其中没有包括共模反馈部分的电路。

在图 7-20 中的电阻和电容表示如下：

$$R_{\mathrm{o1}}=g_{\mathrm{m5}}r_{\mathrm{o5}}r_{\mathrm{o3}}\ /\!/\ g_{\mathrm{m7}}r_{\mathrm{o7}}(r_{\mathrm{o1}}\ /\!/\ r_{\mathrm{o9a}}\ /\!/\ r_{\mathrm{o9b}}) \tag{7-33}$$

$$C_{\mathrm{o1}}=C_{\mathrm{db7}}+C_{\mathrm{gd7}}+C_{\mathrm{db5}}+C_{\mathrm{gd5}}+C_{\mathrm{gs13}} \tag{7-34}$$

$$R_{\mathrm{out}}=(r_{\mathrm{o11}}\ /\!/\ r_{\mathrm{o13}})\ /\!/\ (r_{\mathrm{o20}}\ /\!/\ r_{\mathrm{o22}})\ /\!/\ R_{\mathrm{L}} \tag{7-35}$$

$$C_{\mathrm{out}}\approx C_{\mathrm{L}} \tag{7-36}$$

从图 7-20 可以计算传递函数

$$A_{\mathrm{v}}(s)=\frac{s[g_{\mathrm{mf1}}(C_{\mathrm{o1}}+C_{\mathrm{C}})-g_{\mathrm{m1}}C_{\mathrm{C}}]+g_{\mathrm{mf1}}g_{\mathrm{o1}}+g_{\mathrm{m1}}g_{\mathrm{mL}}}{s^2d_2+sd_1+d_0} \tag{7-37}$$

其中

$$d_2=C_{\mathrm{o1}}C_{\mathrm{C}}+C_{\mathrm{out}}(C_{\mathrm{o1}}+C_{\mathrm{C}}) \tag{7-38}$$

$$d_1=g_{\mathrm{o1}}C_{\mathrm{out}}+g_{\mathrm{out}}(C_{\mathrm{o1}}+C_{\mathrm{C}})+(g_{\mathrm{o1}}+g_{\mathrm{mL}})C_{\mathrm{C}} \tag{7-39}$$

$$d_0=g_{\mathrm{o1}}g_{\mathrm{out}} \tag{7-40}$$

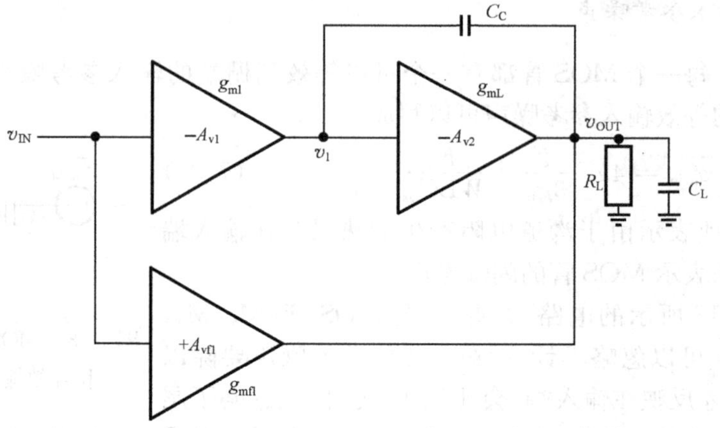

图 7-19　全差分运算放大器的等效框图

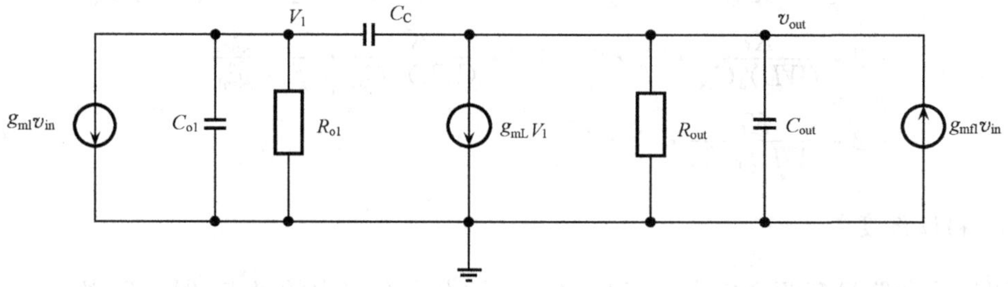

图 7-20　全差分运算放大器的小信号等效电路

$$g_{o1}=\frac{1}{R_{o1}} \tag{7-41}$$

$$g_{out}=\frac{1}{R_{out}} \tag{7-42}$$

如果认为 C_C 比任何的寄生电容都要大很多，g_{m1}，g_{mf1}，g_{mL} 也比 g_{o1}，g_{out} 大很多，那么 d_2，d_1，d_0 这些参数可近似表示为

$$d_2\approx C_L C_C \tag{7-43}$$

$$d_1=g_{o1}C_L+g_{mL}C_C \tag{7-44}$$

$$d_0=g_{o1}g_{out} \tag{7-45}$$

所以，整个系统有一个零点、两个极点。如果考虑两个极点的距离很远，那么从式(7-37)可以得到零极点的表示如下：

$$\omega_z=-\frac{g_{mf1}g_{o1}+g_{m1}g_{mL}}{g_{mf1}(C_{o1}+C_C)-g_{m1}C_C}\approx-\frac{g_{mf1}g_{o1}+g_{m1}g_{mL}}{(g_{mf1}-g_{m1})C_C} \tag{7-46}$$

$$\omega_{p_1}\approx-\frac{d_0}{d_1}=-\frac{1}{R_{OUT}(C_L+g_{m1}R_{o1}C_L)}\quad（\omega_{p_1}\text{ 为主极点位置）} \tag{7-47}$$

$$\omega_{p_2}=-\frac{d_1}{d_2}\approx-\frac{g_{o1}C_L+g_{mL}C_C}{C_L C_C} \tag{7-48}$$

由前面计算出的开环增益，可得

$$\omega_u = A_{dm} \cdot \omega_{p_1} = \frac{g_{m1}}{C_C} \tag{7-49}$$

为了得到最大的带宽，应该使次极点最大化。而且，可以通过调节零点的位置来使零点和次极点抵消。

6. 共模反馈

为了稳定全差分放大器的输出直流电平，必须采用共模反馈环路来稳定输出直流电压，因为差分信号不能稳定直流工作点。

在设计共模反馈环路的时候，必须考虑以下几个方面：

(1) 共模反馈环路的直流增益要尽可能地大；

(2) 共模反馈环路的带宽也要尽可能大，最好能和差分通路接近；

(3) 共模反馈环路的稳定性也必须达到一定的要求。

本设计的输出级采用了最简单的电阻来作为共模电压的检测，然后通过一个简单的放大器放大后进行反馈，如图 7-21 所示。输入极的共模反馈是尺寸相同的、交叉耦合的、栅极分别连接到第一级两个输出端的 NMOS 管，即 M_{9a}、M_{9b}、M_{10a}和 M_{10b}构成。

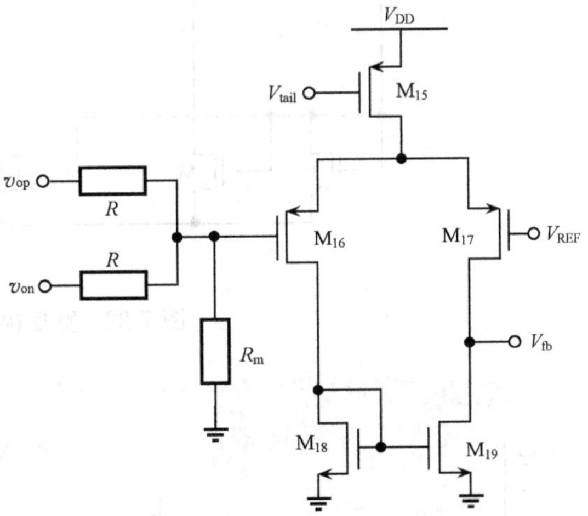

图 7-21　全差分运算放大器的共模反馈

共模反馈环路也是一个两级的放大器，图 7-21 只给出了共模反馈的第一级，而第二级部分和差分放大器的输出级联系在一起。即 V_{fb}输出信号连接到差分放大器 M_{11}和 M_{12}的栅极。所以，共模反馈环路的总增益为

$$A_{CMFB} = g_{m16}(r_{o17} /\!/ r_{o19}) \cdot g_{m11}(r_{o11} /\!/ r_{o13}) \tag{7-50}$$

其中，为了进行共模反馈环路的频率补偿，加入了补偿电容 C_m。

7. 电压偏置电路

电路中需要 4 个偏置电压，为了能够得到大的电压摆幅，电压偏置电路采用了宽摆幅的电流源，如图 7-22 所示。

7.4.4 全差分放大器电路设计和仿真

图 7-23 和图 7-24 给出了在 Cadence 软件中调用 CSMC 0.5μm 工艺 PDK 中的元件绘制的电路图。在电路图中，最左边部分是所加的电压源和信号激励，中间部分是电流偏置电路，最右边部分是高速全差分放大器的主体部分。

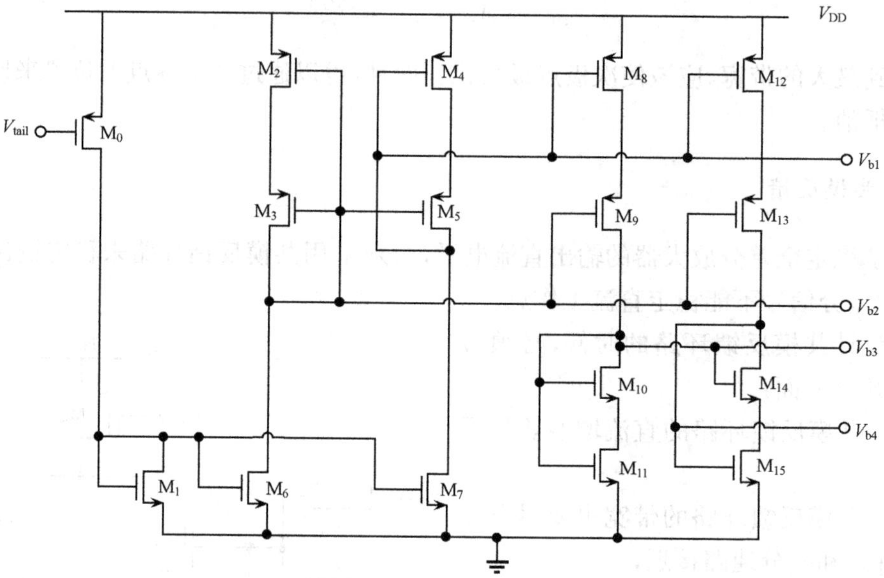

图 7-22　宽摆幅电流偏置电路

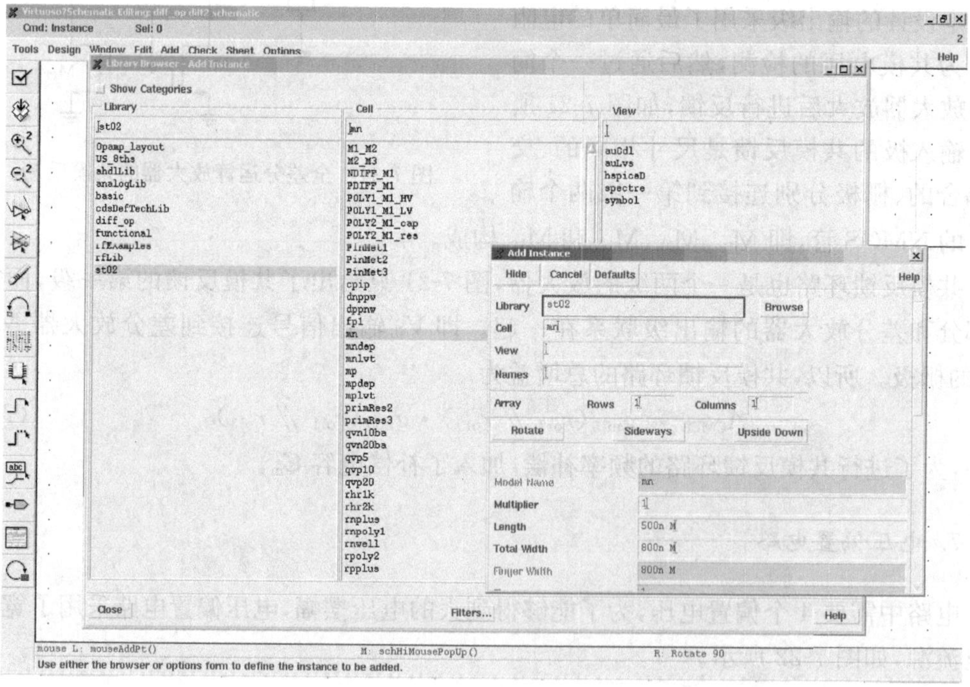

图 7-23　调用 CSMC 0.5μm 的 PDK，"st02"

依据在第三部分的性能指标分析，可以计算电路中每一个 MOS 管的宽长比。表 7-5～表 7-7 分别给出了全差分放大器电路、偏置电路管子的宽长比和电阻电容的值，其中管子的名称和图 7-16 中的管子名称相对应。

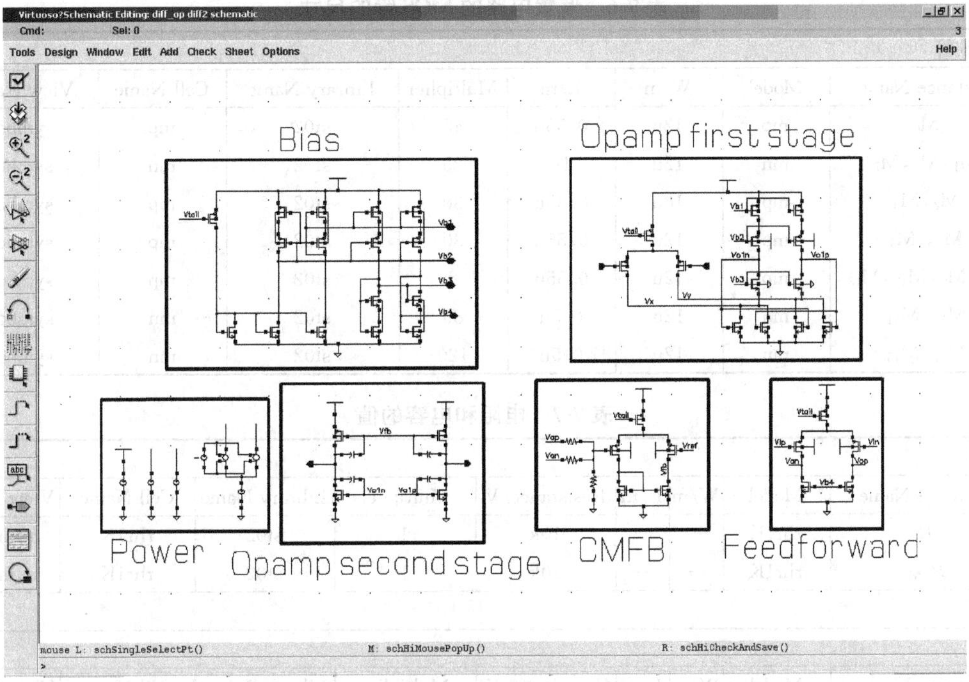

图 7-24　高速全差分放大器在 Cadence 环境中的电路图

表 7-5　高速全差分放大器每个 MOS 管的尺寸

MOS 管

Instance Name	Model	W/m	L/m	Multiplier	Library Name	Cell Name	View Name
M_0	mp	12u	0.55u	45	st02	mp	symbol
M_1, M_2	mp	12u	0.55u	25	st02	mp	symbol
M_3, M_4	mp	12u	0.55u	30	st02	mp	symbol
M_5, M_6	mp	12u	0.55u	30	st02	mp	symbol
M_7, M_8	mn	10u	0.5u	20	st02	mn	symbol
M_{9a}, M_{9b}, M_{10a}, M_{10b}	mn	10u	0.5u	8	st02	mn	symbol
M_{11}, M_{12}	mp	12u	0.55u	80	st02	mp	symbol
M_{13}, M_{14}	mn	10u	0.5u	120	st02	mn	symbol
M_{16}, M_{17}	mp	10u	2.2u	10	st02	mp	symbol
M_{18}, M_{19}	mn	10u	2u	6	st02	mn	symbol
M_{20}, M_{21}	mp	12u	0.55u	40	st02	mp	symbol
M_{22}, M_{23}	mn	10u	0.5u	12	st02	mn	symbol
M_{24}	mp	12u	0.55u	50	st02	mp	symbol
M_{15}	mp	10u	2.2u	10	st02	mp	symbol

表 7-6　偏置电路的 MOS 管的尺寸

MOS 管							
Instance Name	Model	W/m	L/m	Multiplier	Library Name	Cell Name	View Name
M_0	mp	12u	0.55u	45	st02	mp	symbol
M_1, M_6, M_7	mn	12u	1u	25	st02	mn	symbol
M_2, M_3	mp	10u	0.55u	30	st02	mp	symbol
M_4, M_5	mp	12u	0.55u	30	st02	mp	symbol
M_8, M_9, M_{12}, M_{13}	mp	12u	0.55u	8	st02	mp	symbol
M_{10}, M_{11}	mn	12u	0.5u	80	st02	mn	symbol
M_{14}, M_{15}	mn	12u	0.5u	120	st02	mn	symbol

表 7-7　电阻和电容的值

电阻								
Instance Name	Model	W/m	L/m	Resistance/V	Multiplier	Library Name	Cell Name	View Name
R	rhr1K	—	—	10k	1	st02	rhr1K	symbol
R_{CM}	rhr1K	—	—	10k	1	st02	rhr1K	symbol

电容								
Instance Name	Model	W/m	L/m	Capacitance/F	Multiplier	Library Name	Cell Name	View Name
C_C	cpip	—	—	1.2pF	1	st02	cpip	symbol
C_M	cpip	—	—	0.4pF	1	st02	cpip	symbol

1. 增益和相位裕度

增益和相位裕度的仿真是通过“AC Analysis”来实现的。如前面章节所述，首先要在 ADE 的“Setup”→“Model Libraries”里面设置仿真所需要的工艺库，如图 7-25 所示。设置完成后，选择“Analysis”的“ac”，设置如图 7-26 所示。电路的激励如图 7-27 所示，激励的“Vip”加在差分放大器的正输入端，激励的“Vin”加在差分放大器的负输入端。

为了得到高速全差分放大器的增益和相位曲线，可以设定增益和相位的表达式。选择菜单里的“Outputs”→“Setup”，弹出如图 7-28 所示的对话框。点击“Calculator”旁的“Open”，可以打开“Calculator”窗口，如图 7-29 所示。选择“ac”的“vf”项，这时窗口会回到电路图中，这时选择差分放大器的正输出端，点击“Calculator”的“Enter”；然后再点击差分放大器的负输出端，再点击“－”号；接着选择“dB20”，这时差分放大器的增益表达式就在“Calculator”里面表示出来了，如图 7-30 所示。

此时，回到“Setting Outputs”对话框，点击“Calculator”旁的“Get Expression”项，就可以得到增益的表达式，名称可以自己定，但为了表达清晰，可以根据自己想要显示的曲线内容来定，如图 7-31 所示。用同样的方法，可以添加差分放大器的相位表达式，只是选择的函数不同而已，仿真相位应该调用“phase”函数，如图 7-32 所示。

完成之后，点击“OK”，这两个表达式就会出现在 ADE 的窗口中，如图 7-33 所示，此时，点击最右边倒数第三个按钮“”就可以进行仿真了，可以得到如图 7-34 的仿真结果。

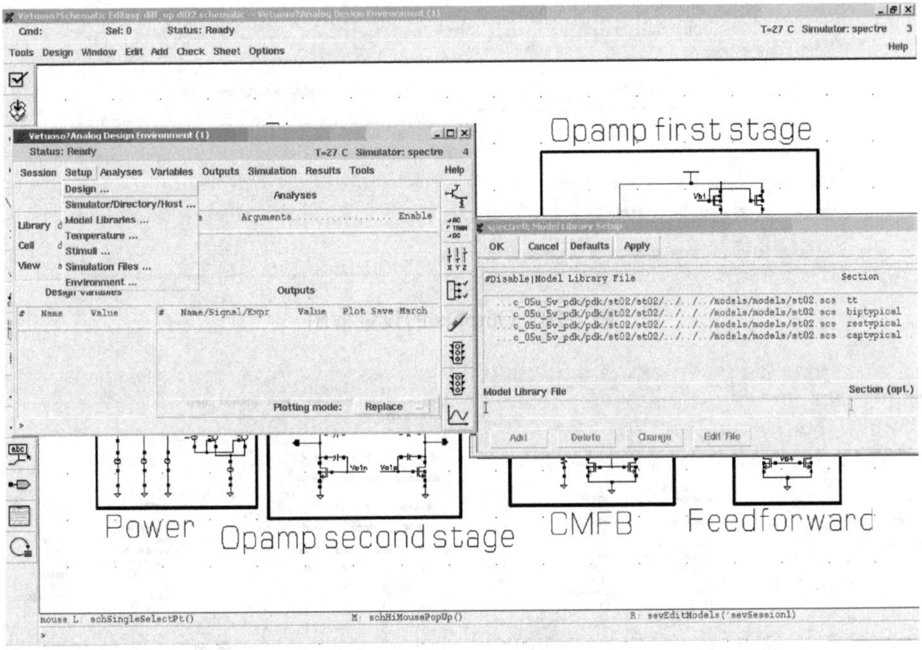

图 7-25　设置仿真所需要的工艺库

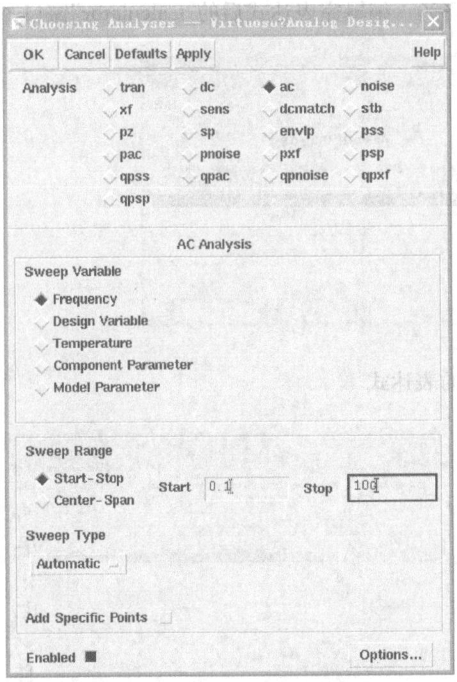

图 7-26　“Ac Analysis”的设置

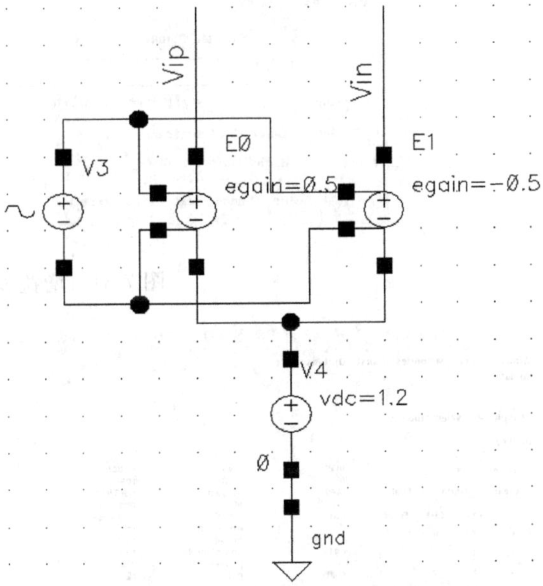

图 7-27　仿真增益和相位裕度时的激励

在图 7-34 中，可以通过在曲线上加标记来看到在不同频率处的值，添加标记的快捷键为“m”键。

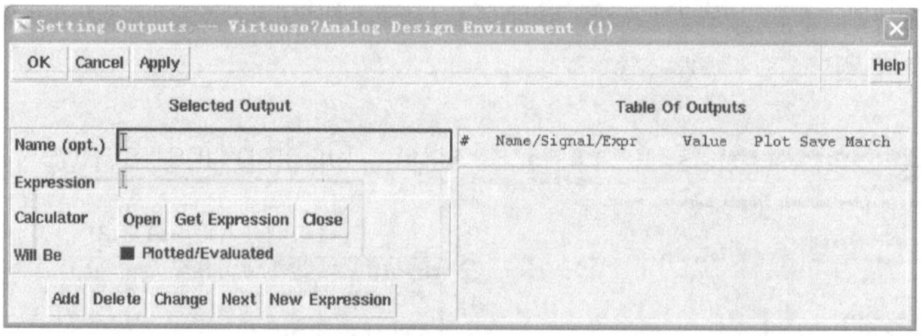

图 7-28　Outputs 的设置框图

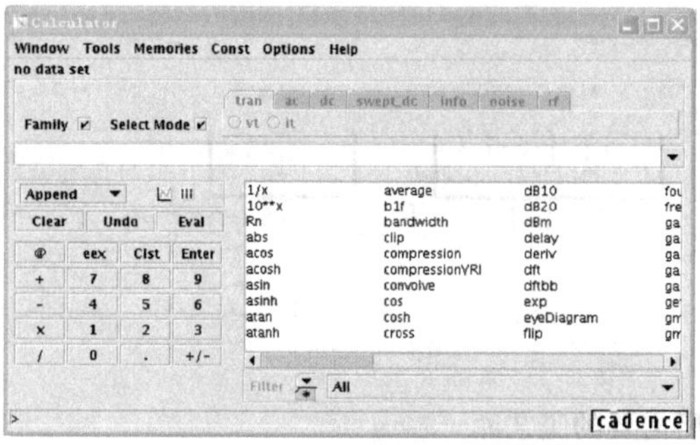

图 7-29　“Calculator”窗口

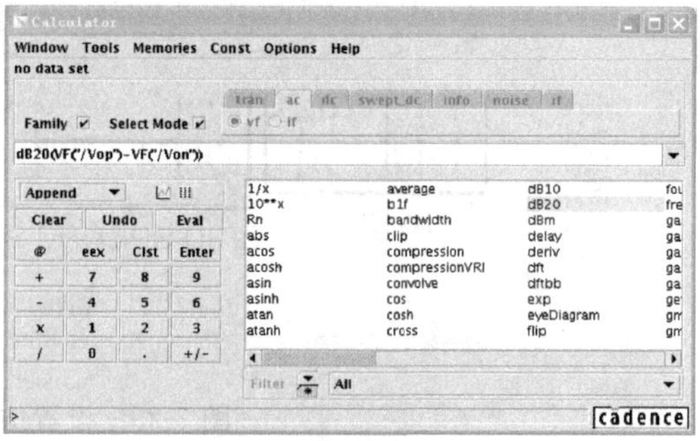

图 7-30　编辑完表达式后的“Calculator”窗口

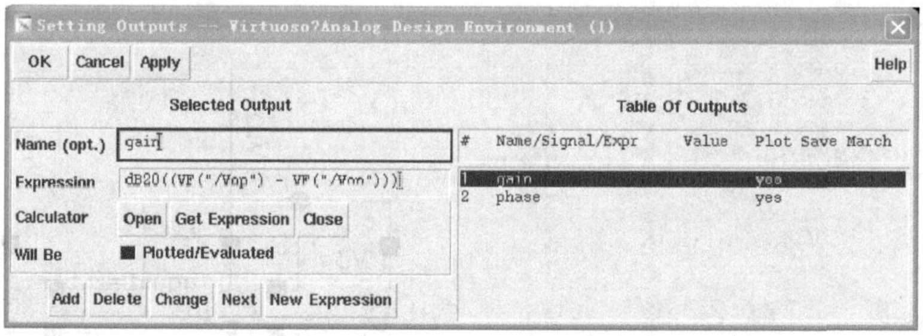

图 7-31　增益和相位的表达式

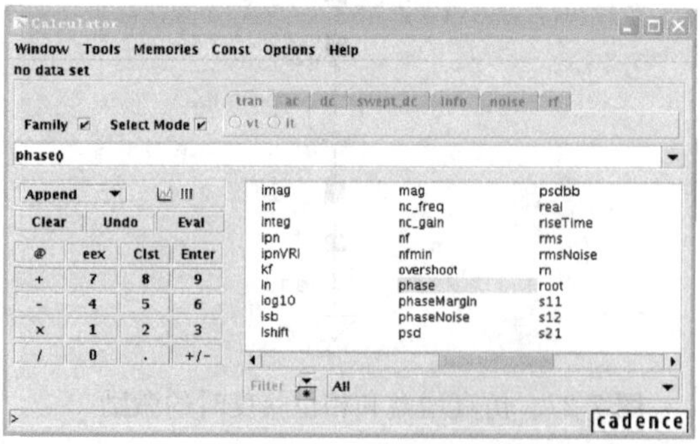

图 7-32　调用“Calculator”里的“phase”函数

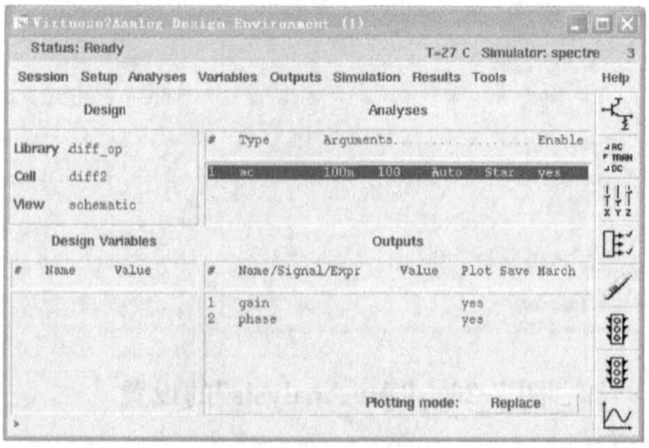

图 7-33　添加表达式后的 ADE 窗口

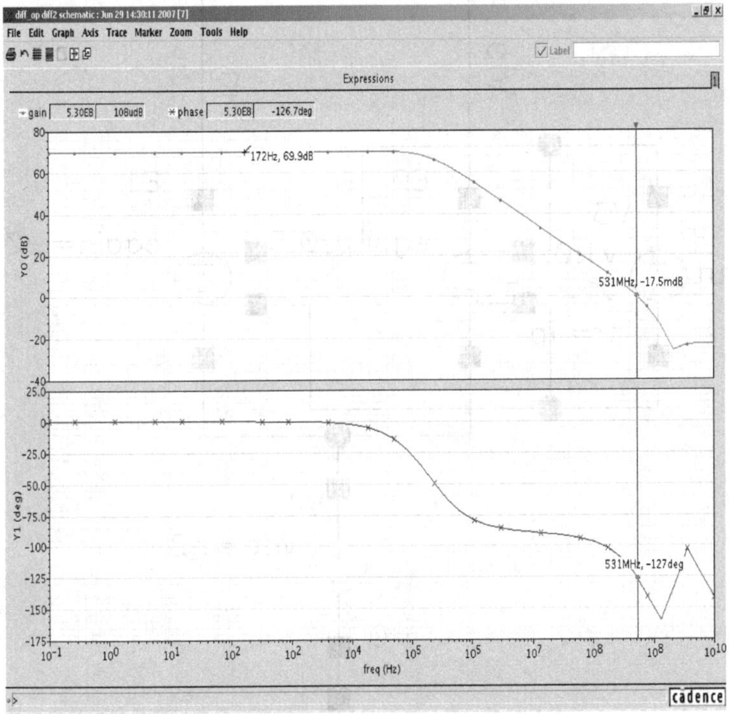

图 7-34　差分放大器的增益和相位曲线

从图 7-34 中可以得到，直流增益为 69.9dB＞65dB，相位裕度为 180°－127°＝53°，单位增益带宽为 531MHz。

2. 阶跃响应仿真转换速率

电路的阶跃响应激励如图 7-35 所示，图中的“Vip”也是加在差分放大器的正输入端，“Vin”加在差分放大器的负输入端。它和仿真增益和相位裕度时的激励没有本质区别，只是把信号源改成了“vpulse”，其中“vpulse”的设置如图 7-36 所示。

为了仿真差分放大器的转换速率，需要使用“Analyses”中的“tran”做仿真。这时的输出可以从 ADE 的“Outputs”里选择“To Be Plotted”，然后从电路图里面选择想要看的端口的名字。这里，选择了输入信号端和正输出端，如图 7-37 所示。这样，可以得到仿真的结果如图 7-38 所示。

图 7-38 给出了差分放大器的转换速率曲线，在曲线图上按“d”键，就会弹出如图所示的两个标签，它可以对标签之间的曲线求斜率，其值在图的最右下角可以看到。

从图 7-38 中可以得到设计的全差分运算放大器的转换速率 SR＝1.301V/2.381ns≈546.4V/μs，大于设计指标 200V/μs，所以满足设计的要求。

3. 共模反馈的仿真

因为共模反馈环路在全差分放大器中有很重要的作用，所以共模反馈环路的增益和

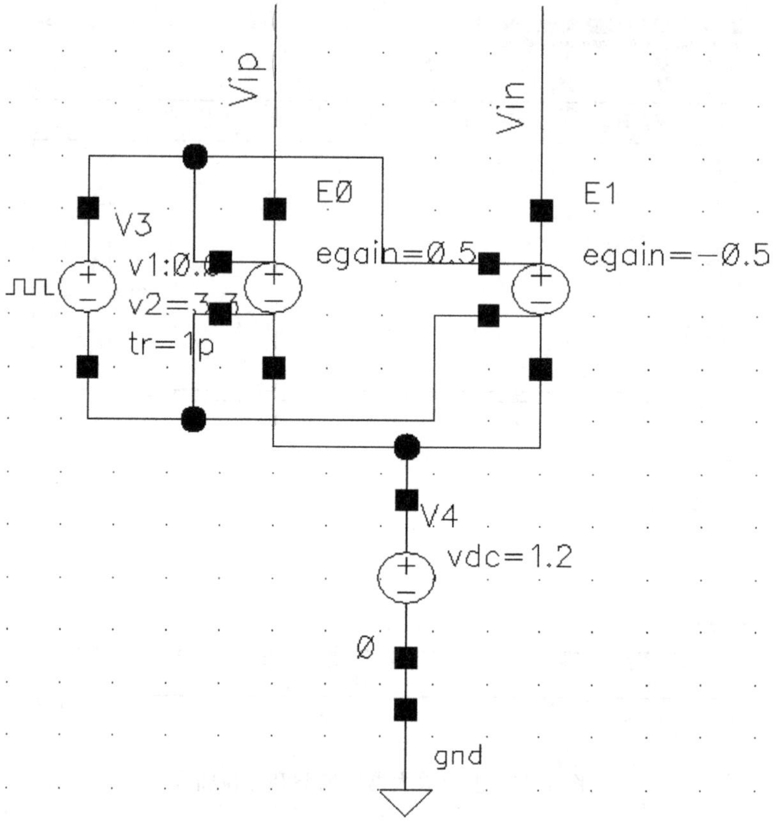

图 7-35　阶跃响应仿真时的信号激励

稳定性对于整个差分放大器的稳定性也是很重要的一个方面。

仿真共模反馈环路的激励信号如图 7-39 所示，它加在共模反馈电路的输入端，其中使用了很大的电感和电容。这个电感和电容都使用了理想的元件，因为它们只是用来做仿真的。大电感保证环路的直流电压不被隔断，而大电容可以把交流信号耦合到电路里面。电感和电容可以从“analogLib”里面调出来，它们的 Cell 名分别为“ind”和“cap”，图 7-40给出了电感在“analogLib”里面的具体位置。

此时，主放大器的输入端直接接输入的共模电平。按照第一部分仿真差分增益和相位时的方法做相同的设置，仿真共模反馈环路的增益和相位，仿真的结果如图 7-41 所示。

我们得到共模反馈环路的增益为 55dB，环路的单位增益带宽为 31.7MHz，比差分环路的带宽 531MHz 要小很多，也就是说还可以再把共模反馈环路的带宽再做得大一点。

4. 共模抑制比的仿真

共模抑制比定义为差分增益和共模增益的比值。它反映了一个放大器对共模信号和共模噪声的抑制能力。因此，需要仿真差分放大器的差分增益和共模增益。可以利用两个放大器，一个连接成差模放大，一个连接成共模放大。图 7-42 给出了仿真共模抑制比的信号激励，图中的左边是仿真差分增益的信号激励，“Vip1”连接到差分放大器的正输

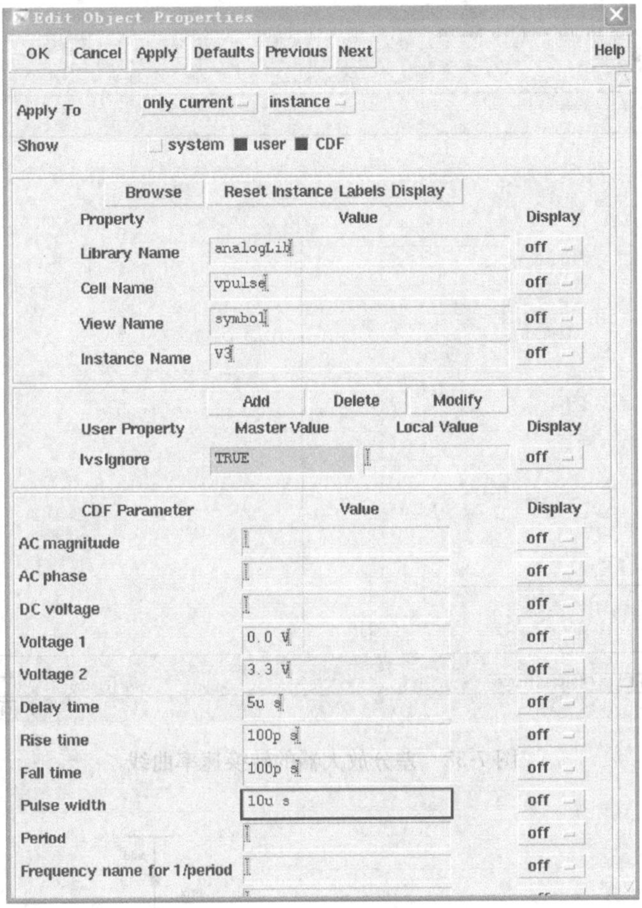

图 7-36　“vpulse”的设置

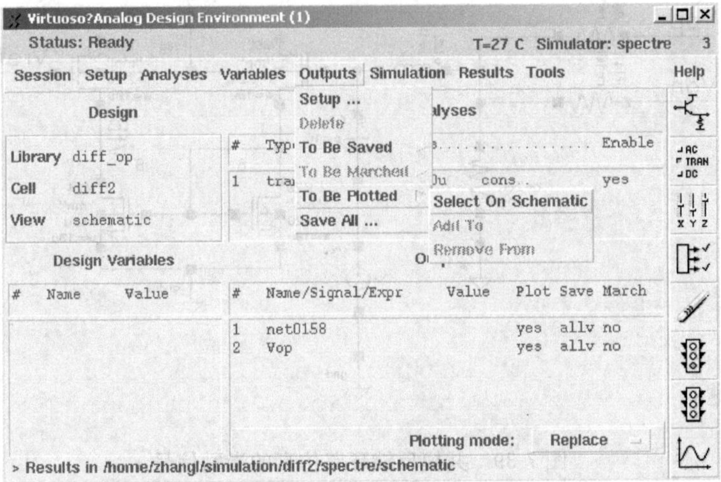

图 7-37　“tran”仿真的设置和输出信号的设置

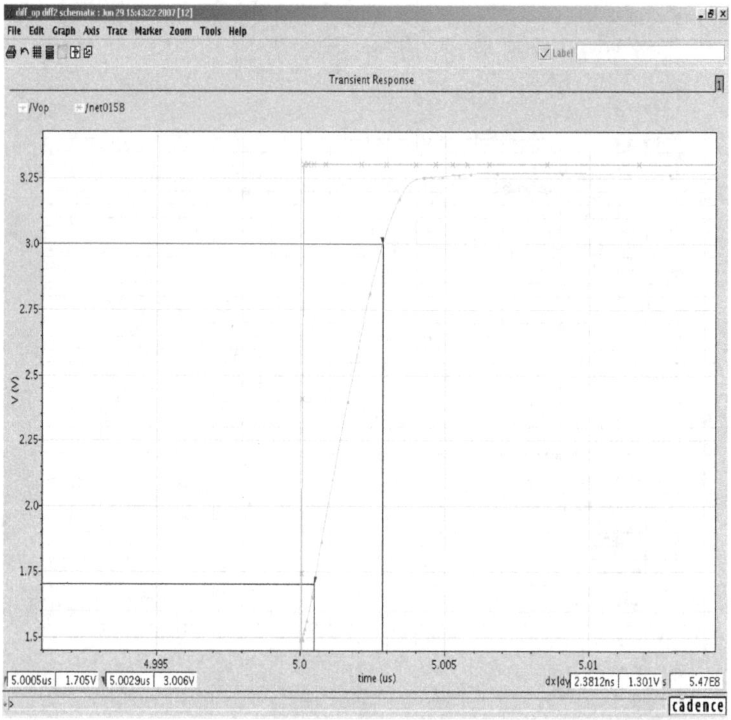

图 7-38　差分放大器的转换速率曲线

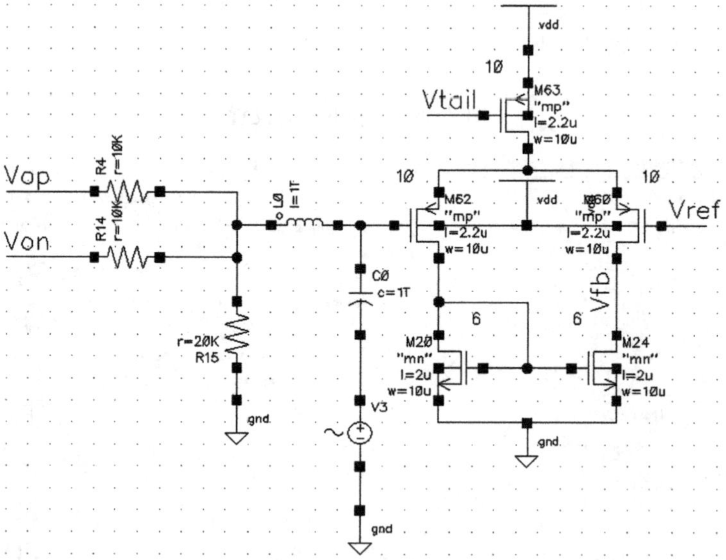

图 7-39　共模反馈环路仿真的激励信号

入端,"Vin1"连到差分放大器的负输入端;右边是仿真共模增益的信号激励,因为此时放大器的正负输入端短接在一起,所以它直接加在放大器的输入端。

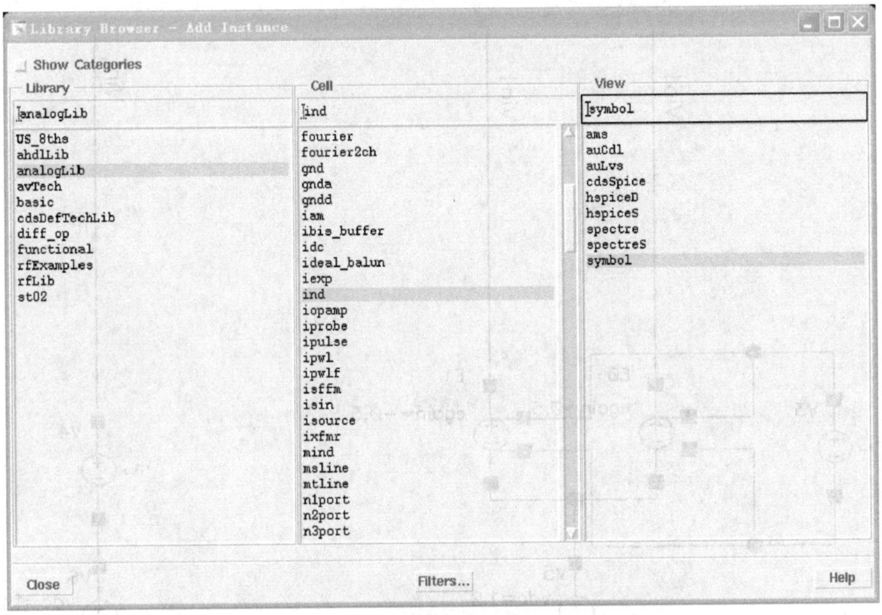

图 7-40　“analogLib”中电感的具体位置

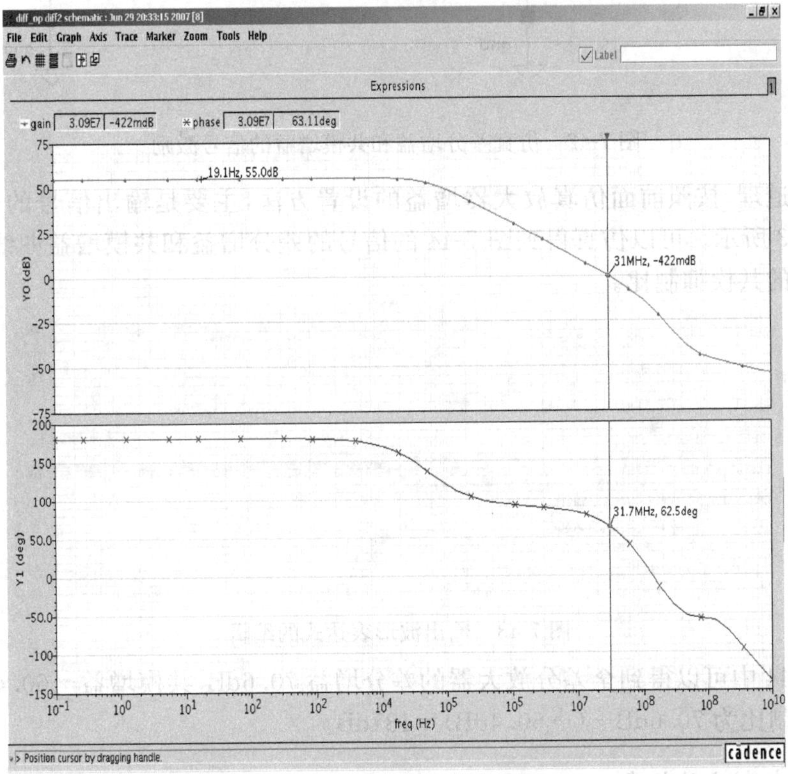

图 7-41　共模反馈环路的增益和相位曲线

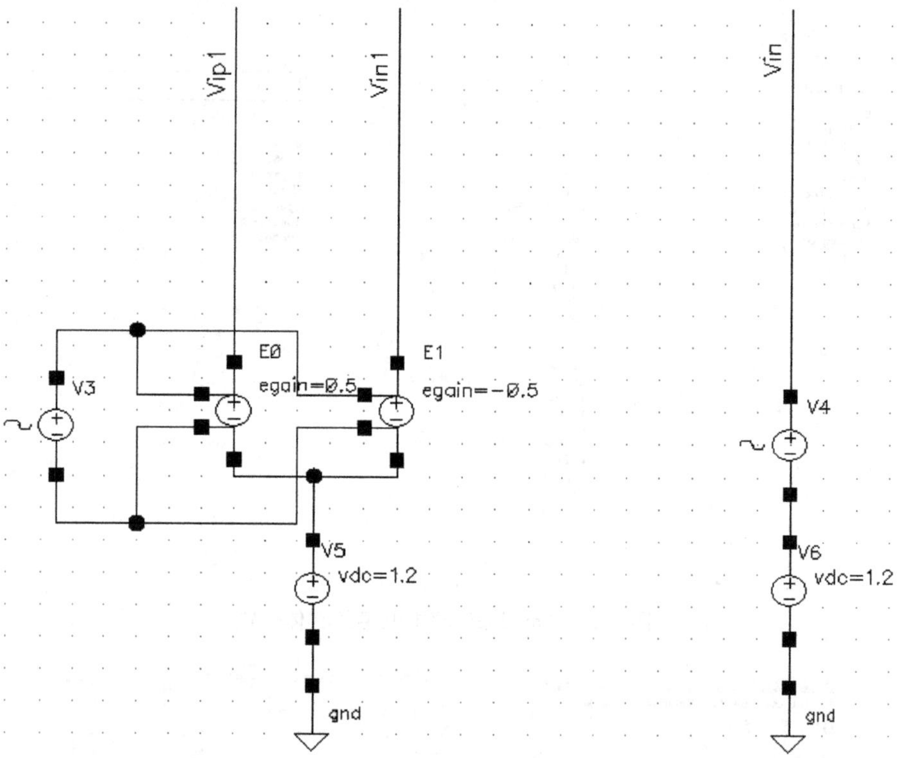

图 7-42　仿真差分增益和共模增益的信号激励

同样的道理,按照前面仿真放大器增益的设置方法,主要是输出信号的表达式的编辑,如图 7-43 所示。可以仿真得到图 7-44 的信号的差分增益和共模增益曲线,从而求出差分放大器的共模抑制比。

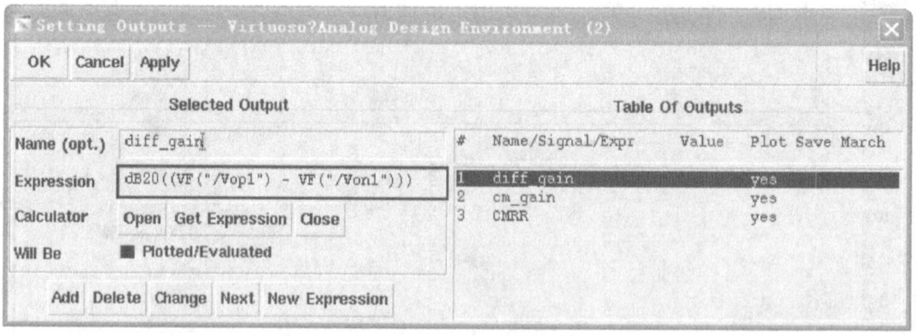

图 7-43　输出波形表达式的编辑

从图 7-44 中可以得到全差分放大器的差分增益 70.6dB,共模增益−60.4dB,所以电路的共模抑制比为 70.6dB−(−60.4dB)=131dB。

5. 电源抑制比的仿真

电源抑制比定义为放大器的差分增益和电源到输出的增益的比值,它反映了放大器

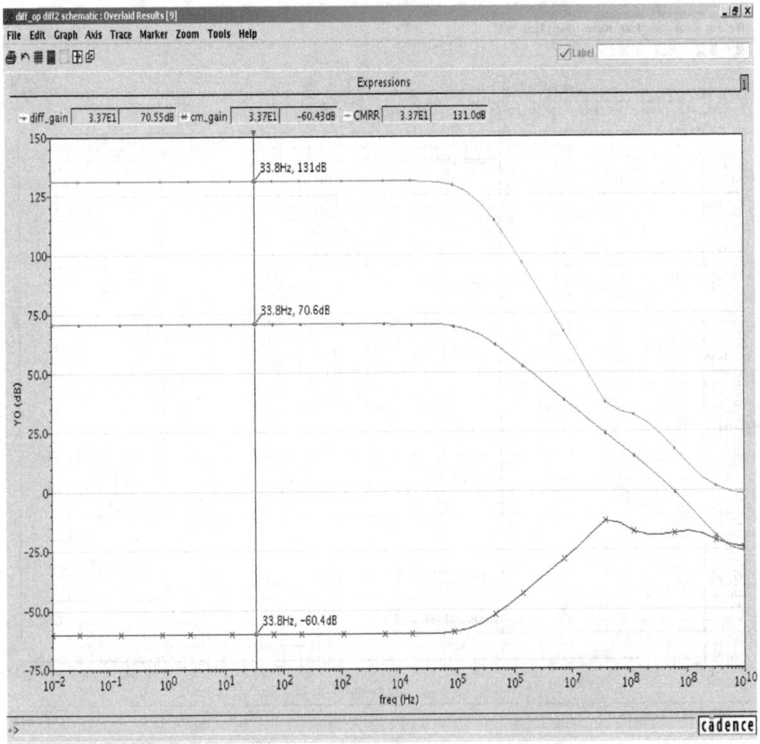

图 7-44　差分增益，共模增益和共模抑制比的仿真曲线

对电源和地噪声的抑制能力。同样使用两个放大器电路，一个仿真电源到输出的增益，一个测试放大器的差分增益。电路的信号激励和图 7-42 的设置一样，不同的是右边的直流信号其实就是电源电压，交流信号作为输入小信号加在电源端。

同样，需要设置输出的表达式来得到电源抑制比的曲线，输出的表达式设置如图 7-45所示。图 7-46 为 V_{DD}的电源抑制比的仿真曲线。

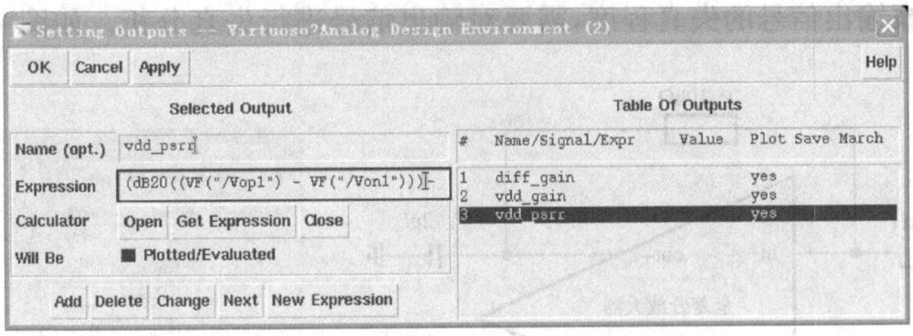

图 7-45　电源抑制比的表达式设定

从图 7-46 可以得到，全差分放大器的差分增益为 69.9dB，从电源到输出的增益为 −41.2dB，所以放大器的电源抑制比就是 69.9dB−(−41.2dB)＝111.1dB。

6. 输出动态范围的仿真

将全差分高速放大器连接成增益为 0.1 的形式，如图 7-47 所示；然后在输入端加上

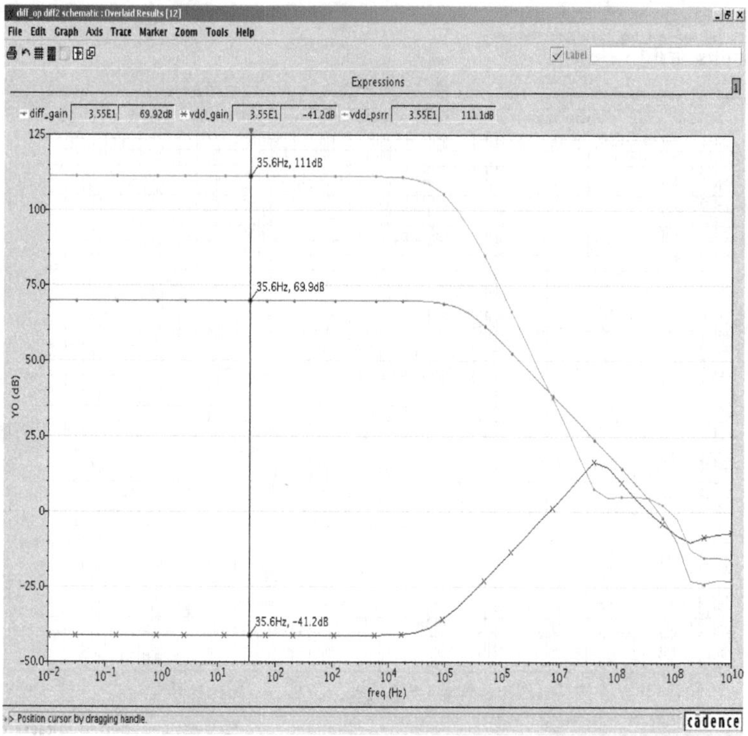

图 7-46　V_{DD}的电源抑制比仿真曲线

峰-峰值为 100mV 的差分信号。我们可以对输出信号进行 Fourier 变换，得到其总的谐波失真。也可以使用“Calculator”里提供的函数“thd”来计算信号的失真度。

我们加的信号幅度为 100mV_{p-p}，信号频率为 10MHz。需要对电路进行瞬态仿真，所以选择“Analysis”中的“tran”，仿真设置如图 7-48 所示。图 7-49 设置了需要观察的输入信号和输出信号，图 7-50 给出了瞬态仿真的输入和输出信号波形。

为了观察输出信号的失真程度，需要对输出信号进行失真分析。如图 7-51 所示，使

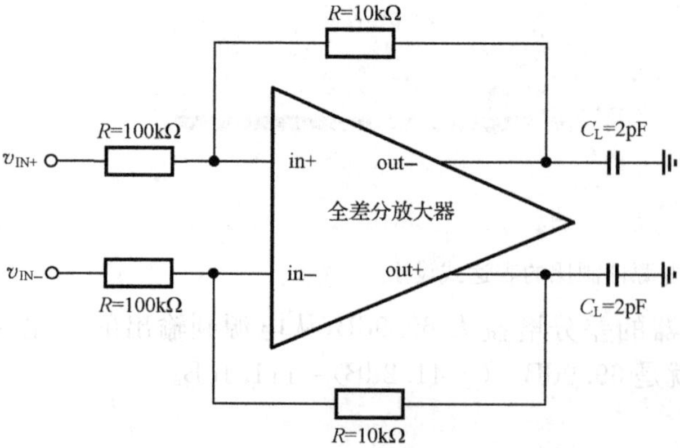

图 7-47　测试差分高速放大器的电路激励

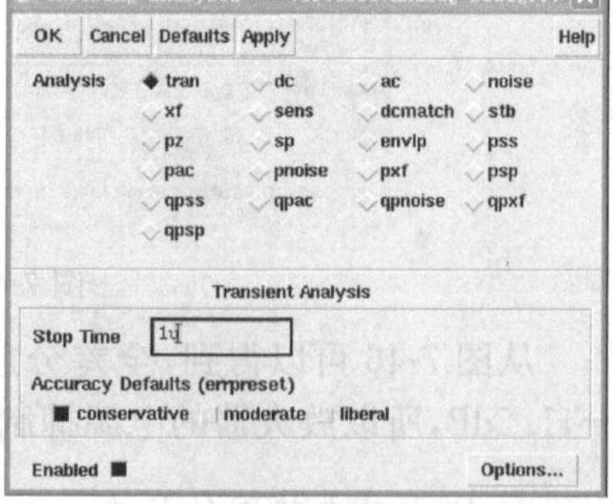

图 7-48　瞬态仿真设置测试动态范围

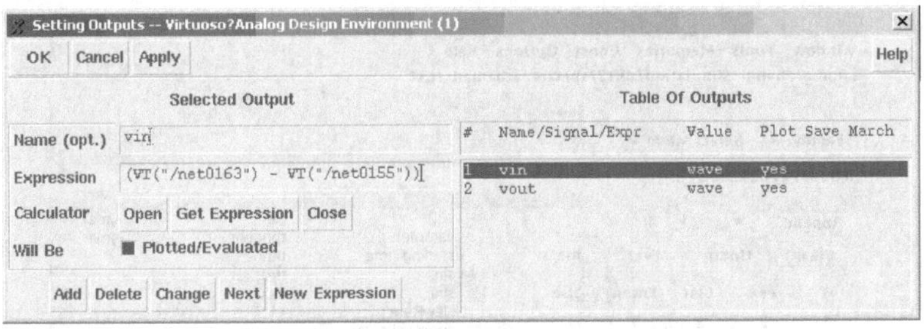

图 7-49　瞬态仿真输入、输出设置

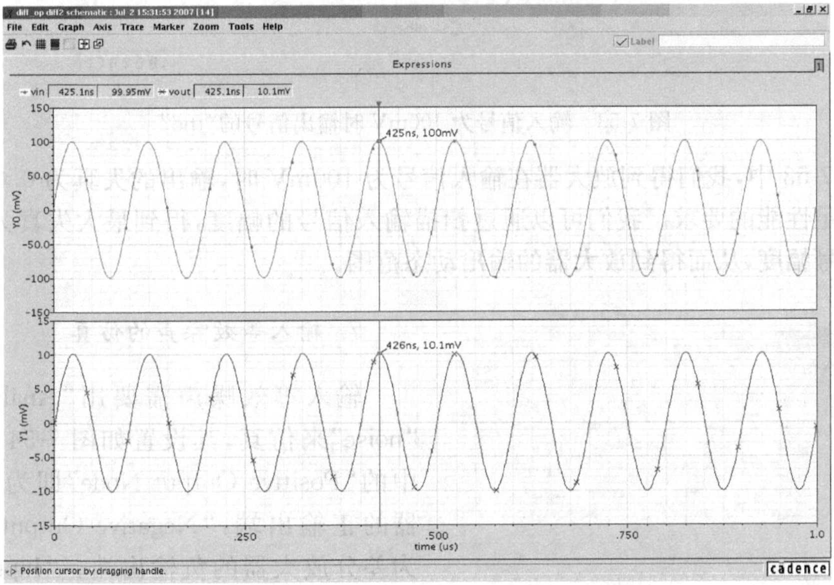

图 7-50　输入信号和输出信号的时域波形

用了“Calculator”里的函数“thd”。图 7-52 为“thd”函数的设置，“From”表示起始的时间，“To”表示终止的时间。“Number of Samples”为采样点数，采样点数越大，越精确。“Fundamental”为输入信号的基频。由此可以得到输出信号的“thd”，从而判断是否满足要求，如图 7-53 所示。

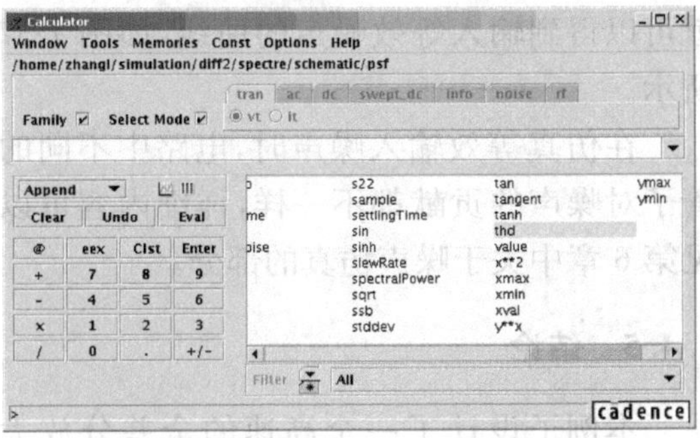

图 7-51　“Calculator”中的“thd”函数

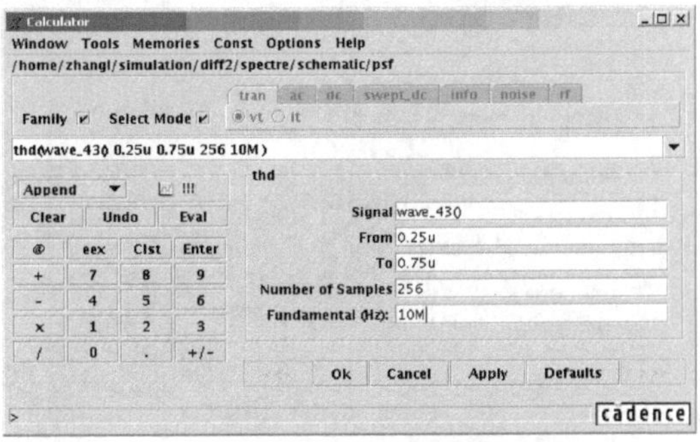

图 7-52　“thd”函数的设置

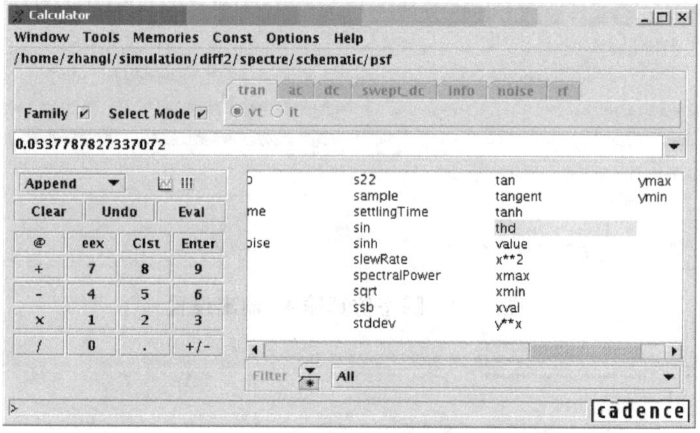

图 7-53　输入信号为 100mV 时输出信号的“thd”

从图 7-53 中，我们得到放大器在输入信号为 100mV 时，输出的失真为 0.03%，小于 0.1%，满足性能的要求。我们可以通过扫描输入信号的幅度，得到最大失真为 0.1%时的输出信号幅度，从而得到放大器的输出动态范围。

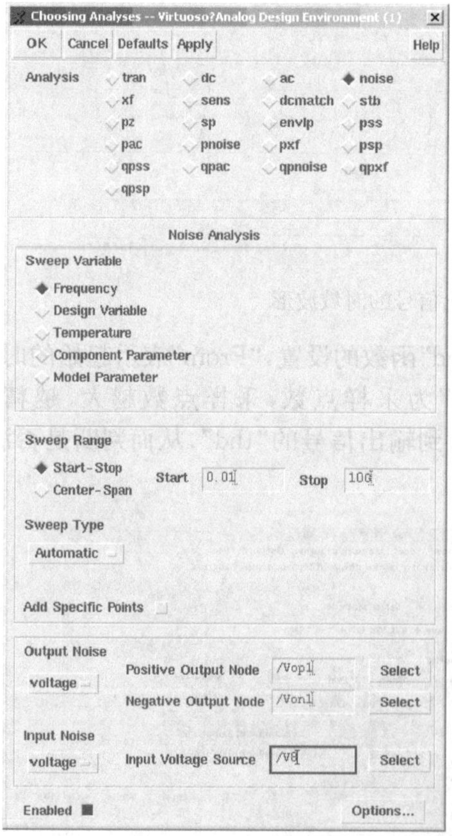

图 7-54　“noise”仿真的设置

7. 输入等效噪声的仿真

输入等效噪声需要用“Analysis”中的“noise”来仿真，其设置如图 7-54 所示。其中的“Positive Output Node”即为差分放大器的正输出端，“Negative Output Node”即为差分放大器的负输出端。“Input Voltage Source”可以选择加在输入端的直流电压源。

要观察仿真的结果，可以选择“Results”→“Direct Plot”→“Main Form”，如图 7-55所示。同时，它会弹出图 7-56 所示的对话框，按图中这样的设置选定后，点击“Plot”按钮，就可以得到输入等效噪声的曲线，如图 7-57 所示。

在仿真等效输入噪声时，电路中不同的管子对噪声的贡献都不一样，详细内容可以见第 6 章中关于噪声仿真的部分。

7.4.5　结论

本例子设计了一个高速的全差分放大器，使用了 CSMC 0.5μm 2-poly，3-metal 工

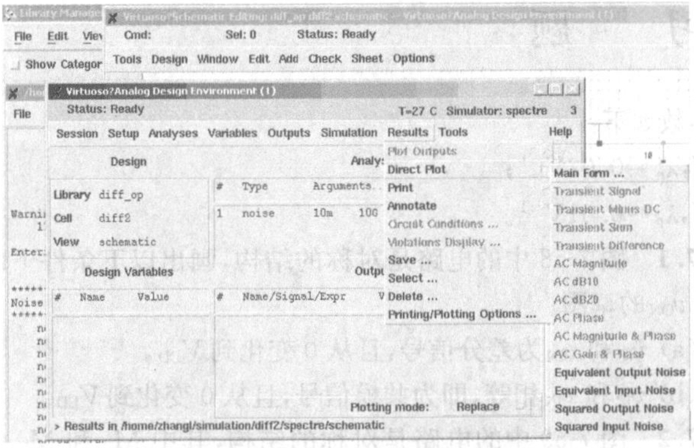

图 7-55　对“noise”仿真结果的查看

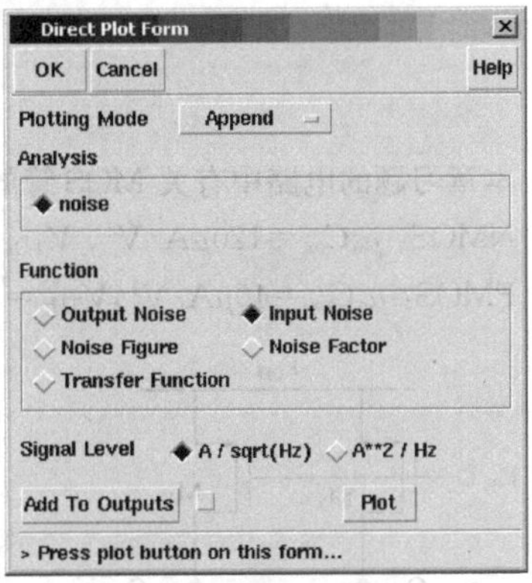

图 7-56　查看“noise”仿真结果的设置

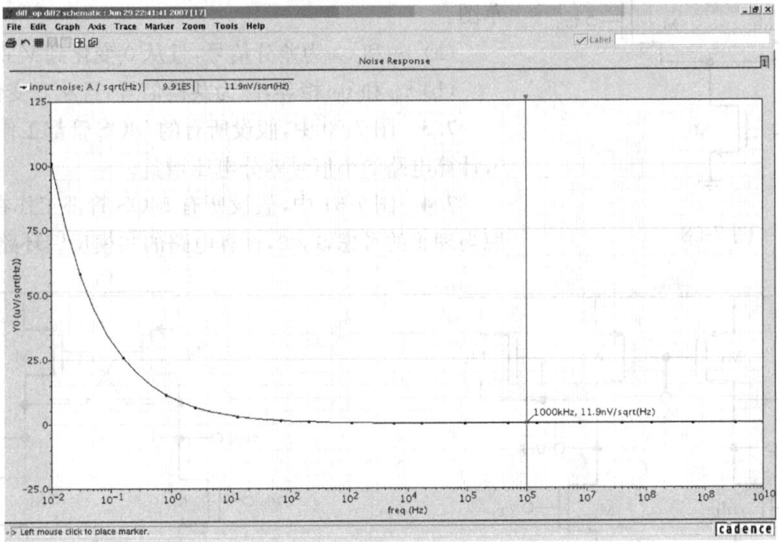

图 7-57　“noise”的仿真结果

艺，并且在 Cadence 的 Spectre 下进行仿真。全差分放大器主要由主放大器和共模反馈部分组成，共模反馈环路部分是全差分放大器的设计难点。整个全差分放大器的性能都达到了设计指标要求，具体的参数如表 7-8 所示。

表 7-8　全差分运算放大器设计指标和仿真结果

设计参数(parameter)	设计指标(specification)	仿真结果(simulation result)
直流增益	65dB	70dB
单位增益带宽	500MHz	531MHz
相位裕度	50°	53°
转换速率	200V/μs	547V/μs
等效输入参考噪声	20nV/$\sqrt{Hz}$@1MHz	11.9nV/$\sqrt{Hz}$@1MHz
谐波失真	0.1%	0.03%
共模抑制比	No	131dB
电源抑制比	No	111dB

习　题

本章习题的电路中有关 MOS 管的基本参数如下：

NMOS：$\mu_n C_{ox}=120\mu A/V^2$，$V_{THn}=0.7V$，$\lambda_n=0.02V^{-1}$；

PMOS：$\mu_p C_{ox}=40\mu A/V^2$，$V_{THp}=-0.8V$，$\lambda_p=0.01V^{-1}$。

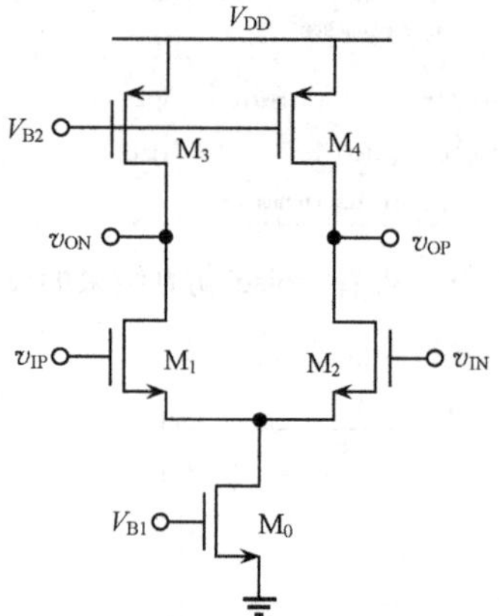

图 7-58

7.1 图 7-58 中的电路是对称的结构，画出以下条件下的 $v_{OP}-v_{ON}$ 的草图。

(a) v_{IP} 和 v_{IN} 为差分信号，且从 0 变化到 V_{DD}。

(b) v_{IP} 和 v_{IN} 相等，即为共模信号，且从 0 变化到 V_{DD}。

7.2 图 7-59 中的电路是对称的结构，其中 M_5 和 M_6 的 W/L 都为 M_3 和 M_4 的 1/4，画出以下情况中的 $v_{OP}-v_{ON}$ 的草图。

(a) v_{IP} 和 v_{IN} 为差分信号，且从 0 变化到 V_{DD}。

(b) v_{IP} 和 v_{IN} 相等，即为共模信号，且从 0 变化到 V_{DD}。

7.3 图 7-60 中，假设所有的 MOS 管都工作在饱和区，$\lambda\neq 0$，计算电路的小信号差分电压增益。

7.4 图 7-61 中，假设所有 MOS 管都工作在饱和区，电流源当理想的考虑，$\lambda\neq 0$，计算电路的共模反馈环路的增益。

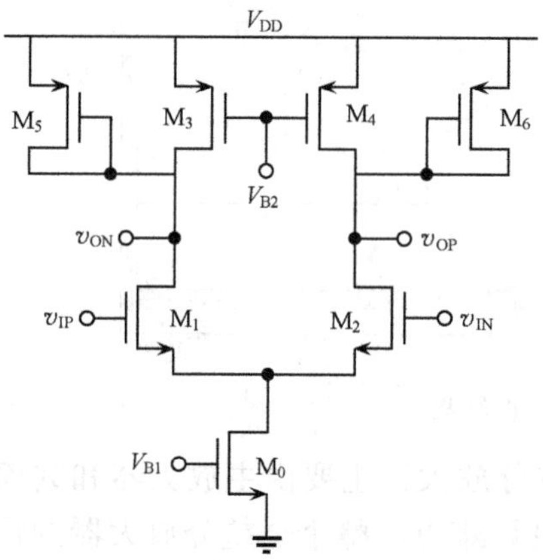

图 7-59

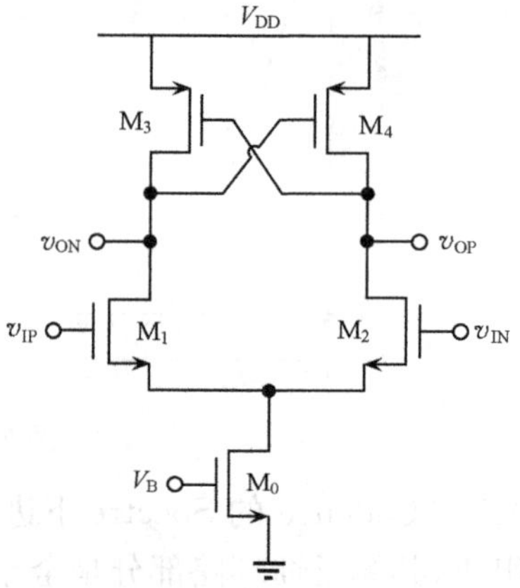

图 7-60

7.5 图 7-62 为一个电流镜结构的差分放大器，假设电路结构是对称的，所有 MOS 管的 $|V_{OV}|=200mV$，$I_{DO}=100\mu A$，并且 $V_{DD}=5V$，$V_{IC}=2.5V$，不考虑 MOS 管的体效应。假设共模检测电路的增益为 $A=100$。

(a) 假设共模反馈的信号接到 M_0 的栅极，计算电路的差分增益和共模反馈环路的增益。

(b) 假设共模反馈的信号接到 M_7，M_8 的栅极，计算共模反馈环路的增益。

7.6 图 7-63 所示，$W/L=20/1$，$I=100\mu A$，$R_D=10k\Omega$，该电路被用于图 7-11 的反馈环路中，其中 $\beta=0.1$，输入信号的峰峰值为 20 mV 的输入正弦波。试计算输出端的 THD。

7.7 图 7-12 所示电路，试推导式(7-25)，并计算差分输入对管的 G_m。

7.8 图 7-13(a)所示电路，试推导差分输入对管的 G_m 表达式。

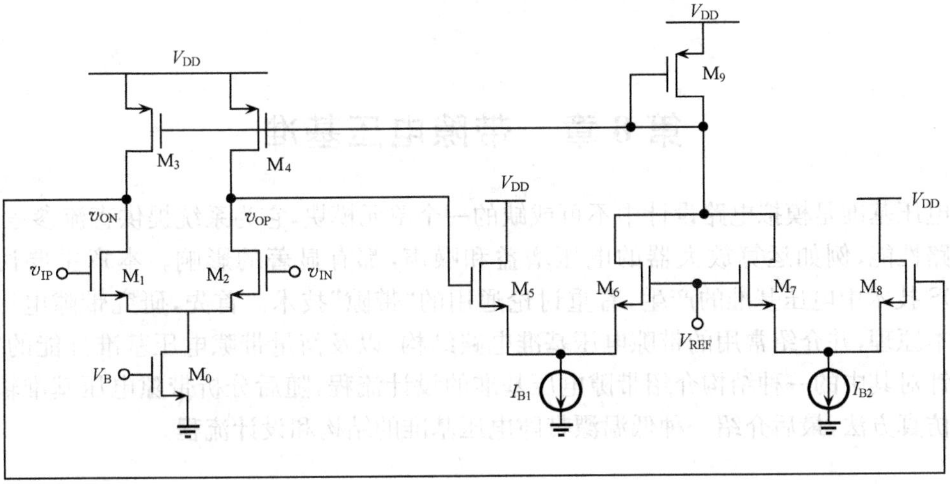

图 7-61

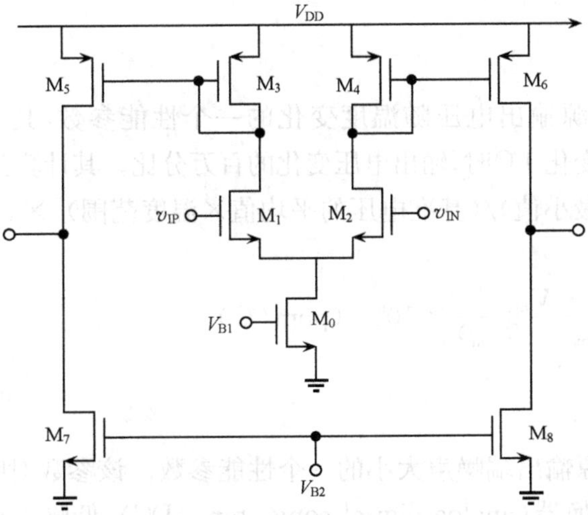

图 7-62

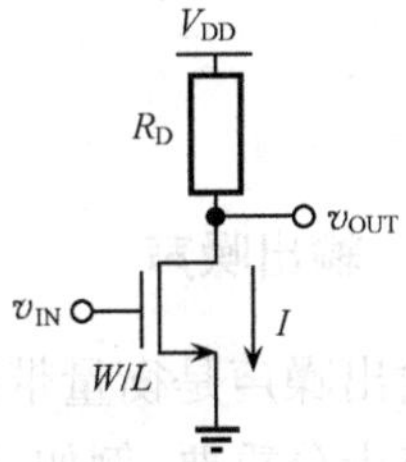

图 7-63

参 考 文 献

[1] David Johns, Ken Martin. Analog Integrated Circuit Design. New York: John Wiley & Sons, Inc. , 1997

[2] 毕查德·拉扎维. 模拟 CMOS 集成电路设计. 陈贵灿等译. 西安:西安交通大学出版社,2002

[3] D-C J F. Control of the common-mode component in CMOS continuous-time fully differential signal processing. Analog Integrated Circuits and Signal Processing, 1993, 4: 131～140

[4] Sanchez-Sinencio E, Silva-Martinez J. CMOS transconductance amplifiers, architectures and active filters: a tutorial. IEE Pro. -Circuits Devices Syst. , 2000, 147(1): 3～12

[5] Zihong Liu, Chao Bian, Zhihua Wang, Chun Zhang. Full custom design of a two-stage fully differential CMOS amplifier with high unity-gain bandwidth and large dynamic range at output. Circuits and Systems, 2005, 2: 984～987

第 8 章　带隙电压基准

电压基准是模拟电路设计中不可或缺的一个单元模块，它为系统提供直流参考电压，对电路性能，例如运算放大器的电压增益和噪声，都有显著的影响。本章主要讨论在 CMOS 技术中电压基准的产生，着重讨论通用的“带隙”技术。首先，研究带隙电压基准的基本原理，并介绍常用的带隙电压基准电路结构，以及衡量带隙电压基准性能的方法，接着针对其中的一种结构介绍带隙电压基准的设计流程，随后分析带隙电压基准输出噪声和仿真方法，最后介绍一种低温漂带隙电压基准的结构和设计流程。

8.1　带隙电压基准的性能参数

8.1.1　温漂系数

温漂系数是衡量带隙基准电压源输出电压随温度变化的一个性能参数，其单位为 ppm/℃（1ppm=10^{-6}）。表示当温度变化 1℃时，输出电压变化的百万分比。其计算公式为

［（基准电压最大值－基准电压最小值）/（基准电压的平均值×温度范围）］×10^6

符号表达式为

$$T = \frac{V_{max} - V_{min}}{V_{mean}(T_{max} - T_{min})} \times 10^6 \quad (\text{ppm/℃}) \tag{8-1}$$

8.1.2　输出噪声

输出噪声是衡量带隙基准电压源输出端噪声大小的一个性能参数。该参数对噪声敏感系统十分重要，例如，模拟-数字转换器（analog-digital converter，ADC）、低噪声放大器（low noise amplifier，LNA）等。其计算方法为：测量带隙基准的输出端的噪声谱密度，在关心的频率范围内对噪声谱进行积分，然后对积分值进行开方，从而获得带隙基准输出端在关心的频率范围内的噪声大小。

8.1.3　功耗

功耗是衡量电路在正常工作情况下消耗电流多少的一个参数。为了获得更小的噪声以及更快的响应速度，都需要增加功耗。然而芯片由于应用的要求，以及散热条件的制约，其功耗是受到制约的。因此每个单元电路都会有相应的功耗要求。

8.1.4　电源抑制比

电源抑制比（power supply reject ratio，PSRR）是衡量电路对电源线上噪声的抑制能力的参数。对于带隙电压基准，在本章中定义电源抑制比为：电源电压变化引起的输出的增益。

$$\text{PSR} = \text{dB20}(\Delta v_{\text{OUT}}/\Delta v_{\text{DD}}) \tag{8-2}$$

8.2　带隙电压基准的基本原理

带隙电压基准的基本原理是将两个拥有相反温度系数(temperature coefficient)的电压以合适的权重相加,最终获得具有零温度系数的基准电压。例如,电压 V_+ 拥有正温度系数,电压 V_- 拥有负温度系数,存在合适的权重 α 和 β 满足

$$\alpha \cdot \frac{\partial V_+}{\partial T} + \beta \cdot \frac{\partial V_-}{\partial T} = 0 \tag{8-3}$$

这样就得到具有零温度系数的基准电压,其原理如图 8-1 所示。基准电压的基本表达式为

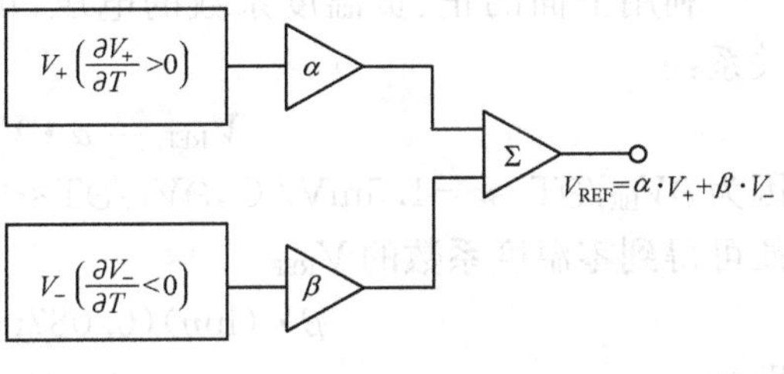

图 8-1　带隙电压基准的一般原理

$$V_{\text{REF}} = \alpha V_+ + \beta V_- \tag{8-4}$$

双极型晶体管(BJT)有以下两个特性:① 双极型晶体管的基极-发射极电压(V_{BE})电压与绝对温度成反比;② 在不同的集电极电流下,两个双极型晶体管的基极-发射极电压的差值(ΔV_{BE})与绝对温度成正比。因此,双极晶体管可构成带隙电压基准的核心。

8.2.1　负温度系数电压

对于一个双极型晶体管,其集电极电流(I_{C})与基极-发射极电压(V_{BE})的关系为

$$I_{\text{C}} = I_{\text{S}}\exp(V_{\text{BE}}/V_{\text{T}}) \tag{8-5}$$

其中,I_{S} 是双极型晶体管的饱和电流;$V_{\text{T}}=kT/q$,k 为玻尔兹曼常量,q 为电子电荷。进一步利用饱和电流 I_{S} 的计算公式,可以得到 V_{BE}电压的温度系数为[1]

$$\frac{\partial V_{\text{BE}}}{\partial T} = \frac{V_{\text{BE}} - (4+m)V_{\text{T}} - E_{\text{g}}/q}{T} \tag{8-6}$$

其中,$m \approx -1.5$,$E_{\text{g}} = 1.12\text{eV}$ 是硅的带隙能量。当 $V_{\text{BE}} \approx 750\text{mV}$,$T = 300\text{K}$ 时,$\partial V_{\text{BE}}/\partial T \approx -1.5\text{mV/℃}$。

从式(8-6)可见,V_{BE}电压的温度系数本身与温度有关,因此如果正温度系数是一个固定值,与温度无关,那么在带隙电压基准中的温度补偿就会出现误差。这也是在后文中,只能使得基准电压在一个温度点上获得零温度系数的原因。

8.2.2　正温度系数电压

如果两个同样的晶体管($I_{\text{S1}} = I_{\text{S2}} = I_{\text{S}}$,$I_{\text{S}}$ 为双极晶体管饱和电流)偏置的集电极电流分别为 nI_0 和 I_0,并忽略它们的基极电流,那么它们基极-发射极电压差值为

$$\begin{aligned}\Delta V_{\text{BE}} &= V_{\text{BE1}} - V_{\text{BE2}} \\ &= V_{\text{T}}\ln\frac{nI_0}{I_{\text{S1}}} - V_{\text{T}}\ln\frac{I_0}{I_{\text{S2}}} = V_{\text{T}}\ln n\end{aligned} \tag{8-7}$$

因此,V_{BE}的差值就表现出正温度系数[1]

$$\frac{\partial \Delta V_{BE}}{\partial T} = \frac{k}{q}\ln n > 0 \tag{8-8}$$

从式(8-8)中可以看出，这个温度系数与温度本身以及集电极电流无关。

8.2.3 实现零温度系数的基准电压

利用上面的正、负温度系数的电压，可以设计一个零温度系数的基准电压，有以下关系：

$$V_{REF} = \alpha \cdot V_{BE} + \beta \cdot (V_T \ln n) \tag{8-9}$$

因为 $\partial V_{BE}/\partial T \approx -1.5\text{mV/℃}$，$\partial V_T/\partial T \approx 0.087\text{mV/℃}$，因此令 $\alpha=1$，只要满足式(8-10)，便可得到零温度系数的 V_{REF}。

$$\beta \cdot (\ln n)(0.087\text{mV/℃}) = 1.5\text{mV/℃} \tag{8-10}$$

即为

$$\beta \cdot (\ln n) \approx 17.2 \tag{8-11}$$

8.3 常用带隙电压基准结构

以下介绍两种常用的带隙电压基准的电路结构：

(1) 先产生一个和绝对温度成正比(proportional to absolute temperature，PTAT)的电流，再通过电阻将该电流转变为电压，并与双极型晶体管的 V_{BE} 相加，最终获得和温度无关的基准电压。

(2) 通过运算放大器完成 V_{BE} 和 ΔV_{BE} 的加权相加，在运算放大器的输出端产生和温度无关的基准电压。

8.3.1 利用 PTAT 电流产生基准电压

1. 电路结构和基准电压的生成

在 8.2.2 节中介绍了，如果两个双极晶体管工作在不相等的电流密度下，那么它们的基极-发射极电压的差值就与绝对温度成正比。那么将该电压差值作用在一个电阻上，并利用电流镜拷贝流过该电阻的电流，就可以获得 PTAT 电流。图 8-2 给出了一个常用的产生 PTAT 电流的电路结构[1]。

在图 8-2 所示的电路中，M_5、M_6 和 M_8 构成电流镜，并且有

$$\left(\frac{W}{L}\right)_5 = \left(\frac{W}{L}\right)_6 = \frac{1}{M} \cdot \left(\frac{W}{L}\right)_8 \tag{8-12}$$

使得 $I_1 = I_2 = I_3/M$，因此流过双极晶体管 Q_1 和 Q_2 的电流相等，进而 Q_1 和 Q_2 基极-发射极电压的差值为 $\Delta V_{BE} = V_T \ln n$，和绝对温度成正比。其中 n 是 Q_1 和 Q_2 管并联个数的比值。另外，运算放大器 A_1 的存在，使得节点 X 和 Y 有相同的电位，即 $V_X \approx V_Y$。因此，电阻 R_1 上的压降为双极晶体管 Q_1 和 Q_2 基极-发射极电压的差值 $\Delta V_{BE} = V_T \ln n$。因此 M_5、M_6 和 M_8 管的源漏电流分别为

$$I_1 = I_2 = (V_T \cdot \ln n)/R_1 \tag{8-13}$$

$$I_3 = M \cdot (V_T \cdot \ln n)/R_1 \tag{8-14}$$

图 8-2 中的 PTAT 电流生成电路可以很容易改为产生带隙基准电压的电路，如图 8-3所示。将 PTAT 电流 I_3 流过电阻 R_2，从而产生 PTAT 电压 $I_3 \cdot R_2$，再将这个电压加到双极晶体管 Q_3 的基极-发射极电压上，从而获得输出基准电压

$$V_{\mathrm{REF}} = V_{\mathrm{BE,Q3}} + M \cdot \frac{R_2}{R_1} \cdot V_{\mathrm{T}} \ln n \tag{8-15}$$

根据 8.2.3 节中的分析，当 R_1，R_2，M 和 n 满足关系 $\frac{R_2}{R_1}M \approx \frac{17.2}{\ln n}$ 时，带隙电压基准可以在 $T=300\mathrm{K}$ 时获得零温度系数。

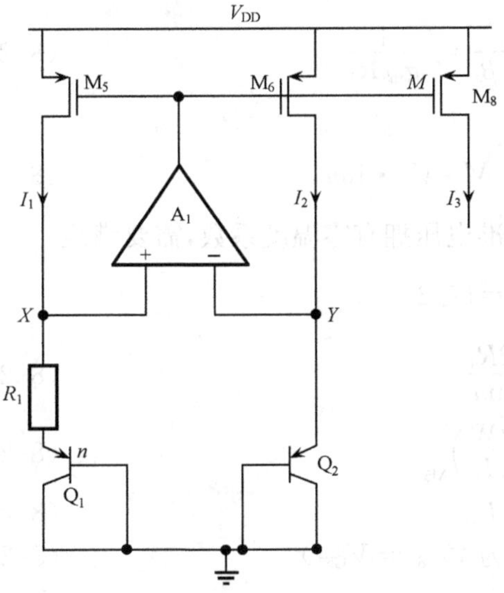

图 8-2　PTAT 电流的生成

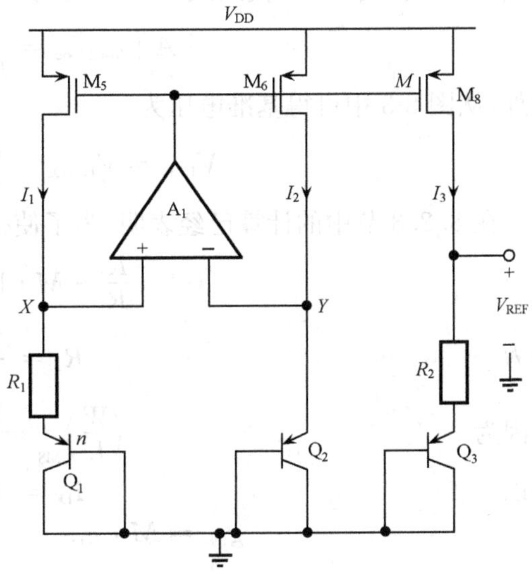

图 8-3　带隙电压基准电路

2. 输出噪声

由于在图 8-3 所示的电路中包含反馈环路，为了计算带隙电压基准的输出噪声，首先需要计算反馈环路的闭环增益和总的系统增益。以下对带隙基准的反馈环路进行分析。

图 8-4 提供了图 8-3 中带隙基准的框图。其中 A_1 是误差放大器，增益为 A_{V1}；B_1 是 M_5 作为输入管、R_1 和 Q_1 作为负载的共源极放大器，增益为 β_1；B_2 是 M_6 作为输入管、Q_2 作为负载的共源极放大器，增益为 β_2；A_2 是 M_8 作为输入管，R_2 和 Q_3 作为负载的共源极放大器，增益为 A_{V2}。由图 8-4 得反馈环路的传递函数为

$$[(X_+ - \beta_1 \cdot Y) - (X_- - \beta_2 \cdot Y)]A_{\mathrm{V1}} = Y \tag{8-16}$$

因此，当误差放大器的增益足够大时，从式(8-16)可以得出由 A_1，B_1 和 B_2 构成的反馈环路的闭环增益为

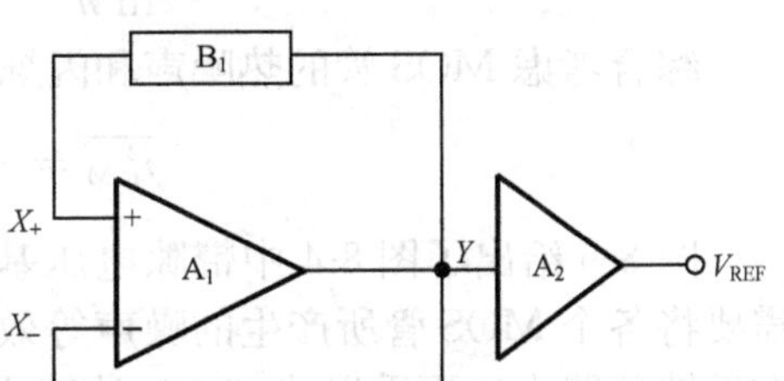

图 8-4　带隙基准电压源的系统结构图

$$\frac{Y}{X_{+}-X_{-}}=\frac{A_{V1}}{1+A_{V1}(\beta_1-\beta_2)}\approx\frac{1}{\beta_1-\beta_2}\Big|_{A_{V1}\to\infty} \tag{8-17}$$

根据图 8-3 中的电路图有以下关系：

$$|\beta_1|=g_{m5}(R_1+R_{Q1}) \tag{8-18}$$

$$|\beta_2|=g_{m6}R_{Q2} \tag{8-19}$$

其中，R_{Qi}表示双极型晶体管 Q_i 发射极对地的等效电阻，

$$R_{Q1}=R_{Q2}=\frac{V_T}{I_C}=\frac{V_T}{V_T\ln n/R_1}=\frac{R_1}{\ln n} \tag{8-20}$$

将式(8-18)和式(8-19)代入式(8-17)，可得

$$|A|_{\text{closed-loop}}=\frac{1}{\beta_1-\beta_2}=\frac{1}{g_{m5}R_1} \tag{8-21}$$

另外，从图 8-3 中可得基准电压为

$$V_{REF}=V_{BE,Q3}+\frac{R_2}{R_1}\cdot M\cdot V_T\cdot\ln n \tag{8-22}$$

在 8.2.3 节中的计算已经表明，为了使得基准电压拥有零温度系数，需要满足

$$\frac{R_2}{R_1}\cdot M\cdot\ln n=17.2$$

即为

$$R_2=\frac{17.2R_1}{M\ln n} \tag{8-23}$$

又因为

$$\left(\frac{W}{L}\right)_{M8}=M\left(\frac{W}{L}\right)_{M5} \tag{8-24}$$

所以

$$I_{D8}=M\cdot I_{D5} \tag{8-25}$$

$$g_{m8}=M\cdot g_{m5}\qquad（因为 V_{GS8}=V_{GS5}） \tag{8-26}$$

$$R_{Q3}=\frac{R_{Q1}}{M} \tag{8-27}$$

得到从误差放大器输入端到基准电压输出端的总增益为

$$\begin{aligned}A_{\text{total}}&=A_{\text{closed-loop}}\cdot g_{m8}(R_2+R_{Q3})\\&=\frac{1}{g_{m5}R_1}\cdot M\cdot g_{m5}\left(\frac{17.2R_1}{M\ln n}+\frac{R_{Q1}}{M}\right)\\&=\frac{1}{g_{m5}R_1}\cdot M\cdot g_{m5}\left(\frac{17.2R_1}{M\ln n}+\frac{R_1}{M\ln n}\right)\\&=\frac{18.2}{\ln n}=M\cdot\frac{R_2}{R_1}+\frac{1}{\ln n}\end{aligned} \tag{8-28}$$

综合考虑 MOS 管的热噪声和闪烁噪声。MOS 管沟道中噪声电流的谱密度为

$$\overline{i_{n,M}^2}=4kT\gamma g_m+\frac{Kg_m^2}{C_{ox}WLf} \tag{8-29}$$

图 8-5 给出了图 8-4 中带隙电压基准的电路实现。为了计算带隙基准的输出噪声，需要将各个 MOS 管所产生的噪声等效到误差放大器的输入端(M_8 管除外，因为该管不在反馈环路中)，再乘以式(8-28)计算出的系统增益。因此，注意到 $R_{Q1}=R_{Q2}=R_Q$，可计算得到各个 MOS 管在输出端产生的噪声

$$\overline{V_{n,V_{REF}}^2}\Big|_{M_{3,4}}=\left[4kT\gamma\frac{g_{m3}}{g_{m1}^2}+\frac{K_p g_{m3}^2}{g_{m1}^2C_{ox}(WL)_3f}\right]\left(\frac{R_2}{R_1}M+\frac{1}{\ln n}\right)^2 \tag{8-30}$$

$$\overline{V^2_{n,V_{REF}}}\,|_{M_{0,1}} = \left[4kT\gamma\frac{1}{g_{m1}} + \frac{K_n}{C_{ox}(WL)_1 f}\right]\left(\frac{R_2}{R_1}M + \frac{1}{\ln n}\right)^2 \tag{8-31}$$

$$\overline{V^2_{n,V_{REF}}}\,|_{M_5} = \left[4kT\gamma g_{m5} + \frac{k_p g^2_{m5}}{C_{ox}(WL)_5 f}\right](R_1 + R_Q)^2\left(\frac{R_2}{R_1}M + \frac{1}{\ln n}\right)^2 \tag{8-32}$$

$$\overline{V^2_{n,V_{REF}}}\,|_{M_8} = \left[4kT\gamma g_{m8} + \frac{K_p g^2_{m8}}{C_{ox}(WL)_8 f}\right]\left(R_2 + \frac{R_Q}{M}\right)^2 \tag{8-33}$$

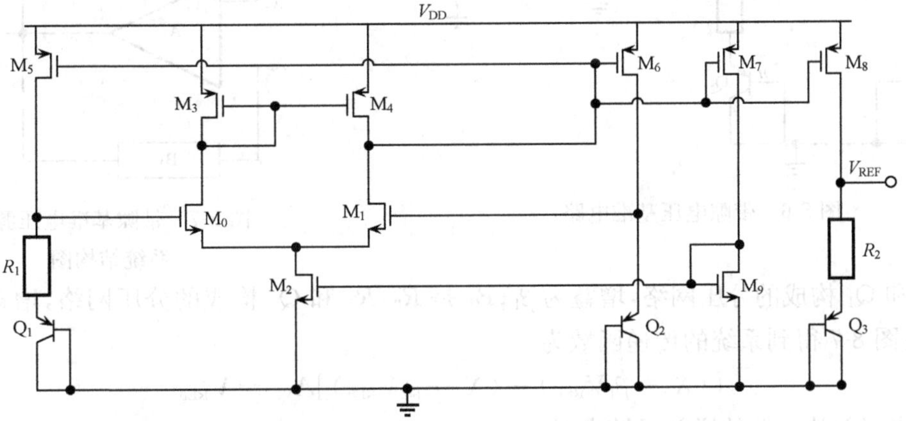

图 8-5　带隙基准电压源中主要 MOS 管的噪声

8.3.2　在运放的输出端产生基准电压

1. 电路结构和基准电压的生成

通过图 8-6 中的电路，可以在运放的输出端直接实现正温度系数电压和负温度系数电压的加权相加[1,2]。

在图 8-6 中，由于放大器 A_1 的存在，使得节点 X 和 Y 有相同的电位，即 $V_X = V_Y$。因为 R_1 和 R_2 相同，因此流过双极晶体管 Q_1 和 Q_2 的电流值为

$$I_{C,Q1} = I_{C,Q2} = \frac{V_{REF} - V_{X,Y}}{R_{1,2}} \tag{8-34}$$

根据 8.2.2 节中的分析，Q_1 和 Q_2 基极-发射极电压的差值为 $\Delta V_{BE} = V_T \ln n$，和绝对温度成正比，其中 n 是 Q_2 和 Q_1 管并联个数的比值。因此流过电阻 R_2 和 R_3 的电流为 $V_T \ln n / R_3$，则运算放大器输出端的电压为

$$V_{REF} = V_{BE,Q2} + \frac{(R_2 + R_3)}{R_3} \cdot V_T \ln n \tag{8-35}$$

根据 8.2.3 节的分析，当 R_2，R_3 和 n 满足关系 $\frac{(R_2+R_3)}{R_3} \approx \frac{17.2}{\ln n}$ 时，带隙电压基准可以在 $T = 300\text{K}$ 时获得零温度系数。

2. 输出噪声

图 8-7 展示了图 8-6 中带隙电压基准的反馈环路。其中 A_1 是放大器，增益为 A_{V1}；B_1

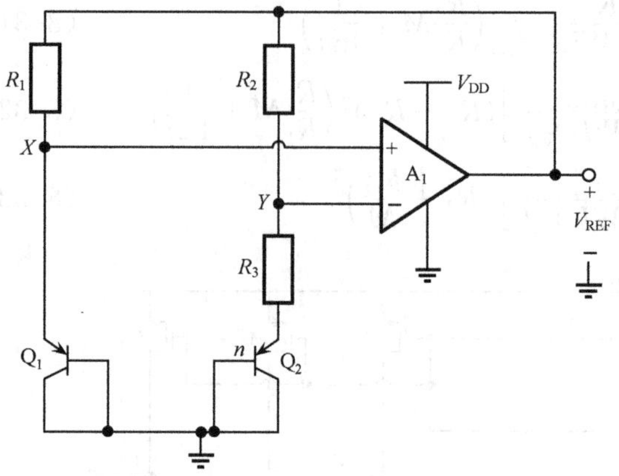

图 8-6　带隙电压基准电路

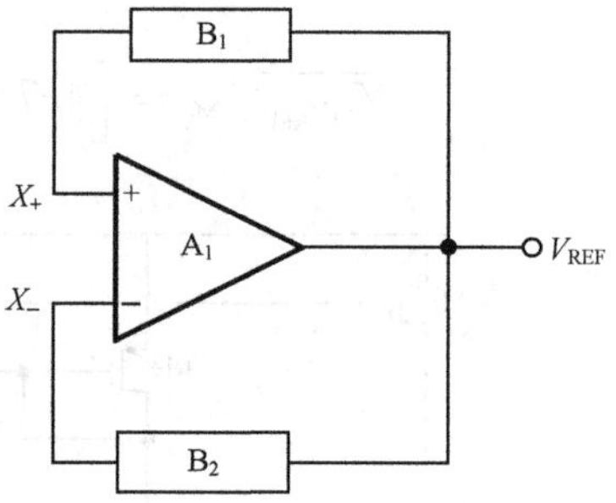

图 8-7　带隙基准电压源的系统结构图

是 R_1 和 Q_1 构成的分压网络,增益为 β_1;B_2 是 R_2,R_3 和 Q_2 构成的分压网络,增益为 β_2。

由图 8-7 得到系统的传递函数为

$$[(X_+ - \beta_1 V_{REF}) - (X_- - \beta_2 V_{REF})]A_{V1} = V_{REF} \tag{8-36}$$

因此,当误差放大器的增益足够大时

$$\frac{V_{REF}}{X_+ - X_-} = \frac{A_{V1}}{1 + A_{V1}(\beta_1 - \beta_2)} \approx \frac{1}{\beta_1 - \beta_2}\bigg|_{A_{V1}\to\infty} \tag{8-37}$$

$$|\beta_1| = \frac{R_Q}{R_1 + R_Q} \tag{8-38}$$

$$|\beta_2| = \frac{R_3 + R_Q}{R_3 + R_2 + R_Q} \tag{8-39}$$

$$\begin{aligned}|A|_{closed\text{-}loop} &= \left|\frac{1}{\beta_1 - \beta_2}\right| = \frac{1}{\dfrac{R_3 + R_Q}{R_2 + R_3 + R_Q} - \dfrac{R_Q}{R_1 + R_Q}} \\ &= \frac{(R_2 + R_3 + R_Q)(R_1 + R_Q)}{(R_3 + R_Q)(R_1 + R_Q) - (R_2 + R_3 + R_Q)R_Q} \\ &= \frac{(R_2 + R_3 + R_Q)(R_1 + R_Q)}{R_1R_3 + R_QR_1 + R_3R_Q + R_Q^2 - R_2R_Q - R_3R_Q - R_Q^2} \\ &= \frac{(R_2 + R_3 + R_Q)(R_1 + R_Q)}{R_1R_3}\end{aligned} \tag{8-40}$$

根据式(8-35)和 8.2.3 节中的分析,电阻 R_2,R_3 和双极晶体管并联个数比值 n 的关系为

$$R_1 = R_2 = \left(\frac{17.2}{\ln n} - 1\right)R_3 \tag{8-41}$$

$$R_Q = \frac{V_T}{I_C} = \frac{V_T}{\Delta V_{BE}/R_3} = \frac{V_T}{V_T \ln n / R_3} = \frac{R_3}{\ln n} \tag{8-42}$$

$$|A|_{closed\text{-}loop} = \left|\frac{1}{\beta_1 - \beta_2}\right| = \frac{(R_2 + R_3 + R_Q)(R_1 + R_Q)}{R_1R_3}$$

$$=\frac{\frac{18.2}{\ln n}R_3\left(\frac{18.2}{\ln n}-1\right)R_3}{R_3^2\left(\frac{17.2}{\ln n}-1\right)}=\frac{\frac{18.2}{\ln n}\left(\frac{18.2}{\ln n}-1\right)}{\left(\frac{17.2}{\ln n}-1\right)}$$

$$=\frac{18.2}{\ln n}\left(1+\frac{1}{17.2-\ln n}\right) \tag{8-43}$$

比较式(8-28)和式(8-43)，可以发现第二种带隙电压基准的闭环增益更高。因此当使用相同误差放大器时，误差放大器在第二种结构中产生更大的输出噪声。

图 8-8 给出了图 8-6 中带隙电压基准的电路实现。为了计算带隙基准的输出噪声，需要将各个 MOS 管产生的噪声，等效到误差放大器的输入端，再乘以式(8-43)计算出的系统增益。各个 MOS 管在输出端产生的噪声

$$\overline{V_{n,V_{REF}}^2}\Big|_{M_{3,4}}=\left[4kT\gamma\frac{g_{m3}}{g_{m1}^2}+\frac{K_p g_{m3}^2}{g_{m1}^2 C_{ox}(WL)_3 f}\right]\left[\frac{18.2}{\ln n}\left(1+\frac{1}{17.2-\ln n}\right)\right]^2 \tag{8-44}$$

$$\overline{V_{n,V_{REF}}^2}\Big|_{M_{0,1}}=\left[4kT\gamma\frac{1}{g_{m1}}+\frac{K_n}{C_{ox}(WL)_1 f}\right]\left[\frac{18.2}{\ln n}\left(1+\frac{1}{17.2-\ln n}\right)\right]^2 \tag{8-45}$$

$$\overline{V_{n,V_{REF}}^2}\Big|_{M_5}=\left[4kT\gamma\frac{1}{g_{m5}}+\frac{K_p}{C_{ox}(WL)_5 f}\right]\left[\frac{1}{g_{m0.1}(r_{o0}\,//\,r_{o4})}\right]^2\left[\frac{18.2}{\ln n}\left(1+\frac{1}{17.2-\ln n}\right)\right]^2 \tag{8-46}$$

$$\overline{V_{n,V_{REF}}^2}\Big|_{M_6}=\left[4kT\gamma\frac{g_{m6}}{g_{m5}^2}+\frac{K_p g_{m6}^2}{g_{m5}^2 C_{ox}(WL)_3 f}\right]\left[\frac{1}{g_{m0,1}(r_{o0}\,//\,r_{o4})}\right]^2\left[\frac{18.2}{\ln n}\left(1+\frac{1}{17.2-\ln n}\right)\right]^2 \tag{8-47}$$

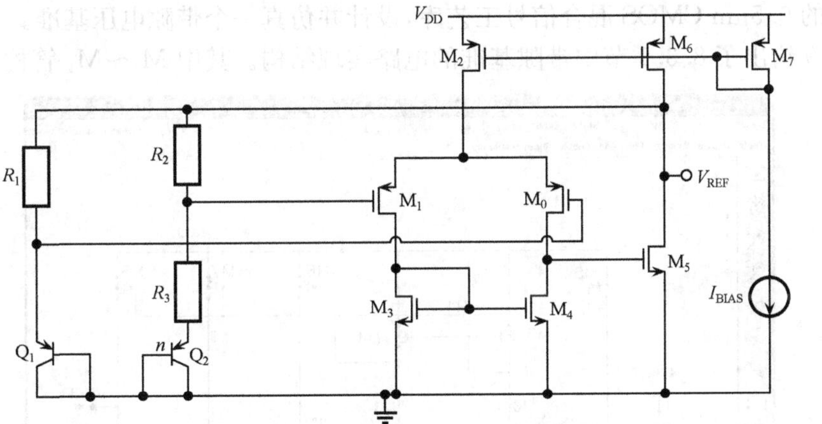

图 8-8　带隙基准电压源的电路实现

8.3.3　两种结构的性能比较

在 8.3.1 节和 8.3.2 节中介绍了两种常用的带隙电压基准的结构。虽然它们都能提供和温度无关的基准电压，但是在驱动能力和噪声方面各有优劣。

1. 驱动能力

8.3.1 节中的电路不能直接为后续电路供电流，需要在带隙电压基准和后续电路中

间加入缓冲器(buffer),由缓冲器为后续电路提供电流。这是因为,后续电路如果直接从该带隙电压基准的输出端获得电流,则该电流是 PTAT 电流 I_3(见图 8-3)中的一部分,由于后续电路对供电电流的需求不一定和绝对温度成正比,因此无法保证流过电阻 R_2 的电流仍和绝对温度成正比,这就破坏了产生和温度无关电压基准的基础,使带隙电压基准失去作用。而且后续电路对供电电流需求的改变会直接影响带隙电压基准的输出电压值,因此使用该种带隙电压基准结构,必须同时使用缓冲器将带隙电压基准隔离。

2. 面积

在 8.3.2 节中介绍的带隙电压基准,需要使用 3 个电阻,并且在双极晶体管 Q_1 和 Q_2 管并联个数的比值 n 较小的情况下,需要更大阻值的 R_1 和 R_2。由于 CMOS 工艺的特性,无源电阻会消耗较多的芯片面积,因此 8.3.2 节中的结构比 8.3.1 节中的结构需要更多的芯片面积。

3. 噪声

在使用相同的运算放大器以及 Q_1 和 Q_2 管并联个数的比值的情况下,由式(8-28)和式(8-43)可以看出 8.3.1 节中的结构比 8.3.2 节中的结构产生更小的输出噪声。

8.4　带隙电压基准的设计

以下将以 8.3.1 节中提出的带隙电压基准结构为例,采用无锡华润上华公司(CSMC)的 0.5μm CMOS 混合信号工艺库,设计并仿真一个带隙电压基准。

图 8-9 给出了 8.3.1 节中带隙基准的电路实现结构。其中 M_0～M_4 管构成误差放大

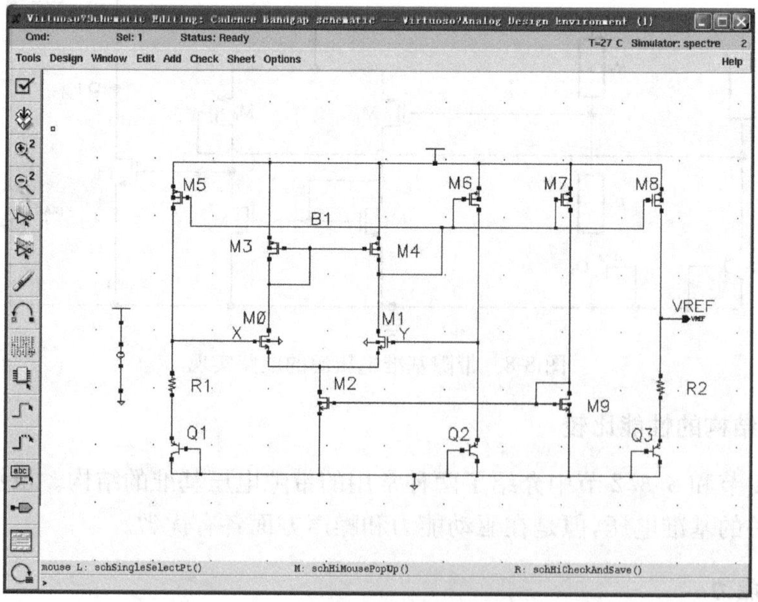

图 8-9　带隙基准电压源电路实现

器，用来使节点 X 和 Y 拥有相同的电位。M_7 和 M_9 管为误差放大器提供偏置电压。表 8-1给出了 MOS 管、电阻和双极型晶体管的初始参数设置。

表 8-1　带隙基准电压源器件参数设置

MOS 管

Instance Name	Model	W/m	L/m	Multiplier	Library Name	Cell Name	View Name
M_0	mn	20u	2u	1	st02	mn	symbol
M_1	mn	20u	2u	1	st02	mn	symbol
M_2	mn	20u	2u	1	st02	mn	symbol
M_3	mp	1.1u	550n	1	st02	mp	symbol
M_4	mp	1.1u	550n	1	st02	mp	symbol
M_5	mp	1.1u	550n	1	st02	mp	symbol
M_6	mp	1.1u	550n	1	st02	mp	symbol
M_7	mp	1.1u	550n	1	st02	mp	symbol
M_8	mp	1.1u	550n	1	st02	mp	symbol
M_9	mn	20u	2u	1	st02	mn	symbol

电阻（为了设计简化，这里使用了理想电阻）

Instance Name	Model	W/m	L/m	Resistance/Ω	Multiplier	Library Name	Cell Name	View Name
R_1	—	—	—	1k	1	analogLib	res	symbol
R_2	—	—	—	1k	1	analogLib	res	symbol

双极型晶体管

Instance Name	Model	W/m	L/m	Multiplier	Library Name	Cell Name	View Name
Q_1	qvp5	—	—	7	st02	qvp5	symbol
Q_2	qvp5	—	—	1	st02	qvp5	symbol
Q_3	qvp5	—	—	1	st02	qvp5	symbol

以下将通过调整双极晶体管并联个数比值和电阻阻值，实现具有零温度系数的带隙基准电压源。

8.4.1　寻找合适的双极晶体管比例

考虑版图设计中的对称性，双极晶体管通常画成 3×3，5×5 或者 7×7……的矩阵。由于片内双极晶体管的面积很大，3×3 矩阵的使用频率最高。因此 Q_1、Q_2 和 Q_3 的比例为 7∶1∶1。

选择双极晶体管 Q_1，点击快捷键“q”，弹出“Edit Object Property”对话框，如图 8-10 所示。在图 8-10 所示的对话框中，在“Multiplier”栏将 Q_1 管的并联个数设置为 7 个。为了方便观察电路结构，可以在“Multiplier”栏后的下拉菜单中选择“both”选项，这将在电路图中显示双极晶体管的并联个数，如图 8-11 所示。因为在添加双极晶体管时，默认的并联个数为 1，因此不需要调整 Q_2 和 Q_3 的设置。注意，在图 8-11 中的双极晶体管的上方出现“m=7”的字样，表示双极晶体管的并联个数为 7。

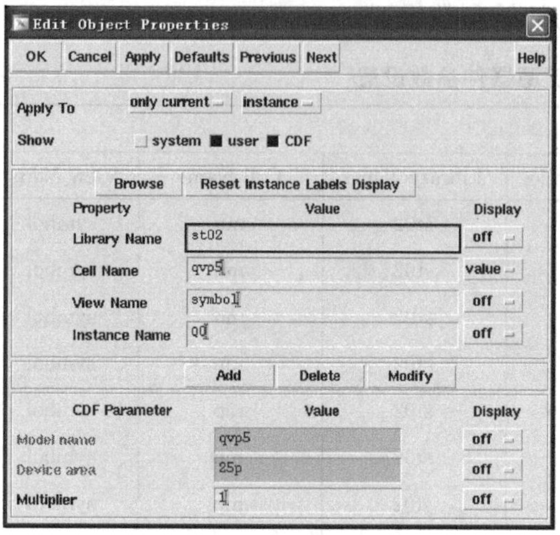

图 8-10　双极晶体管 Q_1 的参数设置

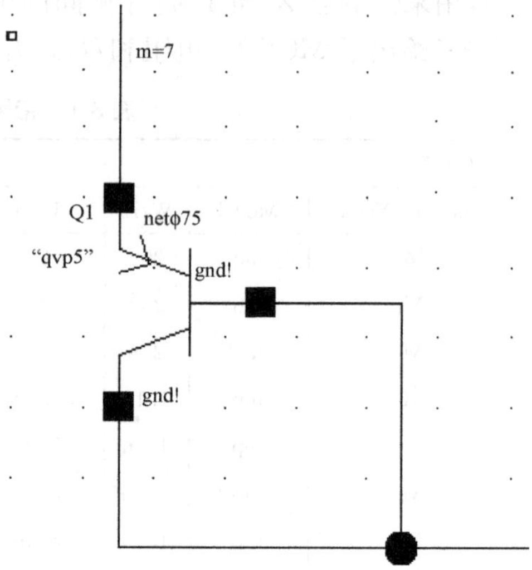

图 8-11　电路图中的双极晶体管 Q_1

8.4.2　寻找合适的电阻比例

因为 M_5、M_6 和 M_8 拥有相同的宽长比，式(8-15)中的 $M=1$。根据 8.2.3 节中的分析，为了获得零温度系数的带隙电压基准，电阻 R_1 和 R_2 需要满足下面的关系：

$$\frac{R_2}{R_1}\approx\frac{17.2}{\ln 7}=8.83 \tag{8-48}$$

令 $R_1=26\text{k}\Omega$，则 $R_2=230\ \text{k}\Omega$。依此数据设置电路中的电阻值。在电路图中选择电阻 R_1，点击快捷键“q”，弹出图 8-12 所示对话框，如。

在图 8-12 所示对话框中，在“Resistance”栏将 R_1 电阻的阻值设“26kΩ”。采用同样的操作，将 R_2 的电阻值设为“230kΩ”，如图 8-13 所示。

8.4.3　设置“Analog Environment”窗口

完成电路图绘制后，需要进入“Analog Environment”窗口，设置仿真环境，并开始电路仿真和优化。

1. 设置模型库文件

首先在“Tools”下拉菜单中选择“Analog Environment”命令，打开 ADE 窗口。在 ADE 窗口中，首先在“Setup”下拉菜单中选择“Model Libraries...”添加模型的库文件，如图 8-14 所示。完成库文件设置后的“Model Library Setup”窗口如图 8-15 所示。

2. 设置仿真类型和范围

在 ADE 窗口中，选择“Analyses”下拉菜单中的“Choose”命令。在弹出的“Choosing Analyses”窗口中选择“dc”分析；“Sweep Variable”选择“Temperature”；“Sweep Range”

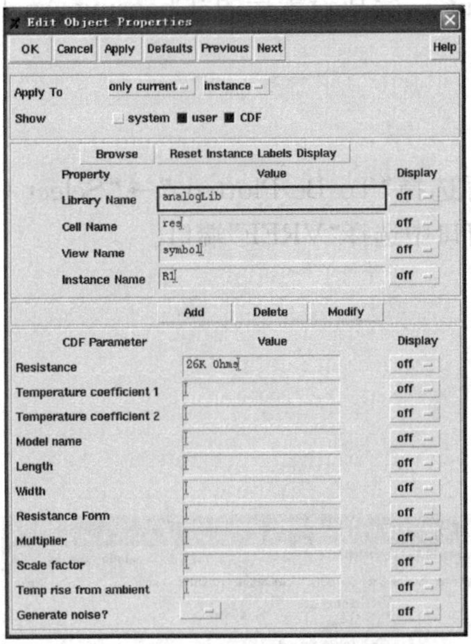

图 8-12　电阻 R_1 的参数设置

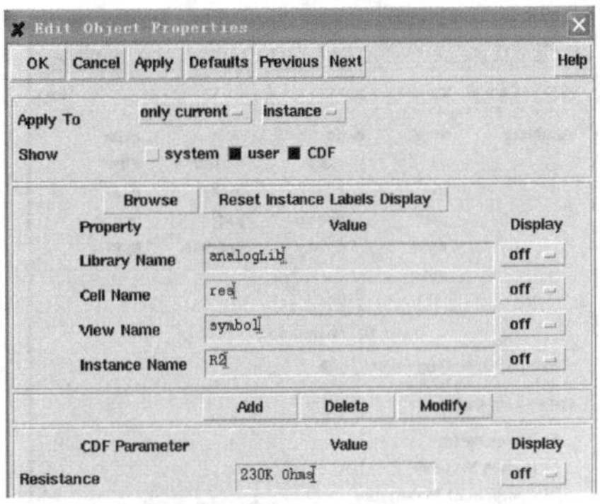

图 8-13　电阻 R_2 的参数设置

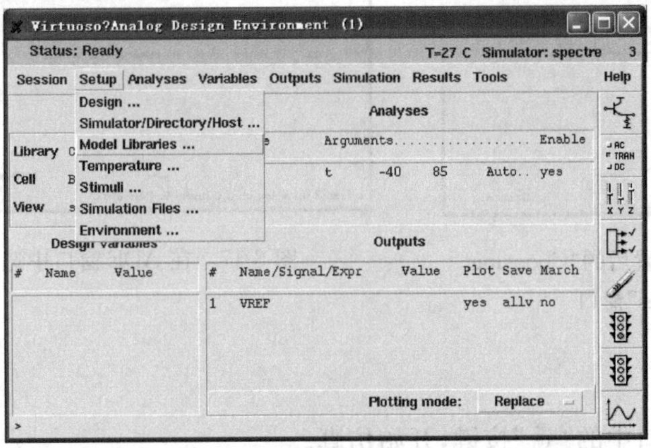

图 8-14　在 ADE 窗口中添加模型的库文件

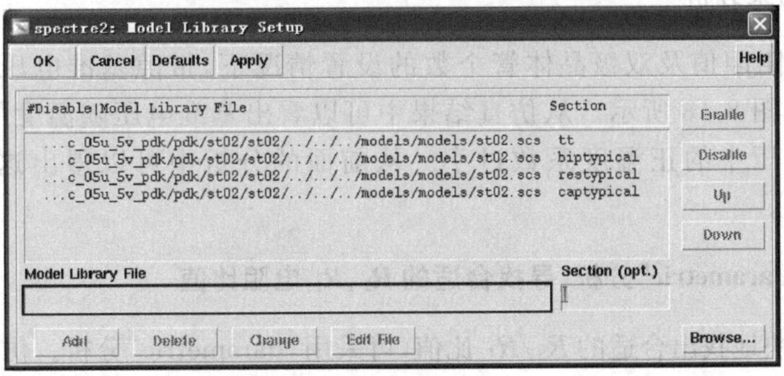

图 8-15　完成设置后的“Model Library Setup”窗口

选择$-40\sim85$℃。并选中“Save DC Operating Point”。完成设置后的“Choosing Analyses”窗口如图 8-16 所示。

3. 设置仿真结果输出

在 ADE 窗口中，选择“Outputs”下拉菜单，再选择“To Be Plotted ”→“Select On Schematic”，如图 8-17 所示。在“Schematic Edit”窗口中选择“VREF”端口。

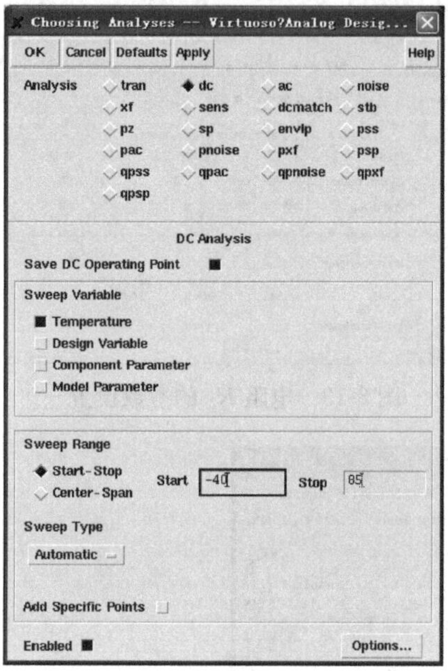

图 8-16　完成设置后的“Choosing Analyses”窗口

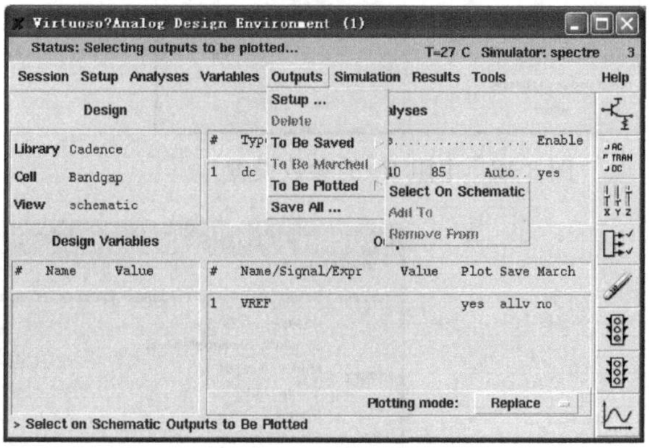

图 8-17　在 ADE 窗口中选择输出信号

4. 开始仿真

点击 ADE 窗口中的“ ”按键，开始仿真。

8.4.4　仿真结果分析

在上述电阻阻值及双极晶体管个数的设置情况下，带隙基准电压源的输出电压的温度特性如图 8-18 所示。从仿真结果中可以看出基准电压随温度的升高而下降。这表明基准电压中的正温度系数过小。从前面的分析中可以得出这是由于R_2/R_1的值过小所致。

8.4.5　使用“Parametric”分析，寻找合适的R_2，R_1电阻比值

为了能更快地找出合适的R_2/R_1比值，可采用“Parametric”分析。仿真方案为，固定电阻R_1的大小，观察基准电压在R_2电阻值不同情况下的温度特性。根据仿真结果，逐步缩小R_2电阻的取值范围，最终获得合适的阻值。

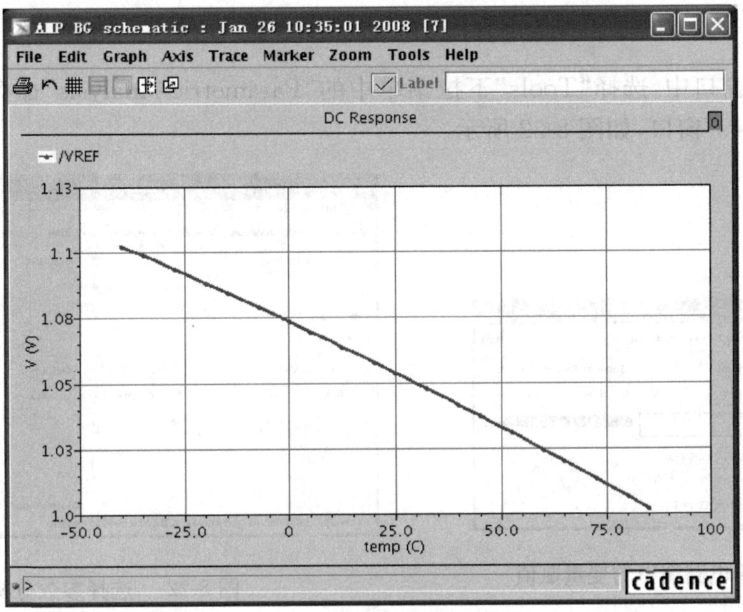

图 8-18　“dc”温度扫描结果

1. 在电路图中添加变量

为了实现上述方案，需要在电路图中将 R_2 的阻值设成参变量“res”。选中 R_2 电阻，点击快捷键“q”，在“Edit Object Properties”窗口中将原来“Resistance”栏中的“230k”改为“res”，如图 8-19 所示。

在 ADE 窗口中，选择“Variable”下拉菜单中的“Copy From Cellview”选项。在 ADE 窗口的“Design Variable”栏中将出现“res”项，如图 8-20 所示。双击“Design Variable”栏中的“res”项，将弹出“Editing Design Variables”窗口，在该窗口右边的“Table of Design Variables”栏中选择“res”项，在左边的“Value(Expr)”栏中填入开始计算得到的“230k”，完成设置后的窗口如图 8-21 所示。点击“Apply”或者“OK”保存设置。

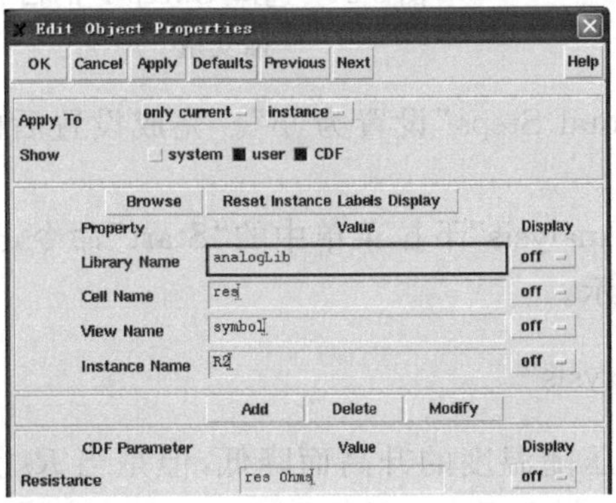

图 8-19　将 R_2 电阻的阻值设置为变量“res”

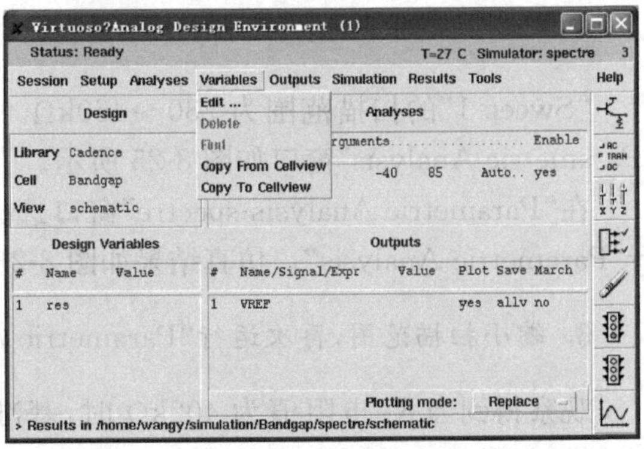

图 8-20　在 ADE 窗口中获得电路图中的变量

2. 设置“Parametric Analysis”

在 ADE 窗口中，选择“Tools”下拉菜单中的“Parametric Analysis”命令，打开“Parametric Analysis”窗口，如图 8-22 所示。

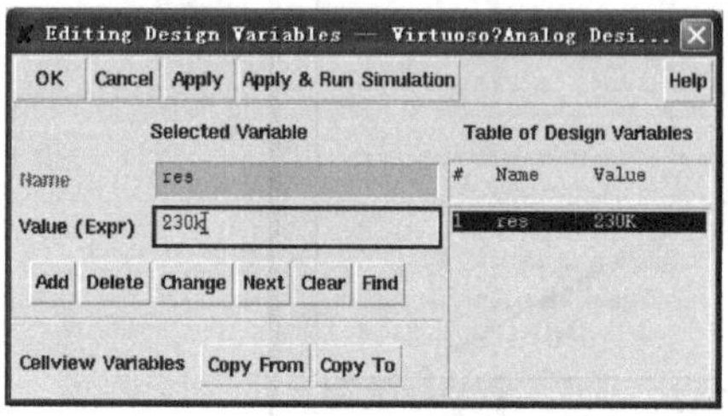

图 8-21　给电路图中的变量赋值

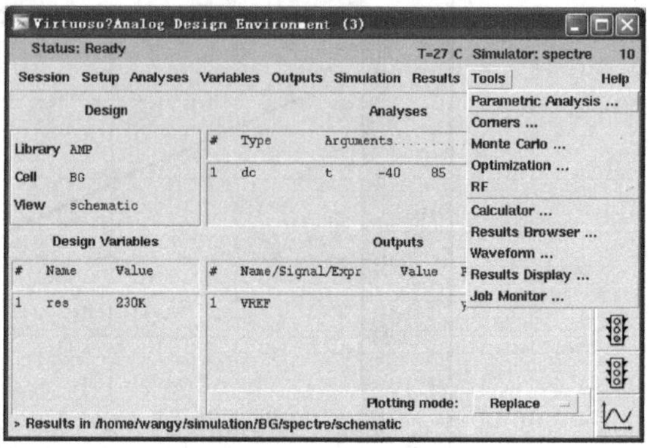

图 8-22　选择参数分析

在“Parametric Analysis”窗口中选择“Setup”下拉菜单中的“Pick Name For Variable”命令，并选择“Sweep 1 . . . ”，如图 8-23 所示。

在“Parametric Analysis Pick Sweep 1”对话框中选择“res”，将“Sweep1”的扫描变量设置为“res”，如图 8-24 所示。

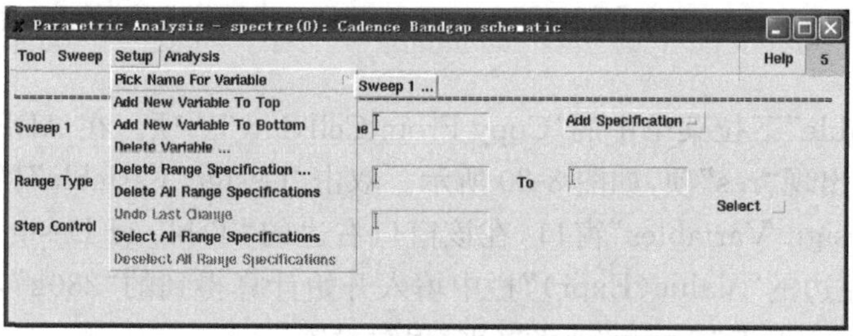

图 8-23　在“Parametic Analysis”窗口中为“Sweep 1”添加扫描变量

图 8-24　选择“Sweep 1”的扫描变量

“Sweep 1”的扫描范围为 230～460kΩ。“Total Steps”设置为“5”。完成设置后的“Parametric Analysis”窗口如图 8-25 所示。

在“Parametric Analysis-spectre”窗口选择“Analysis”下拉菜单中的“Start”命令，运行“Parametric Analysis”。仿真结果如图 8-26 所示。

3. 缩小扫描范围，再次运行“Parametric Analysis”

观察得到当 R_2 电阻值为 402kΩ 时，基准电压随温度的升高而降低，但是当 R_2 为 460kΩ 时，基准电压随温度的升高而升高。因此 R_2 合适的阻值在 402～460kΩ 的范围内。再次运行“Parametric Analysis”仿真，将“res”的扫描范围设置为 402～460kΩ。这时

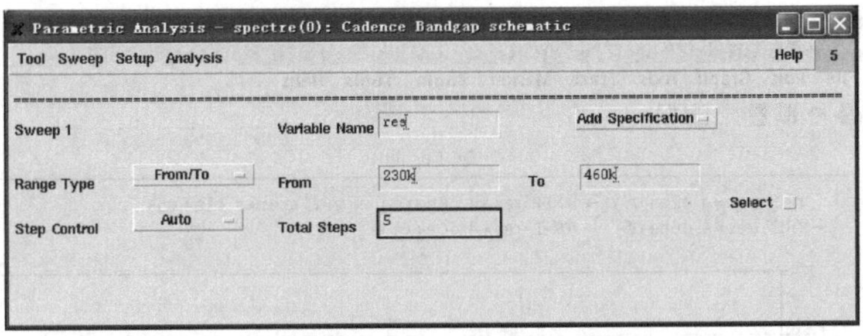

图 8-25　完成设置后的“Parametric Analysis”窗口

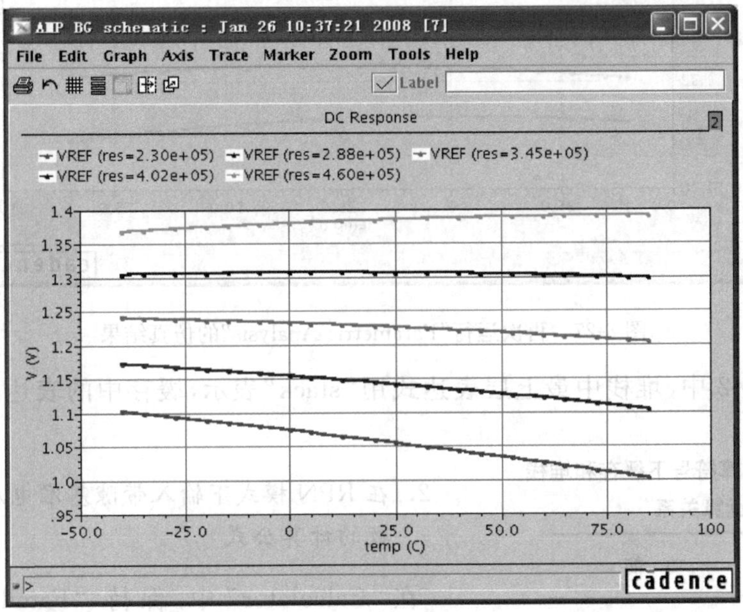

图 8-26　运行“Parametric Analysis”的仿真结果

得到的仿真结果如图 8-27 所示。

观察得到当 $R_2$416.5kΩ 时，基准电压有最好的温度特性。

8.4.6　利用“Calculator”分析仿真结果

为了更好地观察带隙基准电压源的温度特性，需要利用“Calculator”处理仿真数据。下面介绍如何在“Calculator”中输入带隙基准电压源的温漂系数的计算公式

(ymax(VS("/VREF")) − ymin(VS("/VREF")))/(average(VS("/VREF")) * (85 − (− 40))) * 1000000　(8-49)

1. “Calculator” RPN(*逆波兰*)*模式回顾*

在“RPN”模式中，一些函数或操作符同时作用于缓存和堆栈中最上层的表达式。对于这些函数或操作符而言，堆栈中的表达式永远在缓存中表达式的左边，具体内容见

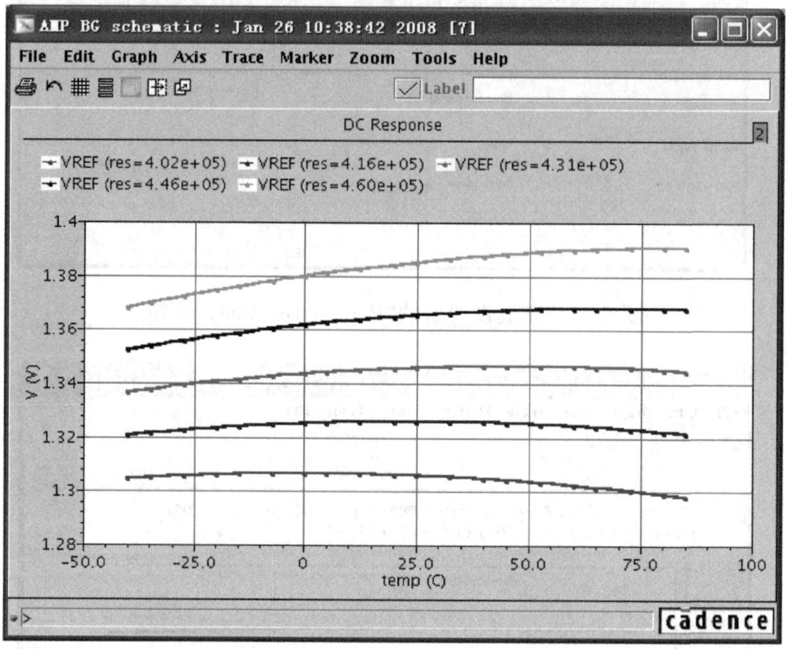

图 8-27　再次运行“Parametric Analysis”的仿真结果

表 8-2。在表 8-2 中，堆栈中最上层表达式用“stack”表示，缓存中的表达式用“buffer”表示。

表 8-2　各个计算符号下缓存和堆栈的运算关系

函　数	功　能
y**x	$stack^{buffer}$
+	stack + buffer
−	stack − buffer
*	stack* buffer
/	stack / buffer

2. 在 RPN 模式下输入带隙基准电压源的温漂系数的计算公式

在“Calculator”中，保持“Family”和“Select Mode”项处于选中状态，当仿真结果中包含有多组数据时，可以将其全部选中。因为基准电压的温度系数是通过“dc”仿真获得的，因此在“Calculator”的数据选择模式中选择“swept_dc”；因为需要得到的是电压信号，因此进一步选择“vs”。在电路图中选择“VREF”端，此时“dc”扫描产生的“VREF”端的电压数据被输送到“Calculator”的缓存中，如图 8-28 所示。

在“Calculator”的函数窗口中选择并点击“ymax”函数对“VS("/VREF")”进行操作。处理后的数据表达式在“Calculator”的缓存中显示，如图 8-29 所示。

重复第一步，再次从电路图中选取“VREF”端，缓存中的数据将自动压入堆栈。点击“Calculator”缓存右端的“▾”按键，将显示堆栈中的数据，如图 8-30 所示。

在“Calculator”的函数窗口中选择并点击“ymin”函数对“VS("/VREF")”进行操作。处理后的数据表达式在“Calculator”的缓存中显示，如图 8-31 所示。

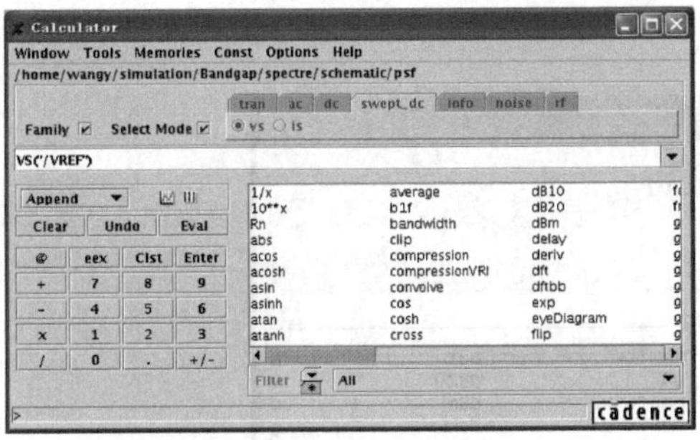

图 8-28　通过“Calculator”选择仿真结果“VS("/VREF")”

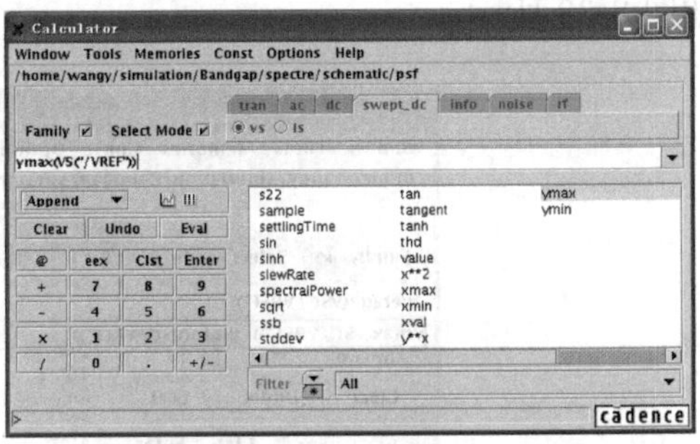

图 8-29　对“VS("/VREF")”求最大值

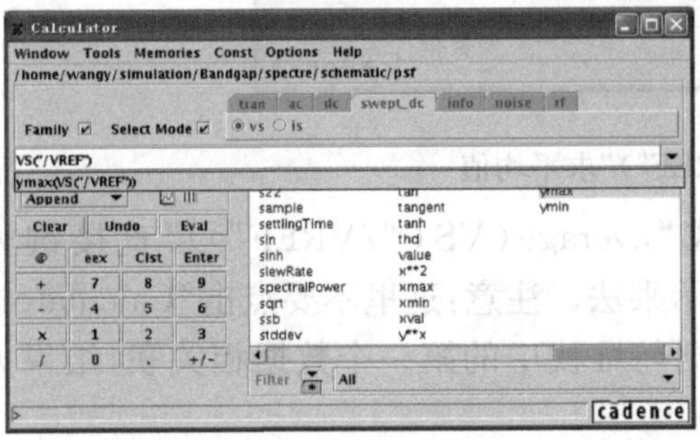

图 8-30　再次通过“Calculator”选择仿真结果“VS("/VREF")”，并显示堆栈中的内容

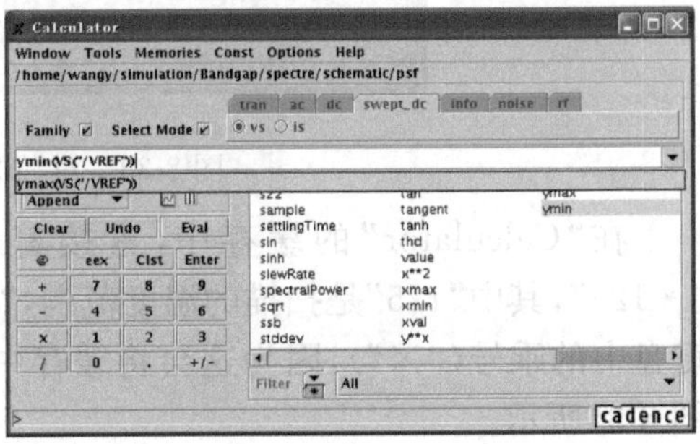

图 8-31　对“VS("/VREF")”求最小值

点击“Calculator”键盘中的“－”号，将缓存和堆栈中第一位的数据做减法操作，结果如图 8-32 所示。

重复第一步，再次从电路图中选取“VREF”端，缓存中的数据将自动压入堆栈，并在“Calculator”的函数窗口中选择并点击“average”函数对“VS("/VREF")”进行操作，结果

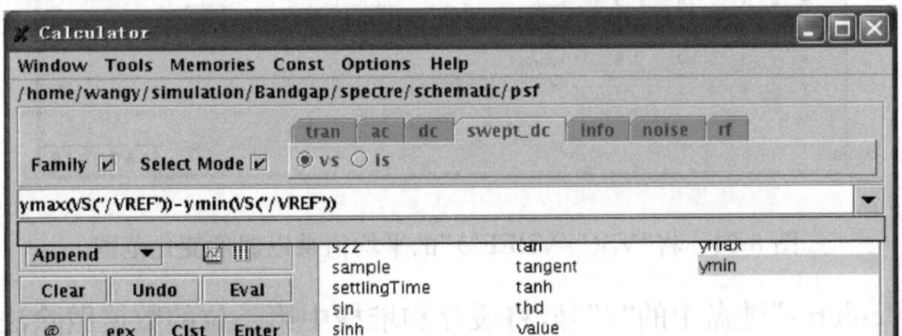

图 8-32　计算“VS("/VREF")”的最大变化

如图 8-33 所示。

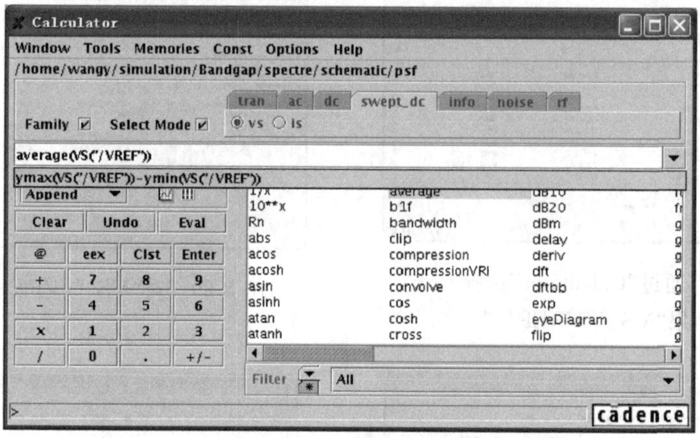

图 8-33　对“VS("/VREF")”求平均值

在“Calculator”的缓存中，紧接着表达式“average(VS("/VREF"))”直接键入“∗125”，其中“125”是扫描的温度范围，“∗”表示乘法。注意：这里不要点击“Calculator”键盘中的乘号(“×”)，因为这会将缓存中的数据与堆栈中的第一个数据相关联，结果如图 8-34所示。

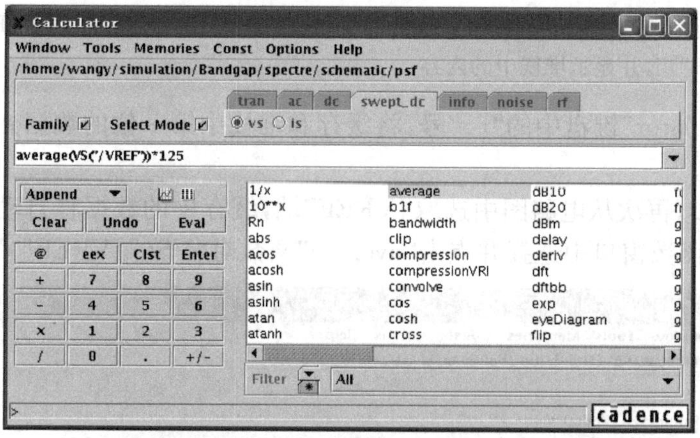

图 8-34　将“VS("/VREF")”的平均值乘以温度变化范围

点击“Calculator”键盘中的“/”号，将缓存和堆栈中第一位的数据做除法操作，结果如图 8-35 所示。

在“Calculator”的缓存中，紧接着表达式“(ymax(VS("/VREF")) − ymin(VS("/VREF")))/(average(VS("/VREF")) ∗ 125)”直接键入“∗ 1000000”。“∗”表示乘法，结果如图 8-36 所示。

点击“▥”，在弹出的“Display Results”对话框中选择“Value”，并点击“OK”或者“Apply”显示计算结果，如图 8-37 所示。

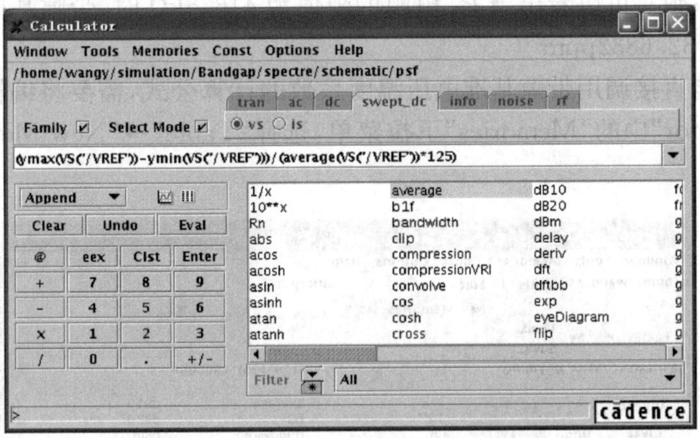

图 8-35　“VS("/VREF")”的最大变化值除以其平均值和温度范围的乘积

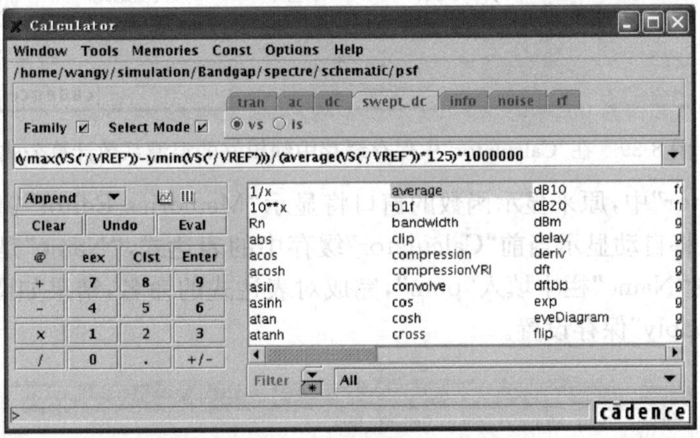

图 8-36　编辑好的温漂系数计算公式

“Calculator”对数据的处理结果将在“Results Display Window”窗口中显示，如图 8-38所示。

在“Results Display Window”窗口显示了两列数据，分别是变量“res”的值，和带隙基

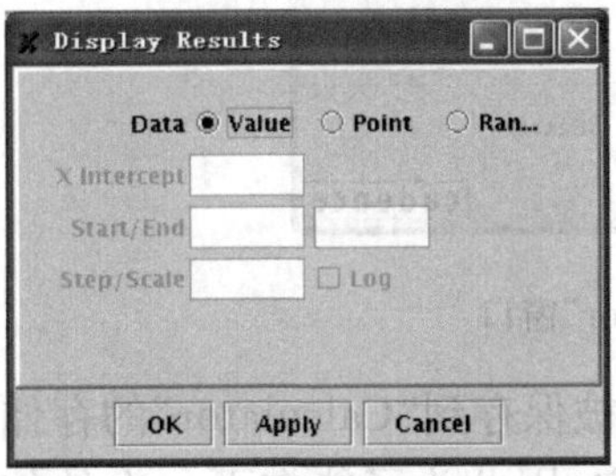

图 8-37　“Display Results”窗口

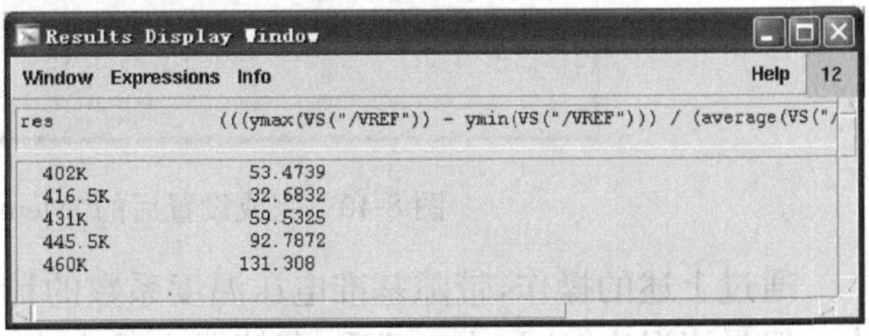

图 8-38　在“Results Display Window”窗口中显示的温度系数

准电压源温度系数。可以看出当 R_2 电阻的阻值为 416.5kΩ 时，带隙基准电压源有最小的温漂系数，即 32.6832ppm/℃。

为了下次能直接调用带隙基准电压温度系数的计算公式，需要将编辑好的表达式保存。在“Calculator”中的“Memories”下拉菜单，选择“Table”→“New Memories”命令，如图 8-39 所示。

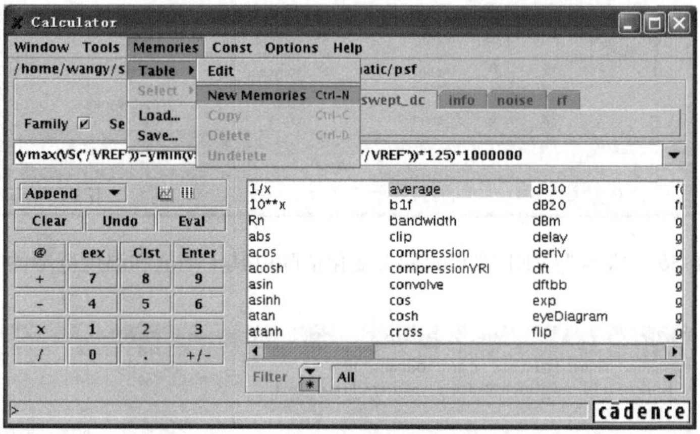

图 8-39　在“Calculator”中保存缓存中编辑好的温漂系数计算公式

在“Calculator”中，原来显示函数的窗口将显示“Memories Editor”窗口，在该窗口中“Expression”栏将自动显示当前“Calculator”缓存中的表达式，“Name”是空的，需要给该表达式命名。在“Name”栏中填入“ppm”，完成对表达式的命名，结果如图 8-40 所示。点击“OK”或者“Apply”保存设置。

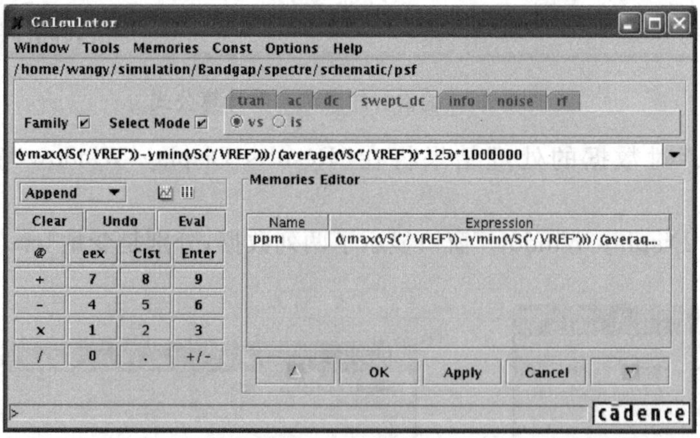

图 8-40　完成设置后的“Memory Editor”窗口

通过上述的操作，带隙基准电压温度系数的计算公式被保存到“Calculator”的存储器中。但是当退出“Calculator”后，存储器中的内容将被清空，因此为了能在下一次的仿真中调用该计算公式，还需要将存储器中的内容保存到文件中。在“Calculator”中的“Memories”下拉菜单，选择“Save...”命令，如图 8-41 所示。

在弹出的“Save”对话框的“File Name”栏填入需要的文件名称，例如“ppm”，如图 8-42所示。点击“Save”按键，完成对“Calculator”存储器中内容的保存。下次仿真时，只需要再次读取保存的文件，即可以获得计算“ppm”的表达式(具体操作见附录 D)。

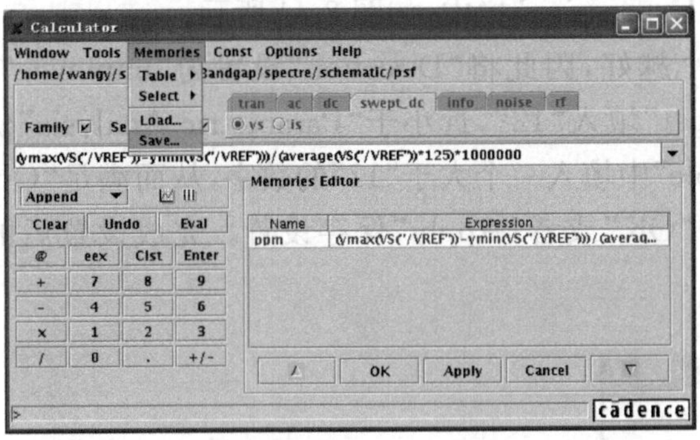

图 8-41　将存储器中的内容保存到文件中

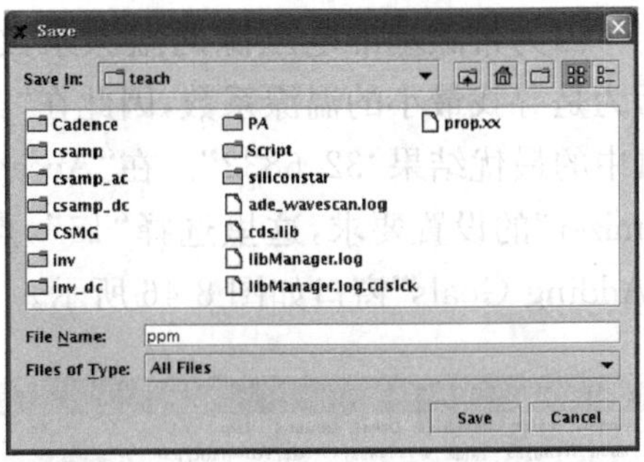

图 8-42　完成设置后的“Save”窗口

8.4.7　利用“Optimizer”进一步优化带隙基准电压源的温度特性

通过上面的方针可以发现，当 R_2 为 416kΩ 时，带隙基准电压源的温度特性接近全局最优。此时可以通过软件“Optimizer”进行最后的优化，从而提高效率(“Optimizer”的具体操作见附录 F)。

首先在 ADE 窗口中的“Tools”下拉菜单中选择“Optimization”，打开“Analog Circuit Optimizer”窗口；然后在“Analog Circuit Optimizer”窗口的“Goals”下拉菜单中选择“Add ...”命令，如图 8-43 所示。

在弹出的“Adding Goals”窗口中设置优化对象。在这里将带隙基准电压源的温漂系数作为优化对象，因此在“Name”栏中填入“ppm”，如图 8-44 所示。

优化对象的表达式通过“Calculator”获得。首先点击“Calculator”栏中的“Open”命令打开“Calculator”；在“Calculator”中，在“Memories”下拉菜单中选择“Select”→“ppm”命

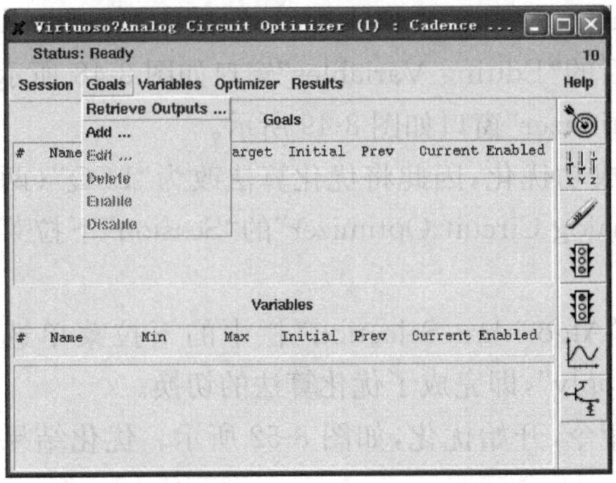

图 8-43　在“Optimizer”中添加优化对象

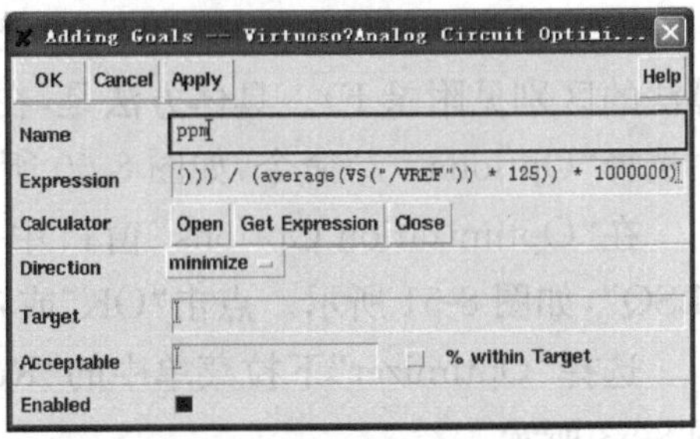

图 8-44　将“Calculator”中的表达式拷贝成优化对象的表达式

令，调出编辑好的带隙基准电压源的温漂系数计算公式放入“Calculator”的缓存中，如图 8-45所示。

重新回到“Adding Goals”窗口中，点击“Calculator”栏中的“Get Expression”命令。将把“Calculator”缓存中的表达式拷贝到“Expression”栏中，如图 8-44 所示。

因为带隙基准电压源的温漂系数越小越好，因此将“Direction”设置为“minimize”。因为是寻找最小的温漂系数，因此在“Target”填入“12”，远小于“Parametric Analysis”仿真中的最优结果“32.6832”。在“Acceptable”中填入一个大于“12”的数字，从而满足“Optimizer”的设置要求，这里选择“15”，点击“OK”或者“Apply”保存设置。完成设置后的“Adding Goals”窗口如图 8-46 所示。

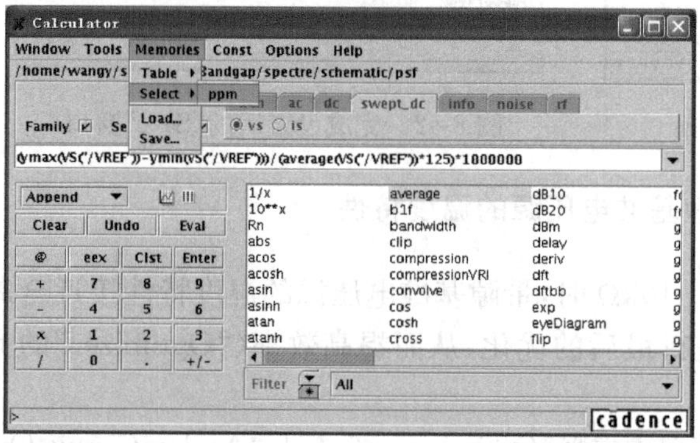

图 8-45 在“Calculator”中调出存储器中保存的温漂系数计算公式

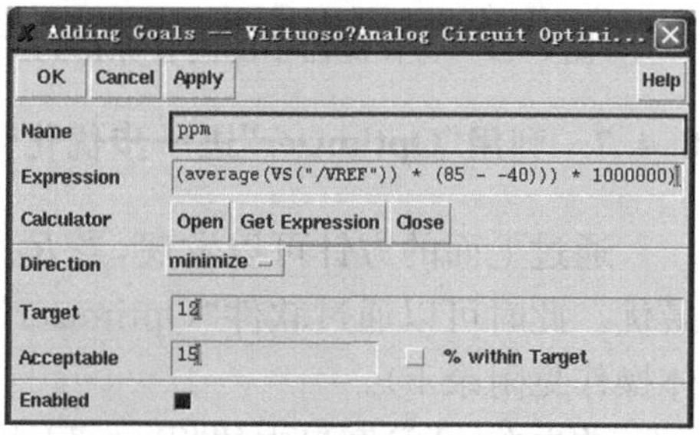

图 8-46 完成设置后的“Adding Goals”窗口

/在“Analog Circuit Optimizer”窗口的“Variables”下拉菜单中选择“Add/Edit ..”命令，如图 8-47 所示。

在弹出的“Editing Variables”窗口的“Name”栏中选择变量“res”。根据 8.4.5 节中的仿真结果，R_2 的最优值在 402～431kΩ。因此在“Initial Value”栏中填入“416.5kΩ”；在“Minimum Value”中填入“402k”；在“Maximum Value”中填入“431k”；选中“Enable”，点击“OK”或者“Apply”保存设置。完成设置后的“Editing Variables”窗口如图 8-48 所示。

完成上述设置后的“Analog Circuit Optimizer”窗口如图 8-49 所示。

由于在测试时优化算法“CFSQP”没有成功优化，因此将优化算法改为“LSQ”(两种算法的区别见附录 F)。具体方法是，在“Analog Circuit Optimizer”的“Session”下拉菜单中选择“Options...”命令，如图 8-50 所示。

在“Optimization Options”窗口中，将“Algorithm Selection”栏中的下拉菜单选为“LSQ”，如图 8-51 所示。点击“OK”或者“Apply”，即完成了优化算法的切换。

选择“Optimizer”下拉菜单中的“Run”命令，开始优化，如图 8-52 所示。优化结果如图 8-53 所示。

在“Analog Circuit Optimizer”窗口的“Results”下拉菜单中选择“Update Design”命令，如图 8-54 所示。将优化后的变量值返回到 ADE 窗口的设置中。

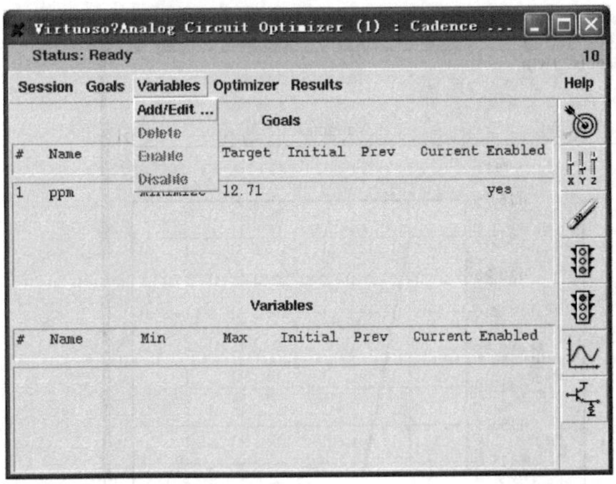

图 8-47　在“Optimizer”中添加变量

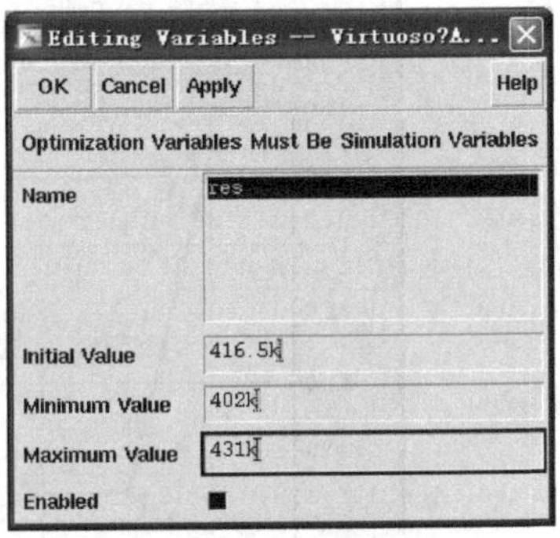

图 8-48　完成设置后的“Editing Variables”窗口

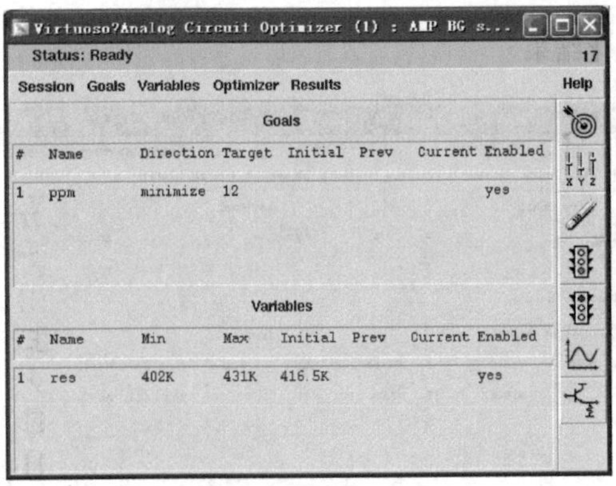

图 8-49　完成设置后的“Optimizer”窗口

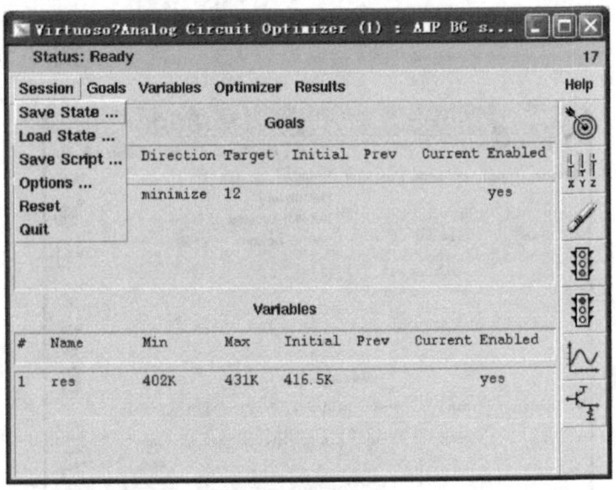

图 8-50　调出“Optimization Options”窗口

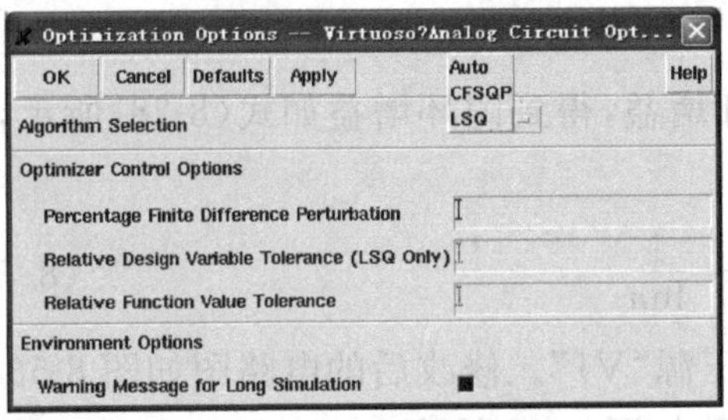

图 8-51　修改“Algorithm Selection”为“LSQ”

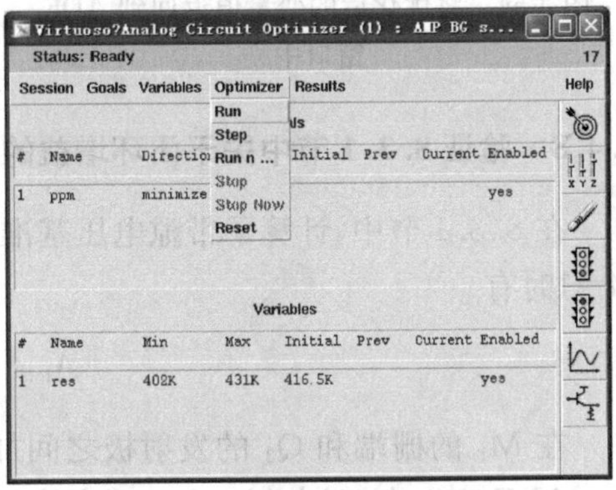

图 8-52　运行“Optimizer”

回到 ADE 窗口中，发现“Design Variables”栏中的“res”变量被赋予优化后的数值“414.8k”，如图 8-55 所示。

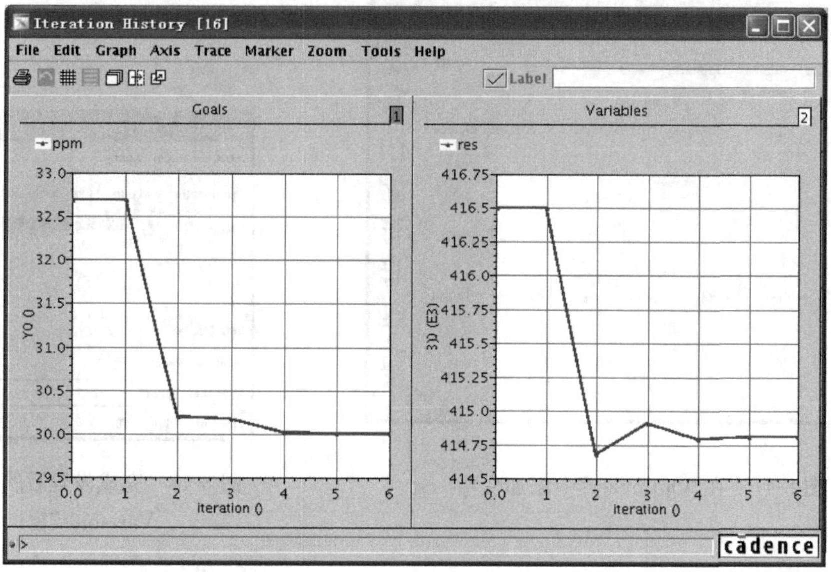

图 8-53　优化结果

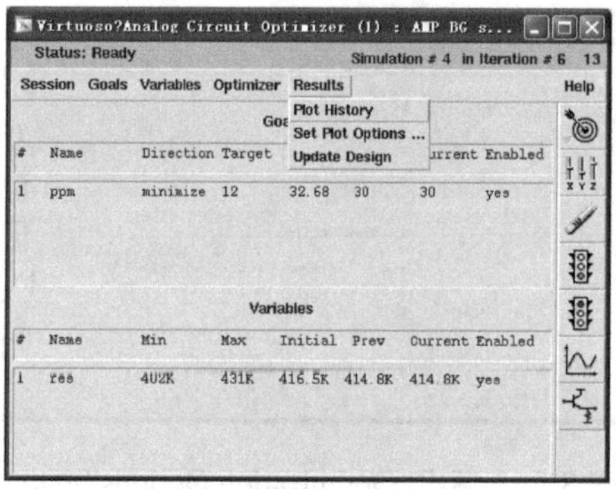

图 8-54　将优化后的变量值返回到 ADE 窗口中

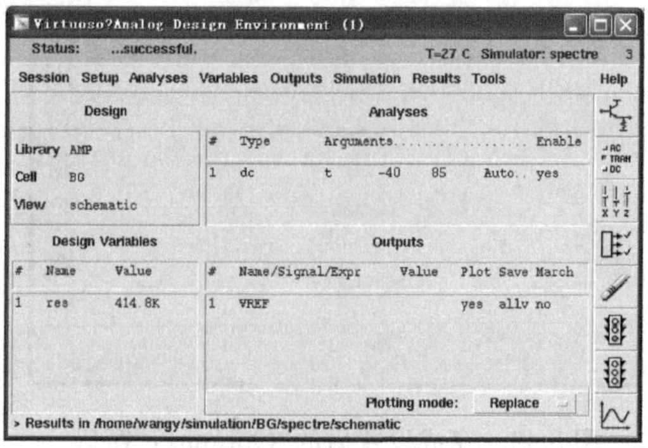

图 8-55　变量被优化后的 ADE 窗口

8.4.8　验证 8.3.1 节中关于闭环增益的推论

在 8.3.1 节中，计算了带隙电压基准的闭环增益，得到闭环增益如式(8-28)所示，当 $M=1$时有

$$A_{\text{total}}=\frac{R_2}{R_1}+\frac{1}{\ln n} \tag{8-50}$$

在 M_1 的栅端和 Q_2 的发射极之间加入电压源"V1"。修改后的电路图如图 8-56 所示。ADE 窗口中，双击"Analyses"中的"dc"分析，如图 8-57 所示。

在弹出的"Choosing Analyses"窗口中，修改"dc"分析的设置。在"Sweep Variable"中选择"Component Parameter"，如图 8-58 所示。

点击"Component Name"栏下的"Select Component"按键，在电路图中点击电压源

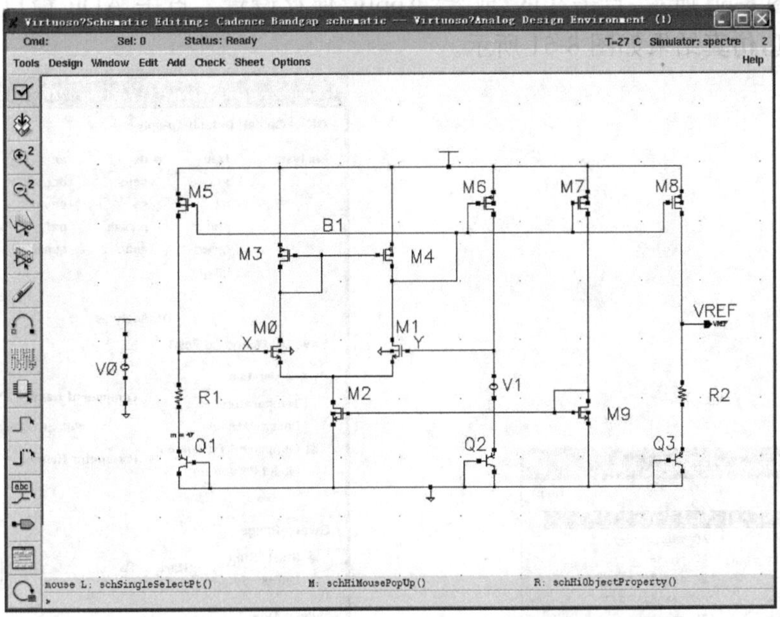

图 8-56　加入测试电压源 V_1 后的电路图

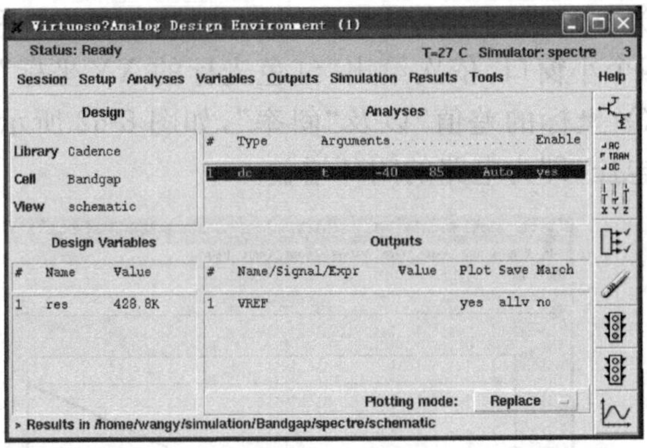

图 8-57　在 ADE 窗口中选择“dc”分析

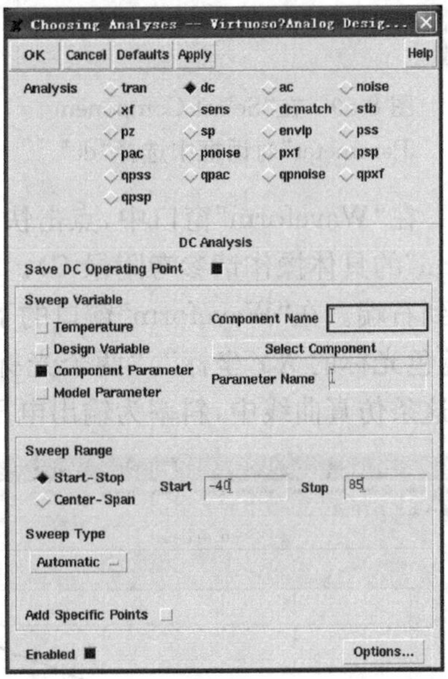

图 8-58　在“Choosing Analyses”窗口中选择“Component Parameter”

“V1”，将会弹出“Select Component Parameter”对话框，在该对话框中选择“dc”，如图 8-59所示，点击“OK”完成选择。

回到“Choosing Analyses”窗口中，在“Sweep Range”栏中填入扫描范围“－2m～2m”，这是因为该电压过大将影响电路的直流工作点。完成设置后的“Choosing Analyses”窗口如图 8-60 所示，点击“OK”或者“Apply”保存设置。点击 ADE 窗口中的“ ”按键，开始仿真，仿真结果如图 8-61 所示。

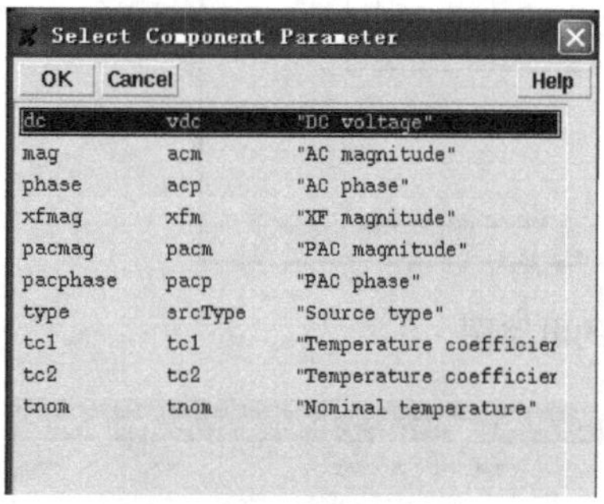

图 8-59　在“Select Component Parameter”对话框中选择“dc”

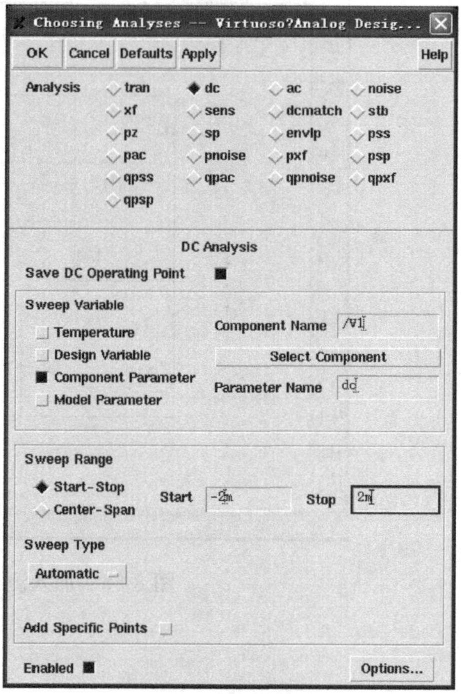

图 8-60　完成设置修改后的“Choosing Analyses”窗口

在“Waveform”窗口中，点击快捷键“d”，调出“差值光标”(关于“差值光标”和“Waveform”的具体操作请参考附录 C)。将红色光标移动到仿真结果曲线的左端，蓝色光标移动到右端。在“Waveform”窗口的下端有四个小窗口，依次给出“红色光标的 *XY* 坐标”，“蓝色光标的 *XY* 坐标”，“两个光标间的 *XY* 坐标的差值”以及“斜率”，如图 8-62 所示。在这条仿真曲线中，斜率为输出电压/输入电压，即为电路的闭环增益。

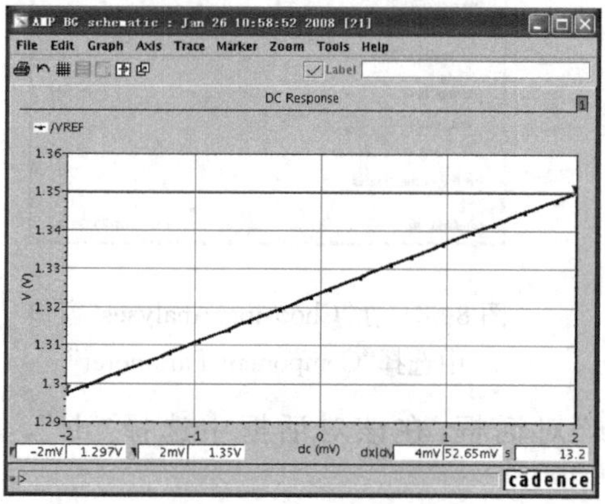

图 8-61　仿真结果

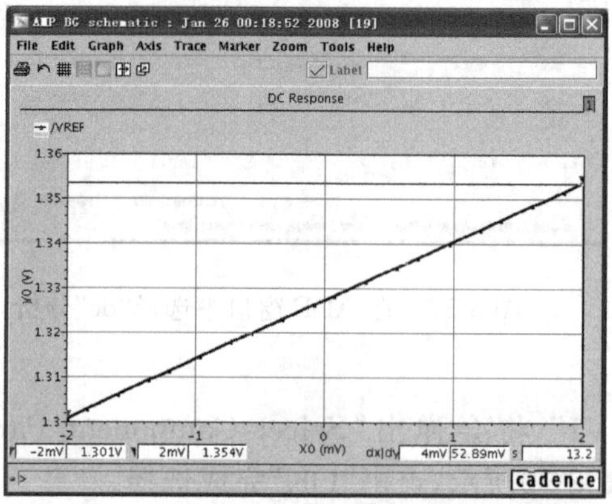

图 8-62　在“Waveform”窗口中添加差值光标，查看系统增益

虽然仿真得出的闭环增益为 13.2，与理论推导的 428.8/26≈16.4 有差异。这种差异可能是由于器件的二阶效应以及误差放大器的非线性和失调造成的。

为了进一步验证理论推导的可靠性，将双极型晶体管 Q_1 的并联个数增加为 47，在保持 R_1 为 26kΩ 不变的条件下，R_2 为 181.54kΩ，获得最小的温漂系数。在此双极型晶体管个数和 R_1，R_2 电阻值的设置情况下，重复上述步骤，得到的仿真结果如图 8-63 所示。

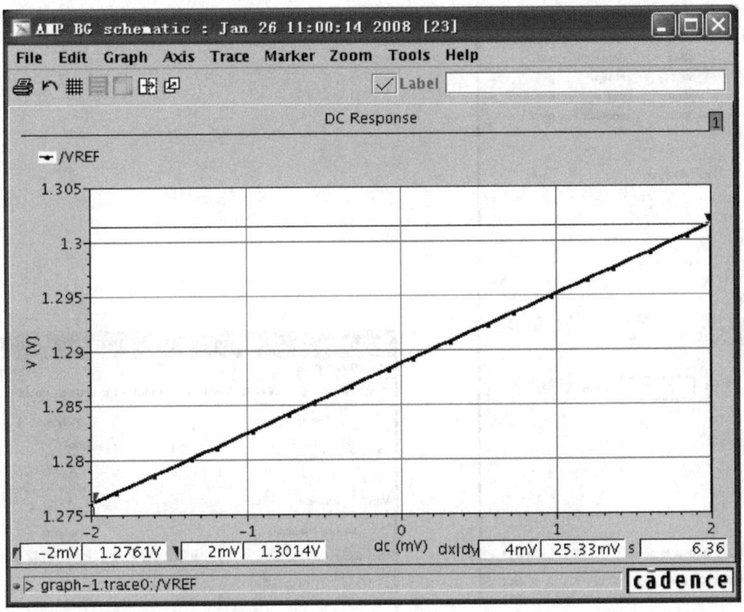

图 8-63　修改双极型晶体管个数和电阻阻值后的仿真结果

可以看出此时的闭环增益为 6.36，与 $R_2/R_1=181.54\text{k}\Omega/26\text{k}\Omega=6.98$ 非常接近。对比两次仿真的结果，可以发现带隙基准电压源的闭环增益与 R_2/R_1 的比值成正比，与 Q_1 双极型晶体管的并联个数成反比。

8.4.9　带隙基准电压源的噪声分析

在完成了对带隙基准电压源的温度特性分析后，开始分析并仿真带隙电压基准的噪声特性。

开始时，仍然按照 $R_2=414.8\text{k}\Omega$，Q_1 的并联个数为 7 来设置带隙电压基准。

首先在 ADE 窗口中的“Analyses”下拉菜单中选择“Choose”命令。在弹出的“Choosing Analyses”窗口的“Analysis”栏中选择“noise”；“Sweep Variable”栏选择“Frequency”；“Sweep Range”栏中填入扫描范围 20Hz～100kHz。在“Output Noise”下拉菜单中选择“voltage”；点击“Positive Output Node”后的“Select”按键，然后点击电路图中的“VREF”端；点击“Negative Output Node”后的“Select”按键，然后点击电路图中的“gnd”

符号。在“Input Noise”的下拉菜单中选择“voltage”，点击“Input Voltage Source”后的“Select”按键，因为这里只关心带隙基准电压源的输出噪声，因此选择电路图中的任意一个电压源即可。这里选择电压源“V0”。完成设置后的“Choosing Analyses”窗口如图 8-64所示。点击“OK”或者“Apply”保存设置。返回到 ADE 窗口中。点击快捷键“ ”运行仿真，如图 8-65 所示。仿真结果如图 8-66 所示。

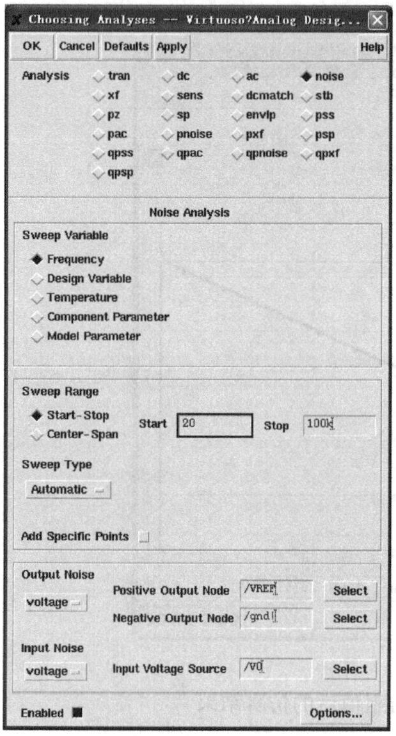

图 8-64　在“Choosing Analyses”窗口中完成对“noise”分析的设置

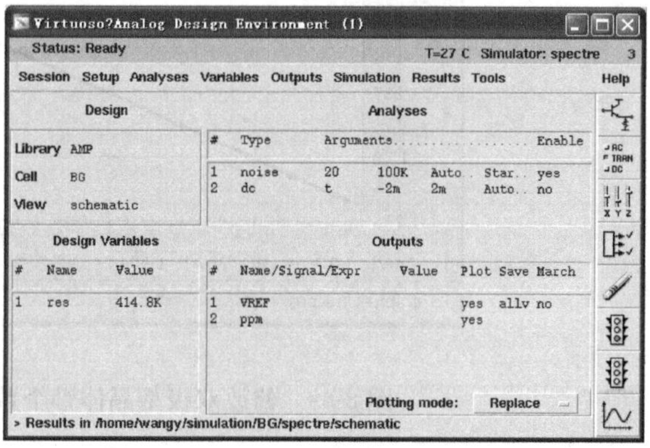

图 8-65　完成“noise”分析设置后的 ADE 窗口

仿真的结果是带隙基准电压与输出噪声的功率谱密度，需要积分后才能得到所关心的频谱段内的输出噪声大小。具体实现方法如下：

在 ADE 窗口的“Results”下拉菜单中选择“Print”→“Noise Summary”命令，将弹出“Noise Summary”对话框。在“Type”栏中选择“integrated noise”；“noise unit”栏的下拉菜单中选择“V”；积分范围设置成 20Hz～100kHz；在“FILTER”栏中选择“Include All Types”；将“TRUNCATE & SORT”中的“top”栏改为“20”，表示显示头的 20 个噪声源；保持“sort by”栏中的“noise contributors”选项，表明是按噪声贡献大小排序。完成上述设置的“Noise Summary”窗口如图 8-67 所示。点击“Apply”将处理后的数据在“Results Display Window”窗口中显示，如图 8-68 所示。

在“Results Display Window”窗口中的数据分为 4 栏，具体含义见表 8-3，噪声类型见表 8-4。

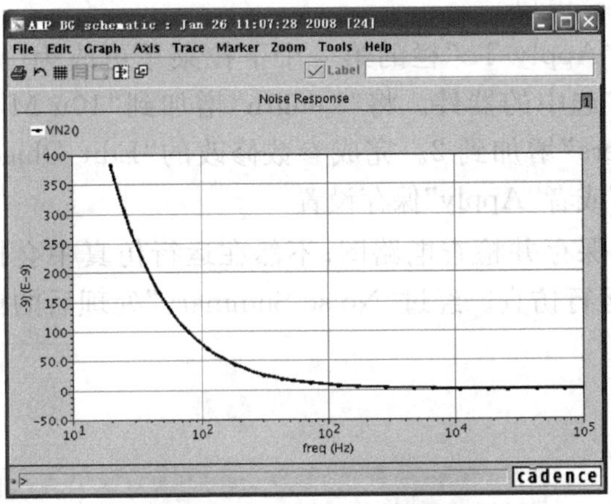

图 8-66　“noise”分析仿真结果

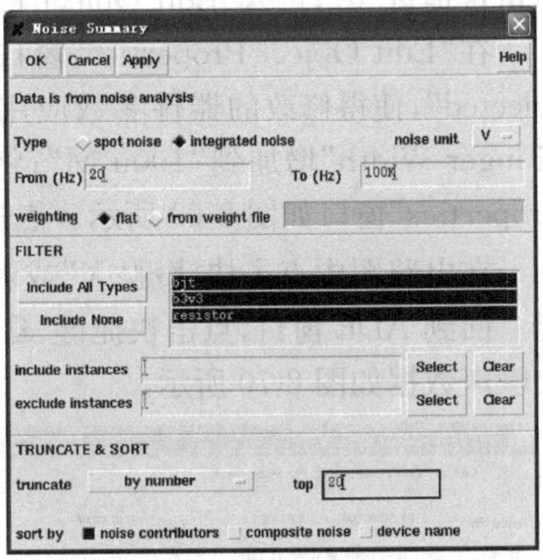

图 8-67　完成设置后的“Noise Summary”窗口

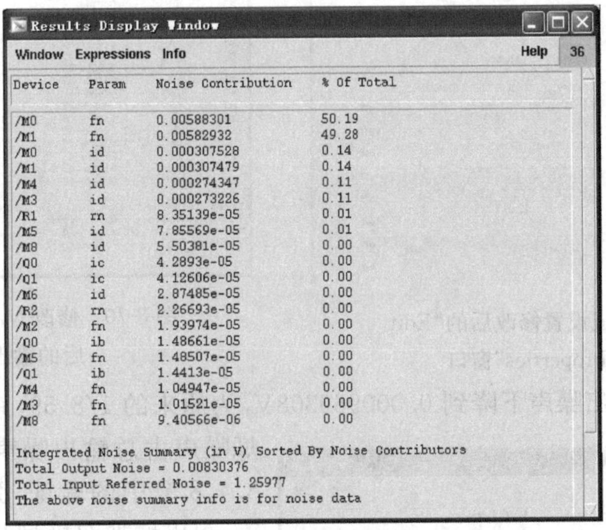

图 8-68　带隙基准电压源的输出噪声

表 8-3　输出噪声表格栏的意义

Device	器件编号
Param	噪声类型
Noise Contribution	所产生的噪声大小
% of Total	在全部噪声中所占的百分比

表 8-4　噪声类型

fn	MOS 管闪烁噪声
id	MOS 管热噪声
rn	电阻热噪声
ib	双极型晶体管基极电流散粒噪声
ic	双极型晶体管集电极电流散粒噪声

可以看出带隙基准电压源的输出噪声主要由 M_0 和 M_1 管的闪烁噪声构成，占总噪声的 99.47%。总输出噪声为 0.00830376V。

为了减小闪烁噪声，需要增加 MOS 管的面积。在电路图中同时选择 M_0 和 M_1 管，点击快捷键“q”，进入“Edit Object Properties”窗口。

在“Edit Object Properties”窗口中，将“Apply To”栏的第一个下拉菜单更改为“all selected”，使得修改的器件参数应用于所有选中的器件。将“Length”增加到“10u M”；“Finger Width”增加到“100u M”；将“Fingers”增加到 2。完成参数修改的“Edit Object Properties”窗口如图 8-69 所示。点击“OK”或者“Apply”保存设置。

在电路图中点击快捷键“X”或者“☑”，保存并检查电路图；不然在运行仿真中会报错。回到 ADE 窗口，点击快捷键“▦”再次运行仿真。经过“Noise Summary”处理后的输出噪声数据如图 8-70 所示。

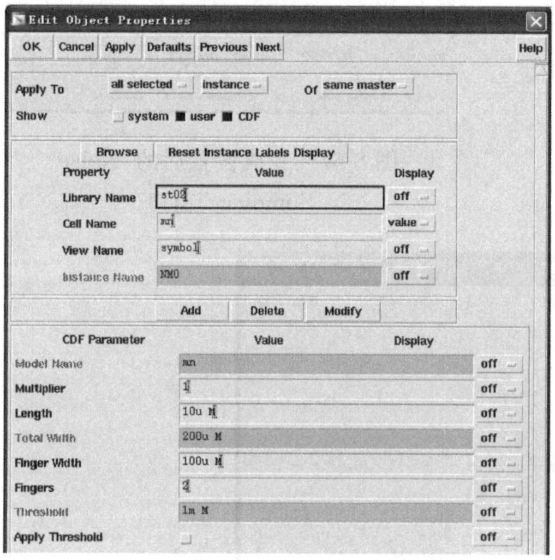

图 8-69 完成设置修改后的“Edit Object Properties”窗口

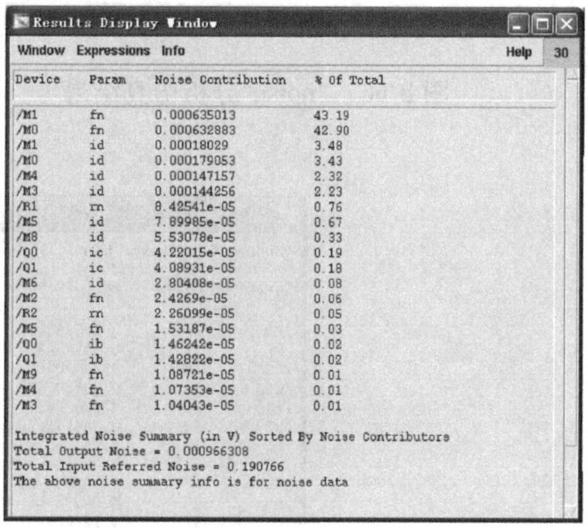

Results Display Window

Window Expressions Info Help 30

Device	Param	Noise Contribution	% Of Total
/M1	fn	0.000635013	43.19
/M0	fn	0.000632883	42.90
/M1	id	0.00018029	3.48
/M0	id	0.000179053	3.43
/M4	id	0.000147157	2.32
/M3	id	0.000144256	2.23
/R1	rn	8.42541e-05	0.76
/M5	id	7.89985e-05	0.67
/M8	id	5.53078e-05	0.33
/Q0	ic	4.22015e-05	0.19
/Q1	ic	4.08931e-05	0.18
/M6	id	2.80408e-05	0.08
/M2	fn	2.4269e-05	0.06
/R2	rn	2.26099e-05	0.05
/M5	fn	1.53187e-05	0.03
/Q0	ib	1.46242e-05	0.02
/Q1	ib	1.42822e-05	0.02
/M9	fn	1.08721e-05	0.01
/M4	fn	1.07353e-05	0.01
/M3	fn	1.04043e-05	0.01

Integrated Noise Summary (in V) Sorted By Noise Contributors
Total Output Noise = 0.000966308
Total Input Referred Noise = 0.190766
The above noise summary info is for noise data

图 8-70 修改 M_0 和 M_1 宽长比后的输出噪声

可以发现总输出噪声下降到 0.000966308V，为原来的 1/8.59，并且 M_0 和 M_1 的闪烁噪声占总输出噪声的 86.09%。根据 8.4.8 节中的验证，为了降低输出总噪声，可以增加双极型晶体管 Q_1 的并联个数，减少 R_2/R_1 的比值。当调整 Q_1 的并联个数到 47，R_2 为 181.54kΩ 后，再次运行仿真。此时输出噪声如图 8-71 所示。

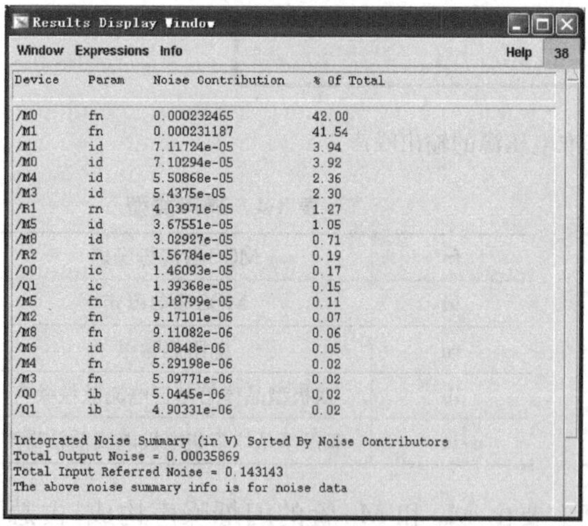

Results Display Window

Window Expressions Info Help 38

Device	Param	Noise Contribution	% Of Total
/M0	fn	0.000232465	42.00
/M1	fn	0.000231187	41.54
/M1	id	7.11724e-05	3.94
/M0	id	7.10294e-05	3.92
/M4	id	5.50868e-05	2.36
/M3	id	5.4375e-05	2.30
/R1	rn	4.03971e-05	1.27
/M5	id	3.67551e-05	1.05
/M8	id	3.02927e-05	0.71
/R2	rn	1.56784e-05	0.19
/Q0	ic	1.46093e-05	0.17
/Q1	ic	1.39368e-05	0.15
/M5	fn	1.18799e-05	0.11
/M2	fn	9.17101e-06	0.07
/M8	fn	9.11082e-06	0.06
/M6	id	8.0848e-06	0.05
/M4	fn	5.29198e-06	0.02
/M3	fn	5.09771e-06	0.02
/Q0	ib	5.0445e-06	0.02
/Q1	ib	4.90331e-06	0.02

Integrated Noise Summary (in V) Sorted By Noise Contributors
Total Output Noise = 0.00035869
Total Input Referred Noise = 0.143143
The above noise summary info is for noise data

图 8-71 修改双极型晶体管 Q_1 个数和电阻阻值后的输出噪声

可以发现总输出噪声下降到 0.00035869V，为原来的 1/2.69，比闭环增益的下降(6.4/13.2=1/2.0625)要多。这是因为，当双极型晶体管 Q_1 的并联个数上升到 47，而电阻 R_1 不变，使得通过 MOS 管的电流增加，从而减小了 MOS 管的热噪声，使得带隙基准电压源的输出总噪声进一步减小。具体对比一些器件在两种电路设置情况下的输出噪声，如表 8-5 所示。

表 8-5　两种器件参数下的输出噪声

器件	噪声类型	$n=7, R_2=414.8\text{k}\Omega$	$n=47, R_2=181.54\text{k}\Omega$	比值
M_0	fn	0.000632883	0.000232465	2.7225
M_1	fn	0.000635013	0.000231187	2.7468
M_0	id	0.000179053	7.10294E−05	2.5208
M_1	id	0.00018029	7.11724E−05	2.5331
M_4	id	0.000147157	5.50868E−05	2.6714
M_3	id	0.000144256	5.4375E−05	2.6530
R_1	rn	8.42541E−05	4.03971E−05	2.0856

因为电阻热噪声和流过电流大小无关，因此在表 8.5 中，电阻 R_1 在两种电路设置下产生的热噪声的比值，与对应的闭环增益的比值相同。这与理论分析的结果相符，证明了带隙基准电压源输出噪声计算公式的正确性。

因为 M_0 和 M_1 管的闪烁噪声仍然占较大的比重，因此增加 M_0 和 M_1 管的面积是有效降低总输出噪声的方法。将 M_1 和 M_0 管的“Length”增加到“30u M”；“Finger Width”增加到“100u M”；将“Fingers”增加到 6。完成参数修改的“Edit Object Properties”窗口如图 8-69 所示。点击“OK”或者“Apply”保存设置。再次运行仿真，输出噪声如图 8-72 所示。

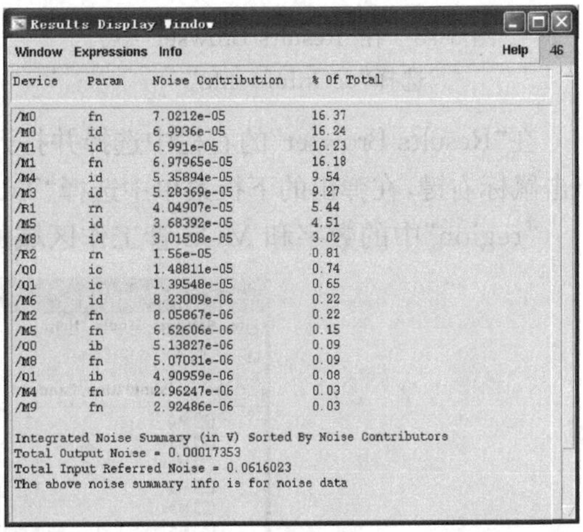

图 8-72　调整 M0 和 M1 管宽长比后的输出噪声

在仿真结果中，发现 M_0 和 M_1 的闪烁噪声约为原来的 1/3，符合理论计算（M_0 和 M_1 的栅面积增大 9 倍，故噪声频谱密度为原来的 1/9，开方后则为 1/3）。

此时 M_0 和 M_1 管的热噪声和闪烁噪声对总输出噪声的贡献基本一致。因此可以通过减少 M_0 和 M_1 管的热噪声的方法，减少带隙基准电压源的输出噪声。由 8.3.1 节得到，当 M_0 和 M_1 管的跨导（g_m）增大时，其热噪声对输出噪声的贡献减小。根据 MOS 管跨导的计算公式：

饱和区
$$g_m = \sqrt{2I_D(W/L)\mu C_{ox}} \tag{8-51}$$

亚阈值区
$$g_m = I_D/V_T = I_D/(kT/q) \tag{8-52}$$

可以发现，增大 M_0 和 M_1 的漏源电流能有效增加其跨导。M_0 和 M_1 的漏源电流是由 M_2 管决定的，并且 M_2 管和 M_9 管构成镜像电流源。M_2 管镜像 M_9 管的前提条件是 M_2 管工作在饱和区，只有在这种情况下，流过 M_2 管和 M_9 管的电流比值等于它们宽长比的比值。由于在“dc”仿真中保存了器件的直流工作点。在 ADE 窗口的“Tools”下拉菜单中选择“Results Browser ...”命令，启动“Results Browser”，如图 8-73 所示。

为了查看 M_2 管的工作区域，在“Results Browser”的右栏中选择“dcOpInfo-info”。“dcOpInfo-info”文件夹中的内容将按照器件名称分类，如图 8-74 所示。

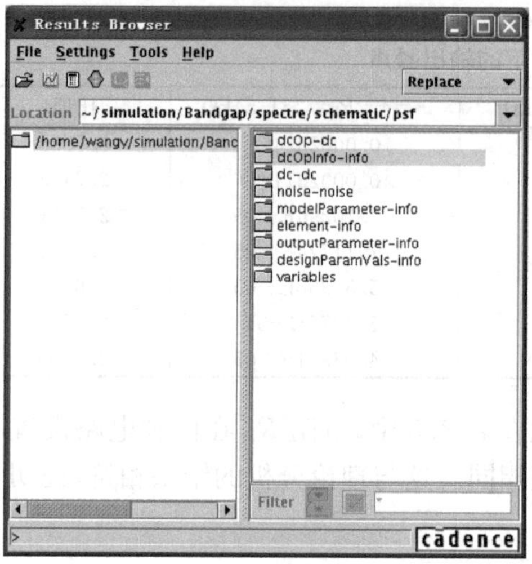

图 8-73　在“Results Browser”中选择“dcOpInfo-info”

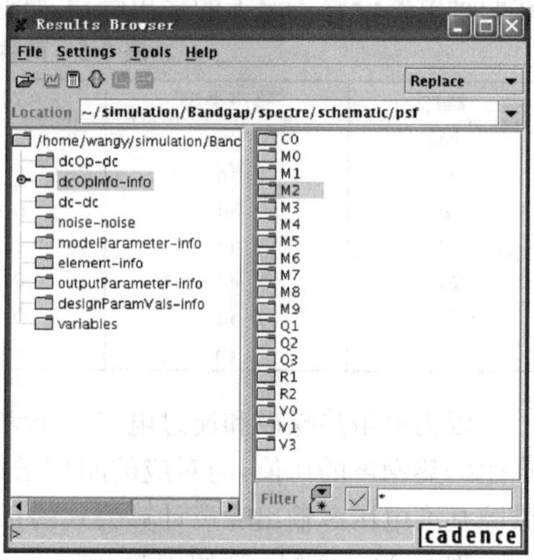

图 8-74　选择“M2”管

在“Results Browser”的右栏中选择并打开“M2”文件夹，在该文件夹中选择“region”项。点击鼠标右键，在弹出的下拉菜单中选择“Table”命令，如图 8-75 所示，结果如图 8-76 所示。“region”中的数字和 MOS 管工作区域的对应关系如表 8-6 所示。

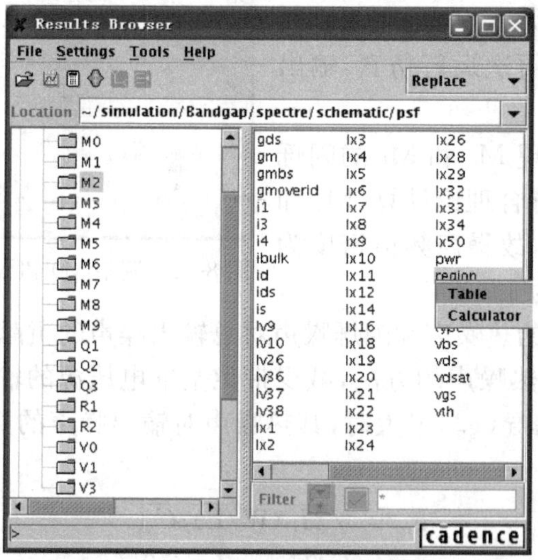

图 8-75　选择“region”，并将其数值以表格的形式输出

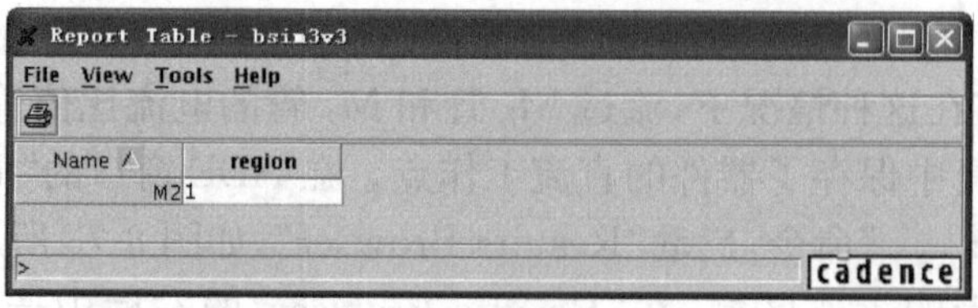

图 8-76　“M2”管的工作区域

因此，在上述电路设置中 M_2 管工作在线性区。为了让 M_2 管工作在饱和区，需要降低其过驱动电压（$V_{G3,H2}$-$V_{TH,M2}$），或者增大其漏源电压 $V_{DS,M2}$。从电路结构中可以得出，M_2 管的栅源电压 $V_{GS,M2}$ 是通过二极管连接的 M_9 管决定的。M_2 管的漏源电压 $V_{DS,M2}$ 等于 Q_2 管的发射极-基极电压减去 M_1 管的栅源电压 $V_{GS,M1}$。

表 8-6　"region"所代表的工作区域

0	截止
1	线性区
2	饱和区
3	亚阈值区

调整 M_2 管工作区域对带隙基准电压源输出噪声的影响：

（1）减小 M_2 管的栅源电压 $V_{GS,M2}$，需要增加 M_9 管的宽长比。在保持 M_9 管栅长不变的基础上增加 M_9 管的栅宽，既增加了 M_9 管的宽长比，减小了 M_2 管的栅源电压 $V_{GS,M2}$，同时也减小了 M_9 管的闪烁噪声。

（2）根据 KCL 定理和 M_5，M_6 的镜像关系，流过双极型晶体管 Q_2 的电流等于 M_5 和 M_6 管的漏源电流。由于增大 Q_2 管的发射极-基极电压 $V_{BE,Q2}$ 需要增加流过 Q_2 的电流，即流过 M_5 的电流。因此增加流过双极型晶体管 Q_2 电流的方法是减小 R_1 电阻的阻值。根据 8.3.1 节中的计算，当流过 M_5 管的电流增加时，M_5 管在带隙基准电压源的输出端产生的噪声减小。

（3）减少 M_1 和 M_0 管的栅源电压也可以改变 M_2 管的工作区域。在保持 M_0 和 M_1 管栅长不变的基础上增加 M_0 和 M_1 管的栅宽，即可减小 M_1 和 M_0 管的栅源电压，并减小 M_0 和 M_1 管的闪烁噪声。

上述的三种方案都可以让 M_2 管工作在饱和区的同时，减小带隙基准电压源的输出噪声。因为单独采用一种方案，需要大幅度的修改器件参数；因为这里同时采用三种方案，使器件的参数取值在一个合适的范围。修改后的器件参数如表 8-7 所示。

表 8-7　修改后的带隙基准电压源器件参数及修改原因

MOS 管					
Instance Name	Model	W/m	L/m	Multiplier	修改原因
M_0，M_1	mn	3m	40u	6	减少栅源电压；增加跨导；减小闪烁噪声
M_2	mn	30u	2u	5	减小闪烁噪声；减小栅源电压
M_3，M_4	mp	2u	4u	4	增加 r_0 电阻，从而增加误差放大器的增益
M_5，M_6，M_7，M_8	mp	6u	2u	1	减小闪烁噪声
M_9	mn	30u	2u	5	减小闪烁噪声；减小栅源电压

电阻（为了设计简化，这里使用了理想电阻）						
Instance Name	Model	W/m	L/m	Resistance/Ω	Multiplier	修改原因
R_1	—	—	—	6.5k	1	增加流过 M_5、M_6 管的电流；增加 Q_2 的发射极-基极电压；减小电阻的热噪声
R_2	—	—	—	34.21k	1	根据 R_1 的阻值，获得最佳的温度特性

双极型晶体管					
Instance Name	Model	W/m	L/m	Multiplier	修改原因
Q_1	qvp5	—	—	47	减少闭环增益，从而减少输出噪声
Q_2，Q_3	qvp5	—	—	1	—

修改后，再次通过"Results Browser"查看 M_2 管的工作区间，得到图 8-77 所示结果。

此时，M_2 管工作在饱和区。在该器件参数设置下，带隙基准电压源输出电压的温度特性和输出噪声如图 8-78 和图 8-79 所示。

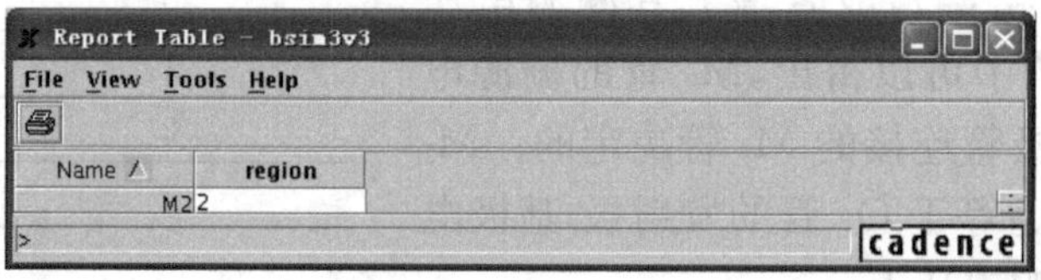

图 8-77　带隙基准电压源器件参数整体调整后的 M_2 管的工作区间

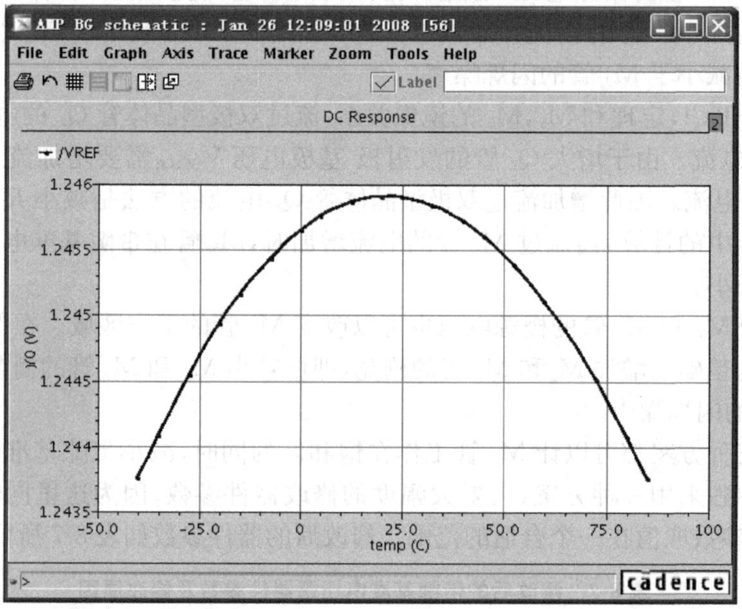

图 8-78　带隙基准电压源器件参数整体调整后的输出电压的温度特性

输出噪声为 100.702μV。此时 M_0、M_1 管的闪烁噪声和热噪声及 M_2 管的闪烁噪声占总噪声的 75.75%。

增加 M_2 的并联个数，可以同时减少 M_0 和 M_1 管的热噪声，以及 M_2 管的闪烁噪声。由于上述 5 个噪声是对输出噪声贡献很大，因此通过此方法可以有效降低输出噪声。将 M_2 的并联个数改为 20 后，输出噪声如图 8-80 所示，为 61.0795μV。

通过"Optimizer"再次优化 R_2 电阻的阻值。优化后的 R_2 电阻为 34.2kΩ。最终的输出电压温度特性和输出噪声分别如图 8-81 和图 8-82 所示。温漂系数为 16.75ppm/℃。

8.4.10　小结

在这个实例中，着重突出优化了带隙电压基准的输出噪声和温度特性，并没有考虑功耗和面积的问题，因此最后的器件尺寸和功耗过大，不利于生产。

这个实例主要用来阐述，如何在电路结构确定的情况下，以简单的理论计算为依据，通过"Calculator"、"Results Browser"和"Waveform"软件观察仿真结果，然后通过"Para-

Results Display Window

Window　Expressions　Info　　　Help　58

Device	Param	Noise Contribution	% Of Total
/M0	id	4.74906e-05	22.24
/M1	id	4.54464e-05	20.37
/M0	fn	3.32216e-05	10.88
/M1	fn	3.24367e-05	10.38
/M2	fn	3.16577e-05	9.88
/M9	fn	2.72727e-05	7.33
/R1	rn	2.02947e-05	4.06
/M4	id	1.95963e-05	3.79
/M3	id	1.8343e-05	3.32
/Q0	ic	1.41215e-05	1.97
/M5	id	1.36955e-05	1.85
/M8	id	9.50897e-06	0.89
/M2	id	7.50711e-06	0.56
/R2	rn	7.3791e-06	0.54
/Q1	ic	6.89629e-06	0.47
/M9	id	6.42273e-06	0.41
/M6	id	5.80829e-06	0.33
/Q0	ib	4.79331e-06	0.23
/Q0	rb	4.33724e-06	0.19
/M5	fn	2.76505e-06	0.08

Integrated Noise Summary (in V) Sorted By Noise Contributors
Total Output Noise = 0.000100702
Total Input Referred Noise = 0.0482188
The above noise summary info is for noise data

图 8-79　带隙基准电压源器件参数整体调整后的输出噪声

Results Display Window

Window　Expressions　Info　　　Help　72

Device	Param	Noise Contribution	% Of Total
/M0	id	2.88108e-05	22.25
/M1	id	2.74542e-05	20.20
/R1	rn	1.91558e-05	9.84
/M9	fn	1.64499e-05	7.25
/M0	fn	1.62128e-05	7.05
/M1	fn	1.58505e-05	6.73
/Q0	ic	1.37875e-05	5.10
/M2	fn	1.32048e-05	4.67
/M5	id	1.29282e-05	4.48
/M8	id	9.52058e-06	2.43
/M4	id	8.99705e-06	2.17
/M3	id	8.36537e-06	1.88
/R2	rn	7.37816e-06	1.46
/Q1	ic	6.48299e-06	1.13
/M6	id	5.65852e-06	0.86
/Q0	ib	4.67916e-06	0.59
/Q0	rb	4.25021e-06	0.48
/M9	id	3.65391e-06	0.36
/M2	id	3.54687e-06	0.34
/M5	fn	2.77207e-06	0.21

Integrated Noise Summary (in V) Sorted By Noise Contributors
Total Output Noise = 6.10795e-05
Total Input Referred Noise = 0.0227642
The above noise summary info is for noise data

图 8-80　调整 M_2 管并联个数后的输出噪声

metric Analysis”逐步寻找合适的器件参数设置，当接近全局最优时，使用“Optimizer”自动地完成最后的性能优化。

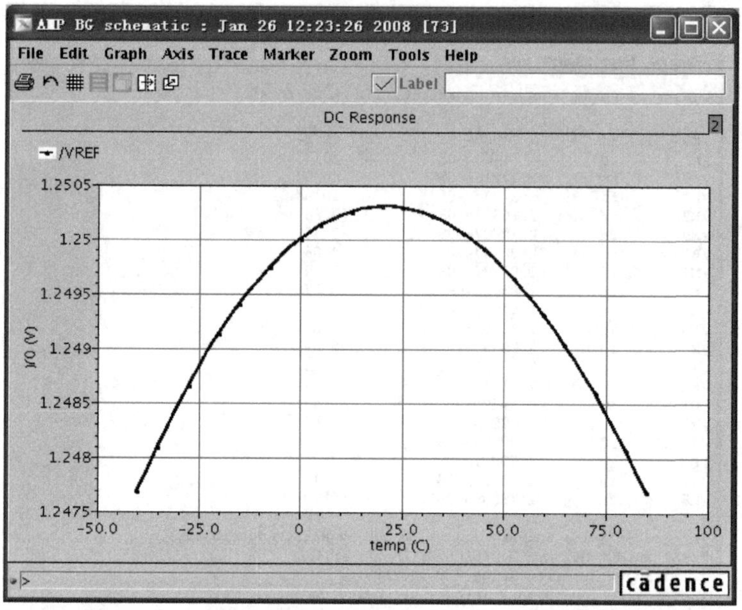

图 8-81　再次优化 R_2 电阻值后的输出电压温度特性

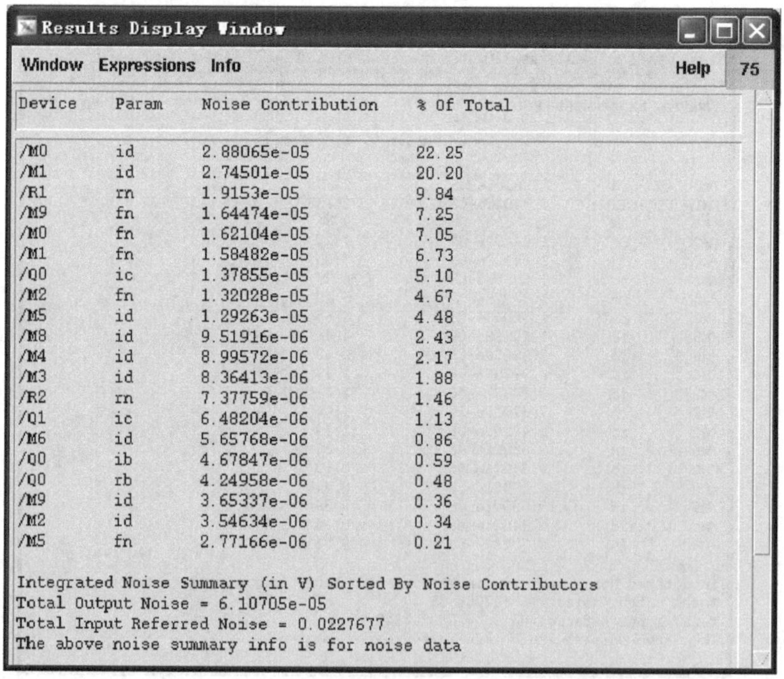
Results Display Window

Window　Expressions　Info　　Help　75

Device	Param	Noise Contribution	% Of Total
/M0	id	2.88065e-05	22.25
/M1	id	2.74501e-05	20.20
/R1	rn	1.9153e-05	9.84
/M9	fn	1.64474e-05	7.25
/M0	fn	1.62104e-05	7.05
/M1	fn	1.58482e-05	6.73
/Q0	ic	1.37855e-05	5.10
/M2	fn	1.32028e-05	4.67
/M5	id	1.29263e-05	4.48
/M8	id	9.51916e-06	2.43
/M4	id	8.99572e-06	2.17
/M3	id	8.36413e-06	1.88
/R2	rn	7.37759e-06	1.46
/Q1	ic	6.48204e-06	1.13
/M6	id	5.65768e-06	0.86
/Q0	ib	4.67847e-06	0.59
/Q0	rb	4.24958e-06	0.48
/M9	id	3.65337e-06	0.36
/M2	id	3.54634e-06	0.34
/M5	fn	2.77166e-06	0.21

Integrated Noise Summary (in V) Sorted By Noise Contributors
Total Output Noise = 6.10705e-05
Total Input Referred Noise = 0.0227677
The above noise summary info is for noise data

图 8-82　再次优化 R_2 电阻值后的输出噪声

虽然设计软件可以辅助电路的设计和优化，但是只有对电路结构充分了解，才能找出最佳方案，同时提高电路的多个性能。

8.5　超低温漂带隙电压基准

8.5.1　设计目标

前面已经介绍了低噪声带隙电压基准的设计。在实际应用中还有一类最为受关注的指标是温漂系数。以下就介绍一个超低温漂电压基准的设计。

设计参数指标如下：

PSRR	大于 80dB@1000Hz
温漂	<3ppm/℃
静态功耗	<30μA

8.5.2　温度漂移的详细分析[3~5]

图 8-83 是一个传统的带隙电压基准电路示意图。在 8.2.3 节中已经介绍了带隙电压基准的基本温度补偿方法。在传统的带隙电压基准结构中，通过 V_{BE} 电压和 V_T 进行补偿。由于运算放大器的存在，X 点和 Y 点拥有相同的电压，而 Q_1 的并联数是 Q_2 的 n 倍，因而在 R_3 上产生了只和温度相关的电压 $V_{R_3}=V_T\ln n$。

V_T 和绝对温度成正比，是一个正温度系数的电压，而 V_{BE} 电压是一个负温度系数的电压。输出电压是这两个电压的线性组合，即

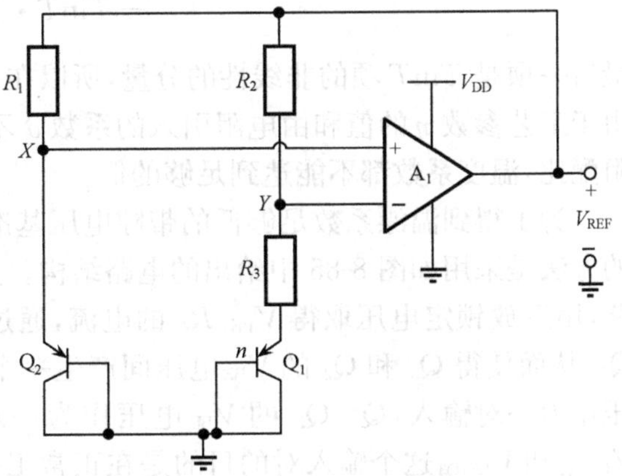

图 8-83　传统带隙电压基准结构

$$V_{REF}=V_{BE,Q2}+\frac{(R_2+R_3)}{R_3}\cdot V_T\ln n \tag{8-53}$$

由于 V_T 是一个一阶温度系数的电压，通过精确调整 R_2/R_3 的比率，可以让输出电压的一阶温度系数被完全抵消，从而得到和温度无关的电压。但是实际应用中，还要考虑输出电压中得不到补偿的高次电压分量。一般 V_{REF} 与温度的关系如图 8-84 所示。

V_T 和绝对温度成正比，所以由 V_T 引入的高阶温度项可以忽略。高阶温度系数主要是由于双极晶体管 V_{BE} 的温度特性，有

$$V_{BE}(T)=V_G(T)+\left(\frac{T}{T_r}\right)[V_{BE}(T_r)-V_G(T_r)]-\eta\left(\frac{kT}{q}\right)\ln\left(\frac{T}{T_r}\right)+\left(\frac{kT}{q}\right)\ln\left[\frac{I_C}{I_C(T_r)}\right] \tag{8-54}$$

其中，电场因子 η 是由工艺决定的常数，T_r 是一个给定的常数温度。因为 I_C 与温度有关，可以设 $I_C(T)=FT^{\delta}$，则式(8-54)可写为

$$V_{BE}(T)=V_G(T)+T\left\{\frac{V_{BE}(T_r)-V_G(T_r)}{T_r}+\frac{k}{q}\cdot\left[\ln\frac{F}{I_C(T_r)}+(\eta-\delta)\cdot\ln T_r\right]\right\}$$

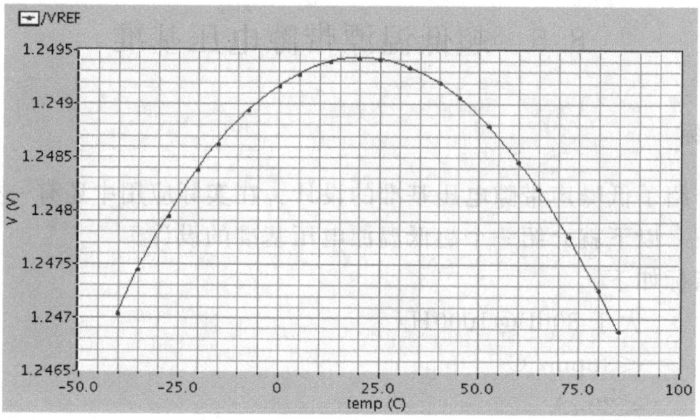

图 8-84　实际应用中的温度曲线示意图

$$-T\ln T \cdot \frac{(\eta-\delta)k}{q} \tag{8-55}$$

最后一项是 $T\ln T$ 项的非线性的分量，所以在一阶补偿之后仍然存在。在大部分工艺下，由于工艺参数 η 的值和由电阻引入的系数 δ 不能很好抵消，最后无论如何调节电流和电阻配比，温度系数都不能达到足够的低。

为了得到温漂系数足够低的带隙电压基准，高阶温度系数需要进一步的补偿。补偿的方法是采用如图 8-85 中给出的电路结构。其中，在原来电路的基础上加入了补偿的电路，用运放锁定电压取得 V_{BE}/R_4 的电流，通过电流镜，同等大小的电流流过双极晶体管 Q_3，从而使得 Q_3 和 Q_2 的 V_{BE} 电压间产生一个带有 $T\ln T$ 项的差值。Q_3 和 Q_2 的 V_{BE} 电压作为一对输入，Q_1、Q_2 的 V_{BE} 电压作为一对输入形成一个四输入运放。其中，加入 $V_{BE,Q2}$ 和 $V_{BE,Q3}$ 这个输入对的目的是在正常工作的时候给 Q_1 和 Q_2 端提供一个 $T\ln T$ 项电压差值，并将这个差值项引入到输出端，修正输出电压的温度系数。

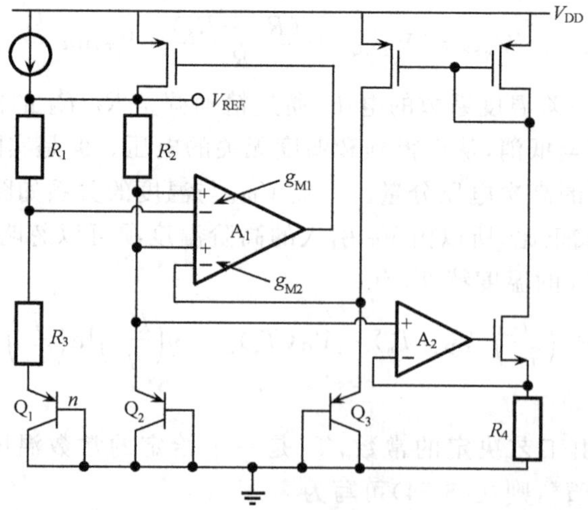

图 8-85　高阶温度补偿的 bandgap 电路结构

温度补偿的方法如下：假设 A_2 的增益足够大，那么 $V_{R4}=V_{BE2}$，因此经过电流镜镜像之后，在 Q_2 和 Q_3 之间将产生一个 $T\ln T$ 项的电压。假设这个电压为 $C_1\cdot T\ln T$；另外在 Q_2 和 Q_3 的电压差中含有和温度成正比的项 $C_2\cdot T$。因此输出电压可表示为

$$\begin{aligned} V_{REF} &= V_{BE1}+(R_1+R_3)I_{R_1} \\ &= V_{BE1}+\frac{R_1+R_3}{R_3}\left[\left(\frac{k\ln n}{q}-\frac{g_{M2}}{g_{M1}}C_2\right)\cdot T-\frac{g_{M2}}{g_{M1}}C_1\cdot T\ln T\right] \end{aligned} \tag{8-56}$$

其中，g_{M1} 和 g_{M2} 分别表示 A_1 运放两个输入对的跨导。在这些参数中，常数 C_1 和 C_2 由电阻的阻值、温度系数以及几个三极管的 V_{BE} 电压控制；g_{M1} 和 g_{M2} 的比例则由 2 个输入对的工作点和宽长比决定。实际制造中，电阻的温度系数一般不能自由选择，所以 C_1 和 C_2 可以通过调节 R_4 来控制，同时 g_{M2}/g_{M1} 也可以通过运放的设计人为控制。

需要注意的是，g_{M2}/g_{M1} 的比值在不同的工作状态下要保证比例一致，特别是在不同的工艺角下保持一致；否则，设计的稳定性不能保证。这个问题在下面的设计中将会讨论。

另外由于环路相对复杂，为了保证系统的稳定性，运放尽量采用单级运放。

8.5.3　设计过程

下面基于 CSMC 公司 0.5μm CMOS 混合信号工艺库，完成上述电路的实现与仿真验证。

1. 建立设计库和电路图

首先在“Library Manager”中选择建立新的“Library”选项，如图 8-86 所示。在弹出的“New Library”对话框中，输入库名“BG”，如图 8-87 所示，点击 OK。弹出的“Technology File for New Library”对话框询问是否需要附加到一个“technology file”上，选择第二个选项“Attach to an existing techfile”，如图 8-88 所示。

接着弹出的“Attach Design Library to Technology File”对话框要求用户为库“BG”指定一个工艺库(tech library)，在下拉菜单中选择需要的 CSMC 0.5μm 5V 工艺库，库名是“st02”，如图 8-89 所示。

选择“OK”后在 CIW 窗口中将会显示“attach”是否成功，如果成功就可以进入下一步操作。

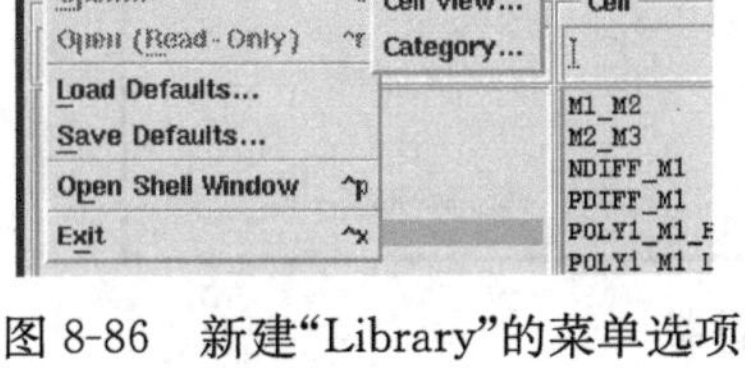

图 8-86　新建“Library”的菜单选项

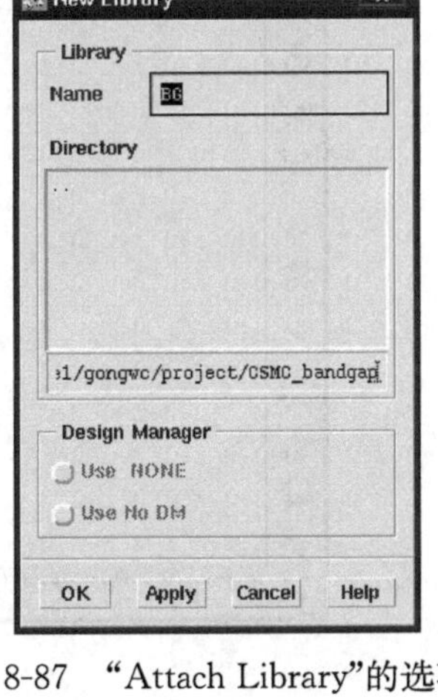

图 8-87　“Attach Library”的选项

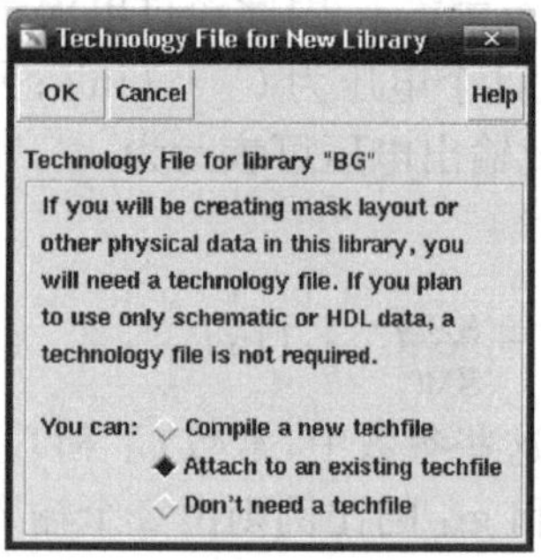

图 8-88　输入库的名字

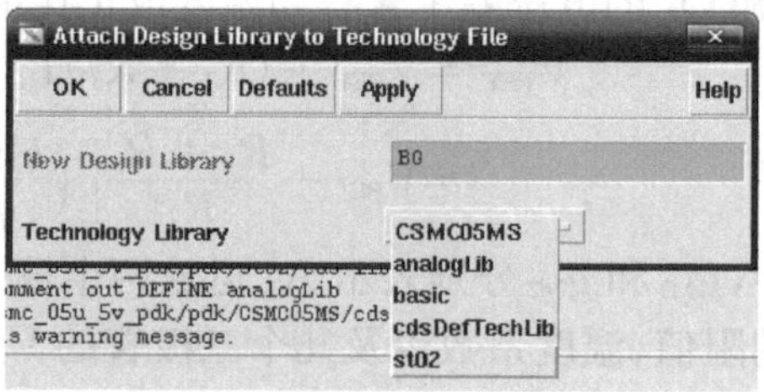

图 8-89　选择“Technology Library”

现在，在“Library Manager”中选定新建的库“BG”，在菜单中选择新建“Cell View”，如图 8-90 所示。

然后就会弹出设定“Cell View”名称和类型的“Create New File”对话框。在“Cell Name”栏输入电路的名字“bandgap”；在 Tool 下拉菜单中选择“Composer-Schematic”（电路图），这时“View Name”栏会自动添上“schematic”，如图 8-91 所示，点击“OK”键，建立新的电路图。建立完成后，空的电路图的窗口会出现，如图 8-92 所示。

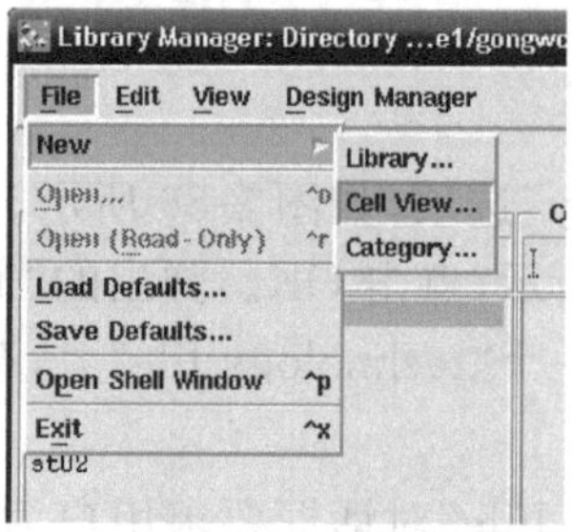

图 8-90　从菜单建立新的“View”

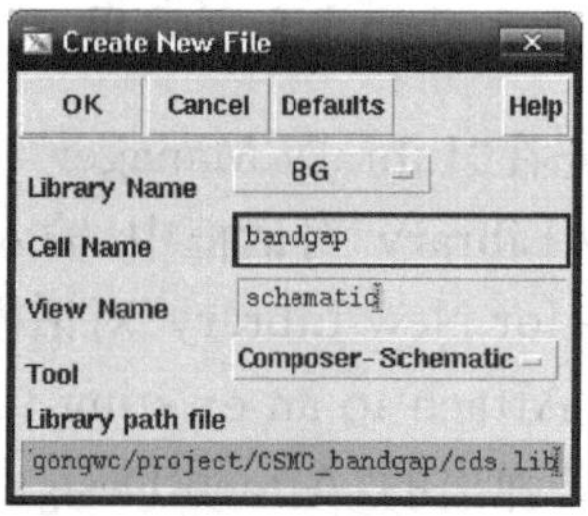

图 8-91　设定“View”的名称和类型

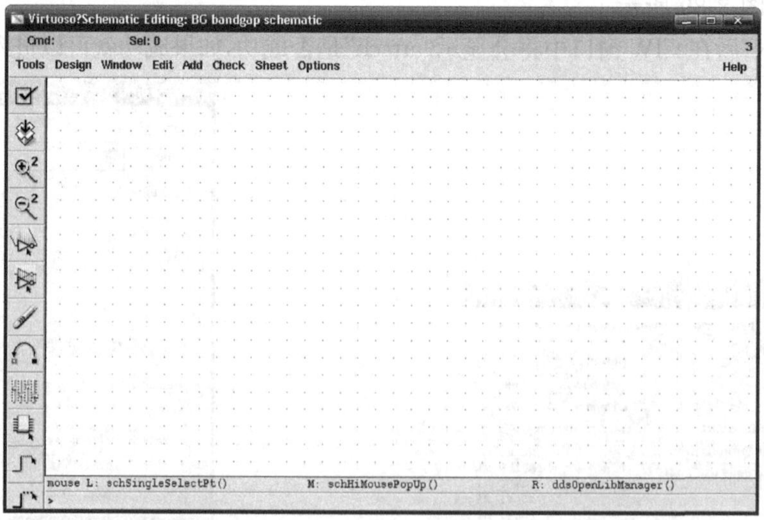

图 8-92　电路编辑器

2. 电路的绘制和初始参数的设定

1）器件的选用

采用和低噪声带隙电压基准的例子中介绍的类似的方法，选用适当的元器件来搭建这个电路。其中使用的器件类型如表 8-8所示。

表 8-8　使用器件的类型

器　件	Library	Cell Name	Model Name
NMOS	st02	Mn	mn
PMOS	st02	Mp	mp
Resistanc	analogLib	Res	—
Bipolar	st02	qvp5	qvp5
电流源	analogLib	Idc	—
电压源	analogLib	Vdc	—

2）电路结构

根据前面的电路框图和注意事项，设计中采用了如图 8-93 所示的电路结构。

3）设定电流镜初始宽长比

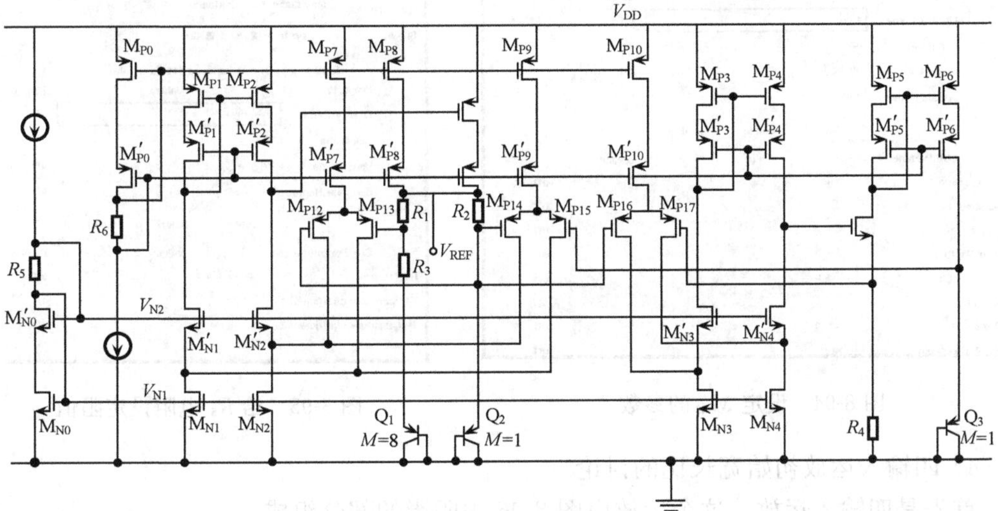

图 8-93　电路结构图

为了方便设计，减少不必要的仿真，电路中 MOS 管的初始宽长比都要根据计算设定。出于功耗考虑，设定电流镜中的电流为 0.3μA。在这个电路中没有画出提供基准电流的电路，而采用了理想电流基准作为输入的基准电流。图 8-93 中 M_{N0}和 M_{P0}所在支路的电流就是由理想电流源提供的。NMOS 管中，M_{N0}、M_{N1}、M_{N2}、M_{N3}、M_{N4}组成一个电流镜；PMOS 管中，M_{P0}、M_{P7}、M_{P8}、M_{P9}、M_{P10}组成一组。为运放提供适当的偏置电流。

为了保证提供足够大的输出电阻并减小制造误差，设定 M_{N0}宽长比为 8μm/5μm；M'_{N0}宽长比宽度 8μm/2μm；M_{P0}宽长比 8μm/3μm；M'_{P0}是 8μm/1.5μm。MOS 管的宽长比可以通过在电路图编辑器中选定器件，并点击快捷键“q”，在弹出的属性对话框中修改。例如，M_{N0}管就输入“Length：5u M，Width：8u M，Multiplier：1”，如图 8-94 所示。

其他电流镜 MOS 管都以这几个管子为标准，修改它们的“Multiplier”，以调整流过的电流。“Multiplier”就是并联的 MOS 管数。在一个支路中如果将电流镜的“Multiplier”都改为 N，则该电流镜的电流就被定为基准电流的 N 倍。

为了使各 MOS 管都工作在饱和区，还要保证 M_{N0} 和 M_{P0} 的 V_{DS} 电压不能太小。因此，要对 R_6 和 R_5 的阻值进行调整。这里，设定 M_{N0} 和 M_{P0} 管的 V_{DS} 电压要在 0.3V 左右。这里由于 M'_{N0} 的宽长比要比 M_{N0} 大，粗略估计在 $R_6=0.3\text{V}/0.3\mu\text{A}=1\text{M}\Omega$ 时，M_{N0} 的源漏电压 V_{DS} 约为 0.3V。因此，设 R_6 为“res6”，仿真时可以设定“res6”的一个更大的初始值，例如 3MΩ，以保证 M_{N0} 初始状态工作在饱和区，如图 8-95 所示。同理，R_5 的阻值为“res5”，仿真时初始设定为 2MΩ。

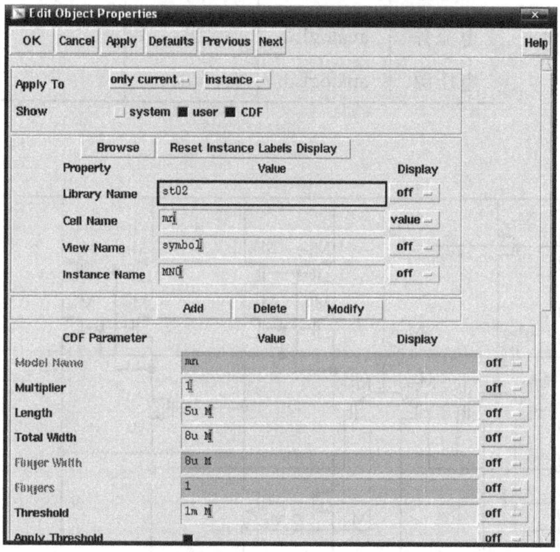

图 8-94　设定 M_{N0} 的参数

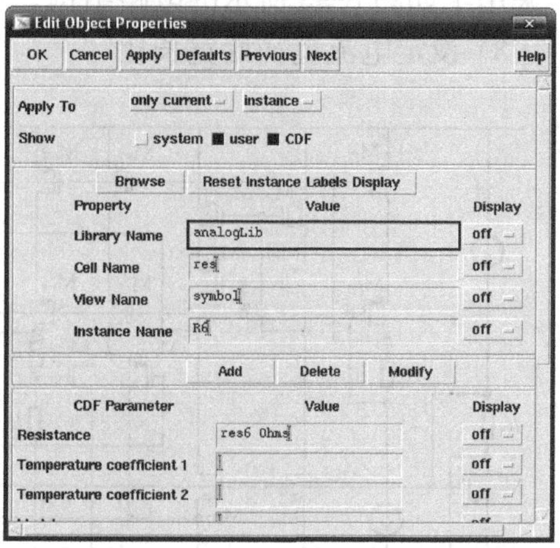

图 8-95　给 R_6 电阻设定阻值

4）四输入运放初始宽长比的讨论

首先是四输入运放。这个运放由图 8-96 中阴影的部分组成。

由于前面说过的原因，g_{M2}/g_{M1} 的比值必须要精确而且可调。由于跨导比值可以表示为

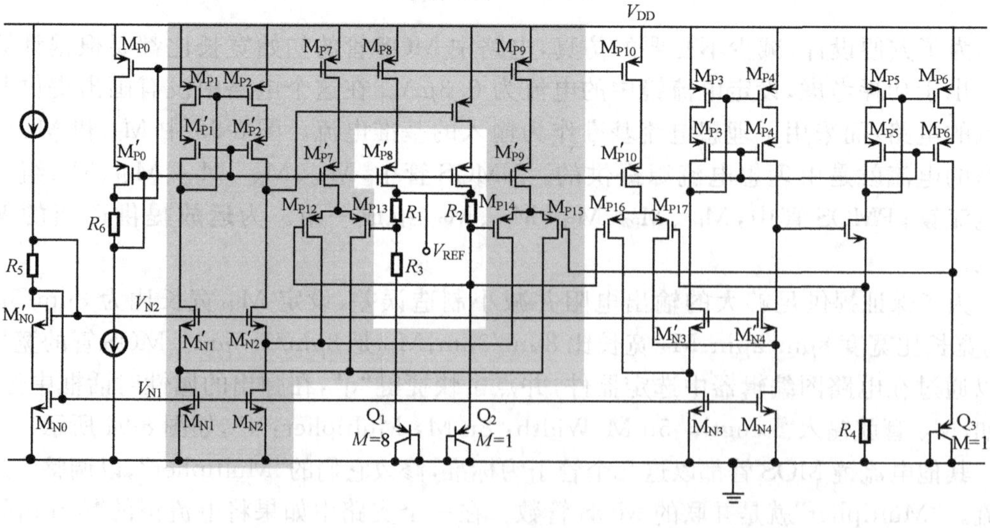

图 8-96　四输入运放在电路中的位置

$$\frac{g_{M2}}{g_{M1}}=\sqrt{\frac{2\mu_P C_{ox}(W_{14,15}/L_{14,15})I_2}{2\mu_P C_{ox}(W_{12,13}/L_{12,13})I_1}}=\sqrt{\frac{W_{14,15}L_{12,13}}{W_{12,13}L_{14,15}I_1}}\cdot\sqrt{\frac{W_9 L_7}{W_7 L_9}} \tag{8-57}$$

这也就表示二个输入对管宽长比、电流镜中 MOS 管宽长比都必须成精确比例。由于单个 MOS 管在不同的工艺角下长、宽的偏差是不同的，最可靠的比例关系来自倍乘数(multiplier)。所以为了方便仿真，可以用参数来表示倍乘数。特别是在 M_{P12}，M_{P13} 和 M_{P14}，M_{P15} 的倍乘数分别设定为 N_1 和 N_2，且两对输入管的电流镜偏置的倍乘数也要分别是 N_1，N_2 时，不但 $g_{M2}/g_{M1}=N_2/N_1$，而且两个输入对的 V_{GS} 相等，工作点完全一致，因而跨导比值更为精确。

另外，为了保证四输入运放的稳定工作，M_{N1}，M_{N2} 的对地导流能力必须超过输入管中流过的总电流，所以它们的每个对地电流都被设置为 $(N_1+N_2)I_{BIAS}$。而 M_{P1}，M_{P2} 的导流能力，则应当足够保持四输入运放的输入、输出的电流平衡。因为从输入对管流入的电流总共有 $(N_1+N_2)I_{BIAS}$，M_{N1} 和 M_{N2} 的总对地电流为 $2(N_1+N_2)I_{BIAS}$，因而 M_{P1}，M_{P2}，M'_{P1}，M'_{P2}，M'_{N1}，M'_{N2} 应当分别流过 $(N_1+N_2)I_{BIAS}/2$ 的电流。为了保证电流精确，MOS 管被尽量设置为电流镜中的 MOS 管尺寸。综合考虑，MOS 管参数设定如表 8-9所示。

表 8-9　四输入端运放 MOS 管参数设置

Instance Name	Model	W/m	L/m	Multiplier	Library Name	Cell Name	View Name
M_{P7}	mp	8u	3u	N_1	st02	mp	symbol
M_{P9}	mp	8u	3u	N_2	st02	mp	symbol
M'_{P7}	mp	8u	1.5u	N_1	st02	mp	symbol
M'_{P9}	mp	8u	1.5u	N_2	st02	mp	symbol
M_{P12}，M_{P13}	mp	15u	5u	N_1	st02	mp	symbol
M_{P14}，M_{P15}	mp	15u	5u	N_2	st02	mp	symbol
M_{N1}，M_{N_2}	mn	8u	5u	N_1+N_2	st02	mn	symbol
M'_{N1}，M'_{N_2}	mn	8u	3u	$(N_1+N_2)/2$	st02	mn	symbol
M_{P1}，M_{P2}	mp	8u	3u	$(N_1+N_2)/2$	st02	mp	symbol
M'_{P1}，M'_{P2}	mp	8u	1.5u	$(N_1+N_2)/2$	st02	mp	symbol

注意：在仿真中，如果倍乘数不是整数，“Spectre”会自动对其取整，所以可以使用 $(N_1+N_2)/2$ 这样的倍乘数，如图 8-97 所示。

5）双端输入运放的设定

双端输入运放的位置如图 8-98 中阴影的部分所示。由于这个运放只有一级，结构又和四输入运放相似，而且可以利用已有的共栅管栅压，所以设计相对简单。采用和四输入运放类似的方法分配好电流后，这个运放中的 MOS 管初始设定就一目了然，如表 8-10 所示。

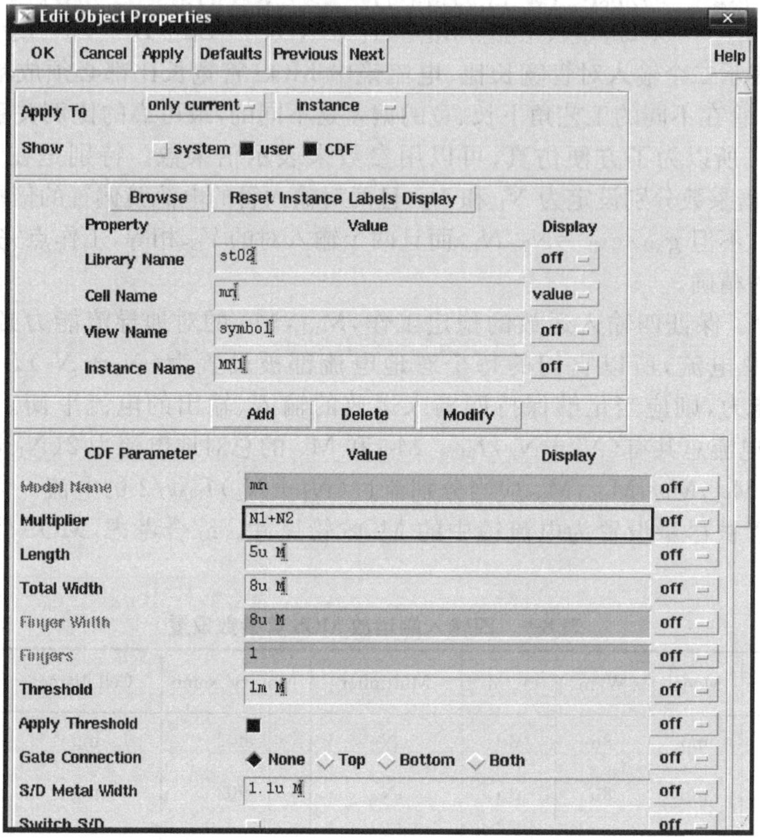

图 8-97 设定 MN1 管的参数

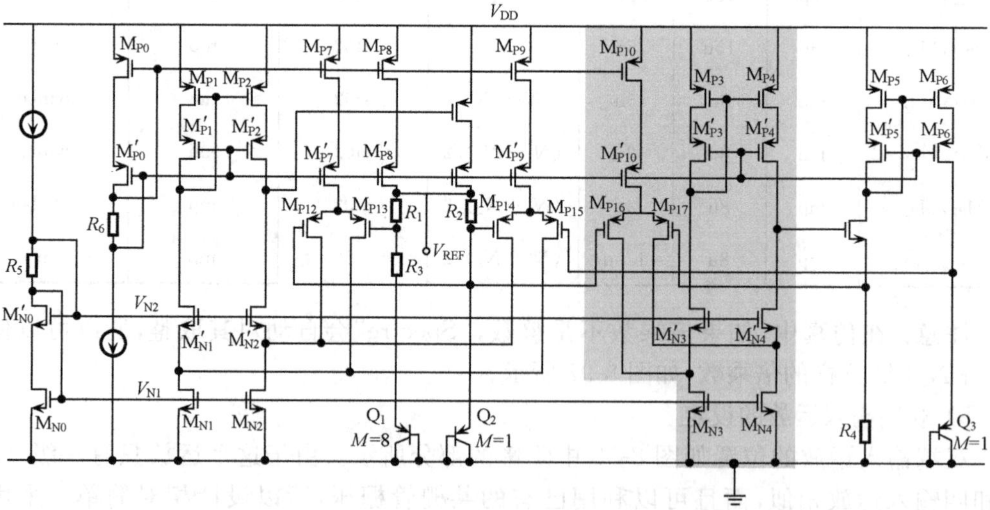

图 8-98 双端输入运放的位置

表 8-10　双端输入运放 MOS 管参数设置

Instance Name	Model	W/m	L/m	Multiplier	Library Name	Cell Name	View Name
M_{P10}	mp	8u	3u	2	st02	mp	symbol
M'_{P10}	mp	8u	1.5u	2	st02	mp	symbol
M_{P16}, M_{P17}	mp	15u	5u	2	st02	mp	symbol
M_{N3}, M_{N4}	mn	8u	5u	2	st02	mn	symbol
M'_{N3}, M'_{N4}	mn	8u	1.5u	1	st02	mn	symbol
M_{P3}, M_{P4}	mp	8u	3u	1	st02	mp	symbol
M'_{P3}, M'_{P4}	mp	8u	1.5u	1	st02	mp	symbol

6）带隙电压基准中的双极晶体管和电阻

双极晶体管包括 Q_1，Q_2，Q_3。其中为了精确匹配，Q_1 和 Q_2 一般采用 2∶1，4∶1，8∶1，24∶1 等比例，这里使用的是 8∶1。另外，Q_3 为了和 Q_2 一致，配比为 1∶1。

$R_1 \sim R_4$ 的阻值和双极晶体管的电流直接相关。假设 Q_1，Q_2 中的电流约为 600nA，那么 Q_2 管的电流可表示为

$$I_{Q1} = I_{Q2} = \frac{kT}{q}\frac{\ln N}{R_3} \tag{8-58}$$

所以，$R_3 \approx 90\text{k}\Omega$，在电路中将 R_3 设定为 90kΩ。R_1 和 R_2 的阻值分别设定为“res1_2”，初始值根据 Ravavi[1] 第 11 章的推算暂时设定为

$$\text{res1\_2} = R_3 \cdot 17.2/\ln N = 744\text{k}\Omega \tag{8-59}$$

R_4 的阻值设定为“res4”，阻值待定。这样，所有器件的初始参数都设定好了。

7）其他一些器件的设定

其他一些 MOS 管的初始宽长比应当尽量使用电流镜的 MOS 管大小，具体参数如表 8-11所示。

表 8-11　其余 MOS 管参数设置

Instance Name	Model	W/m	L/m	Multiplier	Library Name	Cell Name	View Name
M_{N5}	mp	5u	5u	1	st02	mp	symbol
M_{P5}/M_{P6}	mp	8u	3u	2	st02	mp	symbol
M'_{P5}/M'_{P6}	mp	8u	1.5u	2	st02	mp	symbol
M_{P8}	mn	8u	3u	1	st02	mn	symbol
M'_{P8}	mn	8u	1.5u	1	st02	mn	symbol
M_{P11}	mp	8u	3u	3	st02	mp	symbol
M'_{P11}	mp	8u	1.5u	3	st02	mp	symbol

另外，要注意电压源“vdc”要设置 5V 的直流电压。

3. 电路仿真

电路仿真的目的主要是在结构确定好的前提下,对电路中器件的参数进行微调,以达到需要的性能。下面是对这个电路的仿真过程:

1) 启动仿真器并进行基本设定

(1) ADE 的启动。

在电路图编辑窗口中选择“Tools”→“Analog Environment”,如图 8-99 所示,弹出的 ADE 窗口如图 8-100 所示。

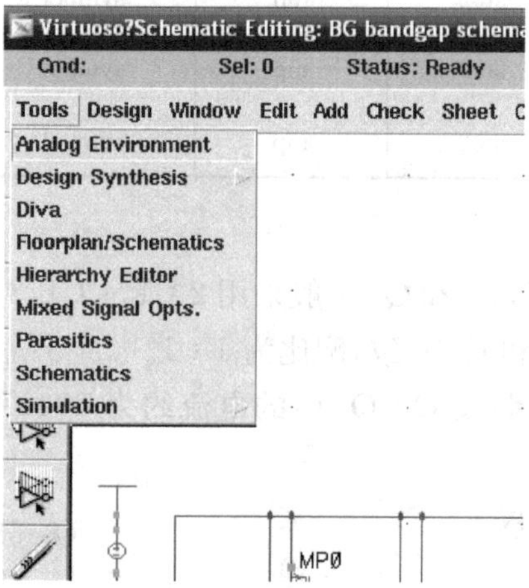

图 8-99　ADE 的菜单选项

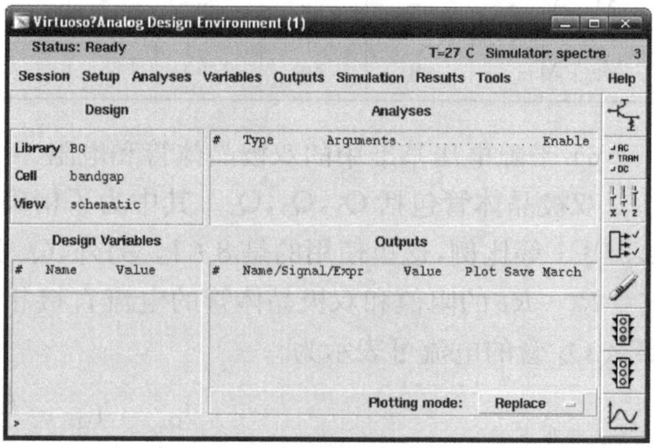

图 8-100　ADE 主窗口

(2) 设定工艺模型。

首先应当设定工艺模型,在 ADE 菜单中选择“Setup”→“Model Libraries ...”,如图 8-101所示。

然后在弹出的“Model Library Setup”对话框中设置适当的工艺库文件。图 8-102 演示的就是 CSMC 0.5μm 工艺中需要的几个模型。一般当 PDK 安装正常,而且库已经连接(attach)了“st02”工艺库时,ADE 启动后可以自动设置好所需模型。

(3) 设置变量。

在 ADE 中设置电路中的变量。在菜单中选择“Variables”→“Copy From Cellview”获得电路图中的变量列表,如图 8-103 所示。对于需要修改的参数,可以双击“Design Variables”中的变量,如图 8-104 所示。

双击一个变量,弹出一个变量编辑对话框“Editing Design Variables”,如图 8-105 所示。在“Editing Design Variables”对话框中依次设定各个变量的初始值,如图 8-106 所示。完成变量初始值设定后开始电路的仿真和优化。

2) 通过仿真调节电流镜工作点

共源-共栅电流镜中,为了保证电流基准的稳定和精确,必须保证共源管的 V_{DS} 电压足够高。同时为了降低最低输入电压,V_{DS} 电压又不能太高,一般来说 0.3～0.35V 比较适合。电流镜中共源管 M_{P0} 及 M_{N0} 的 V_{DS} 电压分别由 R_5,R_6 电阻控制。现在就通过 DC 扫描确定 R_5。

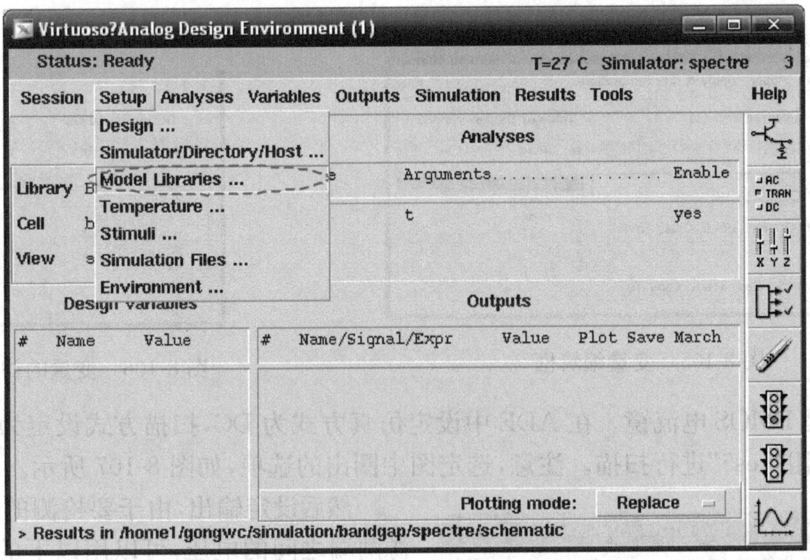

图 8-101　“Model Library”菜单项

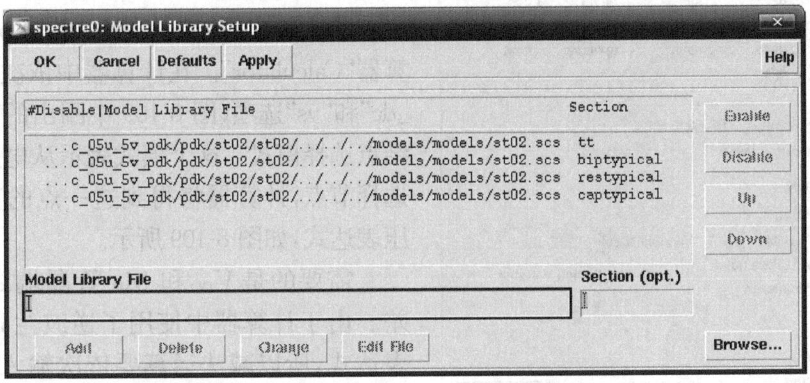

图 8-102　选择需要添加的模型库

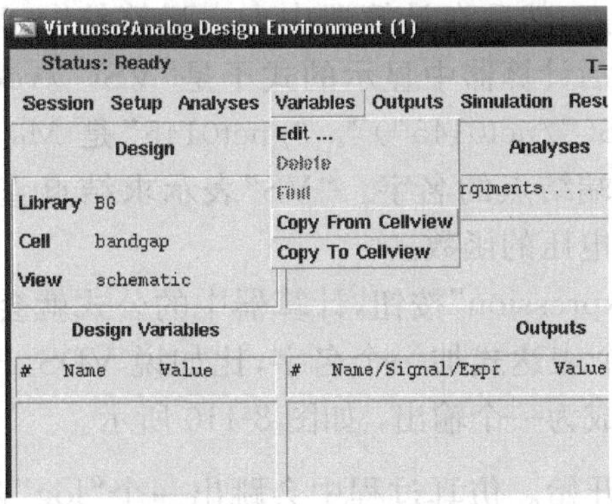

图 8-103　菜单的选项

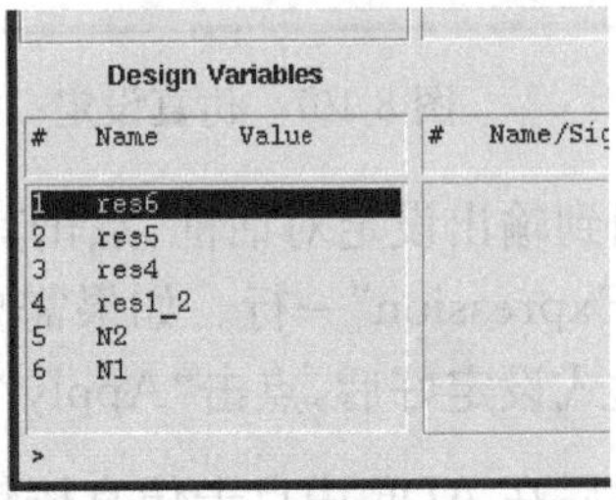

图 8-104　点击“Copy From Cellview”后所得变量的列表

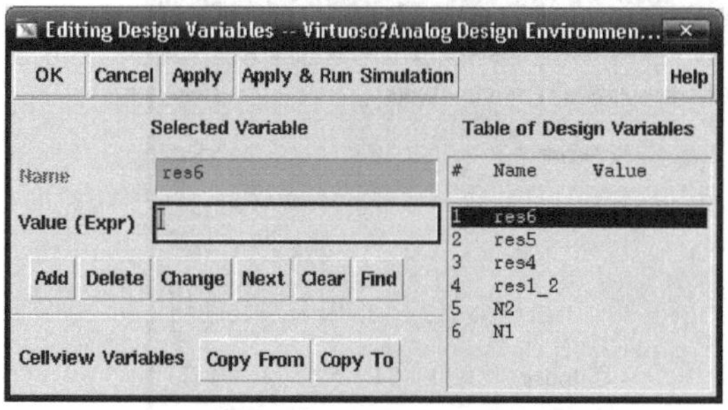

图 8-105　变量编辑框

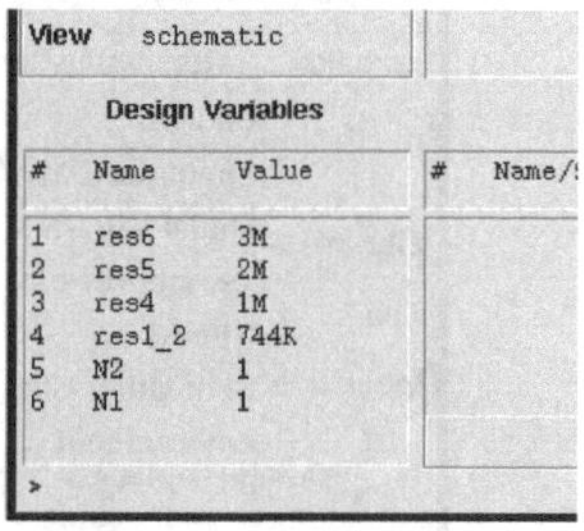

图 8-106　变量的初始值

首先是 PMOS 电流镜。在 ADE 中设定仿真方式为 DC，扫描方式设定为变量扫描，对 R_5 的电阻“res5”进行扫描。注意，选定图中圈出的选项，如图 8-107 所示。

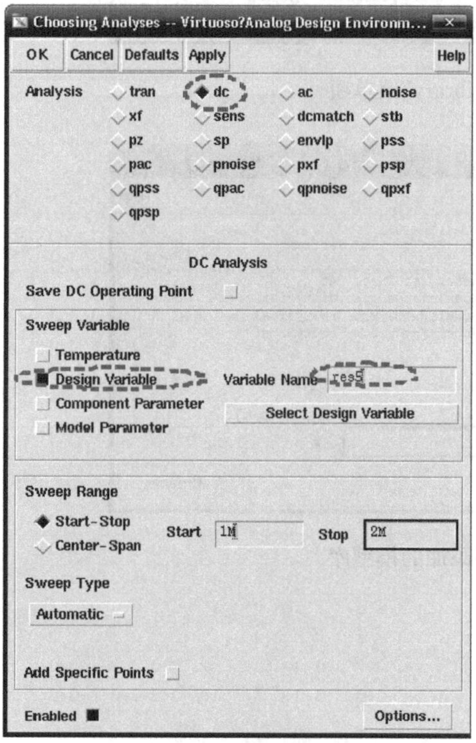

图 8-107　仿真设定

然后设定输出，由于要检测的是 M_{P1} 管漏源两端之间的电压，可以用以下的方法设定。在 ADE 中选择菜单中的“Outputs”→“Setup”，如图 8-108 所示。

点击输出设定对话框中的“Open”，打开计算器“Calculator”。在计算器中依次点击“swept_dc”和“vs”选项(图 8-109 中圈出的部分)，打开结点选择模式。这个模式表示从电路图中手动选择节点，计算器将得到这一点的直流扫描电压表达式，如图 8-109 所示。

需要的是 V_{DD} 和 M_{P0} 管漏端之间的电压差。由于计算器中使用了逆波兰式的运算符表达式，所以减法运算要依次输入被减数、减数和运算符。进入结点选择模式后，在电路编辑框中依次点击 V_{DD} 和 M_{P0} 管漏端的两个节点，然后在计算器中点击运算符“－”。完成后计算器中显示的式子是“VS("/vdd!")-VS("/net0145")”。“/net0145”是 M_{P0} 管的漏端结点的名字。“VS”表示求结点直流扫描电压的函数。

回到输出设定对话框，点击其中的“Get Expression”按钮，计算器中的公式就会被复制到“Expression”一行。如果需要，可以给这个表达式加一个名字，比如说 VDS_P。这个表达式设定好后，点击“Apply”，新表达式就成为一个输出，如图 8-110 所示。

然后在 ADE 中点击仿真按钮“”，仿真开始。仿真过程中会跳出一个“log”窗口，显示仿真进程。仿真完成后输出的波形会跳出，如图 8-111 所示。

从图 8-111 中可以得出结论，最好的 R_5 电阻大约应是 1.2MΩ。在这个阻值下，M_{P0}

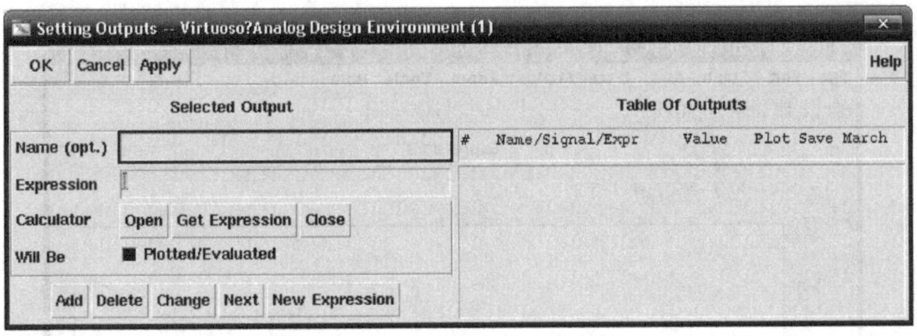

图 8-108　输出设定对话框

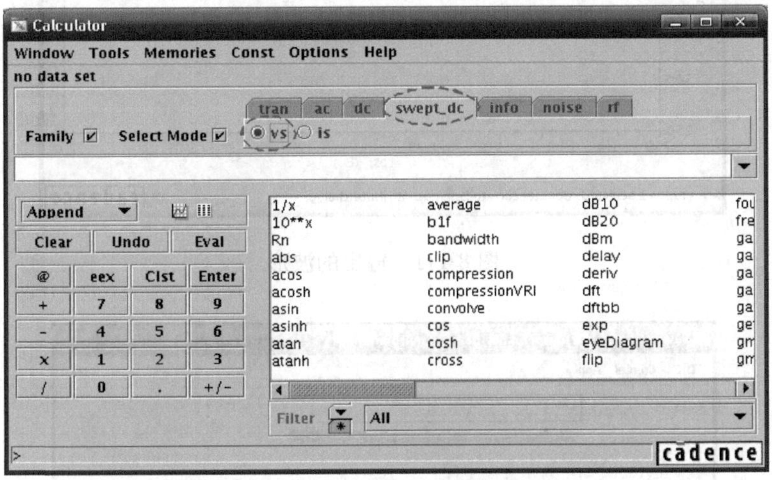

图 8-109　计算器窗口

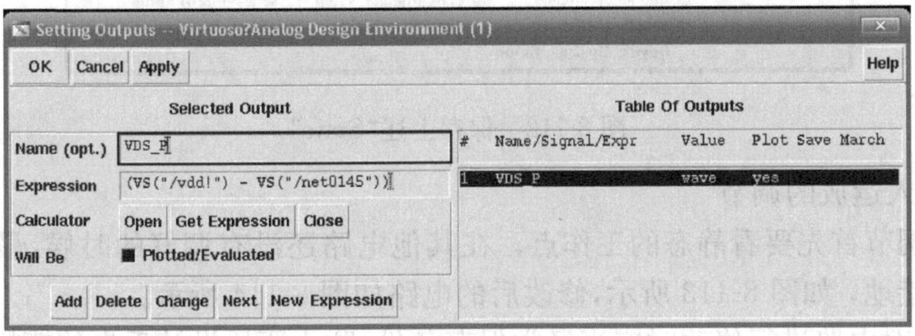

图 8-110　设定公式输出

管的 V_{DS} 电压能够正好保持在 0.3～0.35V。

注意：在一项仿真结束后，为了方便以后调用，将现在的 ADE 仿真设置保存为一个"State"，如图 8-112 所示。以后如果需要再进行这项仿真就可以直接调用这个"State"，这样可以节省大量时间。

采用类似的方法，也可以通过 M_{N0} 管的 V_{DS} 电压扫描确定 R_6 的阻值。如果希望 M_{N0} 管的 V_{DS} 电压同样介于 0.3～0.35V，扫描结果显示 R_6 适合的阻值应当是取 1.5MΩ。同样，仿真完 R_6 的性能之后也将设置保存为"State"。

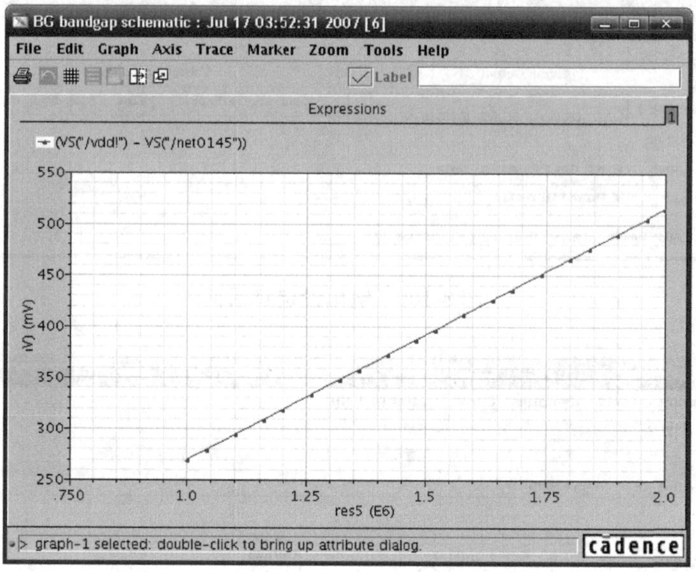

图 8-111　输出的波形

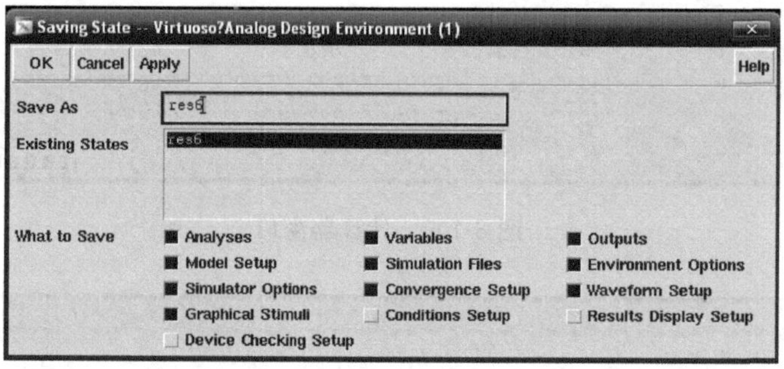

图 8-112　保存上述“State”

3）四输入运放的调节

运放的调节首先要看静态的工作点。在其他电路还没有调好的时候，最好把运放的输入端全都接地，如图 8-113 所示，修改后的电路如图 8-114 所示。

注意：在对电路进行修改时应当经常保存备份，防止原始设计丢失的糟糕情况。

然后仿真电路的静态工作点。在 ADE 中选择仿真类型的对话框中选择虚线所圈中的选项，如图 8-115 所示。

点击“”开始仿真。仿真完成后观察哪些管子工作在不正常的状态。可以在 ADE 菜单中选择“Results”→“Annotate”→“DC Operating Points”，这样就可以将直流仿真得到的工作点直接标注到电路图中，如图 8-116 所示。注意，在“Result”→“Annotate”子菜单中，根据仿真的类型可以标注各种不同的信息。比如，DC 工作点分析后就可以选择标注器件的工作点“DC Operating Points”，显示包括 MOS 管 V_{GS}，V_{DS}，V_{TH} 在内的信息；也可以标注 DC 结点电压“DC Node Voltages”，显示的是各个结点的电压。瞬态仿真之后

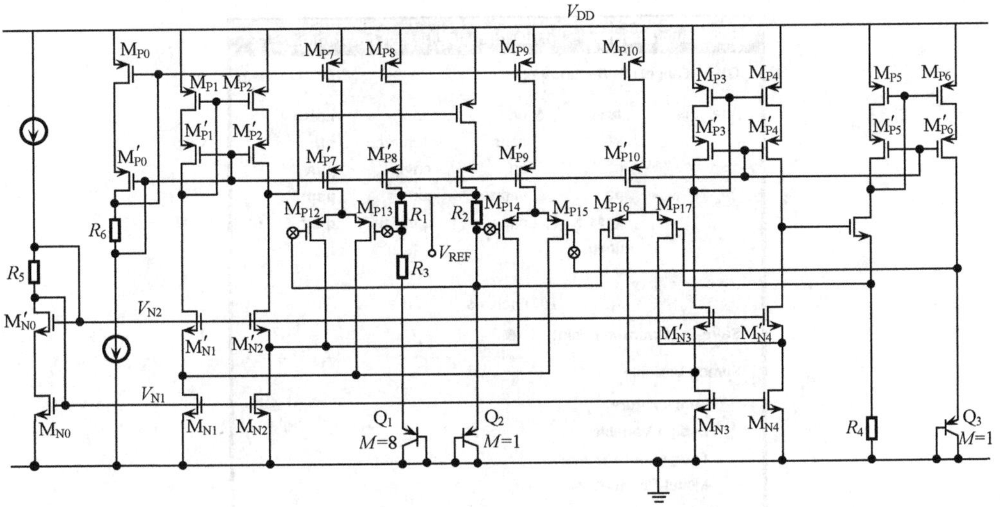

图 8-113　需要接地的输入端(图中的叉号)

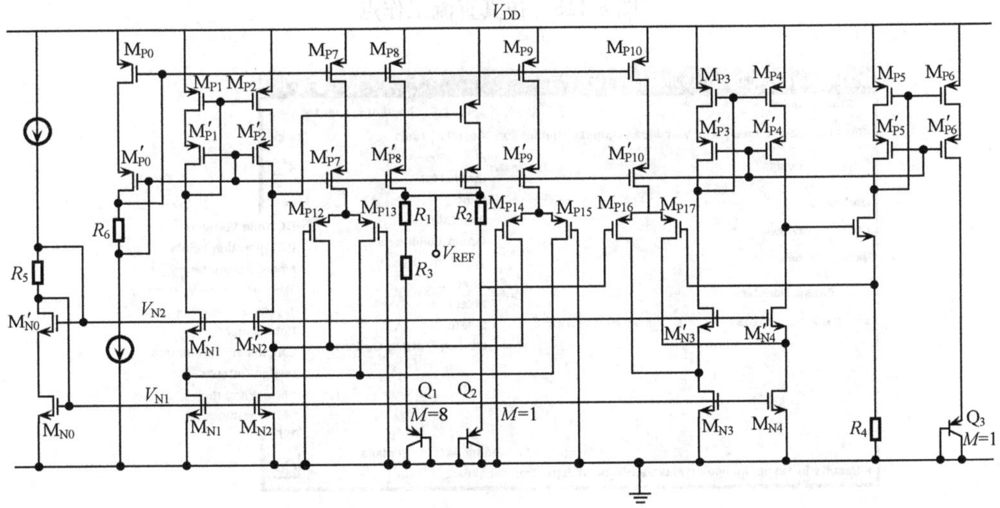

图 8-114　运放输入端接地后的电路

也可以将最终时刻的状态标注工作点“Transient Operating Points”或节点电压“Transient Node Voltages ...”。

这时再看电路图中标注出了各器件上的重要参数,例如 MOS 管就标注了 I_{DS},V_{GS},V_{DS},V_{STAT}等重要参数。利用这些数据,在电路图中可以直接查看哪些器件的工作状态不正常。经过检查,各 MOS 管工作点正常,共源-共栅极中的共源管的过驱动电压都保持在 0.3V 左右。所有 MOS 管工作在饱和区。因而原电路不用再做修改。

4) 调节带隙电压基准的一阶工作点

调节高阶温度补偿之前,首先要将核心的带隙电压基准调节到基本稳定的状态。下面介绍调节的方法。

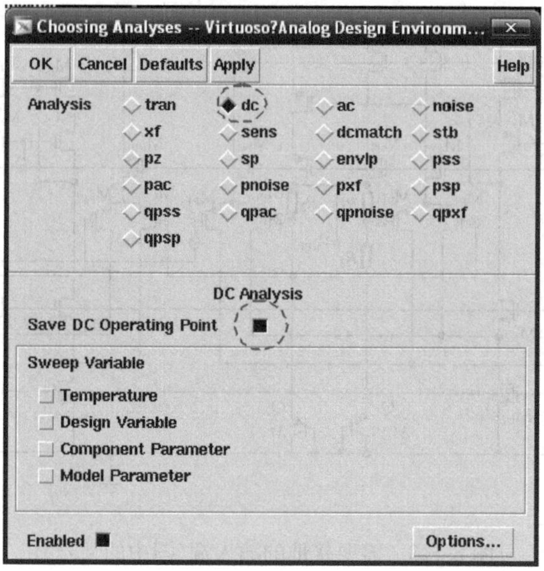

图 8-115　仿真直流工作点

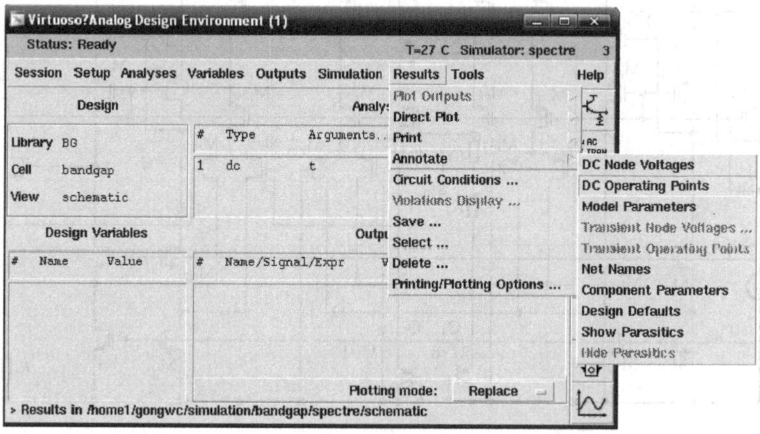

图 8-116　标注子菜单

前面已经粗略计算过了电阻 R_3 和电阻 R_1；R_2res1_2 的初始值为 744kΩ。现在要进一步调整 R_1 和 R_2 的电阻到最优值。首先在原电路的基础上将用于高阶温度补偿的一个输入对的信号接地，也就是图 8-117 中用“⊗”符号标注出来的两个信号。修改后的电路如图 8-118 所示。

修改好电路之后，要对温度进行扫描。在 ADE 中打开分析类型对话框。选项如图 8-119所示，设置为在−40～125℃进行 DC 扫描。注意其中画圈的部分。

然后选择输出。首先需要关注输出电压 V_{REF}。V_{REF}是电路中的一个结点，可以通过在 ADE 菜单中选择“Outputs”→“To Be Plotted”→“Select On Schematic”，如图 8-120 所示，然后在电路图中点击 V_{REF}节点，V_{REF}就被加入到了输出的列表中。

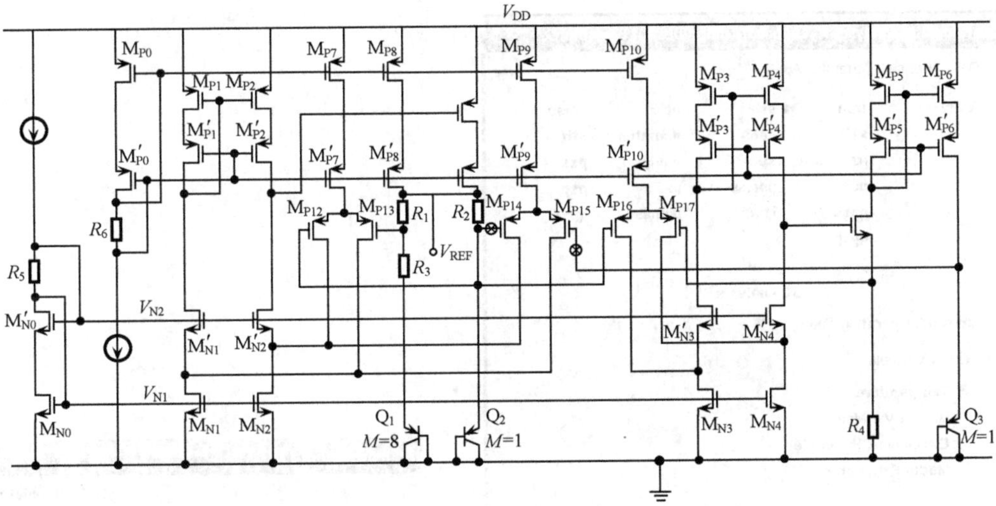

图 8-117　电路中接地的两个结点

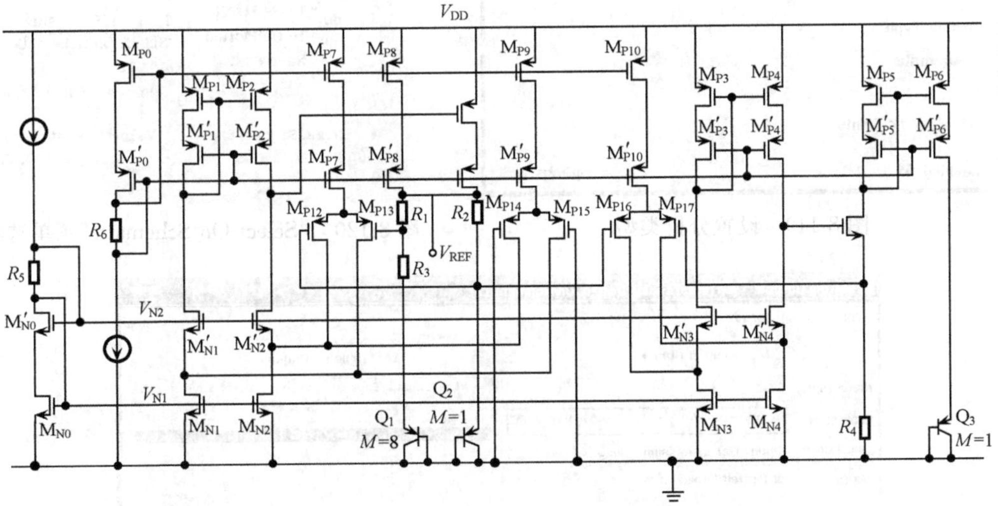

图 8-118　修改后的电路结构

另外就是在整个温度域内的温度漂移表达式，参照低噪声带隙电压基准例子中介绍的方法加入总温漂表达式作为输出。如图 8-121 所示，该表达式为

(ymax(VS("/VREF")) − ymin(VS("/VREF")))/average(VS("/VREF"))/(125−(−40)) * 1000000

仿真结果：总的温度系数为 542ppm/℃，输出电压有负温度系数，根据输出电压的公式为

$$V_{REF} = V_{BE} + \left(1 + \frac{R_1}{R_3}\right)\frac{kT}{q}\ln N \tag{8-60}$$

其中，V_{BE}项的温度系数为负，第二项温度系数为正。所以应当提高 R_1 和 R_2 的电阻。

图 8-122 显示 R_1，R_2 的电阻不足，因而需要采用参数扫描对 R_1，R_2 的阻值进行选

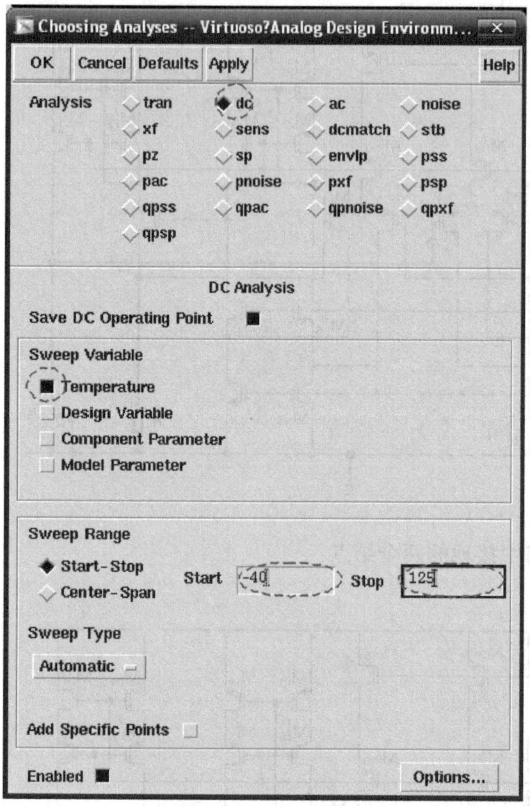

图 8-119　设置分析类型

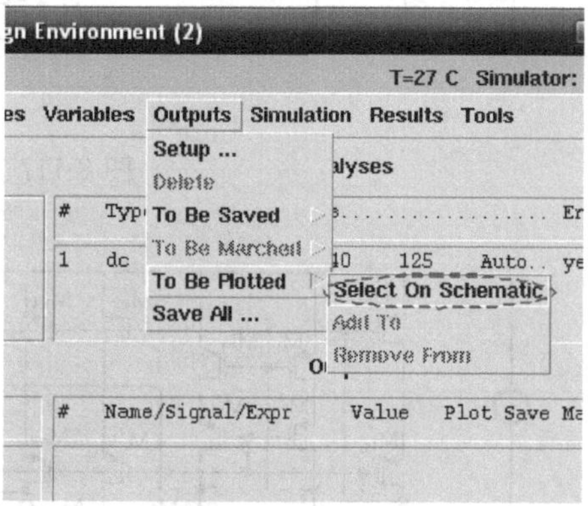

图 8-120　“Select On Schematic”菜单选项

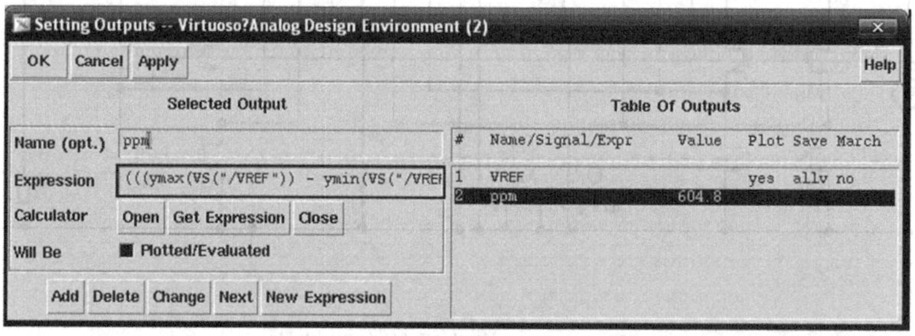

图 8-121　输出设定窗口

择。在 ADE 窗口中选择菜单“Tools”→“Parametric Analysis . . . ”，如图 8-123 所示。

在参数分析窗口中，对 R_1，R_2 的电阻 res1_2 进行扫描，扫描范围设置为 750kΩ～1. 5MΩ，点击“Analysis”→“Start”，如图 8-124 所示。扫描的结果如图 8-125 所示。

显然，最低的温度系数应当在 R_1 和 R_2 介于 0. 94MΩ 和 1. 12MΩ 之间获得。所以可以修改扫描的范围为 0. 94～1. 12MΩ，再进行一次参数分析。如图 8-126 所示，结果显示在 res1_2＝1. 03MΩ 的时候可以得到最小的温漂，大约 20ppm/℃。将现在 ADE 的设置保存为“temp”，后面还会用到。

5）调节双端输入运放

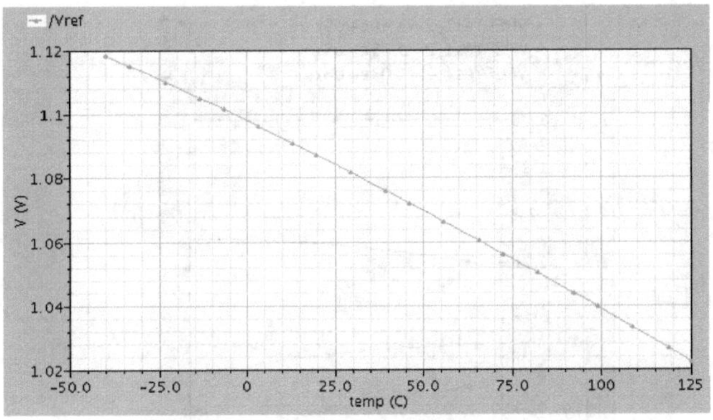

图 8-122　输出电压与温度

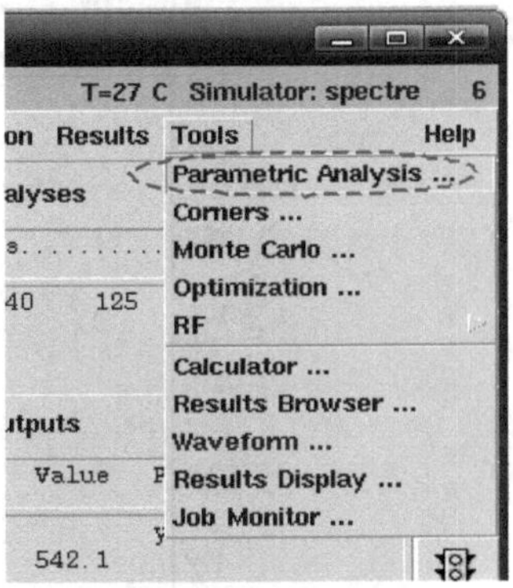

图 8-123　选择参数分析

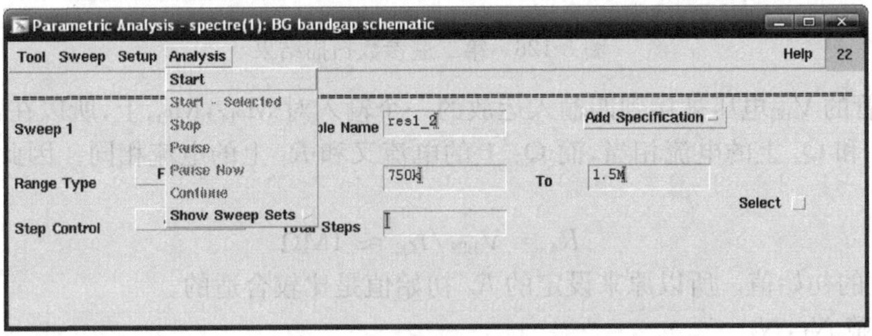

图 8-124　参数分析窗口

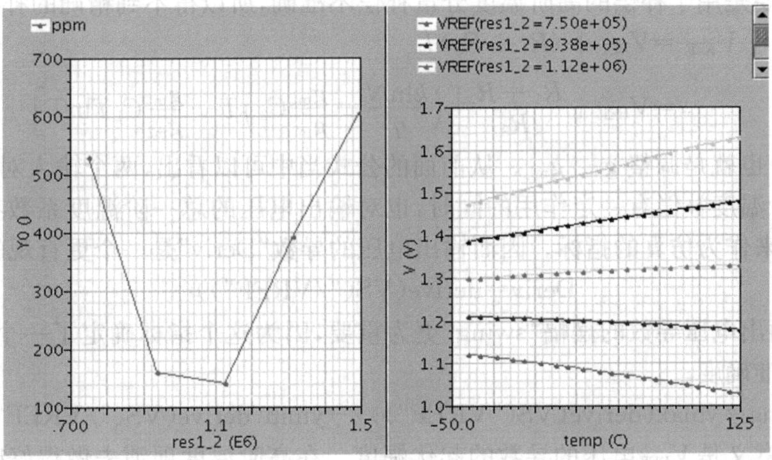

图 8-125　参数扫描结果

调节的方法和四输入运放差不多，也是在输入被接地的情况下进行工作点分析，观察电路的工作点。这里就不详细叙述了。修改完成后在电路图中重新接上双端运放。

6）调整 R_4 电阻

由于双端运放的钳制，R_4 电阻上的电压和 Q_2 的 V_{BE} 电压相同，大约是 633mV。由于

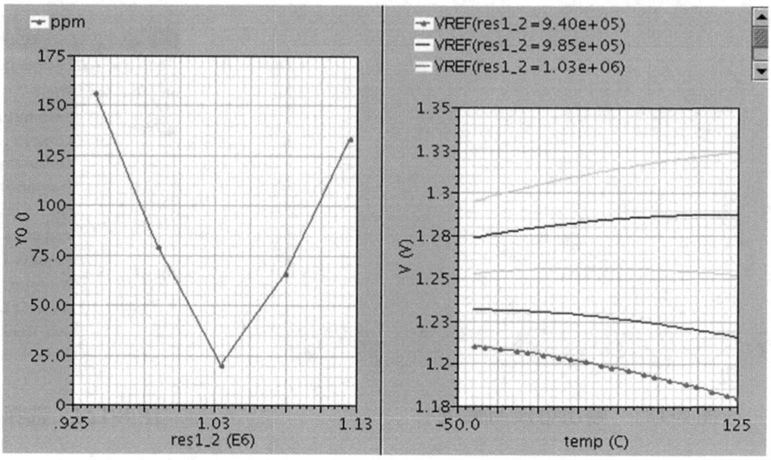

图 8-126　第二遍参数扫描结果

Q_2 和 Q_3 管的 V_{BE} 电压被接到四输入运放的一个输入对 M_{P14}，M_{P15} 上，所以在常温下要尽量保证 Q_2 和 Q_3 上的电流相当，而 Q_3 上的电流又和 R_4 上的电流相同。因此 R_4 的电阻应当是

$$R_4 = V_{BE2}/I_{Q2} \approx 1\text{M}\Omega \tag{8-61}$$

正好是 R_4 的初始值。所以原来设定的 R_4 初始值是比较合适的。

7）调整 N_1，N_2

在按照上述过程调整变量之后，电路核心电路可以工作，但是并没有达到要求的温漂。原因主要是用于补偿的高阶温度分量补偿不准确，所以得不到精确的补偿。

$$\begin{aligned} V_{REF} &= V_{BE1} + (R_1 + R_3) I_{R_1} \\ &= V_{BE1} + \frac{R_1 + R_3}{R_3}\left[\left(\frac{k\ln N}{q} - \frac{g_{m1}}{g_{m2}} C_2\right) T - \frac{g_{m1}}{g_{m2}} C_1 T\ln T\right] \end{aligned} \tag{8-62}$$

调整 N_2，N_1 也就是调整 g_{m2}/g_{m1}。从前面的公式当中可以看出，两个输入对的比例 g_{M2}/g_{M1} 在对高阶温度补偿有一定作用的同时，也对输出电压的总一阶温度系数有一定影响，很难用温漂来作为仿真的指标。因而输出电压的导数“Deriv”是一个更直观的指标。

Deriv=derive(VS("/VREF"))

另外，输出电压导数的摆幅“swing”更为重要，因为这个指标确定了一个电路的高阶温度补偿的准确度。

swing=ymax(derive(VS("VREF")))−ymin(derive(VS("/VREF")))

这个指标的意义是 V_{REF} 电压的导数的起伏幅度。在高阶温度项消去做得好时，导数的摆幅会明显降低。

因而在 ADE 中设置如下：这里仿真的也是−40～125℃直流温度扫描，和调整带隙电压基准一阶补偿时使用的扫描一模一样，所以可以直接调用出来。在 ADE 菜单中选择“Session”→“Load State”，得出如图 8-127 所示的对话框。选择刚才保存的名叫“temp”的“State”。注意，高亮部分可以选择载入哪些内容，这里只需要“Analyses”的设置。

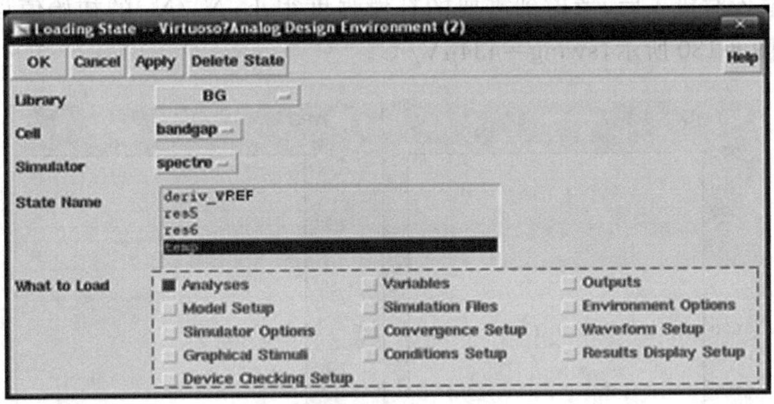

图 8-127　“Load State”

输出设置方面，设置了输出电压“VREF”、“Deriv”和“swing”这三个输出，如图 8-128 所示。

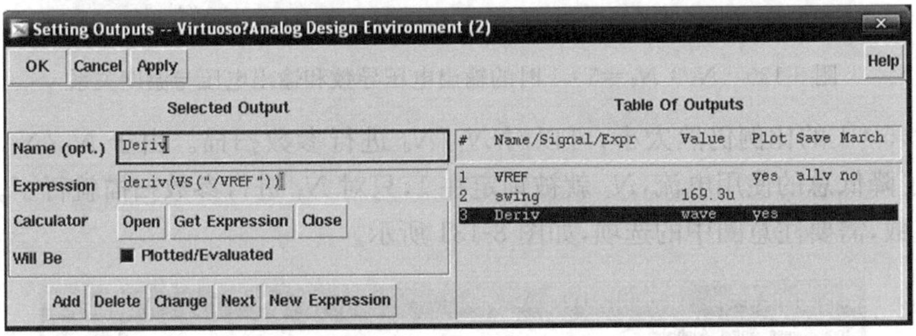

图 8-128　输出设定

在没有补偿的时候（N_2 输入对接地），电路的电路仿真结果如图 8-129 所示，swing=163μV/℃。

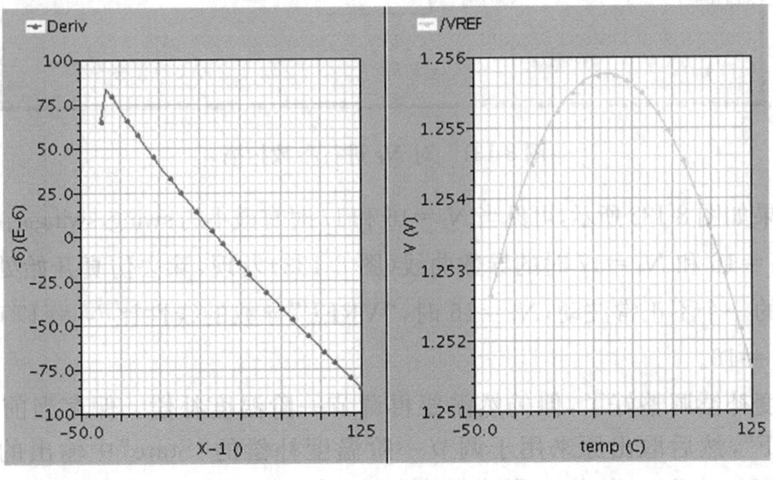

图 8-129　不接入 N_2 输入对的输出电压导数和输出电压

将 N_2 输入对接入后，考虑到需要的补偿强度很小，N_1/N_2 的初始值设置为 5∶1。仿真结果如图 8-130 所示，swing=434μV/℃。

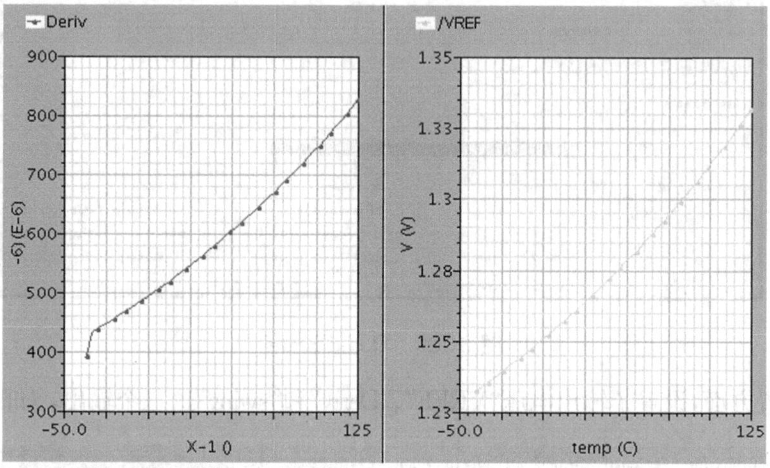

图 8-130　$N_1:N_2=5:1$ 时的输出电压导数和输出电压与温度关系

显然，5∶1 的比例仍然太小，可以对 N_1/N_2 进行参数扫描。由于 N_1/N_2 需要继续加大，为了降低总的使用电流，N_2 就被锁定在 1，只对 N_1 进行参数扫描就行了。因为 N_1 必须是整数，需要注意圈中的选项，如图 8-131 所示。

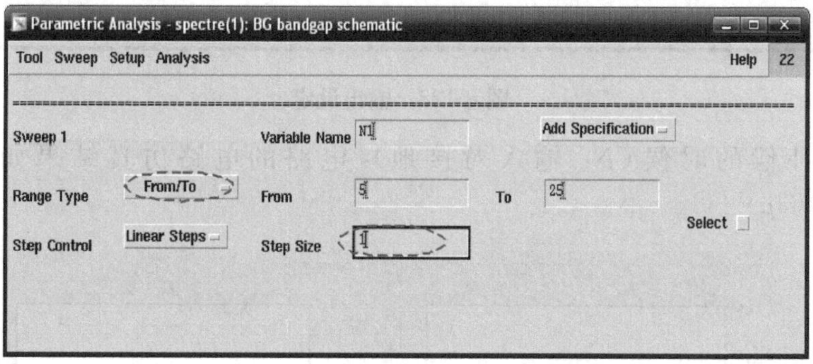

图 8-131　对 N_1 进行参数扫描

扫描结果如图 8-132 所示，可见当 $N_1=16$ 和 17 时有最小的 swing，$swing_{16,17}<26\mu V/℃$。

比较 $N_1=16$ 和 $N_1=17$ 时的导数曲线(图 8-133)发现，除去仿真开始处由于求导计算原因引起的一个不正常波动，$N_1=16$ 时，“VREF”导数的线性比 $N_1=17$ 时更好，所以最终确定 $N_1=16$。

高阶温度补偿调整好了，但仍然需要再调节一阶温度补偿。保存当前的“State”为“deriv_VREF”，然后取出原来用于调节一阶温度补偿的“State”中输出的设定。选择“Session”→“Load State”，载入刚才保存的名叫“temp”的“State”，只选择载入“Outputs”，如图 8-134 所示。

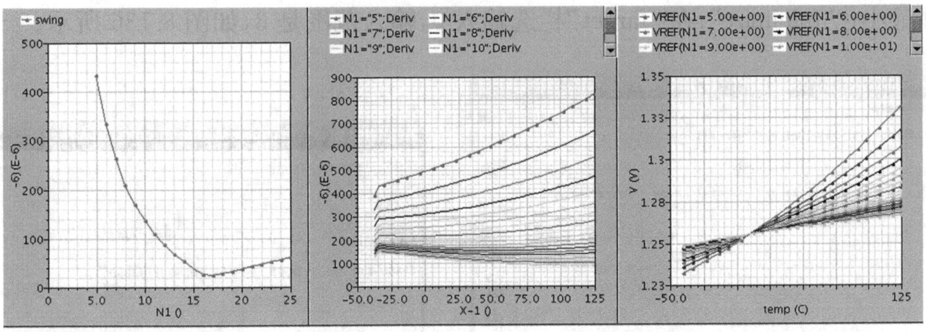

图 8-132　参数扫描的结果曲线

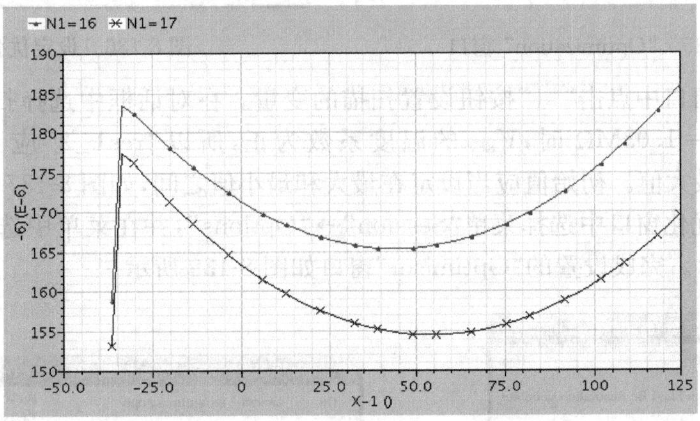

图 8-133　$N_1=16$ 和 $N_1=17$ 的比较

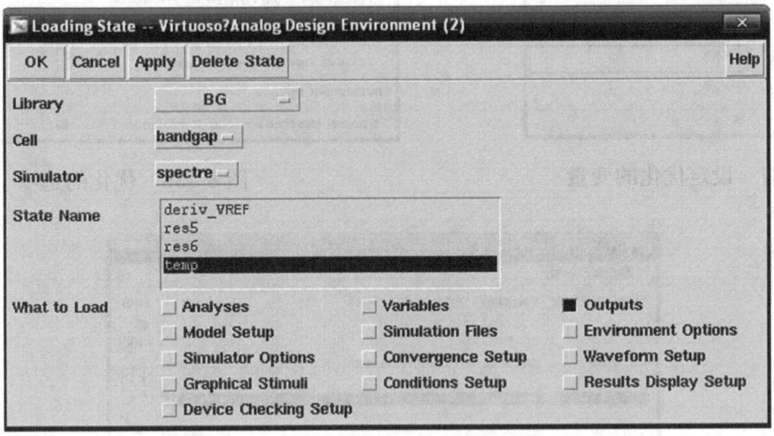

图 8-134　载入"Outputs"的设置

然后对"res1_2"的阻值进行优化。在 ADE 窗口中选择菜单"Tools"→"Optimization",打开窗口,如图 8-135 所示。

首先选择"◎"按钮,选择优化的目标。在对话框中输入目标表达式,这里的目标就是将温漂降到最低。所以在"Expression"一栏填入的是 ADE 中计算温漂的公式;在"Direction"

栏选择最小化“minimize”；在“Target”栏选输入 0，输入范围是 3，如图 8-136 所示。

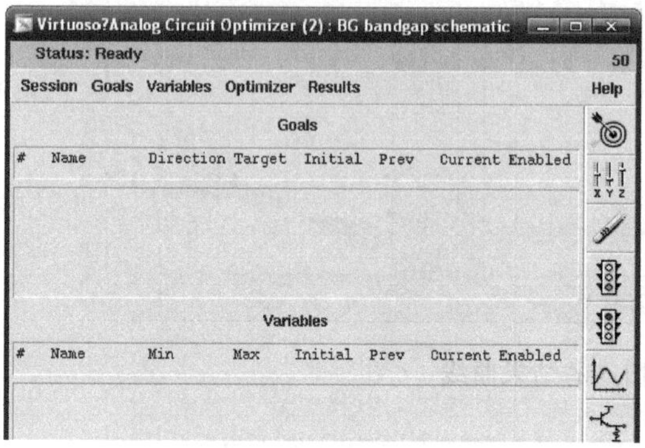

图 8-135　“Optimization” 窗口

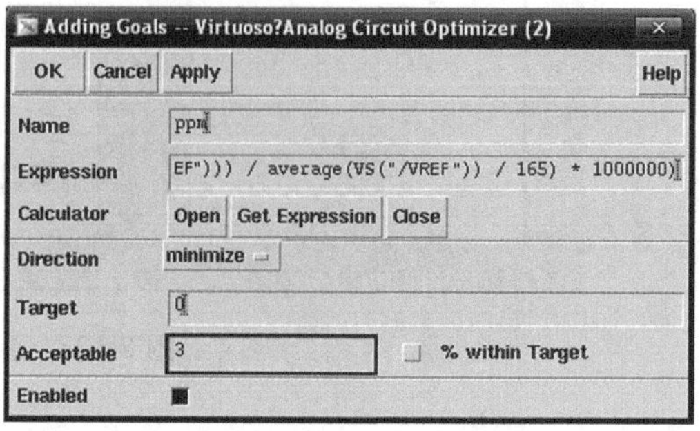

图 8-136　设定优化目标

在最优化窗口中点击“”按钮设置扫描的变量。在对话框中选择扫描“res1_2”，由于当“res1_2”＝1.03MΩ 时，V_{REF} 的温度系数为正，所以“res1_2”应当减小，可以将 1.03MΩ 作为最大值。初始值应当设定在最大和最小值之间，如图 8-137 所示。

另外在最优化窗口中选择菜单“Session”→“Options”，并在菜单中选择“LSQ”算法，如图 8-138 所示。完成设置的“Optimizer”窗口如图 8-139 所示。

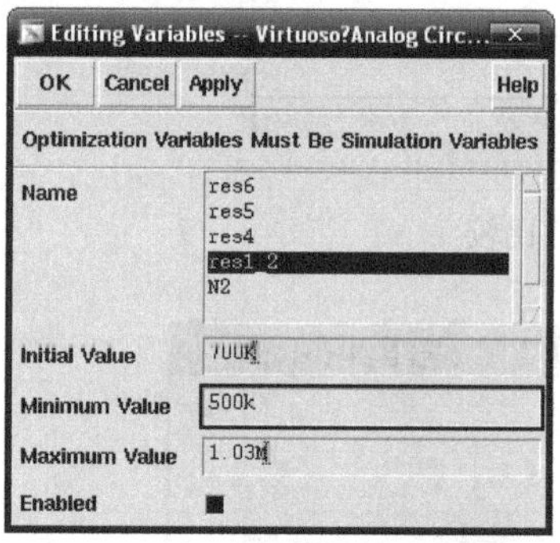

图 8-137　设定优化的变量

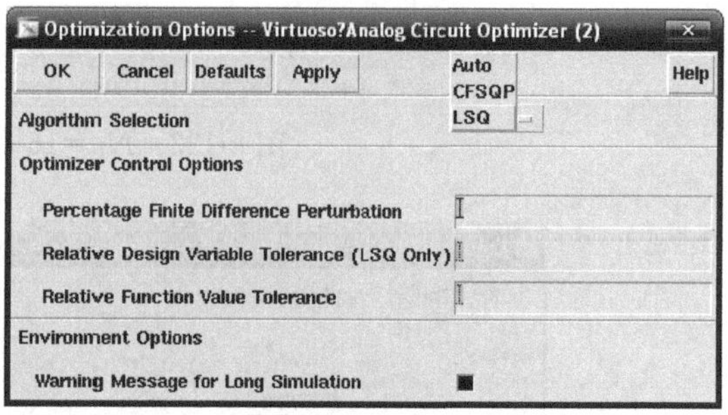

图 8-138　优化的选项

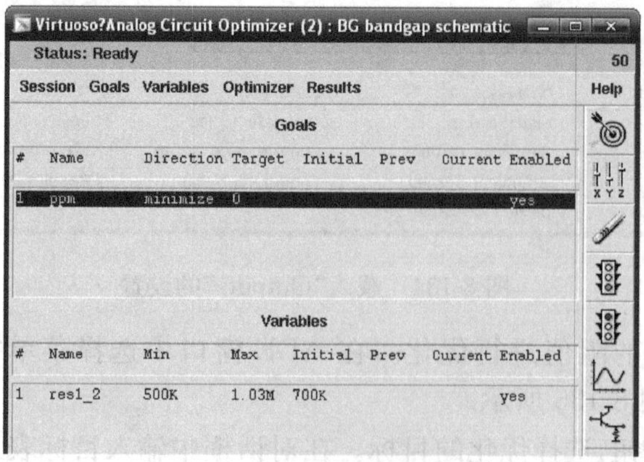

图 8-139　设置后的最优化窗口

点击“ ”开始仿真，经过多个周期的仿真，仿真过程如图 8-140 所示。最后得出的“res1_2”的阻值为 955.8kΩ。

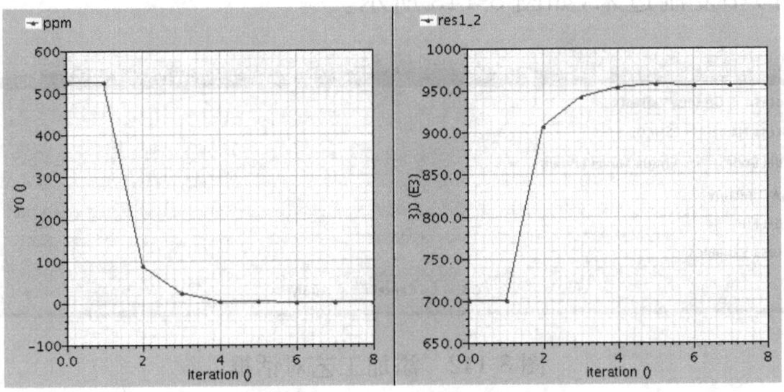

图 8-140　最优化的过程

回到 ADE 中，按照前面的结果设定所有变量，如表 8-12 所示。最后的温度特性如图 8-141所示。

表 8-12　最终的变量优化结果

res1_1	res4	res5	res6	N1	N2
955.8kΩ	1MΩ	1.2Ω	1.5Ω	16	1

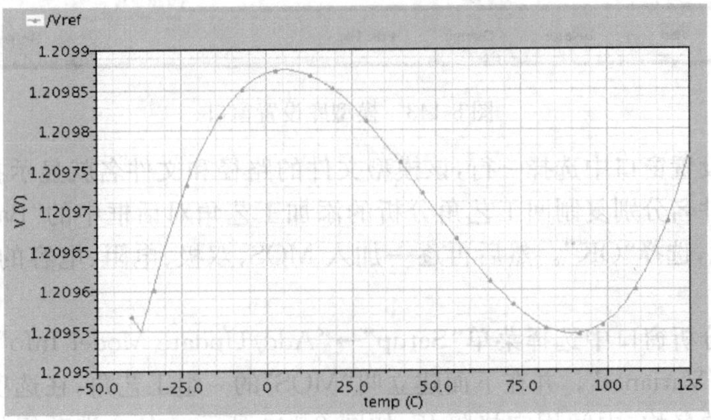

图 8-141　温度扫描的结果

8）工艺角分析

前面的仿真都是在 TT 工艺角下进行的。在调整基本完成后，需要用工艺角分析对电路的仿真结果进行检验。现在希望检验的是，在不同的工艺角下输出电压的中心值和温漂是否一致。下面就是工艺角分析的过程。

在 ADE 中调出前面保存的“State”，“temp”。注意，不要载入原来的变量设置。这样当工艺角分析窗口打开时，ADE 中的输出设置会被直接导入到工艺角窗口中。

然后在 ADE 中选择“Tools”→“Corners ...”，打开工艺角分析窗口。

建立工艺。在工艺角分析界面中选择菜单“Setup”→“Add Process”，弹出如下对话框，如图 8-142 所示。其中，“Process Name”可以任意取，“Base Directory”和“Model File”可以分别从 ADE 中的模型库设置对话框（在 ADE 中选择菜单“Setup”→“Model Librarys ...”打开）中复制过来，如图 8-143 所示。

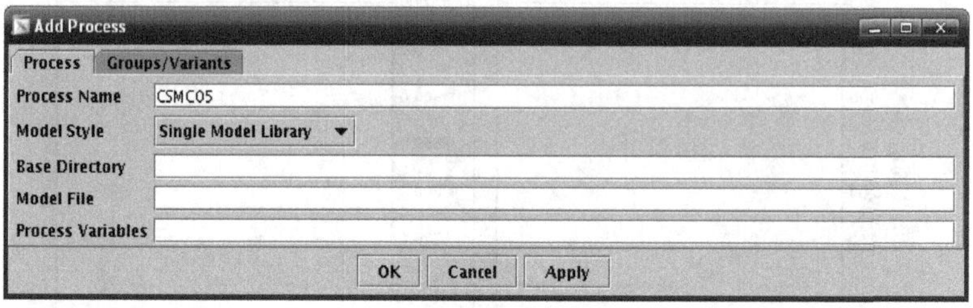

图 8-142　添加工艺对话框

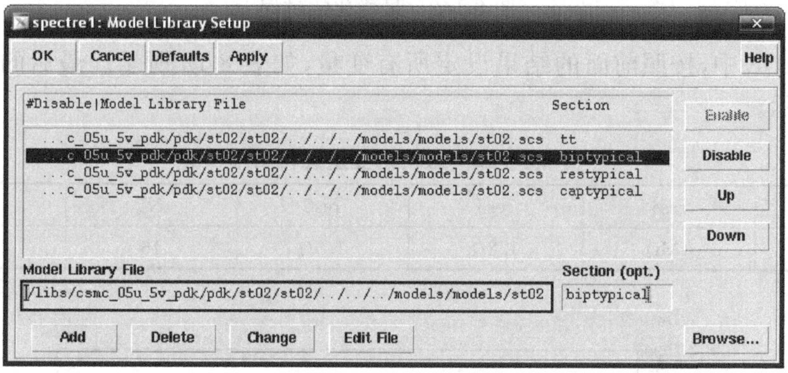

图 8-143　模型库设置窗口

在模型库设置窗口中选择一行，该模型文件的路径和文件名就显示在下面的文本框中。路径和文件名分别复制回工艺角分析的添加工艺角对话框中的“Base Directory”和“Model File”栏，选择“OK”。然后再逐一加入 MOS、双极、电阻、电容的模型，这里只以 MOS 为例。

在工艺角分析窗口中选择菜单“Setup”→“Add/Update Model Info”，然后在对话框中选择“Group/Variants”。并在下面建立叫“MOS”的一组工艺角，在选项中输入“MOS”的 5 个工艺角的名称，中间用空格隔开，如图 8-144 所示。各个选项组的名称和选项如表 8-13。全部加入后工艺角分析窗口如图 8-145 所示。

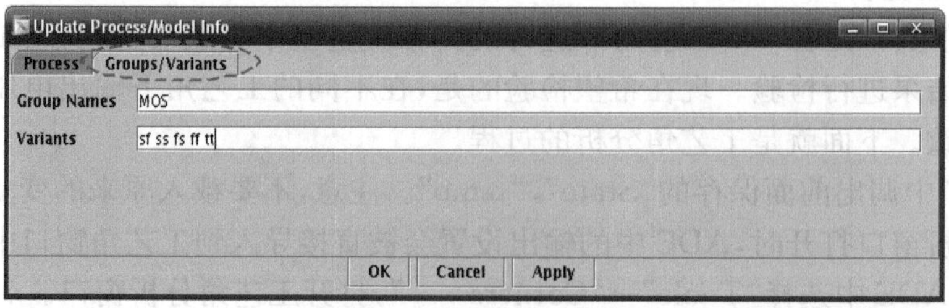

图 8-144　添加选项组

表 8-13　仿真中使用的工艺角组及其中的工艺角

MOS	sf ss fs ff tt
BIP	bipslow bipfast biptypical
RES	resslow resfast restypical
CAP	capslow capfast captypical

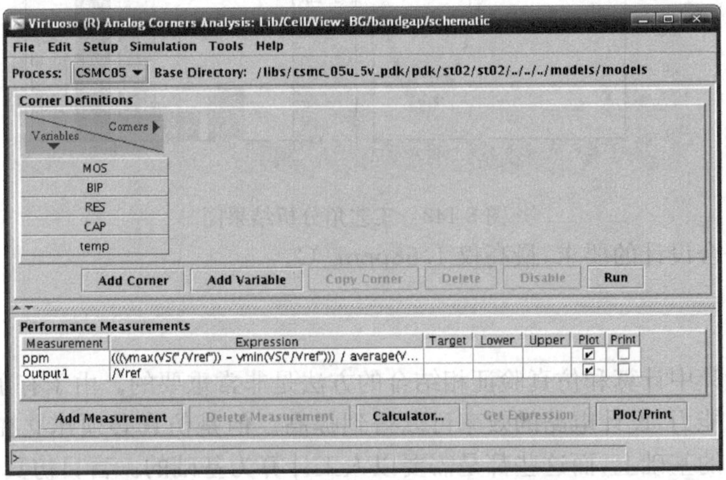

图 8-145　加入工艺角组后的工艺角分析窗口

9）加入工艺角

在界面中点击“Add Corner”按钮，依次加入 TT、FF、FS、SS、SF 这 5 个工艺角，如图 8-146 所示。

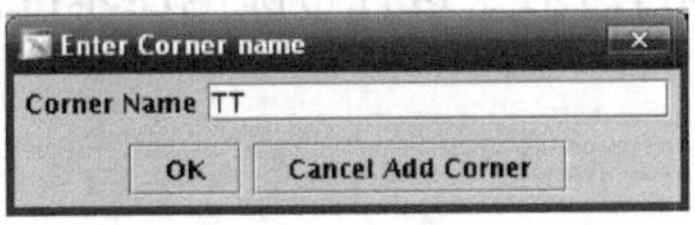

图 8-146　输入新加入的工艺角的名字

这时可以通过下拉菜单修改每个工艺角使用的器件模型，如图 8-147 所示。

点击“Run”，最后仿真结果如图 8-148 所示。可

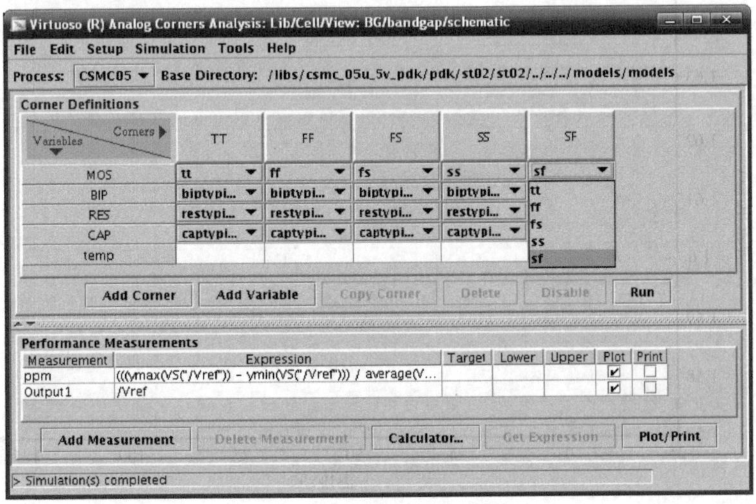

图 8-147　用下拉菜单设置每个仿真中使用的工艺角

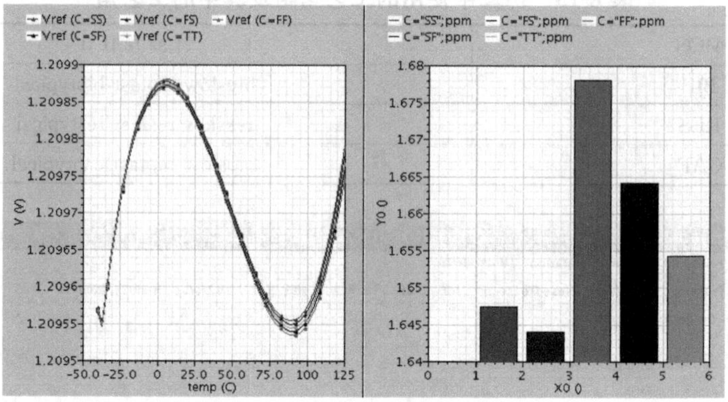

图 8-148　工艺角分析结果图

见温漂完全符合设计的要求，最高仅 1.68ppm/℃。

8.5.4　小结

在实际设计中计算和仿真验证相结合的方法是非常重要的。由于有了强大的仿真工具和仿真计算能力，设计电路的效率可以得到提高。但是仿真必须建立在合理的电路结构和初始设计的基础上，而这些都是需要以人工计算为基础的。盲目仿真的效率并不高。

另外，本节介绍的电路中使用了理想的电阻，在实际设计当中要采用工艺模型提供的电阻，这对于这种带隙电压基准的温度漂移会有影响。

习　题

8.1　试计算图 8-149 中基准电压的温漂系数。

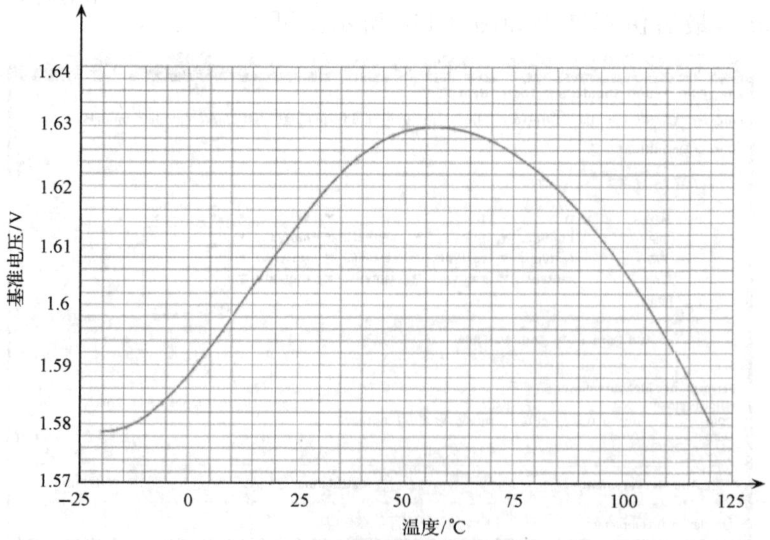

图 8-149　基准电压温度曲线

8.2　试计算图 8-150 中 Z 节点和 Y 节点间的电压差，假设 $I_1=I_2$。

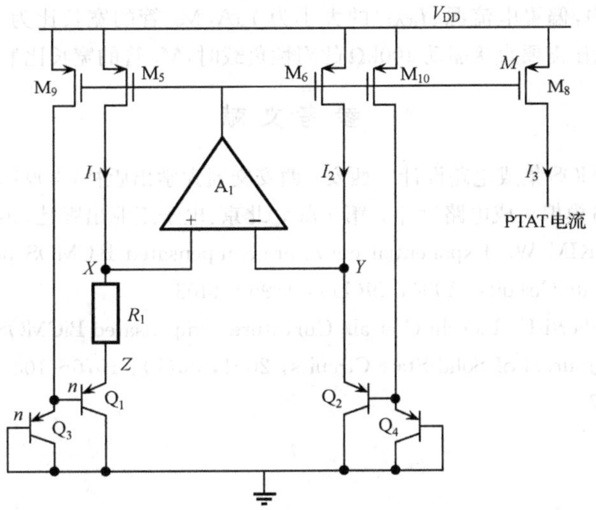

图 8-150　PTAT 电流生成电路

8.3　根据 8.2 题中的结果，计算图 8-150 中 I_3 的大小。

8.4　根据对图 8-3 的分析，写出图 8-151 中带隙电压基准的表达式。

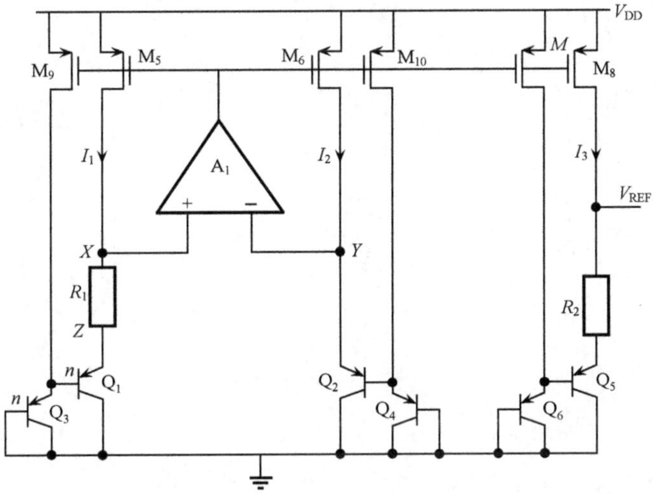

图 8-151　利用图 8-150 中的 PTAT 电流生成电路的带隙电压基准

8.5　假设图 8-3 中带隙电压基准产生的基准电压为 1.25V，试问图 8-151 中带隙电压基准产生的基准电压大小为多少？

8.6　仿真图 8-151 中的结构，设计产生 3.75V 基准电压的电路结构。

8.7　图 8-6 中电阻 $R_3=1\text{k}\Omega$，并且通过它的电流为 $50\mu\text{A}$。要得到零温度系数，计算 R_1，R_2 和 n 的值。

8.8　仿照 8.4.8 节中的方法，使用 Spectre 软件仿真测试图 8-8 中的带隙电压基准的闭环增益。

8.9　试问为了获得较小的输出噪声，对图 8-8 中 MOS 管 $M_1 \sim M_7$ 的尺寸有什么要求？

8.10　请为图 8-3 中的带隙电压基准设计一个缓冲器(buffer)，使之在 1.25V 基准电压的情况下，能驱动 100kΩ 的阻性负载。

8.11 在图 8-8 中，偏置电流源（I_{BIAS}）的大小为 1μA，M_7 管的宽长比为 10/2，试问当电阻 $R_1=R_2=1M\Omega$，带隙基准电压需要直接驱动 100kΩ 的阻性负载时，M_6 管的宽长比最小为多少？

参 考 文 献

[1] Ravavi B. 模拟 CMOS 集成电路设计 . 西安：西安交通大学出版社，2003

[2] Allen P E. CMOS 模拟集成电路设计 . 第 2 版 . 北京：电子工业出版社，2005

[3] LEE I，KIM G，KIM W. Exponential curvature-compensated BiCMOS bandgap references. IEEE Journal of Solid-State Circuits，1994，29(11)：1396～1403

[4] Malcovati P，Maolberti F，Fiocchi C et al. Curvature-compensated BiCMOS bandgap with 1-V supply voltage. IEEE Journal of Solid-State Circuits，2001，36(7)：1076～1081

[5] US patent 6255807

第 9 章　基准电流源

基准电流源是指在模拟集成电路中用来作为其他电路的电流基准的高精度、低温度系数的电流源。电流源作为模拟集成电路的关键电路单元，广泛应用于运算放大器、A/D转换器、D/A 转换器中。偏置电流源的设计是基于一个已经存在的标准参考电流源的复制，然后输出给系统的其他模块。因此，电流源的精度直接影响到整个系统的精度和稳定性。

基准电流源是模拟电路所必不可少的基本部件，高性能的模拟电路必须有高质量、高稳定性的电流和电压偏置电路来支撑，它的性能会直接影响电路的功耗、电源抑制比、开环增益以及温度等特性。本章主要讨论在 CMOS 技术中电流基准的产生。首先研究基准电流源的工作原理，接着介绍常用的基准电流源的几种结构，最后以一种基准电流源的设计为例详细介绍基准电流源的设计流程，并引入一种输出基准电流高阶温度补偿的方法。

9.1　基准电流源的性能参数

9.1.1　温漂系数

基准电流源的一个重要指标是电流基准在宽温度范围下的工作稳定程度。温漂系数不仅是衡量带隙基准电压源输出电压随温度变化的一个性能参数，也是衡量基准电流源输出电流的一个重要参数。与基准电压源的温漂系数类似，基准电流源的温漂系数同样表示输出基准电流随温度变化的情况，其单位为 ppm/℃，表示当温度变化 1℃时，输出电流变化的百分比。其计算公式为

$$\frac{\text{基准电流最大值}-\text{基准电流最小值}}{\text{基准电流的平均值}\times\text{温度范围}}\times 10^6$$

即

$$T_C=\frac{I_{MAX}-I_{MIN}}{I_{MEAN}(T_{MAX}-T_{MIN})}\times 10^6 \tag{9-1}$$

式中，T_C 为基准电流源的温漂系数，单位 ppm/℃；I_{MAX}为基准电流最大值，单位 A；I_{MIN}为基准电流最小值，单位 A；I_{MEAN}为基准电流平均值，单位 A；T_{MAX}为温度最大值，单位℃；T_{MIN}为温度最小值，单位℃。

9.1.2　电源抑制比

通常，基准电流源的一个重要作用就是，在正常工作电压范围内，当电源电压发生变化时，输出电流基本不变，也就是其电源抑制比较高。电源抑制比（power supply reject ratio，PSRR）是衡量电路对电源线上噪声的抑制能力的参数，换句话说，基准电流源的电源抑制比表现了输出基准电流随电源电压 V_{DD}变化的情况。对于基准电流源，本章采用

的电源抑制比的定义为：从电源电压 V_{DD} 到输出基准电流的增益。符号表达式为

$$\mathrm{PSRR} = \mathrm{dB}20\left[(\Delta I_{REF}/I_{REF})\Big/(\Delta V_{DD}/V_{DD})\right] \tag{9-2}$$

式中，PSRR 为电源抑制比，单位 dB；I_{REF} 为标准电流值，单位 A；ΔI_{REF} 为电流变化值，单位 A；V_{DD} 为电源电压，单位 V；ΔV_{DD} 为电源电压 V_{DD} 的变化，单位 V。

9.1.3　功耗

与基准电压源类似，基准电流源中也有功耗的要求。其衡量标准也是电路在正常工作情况下的静态电流的大小。为了满足各种不同电路的要求，如精度、响应速度等，通常会增大电路的功耗。但是，受环境和电源电压的限制，如何有效地减小功耗，依然是当前芯片设计师们不断努力的研究方向。

9.2　基准电流源的工作原理

基准电流源的一个基本要求是输出基准电流不随电源电压 V_{DD} 的变化而变化。为了得出一个对 V_{DD} 不敏感的解决方法，要求基准电流 I_{REF} 与输出电流 I_{OUT} 镜像，也就是说，I_{OUT} 是 I_{REF} 的一个复制。图 9-1 所示就是一种电流复制的电路实现。其工作原理如下[1]：

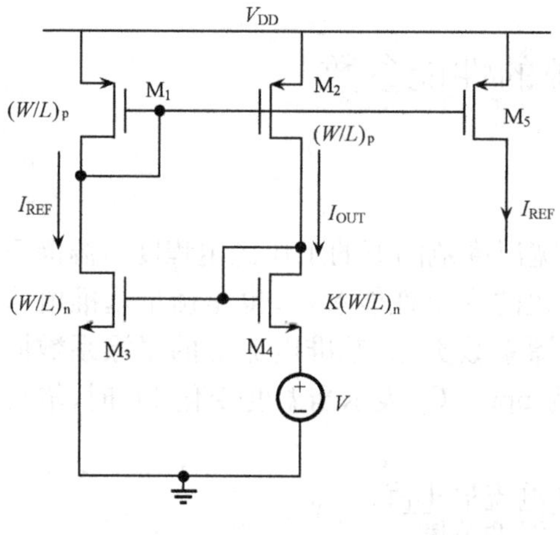

图 9-1　基准电流源的工作原理

M_1 与 M_2 构成一对电流镜结构，因为 M_1 与 M_2 具有相同的尺寸，所以 $I_{REF}=I_{OUT}$。但是由于电压 V 的作用，M_3 与 M_4 的 V_{GS} 不相等，我们假设 M_4 的宽长比是 M_3 的 K 倍，由于 $V_{GS3}=V_{GS4}+V$，即

$$\sqrt{\frac{2I_{OUT}}{\mu_n C_{ox}(W/L)_n}}+V_{TH3} = \sqrt{\frac{2I_{OUT}}{\mu_n C_{ox}K(W/L)_n}}+V_{TH4}+V \tag{9-3}$$

如果忽略体效应的影响，可得

$$V_{TH3} = V_{TH4} \tag{9-4}$$

从而

$$\sqrt{\frac{2I_{OUT}}{\mu_n C_{ox}(W/L)_N}}\left(1-\frac{1}{\sqrt{K}}\right)=V \tag{9-5}$$

因此

$$I_{OUT} = \frac{V^2\mu_n C_{ox}(W/L)_n}{2\left(1-\frac{1}{\sqrt{K}}\right)^2} \tag{9-6}$$

正如所希望的，电流与电源电压 V_{DD} 无关，但仍旧是工艺和温度的函数。

为了消除输出基准电流对温度的影响，我们可以根据电压差 V 产生的不同方式，分别采取不同的温度补偿方法。

9.3　常用基准电流源的几种结构

9.3.1　利用电阻 R_S 在 NMOS 管源极产生电压差 V

1. 产生与电源电压 V_{DD} 无关的电流

在图 9-2 所示电路中，用电阻 R_S 产生了图 9-1 所示的 NMOS 管源端的电压差 V，即 R_S 两端的电压 $V = I_{OUT}R_S$，由于 $I_{REF} = I_{OUT}$，可以得到[1]

$$\sqrt{\frac{2I_{OUT}}{\mu_n C_{ox}(W/L)_n}} + V_{TH3} = \sqrt{\frac{2I_{OUT}}{\mu_n C_{ox}K(W/L)_n}} + V_{TH4} + I_{OUT}R_S \tag{9-7}$$

忽略体效应的影响，有

$$\sqrt{\frac{2I_{OUT}}{\mu_n C_{ox}(W/L)_n}}\left(1 - \frac{1}{\sqrt{K}}\right) = I_{OUT}R_S \tag{9-8}$$

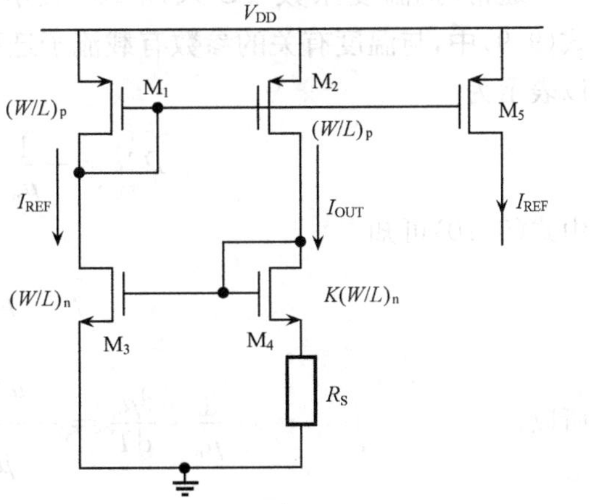

图 9-2　电阻 R_S 在 NMOS 管源极产生电压差 V

因此

$$I_{OUT} = \frac{2}{\mu_n C_{ox}(W/L)_n}\frac{1}{R_S^2}\left(1 - \frac{1}{\sqrt{K}}\right)^2 \tag{9-9}$$

这样，就得到了一个与电源电压 V_{DD} 无关的输出基准电流，其温度特性与电阻 R_S 和 MOS 管的工作情况有关。

2. 产生与温度无关的电流

由式(9-9)可以看出，输出基准电流的温度特性与工艺有关，要产生与温度无关的输出基准电流，首先要对其温度特性进行分析。

1) 输出基准电流的温度特性分析

由式(9-9)输出基准电流的表达式，表明输出基准电流与载流子迁移率和电阻有关，而载流子迁移率和电阻都是与温度有关的函数。其中，载流子迁移率与温度的关系可以表示如下[2]：

$$\mu = \mu_{T_0}\left(\frac{T}{T_0}\right)^{-\alpha} \tag{9-10}$$

其中，α 约等于 1.5，μ_{T_0} 表示参考温度下的载流子迁移率大小。严重的是在 140℃以上时，MOS 管载流子迁移率还会显著地下降，导致 MOS 管最终失去作用。

除此以外，在 CMOS 工艺中，各种电阻的温度系数一般比较高，即随着温度的变化，电阻变化较大。由式(9-9)可知，在饱和区工作状态下，电流与电阻的 −2 次方成反比。显然，温度对基准电流的稳定性会造成很大的影响。

由以上分析可以知道，利用电阻R_S产生基准电流的结构，如果不进行温度补偿，其温度特性很差。因此，提高图 9-2 电路结构中的输出基准电流的温度特性是必须的。

2）输出基准电流温度补偿方案

由式(9-9)输出基准电流的表达式及上文的分析可以看出，输出基准电流与电源电压无关，但是仍然与温度有关。其一阶温度系数的计算公式可以表达为

$$TC_1 = \frac{1}{I_{OUT}} \cdot \frac{dI_{OUT}}{dT} \tag{9-11}$$

通常，把温度系数TC乘以10^6表示成百万分之一或者说是 ppm/℃的形式。在式(9-9)中，与温度有关的参数有载流子迁移率μ_n和电阻R_S。所以最终一阶温度系数可以表示为

$$TC_1 = -\frac{1}{\mu_n} \cdot \frac{d\mu_n}{dT} - \frac{2}{R} \cdot \frac{dR}{dT} \tag{9-12}$$

由式(9-10)可知

$$\mu = \mu_{T_0}\left(\frac{T}{T_0}\right)^{-\alpha} \tag{9-13}$$

所以

$$\frac{1}{\mu_n} \cdot \frac{d\mu_n}{dT} = \frac{-\alpha \dfrac{\mu_0}{T_0}\left(\dfrac{T}{T_0}\right)^{-\alpha-1}}{\mu_0\left(\dfrac{T}{T_0}\right)^{-\alpha}} = -\frac{\alpha}{T} \tag{9-14}$$

其中，α根据工艺的不同取值不同，但是常数。

将式(9-14)代入式(9-12)，可以得出，输出基准电流的一阶温度系数为

$$TC_1 = \frac{\alpha}{T} - 2TC_R \tag{9-15}$$

其中，TC_R指电阻的温度系数。可见，只要电阻的温度系数能够与载流子迁移率的温度系数相抵消，输出基准电流的一阶温度系数就能够等于零，从而提高了输出基准电流的温度特性。

在实际的工艺中，受工艺的限制，可能没有与载流子迁移率温度特性相匹配的电阻，这时，可以使用两种不同温度系数的电阻，通过电阻的匹配来实现与载流子迁移率的温度系数的相互抵消[3]。具体例子可见下文中的设计实例。

9.3.2　利用电阻 R_S 在 PMOS 管源极产生电压差 V

图 9-3 为利用电阻R_S在 PMOS 管源极产生电压差V的电路。与图 9-2 的工作原理相同，该电路也是利用电阻R_S两端的电压$V=I_{OUT}R_S$来产生电压差，不同的是，R_S的位置在 PMOS 管的源端。这样，最终输出基准电流的表达式改变为

$$I_{OUT} = \frac{2}{\mu_p C_{ox}(W/L)_p}\frac{1}{R_S^2}\left(1-\frac{1}{\sqrt{K}}\right)^2 \tag{9-16}$$

这种结构的优点是在常用的 n 阱 CMOS 工艺中可以消除了体效应的影响[1]。比较图 9-2 的结构，假设忽略了体效应，由于图 9-2 中M_3和M_4的源极位于不同的电位，所以考虑体效应后，前面的假设$V_{TH3}=V_{TH4}$会产生一些误差。在图 9-3 中，在 PMOS 管M_2

的源极引入电阻，在 n 阱 CMOS 工艺中，可以通过将每个 PMOS 晶体管的源极和衬底相连来消除体效应。这样，输出基准电流 I_{OUT}的表达式会更加精确。

在本小节的电路结构中，依然可以使用电阻与载流子迁移率的温度系数相互抵消的方法来提高输出基准电流的温度特性。

9.3.3　共源-共栅基准电流源

在 9.2 节基准电流源的工作原理的介绍中，没有考虑沟道长度调制效应所引起的问题，也就是 V_{DS}对电路的影响。图 9-4 中，由于 M_3 和 M_4 管的 X 点和 Y 点的电位差显然很大，因而 I_{REF}和 I_{OUT}显然是不等的。在实际电路设计中这常常导致仿真或实际芯片中基准电流和利用公式计算的预期值有很大不同，甚至导致电路不能顺利工作。当电源电压 V_{DD}发生变化时，X 点和 Y 点的波动会更大，此时，输出基准电流很可能完全背离我们计算的表达式。

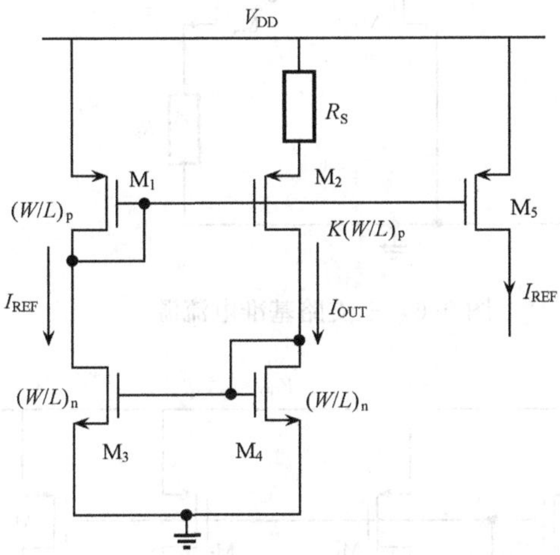

图 9-3　电阻 R_S 在 PMOS 管源极产生电压差 V

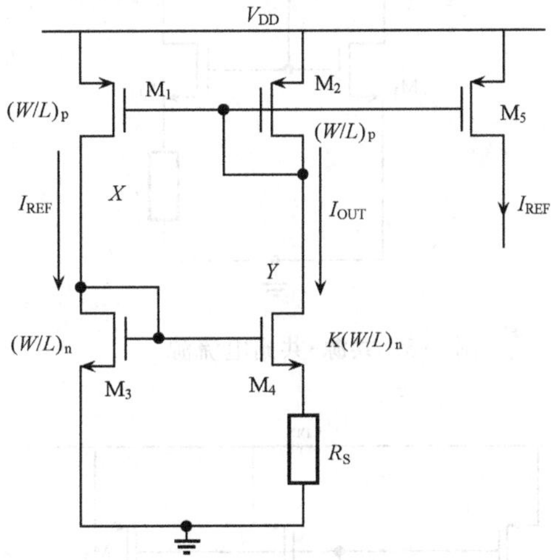

图 9-4　沟道长度调制效应

为了减小沟道长度调制效应，电路中所有晶体管一般均采用相对较长的沟道，但对于对电流精度要求较高的电路，这种方法显然还是无法达到要求。可以采用共源-共栅结构来减小沟道长度调制效应的影响，如图 9-5 所示。在图 9-2 所示的电流镜结构的基础上，添加了 M_5，M_6，M_7，M_8 四个共源-共栅管，由外接 V_{B1}，V_{B2}电压提供偏置栅压。在共源-共栅管的作用下，A，B 点电压和 X，Y 点电压近似相等，这样，就减小了沟道长度调制效应的影响，也就是减小了输出基准电流随电源电压 V_{DD}变化的量，即提高了输出基准电流的 PSRR，使输出基准电流与计算表达式更加匹配。

9.3.4　三支路基准电流源

为进一步提高输出基准电流的 PSRR，在图 9-2 的基础上添加第三条支路，构成了三支路结构的基准电流源，如图 9-6 所示。输出基准电流的表达式与式(9-9)相同，M_5 与 M_6 管组成的第三条支路在原来的电流镜的基础上添加了一个负反馈系统，如图 9-7(a)、(b)所示。

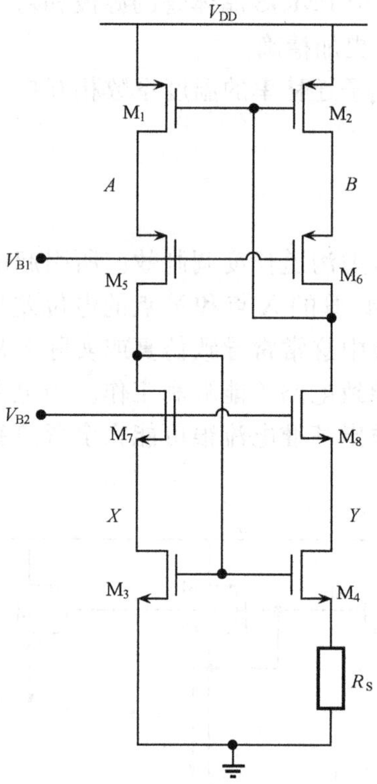

图 9-5　共源-共栅电流源

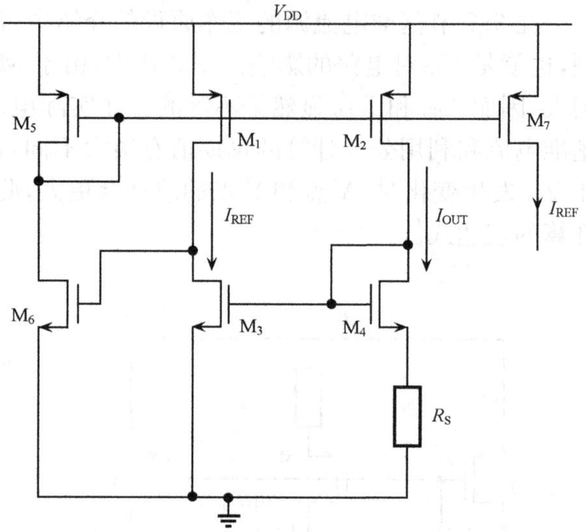

图 9-6　三支路基准电流源

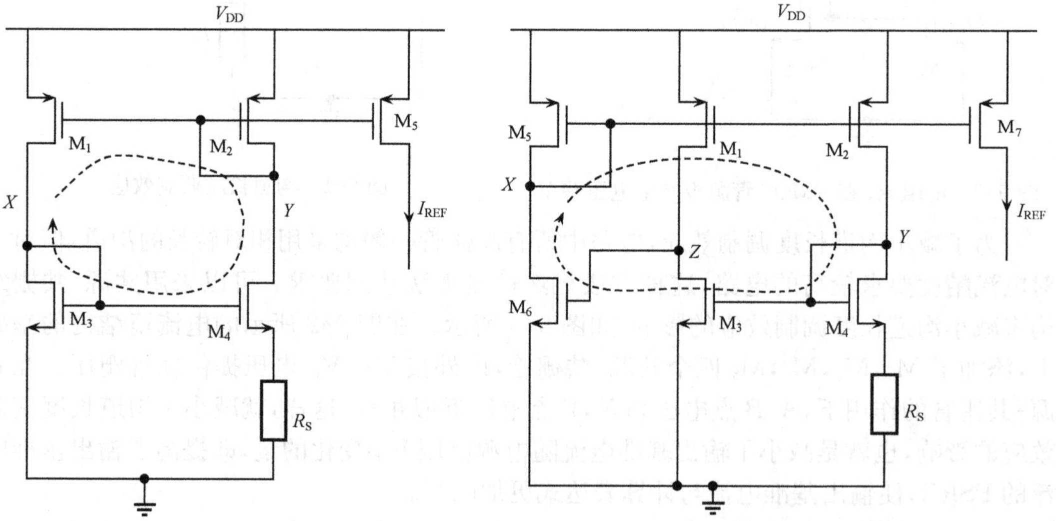

(a) 普通电流源电路　　　　(b) 三支路电流源的负反馈

图 9-7

对于图 9-2 所示电流源，如果考虑图 9-7(a)所示的环路，那么存在一个弱的正反馈环路[4]。当电源电压 V_{DD} 升高时，V_X 电压升高时，M_2 管相当于一个共源级，根据共源级增益为负来看，V_Y 电压与 V_X 电压变化相反，所以 V_Y 电压降低，同样，M_3 管又可以看作是一个共源级，所以 M_3 的漏端电压升高，即 V_X 电压升高。这样，形成了 $V_X \to V_Y \to V_X$ 正反馈环路，所以整个系统的 PSRR 较低，输出基准电流随电源电压变化较大。

对于图 9-6 所示的三支路基准电流源来说，由于多了一条支路，形成了负反馈，如图 9-7(b)所示。其基本原理是 V_{DD} 升高时，X 点电压 V_X 升高，同样道理，将 M_2 管看作一个共源级，则 Y 点电压 V_Y 降低，在 M_3 管的作用下，Z 点电压 V_Z 升高，同时又在 M_6 管共源级的作用下，X 点电压降低。这样，就形成了 $V_X \to V_Y \to V_Z \to V_X$ 负反馈环路，所以整个系统的 PSRR 较高，输出基准电流随电源电压变化较小。

9.4　基准电流源的设计实例

下面以低压差线性稳压器(low dropout regulator，LDO)中所应用的低功耗、低温度系数的基准电流源为例来设计并仿真一个基准电流源的电路。

9.4.1　LDO 中基准电流源的性能指标

1. 低电流

LDO 由于具有低噪声、低功耗、结构简单及封装尺寸较小的优点，在便携式电子产品中作为电源转换电路得到广泛的应用。对于低功耗 LDO 的设计来说，低静态电流的基准电流源具有相当重要的意义和价值。在此，我们设计一个 30nA 的高精度参考电流源。

2. 宽温度范围

该基准电流源的另一个重要指标是，电流基准在宽温度范围下的工作稳定程度。由于基准电流源为 LDO 内部各个模块提供基准电流，因此，基准电流源在工作温度范围内的稳定直接关系到整个芯片能否正常工作。我们要求输出基准电流在 −40～130℃ 宽温度范围内稳定。

9.4.2　基准电流源结构的确定

1. MOS 管工作区域的确定

要求设计的基准电流较小，是纳安量级的。如果仍然采用 9.2 节所述的电路，而且其 MOS 管工作在饱和区，那么 MOS 管的宽长比将是一个非常小的值(倒比管)，所以芯片的面积会很大。一般饱和区工作的 MOS 管流过的电流一般为微安量级的，所以 9.2 节所述的计算表达式已经不能适用于所要求的基准电流源的设计。为了得到纳安级的输出基准电流，设 MOS 管工作在亚阈值区，如图 9-8 所示。

虚线框所示的 NMOS 管工作在亚阈值区，亚阈值区 MOS 管源漏极电流表达式为[5]

$$I = \frac{W}{L} I_0 \exp\left(\frac{V_{GS}}{\zeta V_T}\right) \times \left[1 - \exp\left(-\frac{V_{DS}}{V_T}\right)\right] \tag{9-17}$$

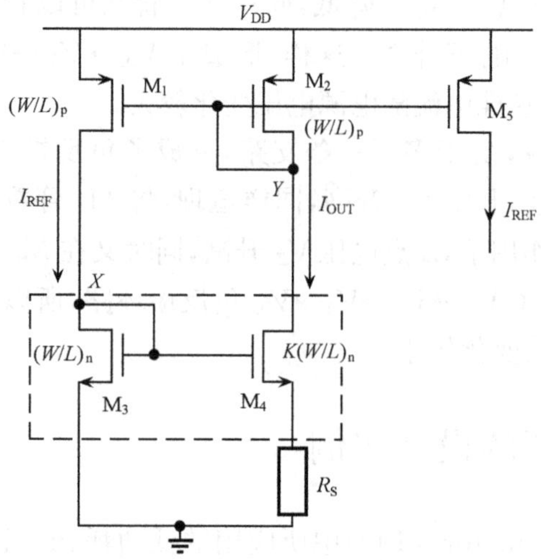

图 9-8 亚阈值工作状态的确定

其中，I_0 为单位饱和电流，$V_T=kT/q$，ζ 是亚阈值斜率因子。如果 $V_{DS}\gg V_T$，那么 $\exp\left(-\frac{V_{DS}}{V_T}\right)$ 可以忽略。因 $I_{REF}=I_{OUT}$，所以

$$I_{REF}=\left(\frac{W}{L}\right)_n I_0\exp\left(\frac{V_{GS3}}{\zeta V_T}\right)$$

$$=I_{OUT}=K\left(\frac{W}{L}\right)_n I_0\exp\left(\frac{V_{GS4}}{\zeta V_T}\right) \tag{9-18}$$

因此 $$\ln K=\frac{V_{GS3}-V_{GS4}}{\zeta V_T}=\frac{I_{REF}R_S}{\zeta V_T} \tag{9-19}$$

从而 $$I_{REF}=\frac{\zeta V_T\ln K}{R_S} \tag{9-20}$$

我们发现，在亚阈值模型的推算当中，输出电流是被晶体管宽长比的比值和电阻唯一确定的。这说明基于传统的基准电流源的工作原理，工作在亚阈值区的 MOS 管是可以用来生成和电源电压无关的基准电流的。

和饱和区工作状态下的电流计算公式相比，载流子迁移率已经不会影响亚阈值电流了。在亚阈值电流公式中只有电阻 R_S 和 V_T 这两个与温度有关的变量。其中，V_T 电压与温度成正比，而实际工艺中的电阻也有其温度系数。我们可以根据 9.3 节所述的通过不同种类的电阻的组合以组成具有我们所需要的温度特性的电阻。如果能够组成一个与绝对温度成正比的电阻，则输出电流 I_{REF} 就可以保持相当好的温度特性。

2. 电路结构的确定

为了提高输出基准电流的 PSRR，使输出基准电流随电源电压 V_{DD} 变化较小，我们决定采用图 9-6 所示的三支路基准电流源结构。由于图 9-6 所示的三支路结构工作在饱和区，当其工作在亚阈值区时，由于流过的电流与饱和区流过的电流不在同一数量级，电流减小了很多倍，原来形成的负反馈系统是基于 MOS 管的单级放大器原理，由于电流的减小，负反馈系统已经不能很稳定地工作，所以对其结构进行稍许修改，以增强其负反馈系统的增益，如图 9-9 所示[4]。

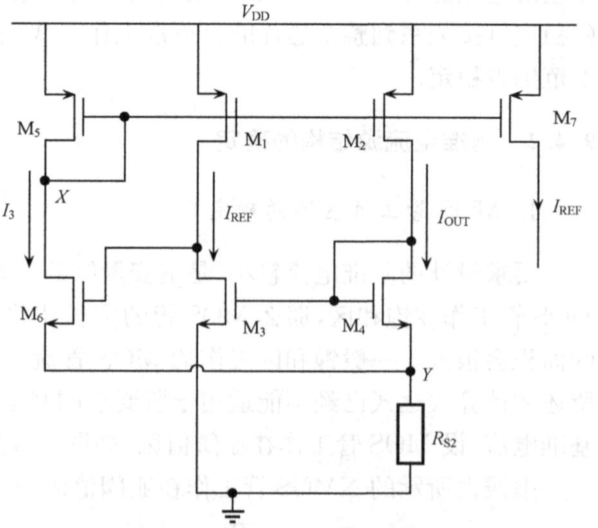

图 9-9 三支路结构的变化

在图 9-9 中，又形成了另一种负反馈系统。当 X 点电压升高时，I_{OUT} 与 I_3 均减小，由 $V_Y=(I_{OUT}+I_3)R_{S2}$

得，Y 点电压降低很快，从而使 X 点电压迅速下降，最终使整个电路的电流稳定。M_6 管的源端与 M_4 管的源端接在一起，能够使整个电路形成更快的负反馈，从而补偿了由于电流减小造成的负反馈系统的不稳定，减小了整个电路电流不稳定的问题。

同时，与图 9-6 所示的电路相比，图 9-9 中流过 R_{S2} 的电流变为原来的数倍，这样，如果使两种三支路结构中的 M_4 管的源端电压相等，R_{S2} 相比图 9-6 中 R_S 大大地减小，从而节省了芯片的面积。

9.4.3 基准电流源参数的调试

1. MOS 管参数的粗略估计

为了得到输出基准电流为 30nA 的基准电流源，要预先对各个 MOS 管的宽长比做一下初步估计。

由我们采用的 CSMC 公司 0.5μm CMOS 混合模拟信号仿真库可以知道，PMOS 管和 NMOS 管的参数可以估计如下：

$\zeta V_T = 35.9\ \text{mV}$，　$I_0 = 42.5\ \text{fA}$，　$V_{THn} = 750\ \text{mV}$

$V_{THp} = -950\ \text{mV}$，　$\mu_p C_{ox} = 92\ \mu\text{A/V}^2$，　$\mu_n C_{ox} = 270\ \mu\text{A/V}^2$

由 9.4 节电路结构的确定得知，NMOS 管工作在亚阈值区，由于 $V_{THn}=750\text{mV}$，预留 150mV 的电压裕度，假设 NMOS 管的 $V_{GSn}=600\text{mV}$。考虑到版图的对称性，图 9-9中，M_4 管的并联数一般为 2,4,6,8 等偶数，在这里，取 $K=6$。由 $I_{REF}=30\text{nA}$，根据公式

$$I = K\left(\frac{W}{L}\right)_n I_0 \exp\left(\frac{V_{GS}}{\zeta V_T}\right) \tag{9-21}$$

可以计算出，M_3 和 M_4 管的宽长比 $(W/L)_n = 5/10$。

同样道理，图 9-9 中 PMOS 管 M_1 和 M_2 工作在饱和区，已经知道 $V_{THp}=-950\text{mV}$，由于流过的电流较小，只有纳安量级，为了使 $(W/L)_p$ 不至于过小，尽量减小 PMOS 管的过驱动电压。假设过驱动电压为 50mV，则 $V_{GSP}=-1\text{V}$。由饱和区 PMOS 管的电流公式有

$$I = \frac{1}{2}\mu_p C_{ox}\left(\frac{W}{L}\right)_p (V_{GS} - V_{THp})^2 \tag{9-22}$$

可以计算出，M_1 和 M_2 管的宽长比为 $(W/L)_p = 3/10$。

为了减小 R_S 的阻值，节省面积，初步设计第三支路 M_5、M_6 流过的电流为基准电流源的 2 倍，所以图 9-9 中 M_5 的并联数为 2。

2. 电阻参数的估算

假设 M_1 的并联数为 K_1，M_5 的并联数为 K_5，由 MOS 管参数的确定可知道，$K_1=1$，$K_5=2$。由式(9-20)电流的表达式有

$$I = \frac{\zeta V_T}{R_S} \cdot \frac{K_1}{K_1 + K_5} \cdot \ln K \tag{9-23}$$

可以计算出

$$R_S = \frac{\zeta V_T}{I} \cdot \frac{K_1}{K_1 + K_5} \cdot \ln K \approx 715\text{k}\Omega \tag{9-24}$$

如果电阻的温度系数刚好可以与V_T的温度系数相互抵消，则电阻的温度系数必须满足

$$\frac{\partial R_S}{\partial T}=\frac{\partial V_T}{\partial T}\times\frac{\zeta}{I}\times\frac{K_1}{K_1+K_5}\times\ln K=1732\Omega/^\circ\mathrm{C} \tag{9-25}$$

也就是说，电阻的一阶温度系数为

$$\frac{1732\Omega/^\circ\mathrm{C}}{715\mathrm{k}\Omega}=2.42\times10^{-3}/^\circ\mathrm{C} \tag{9-26}$$

表 9-1 是 CMSC 0.5μm CMOS 混合信号模型，除 n 阱电阻外，其余类型电阻的一次温度系数都小于 2.42×10⁻³/℃，但是 *n* 阱电阻的正温度系数远大于所需要的正温度系数，这使得 R_S无法同时满足产生 30*nA* 基准电流所需要的阻值和抵消 V_T 的正温度系数这两个条件。为此，在 R_S 电阻中同时引入具有负温度系数的多晶硅高阻 1 *k*Ω (R_{rhrlk})和具有正温度系数的 *n* 阱电阻(R_{nwell})，使 R_S 一次温度系数的和抵消 V_T 的正温度系数。

表 9-1 CSMC 0.5μm 混合信号模型中电阻模型的温度系数

电阻类型	一次温度系数/℃	二次温度系数/℃²
n 阱	5.630×10^{-3}	1.060×10^{-5}
n 扩散	1.705×10^{-3}	1.475×10^{-6}
p 扩散	8.551×10^{-4}	1.877×10^{-6}
多晶硅 1(p 注入)	3.590×10^{-4}	-6.661×10^{-7}
多晶硅 1(n 注入)	3.250×10^{-4}	6.581×10^{-7}
多晶硅 2	3.214×10^{-4}	2.667×10^{-7}
多晶硅高阻 1kΩ	-2.700×10^{-3}	9.900×10^{-6}
多晶硅高阻 2kΩ	-2.539×10^{-3}	0

资料来源：CSMC 0.5μm 混合信号模型。

两种电阻组合的集成电阻的温度系数可以根据下式计算得出：

$$\mathrm{TC_R}=\frac{R_{\mathrm{nwell}}}{R_S}\cdot\mathrm{TC}_{1,\mathrm{nwell}}+\frac{R_{\mathrm{rhrlk}}}{R_S}\cdot\mathrm{TC_{rhrlk}} \tag{9-27}$$

最后计算得出

$$R_{\mathrm{nwell}}=186\mathrm{k}\Omega \tag{9-28}$$

$$R_{\mathrm{rhrlk}}=529\mathrm{k}\Omega \tag{9-29}$$

根据计算出的 MOS 管和电阻的大小，最终画出的电路如图 9-10 所示。电阻先用理想电阻代替。

注意：图 9-10 中 MOS 管的编号和图 9-6 中的不一样，后文电路仿真中的 MOS 管编号以图 9-10 为准。

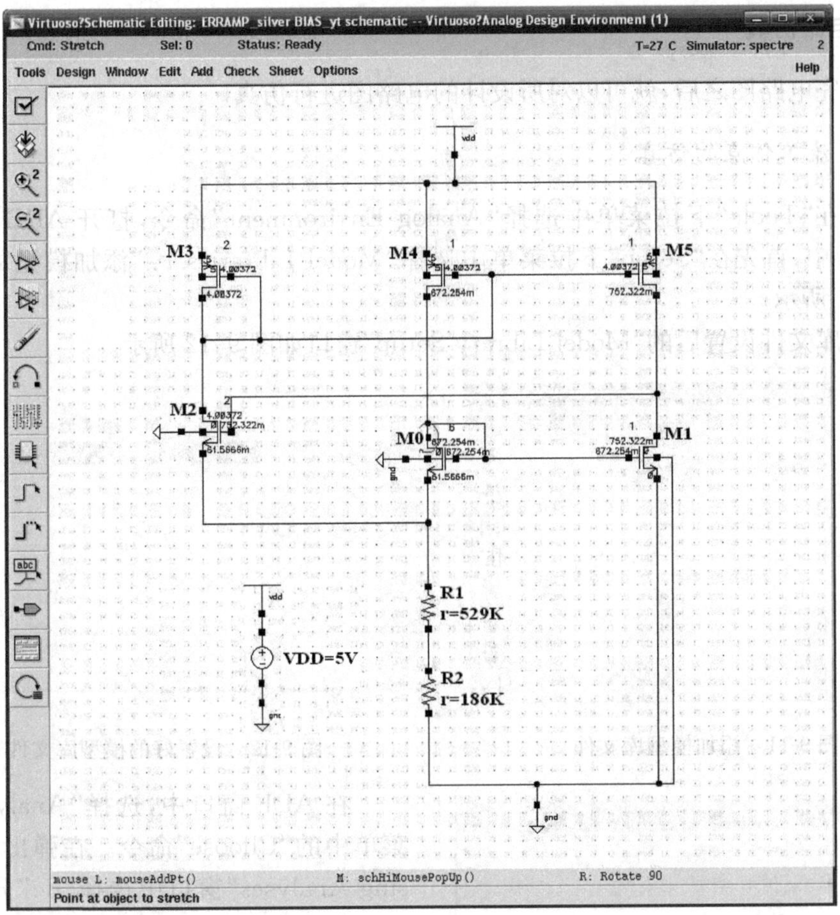

图 9-10　基准电流源的具体实现

表 9-2　图 9-10 中器件参数

MOS 管

Instance Name	Model	W/m	L/m	Multiplier	Library Name	Cell Name	View Name
M_0	mp	5u	10u	6	st02	mp	symbol
M_1	mp	5u	10u	1	st02	mp	symbol
M_2	mn	5u	10u	2	st02	mn	symbol
M_3	mn	3u	10u	2	st02	mn	symbol
M_4	mp	3u	10u	1	st02	mp	symbol
M_5	mn	3u	10u	1	st02	mn	symbol

电阻

Instance Name	Model	W/m	L/m	Resistance	Segments	Library Name	Cell Name	View Name
R_1	rhrlk	1. 3u	125. 8u	529k	5	st02	rhrlk	symbol
R_2	rnwell	4u	512. 73u	186k	1	st02	rnwell	symbol

9.4.4　电路仿真

绘制完电路图之后，就可以对所设计的电路图进行仿真。

1. 直流工作点的仿真

首先在“Tools”下拉菜单中选择“Analog Environment”命令，打开 ADE 窗口。在 ADE 窗口中，首先在“Setup”下拉菜单中选择“Model Libraries...”添加模型的库文件。如图 9-11 所示。

完成库文件设置后的“Model Library Setup”窗口如图 9-12 所示。

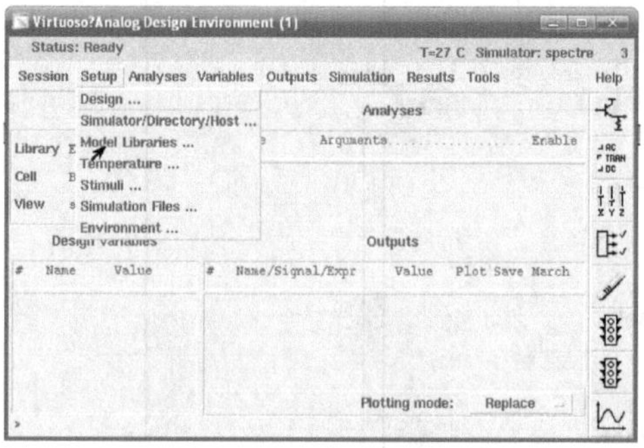

图 9-11　添加模型库文件

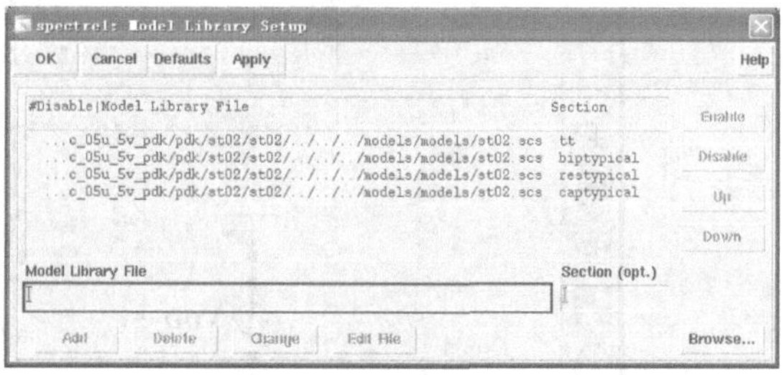

图 9-12　设置好的模型库文件

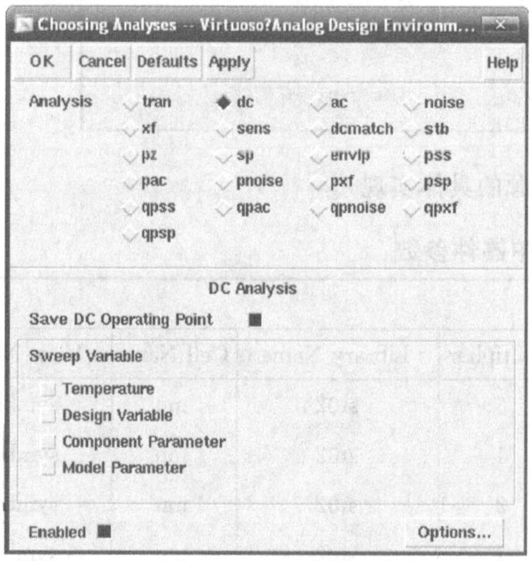

图 9-13　直流工作点仿真设置

在 ADE 窗口中，选择“Analyses”下拉菜单中的“Choose”命令。在弹出的“Choosing Analyses”窗口中选择“dc”分析；无需设置仿真参数和范围，只要将“Save DC Operating Point”和“Enabled”勾好，如图 9-13 所示。点击 ADE 窗口中的“ ”按键，开始仿真就可以了。

2. 查看直流工作点

如图 9-14 所示，在 ADE 中选中“Results” → “Annotate” → “DC Operating Points”，在电路图上将会出现各个管子的直流工作点，如图 9-15 所示。

从直流工作点的具体数据可以得知，最下面一排 NMOS 管工作在亚阈值区，PMOS 管工作在饱和区，与最初的设置相同，静态电流值也近似于 30nA。

工作区域的查看也可以在 ADE 中的“Tools”→“Results Browser...”查看，如图 9-16所示。打开“Results Browser”之后，找到所仿真的电路结果，选择“dcOpLnfo-info”，点击右键，选择“Table”，如图 9-17 所示。此时将会出现各个管子的工作状态列表，

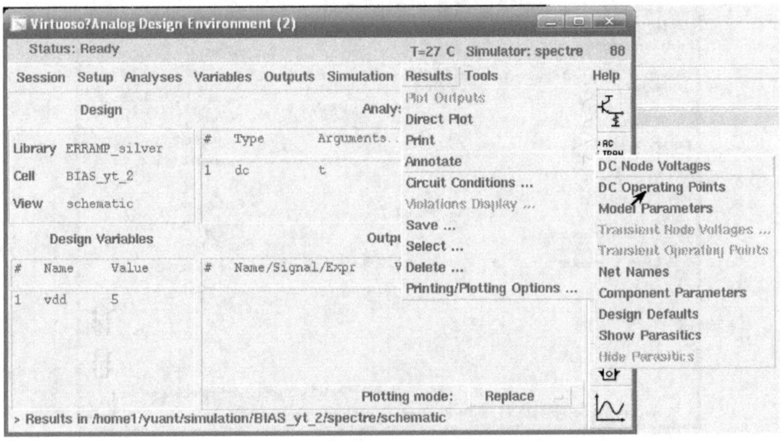

图 9-14 查看直流工作点的操作

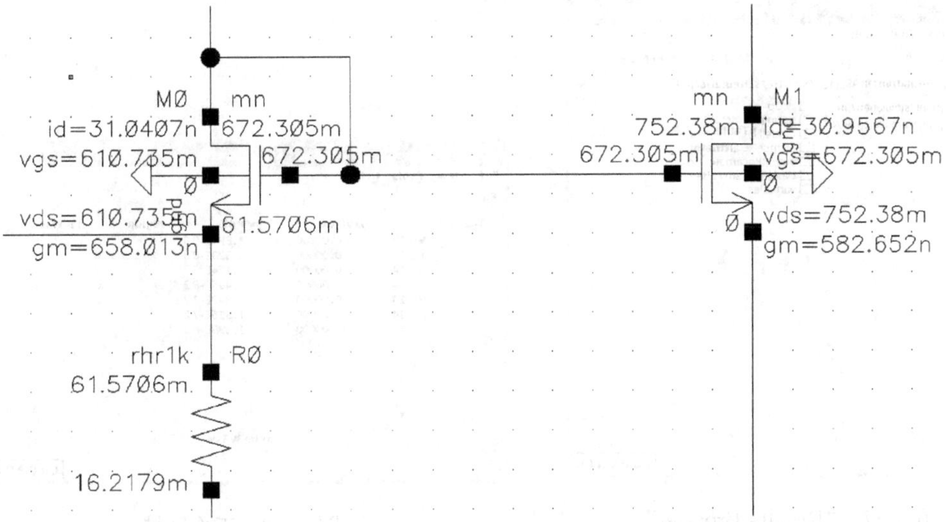

图 9-15 直流工作点举例

在列表的后端，有一列名为“region”的列，如图 9-18 所示。对应的数字表示管子的工作区域，如 3 为亚阈值区，2 为饱和区，1 为线性区。由工作区域的查看可以知道，最初的参数设置满足工作区域的要求(具体 MOS 管参数名称可以参考附录 B.5 节)。

3. 基准电流的 PSRR 的仿真

1) PSRR 输出的设置

在 ADE 中选择“Outputs”→“Setup...”，如图 9-19 所示。进入输出设置后，出现如图 9-20 所示页面。

接下来将设置 PSRR 的输出公式。为了仿真方便，将 PSRR 的计算公式改为

$$\mathrm{PSRR}=\frac{I_{\mathrm{AC}}/I_{\mathrm{DC}}}{V_{\mathrm{AC}}/1\mathrm{V}} \tag{9-30}$$

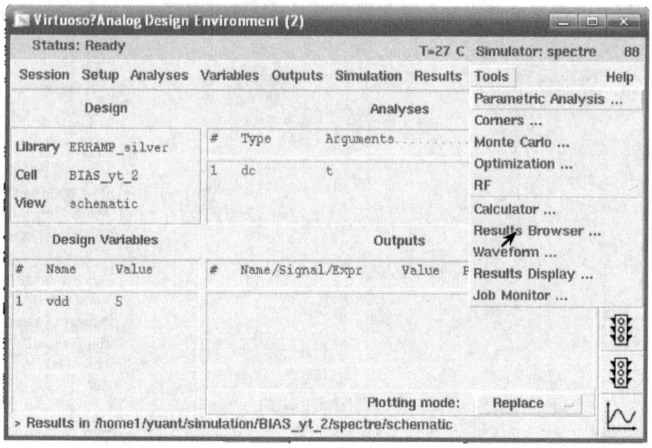

图 9-16 查看工作区域

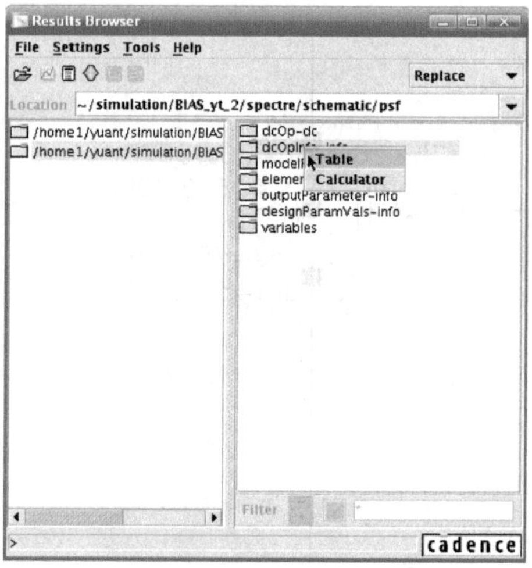

图 9-17 “Results Browser”

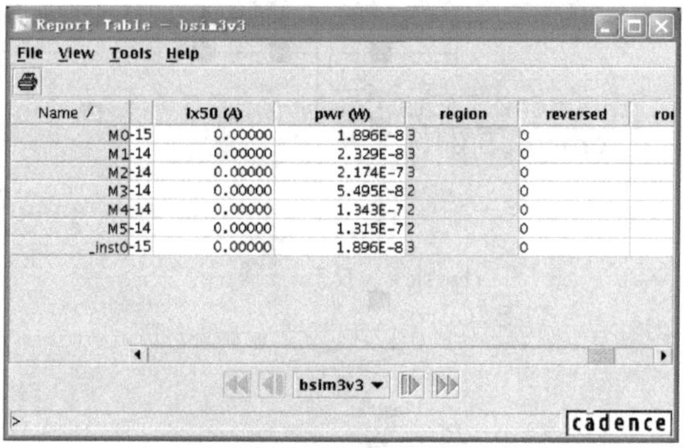

图 9-18 工作区域

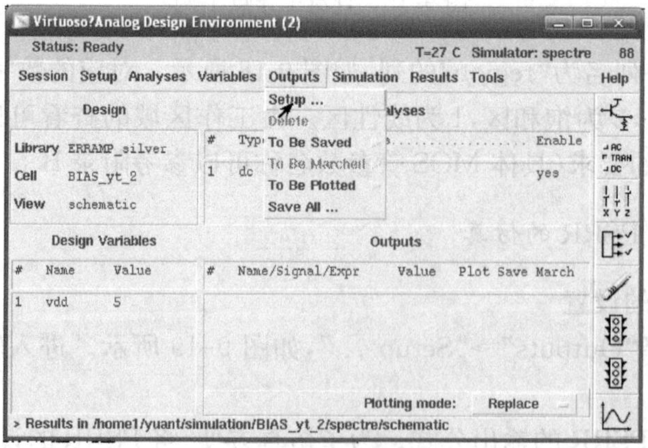

图 9-19 进入“Setup”

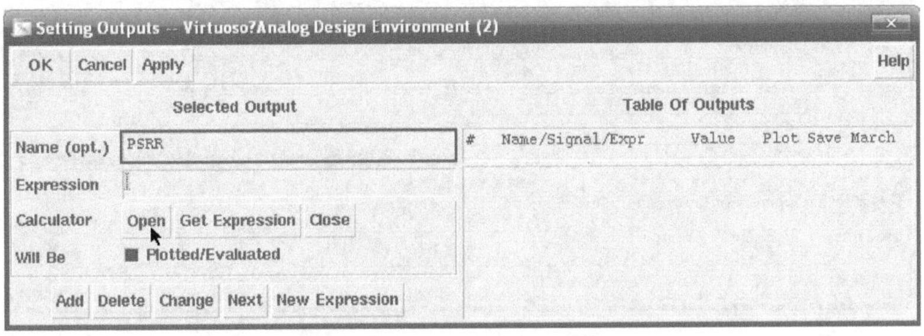

图 9-20 设置 PSRR 仿真输出

式中将电源电压 V_{DD}定为 1V。将输出变量取名为 PSRR，点击“Open”打开“Calculator”。计算器在计算器中点击“ac”栏中的“if”选项，打开交流电流选择模式。这个模式表示从电路图中手动选择流过节点的交流电流，计算器将得到这一点的交流扫描电流的表达式，如图 9-21所示。

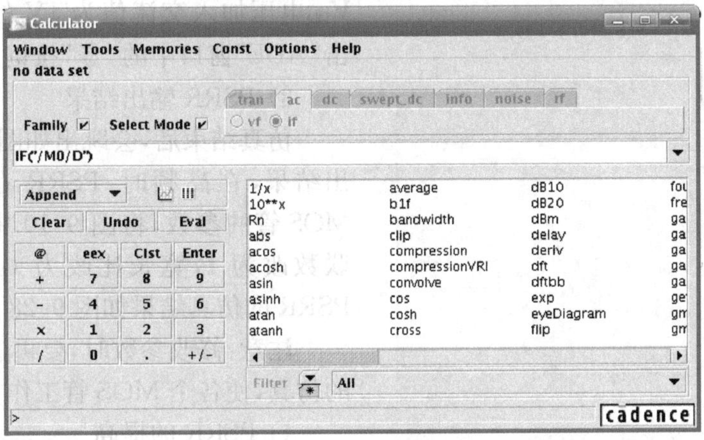

图 9-21 计算器窗口

在电路编辑框中点击 M_0 管漏端，然后在计算器的缓存区中手动输入“/30 * 1000000000”，最后点击函数“dB20”。完成后计算器中显示的式子是“dB20(((IF("/M0/D") / 30) * 1000000000))”，其中“IF”表示求结点交流电流的函数。

回到输出设定对话框，点击其中的“Get Expression”按钮，计算器中的公式就被复制到“Expression”一行。这个表达式设定好后，点击“Add”，新表达式就成为一个输出，如图 9-22 所示。

2) PSRR 的仿真

设置好仿真模型后，在 ADE 窗口中选择“Analyses”→“Choose”，设置仿真类型。按图 9-23 所示设置交流仿真类型和频率扫描范围交流电压，进行仿真。

由于交流电流值不能自动保存，在 ADE 中需对电流值进行保存。在 ADE 中，点击“Outputs”→“Save All...”，如图 9-24 所示。进入如图 9-25 所示的“Save Options”设置。选择应当保存的变量后，即可对电路进行仿真。

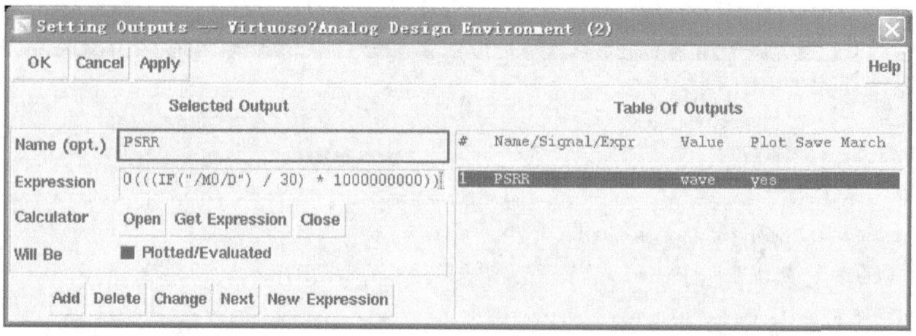

图 9-22　设定好的 PSRR 输出

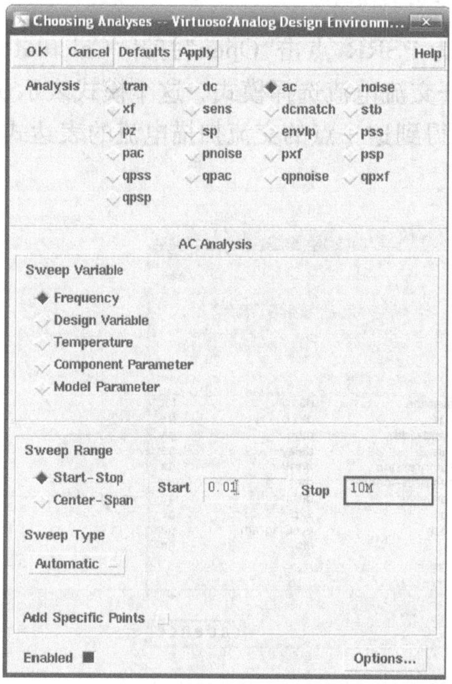

图 9-23　PSRR 的仿真设置

为了方便观察 ac 电流，在输出设置中同样加入 ac 电流值。在 ADE 窗口中选择“Outputs”→“To Be plotted”→“Select On Schematic”，如图 9-26 所示。在电路编辑窗口选择 M_0 管的漏端电流。对电路图中的 V_{DD}电压加入交流值为 1V 的交流电压。点击“ADE”窗口中的“ ”按键，开始仿真。

3）PSRR 输出结果

仿真结束后，会跳出如图 9-27 所示的输出结果，在高频时，PSRR 存在波动，调整 MOS 管的参数，将图 9-10 中 M_2 管子的并联数改为 1，宽长比改为 1μm/10μm，最终 PSRR 的仿真结果如图 9-28 所示。

注意：修改参数时，要再进行直流工作点的仿真，使各个 MOS 管工作在合适的区域。

4）PSRR 的提高

利用“Parametric Analysis”对 PMOS 管的栅长进行扫描（具体操作见附录 E）。

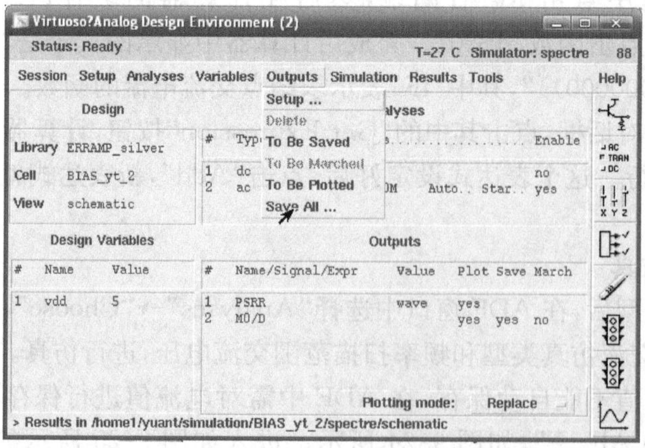

图 9-24　进入“Save All”设置

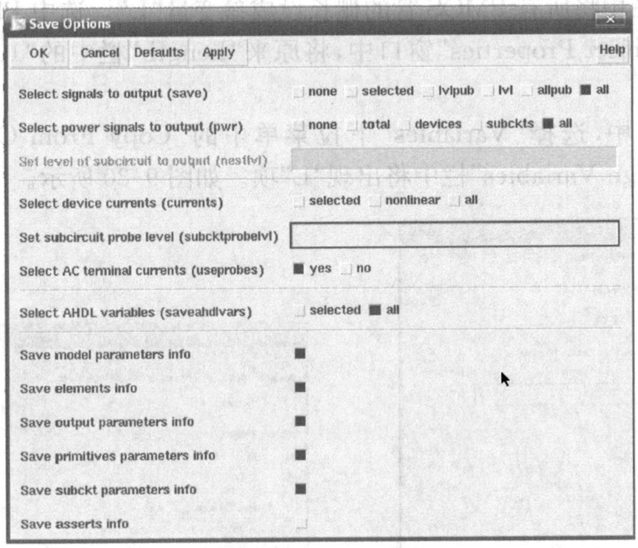

图 9-25　“Save All”设置

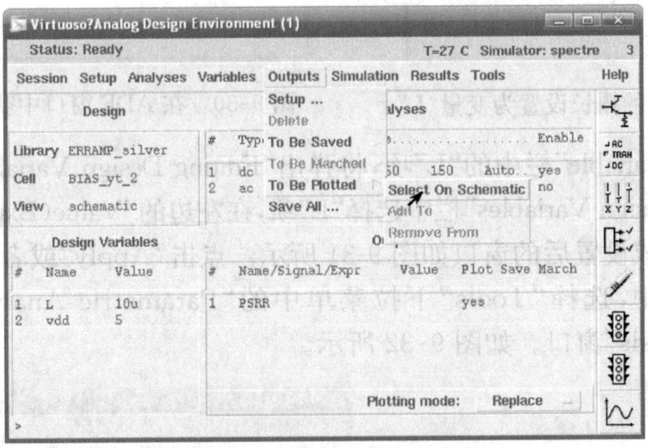

图 9-26　输出电流的设置

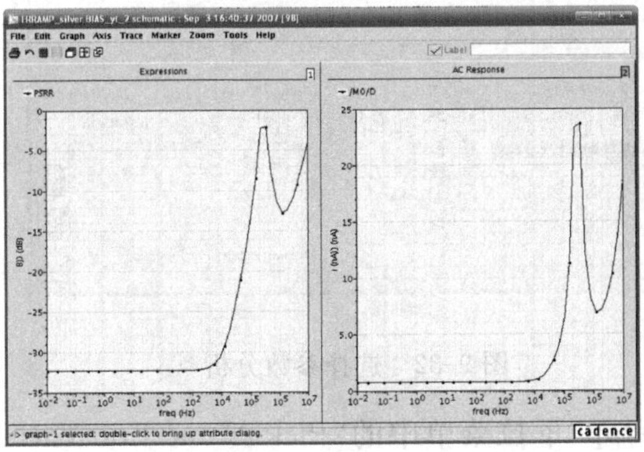

图 9-27　PSRR 的输出结果查看

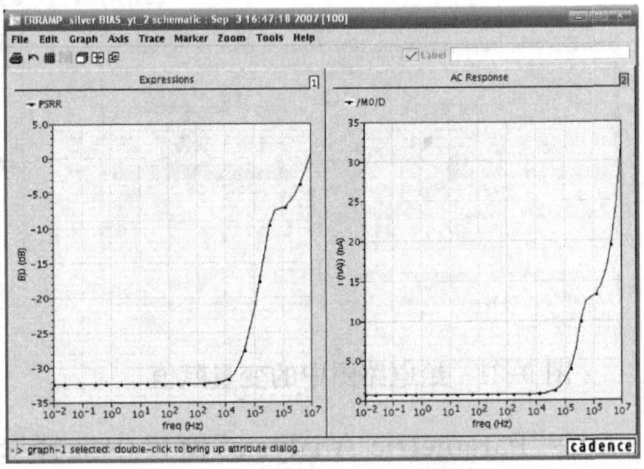

图 9-28　改进后的 PSRR

首先在电路图中将所有 PMOS 管的栅长设成参变量“L”。选中 PMOS 管，点击快捷键“q”，在“Edit Object Properties”窗口中，将原来“Length”栏中的“10u M”改为“L”，如图 9-29所示。

在 ADE 窗口中，选择“Variables”下拉菜单中的“Copy From Cellview”选项。在 ADE 窗口的“Design Variables”栏中将出现“L”项。如图 9-30 所示。

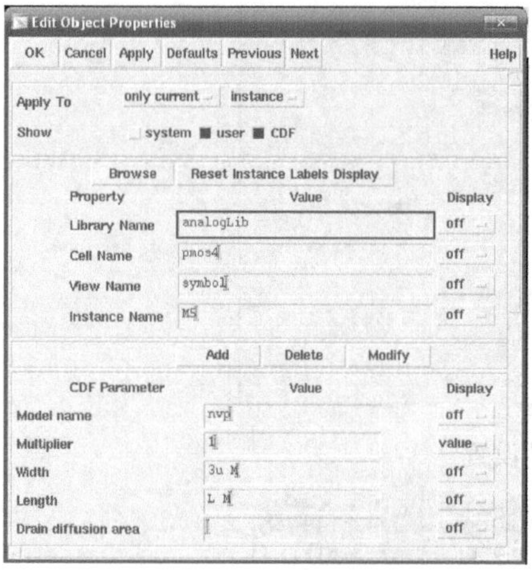

图 9-29 将 PMOS 的栅长设置为变量“L”

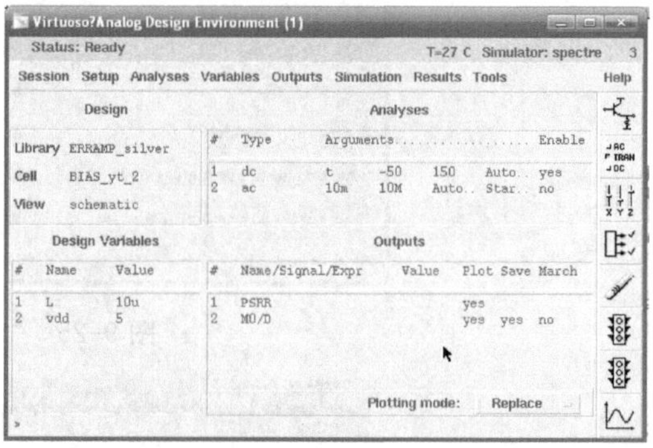

图 9-30 在 ADE 窗口中获得电路图中的变量

双击“Design Variable”栏中的“L”项，将弹出“Editing Design Variables”窗口，在该窗口右边的“Table of Design Variables”栏中选择“L”项，在左边的“Value(Expr)”栏中填入开始计算得到的“10u”，完成设置后的窗口如图 9-31 所示。点击“Apply”或者“OK”保存设置。

在 ADE 窗口中，选择“Tools”下拉菜单中的“Parametric Analysis...”命令，打开“Parametric Analysis”窗口。如图 9-32 所示。

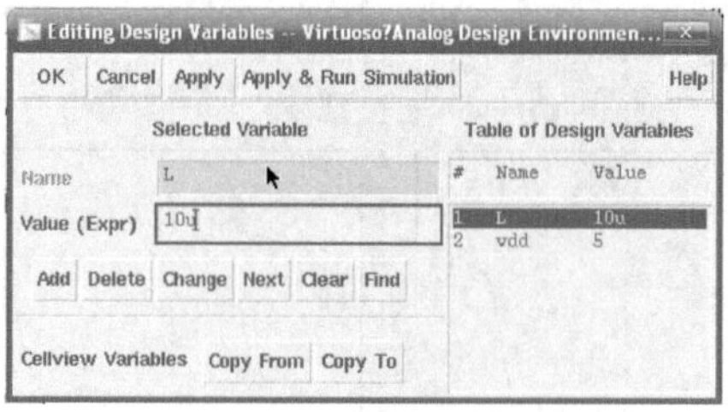

图 9-31 给电路图中的变量赋值

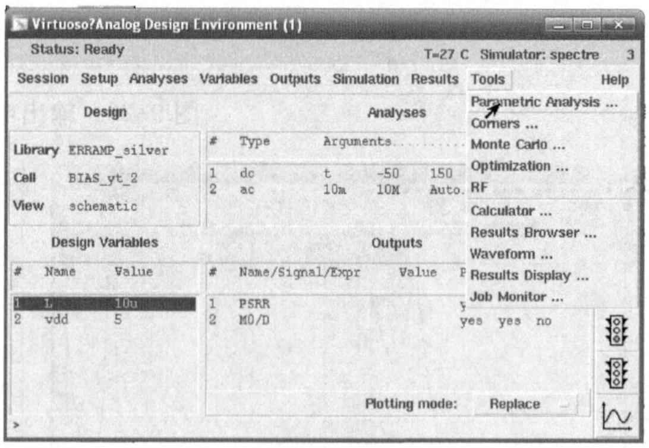

图 9-32 选择参数分析

在“Parametric Analysis”窗口中选择“Setup”下拉菜单中的“Pick Name For Variable”命令，并选择“Sweep 1 ...”，如图 9-33 所示。

在“Parametric Analysis Pick Sweep 1”对话框中选择“L”，将“Sweep 1”的扫描变量

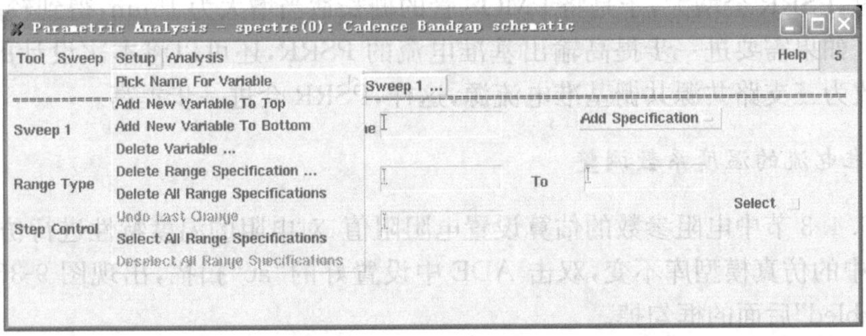

图 9-33　在“Parametric Analysis”窗口中为“Sweep 1”添加扫描变量

设置为“L”。“Sweep 1”的扫描范围为“5u”到“15u”。“Total Step”设置为“5”。完成设置后的“Parametric Analysis”窗口如图 9-34 所示。

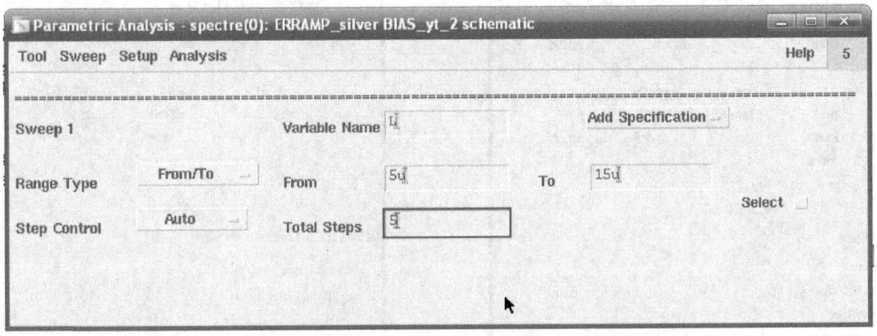

图 9-34　完成设置后的“Parametric Analysis”窗口

在“Parametric Analysis-spectre”窗口选择“Analysis”下拉菜单中的“Start”命令，运行“Parametric Analysis”，得到图 9-35 的仿真结果，由仿真结果可以看出，当 PMOS 管的

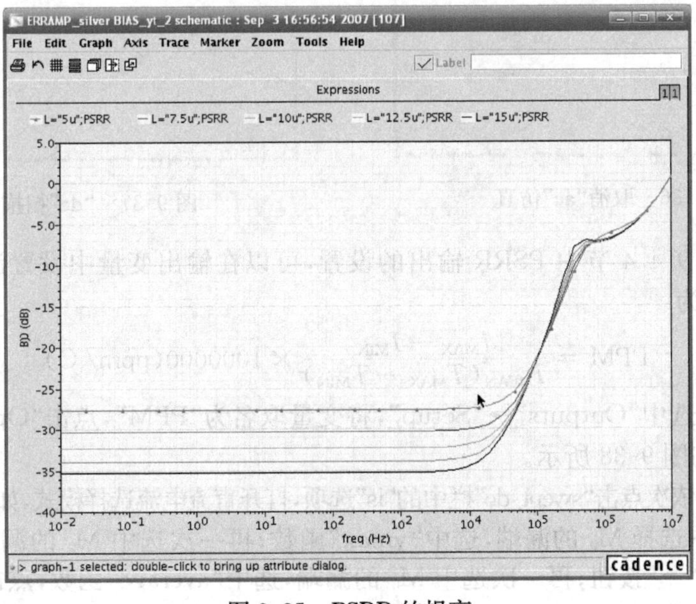

图 9-35　PSRR 的提高

栅长增加时,PSRR 会增大,于是将 PMOS 管的栅长适当增大为 15μm,得到较高的 PSRR 仿真结果。如果需要进一步提高输出基准电流的 PSRR,还可以将本次设计的三支路基准电流源改为三支路共源共栅基准电流源,这样,PSRR 会进一步提高。

4. 基准电流的温度系数调整

根据 9.4.3 节中电阻参数的估算设置电阻阻值,对电阻的温度特性进行仿真。

ADE 中的仿真模型库不变,双击 ADE 中设置好的“ac”扫描,出现图 9-36 所示对话框,将“Enabled”后面的框勾掉。

在 ADE 窗口中选择“Analyses”→“Choose”,选择“dc”扫描,在“Sweep Variable”中选中“Temperature”,在“Sweep Range”里面将扫描范围设置为“−50”到“150”,如图 9-37 所示。

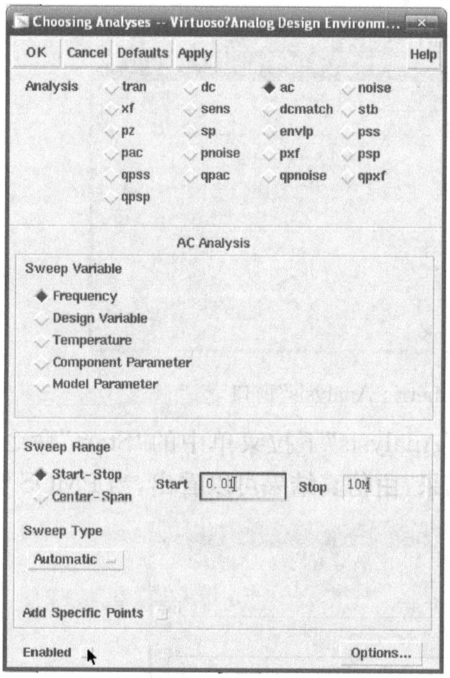

图 9-36　取消“ac”仿真

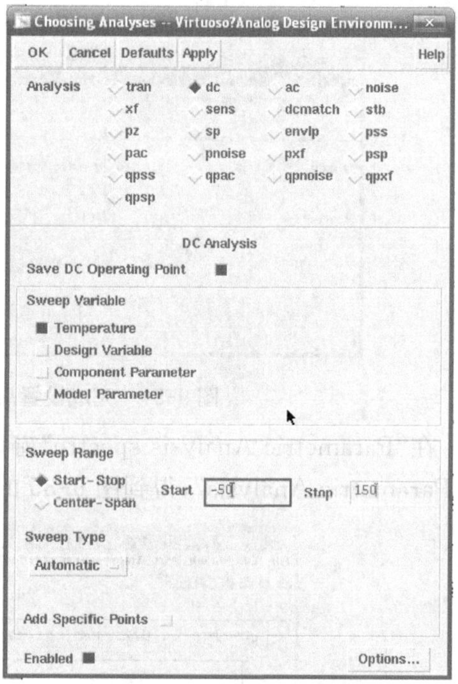

图 9-37　“dc”扫描设置

同时,参照 9.4.4 节中 PSRR 输出的设置,可以在输出变量中设置温度系数 PPM。PPM 的表达式为

$$\text{PPM} = \frac{I_{\text{MAX}} - I_{\text{MIN}}}{I_{\text{MEAN}}(T_{\text{MAX}} - T_{\text{MIN}})} \times 1000000(\text{ppm/℃}) \tag{9-31}$$

在 ADE 中选中“Outputs”→“Setup”,将变量取名为“PPM”,点击“Open”打开计算器“Calculator”,如图 9-38 所示。

在计算器中依次点击“swept_dc”栏中的“is”选项,打开直流电流选择模式,如图 9-39 所示。

在电路图中选择 M_0 的漏端,选中“ymax”函数;再一次选中 M_0 的漏端,选中“ymin”函数;然后点击“−”按钮;再一次选中 M_0 的漏端,选中“average”函数,点击“/”按钮,在得到的式子中手动加入“/200 * 1000000”,最终得到的表达式为

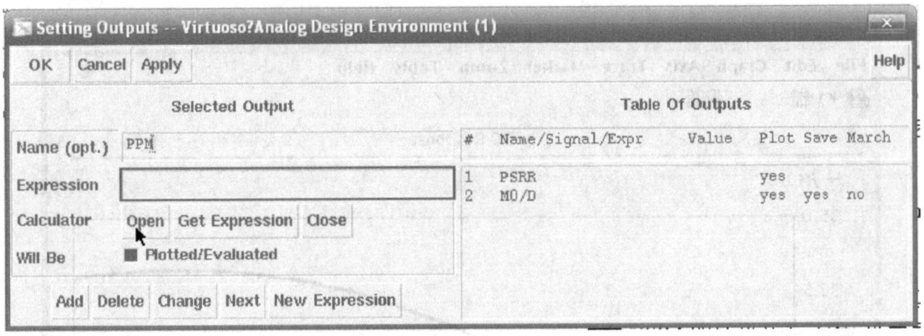

图 9-38　设置 PPM 输出变量

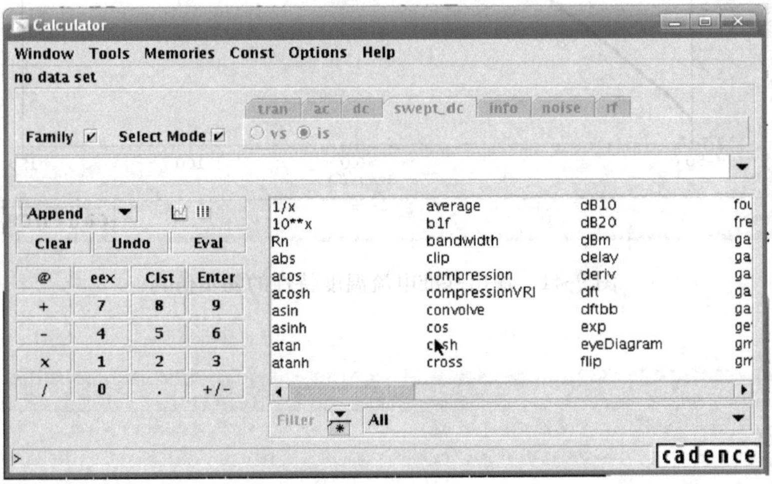

图 9-39　计算器

(ymax(IS("/M_0/D"))-ymin(IS("/M_0/D")))/average(IS("/M_0/D"))/200 * 1000000

其中,200 是扫描的温度范围。输入完毕后,点击“Get Expression”,再点击“Add”,PPM 的表达式将会加入到输出中,如图 9-40 所示。

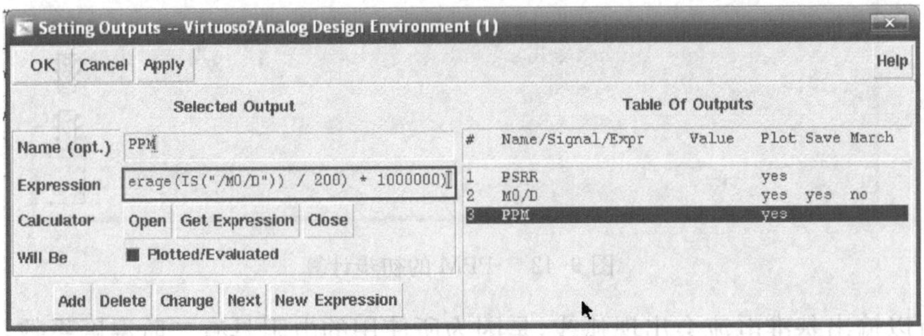

图 9-40　设置好的 PPM

设置好变量后,就可以对输出基准电流进行仿真。仿真结果如图 9-41 所示。利用公式计算出的 PPM 的结果会在 ADE 界面显示,为 1622 ppm/℃,如图 9-42 所示。

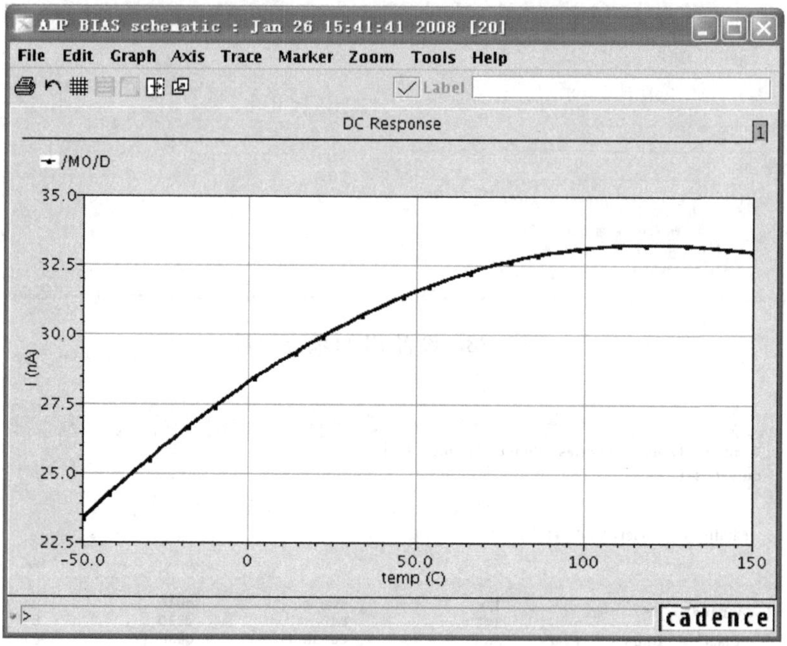

图 9-41 输出基准电流温度特性的初步仿真

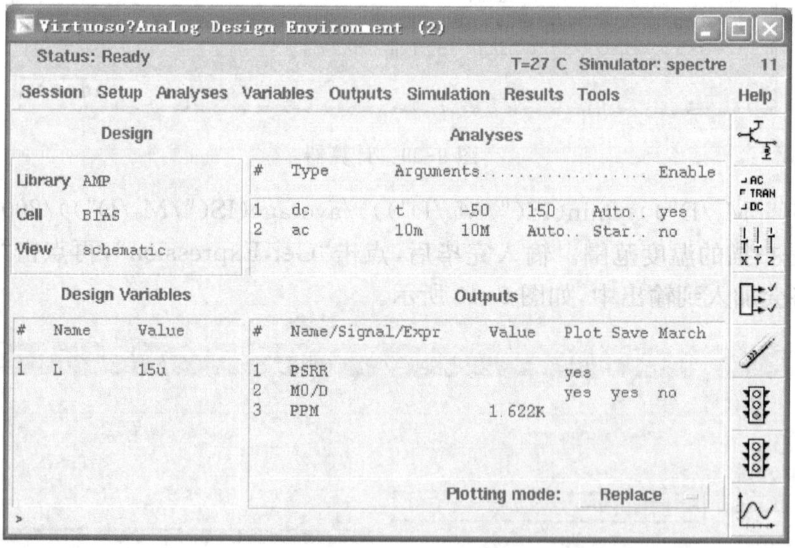

图 9-42 PPM 的初步计算

之所以输出基准电流会出现弧线，是因为所使用的电阻具有二阶温度系数，造成了输出基准电流值与温度的关系是一个曲率基本固定的抛物线。在这种情况下，在一定温度范围内抛物线两端相等时，基准电流的温度系数达到最小。利用“Parametric Analysis”对电阻进行参数扫描，调整电阻的阻值。当 R_1 为 350kΩ，R_2 为 330kΩ 时得到图 9-43 所示的曲线。图 9-44 中的 ADE 窗口显示出的计算出的 PPM 的值,为 599.3 ppm/℃。考虑电阻长度后,调整后的器件参数如表 9-3 所示。

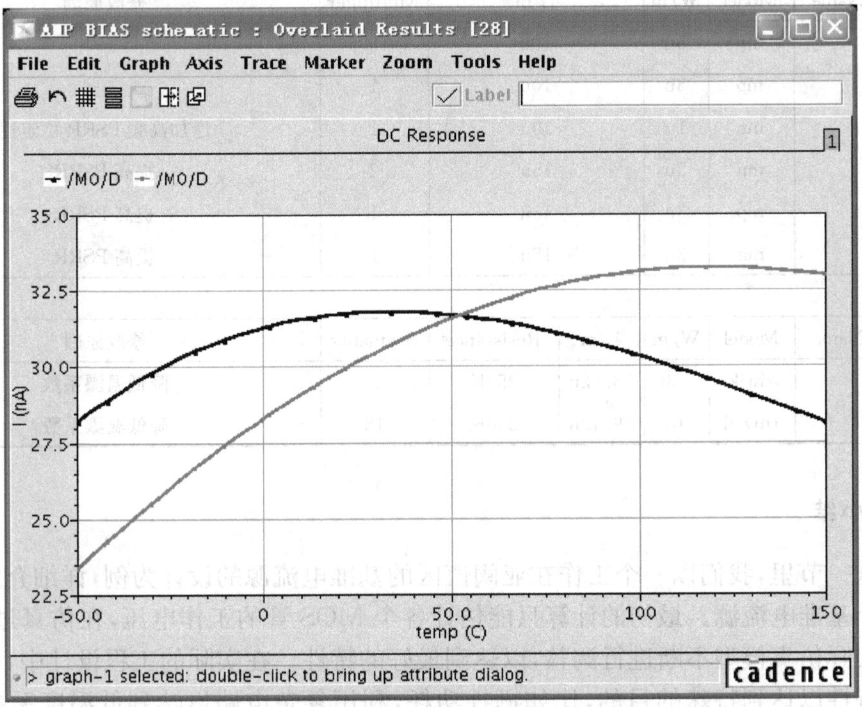

图 9-43　调整前后输出基准电流的对比

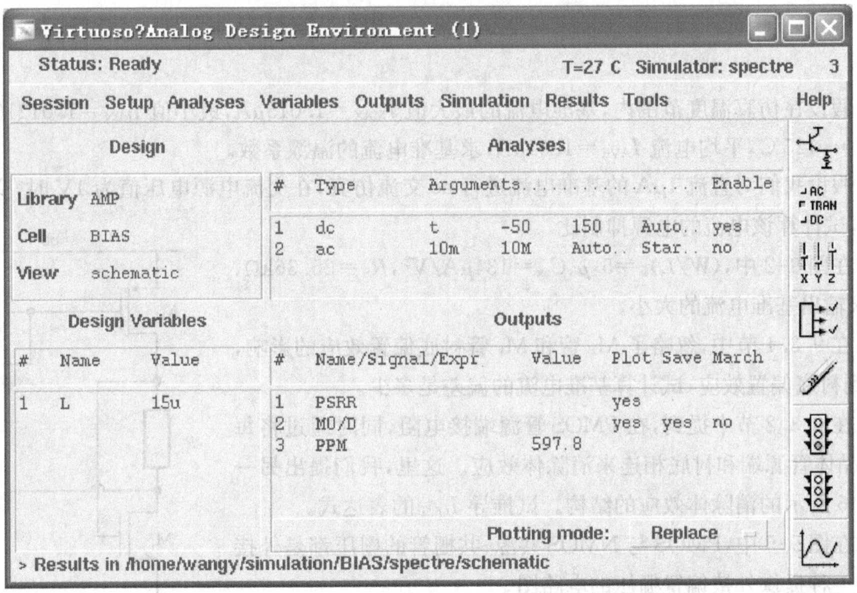

图 9-44　最终输出基准电流温度系数 PPM

表 9-3 调整后的图 9-10 中器件参数

MOS 管

Instance Name	Model	W/m	L/m	Multiplier	修改原因
M_0	mp	5u	10u	6	—
M_1	mp	5u	10u	1	—
M_2	mn	1u	10u	1	增加高频 PSRR 稳定性
M_3	mn	3u	15u	2	提高 PSRR
M_4	mp	3u	15u	1	提高 PSRR
M_5	mn	3u	15u	1	提高 PSRR

电阻

Instance Name	Model	W/m	L/m	Resistance	Segments	修改原因
R_1	rhrlk	1.3u	53.52u	350K	5	降低温漂系数
R_2	rnwell	4u	49.42u	330K	18	降低温漂系数

9.4.5 小结

在这一节里，我们以一个工作在亚阈值区的基准电流源的设计为例，详细介绍了如何设计一个基准电流源。最初的计算只能估计各个 MOS 管的工作电压，在仿真过程中，需要根据实际仿真模型不断进行调整，以达到最好的特性。在实际的工程设计中，可能会牺牲一些特性以达到特殊的目的，比如牺牲功耗，利用复杂电路以达到低温度系数的目的等。根据设计指标的不同，参数的仿真设计也会不尽相同。

习 题

9.1 假设在仿真温度范围内，基准电流的最大值 $I_{MAX}=1.015\mu A$，最小值 $I_{MIN}=1.012167\mu A$，温度范围是 $-40\sim125$℃，平均电流 $I_{AVE}=1.01\mu A$，求基准电流的温漂系数。

9.2 假设我们对直流 $1\mu A$ 的基准电流进行 ac 交流仿真，在交流电源电压值为 1V 时，交流电流为 $0.0001\mu A$，试计算该电流的电源抑制比。

9.3 在图 9-2 中，$(W/L)_n=5$，$\mu_n C_{ox}=134\mu A/V^2$，$R_S=35.36k\Omega$，$K=8$，试求输出基准电流的大小。

9.4 在 9.3.1 节中，忽略了 M_3 管和 M_4 管衬底偏置效应的影响，如果考虑到衬底偏置效应，试计算基准电流的偏差是多少。

9.5 在 9.3.2 节中提到，在 PMOS 管源端接电阻，同时通过将每个 PMOS 晶体管源端和衬底相连来消除体效应。这里，我们提出另一种如图 9-45 所示的消除体效应的结构。试推导 I_{OUT} 的表达式。

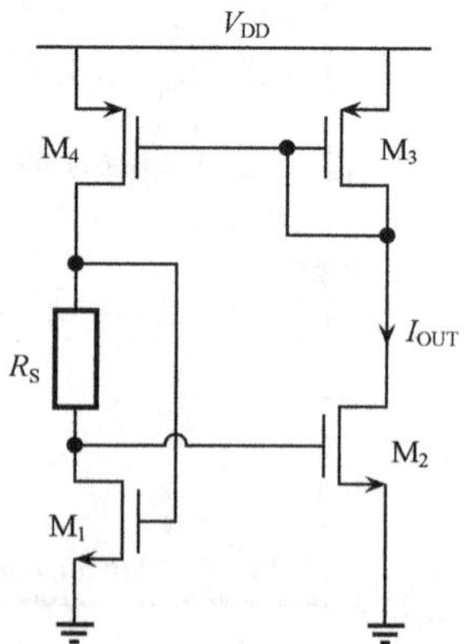

图 9-45

9.6 在图 9-5 中，PMOS 与 NMOS 共源-共栅管的栅压都是外接的，试画出一种提供外接偏置栅压的电路图。

9.7 在图 9-5 中，我们采用了共源-共栅结构减小沟道长度调制效应的影响，PMOS 与 NMOS 共源-共栅管的栅压都是外接的，这里提出一种如图 9-46 所示的自偏置共源-共栅结构。试计算使电路正常工作时，电阻 R_1 和 R_2 两端电压的最小值和最大值。

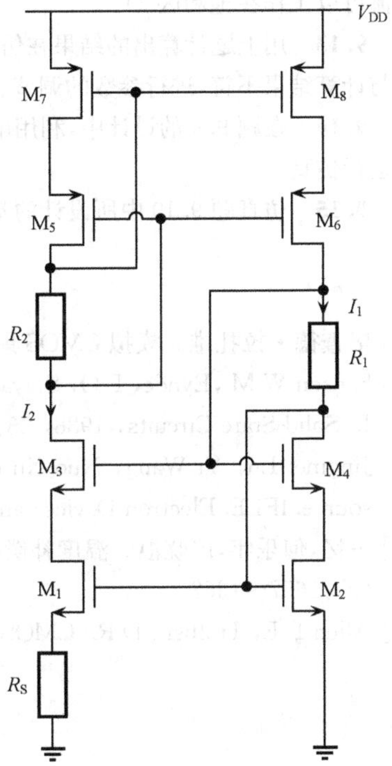

图 9-46

9.8　在 9.3.1 节中，提出了由电阻的温度系数来补偿基准电流温度系数的方案。参照第 8 章带隙基准电路，可以知道，带隙基准电路可以生成 PTAT(正比于温度)电流和负温度系数电流，如果能将这两路电流相加，就可以得到与温度无关的电流，如图 9-47 所示。试结合带隙基准电路的原理，解释图 9-47的温度补偿原理。

9.9　在 9.4 节的设计实例中，从 PSRR 的仿真可以看出，当 MOS 沟道长度 L 提高时，PSRR 会提高，试解释为什么 L 值的提高会使 PSRR 提高。

9.10　在 9.4 节的设计实例中，如果选用 n 阱电阻和多晶硅高阻 2kΩ 的电阻，试计算各个电阻的大小，并在仿真器中进行验证与调试。

9.11　在 9.4 节的设计实例中，采用了 ac 仿真 PSRR 的方法检测基准电流值随电源电压变化的情况。也可以采用直流仿真方法来检测基准电流随电源电压变化的情况，即在 dc 仿真中，电源电压从 0V 变化至 5V，观察基准电流的变化情况，完成此项仿真任务。

9.12　如果要设计一个基准电流为 1μA 的三支路基准电流源，试计算 NMOS 和 PMOS 管的宽长比（提示：1μA 的基准

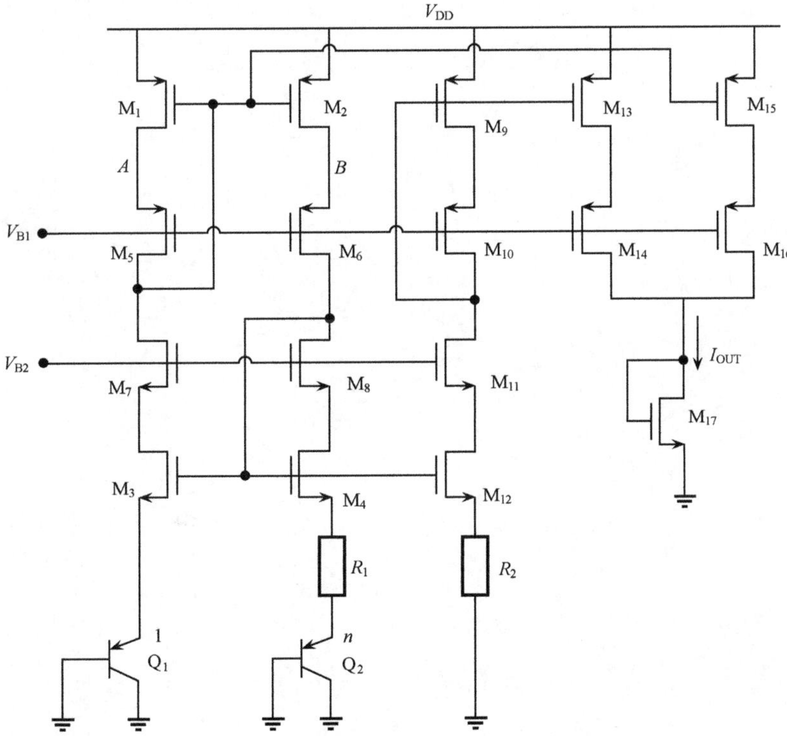

图 9-47

电流可以工作在饱和区 λ)。

9.13 用上题计算出的结果在仿真器里面设置参数，并进行仿真和直流工作点的验证，如果仿真结果与计算结果不符，进行参数的调节。

9.14 在题 9.9 的设计中，利用电阻的温度特性补偿基准电流的温度系数，并计算各个电阻的阻值和进行仿真。

9.15 仿真题 9.10 中所设计的基准电流的 PSRR。

参 考 文 献

[1] 毕查德·拉扎维．模拟 CMOS 集成电路设计．陈贵灿等译．西安：西安交通大学出版社，2003

[2] Sansen W M，Eynde，F O，Steyaert M. A CMOS temperature-compensated current reference. IEEE J. Solid-State Circuits，1988，23：821～824

[3] Jingmei Lu，Yi Wang，Nuo Xu et al. Temperature compensation in bootstrapped current reference source. IEEE. Electron Devices and Solid-State Circuits，2003，16～18：491～494

[4] 王忆，何乐年，严晓浪．温度补偿的 30nA CMOS 电流源及在 LDO 中的应用．半导体学报，2006，27(9)：1657～1662

[5] Allen P E，Holberg D R. CMOS 模拟集成电路设计．冯军等译．北京：电子工业出版社，2006

第 10 章　模数转换电路

虽然自然世界是一个模拟信号的世界，但是现代信号处理技术的发展依赖于超大规模集成电路的高速发展，特别是像 DSP 这样的数字信号处理核心。因此，一个精确的模拟到数字(ADC)或从数字到模拟(DAC)的转换电路是现代电子系统不可或缺的。

10.1　开关电容电路

在 20 世纪 70 年代以前，模拟信号只局限于用电阻、电容、MOS 管、三极管和放大器等组成连续时间电路。随后，在标准 CMOS 工艺发展的支持下，开关电容电路得到了显著的发展，成为常用的一种数据采样技术。我们知道，对一个信号的描述在时域上是利用信号的频率和幅值为特性。在时间上，信号可以分为连续信号和离散信号。在幅值上，也可以分为连续信号和离散信号。数字信号处理中的“0”和“1”就是在幅值上离散的信号，而开关电容中处理的信号在幅值上是连续的。

10.1.1　采样开关电路[1,2]

我们知道，一个 MOS 管在大信号工作情况，利用导通或者截止的特性，本身就可以等效为一个最简单的开关。用一个 MOS 管和电容就可以构成一个简单的采样保持电路，如图 10-1 所示。

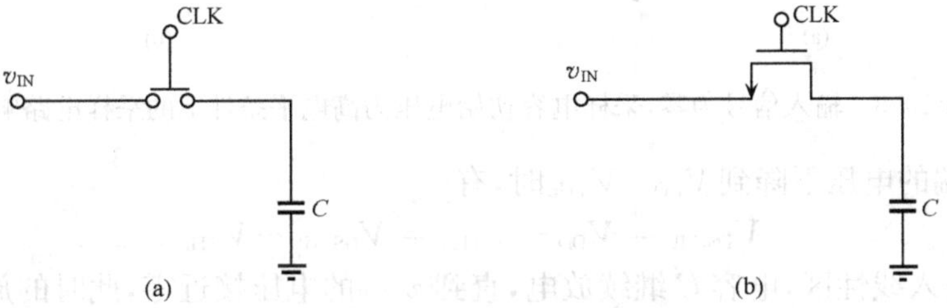

图 10-1　简单采样电路和 MOS 开关

所谓采样，就是在一个时钟周期内输入信号通过开关对负载电容充放电，使电容上的电压值在时钟有效期结束时刻和输入信号值电压相同。一个理想的采样电路的工作波形如图 10-2 所示。由于理想开关的导通电阻为 0，闭合电阻无穷大，因此电容的充放电不存在驱动开关过程。只要开关一打开，电容上的电压立即跟随输入信号变化。虽然我们知道这在实际情况中是不可能发生的，但图 10-2 的波形有助于我们理解采样的过程和分析实际开关电路中会遇到的各种非理想效应。

如图 10-1 所示，在实际电路中，通常使用 CMOS 管来实现采样开关。下面通过三种简单的情况，来理解采样电路是如何对输入信号进行采样的。

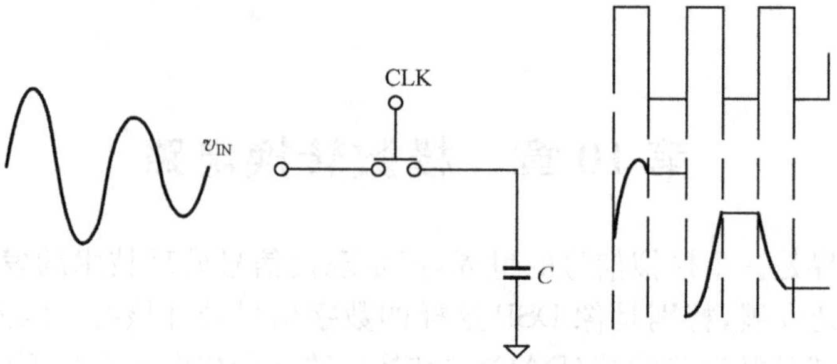

图 10-2　理想开关采样波形

图 10-3 给出了输入信号为零，采样电容初始电压为高电平条件下的采样电路响应，假设开关 NMOS 管 M_1 栅端的时钟信号在 t_0 时刻由低电平变为高电平，从而将 M_1 管导通，闭合了开关。在 t_0 时刻，M_1 的栅端和漏端电压为 V_{DD}，源端电压为 0，因此 M_1 管工作在饱和区。忽略二级效应，电容 C 的放电电流为

$$I_D = \frac{1}{2}\mu_n C_{ox}\left(\frac{W}{L}\right)_{M1}(v_{OUT} - V_{THn})^2 \tag{10-1}$$

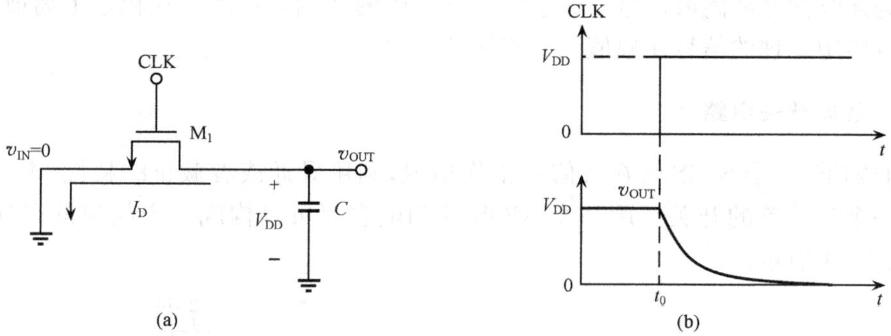

图 10-3　输入信号为零，采样电容初始电压为高电平条件下的采样电路响应

当 v_{OUT} 端的电压下降到 $V_{DD} - V_{THn}$ 时，有

$$V_{DS,M1} = V_{DD} - V_{THn} = V_{GS,M1} - V_{THn} \tag{10-2}$$

因此 M_1 管进入线性区，电容 C 继续放电，直到 v_{OUT} 的电压接近零，此时的放电电流为

$$I_D = \mu_n C_{ox}\left(\frac{W}{L}\right)_{M1}\left[(V_{DD} - V_{THn})v_{OUT} - \frac{1}{2}v_{OUT}^2\right] \tag{10-3}$$

注意，当 $v_{OUT} \ll 2(V_{DD} - V_{THn})$ 时，M_1 管进入到深度线性区，电容 C 的放电电流为

$$I_D = \mu_n C_{ox}\left(\frac{W}{L}\right)_{M1}(V_{DD} - V_{THn})v_{OUT} \tag{10-4}$$

此时 M_1 管可以看成一个电阻，其阻值为

$$R_{ON} = \frac{1}{\mu_n C_{ox}\left(\frac{W}{L}\right)_{M1}(V_{DD} - V_{THn})} \tag{10-5}$$

下面考虑相反的情况，即输入信号为高电平，采样电容初始电压为零条件下的采样电路响应，假设开关 NMOS 管 M_1 栅端的时钟信号在 t_0 时刻由低电平变为高电平，从而将

M_1 管导通,闭合了开关。电路图和响应结果如图 10-4 所示。

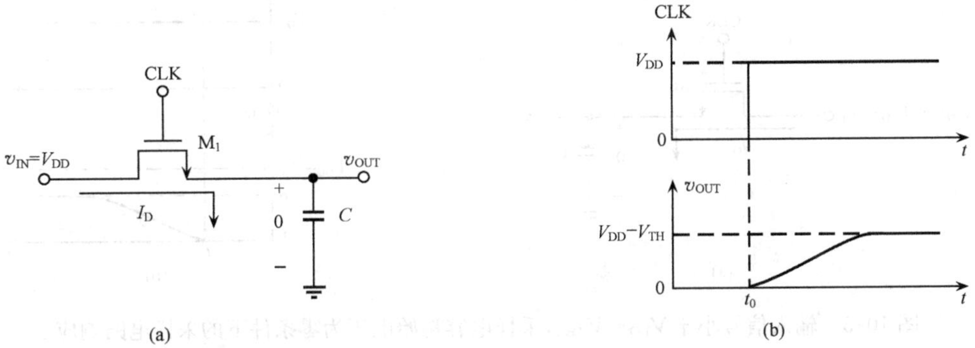

图 10-4　输入信号为高电平,采样电容初始电压为零条件下的采样电路响应

因为 v_{IN}端的电压比 v_{OUT}端的电压高,因此电流从 v_{IN}端流向 v_{OUT}端。对于 NMOS 管 M_1 而言,在此电流方向下,和电容 C 相连的一端是 NMOS 管的源端。因为 M_1 管的栅端和漏端都有相同的电位,因此 M_1 管一直工作在饱和区。根据电容两端电压和充放电电流的关系,忽略了所有二级效应后得到

$$C\frac{dv_{OUT}}{dt}=I_D=\frac{1}{2}\mu_n C_{ox}\left(\frac{W}{L}\right)_{M1}(V_{DD}-v_{OUT}-V_{THn})^2 \tag{10-6}$$

上式可改写为

$$\frac{dv_{OUT}}{(V_{DD}-v_{OUT}-V_{THn})^2}=\frac{1}{2}\mu_n C_{ox}\left(\frac{W}{L}\right)_{M1}dt \tag{10-7}$$

等号两边积分,得到

$$\left.\frac{1}{(V_{DD}-v_{OUT}-V_{THn})}\right|_0^{v_{OUT}}=\frac{1}{2}\mu_n\frac{C_{ox}}{C}\left(\frac{W}{L}\right)_{M1}t\Big|_0^t \tag{10-8}$$

因为电容两端的初始电压为 0,因此在 $t=0$ 时刻,$v_{OUT}=0$,从式(10-8)得到

$$v_{OUT}=V_{DD}-V_{THn}-\frac{1}{\frac{1}{2}\mu_n\frac{C_{ox}}{C}\left(\frac{W}{L}\right)_{M1}t+\frac{1}{V_{DD}-V_{THn}}} \tag{10-9}$$

从式(10-9)可以看出,当 $t\to\infty$时,$v_{OUT}\to V_{DD}-V_{THn}$。这是因为当 v_{OUT}接近 $V_{DD}-V_{THn}$时,M_1 管的过驱动电压接近零,使得电容 C 的充电电流可以忽略不计。当然,考虑二级效应,当 v_{OUT}接近 $V_{DD}-V_{THn}$时,M_1 管会先进入亚阈值区,还会传输亚阈值电流对电容 C 充电,如果时间足够长,那么 v_{OUT}的值最终还是会达到 V_{DD}。但是在一般的采样频率下,v_{OUT}是不会超过 $V_{DD}-V_{THn}$的。

假如输入电压 $v_{IN}=a$,并且小于 $V_{DD}-V_{THn}$,采样电容初始电压为零条件下的采样电路响应。电路图和响应结果如图 10-5 所示。

在图 10-5 中,M_1 管的栅源电压和漏源电压的差值为

$$\begin{aligned}V_{GS,M1}-V_{DS,M1}&=(V_{DD}-v_{OUT})-(v_{IN}-v_{OUT})\\&=V_{DD}-v_{IN}>V_{THn}\end{aligned} \tag{10-10}$$

由式(10-10)可以看出,当输入电压小于 $V_{DD}-V_{THn}$时,M_1 管一直工作在线性区。那么根据上文的分析,电容 C 将被充电,从而使得 v_{OUT}接近 a。当 $v_{OUT}\approx a$ 时,M_1 管等效为导通

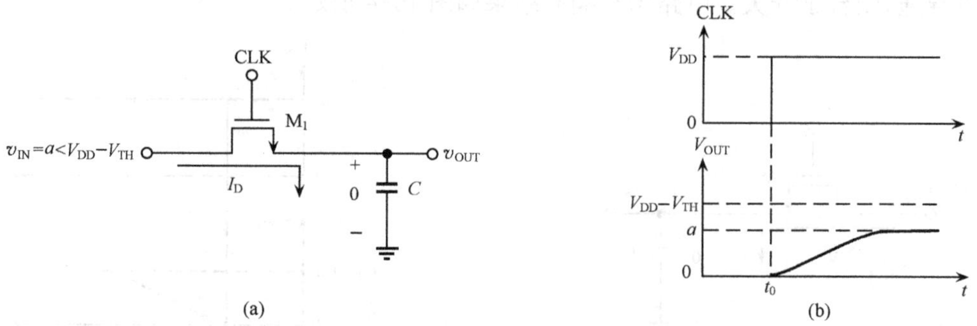

图 10-5　输入信号小于 $V_{DD}-V_{THn}$，采样电容初始电压为零条件下的采样电路响应

电阻，其阻值为

$$R_{ON}=\frac{1}{\mu_n C_{ox}\left(\frac{W}{L}\right)_{M1}(V_{DD}-v_{IN}-V_{THn})} \tag{10-11}$$

根据式(10-11)可以得到采样电压稳定时，NMOS 管的导通电阻，图 10-6 给出了不同输入电压下，NMOS 管的导通电阻。可以发现，当输入电压接近 $V_{DD}-V_{THn}$ 时，NMOS 管的导通电阻迅速增大，从而增大了采样电路的时间常数($R_{ON}C$)，进而降低了电路的响应速度。

因此为了保证采样电路的速度，必须使得作为开关的 MOS 管有较小的导通电阻。在图 10-1 中的采样电路中，为了满足这一要求，将严重限制输入电压的摆幅。为了在采样电路中，获得较大的电压摆幅，我们注意到 PMOS 管在输入电压很大的正电压时，有较小的导通电阻，如图 10-7 所示[1]。因此我们采用 CMOS 互补开关，就可以在保证较小的导通电阻的前提下获得更大的输入摆幅。

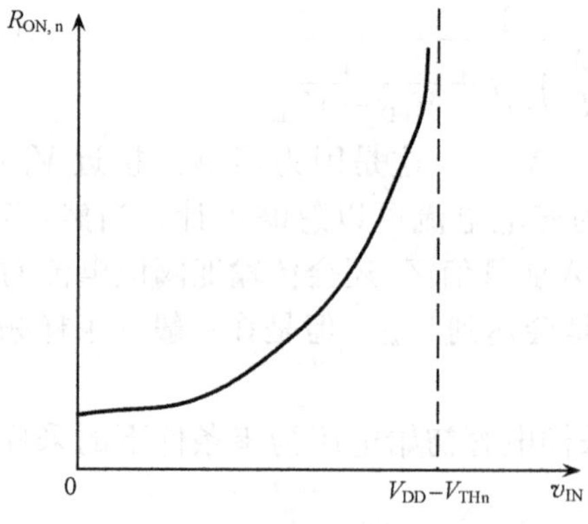

图 10-6　NMOS 管的导通电阻

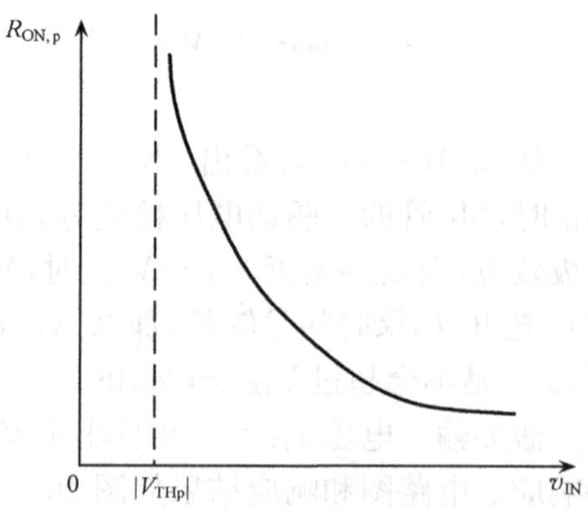

图 10-7　PMOS 管的导通电阻

互补开关电容采样电路如图 10-8 所示。除了使用 CMOS 管以外，该电路还需要互补时钟。该电路产生的导通电阻为

$$R_{ON}=R_{ON,n}\,/\!/\,R_{ON,p}$$

$$= \frac{1}{\mu_n C_{ox}\left(\frac{W}{L}\right)_n (V_{DD} - v_{IN} - V_{THn})} \,/\!/\, \frac{1}{\mu_p C_{ox}\left(\frac{W}{L}\right)_p (v_{IN} - |V_{THp}|)}$$

$$= \frac{1}{\mu_n C_{ox}\left(\frac{W}{L}\right)_n (V_{DD} - V_{THn}) - \left[\mu_n C_{ox}\left(\frac{W}{L}\right)_n - \mu_p C_{ox}\left(\frac{W}{L}\right)_p\right] v_{IN} - \mu_p C_{ox}\left(\frac{W}{L}\right)_p |V_{THp}|} \tag{10-12}$$

式中最有意义的是，如果 $\mu_n C_{ox}(W/L)_n = \mu_p C_{ox}(W/L)_p$，那么导通电阻 R_{ON} 将和输入电压 v_{IN} 无关。图 10-9 给出了互补开关的导通电阻随输入电压变化的曲线，可以看出就单管开关而言，互补开关导通电阻的变化要小很多。

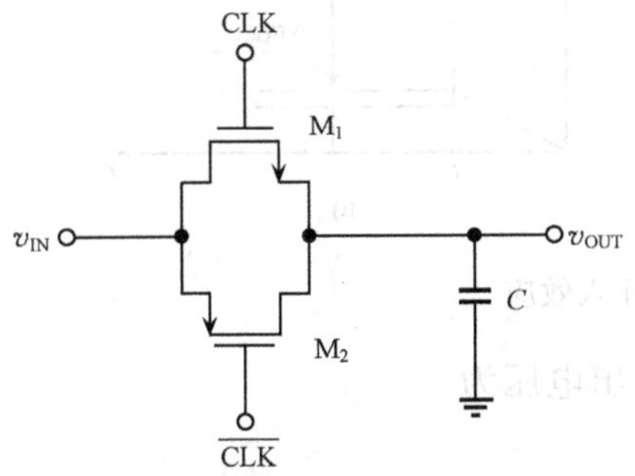

图 10-8　互补开关电容采样电路

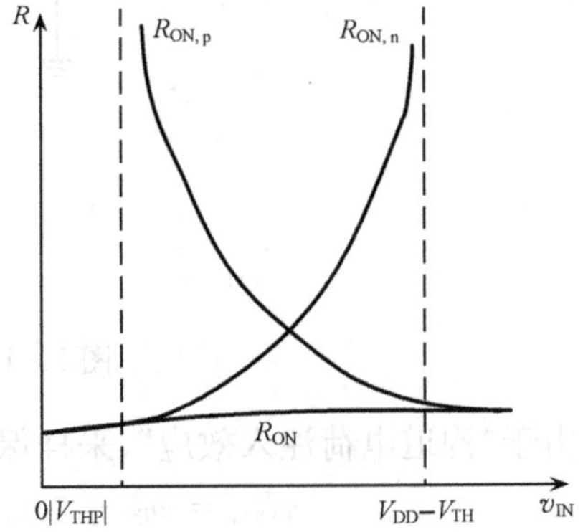

图 10-9　互补开关的导通电阻

10.1.2　沟道电荷注入效应[1]

当 MOS 管的栅源电压 V_{GS} 大于阈值电压 V_{TH} 时，会在栅氧化层和硅的界面间产生电荷沟道，将 MOS 管导通。对于 NMOS 管，沟道由负电荷构成；对于 PMOS 管，沟道由正电荷构成，沟道中的电荷数为

$$Q_{ch} = WLC_{ox}(V_{GS} - V_{TH}) \tag{10-13}$$

对于图 10-1 由 NMOS 管和电容构成的采样电路中，当 CLK 处于高电平，将 NMOS 管导通，进行信号采样时，在 NMOS 管的栅氧化层和硅界面间将形成由负电荷构成的沟道。假设 $v_{IN} \approx v_{OUT}$，NMOS 管中的沟道电荷为

$$Q_{ch} = WLC_{ox}(V_{DD} - v_{IN} - V_{THn}) \tag{10-14}$$

当 CLK 处于低电平时，NMOS 管关断，导电沟道消失，但是由于电荷守恒定理，形成沟道的负电荷不能凭空消失，而是通过 NMOS 管的源端和漏端流出。这种现象被称为“沟道电荷注入效应”。假设通过源端和漏端流出的电荷数相等，对于图 10-1 中的 NMOS 管，从左边端口流出的电荷会被信号源吸收，而从右边端口流出的电荷将沉积在采样保持电容 C 上，这样就影响了电容 C 上的电荷总量，从而改变了电容 C 上保持的采样电压。由于“沟道电荷注入效应”引起的输出电压误差为

$$\Delta v_{OUT} = \frac{WLC_{ox}(V_{DD} - v_{IN} - V_{THn})}{2C} \tag{10-15}$$

图 10-10 展示了“沟道电荷注入效应”对开关电容采样保持电路采样精度的影响。

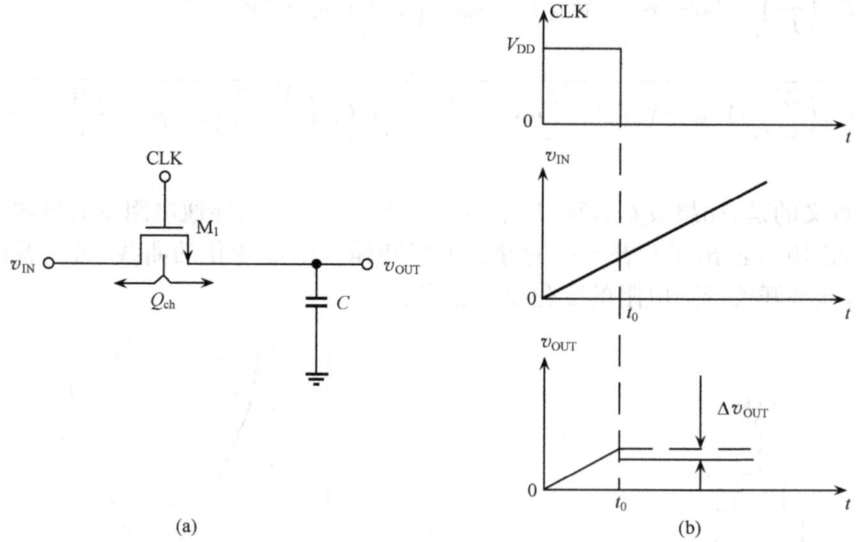

图 10-10 沟道电荷注入效应

由于“沟道电荷注入效应”，采样保持电路的输出电压为

$$\begin{aligned} v_{\mathrm{OUT}} &= v_{\mathrm{IN}} - \Delta v_{\mathrm{OUT}} \\ &= v_{\mathrm{IN}} - \frac{WLC_{\mathrm{ox}}(V_{\mathrm{DD}} - v_{\mathrm{IN}} - V_{\mathrm{THn}})}{2C} \\ &= v_{\mathrm{IN}}\left(1 + \frac{WLC_{\mathrm{ox}}}{2C}\right) - \frac{WLC_{\mathrm{ox}}}{2C}(V_{\mathrm{DD}} - V_{\mathrm{THn}}) \end{aligned} \tag{10-16}$$

从式(10-16)可以看出，“沟道电荷注入效应”对输出电压的影响有两个方面：非单位增益，$1+WLC_{\mathrm{ox}}/C$；固定的失调电压，$WLC_{\mathrm{ox}}(V_{\mathrm{DD}}-V_{\mathrm{TH}})/C$。因为这两种误差都是线性的，因此在许多设计中，这两个误差都可以允许或者修正。但是在前面的分析中，都默认阈值电压 V_{TH} 是一个常数，然而对于一般的 n 阱 CMOS 工艺，NMOS 管的体效应是必须考虑的。对于体效应 V_{TH} 为

$$V_{\mathrm{TH}} = V_{\mathrm{TH0}} + \gamma\left(\sqrt{|2\phi_{\mathrm{B}} + V_{\mathrm{SB}}|} - \sqrt{|2\phi_{\mathrm{B}}|}\right) \tag{10-17}$$

因为在 n 阱工艺中，NMOS 管的衬底都是接地的，因此在图 10-1 所示的开关电容采样保持电路中，有

$$V_{\mathrm{SB}} = V_{\mathrm{IN}} \tag{10-18}$$

因此得到[1]

$$\begin{aligned} V_{\mathrm{OUT}} &= v_{\mathrm{IN}} - \frac{WLC_{\mathrm{ox}}}{2C}\left[V_{\mathrm{DD}} - v_{\mathrm{IN}} - V_{\mathrm{TH0}} - \gamma\left(\sqrt{|2\phi_{\mathrm{B}} + v_{\mathrm{IN}}|} - \sqrt{|2\phi_{\mathrm{B}}|}\right)\right] \\ &= v_{\mathrm{IN}}\left(1 + \frac{WLC_{\mathrm{ox}}}{2C}\right) + \gamma\frac{WLC_{\mathrm{ox}}}{2C}\sqrt{|2\phi_{\mathrm{B}} + v_{\mathrm{IN}}|} \\ &\quad - \frac{WLC_{\mathrm{ox}}}{2C}\left(V_{\mathrm{DD}} - V_{\mathrm{TH0}} + \gamma\sqrt{|2\phi_{\mathrm{B}}|}\right) \end{aligned} \tag{10-19}$$

可以看出，当考虑了体效应后，“沟道电荷注入效应”对输出电压造成的误差中包含和输入电压呈非线性关系的量。这种非线性关系在大多数系统中是不允许的，并不能得到修正。

因此，减小和消除“沟道电荷注入效应”是使用开关电容时需要考虑的一个重要问题。这里可以给出两种减小电荷注入效应的常用电路结构。

图 10-11 是一个利用互补 CMOS 传输门做开关管。这种开关有两个好处：

(1) 由于 NMOS 管具和 PMOS 管互补的传递特性，可以有效地减小在电压传递过程中的阈值损失。

(2) 由于在 NMOS 管沟道中的自由电荷是电子，在 PMOS 管中的沟通电荷是空穴，那么两种电荷如果同时发生电荷注入，就可以很大程度上相互抵消。所以，设计时应当使两个管子的沟道电荷相同，即

$$\begin{aligned} Q_p &= W_p L_p C_{ox}(v_{IN} - |V_{THp}|) = Q_n \\ &= W_n L_n C_{ox}(v_{CLK} - v_{IN} - V_{THn}) \end{aligned} \tag{10-20}$$

图 10-12 是一个差分结构的采样电路。可以想像，如果两个开关管都发生电荷注入效应，由于是相同的管子，那么电荷注入效应的抵消应该要比互补结构要好。但是，这种差分结构的问题在于前面分析过电荷注入效应并不是输入电压 v_{IN} 的线性误差。因此，由于差分输入 v_{IN1} 和 v_{IN2} 之间本身就具有差别，这种电荷抵消不可能全部消除。不过，需要注意该电路对非线性误差的消除仅限于偶次方项。对这个概念的理解，可以简单地认为首先差动电路是具有“奇对称”特性。也就是说，如果将非线性误差按泰勒展开，即

$$y(t) = a_0 + a_1 \cdot x(t) + a_2 \cdot x^2(t) + a_3 \cdot x^3(t) + \cdots \tag{10-21}$$

那么所有偶次系数项将被消掉。当然具体的电路分析计算过程其实比较复杂。

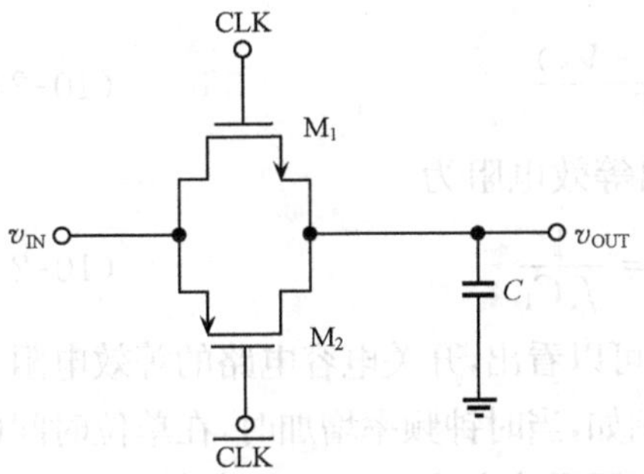

图 10-11　互补开关电容采样电路

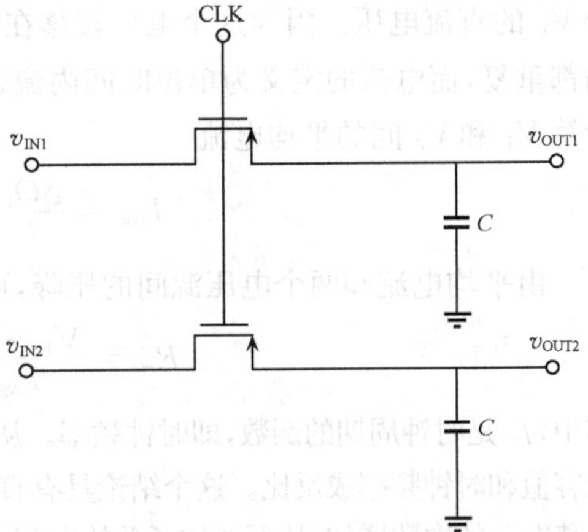

图 10-12　差分开关电容采样电路

10.1.3　开关电容的等效电阻

1. 并联开关电容等效电阻

开关电容电路除了用来采样以外，还被大量地用来替代电路中的电阻器件，从而提高

电路的精度。下面,我们先介绍开关电容的等效电阻,接着分析开关电容电路对电路时间常数精度的影响。

考虑图 10-13 中的开关电容电路[2],该电路由两个独立直流电压源 V_1 和 V_2,两个受控开关 S_1 和 S_2,以及一个电容 C_1 构成。开关 S_1 和 S_2 受时钟波形控制。当时钟波形为 1 时,开关闭合;当时钟波形为 0 时开关断开。两个时钟信号为 ϕ_1 和 ϕ_2,如图 10-14 所示。注意,ϕ_1 和 ϕ_2 不会同时为 1,这样的时钟称为非重叠时钟。在图 10-14 中时钟波形的周期为 T,每个时钟宽度略小于 $T/2$。

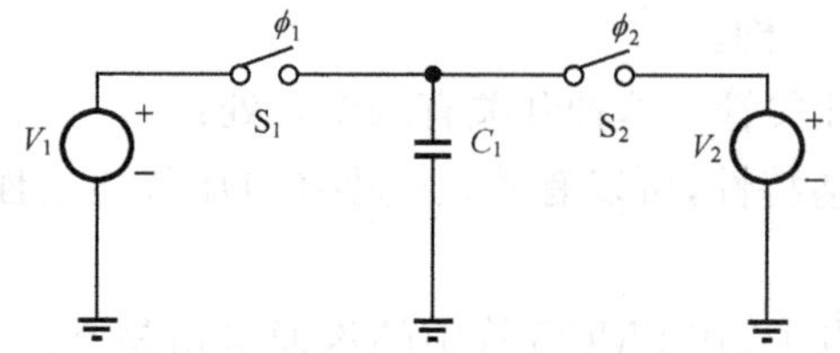

图 10-13 并联开关电容等效电阻

利用电荷的概念来分析该电路,对于一个电容器,它极板上的电荷 Q 等于电容器的容值 C 和两极板间的压降 V 的乘积,即

$$Q = C \cdot V \tag{10-22}$$

因为时钟波形 ϕ_1 和 ϕ_2 是不重叠的,因此在每个时钟周期内电容 C_1 先和电压源 V_1 相连,然后再和电压源 V_2 相连。假设电压源是理想的,并在时钟周期内保持稳定,即当电容和电压源相连时,被瞬间充电到电源电压。因此在一个时钟周期内,从电压源 V_1 转移到电压源 V_2 的电荷

$$\Delta Q_1 = C_1(V_1 - V_2) \tag{10-23}$$

其中,C_1 是电容的容值,V_1 和 V_2 分别是电压源 V_1 和 V_2 的直流电压。因为这个电荷转移在每个周期内都重复,而电流的定义为单位时间内流过电荷数,因此可以利用 ΔQ_1 和时钟周期 T 来计算 V_1 和 V_2 间的平均电流

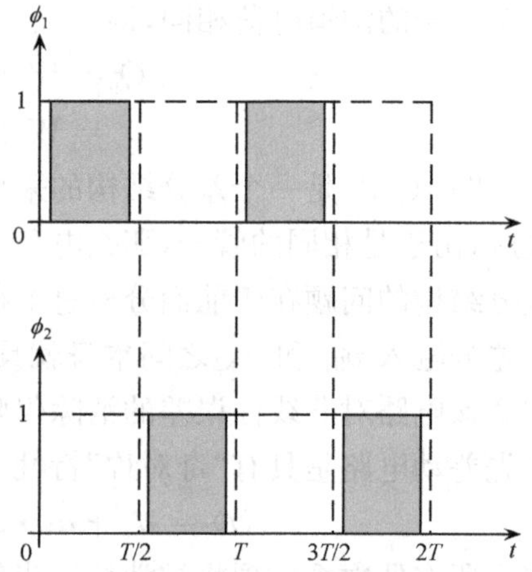

图 10-14 典型的两相非重叠时钟

$$I_{\text{avg}} = \frac{\Delta Q_1}{T} = \frac{C_1(V_1 - V_2)}{T} \tag{10-24}$$

由平均电流和两个电压源间的压降,可以计算出等效电阻为

$$R_{\text{eq}} = \frac{V_1 - V_2}{I_{\text{avg}}} = \frac{T}{C_1} = \frac{1}{f_c C_1} \tag{10-25}$$

其中,f_c 是时钟周期的倒数,即时钟频率。从式(10-25)可以看出,开关电容电路的等效电阻与电容值和时钟频率成反比。这个结论具有直观意义。例如,当时钟频率增加时,在单位时间内转移电荷的次数增加,从而增加了总的电荷转移量,提高了平均电流,即减小了等效电阻;当电容增大时,每次转移的电荷也随之提高,从而增大了平均电流,即减小了等效电阻。

下面研究用开关电容电路替代电阻器件对电路时间常数精度的影响。

图 10-15 给出了一个简单的低通滤波器。该滤波器的传递函数为

$$H(s) = \frac{1}{1 + R_1 C_1 \cdot s} = \frac{1}{1 + \tau_c \cdot s} \tag{10-26}$$

其中

$$\tau_C = R_1C_1 \tag{10-27}$$

τ_C 称为电路的时间常数，它的精度影响信号处理电路的频率和时间的精度。τ_C 的精度可以表达为

$$\frac{d\tau_C}{\tau_C} = \frac{dR_1}{R_1} + \frac{dC_1}{C_1} \tag{10-28}$$

在标准 CMOS 工艺中，由于工艺偏差，电阻值最大会产生±20%的变化，因此 τ_C 的精度在 5%～20%变化。这种精度对大多数信号处理系统是不够用的。

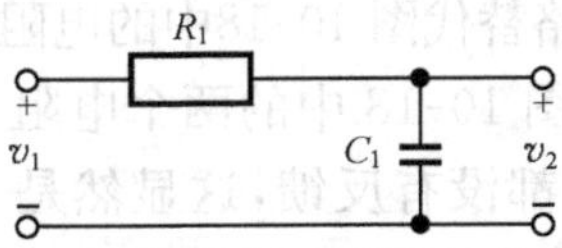

图 10-15　连续时间一阶低通电路

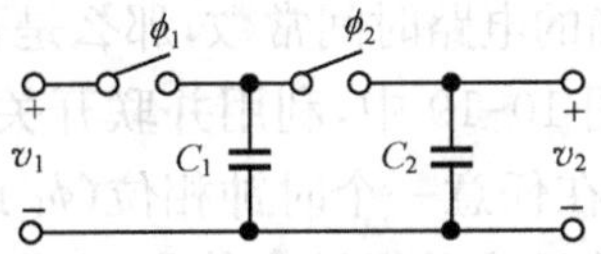

图 10-16　开关电容的低通滤波器

现在用图 10-13 中的开关电容电路代替图 10-15 中的电阻，得到图 10-16 所示的电路结构。如果定义这种电路的时间常数为 τ_D，那么有

$$\tau_D = \left(\frac{T}{C_1}\right)C_2 = \left(\frac{1}{f_c C_1}\right)C_2 \tag{10-29}$$

因此 τ_D 的精度可以表示为

$$\frac{d\tau_D}{\tau_D} = \frac{dC_2}{C_2} - \frac{dC_1}{C_1} - \frac{df_c}{f_c} \tag{10-30}$$

式(10-30)说明，采用开关电容电路后，时间常数的精度等于电容 C_1 和电容 C_2 的相对精度及时钟频率的精度。由于在标准 CMOS 工艺中，电容 C_1 和 C_2 是采用相同工艺步骤制造的，因此它们具有相近的精度，假设时钟频率是完全准确的，则 τ_D 的精度可以小到 0.1%。这种精度对于大多数信号处理都是足够的，这也是开关电容电路广泛运用的一个原因。

2. 串联开关电容等效电阻

类似图 10-13 中的并联开关电容等效电阻电路，图 10-17 给出了一种串联结构的开关电容等效电阻。除了电容的连接方式，图 10-17 中所有器件设置和图 10-13 中一致。

在 ϕ_1 相位，开关 S_1 闭合，开关 S_2 断开，电容 C_1 两极板被短接，使得极板上的电荷被中和，进而电容 C_1 两极板上的电荷为 0。在 ϕ_2 相位，开关 S_1 断开，开关 S_2 闭合，使得电容 C_1 被连接到电压源 V_1 和 V_2 之间。此时电容 C_1 两极板间的压降为 $V_1 - V_2$，即电容从电流源处获得的电荷为

$$\Delta Q_1 = C_1(V_1 - V_2) \tag{10-31}$$

因为在下一个周期内，随着开关 S_1 的闭合，以及开关 S_2 的断开，电容 C_1 两极板上的电荷再次清零，所以在每一个时钟周期内，都有 ΔQ_1 的电荷从电压源 V_1 转移到电压源 V_2。根据上文的分析，可以计算出串联开关电容的等效电阻为

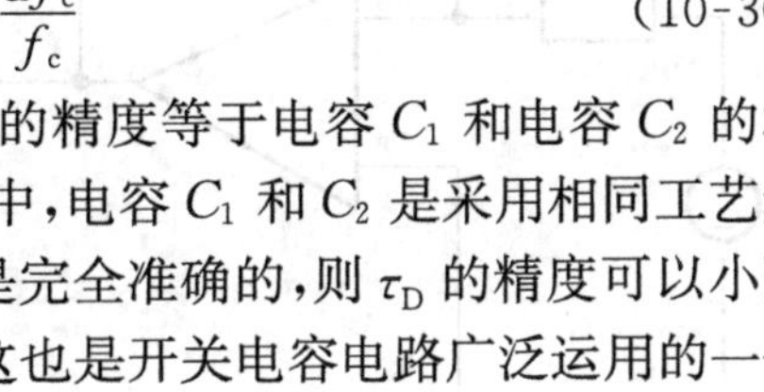

图 10-17　串联开关电容等效电阻

$$R_{eq}=\frac{V_1-V_2}{I_{avg}}=\frac{T}{C_1}=\frac{1}{f_c C_1} \tag{10-32}$$

可以看出,并联开关电容电路和串联开关电容电路的等效电阻是一样的。

10.1.4 开关电容放大器

在第 5 章中,介绍了利用电阻反馈网络和运算放大器构成的放大电路。图 10-18给出了一个连续时间反相放大电路。在 10.1.3 节分析了利用开关电容电路可以比使用电阻获得更精确的电路时间常数,那么是否可以利用开关电容电路替代图 10-18中的电阻呢?

在图 10-19 中,利用并联开关电容模拟电阻,替代了图 10-18 中的两个电阻。但是可以发现,在任意一个时钟相位(ϕ_1 或 ϕ_2)上,运算放大器上都没有反馈,这显然是不希望出现的。并且这种设计会使得运算放大器的输出端在 ϕ_2 相位周期时不确定。对于这个问题,将电容 C_2 改为串联方式,根据 10.1.3 节中的分析,这并不影响等效电阻的阻值,并且使串联开关电容的 ϕ_2 开关在整个周期内闭合,即省略这个开关。修改后的电路结构如图 10-20所示。

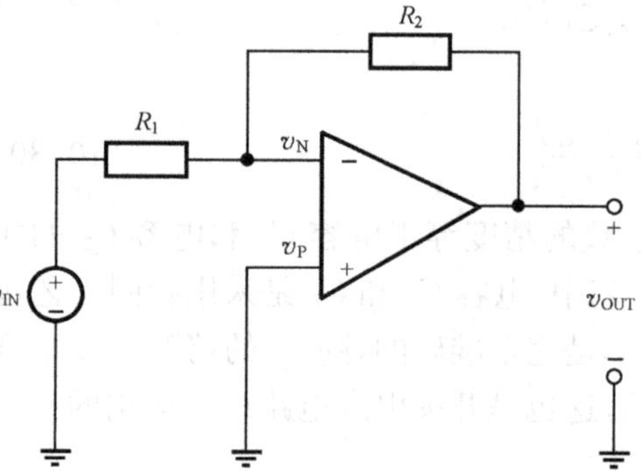

图 10-18　连续时间反相放大电路

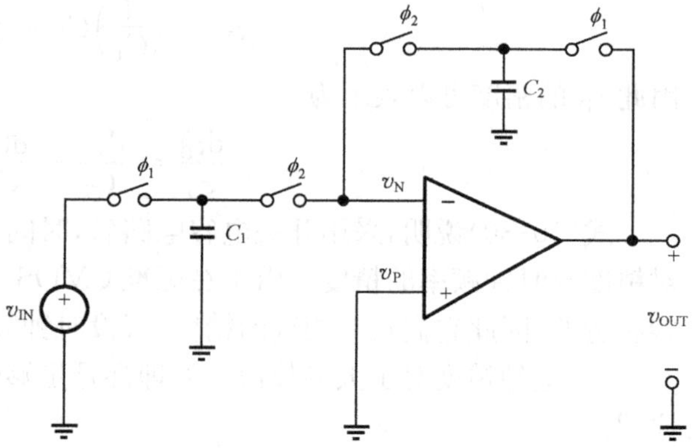

图 10-19　采用并联模拟电阻的开关电容放大器

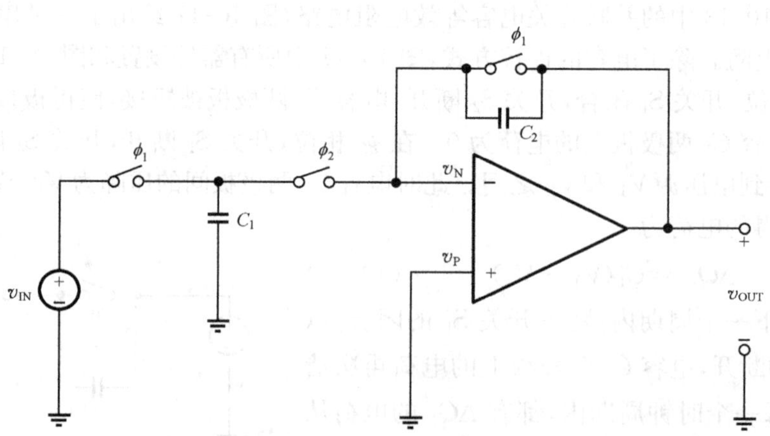

图 10-20　采用串联模拟电阻的开关电容放大器

在第5章给出了图10-18中所示运算放大器电路的输入-输出关系为

$$v_{OUT}=-\frac{R_2}{R_1}v_{IN} \tag{10-33}$$

利用10.1.3节中得到的开关电容的等效电阻，可以得到图10-20所示运算放大器电路的输入-输出关系为

$$v_{OUT}=-\frac{1/(f_cC_2)}{1/(f_cC_1)}v_{IN}=-\frac{C_1}{C_2}v_{IN} \tag{10-34}$$

下面从电荷转移的角度来验证式(10-34)。在 ϕ_1 相位，图10-20的等效电路如图10-21所示。

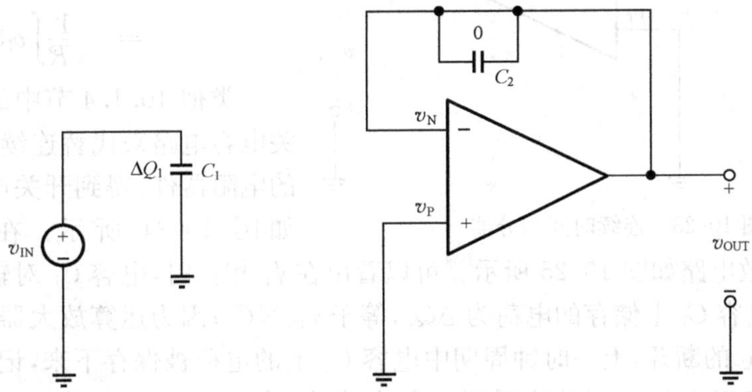

图10-21　ϕ_1 相位时图10-20的等效电路

可以看出在 ϕ_1 相位时，电容 C_1 对输入电压采样，采样完成后，电容 C_1 上储存的电荷为 ΔQ_1，等于 $v_{IN}\times C_1$；电容 C_2 两极板被短接，极板上的电荷清零；运算放大器的输出端和反向输入端短接，形成单位增益负反馈结构，输出电压等于运算放大器正向输入端的电压，即为零。在 ϕ_2 相位时，图10-20的等效电路如图10-22所示。

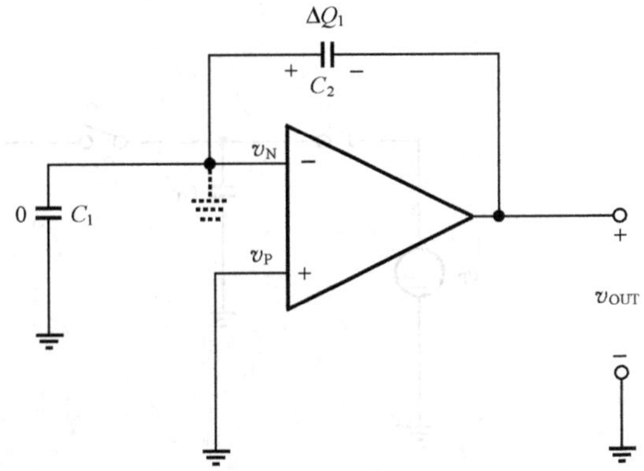

图10-22　ϕ_2 相位时图10-20的等效电路

因为运算放大器的“虚短”概念，运算放大器的反向输入端“虚地”，因此电容 C_1 上的压降为零，即电容 C_1 的极板上没有电荷。由于电荷守恒定理，电容 C_1 在 ϕ_1 相位时储存的电荷 ΔQ_1 不可能消失，并且由于CMOS运算放大器的输入阻抗很大，因此电荷 ΔQ_1 只能转移到电容 C_2 的极板上，如图10-22所示。因此电容 C_2 上的压降为

$$V_{C_2}=\frac{\Delta Q_1}{C_2}=\frac{v_{IN}C_1}{C_2} \tag{10-35}$$

运算放大器输出端电压为

$$v_{OUT}=v_N-V_{C_2}=0-\frac{C_1}{C_2}v_{IN}=-\frac{C_1}{C_2}v_{IN} \tag{10-36}$$

这和式(10-34)得到的结论一致。

10.1.5　开关电容积分器

积分器是很多信号处理系统中的重要组成部分,例如滤波器、过采样模数转换器等。在第 5 章中给出了连续时间积分器,如图 10-23 所示。当运算放大器增益很大时,它的输出电压可表示为

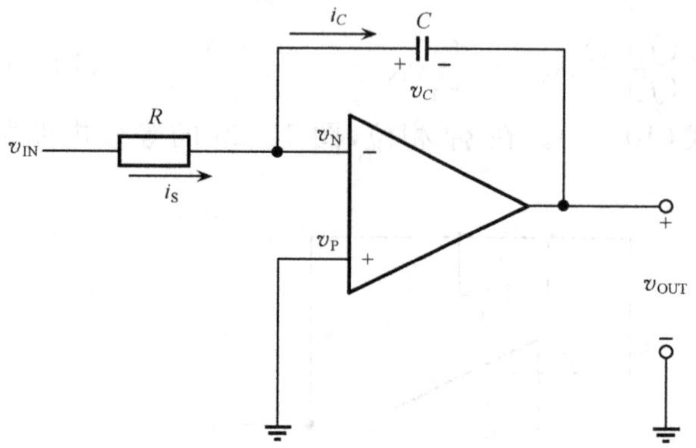

图 10-23　连续时间积分器

$$v_{OUT}=-v_C=-\frac{1}{C}\int\frac{v_{IN}}{R}dt$$

$$=-\frac{1}{CR}\int v_{IN}dt \qquad (10\text{-}37)$$

类似 10.1.4 节中的方法,使用开关电容电路来代替连续时间积分器中的电阻器件,得到开关电容积分器[1],如图 10-24 所示。在 ϕ_1 相位时,图 10-24的等效电路如图 10-25 所示。可以看出在 ϕ_1 相位时,电容 C_1 对输入电压采样,采样完成后,电容 C_1 上储存的电荷为 ΔQ_1,等于 $v_{IN}\times C_1$;因为运算放大器的输入阻抗很高,随着开关 S_2 的断开,上一时钟周期中电容 C_2 上的电荷被保存下来,记为 $Q_2(n-1)$,其中 $n-1$ 用来表示上一个时钟周期。在 ϕ_2 相位时,图 10-24 的等效电路如图 10-26 所示。

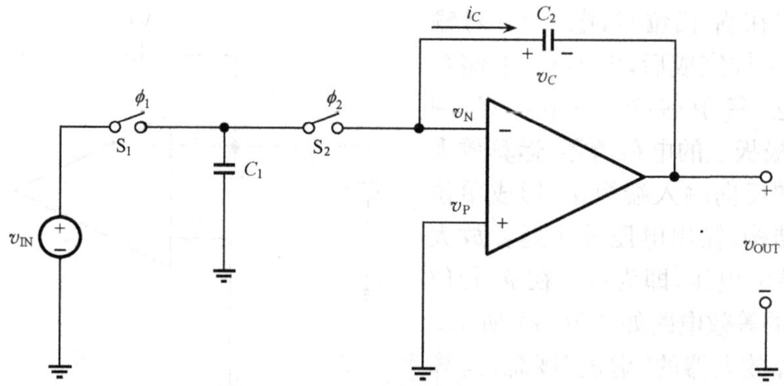

图 10-24　离散时间积分器

因为运算放大器的"虚短"概念,运算放大器的反向输入端"虚地",因此电容 C_1 上的压降为零,即电容 C_1 的极板上没有电荷。由于电荷守恒定理,电容 C_1 在 ϕ_1 相位时储存的电荷 ΔQ_1 不可能消失,并且由于 CMOS 运算放大器的输入阻抗很大,因此电荷 ΔQ_1 只能转移到电容 C_2 的极板上,因此电容 C_2 上的电荷为

$$Q_2(n)=Q_2(n-1)+\Delta Q_1 \qquad (10\text{-}38)$$

如图 10-25 所示。电容 C_2 上的压降为

$$V_{C_2}(n)=\frac{Q_2(n-1)+\Delta Q_1}{C_2}$$

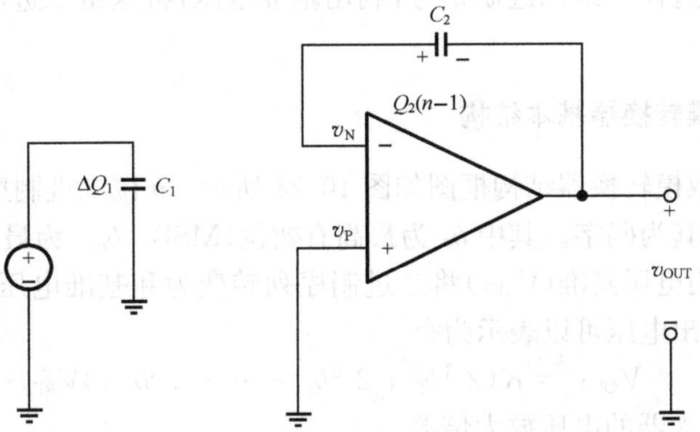

图 10-25　ϕ_1 相位时图 10-24 的等效电路

$$= V_{C_2}(n-1) + \frac{v_{IN}C_1}{C_2} \tag{10-39}$$

运算放大器输出端电压为

$$v_{OUT}(n) = v_N - V_{C_2}(n) = -V_{C_2}(n) = -V_{C_2}(n-1) - \frac{v_{IN}C_1}{C_2}$$

$$= v_{OUT}(n-1) - \frac{C_1}{C_2}v_{IN} \tag{10-40}$$

式(10-40)说明，在每个时钟周期后，输出电压在原来的基础上变化 $-(C_1/C_2)v_{IN}$，图 10-27给出了固定输入电压情况下，开关电容积分器的响应。如果把阶梯波用虚线近似，则电路呈现积分器性质。

图 10-26　ϕ_2 相位时图 10-24 的等效电路

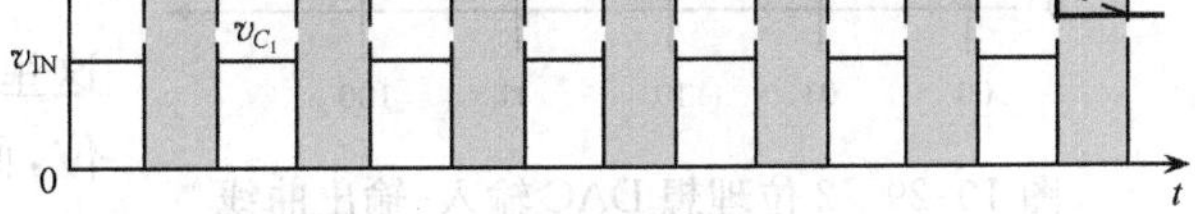

图 10-27　固定输入电压的电路响应

10.2　数模转换器原理和性能

数模转换器(digital-analog converter，DAC)是现代数字电路中重要的接口电路之一。在数字系统中，用到的是一系列用“0”，“1”这样的字符串所代表的离散电平量。

DAC 的输入正是这样一组二进制信号，利用基准电压，将这组二进制信号转化为等效的模拟信号。

10.2.1 理想数模转换器基本结构

一个理想的数模转换器结构框图如图 10-28 所示。n 位二进制序列$(b_0b_1b_2\cdots b_{n-1})$由数字电路提供，称其为码字。其中 b_0 为最高有效位(MSB)，b_{n-1}为最低有效位(LSB)。加权比较网络是利用电压基准(V_{REF})将二进制序列转变为和基准电压成比例的电压、电流或电荷值，那么输出电压可以表示为[3,4]

$$V_{OUT} = K(2^{-1}b_0 + 2^{-2}b_1 + \cdots + 2^{-n}b_{n-1})V_{REF} \quad (10\text{-}41)$$

其中，K 为输出放大器的电压放大倍数。

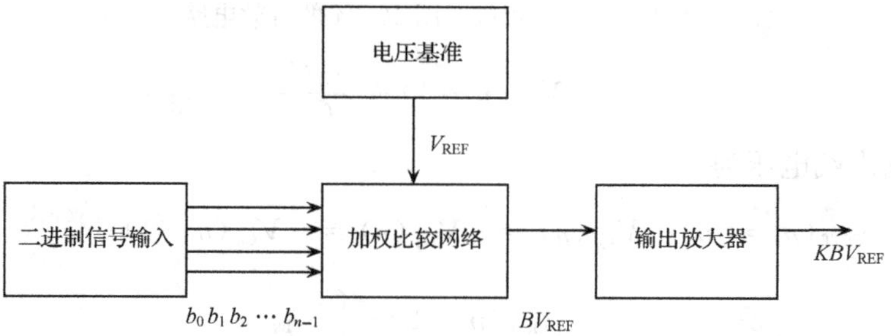

图 10-28 理想 DAC 结构图

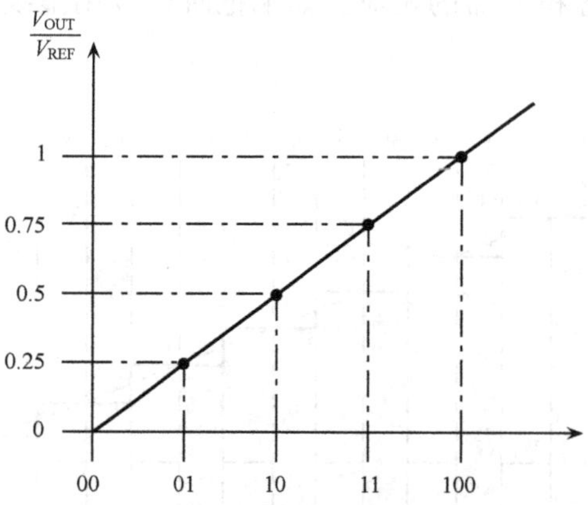

图 10-29 2 位理想 DAC 输入-输出曲线

图 10-28 中，

$$B = 2^{-1}\cdot b_0 + 2^{-2}\cdot b_1 + \cdots + 2^{-n}\cdot b_{n-1} \quad (10\text{-}42)$$

图 10-29 是一个 2 位理想 DAC 的输入-输出曲线，可以看出，实际上 DAC 的输出电压仍然是一系列离散值。每个离散值之间相差一个 LSB。可以定义一个 LSB 为

$$1\text{LSB} = \frac{V_{REF}}{2^n} \quad (10\text{-}43)$$

这里，LSB 不是代表二进制序列中的最后一位，而是一种用于衡量电压差的单位。

10.2.2 DAC 的基本静态特性[1~6]

1. 有限精度的 DAC 与量化噪声

在实际情况中，由于 DAC 的位数是有限的，因此，它的输出值是离散化的，不可能完全模拟出自然界中的连续信号。在图 10-30 中画出了一个有限精度的 DAC 输入-输出曲线和一个无限精度的 DAC 的输入-输出曲线。

在图10-30中，值得注意的是数字序列“00”对应的模拟量输出为0.125V。当然也可以安排“00”代表模拟量输出值为0V。两种安排的对比如图10-31所示。图10-31(b)中的赋值方法是将图10-31(a)中的赋值方法垂直移动0.5LSB后的结果。

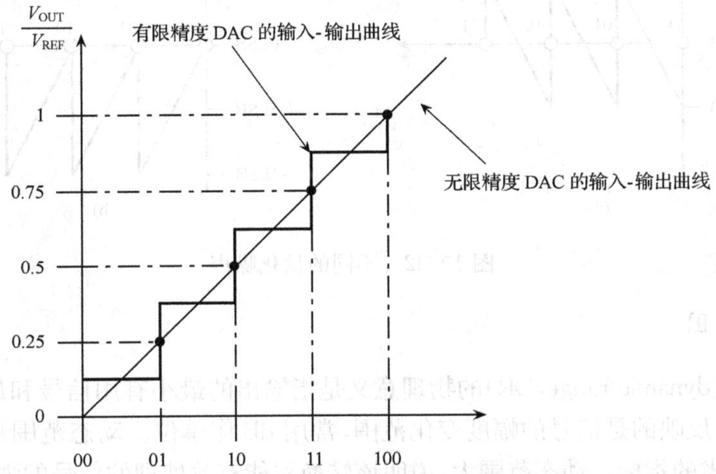

图10-30 有限精度DAC的输入-输出曲线

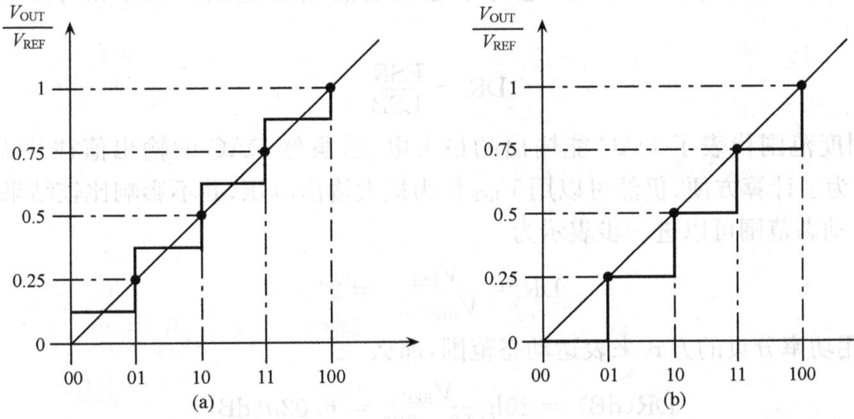

图10-31 不同赋值方法

图10-31中两种赋值方法的量化噪声是有区别的。所谓量化噪声，是指一个有限精度的转换器在模拟到数字或从数字到模拟的转化过程中存在固有的不确定性。对DAC来说，有限精度的DAC输出曲线和无限精度的DAC输出曲线之间的差值即为量化噪声。从图10-32中可以看出，第一种赋值方法的最大量化噪声为0.5LSB。而第二种方法的最大量化噪声为1LSB。因此，我们在实际电路设计中更趋向于采用第一种赋值方法。

量化噪声是由有限的DAC位数造成的，因此无法从电路结构上优化使它降低到0.5LSB以下。因此我们只需要将DAC的其他误差优化到0.5LSB以下即可，因为这些误差会被量化噪声所覆盖。

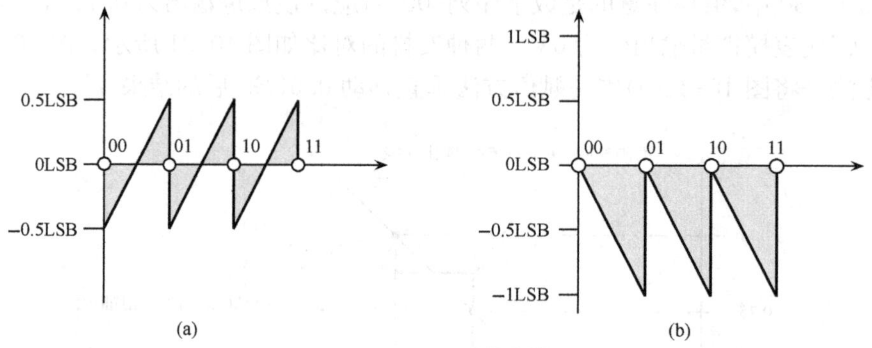

图 10-32 不同的量化噪声

2. 动态范围

动态范围(dynamic range,DR)的物理意义是指输出的最小有用信号和最大不失真信号之间的电平差,反映的是信号的幅度变化范围,常用 dB 作单位。动态范围是一个很好的衡量系统性能优劣的指标。动态范围大,说明该转换器能有效处理的信号的强弱范围大;动态范围小,说明该转换器本身噪声大或对细节表现差,或不能承受强烈信号的冲击。

DAC 的动态范围用 DR 表示,它等于输出的满刻度范围(FSR)和可分辨最小值(1LSB)的比

$$\mathrm{DR} = \frac{\mathrm{FSR}}{\mathrm{LSB}} \tag{10-44}$$

其中,满刻度范围代表了 DAC 能输出的最大电压,虽然 DAC 的输出值往往无法取到 V_{REF},不过为了计算方便,仍然可以用 V_{REF} 作为最大输出电压,并不影响比较结果。

因此,动态范围可以进一步表示为

$$\mathrm{DR} = \frac{V_{\mathrm{REF}}}{V_{\mathrm{REF}}/2^n} = 2^n \tag{10-45}$$

如果我们用功率分贝的方式来表达动态范围,那么

$$\mathrm{DR(dB)} = 20\lg\frac{V_{\mathrm{REF}}}{V_{\mathrm{REF}}/2^n} = 6.02n(\mathrm{dB}) \tag{10-46}$$

3. 信噪比

信噪比是用于衡量系统产生噪声大小的重要指标。常用最大不失真信号强度与同时发出的噪声强度之间的功率比作为信噪比的数学定义,即

$$\mathrm{SNR(dB)} = 20\lg\left(\frac{S_{\mathrm{rms}}}{N_{\mathrm{rms}}}\right) \tag{10-47}$$

这里需要注意的是,由于对噪声的衡量往往都是采用平均功率值,因此信号也需要用平均功率来表示。式(10-47)中的下标 rms 表示均方根,可以理解为平均功率值开平方。

对于量化噪声,它的均方根电压表示为

$$N_{\mathrm{rms}} = \left[\int_{-\infty}^{+\infty} x^2 f(x)\,\mathrm{d}x\right]^{\frac{1}{2}} \tag{10-48}$$

其中，$f(x)$为量化噪声的概率密度函数。假设输入信号变化很快以至于量化噪声信号是一个均匀分布在$\pm$LSB/2之间的随机变量。这样使得量化噪声的概率密度是一个常量值，如图 10-33 所示。为了满足$\int_{-\infty}^{\infty} f(x)\mathrm{d}x = 1$，$f(x)$ 在$[-\mathrm{LSB}/2, \mathrm{LSB}/2]$范围的大小为 1/LSB。因此根据式(10-48)得到

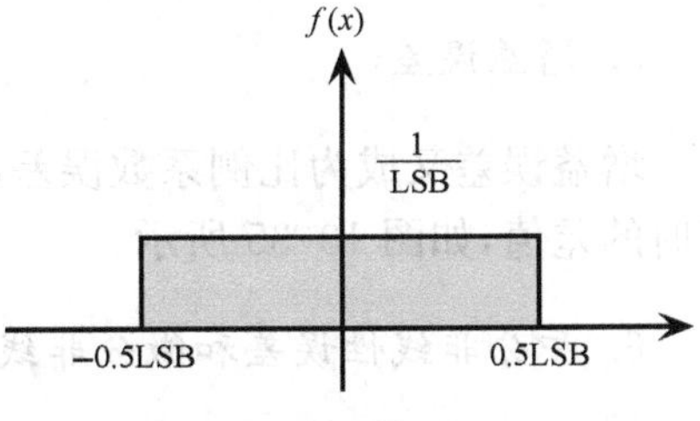

图 10-33　量化噪声概率密度函数

$$N_{\mathrm{rms}} = \frac{\mathrm{LSB}}{\sqrt{12}} \tag{10-49}$$

根据式(10-47)中对信噪比的定义，并且假设信号是从 0 和 V_{REF}之间的正弦波，可以得到

$$\mathrm{SNR} = 20\lg\frac{V_{\mathrm{REF}}/2\sqrt{2}}{\mathrm{LSB}/\sqrt{12}} = 20\lg\frac{2^n\mathrm{LSB}/2\sqrt{2}}{\mathrm{LSB}/\sqrt{12}} = 20\lg\frac{2^n\sqrt{6}}{2} \tag{10-50}$$

$$\mathrm{SNR} = 6.02n + 1.76(\mathrm{dB}) \tag{10-51}$$

从式(10-51)可以建立起一个 DAC 的信噪比和它的有效位数之间的关系。充分理解以上几个关键参数的物理意义和彼此之间的转换关系是非常有用的。

在前面的讨论中，我们实际上是有一个隐含的前提，即我们认为每一个码字都有唯一一个模拟值与之对应。并且，这些模拟值都是按照事先的安排确定好的。但是，在实际情况，有可能 DAC 的输出值会发生偏离预先设置的模拟值等情况。这些误差都被包含在静态转换误差中，包括失调误差、增益误差、积分非线性、微分非线性等。

4. 失调误差

失调误差又被称为漂移误差，正如它的命名所指出的一样，该误差的表现是相当于在理想输出曲线图 10-30 的基础上在纵坐标上有一个平移，如图 10-34 所示。

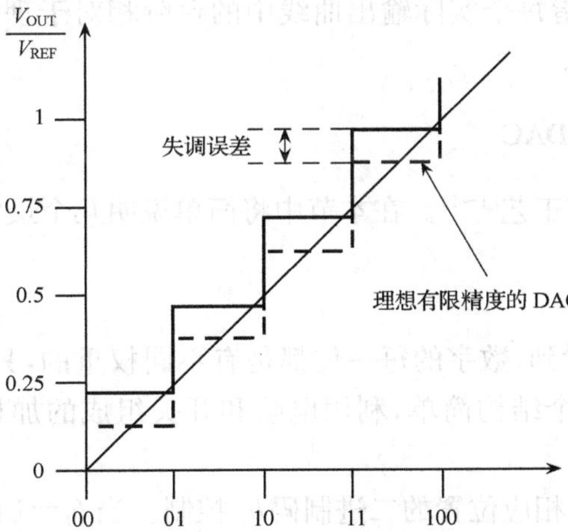

图 10-34　失调误差

5. 增益误差

增益误差又成为比例系数误差，是指转换器实际的转换曲线和理想转换曲线在满刻度时的差值，如图 10-35 所示。

6. 积分非线性误差和微分非线性误差

非线性误差是指实际转换曲线和理想转换曲线之间的最大偏差。非线性误差又分为积分非线性误差(INL)和微分非线性误差(DNL)，如图 10-36 所示。

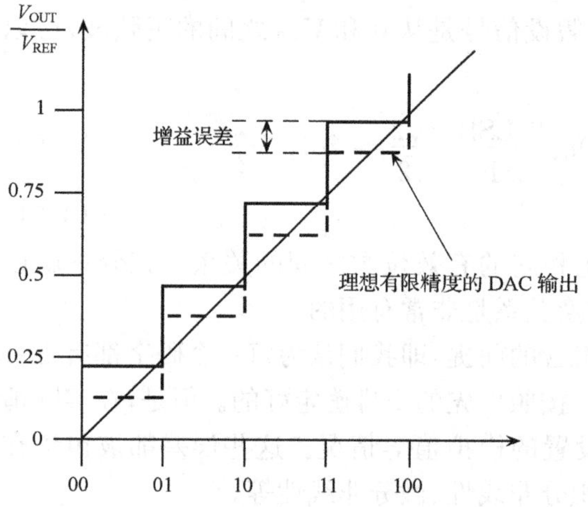

图 10-35　增益误差

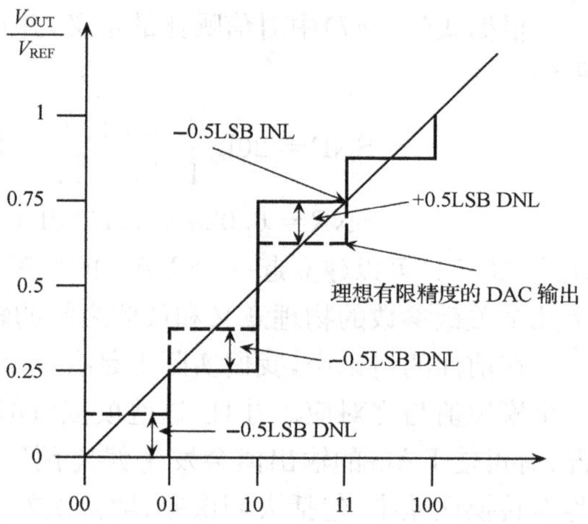

图 10-36　非线性误差

积分非线性 INL 简单地说是 DNL 的累计，也就是说在某个台阶处测量的积分非线性误差是在此之前的所有微分非线性误差之和。

微分非线性 DNL 是指每个实际输出曲线中的台阶相对于理想输出曲线的偏移量，而不是在整个范围内比较。

10.2.3　几种常见结构的 DAC

DAC 具有多种结构和工艺[1~4]。在本节中将简单说明几个最常见的结构。

1. 加权电阻 DAC

在式(10-42)中可以看到，数字的每一位都是有不同权重的，只需给每个数字赋予不同的权重后相加即可。一个结构简单，利用电阻和开关组成的加权电阻 DAC 电路如图 10-37 所示。

图 10-37 中开关 S_i 受相应位置的二进制码 b_i 控制。当 $b_i=1$ 时，R_i 连接参考电压源 V_{REF}；当 $b_i=0$ 时，相应的电阻接地。图 10-38 给出了两种不同情况下的电路结构。

由图 10-38 中可以看出，当电阻接地时，没有电流流过放大器的负反馈电阻 R_{FB}。而当电阻接 V_{REF}时，流过加权的电流大小为

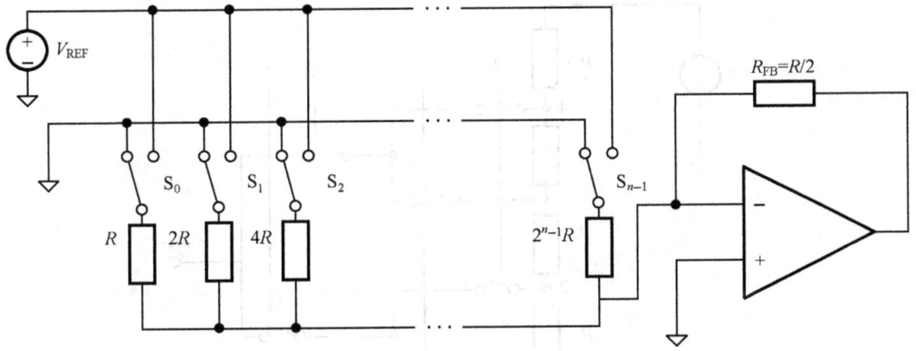

图 10-37　加权电阻 DAC

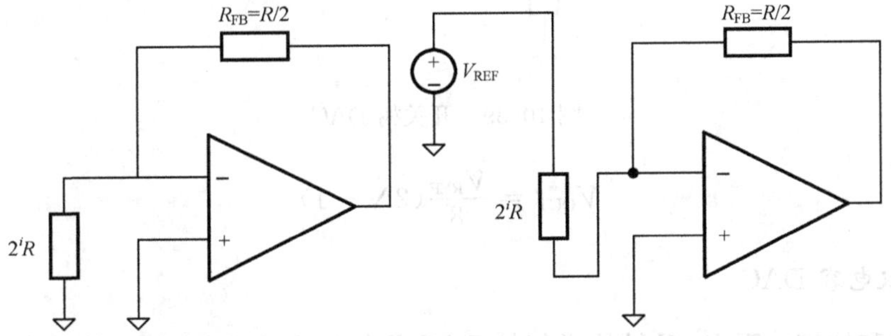

图 10-38　两种不同情况下的输出电压计算电路

$$I_i = \frac{V_{REF} b_i}{2^i R} \tag{10-52}$$

因此流过反馈电阻的总电流为

$$I_{OUT} = \sum_{i=0}^{n-1} I_i = \frac{V_{REF}}{R} \sum_{i=0}^{n-1} \frac{b_i}{2^i} \tag{10-53}$$

那么输出电压为

$$V_{OUT} = I_{OUT} \frac{R}{2} = V_{REF} \sum_{i=0}^{n-1} \frac{b_i}{2^{i+1}} \tag{10-54}$$

比较式(10-54)和式(10-41)，可以看到结果是一致的。

2. 开关树 DAC

另一种简单的 DAC 是利用开关来控制电阻分压的方法获取模拟输出。一个 2bit 的开关树 DAC 的结构如图 10-39 所示。

图 10-39 中，当 $b_i=1$ 时，所有由 b_i 控制的开关闭合。而当 $b_i=0$ 时，所有由 $\bar{b}_i$ 控制的开关闭合。那么，数字序列“00”所对应的输出电压值为$\frac{V_{REF}}{4R}\times\frac{R}{2}=\frac{V_{REF}}{8}$，“11”对应的输出电压值为$\frac{7V_{REF}}{8}$。如果将每个电阻节点从下到上编号为 1 到 N，其中 $N=2^n$，n 为数字码的位数，那么最后的输出电压为

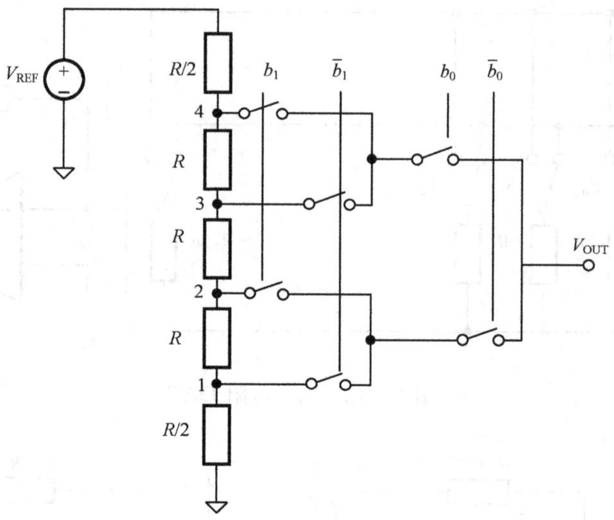

图 10-39　开关树 DAC

$$V_{OUT} = \frac{V_{REF}}{8}(2N-1) \tag{10-55}$$

3. 加权电容 DAC

另一种和加权电阻 DAC 结构类似的 DAC 是加权电容 DAC。它的基本思想是利用电荷在电容上按比例分配的方法来实现加权。

所以，根据图 10-40 所示的电路原理，这种电容阵列式的 DAC 其实质是利用电容 $\sum_{i=0}^{n-1}\frac{Cb_i}{2^i}$ 和电容 $\frac{C}{2^{n-1}}+\sum_{i=0}^{n-1}\frac{C\bar{b}_i}{2^i}$ 之间分压来得到输出电压。因此，输出电压的表达式为

$$V_{OUT} = \frac{V_{REF}\sum_{i=0}^{n-1}\frac{Cb_i}{2^i}}{\sum_{i=0}^{n-1}\frac{Cb_i}{2^i}+\sum_{i=0}^{n-1}\frac{C\bar{b}_i}{2^i}+\frac{C}{2^{n-1}}} = \frac{V_{REF}\sum_{i=0}^{n-1}\frac{Cb^i}{2^i}}{2C} = V_{REF}\sum_{i=0}^{n-1}\frac{b_i}{2^{i+1}} \tag{10-56}$$

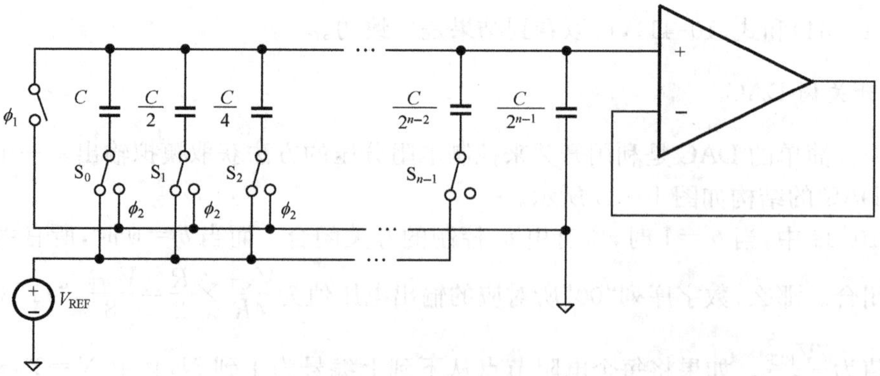

图 10-40　加权电容 DAC

10.3　模数转换器原理和性能

10.3.1　模数转换器基本概念

与 DAC 相对应的信号转换器是模数转换器(analog-digital converter,ADC)。它的功能是将输入的模拟信号转换为对应的二进制数字字符码。由于模拟信号在时间和幅值上都是连续的,而数字码则是离散,因此 ADC 系统中包含信号采样与保持过程。同时还需要对采样下来的信号进行量化和编码。ADC 的基本结构如图 10-41 所示。其中,前置滤波器是一个抗混叠滤波器,用来滤除高频信号,避免在信带中引起混叠。采样保持电路的作用是在 ADC 能够将模拟信号转化为数字编码这段时间内保证模拟信号不变。这个时间称为 ADC 的转换时间。量化器实际上是一系列比较网络,它将参考电压分割为一系列的小的区间,采样保持电路的输出信号送入到量化器,找到对应的电压区间后由编码器进行相应的编码。

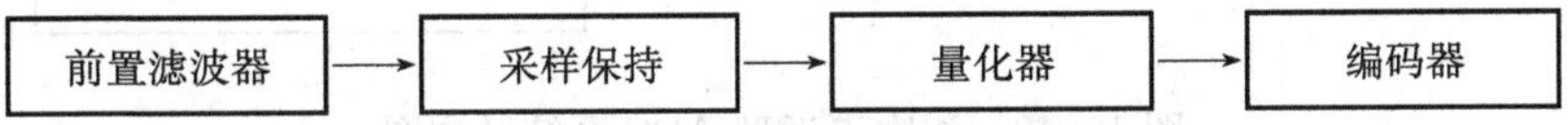

图 10-41　ADC 系统基本结构

ADC 的基本特性和 DAC 相类似,同样也包括量化误差、动态范围、信噪比,以及失调误差、增益误差、非线性误差等。具体含义可以参见 DAC 部分,这里不再详述。而采样保持电路的基本特性请参考开关电容电路部分的介绍。

在现在大规模实际应用的 ADC 电路结构中,根据采样速率的不同,可以分为奈奎斯特速率 ADC 和过采样率 ADC(也称为 Δ-Σ ADC)。下面将分别就这两种结构的 ADC 做简单介绍,并以过采样率 ADC 为例介绍如何使用 Verilog-A 语言建立系统模型和仿真。

10.3.2　奈奎斯特速率 ADC

奈奎斯特速率 ADC 具有多种结构和工艺[1~6]。本节将简单说明几个最常见的结构。

1. 逐次逼近型 ADC

逐次逼近型 ADC(successive approximation register,SAR 结构)因为其快速的转换时间和中等程度的电路复杂度成为实现 ADC 转换器的一种常用方法。逐次逼近型 ADC 的算法本质是二分查找法。以查找在 1～64 中的随机数为例,首先确定该数是否比 32 大或比 32 小。如果该数比 32 大,那么是否比 48 大或比 48 小。第三次查找在第二次查找的区间内进一步缩小范围,如此继续下去直到找到相应的数。一个逐次逼近区间划分的过程示意图如图 10-42 所示。

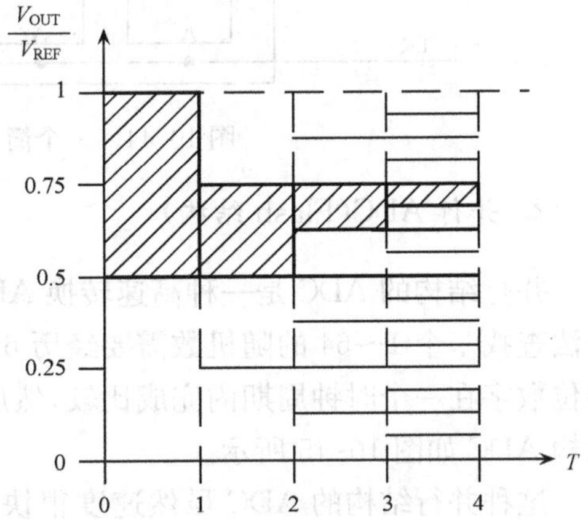

图 10-42　逐次逼近示意图

在SAR结构的ADC中,其系统结构是利用一个DAC产生一系列模拟电压值和输入信号电压比较,逐步确定最终的数字编码。这种ADC的系统结构图如图10-43所示。其中“S/H”部分是采样保持电路,“SAR数字控制逻辑”包括逐次逼近寄存器阵列和相应的控制电路。寄存器的输出数字码送入DAC产生相应的模拟电压值,和S/H的输出电压经过比较器比较后,再反馈到SAR寄存器组中调整,直到最后DAC无法再分辨为止。一个具体的3bit SAR结构ADC如图10-44所示。

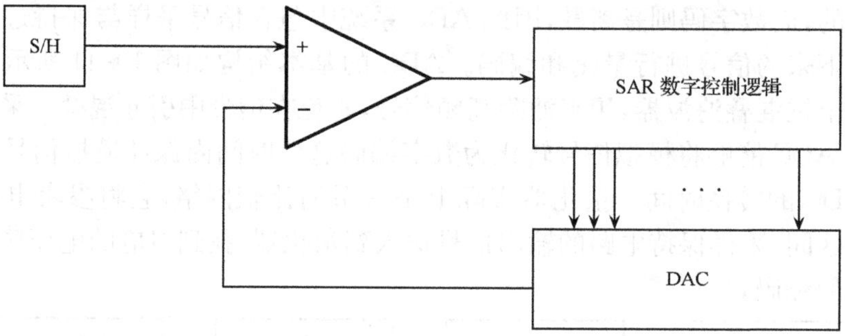

图10-43　逐次逼近型ADC系统结构图

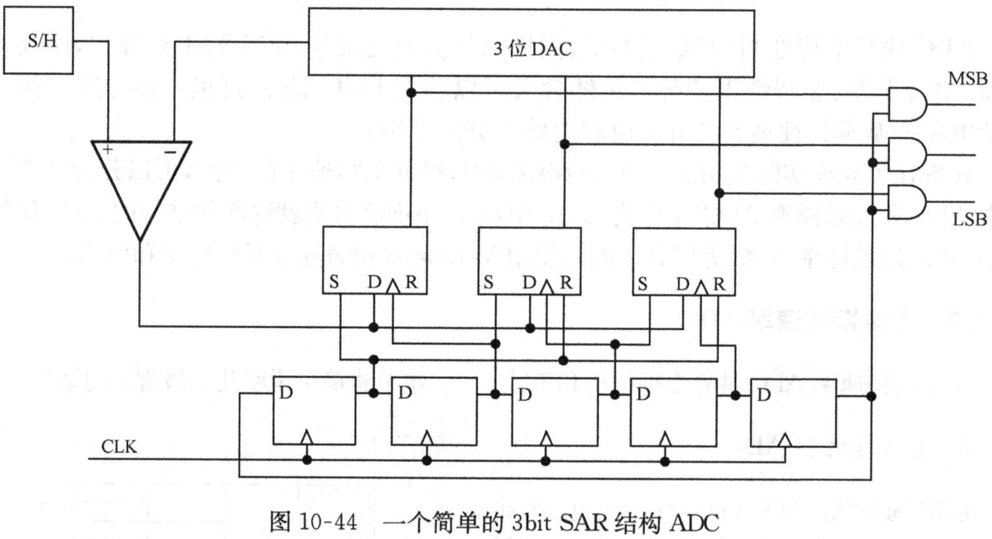

图10-44　一个简单的3bit SAR结构ADC

2. 并行ADC(Flash结构)

并行结构的ADC是一种高速转换ADC。在前面介绍的逐次逼近型ADC中,采用二分法查找一个1～64的随机数需要经历6个时钟周期。并行ADC的思想是将数字码的各位数字在一个时钟周期内完成比较,然后通过数字组合逻辑确定权重。一个2bit并行结构ADC如图10-45所示。

这种并行结构的ADC虽然速度很快,但是同时也耗费大量的比较器。这些比较器都需要较大的面积和功耗。

3. 流水线型 ADC(Pipeline 结构)

流水线型 ADC 也是一种高速高精度 ADC。相对逐次逼近型和并行 ADC 来说，流水线型 ADC 在芯片面积和转换时间上有较好的折中。

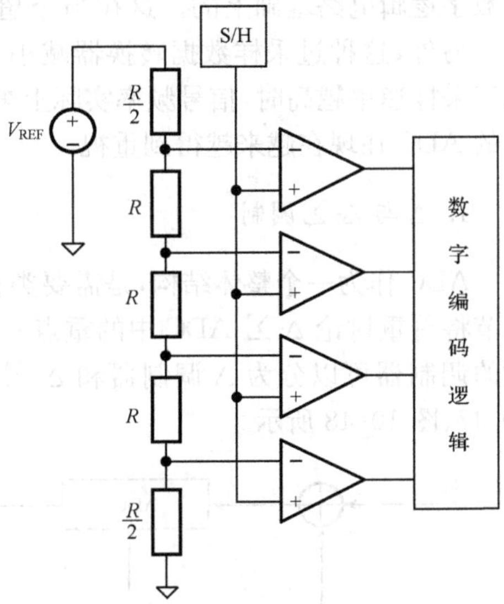

图 10-45　并行 ADC 结构图

流水线型 ADC 是多级比较网络的级联，每级只得到一位数字码，如果需要得到 n 位数字，那么就需要比较 n 次。输入采样信号必须从头传到尾才能完成一次量化编码。显然，对某一采样值信号来说，它的转换时间较长，但是流水线型 ADC 的优势在于当某级完成对一个信号的比较后，可以立即对下一个信号比较。因此，这种 ADC 的转换速度实际上是相当快的。流水型 ADC 的系统结构如图 10-46 所示。

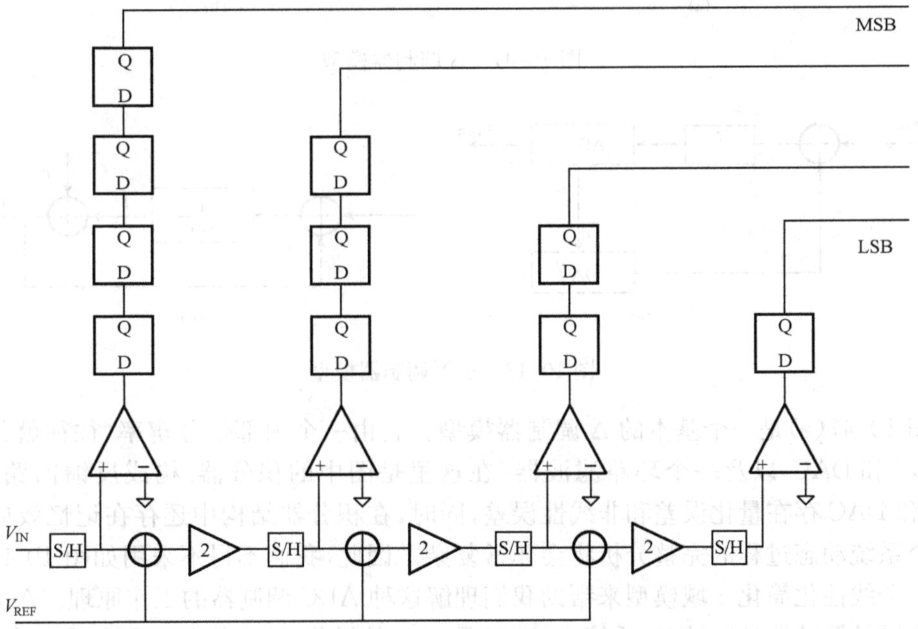

图 10-46　流水线型 ADC 结构

10.3.3　过采样率 ADC

前面介绍的几种 ADC 结构都可以归结为奈奎斯特采样率 ADC。而本节介绍的Δ-Σ ADC 是一种以高于奈奎斯特速率采样的 ADC，一般是奈奎斯特速率的 8～512 倍。这种转换器在高分辨率、中低速的系统中(比如高质量的数字音频处理器)已经得到广泛应用。这种过采样率转换器的主要好处是减小了对模拟电路的性能要求，但这是建立在更复杂的数字逻辑电路基础上的。这在当今超大规模集成电路高速发展的背景下是相当容易的。另外，这种过采样数据转换器减小了普通 ADC 中对抗混叠滤波器的依赖。我们知道当采样速率越高时，信号频率实际上被拉得越开，滤波器的要求就越低。所以，过采样率的 ADC 在现在越来越得到重视。

1. Δ与Δ-Σ调制

ADC 作为一个整体结构，是需要类似采样保持、抗混叠滤波器、数字滤波器等器件。本节将着重讨论Δ-Σ ADC 中的重点——调制器问题。实际上，以过采样为基本思想构建的调制器可以分为Δ调制器和Δ-Σ调制器两种。两种不同结构的调制器对比如图 10-47、图 10-48 所示。

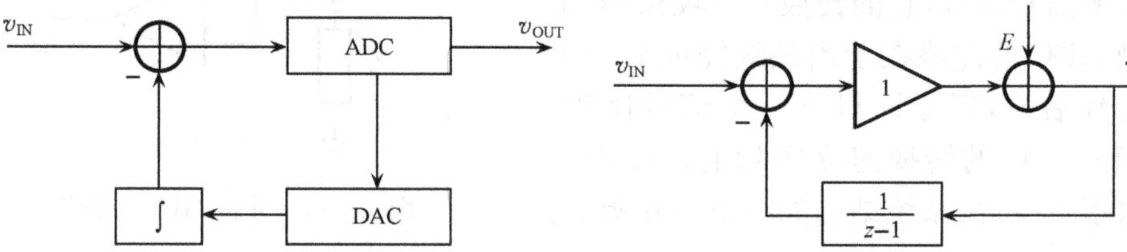

(a)　　(b)

图 10-47　Δ调制器模型

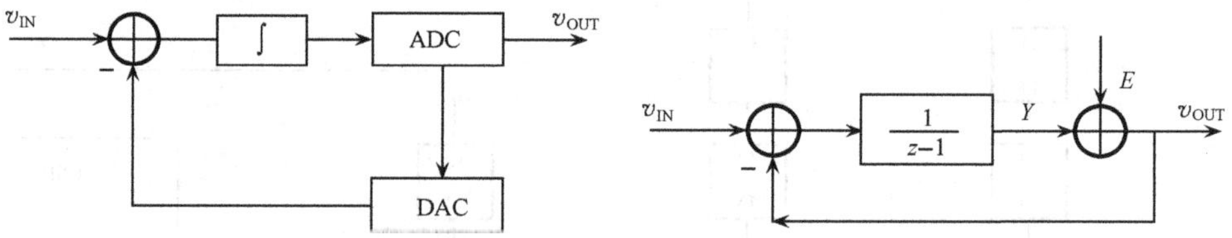

(a)　　(b)

图 10-48　Δ-Σ调制器模型

图 10-47(a)是一个基本的Δ调制器模型。它由一个内部低分辨率(往往就是 1bit)的 ADC 和 DAC，以及一个环路滤波器(在这里是图中的积分器)构成反馈回路。由于 ADC 和 DAC 存在量化误差和非线性误差，同时，在积分器结构中还存在记忆效应，因此对这个系统动态过程的完整分析将会非常复杂。因此，我们不得不采用如图 10-47(b)所示的一个线性化简化 z 域模型来帮助我们理解这种 ADC 调制器的工作原理。ADC 由一个单位增益缓冲器(这是因为系统中 ADC 是 1bit 的量化，输出值非 0 即 1)和量化噪声 E 来表示。DAC 是一个理想的转换器，其中参考电压 $V_{REF}=1V$，采样频率 $f_s=1Hz$。而积分器在 z 域模型中用$\frac{1}{z-1}$来代替。那么该系统的输出(注意是数字值)是

$$v_{OUT}(n)=v_{IN}(n)-v_{IN}(n-1)+E(n)-E(n-1) \tag{10-57}$$

正如这种调制器名称所表明的那样，式(10-57)表明输出 $v_{OUT}(n)$正是当前采样值和前一次采样值之差。这种调制器的优点是显而易见的。由于图 10-47 中 ADC 的输出信号是 $v_{IN}(n)-v_{IN}(n-1)$，比 $v_{IN}(n)$小得多，也就使这种调制器能够承受大信号的冲击。那么

相应的动态范围也就大。

对比前一种 Δ 调制器，Δ-Σ调制器是将环路滤波器放在前馈回路中，同样采用简化的 z 域模型，如图 10-48 所示，那么可以得到输出表达式为

$$v_{\text{OUT}}(n)=v_{\text{IN}}(n-1)+E(n)-E(n-1) \tag{10-58}$$

2. 噪声整形技术

我们其实在第 4 章介绍 kT/C 噪声时就接触过"噪声整形技术"的概念。可以首先回忆一下 kT/C 噪声的产生原因。

我们知道在图 10-49 中电阻产生的噪声电压源实际是一个白噪声。但是，由于电阻和电容构成一个低通滤波器，只有在带宽内的噪声才能出现在电路输出端如图 10-50 所示。可以看到，输出端的噪声已经不再是白噪声，而是被滤波器"整形"过的。这就是"噪声整形"的概念。

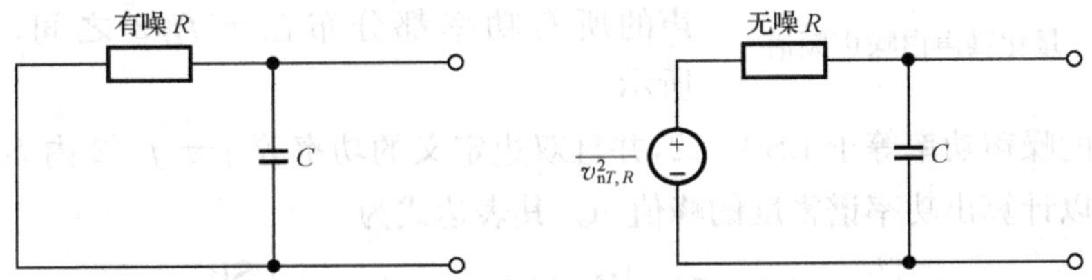

图 10-49　RT/C 噪声的产生

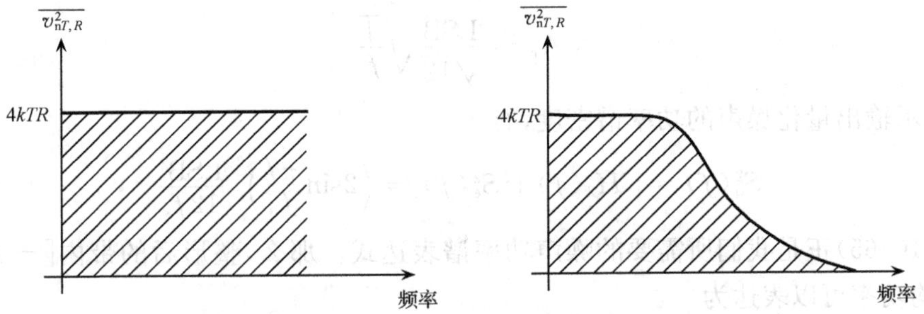

图 10-50　通过低通滤波器整形后的电阻热噪声

我们再来看在 Δ 调制器、Δ-Σ调制器中的噪声整形。

将式(10-57)和式(10-58)变成 z 域表达式

$$v_{\text{OUT}}(z)=(1-z^{-1})[v_{\text{IN}}(z)+E(z)] \tag{10-59}$$

$$v_{\text{OUT}}(z)=z^{-1}v_{\text{IN}}(z)+(1-z^{-1})E(z) \tag{10-60}$$

在这里，有必要研究一下 $H_1(z)=z^{-1}$ 和 $H_2(z)=1-z^{-1}$ 的两个系统函数的频率响应。

我们知道，从 z 域转化到频谱表达式的方法是令 $z=\mathrm{e}^{\mathrm{j}\omega}=\mathrm{e}^{\mathrm{j}2\pi f/f_s}$，而 $|H(f)|$ 就是幅频曲线，其中 f_s 是采样频率，那么

$$|H_1(f)|_{z=\mathrm{e}^{\mathrm{j}\omega}}=\left|\frac{1}{\mathrm{e}^{\mathrm{j}2\pi f/f_s}}\right|=1 \tag{10-61}$$

$$|H_2(f)|_{z=e^{j\omega}}=\left|\frac{e^{j2\pi f/f_s}-1}{e^{j2\pi f/f_s}}\right|=\left|2\sin\left(\frac{\pi f}{f_s}\right)\right| \tag{10-62}$$

由此可以看出，Δ调制器中信号和噪声都要通过$(1-z^{-1})$滤波器，也就是说该调制器不仅对噪声整形而且对信号也整形。而相比之下，Δ-Σ调制器只是对噪声整形。因此，Δ-Σ调制器在实际中更容易实现，系统要求也简单很多。

在前面DAC的分析中曾经介绍过量化噪声的概念和实际的计算模型。在加入噪声整形技术后，理所应当地想要知道这种量化噪声被整形后的功率谱密度和信噪比大小。

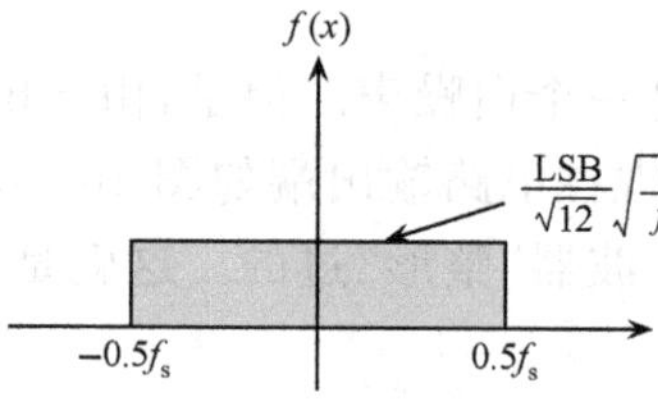

图 10-51　量化噪声白噪声频谱

假设输入信号$v_{IN}(n)$变化很快，那么$E(n)$可以近似为均匀分布在±LSB/2之间的一个随机数。这样量化噪声的功率为$LSB^2/12$(见式(10-49))并且与采样频率f_s无关。同样，$E(n)$的功率谱密度$S_e(f)$是频率上的一个常量。根据功率的双边定义，量化噪声的所有功率都分布在$\pm f_s/2$之间，如图10-51所示。

因为总的噪声功率等于$LSB^2/12$，并且双边定义的功率等于$\pm f_s/2$内$S_e(f)$下的面积。由此可以计算出功率谱密度的峰值A_x，其表达式为

$$\int_{-f_s}^{f_s} S_e^2(f)\mathrm{d}f=\int_{-f_s}^{f_s} A_x^2\mathrm{d}f=A_x^2 f_s=\frac{LSB^2}{12} \tag{10-63}$$

解式(10-63)得到

$$A_x=\frac{LSB}{\sqrt{12}}\sqrt{\frac{1}{f_s}} \tag{10-64}$$

用S_q表示输出量化噪声的功率谱密度，有

$$S_q^2(f)=|H_2(f)|^2 S_e^2(f)=\left(2\sin\frac{\pi f}{f_s}\right)^2\frac{LSB^2}{12 f_s} \tag{10-65}$$

式(10-65)正是我们所需要的噪声功率谱表达式。那么，整形后的带内$[-f_b,+f_b]$噪声平均功率可以表达为

$$\overline{V_q^2}=\int_{-f_b}^{f_b} S_q^2(f)\mathrm{d}f \tag{10-66}$$

$$\overline{V_q^2}=\int_{-f_b}^{f_b}\left(2\sin\frac{\pi f}{f_s}\right)^2\frac{LSB^2}{12}\frac{1}{f_s}\mathrm{d}f \tag{10-67}$$

$$\overline{V_q^2}\approx\left(\frac{2f_b}{f_s}\right)^3\frac{LSB^2\pi^2}{36} \tag{10-68}$$

已定义过采样率为

$$OSR=\frac{f_s}{2f_b} \tag{10-69}$$

所以

$$\overline{V_q^2}=\frac{LSB^2\pi^2}{36}\left(\frac{1}{OSR}\right)^3 \tag{10-70}$$

那么，当输入信号是在0～1LSB的正弦波，并且是1bit量化时，信噪比为

$$\mathrm{SNR}=20\lg\frac{\mathrm{LSB}/2\sqrt{2}}{\mathrm{LSB}\pi/6(\mathrm{OSR})^{\frac{3}{2}}}\tag{10-71}$$

$$\begin{aligned}\mathrm{SNR}&=20\lg 6-20\lg(2\sqrt{2}\pi)+30\lg(\mathrm{OSR})\\&=2.61+30\lg(\mathrm{OSR})\end{aligned}\tag{10-72}$$

一般的如果输入信号是 $0\sim 2^n$LSB 的正弦波，并且采用 n-bit 量化，那么信噪比可以表示为

$$\mathrm{SNR}=20\lg\frac{2^n\mathrm{LSB}/2\sqrt{2}}{\mathrm{LSB}\pi/6(\mathrm{OSR})^{\frac{3}{2}}}\tag{10-73}$$

$$\begin{aligned}\mathrm{SNR}&=20\lg 2^n+20\lg 6-20\lg(2\sqrt{2}\pi)+30\lg\mathrm{OSR}\\&=6.02n-3.4+30\lg(\mathrm{OSR})\end{aligned}\tag{10-74}$$

由于过采样率 OSR 一般为 2^n，所以式(10-74)可以进一步表示为

$$\mathrm{SNR}=6.02n-3.4+9.01N\tag{10-75}$$

从式(10-75)可以看出，第一项为量化器造成的信噪比，OSR 项是从过采样率中得到的信噪比的增强。每增加 1 倍过采样率，直接使得信噪比提高了 9dB，或等价于输出数字信号增加了 1.5bit。

3. 两级 Δ-Σ调制器

一种有效增加分辨率的方法是增加调制器的环路滤波器阶数。这里介绍一种两阶的 Δ-Σ调制器。图 10-52 展示了经典的 Boser-Wooley 二阶 Δ-Σ调制器结构。

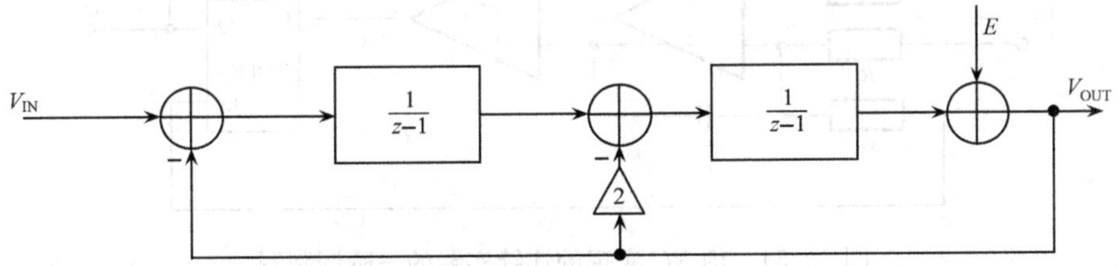

图 10-52　二阶 Δ-Σ调制器模型

这种二阶结构的调制器 z 域系统函数表示为

$$v_{\mathrm{OUT}}(z)=v_{\mathrm{IN}}(z)+(1-z^{-1})^2E(z)\tag{10-76}$$

那么同样有量化噪声功率谱为

$$S_{\mathrm{q}}^2(f)=\left(2\sin\frac{\pi f}{f_{\mathrm{s}}}\right)^4S_{\mathrm{e}}^2(f)\tag{10-77}$$

带内噪声功率为

$$\overline{V_{\mathrm{q}}^2}=\frac{\mathrm{LSB}^2\pi^4}{60}\left(\frac{1}{\mathrm{OSR}}\right)^5\tag{10-78}$$

输入信号是 $0\sim 2^n$LSB 的正弦波，过采样率 OSR 为 2^n，那么信噪比可以表示为

$$\mathrm{SNR}=6.02n-11.14+50\lg(\mathrm{OSR})\tag{10-79}$$

$$\mathrm{SNR}=6.02n-11.14+15N\tag{10-80}$$

也就是说，如果 OSR 增大 1 倍，二阶调制器的信噪比提高 15dB，或等价于输出信号增

加 2.5bit。

从图 10-53 的各阶噪声整形函数$(1-z^{-1})^L$的对比曲线来看(其中 L 是调制器的阶数),阶数越高,在低频信号带宽内噪声被衰减得更厉害。在这里,需要假设在调制器后续电路中包含数字滤波器。该滤波器决定了信号带宽,并对带外噪声完全衰减。虽然越高的阶数使得量化噪声越小,但是当阶数在三阶以上时,这种调制器环路会带来不稳定性问题。在实际设计过程中,二三阶电路是比较普遍的。调制器的稳定是指,无论积分器的初始状态如何,只要调制器的输入信号是有界的,那么调制器的所有内部变量在整个调制过程中都是有界的[5]。

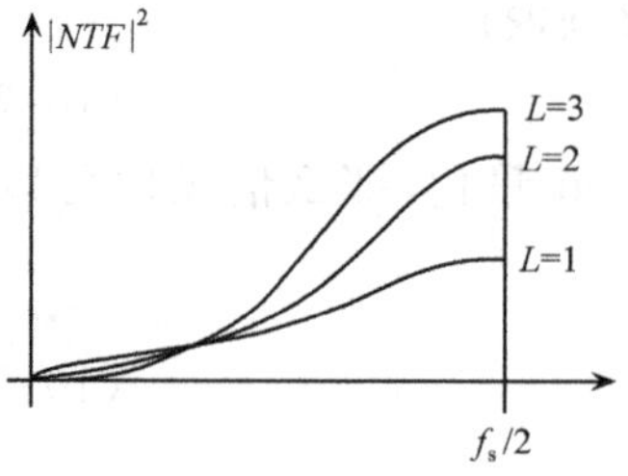

图 10-53 高阶噪声整形函数(NTF)$(1-z^{-1})^L$ 曲线对比

4. 利用电阻电容构建简单的连续时间 Δ-Σ调制器

在这里,根据图 10-48 所示的一阶 Δ-Σ 调制器模型构建一个简单的实际电路,如图 10-54所示。它由一个一阶的环路滤波器,一个 1bit 的 ADC 和一个 1bit 的 DAC 构成。如图 10-54 所示。

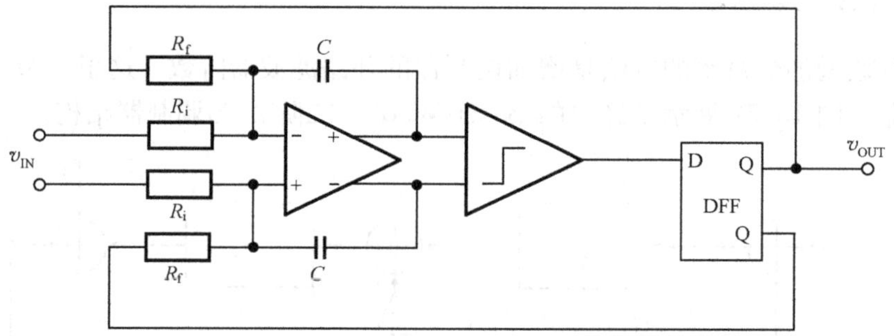

图 10-54 用 RC 实现的连续实践的一阶调制器

在这个连续时间系统中,比较器和 D 触发器构成了 1bit 的 ADC,而反馈电阻 R_f 构成 1bit 的 DAC。

10.4 Δ-Σ调制器设计实例

当前很多 ADC 的书籍着重阐述 ADC 的工作原理和电路结构,而缺少行为级的系统仿真。这里我们以 Verilog-A 为工具,简单阐述 ADC 行为级的系统仿真。

10.4.1 Verilog-A 简介

Verilog-A 是在 Verilog 语言的基础上开发的一种针对模拟电路设计的一种硬件描述语言,它继承了 IEEE 1364 Verilog HDL 中的所有定义。它允许设计者使用行为描述语言定义顶层模块,也可以使用结构描述语言,通过底层模块逐步搭建系统。当用 Verilog-A 描述守恒电气系统时，模拟电路的行为需要同时遵守基尔霍夫电流定理和基尔霍夫电压定理。

由于篇幅所限，在这里不详细介绍 Verilog-A 的每一条语法和函数，而是以一个运算放大器的 Verilog-A 模型，简单地介绍 Verilog-A 中的常用的语法规则和电路器件的描述方法。

1. 运算放大器的 Verilog-A 代码

```
`include "discipline.h"
`include "constants.h"
`define PI      3.14159265358979323846264338327950288419716939937511
//----------------
// diff - opamp
//
// - differential operational amplifier
//
// vin_p,vin_n:     differential input voltage [V,A]
// vout_p, vout_n:  differential output voltage [V,A]
// vref:      reference voltage [V,A]
// vspply_p:     positive supply voltage [V,A]
// vspply_n:     negative supply voltage [V,A]
//
// INSTANCE parameters
//     gain              = gain []
//     freq_unitygain  = unity gain frequency [Hz]
//     rin               = input resistance [Ohms]
//     vin_offset        = input offset voltage referred to negative [V]
//     ibias             = input current [A]
//     iin_max           = maximum current [A]
//     slew_rate         = slew rate [A/F]
//     rout              = output resistance [Ohms]
//     vsoft             = soft output limiting value [V]
//
// MODEL parameters
//     {none}
module diff_opamp(vout_p, vout_n, vref, vin_p, vin_n, vspply_p, vspply_n);
input vref, vspply_p, vspply_n;
inout vout_p, vout_n, vin_p, vin_n;
parameter real gain = 835e3;
parameter real freq_unitygain = 1.0e6;
parameter real rin = 1e6;
parameter real vin_offset = 0.0;
```

```
parameter real ibias = 0.0;
parameter real iin_max = 100e-6;
parameter real slew_rate = 0.5e6;
parameter real rout = 80;
parameter real vsoft = 0.5;
   real c1;
   real gm_nom;
   real r1;
   real vmax_in;
   real vin_val;
electrical vout_p, vout_n, vref, vin_p, vin_n, vspply_p, vspply_n;
electrical cout_p, cout_n;
   analog begin
    @ ( initial_step or initial_step("dc") ) begin
    c1 = iin_max/(slew_rate);
    gm_nom = 2 * `PI * freq_unitygain * c1;
    r1 = gain/gm_nom;
    vmax_in = iin_max/gm_nom;
    end
    vin_val = V(vin_p,vin_n)/2 + vin_offset;                              //3
      //
      // Input stage.
      //
      I(vin_p, vin_n) <+ (V(vin_p, vin_n) + vin_offset)/ rin;            //4
      I(vref, vin_p) <+ ibias;                                            //1
      I(vref, vin_n) <+ ibias;                                            //2
      //
      // GM stage with slewing
      //
      I(vref, cout_p) <+ V(vref, cout_p)/100e6;                           //7
      I(vref, cout_n) <+ V(vref, cout_n)/100e6;                           //8
      if (vin_val > vmax_in) begin
         I(vref, cout_p) <+ iin_max;
         I(vref, cout_n) <+ -iin_max;
      end
      else if (vin_val < -vmax_in) begin
         I(vref, cout_p) <+ -iin_max;
         I(vref, cout_n) <+ iin_max;
      end
      else begin
         I(vref, cout_p) <+ 0.5 * gm_nom * vin_val ;                      //5
         I(vref, cout_n) <+ -0.5 * gm_nom * vin_val ;                     //6
```

```
end
    //
    // Dominant Pole.
    //
    I(cout_p, vref) <+ ddt(c1 * V(cout_p, vref));              //9
    I(cout_p, vref) <+ V(cout_p, vref)/r1;                      //11
    I(cout_n, vref) <+ ddt(c1 * V(cout_n, vref));              //10
    I(cout_n, vref) <+ V(cout_n, vref)/r1;                      //12
    //
    // Output Stage.
    //
    I(vref, vout_p) <+ V(cout_p, vref)/rout;                    //13
    I(vout_p, vref) <+ V(vout_p, vref)/rout;                    //15
    I(vref, vout_n) <+ V(cout_n, vref)/rout;                    //14
    I(vout_n, vref) <+ V(vout_n, vref)/rout;                    //16
    //
    // Soft Output Limiting.
    //
    if (V(vout_p) > (V(vspply_p) - vsoft))
       I(cout_p, vref) <+ gm_nom * (V(vout_p, vspply_p) + vsoft);
    else if (V(vout_p) < (V(vspply_n) + vsoft))
       I(cout_p, vref) <+ gm_nom * (V(vout_p, vspply_n) - vsoft);
    if (V(vout_n) > (V(vspply_p) - vsoft))
       I(cout_n, vref) <+ gm_nom * (V(vout_n, vspply_p) + vsoft);
    else if (V(vout_n) < (V(vspply_n) + vsoft))
       I(cout_n, vref) <+ gm_nom * (V(vout_n, vspply_n) - vsoft);
  end
endmodule
```

2. 运算放大器 Verilog-A 代码详解

1）文件调用

```
`include "discipline.h"
`include "constants.h"
```

在 Verilog-A 代码的开始，是文件调用。其中"`include"是关键字，其后双引号中的是文件名。

"disciplne. h"中包含的是 Verilog-A 中预先定义的"discipline"，而"discipline"是用来定义节点类型的。这一点将在后文中介绍。

"constants. h"中包含的是 Verilog-A 中预先定义的一些常量，例如电子电荷、自然对数、波尔兹曼常数以及普朗克常数，等等。

2）定义常数

```
`define  PI     3.14159265358979323846264338327950288419
```

除了使用"constants. h"中的常数外，也可以自己定义常数。方法如上面内容所示。其中“`define”是关键字，随后的是常数名称，然后是常数值。

3）说明文档

```
// diff - opamp
//
// - differential operational amplifier
//
// vin_p,vin_n:     differential input voltage [V,A]
// vout_p, vout_n:  differential output voltage [V,A]
// vref:     reference voltage [V,A]
// vspply_p:      positive supply voltage [V,A]
// vspply_n:      negative supply voltage [V,A]
```

一个好的程序代码需要大量的文档支持，方便使用者调用该程序。在 Verilog-A 中，可以使用“//”，或者“/ * ”和“ * /”符号对来添加说明文档。

“//”符号表示，在该符号后的文字是说明的性质，不参与程序的编译。

在“/ * ”和“ * /”符号对中的文字是说明的性质，不参与程序的编译。

实例中给出了运算放大器管脚的说明文档。

4）模块定义

```
module diff opamp (vout _p,vout_n,vref,vin_p,vin_n,vspply_p,vspply_n);
endmodule
```

在 Verilog-A 中，模块式通过关键字“module”和“endmodule”定义的。它们中间的内容就是模块体。需要注意的是“module”和“endmodule”是不能相互嵌套的。下面的定义就是错误的。

```
module
    module
    endmodule
endmodule
```

在“module”的后面是模块的名称，随后的括号中是模块的管脚，各个管脚间用逗号隔开。在运算放大器的例子中，对于模块的定义如下：

模块名称：diff-opamp。

模块管脚：Vout_n, Vout_p，vref，vin_p，vin_n，vspply_p，vspply_n。

它们分别对应运算放大器的输出端、基准电压、同向输入端、反向输入端、正供电电源和负供电电源。

5）管脚类型声明

```
input vref,vspply_p,vspply_n;
inout vout_p,vout_n,vin_p,vin_n;
```

在定义模块管脚后，还需要声明管脚类型。关键字有：

input：输入管脚。

output：输出管脚。

inout：输入-输出管脚。

简单地讲，输入管脚只能从模块外部获得电流、电压信号，但不能改变这些信号的大小；输出管脚对外输出电流或者电压信号，并且这些信号的大小只受模块内部器件的影响。

可以看出，在运算放大器的实例中，vref，vspply_p，vspply_n 是输入管脚；vout_p，vout_n，vin_p，vin_n 是输入-输出管脚。

6）参变量

```
parameter real gain = 835e3;
parameter real freq_unitygain = 1.0e6;
parameter real rin = 1e6;
parameter real vin_offset = 0.0;
parameter real ibias = 0.0;
parameter real iin_max = 100e-6;
parameter real slew_rate = 0.5e6;
parameter real rout = 80;
parameter real vsoft = 0.5;
```

在 Verilog-A 中参变量通过关键字“parameter”来定义。在关键字后面的是参变量的类型，有两个选项“real”和“integer”，分别表示参变量的类型是实数和整数。随后是参变量的名称，参变量的默认值可以通过添加等号和数值得到。如在实例中，定义了运算放大器的增益为参变量，名称为“gain”，类型为实数，默认值是“835e3”。

定义的参变量将应用到电路仿真计算中，同时这些参变量在电路仿真时也可以在模块调用时被重新赋值。在电路图中，选中 Verilog-A 模块的符号，点击快捷键“q”，进入“Edit Object Properties”窗口，如图 10-55 所示，就为运算放大器 Verilog-A 模块中的参变量重新赋值。可以看出增益“gain”被重新赋值为“100”，单位增益带宽“freq_unitygain”被重新赋值为“50k”，而摆率“slew_rate”和输出限制电压“vsoft”则继续使用默认值。

7）节点类型定义

```
electrical vout_p,vout_n,vref,vin_p,vin_n,vspply_p,vspply_n;
electrical cout_p,cout_n;
```

如果查阅“discipline.h”文件，可以发现“electrical”是其中定义的一个“discipline”，现在使用这个名称来定义节点的类型。被“electrical”定义的节点将具有电学特性，即可以获得节点的电压和流过节点的电流量。因为后面进行的电路仿真，都是针对守恒的电路系统，因此该电路系统中的所有节点都用“electrical”来定义。

8）支路

```
branch (p,n) bl;
```

在定义了节点之后，就可以定义支路。支路是两个节点间的一条通路，支路的类型由该支路包含的两个节点的类型决定。支路是通过关键字“branch”来定义的，关键字后面的圆括号包含一对节点，分别是支路的起始和结束节点。若圆括号中只有一个节点，那么第二个节点是公共地端。在圆括号后面的是所定义支路的名称。

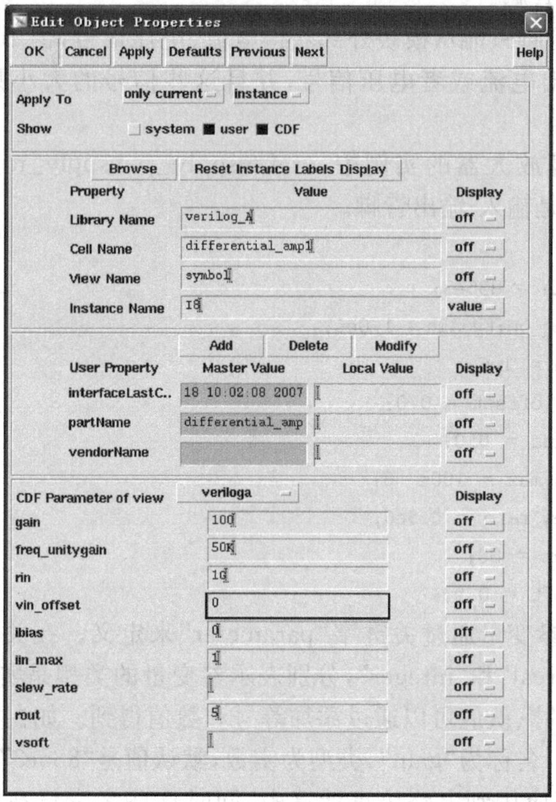

图 10-55　在“Edit Object Propetries”中对 Verilog-A 的模块中的参变量重新赋值

9）信号获取函数

```
V(n1);
V(n1,n2);
V(b1);
I(n1);
I(n1,n2);
I(b1);
```

在前文定义节点时，使每个节点都含有电压量和电流量，通过信号获取函数“V( )”和“I( )”，可以在 Verilog-A 获取节点的电压量和电流量，或者为它们赋值。在例子中，n1 和 n2 表示两个节点，b1 表示一条支路。

例子中各个信号获取函数分别表示：

V(n1)：节点 n1 对地电压。

V(n1,n2)：节点 n1 和节点 n2 间的电压。

V(b1)：支路 b1 起始节点和结束节点之间的电压。

I(n1)：节点 n1 流到地的电流。

I(n1，n2)：从节点 n1 流到节点 n2 的电流。

I(b1)：从支路 b1 起始节点流到结束节点之间的电流。

这里需要注意的是，在使用信号获取函数时，将会建立未命名的支路。假设在上文的例子中，节点 n1 和 n2 间并没有通过关键字“branch”定义一条支路并为它命名，但是因为使用了信号获取函数“V(n1,n2)”或“I(n1,n2)”，则在节点 n1 和 n2 间建立了一个未命名的支路。

10) 赋值符号

在 Verilog-A 中，针对模拟电路提供了对应的赋值符号“<+”，用来提供输入信号和输出信号之间的数学映射关系，从而进行行为描述。赋值符号“<+”将赋值语句分为左、右两个部分，左边要求是一个电压源或者是一个电流源；右边是一个结果为实数的表达式。因此模拟电路的行为描述可以用以下语句来实现：

```
V(n1,n2)<+expression;
I(n3,n4)<+expression 1;
I(n3,n4)<+expression 2;
```

在赋值时，并不是将原有的电源覆盖，而是在定义的两个节点间加入一个新的电源，电源的大小由表达式决定。因此执行例子中的三个赋值语句，得到的结果如图 10-56 所示。

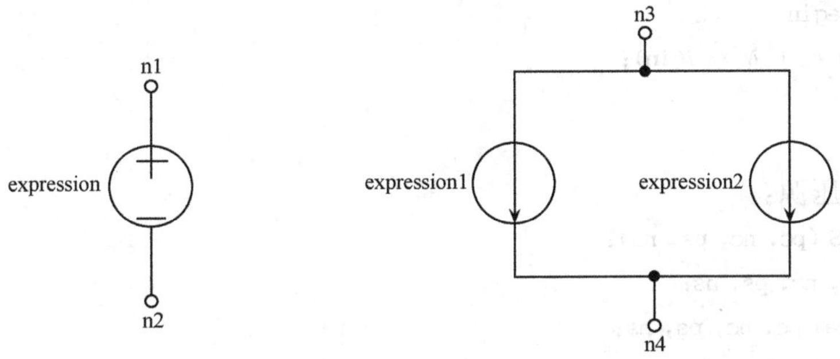

图 10-56　使用赋值语句生成的电压源和电流源

11) 电源和探针

在 Verilog-A 中可以将对模块的行为级描述转换为受控电源和探针组成的网络。配合上文讲述的信号获取符号和赋值符号。

(1) 探针：如果一个支路的电压量或者电流量都没有被赋值，那么这条支路就是一个探针。进一步，如果是支路的电压量被应用到表达式中，那么这条支路就是一个电压探针；如果是支路的电流量被应用到表达式中，那么这条支路就是一个电流探针。

(2) 电源：如果一个支路的电压量或者电流量被赋值，那么这条支路就是一个电源。进一步，如果一条支路的电压量被赋值，那么这条支路就是一个电压源；如果一条支路的电流量被赋值，那么这条支路就是一个电流源。需要注意的是，同一条支路的电压量和电流量不能被同时赋值。

(3) 例子：下面将介绍如何使用电源和探针来实现电路中常见的受控电源和电阻、电容和电感网络。

压控电压源：

```
module VCVS (pc, nc, ps, ns);
```

```
    inout pc, nc, ps, ns;
    electrical pc, nc, ps, ns;
    parameter real A = 1;
    branch (pc, nc) in;
    branch (ps, ns) out;
    analog begin
      V(out) <+ A * V(in);
    end
endmodule
```

压控电流源：

```
module VCCS (pc, nc, ps, ns);
    inout pc, nc, ps, ns;
    electrical pc, nc, ps, ns;
    parameter real A = 1;
    branch (pc, nc) in;
    branch (ps, ns) out;
    analog begin
      I(out) <+ A * V(in);
    end
endmodule
```

电流控电压源：

```
module CCVS (pc, nc, ps, ns);
    inout pc, nc, ps, ns;
    electrical pc, nc, ps, ns;
    parameter real A = 1;
    branch (pc, nc) in;
    branch (ps, ns) out;
    analog begin
      V(out) <+ A * I(in);
    end
endmodule
```

电流控电流源：

```
module CCCS (pc, nc, ps, ns);
    inout pc, nc, ps, ns;
    electrical pc, nc, ps, ns;
    parameter real A = 1;
    branch (pc, nc) in;
    branch (ps, ns) out;
    analog begin
      I(out) <+ A* I(in);
    end
```

```
endmodule
```

电阻(电压源形式)：

```
module resistor_V (p, n);
  inout p, n;
  electrical p, n;
  parameter real R = 1k;
  branch (p, n) res;
  analog begin
    V(res) <+ R * I(res);
  end
endmodule
```

电阻(电流源形式)：

```
module resistor_C (p, n);
  inout p, n;
  electrical p, n;
  parameter real R = 1k;
  branch (p, n) cond;
  analog begin
    I(cond) <+ V(cond) / R;
  end
endmodule
```

电容(电流源形式)：

```
module capacitor_C (p, n);
  inout p, n;
  electrical p, n;
  parameter real C = 1p
  branch (p, n) cap;
  analog begin
    I(cap) <+ ddt(C * V(cap));
  end
endmodule
```

电容(电压源形式)：

```
module capacitor_V (p, n);
  inout p, n;
  electrical p, n;
  parameter real C = 1p;
  branch (p, n) cap;
  analog begin
    V(cap) <+ idt(I(cap)) / C;
  end
```

```
endmodule
```

电感(电压源形式):

```
module induction_V (p, n);
  inout p, n;
  electrical p, n;
  parameter real L = 1p;
  branch (p, n) ind;
  analog begin
    V(ind) <+ ddt(L * I(ind));
  end
endmodule
```

电感(电流源形式):

```
module induction_C (p, n);
  inout p, n;
  electrical p, n;
  parameter real L = 1p;
  branch (p, n) ind;
  analog begin
    I(ind) <+ idt(V(ind)) / L;
  end
endmodule
```

串联电阻、电容和电感网络如图 10-57 所示。

图 10-57　串联电阻、电容、电感网络

因为流过电阻、电容和电感的电流相等,因此有

$$v(t) = R \cdot i(t) + L \cdot \frac{\mathrm{d}}{\mathrm{d}t} i(t) + \frac{1}{C}\int_{-\infty}^{t} i(\tau)\mathrm{d}\tau \tag{10-81}$$

因此在 Verilog-A 代码中需要使用电压源形式的电阻、电容和电感,串联 RCL 网络的 Verilog-A 为:

```
module serial_RCL (p, n);
  inout p, n;
  electrical p, n;
  parameter real R = 1k;
  parameter real L = 1p;
  parameter real C = 1p;
  analog begin
    V(p, n) <+ R * I(p, n) + L * ddt(I(p, n)) + idt(I(p, n)) / C;
  end
endmodule
```

并联电阻、电容和电感网络如图 10-58 所示。

因为电阻、电容和电感两端的电压相等，因此有

$$i(t)=\frac{v(t)}{R}+\frac{1}{L}\cdot\int_{-\infty}^{t}v(\tau)\mathrm{d}\tau+C\cdot\frac{\mathrm{d}}{\mathrm{d}t}v(t) \tag{10-82}$$

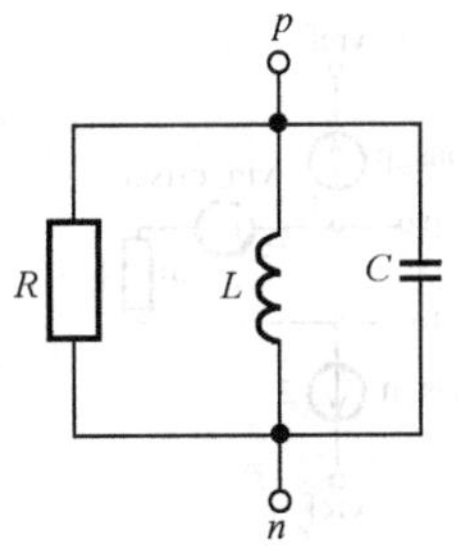

图 10-58　并联电阻、电容、电感网络

因此在 Verilog-A 代码中需要使用电流源形式的电阻、电容和电感，并联 *RCL* 网络的 Verilog-A 为：

```
module paralle_RCL (p, n);
  inout p, n;
  electrical p, n;
  parameter real R = 1k;
  parameter real L = 1p;
  parameter real C = 1p;
  analog begin
    I(p, n) <+ V(p, n) / R + idt(V(p, n)) / L + ddt(V(p, n)) * C;
  end
endmodule
```

12）模拟行为描述声明

在前文的所有例子中都可以看到关键字“analog”，后面跟随一个顺序过程（“begin…end”对）。这是声明随后的顺序过程里是对模拟电路的行为描述。后面介绍的模拟操作符都只能在模拟顺序过程中使用。

下面将介绍一些常用的模拟操作符：

（1）时间微分操作符。

在 Verilog-A 中，“ddt( )”是时间微分操作符，它计算括号中的变量对时间进行微分的值。例如在前文电容（电流源形式）的 Verilog-A 模型中，给出：

```
I(cap) <+ C * ddt( V(cap));
```

等效的数学表达式为

$$i(t)=C\cdot\frac{\mathrm{d}}{\mathrm{d}t}v(t) \tag{10-83}$$

（2）时间积分操作符。

在 Verilog-A 中，“idt( )”是时间积分操作符，它计算括号中的变量对时间进行微分的值。例如在前文电容（电压源形式）的 Verilog-A 模型中，给出：

```
V(cap) <+ idt( I(cap)) / C;
```

等效的数学表达式为

$$v(t)=\frac{1}{C}\int_{-\infty}^{t}i(\tau)\mathrm{d}\tau \tag{10-84}$$

3. 运算放大器 Verilog-A 代码描述的小信号模型

在前文中介绍了一些在 Verilog-A 中常用的语句和语法，因此再次阅读运算放大器的 Verilog-A 代码，可以画出它所描述的运算放大器的小信号模型，如图 10-59 所示。

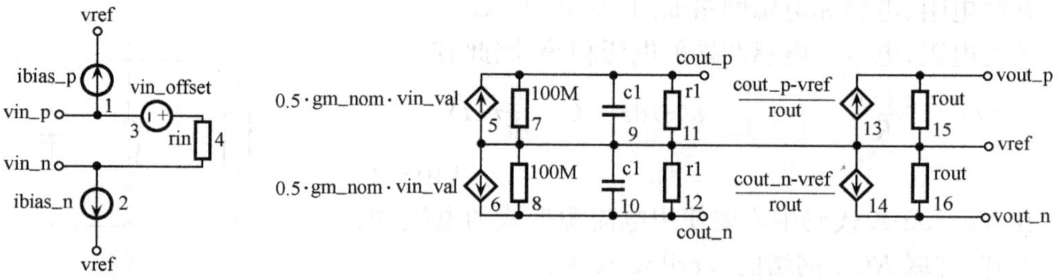

图 10-59　运算放大器 Verilog-A 代码所描述的小信号模型

在图 10-59 中，每个器件都被赋予了 1～16 编号。在运算放大器的 Verilog-A 代码中，有些语句也在末尾用注释标出了相应的编号，表示该语句表述了小信号模型中对应的器件。

10.4.2　一阶连续时间 Δ-Σ 模数转换器(ADC)系统仿真

在 10.3.3 节中介绍了一种连续时间 Δ-Σ 模数转换器(ADC)，如图 10-54 所示。下面将使用前文介绍了 Verilog-A 语言来搭建这种模数转换器，并给出基本的仿真测试方法。

1. ADC 的电路结构和基本工作原理

图 10-60 给出了 ADC 的电路图。主要的电路模块有 3 个：运算放大器、比较器和 D 触发器。它们都是由 Verilog-A 代码编写而成的。其中运算放大器的 Verilog-A 代码在 10.4.1 节中给出，比较器和 D 触发器的代码在本章最后给出。其余电阻、电容，以及电源使用"analogLib"库中的理想器件。

为了简化分析和表述，D 触发器的高低电平被设置为 +1V 和 −1V，因此有

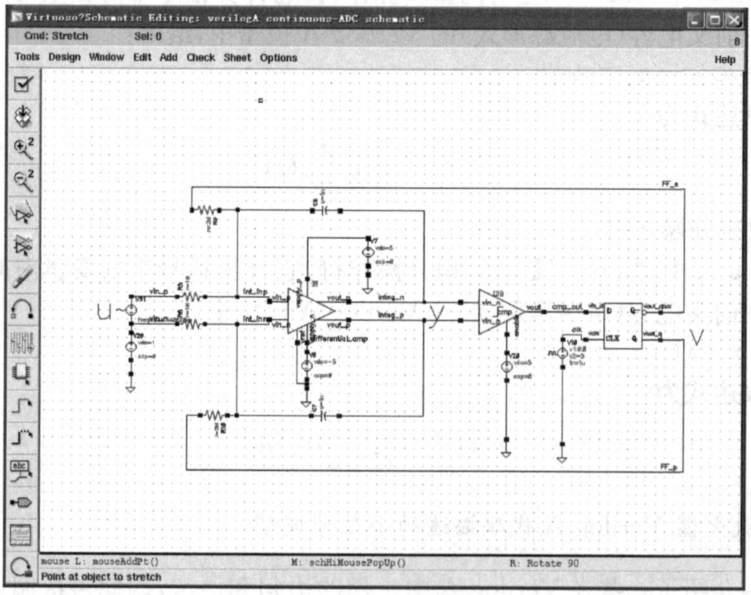

图 10-60　一阶连续时间 Δ-Σ 模数转换器 ADC 电路图

$$\text{FF\_p} = \text{sgn}(\text{integ\_p} - \text{integ\_n}) \tag{10-85}$$

其中,FF_p 是 D 触发器的正输出端,integ_p 和 integ_n 分别是积分器的正向输出端和反向输出端。

在由运算放大器构成的积分器的输出端为正值的时钟周期内,D 触发器通过反馈电阻 R_f 向运算放大器的反向输入端提供正电荷,进而使得积分器的输出电压下降。反之,当积分器的输出电压小于零时,积分器的输出电压上升。

2. 输入为 0 时,差分运算放大器的输出仿真

首先观察 ADC 对于零输入信号的响应。将积分器的正向和反向输入端都接地,如图 10-61 所示。检测 D 触发器输出电压 FF_p 和积分器的差分输出电压 y,其中

$$y = \text{integ\_p} - \text{integ\_n} \tag{10-86}$$

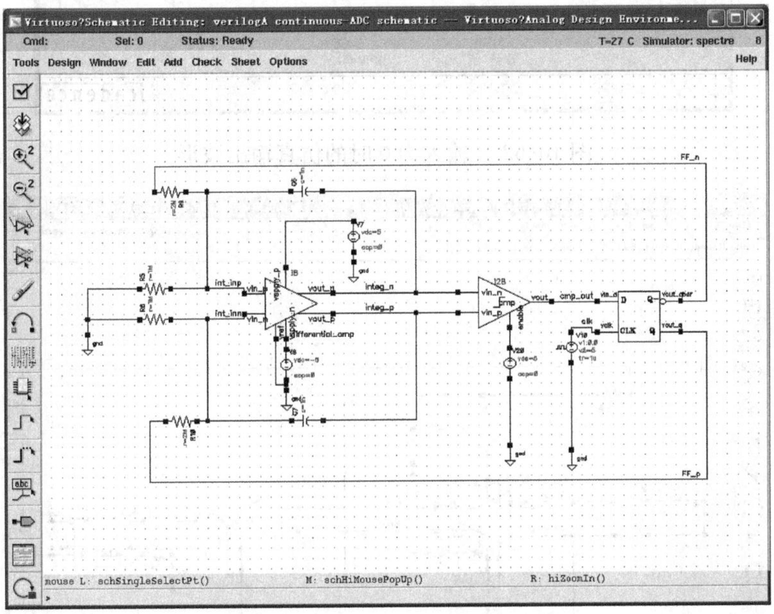

图 10-61　输入为 0 时的设置

如图 10-62 所示,FF_p 的输出电压是规则的方波,在 +1 与 −1 之间随时钟周期转换,y 输出电压是三角波,随 FF_p 端输出电压的变化而变化斜率。

3. 输入为直流电平时,输出电压的变化

接下来观察 ADC 对直流输入信号的响应情况。在积分器的同相输入端和反向输入端之间加入直流输入信号。在电路图中为在运算放大器的两个输入端之间加入一个直流电源,大小为 30mV。电路图如图 10-63 所示。

如图 10-64 所示,当输入接入直流电平时,由于差分运算放大器两端的电容的充电速度不同,导致差分运算放大器的输出不能完全对称,于是,出现了 FF_P 不断上升的趋势。当 FF_P 上升到一定电压时,在一个时钟周期内,FF_P 不能下降到 0,这样,D 触发器的输出端

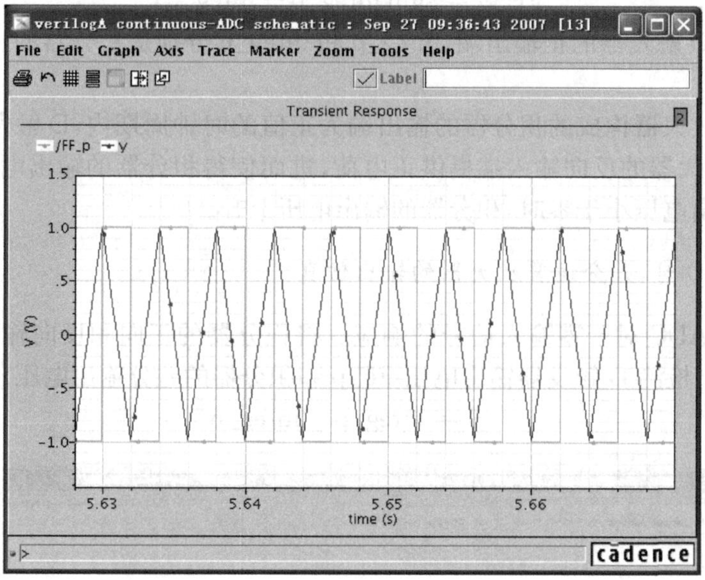

图 10-62　输入为 0 时的仿真输出波形

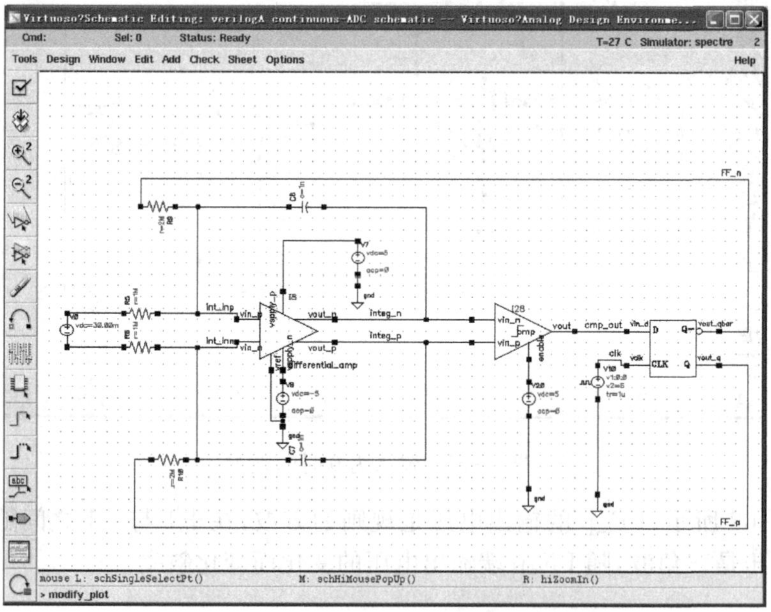

图 10-63　输入为直流电平时的仿真设置

Q 不能翻转，于是，FF_P 继续下降，直到下一个时钟周期，Q 翻转。于是，FF_P 又处于低电平，开始新一轮不断上升的趋势。FF_P 就是以这样的一个大周期有规律地变化。

一阶 ADC 的输入电压和输出电压之间存在着如下关系：假设输入电压为 $u=a/b$，如果 $0<a<b$，并且 a 和 b 都是奇数且没有公约数，则取 b 个输出电压，其中包括 $(a+b)/2$ 个 $+1$，$(b-a)/2$ 个 -1，则平均数为 a/b，刚好与输入电压 u 相等。在 b 个采样周期后，输出电压又重新回归到最初的值，所以，输出电压以 b 为周期不停变化。

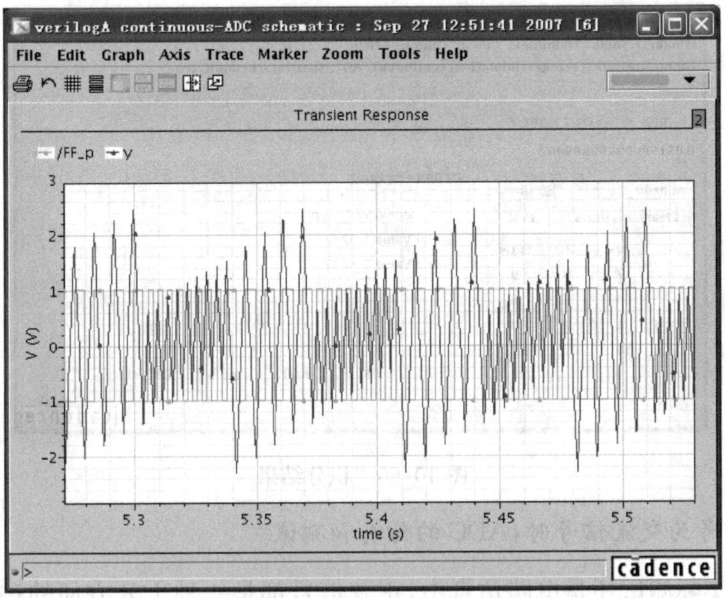

图 10-64　输入为直流电平时的仿真输出

同样，如果 a 与 b 中有一个为偶数，则 $a+b$ 为奇数，输出电压以 $2b$ 为周期变化，包括 $(a+b)$ 个 $+1$，$(b-a)$ 个 -1。其中，输入电压 u 以 D 触发器的输出电压为基准进行归一化，输出电压的 $+1$ 和 -1 分别代表输出电压的符号。

为了验证上述规律，对 D 触发器的输出电压 FF_p 进行积分，为了方便计算，D 触发器的输出电压分别为 +1V 和 −1V。由于采样周期为 2ms，输入电压 $u=0.03$，取 200 个采样周期也就是 400ms 进行积分，积分函数选择“Calculator”中的“integ”函数，该函数的设置如图 10-65 所示。需要一次填入积分信号、积分起始时间和积分结束时间。计算出的结果约为 0.012，如图 10-66 所示。因为 $0.012/0.4=0.03=u$。

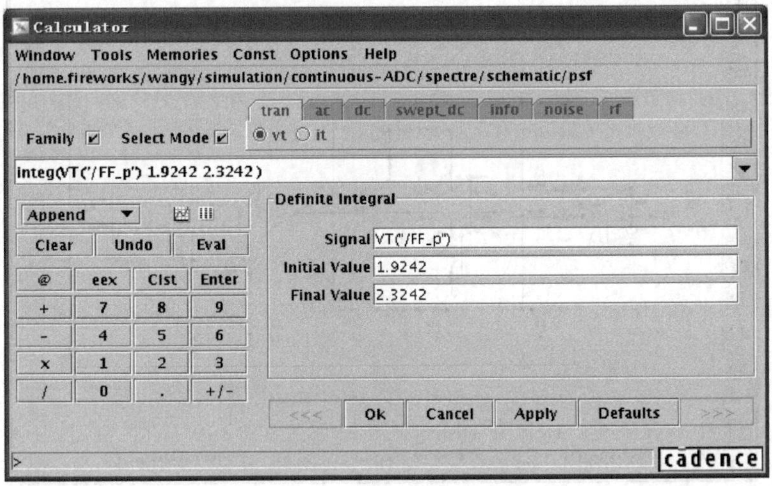

图 10-65　积分函数的设置

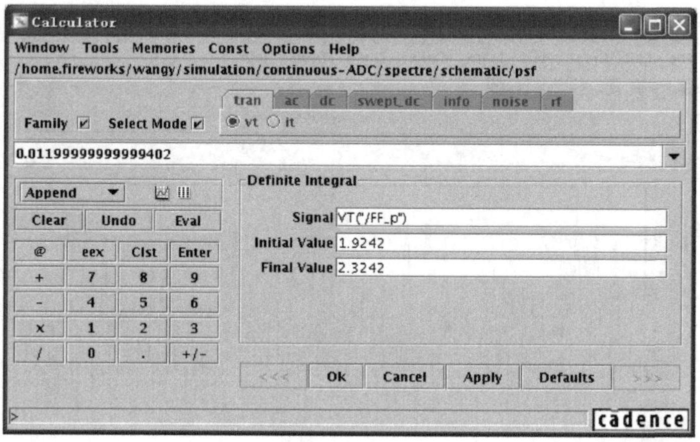

图 10-66　积分结果

4. 输入信号为交流信号时，ADC 的仿真和测试

无论是在实际测试还是电路仿真中，正弦信号都是一种十分方便的输入信号。而离散傅里叶变化(discrete Fourier transform, DFT)是一种常用的分析 Δ-Σ ADC 输出数据能量谱密度的方法。下面将介绍使用“Calculator”中的“dft”函数来分析 ADC 对正弦输入信号的响应。

在积分器的同相输入端和反向输入端之间加入输入信号。在电路图中为在运算放大器的两个输入端之间加入一个正弦信号电压源，幅值为 0.3V，频率为 7.8125Hz。电路图如图 10-67 所示。选择 7.8125Hz 作为正弦信号的原因是，为了“dft”的计算方便；采样点

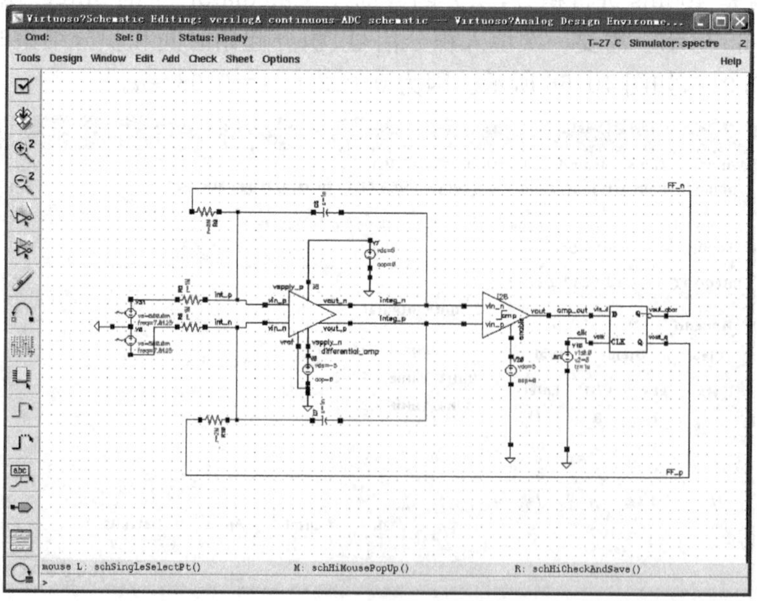

图 10-67　输入为正弦信号时的仿真设置

一般为 2^n，因此在随后的仿真结果处理中，选择了 2048 个采样点；而时钟周期为 2ms，因此每个周期采一个数据，采样时间持续 0.002s×2048=4.096s。将 4.096s 作为输入信号的基波周期，将能有效减少做“dft”时产生的信号泄露，因此输入信号的频率为 $n/4.096$。为了减小谐波的影响，这里选择较高的输入信号频率，从而拉大谐波间的间隔。这里选择 $n=32$，因此输入信号频率为 7.8125Hz，中心值为 0V，幅值为 1V 的正弦波。

图 10-68 给出了输入为正弦信号时的仿真输出，可以发现无法通过直接观察仿真结果来评价 ADC 性能的好坏，因此需要借助“Calculator”中的“dft”函数，对输出数据进行处理。

图 10-69 给出了“Calculator”中“dft”函数的设置。处理得到的信号为 D 触发器的正向输出电压“FF_p”，采样开始时间为“12.5444 (s)”，采样结束时间为“16.6404 (s)”，采样

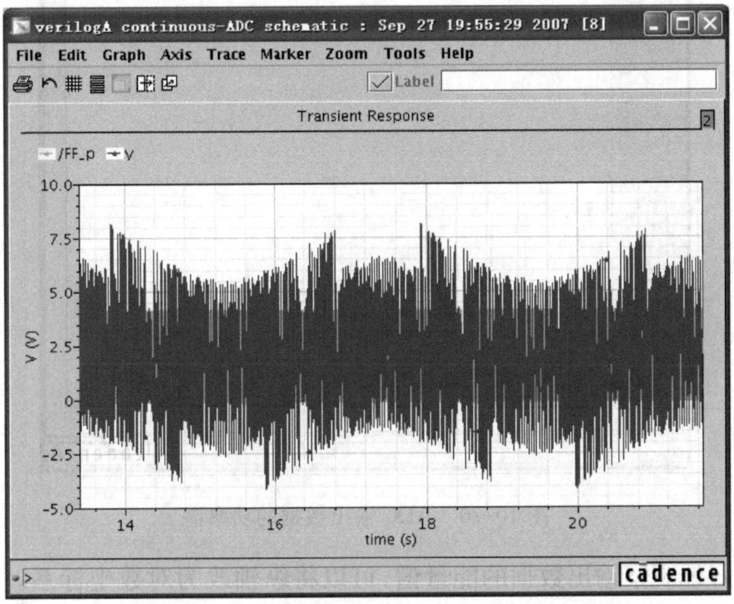

图 10-68　输入为正弦信号时的仿真输出

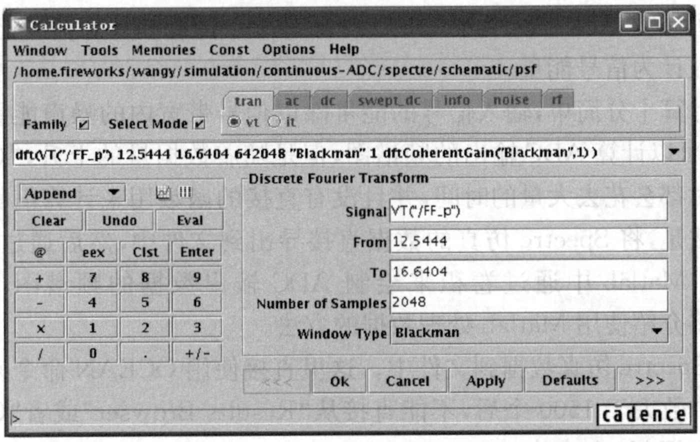

图 10-69　“Calculator”中“dft”函数的设置

点数为“2048”，窗函数为“Blackman”。在选择采样开始时间时，需要保证被采样信号在该时刻是稳定的，加入窗函数的作用是抑制噪声泄露。

经“dft”处理后的输出数据的功率谱如图 10-70 所示，可以清楚地看出 Δ-ΣADC 的噪声存在整形特性。图 10-71 给出了 ADC 输出数据的功率谱的细节。

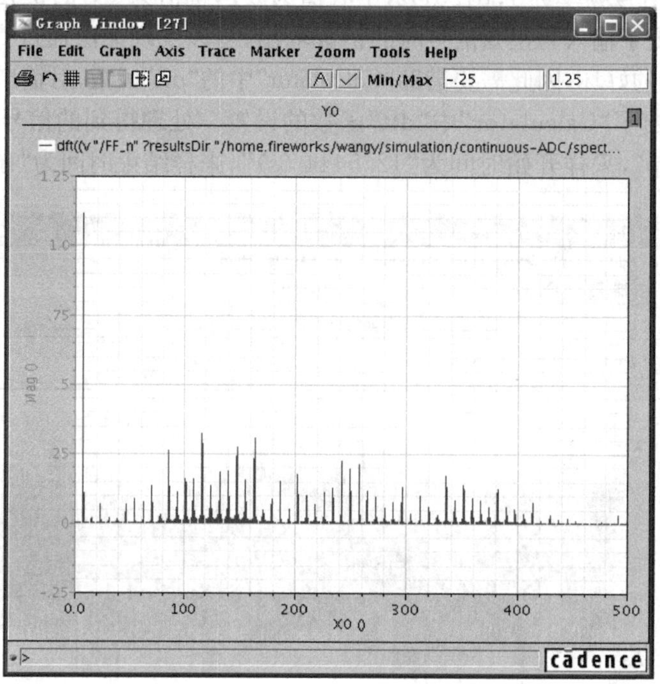

图 10-70 ADC 输出数据的功率谱

为了能更好地观察输出数据的能量谱，可以将纵轴改为对数坐标系。图 10-70 变为图 10-72 所示功率谱。

图 10-73 中显示了输出信号功率谱中的输入信号，可以看出因为加窗的原因，输入信号能量被分散到以“7.8125 Hz”为中心的 5 个频率上。因此在计算信噪比时，这几个频率上的能量都将被计为信号能量。

信噪比的计算十分简单，输入信号的能量除以信号带宽内的噪声能量的和。虽然在“Calculator”中可以计算 ADC 输出的频谱图，但是随着数据量的上升，“Calculator”在读取和计算数据时都会花去大量的时间，并且没有直接的函数用来计算信噪比(SNR)。因此更常用的方法是，将 Spectre 仿真的数据直接导出到文件中，然后通过 Matlab 读取文件中的数据，在 Matlab 中通过卷积来绘制 ADC 输出数据的频谱图，并计算信噪比(SNR)。下面将介绍使用 Matlab 处理数据的方法。

首先导出 Spectre 仿真数据到文件中。这里直接使用 OCEAN 命令来导出数据。这是因为当数据个数大于 1500 个后，不能直接从“Results Browser”或者“Calculator”中导出全部数据。OCEAN 命令为：

```
ocnPrint(? output "filename" data ? from start_point ? to end_point ? step step_point)
```

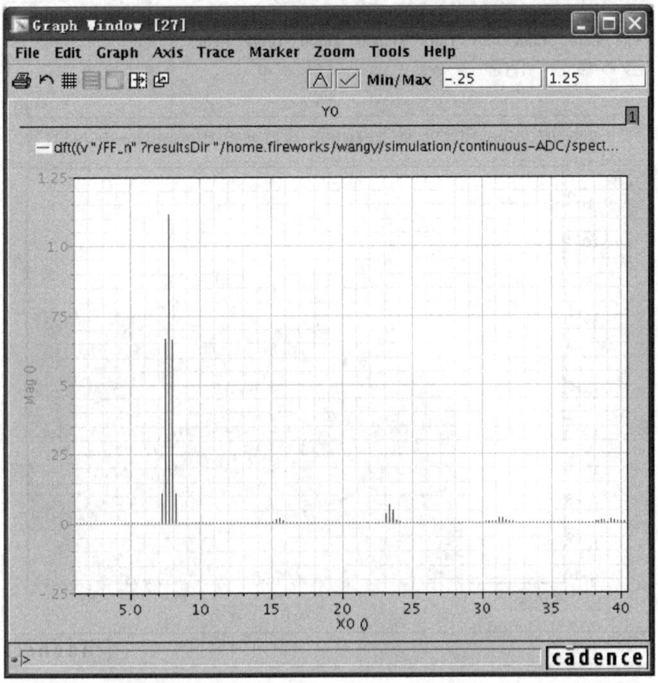

图 10-71　ADC 输出数据的功率谱的细节

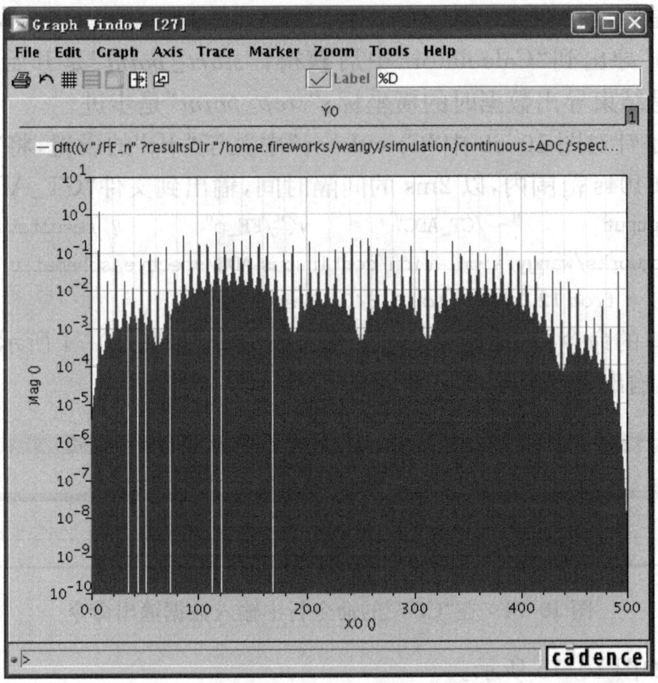

图 10-72　对数坐标系 ADC 输出数据的功率谱

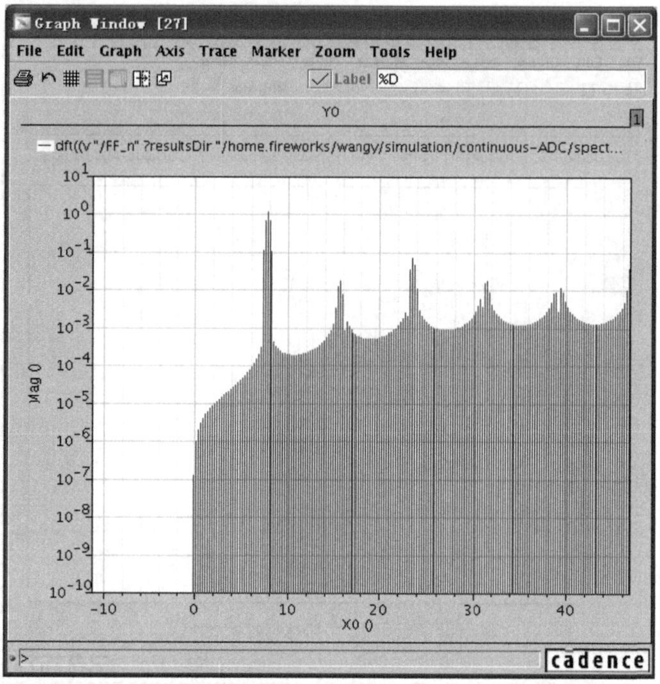

图 10-73　对数坐标系 ADC 输出数据的功率谱中的输入信号

在上述命令中，以"?"开头的单词是命令的关键字，斜体字为需要填入的变量名称。其中"*filename*"是将要接受导出数据的文件，"*data*"是需要导出的数据，标准格式可以从"Results Browser"导出到"Calculator"中后获得；"*start_point*"是开始导出数据的横坐标；"*end_point*"是结束导出数据时的横坐标；"*step_point*"是步进。

下面的命令是针对图 10 69 中"Calculator"中关于"dft"的设置，将"FF_p"端的电压在 12.5444～16.6404s 范围内，以 2ms 的间隔时间，输出到文件"CT_ADC"中。

```
ocnPrint(? output    "~/CT_ADC"    v("/FF_p"    ? resultsDir
"/home. fireworks/wangy/simulation/continuous-ADC/spectre/schematic/psf "  ?  result
"tran - tran") ? from 12.5444 ? to 16.6404 ? step 2m)
```

在"CIW"窗口的命令行(见附录 A)中输入该命令，如图 10-74 所示。成功输出数据后，将在"CIW"的输出窗口显示"t"。

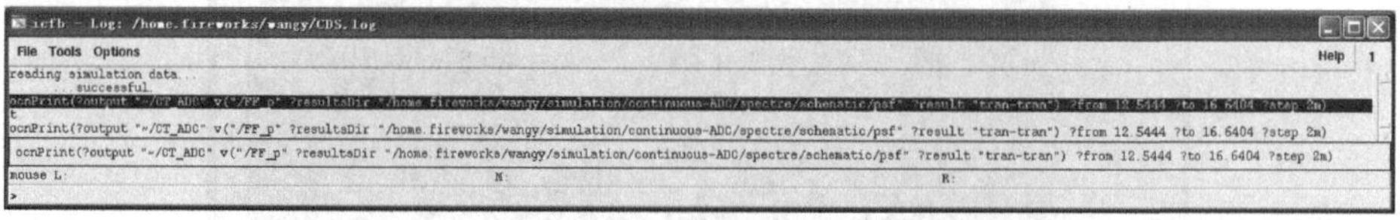

图 10-74　在"CIW"的命令行中输入数据输出命令

输出的数据如图 10-75 所示。

这里需要注意的是：

(1) 开头的注释内容需要删除，文件中只保留纯数据。

(2) 在“Spectre”中使用“m”,“K”,“M”的数据格式。这里需要将它们转换成 Matlab 所使用的格式。两种软件的数据格式如表 10-1 所示。这种转换可以在“Word”或者“Excel”等软件中实现。

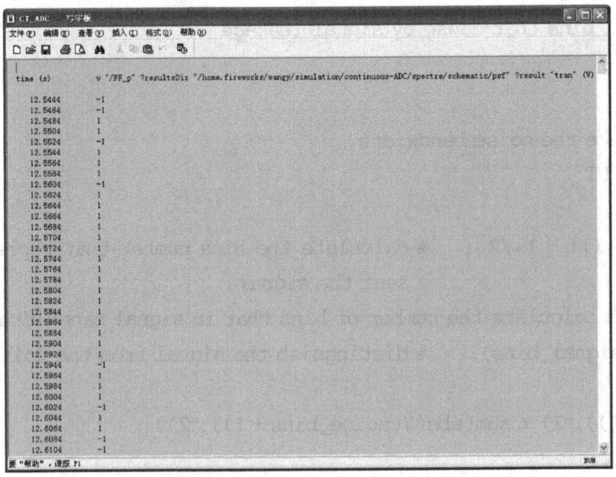

图 10-75　从 Spectre 中输出的数据

表 10-1　Spetre 和 Matlab 的数据格式

Spetre	Matlab
f	e −15
p	e −12
u	e −9
n	e −6
m	e −3
K	e3
M	e6
G	e9
T	e12

当完成数据处理后,可以运行以下 Matlab 程序,进行快速傅里叶变化,并计算信噪比 SNR。“%”后的内容是注释部分。在这个程序中,需要填入的内容有(“:”后为程序中的变量名):① 输入文件名和路径;② 过采样率:OSR;③ 快速傅里叶变换的采样点数(窗宽):N;④ 信号频率:fsignal;⑤ 采样频率:fs。

```
clear
load CT_ADC    % load the result
ntot = length(CT_ADC); % get the length of the output
OSR = 16;       % oversampling rate
N = 2048 ;    % window width
v1 = CT_ADC(ntot - N + 1: ntot, 2 : 2);    %  get the exact number of the output as the
                                              window width
                                           %  from the end of the output array
 %  change the value of output data to ±1 to get the more accurate calculation
v2 = v1';
for i = 1:N
     if v2(i) >0
         v(i) = 1;
     end
     if v2(i) < 0
         v(i) = -1;
     end
end
 %  computer modulator output and actual NTF
```

```
fsignal = 32/4.096 ;   % the signal frequence
fs = 1/2e-3;   % sampling frequence
fbin = N*fsignal/fs; %the number of bins in FFT result that represent the singal
w = hann(N);   %create the window with given window width
nb = 3;        %the number of signal bins that cause by signal leakage
w1 = norm(w, 1);
w2 = norm(w, 2);
NBW = (w2/w1)^2;            % calculate the noise bandwidth
V = fft(w.*v)/(w1/2);    % do the FFT
%computer SNR
signal_bins = fbin + [-(nb-1)/2:(nb-1)/2];    %calculate the bins number that represent the signal
inband_bins = 0 : N/(2*OSR);       %calculate the number of bins that in signal bandwidth
noise_bins = setdiff(inband_bins, signal_bins);    %distinguish the signal from the noise
% calculate the SNR
snr = dbp (sum(abs(V(signal_bins+1)).^2) / sum(abs(V(noise_bins+1)).^2));
% make plot
figure(1);
clf;
semilogx([1:N/2]/N, dbv(V(2:N/2+1)), 'b', 'Linewidth', 1);
hold on;
[f p] = logsmooth(V, fbin, 2, nb);
plot(f, p, 'm', 'linewidth', 1.5);
s = sprintf('SNR = %4.1fdB\n', snr);
text(0.1, -120,s);
figureMagic ([1/N 0.5],[],[],[-140 0],10,2);
```

运行 Matlab 程序后，得到输出数据的频谱图，并根据在 Matlab 程序中填入的信号频率、采样频率和过采样率等信息计算出的信噪比(SNR)，如图 10-76 所示。可以看出，信

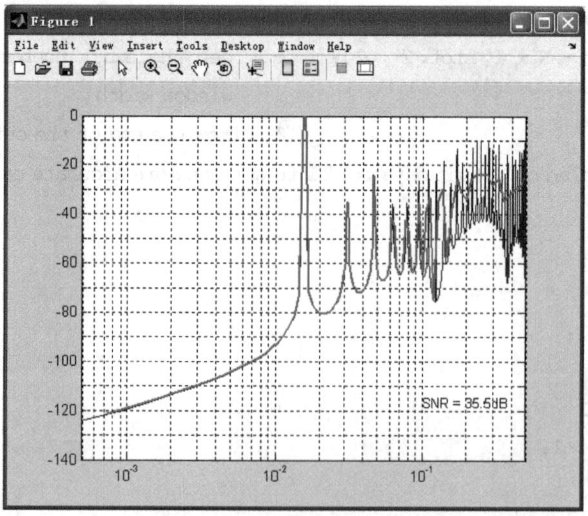

图 10-76 Matlab 处理后的输出数据的频谱图和信噪比

噪比为 35.5dB。

习　　题

对于未单独声明的 MOS 管，其参数如下：

NMOS：

$W/L=10$

$\mu_n C_{ox}=120\times10^{-6}\,A/V^2$

$V_{THn}=0.7V$

$\lambda_n=0.02V^{-1}$

PMOS：

$W/L=10$

$\mu_p C_{ox}=40\times10^{-6}\,A/V^2$

$V_{THp}=-0.8V$

$\lambda_p=0.01V^{-1}$

10.1　计算图 10-3 中采样开关 MOS 管在采样稳定后的等效电阻。

(a) 时钟信号高电位为 5V，输入电压为 3V。

(b) 时钟信号高电位为 5V，输入电压为 1V。

10.2　计算图 10-3 中采样开关 MOS 管在采样开始时的等效电阻。

(a) 时钟信号高电位为 5V，输入电压为 3V，采样电容初始电位为 5V。

(b) 时钟信号高电位为 5V，输入电压为 3V，采样电容初始电位为 0V。

10.3　计算图 10-8 中采样开关 MOS 管在采样稳定后的等效电阻。

(a) 时钟信号高电位为 5V，输入电压为 3V。

(b) 时钟信号高电位为 5V，输入电压为 1V。

10.4　计算图 10-8 中采样开关 MOS 管在采样开始时的等效电阻。

(a) 时钟信号高电位为 5V，输入电压为 3V，采样电容初始电位为 5V。

(b) 时钟信号高电位为 5V，输入电压为 3V，采样电容初始电位为 0V。

10.5　计算图 10-3 中由于电荷注入效应引起的误差。

(a) 时钟信号高电位为 5V，输入电压为 3V。

(b) 时钟信号高电位为 5V，输入电压为 1V。

10.6　计算图 10-8 中由于电荷注入效应引起的误差。

(a) 时钟信号高电位为 5V，输入电压为 3V。

(b) 时钟信号高电位为 5V，输入电压为 1V。

10.7　假设时钟频率为 1kHz，若需要 1MΩ 的等效电阻，计算图 10-13 中电容大小。

10.8　根据图 10-20 中所示的电路结构，设计传输函数为 $v_{OUT}=-5.6\times v_{IN}$ 的运算放大器所需要的外围电容。

10.9　根据图 10-24 中所示电路结构，设计离散时间积分器。要求在输入电压为 1V 的情况下，输出电压从 5V 下降到 1V 的时间小于 4μs。已知时钟频率为 1MHz，采样电容大小为 10nF。

10.10　计算一个 4 位 DAC 的理论信噪比。

10.11　绘出一个 4 位 DAC 的模拟输出-数码输入曲线。它具有±1LSB 的微分线性度和±1LSB 积分线性度。假设任意的模拟满刻度。

10.12　在一个基准电压 V_{REF} 为 5V 的理想 12 位 DAC 的输入端加上一个幅值为 1V 的正弦信号，求数字化模拟信号的最大信噪比 SNR。

10.13　一个 8 位 DAC 电路结构如图 10-37 所示。假如满量程为 5V，单位电阻 R 的大小为 2kΩ，试问基准电压 V_{REF} 的电流驱动能力最小为多少？

10.14　试证明传递函数 $H(z)=\dfrac{1}{z-1}$ 代表时域中的积分。

10.15　在图 10-77 给出了图 10-48 中一阶调制器的开关电容实现模式。如图 10-48 所示，Y 为积分器的输出信号，记 Q_1 和 Q_2 为电容 C_1 和 C_2 上的电荷，并且两个电容大小一致。假设运算放大器的增益有限，并且为 A，试证明：

(a) 电容 C_2 上的电荷 Q_2 存在以下时序关系：

$$Q_2(n)=Q_2(n-1)+C_1\left[V_{in}(n)-V_{ref}\times \mathrm{sgn}(V_{out}(n-1))-\frac{Q_2(n)}{C_2(A+1)}\right]$$

(b) 积分器的输出信号 Y 和输入-输出信号存在以下关系：

$$Y(z)=p\frac{zV_{in}(z)-V_{out}(z)}{z-p}$$

其中，$p=1-1/A$。

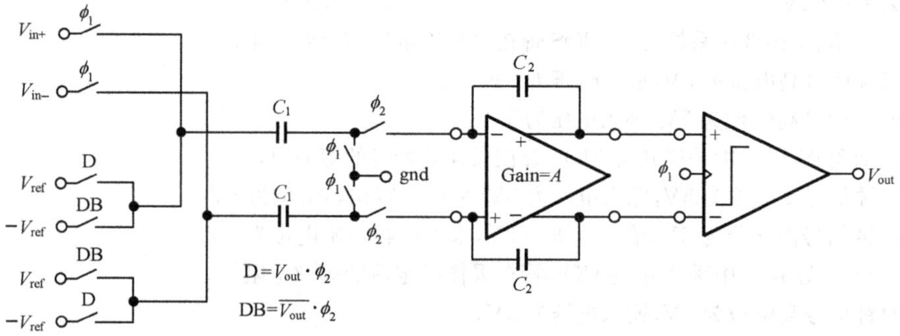

图 10-77　开关电容一阶调制器

10.16　以“diff-opamp”的 Verilog-A 代码为例，写出差分输入、单端输出的运算放大器代码。

参 考 文 献

[1] Ravavi B. 模拟 CMOS 集成电路设计．西安：西安交通大学出版社，2003

[2] Allen P E. CMOS 模拟集成电路设计．第 2 版．北京：电子工业出版社，2005

[3] Franco S. 基于运算放大器和模拟集成电路的电路设计．第 3 版．西安：西安交通大学出版社，2003

[4] Johns D A，Martin Ken. 模拟集成电路设计．北京，机械工业出版社，2005

[5] Schreier R，Temes G C. Delta-Sigma 数据转换器．北京：科学出版社，2007

[6] Fernando M，Belen P，Angel R V. Top-Down Design of High-Performance Sigma-Delta Modulators. First Edition. Dordrecht Netherlands，Kluwer Academic Publishers，1999

附　　录

1. 比较器的 Verilog-A 代码

```
// PARAMETERS:
//    hys = Input voltage threshold, after offset, required for
//    output to change state [V]
```

```
//    n_off = Offset voltage added to vin_n pin [V]
//    one = Analog value for a Digital 1 on output [V]
//    p_off = Offset voltage added to vin_p pin [V]
//    slack = The smallest time interval considered negligible (abstol for clock) [S]
//    td = intrinsic delay   from threshold cross to output change [S]
//    tfall = Transistion time for output fall [S]
//    trise = Transition time for output rise [S]
//    vth = Enable pin's threshold voltage [V]
//    zero = Analog value for a Digital 0 on output [V]
//

include "discipline.h"
include "constants.h"

// model comp — Comparator
// enable signal is active: High
//
module comp (vin_p, vin_n, enable, vout) ;
input vin_p, vin_n, enable;
output vout;
electrical vin_p, vin_n, enable, vout;

parameter real     td = 50.0u   from (0:inf);
parameter real    hys = 25.0m   from (0:inf);
parameter real p_off = 10.0u;
parameter real n_off = -10.0u;
parameter real trise = 20.0u   from (0:inf);
parameter real tfall = 20.0u   from (0:inf);
parameter real    one = 5.0;
parameter real   zero = 0.0;
parameter real    vth = 2.4;
parameter real slack = 10.0p from (0:inf);
parameter integer   init = 1;
real vin, halfhys, outstate;

    analog begin
     @(initial_step("ac","dc","tran","xf"))  begin
       halfhys =   hys/2.0;
       vin =V(vin_p) + p_off - V(vin_n) + n_off;
       outstate =   (abs(vin) - abs(halfhys) > 0.0) ?   zero : one ;

       if (traceflag)   begin
```

```
        end
      end
vin =V(vin_p) + p_off - V(vin_n) + n_off;

if(vin > 0&&V(enable)>vth)
    begin
    outstate = one;
        if(traceflag)
    end
    else if(vin<0&&V(enable)>vth)
    begin
    outstate = zero;
        if(traceflag)
    end

    V(vout) <+  transition (outstate, td, trise, tfall );
    end
endmodule
```

2. D 触发器的 Verilog-A 代码

```
`include "discipline.h"
`include "constants.h"
// d_ff -  D-type flip flop
// vin_d:        [V,A]
// vclk:         [V,A]
// vout_q,vout_qbar:[V,A]
//
// INSTANCE parameters
//     vlogic_high = output voltage for high [V]
//     vlogic_low  = output voltage for high [V]
//     vtrans      = voltages above this at input are considered high [V]
//     vtrans_clk  = transition voltage of clock [V]
//     tdel, trise, tfall = {usual} [s]
//
// Triggered on the rising edge
module d_ff(vin_d, vclk, vout_q, vout_qbar);
input vclk, vin_d;
output vout_q, vout_qbar;
electrical vout_q, vout_qbar, vclk, vin_d;
parameter real vlogic_high = 5;
parameter real vlogic_low = 0;
```

```
    parameter real vtrans_clk = 2.5;
    parameter real vtrans = 2.5;
    parameter real tdel = 3u from [0:inf);
    parameter real trise = 1u from (0:inf);
    parameter real tfall = 1u from (0:inf);

       integer x;

       analog begin
          @ (cross( V(vclk) - vtrans_clk, +1))
             x = (V(vin_d) > vtrans);
             V(vout_q) <+ transition( vlogic_high * x + vlogic_low * ! x,
                   tdel, trise, tfall );
             V(vout_qbar) <+ transition( vlogic_high * ! x + vlogic_low * x,
                         tdel, trise, tfall );
    end
endmodule
```

附录A　模拟集成电路仿真的基本设置

晶体管级电路的仿真器主要有Cadence公司的Spectre、Synopsys公司的Hspice等。其中，Cadence公司将Spectre软件与其他相关软件组成的模拟集成电路设计软件包IC 5.1是目前最主要的设计软件之一。本章是基于Cadence IC 5.1.41的简明入门教程，目的是让读者在刚接触该软件的时候对它的基本功能有一个总体了解。本附录主要内容：

(1) 启动Cadence IC前的准备；

(2) 命令行窗口(command interpreter window，CIW)；

(3) 设计库管理器“Library Manager”；

(4) 电路图编辑器Virtuoso “Schematic Editor”；

(5) Virtuoso “Analog Design Environment”(ADE)；

(6) 瞬态、直流与交流小信号仿真的基本设定。

A.1　启动前的准备

要在Unix/Linux系统中使用Cadence IC 5.1.41工具，应当保证以下的条件：

(1) 确认Cadence IC 5.1.41已经由管理员正确地安装在电脑上，并且软件授权密钥已经设置完成。

(2) 在Shell中设置了正确的环境变量。必须将Cadence IC 5.1的安装路径加入Shell环境变量，Cadence IC 5.1.41才能正常运行。以Cshell为例，Cadence IC被安装在“/tools/cadence/ic5141”，则需要在“～/.cshrc”文件中加入如下的路径配置语句：

```
setenv ic50/tools/cadence/ic5141
set LD_LIBRARY_PATH = ( $ ic50/tools/lib  $ ic50/tools/dfII/lib  $ ic50/tools/tcltk/tcl8.0/
lib $ LD_LIBRARY_PATH)
set path = ( $ ic50/tools/bin  $ ic50/tools/dfII/bin  $ ic50/tools/dracula/bin  $ path)
```

也可以把路径的设置写在一个单独的配置文件中。例如，将上面的配置写在配置文件“/env/cadence_5141”中，则可以在“～/.cshrc”中加入一行：

```
source/env/cadence_5141
```

A.1.1　启动配置文件.cdsinit

.cdsinit文件是在Cadence IC中启动时运行的SKILL脚本文件。该文件配置了很多Cadence IC 5.1.41的环境配置，包括使用的文本编辑器、热键设置、仿真器的默认配置等。如果Cadence IC没有找到“.cdsinit”文件，软件中的快捷键等功能都不能使用。

Cadence IC搜索.cdsinit文件时，首先会搜索程序的启动路径，然后搜索的是用户的主目录。例如，在“～/project”目录下运行“icfb&”，则首先Cadence IC会尝试载入“～/

project/. cdsinit”；如果这个文件不存在，则会尝试载入“～/. cdsinit”。

默认配置文件路径：

＜Cadence 工具目录＞/tools/dfII/samples/local/cdsinit

A. 1. 2　其他配置文件

如果需要，在程序的运行目录建立其他的启动配置文件，例如“. cdsenv”，“. cdsplotinit”，“. display. drf”等。这些配置文件分别有自己的用途：

“. cdsenv”：用于设置启动时的环境变量

“. cdsplotinit”：Cadence IC 打印和输出图型的设置

“. display. drf”：版图编辑器中显示颜色等的配置

这些配置文件的搜索路径首先是程序启动目录，其次是用户的主目录。这些配置文件的样本位置如下：

. cdsenv：＜Cadence 安装目录＞/tools/dfII/samples/. cdsenv

. cdsplotint：＜Cadence 安装目录＞/tools/plot/samples/cdsplotinit. sample

. display. drf：＜Cadence 安装目录＞/share/cdssetup/dfII/derault. drf

A. 1. 3　设置设计库配置文件：cds. lib

设计库（Library）配置文件放置在 Cadence IC 程序的运行路径下。例如，要在“～/project”目录下运行 Cadence IC，则需要在该目录下建立“cds. lib”文件。这个文件设置的是 Cadence IC 中设计库的路径。常用命令格式有：

（1）DEFINE：定义一个设计库，及其访问路径。

DEFINE ＜库名＞＜库路径＞

（2）INCLUDE：引用其他已定义 cds. lib 文件。

INCLUDE ＜另外一个 cds. lib 的全路径＞

（3）＃：表示该行为注释，不对其进行编译。

＃INCLUDE ～/cds. lib

＃DEFINE test ～/home/test

如果“cds. lib”文件是空文件，则 Cadence IC 的设计库就会是空的。为了添加基本元件库，需要一些基本元件。可以在“cds. lib”文件中加入一行：

INCLUDE ＜Cadence 安装目录＞/share/cdssetup/cds. lib

A. 2　命令行窗口

完成上述设置之后，就可以在命令行下运行 Cadence IC 5. 1. 41 软件，进入 Cadence IC 的命令行窗口（command interpreter window，CIW）：

icfb &

Cadence IC 的命令行窗口（又称为命令解释器）如图 A-1 所示。该窗口包括几个部分：菜单栏、输出窗口、命令行、鼠标命令和提示。

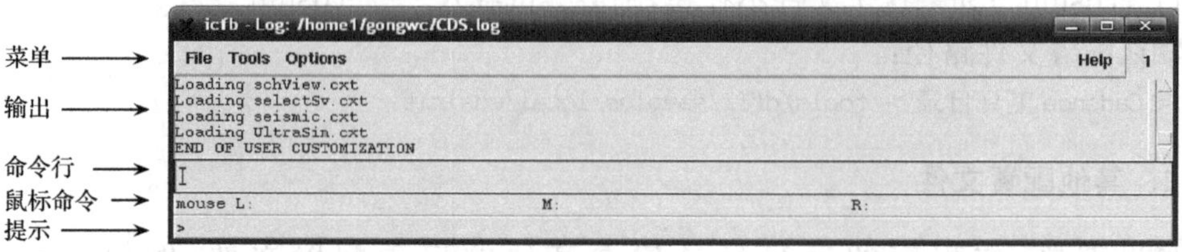

图 A-1　命令行窗口

A.2.1　命令行窗口菜单

CIW 菜单展开包含的选项如图 A-2 所示，下面将介绍其中比较重要的一些选项。

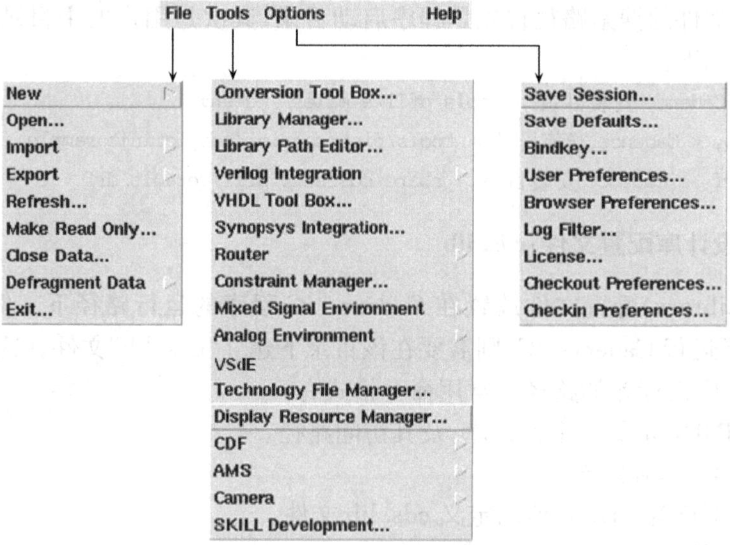

图 A-2　CIW 菜单展开内容

1. “File”菜单

（1）“New”命令。通过选择“File”→“New”，可以建立新的设计库(design library)或者设计的“Cellview”。

（2）“Import”命令。通过选择“File”→“Import”，可以导入的信息包括 gds 版图、电路图、cdl 网表、模型库和 Verilog 代码等。

（3）“Open”命令。通过选择“File”→“Open...”，可以打开“Cell”的“View”，根据不同的“View”的类型，Cadence 将选择适当的编辑器。例如，如果一个“View”是一个符号(symbol)，则 Cadence 将选择 Virtuoso Symbol Editor 打开；如果是一个电路图(schematic)，则 Cadence 会选择 Virtuoso Schematic Editor 打开；如果是一个版图(layout)，则会用 Virtuoso Layout Editor 打开；如果是 Verilog 或 Verilog-A 代码，则会用文本编辑器打开。

（4）“Export”命令。通过选择“File”→“Export”导出文件，可以将 Cadence 设计库导出成各种文件类型。

（5）“Exit”命令。通过选择“File”→“Exit...”，可以退出“icfb”工作环境。

2. “Tools”菜单

（1）“Library Manager”命令。通过选择“Tools”→“Library Manager...”，可以打开“Library Manager”对话框，如图 A-3 所示。后面将详细介绍其中的内容。

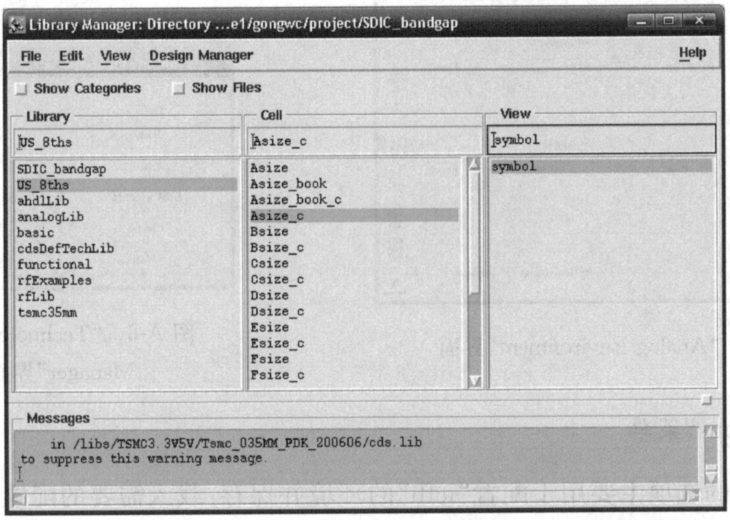

图 A-3　“Library Manager”界面

（2）“Library Path Editor”命令。通过选择“Tools”→“Library Path Editor...”，可以打开“Library Path Editor”对话框，如图 A-4 所示。这是一个用来修改设计库配置文件(cds.lib)的图形化界面。在这个界面中可以直观地对 cds.lib 文件进行修改和添加。

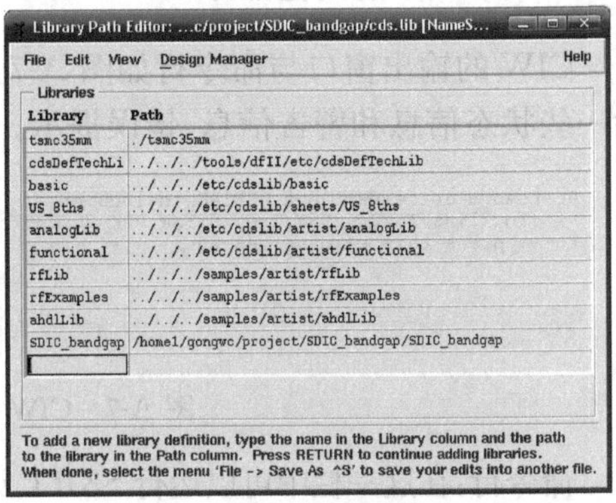

图 A-4　“Library Path Editor”界面

（3）“Verilog Integration”命令。通过选择“Tools”→“Verilog Integration”→“Verilog-XL”/“NC-Verilog”，可以在两种集成的 Verilog 仿真环境中切换，以适用于不同的模拟电路和数字电路的混合仿真。

（4）“Analog Environment”命令。通过选择“Tools”→“Analog Environment”中的子菜单，可以打开 4 种用于模拟电路仿真的工具。4 个工具包括：

① Simulation：打开 Virtuoso “Analog Design Environment”(ADE)，如图 A-5 所示。

② Calculator：用于对仿真结果进行进一步计算的计算器工具。

③ Result Browser：仿真结果浏览器。

④ Waveform：仿真结果绘图程序。

这些工具的使用将在各个章节中介绍。

(5) Technology File Manager。通过选择"Tools"→"Technology File Manager..."，可以打开"Technology File Tool Box"对话框，如图 A-6所示。这个对话框用于管理设计库和模型库之间对应关系的设置。

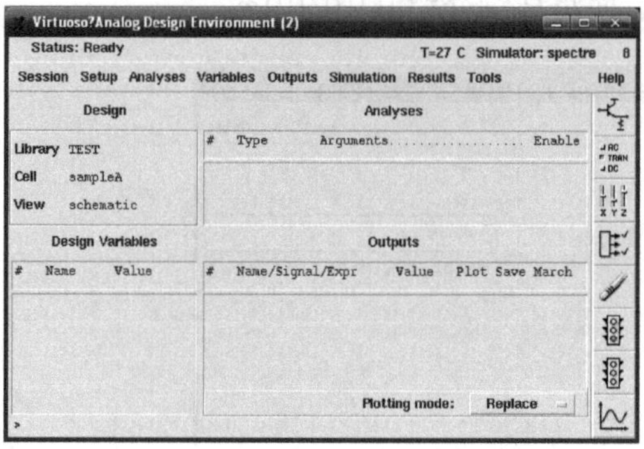

图 A-5 "Analog Environment"界面

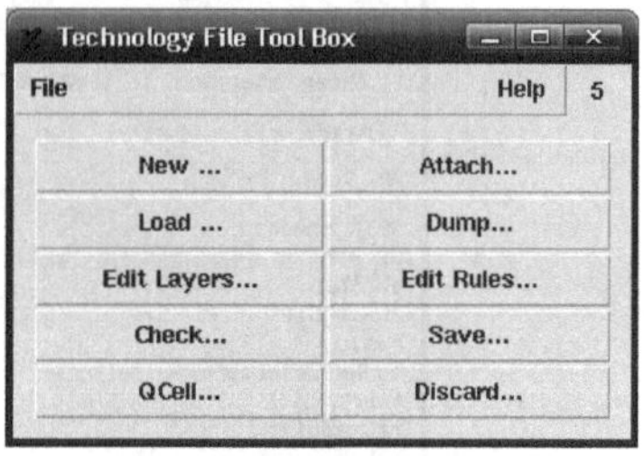

图 A-6 "Technology File Manager"界面

3. "Options"菜单

该菜单内的选项主要用于配置"icfb"的环境并保存/载入需要的配置。该菜单中还提供了用于管理产品秘钥的工具。

A.2.2 CIW 中的其他部分

CIW 的输出窗口与命令行如图 A-7 所示。主要显示一些操作的输出信息和提示，包括一些状态信息和警告信息、错误提示。这些提示有助于分析操作中的问题。

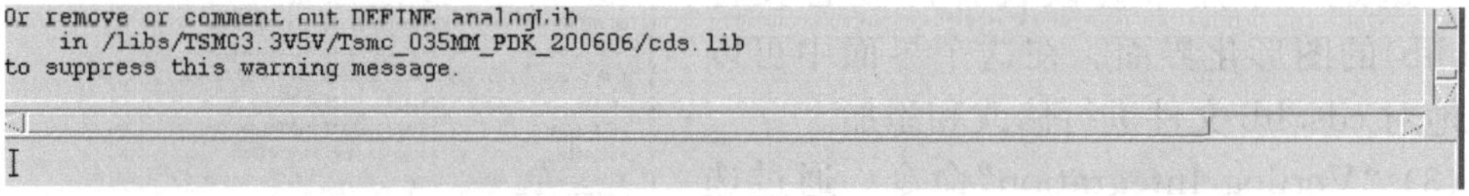

图 A-7 CIW 中的输出窗口与命令行

命令行：在这一栏中可以运行 SKILL 语言的命令，利用命令可以对界面上的任何项目进行控制。从电路编辑到仿真过程，都可以用 SKILL 语言控制。

CIW 中的输出窗口和命令行合在一起实际上就是一个命令界面。命令语言是 SKILL 语言。图形界面只是在命令行基础上的扩展。在图形界面上的任何操作或者快捷键都是通过命令行来最终实现的。因而理论上用命令行可以完成一切操作，当然在实际应用中这样做并不方便。

命令行的好处是可以采用语言控制复杂的操作，并且可以进行二次开发，将命令与界面整合起来。这样就提高了整个软件的可扩展性和易用性，这也是 Cadence IC 软件的重要特性。鼠标命令窗口如图 A-8 所示，显示的是鼠标单击左、中、右键分别会执行的 SKILL 命令。

提示栏：这一栏以">"起头，如图 A-9 所示，显示的是当前正在 Cadence IC 程序的功能提示。

图 A-8　鼠标命令窗口

图 A-9　提示栏窗口

以下根据一般设计过程中的使用顺序，对一些常用工具进行详细介绍。

A.3　设计库管理器“Library Manager”

首先介绍的是设计库管理器“Library Manager”。图 A-3 中的窗口是设计库管理器的窗口，如果打开平时隐藏的分类(category)面板和文件(files)面板，则显示界面如图 A-10 所示。该界面分为如下几部分：菜单栏、面板显示选项栏、设计库浏览面板和信息。

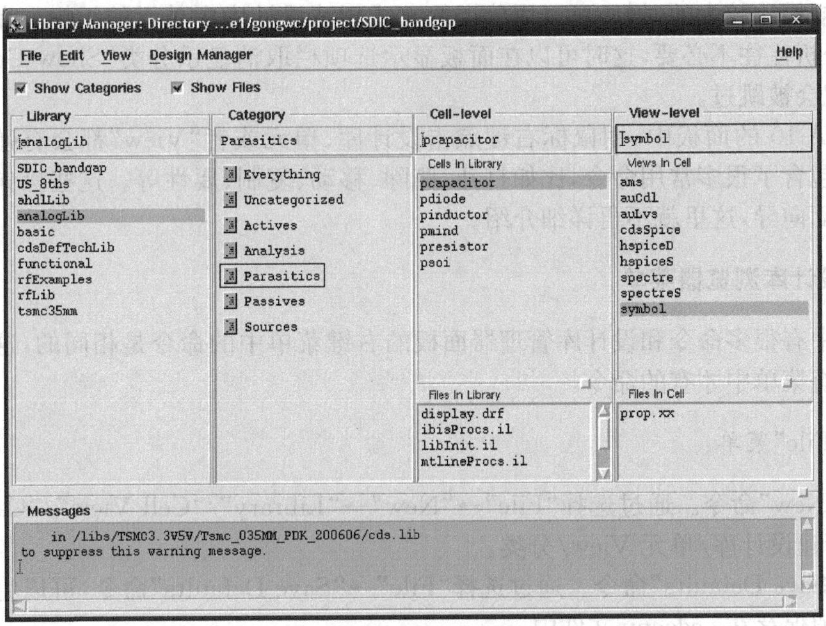

图 A-10　设计库管理器的分类面板和文件面板

A.3.1　设计库浏览面板

设计库浏览面板如图 A-10 所示。面板处于设计库浏览器的中部，从左到右共分 4 栏，分别为设计库“Library”、类别“Category”、单元“Cell-level”、显示“View-level”栏。右面的 3 栏中每一栏中显示的都是该栏的左邻栏中选定的项目的展开。例如，图 A-10 中的分类栏中显示的就是设计库“analogLib”中的内容，而单元栏中显示的就是分类“Parasitics”包含的内容；同样，“View”栏中列出的就是单元“pcapacitor”所包含的内容。

另外，还可以打开“Show Files”选项，显示各个单元和“View”所对应的文件，也就是图中面板管理器右下角的两栏，标题是“Files In Library”和“Files In Cell”。这里解释各个层次的含义，以便理解这些栏的用途。

(1) 设计库“Library”是在 cds. lib 文件中定义的。一个设计库中可以含有多个单元。合理的设置设计库可以提高文件系统中的设计的可管理性。例如，可以将每个项目中的电路放到各自的设计库中。这样，在今后的数据备份及导入导出中都会节省很大精力。

(2) 单元“Cell”则是一个电路的基础单位，一个单元就相当于电路的一个模块，这个模块即可以是底层模块，表示部分电路；也可以是由子单元构成的中层或者顶层模块。

(3) 同一个单元“Cell”在设计中需要不同的表示方法。例如，一个模拟电路模块，在设计内部结构的时候可能需要将它表示为电路图；而在引用该模块的时候则需要将其表示为一个器件符号。在绘制版图的时候可能需要将该模块表示为版图的一个部分。所以一个单元就必须有多种表示方式，称为“Views”。上面举例的模块就可以有电路图(schematic)、器件符号(symbol)、版图(layout)三个“View”。在设计中应当保证同一个“Cell”的各个“View”是等效的。

(4) 分类是在设计库“Library”和单元“Cell”之间人为增加的一个虚拟层次，当一个设计库的规模比较大的时候，可以用分类的方式理清设计库中单元的组织。在小规模的设计中，分析往往不必要，这时可以在面板显示选项栏取消显示分类“Show Category”选项，分类就会被跳过。

在图 A-10 的面板中，用鼠标右键点击设计库、单元或者“View”都会有弹出菜单出现。其中包含了很多常用命令，比如打开、删除、移动、复制、属性等。这些操作都有完整的图形界面向导，这里就不再详细介绍。

A.3.2　设计库浏览器菜单

菜单中有很多命令和设计库管理器面板的右键菜单中的命令是相同的，这里主要介绍其中只有菜单中才有的命令。

1. “ File”菜单

(1) “New”命令。通过选择“File”→“New”→“Library”/“Cell View”/“Category”命令，可以新建设计库/单元 View/分类。

(2) “Save Defaults”命令。通过选择“File”→“Save Defaults”命令，可以将当前设置作为默认值保存在 . cdsenv 文件中。

(3) “Load Defaults”命令。通过选择“File”→“Load Defaults”命令，可以从 . cdsenv 文件中读取默认设置。

(4) “Open Shell Window”命令。通过选择“File”→“Open Shell Window”命令，可以打开 Shell 命令行窗口，在管理设计库的时候经常要用到一些文件操作，这时可以打开 Shell 窗口，在命令行中进行文件操作。

2. “Edit”菜单

(1) “Copy”命令。通过选择“Edit”→“Copy”，可以对在“Library Manager”窗口中选中的设计库“Library”、单元“Cell”、显示“View”进行复制。需要注意的是设计库、单元、显示之间的包容关系。

如果在“Library Manager”窗口中只选择了设计库，那么在选择“Edit”→“Copy”时弹出的是“Copy Library”窗口，如图 A-11 所示。这表示复制整个设计库，即包括该设计库中的所有单元和每个单元的所有显示。注意，因为有些单元会包含子单元，因此在复制的时候除了复制每个单元本身，还需要考虑单元之间的连接关系。因为这里是拷贝整个设计库，所以不会出现子单元遗漏而没有被复制的情况，因此只需要考虑单元间的连接关系是否也被复制到新的设计库中。在“Copy Library”窗口有这样一个选项“Update Instances”，假如这个选项被选中，那么在复制之后，单元中引用的子单元将是新设计库中的子单元；反之，假如这个选择没有被选中，那么复制之后，单元中引用的子单元将是旧设计库中的子单元。

例如，如图 A-12 所示，在设计库“old”中有个单元名为“top”，并且在单元“top”中包含一个子单元“down”。其中单元“top”的从属关系在窗口标题中显示，即显示在图 A-12 中窗口标题被圈出的部分，其中三个名称依次为：“old”（单元所在设计库的名称）、“top”（单元名称）和“schematic”（单元显示类型）。单元“down”的从属关系在“Edit Object Properties”窗口中显示。在“Library Manager”窗口中复制设计库“old”到新的设计库“new”。图 A-13 显示了没有选择“Update Instances”复制的结果：设计库“new”中的单元“top”，引用的子单元“down”是来自设计库“old”中的。图 A-14 显示了选择“Update Instances”复制的结果：设计库“new”中的单元“top”，引用的子单元“down”是来自设计库“new”中的。

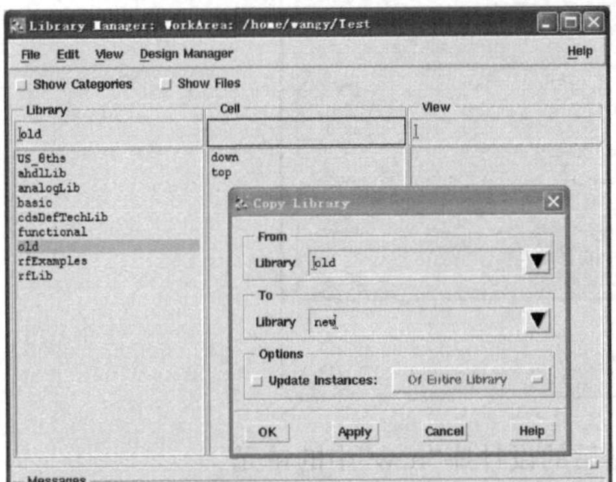

图 A-11　只选择“Library”和“Copy Library”窗口

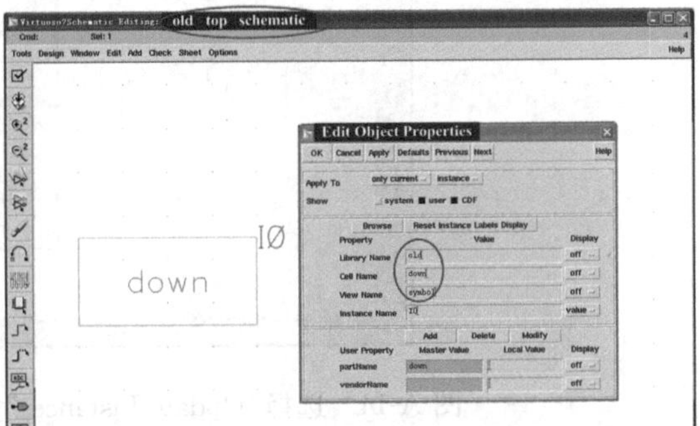

图 A-12　设计库“old”中单元“top”和子单元“down”

如果在“Library Manager”窗口中不仅选择了设计库“Library”，还选择了单元“Cell”，那么在选择“Edit”→“Copy”时弹出的是“Copy Cell”窗口，如图 A-15 所示，表示拷贝选中单元的所有显示“View”。对比图 A-11 中的“Copy Library”窗口和图 A-15 中的“Copy Cell”窗口，可以发现，在“Copy Cell”窗口的“Options”栏中多了很多新的选项，下面我们依次介绍这些选项的功能。

“Copy Hierarchical”表示结构复制，即复制选中单元中所有直接和间接引用的子单

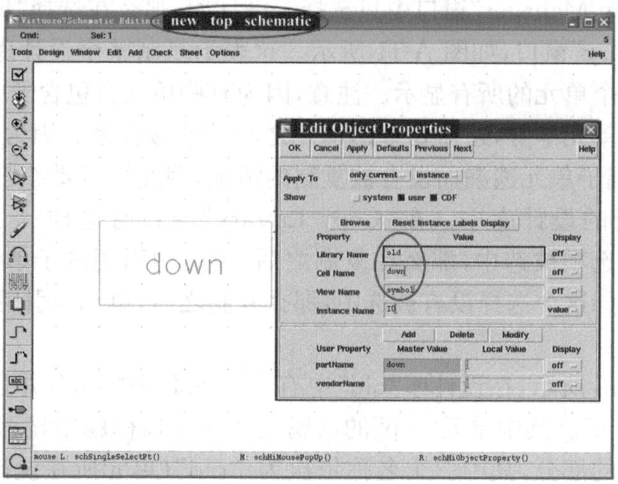

图 A-13　没有选择“Update Instances”复制后的设计库“new”中的单元“top”和子单元“down”

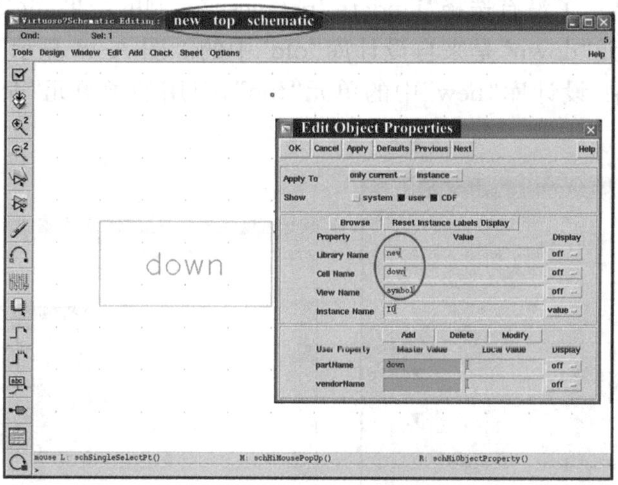

图 A-14　选择“Update Instances”复制后的设计库“new”中的单元“top”和子单元“down”

元。继续使用上文中的例子，在设计库“old”的单元“top”中引用了子单元“down”，并将单元“top”复制到新的设计库“new 中”。假如，在“Copy Cell”窗口中不选择“Copy Hierarchical”，那么被单元“top”引用的子单元“down”就不会被复制到新的设计库“new”中，如图 A-16 所示。假如，在“Copy Cell”窗口中选择“Copy Hierarchical”，因为单元“down”被单元“top”引用，因此在复制单元“top”时会将子单元“down”一同复制到设计库“new”中，如图 A-17 所示。

在“Copy Hierarchical”中包含一个子选项“Skip Libraries”，在这个子选中注明了结构复制中的排除设计库，即来自排除设计库的单元在结构复制时不会被复制到新的设计库中，而是在新的设计库中继续引用排除设计库中的单元。例如，在“top”单元中还包含

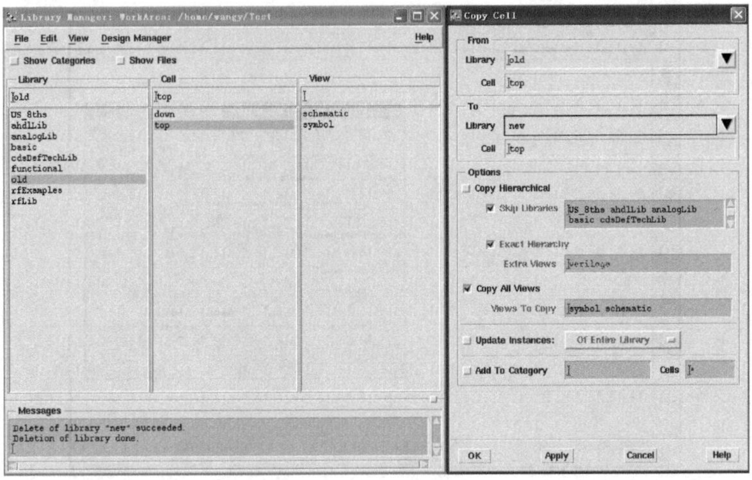

图 A-15　只选择“Library”和“Cell”以及“Copy Cell”窗口

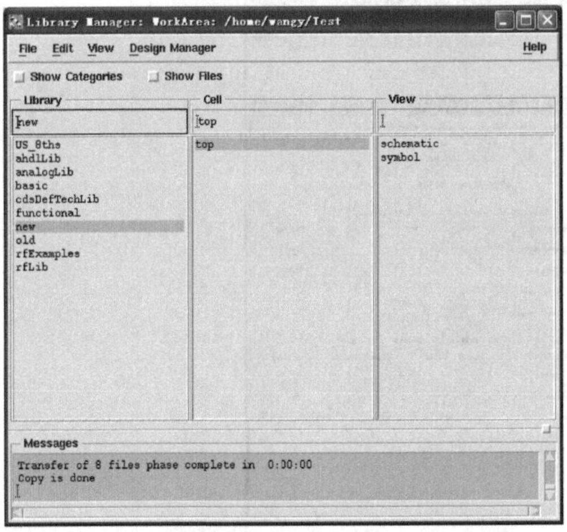

图 A-16　没有选择“Copy Hierarchical”的复制结果

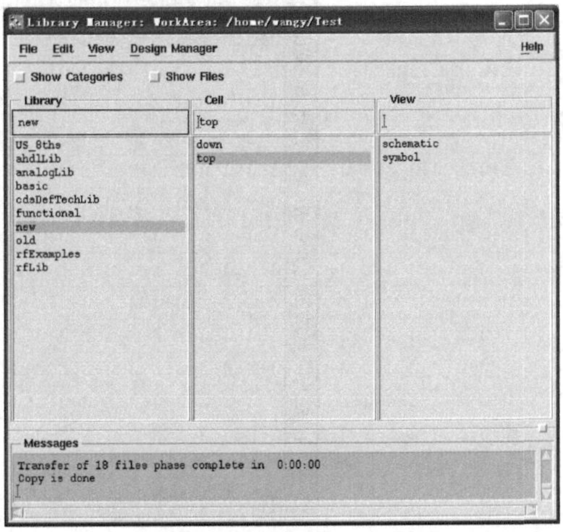

图 A-17　选择“Copy Hierarchical”的复制结果

一个来自设计库“analogLib”的子单元“gnd”，如图 A-18 所示。如图 A-15 所示，“analogLib”属于默认的排除设计库，因此在结构复制单元“top”后，在设计库“new”下的单元“top”仍然使用来自设计库“analogLib”的子单元“gnd”，如图 A-19 所示。

之所以有排除单元库，是因为“Spectre”软件自己定义了一些设计库如“analogLib”、“basic”等，用来实现电路中的公共地、引脚等功能。这些设计库中的单元除了常见的“schematic”、“symbol”等显示方式外，还有用于仿真器的显示方式“spectre”、“spectres”，等等，因此简单的复制会造成这些单元中的数据不完整，进而造成电路仿真不能继续。所以在复制时专门提供了排除设计库，将这些软件自己定义的设计库排除在复制范围之外，从而保证了单元数据的完整性，保证了仿真能够顺利进行。建议读者在使用结构复制时不要修改“Skip Libraries”中的默认排除设计库，并且保证“Skip Libraries”选项处于选中状态。

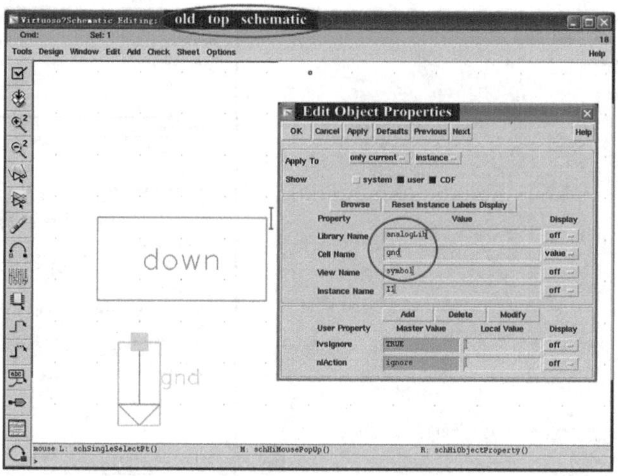

图 A-18　设计库“old”里单元“top”中的“gnd”子单元

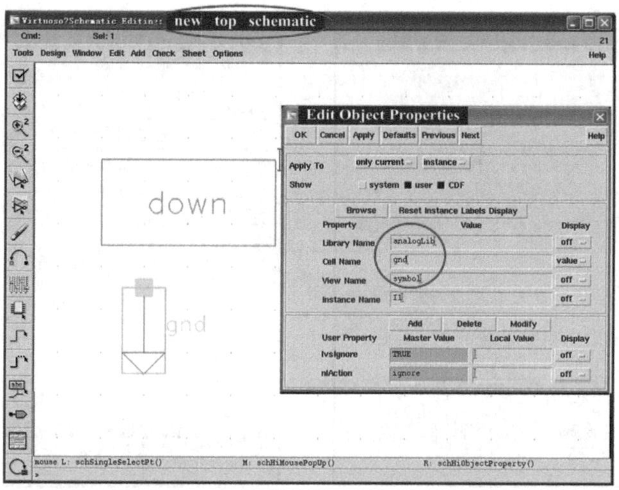

图 A-19　设计库“new”里单元“top”中的“gnd”子单元

在“Copy Hierarchical”中还包含一个子选项“Exact Hierarchy”，表示精确结构复制，即在结构复制时，仅仅复制使用到的子单元的显示方式。继续使用上文的例子，在设计库“old”的“top”单元中引用了子单元“down”，并将单元“top”精确结构复制到新的设计库“new”中。注意，在单元“top”中引用的是子单元“down”的“symbol”显示方式，如图 A-12 所示。因此在使用精确结构复制时，子单元“down”只有“symbol”显示方式被复制到新的设计库“new”中，如图 A-20 所示。在“Exact Hierarchy”选项下，还有“Extra Views”栏，在该栏中填入的是需要而外复制的显示类型。例如，在“Extra Views”栏填入“veriloga”，那么在精确结构复制时，除了复制在单元“top”中使用的子单元“down”的“symbol”显示方式，还会将子单元“down”的“veriloga”显示方式作为额外复制一同复制到设计库“new”中，如图 A-21 所示。

“Copy All Views”选项表示复制单元的所有显示方式。当使用结构复制时，这个选

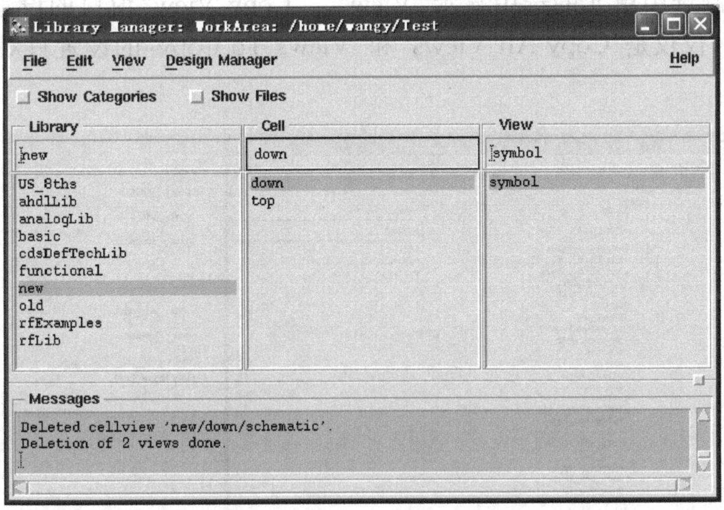

图 A-20　精确结构复制后的子单元“down”(“Extra Views”栏中无内容)

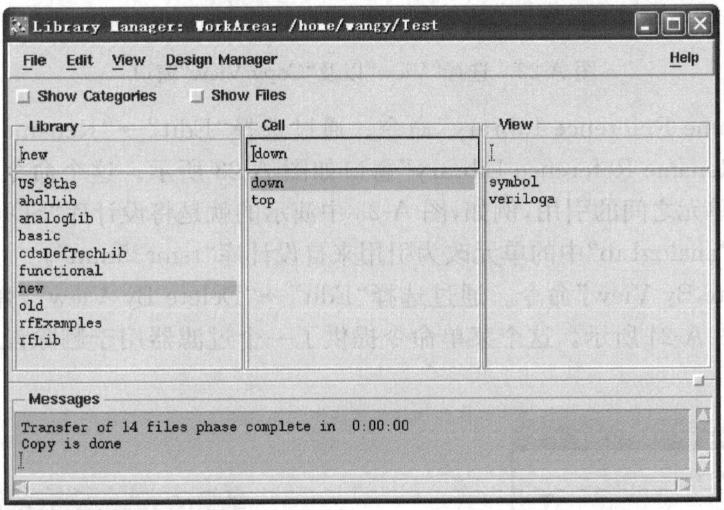

图 A-21　精确结构复制后的子单元“down”(“Extra Views”栏中为“veriloga”)

项也作用在所有被复制的子单元上，即将子单元的所有显示方式复制到新的设计库中。当“Copy All Views”选项没有选中时，可以在“Views To Copy”栏中直接指定需要复制的显示方式，只有在该栏中标明的显示类型才会被复制到新的设计库中。同样在使用结构复制时，“Views To Copy”栏中的设置也作用在所有被复制的子单元上。需要注意的是“Copy All Views”选项和“Exact Hierarchy”选项不能同时作用，因为它们都是用来指定显示方式的复制范围。在使用“Exact Hierarchy”选项时，软件会自动关闭“Copy All Views”选项和“Views To Copy”栏。

如果在“Library Manager”窗口中不仅选择了设计库“Library”和单元“Cell”，还选择了显示“View”，那么在选择“Edit”→“Copy”时弹出的是“Copy View”窗口，如图 A-22 所示。这表示复制选中单元的选中显示“View”。“Copy View”窗口的设置方式和“Copy Cell”窗口类似，仅仅是“Copy All Views”和“Views To Copy”的设置只对结构复制时的子单元有效。

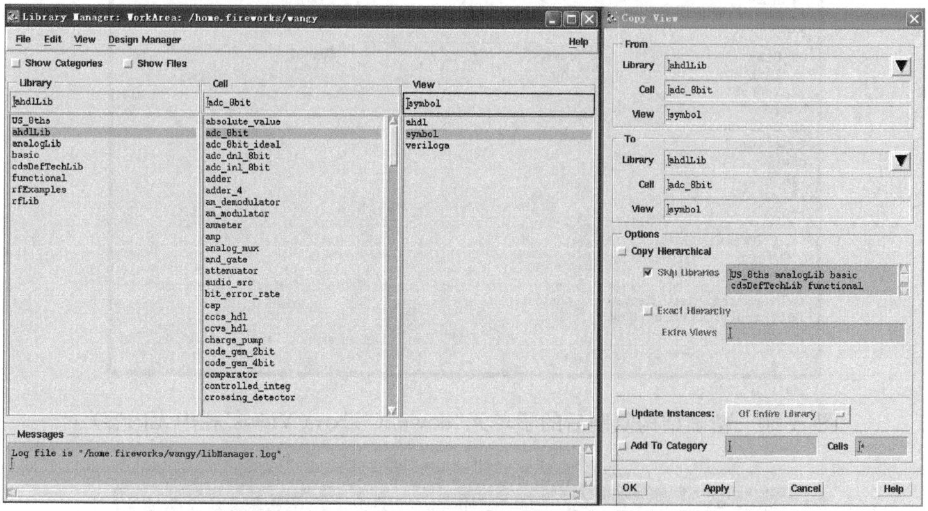

图 A-22　选择“View”以及“Copy View”窗口

（2）“Rename Reference Library”命令。通过选择“Edit”→“Rename Reference Library”，弹出“Rename Reference Library”窗口如图 A-23 所示。这个命令可以用于批量修改设计中的单元之间的引用，例如，图 A-23 中演示的就是将设计库“SDIC_bandgap”中所有引用来自“analogLib”中的单元改为引用来自设计库“tsmc35mm”。

（3）“Delete By View”命令。通过选择“Edit”→“Delete By View”，弹出“Delete By View”窗口如图 A-24 所示。这个菜单命令提供了一个过滤器用于删除设计库中指定的“View”。

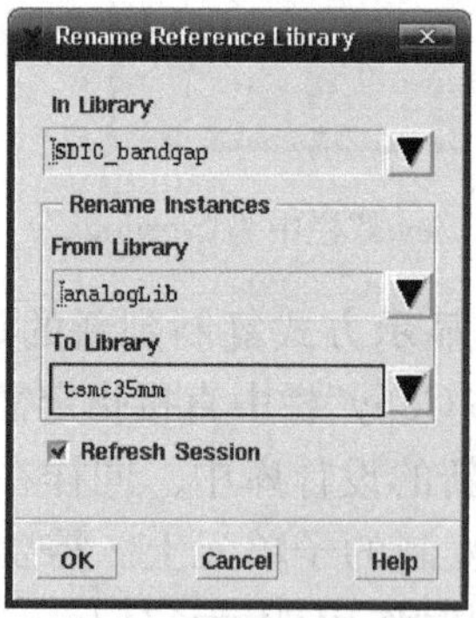

图 A-23　“Rename Reference Library”窗口

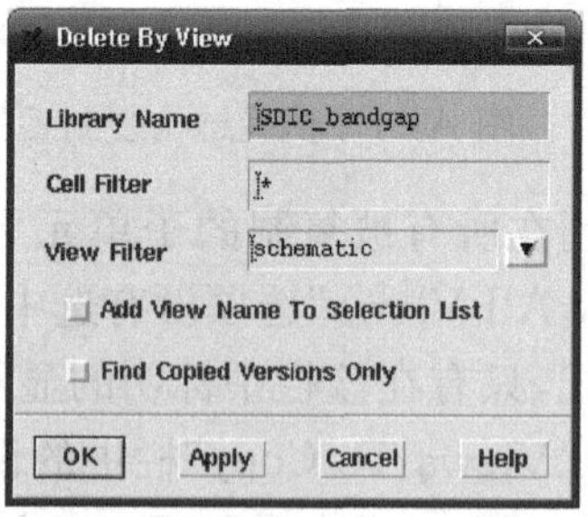

图 A-24　“Delete By View”窗口

（4）“Access Permission”。通过选择“Edit”→“Access Permission”，弹出“Access Permission”窗口如图 A-25 所示，用来修改设计单元或者设计库的所有权和权限。

（5）“Catagories...”命令。通过选择“Edit”→“Catagories...”，用来建立、修改、删除分类的命令。

（6）“Library Paths”。通过选择“Edit”→“Library Paths”，弹出图 A-4 中的“Library Path Editor”，从而修改设计库的路径。

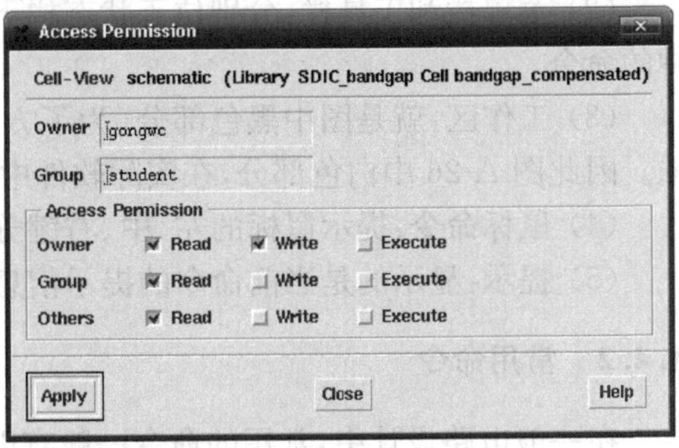

图 A-25　“Access Permission”窗口

3. “View”菜单

（1）“Filter”命令。通过选择“View”→“Filter”来显示视图的过滤。

（2）“View”→“Refresh”。通过选择“View”→“Refresh”来刷新显示。

A.4　电路图编辑器简介 Virtuoso “Schematic Editor”

在电路设计的过程中，模拟电路的设计主要是依靠电路图编辑器“Schematic Editor”完成。电路图编辑器可以通过在 CIW 或者设计库管理器中新建或者打开单元的电路图（schematic）“View”打开，其基本界面如图 A-26。下面介绍电路图编辑器的使用方法。

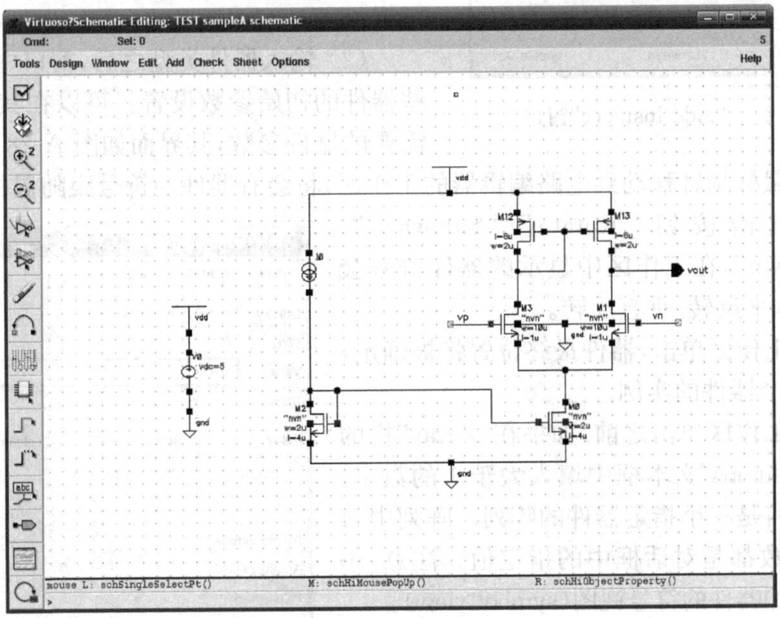

图 A-26　电路编辑器

A.4.1　电路编辑器界面简介

电路编辑器界面主要包括状态栏、菜单、工具栏、工作区、鼠标命令栏、提示栏组成。

（1）状态栏：如图 A-26 所示，界面标题之下的第一行是状态栏，内容包括正在运行的命令、选定的器件数、运行状态、仿真温度和仿真器类型。

(2) 菜单栏和工具栏：分别位于状态栏下方和屏幕的左边缘，里面的选项是电路设计中的命令。

(3) 工作区：就是图中黑色部分(为了方便读者阅读，对工作区进行了反色和颜色增强。因此图 A-26 中白色部分，在实际软件中为黑色)，是用来绘制电路图的部分。

(4) 鼠标命令：提示鼠标的左、中、右键分别对应的命令。

(5) 提示：显示的是当前命令的提示信息。

A.4.2 常用命令

在一般电路设计中，常用的命令一般有以下几个。

1. 添加器件

(1) 点击快捷键“i”；或者选择菜单“Add”→“Instance”；或者点击按钮“ ”，弹出“Add Instance”对话框，如图 A-27 所示。在“Library”和“Cell”栏输入需要引用的单元，也可以点击“Browse”按钮，打开一个设计库浏览器，从中选择希望引用的器件或者单元，界面和如图 A-10 所示的“Libraries Manager”窗口一样。

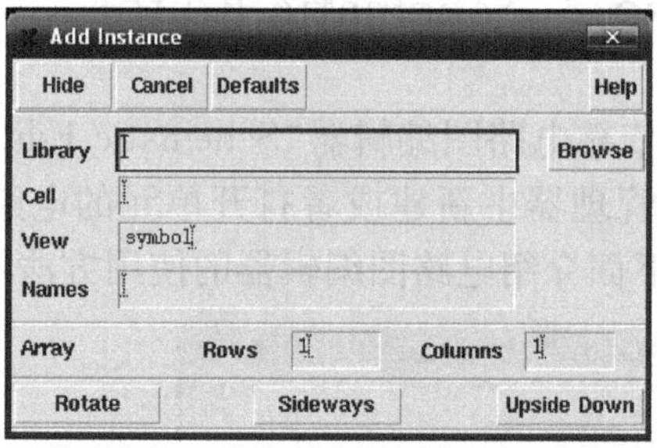

图 A-27 “Add Instance”窗口

(2) 输入器件类型之后，窗口中将会出现一些器件的初始参数设置。可以在其中直接输入需要的器件参数，其界面如图 A-28 所示。

(3) 将鼠标指针移动到电路编辑器的工作区，将会有器件的符号跟随鼠标指针移动。

(4) 点击按钮“Rotate”/“Sideways”/“Upside Down”，在工作区中显示的器件符号会相应旋转/水平反转/垂直反转。

(5) 在工作区单击，器件最终位置将被确定，符号成为一个器件的实例。

(6) 在工作区单击之前，如果在“Array”栏的“Rows”、“Columns”文本框中填入大于 1 的数字，最后加入的将是一个指定器件的阵列。阵列中每个实例的参数都是对话框中的指定值。注意：添加时只能添加器件的符号视图(symbol view)。

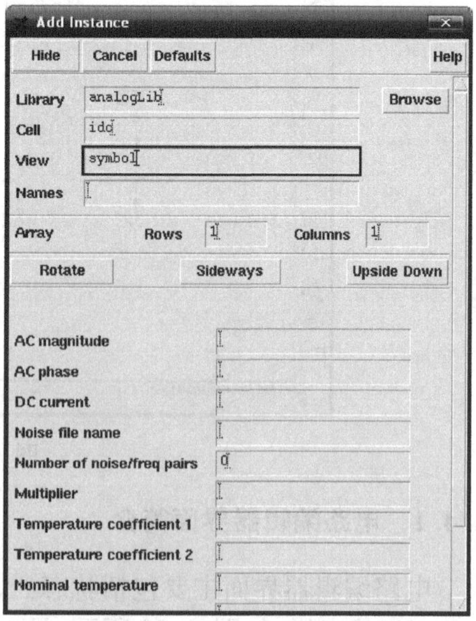

图 A-28 输入器件的参数设定

2. 添加连接线

(1) 点击快捷键“w”/“W”；或者选择菜单“Add”→“Wire (Narrow)”/“Add”→“Wire (Wide)”；或者点击按键“ ”/“ ”，分别在电路图中添加细连接线/粗连接线。

(2) 调用命令后，在工作区单击鼠标左键确定连线的第一个端点，然后拖动鼠标，将看到连线的走线方式。此时点击右键，可以在不同的走线方式之间切换；再次点击鼠标左键，确定第二个端点，连接线被确定。在确定第二个端点之前，如果按“F3”键会调出详细设置如图 A-29 所示的“Add Wire”对话框。其中可以设置走线方式、锁定角度、线宽、颜色、线型这几个选项。注意，细线和粗线的区别是细线的线宽为 0，而粗线为 0.0625。

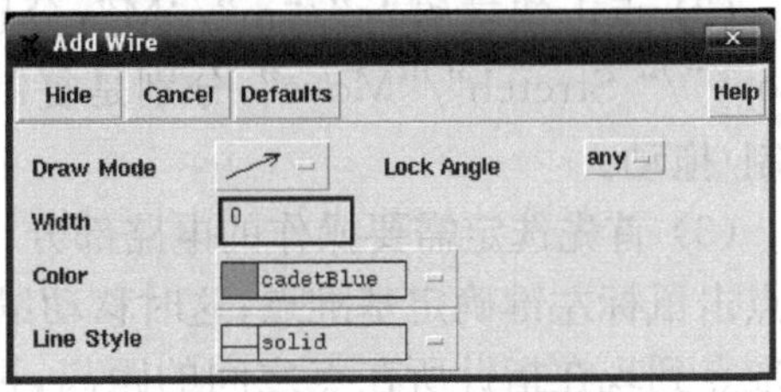

图 A-29　连接线的设定

3. 添加端口

点击快捷键“p”，或者选择菜单“Add”→“Pin”，或者点击按钮“”，弹出“Add Pin”对话框如图 A-30 所示。根据对话框中的提示，可以选择端口的名称、类型、是否总线、用途、放置方法。

4. 添加标签(label)

(1) 点击快捷键“i”；或者选择菜单“Add”→“Label”；或者点击按钮“”，弹出“Add Wire Name”对话框，如图 A-31 所示。

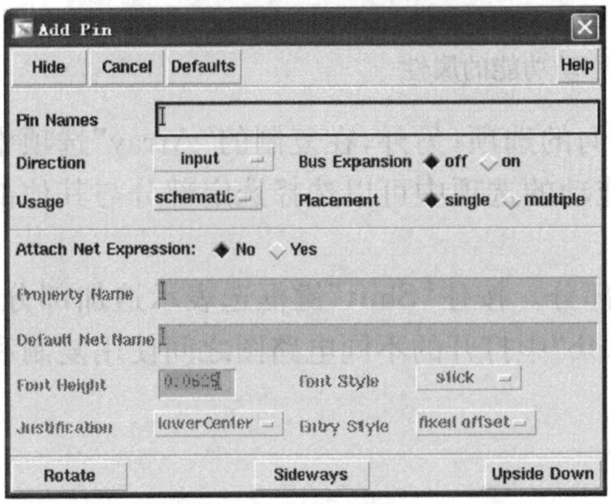

图 A-30　端口的设定

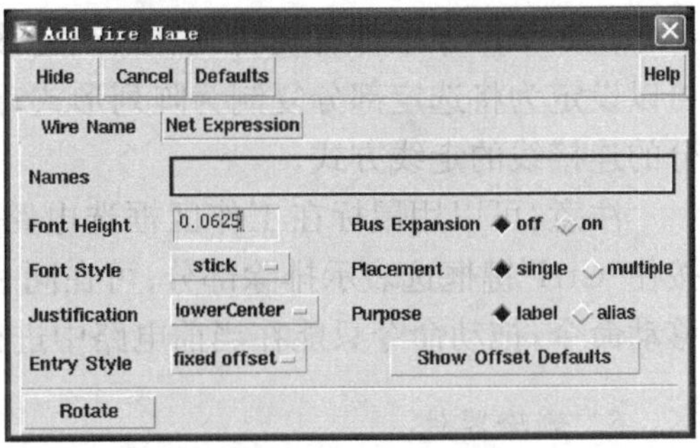

图 A-31　标签的设定

(2) 在“Add Wire Name”对话框中输入标签名字之后，如果将鼠标指向电路图，则会出现随鼠标移动的标签；鼠标点击后标签位置被确定。如果标签被放置在连线上，则该连线会被用标签的名字命名。

5. 移动、复制器件

(1) 这里有 3 种类似的命令：

复制(Copy)：将选定部分复制。

拖动(Stretch)：移动选定部分，该部分与电路其他部分保持连接。

移动(Move)：移动选定部分，该部分与其余部分不保持连接。

(2) 点击快捷键“c”/“m”/“M”，分别表示复制/拖动/移动；或者选择菜单“Edit”→“Copy”/“ Stretch”/“Move”，分别是复制/拖动/移动；或者点击按钮“ ”/“ ”，分别是复制/拖动。

(3) 首先选定需要操作的电路部分，包括器件、连线、标签、端口等；然后调用命令；这时点击鼠标左键确定基准点；这时移动鼠标发现选定部分随鼠标指针移动，移动量相当于基准点到现在指针所在点之间的距离；再次点击鼠标左键放下选定的电路或者按“Esc”键取消本次操作。

(4) 在确定基准点之后，拖动的过程中，可以点击“F3”键选择详细属性，其界面如图 A-32所示。

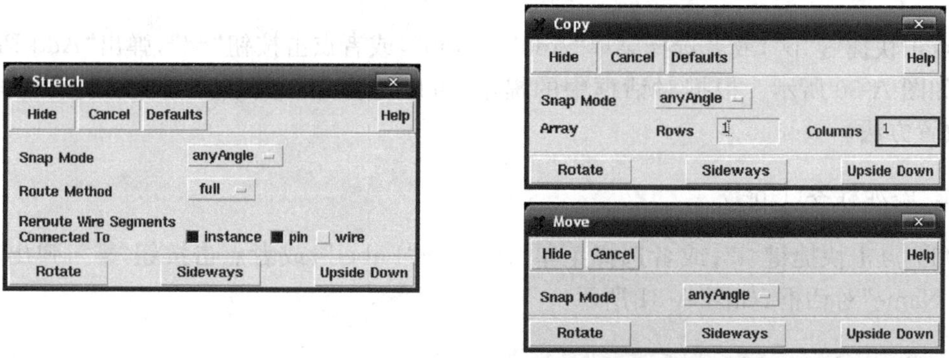

图 A-32　拖动、复制、移动功能的属性

在 3 个命令中都有旋转、镜像、锁定移动方向的选项；另外，在复制的“Array”选项中可以设定为将选定部分复制为阵列形式；而在拖动的选项中可以选择选定部分与其他部分的连接线的走线方式。

注意：可以用鼠标在工作区框选电路的一部分。按住“Shift”键框选表示追加部分；按住“Ctrl”键框选表示排除部分；可在同一个“icfb”中打开的不同电路图之间使用复制和移动命令；拖动命令只能在当前电路中进行。

6. 删除器件

(1) 选择电路的一部分；

(2) 点击键盘“Del”键；或者选择菜单“Edit”→“Delete”，将选中的部分删除。

7. 修改器件属性

(1) 选择电路中需要修改属性的器件。

(2) 点击键盘“q”键；或者选择菜单“Edit”→“Properties→Objects ... ”；或者点击按钮“ ”，弹出“Edit Object Properties”窗口，如图 A-33 所示。

(3) ①在“Apply To”(应用于)栏的第一个下拉菜单中可以选择设置应用范围：

only current：只修改但前器件。

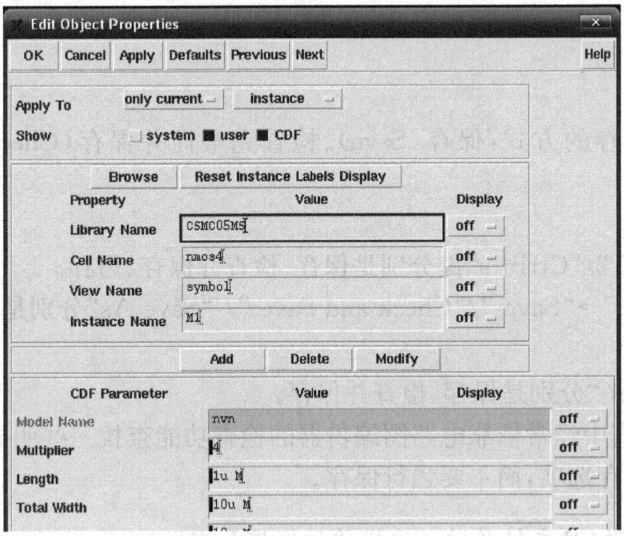

图 A-33 修改器件属性

"all selected"：修改所有选中器件。

"all"：电路图中所用相同器件。

②第二个下拉菜单可以选定需要修改的元素类型：

"instance"：器件实例。

"wire segment"：连接线。

(4) 在"Edit Object Properties"中修改器件的属性，完成后点击"OK"或者"Apply"保存修改的设置。

8. 放大、缩小、适合屏幕

键盘："["、"]"、"f"键分别表示缩小、放大、适合屏幕。

菜单："Window"→"Zoom"→"Zoom out by 2" / "Zoom in by 2" 缩小、放大；"Window"→"Fit" 适合屏幕。

按钮：、分别是缩小、放大。

9. 下降层次和回退

可以通过这几个命令在相互引用的母、子模块之间切换。

(1) 这里有 3 个命令：

下降编辑：用编辑模式进入一个子模块(如果没有足够的权限会自动为只读模式)。

下降只读：用只读模式进入一个子模块。

回退：如果下降到了子模块中，可以用这个命令回到上一层。

(2) 操作：

快捷键："E"/"e"/"Ctrl＋e"分别是下降编辑、下降只读、回退。

菜单："Design"→"Hierarchy"→"Descend Edit "/"Descend Read" /"Return"分别是

编辑/只读/回退。

10. 保存

(1) 有几种保存的方式：保存(Save)、检查完整性并保存(Check and Save)、另存(Save As)。

(2) 操作：

键盘："S"/"X "/"Ctrl＋s"键分别是保存、检查并保存、另存。

菜单："Design"→"Save "/"Check and Save "/ "Save As"分别是保存、检查并保存、另存。

按钮："" /"分别是保存、检查并保存。

注意：电路仿真中经常依靠电路图编辑器的检查功能查找一些明显的错误，所以一般应该使用检查并保存选项，而不要强行保存。

11. 撤消和重做(只支持最近一次操作的撤销和重做)

键盘："u "/ "U"键分别是撤消和重做。

菜单："Edit"→"Undo "/ "Redo"分别是撤消和重做。

按钮：""/""分别是撤消和重做命令。

A.4.3　常用标准器件

在 Cadence IC 软件中自带有一些标准的器件。这些器件在电路设计中经常用到，这些器件都存放在"analogLib"中。如果找不到这个"Library"，则应该按前面 A.1.5 节最后介绍的方法加入这个库。

(1) gnd ：在电路中表示 0 电位，和它相连的线线名为"gnd"，没有设置参数。

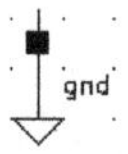

(2) vdd：和它相连的线线名为"vdd"。这个器件只用来标示等电位，而不是电源。

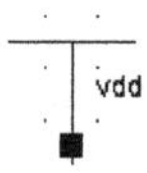

(3) vdc/idc：直流电压/电流源，用于为电路提供直流电压/电流，同时还可以提供交流电流，在交流(AC)分析中使用。

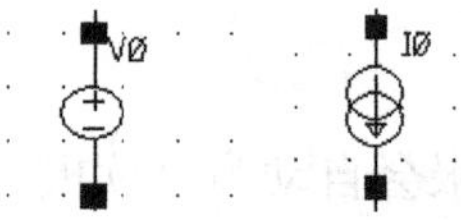

(4) vpulse：时变电流源，在 DC 分析中可以输出固定的 DC 电压，AC 分析中可以输出固定的 AC 电压，在瞬态分析中可以生成不同占空比的方波、三角波、梯形波、锯齿波。

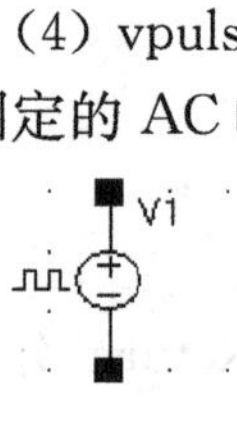

(5) nmos4 / pmos4 / pnp:通用 4 端口 NMOS 管 / PMOS 管 / PNP 三极管。

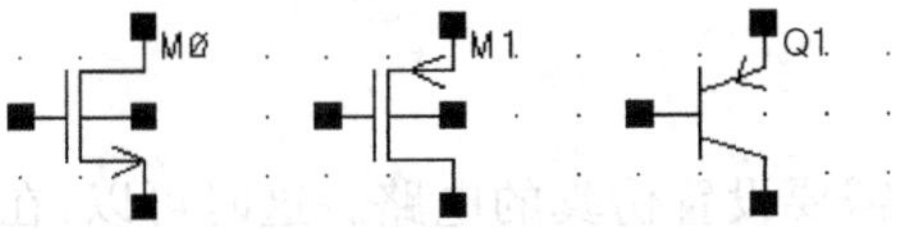

注意:在模型名称(Model Name)一栏需要根据不同的工艺库(Model Library)中的定义来指定。例如,在某个模型中将 NMOS 模型定名为“nvn”,PMOS 管模型定名为“nvp”,PNP 三极管则为“pnp5”,则在“nmos4”器件实例的“Model Name”栏应当填上“nvn”、“pmos4”填“nvp”、“pnp”填“pnp5”,否则电路将不能正确进行仿真。

(6) res / cap / ind:这三个器件分别是电阻、电容、电感。如果进行简单仿真,这些器件参数设置中不需要指定模型名称,这是这些器件将表现为理想器件。如果需要根据工艺详细仿真,则可以在器件参数设置中,根据工艺模型库中的电阻、电容、电感的模型定义这些器件。

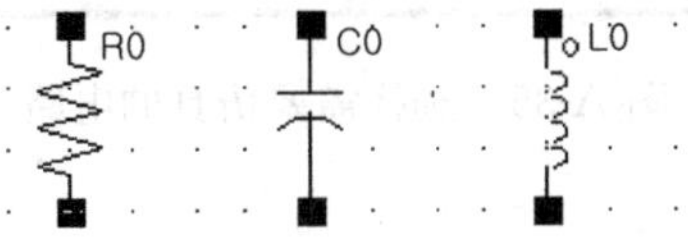

A.5　Virtuoso “Analog Design Environment”(ADE) 简介

ADE 是 Cadence IC 的图形化仿真环境。可以用如下方式打开:

(1) 可以在 CIW 窗口中选择菜单“Tools”→“Analog Environment”→“Simulation”,这样打开的 ADE 窗口中没有指定进行仿真的电路。

(2) 或者在电路编辑器中选择菜单“Tools”→“Analog Environment”,这时打开的 ADE 窗口中已经设置为仿真调用 ADE 的电路图。

在介绍仿真的过程之前,先介绍一下 ADE 的界面。图 A-34 是 ADE 的基本界面,窗口中的主要部分在图中已经标出。

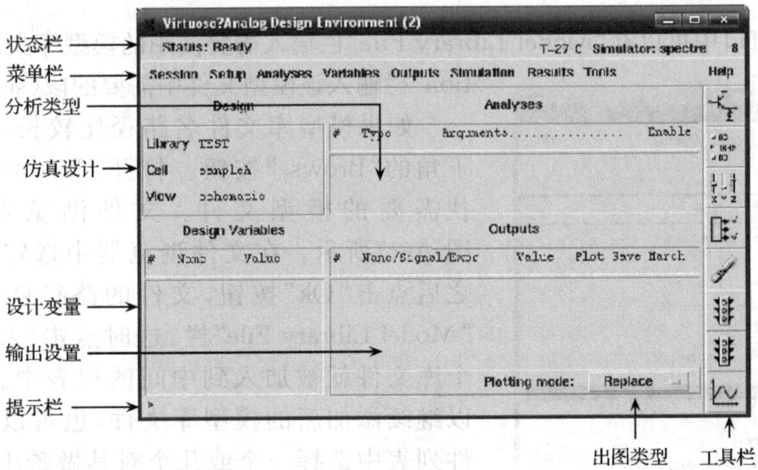

图 A-34　ADE 的基本界面

使用 ADE 进行仿真的基本流程：

1. 选择仿真的电路

如果是从 CIW 窗口中打开的仿真环境，则需要设置仿真的电路。这时可以：在菜单中选择“Setup”→“Design”；图形界面中点击按钮“”。选择之后弹出如图 A-35 所示窗口，在其中可以设置需要仿真的电路图在设计库中的路径。

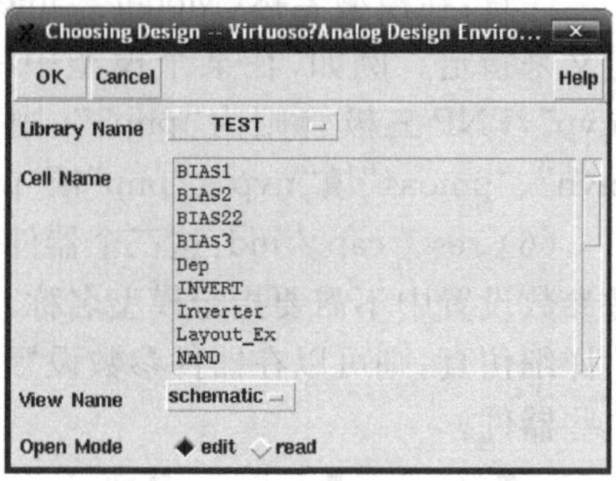

图 A-35　选择需要仿真的电路

2. 设置工艺模型

各种工艺制造的集成器件模型参数各有不同。为了使设计和工艺更加匹配，需要使用由代工厂提供的模型库。对默认使用的 Spectre 仿真器来说，应当使用 .scs 模型库文件。为了配置模型库，可以在菜单中选择“Setup”→“Model Libraries”，然后有如图 A-36 所示窗口出现。

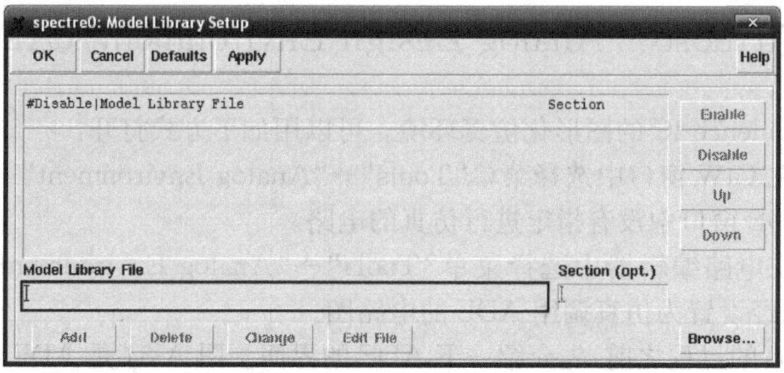

图 A-36　工艺库文件设置

在这个窗口中可以在“Model Library File”栏输入需要使用的模型库文件名，在“Section”栏输入该模型文件中需要的段(section)。

如果模型库文件名路径比较长，可以点击右下角的“Browse”按钮。打开 Unix 文件浏览器查找需要的模型文件。文件浏览器的界面如图 A-37所示。在文件浏览器中选定需要的文件之后点击“Ok”按钮，文件的路径就会自动填在“Model Library File”栏，这时点击“Add”按钮，这个库文件就被加入到中间的列表中。这时，既可以继续添加新的模型库文件，也可以在模型库文件列表中选择一个或几个对其做禁用、启用、修改或删除操作。

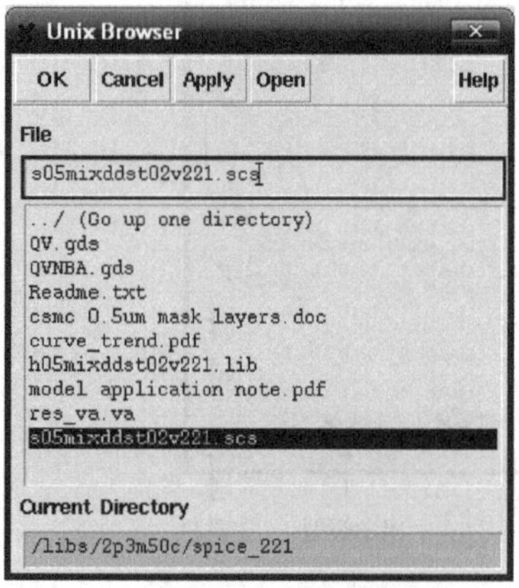

图 A-37　工艺库文件的选择

3. 设置变量

由于电路中作任何改变之后都需要检查完整性并保存，所以在对电路进行仿真时，经常在电路中定义一些变量作为器件的参数。例如，可以将一个 MOS 管的宽度定义为 $w = W_1$，则 W_1 就成为一个设计变量。这些设计变量在仿真中都需要赋值，否则仿真不能进行。

一般设置方法是：在菜单上选择“Variables”→“Copy from Cell View”，则电路图中的设计变量名都会被截取进 ADE 中，并在 ADE 窗口中的变量栏中列出。这时点击“Variables”→“Edit”或在 ADE 界面中双击任何一个变量，或点击按钮“”，图 A-38 所示的窗口就会出现。在该窗口中可以完成添加、修改、删除，从设计中截取变量列表等工作。

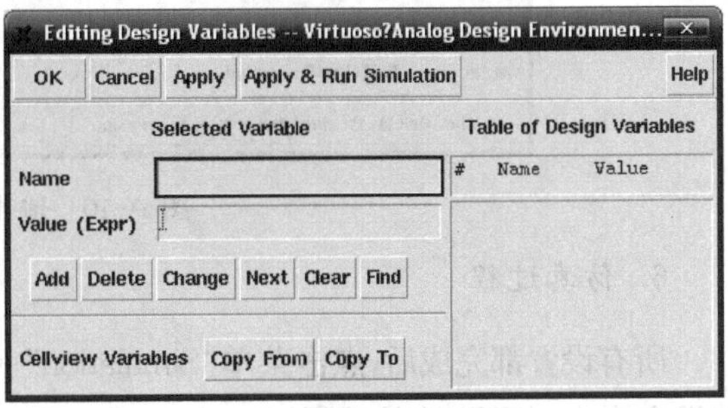

图 A-38　仿真变量设置

4. 设置分析类型

根据不同的需要，可以对电路进行不同类型的分析。常用的有直流(DC)分析、交流(AC)分析、瞬态(transient)分析、噪声分析、零极点分析。其中又以前三种最为常用。设置仿真的时候，可以点击菜单“Analyses”→“Choose”或按钮“”，如图 A-39 所示的仿真设置选择菜单就会打开。

选定需要的仿真类型后，该仿真的基本设置就会显示在对话框中。如果需要修改详细的选项，还可以点击右下角的“Options...”按钮。另外，左下角的“Enable”选项控制一个仿真是否被启用。

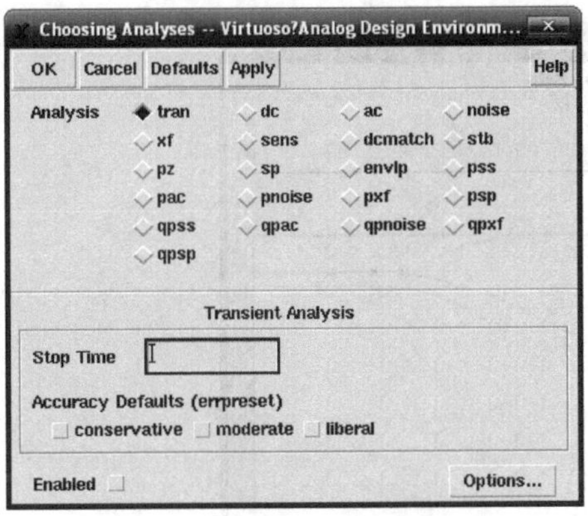

图 A-39　仿真设置选择窗口

5. 设置输出

输出控制的是仿真结束后需要用图线或者数值体现出来的结果。主要有两种设置方法：

(1) 在菜单中选择“Output”→“To Be Ploted”→“Select On The Schematic”，电路图窗口就会出现。在电路图中选择连线会在输出中添加该线的电压；选择一个器件的端口则会添加这个端口的电流作为输出；直接选择一个器件则会把该器件的所有端口电流都加入输出。

(2) 也可以手动添加输出，在菜单中选择“Output”→“Edit”或按钮“”，可以打开如图 A-40所示的窗口。在该窗口中可以添加需要的输出表达式。如果表达式比较复杂，还可以点击“Calculator”栏的“Open”按钮，打开“Calculator”，在其中编辑好表达式后，在上面窗口中点击“Calculator”栏的“Get Expression”按钮，表达式就会被截取到“Expression”栏。

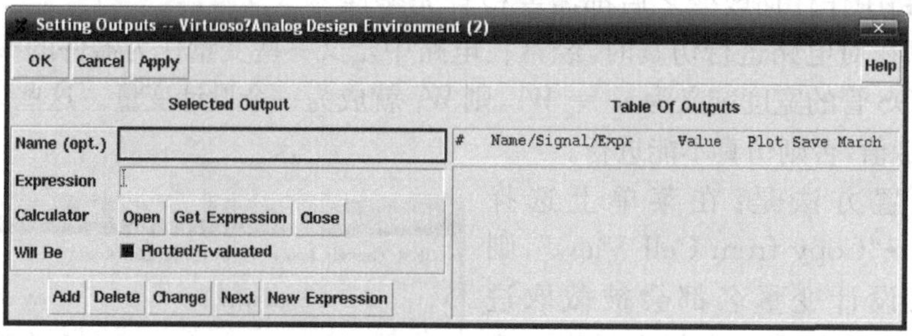

图 A-40　输出端的设置

6. 仿真过程

所有设置都完成后，点击菜单“Simulation”→“Netlist & Run”或者点击按钮“ ”；如果电路没有修改，也可以直接选择“Simulation”→“Run”或者按钮 。两种方法都可以开始仿真。

在仿真过程中，如果需要，可以点击菜单“Simulation”→“Stop”中断仿真。

如果没有需要的输出结果，可以在输出窗口和 CIW 窗口中看输出信息，分析错误类型。

如果一切正常，将有绘图窗口弹出。如果希望重新出图，可以点击菜单“Results”→“Plot Outputs”或者按钮“ ”，将出现如图 A-41 所示的界面。

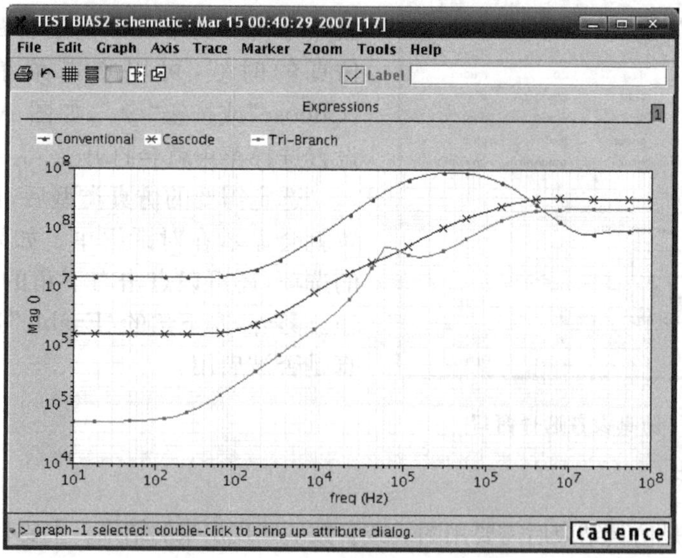

图 A-41　仿真结果显示界面

7. 其他设置

图 A-34 的右下角有一个下拉菜单可以改变出图方式：是否覆盖上次的图像、是否使用新的字窗口输出、是否用新窗口输出。

菜单的“Design”→“Temperature”可以用来设置仿真的环境温度。

8. 保存和导入仿真状态

（1）点击菜单“Session”→“Save State”可以保存当前的仿真配置。对话框如图 A-42，可以选择具体需要保存的信息。保存的状态被存放在“～/. artist_states/<Library name>/<cell name>/spectre”目录下。

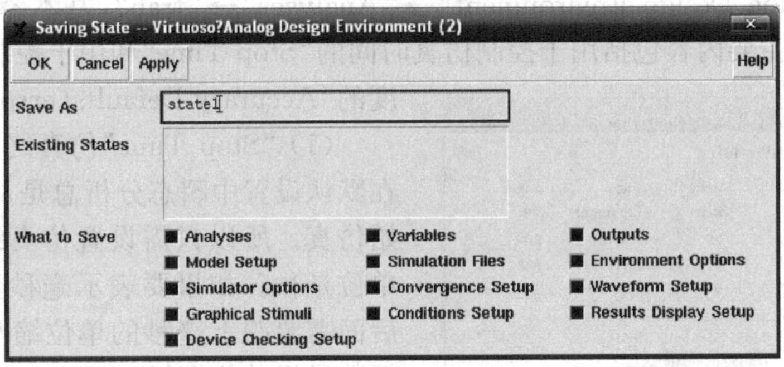

图 A-42　仿真状态的保存

（2）点击菜单“Session”→“Load State”，可以导入以前保存的仿真配置。对话框如图 A-43，可以选择需要的状态，进行导入。

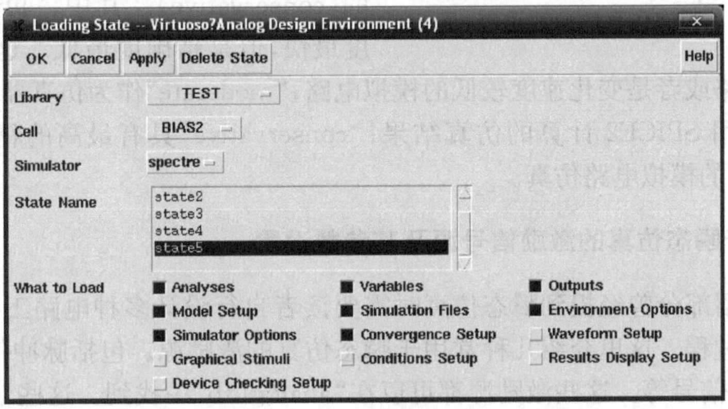

图 A-43　导入以前的仿真状态

（3）点击菜单“Session”→“Save Script”，可以将现在的仿真设置保存成 OCEAN 脚本，利用该脚本，可以在命令行执行仿真任务。

A. 6　瞬态仿真分析

瞬态仿真分析（transient analysis）是在给定的输入激励下，在设定的时间范围内计算电路的时域瞬态响应性能。要验证设计电路的稳定性、速度、精确度等问题必须经过各种情况下的瞬态分析才能做出正确的判断。在本节中介绍如何设定瞬态仿真以及瞬态分析。读者在具体的电路设计中需要根据实际情况，合理地设置激励源和仿真参数才能真正评估电路性能。在瞬态仿真的参数设置过程中，主要是在仿真精度和仿真速度之间做出合理的折中。读者可以按设计电路的要求指定仿真器计算时的容差、积分方式、步进大小等控制精度。同时，还可以对电路初始状态，输出数据保存量等条件参数设置。

A.6.1　仿真参数设置

打开“Analog Design Environment”→“Analyses”→“tran”，基本参数设置界面如图 A-44所示。主要内容包括用于控制仿真时间的“Stop Time”和用于控制仿真速度和精度的“Accuracy Defaults(errpreset)”设定。

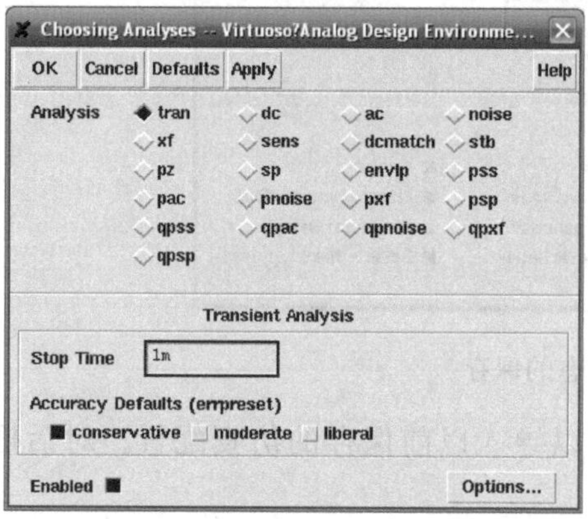

图 A-44　瞬态仿真的参数设定

(1) “Stop Time”仿真终止时间的设定。在默认设置中瞬态分析总是从 $t = 0$ 时刻开始仿真。所以只需设置仿真终止时间，时间单位是秒。如果要表示毫秒数量级，在数据后面需要跟上毫秒的单位缩写“m”。其他时间数量级单位类似。

(2) “Accuracy Defaults(errpreset)”：仿真精确度和速度设定。可选择 3 种仿真精确度：宽松的(liberal)，适中的(moderate)，保守的(conservative)。其中，“liberal”的仿真速度最快，但是精确度最低。这种精度的仿真适合于数字电路或者是变化速度较低的模拟电路；“moderate”作为仿真器默认的设置，其精确度类似于用 SPICE2 计算的仿真结果；“conservative”具有最高的精确度但速度最慢，适合于敏感的模拟电路仿真。

A.6.2　常用于瞬态仿真的激励信号源及其参数设置

在功能介绍部分曾经提到瞬态仿真时需要读者自行设计多种电路工作环境，多种工作状态的验证过程。这里介绍几种常用于瞬态仿真的激励源。包括脉冲信号、分段信号、指数信号、正弦信号等。这些激励源都可以在“analogLib”中找到。这些信号源都是以电压形式给出的，也可使用电流形式的激励源。

1. 脉冲信号“vpulse”

“vpulse”信号用于产生周期性方波。在模拟电路设计中，可用于作为 MOS 管开关的控制信号，也可用来表示电源上电或者电源跳变过程等。打开“vpulse”的参数列表如图 A-45所示，该参数列表包括“Property”和“CDF Parameter”两部分。其中“Property”部分在从“analogLib”中选中信号源后由系统自动填写。值得注意的是，在“View Name”一栏中应当采用“symbol”。图 A-45 中“CDF Parameter”只截取了一部分有关瞬态仿真的参数设置。在表 A-1 中给出了主要参数的名称、含义、实例和单位等信息。图 A-46 中给出了根据实例设置的周期方波仿真曲线。

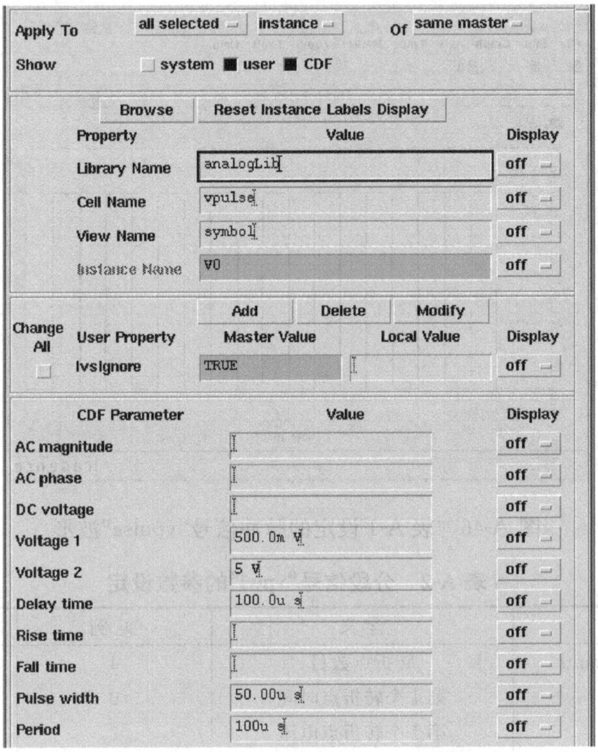

图 A-45　脉冲信号“vpulse”的设定

表 A-1　“vpulse”的设定参数意义

参 数	含 义	实 例	单 位
Voltage 1	起始电压	500m	V
Voltage 2	脉冲电压	5	V
Delay time	延迟时间	100u	s
Rise time	上升时间	0	s
Fall time	下降时间	0	s
Pulse width	脉冲宽度	50u	s
Period	周期时间	100u	s

2. 分段信号“vpwl”

当用户需要自己定义线性分段波形是可以利用“vpwl”信号源。它允许用户定义分段时刻和该时刻的电压值。该信号源的设置参数和“vpulse”信号基本相同。在表 A-2 中给出了主要参数的名称、含义、实例和单位，并且根据设计实例，在图 A-47 中给出了该信号源的仿真曲线。

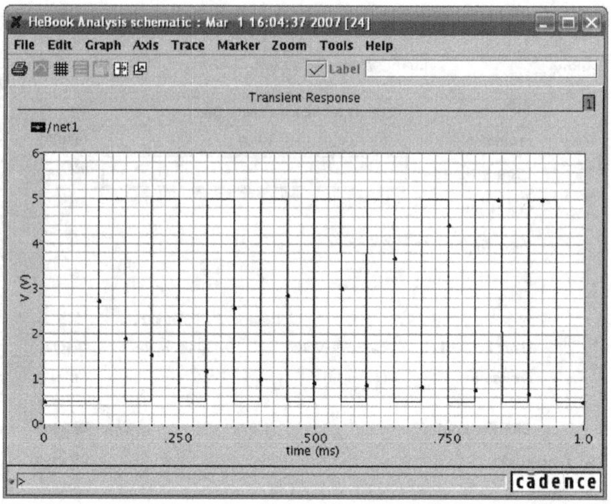

图 A-46　表 A-1 设定的脉冲信号“vpulse”波形

表 A-2　分段信号“vpwl”的参数设定

参 数	含 义	实 例	单 位
Number of pairs of points	转折点数目	4	
Time 1	第 1 个转折点时间	0	s
Voltage 1	第 1 个转折点电压	2	V
Time 2	第 2 个转折点时间	250u	s
Voltage 2	第 2 个转折点电压	2	V
Time 3	第 3 个转折点时间	500u	s
Voltage 3	第 3 个转折点电压	5	V
Time 4	第 4 个转折点时间	1m	s
Voltage 4	第 4 个转折点电压	5	V

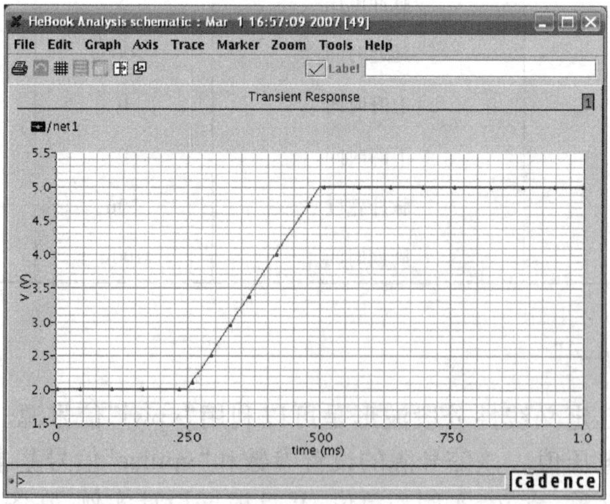

图 A-47　表 A-2 设定的分段信号“vpwl”波形

3. 正弦信号“vsin”

正弦信号也是一种在瞬态仿真中常用的信号。在该信号的参数中，“Damping factor”的单位是“1/s”。正弦信号也是在交流小信号分析(AC analysis)中重要的激励源。用户需要区别的是，瞬态信号激励和交流信号激励具有不同含义。表 A-3 和图 A-48 分别是正弦信号“vsin”的设定参数以及对应的波形。

表 A-3　正弦信号“vsin”的设定参数

参 数	含 义	实 例	单 位
Amplitude	振幅	3	V
Frequency	振荡频率	10	Hz
Delay time	延迟时间	0	s
Damping factor	阻尼因子	1	1/s

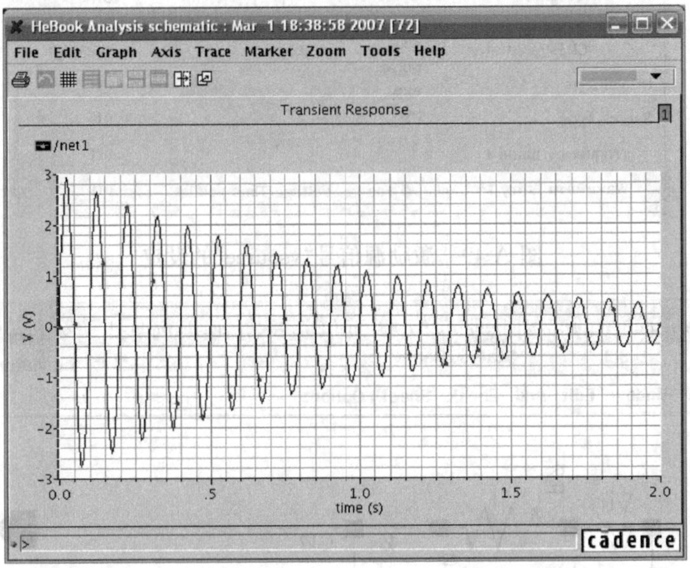

图 A-48　表 A-3 设定的正弦信号“vsin”的波形

4. 激励源信号“vsource”

“vsource”激励源是一种通用型电压源，可以用于完成上述所有激励源的功能。在图 A-49中，“Source type”菜单中选择所需要的激励源即可，同时按前述的方式填写各激励源的关键参数。

A. 6. 3　瞬态仿真实例

采用最简单的 *RC* 充放电电路来完成一次瞬态仿真，该电路图如图 A-50 所示。电阻和电容都采用“analogLib”中的理想电阻模型和理想电容模型。激励源是“vpluse”周期性方波。采用“conservative”的精度。由于没有设置初始条件，仿真器会先执行直流分析，将其结果作为初始解。仿真的结果如图 A-51 所示。

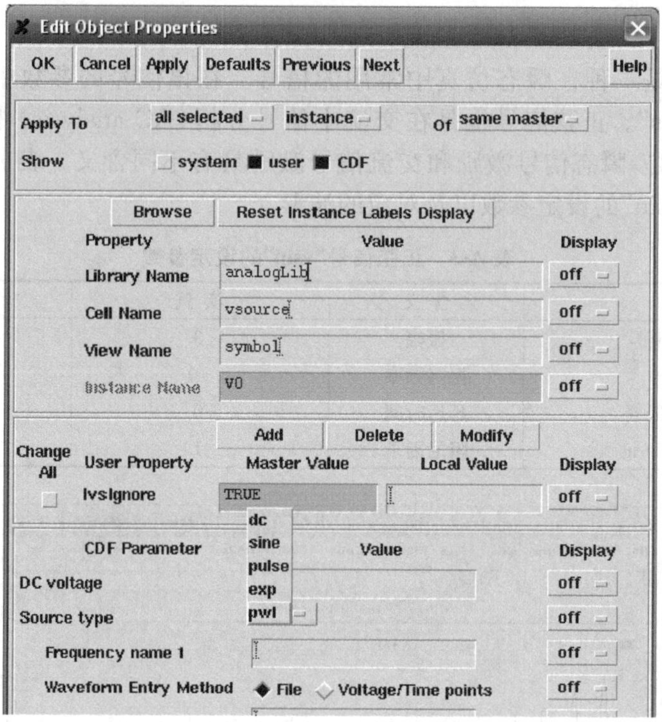

图 A-49　激励源信号“vsource”的设定

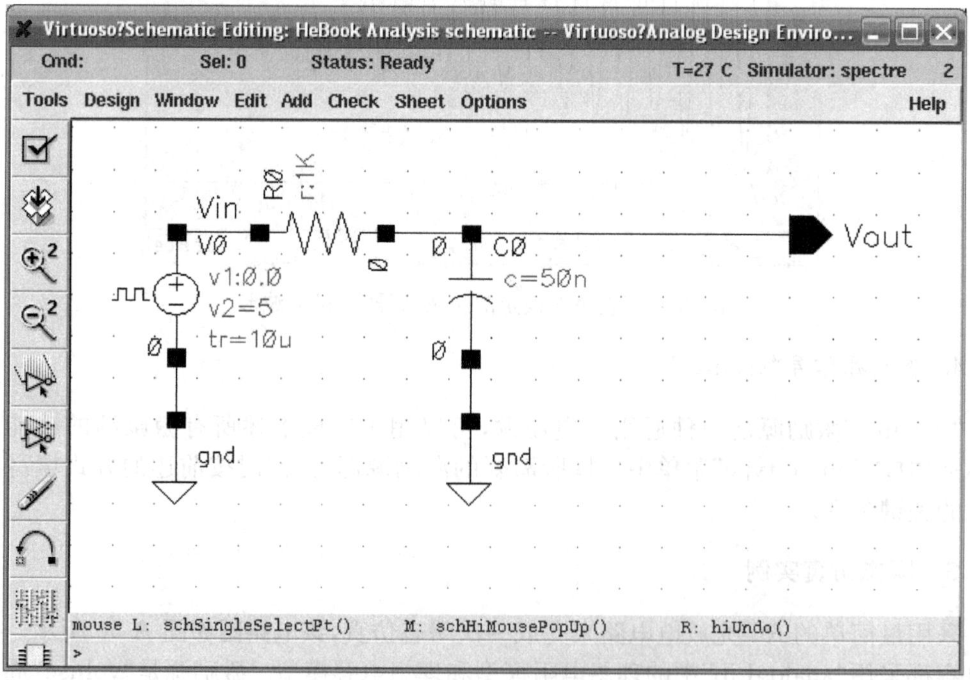

图 A-50　用于瞬态仿真的 *RC* 电路

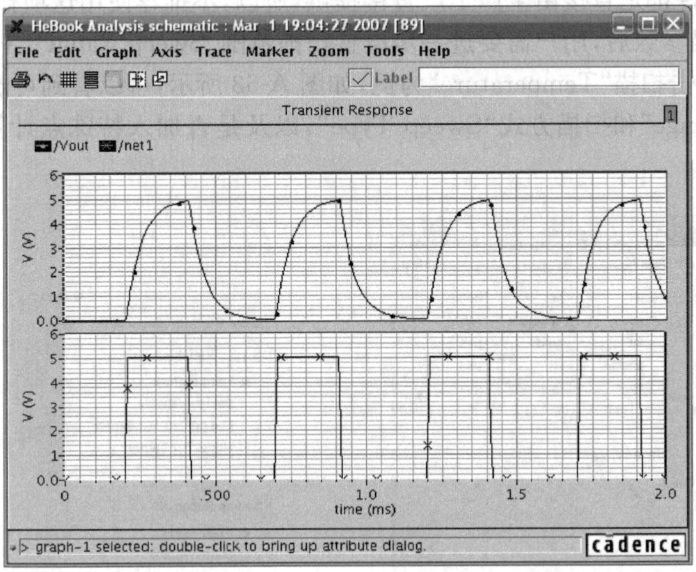

图 A-51　瞬态仿真的结果波形

A. 7　直流仿真分析

直流仿真分析是其他所有仿真的基础。在瞬态分析(tran analysis)、交流分析(AC analysis)等分析的过程中,首先就是要计算直流工作点。在这里介绍的直流分析(DC analysis)中,实际包括两个方面的分析:直流工作点的计算、直流特性扫描。

对于直流工作点分析,仿真器将计算各个节点的电压、各支路电流,包括 MOS 管的各个直流参数,例如,跨导(g_m)、阈值电压(V_{TH})、工作区域(region)等。而在直流特性扫描中包含了电路的温度(temperature)、设计变量(design variable)、器件参数(component parameter)、器件模型参数(model parameter)等多个参数的特性仿真。

A. 7. 1　仿真参数设置

如果需要将直流工作点信息保存下来,在"DC Analysis"中确定"Save DC Operating Point"。如果要绘制特性曲线,则需要设置扫描变量和扫描范围。参数设置选项如图 A-52所示。

(1) Temperature:温度扫描,观察电路直流工作点随温度漂移的情况。

(2) Design Variable:设计变量扫描,在设计电路时,设计师往往需要将某些设计参数设置为变量,方便设计和修改。比如,可以将电源电压(V_{DD})、MOS 的栅长(L)和栅宽(W)设置为变量,使用变量扫描,观察电路在各种设计下的工作情况。

(3) Component Parameter:器件参数扫描,和"Design Variable"扫描比较类似。不过,器件参数扫描不用预先将电路中某器件参数设置为变量(variable)。

(4) Model Parameter:如果用户能够对库文件模型进行修订,可以使用该参数扫描。

但是，由于库文件都是直接由生产工厂直接提供，所以，不推荐使用这项扫描。

在选定扫描参数后，用户需要进一步设置扫描范围“Sweep Range”、扫描方式“Sweep Type”等。以点击扫描“Temperature”为例，如图 A-53 所示，可以看到可选参数包括扫描范围“Sweep Range”和扫描方式“Sweep Type”，以及是否加入特殊点计算“Add Specific Points”。

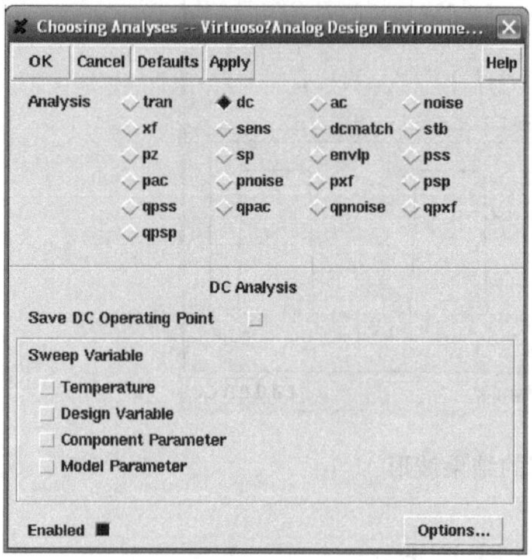

图 A-52　“DC Analysis”参数设定

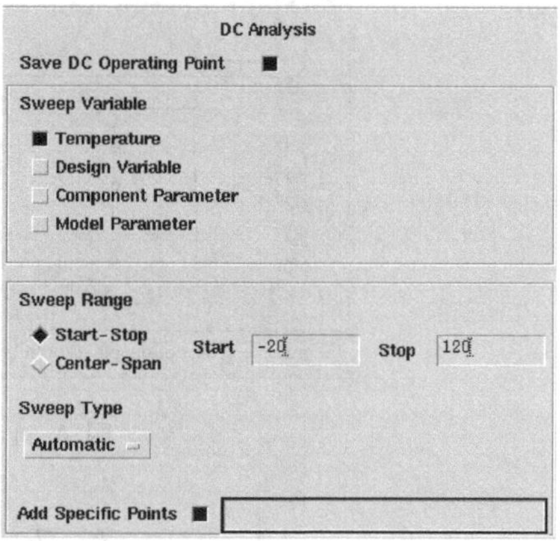

图 A-53　“Temperature”扫描设定

(1) Sweep Range：指定扫描范围，可以包括指定起始值“Start-Stop”或指定中点值“Center-Span”两种方式。

(2) Sweep Type：指定扫描方式。步进可以是线性的“Linear”，也可以以对数方式“Logarithmic”步进。如果采用“Linear”模式，用户需要通过步进大小“Step Size”或是步进点数“Number of Steps”来控制仿真精度和仿真时间。如果采用“Logarithmic”模式，仿真器默认的是以 10 为底的对数。用户也需要通过每个数量级所需步进数“Points Per Decade”或总步进数“Number of Steps”来控制仿真精度和时间。当用户对输出模式没有特殊要求时，可以采用系统默认设置“Automatic”。系统默认的设置是在当终值与初值比小于 10 时，采用线性模式输出。而在该比例大于 10 时，采用对数模式输出。三种模式的设置窗口见图 A-54。

(3) Add Specific Points：加入特殊点计算。在仿真过程中，用户可以指定某些点一定需要计算，在该选项中添加即可。各点之间用空格隔开。如果用户选择“Design Variable”或“Component Parameter”扫描，还需要设置扫描的变量名“Variable Name”或器件名“Component Name”，以及该器件的参数名“Parameter Name”，图 A-55 是设定界面。在以后的设计实例部分，具体讲解操作过程。

A.7.2　设计实例

以一个简单共源极放大器为例说明“DC Analysis”的仿真过程，电路如图 A-56 所示。直流仿真的激励源使用普通的“analogLib”→“vdc”即可。

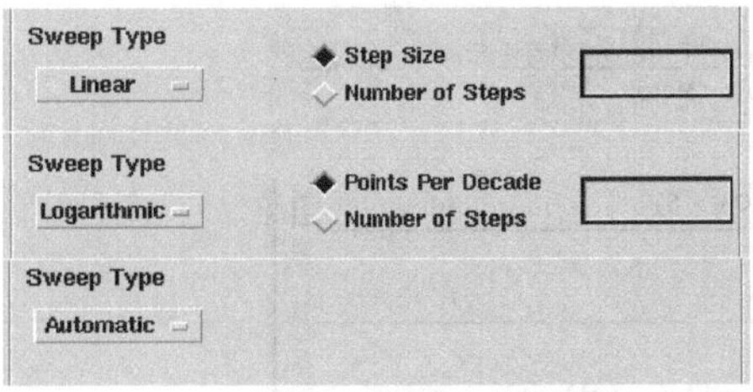

图 A-54　“Temperature”扫描类型的设定

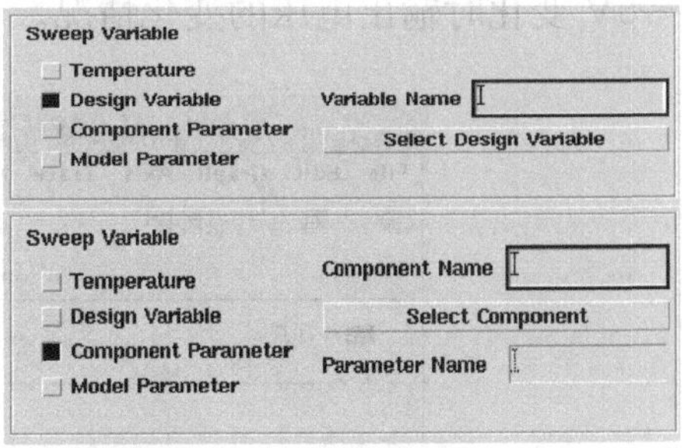

图 A-55　“Design Variable”设定

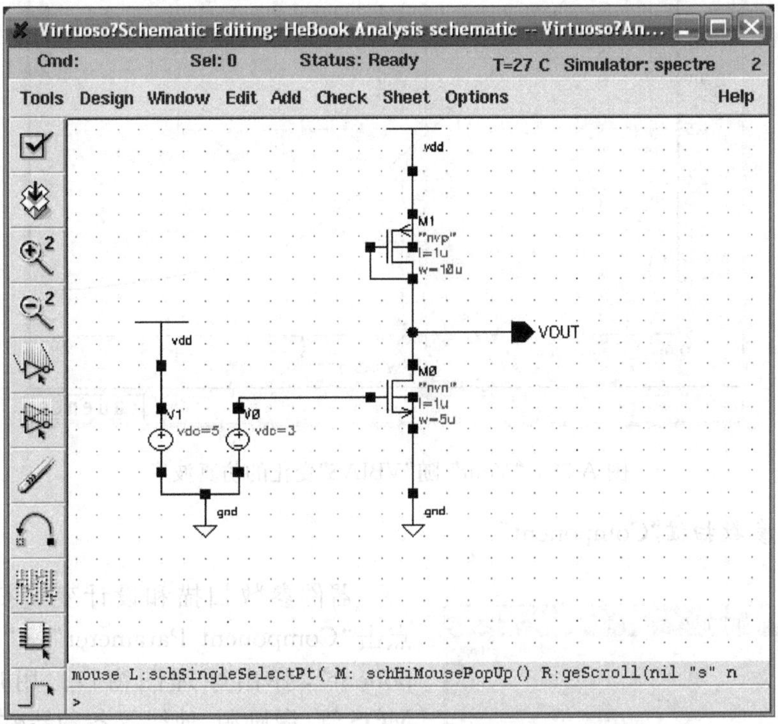

图 A-56　共源极放大电路

1. 设计变量扫描“Design Variable”

在图 A-56 中，将对“M0”的偏置电压由 3V 改变设置为变量“VBIAS”。点击“Design Variable”→“Select Design Variable”，会弹出变量选择窗口，见图 A-57。由于电路中只设置了一个变量，所以点击该变量并选择“OK”后，该变量名会出现在“Variable Name”中，再设置好“Sweep Range”和“Sweep Type”，即可仿真。图 A-58 的仿真曲线表示当变量“VBIAS”从

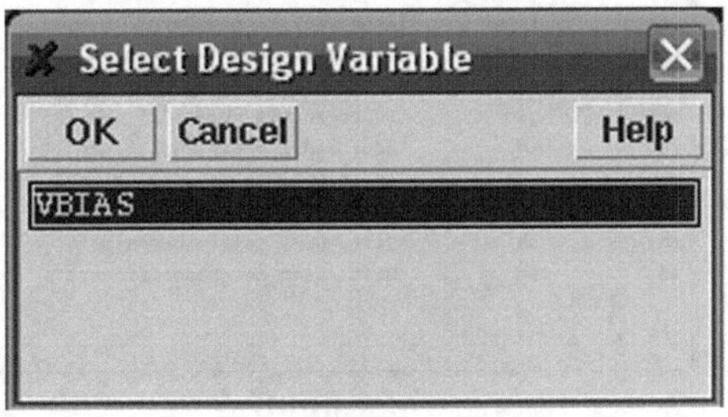

图 A-57　选择扫描变量

0～5V 变化时输出电压的变化情况。

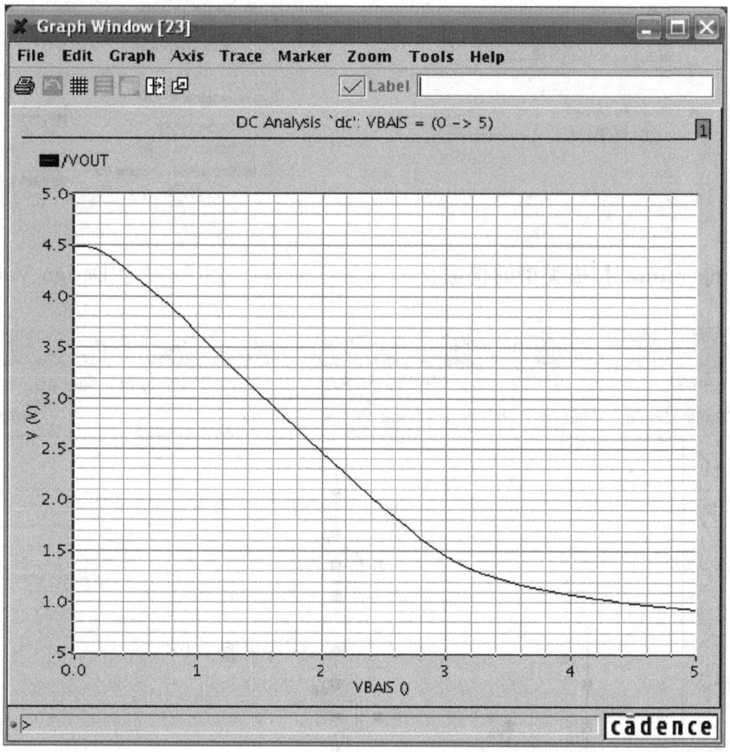

图 A-58　“Vout” 随”VBIAS”变化的仿真波形

2. 器件参数扫描“Component”

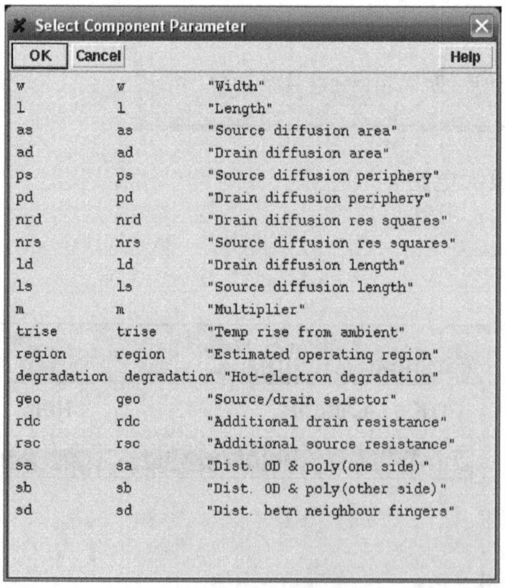

图 A-59　图 A-55 电路图中的 M_0 管参数

器件参数扫描和设计变量扫描相类似。点击“Component Parameter”→“Select Component”，弹出原理图窗口。用户可以选择 MOS 管、激励源、地线等各种器件作为仿真对象。如果点击图 A-56 中的 NMOS 管 M0，会弹出该器件的参数表，如图 A-59 所示，图中的引号部分是对相应参数的解释。可以对该 MOS 的栅长变化作参数扫描。图 A-60 仿真表示 M_0 管的栅长从 1～20μm 变化时，输出电压变化情况。

有些转移曲线的绘制需要用“DC Analysis”中的参数扫描和其他仿真工具混合使用。比如，MOS 管的转移曲线就需要“Design Variable”和“Parameter Analysis”共同使用，仿真结果如图 A-61 所示。

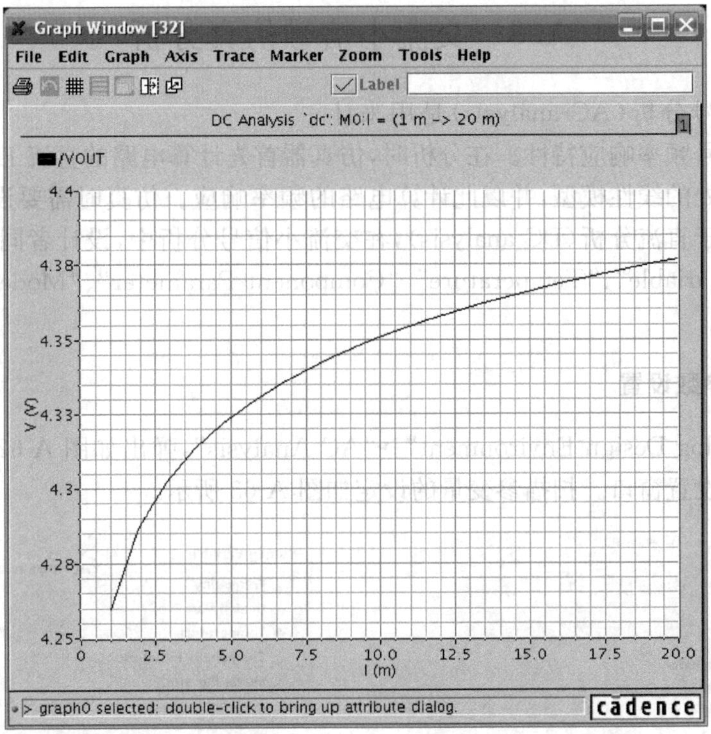

图 A-60 M0 管的栅长从 1～20μm 变化时的输出电压变化

（由于软件有缺陷，图中的模轴单位显示为 m）

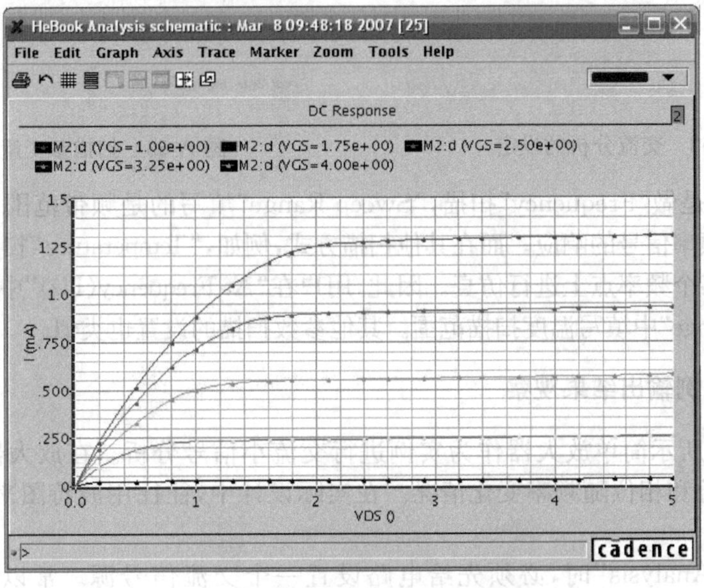

图 A-61 MOS 管的转移特性曲线

A.8　交流小信号仿真分析

交流小信号分析(AC analysis)是用来计算电路的小信号频率响应特性。在分析时,仿真器首先计算电路的直流工作点,然后建立电路在工作点处的线性模型,并以此计算电路的频率响应。仿真时需要设置专门的交流信号源。类似于直流分析(DC analysis),在交流小信号分析中,设计者同样有“Frequency”、“Design Variable”、“Temperature”、“Component Parameter”、“Model Parameter”等参数扫描选项。

A.8.1　仿真参数设置

点击“Analog Design Environment”→“AC Analysis”,弹出如图 A-62 所示的交流小信号仿真参数设置窗口。扫描参变量的设定如图 A-63 所示。

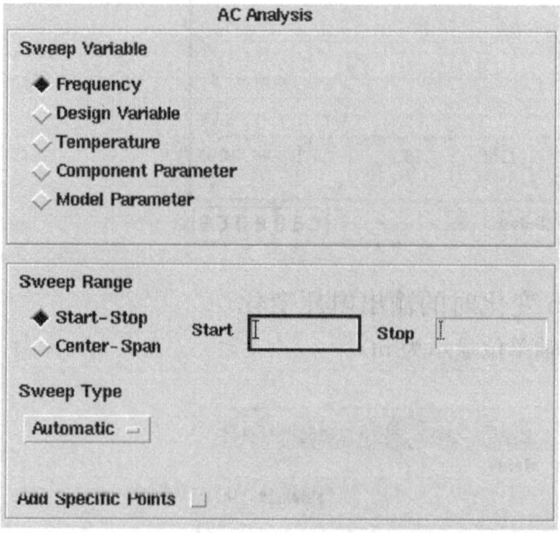

图 A-62　交流分析的设定

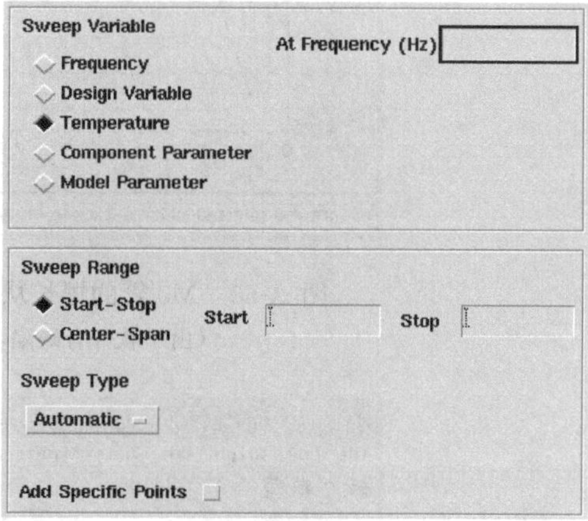

图 A-63　扫描参变量的设定

注意:如果是做“Frequency”扫描,“Sweep Range”填写的是频带范围,目的是观察电路系统对不同频率信号的响应。而在其他扫描方式,例如,“Temperature”扫描中,Spectre 要求用户指定在某个频率点上进行仿真。因此,用户在“At Frequency(Hz)”中填写仿真频率,而在“Sweep Range”中填写温度扫描范围。其他参数扫描的设置也类似。

A.8.2　设计实例输出结果观察

以图 A-64 所示简单放大器作为实例进行交流小信号分析。在放大器设置中,最关心的是它的增益和相位随频率变化情况。在实际设计中,往往用波特图来表示放大器的频率特性。

在做“AC Analysis”时,必须先给电路设置一个交流信号源。常以“analogLib”→“vsin”信号为激励源。在图 A-64 中,由于交流信号是直接从“M0”管的栅极加入,那么在具有交流信号的同时,必须要给该 MOS 管设置一个直流偏置电压。在信号源中需要设置交流振幅和直流偏置。如图 A-65,在“vsin”信号的设置中包括交流信号幅值(AC magnitude)，交流信号相位(AC phase)，直流偏置电压(DC voltage)等多个选项。“AC magnitude”通常都设置为 1V，“－1”表示 180°相位翻转。当然，设计者也可以通过设置“AC phase”来表示相位，“AC phase”缺省设置为 0。“DC voltage”根据实际电路设置偏置即可。该电路中以 1μF 电容和 1MΩ 电阻为负载。

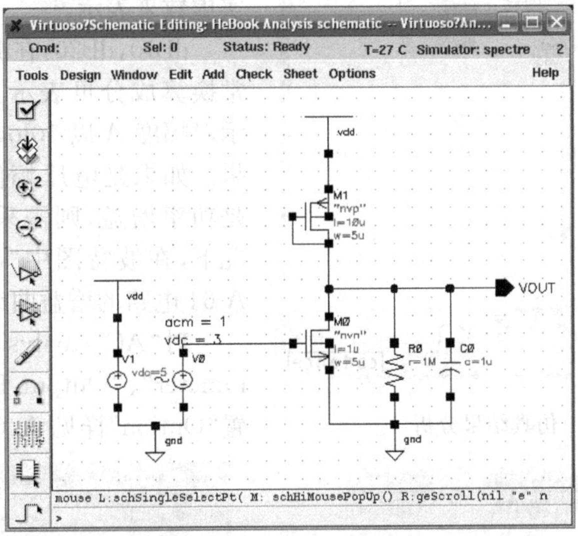

图 A-64　交流分析共源放大器实例

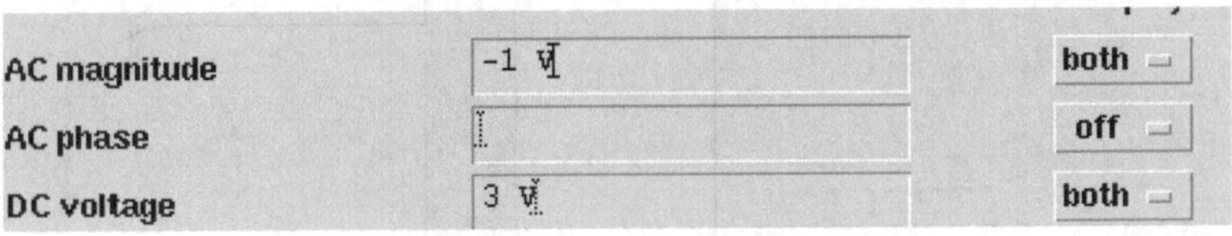

图 A-65　交流信号的设置

注意：设计者应当区别在仿真器中交流信号和直流偏置信号的差异。例如图 A-64 中，如果“M0”的直流偏置电压设置为 1.5V，交流幅值设置为 1V，该 MOS 管阈值电压 1V。那么“M0”会不会进入到截止区(1.5V－1V<1V)呢？实际上仿真结果显示“M0”管不可能进入截止区。在本章最开始陈述过，“AC Analysis”的前提是先进行了“DC Analysis”。所以，电路状态固定，加入交流信号后不会影响直流工作点。在计算电路交流增益时，仿真器是将输出端的交流信号幅值除以输入交流信号幅值。所以，“AC magnitude”设置为 1V 是为了方便计算和观察结果，不影响电路工作。那么，如果在实际电路设计中输入信号较大，会影响到电路直流工作点，该如何仿真呢？这需要设计者在瞬态时域的仿真中仔细设计多种最差情况，并做出合理的分析。

仿真结果可以使用“Tool”→“Results Browser”观察，如图 A-66 所示。在图 A-66 中的下拉菜单中，表示如下多种方式输出：

Mag：幅度绝对值曲线。

Phase，WPhase：相位曲线，两者不同之处在于“Phase”是从 360°开始作图，而

图 A-66　仿真结果分析

"WPhase"是从 0°开始作图，如图 A-67 所示。

Real，Imag：由于频域在数学上往往可以用 exp 的指数形式表示，所以可以用实虚数来表示。

dB10，dB20：在波特图中幅频特性通常换算成分贝表示。"dB10"，"dB20"表示对幅度 A 以 $10\log A$ 和 $20\log A$ 计算结果。如果是电压幅值采用"dB10"；如果是功率增益，则需采用"dB20"。一般情况下，在波特图中"dB20"更为常用。图 A-64 电路的增益曲线如图 A-68 所示。

对"AC Analysis"中"State File Parameter"、"Output Parameter"等高级设置"Option"详见 A. 6 节。

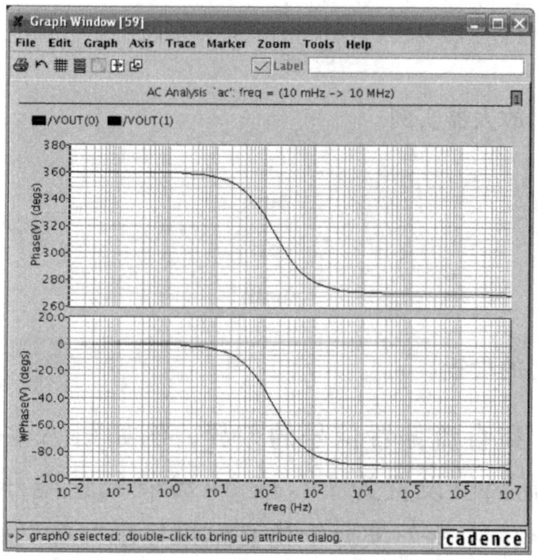

图 A-67　"Phase"与"Wphase"分析图

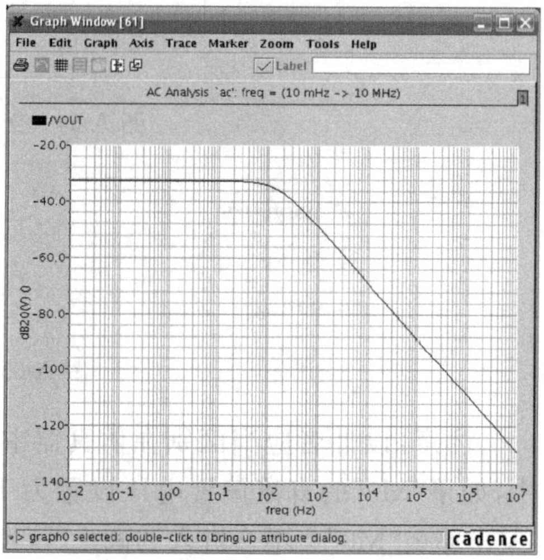

图 A-68　电压增益与频率的关系

附录 B　Results Browser

“Results Browser”是一个非常实用的工具，通过它可以读取所有节点的电压和选中端口电流的仿真结果。并且可以对数据进行预处理，在合适的窗口类型中显示。此外还提供了数据比较、“YvsY”等功能。

通过“Results Browser”可以实现以下功能：

(1) 察看仿真结果。

(2) 察看仿真环境设置。

(3) 察看器件工作点特性。

(4) 将结果在特殊的图标格式中显示，例如，阻抗图和导纳图。

(5) 将仿真结果中的表达式直接送入到“Calculator”的缓存中。

B.1　“Results Browser”窗口简介

“Results Browser”采用类似 Windows 文件系统的方法，将仿真数据分级保存在各个文件夹中。通过点击文件夹，可以将文件夹展开，从而进入下一级文件夹获得更具体的信息。图 B-1 显示了“Results Browser”窗口。

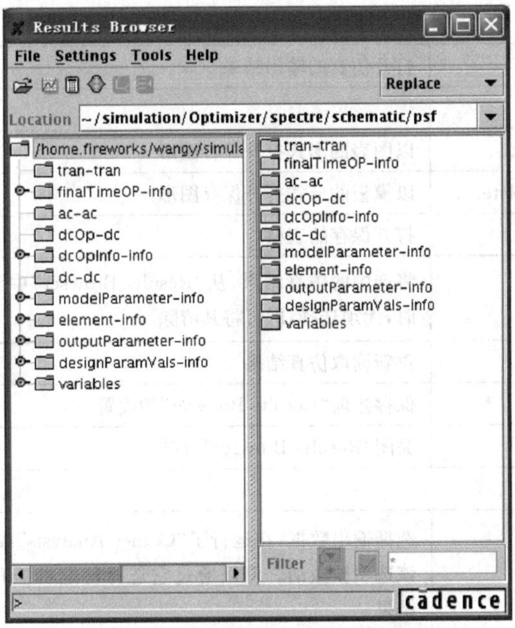

图 B-1　“Results Browser”窗口

B.1.1 “Results Browser”的菜单

“Results Browser”的下拉菜单如图 B-2 所示，功能见表 B-1。

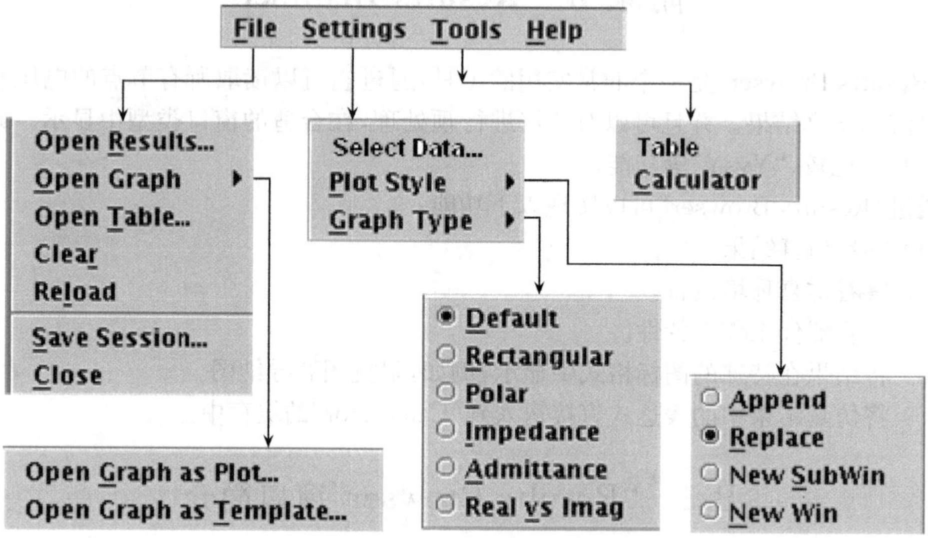

图 B-2　“Results Browser”的下拉菜单

表 B-1　“Results Browser”中的所有菜单和它们的功能

菜单选项			具体操作
File			
	Open Results		打开仿真的输出结果
	Open Graph		
		Open Graph as Plot...	以图表的形式打开保存图形
		Open Graph as Template...	以模板的形式打开保存图形
	Open Table		打开保存的表格
	Clear		将选中的仿真结果，从“Results Browser”中清除。当只有一个仿真结果时，无须选择，即可将其清除
	Reload		重新读取仿真结果
	Save Session		保存当前“Results Browser”的设置
	Close		关闭“Results Browser”窗口
Settings			
	Select Data		选择输出数据，在运行了“Corner Analysis”或者“Parametric Analysis”后，该选项被激活。可以通过它选择特定功能角或者设计变量值下的仿真结果
	Plot Style		

续表

菜单选项	具体操作
Append	在原来窗口的基础上显示新的波形
Replace	清除原来的窗口中的数据，显示新的波形
New SubWin	在原来的窗口中，建立子窗口，用来显示新的波形
New Win	创建一个新的窗口显示新的波形
Graph Type	
Default	默认方式
Rectangular	直角坐标系
Polar	极坐标
Impedance	阻抗圆图
Admittance	导纳圆图
Real vs Imag	实部 vs 虚部
Tools	
Table	打开表格
Calculator	打开“Calculator”
Help	
Help	获取帮助文档

B. 1. 2 “Results Browser”窗口中的快捷键

“Results Browser”窗口中的快捷键如图 B-3 所示。

图 B-3 “Results Browser”窗口中的快捷键

1. 各个快捷键的功能

(1)“”：打开仿真的输出结果，等同“File”→“Open Results”。

(2)“”：按照“Plot Style”中选择的方式，以图形的方式显示选中的仿真结果。

(3)“”：打开“Calculator”，如果在“Results Browser”中选择仿真结果，那么该结果的表达式将直接送到“Calculator”的缓存中。

(4)“”：选择两个仿真结果，将它们的差值以图像的形式输出。注意：该快捷键在一个仿真结果表达式存在多个值的情况下失效，例如，运行了“Corner Analysis”或者“Parametric Analysis”后。

(5)“”：选择两个仿真结果，以“YvsY”的方式输出仿真结果。注意：该快捷键在一个仿真结果表达式存在多个值的情况下失效，例如，运行了“Corner Analysis”或者“Parametric Analysis”后。

(6)“”:选择输出数据,在运行了“Corner Analysis”或者“Parametric Analysis”后,该选项被激活。可以通过它选择特定功能角或者设计变量值下的仿真结果,等同于“Setting”→“Select Data”。

2. 第一个下拉菜单

如图 B-4 所示,第一个下拉菜单是选择图表类型,等同于“Setting”→“Graph Style”。注意:该下拉菜单只在选择交流仿真结果时才出现。

3. 第二个下拉菜单

如图 B-5 所示,第二个下拉菜单是对显示的数据进行预处理。其功能类似于“Calculator”中同名函数。注意:该下拉菜单只在选择交流仿真结果时才出现。菜单中各个函数的功能如下:

(1) Mag:计算仿真结果的幅值。

(2) Phase:计算仿真结果的幅角。

(3) WPhase:计算仿真结果的幅角,并在 0～360°的范围内显示。

(4) Real:取仿真结果的实部。

(5) Imag:取仿真结果的虚部。

(6) dB10:对仿真结果进行“10log n”变化。

(7) dB20:对仿真结果进行“20log n”变化。

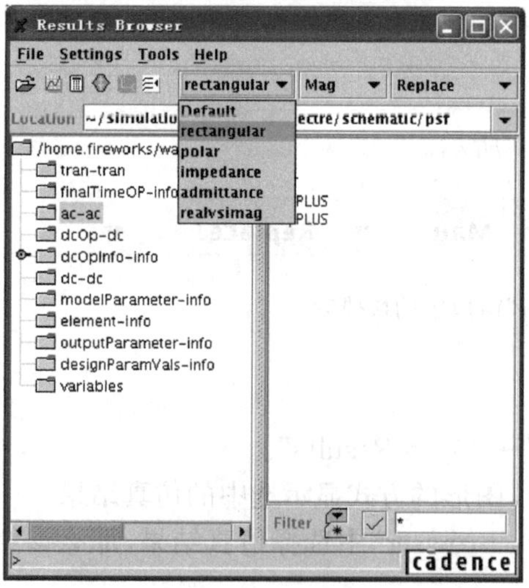

图 B-4 第一个下拉菜单中的内容

图 B-5 第二个下拉菜单中的内容

4. 第三个下拉菜单

如图 B-6 所示,第三个下拉菜单是选择创建显示窗口的方式,等同于“Setting” → “Plot Style”。

B.1.3　仿真结果保存路径

如图 B-7 所示，“Location”栏中显示了当前仿真结果的保存路径。

以前打开的仿真结果的路径将保存在该下拉菜单中，可以通过点击下拉菜单中对应路径，把该仿真结果引入到“Results Browser”中。

例如，在图 B-8 中，在下拉菜单中选择了“～/simulation/BIAS_P/spectre/schematic/psf”，发现该仿真结果出现在“Results Browser”中，如图 B-8 中左栏内的加灰部分所示。

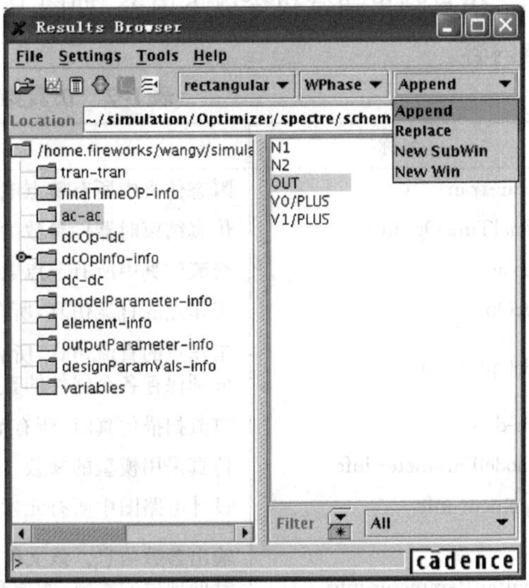

图 B-6　第三个下拉菜单中的内容

B.1.4　“Results Browser”窗口的主体部分

“Results Browser”窗口的主体分为左右两栏，左边一栏是资源管理器，以树形结构分级保存仿真结果。右边一栏显示当前选中文件夹中的内容。假如该文件夹还包含子文件夹，则在其之前出现“⊙-”标记。

图 B-7　当前仿真结果的保存路径

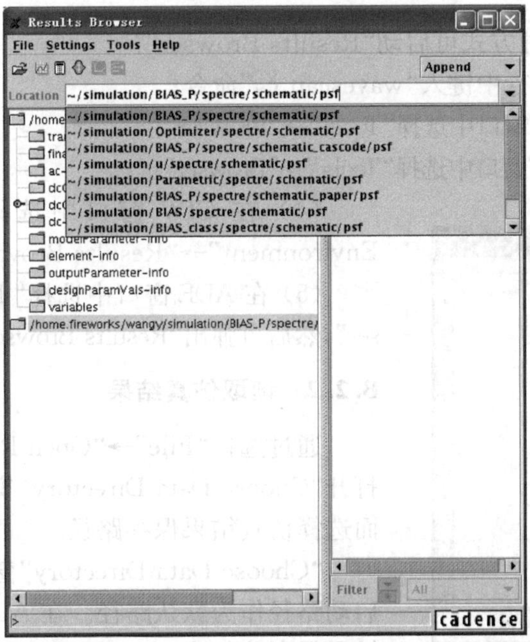

图 B-8　“Results Browser”中仿真结果的保存路径的下拉菜单

仿真结果通常包含以下内容，如图 B-6 中左栏所示。表 B-2 给出了结果名称和其具体内容。

表 B-2　仿真数据结果名称及其内容

名称	内容
tran-tran	瞬态仿真中所有节点电压值和选择保存端口的电流值
finalTimeOp-info	仿真结束时器件参数的工作点
ac-ac	交流仿真中所有节点电压值和选择保存端口的电流值
dcOp-dc	工作点的直流仿真，所有节点的电压值和选择保存的端口电流值
dcOpInfo-info	工作点的直流仿真，所有器件的参数。在该文件夹下有以器件名命名的子文件夹，分别保存各个器件的直流工作点参数
dc-dc	直流扫描仿真时，所有节点电压值和选择保存端口电流值
modelParameter-info	仿真采用模型的参数
element-info	设计电路图中所有元素的器件参数
outputParameter-info	输出参数信息。该文件夹下包含以器件名命名的子文件夹，分别包含该器件经仿真器处理后的参数，例如有效长度(leff)、有效宽度(weff)、有效电阻值(reff)、有效电容值(ceff)等
designParamVals-info	设计参数值
variables	设计变量。该文件夹下包含以设计变量名命名的子文件夹，分别保存各个设计变量的信息

B. 2　启动“Results Browser”并读取仿真结果

B. 2. 1　打开“Results Browser”

通过下面任意一种方式可启动“Results Browser”：

(1) 在 Unix 命令行中键入“wavescan &”命令；

(2) 在“Calculator”窗口中选择“Tools”→“Browser”；

(3) 在“Waveform”窗口中选择“Tools”→“Browser”；

(4) 在 CIW 窗口中选择“Tools”→“Analog Environment”→“Results Browser”；

(5) 在 ADE 窗口中选择“Tools”→“Results Browser”，然后可弹出“Results Browser”窗口。

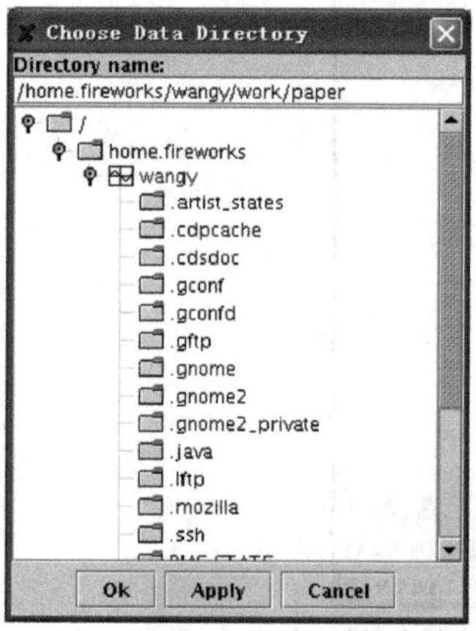

图 B-9　选择仿真结果保存路径

B. 2. 2　读取仿真结果

通过选择“File”→“Open Result”或者快捷键“”打开“Choose Data Directory”窗口，如图 B-9 所示，从而选择仿真结果保存路径。

“Choose Data Directory”窗口打开时，将“icfb”的启动路径作为默认路径。在 ADE 的默认设置中，仿真结果保存路径为

~/simulation/CellName/Simulator/schematic/psf

其中，“CellName”是仿真电路图的名称；“Simulator”是仿真器的名称，默认值为“Spectre”。如果刚刚结束了一次仿真，“Results Browser”会自动读取其仿真结果，不用进行上述设置。

点击“Ok”，完成数据读取。

B.3　在“Results Browser”中选择数据

比较图 B-10 和图 B-11，可以发现“Results Browser”中文件夹系统和“Windows”操作系统中的文件夹系统十分类似。

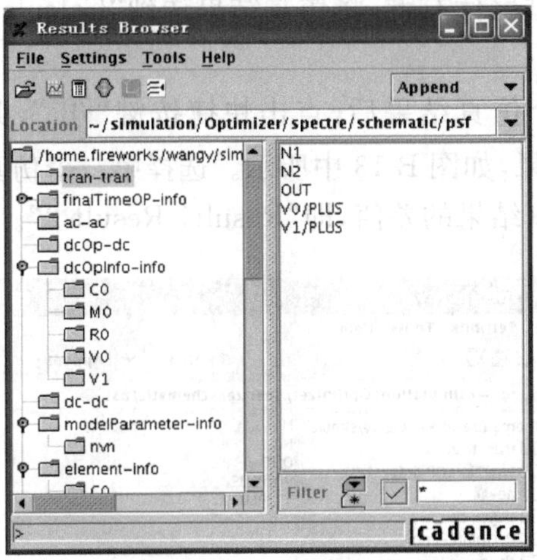

图 B-10　“Results Browser”中文件夹

图 B-11　“Windows”中的文件夹

如同在 Windows 操作系统中，在左边的资源管理器中完成文件的选择、打开和切换，在右边被选中文件夹具体内容中，选择数据、子文件夹，或者打开子文件夹。

B.4　输出“Results Browser”中的结果

(1) 直接输出仿真结果到“Waveform”窗口。

不对仿真结果进行任何预处理，可以通过以下方法将结果直接输出到“Waveform”窗口中显示。

在选中需要的仿真结果后，点击快捷按键“”，即按照“Plot Style”中选择的方式，以图形的方式显示选中的仿真结果。

在选中需要的仿真结果后，点击鼠标右键，此时弹出一个选项菜单，如图 B-12 所示。下拉菜单中各个选项的功能：

① Append：以“Plot Style”为“Append”的方式，显示选中的仿真结果。

② Replace：以“Plot Style”为“Replace”的方式，显示选中的仿真结果。

③ New SubWin：以“Plot Style”为“New SubWin”的方式，显示选中的仿真结果。

④ New Win：以“Plot Style”为“New Win”的方式，显示选中的仿真结果。

⑤ Table：以列表的方式显示选中的仿真结果。

⑥ Calculator：将仿真结果直接送到“Calculator”的缓存中。

注意：此时，“Results Browser”中对仿真结果的预处理不再生效。例如，在图 B-12 中，第二个下拉菜单选择“Phase”，即输出仿真结果的幅角。这个功能对上述①～⑤个选项都有用。但是对于“Calculator”选项，送到“Calculator”中是未经处理过的数据。如果需要显示幅角，则需要在“Calculator”中对该数据使用“phase”函数。

(2) 将仿真结果输出到“Calculator”的缓存中。

在选中需要的仿真结果后，点击快捷按键“”，即将仿真结果直接送到“Calculator”的缓存中。也可以使用 B. 4. 1 节中介绍的，通过鼠标右键，将仿真结果送到“Calculator”的缓存中。

(3) 输出两个结果的差值。在选中第一个仿真结果后，点击快捷按键“”，此时“Results Browser”将会提示选择另一个仿真结果，如图 B-13 中所示。选择第二个仿真结果后，将按照“Plot Style”中的设置输出两个仿真结果的差值，即“Result1-Result 2”。

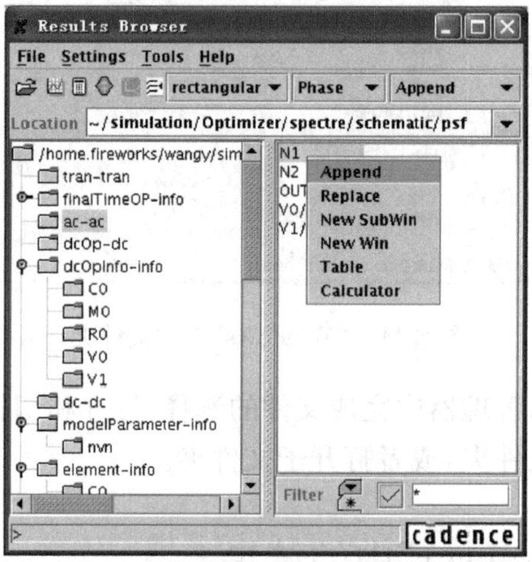

图 B-12　点击鼠标右键出现的下拉菜单

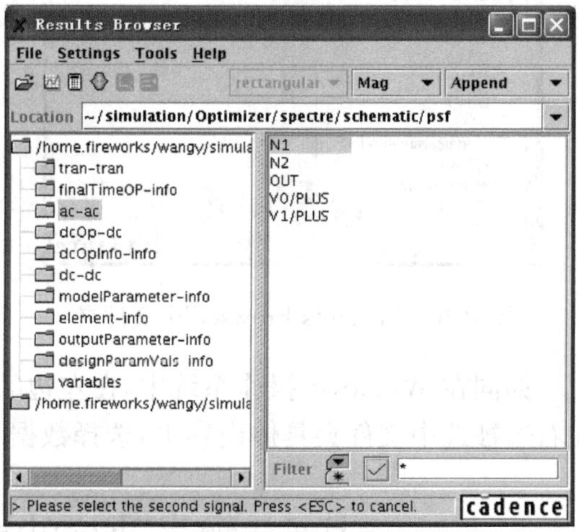

图 B-13　输出两个数据的差值

(4) 将两个仿真结果采用“YvsY”的方式输出。

在选择第一个仿真结果后，点击快捷按键“”，此时“Results Browser”将会提示选择另一个仿真结果，如图 B-13所示。选择第二个仿真结果后，将用其作为横轴，输出两个仿真结果。

B. 5　MOS 管参数名称解释

在“finalTimeOP-info”和“dcOpInfo-info”中都保存了电路器件参数。下面将就 MOS 管的一些常用参数进行解释。

(1) type:MOS 管类型,可能值为 n 或 p。

(2) region:MOS 管的工作区域,可能值为 0～4,分别如表 B-3 所示相对应。

表 B-3 MOS 管工作区域的数字表示

region	工作区
0	关断
1	线性区
2	饱和区
3	亚阈值区
4	击穿

(3) reversed:MOS 管是否反向,可能值为 yes 或 no。

(4) ids (A):阻性漏源电流。

(5) lx4 (A):ids 的别名,当 MOS 管反向时有相反的符号。

(6) lx50 (A):衬源电流。

(7) vgs / lx2 (V):栅源电压。

(8) vds / lx3 (V):漏源电压。

(9) vbs / lx1 (V):衬源电压。

(10) vth (V):有效阈值电压。

(11) lv9 (V):vth 的别名。

(12) vdsat (V):漏源饱和电压。

(13) lv26 (V):平带电压(flat-band voltage)。

(14) lv10 (V):vdsat 的别名。

(15) gm / lx7 (S):共源跨导。

(16) gds / lx8 (S):共源输出跨导。

(17) gmbs / lx9 (S):衬底跨导。

(18) betaeff (A/V^2):有效 β 值。

(19) cjd / lx29 (F):漏区衬底结电容。

(20) cjs / lx28 (F):源区衬底结电容。

(21) lx12 (Coul):衬底电荷(Qb)。

(22) lx14 (Coul):栅极电荷(Qg)。

(23) lx16 (Coul):漏区电荷(Qd)。

(24) lx24 (Coul):漏区 PN 结电荷。

(25) lx26 (Coul):源区 PN 结电荷。

(26) cgg / lx18 (F):dQg_dVg。

(27) cgd / lx19 (F):dQg_dVd。

(28) cgs / lx20 (F):dQg_dVs。

(29) cgb (F):dQg_dVb。

(30) cdg / lx32 (F):dQd_dVg。

(31) cdd / lx33 (F):dQd_dVd。

(32) cds / lx34 (F):dQd_dVs。

(33) cdb (F):dQd_dVb。

(34) csg (F):dQs_dVg。

(35) csd (F):dQs_dVd。

(36) css (F)：dQs_dVs。
(37) csb (F)：dQs_dVb。
(38) cbg / lx21 (F)：dQb_dVg。
(39) cbd / lx22 (F)：dQb_dVd。
(40) cbs / lx23 (F)：dQb_dVs。
(41) cbb (F)：dQb_dVb。
(42) ron()：导通电阻。
(43) id / i1 (A)：漏端电流。
(44) is / i3 (A)：源端电流。
(45) ibulk / i4 (A)：衬底电流。
(46) lx5 (A)：源端 PN 结电流。
(47) lx6 (A)：漏端 PN 结电流。
(48) pwr (W)：处于工作点时的功耗。
(49) gmoverid (1/V)：Gm/Ids。
(50) lv36 (F)：栅源交叠电容。
(51) lv37 (F)：栅漏交叠电容。
(52) lv38 (F)：栅衬底交叠电容。
(53) lx10 (S)：漏区二极管跨导。
(54) lx11 (S)：源区二极管跨导。

附录 C　Waveform

所有仿真结果的波形都将在“Waveform”窗口中显示。在“Waveform”窗口中可以完成图形的缩放、坐标轴的调整、数据的读取和比较、“YvsY”显示，还可以对仿真结果做简单的处理，例如，取 20dB 值、取幅值、取幅角等。因此熟练掌握“Waveform”窗口的使用，可以大幅提高对仿真结果的分析能力。

C.1　“Waveform”窗口简介

C.1.1　“Waveform”窗口界面(图 C-1)

图 C-1　典型的“Waveform”窗口

C.1.2　“Waveform”窗口的菜单

图 C-2 列出了“Waveform”中所有菜单(除“Bus”子菜单)，它们的功能见表 C-1。

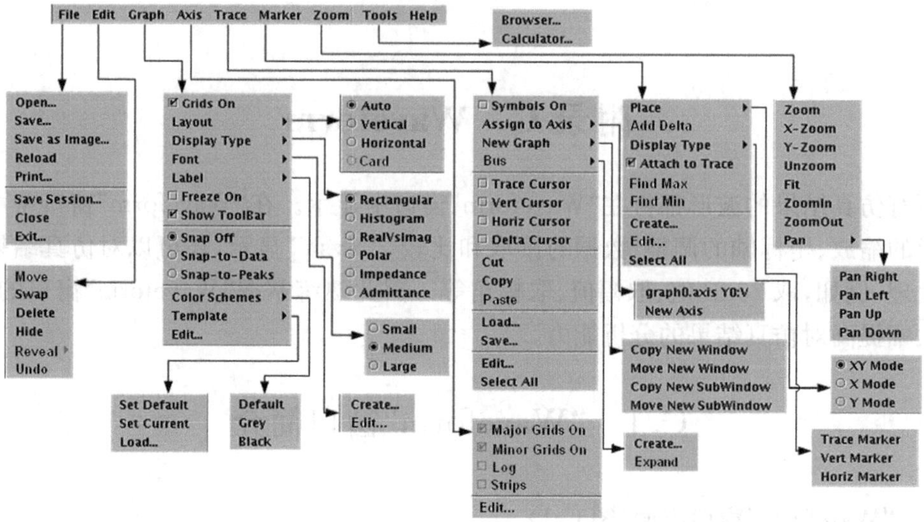

图 C-2　“Waveform”的菜单

表 C-1　“Waveform”中的所有菜单和它们的功能

菜单选项	具体操作
File	
Open...	打开“Open Graph”对话框，从而打开一个已保存的波形文件
Save...	打开“Save Graph”对话框，从而将当前波形以 XML 形式保存
Save as Image...	打开“Save Image”对话框，从而将当前波形以图片形式保存
Reload	重新读取当前窗口中波形的仿真数据
Print...	打印当前窗口中的图表
Save Session...	保存当前“Waveform”窗口的设置
Close	关闭当前“Waveform”窗口
Exit...	关闭所有“Waveform”窗口
Edit	
Move	移动选中的标签或记号
Swap	移动两个波形、相关坐标轴或者图表
Delete	删除选中的标签、记号、图例、波形或者图表
Hide	隐藏选中的标签、记号、图例、波形或者图表
Reveal	显示隐藏的标签、记号、图例、波形或者图表
Undo	撤消上一步操作
Graph	
Grids On	选中表示显示网格
Layout	子窗口布局

续表

菜单选项			具体操作
		Auto	自动选择合适的模式，根据子窗口的高和宽的比值设置布局方式。当子窗口的宽度大于高度，采用竖排布局的方式；当子窗口的宽度小于高度，则采用横排布局的方式
		Vertical	竖排显示子窗口
		Horizontal	横排显示子窗口
		Card	层叠显示子窗口
	Display Type		图标类型
		Rectangular	直角坐标系
		Histogram	柱形图
		RealVsImag	实部 vs 虚部
		Polar	极坐标
		Impedance	阻抗圆图
		Admittance	导纳圆图
	Font		字体大小选择，影响标题、子标题和坐标轴
		Small	小字体
		Medium	中等字体
		Large	大字体
	Lable		标签选项
		Create...	打开“Lable Attributes”对话框，从而创建标签
		Edit···	修改选中标签
	Freeze On		选中后，“Waveform”窗口中的波形不再因为相应仿真结果改变而改变
	Show Tool Bar		选中将显示工具栏
	Snap Off		选中后，波形上的数据读取框追随系统鼠标
	Snap-to-Data		选中后，标记仅仅作用在仿真数据点上
	Snap-to-Peaks		选中后，标记仅仅作用在波形峰值上
	Color Schemes		设置背景色
		Default	使用默认背景色，通常为白色
		Gray	背景色设为灰色
		Black	背景色设为黑色
	Template		模板设置
		Set Default	使用“. cdsenv”中设置的默认模板
		Set Current	将当前窗口设置保存为默认值
		Load...	打开一个特定的波形文件作为模板
	Edit...		打开“Graph Attributes”对话框

续表

菜单选项	具体操作
Axis	
Major Grids On	选中后将显示选中坐标轴的主网格。该选项只在坐标轴选中后才被激活
Minor Grids On	选中后将显示选中坐标轴的次网格。该选项只在坐标轴选中后才被激活
Log	选中后将选中的坐标轴切换到对数模式。该选项只在坐标轴选中后才被激活
Strips	将每条波形单独分栏显示
Edit...	打开“Axis Atrributes”对话框。该选项只在坐标轴选中后才被激活
Trace	
Symbols On	选中将在选中波形上的仿真点上显示符号
Assign to Axis	将选中波形赋予一个新的Y轴，或者使用其他波形的Y轴。该选项只有在“Waveform”窗口中存在多个波形时才有效
New Graph	
Copy New Window	将选中波形拷贝到一个新建的“Waveform”窗口中
Move New Window	将选中波形移动到一个新建的“Waveform”窗口中
Copy New SubWindow	将选中波形拷贝到一个新建的“Waveform”子窗口中
Move New SubWindow	将选中波形移动到一个新建的“Waveform”子窗口中
Bus	
Create	根据选中的数字波形，创造一条总线
Expand	将总线中的数据分开显示
Trace Cursor	开启或关闭波形光标
Vert Cursor	开启或关闭垂直光标
Horiz Cursor	开启或关闭水平光标
Delta Cursor	开启或关闭差值光标
Cut	将选中的波形剪切
Copy	将选中的波形复制
Paste	粘贴剪切或复制的波形
Load...	打开“Load”对话框，从而添加一条新的波形
Save...	打开“Save”对话框，从而以 ASCII 格式保存波形
Edit...	打开“Trace Attributes”对话框。该选项只有在波形被选中时才有效
Select All	选中当前“Waveform”窗口中的所有波形
Marker	
Place	
Trace Marker	在波形上添加一个标记，包含该点的横、竖坐标
Vert Marker	在波形上添加一个标记，包含该点的横、竖坐标，并做一条通过该点的垂直线

续表

菜单选项			具体操作
		Horiz Marker	在波形上添加一个标记，包含该点的横、竖坐标，并做一条通过该点的水平线
	Add Delta		添加一个标记显示两个点间的横、竖坐标差
	Display Type		
		XY mode	标记显示 x 和 y 值
		X mode	标记显示 x 值
		Y mode	标记显示 y 值
	Attach to Trace		标记附着在波形上
	Find Max		将标记移动到选中波形的最大值处
	Find Min		将标记移动到选中波形的最小值处
	Create...		打开“Marker Attributes”对话框，从而创建一个新的标记
	Edit...		打开“Marker Attributes”对话框，从而编辑选中的标记
	Select All		选中当前“Waveform”窗口中的所有标记
Zoom			
	Zoom		缩放图表
	X-Zoom		沿 X 轴缩放图表
	Y-Zoom		沿 Y 轴缩放图表
	Unzoom		撤消上一步的缩放操作
	Fit		将图表还原至初始大小
	ZoomIn		放大图表
	ZoomOut		缩小图表
Pan			
	Pan Right		将图表右边的部分移至显示区域
	Pan Left		将图表左边的部分移至显示区域
	Pan Up		将图表上边的部分移至显示区域
	Pan Down		将图表下边的部分移至显示区域
Tools			
	Browser...		打开“Results Browser”
	Calculator...		打开“Calculator”
Help			
	Help		获取帮助文档
	Accelerator Key		显示所有菜单命令中的快捷键

C.1.3　工具栏快捷键

“Waveform”窗口的工具栏如图 C-3 所示。

各个快捷键的功能如下：

图 C-3　“Waveform”窗口的工具栏

(1) “”:打印当前窗口中的图表,等同于“File”→“Print”。

(2) “”:撤消上一步操作,等同于“Edit”→“Undo”。

(3) “”:显示/隐藏网格,等同于“Graph”→“Grids On”。

(4) “”:将每条波形单独分栏显示,等同于“Axis”→“Strip”。

(5) “”:层叠显示子窗口,等同于“Graph”→“Layout”→“Card”。

(6) “”:将选中波形移动到一个新建的“Waveform”子窗口中,等同于“Trace”→“New Graph”→“Copy New SubWindow”。

(7) “”:将选中波形移动到一个新建的“Waveform”窗口中,等同于“Trace”→“New Graph”→“Copy New Window”。

(8) “”:将“Lable”中写入的标签,通过点击鼠标左键放置到当前鼠标的位子。

(9) “Lable”栏:显示或编辑选中的标签。

C.2　打开“Waveform”窗口

通过下面的方法可以打开“Waveform”窗口。

(1) 在 CIW 窗口中,选择“Tools”→“Analog Environment”→“Waveform”。

(2) 在 ADE 窗口中,选择“Tools”→“Waveform”。

(3) 当仿真完成后,在 ADE 窗口中,点击“Plot Output”快捷键。

(4) 在“Results Browser”中,选择将仿真结果送至“Waveform”显示。

(5) 在“Calculator”中,选择将仿真结果送至“Waveform”显示。

通过后三种方式打开“Waveform”窗口时,将同时显示选中的仿真结果。

C.3　设置“Waveform”窗口

当打开一个“Waveform”窗口后,可以设置图表显示模式,以帮助对仿真结果的分析。

C.3.1　设置图表布局

在“Waveform”窗口中可能包括多个子窗口。可以通过以下设置改变子窗口的排列方式。

(1) 选择“Graph”→“Layout Auto”:这是系统默认子窗口排列方式,将根据窗口高和宽的比值自动选择合适的模式,当子窗口的宽度大于高度,采用竖排布局的方式。当子窗口的宽度小于高度,则采用横排布局的方式。

(2) 选择“Graph”→“Layout Vertical”:如图 C-4 所示,采用该方式时,子窗口将成纵向排列。

(3) 选择“Graph”→“Layout Horizontal”:如图 C-5 所示,采用该方式时,子窗口将成横向排列。

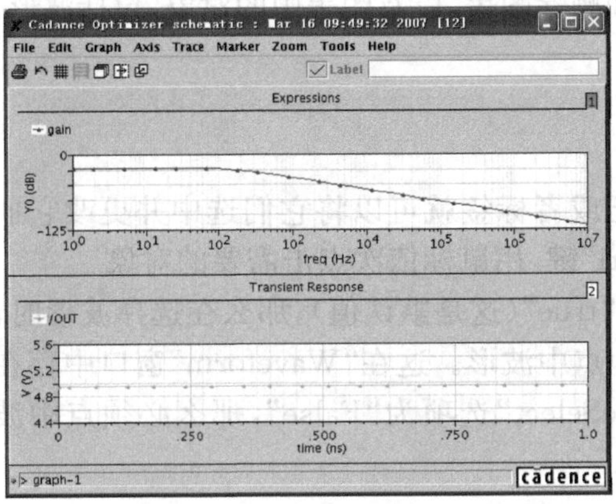

图 C-4　纵向排列子窗口

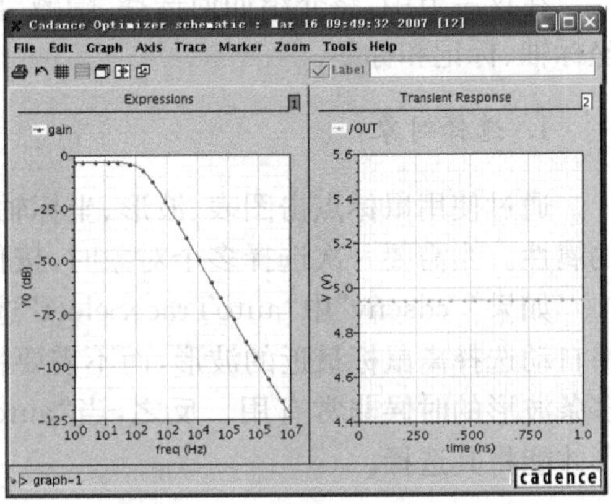

图 C-5　横向排列子窗口

(4) 选择“Graph”→“Layout Card”:选择这种方式后,每个子窗口都将拥有和“Waveform”窗口同等的大小。因此子窗口堆叠在一起,只有最上面一个被显示。此时通过右上角处的图表编号选择显示的子窗口。选中子窗口的编号将变成绿色,如图 C-6所示。

C.3.2　设置背景颜色

对于 ADE WaveScan 和标准 SKILL WaveScan 程序,默认的背景颜色是黑色。但是可以通过选择“Graph”→“Color Schemes”来设置背景颜色。候选项如图 C-7 中所示。

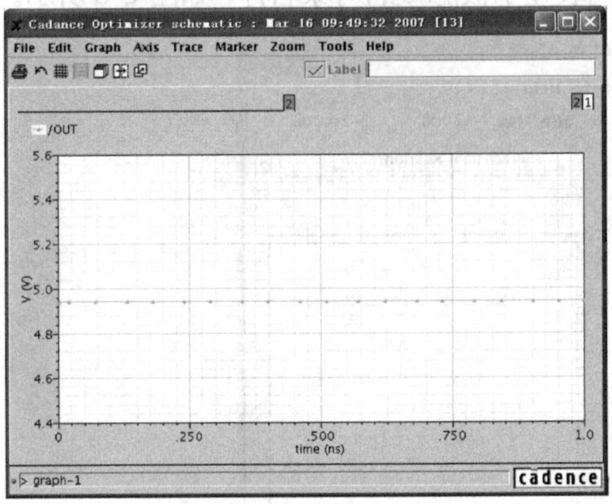

图 C-6　堆叠形式排列子窗口

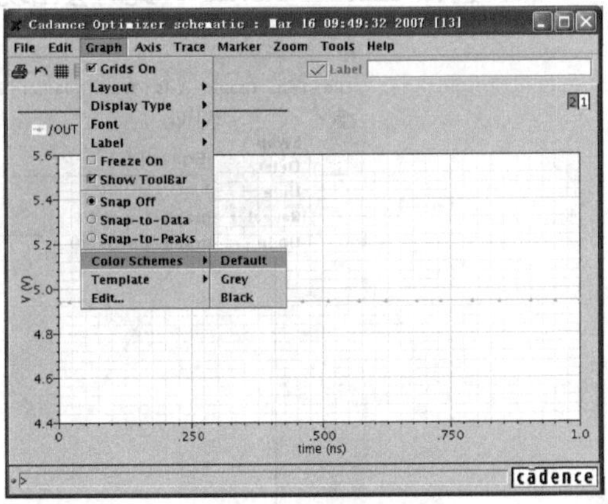

图 C-7　设置背景颜色

(1) Default:将背景色设置为白色。
(2) Grey:设置背景色为灰色。
(3) Black:设置背景色为黑色。
背景色的设置将同时作用于所有已经打开的,以及后来打开的“Waveform”窗口。

C.3.3　编辑“Waveform”窗口中的对象

在这一节中，将介绍如何选择、隐藏、重现和删除图表，以及图表中的对象，包括波形、坐标轴、标记和标签。

1. 选择对象

通过使用鼠标点击图表、波形、坐标轴、标记或者标签就可以将它们选中并更改它们的属性。当需要一次选择多个对象时，按住“Ctrl”键，用鼠标依次点击需要的对象。

如果“. cdsenv”中“autoTraceSelect”选项为“true”（这是默认值），那么在选择波形时，将自动选择离鼠标最近的波形，而不需要精确地点中波形。这在“Waveform”窗口中存在多条波形的时候非常有用。反之，当“autoTraceSelect”选项为“False”，那么必须点中波形才能将其选择。

2. 隐藏对象

“Waveform”窗口中图表、波形、坐标轴、标记或者标签等对象是可以隐藏的。例如，当需要精确观察一条波形时，可以将其他波形隐藏。具体方法如下：

(1) 选中对象；

(2) 选择“Edit”→“Hide”。

则选中的对象不再在“Waveform”窗口中显示。

3. 重现隐藏的对象

“Waveform”窗口中被隐藏的对象可以通过以下的方法重现。

(1) 选择“Edit”→“Reveal”。此时会出现一个列表显示被隐藏的对象名称，如图 C-8 所示。

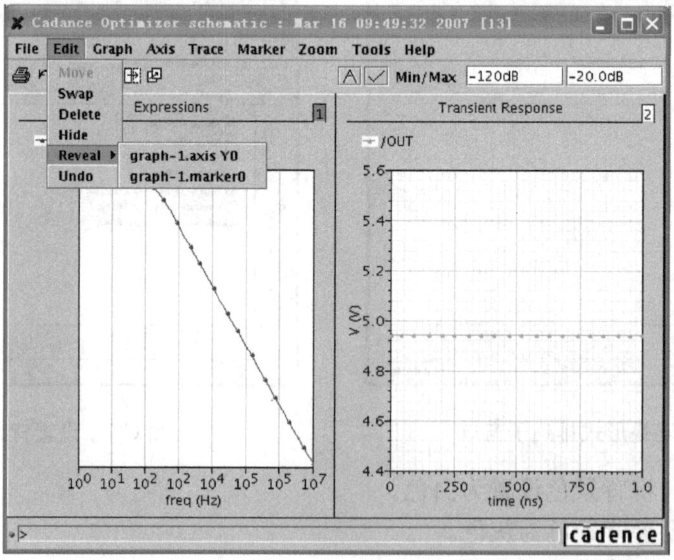

图 C-8　重现隐藏对象

(2) 在该列表中选择需要重现的对象。被选中的对象将重新出现在“Waveform”窗口中。

4. 交换对象

采用分栏显示的波形、统一图表中两个拥有相关 X 轴的 Y 坐标轴，以及两个子窗口都可以通过下面的方法交换位置。

(1) 选中第一个对象；

(2) 选择“Edit”→“Swap”；

(3) 选择第二个对象。

此时选中的两个对象的位置被交换了。

5. 删除对象

“Waveform”窗口中图表、波形、标记或者标签等对象是可以删除的，但是“Waveform”窗口中的最后一个图表是不能被删除的。删除对象的方法如下：

(1) 选择对象；

(2) 选择“Edit”→“Delete”，或者点击键盘上“Del”键。

选中的对象即从“Waveform”窗口中删除。

6. 撤消操作

通过以下方法可以撤消最近的一次操作。

选择“Edit”→“Undo”。注意：当执行“Undo”操作后，最近的一次操作就是该次“Undo”操作了。因此第二次选择“Undo”命令的效果则是恢复上次被撤消的操作。

C.4 缩放图表

通过以下方式可以完成图表的缩放操作。

(1) 直接使用鼠标选择新窗口的大小。通过点击、拖曳和释放鼠标右键，在图表中形成一个矩形框，如图 C-9 所示。该矩形框确定了新图表的大小。

(2) “Zoom”命令。通过选择“Zoom”→“Zoom”，通过点击、拖曳和释放鼠标左键，在图表中形成一个矩形框，该矩形框确定了新图表的大小。

(3) “X-Zoom”命令。通过选择“Zoom”→“X-Zoom”命令可以仅仅缩放 X 轴。选择“Zoom”→“X-Zoom”后，鼠标变为“⇤”。点击鼠标确定 X 轴缩放的起始点，拖曳鼠标确定缩放范围，释放鼠标确定缩放的结束点。然后根据选择的 X 轴范围重新显示图表。

(4) “Y-Zoom”命令。通过选择“Zoom”→“Y-Zoom”命令可以仅仅缩放 Y 轴。选择“Zoom”→“Y-Zoom”后，鼠标变为“⤓”。点击鼠标确定 Y 轴缩放的起始点，拖曳鼠标确定缩放范围，释放鼠标确定缩放的结束点。然后根据选择的 Y 轴范围重新显示图表。

(5) “Unzoom”命令。通过选择“Zoom”→“Unzoom”，可以依次撤消以前的一系列缩放操作。

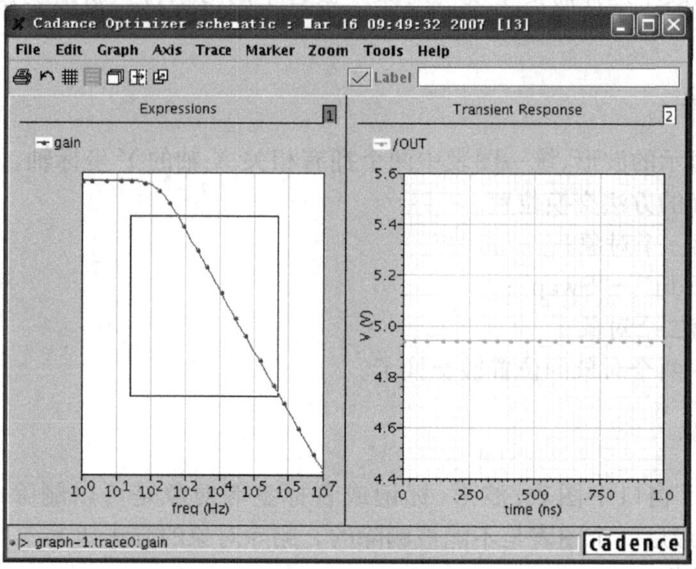

图 C-9　使用鼠标直接缩放窗口

(6)“Fit”命令。通过选择“Zoom”→“Fit”,将图表还原成初始大小。

(7)“ZoomIn”命令。通过选择“Zoom”→“ZoomIn”,以图表中心点为坐标放大图表,如图 C-10 所示。

(8)“ZoomOut”命令。通过选择“Zoom”→“ZoomOut”,以图表中心点为坐标缩小图表,如图 C-11 所示。

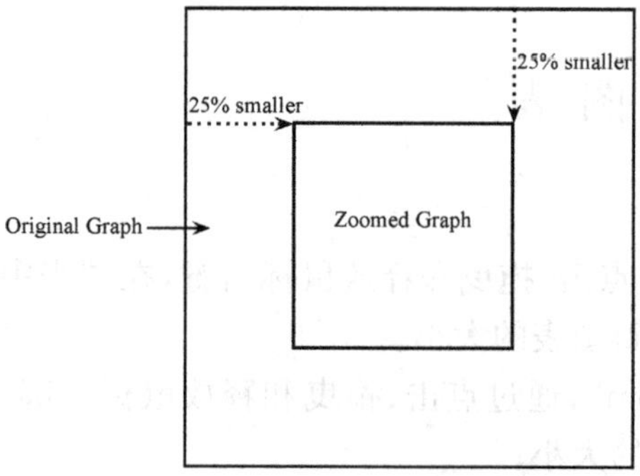

图 C-10　“Zoom”→“ZoomIn”命令的缩小比例

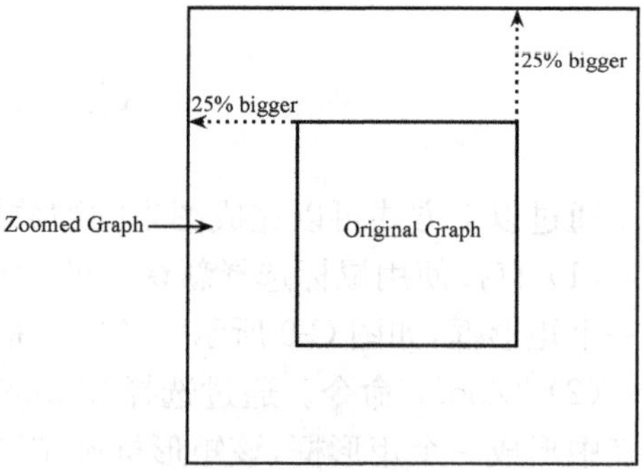

图 C-11　“Zoom”→“ZoomOut”命令的放大比例

C.5　平移图表

通过选择“Zoom”→“Pan”中的四个下拉菜单“Pan Right”、“Pan Left”、“Pan Up”、“Pan Down”,如图 C-12 所示,可以将图表在四个方向上进行平移。

图 C-13 说明了“Pan Right”命令是如何平移图表的。

假如平移前 X 轴坐标范围是 0～200，则平移后 X 轴坐标范围是 40～240。其他几种平移方式和“Pan Right”一样，以对应坐标轴的 20%为平移量，只是平移方向不同。

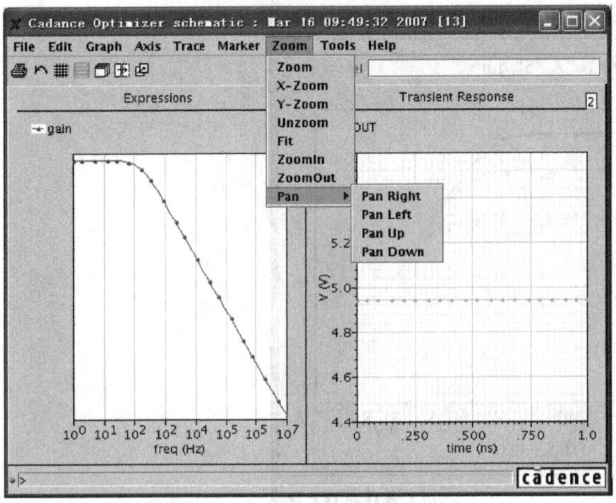

图 C-12　平移图表命令

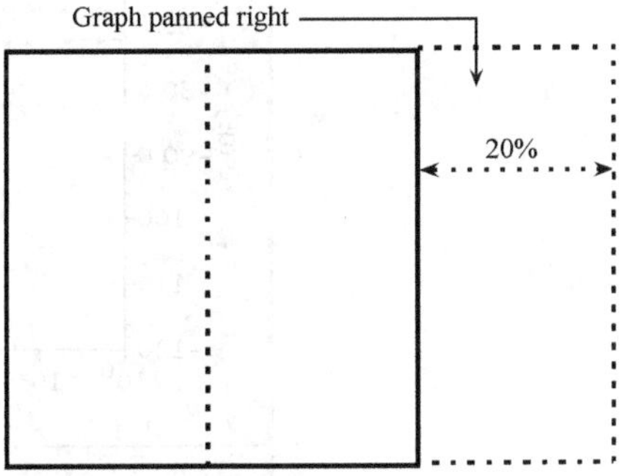

图 C-13　“Pan Right”命令移动比例

C.6　编辑图表属性

图表的默认属性是通过“.cdsenv”中的选项设置的。如果需要修改图表属性，可以通过以下步骤来实现。

(1) 通过选择“Graph”→“Edit...”，或者在图表中双击鼠标，打开“Graph Attributes”对话框，如图 C-14 所示。在“Title”栏中可以给图表命名，或者选择“Default”使用默认名称。

(2) 在“SubTitle”中可以给图表赋予子标题，或者选择默认子标题。

(3) 在“Legend Rows”栏中填入在图表中显示的图例的行数。加入图例的行数大于“Legend Rows”中设定的数值，图例区右上方出现一个滚动条。用来选择显示的图例。如图 C-15 中被圈出的区域所示。当退出“Waveform”窗口时，该设置保存到“.cdsenv”文件中。

(4) “Legend Rows”栏后的“Show”选项表示是否显示图例。

(5) 在“Font”后的三个下拉菜单依次选择图表中文字的字体、字形和字号。

(6) 在“Foreground/Background”中分别设置图表的前景和背景颜色。其中前景包括了图表的标题、子标题、坐标轴

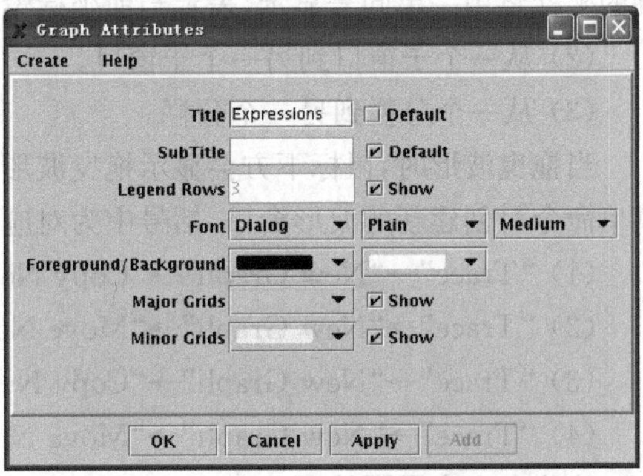

图 C-14　“Graph Attributes”对话框

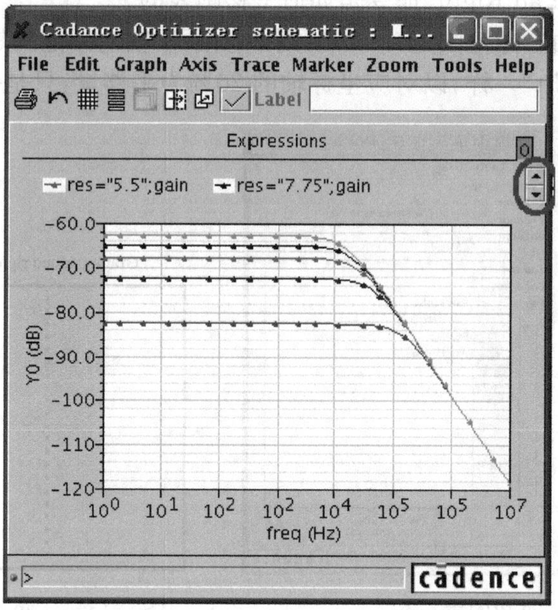

图 C-15 移动“Legend Rows”的滚动条

和坐标轴名称。

(7) 在“Major Grids”中选择主网格的颜色，以及是否显示主网格。

(8) 在“Minor Grids”中选择次网格的颜色，以及是否显示次网格。

(9) 点击“OK”完成对图表属性的设置。

C.7 关于波形的操作

通过拖曳和释放波形，可以完成以下操作：

(1) 从一个图表到另外一个图表。如果将一个 AC 仿真波形拖曳到瞬态波形中，*X* 轴的坐标将用一串问号显示，表示当前坐标没有单位。

(2) 从一个子窗口到另一个子窗口。

(3) 从一个分栏到另一个分栏。

当拖曳波形时，鼠标下方会显示拖曳波形的名称。当选中一条波形后，可以通过以下菜单命令对创建新的波形窗口，括号中为对应菜单命令的快捷键。

(1) “Trace”→“New Graph”→“Copy New Window”(⧉)。

(2) “Trace”→“New Graph”→“Move New Window”。

(3) “Trace”→“New Graph”→“Copy New SubWindow”(⊞)。

(4) “Trace”→“New Graph”→“Move New SubWindow”。

这些命令在需要从“Parametric Analysis”的大量仿真结果中选择一条特定波形研究的时候十分有用。

C.7.1　分栏显示波形

当“Waveform”窗口中的一个图表包含多个波形时，可以将每个波形分栏显示。分栏后的波形成纵向排列，所有的波形有其独立的 Y 轴，但共用同一个 X 轴。这种分栏显示只对直角坐标系有效。通过以下的步骤，实现坐标的分栏显示。

选择“Axis”→“Strips”(▤)，图 C-15 显示了分栏前的图表，图 C-16 显示了分栏后的波形图。通过拖曳和释放波形，可以实现以下操作。

(1) 将波形放置到另一个分栏中，将在放置栏中同时显示原有的新加入的波形。

(2) 将波形放置在分栏间的空隙中，则在该空隙处产生一个新栏显示拖曳的波形。

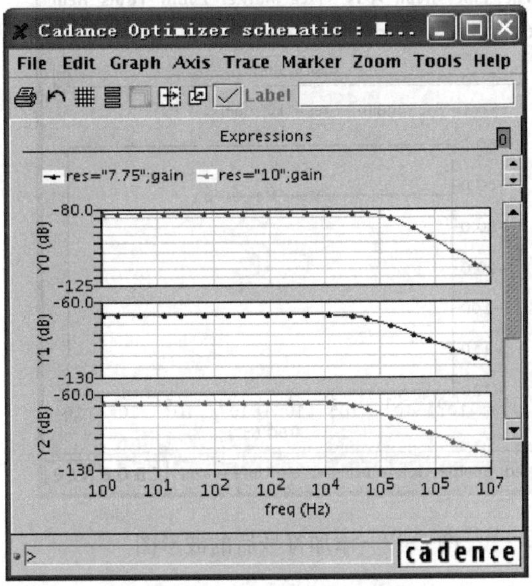

图 C-16　分栏显示后的波形图

C.7.2　显示符号

通过在波形上添加符号，可以有效地将波形区分开。通过以下操作可以显示或者隐藏波形上的符号：

选择“Trace”→“Symbols On”。

如图 C-17 所示，波形上的“×”和“□”符号，有效地将两个波形区分。具体符号类型和数目的设置，见 C.7.4 节。

C.7.3　给波形赋予坐标轴

当“Waveform”窗口或者子窗口中包含多个波形时，可以为波形设置：

(1) 一个新的 Y 轴。

(2) 一个已经存在的 Y 轴。如果该 Y 轴的单位和波形不符，则在坐标轴名称中出现一串问号，表示该坐标轴没有明确的物理单位。

例 1：在图 C-18 中，左边的子窗口显示了“OUT1”和“OUT2”两个波形共用一个 Y 轴的情况；在右边的子窗口中，“OUT2”波形被赋予了一个新的坐标轴。

例 2：在图 C-19 中，左边的子窗口显示了“N1”和“V0：p”，分别是一个电压波形和一个电流波形；在右边的子窗口中，两个波形共用一个坐标轴，此时坐标轴的名称为 * ??? * (A? V)，表示该坐标轴没有一个明确的物理单位。

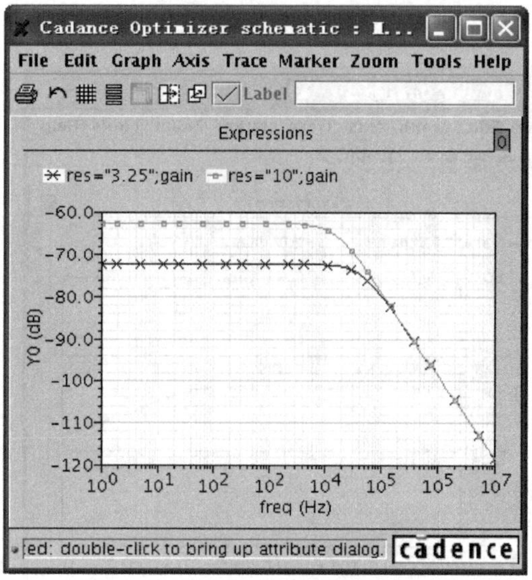

图 C-17　添加符号后的波形图

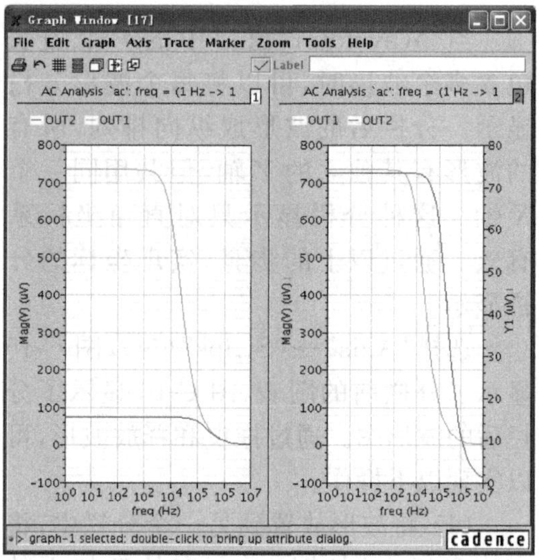

图 C-18　波形共用 Y 轴和拥有独立 Y 轴

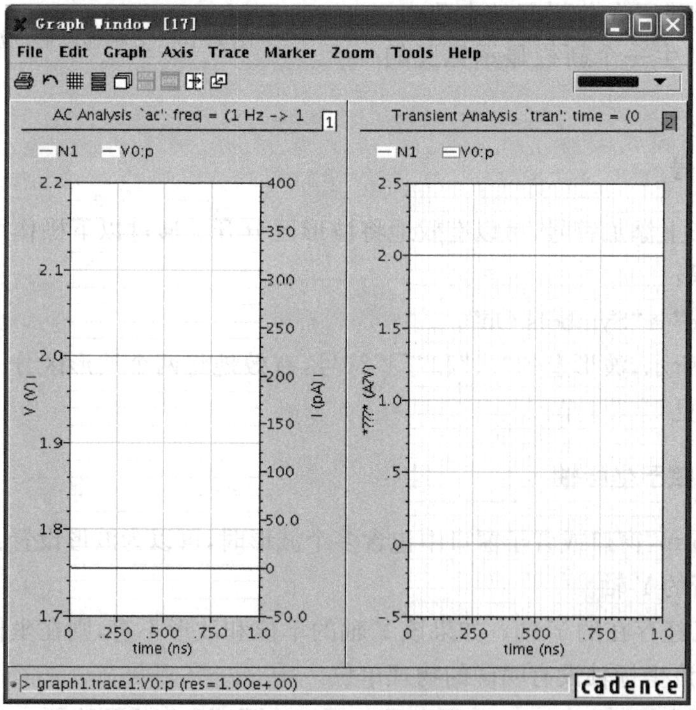

图 C-19　波形拥有不同单位

C.7.4　修改波形属性

波形的默认属性是通过“.cdsenv”中的选项设置的。如果需要修改波形属性，可以通过以下步骤来实现。

(1) 选择“Trace”→“Edit...”，或者双击波形，打开“Trace Attributes”对话框，如图C-20所示。

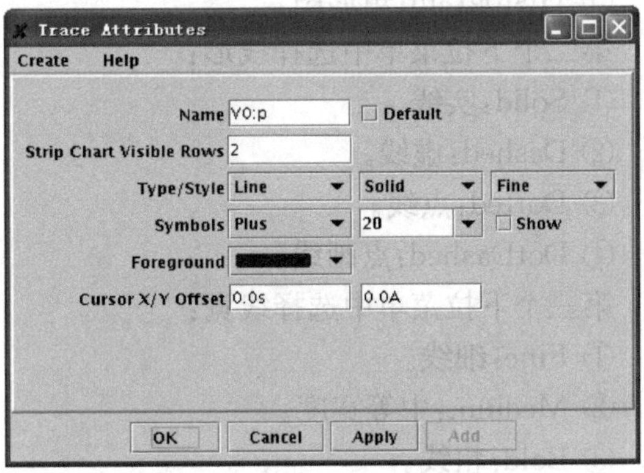

图C-20 “Trace Attributes”对话框

(2) 在“Name”栏中输入波形的名称，或者选择“Default”显示默认名称。注意：当有多条波形被选中时，“Name”和“Default”栏会变成灰色，从而不能操作。

(3) 在“Strip Chart Visible Rows”中填入图表是分栏显示时，可以看见行数。当分栏数大于最大可以显示的行数时，会出现一个滚动条，从而选择显示波形，如图C-21所示。当图表中只有一个波形时，“Strip Chart Visible Rows”栏失去作用，变成灰色。在“Type/Style”中选择波形的类型，第一个下拉菜单中选择图表的类型：

① Line：线图。

② Point：点图。

③ Bar：直线图。

④ Spectral：频谱图。

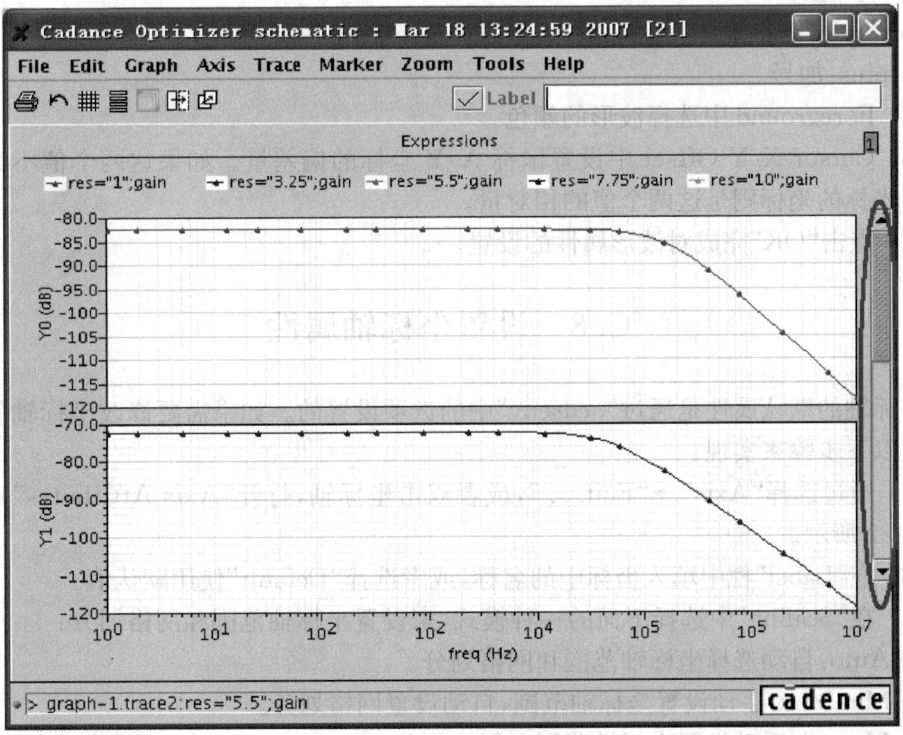

图C-21 通过滚动条选择波形

⑤ Histogram：矩形图。

第二个下拉菜单中选择线形：

① Solid：实线。

② Dashed：虚线。

③ Dotted：点线。

④ DotDashed：点画线。

第三个下拉菜单中选择线宽：

① Fine：细线。

② Medium：中等宽度。

③ Bold：粗线。

(4) Symbols 栏中选择波形上符号的类型，以及符号的个数。“Show”表示是否显示这些符号。符号的类型具体有：

① Point：小点。

② Dot：大点。

③ Square：实心矩形。

④ Box：空心矩形。

⑤ UpArrow：向上箭头。

⑥ DownArrow：向下箭头。

⑦ X：X 型。

⑧ Circle：空心圈。

⑨ plus：加号。

(5) Foreground 中选择波形的颜色。

(6) Cursor X/Y Offset 中设置鼠标 *X*/*Y* 坐标的偏差量。如果这两个值不为零，那么波形光标的坐标则是这两个值的相对量。

(7) 点击“OK”完成对波形属性的设置。

C.8 设置坐标轴属性

坐标轴的默认属性是通过“. cdsenv”中的选项设置的。如果需要修改坐标轴属性，可以通过以下步骤来实现。

(1) 通过选择“Axis”→“Edit...”，或者双击坐标轴，打开“Axis Attributes”对话框，如图 C-22 所示。

(2) 在“Label”栏中填入坐标中的名称，或者选择“Default”使用默认值。

(3) 在“Scaling”中选择下面的一种模式，来设置坐标轴范围和网格划分：

① Auto：自动选择坐标轴范围和网格划分。

② Min-Max：手动设置坐标轴范围，自动设置网格划分。

③ Manual：手动设置坐标轴范围和网格划分。

(4) 选择“Log”，使用对数坐标。

(5) 选择“Origin”,迫使坐标轴包含原点。

(6) 在“Max/Min”中填入坐标轴的范围。当“Scaling”中选择“Auto”时,此栏变灰,失效。

(7) 在“Major/Minor Divisions”中填入主网格和次网格的划分方式。前者表示把整个图表划分的个数,后者表示在把一个主网格划分的个数。此项只在“Scaling”中选择“Manual”时有效。

(8) “Significant Digits”中填入坐标轴刻度的有效位数。选择“Default”使用默认有效位数,同时使“Significant Digits”栏中填入的数字失效。

(9) 在“Foreground”中选择坐标轴的颜色。

(10) 当编辑 X 轴属性时,还有以下选项:

如果选择的波形来自于非参变量扫描仿真结果,那么会出现“Plot vs”栏,如图 C-23 所示。在该下拉菜单中包含所有的该类型的仿真结果。可以从中选择一个仿真结果,将它的 Y 轴作为 X 轴,将图表中波形转换到该 X 轴下显示。这个功能类似于“Results Browser”中的“YvsY”功能,具体见 B.4.4 节。如果选择的波形来自于非瞬态的参变量扫描,那么会出现“Sweep Var”栏,如图 C-24所示。在该栏的下拉菜单中包含所有的扫描变量,包括 ADE 中设置的,以及“Parametric Analysis”中设置的扫描变量。通过在该下拉菜单中的选择,可以将需要的扫描变量作为 X 轴,重新显示波形。在图 C-24 中,“temp”是 ADE 中的扫描变量,而“res”是“Parametric Analysis”中设置的扫描变量。在图 C-25 中,左边的子窗口显示了以“temp”作为 X 轴的仿真结果,而右边的子窗口显示了以“res”作为 X 轴的仿真结果。这种功能十分有利于观察比较不同变量对电路性能的影响。

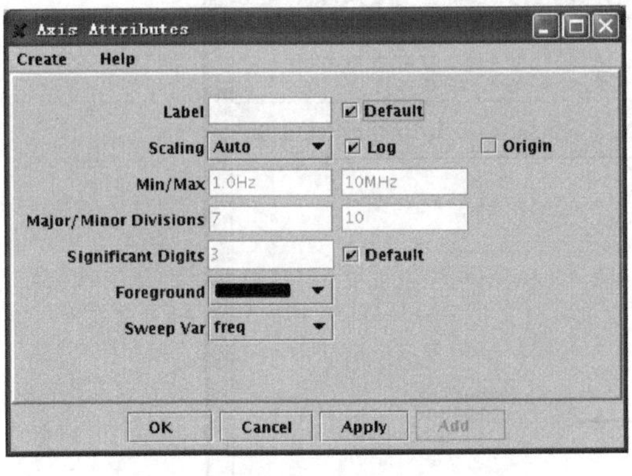

图 C-22　“Axis Attributes”对话框

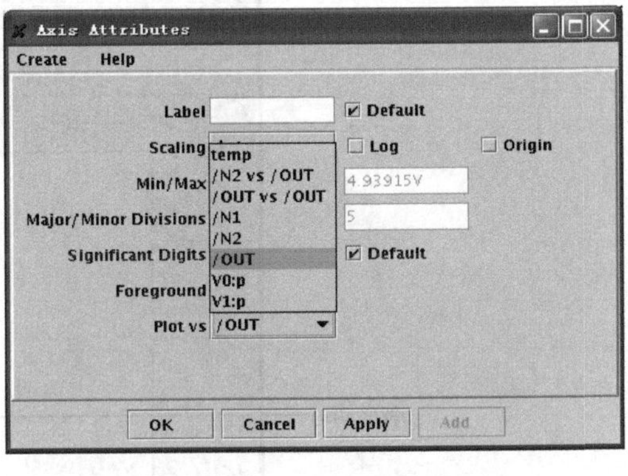

图 C-23　“Plot vs”下拉菜单中的内容

注意:这种功能只有在以下两个条件都满足的情况下才能使用:

① 参变量仿真类型不是瞬态仿真。

② 最内层的仿真变量的数据点少于 200 个。

(11) 点击“OK”完成对坐标轴的设置。

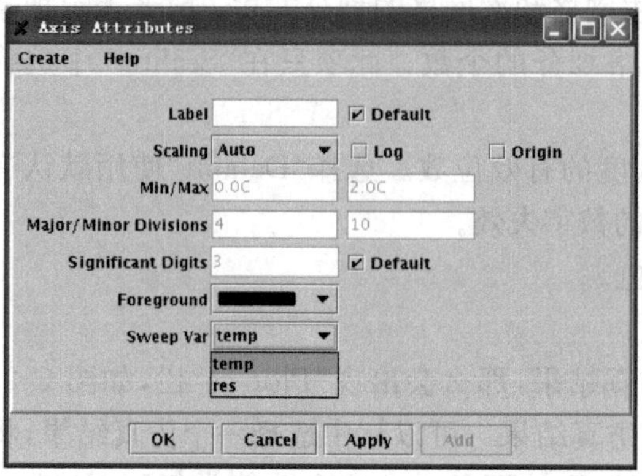

图 C-24　“Sweep Var”下拉菜单中的内容

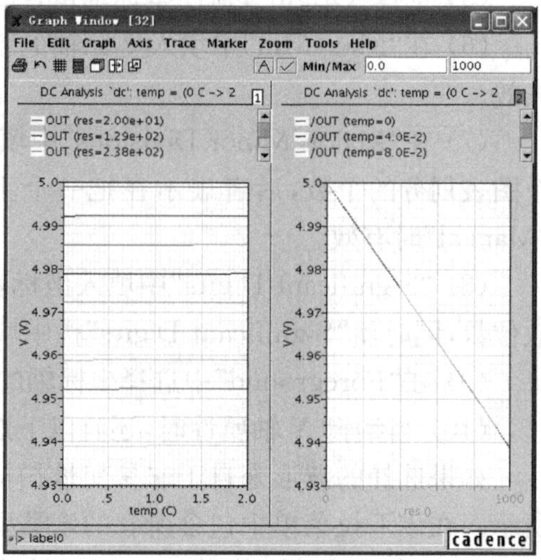

图 C-25　不同 X 轴的波形

C. 9　关于鼠标的操作

C. 9. 1　使用波形光标

波形光标是一个沿着波形移动的光标，该光标的坐标在图表的左下角显示。同时图表的右下角显示了鼠标光标的坐标值，如图 C-26 所示。

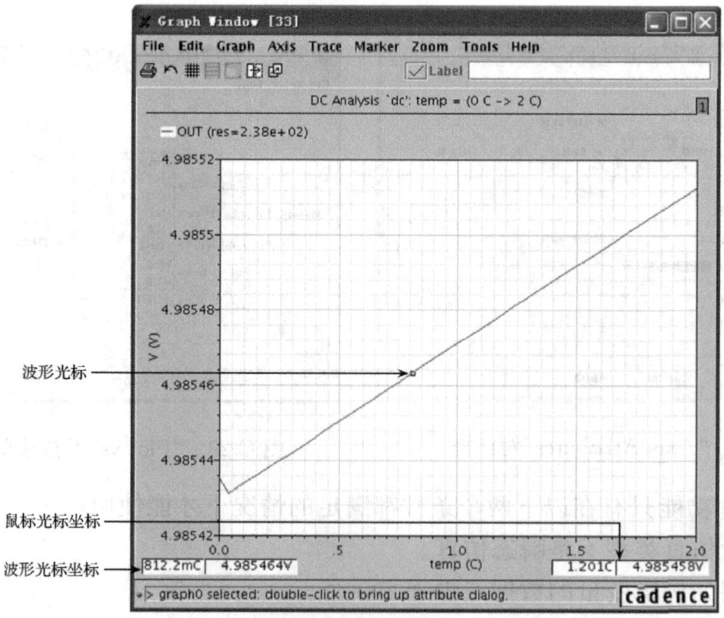

图 C-26　波形光标及其数据显示

（1）选择"Trace"→"Trace Cursor"，开启波形光标。

（2）通过以下方法移动波形光标：

① 移动鼠标光标，波形光标自动跟踪鼠标光标。在波形的两侧有一个范围，只有鼠标进入该范围后波形光标才跟随鼠标光标移动。在一个图表中只存在一个波形光标。当有多个波形存在时，如果鼠标进入一个波形两侧的范围内，波形光标自动切换到该光标处。假如鼠标处于两个波形的范围内，则波形光标处于最靠近鼠标的波形上。

② 按住"Ctrl"键，点击左右方向键也可以移动波形光标。

（3）通过以下菜单命令可以控制波形光标的移动方式：

① Graph→Snap Off：波形光标在数据点间平滑地移动。

② Graph→Snap-to-Data：波形光标从一个数据点跳跃到下一个数据点。

③ Graph→Snap-to-Peaks：波形光标从一个峰值跳跃到下一个峰值。

C.9.2　使用垂直光标

垂直光标是一个可以移动的垂直直线，这条直线和波形的交汇处用一个红色的空心矩形显示。交汇处的 X/Y 坐标在图例区波形名称后对应显示。通过拖曳垂直光标直线上方的三角形来移动垂直光标，当垂直光标移动时，交汇处的 X/Y 坐标值也实时更新。选择"Trace"→"Vert Cursor"，开启垂直光标，如图 C-27 所示。

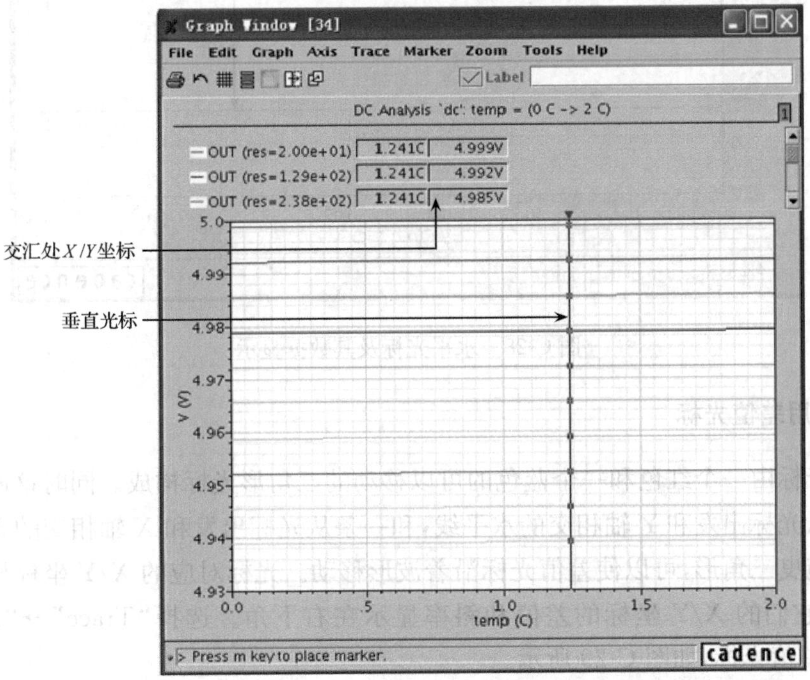

图 C-27　垂直光标及其数据显示

C.9.3　使用水平光标

水平光标是一个可以移动的水平直线，这条直线和波形的交汇处用一个红色的空心矩形显示。交汇处的 X/Y 坐标在图例区波形名称后对应显示。通过拖曳水平光标直线左边的三角形来移动水平光标，当水平光标移动时，交汇处的 X/Y 坐标值也实时更新。选择“Trace”→“Horiz Cursor”，开启水平光标，如图 C-28 所示。

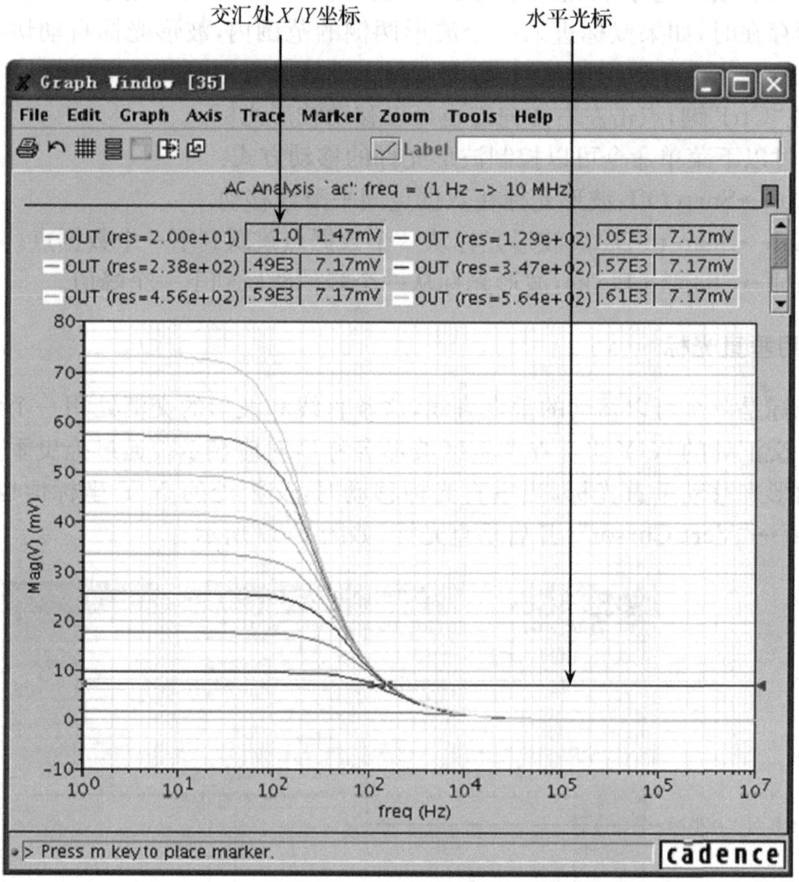

图 C-28　水平光标及其数据显示

C. 9. 4　使用差值光标

差值光标由一个红色和一个蓝色的可以移动的三角形光标构成。同时这两光标各自包含一条从光标出发和 Y 轴相交的水平线，和一条从光标出发和 X 轴相交的垂直线。通过点击和拖曳三角形，可以使差值光标沿着波形移动。光标对应的 X/Y 坐标显示在图表的左下角，它们的 X/Y 坐标的差值和斜率显示在右下角。选择“Trace”→“Delta Cursor”，开启差值光标，如图 C-29 所示。

差值的计算为：

(1) dX＝红色三角形的 X 坐标－蓝色三角形的 X 坐标。

(2) dY＝红色三角形的 Y 坐标－蓝色三角形的 Y 坐标。

(3) $S=dY/dX$。

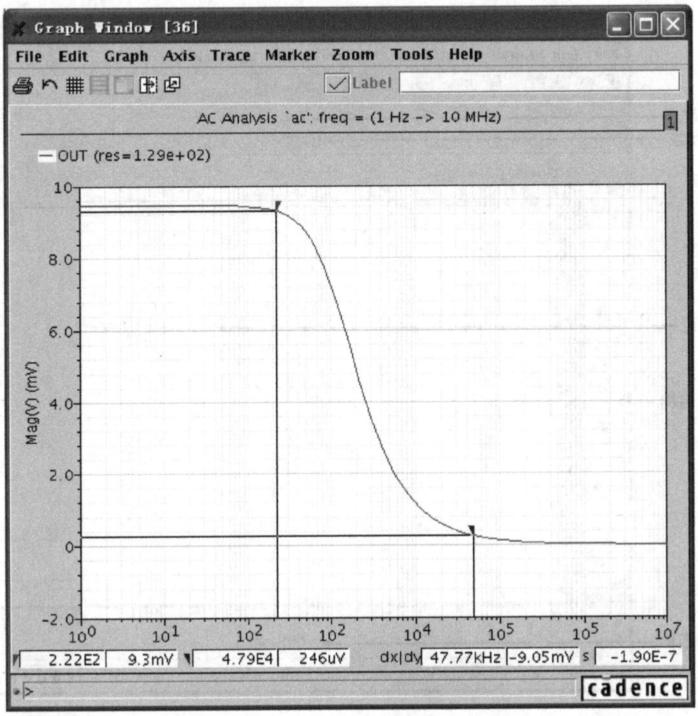

图 C-29　差值光标及其数据显示

C. 10　关于标签的使用

图 C-30 展示了“Waveform”窗口中所有的标签。这些标签都可以通过下面的方法进行编辑。

C. 10. 1　添加标签

在这一章节中将介绍如何通过“Graph”菜单和快捷键中的标签栏添加标签。

1. 通过“Graph”菜单添加标签

(1) 选择“Graph”→“Label”→“Edit...”，此时“Label Attributes”对话框弹出，如图 C-31所示。

注意：如果“Label Attributes”对话框已经打开，可以在图表中选择任意一个标签对象来显示“Label Attributes”对话框。

(2) 填入需要的信息，具体内容见 C. 10. 2 节；点击“Add”完成编辑。

(3) 在图表中通过点击鼠标左键，将刚才编辑好的标签加入到鼠标点击的位子。

2. 通过快捷键中的标签栏添加标签

(1) 如果“Waveform”中有多个子窗口，通过点击子窗口右上角的数字框，来选择需要的

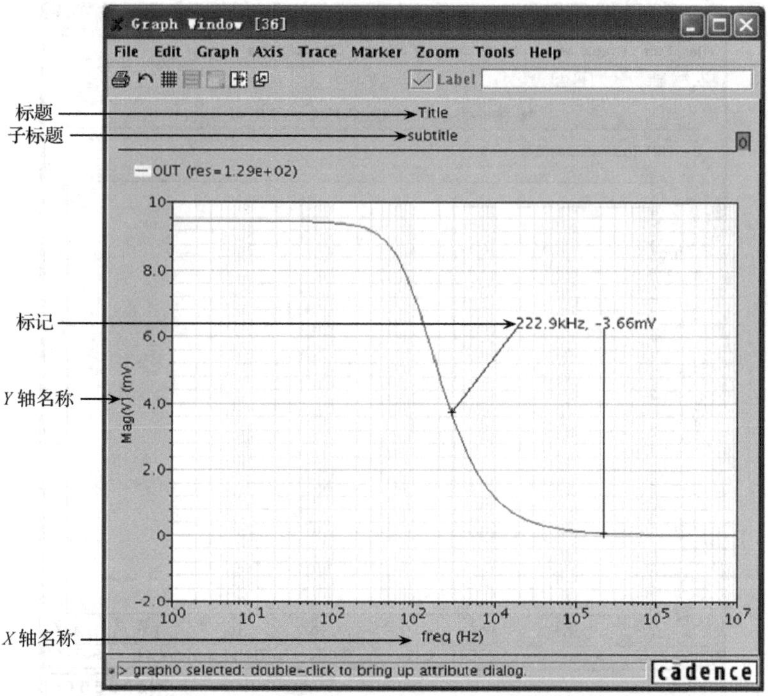

图 C-30 “Waveform”中的标签

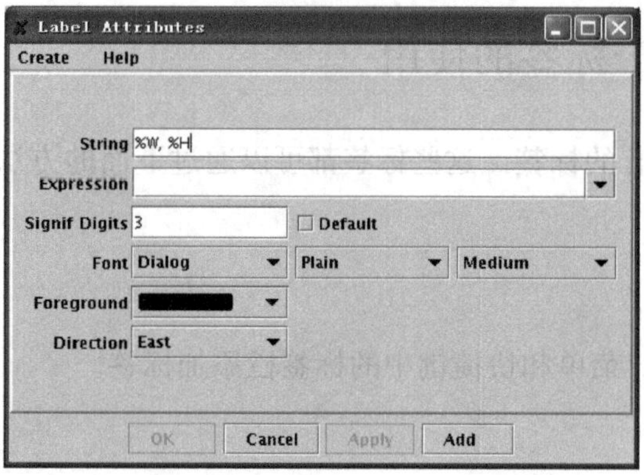

图 C-31 “Label Attributes”对话框

窗口。被选中的窗口的数字框呈绿色。

(2) 在快捷键中的标签栏填入需要的标签内容。

(3) 点击“☑”，此时标签随着鼠标移动。

(4) 通过点击鼠标左键，将编辑好的标签放到图表中。

C. 10. 2 编辑标签

在这一章节中将介绍如何通过“Graph”菜单和快捷键中的标签栏编辑标签。

1. 通过“Graph”菜单编辑标签

(1) 选中需要编辑的标签，然后选择“Graph”→“Label”→“Edit. . . ”；或者双击需要编辑的标签，此时“Label Attributes”对话框弹出，如图 C-31 所示。

(2) 在“String”栏汇中填入标签的内容。“WaveScan”提供了多种变量(如表 C-2 所示)，这些变量可以嵌入到标签内容中。当嵌入变量的标签被加入到图表中后，这些变量被估值，计算后的结果将替代标签中的相应表达式，以数据的形式出现在图表中。

(3) 在“Expression”栏中填入表达式，采用SKILL语言规范。表达式中的内容将替换“String”栏中“%E”项。

(4) 在“Significant Digits”栏中填入标签中数字的有效位数。选择“Default”采用默认有效位数。

(5) 在“Font”三个下拉菜单中依次选择标签中文字的字体、字形和字号。

(6) 在“Foreground”中选择标签的颜色。

(7) 在“Direction”中选择标签的方向。标签方向如图C-32所示，标签的末尾指向指定的方向。

(8) 点击“OK”完成对标签的编辑。

表 C-2　标签中的表达式

变量	描述
%X	X 坐标
%Y	Y 坐标
%W	ΔX
%H	ΔY
%S	斜率($\Delta X/\Delta Y$)
%N	波形名称
%E	表达式

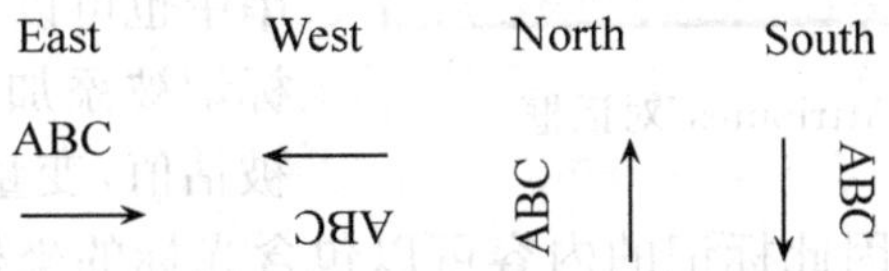

图 C-32　标签方向

2. 通过快捷键中的标签栏编辑标签

(1) 选择需要编辑的标签，选中的标签将在快捷键中的标签栏内显示。

(2) 在快捷键中的标签栏内输入需要的标签内容。

(3) 点击“☑”，完成对标签的编辑。

C.10.3　移动标签

通过下面的步骤，可以移动任何独立的标签，但是不能将标签附着在一个标记上。

(1) 选择需要移动的标签。

(2) 采用下面两种方法之一皆可移动标签：

① 在标签上按住鼠标左键，拖曳标签到需要的位置，松开鼠标左键来释放标签。

② 选择“Edit...”→“Move”，在需要的位子点击鼠标左键重新放置标签。

C.11　关于标记

标记把相应的描述信息附着在波形的一个点上，标记的默认标签显示了该点的 X 和 Y 坐标。此外可以将一个表达式和标记相关联，当标记被放入图表中后，标记的标签将显示该表达式的值，具体设置方法见C.11.3节。

C.11.1　添加标记

在图表中可以添加波形标记、垂直标记、水平标记和差值标记。

1. 通过设置坐标添加波形标记、垂直标记和水平标记

采用以下步骤通过设置坐标添加标记：

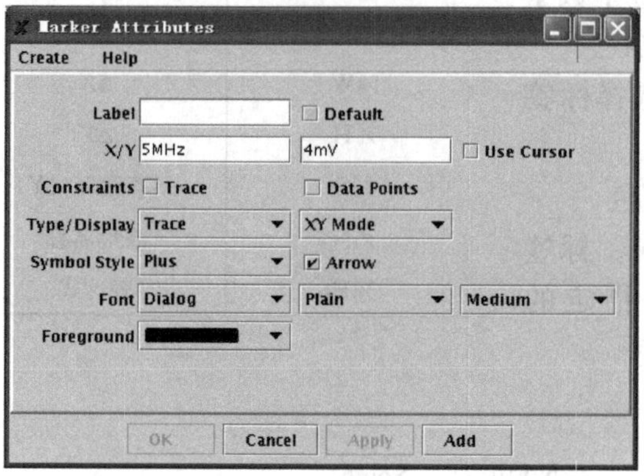

图 C-33　“Marker Attributes”对话框

（1）选择“Marker”→“Create...”，此时“Marker Attributes”对话框弹出，如图 C-33 所示。如果“Marker Attributes”对话框已经打开，那么选择“Create”→“Marker”创建一个新的标记。

（2）在“Label”栏中选择下面任意一种操作：

① 输入标记的字符串。在该字符串中也可以使用表 C-2 中的变量。当标记被添加到图表中后，这些变量将被估值，变量的值将代替字符串中的变量符号出现在图表中。因此标记的内容可以包含光标的坐标、波形的斜率、波形的名称，甚至一个标量表达式的值。

② 选中“Default”，使用默认值。默认值将显示标记的 X 和 Y 坐标。当“Default”选中后“Label”栏中输入的表达式失效。

（3）在“X/Y”栏中选择下面任意一种操作：

① 设置 X 和 Y 坐标，用以确定标记在图表中放置的位置。这种方法有利于在波形上以精确的方式标记。例如，需要在波形上 X 坐标为 10Hz 的位置放置标记，则在“X”栏中填入 10，而将“Y”栏空缺。“WaveScan”自动计算出相应的 Y 坐标，并放置标记。

② 选择“Use Cursor”，在鼠标的位置放置标记。在“Constraints”中选择“Trace”把标记附着在最近的波形上；选择“Data Points”把标记附着在最近波形上的数据点上。

（4）在“Type/Display”栏中选择标记的类型和显示方式（显示方式见 C. 11. 2 节）：

① Trace：波形标记。

② Vertical：垂直标记。

③ Horizontal：水平标记。

三种标记类型如图 C-34 所示。

（5）在“Symbol Style”中选择符号类型。选择“Arrow”将显示标记和标签间的连线。

（6）在“Font”三个下拉菜单中依次选择标记的标签中文字的字体、字形和字号。

（7）在“Foreground”中选择标记的颜色。

（8）点击“OK”完成对标记的设置。

2. 通过鼠标添加波形标记、垂直标记和水平标记

通过下面的方法，可以通过鼠标在图表中添加波形标记、垂直标记和水平标记。

（1）选择“Marker”→“Place”→“Trace Marker”、“Marker”→“Place”→“Vert Marker”，

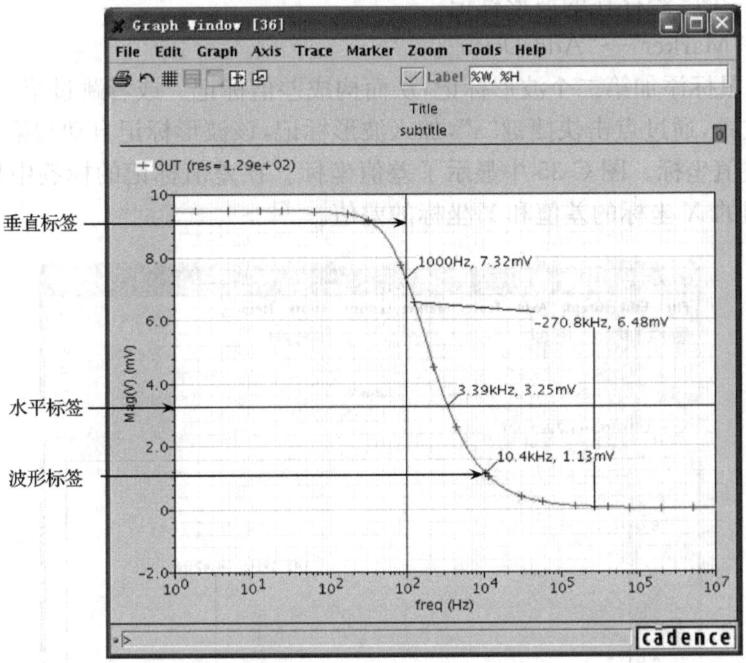

图 C-34　三种标记类型

或者“Marker”→“Place ”→“Horiz Marker”，再在图表中点击鼠标添加相应记号。

(2) 将鼠标指向图表中需要放置标记的位置，然后点击快捷键“m”(添加波形标记)、“V”(添加垂直标记)，或者“H”(添加水平标记)。

“WaveScan”会自动将标记添加到离鼠标最近的波形上。

假如图表中有多条波形，“WaveScan”将按照下面的规则添加标记：

(1) 如果在“. cdsenv”中“autoTraceSelect”选项为“true”，那么标记将添加到离鼠标最近的波形上。

(2) 如果在“. cdsenv”中“autoTraceSelect”选项为“false”，那么标记将添加到最后选中(或者最好添加)的波形上。

3. 添加差值标记

差值标记用来标记图表中两个点之间的差值。差值标记需要配合波形标记使用。在添加差值标记前，必须刚刚添加或者选中一个波形标记。差值标记可以单独移动或删除它所包含的两个波形标记中的一个。当差值标记的两个波形标记移动时，两个波形标记 X/Y 坐标的差值也实时更新。

差值标记可以用来测量信号间的延时，也可以配合“min/max”函数测量波形的峰峰值。通过下面的步骤添加差值标记：

(1) 采取下面任意一个操作：

① 选择“Marker”→“Place”→“Trace Marker”，或通过快捷键“m”添加新的波形坐标。

② 选择一个已经存在的波形标记。

(2) 选择“Marker”→“Add Delta”。

(3) 点击鼠标添加第二个波形标记，从而构成差值标记。或者跳过第二步，将鼠标移动到合适的位置，通过点击快捷键“a”，加入波形标记，该波形标记自动和第一步中的波形的坐标形成差值坐标。图 C-35 中显示了差值坐标。在差值标记的标签中显示了两个波形标记点之间的 X 坐标的差值和 Y 坐标的差值。

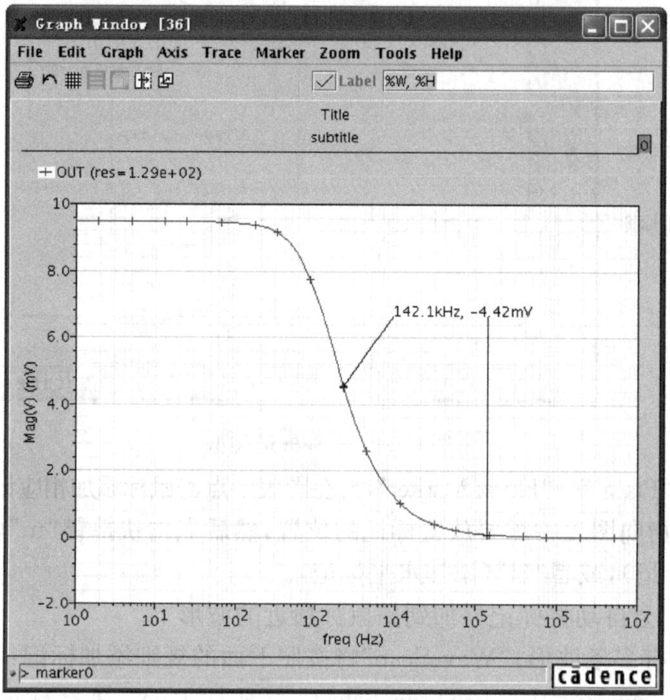

图 C-35　差值坐标

当图表中存在多个波形时：

(1) 如果在“. cdsenv”中“autoTraceSelect”选项为“true”，那么差值标记的两个波形坐标可以分别作用在不同波形上。

(2) 如果在“. cdsenv”中“autoTraceSelect”选项为“false”，那么差值标记的两个波形坐标只能作用在同一个波形上。

C. 11. 2　修改标记显示模式

所有的标记(包括波形标记、垂直标记、水平标记和差值标记)拥有三种显示模式：XY 模式、X 模式和 Y 模式。通过下面的步骤可以修改标记的显示模式：

(1) 选择一个标记。

(2) 选择“Marker”→“Display Type”，或者选择“Marker”→“Edit. . . ”打开“Marker Attributes”对话框，在“Type/Display”的下拉菜单中根据表 C-3 中的内容选择一个合适波形模式。图 C-36 中显示了差值坐标分别在三种显示方式下的结果。

表 C-3 三种显示模式的显示方式

选项	显示方式
XY 模式	如果选择的标记是在波形标记、垂直标记或者水平标记的时候，在标记的标签中显示标记的 X 坐标和 Y 坐标。如果选择的标记是差值标记，在标记的标签中将显示两个波形坐标的 X 坐标差值和 Y 坐标差值，并且标记和标签间的连线采用斜线
X 模式	如果选择的标记是在波形标记、垂直标记或者水平标记的时候，在标记的标签中显示标记的 X 坐标。如果选择的标记是差值标记，在标记的标签中将显示两个波形坐标的 X 坐标差值，并且标记和标签间的连线采用折线，折线垂直通过标记
Y 模式	如果选择的标记是在波形标记、垂直标记或者水平标记的时候，在标记的标签中显示标记的 Y 坐标。如果选择的标记是差值标记，在标记的标签中将显示两个波形坐标的 Y 坐标差值，并且标记和标签间的连线采用折线，折线水平通过标记

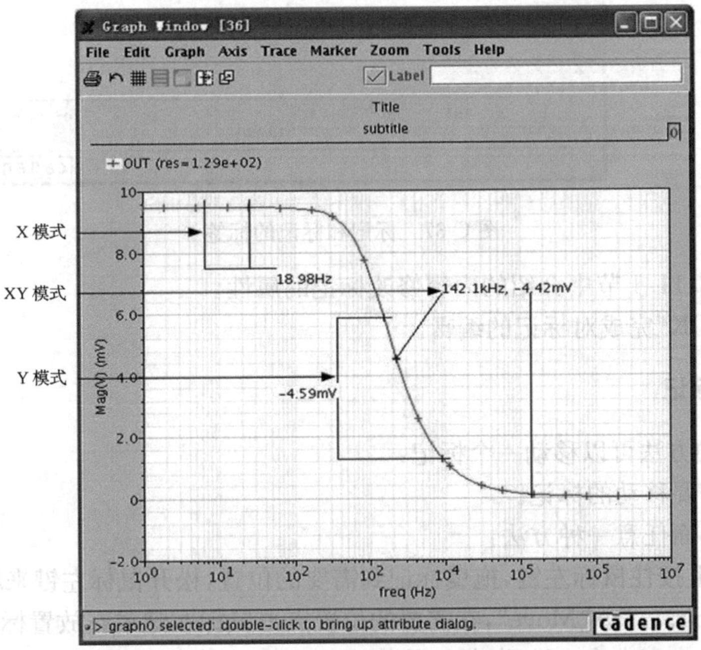

图 C-36 三种显示方式的结果

C. 11. 3 编辑标记

标记的默认属性通过“. cdsenv”中的变量进行设置。可以通过下面的步骤修改标记的属性。

(1) 采取下面任意一种方法：

① 双击需要编辑的标记。

② 选中需要编辑的标记，然后选择：“Marker”→“Edit. . . ”。

在图 C-37 中指出了标记和标记的标签在图表中的形式，请不要将两者混淆。

通过上面的操作,将打开“Marker Attributes”对话框。

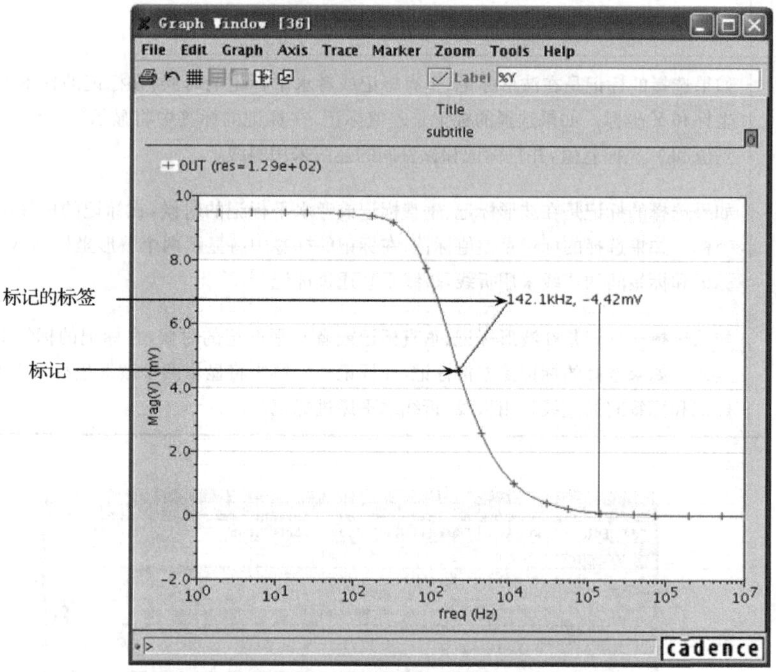

图 C-37　标记和标记的标签

(2) 通过 C. 11. 1 节中介绍的内容修改标记的属性。

(3) 点击“OK”完成对标记的编辑。

C. 11. 4　移动标记

通过以下的方法可以移动一个标记:

(1) 选择需要移动的标记。

(2) 采用下面任意一种方法:

① 在标记上按住鼠标左键,拖曳标记到需要的位置,松开鼠标左键来释放标记。

② 选择“Edit...”→“Move”,在需要的位置点击鼠标左键重新放置标记。

如果在图表中存在多个波形,标记将按照下面的规则移动:

① 如在“. cdsenv”中“autoTraceSelect”选项为“true”,那么标记可在多个波形间切换。

② 如在“. cdsenv”中“autoTraceSelect”选项为“false”,那么标记只能沿着波形移动,不能切换到其他波形上。

C. 12　保存与载入波形

C. 12. 1　保存波形

用户可以将波形文件保存为二进制文件。用户能够将这些二进制文件导入到“WaveScan"中和仿真波形进行比较，也能够利用这些文件重新生成波形文件。

通过下面的步骤可以保存波形文件：

(1) 选择一条曲线，在控制面板中选择"Trace"→"Save..."，将会弹出"Save"对话框，如图 C-38 所示。

(2) 在文件类型选项中，将保存类型可以设置为 . grf 格式。

(3) 在"Save In:"下拉菜单中选择所要保存的文件路径。

(4) 在"File Name:"中填写保存文件名。

(5) 点击"Save"，保存文件。

C.12.2　载入波形

通过下面的步骤可以载入波形文件：

(1) 同样在图形界面窗口，选择"Trace"→"Load..."，将会弹出"Open"对话框，如图 C-39所示。

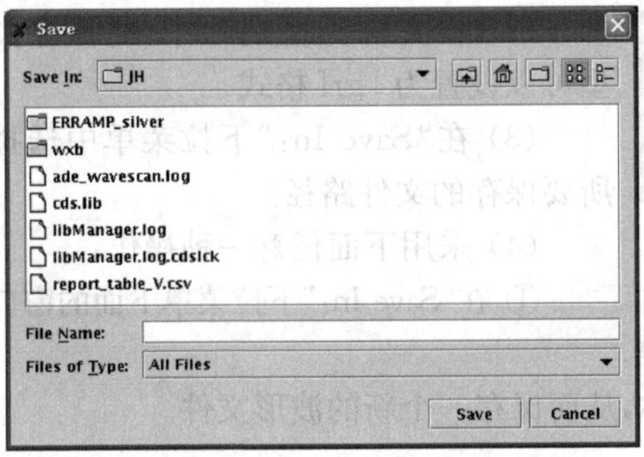

图 C-38　"Save"对话框

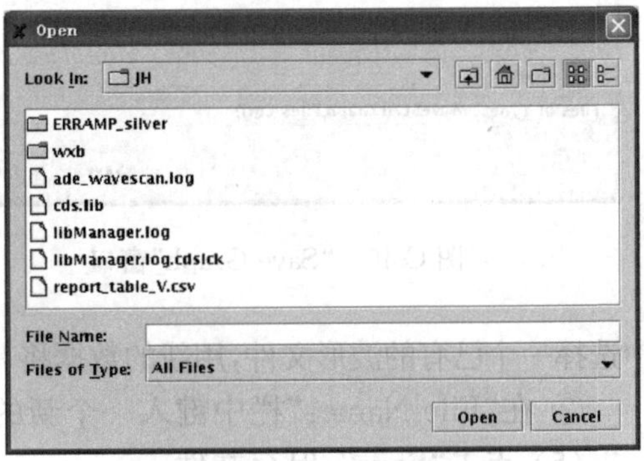

图 C-39　"Open"对话框

(2) 在"Look In:"下拉菜单中选择所要保存的文件路径。

(3) 采用下面任意一种操作：

① 在"File Name:"中填写保存文件名。

② 在"Look In:"下方的窗口中选择需要载入的波形文件。

(4) 点击"Open"，载入文件。

C.13　冻结图表

当图表被冻结后，仿真结果的重新载入将不会改变图表中的波形。可以通过以下方法冻结图表。在图形界面中，选择"Graph"→"Freeze On"。

C.14　重新载入图表

通过下面的方法可以重新为图表中的波形重新载入数据：选择"File"→"Reload"。

C.15 保存图表

使用XML格式保存图表，可以通过保存的对话设置完全恢复该图片的信息。以XML格式保存的图表保存如下信息：

（1）数据保存位置，包含数据路径、数据设置、波形名称等，而不是具体的数据。因此，由于仿真时的不同设置造成的数据的变化，将在图表载入中反映出来。

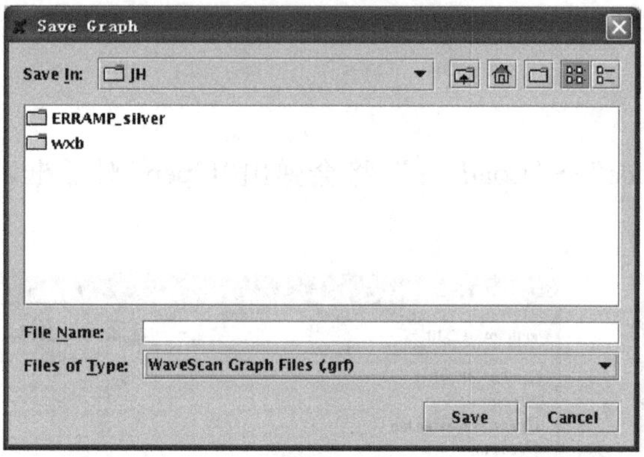

图C-40　"Save Graph"窗口

（2）大部分的图表设置属性，如网格、背景颜色、标注、标记等。

通过以下步骤以XML格式保存图表：

（1）选择"File"→"Save..."，此时"Save Graph"窗口弹出，如图C-40所示。

（2）在文件类型选项中，将保存类型可以设置为.grf格式。

（3）在"Save In:"下拉菜单中选择所要保存的文件路径。

（4）采用下面任意一种操作：

① 在"Save In:"下拉菜单下面的窗口中选择一个已有的波形文件，用新的数据将其覆盖。

② 在"File Name:"栏中键入一个新的名称，从而保存一个新的波形文件。

（5）点击"Save"，保存文件。

C.16 以图像格式保存图表

用户也能够以图像格式保存图表。所有的格式都是无损模式保存。通过以下步骤可以将图表以图片的形式保存下来：

（1）选择"File"→"Save as Image..."，此时弹出"Save Image"对话框，如图C-41所示。

（2）选择所需要保存的图片格式。如果选择"Auto"，"WaveScan"将根据文件名的拓展名选择保存类型。例如，在"File"中填入"snapshot.png"，"WaveScan"将按照PNG格式保存图片。"WaveScan"支持的文件拓展名有：".png"，".tIff"（或者".tif"）和".bmp"。此外，如果选择的是"PNG"模式，而在"File"中填入"snapshot. Tiff"，"WaveScan"保存的文件为"snapshot.png"。

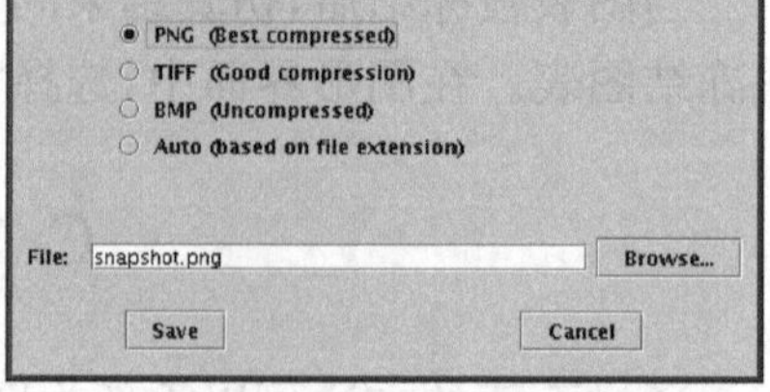

图C-41　"Save Image"对话框

（3）填写需要保存的文件名，默认的文件名为"snapshot.png"。点击"Browse..."可以选择保存路径。

（4）点击“Save”，以图片模式保存图表。

C.17　打开保存的图表文件

不能直接在“WaveScan”中打开以图像格式保存的图表。通过以下步骤可以打开一个保存的图表文件：

（1）在“Results Browser”中选择“File”→“Open Graph”→“Open Graph as Plot...”，此时将会弹出“Open Graph”对话框，如图 C-42 所示。

（2）在“Look In:”下拉菜单中选择所要保存的文件路径。

（3）在“Files of Type:”下拉菜单中根据文件的拓展名选择需要显示的波形文件。

（4）采用下面任意一种操作：

① 在“File Name:”中填写保存文件名。

② 在“Look In:”下方的窗口中选择需要载入的波形文件。

（5）点击“Open”，载入文件。

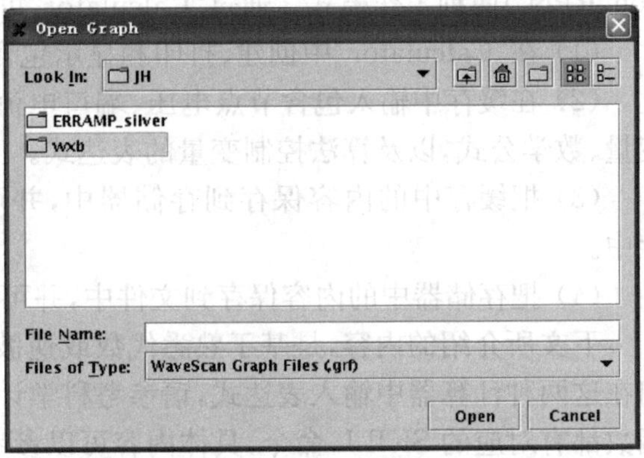

图 C-42　“Open Graph”对话框

C.18　建立一个图表模版

当创建一个新的图表时，“WaveScan”会调用“.cdsenv”中的设置来决定该图表的属性，如背景颜色、网格、字体等。

可以将一个保存的波形文件，或者将当前“Waveform”窗口设置为模板。以后创建的“Waveform”窗口都采用这个模板的设置。

（1）将一个保存的波形文件作为模板：在“Results Browser”中选择“File”→“Open Graph”→“Open Graph as Template...”，所有新建的“Waveform”窗口都将采用和该波形文件相同的设置。

（2）将选择的“Waveform”窗口作为模板：在“Waveform”窗口中选择“Graph”→“Template”→“Set Current”，所有新建的“Waveform”窗口都将采用和该“Waveform”窗口相同的设置。但是这样产生的一个模板，只对当前仿真对话设置有效。对于后续的仿真对话设置，需要把该“Waveform”窗口保存为波形文件，再把它以模板的方式打开，才能使用该“Waveform”窗口的设置。

（3）恢复默认设置：在“Waveform”窗口中选择“Graph”→“Template”→“Set Default”，所有新建的“Waveform”窗口都将采用“.cdsenv”中的设置；但是当前打开的图表不受其影响。

附录 D　Calculator

“Waveform Calculator”是一个科学计算器，有代数和逆波兰（reverse Polish notation，RPN）两种工作模式。通过“Calculator”可以实现以下功能：

（1）在“Calculator”中创建、打印和显示包含仿真输出数据的表达式。

（2）在缓存中输入包含节点电压、端口电流、直流工作点、模型参数、噪声参数、设计变量、数学公式，以及算法控制变量的表达式。

（3）把缓存中的内容保存到存储器中，并可以把存储器中保存的内容重新读入缓存中。

（4）把存储器中的内容保存到文件中，并可以把文件中保存的内容重新读入存储器。

下文所介绍的内容，是基于熟悉代数或逆波兰科学计算器语法规则。如果不知道如何在这两种计算器中输入表达式，请参考科学计算器的使用手册。“Calculator”中的所有函数都有对应的 SKILL 命令，具体内容可以参考 OCEAN Reference。

D.1　Calculator 简介

D.1.1　“Calculator”界面介绍

图 D-1 简要地说明了“Calculator”中各个区域和按键的功能。

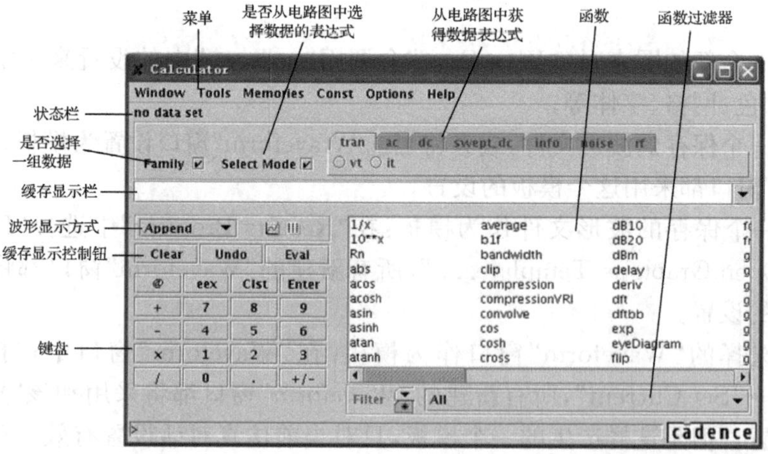

图 D-1　“Calculator”中各个区域和按键的功能

D.1.2　“Calculator”的菜单

图 D-2 列出了“Calculator”中的所有菜单，它们的功能见表 D-1。

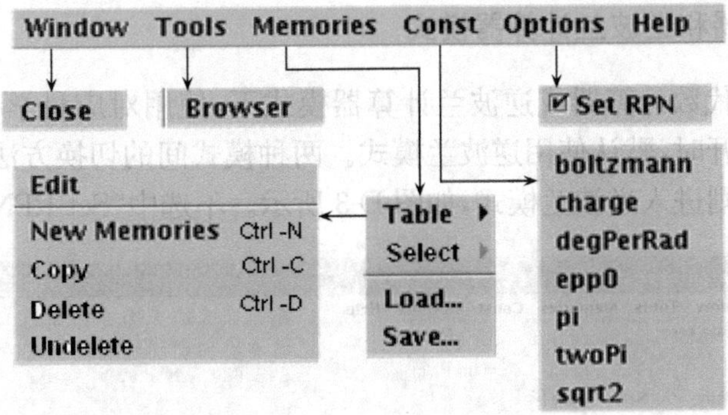

图 D-2　“Calculator”的菜单

表 D-1　“Calculator”菜单的功能

菜单选项			具体操作
Window			
	Close		关闭“Calculator”
Tools			
	Browser		打开“Results Browser”
Memories			
	Table		
		Edit	编辑已有存储项
		New Memories	创建新的存储项
		Copy	复制存储项
		Delete	删除存储项
		Undelete	恢复已删除的存储项
	Select		选择存储项
	Load. . .		从文件中读取保存过的存储项
	Save. . .		将存储项保存到文件中
Const			
	boltzmann		玻尔兹曼常量
	charge		单位电荷
	degPerRad		角度弧度比
	epp0		真空介电常数
	pi		圆周率
	twoPi		两倍圆周率
	sqrt2		$\sqrt{2}$
Option			
	Set RPN		选择代数计算器模式或者逆波兰计算器模式

D.1.3 代数计算器和逆波兰计算器模式

“Calculator”在代数计算器或逆波兰计算器模式下，使用对应科学计算器的语法规则。“Calculator”窗口打开时，默认使用逆波兰模式。两种模式间的切换方法如下。在“Options”中选中“Set RPN”，则进入逆波兰模式，如图 D-3 所示。不选中“Set RPN”则是代数模式。

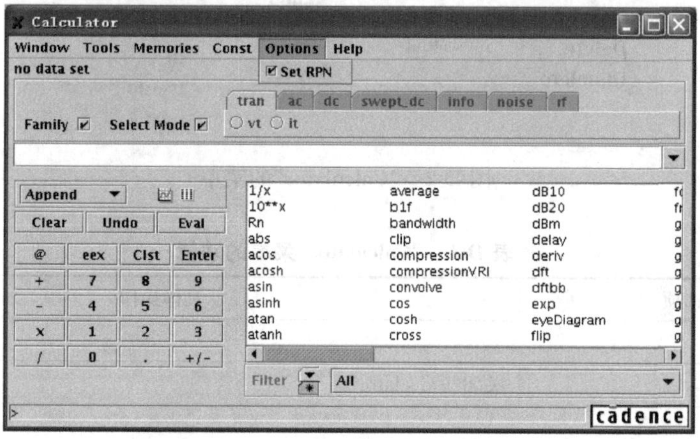

图 D-3 “Calculator”工作模式选择

D.1.4 输入常数

在菜单中选择“Const”下拉菜单，可以在里面选择常用的常数，加入到缓存中，如图 D-4所示。

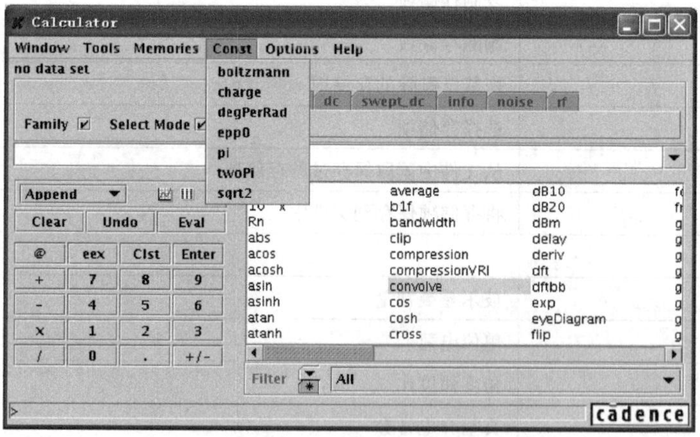

图 D-4 “Calculator”中的常数

这些常数包括：

(1) botzmann：玻尔兹曼常量。

(2) charge：单位电荷。

(3) degPerRad：角度弧度比。

（4）epp0：真空介电常数。

（5）pi：圆周率。

（6）twoPi：两倍圆周率。

（7）sqrt2：$\sqrt{2}$。

对于两种模式，在缓存中加入的常数都出现在光标的位置。对于逆波兰模式，如果需要将常数单独压入堆栈中，需要点击缓存控制钮中的“Clear”将当前缓存中的内容清空。

注意：“Calculator”中的表达式需要按照正确的语法规则输入。例如，在“Calculator”表达式中，“2k”和“2p”所代表的是“2 kilo”(2000)和“2 pico”(2e-12)。如果要使表达式包含“2 倍 p”项，则需要在表达式中按以下方式键入“2 * p”。如果在“2p”后面紧跟一个不带数字的字符串，例如“2pfsfeg”，那么这个表达式将仅仅被认作“2p”，而不会报语法错误。但是在紧跟的字符串中带有数字，例如“2psdfs23vsdf”，那么“Calculator”将会报一个语法错误。因此在使用圆周率常数“pi”的时候需要特别注意。例如，“4 倍圆周率”需要表示为“4 * pi”，而“4pi”将被认作“4p”，即 4e-12。

D.1.5　设置快捷键

可以通过以下方法，为“Calculator”置快捷键：

（1）在“Command Interactive Window”(CIW)窗口中键入。

（2）hiSetBindKey(“encap” “<Key>x” “calCalculatorFormCB()”)，即可用所希望的按键代替“x”。

D.1.6　开启“Calculator”

有三种方法可以打开“Calculator”：

（1）在“Waveform”窗口或“Simulation”窗口中选择“Tools”→“Calculator”，如图 D-5。

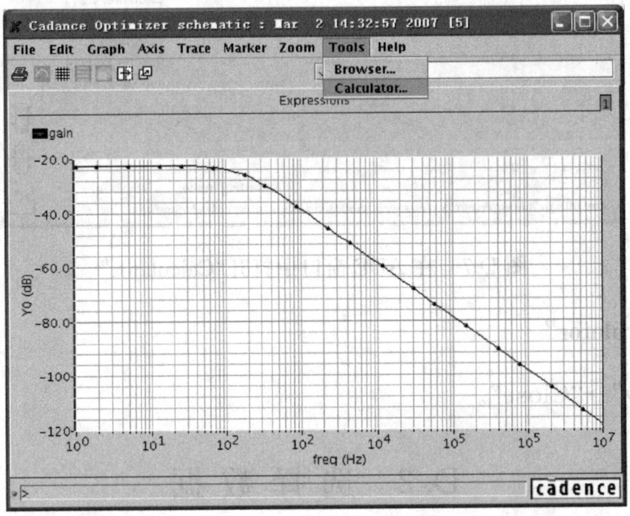

图 D-5　在“Waveform”窗口中打开“Calculator”

（2）在 CIW 窗口中选择“Tools”→“Analog Environment”→“Calculator”，如图 D-6。

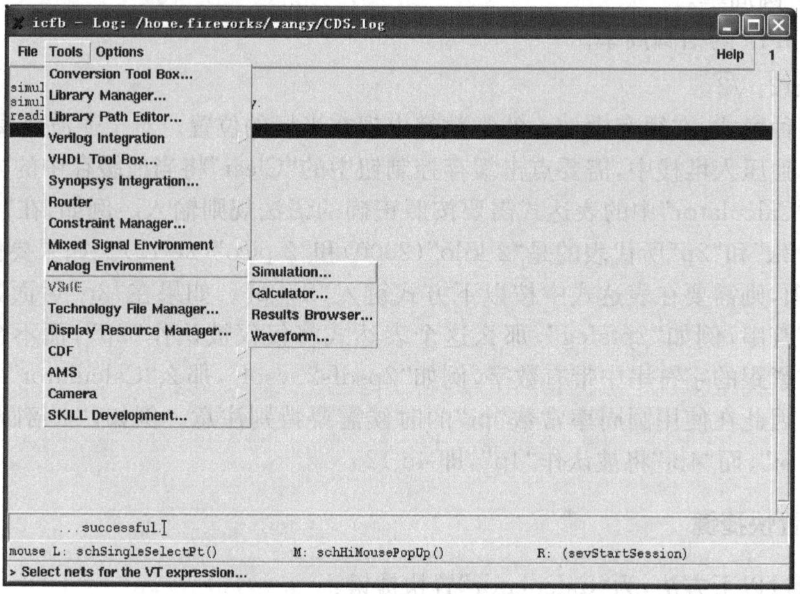

图 D-6　在“CIW”窗口中打开“Calculator”

（3）在 ADE 窗口中选择“Tools”→“Calculator”，如图 D-7。

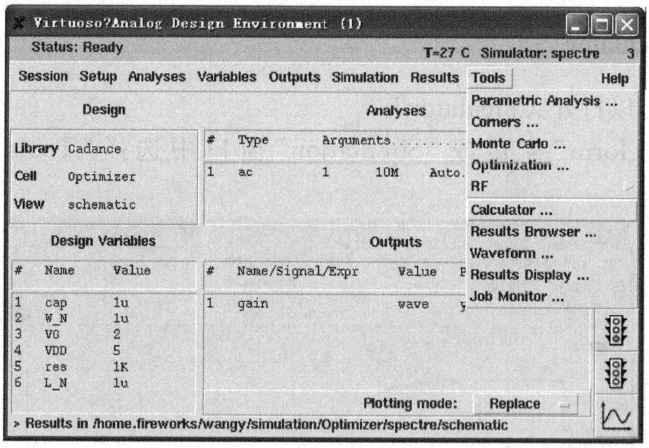

图 D-7　在 ADE 窗口中打开“Calculator”

D.1.7　关闭“Calculator”

选择“Window”→“Close”。

D.2　选择数据

在“Calculator”中有以下 4 种输入数据的方式：

(1) 通过键盘,按照 SKILL 语言规范直接在缓存中输入表达式。详见 Cadence 文档中的 SKILL 语言部分。本文不推荐使用这种方式。

(2) 通过电路图表达式按键,点击电路图中的节点和端口,从而获得相关数据。

(3) 从“Waveform”窗口中获得数据。

(4) 使用“Results Browser”,从仿真结果输出文件中获得数据。请参考附录 B。

D.2.1 通过电路图表达式按键,点击电路图中的节点和端口从而获得相关数据

电路图表达式按键,可以通过在电路图中点击目标对象,从而获得相应的表达式在缓存中显示出来。图 D-8 显示了“Calculator”中常用的电路图表达式按键。

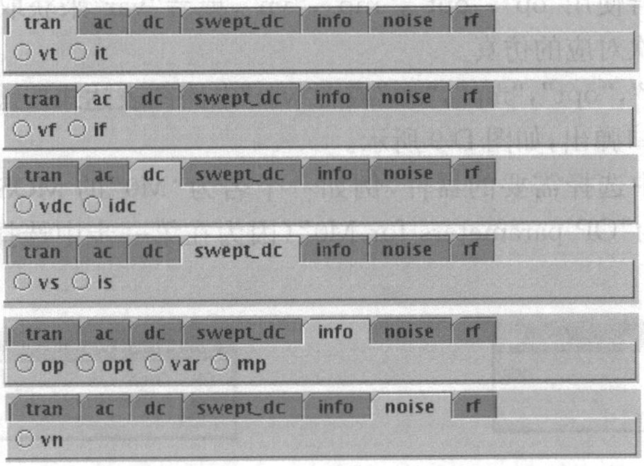

图 D-8 “Calculator”中常用的电路图表达式按键

注意,这些按键已经按照仿真类型进行了分类。例如,在运行了瞬态仿真(tran analysis)后,需要从电路图中获得节点电压的仿真数据,则在电路图表达式按键中的“tran”页面(如图 D-8 中第一栏所示)里选择“vt”,然后在电路图中选择相应的节点,即可获得。如果选择了其他页面中的按键,例如“ac”中的“vf”,并且没有进行交流(ac)仿真,那么“Calculator”将会报错,显示无法获得数据。因此在使用电路图按键获取数据时,按键和仿真类型的匹配十分重要。表 D-2 显示了各个电路图表达式按键获取的数据类型。

表 D-2 电路图表达式按键获取的数据类型

表达式按键	获取的数据类型	表达式按键	获取的数据类型
vt	瞬态仿真节点电压	iv	瞬态仿真端口电流
vf	交流节点电压	if	交流端口电流
vdc	直流工作点节点电压	idc	直流工作点端口电流
vs	直流扫描节点电压	is	直流扫描端口电流
op	直流工作点	opt	瞬态工作点
var	设计变量	mp	模型参数
vn	噪声电压		

通过以下方法,利用电路图表达式按键在电路图中获得需要的数据:

(1) 保持"Select Mode"处于选中状态。

(2) 选择合适的电路表达式按键并点击,使其保持选中状态。

(3) 在电路图中点击所需要的目标。如果对于选择目标的表达式存在多个合适的参数,那么一个包含所有合适参数的窗口将弹出,在该窗口中选择需要的参数。

(4) 完成数据获得后,在电路图窗口保持激活的状态下,点击"Esc"键,退出数据获取模式。

1. 在电路图数据中选择器件参数

下面的内容适合使用"op","opt","mp","vn",或者"var"来获取数据,并且在获取数据之前必须运行一次对应的仿真。

(1) 在点击"op","opt","mp","vn"或者"var"电路图表达式按键中任意一个后,"Select an instance"窗口弹出,如图 D-9 所示。

(2) 在电路图中选择需要的器件,例如一个名为"M0"的 MOS 管,点击该器件后,图 D-9中的窗口变为"OP parameters for M0"(因为在第一步中选择的是"op"按键),如图 D-10所示。

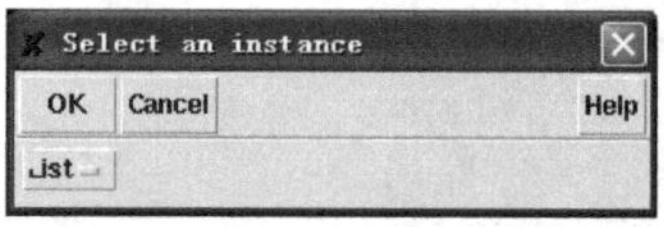

图 D-9　"Select an instance"窗口

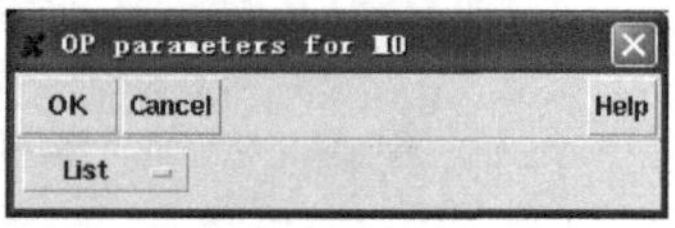

图 D-10　选中器件后的"Select an instance"窗口

(3) 在"List"下拉菜单中显示了所有合适的器件参数,如图 D-11 所示。在该菜单中选择需要的参数,例如,MOS 管的跨导"gm"。

List	cbb	lx14	lx29
ids	ron	lx16	lx32
lx4	id	lx24	lx33
lx50	is	lx26	lx34
vgs	ibulk	cgg	lx7
vds	lx5	cgd	lx8
vbs	lx6	cgs	lx9
vth	pwr	cgb	i1
lv9	gmoverid	cdg	i3
vdsat	lv36	cdd	i4
lv26	lv37	cds	lx10
lv10	lv38	cdb	lx11
gm	lx18	csg	lx1
gds	lx19	csd	lx2
gmbs	lx20	css	lx3
betaeff	lx21	csb	region
cjd	lx22	cbg	reversed
cjs	lx23	cbd	type
lx12	lx28	cbs	

图 D-11　被选中器件的参数

(4) 点击图 D-10 窗口中的"OK"后,该参数被"Calculator"获取,并在缓存中显示,如图 D-12 所示。

2. 选择电压或者电流

通过以下方法在电路图中选择电压或者电流。以一个电容为例,如图 D-13 所示。

(1) 获得节点电压:点击和该节点连接的任意连线。

(2) 获得端口电流:点击器件上方形端口,从而获得流过该端口的电流。

D. 2. 2　在"Waveform"窗口选择曲线

1. 选择曲线

保持"Select Mode"处于选中状态,在"Wave-

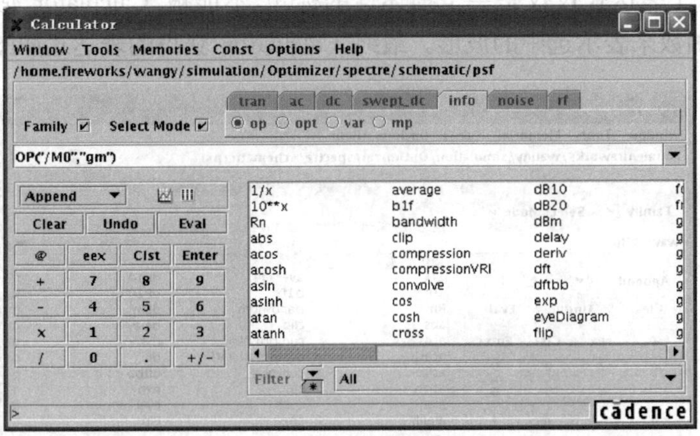

图 D-12　选中的参数被传递到“Calculator”的缓存中

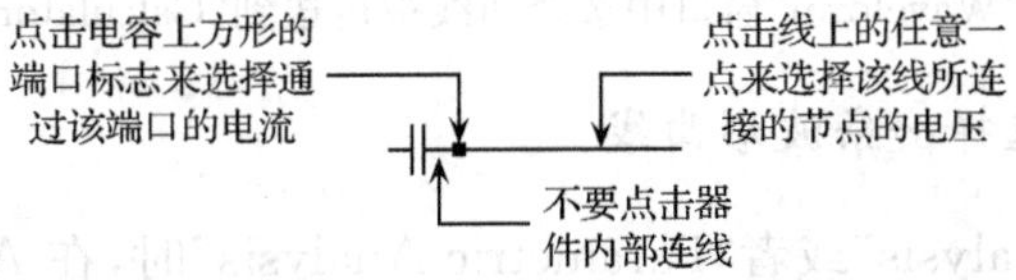

图 D-13　选择电压或者电流

form”窗口中选择所需要的曲线。在“Calculator”中输入的表达式，是“Waveform”窗口中鼠标所在曲线的标题表达式，如图 D-14 中，窗口底部状态栏中显示的“graph-1. trace()：gain”。

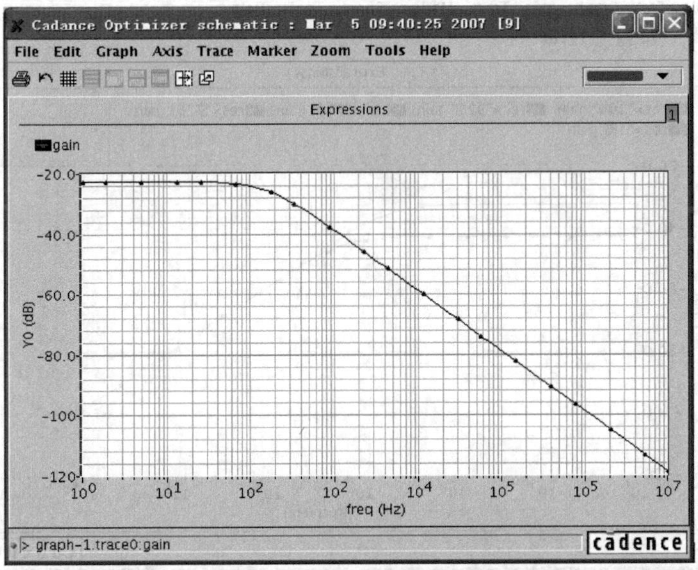

图 D-14　在“Waveform”窗口中选择曲线

但是因为这个表达式仅仅是一个描述性的标题，不能被"Calculator"估值，因此系统自动创建 SKILL 函数来表示选中的波形。最终"Calculator"获得的表达式如图 D-15 所示。

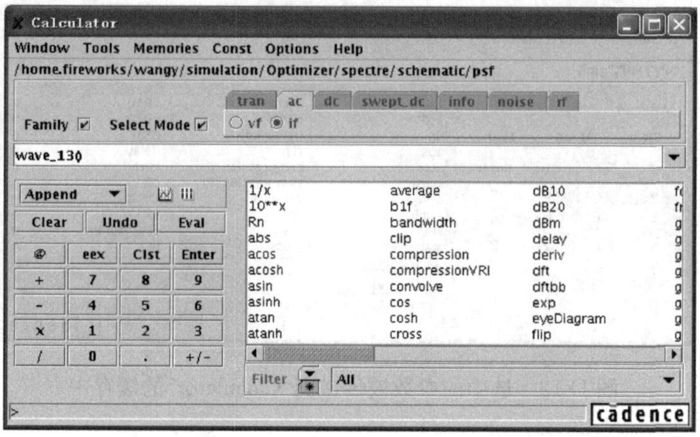

图 D-15　"Waveform"窗口中选择曲线被传送到"Calculator"的缓存中

2. 在一组波形中选择一条波形曲线

当使用"Corner Analysis"或者"Parametric Analysis"时，在 ADE 窗口中定义的输出波形实际上对应了一组曲线。该组曲线和不同的工艺角或者设计变量值一一对应。例如，运行了一次"Parametric Analysis"，根据不同的电阻值(res)获得了一组曲线，如图 D-16所示。

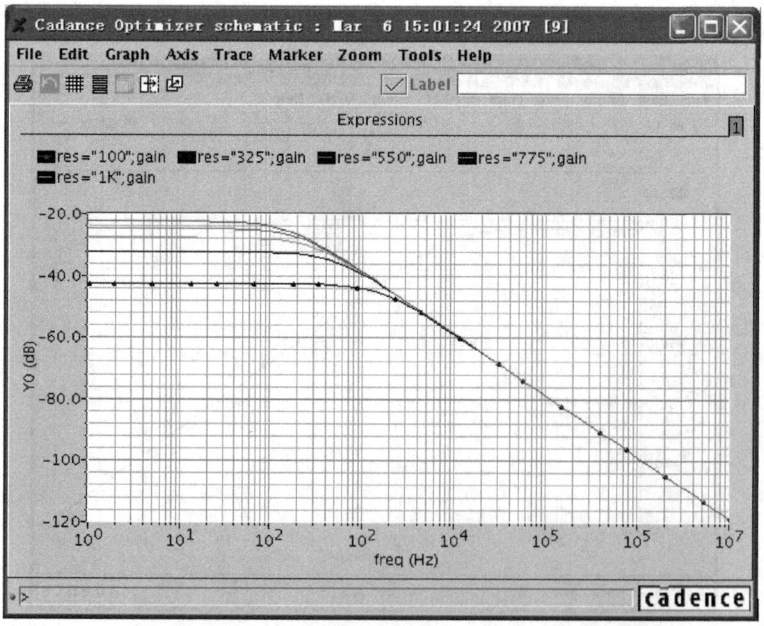

图 D-16　参变量扫描的输出波形，其中包含多条曲线

可以通过以下方法，将其中的一条而不是一组曲线捕获到"Calculator"中。

（1）在"Calculator"中取消"Family"选项，如图 D-17 所示。

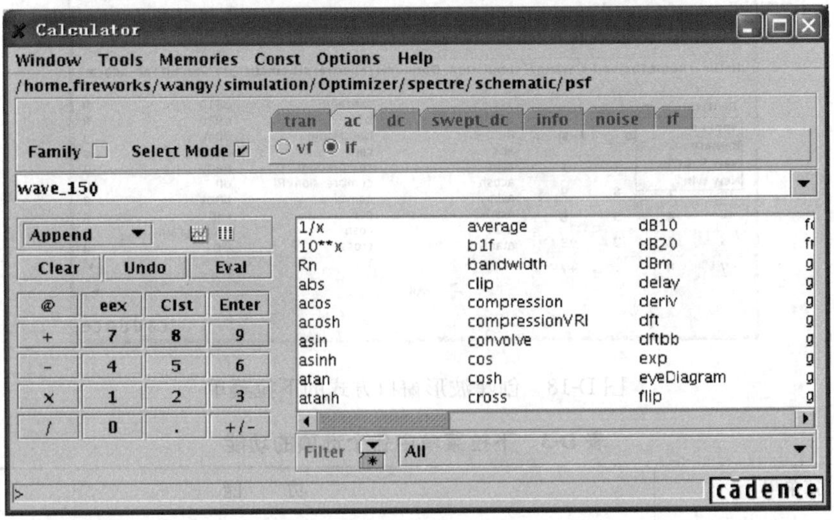

图 D-17　"Waveform"窗口中选择曲线被传送到"Calculator"的缓存中

（2）保持"Select Mode"选中，在"Waveform"窗口中选择需要的曲线。"Calculator"捕获曲线后如图 D-17 所示。

D.3　绘制显示结果

"Calculator"缓存中的表达式的值，可以使用一个独立变量作为坐标，以图形或者列表的形式显示出来。独立变量是由仿真类型和仿真设置所决定的。例如，仿真器运行了一次交流仿真，扫描对象是"频率"，扫描范围是 1～100kHz，扫描步进是 1Hz；那么图形的坐标轴或者列表的编号将以 Hz 作为单位，范围是 1～100kHz，两个坐标点或者编号间的间隔为 1Hz。

"Calculator"不能直接将存储器中的表达式的值显示，需要将这些表达式从存储器中读取到缓存中才能显示。

下面的两个按键分别是将缓存中的表达式按照图形和文本的形式显示：

"图"：将表达式的值以图形的方式显示。

"Ⅲ"：将表达式的值以列表的方式显示。

D.3.1　绘制表达式

在绘制缓存中表达式之前，需要选择绘制方式。在绘制表达式按键旁有一个下拉菜单（图 D-18），用来选择创建波形窗口的方式。

下拉菜单中各个选项的功能，如表 D-3 所示。

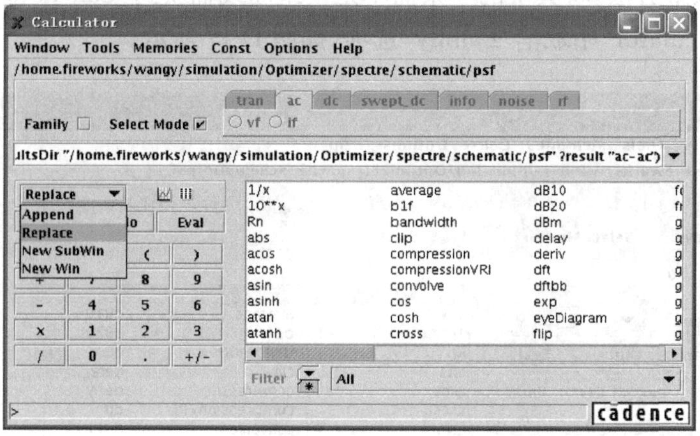

图 D-18　创建波形窗口方式的下拉菜单

表 D-3　下拉菜单中各个选项的功能

下拉菜单	功　能
Append	在原来窗口的基础上显示新的波形
Replace	清除原来的窗口中的数据，显示新波形
New SubWin	在原来的窗口中建立子窗口，用来显示新波形
New Win	创建一个新窗口，显示新波形

在选择好波形窗口创建方式后，点击"▣"按键，即可将缓存中的表达式值在波形窗口中显示。例如，以附录 A 中图 A-64 所示电路为例。在运行一次交流仿真后，显示该共源极放大器的频率特性。

(1) 在"Calculator"电路图表达式按键中选择"ac"页面下的"vf"。

(2) 在图 A-64 中点击共源极放大器的输出端。

(3) 在"Calculator"缓存中获得该节点的电压表达式"VF(/VOUT)"，如图 D-19 所示。

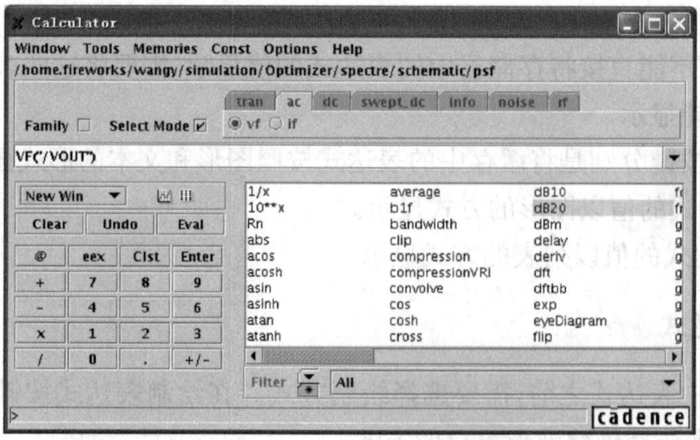

图 D-19　将节点的电压表达式"VF(/VOUT)"传输到"Calculator"的缓存中

（4）在波形窗口创建方式下拉菜单中选择“New Win”，点击“”按键后，在新的波形窗口，显示共源极放大器的增益频率特性，如图 D-20 所示。

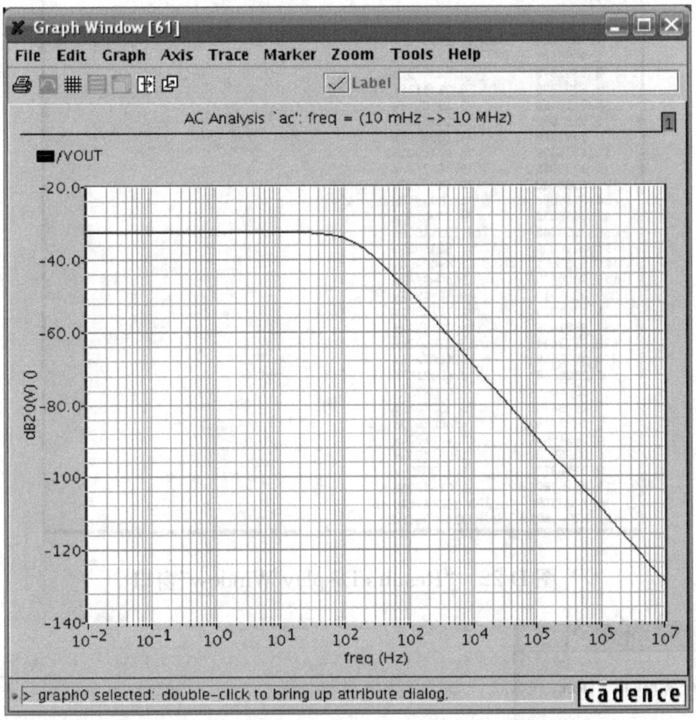

图 D-20　共源极放大器的增益频率特性

D. 3. 2　以文本的形式输出“Calculator”缓存中表达式的值

点击“”按键，把“Calculator”缓存中表达式的值以列表的形式输出。

点击“”按键后，“Display Results”窗口弹出，如图 D-21 所示。点击“OK”后，按照“Display Results”窗口中的设置，选择性地将“Calculator”缓存中表达式的值以列表的形式在“Results Display Window”窗口中输出，如图 D-22 所示。

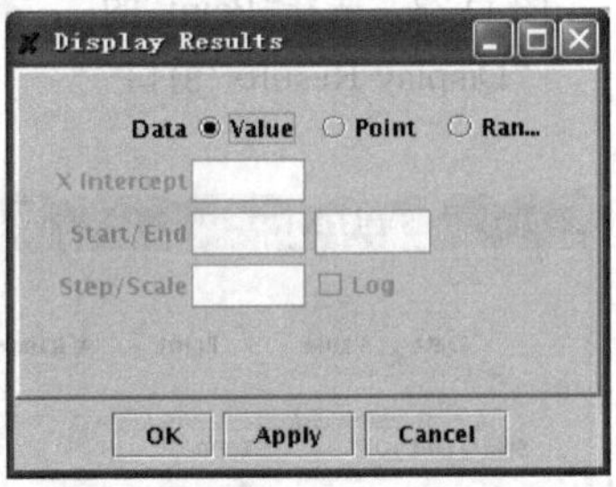

图 D-21　“Display Results”窗口

（1）若“Display Results”窗口中的“Data”选择为“Value”，则表示“Calculator”缓存中表达式在坐标轴上所有的值都显示。输出结果如图 D-22 所示。

（2）若“Display Results”窗口中的“Data”选择为“Point”，“Display Results”窗口变成图 D-23 的形式。

“X Intercept”栏被激活，“Calculator”显示缓存中表达式在该栏中所填入的坐标点上的特定值。例如，在图 D-23 中填入的是“10”，输出结果如图 D-24 所示。

注意，如果“X Intercept”栏中填入的值不在仿真范围内，那么“Calculator”输出仿真

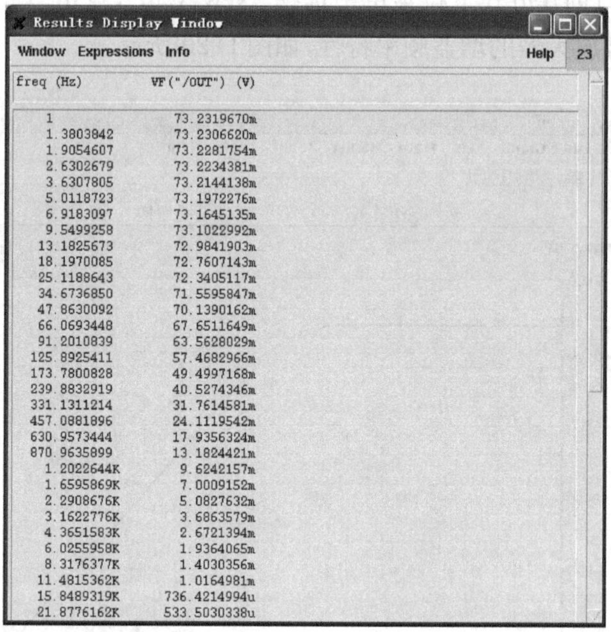

图 D-22　“Results Display Window”窗口

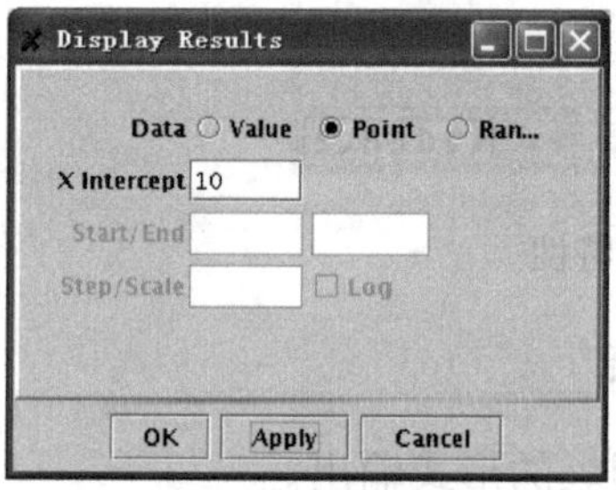

图 D-23　选择“Point”的“Display Results”窗口

图 D-24　横坐标为 10 时的仿真结果

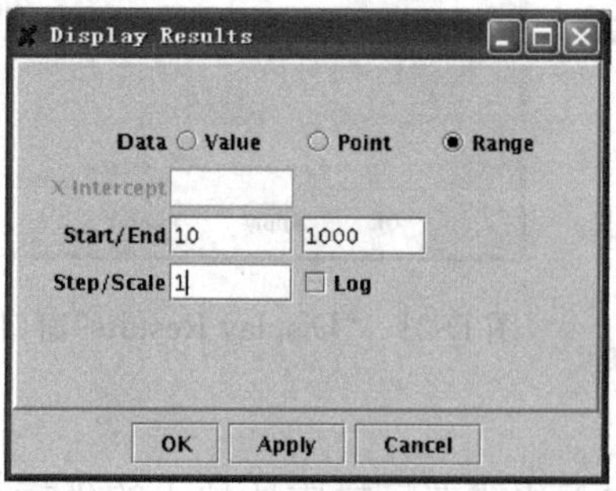

图 D-25　选择“Range”的“Display Results”窗口

扫描范围内，最靠近该数值的坐标点上的表达式的值。例如，扫描范围是“1～100”，在“X Intercept”栏中填入“110”，则“Calculator”输出的值是“expr(100)”。

(3) 若“Display Results”窗口中的“Data”选择为“Range”，“Display Results”窗口变成图 D-25的形式。

此时“Start/End”、“Step/Scale”和“Log”窗口被激活。在“Start/End”中填入坐标轴上的起始点和结束点，从而圈定输出范围。

如果“Log”栏没有选中，那么“Step/Scale”中填入的是步进数，“Calculator”将按照该栏中设置为步进数，从“Start/End”中确定的起始点开始，依次取数据，直到跨过结束点为止。按照图 D-25 中的设置，输出结果如图 D-26 所示。

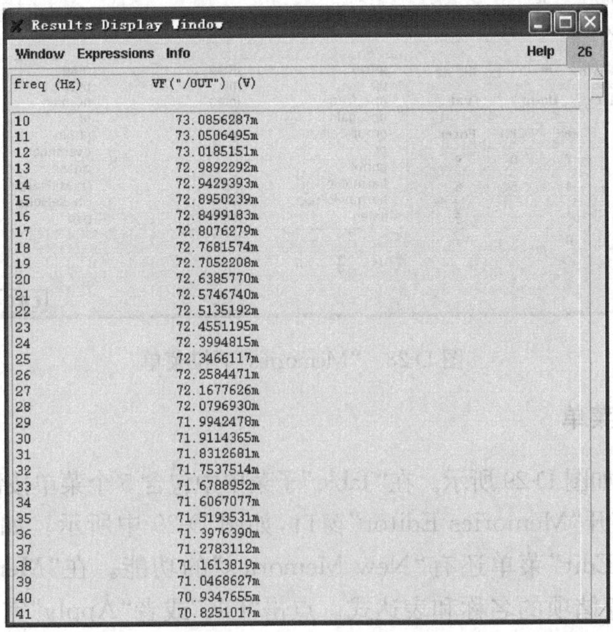

图 D-26　横坐标的范围在 10～1000 内线性步进的仿真结果

如果“Log”栏被选中，并且“Step/Scale”中的数据为“n”，则采用倍乘的方式获得数据点，倍乘系数为“10”。“Calculator”将从“Start/End”中确定的起始点开始，以倍乘的方式取点，直到跨过结束点为止。当图 D-25 中“Log”栏选中后，输出结果如图 D-27 所示。

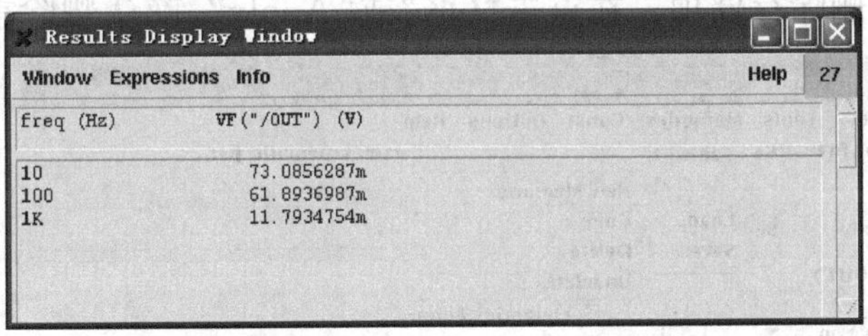

图 D-27　横坐标的范围在 10～1000 内 10 倍采样间隔的仿真结果

D.4　使用存储器

“Calculator”缓存中的表达式可以保存到存储器（“memoies”）中，也可以将存储器的内容读入到缓存中。同时存储器中的内容也可以保存到文件中，并从文件中读取。这些功能都在“Memories”下拉菜单中实现。“Memories”下拉菜单如图 D-28 所示。

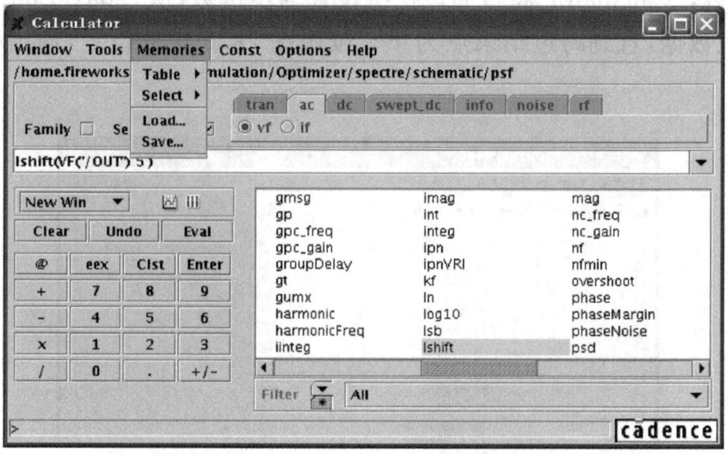

图 D-28 “Memories”下拉菜单

D. 4. 1 “Table”子菜单

“Table”子菜单如图 D-29 所示。在“Table”子菜单中包含 5 个菜单按钮，其功能依次如下：

(1) “Edit”：打开“Memories Editor”窗口，如图 D-29 中所示。如果在这之前存储器中没有内容，使用“Edit”菜单还有“New Memories”的功能。在“Memories Editor”窗口中，可以编辑已有存储项的名称和表达式。点击“OK”或者“Apply”完成修改。

(2) “New Memories”：自动切换到“Memories Editor”窗口，将当前“Calculator”缓存中的表达式作为一个新建立的存储项的表达式，并要求对该存储项命名。注意：允许两个存储项有相同的表达式，但不能有相同的名称。

(3) “Copy”：将选中的已有存储项的表达式复制到新的存储项中，并要求对新的表达式命名。

(4) “Delete”：删除存储项。在点击“OK”或“Apply”，确认删除前，被删除的存储项

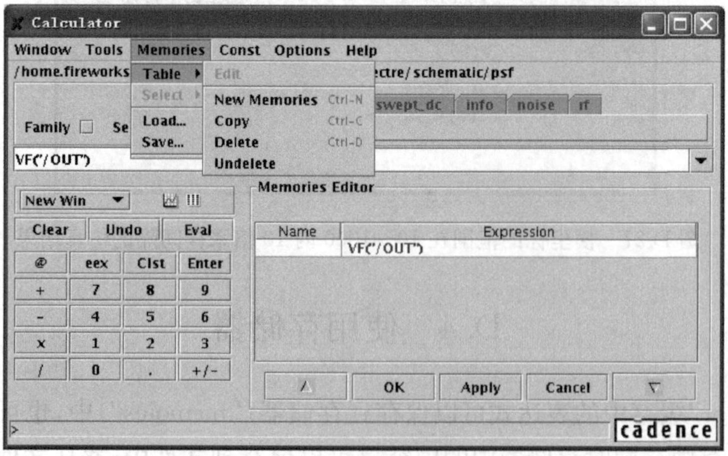

图 D-29 “Table”子菜单

仅仅变灰，如图 D-30 所示。此时可以通过“Undelete”将其恢复。

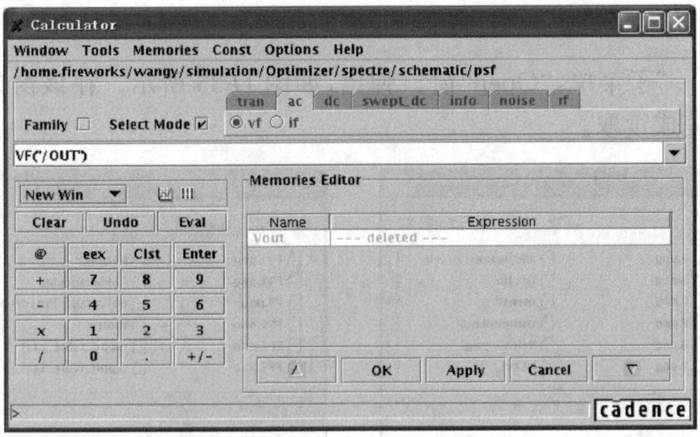

图 D-30 删除存储项

(5)“Undelete”:恢复被删除的存储项。仅仅在删除确认前有效。

D. 4. 2 “Select”子菜单

“Select”子菜单中的内容是已有存储项名称的列表，如图 D-31 所示。

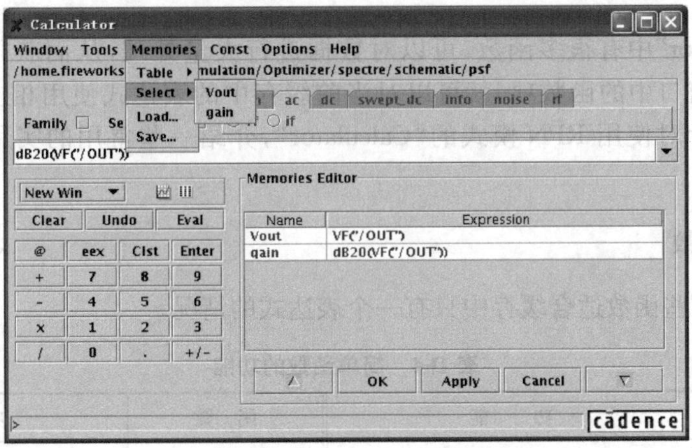

图 D-31 “Select”子菜单中的内容

通过点击存储项的名称，可以把该存储项中的表达式读入到“Calculator”的缓存中。

D. 4. 3 “Save...”子菜单

点击“Save...”子菜单，“Save”窗口弹出，如图 D-32 所示。

在“Save In”下拉菜单和下面文件列表中选择合适的存储路径。在“File Name:”中填入保存文件的名称。文件内容是按照 SKILL 语言写成的命令。对应上文中存储器中的内容。保存文件中的内容为：

```
armSetCalcMemory("Vout" "VF(\"/OUT\")" )
```

armSetCalcMemory(˝gain˝˝dB20(VF(\˝/OUT\˝))˝)

D.4.4 “Load...”子菜单

点击“Load...”子菜单,“Open”窗口弹出,如图 D-33 所示。在该窗口中选择保存文件,点击“Open”完成读取。

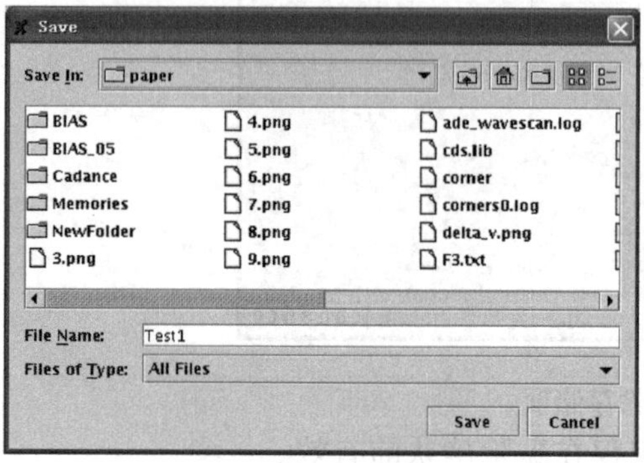

图 D-32　“Save”窗口

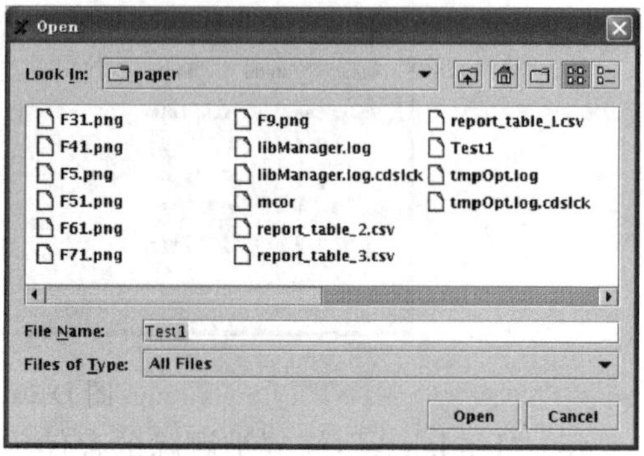

图 D-33　“Open”窗口

D.5　函　　数

在“Calculator”中有很多函数,可以对数据进行大量处理,从而获得有用信息。只需要点击函数窗口中的函数项,就可以对当前缓存中的表达式使用相应的函数。在以下的章节中将针对使用 RPN 模式的“Calculator”,介绍一些常用的实用函数及其使用方法。

D.5.1　简单函数

表 D-4 中这些函数适合缓存中只有一个表达式的情况。

表 D-4　简单函数的功能

函　数	功　　能	函　数	功　　能
mag	取幅值	exp	e^x
phase	取幅角	10 * * x	10^x
real	取实部	x * * 2	x^2
imag	取虚部	abs	取绝对值
ln	取自然对数	int	取整
log10	以 10 为底取对数	1/x	取反
dB10	对功率表达式取 dB 值	sqrt	$x^{1/2}$
dB20	对电压电流取 dB 值		

D.5.2　作用两个表达式的函数和操作符

在 RPN 模式中，一些函数或操作符同时作用于缓存和堆栈中最上层的表达式。对于这些函数或操作符而言，堆栈中的表达式永远在缓存中表达式的左边，具体内容见表 D-5。在表 D-5中，堆栈中最上层表达式用“stack”表示，缓存中的表达式用“buffer”表示。

表 D-5　用两个表达式的函数和操作符及其功能

函 数	功 能
y * * x	$stack^{buffer}$
+	stack + buffer
−	stack−buffer
*	stack * buffer
/	stack / buffer

D.5.3　三角函数

“Calculator”中也有三角函数，包括 sin，asin，cos，acos，tan，atan，sinh，asinh，cosh，acosh，tanh，atanh。

D.5.4　特殊函数

特殊函数对于分析仿真结果有很大帮助。在选择某些特殊函数时，函数窗口将转换成对话框，在其中填入该函数所需要的其他数据，如图 D-34 所示。其余的特殊函数直接作用于缓存中的表达式。

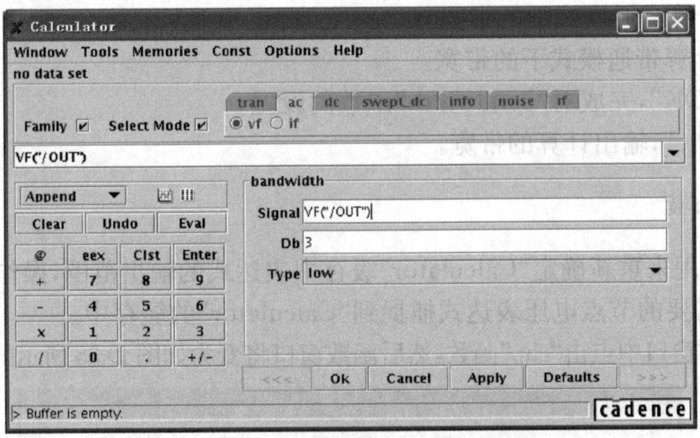

图 D-34　“bandwidth”函数设置对话框

例如，通过以下步骤可以求一个电流在整个仿真范围内的平均值：

(1) 将所需要的端口电流表达式捕捉到“Calculator”的缓存中。

(2) 在函数窗口中点击“average”函数。

(3) 点击“▥”，输出电流的平均值。

1. “average”函数

“average”函数用来计算整个仿真范围内波形的平均值。“average”的定义是在范围 x 内对表达式 $f(x)$ 进行积分，然后除以范围 x。例如，如果 $y=f(x)$，那么 average(y)为

$$\frac{\int_{\text{from}}^{\text{to}} f(x)\mathrm{d}x}{\text{to} - \text{from}} \tag{D-1}$$

其中,“to”和“from”是 ADE 中设置的仿真范围起始和结束值。如果需要选择不同的求平均值范围,可以配合使用“clip”函数。

2. “bandwidth”函数

“bandwidth”函数计算“Calculator”缓存中表达式的带宽。注意,输入表达式必须是直接对应电压值,而不是经过“dB20”处理过的数值。具体操作步骤如下:

(1) 将所需要的节点电压表达式捕捉到“Calculator”的缓存中。

(2) 在函数窗口中点击“bandwidth”函数,然后函数窗口将变为如图 D-34 所示的“bandwidth”对话框。

(3) 在“bandwidth”对话框中:

① “Signal”栏中填入的是需要处理的节点电压表达式。通过上述方法,该栏值将直接从“Calculator”缓存中获得;也可按照 SKILL 语法规范输入其他的节点电压表达式。

② “Db”栏填入的是带宽频率上的值与峰值的距离,数据采用“dB”模式。

③ “Type”下拉菜单中,有如下三个选项:

“low”: 计算低通模式下的带宽。

“high”: 计算高通模式下的带宽。

“band”: 计算带通模式下的带宽。

(4) 点击“OK”,完成对“bandwidth”函数的设置。

(5) 点击“▥”,输出计算的带宽。

3. “clip”函数

“clip”函数用来重新确定“Calculator”缓存中表达式的输出范围,操作步骤如下:

(1) 将所需要的节点电压表达式捕捉到“Calculator”的缓存中。

(2) 在函数窗口中点击“clip”函数,然后函数窗口将变为如图 D-35 所示的“clip”对话框。

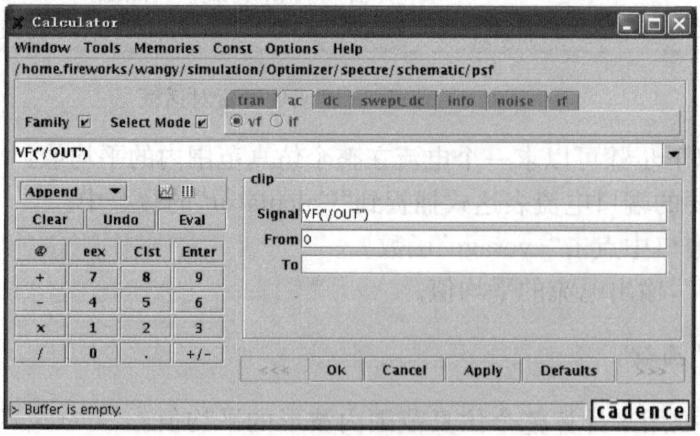

图 D-35 “clip”函数设置对话框

(3) 在“From”和“To”栏中填入新的输出范围。注意:假如新的范围大于仿真范围,那么在多出的范围内,“Calculator”将输出仿真扫描范围内最靠近该数值的坐标点上的表达式的值。例如,对于表达式 $f(x)$,仿真的扫描范围是 10～100,而“clip”确定的新的范围是1～200。那么在 1～10 范围内的值为 $f(10)$,在 100～200 的范围内的值为 $f(100)$。

(4) 点击“OK”完成对“clip”函数的设置。

(5) 点击“”输出处理后的波形。

4. “convolve”函数

“convolve”函数用来实现两个表达式间的卷积。具体操作步骤如下:

(1) 在函数窗口中点击“convolve”函数,然后函数窗口将变为如图 D-36 所示的“convolve”对话框。

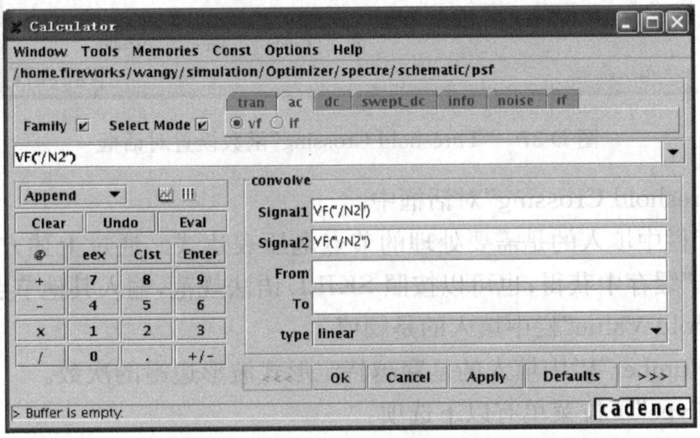

图 D-36　“convolve”函数设置对话框

(2) 在“Signal1”和“Signal2”栏中填入需要计算卷积的两个表达式。软件默认在这两栏中填入当前“Calculator”缓存中的表达式。因此需要按照 SKILL 语法规范填入需要的两个表达式。

(3) 在“From”和“To”中填入卷积范围。

(4) “type”中选择的是卷积式的步进方式,有“linear”和“log”两种选项。

(5) 点击“OK”,完成对“convolve”函数的设置。

(6) 点击“”输出卷积后的波形。卷积的定义为

$$\int_{\text{from}}^{\text{to}} f_1(s) f_2(t-s) \mathrm{d}s \tag{D-2}$$

其中,$f_1()$和 $f_2()$分别代表“Signal1”和“Signal2”中的两个表达式。

注意:“convolve”函数对数据的大小比较敏感,可能需要较长的计算时间。

5. “cross”函数

“cross”函数计算了表达式第 n 次穿过特定形式波形边沿阈值时的 X 轴坐标。具体

步骤操作如下：

(1) 将所需要的表达式捕捉到“Calculator”的缓存中。

(2) 在函数窗口中点击“cross”函数，然后函数窗口将变为如图 D-37 所示的“Threshold Crossing”对话框。

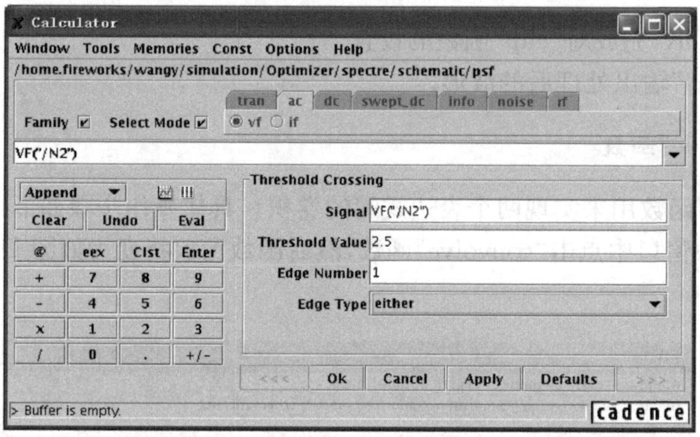

图 D-37 “Threshold Crossing”函数设置对话框

(3) 在“Threshold Crossing”对话框中：

① “Signal”栏中填入的是需要处理的节点电压表达式。通过上述方法，该栏值将直接从“Calculator”缓存中获得；也可以按照 SKILL 语法规范，输入其他节点电压表达式。

② “Threshold Value”栏中填入的是阈值。

③ “Edge Number”栏中填入的是穿越特定形式波形边沿的次数。

④ “Edge Type”下拉菜单有以下选项：

“rising”：上升沿。

“falling”：下降沿。

“either”：上升或下降沿。

(4) 点击“OK”，完成对“cross”函数的设置。

(5) 点击“▥”，输出电流的平均值。

6. “delay”函数

如图 D-38 所示，“delay”函数利用“cross”函数，计算两个表达式分别穿过特定值时的时间差。

具体操作步骤如下：

(1) 在函数窗口中点击“delay”函数，然后函数窗口将变为图 D-39 所示的“delay”对话框。

(2) 在“Signal1”和“Signal2”栏中填入需要计算延时的两个表达式。软件默认在这两栏中填入当前“Calculator”缓存中的表达式。因此需要按照 SKILL 语法规范填入需要的两个表达式。

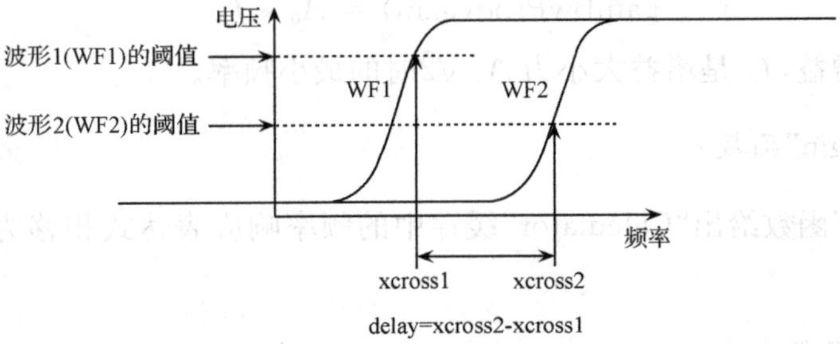

图 D-38　“delay”函数计算方法示意图

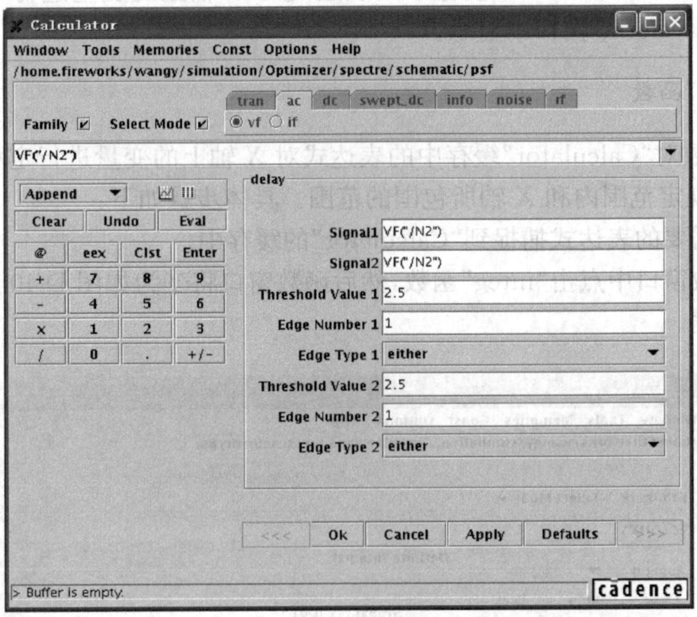

图 D-39　“delay”函数设置对话框

(3) 按照上文介绍的关于“cross”函数的介绍，完成针对两个表达式的“cross”函数设置。

(4) 点击“OK”，完成对“delay”函数的设置。

(5) 点击“ ”，输出延时值。

7. “deriv”函数

“deriv”函数用来对“Calculator”缓存中的表达式求微分。在函数窗口中选择“deriv”函数，然后点击“ ”输出微分后的表达式波形。

8. “gainBwProd”函数

“gainBwProd”函数计算表达式的增益带宽积。它要求“Calculator”缓存中的表达式是一个频率响应，并且拥有足够大的频率扫描范围。增益带宽积通过如下的方法计算：

$$\text{gainBwProd(gain)} = A_0 * f_2 \tag{D-3}$$

其中，A_0 是直流增益，f_2 是增益大小为 $A_0/\sqrt{2}$时的最小频率。

9. “gainMargin”函数

“gainMargin”函数给出“Calculator”缓存中的频率响应表达式相移为 180°时的增益大小(dB 值)。

10. “iinteg”函数

“iinteg”函数对“Calculator”缓存中的表达式对 X 轴上的变量进行不定积分。积分结果可以在“Waveform”窗口中显示。

11. “integ”函数

“integ”函数对“Calculator”缓存中的表达式对 X 轴上的变量进行定积分。积分结果是波形曲线在规定范围内和 X 轴所包围的范围。具体步骤如下：

(1) 将所需要的表达式捕捉到“Calculator”的缓存中。

(2) 在函数窗口中点击“integ”函数，然后函数窗口将变为如图 D-40 所示的“Definite Integral”对话框。

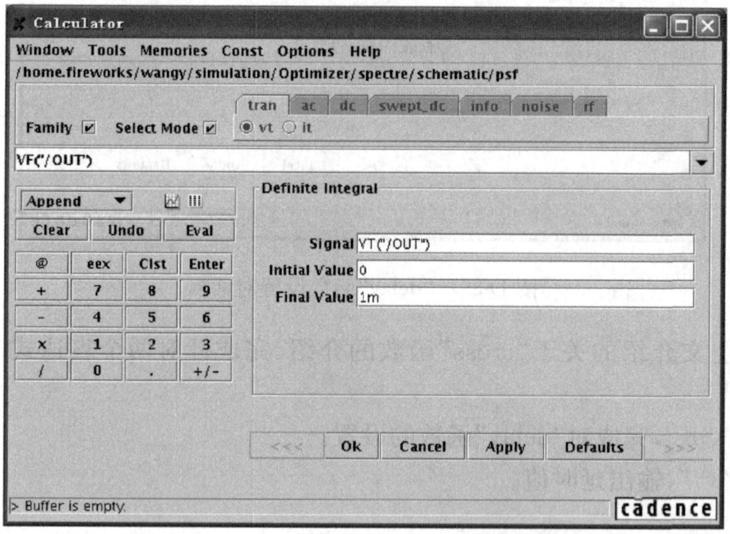

图 D-40　“Definite Integral”函数设置对话框

(3) 在“Initial Value”和“Final Value”中填入定积分的开始和结束值。注意：上述两个值必须同时定义，或者都不定义。当没有限定定积分范围时，“integ”函数会自动将积分范围设置为整个扫描范围。

(4) 点击“OK”，完成“integ”函数设置。

(5) 点击“ ”，输出积分结果。

12. "lshift"函数

"lshift"函数将"Calculator"缓存中的表达式平移后输出到"Waveform"窗口中。平移量在"lshift"对话窗口的"Delta X"栏中设置，如图 D-41 所示。正值表示向左平移，负值表示向右平移。

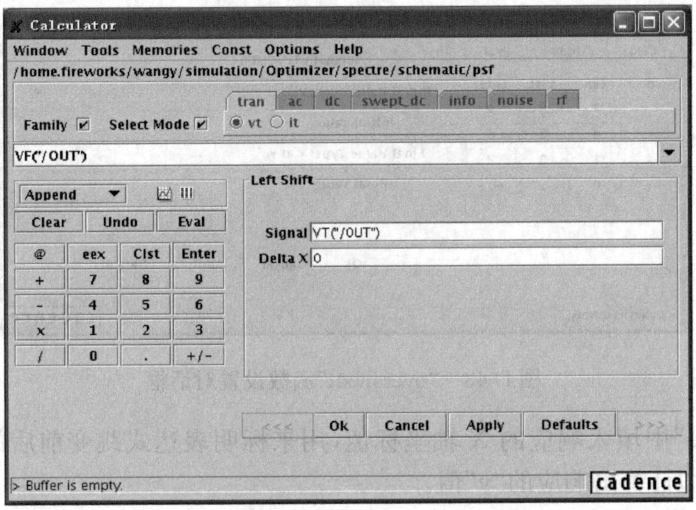

图 D-41　"lshift"函数设置对话框

13. 最大值、最小值函数

"Calculator"中有求最大值和最小值的函数，分别针对 X 轴和 Y 轴上的数据，这些函数为"xmax"，" xmin"，" ymax"，"ymin"。

14. "overshoot"函数

"overshoot"函数将计算"Calculator"缓存中的表达式的过冲值相对跳变值的比例。假如表达式的峰值为 M，跳变初始值为 I，跳变结束值为 F，如图 D-42 所示，那么"overshoot"函数的计算为

$$\text{overshoot} = \frac{(M-F)\cdot 100}{F-1} \qquad \text{(D-4)}$$

具体操作步骤如下：

(1) 将所需要的表达式捕捉到"Calculator"的缓存中。

(2) 在函数窗口中点击"overshoot"函数，然后函数窗口将变为如图 D-43 所示的"overshoot"对话框。

(3) 如果"Initial/Final Value Type"中选择的是"y"，则直接在"Initial/Final Value"中填入

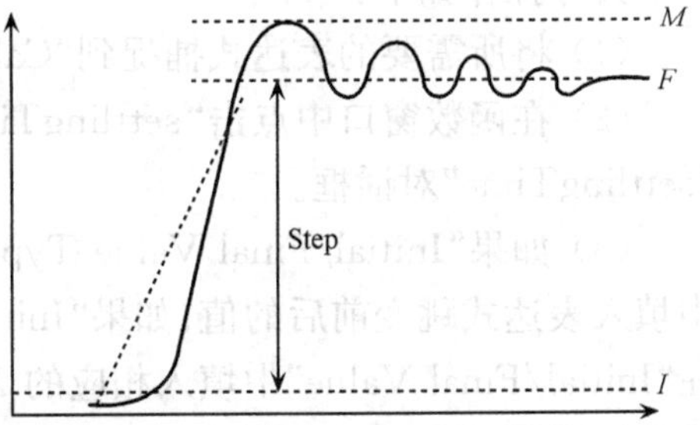

图 D-42　"overshoot"函数计算方法示意图

表达式跳变前后的值；如果“Initial/Final Value Type”中选择的是“x at y”，则直接在“Ini-

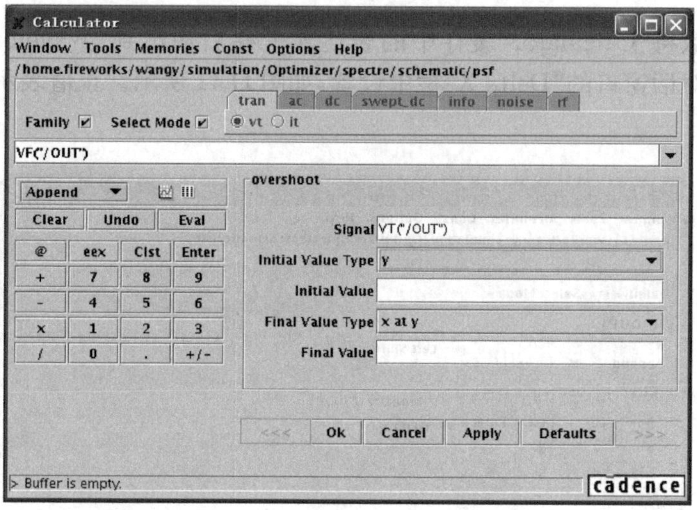

图 D-43　“overshoot”函数设置对话框

tial/Final Value”中填入响应的 X 轴坐标值，用来标明表达式跳变前后的时间。系统自动根据 X 轴左边计算出响应的“y”值。

(4) 点击“OK”，完成“overshoot”函数的设置。

(5) 点击“▦”，输出结果。

15. “phaseMargin”函数

“phaseMargin”函数可以计算“Calculator”缓存中的表达式的相位裕度。但是要求表达式是一个频率响应。

16. “settlingTime”函数

“settlingTime”函数可以计算“Calculator”缓存中的表达式的稳定时间。通过指定初始值、结束值以及百分比，计算出一个容差范围，当信号波动幅度在容差范围之内时，返回这个时间作为函数的输出。

具体操作如下：

(1) 将所需要的表达式捕捉到“Calculator”的缓存中。

(2) 在函数窗口中点击“settlingTime”函数，然后函数窗口将变为如图 D-44 所示的“settlingTime”对话框。

(3) 如果“Initial/Final Value Type”中选择的是“y”，则直接在“Initial/Final Value”中填入表达式跳变前后的值；如果“Initial/Final Value Type”中选择的是“x at y”，则直接在“Initial/Final Value”中填入相应的 X 轴坐标值，用来标明表达式跳变前后的时间。系统自动根据 X 轴左边计算出响应的“y”值。

(4) 在“Percent of Step”中填入百分比，用来计算容差范围。容差范围＝(Final Val-

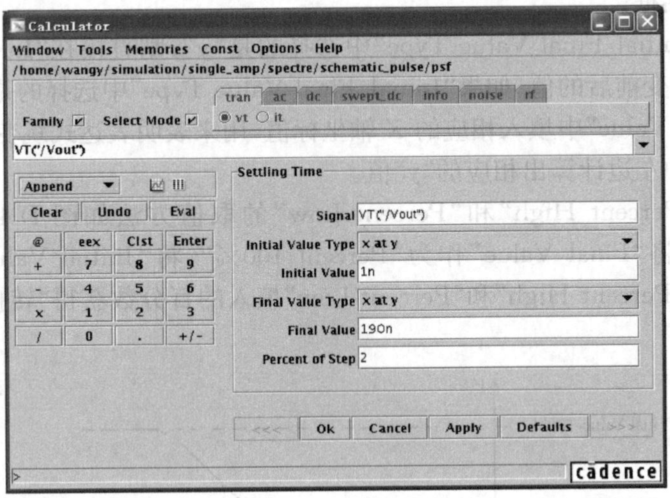

图 D-44 “settlingTime”函数设置对话框

ue－Initial Value) ×Percent of Step。

(5) 点击“OK”,完成“settlingTime”函数的设置。

(6) 点击“III”,输出结果。

17. “slewRate”函数

“slewRate”函数可以计算“Calculator”缓存中的表达式的转换速率。它计算信号在初始值和结束值范围内从低百分比转换到高百分比的平均速率。

(1) 将所需要的表达式捕捉到“Calculator”的缓存中。

(2) 在函数窗口中点击“slewRate”函数,然后函数窗口将变为如图 D-45 所示的

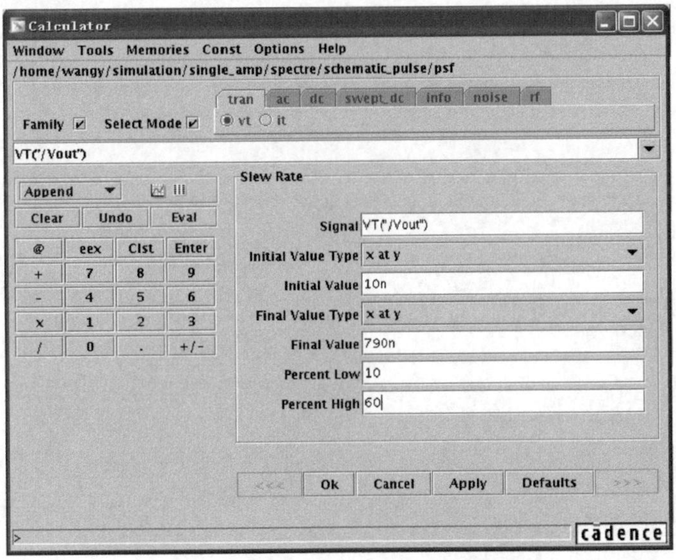

图 D-45 “slewRate”函数设置对话框

“Slew Rate”对话框。

（3）如果“Initial/Final Value Type”中选择的是“y”，则直接在“Initial/Final Value”中填入表达式跳变前后的值；如果“Initial/Final Value Type”中选择的是“x at y”，则直接在“Initial/Final Value”中填入相应的 X 轴坐标值，用来表明表达式跳变前后的时间。系统自动根据 X 轴左边计算出相应的“y”值。

（4）对于“Percent High”和“Percent Low”的取值方法如图 D-46 所示。在“slewRate”函数中，将“Final Value”作为“Percent 100%”，将“Initial Value”作为“Percent 0%”，然后根据“Percent High”和“Percent Low”填入的百分数获得“转换”开始和结束的时间。

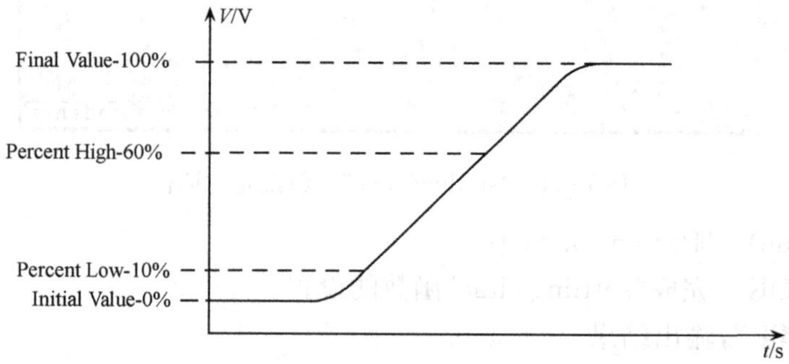

图 D-46　“slewRate”函数中“Percent High”和“Percent Low”的取值方法

（5）点击“OK”，完成“slewRate”函数的设置。

（6）点击“▦”，输出结果。

附录 E Parametric Analysis

"Parametric Analysis"在电路设计和验证过程中是一个非常实用的工具。它允许你对器件参数、电路参数进行赋值。这种赋值可以是对一个变量在一定范围内赋的多个值，也可以是对多个变量进行多组的同时赋值。然后对电路在这些特定值或者特定值组合上的性能进行分析。分析的结果将在波形窗口以一组曲线的形式输出，曲线的个数等于"Parametric Analysis"中赋值的次数。

"Parametric Analysis"需要将所需要赋值的参数在电路图上以"变量"(variable)的形式表明，以区别于其他固定值。

注意："Parametric Analysis"是一个实时的仿真方法，每次仿真时都将从电路图中获取数据，因此在"Parametric Analysis"仿真过程中，改变电路设置，将会引起"Parametric Analysis"的不准确。

在后文中，将以 MOS 管阈值电压和温度以及 MOS 管尺寸间的关系为例，说明"Parametric Analysis"的实用方法。

E.1 "Parametric Analysis"的仿真环境设置

"Parametric Analysis"的仿真环境、仿真类型、输出结果的设置直接从"Analog Design Environment"(ADE)中获得。首先，绘制一个简单的电路图，包含一个二极管连接的 NMOS 管和一个电压源。将电压源的大小以及 NMOS 管的宽和长设为变量："VDD"，"W_N"，"L_N"，如图 E-1 所示。

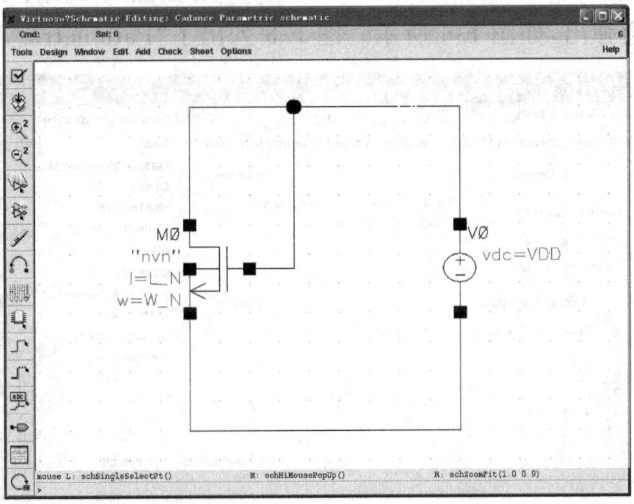

图 E-1 MOS 管阈值电压测试电路

打开“Analog Design Environment”窗口。设置好库文件，从电路图中获得变量名并赋一个初始值。在仿真类型里面选择“dc”，然后选择保留直流工作点。这样仿真器将会计算电路在各个变量等于初始值时的各个器件的直流工作点。对于 MOS 管，直流工作点将包含跨导、阈值电压等信息。因为在每次“dc”仿真的时候，直流工作点只计算一次，因此没有办法观察到 MOS 管阈值电压随温度变化的连续曲线。下面将利用参变量分析，来获得 MOS 管阈值电压的温度曲线。ADE 的设置如图 E-2 所示。为了保证参变量分析能够顺利运行，建议在参变量分析之前先进行一次仿真，保证各个设置都是正确的。设置好的 ADE 窗口如图 E-2 所示。

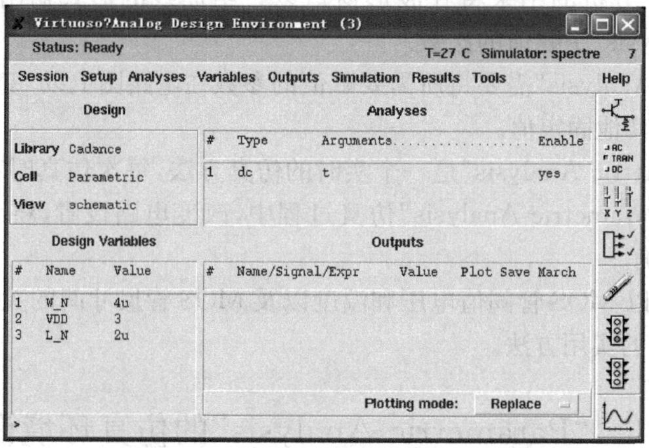

图 E-2　完成设置后的 ADE 窗口

E. 2　“Parametric Analysis”的启动

在 ADE 中选择“Tools”→“Parametric Analysis”，如图 E-3 所示。这时“Parametric Analysis”窗口将会弹出，如图 E-4 所示。图 E-5 列出了“Parametric Analysis”的所有下

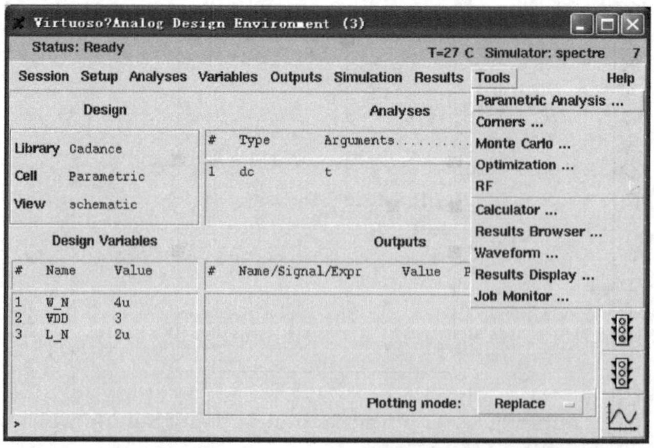

图 E-3　在 ADE 窗口中启动“Parametric Analysis”

拉菜单，它们的功能将在后文一一列出。

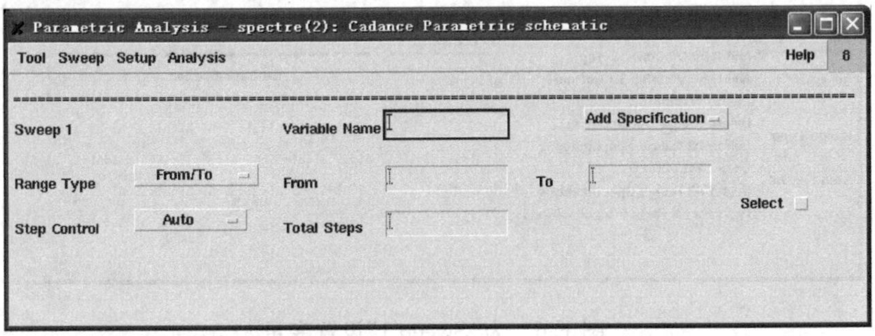

图 E-4　“Parametric Analysis”窗口

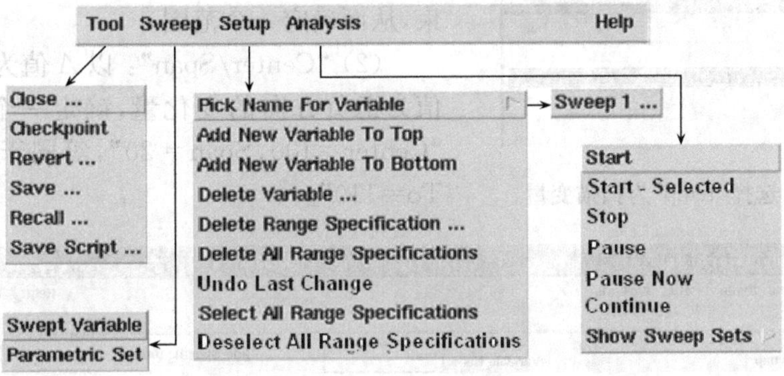

图 E-5　“Parametric Analysis”的所有下拉菜单

E. 3　“Parametric Analysis”的设置

E. 3. 1　“Parametric Analysis”中获得变量

要获得 MOS 管阈值电压的温度曲线，因此需要把温度作为扫描的变量。在参变量扫描窗口打开的时候，就有一个默认的空缺扫描，通过以下步骤，将温度作为变量加入到扫描中：

(1) 选择“Setup”→“Pick Name For Variable”→“Sweep N...”。如果现在只有一个扫描，那么“Sweep 1”是唯一的选择，如图 E-6 所示。

(2) 在新的弹出窗口里面选择“temp”作为该扫描的变量，并点击“OK”，如图 E-7 所示。

注意：在弹出窗口里，只有在 ADE 中定义的变量才会显示出来。“temp”是作为系统默认的变量存在的。此时“temp”在“Variable Name”栏中显示出来，如图 E-8 所示。

E. 3. 2　设置变量的变化范围

接下来选择“Range Type”，有三种类型可选：

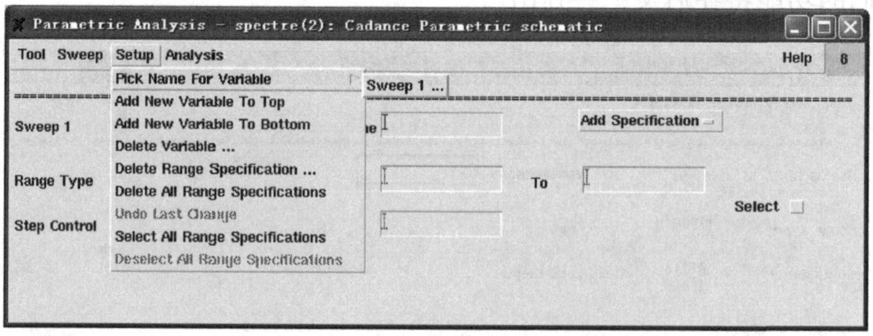

图 E-6　为“Sweep 1”设置变量

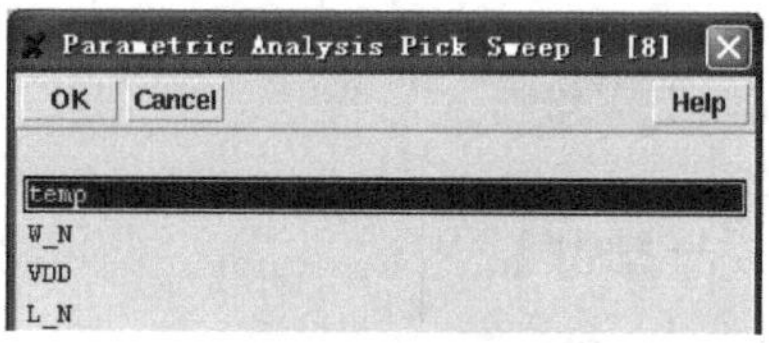

图 E-7　选择“temp”为扫描变量

(1) “From/To”：从 A 值开始，到 B 值结束，从而确定一个范围。

(2) “Center/Span”：以 A 值为中心，以 $B/2$ 值为正负方向的变化量，确定一个范围。例如“Center＝100，Span＝20”，等同于“From＝90，To＝110”。

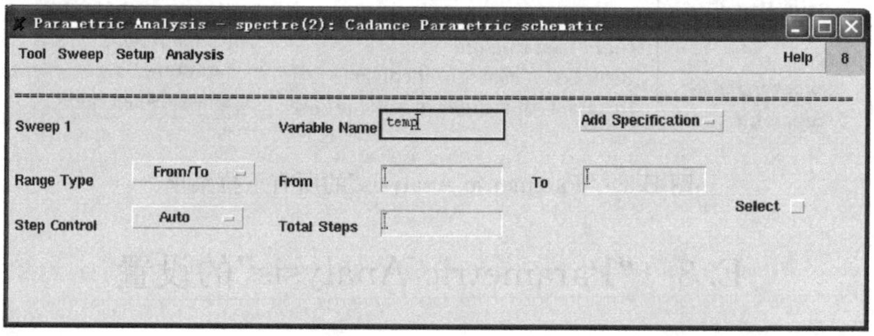

图 E-8　变量“temp”被添加到“Variable Name”栏中

(3) “Center/Span%”：以 A 值为中心，以 $A*(B/2)\%$ 为正负方向的变化量，确定一个范围。例如“Center＝100，Span%＝40”，等同于“From＝80，To＝120”。

我们选择“From/To”模式，范围为－20～20℃，如图 E-9 所示。

接着选择“Step Control”方式，“Step Control”有以下 7 种方式，如图 E-10 所示。

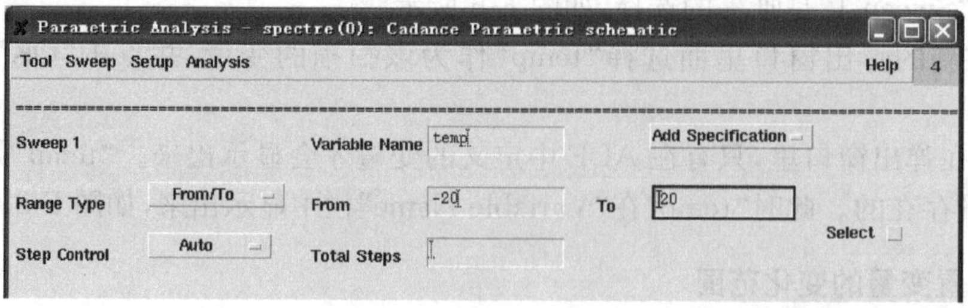

图 E-9　设置扫描范围

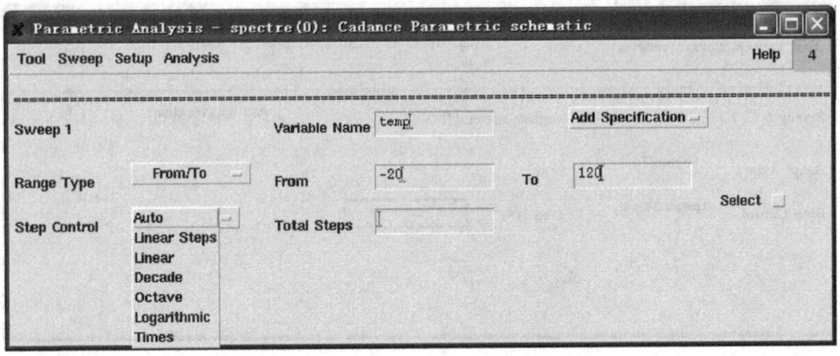

图 E-10 扫描步进类型

(1)“Auto”:软件自动选择合适的方式,用户选择总共需要多少个仿真点;当扫描范围的最大值和最小值的比大于 50 时,将采用对数的方法分配仿真点;如果比值小于 50,将采用线性的方式扫描。

(2)“Linear Step”:按照用户设定的步进,扫描整个范围。

(3)“Linear”:按照用户设定的仿真点数,平均划分仿真范围。

(4)“Decade”:用户将设置每 10 倍程内的点数,仿真点之间是倍乘关系,倍乘系数为 $10^{1/\text{steps per-decade}}$。要求在“From/To”模式中,从小到大设置范围。例如,范围是:“From=1,To=10”,“Steps/Decade=5”;仿真点为 1,1.58489,2.51189,3.98107,6.30957,10,即 10^0,$10^{0.2}$,$10^{0.4}$,$10^{0.6}$,$10^{0.8}$,10^1。

(5)“Octave”:用户将设置每 2 倍程内的点数,仿真点之间是倍乘关系,倍乘系数为 $2^{1/\text{steps per-octave}}$。要求在“From/To”模式中,从小到大设置范围。例如,范围是:“From=2,To=4”,“Steps/Octave =5”;仿真点为 2,2.2974,2.63908,3.03143,3.4822,4,即 2^1,$2^{1.2}$,$2^{1.4}$,$2^{1.6}$,$2^{1.8}$,2^2。

(6)“Logarithmic”:用户设置总共的仿真点数,仿真点之间是倍乘关系,倍乘系数为 $(\text{To}/\text{From})^{1/(\text{Steps}-1)}$。

(7)“Times”:用户设置倍乘系数,仿真点之间是倍乘关系。注意倍乘系数不能是负数,并且要和范围的起始/结束点相配合。如果扫描是从小到大,那么倍乘系数要大于 1;反之亦然。

在这里选择“Step Control”方式为“Linear Steps”,规定“Step Size”为“1”,即在每个整数温度点上做一次仿真。图 E-11 为设置好的窗口。

E.3.3 给一个变量添加多个扫描范围

如果还想添加另外一个范围:40~100℃。也是在每个整数温度点上做一次仿真。点击“Add Specification”下拉菜单,选择“Range”,如图 E-12 所示。

我们看到在“Sweep 1”中又多了一个“Range Type”和“Step Control”供我们设置另一个扫描范围。这次选择“Range Type” 为“Center/Span”,“Step Control”为“Linear”,“Total Steps”为 61,如图 E-13 所示。

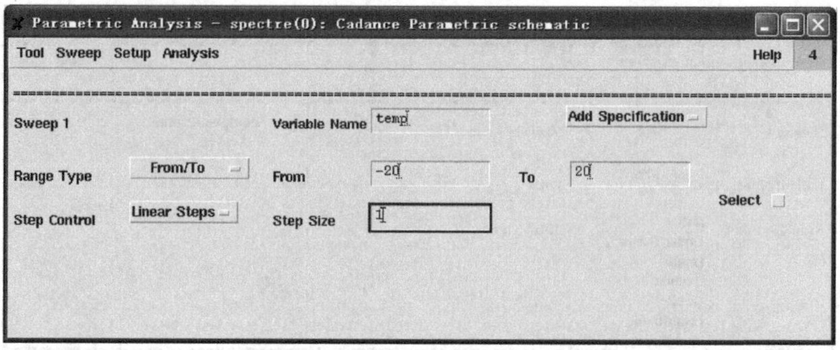

图 E-11　完成设置后的“Parametric Analysis”窗口

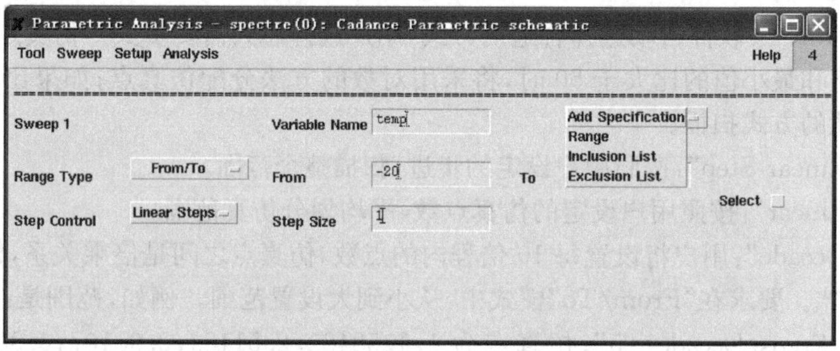

图 E-12　添加新的扫描范围

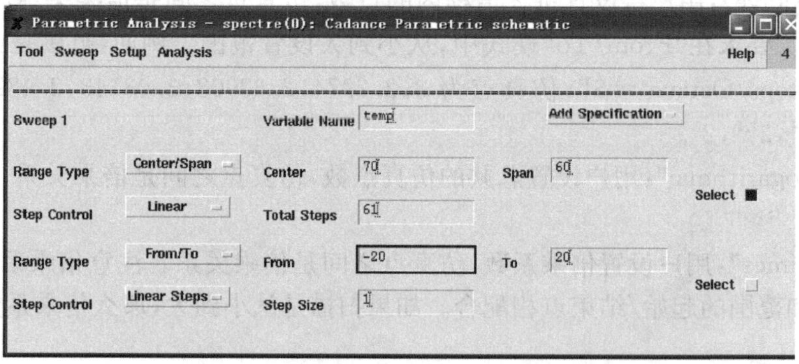

图 E-13　添加新的扫描范围后的“Parametric Analysis”窗口

对于这两个范围，可以通过点击它们对应的“Select”选项，来标识它们的选中情况，以便在后面的分析时可以分开处理。

E. 4　查看仿真点

在进行参变量分析之前，可以查看选择的仿真点。选择“Analysis-Show Sweep Sets”→“All Sorted”，如图 E-14 所示。

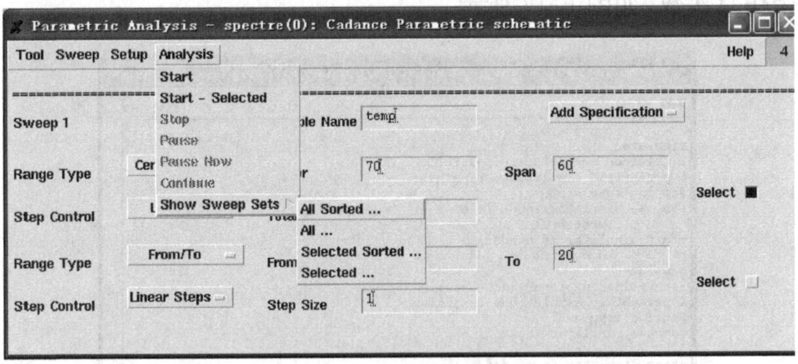

图 E-14　选择输出仿真点

(1) “All Sorted...”:显示全部仿真点,并按顺序排列。

(2) “All...”:显示全部仿真点,不排序。

(3) “Select Sorted...”:显示选中的范围,并排序。

(4) “Select...”:显示选中的范围,不排序。

这时一个弹出窗口将显示选择的参数和全部的仿真点,如图 E-15 所示。

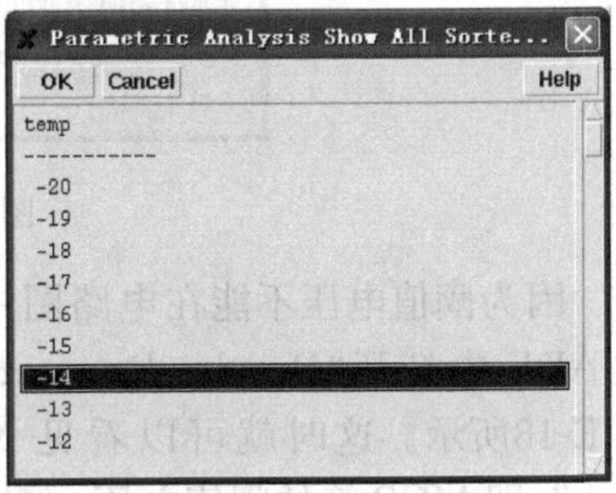

图 E-15　仿真点

E.5　运行“Parametric Analysis”仿真和查看结果

接下来,可以进行参变量分析了,选择“Analysis”下拉菜单,如图 E-16 所示。

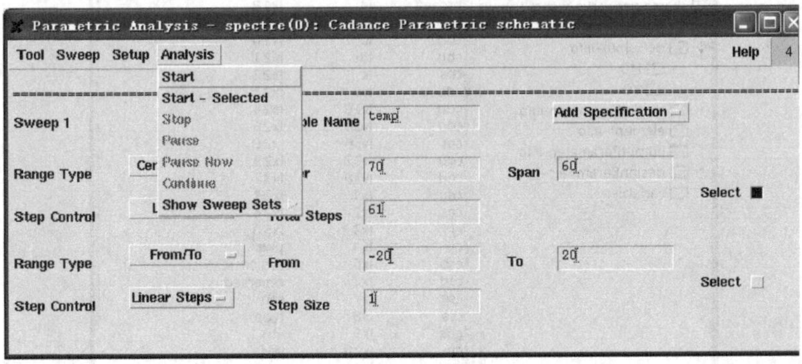

图 E-16　“Analysis”下拉菜单中的内容

如果选择“Start”,则在所有设置的范围内对电路进行仿真,如果选择“Start-Selected”,那么只对“Select”项选中的范围进行仿真,针对上面的设置,就是只仿真 40～100℃的范围。

在这里运行“Start-Selected”。这时会有一个弹出窗口告诉你仿真信息,包含当前参数的值和剩余仿真次数，如图 E-17 所示。

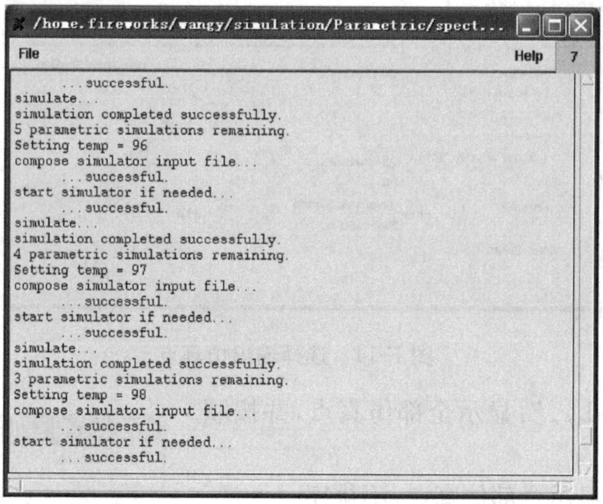

图 E-17　仿真状态显示窗口

因为阈值电压不能在电路图中直接选取，通过“Results Browser”来获取仿真信息。在 ADE 中打开“Results Browser”，选择“dcOpInfo-info”，然后选择 MOS 管“M0”，如图 E-18所示。这时就可以看见 MOS 管“M0”的全部直流工作点参数。在其中选择“vth”，即 MOS 管的阈值电压。双击将其在“Graph Window”中显示，如图 E-19 所示。可以看出，当温度上升时，MOS 管的阈值电压下降。

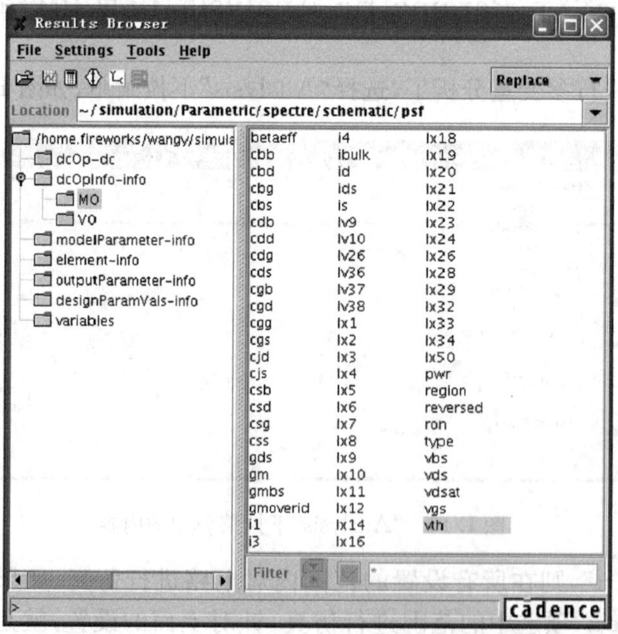

图 E-18　在“Results Browser”中选择仿真结果

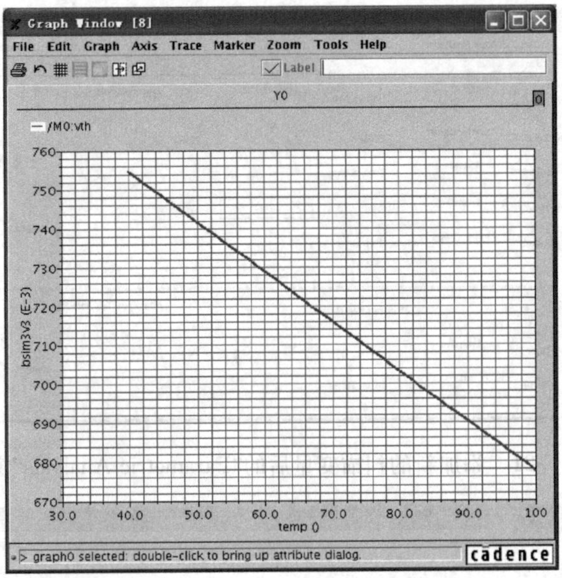

图 E-19　MOS 管阈值电压的温度特性

E.6　多个变量的"Parametric Analysis"的设置

如果还想看 MOS 管尺寸对阈值电压的影响，可以重复上面的步骤，将"L_N"或"W_N"作为变量，扫描它们的大小。下面将介绍如何将多个变量放在一起，看它们对电路特性的共同影响。

回到"Parametric Analysis"窗口。选择"Setup"下拉菜单，然后选择"Add New Variable To Bottom"，如图 E-20 所示。这时我们看到在"Sweep 1"下面出现了一个新的"Sweep 2"，如图 E-21 所示。

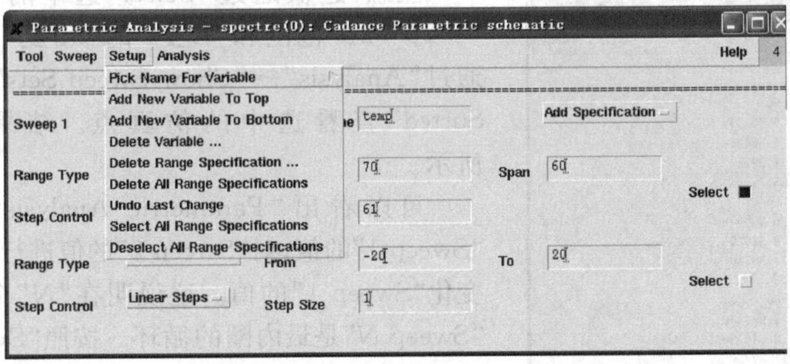

图 E-20　在"Parametric Analysis"窗口中添加新的扫描变量

按照 E.3 节的方法，将"L_N"加入到"Variable Name"中，扫描范围为 5～15μm。这次"Range Type"采用"Center/Span%"，"Step Control"采用"Logarithmic"的方式，共扫描 5 个点。设置如图 E-22 所示。

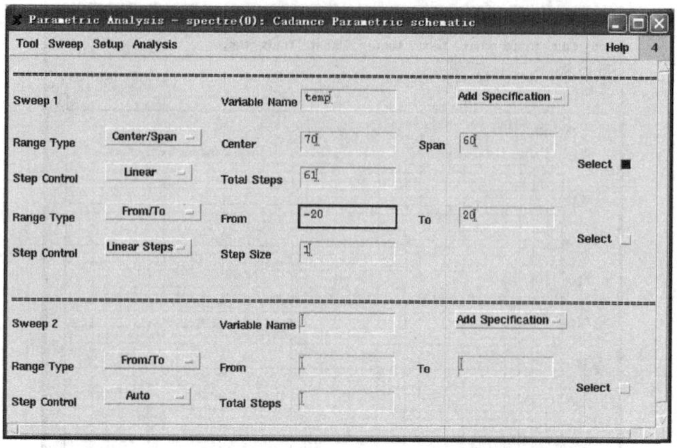

图 E-21 添加新的扫描变量后的“Parametric Analysis”窗口

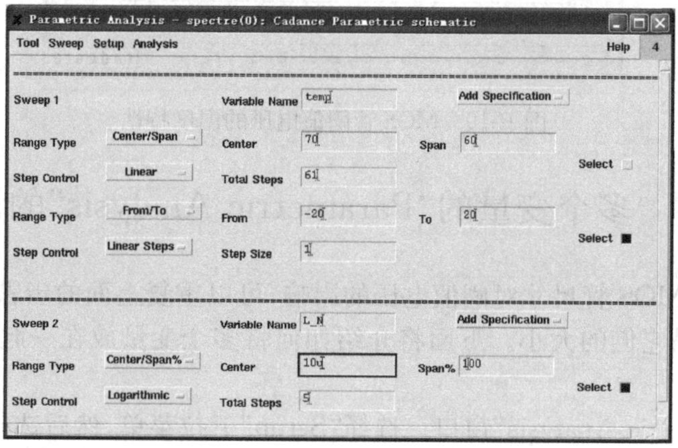

图 E-22 设置新的扫描变量

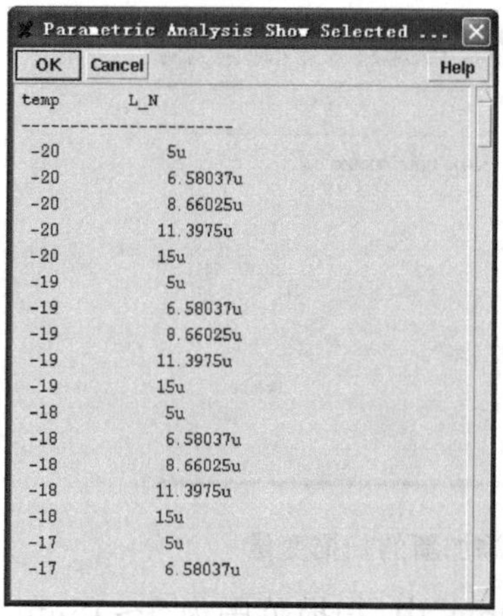

图 E-23 双扫变量扫描的仿真点

注意，这次通过“Select”选中的是“temp”的“−20～20”范围和“L_N”的“5u 到 15u”的范围。通过“Analysis”→“Show Sweep Sets”→“Selected Sorted”查看选中的仿真点。结果如图 E-23 所示。

可以看出“Parametric Analysis”是先固定“Sweep 1”的值，对“Sweep 2”的值进行循环，然后再变化“Sweep 1”的值。这说明在“*N*”个“Sweep”中“Sweep *N*”是最内圈的循环。按照“Sweep”从小到大的顺序，由外而内构成循环的嵌套。

通过“Analysis”→“Start Selected”运行仿真。仿真后，通过“Results Browser”观察 MOS 管“M0”的阈值电压，如图 E-24 所示。

上面的仿真结果显示了在－20～20℃的每个整数温度点上，MOS 管“M0”的阈值电压随“M0”栅长的变化曲线。双击 X 轴“L_N (E-6)”，进入“Axis Attributes”窗口，将“Sweep Var”切换到“temp”，如图 E-25 所示。

可以得到在 5～15μm 的 5 个特定栅长上，“M0”的阈值电压随温度变化的曲线，如图 E-26所示。

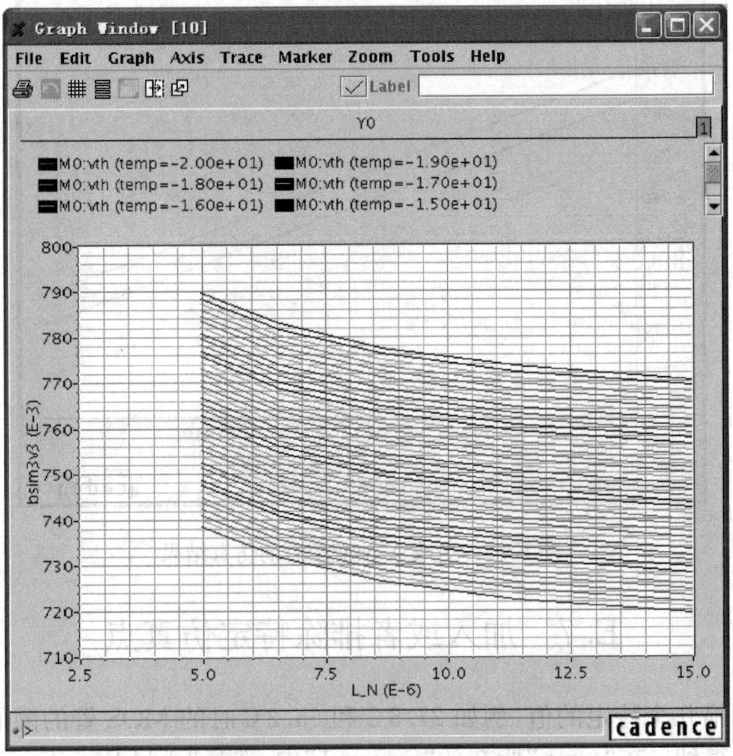

图 E-24　双变量扫描仿真结果

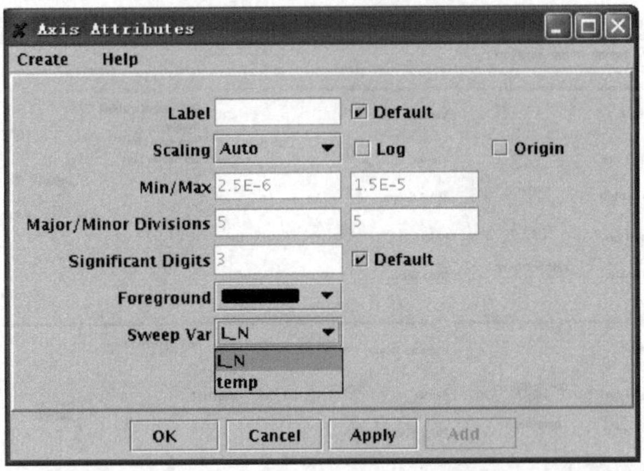

图 E-25　在“Axis Attributes”窗口中更改 X 轴变量

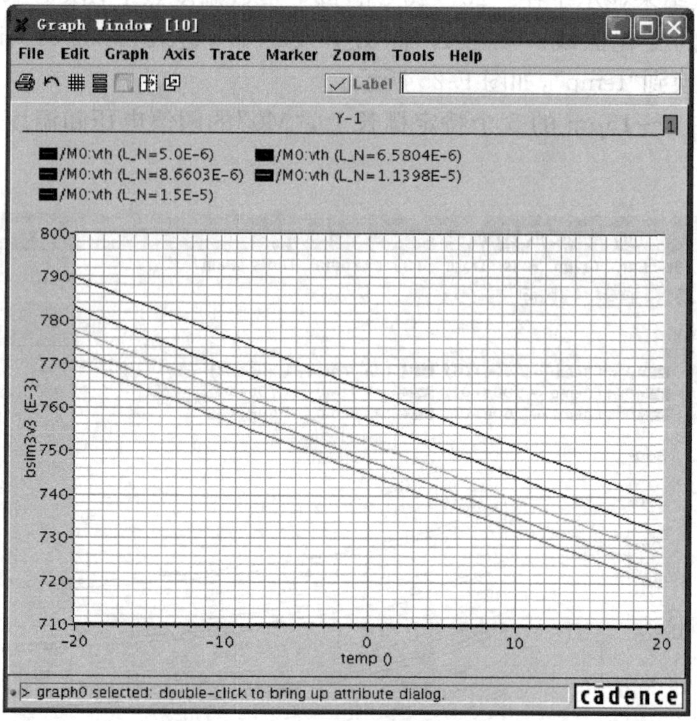

图 E-26　更改 X 轴变量后的仿真结果

E.7　加入或者排除特定仿真点

如果想扫描几个特定的值，例如 27.5℃和 55.2℃时的 MOS 管的阈值电压，可以通过下面的方法得到。在“temp”所在的“Sweep 1”中，选择“Add Specification”下拉菜单，然后选择“Inclusion List”，如图 E-27 所示。

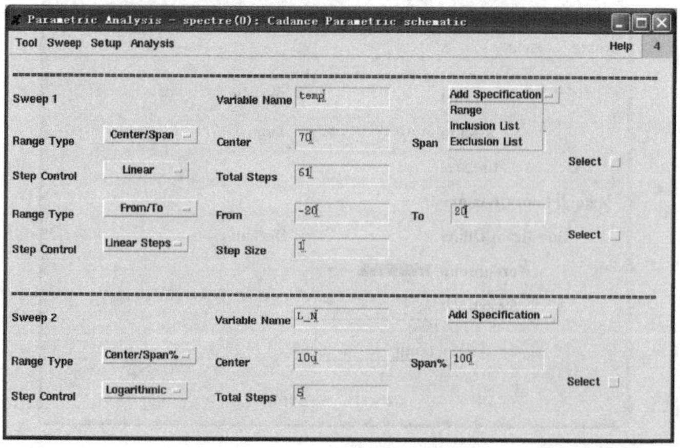

图 E-27　加入特定仿真点

这时会在“Sweep 1”的最下端出现一个“Inclusion List”栏，将“27.5”和“55.2”填入其中，以空格隔开。这样就把这两个特定的温度加入扫描范围内了，如图 E-28 所示。

反之，如果在“Add Specification”中选择“Exclusion List”，那么会有一个“Exclusion List”栏出现在“Sweep 1”的最下端，在这一栏中填入的值，将从扫描范围内排出。例如，填入“15”，“16”和“17”，以空格隔开，将“Inclusion List”，“Exclusion List”和“−20～20”的范围选中，如图 E-28 所示。这时再通过“Analysis”→“Show Sweep Sets”→“Selected Sorted”来查看选中的仿真点，如图 E-29 所示。

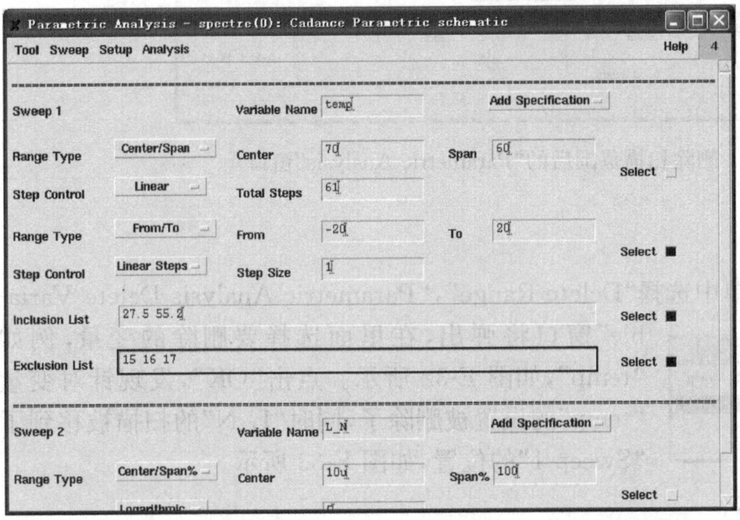

图 E-28　加入并派出特定仿真点的“Parametric Analysis”设置

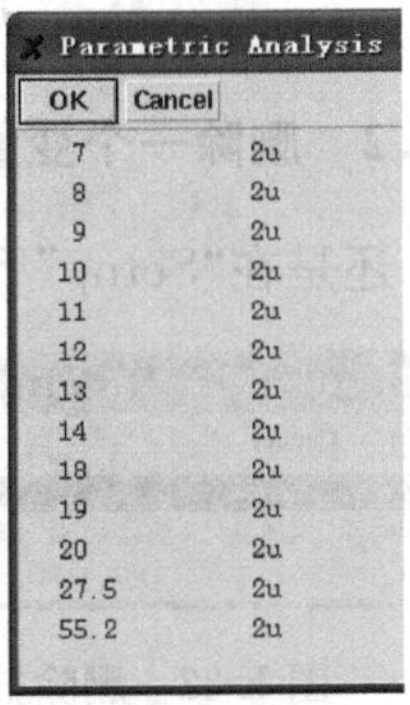

图 E-29　加入并派出特定仿真点后的仿真点

“15”，“16”，“17”已从原来的仿真范围中删除，而“27.5”和“55.2”被加进去。第二列中的“2μ”是“L_N”在 ADE 中的默认值。关于“L_N”的扫描范围没有被选中，故采用 ADE 中的默认值。

E.8　删除变量和扫描范围

如果设置的范围或者变量不再需要，通过下面的方法进行删除。

E.8.1　删除扫描范围

选择“Setup”菜单，然后选择“Delete Range Specification”，接着“Parametric Analysis Delete Setting”窗口将弹出。在里面选择要删除的仿真范围，例如，“Sweep 1”的“−20～20”范围，如图 E-30 所示。

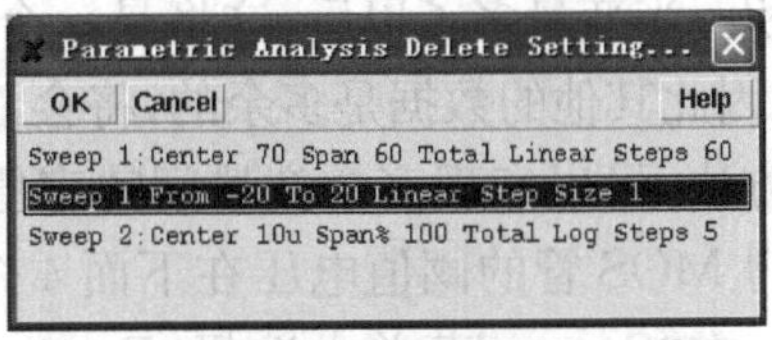

图 E-30　删除扫描范围

点击“OK”后，可以看到，在“Sweep 1”，“−20～20”的扫描范围被删除了，如图 E-31 所示。如果选择“Setup”→“Delete All Range Specification”，那么所有设置的扫描范围都将被删除。

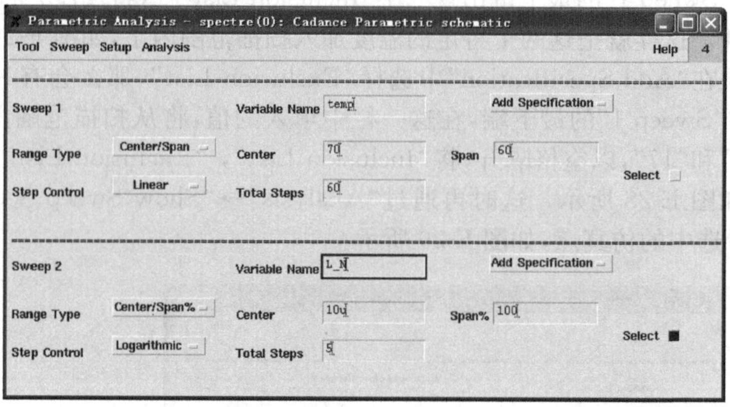

图 E-31 删除扫描范围后的“Parametric Analysis”窗口

E. 8. 2 删除一个变量

还是在“Setup”下拉菜单中选择“Delete Range”，“Parametric Analysis Delete Variable”窗口将弹出，在里面选择要删除的变量，例如“temp”，如图 E-32 所示。点击“OK”，发现针对变量“temp”的设置被删除了，同时“L_N”的扫描被移到了“Sweep 1”的位置，如图 E-33 所示。

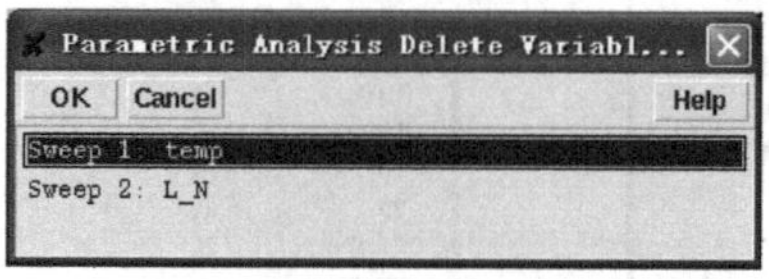

图 E-32 删除扫描变量

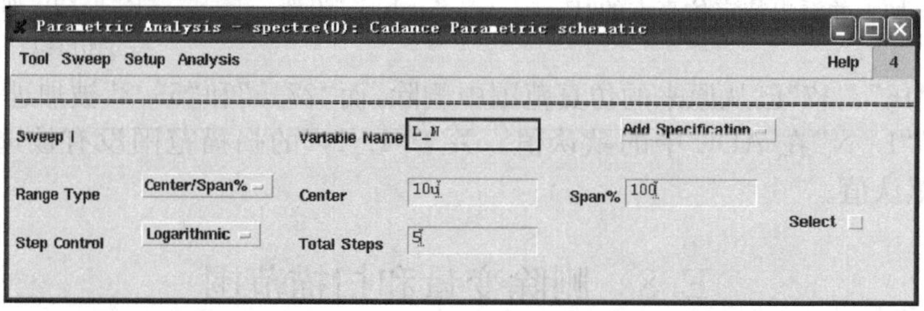

图 E-33 删除扫描变量后的“Parametric Analysis”窗口

E. 9 多个变量的同时赋值“Parametric Set”

通过上面的方法，可以将多种参数放在一起进行仿真，仿真次数是所有变量扫描次数的乘积。当变量多了以后，这将是一个很大的数字，而且可能只对其中的几种组合比较感兴趣，因此其他的数据是多余的，将会浪费大量的仿真时间和计算资源。下面介绍另外的一种方法，可以实现多个变量间特定值的组合，从而观察这种组合下电路的性能。例如，要获得 MOS 管的阈值电压在下面 4 个温度和栅长的组合时的值，如表 E-1 所示。

在“Sweep”菜单中选择“Parametric Set”，如图 E-34。这时“Parametric Analysis”的界面将切换到下面的状态，如图 E-35 所示。这时需要填入“Variable Name”和“Value

List”。其中“Variable Name”的选择方法和 E.3 节中一样,在“Setup”→“Pick Name For Variable”→“Sweep 1...”中选择“temp”。在“Value”中依次填入“−15.1”,“23.5”,“12.8”,“66.5”,并以空格隔开。接着用 E.6 节中的方法添加一个新的变量“L_N”;在对应的“Value List”中填入“4μ”,“3.2u”,“1.8u”,“0.6u”,也是以空格隔开,如图 E-36所示。查看仿真点,如图 E-37 所示。

表 E-1 需要仿真的变量组合

	temp	L_N
Case1	−15.1	4u
Case2	23.5	3.2u
Case 3	12.8	1.8u
Case 4	66.5	0.6u

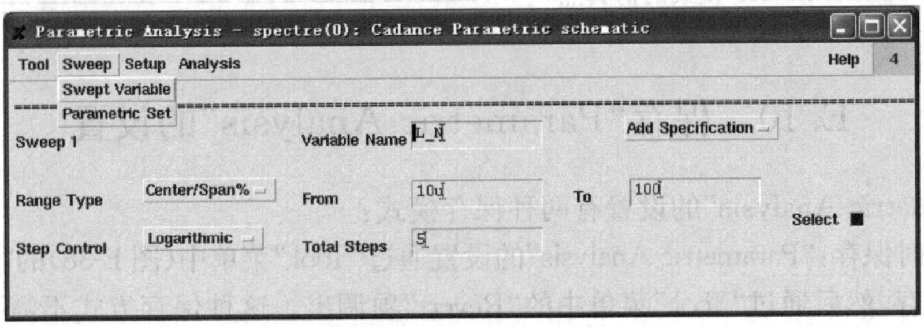

图 E-34 “Parametric Set”模式的“Parametric Analysis”

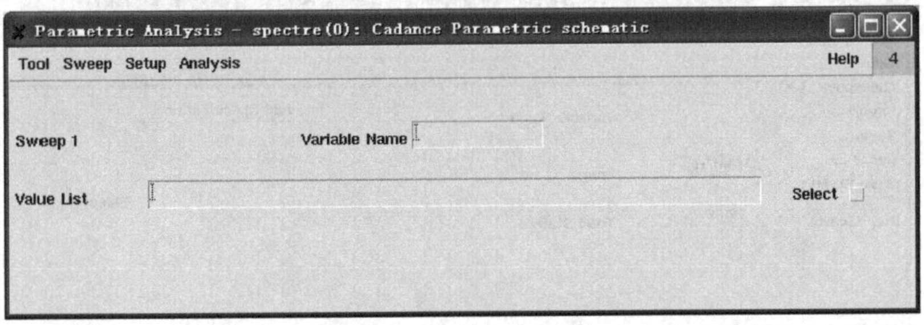

图 E-35 “Parametric Set”模式的界面

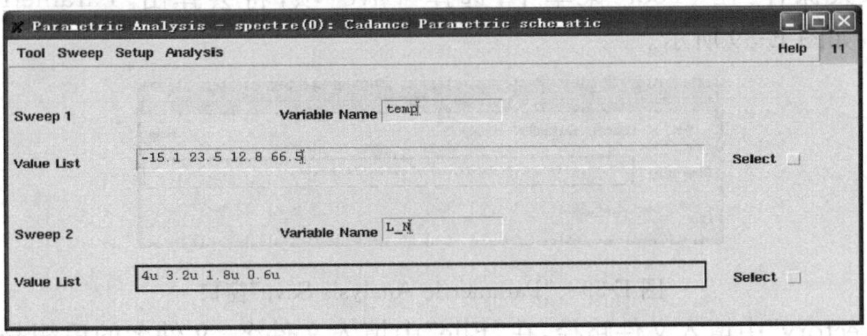

图 E-36 完成设置后的“Parametric Set”模式的界面

可以看出,“temp”和“L_N”的值已经按需要组合到一起了。如果在“Parametric Set”模式下,将“Sweep N”的“Variable Name”标示为“Var$N$”,“Value List”中的第 m 个值标

示为“SnVm”，那么在“Parametric Set”中各个变量和它们值的组合如表 E-2 所示。因此在设置“Parametric Set”时，需要注意每个“Variable”都有相同个数的赋值。

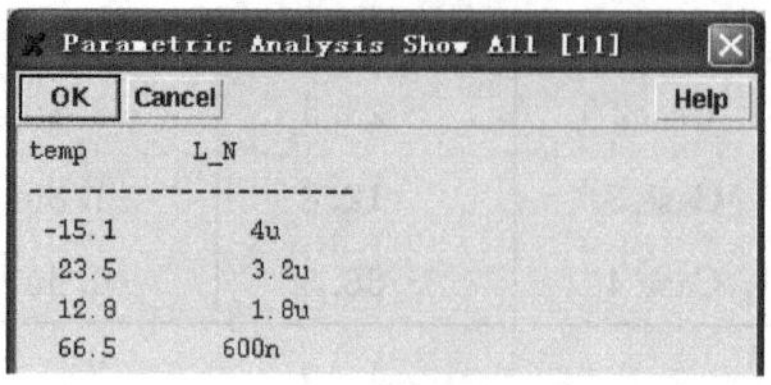

图 E-37　“Parametric Set”模式的仿真点

表 E-2　“Parametric Set”模式的仿真点组合

	Var1	Var2	…	Var$N$
Case1	S1V1	S2V1	…	SNV1
Case2	S1V2	S2V2	…	SNV2
Case3	S1V3	S2V3	…	SNV3
⋮	⋮	⋮		⋮
Case$m$	S1Vm	S2Vm	…	SNVm

E.10　保存“Parametric Analysis”的设置

“Parametric Analysis”的设置有两种保存模式：

(1) 暂时保存：“Parametric Analysis”的设置通过“Tool”菜单中(图 E-38)的“Checkpoint”项保存到缓存，然后通过“Tool”菜单中的“Revert”项调出。这种保存方式不需要用户设置保存路径和文件名，当“Parametric Analysis”窗口关闭，该方法保存的设置就会丢失。

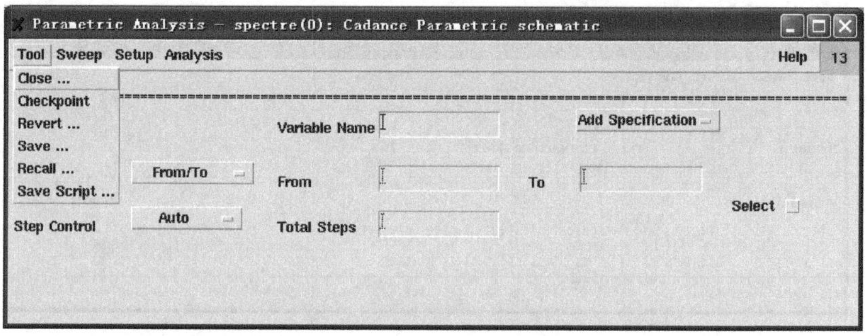

图 E-38　“Tool”下拉菜单中的内容

(2) 永久保存：在“Tool”菜单中，选择“Save”项，将会弹出“Parametric Analysis Save”窗口，如图 E-39 所示。

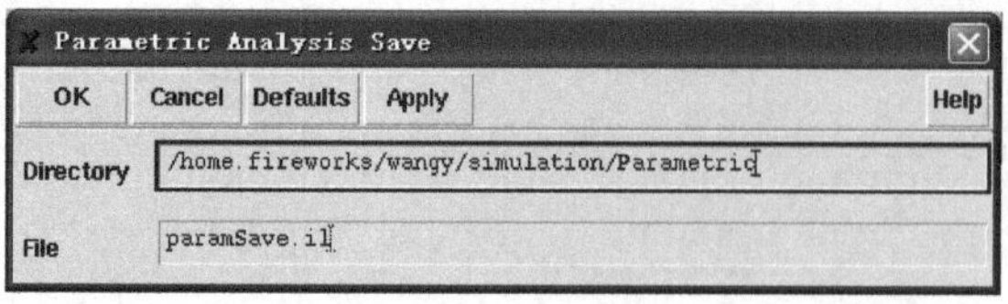

图 E-39　“Parametric Analysis Save”窗口

在“Directory”中填入文件路径，在“File”中填入文件名，文件名的后缀是“.il”，点击“OK”或“Apply”将设置保存到文件中。然后通过“Tool”下拉菜单中的“Recall”来从文件中获取“Parametric Analysis”的设置。

保存 OCEAN Script。在“Tool”菜单中选择“Save Script”项，将会把生成的OCEAN Script 文件保存到用户选择的文件中。

附录 F　Optimization

优化是一种通过自动调整设计变量，从而达到设计指标的过程。实现这个过程的工具叫做优化器(optimizer)。通常优化器通过产生新的器件参数，将一个接近性能要求的设计进行优化，从而满足设计要求。

F.1　优化的作用和基本工作原理

最初的电路设计通常不能满足所有的设计指标。例如，运算放大器的带宽不够，或者电路设计的冗余度不够，在一些特定条件下不能正常工作。通常可以通过调整器件参数来解决这些问题。从众多的方案中挑选一个最好的，往往很难，而优化器可以提供必要的信息，从而获得最佳的解决方案。

对于优化器，需要设置一系列设计变量的初始值和变化范围，以及优化的对象。优化器首先会计算出所选择的设计变量是如何影响对象表达式的值，然后调整设计变量的值，使表达式的值向着目标值靠近；在每次改变设计变量后，都将对电路进行一次仿真，以检查表达式的值是否满足要求。如果没有满足，将重复上面的过程。

下面简单介绍一下优化器的工作流程：

(1) 优化器首先使用设计变量的初始值进行一次电路仿真。这一步骤将决定对象表达式的类型和初始值。

(2) 如果用户没有指定，优化器决定使用何种优化算法。

① LSQ(least square)算法适合对测量的、有噪声的、没有约束的数据进行优化。例如，针对一个测量出来的频率响应数据，设计一个对应的滤波器，这种算法就十分适用。

② CFSQP(C version feasible sequential quadratic programming)对于大量的优化问题都十分适用，包括有约束条件和没有约束条件的，最大化和最小化的，以及相互关联的几个对象的优化。例如，设计一个低噪声放大器，需要有最大的增益和最小的噪声，以及45°的相位裕度，这种算法就十分适用。

(3) 如果使用的是 CFSQP 算法，那么优化器通过运行仿真，来测试设计变量的初始值是否满足设计的要求，如果不满足，那么优化器将计算出新的合适的变量值。

(4) 优化器计算出对象表达式对各个设计变量的敏感度。为了计算敏感度，优化器对每一个设计变量都进行微小的变化，然后再进行一次仿真。

(5) 利用敏感度中的信息，优化器为设计变量计算出一套新值。

(6) 优化器将上一步中的新值赋给设计变量，然后对电路进行仿真。如果仿真的结果没有上一次的好，那么优化器将重复第(5)步。如果仿真的结果得到改善，那么在第(5)步中计算出来的新值将作为初始值进入下一轮循环。

(7) 如果优化停止的标准没有达到，那么下一轮循环将从第(4)步开始。优化将在下面几个条件下停止：

① 在第(5)步中计算出来的新值和初始值很接近，或者没有变化。

② 设计变量的进一步变化不能起到优化的作用。

下面通过一个共源极放大器的例子，来介绍“Optimization”的使用。

F.2 “Optimization”的仿真环境设置

“Optimization”的仿真环境、仿真类型的设置直接从“Virtuoso Analog Design Environment”(ADE)中获得。

首先绘制一个简单的电路图，如图 F-1 所示，包含一个 NMOS 管，一个电阻，一个电容和两个电压源。将两个电压源的大小，NMOS 管的栅长和栅宽，电阻值，以及电容值设为设计变量，依次命名为“VDD”，“VG”，“W_N”，“L_N”，“res”，“cap”。

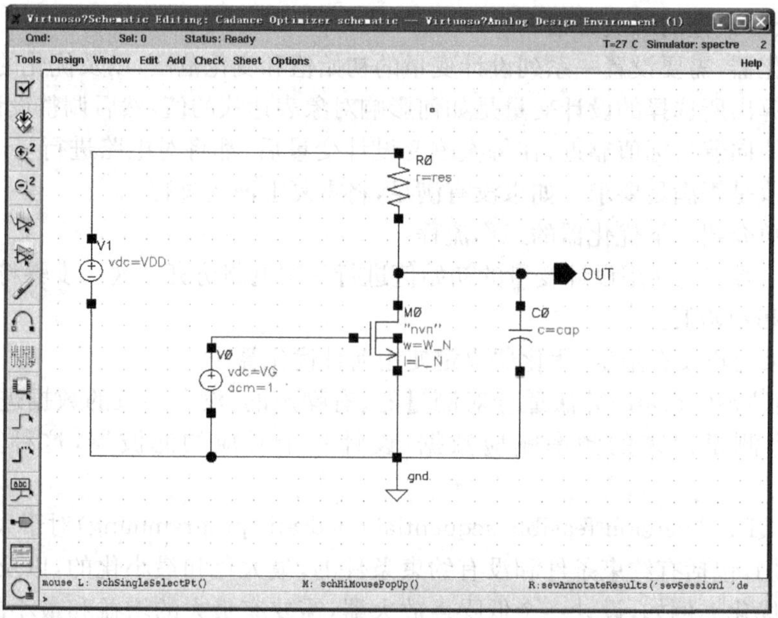

图 F-1 共源极放大器电路图

打开 ADE 窗口，设置好库文件，从电路图中获得变量名并赋一个初始值。假设对该单级放大器的指标是带宽和增益，那么将仿真类型设为“ac”，针对频率进行扫描，扫描范围为 1Hz～10MHz，变量值为调用器件时的默认值，设置好的 ADE 窗口如图 F-2 所示。

图 F-3 是设计变量在上述赋值下，单级放大器的幅频特性。可以发现此时的增益小于 1。在后面的内容中，通过使用“Optimization”，将获得增益大于 20dB，3dB 带宽大于 100Hz 的共源极放大器。

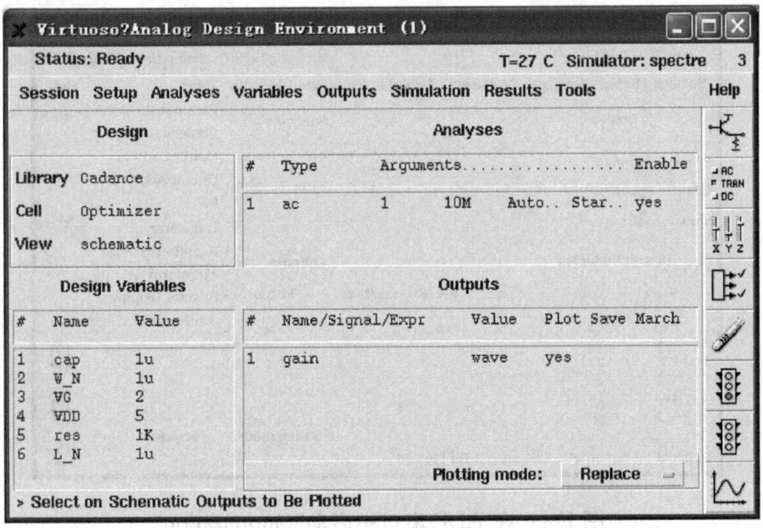

图 F-2 完成设置后的 ADE 窗口

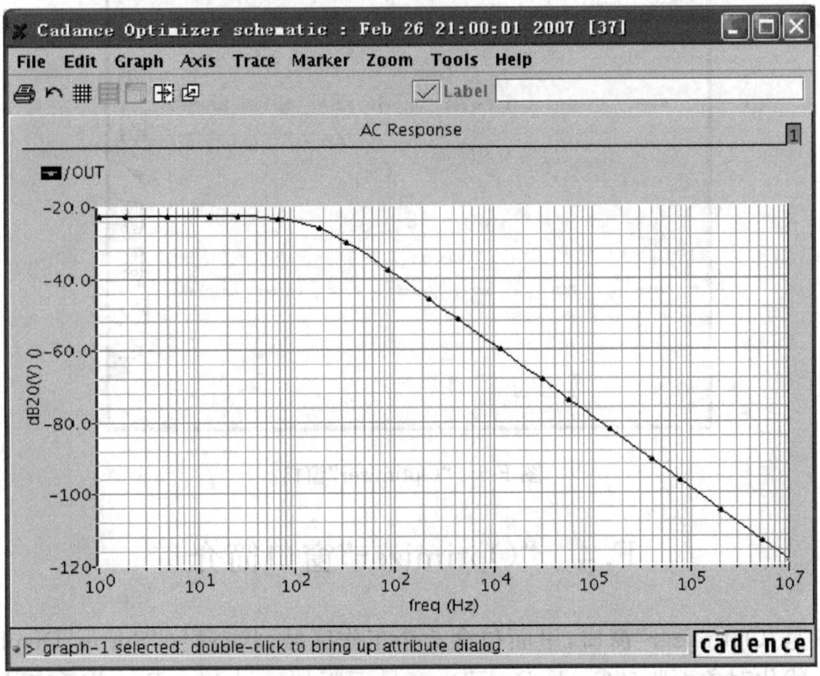

图 F-3 共源极放大器电路的幅频特性

F.3 "Optimization"的启动和关闭

在 ADE 中选择"Tools"→"Optimization..."，如图 F-4 所示。此时"Optimizer"窗口将会弹出，如图 F-5 所示。选择"Session"→"Quit"将退出该窗口。

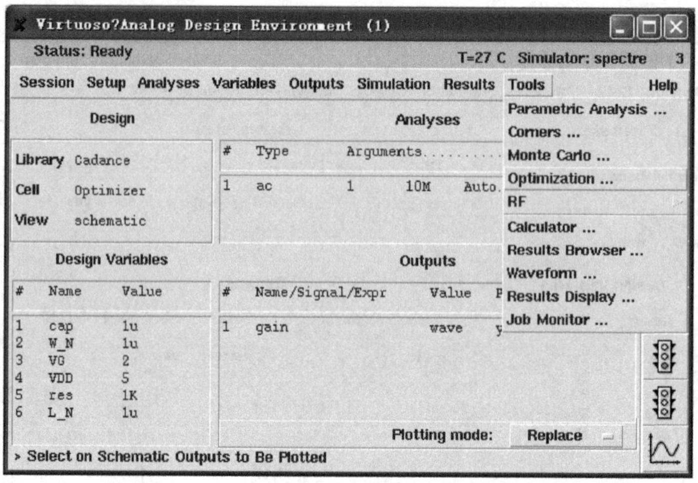

图 F-4　在 ADE 窗口中启动“Optimization”

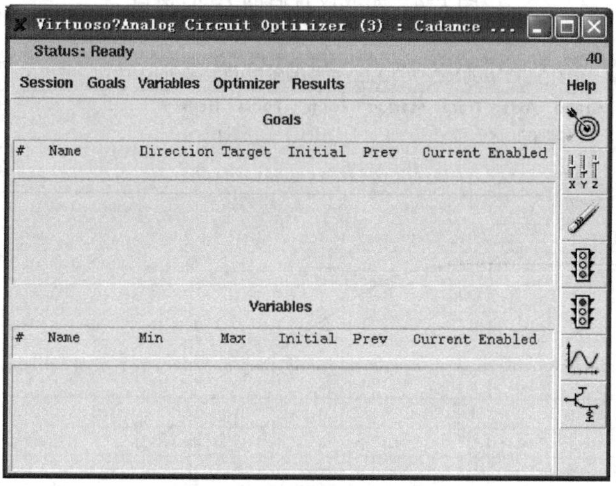

图 F-5　“Optimizer”窗口

F.4　“Optimizer”窗口简介

图 F-6 是“Optimizer”窗口，里面包含 5 个工作区域：状态栏（“Status Display”）、菜单（“Menu”）、优化对象面版（“Goals Pane”）、变量面版（“Variables Pane”）和工具条（“Tool Bar”）。

（1）“Status Display”。在“Status Display”中显示的是当前优化器所处的工作状态。例如，“Status Display”中的显示表明优化器是在进行仿真，还是处于其他的工作状态。

（2）“Menu”。图 F-7 显示了“Optimizer”中的菜单。“Menu”中包含了优化准备，进行优化，显示优化结果所需要的命令。表 F-1 给出“Menu”中各个下拉菜单的具体操作。

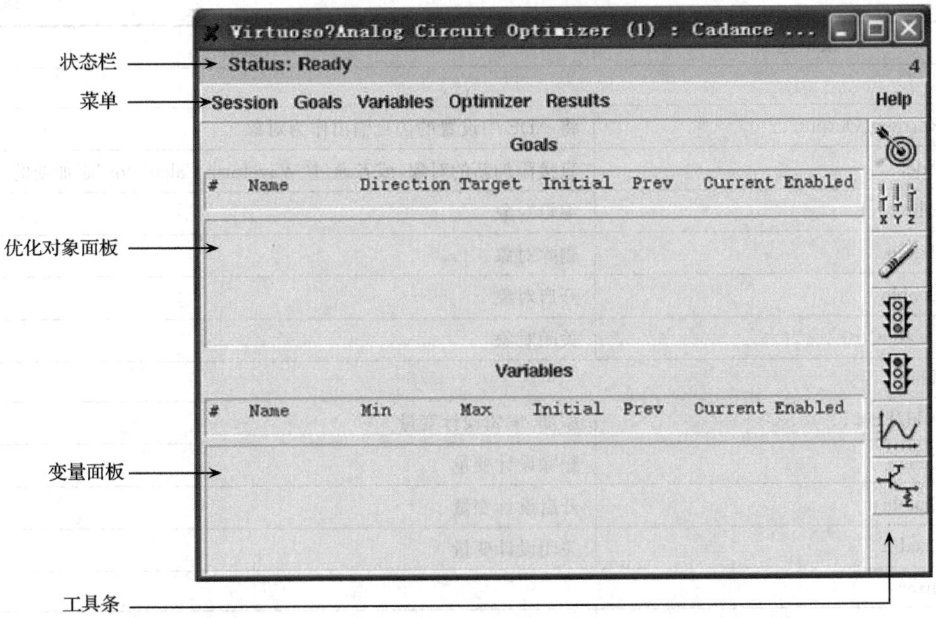

图 F-6 “Optimizer”窗口简介

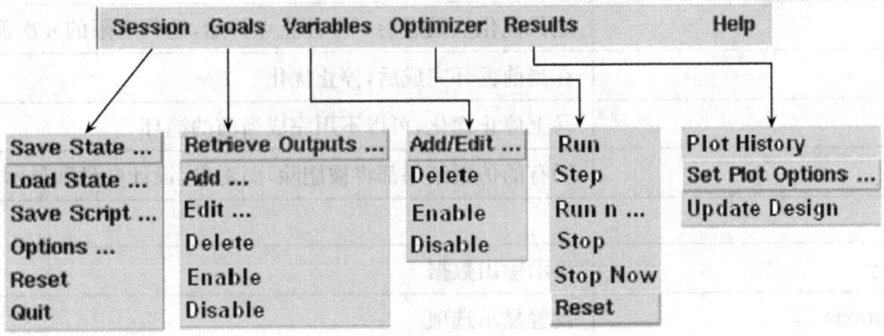

图 F-7 “Optimizer”窗口的菜单

表 F-1 “Menu”中的选项及其功能

菜单选项	具体操作
Session	
Save State...	保存当前对话的设置
Load State...	读取以前对话的设置
Save Script...	把当前对话的设置以 OCEAN 脚本的形式保存
Options...	修改优化的选项
Reset	删除所有设置
Quit	关闭“Optimizer”窗口

续表

菜单选项		具体操作
Goals		
	Retrieve Output...	将 ADE 中设置的仿真输出作为对象
	Add...	直接添加新的对象，或者通过“Waveform Calculator”添加新的对象
	Edit...	编辑对象
	Delete	删除对象
	Enable	开启对象
	Disable	关闭对象
Variables		
	Add/Edit...	添加/编辑设计变量
	Delete	删除设计变量
	Enable	开启设计变量
	Disable	关闭设计变量
Optimizer		
	Run	运行优化从设置的初始值开始，直到达到停止标准
	Step	运行优化从最近的一个停止点开始，运行一次循环，然后停止
	Run n...	运行优化从最近的一个停止点开始，运行有限的 n 次循环
	Stop	在当前循环完成后，停止优化
	Stop Now	马上停止优化，可以不用完成当前的循环
	Reset	所有的仿真结果都将被删除，而对象、设计变量和显示设置保持不变
Results		
	Plot History	显示输出数据
	Set Plot Options...	设置显示选项
	Update Design	更新设计
Help		
	Contents	打开在线的帮助文档
	About Analog Circuit Optimization	显示具体的软件名称和版本号

(3)“Goals Pane”。在“Goals Pane”中包含了当前定义对象的信息，如图 F-8 所示，具体内容见表 F-2。

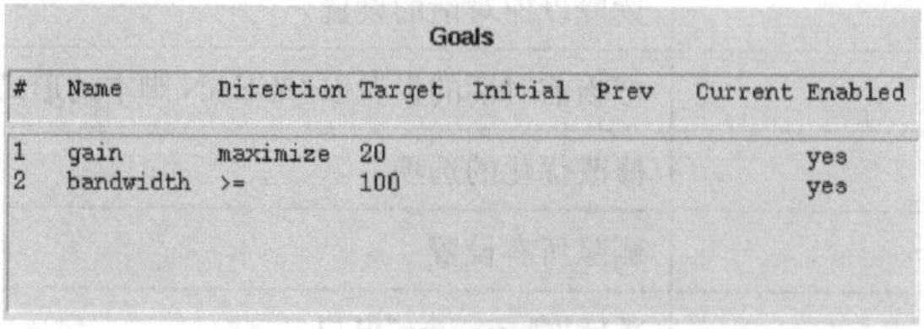

图 F-8　“Optimizer”窗口的“Goals Pane”

表 F-2　"Goals Pane"中的项目及其功能

项 目	功 能
Name	给对象赋予的名称
Direction	包含以下几个选择："maximize"，"minimize"，" match"，"＞＝"，或者"＜＝"
Target	(1) 如果"Direction"是"match"，那么优化器将会匹配一个具体的数值或者波形 (2) 如果"Direction"是"maximize"或"minimize"，那么一个具体的数值或者波形将会决定对象的重要性 (3) 如果"Direction"是"＞＝"，那么一个具体的数值或者波形将会决定下限 (4) 如果"Direction"是"＜＝"，那么一个具体的数值或者波形将会决定上限
Initial	显示由设计变量初始值所计算出的对象表达式的值
Prev	显示由上一次循环中设计变量的值所计算出的对象表达式的值
Current	显示由当前设计变量的值所计算出的对象表达式的值
Enable	显示"yes"或者"no"。"yes"表示这个对象包含在当前优化中，"no"则反之

(4) "Variables Pane"。在"Variables Pane"中包含了当前定义设计变量的信息，如图 F-9 所示。具体内容见表 F-3。

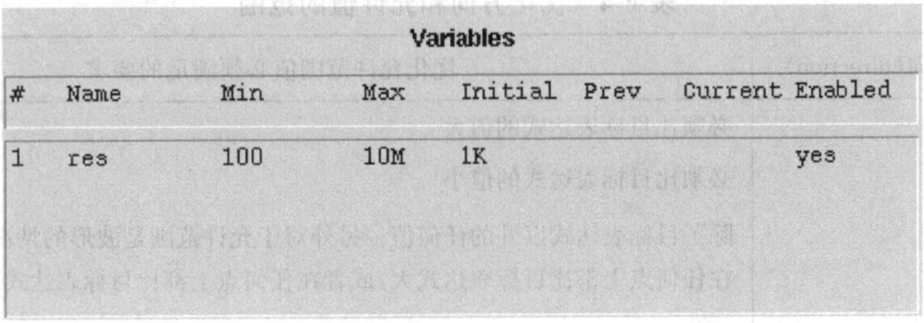

图 F-9　"Optimizer"窗口的"Variables Pane"

表 F-3　"Variables Pane"中的项目及其功能

项 目	功 能
Name	给设计变量赋予的名称
Min	设计变量变化的下限
Max	设计变量变化的上限
Initial	设计变量的初始值
Prev	显示上一次循环中设计变量所使用的值
Current	显示由当前循环中设计变量所使用的值
Enable	显示"yes"或者"no"。"yes"表示这个设计变量可以在当前优化中进行修改，"no"则反之

(5) "Tool Bar"。Tool Bar 中包含的按键实现了优化中最重要的功能。按照通常的使用顺序，按键从上到下排列，依次为：

① ""：添加/编辑对象（add/edit goals）。

② “ ”:添加/编辑设计变量(add/edit variables)。

③ “ ”:删除(delete)。

④ “ ”:运行优化器(run optimizer)。

⑤ “ ”:停止优化器(stop optimizer)。

⑥ “ ”:显示优化历程 (plot history)。

⑦ “ ”:更新设计 (update design)。

F.5 运行一次优化

下面介绍运行优化的 4 个重要步骤。

F.5.1 定义对象

在运行优化设计之前,必须为优化和分析定义一个对象。对象将包含下面几个特征:

(1) 对象的表达式可以通过仿真来确定一个输出值或者波形。

(2) 定义对象表达式在优化中变化的方向(见表 F-4)。

表 F-4 优化方向和允许值的范围

定义的优化方向(direction)	优化允许范围值必须满足的要求
minimize	必须比目标表达式的值大
maximize	必须比目标表达式的值小
match	除了目标表达式以外的任何值。另外对于允许范围是波形的情况,允许范围波形在任何点上都比目标表达式大,或者在任何点上都比目标表达式小
>=	必须比目标表达式的值小
<=	必须比目标表达式的值大

例如,将共源极放大器在 1Hz 频率下的增益作为对象,需要给出表达式

dB20(value(VF("/OUT")1))

接着需要给出在优化中,为了获得最大的增益,对象的方向为“maximize”。

下面介绍几种创建对象的方法。

1. 将仿真输出作为对象

(1) 在“Optimizer”窗口菜单中选择 “Goals”→“Retrieve Outputs...”,然后在 ADE 窗口中定义的输出,将作为对象出现在优化对象面版“Goals Pane”中,这个对象默认是关闭的,即在“Enable”栏中显示“no”。图 F-10 和图 F-11 分别显示了操作和结果。

(2) 选中对象“gain”,此时对象高亮,然后选择“Goals”→“Edit...”,对象编辑窗口弹出。

(3) 按上述要求完成对象编辑后,即建立了一个新的对象。

注意:直到编辑了从 ADE 窗口中直接获得的对象,该对象才和 ADE 输出栏中的表

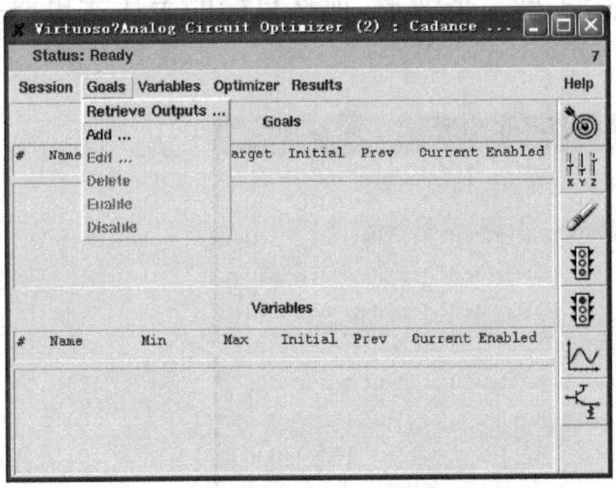

图 F-10　“Goals”下拉菜单

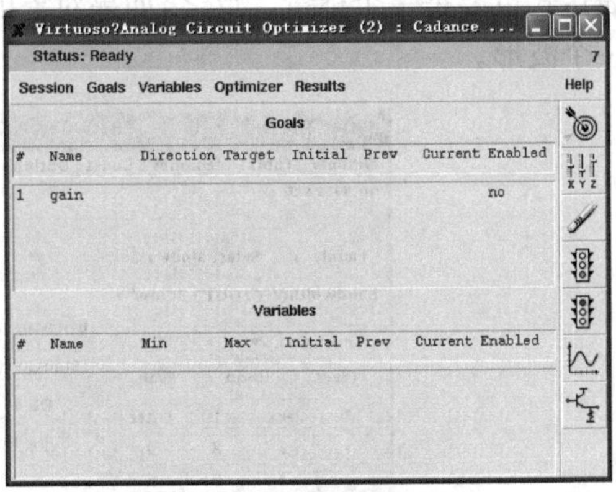

图 F-11　将仿真输出作为对象

达式相关联起来；并且在编辑完该对象后，选择“Goals”→“Retrieve Outputs…”将不会对对象造成任何影响。

2. 直接输入一个新的对象或利用“Waveform Calculator”建立一个新的对象

(1) 选择“Goals”→“Add...”，或者点击“Tool Bar”中的“Add/Edit Goals”图标，“Adding Goals”窗口弹出，如图 F-12 所示。

(2) 在“Name”栏中填入对象名称。

(3) 直接输入新的对象：在“Expression”栏中按照 Cadence SKILL 语言的表达式规范写入对象的表达式。表达式可以是一个标量，也可以是一个波形(完成后直接跳到第(7)步)。

(4) 如果利用“Waveform Calculator”建立一个新的对象，点击“Open”按键，此时“Calculator”窗口弹出。

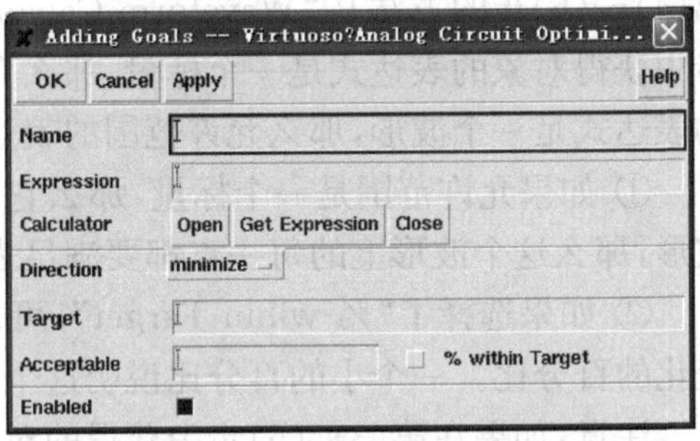

图 F-12　“Adding Goals”窗口

(5) 在“Waveform Calculator”中建立所需要的表达式。图 F-13 显示了在“Waveform Calculator”获得共源极放大器 3dB 带宽的表达式。

(6) 将光标移回“Optimizer”窗口中的“Expression”栏。

(7) 点击“Get Expression”键，此时在“Waveform Calculator”中的表达式将在“Expression”栏中出现，作为对象的表达式。

(8) 在“Direction”下拉菜单中，选择对象表达式的值在优化过程中的变化趋势，具体选项见 F. 5. 1 节中的第 6 段。

(9) 在“Target”栏中按照 Cadence SKILL 语言的表达式规范写入目标的表达式，或将光标移至“Target”栏中，按照第(4)～(6)步的方法从“Waveform Calculator”中获得目标的表达式。注意：如果在第(3)、(6)步中获得的对象的表达式是一个标量，那么目标的表达式也要是一个标量。反之，如果对象的表达式是一个波形，那么目标的表达式也要是一个波形。

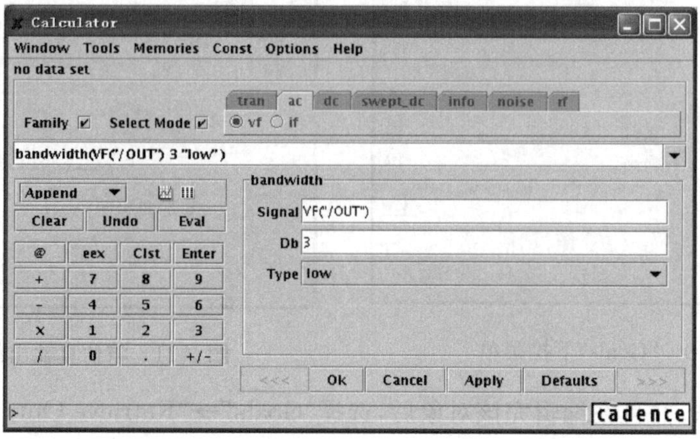

图 F-13　“Waveform Calculator”中共源极放大器 3dB 带宽的表达式

(10) 在“Acceptable”栏填入优化的允许范围。在 F. 5. 1 节中将具体描述，优化器是如何利用对象的优化允许范围来决定优化对象优先级的。这里有两种方法来定义这一个值：可以在“Acceptable”栏中直接填入符合 Cadence SKILL 语言规范的表达式；或者按照第(4)～(6)步的方法从“Waveform Calculator”中获得表达式。注意：如果在第(3)、(6)步中获得对象的表达式是一个标量，那么允许范围的表达式也要是一个标量。如果对象的表达式是一个波形，那么允许范围的表达式可以是一个波形，也可以是一个标量。

① 如果允许范围是一个标量，那么它需要满足表 F-4 的要求；如果允许范围是一个波形，那么这个波形上的每一点都要满足表 F-4 的要求。

② 如果选择了“% wihin Target”，可以在“Acceptable”栏中确定一个标量或者波形变化的百分比。一个小的百分比说明这个对象的优先级更高。

注意：如果在第(3)、(6)步中获得的对象的表达式是一个标量，那么填入的百分比也要是一个标量。如果对象的表达式是一个波形，那么填入的百分比可以是一个波形，也可以是一个标量。

如果使用了一个标量百分比，那么可以保证优化的结果在目标值极大和极小的情况下都保持一致；如果使用了一个波形百分比，则可清晰地表明在对象波形在各段的重要性。

(11) 如果要在当前优化中包含该对象，则要选中“Enabled”栏。

(12) 点击“OK”，将新建的对象加入到“Optimizer”窗口中。

图 F-14 显示了以共源极放大器的带宽为优化对象，目标为带宽大于 100Hz，优化允许范围为 2%的设置。图 F-15 显示了图 F-14 中设置的对象加入到“Optimizer”窗口后的情况。

3. 编辑优化对象

(1) 在“Optimizer”窗口中选择需要编辑的对象。对象选中后将被高亮显示。

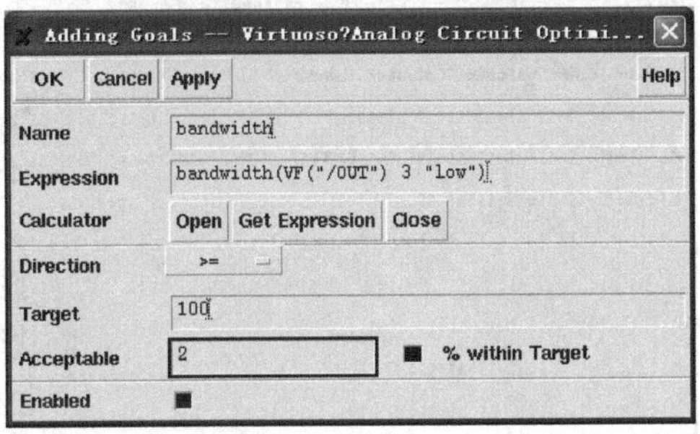

图 F-14 目标为带宽大于 100Hz，优化允许范围为 2%的设置

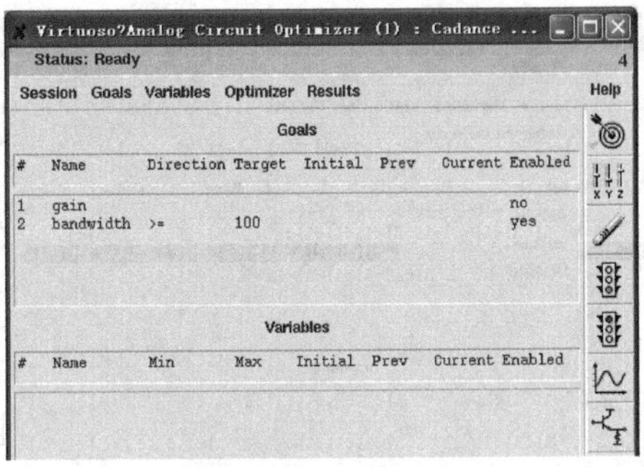

图 F-15 添加新的对象后的“Optimizer”窗口

(2) 选择“Goals”→“Edit...”，或者点击“Tool Bar”中的“Add/Edit Goals”图标按键。这时“Editing Goals”窗口弹出。除了窗口名称，这个窗口和“Adding Goals”窗口一样。

(3) 选择名称为“gain”，即从 ADE 窗口获得的对象，然后点击“Add/Edit Goals”图标按键。弹出窗口如图 F-16 所示。按照 F. 5. 1 节中的第 2 步所介绍的方法编辑对象，编辑后的“Editing Goals”窗口，如图 F-16 所示。

(4) 点击“OK”，发现选择的对象已经被修改，如图 F-17 所示。

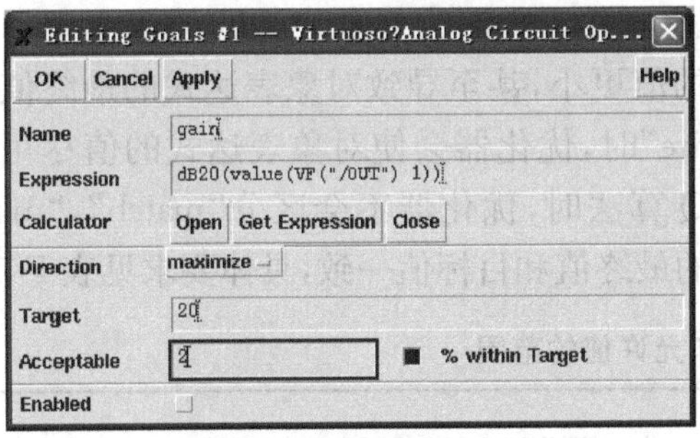

图 F-16 修改优化对象

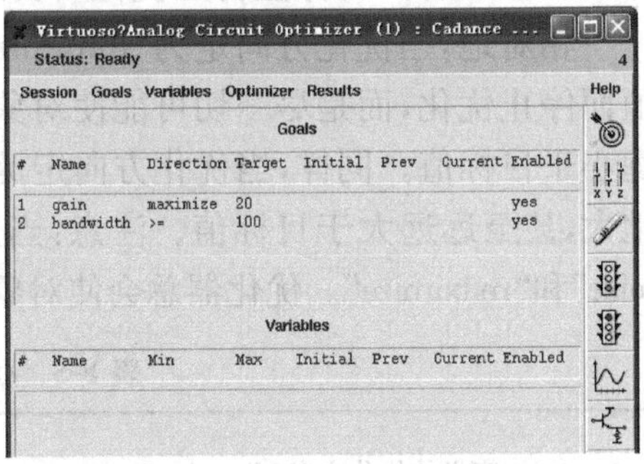

图 F-17 修改优化对象的“Optimizer”窗口

4. 删除优化对象

(1) 在“Optimizer”窗口中选择需要删除的对象。对象选中后将被高亮显示。例如，在图 F-18 中选择了以单级放大器的带宽为对象的优化。

(2) 选择“Goals”→“Delete”，如图 F-18 所示，或者点击“Tool Bar”中的“Delete”按键。图 F-19 显示了对象被删除后的“Optimizer”窗口。

5. 开启或者关闭优化对象

(1) 在“Optimizer”窗口中选择需要开启或关闭的对象。对象选中后将被高亮显示。

(2) 选择“Goals”→“Enable”，或者“Goals”→“Disable”。

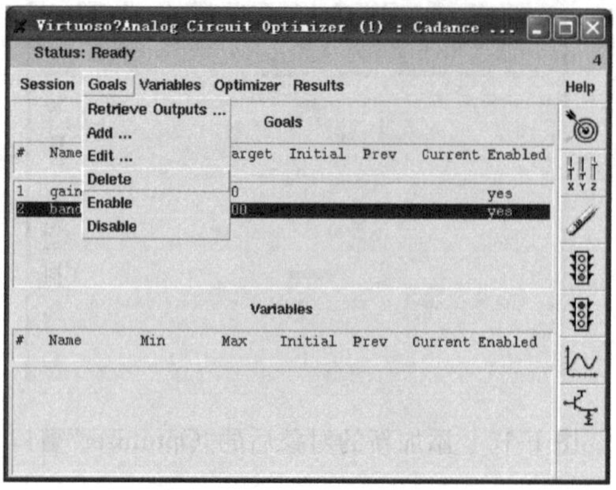

图 F-18 删除优化对象

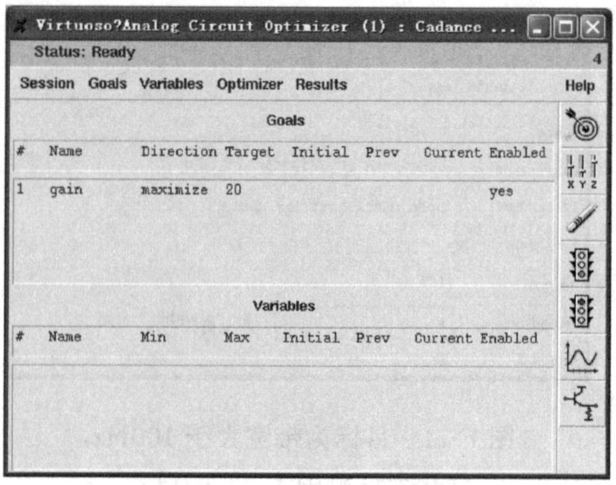

图 F-19 删除优化对象后的"Optimizer"窗口

6. 优化器如何使用目标和目标允许范围的值

优化器有两种方法使用目标值:作为对象的优化目标;作为对象优先级的权重。后面将分别介绍这两种情况。

(1) 目标值作为对象的优化目标。

当优化方向定义为:"match",">= "或者 "<=" 时,目标值作为对象的优化目标的作用更加显著。目标值将是优化所要达到的最终结果。

相对地,当优化方向定为"minimize"时,优化器并不会因为对象表达式的值小于目标值而停止优化,而是尽一切可能使对象表达式的值更小,甚至导致对象表达式的最终值远远小于目标值。同样,当优化方向定为"maximize"时,优化器会使对象表达式的值尽可能地大,甚至远远大于目标值。注意:当选择 LSQ 算法时,优化器不会区分"match","minimize"和"maximize"。优化器总会使对象表达式的最终值和目标值一致,具体要求见表 F-5。

表 F-5 优化方向和允许值的范围

定义的优化方向(direction)	优化器尝试将对象表达式的值
match	和目标值一致
>=	必须比目标表达式的值大
<=	必须比目标表达式的值小
minimize	不管目标值,使对象表达式的值尽可能小
maximize	不管目标值,使对象表达式的值尽可能大

(2) 目标值作为对象优先级的权重。

当优化方向定为"minimize"和"maximize"时,目标值作为各个对象优先级权重的作用更加明显。在这两种情况下,目标值和优化允许范围的值仅仅作为各个对象优先级的权重。相对的,在优化方向为"match",">= "或者 "<=" 时,目标值同时作为对象的优化目标和优先级的权重。

当对象的优化允许范围值更靠近目标值时，该对象有更高的优先级。类似地，当目标和优化允许范围是波形时，两个波形更靠近的对象有更高的优先级。实际上，对象优先级的权重是通过当前对象表达式的值(f)、目标值(T)和允许范围值(A)计算出来的。

$$\text{对象优先级的权重}=\frac{f-T}{A-T}$$

例如，对于下面两个对象，如表 F-6 所示。

表 F-6　优化对象

对象名称	优化方向	目标值	允许值
power	<=	50 mW	80 mW
delay	<=	50 ns	60 ns

如果当前状态下，“power”的表达式值为 90 mW，那么它的权重是

$$\frac{90\text{mW}-50\text{mW}}{80\text{mW}-50\text{mW}}=\frac{40\text{mW}}{30\text{mW}}=1.333$$

如果当前状态下，“delay”的表达式值为 90 ns，那么它的权重是

$$\frac{90\text{ns}-50\text{ns}}{60\text{ns}-50\text{ns}}=\frac{40\text{ns}}{10\text{ns}}=4$$

可以发现在这种情况下，“delay”有更高的权重。因此优化器将优先减小“delay”，然后再减小“power”。

F.5.2　准备设计变量

在使用优化器进行优化之前，需要指名哪些设计变量可以被优化器在优化过程中改变。这些被选中的设计变量必须是仿真环境变量，例如器件参数和器件的模型参数。典型的例子是电阻、电容的值，或者它们的长度和宽度。

1. 添加一个设计变量

通过下面的步骤，在“Optimizer”窗口中添加设计变量。

(1) 选择“Variables”→“Add/Edit...”，或者点击“Tool Bar”中的“Add”/“Edit Variables”按键，此时“Editing Variables”窗口弹出，如图 F-20 所示。注意：对比图 F-4 中“Design Variables”栏和图 F-17 中“Name”栏中的设计变量，可以发现它们是一致的。这说明优化器在优化时所改变的设计变量，都必须要在 ADE 窗口中事先定义。

(2) 在“Name”栏中选择需要添加的设计变量，被选中的设计变量将被高亮显示，如图 F-21 中的“res”设计变量。

(3) 在“Initial Value”栏中填入在优化时该设计变量的开始值。这里，初始值有一个默认值，即在 ADE 窗口中对该设计变量的赋值。在图 F-21 中，设计变量“res”的初始值为“1k”，和 ADE 窗口中的设置一致。

(4) 在“Minimum Value”中填入设计变量的下限，优化器永远不会给设计变量设置小于下限的值。

(5) 在“Maximum Value”中填入设计变量的上限，优化器永远不会给设计变量设置

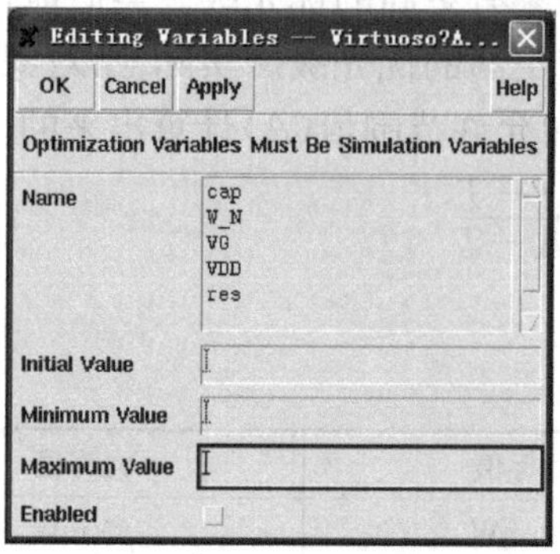

图 F-20　“Editing Variables”窗口

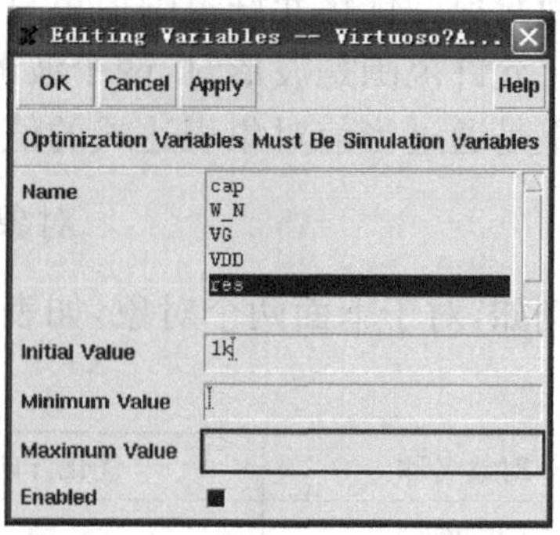

图 F-21　选择“res”设计变量

大于上限的值。

(6) 如果想在当前优化中包含这个设计变量，请确定“Enable”栏被选中。完成所有设置的“Editing Variables”窗口，如图 F-22 所示。

(7) 点击“OK”。此时，设计变量被添加到“Optimizer”窗口中，如图 F-23 所示。

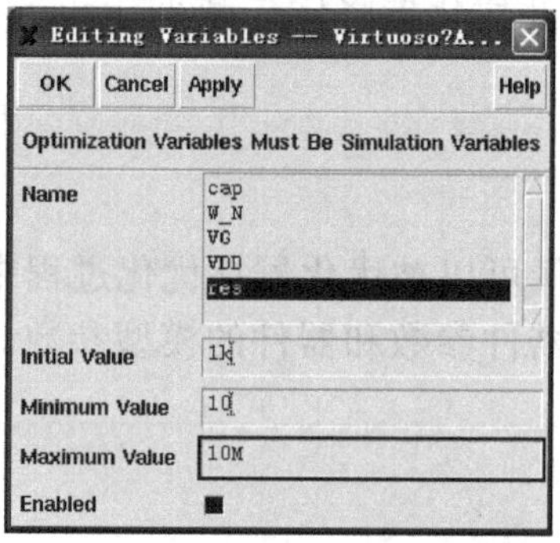

图 F-22　完成设置后的“Editing Variables”窗口

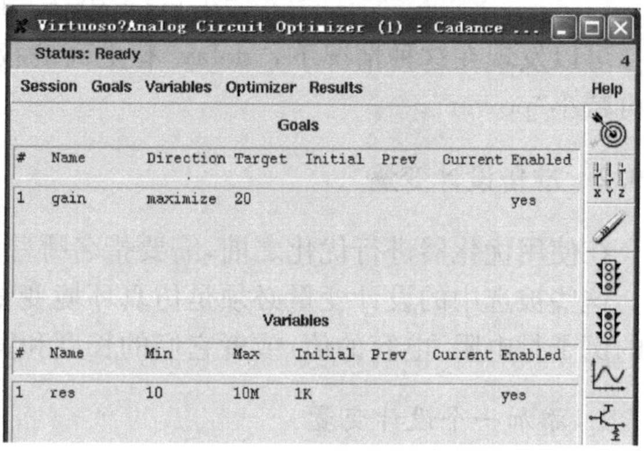

图 F-23　添加设计变量后的“Optimizer”窗口

2. 编辑设计变量

通过下面的步骤，在“Optimizer”窗口中编辑设计变量。

(1) 在“Optimizer”窗口中选择需要编辑的设计变量，被选中的设计变量会被高亮显示，如图 F-24 所示。

(2) 选择 “Variables”→“Add/Edit...” 或者点击“Tool Bar”中的“Add”/“Edit Variables”按键，此时“Editing Variables”窗口弹出，如图 F-25 所示。

(3) 因为是编辑已有的设计变量，因此在“Name”栏中被编辑的设计变量名称已经是高亮的。如果在“Name”中选择另外一个设计变量，那么将会添加一个新的设计变量到优化中。例如，如图 F-26 中所示，在“Name”栏中选择“VG”。

(4) 在“Initial Value”栏中填入在优化时该设计变量新的开始值。

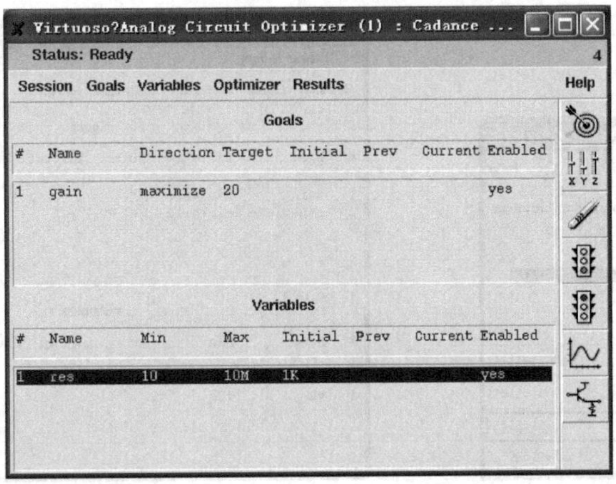

图 F-24　在“Optimizer”窗口选择需要编辑的设计变量

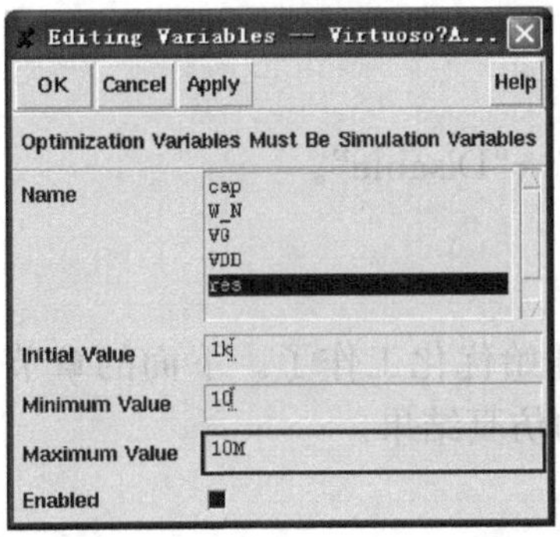

图 F-25　“Editing Variables”窗口

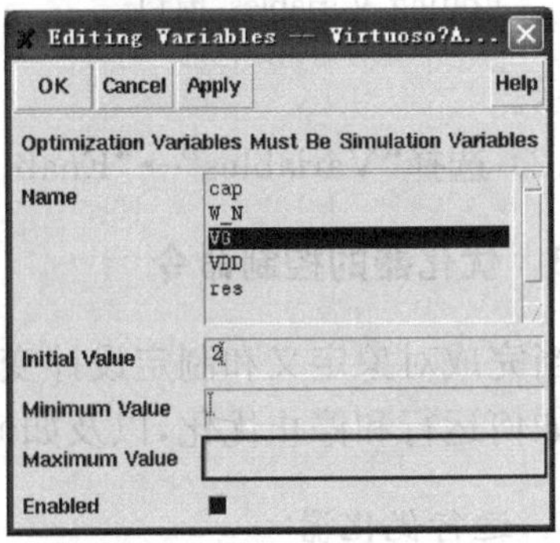

图 F-26　在“Editing Variables”窗口选择新的设计变量

(5) 在“Minimum Value”中填入设计变量新的下限，优化器永远不会给设计变量设置小于下限的值。

(6) 在“Maximum Value”中填入设计变量新的上限，优化器永远不会给设计变量设置大于上限的值。

(7) 如果想在当前优化中包含这个设计变量，请确定“Enable”栏被选中。完成所有设置的“Editing Variables”窗口，如图 F-27 所示。

(8) 点击“OK”。此时，到“Optimizer”窗口中的设计变量被修改，如图 F-28 所示。

3. 删除设计变量

(1) 在“Optimizer”窗口中选择需要删除的设计变量。设计变量选中后将被高亮显示。

(2) 选择“Variables”→“Delete”，或者点击“Tool Bar”中的“Delete”按键。

4. 开启或者关闭优化对象

(1) 在“Optimizer”窗口中选择需要开启或关闭的设计变量。设计变量选中后将被高

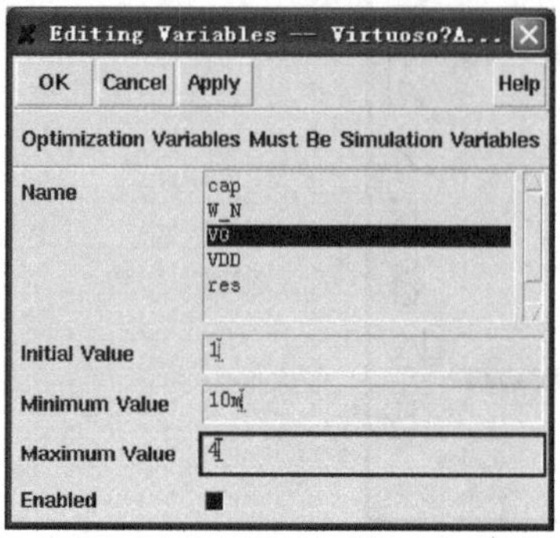

图 F-27　完成所有设置的“Editing Variables”窗口

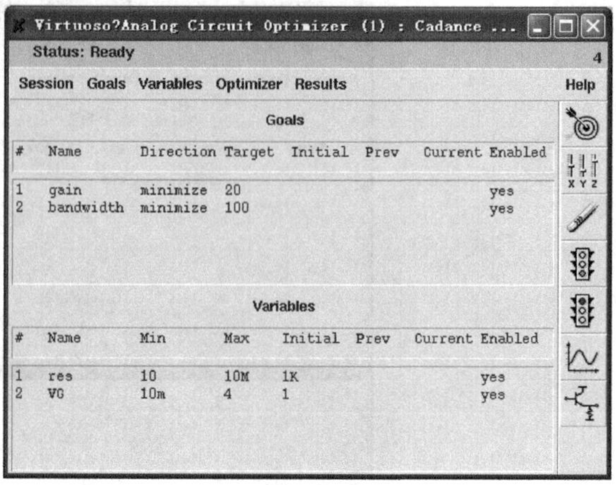

图 F-28　修改设计变量后的“Optimizer”窗口

亮显示。

(2) 选择“Variables”→“Enable”,或者“Variables”→“Disable”。

F.5.3　优化器的控制命令

当完成对象定义和制定设计变量后,优化器可以开始优化工作了。下面的章节中将介绍如何运行和停止优化,以及如何删除不需要保存的仿真结果。

1. 运行优化器

(1) 如果上一次的优化因为错误而停止,需要点击“Tool Bar”中的“Stop” 键,来清除已有的状态。

(2) 在“Optimizer”窗口中选择下面运行命令的一种:

① 选择“Optimizer”→“Run”,或者点击“Tool Bar”中的“Run”优化器:从设置的初始值开始运行优化,直到停止标准得到满足。

② 选择“Optimizer”→“Step”:从最近的一个停止点开始,运行一次循环,然后停止。如果想从初始值开始,那么在选择“Optimizer”→“Step”前选择“Optimizer”→“Reset”。

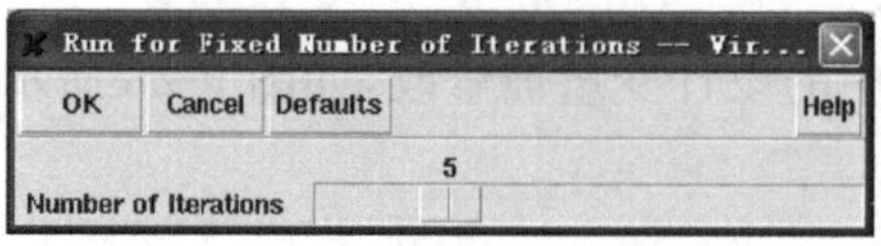

图 F-29　设置循环次数的对话框

③ 选择“Optimizer”→“Run n...”:从最近的一个停止点开始,运行有限的 n 次循环。此时弹出一个对话框,如图 F-29 所示。

在该对话框中,通过拖动滑块来决定循环次数。点击“OK”,开始从最近的一个停止点开始,运行有限的 n 次循环。如果想从初始值开始,那么在选择“Optimizer”→“Run n...”前选择“Optimizer”→“Reset”。在每次循环完成后,优化器都将更新“Optimizer”窗口中对象,以及设计变量的“Prev”和“Current”的值。

2. 停止优化器

在“Optimizer”窗口中选择下面停止命令的一种。

(1) 选择“Optimizer”→“Stop”，或者点击“Tool Bar”中的“Stop”优化器：在当前循环完成后停止优化。

(2) 选择“Optimizer”→“Stop Now”：马上停止优化，不论当前仿真是否完成。

可以通过选择“Optimizer”→“Stop”，来清除上一次因为出错而非正常停止的优化所造成的状态。

3. 删除仿真结果

选择“Optimizer”→“Reset”，将删除所有的仿真数据，而对象、设计变量和显示选项保持不变。

F.5.4 显示优化结果

最简单的追踪优化器优化进程的方法是显示每一次循环中产生的数据。当优化器获得可接受的结果时，可以将对应设计的参数更新为优化后的值。在下面的章节中将介绍如何设置显示选项，如何显示输出数据，以及如何将设计中的参数更新为优化后的值。

1. 设置显示选项

(1) 在“Optimizer”窗口中选择“Results”→“Set Plot Options…”，然后将弹出“Setting Plotting Options”窗口，如图 F-30 所示。

(2) 如果需要追踪优化时的每一步，可以将“Auto Plot After Each Iteration”选中。如果不需要追踪优化时的每一步，而是在优化结束后再显示结果，可以不选中“Auto Plot After Each Iteration”，详见 F-30 节。

(3) 选择下面至少一种信息包含在需要显示的输出数据中：

① 选中“Variables”，将显示设计变量在优化的过程中是如何变化的。

② 选中“Scalar Goals”，将显示标量对象在优化过程中是如何向目标靠近的。

③ 选中“Functional Goals”，将按照图 F-31 中展示的例子的方式，显示一个波形对象是如何向目标靠近的。

如果有太多或者太少的波形需要显示，可以在“No. of Functional Iterations to Display”中输入每次显示的波形数目。

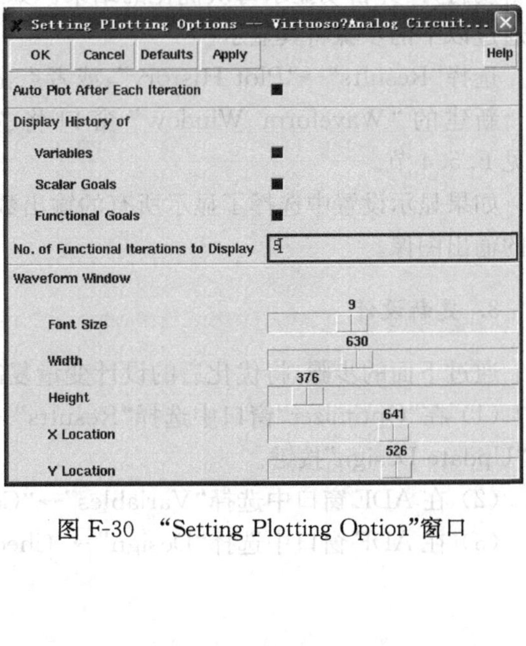

图 F-30　“Setting Plotting Option”窗口

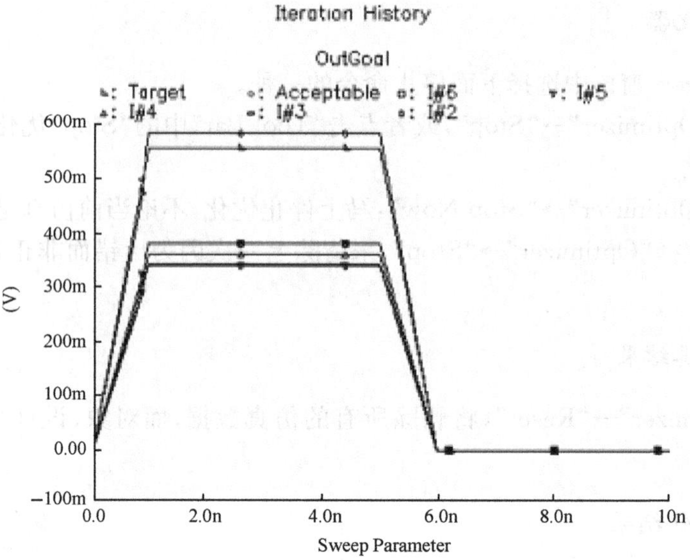

图 F-31 优化波形

(4) 设置“Waveform Window”的参数，以方便查阅。例如，可以设置更大的字体和窗口大小。

(5) 点击“OK”，完成显示选项的设置。

如果“Waveform Window”已经打开，那么窗口将随着设置同步改变。如果“Waveform Window”没有打开，那么新的窗口将按照显示选项的设置而建立。

2. 显示输出数据

如果在显示选项中选中“Auto Plot After Each Iteration”，那么“Waveform Window”将自动打开，并自动显示每次优化的结果。如果优化结果没有自动显示，可以在优化完成后通过以下的步骤将其显示：

选择“Results”→“Plot History”，或者点击“Tool Bar”中的“Plot History”。

新建的“Waveform Window”窗口将按照显示选项中的设置建立，具体内容见 F. 5. 4 节。

如果显示设置中选择了显示所有的输出数据，那么在前面设置的优化有如图 F-32 所示的输出图像。

3. 更新设计

通过下面的步骤，将优化后的设计变量复制到电路图中：

(1) 在“Optimizer”窗口中选择“Results”→“Update Design”，或者点击“Tool bar”中的“Update Design”按键。

(2) 在 ADE 窗口中选择“Variables”→“Copy to Cellview”。

(3) 在 ADE 窗口中选择“Design”→“Check and Save”。

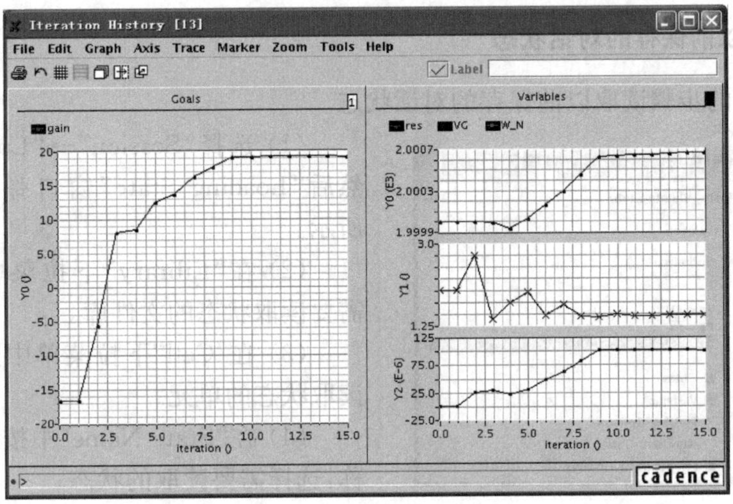

图 F-32　优化波形及设计变量的优化历史记录

F.6　保存,修改和读取对话设置信息

在“Optimizer”窗口的对话“Session”下拉菜单中可以保存当前对话状态,读取以前保存的对话状态,或者改变优化选项设置,以及清除当前窗口中的所有信息。

F.6.1　保存当前对话状态

通过下面的步骤保存当前对话状态(对象、设计变量、显示选项设置,以及优化选项设置)。

(1) 选择“Session”→“Save State...”,然后弹出“Saving State”窗口,如图 F-33 所示。

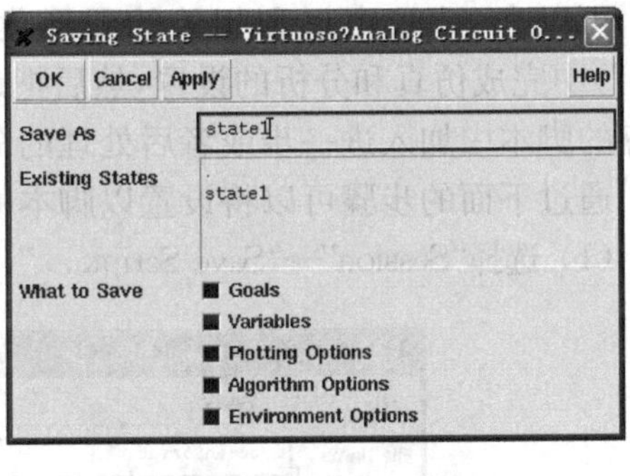

图 F-33　“Saving State”窗口

(2) 如果不想用默认名称,可以在“Save As”栏中填入状态名称。

(3) 在“Existing States”栏中选择一个已经存在的状态,此时“Save As”栏中将显示选中的状态名称。子状态将在“What to Save”栏中显示。通过开启和关闭这些子状态,可以决定在保存对话状态时,这些子状态是否被保存。注意:只有保存了的子状态,才能在下次读取该状态时被恢复。

优化器保存状态的默认路径是:

~/.artist_state/Library Name/CellName/.asd_Optimization/StateName

在这个路径中,“LibraryName”和“CellName”将从被优化的设计中获取。而“StateName”则是保存状态时赋予的状态名称。

F.6.2 读取以前保存的对话状态

按照以下的步骤读取以前保存的对话状态。

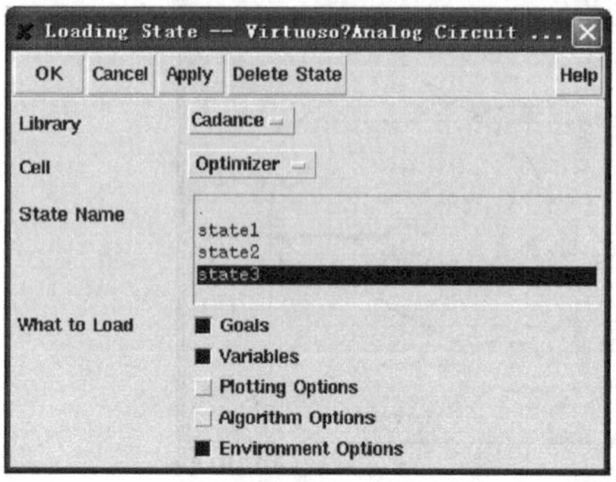

图 F-34 “Loading State”窗口

(1) 选择“Session”→“Load State...”,然后“Loading State”窗口弹出,如图 F-34 所示。

(2) 在“Library”下拉菜单中选择保存需要读取状态的文件库。

(3) 在“Cell”下拉菜单中选择保存需要读取状态的单元。

(4) 在“State Name”中按照保存时的名称,选择需要读取的状态。

(5) 在“What to Load”中选择需要读取的子状态。

(6) 点击“OK”,完成状态的读取。

F.6.3 保存脚本

使用“Open Command Environment for Analysis”(OCEAN)命令,可以实现对电路的分析和仿真。OCEAN 是一个基于命令行的程序,可以在 Unix 内核的操作系统或者在“Command Interactive Window”(CIW)中运行。通过在交互对话窗口中直接键入 OCEAN命令,或者在 OCEAN 软件中载入一个包含 OCEAN 命令的脚本,都可以实现电路的分析和仿真。

可以在 ADE 窗口和相关的图形化工具(例如“Parametric Analysis”,“Optimization”)中完成仿真和分析的设置,然后把设置内容按照脚本的形式保存下来,并且可以在保存的脚本中加入进一步或者后处理的命令。

通过下面的步骤可以将设置以脚本的形式保存下来:

(1) 选择“Session”→“Save Script...”,然后“Save Ocean Script”窗口弹出,如图 F-35 所示。

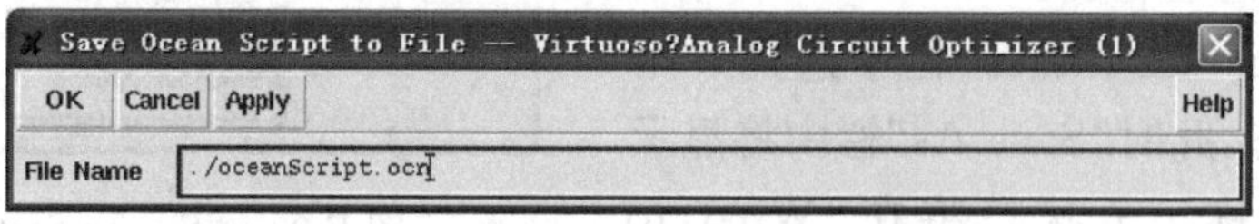

图 F-35 “Save Ocean Script”窗口

(2) 在“File Name”栏中填入脚本名称。

(3) 点击“OK”,完成保存脚本。

F.6.4 改变优化选项设置

大多数情况下,都不需要改变优化选项的初始设置。但是,如果想制定一个特定的算法,或者需要改变控制算法的选项,可以按照下面的操作进行。

（1）选择“Session”→“Options...”，然后弹出“Optimization Options”窗口，如图 F-36 所示。

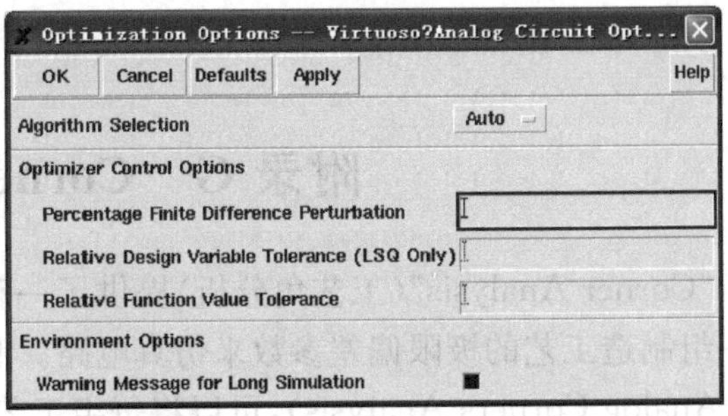

图 F-36　“Optimization Options”窗口

（2）制定一个特定的算法，在“Algorithm Selection”下拉菜单中选择“LSQ”和“CFSQP”中的一个。如果要优化器自动选择一个合适的算法，只需选择“Auto”。

LSQ 最适合完全的曲线匹配问题，并且 Cadence 推荐只在这种情况下使用 LSQ 算法。

对于 LSQ 算法，优化方向“match”，“minimize”和“maximize”是等价的，它们都是使优化的最终结果和目标值一致。因此，如果在 LSQ 算法中获得最大和最小值，则需要将目标值设置得足够大或者足够小。

如果“Algorithm Selection”选择的是“Auto”，那么在大多数情况下，优化器选择 CFSQP 算法。LSQ 算法仅仅在下面两种情况都成立时才使用：

① 开启对象的优化方向是“match”。

② 所有开启对象的目标都是波形。

（3）输入需要改变的优化器控制选项。

① “Percentage Finite Difference Perturbation”栏中的数据将决定设计变量的计算方式敏感度（见 F.1 节）是如何决定的。注意：一些优化过程对这个值十分敏感，改变它可能造成算法失效。推荐用户使用默认值。如果用户对步长分析的影响有深刻的理解，在“Percentage Finite Difference Perturbation”栏中提供了设置合适步长的方法。

② “Relative Design Variable Tolerance”的值仅仅影响 LSQ 算法的停止条件，对 CFSQP 算法没有影响。例如，如果该值被定为 0.05，将使得 LSQ 算法在设计变量的相对变化小于 5%时，停止优化。

③ “Relative Function Value Tolerance”的值影响所有算法的停止条件。例如，如果该值被定为 0.05，将使得所有算法，在“Optimizer”窗口中所有表达式的相对变化小于 5%时，停止优化。

注意：当“Relative Design Variable Tolerance”和“Relative Function Value Tolerance”栏中填入数据后，优化器将使用用户定义的条件作为优化的停止条件，而不再继续使用默认值。此外，在这两栏中必须填入绝对数字。

（4）设置“Warning Message for Long Simulation”。在优化的初始仿真运行时，“Optimization”工具和 ADE 窗口被锁死，此时不能中断优化以及观察输出结果。如果希望在一个长时间的优化完成后被提醒，只需要选中“Warning Message for Long Simulation”。

（5）点击“OK”，完成对优化选项的设置。

F.6.5　删除所有设置信息

选择“Session”→“Reset”即可以删除所有设置的信息，包括对象、设计变量和显示选项。

附录 G　Corner Analysis

"Corner Analysis"(工艺角分析)提供了一种分析电路性能的方便方法,可以一次性用一组制造工艺的极限偏差参数来仿真电路。利用 Virtuoso 模拟工艺角分析 (Virtuoso Analog Corners Analysis),可以将每组工艺偏差参数的仿真结果与可接受的范围进行比较,以确定电路制造出来后可能出现的最大误差。根据误差通过修正电路,保证所有参数值都可以接受。本章讲解使用工艺角分析的详细选项,具体内容如下:

① 工艺角分析工作的基本方法;

② 了解工艺角分析窗口;

③ 手动运行工艺角分析的实例演示;

④ 使用工艺、设计和模型文件;

⑤ 使用配置文件运行工艺角分析的实例演示。

另外,本章还总体解释工艺角分析的理论背景,介绍怎样得到帮助,以及如何打开 Virtuoso 模拟工艺角分析窗口,如图 G-1 所示。

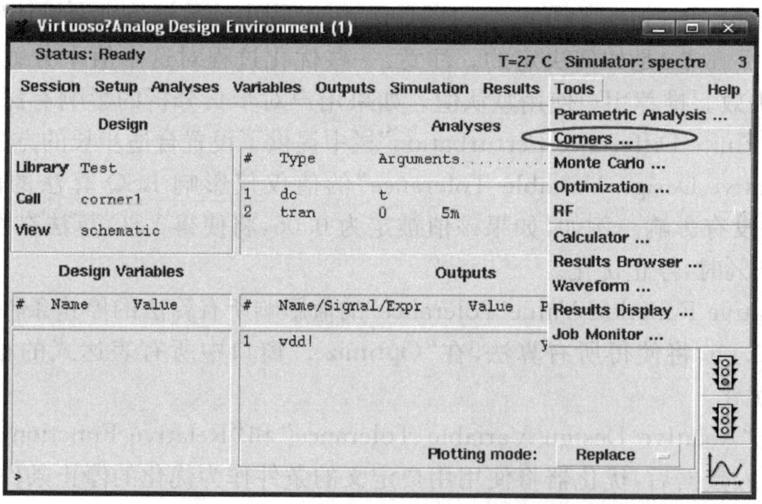

图 G-1　打开和关闭工艺角分析窗口

G.1　工艺角分析如何工作

工艺角分析关注的是当工艺偏差参数达到极限(称为"Corner",或工作角)时,或者温度、电压等参数达到极限时的电路性能。有了这些信息,可以确定在工艺参数有随机偏差时,甚至是最不希望出现的偏差的组合方式下,电路的性能是否满足规格要求。

打开和关闭工艺角分析窗口

要准备使用工艺角分析，需要：

(1) 电路采用普通的设计参数值，并可以仿真；

(2) 在 Virtuoso ADE (Analog Design Environment)窗口中根据分析类型设置一个仿真任务；

(3) 保证电路中所有的设计变量都设置了初始值；

(4) 在 ADE 窗口中选择"Tools"→"Corners..."选项。

如果已经按照前文定义了自动载入的定制文件，工艺角分析窗口就会出现。要关闭工艺角分析窗口，则选择"File"→"Close"。

G.2　工艺角分析用户界面

如图 G-2 所示，Virtuoso 工艺角仿真分析窗口分为几个区域，用来设置工艺角和分析的输出。

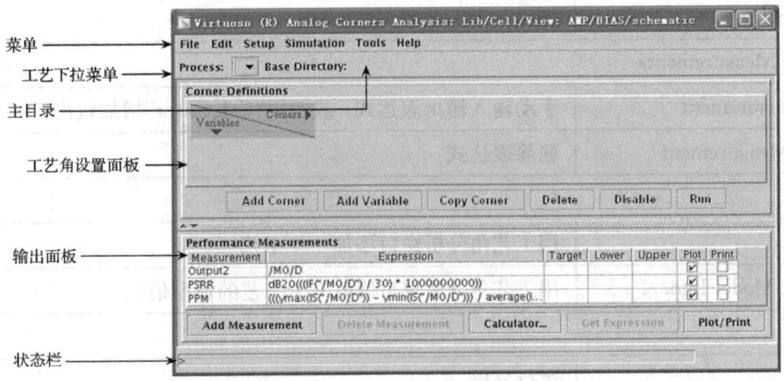

图 G-2　工艺角分析窗口

G.2.1　菜单

菜单如图 G-3 所示，相应的选项和功能在表 G-1 中给出。

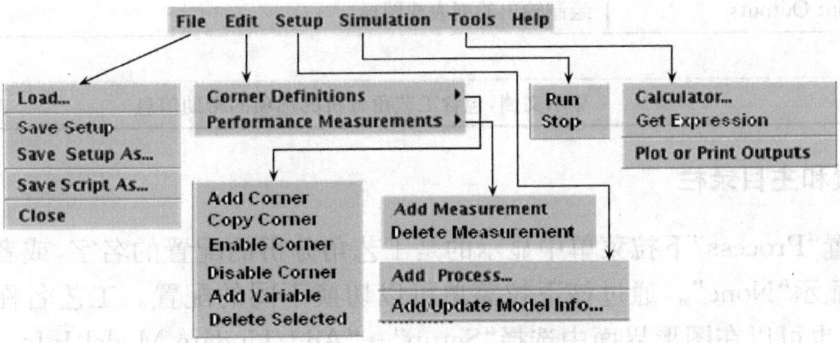

图 G-3　工艺角分析窗口菜单

表 G-1　工艺角分析窗口菜单内容

菜单选项			具体操作
File			
	Load...		采用图形界面载入 PCF 和 DCF 配置文件
	Save Setup		将设置保存在原来的配置文件
	Save Setup As...		另存配置文件为
	Save Script As...		保存 OCEAN 脚本
	Close		关闭工艺角分析窗口
Edit			
	Corner Definitions		
		Add Corner	添加一个工艺角/添加一列
		Copy Corner	复制和修改工艺角
		Enable Corner	使能某个工艺角
		Disable Corner	禁用某个工艺角
		Add Variable	增加一个变量/增加一行
		Delete Selected	删除一个工艺角/删除一列
	Performance Measurements		
		Add Measurement	手动输入输出表达式，或者用“Calculator”增加输出
		Delete Measurement	删除表达式
Setup			
	Add Process...		用工艺角分析窗口添加一个工艺
	Add/Update Model Info...		用工艺角分析窗口修改一个工艺的模型信息
Simulation			
	Run		运行分析
	Stop		停止分析
Tools			
	Calculator...		“Calculator”
	Get Expression		将“Calculator”中的表达式附给选中的输出
	Plot or Print Outputs		绘制输出的列表或图形
Help			
	Contents		显示文档，包含工艺角分析的选项的帮助信息

G.2.2　配置和主目录栏

工艺配置“Process”下拉菜单中显示的是工艺角分析的配置的名字，或者在没有定义配置的时候显示“None”。通过该下拉菜单可以切换不同的配置。工艺名称既可以用配置文件定义，也可以在图形界面中选择“Setup”→“Add/Update Model Info...”设置。

主目录“Base Directory”区域显示的是当前配置中使用的模型库所在的路径。

主目录经常用“corAddProcess”命令在工艺定制文件(PCF)中定义。也可通过“Setup”→“Add/Update Model Info...”定义主目录，如图 G-4 所示。

图 G-4　工艺配置栏

如果没有定义过工艺配置，工艺角窗口的菜单中只有“File”→“Load”，“File”→“Close”，“Setup”→“Add Process...”可以选择，以便载入工艺配置或手动定义工艺配置。

G.2.3　工艺角定义界面

工艺角定义(corner definition)界面位于工艺角分析窗口的上半部，显示的是当前定义工艺角的信息，如图 G-5 所示。

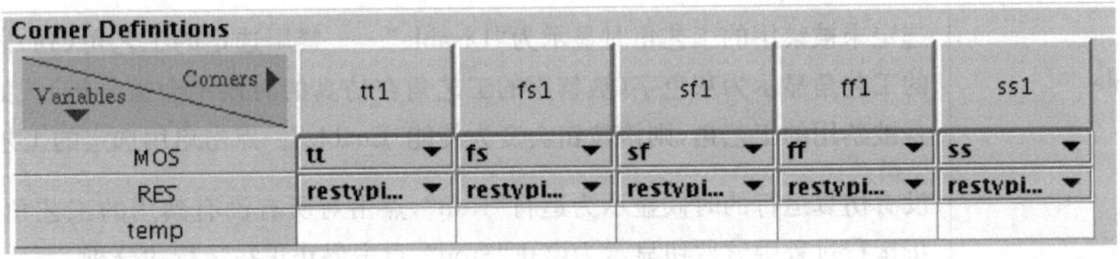

图 G-5　工艺角定义

这个界面的信息一般是从工艺定制文件(PCF)中和设计配置文件(DCF)中定义。采用.cdsinit 文件定义的，详细信息见附录 A。

要定义或者修订工艺角，可以按以下方法修改这个界面上的信息：

(1) 每一列表示一个工艺角，通过单击一列上方对应的按钮可以选择一列。

(2) 也可以直接通过拖动列上方的按钮移动列。

(3) 鼠标指针指到两列之间的时候，如果鼠标指针变化，可以按住鼠标指针，通过拖动改变列宽。

(4) 禁用工艺角(“Disable”按钮)在图中显示为灰色，使能工艺角“Enable”选项没有显示。当选定一个没有被禁用的工艺角的时候，“Disable”会显示为黑色；当选定被禁用的工艺角的时候该按钮将会显示为黑色文字的“Enable”。

(5) 每一行可以表示下列 2 种功能中的一种：①一个变量，单元格内的内容是变量的值，如果单元格留空则会使用 ADE 中定义的变量值；② 一个模型文件，称为工艺角组(group/variant)或组变量(group variable)，这个模型文件必须位于主目录中。这时行首显示的是模型文件名，单元格内显示的是这个模型文件的工艺角。

(6) 和列一样，也可以通过拖动移动行，或者改变行的高度。

(7) 在工艺角列表中可以编辑的数据显示为白色背景，不能编辑的数据显示为灰色背景。从 PCF 中载入的数据不能编辑；只有手动加入或者从 DCF 文件中载入的行或者列才能编辑。

(8) 组变量类型的项目如果从 PCF 文件中载入，则显示灰色背景的文字；如果手动加入，或者从 DCF 文件中载入，则显示为下拉式菜单。

注意：温度(temp)是默认的变量，默认值为 27℃。从 IC 5.1.41 版开始，这是一个可以编辑的变量。

工艺角定义界面上的按钮功能如表 G-2 所示。

表 G-2　工艺角定义界面上的按钮功能

按 钮	功 能
Add Corner	在已有的工艺角的右边添加新的可编辑列
Add Variable	点击添加新的变量(行)于现有变量列表下方
Copy Corner	复制选择的工艺角(列)到最右边
Delete	删除选定的工艺角(列)或者变量。注意：从 PCF 中载入的行或列不能删除，从界面或者 DCF 文件中载入的行或列可以删除
Disable/Enable	选定未被禁用的工艺角时显示为“Disable”——禁用选定的工艺角(列)。点击则禁用的工艺角显示为灰色字(被禁用的工艺角在仿真的时候不会被分析)。如果被选定的是被禁用的工艺角，则该按钮会变为使能“Enable”。点击启用选定的工艺角
Run/Stop	没有仿真运行的时候显示为运行“Run”，点击对所有没有禁用的工艺角运行分析；分析运行过程中该按钮显示为停止“Stop”，点击停止正在运行的分析

G.2.4　输出设置界面

输出界面“Performance Measurements”位于工艺角的分析窗口的下半部，显示的是当前定义的输出信息，如图 G-6 所示。

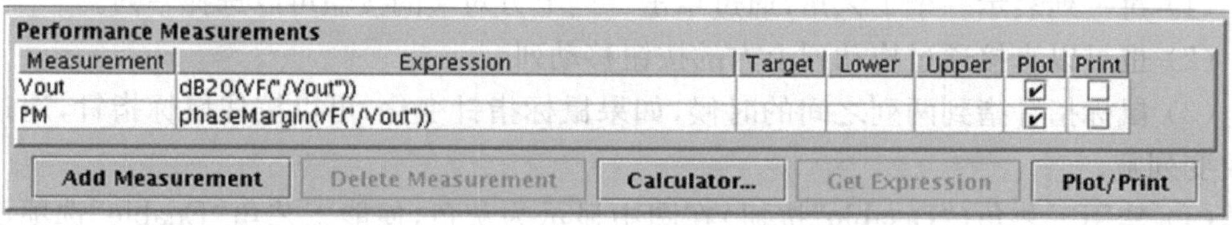

图 G-6　“Performance Measurements”输出界面

这个界面的信息一般是从.cdsinit 文件中用“loadDcf”命令定义的设计定制文件(design customization files，DCF)读取的。另外，在第一次打开工艺角分析窗口的时候，ADE 中定义的输出都会自动导入到该界面中；使用 Calculator 也可以得到一个输出表达式。

点击“Add Measurement”按钮，可以添加一个输出。如果要改变输出方式，可以通过修改本界面中的内容实现。通过点击输出界面中的任何一列都可以选择所在列的输出。

剪切、复制、粘贴快捷键在表格中都可以使用，可以利用它们对输出表达式进行编辑。输出界面中的各项目的功能描述如表 G-3 所示。

表 G-3　输出界面中各项目的功能

项　目	功　能　描　述
Measurement	点击选定输出的“Measurement”列，修改这个输出的名字。该名字在出图的时候用来标明输出系列
Expression	点击选定输出的“Expression”列，修改该输出的表达式
Target	点击选定输出的“Target”列，输入的数据将作为理想值出现在输出中。这个值只有在余量分析(residual plot)的时候需要
Lower	点击选定输出的“Target”列，输入的数据将作为下限出现在输出中。这个值只有在余量分析(residual plot)的时候需要
Upper	点击选定输出的“Target”列，输入的数据将作为上限出现在输出中。这个值只有在余量分析(residual plot)的时候需要
Plot	选择该复选框则以图形模式输出所在行
Print	选择该复选框则以文本模式输出所在行
Add Measurement	在输出列表最后增加一个新的可编辑的行
Delete Measurement	删除选定的行
Calculator...	打开或激活已打开的“Calculator”窗口
Get Expression	选定一个输出的表达式(expression)项之后，该按钮被激活。点击获取“Calculator”中的表达式缓存并把它赋到表达式项。注意：现有表达式项中的文本将被覆盖

G.2.5　界面分割条

这个分割条在工艺角定义界面和输出界面之间，上下拖动用于改变两个界面的大小。

G.2.6　状态栏

状态栏显示信息的颜色有以下几种：

红色：错误信息；

橙色：内部错误信息；

灰色：正常信息提示。

工艺角分析工具同时也会将信息写入工艺角分析的 log 文件“corners0. log”。工艺角分析工具的 log 文件被存放在 Cadence 软件的启动目录下。

G.2.7　键盘导航和快捷键(表 G-4)

表 G-4　在操作表格时使用的快捷键与功能

快 捷 键	功　能
Tab	切换光标所在的单元格，次序是从左到右，遇行尾转到下一行行首
Shift-Tab	切换光标所在的单元格，次序和“Tab”键正好相反
方向键	按照方向切换光标所在格，到行(列)尾不换行(列)
F2	打开/关闭工艺角下拉菜单
Page Down	如果有垂直滚动条则向下翻页
Page Up	如果有垂直滚动条则向上翻页
Home	切换到第一列
End	切换到最后一列

G.3 工艺角分析的实例

下面将通过一个实例演示采用界面设置工艺角分析的详细过程。

G.3.1 电路和 ADE 的设置

首先要设计电路并在 ADE 中配置仿真的选项。例如，有如图 G-7 所示的一个电路，需要在 CSMC 公司 0.5μm CMOS 混合信号工艺下进行工艺角仿真，电路参数如图 G-7 所示。以 AC 仿真为例，在 ADE 窗口中按图 G-8 设置。单独仿真结果如图 G-9 所示。

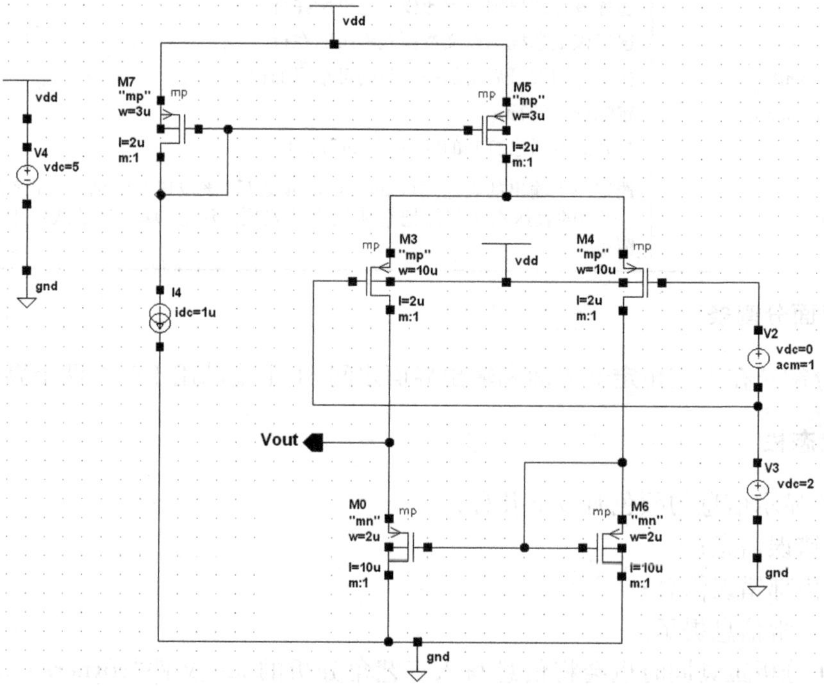

图 G-7 "Corner Analysis"应用例子

G.3.2 设置工艺角分析

打开工艺角分析的窗口是如图 G-10 所示的空窗口的形式，此时可按下列方法进行工艺角分析的手动设置。

G.3.3 建立一个工艺使用的工艺叫配置

(1) 在菜单中选择"Setup"→"Add Process..."(图 G-11)；

(2) 在"Process Name"项加入新工艺的名字；

(3) 选择新工艺中使用的模式(这里使用"Single Model Library")；

(4) 输入工艺文件或者关联到工艺的模型文件的目录名。选择"OK"，就添加了一个 CSMC 工艺角，见图 G-12。

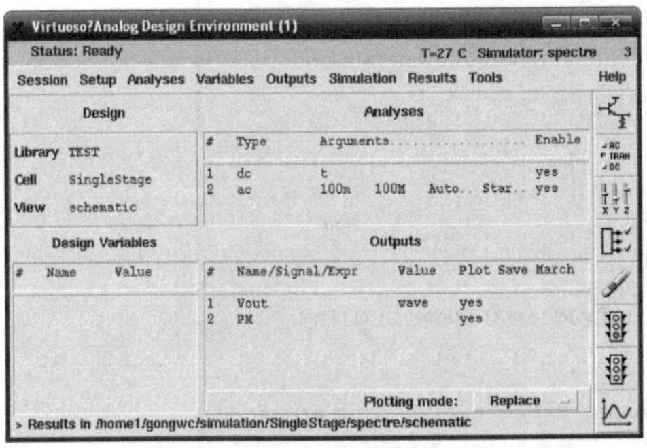

图 G-8　对图 G-7 中的电路进行 AC 仿真的设定

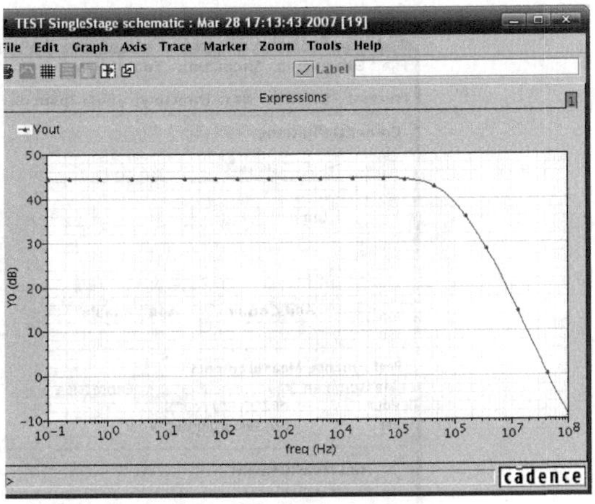

图 G-9　AC 仿真结果

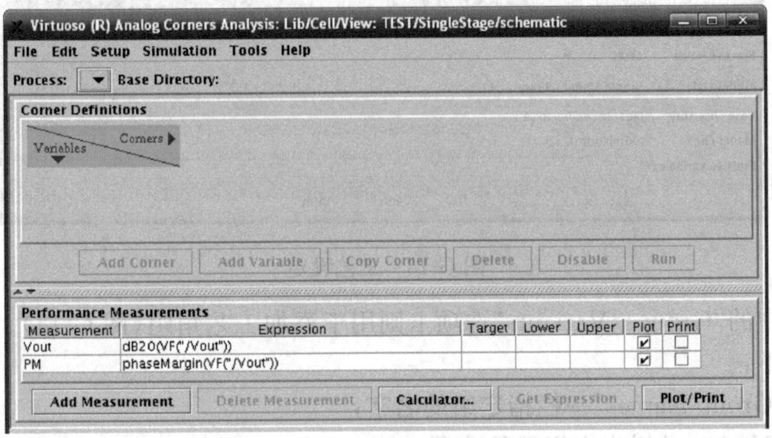

图 G-10　工艺角分析的设定

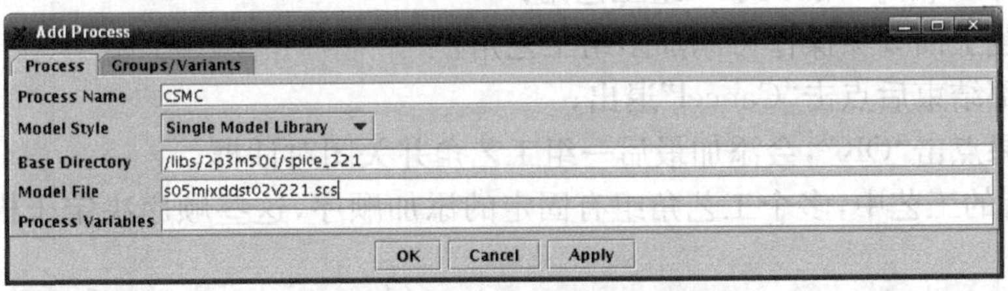

图 G-11　"Add Process"的界面

G.3.4　添加工艺角组

虽然示例中只用到了 MOS 管的一组工艺角，但这里演示添加多组工艺角。

在菜单中选择"Setup"→"Add/Update Model Info..."，这时就出现了和刚才相似的对话框，其中有 2 个选项卡。第一个用来修改工艺的设置，和刚才的添加工艺对话框差不多，如图 G-13 所示。

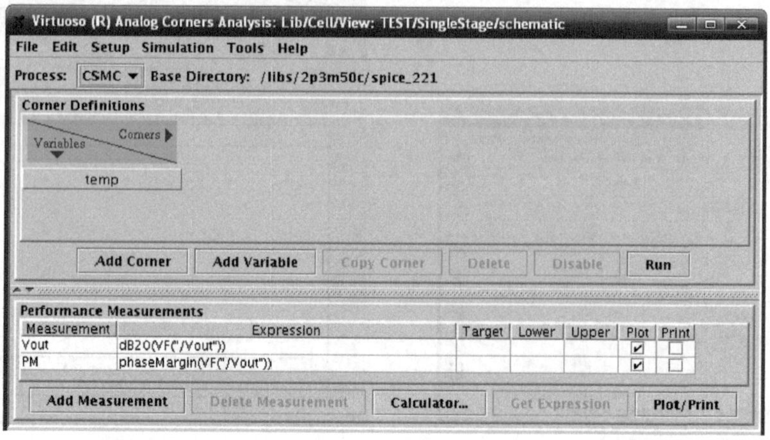

图 G-12　添加了 CSMC 的工艺角

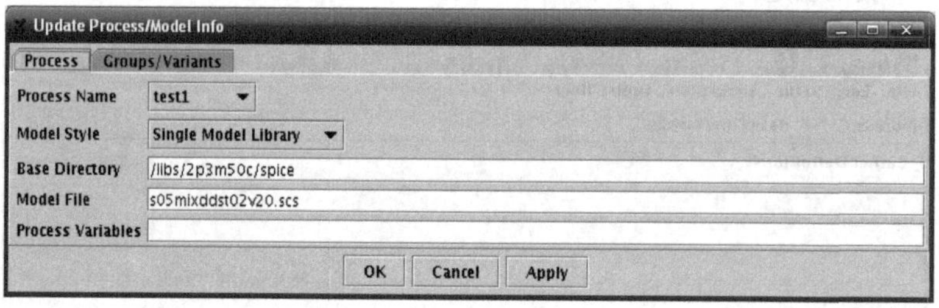

图 G-13　工艺设定

对话框中的“Groups/Variants”选项卡则用于添加工艺角组(图 G-14)。添加组和选项的方法如下：

(1) 在“Group Names”一栏指定组的名字；

(2) 在“Variants”栏指定组里的选项；

(3) 选择“Apply”,加入了一组工艺角；

(4) 重复上面 3 项操作可添加多组工艺角；

(5) 全部结束后点击“Cancel”退出；

(6) 如果点击“OK”,会添加最后一组工艺角并关闭对话框。

注意:有的工艺中,多个工艺角组有固定的添加顺序,这些顺序决定于模型的相互引

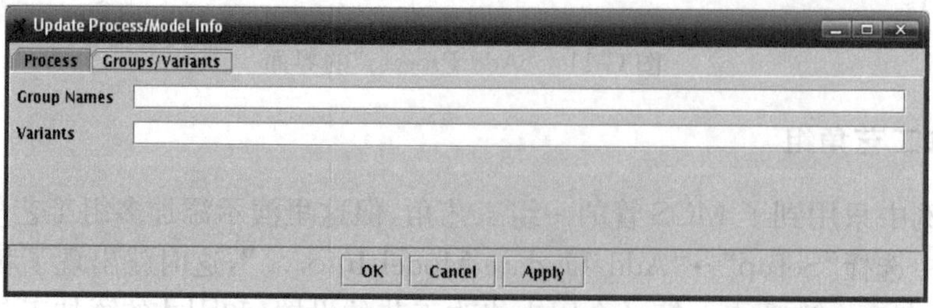

图 G-14　工艺角组的添加

用顺序。所以添加工艺角组的时候应当参照 ADE 当中模型设置("Model Setup")对话框中的模型添加顺序。

例如,在"Group Names"栏输入"MOS";在"Variants"栏输入"tt ss sf ff fs",也就是 5 个工艺角的名称,中间用空格隔开;点击"Apply"键,这一组工艺角就添加到了工艺角的分析界面中。

将"Group Names"栏改为"RES";在 Variants 栏输入"restypical resfast resslow";然后点击"Apply",这时"RES"的工艺角组就添加到了界面中。

点击"Cancel"退出刚才的对话框,界面中多了两行,分别表示 2 组工艺角的选项。这样,就可以对不同的 MOS 管和电阻的工艺角进行仿真(图 G-15)。

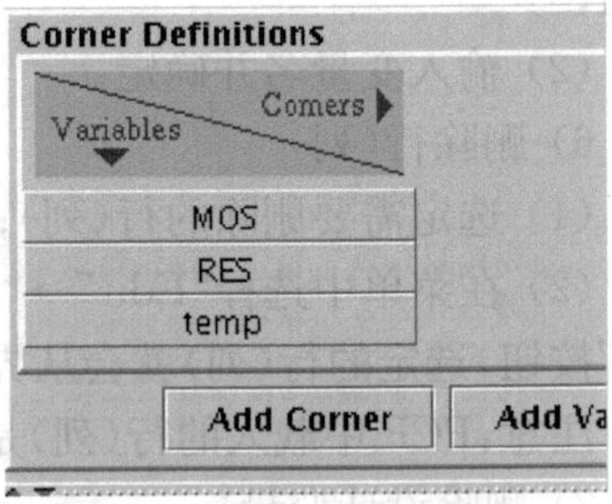

图 G-15　两个工艺角组分别是"MOS"和"RES"

G.3.5　添加工艺角

上面定义了工艺角的组,下面要设定需要仿真的工艺角,主要有以下几个:

1) 建立新的工艺角

(1) 从菜单选择"Edit"→"Corner Definitions"→"Add Corner",或者点击按钮"Add Corner";

(2) 在弹出的对话框中输入工艺角的名字;

(3) 在表格中对其他栏进行编辑。

2) 复制并修改已有的工艺角

(1) 选定一个工艺角;

(2) 从菜单选择"Edit"→"Corner Definitions"→"Copy Corner",或者点击按钮"Copy Corner";

(3) 再弹出的对话框中输入工艺角的名字;

(4) 在表格中对其他栏进行编辑。

注意:在工艺角分析中有一个 bug,工艺角的名字不能带有数字,否则在仿真中会报语法错误。

3) 使能工艺角

(1) 选定一个禁用的工艺角;

(2) 选择"Edit"→"Corner Definitions"→"Enable Corner",或"Enable"按钮。注意"Enable"按钮和"Disable"按钮随选中对象的状态而自动切换。

4) 禁用工艺角

(1) 选择一个没有被禁用的工艺角;

(2) 选择"Edit"→"Corner Definitions"→"Disable Corner",或"Disable"按钮。

注意:PCF 中载入的工艺角不能禁用。

5) 加入新设计变量

这里介绍的是用界面添加设计变量。

(1) 选择“Edit”→“Corner Definitions”→“Add Variable”，或者单击“Add Variable”按钮；

(2) 输入变量名并确定。

6) 删除行(列)

(1) 选定需要删除的行(列)；

(2) 在菜单中选择“Edit”→“Corner Definitions”→“Delete Selected”，或者点击“Delete”按钮，选定的行(列)就会从界面上消失。

注意：PCF 中载入的行(列)是不能删除的变量。

7) 删除设计变量

(1) 选定需要删除的变量；

(2) 在菜单中选择“Edit”→“Corner Definitions”→“Delete Selected”，或者点击“Delete”按钮，选定的变量就会从界面上消失。

注意：PCF 中载入的工艺角和变量是不能删除的。

在所有工艺角都设置完成之后界面如图 G-16 所示。

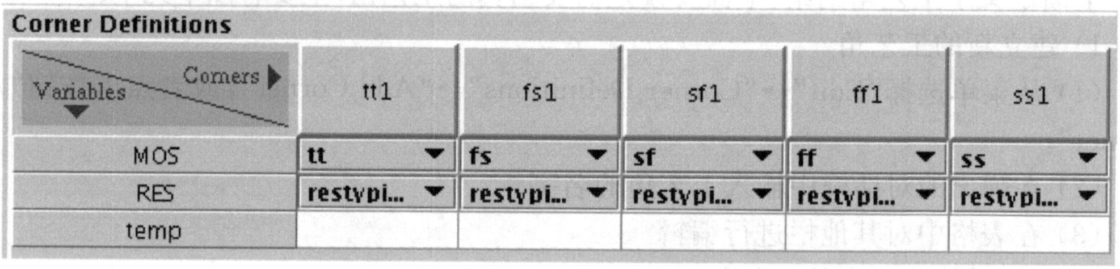

图 G-16　工艺角设置完成后的界面

G.3.6　设置输出

输出设置主要有以下几种操作：

1) 通过直接输入建立一个新的输出

(1) 选定“Edit”→“Performance Measurement”→“Add Measurement”，或单击“Add Measurement”按钮；

(2) 在对话框中输入新输出的名字并点击确定；

(3) 在“Expression”表达式栏输入需要的输出表达式；

(4) (可选)如果表达式的输出结果是标量，且需要将结果画成余量图(“Residual Plot”)的形式，还要输入“Target”——目标值、“Lower”——下限和“Upper”——上限这三栏。

2) 用 Calculator 建立新的输出

(1) 选定“Edit”→“Performance Measurements”→“Add Measurement”，或单击“Add Measurement”按钮；

(2) 在对话框中输入新输出的名字并点击确定；

（3）选定菜单“Tools”→“Calculator...”，或者点击“Calculator”按钮。

（4）利用“Calculator”建立需要的表达式，详见“Calculator”的章节；

（5）在工作角分析窗口将输入光标定在需要修改的输出的“Expression”栏；

（6）点击“Get Expression”按钮，或者选择菜单中的“Tools”→“Get Expression”，“Calculator”中的表达式就会被截取过来；

（7）（可选）如果表达式的输出结果是标量，且需要将结果画成余量图（“Residual Plot”）的形式，还要输入“Target”——目标值、“Lower”——下限和“Upper”——上限这三栏。

3）删除输出

（1）选定一个输出；

（2）选择菜单中的“Edit”→“Performance Measurements”→“Delete Measurement”，或者点击按钮“Delete Measurement”。

采用上面列出的方法，建立了两个输出，一个是“Vout”，表达式为“dB20（VF（‘/Vout’））”；另一个是“PM”，表示相位裕度，表达式为“phaseMargin（VF（‘/Vout’））”。结果如图 G-17 所示。

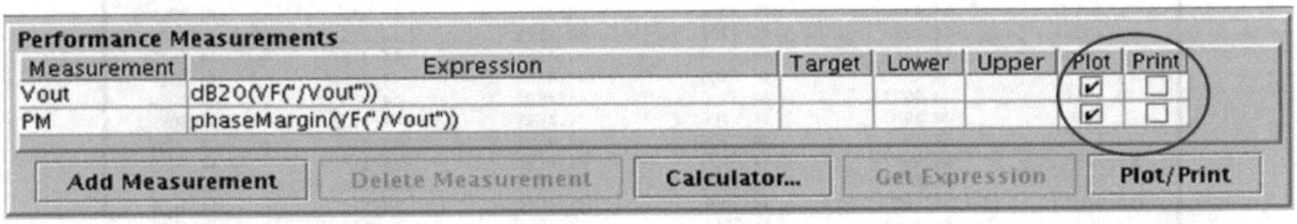

图 G-17 输出的配置

G.3.7 控制工艺角分析的运行

在运行工艺角分析之前，可以有这些选项：

（1）禁用不想运行的工艺角；

（2）选择每个输出是采用文本还是用图输出。可以利用“Plot”和“Print”复选框控制；

（3）全部设置完毕，点击按钮“Run”，或者菜单“Simulation”→“Run”运行分析；

（4）分析过程中，还可以点击“Stop”，或者菜单“Simulation”→“Stop”停止分析。

注意：“Run”和“Stop”按钮按照是否有仿真运行自动切换。

G.3.8 控制工艺角分析的输出

仿真成功后结果会按照之前的选项绘图或者输出文字结果。

1. 输出仿真结果

如果要定义不同的输出，可以重新定义输出的表达式然后选择“Tools”→“Plot or Print Outputs”，或者点击“Plot or Print”，新的表达式就会输出。

在输出配置栏中有几个复选框（图 G-17），通过复选框可以选择采用文本输出（“Print”），或者采用图形输出（“Plot”）。

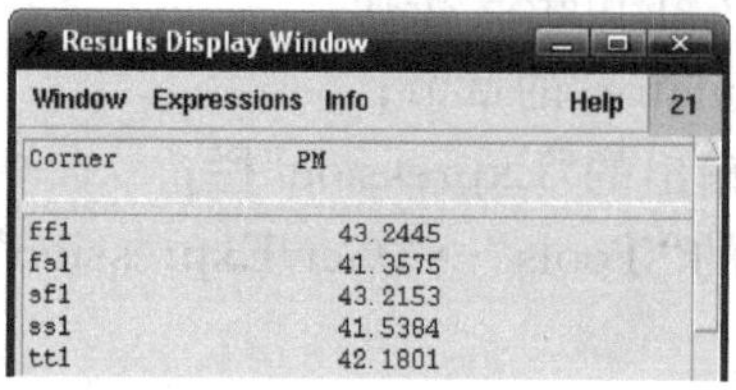

Corner	PM
ff1	43.2445
fs1	41.3575
sf1	43.2153
ss1	41.5384
tt1	42.1801

图 G-18　标量的文本输出形式

2. 文本输出形式(Print)

(1) 如果文本输出的是一个标量,例如前面设置的相位裕度,则输出形式如图 G-18 所示。窗口中每一列显示的是一个输出,每行是一个工艺角。

(2) 对于一个波形的输出,输入为文字形式会成如图 G-19 所示,第一列显示的是分析的数据点的 X 轴坐标,后面每一列都列出一个特定工艺角的结果数据。

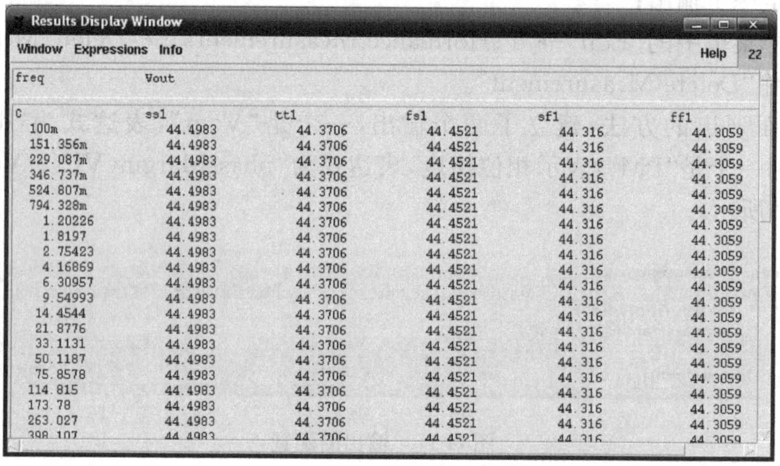

C	ss1	tt1	fs1	sf1	ff1
100m	44.4983	44.3706	44.4521	44.316	44.3059
151.356m	44.4983	44.3706	44.4521	44.316	44.3059
229.087m	44.4983	44.3706	44.4521	44.316	44.3059
346.737m	44.4983	44.3706	44.4521	44.316	44.3059
524.807m	44.4983	44.3706	44.4521	44.316	44.3059
794.328m	44.4983	44.3706	44.4521	44.316	44.3059
1.20226	44.4983	44.3706	44.4521	44.316	44.3059
1.8197	44.4983	44.3706	44.4521	44.316	44.3059
2.75423	44.4983	44.3706	44.4521	44.316	44.3059
4.16869	44.4983	44.3706	44.4521	44.316	44.3059
6.30957	44.4983	44.3706	44.4521	44.316	44.3059
9.54993	44.4983	44.3706	44.4521	44.316	44.3059
14.4544	44.4983	44.3706	44.4521	44.316	44.3059
21.8776	44.4983	44.3706	44.4521	44.316	44.3059
33.1131	44.4983	44.3706	44.4521	44.316	44.3059
50.1187	44.4983	44.3706	44.4521	44.316	44.3059
75.8578	44.4983	44.3706	44.4521	44.316	44.3059
114.815	44.4983	44.3706	44.4521	44.316	44.3059
173.78	44.4983	44.3706	44.4521	44.316	44.3059
263.027	44.4983	44.3706	44.4521	44.316	44.3059
398.107	44.4983	44.3706	44.4521	44.316	44.3059

图 G-19　增益曲线的文本形式输出

3. 图形输出

有两种图形输出方式,一种是余量图模式,另一种是曲线族显示模式。

(1) 余量图模式采用柱状图形式,可以清楚地看出是不是所有的工艺角的输出都在接受范围之内。图 G-20 中的输出是以“target”作为中心的柱状图。如果没有设置“target”,则会输出成普通以“0”为中心的柱状图。

(2) 曲线族的显示模式输出的形式如图 G-21 所示。这个图中的每一条曲线代表一个工艺角的图形。

G.3.9　保存和调用设置

工艺角设置包含工艺角分析窗口中可以设置的一切信息,包括工艺角和输出的信息。

1. 保存

(1) 如果配置是从 PCF 或 DCF 文件读取的,在菜单中选择“File”→“Save Setup”,可将设置写回原来的配置文件。如果配置是手动输入的,这个选项不可选。注意:如果读取过多个配置文件,则会写回到最后一个读取的配置文件;被覆盖文件内的注释都会丢失;另外,如果原配置文件是只读的,则会有错误信息出现。

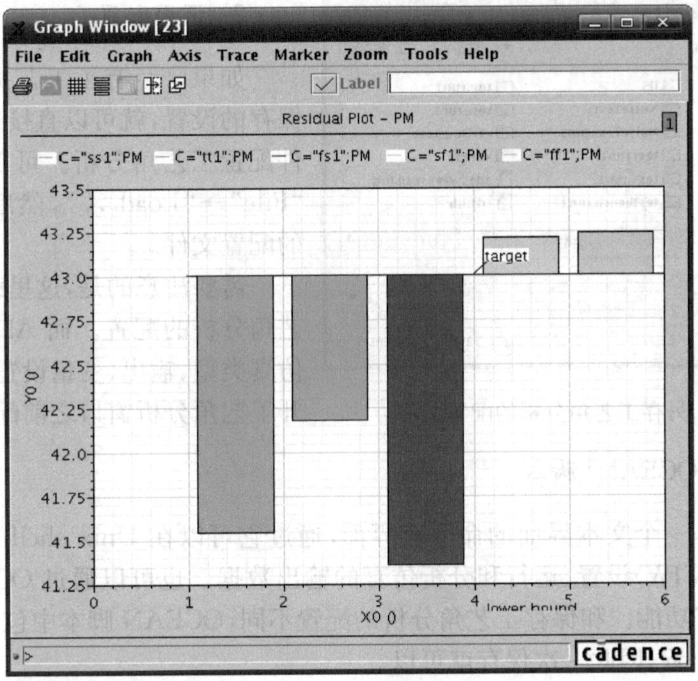

图 G-20 余量图

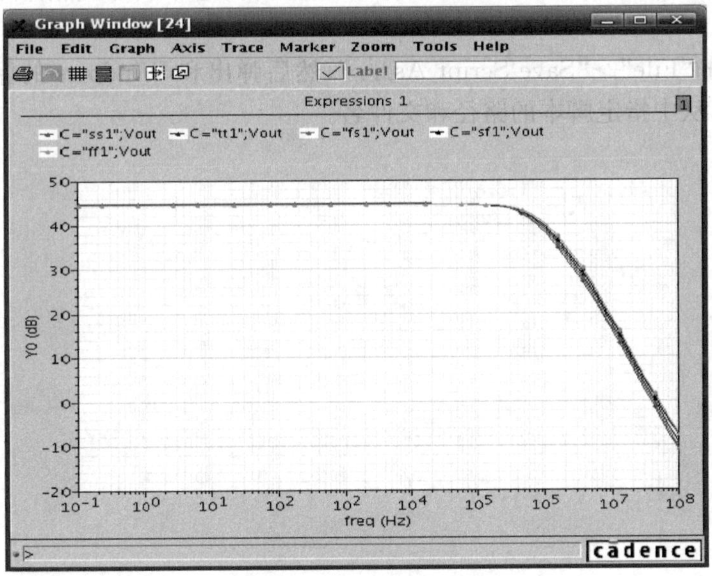

图 G-21 曲线族显示模式

(2) 如果是手动输入的工艺角配置或不想覆盖原配置文件，可以选择“File”→“Save Setup As...”——另存配置。下次使用“Corner Analysis”的时候就可以调用以前的配置了。“Save As”窗口如图 G-22 所示。

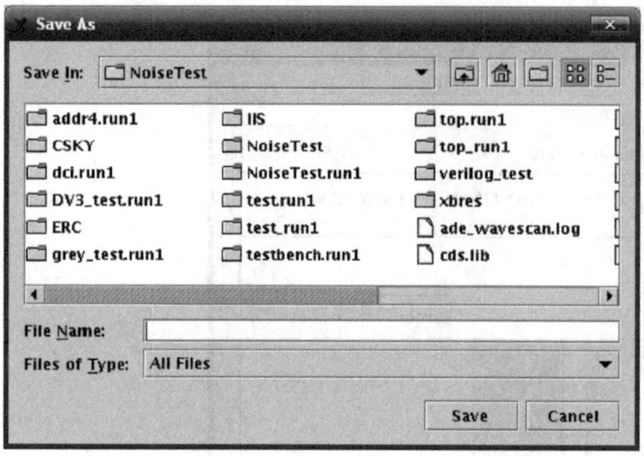

图 G-22　另存工艺角分析的配置文件

2. 调用配置

如果已经有了工艺提供的或者自己保存的设置，就可以直接通过载入配置文件配置工艺角分析。可以在菜单中选择“File”→“Load...”，然后选择需要载入的配置文件。

需要注意的是，这里载入的仅仅是工艺角分析的配置。而 ADE 的配置，包括仿真类型、输出、变量设置，仍然需要在打开工艺角分析窗口之前配置好。

3. 保存为 OCEAN 脚本

OCEAN 是一个文本界面的命令行界面，通过它可以在 Unix shell 或者在 Cadence 的命令行界面(CIW)设置、运行和分析仿真的输出数据。也可以通过 OCEAN 脚本运行 OCEAN 的所有功能。和保存工艺角分析的配置不同，OCEAN 脚本中包含了 ADE、工艺角分析的全部配置，因此一次保存就可以。

可以在工艺角分析窗口的设定窗口设置好需要的分析，将设置保存成 OCEAN 脚本。该脚本既可以用 OCEAN 直接运行，也可以编辑这个脚本，然后再从 OCEAN 中调用。

选择菜单的“File”→“Save Script As...”，然后弹出和 Windows 的保存窗口很相似的文件管理器，从中指定脚本的路径和文件名。